EXPOSITION UNIVERSELLE DE 1851.

TRAVAUX

DE

LA COMMISSION FRANÇAISE

SUR L'INDUSTRIE DES NATIONS.

EXPOSITION UNIVERSELLE DE 1851.

TRAVAUX

DE

LA COMMISSION FRANÇAISE

SUR L'INDUSTRIE DES NATIONS,

PUBLIÉS

PAR ORDRE DE L'EMPEREUR.

TOME VIII.

PARIS.

IMPRIMERIE IMPÉRIALE.

M DCCC LVI.

EXPOSITION UNIVERSELLE DE 1851.

TRAVAUX

DE LA COMMISSION FRANÇAISE.

VI^E GROUPE.

XXXe JURY, APPLICATION DES ARTS À L'INDUSTRIE.

VIe GROUPE.

PRÉSIDENT DU GROUPE ET DU JURY :

M. LE CHEVALIER DE VIEBAHN.

XXXE JURY.

BEAUX-ARTS,

PAR M. LE COMTE DE LABORDE,

MEMBRE DE L'INSTITUT.

COMPOSITION DU XXXe JURY.

Membres	Pays
MM. G. DE VIEBANN, conseiller au département du commerce, à Berlin	Zollverein.
lord COLBORNE	Angleterre.
Antonio PANIZZI, conservateur des imprimés au Musée britannique	Toscane.
C. R. COCKERELL, architecte de la Banque de Londres. J. GIBSON, sculpteur	Angleterre.
lord HOLLAND	Toscane.
le comte DE LABORDE, membre de l'Institut	France.
le général Georges MANLEY	États Pontif.
C. T. NEWTON, conservateur-adjoint des antiquités au Musée britannique. A. William PUGIN, architecte	Angleterre.
A. J. QUETELET, secrétaire de l'Académie des beaux-arts de Bruxelles	Belgique.
Richard REDGRAVE, peintre	Angleterre.
J. D. C. SEURMONDT, directeur de la Monnaie, à Utrecht	Hollande.
le Dr C. WAAGEN, conservateur des tableaux du Musée de Berlin	Prusse.
W. WYON, graveur de la Monnaie, à Londres	Angleterre.

AVANT-PROPOS.

L'Exposition universelle de Londres a remué le monde, et les effets de cette commotion se continuent dans les intelligences capables d'apprécier la portée de cet événement. Personne, en effet, ne croira qu'en fermant les portes du Palais de Cristal on a clos la discussion des grands intérêts débattus dans son enceinte. Loin de là : c'est depuis que les visiteurs sont rentrés dans le courant de leur activité nationale qu'on s'aperçoit à quel point l'horizon de chacun s'est étendu au delà de sa portée ordinaire. Et cependant, si ce contact des intérêts généraux a soulevé toutes les questions, un résultat a dominé ce mouvement : évident pour tous, il est devenu comme le programme universel. Chacun s'est dit : « L'avenir des arts, des sciences et de l'industrie est dans leur association. »

Représentant de la France dans le Ve groupe du jury, j'ai dû étudier cette question au point de vue particulier de l'action des arts sur le développement intellectuel et commercial des peuples. Cependant je n'ai pas mission d'écrire l'histoire des beaux-arts; je dois indiquer sommairement le rôle qu'ils ont joué aux époques florissantes de la civilisation, signaler en quoi, de nos jours, ils ont changé leur voie, et quels vices de constitution arrêtent leur essor; puis, après avoir marqué notre place dans l'Exposition universelle de Londres, constater les efforts qui sont faits de tous côtés pour nous ravir le sceptre dont la légitimité a été reconnue dans ce solennel concours; enfin je dois rechercher quelles sont, dans cette nouvelle situation, les mesures à prendre, les réformes à introduire, les institutions à fonder pour soutenir la lutte et maintenir la domination universelle que la France a exercée à plusieurs reprises depuis Charlemagne, et sans interruption, comme sans conteste, depuis Louis XIV.

Cette tâche est lourde; avant de l'accepter, je me suis fait deux questions : Les arts ont-ils assez d'importance dans la vie d'un peuple pour qu'on doive s'en occuper sérieusement? Ai-je le droit de traiter cette matière difficile? J'ai répondu affirmativement sur les deux questions; le lecteur jugera en dernier ressort.

Je ne me suis occupé que des arts, et cependant je ne sépare de l'industrie ni les lettres ni les sciences; à mon sens, les arts, les lettres et les sciences ne font qu'un avec l'industrie, et l'édifice industriel menace ruine quand ces trois appuis de sa base perdent de leur solidité. La culture des lettres et des sciences, comme celle des arts, peut avoir lieu, il est vrai, d'une manière abstraite, et se développer dans l'isolement; mais alors ces études sont bornées autant que puériles, ce développement est maladif et n'a aucune portée.

Si l'union est complète, la marche est assurée, et toutefois les progrès diffèrent essentiellement. Les arts ne se laissent arracher que des victoires personnelles et passagères; les sciences accordent à l'humanité des conquêtes inaliénables, définitives, et qui conduisent avec certitude à d'autres conquêtes. Dans les arts, une génération apprend et crée des chefs-d'œuvre; celle qui la suit désapprend et ne laisse rien après elle : dans les sciences, depuis l'origine du monde, mais surtout depuis l'invention de l'imprimerie, qui défie les invasions partielles de la barbarie, ce qu'une génération invente devient le patrimoine de la génération qui la suit, le point où l'homme est arrivé sert de point de départ aux nouveaux efforts de ses enfants. Cette différence est surtout sensible lorsque l'enseignement des arts est désorganisé, en même temps que l'étude des sciences est fortement constituée; on voit alors se produire ce qui se passe aujourd'hui sous nos yeux : une école d'artistes qui laisse dépérir l'art, une foule de praticiens qui le rabaissent dans des pastiches de tous les styles, tandis que la science unie à l'industrie marche à pas de géant dans une voie élargie, aux horizons sans fin. C'est à rétablir une harmonie indispensable que tendent tous les développements de mon rapport.

Je propose dans ce travail beaucoup d'innovations, sans avoir de prétention au rôle de novateur, au mérite des idées originales, sans me laisser non plus étourdir par les reproches d'esprit chimérique et paradoxal, car la vie se passe à taxer de vulgarité les chimères de la veille et à nommer aujourd'hui vérité banale ce qui était hier paradoxe insensé; je n'ignore pas qu'une idée n'entre dans la pratique que lorsqu'elle s'est dépouillée du costume étrange de la nouveauté, et je serai heureux si chacun, en me lisant, peut s'écrier : « Mais ceci a été fait! mais j'ai déjà eu cette idée! Voilà un projet qui n'est pas nouveau; j'ai vu cette proposition quelque part; les anciens ont fait cela : au moyen âge, on ne procédait pas autrement! » Ce sera là mon triomphe, triomphe de courte durée, je le sais; hier, on m'aurait reproché de rêver l'impossible, demain on m'accusera d'avoir proposé des mesures vulgaires et d'être un esprit arriéré : ainsi juge la routine, ainsi marche le progrès.

Me rattachant à toutes les grandes traditions, j'aurai contre moi ceux qui les considèrent comme des vieilleries inutiles; croyant sincèrement que les peuples les mieux doués et les plus avancés sont menacés de décadence quand ils ne marchent pas résolûment dans la voie du progrès, j'aurai à lutter contre cette jeunesse qui pense que la génération présente est prédestinée pour les grandes créations de l'art, parce qu'elle a su se débarrasser de toutes les entraves de l'étude; mais ma conviction n'est pas ébranlée par ces dédains superbes, par cette confiance aveugle. J'ai vu partout, dans l'histoire des arts, les renaissances se former avec lenteur de l'habile combinaison d'éléments anciens et nouveaux, à force de labeurs, au prix de mille efforts, et je crois que la renaissance du XIXᵉ siècle, que j'appelle de tous mes vœux, sera également le résultat d'une comparaison sérieuse et approfondie de tous les modèles de l'art associés aux beautés de la nature, d'études accomplies de bonne foi, avec conscience, persévérance et modestie.

APERÇU HISTORIQUE SUR LA MARCHE DES ARTS

AU MILIEU DES NOMBREUX CHANGEMENTS DE STYLE ET DES DIVERS MODES D'ENSEIGNEMENT, DE CONTRÔLE ET DE PROTECTION.

L'homme avait à peine commis sa première faute qu'il comprit sa destinée finale. Adam vit qu'il était nu, dit l'Écriture; il se fit industriel pour s'habiller et pour meubler sa demeure. Mais Dieu n'aurait pas voulu donner à sa créature une mission aussi matérielle, aussi bornée; il permit que l'homme emportât du paradis, en souvenir de son existence presque divine, cet amour du beau qui le relève de sa déchéance, qui distrait ses ennuis et le console dans l'adversité.

L'homme est donc né à la fois industriel par besoin et artiste par vocation; mais, de même que les individus sont plus ou moins intelligents, les nations sont plus ou moins bien douées. Ce sentiment d'outre-terre, cet amour du beau, inné en nous comme les principes de la vertu, l'amour filial, le sentiment de l'honneur, la barbarie peut l'étouffer ou le laisser sommeiller, l'éducation et les institutions ont le pouvoir de le développer et de l'exalter. Telle nation est artiste sans industrie, telle autre deviendra industrielle sans avoir le sentiment des arts. Vienne un de ces hommes que les nations nomment *grands*, et il donnera à celle-ci des bras; à celle-là, une âme; à la nation artiste, des machines, des comptoirs, des vaisseaux; à la nation industrielle, la connaissance et l'amour du beau par l'enseignement des écoles, par la vue des chefs-d'œuvre de l'art répandus sur les voies publiques ou réunis dans les musées.

Tout art a pour loi de développement la diversité dans l'unité, la liberté dans la règle.

L'Égyptien a trouvé dans sa religion, peut-être aussi dans les limites circonscrites de sa vallée, créée successivement et toujours fécondée par le limon du Nil, et en même temps dans la nature monotone de son climat, aux phénomènes réguliers, toujours et toujours les mêmes, un obstacle au développement de ses qualités précieuses, car il était né à la fois artiste et industriel, artiste par une faculté rare d'observation et par un goût décidé pour la perfection de toute œuvre, industriel par l'esprit inventif qui trouve les procédés et par l'aptitude patiente qui les applique à nos besoins.

Les prêtres dominèrent l'art et lui imposèrent l'unité sans diversité, la règle sans liberté; mais en même temps ils organisèrent les castes laborieuses de manière à assurer à tous les procédés le progrès continu sans défaillance momentanée, sans arrêt et sans décadence, le perfectionnement sans limites. Ainsi retenu, ainsi organisé, l'Égyptien est resté un artiste borné; il est devenu un ouvrier incomparable. Du reste, l'artiste et l'industriel furent liés indissolublement dans ce pays, qu'ils travaillassent pour le temple de la divinité ou pour le tombeau des seigneurs, pour l'ameublement royal ou pour la vie domestique du riche; un même style, un même goût présidait à tout, et si ce peuple semble avoir été absorbé dans l'observation du culte et dans la contemplation de la mort, d'innombrables témoignages établissent toutefois qu'il donnait une part de ses soins à l'embellissement de la vie et aux distractions dont Dieu a mis en nous le besoin.

En Asie, avec de vastes plaines accidentées et des conditions de climat différentes, avec une constitution politique et religieuse analogue, l'art se constitua de la même manière; un art entier, une architecture sculptée et peinte qui sert de modèle à l'ameublement et aux ustensiles de la vie privée. L'art assyrien, comme l'art égyptien, n'a ni enfance ni vieillesse, ni tâtonnements ni décadence; c'est un singulier problème que cette perfection tout d'une pièce qui apparaît et disparaît sans grandir, mais aussi sans s'amoindrir.

La civilisation en était à ce point lorsque, par des colonies originaires de l'Égypte et de l'Asie, se constitua le peuple le plus admirablement doué dans la contrée délicieuse qui se nomma la Grèce. Ici l'art, à peine sorti des bornes étroites qui entravaient son cours dans ces deux vastes régions, prit un développement nouveau, un essor inconnu. Il sembla que l'âme pour la première fois pénétrait dans l'œuvre de l'homme, qui jusqu'alors n'avait encore rien produit que par l'effort de sa main. L'unité se vivifia par la diversité, la règle ne fut qu'un guide pour la liberté. Mais prenons l'art grec à ses débuts.

L'école de Dédale était égyptienne et asiatique dans ses procédés et dans les principes de respect, dans les entraves traditionnelles qu'elle imposait aux artistes. Elle avait maintenu, comme en Égypte, comme en Asie, un type conventionnel qui se reconnaissait à première vue, et que Pausanias, après plusieurs siècles, pouvait encore déterminer sans hésitation. Il est donc à supposer que l'organisation était la même, autant toutefois que le comportaient des caractères indociles et une nature plus déliée. De nombreuses générations d'artistes usèrent des années à briser ces entraves, et ils trouvèrent dans la lutte cette force que le ressort acquiert par la compression, cette profondeur que le sentiment trouve dans une carrière limitée, les grandes qualités enfin qui distinguent l'école attique primitive.

Consacré au culte des dieux, l'art avait encore les prêtres pour législateurs et gardiens sévères des traditions; mais ces prêtres étaient des Grecs, et la séduction des innovations s'exerçait sur eux : ils cédaient devant les empiétements des chefs-d'œuvre, et, en les admirant, ils se laissaient entraîner par eux. Ils auraient repoussé les difformités de l'Inde, les accouplements monstrueux de l'Égypte; ils furent sans défense contre l'idéalisation de la nature, qui substituait peu à peu aux formes hiératiques de vieilles idoles immobiles toute une perfection de beautés qui convenait à des dieux pétris de passions humaines. L'art d'ailleurs n'était déjà plus confiné dans les temples; représenter les dieux était encore sa mission, ce n'était plus son occupation exclusive. Tout rentrait dans son ressort, et la liberté qu'il prenait au dehors du sanctuaire avait son écho au dedans. L'admirable et magnifique coffre de Cypselus, sans aucune destination religieuse, est un exemple de ce que l'art pouvait en dehors de sa mission hiératique, et, à défaut d'autres renseignements dans les textes, nous avons tiré des tombeaux la preuve qu'armures, meubles, bijoux, arts céramiques, toute la vie privée enfin, était comme le reflet, comme la traduction des progrès que l'art faisait dans des régions supérieures. Mais cette application aux usages domestiques n'est restée si pure, si élevée, si sévère (car l'ustensile le plus vulgaire est devenu dans nos musées un modèle précieux), que parce que l'art, considéré dans sa haute mission, restait lui-même élevé, pur et sévère.

Le plus beau chef-d'œuvre de cette grande école primitive, c'est Phidias lui-même, et c'est ici le lieu d'examiner dans quelles conditions se trouvaient les arts de la Grèce lorsque ce grand génie se plaça à la tête de l'école athénienne.

Les traditions religieuses avaient encore une grande puissance; les traditions de caste ou d'école perdaient une bonne part de leur influence; déjà l'imitation de la nature était devenue une autorité, et la séduction de l'imagination se trahissait en toutes choses. Les perfections du métier vinrent en aide à cet essor de l'intelligence artistique, car la Grèce héritait des procédés si avancés de l'Égypte et de l'Asie; la céramique, le verre, le travail des métaux, de l'ivoire, des pierres précieuses, du marbre et du bois, n'avaient de secrets pour aucun atelier, et cette qualité précieuse qui s'appelle le goût distinguait déjà la nation entière. Comment ce bon goût s'était-il formé?

Ce qui dominait ce peuple d'élite, c'était son admiration pour la beauté du corps humain, qu'il poussa au point de ne savoir plus la distinguer, de ne pouvoir plus au moins la séparer de la beauté morale : la beauté du corps, disait-il, est un reflet de la beauté de l'âme; être vertueux, être beau, être juste, autant de dons des dieux, et des dons au moins égaux. Quelles furent les conséquences de cette manière de voir? À la guerre, nous apprend Hérodote, l'homme le mieux fait avait, par cela seul, un nom et une célébrité. Dans la paix, on vivait au milieu des exercices de la palestre, c'est-à-dire dans l'état le plus voisin de la nature, avec la seule occupation de rechercher les plus belles formes, les mouvements, les attitudes et les expressions les plus favorables à la beauté. Il y avait même des concours de beauté, et le vainqueur seul pouvait conduire la procession de Mercure à Tanagre et avait droit de prétendre aux fonctions de prêtre d'Apollon Isménius ou de prêtre de Jupiter à Ægœ dans l'Achaïe. Climat, morale, religion, autorisaient la nudité, favorisaient ainsi l'étude du corps humain et en donnaient à chacun une connaissance exacte, véritable fondement du talent des artistes, du goût et du jugement du public. Et cette tolérance pour la nudité, loin d'être un signe de démoralisation, était tenue par les Grecs pour une marque de leur supériorité sur les autres nations. *Les barbares,* dit Hérodote, *tiennent à opprobre de se montrer nus,* et Platon remarque que les Grecs, à l'aurore de leur civilisation, avaient les mêmes scrupules, faisant ainsi comprendre qu'ils avaient écarté ce reste de barbarie depuis qu'ils avaient secoué cette réserve.

Était-ce à l'avantage de la pureté des mœurs? Je le crois; car les nobles aspirations détournent l'homme de ses mauvais penchants et domptent la chair en exaltant l'esprit. On a parlé de désordres habituels chez les anciens Grecs, et qui auraient été la conséquence de cette vie dans la palestre; ces mêmes désordres se retrouvent chez les Grecs modernes et dans tout l'Orient, où la nudité est un opprobre, où l'étude du corps n'est possible qu'au marché des esclaves, où l'art lui-même est condamné par la religion. Il est vrai que, dans ce culte passionné de la beauté, la femme ne paraît pas avoir pris en Grèce le rang qui lui appartient, la place que le christianisme lui a rendue. Je dis ne paraît pas, parce qu'il serait peu sensé de juger toute une organisation civile par les récits des poëtes et de croire qu'on connaît la vie intérieure des Grecs par les écrits de ceux qui vivaient de leur vie extérieure. Une grande société n'a pas pu atteindre au plus haut degré de la civilisation, donner l'exemple de tous les nobles sentiments et jouir de huit siècles d'une admirable prospérité, en ne comptant dans son sein que de viles courtisanes, que d'impudiques modèles d'atelier. Non, les Grecs ont connu tout aussi bien que nous, mieux que nous, les vertus domestiques et le charme de la vie de famille; leur intérieur était d'autant plus tranquille, chaste et pur, qu'il se distinguait mieux des habitudes extérieures; la vie du dedans était d'autant mieux protégée par le silence, abritée par le calme, qu'elle tranchait plus complétement sur la vie bruyante du dehors. Un bonheur de famille muré et dont nous savons peu de chose, une existence publique livrée au culte des arts, à l'empire des sens, et dont nous avons le tableau embelli par l'imagination des poëtes : tel est l'état de la société, dans laquelle la femme occupait une grande place. Elle choisissait, entre ces deux voies si différentes, celle qui répondait au penchant irrésistible de sa nature, portant ainsi aux uns, en gage de félicité, les vertus douces, fermes et résignées, aux autres les passions violentes, l'abandon lascif, l'entraînement poétique. La famille conservait tous ses droits, et l'art avait les motifs d'inspiration, les ressources d'étude et les éléments de progrès qui lui sont indispensables.

Les jeux Olympiques ajoutèrent à cette étude du nu l'attrait de l'enthousiasme. On sait ce qu'étaient ces jeux : une institution politique et l'école des nobles sentiments patriotiques qui créent et constituent une nationalité. De là cette protection que lui accordent les États, ce concours dévoué de tous les hommes considérables. Les Grecs avaient pensé, en outre, que l'hygiène de tout un peuple et le progrès des arts étaient choses d'assez d'importance pour réclamer le concours de ce qu'il y avait de plus puissant dans leurs institutions. La gymnastique eut sa consécration religieuse. Les prêtres affirmèrent qu'Apollon avait lutté avec Hercule dans le stade d'Olympie, et toute la jeunesse grecque, 776 ans avant Jésus-Christ, accourut dans ce champ clos disputer à son tour la palme de la beauté, de l'agilité et de l'adresse. Ainsi se fonda d'elle-même la véritable exposition des arts : l'homme, cette suprême création de Dieu, exposée dans ses plus parfaits modèles par toutes les cités de la Grèce, les jeunes gens les plus beaux et les mieux doués choisis dans toutes les palestres pour lutter de grâce, de souplesse et de force; et, après les émotions de ces luttes charmantes, tout cet auditoire parcourant les salles de tableaux et les galeries de statues, ou reposant dans le bois sacré du Dieu, non loin de son temple, magnifique produit de l'architecture, pour écouter les chants des rapsodes, les discours des orateurs et des philosophes, les récits de voyage d'Hérodote et les odes de Pindare. Déjà, plus de cinq siècles avant l'ère chrétienne (59e olympiade), Praxidamas d'Égine eut sa statue, et, depuis lors, pas un vainqueur dont les traits, aussi bien que les formes, ne fussent saisis par le sculpteur le plus habile, les traits dans la noble exaltation de la victoire, les membres dans l'action énergique de la lutte, l'homme, en un mot, et toujours le plus beau, dans le développement le plus heureux pour l'art et le plus difficile pour l'artiste. C'était le réalisme de l'art dans son magnifique développement, car c'était le portrait et la copie du modèle, mais d'un modèle désigné par les applaudissements d'un peuple entier, consacré par la gloire du succès, et qui devenait ainsi le programme et la donnée mère de l'art.

Tous les quatre ans, la Grèce entière, son intelligence et son cœur réunis à Olympie, retrouvait ce musée iconographique complété par les artistes les plus célèbres, car c'était un titre d'honneur, une victoire aussi, de pouvoir placer son œuvre dans ce sanctuaire. Artistes et athlètes briguaient cette faveur, et tout était prétexte, aux individus comme aux municipalités, aux villes rapprochées comme aux colonies lointaines, de prendre part à ce concours, où les rivalités d'école, de nationalité, de voisinage, trouvaient à se déployer sous les yeux de la Grèce réunie. Il suffisait d'un vœu exaucé, d'un oracle accompli, pour consacrer une statue de Dieu, un monument votif, un groupe colossal; le dévouement d'un citoyen, la bonne administration d'un tyran, la victoire d'un général, motivaient des statues iconographiques, des bas-reliefs allégoriques, des vases en or, en argent ou en bronze, et chaque année ajoutant aux prodigalités de l'année précédente, le jardin d'Olympie, ses portiques et ses temples s'étaient remplis d'une population entière de statues qu'on ne peut estimer à moins de cinq à six mille, puisque, sous le règne de Néron seulement, les Romains en enlevèrent trois mille, et que Pausanias, cent ans plus tard, n'éprouvait d'autre regret que de ne pouvoir décrire toutes celles qui s'y trouvaient encore.

D'autres jeux, moins célèbres que ceux d'Olympie, réunissaient aussi le peuple grec : c'étaient les jeux Pythiques, à Delphes, et ceux de l'Isthme, près de Corinthe. Les enceintes de ces réunions étaient également consacrées à la religion et aux arts; on en peut dire autant de l'Acropole d'Athènes et des acropoles de toutes les villes qu'un temple fameux rendait sacrées. Là aussi venaient placer leurs statues et leurs monuments votifs, l'artiste déjà célèbre et l'amateur fier de protéger les arts, la ville des colonies grecques, heureuse de prouver qu'elle n'était pas devenue étrangère aux arts de la mère patrie, et la ville des contrées barbares qui prétendait être digne du nom de Grec. Tous ces sanctuaires vénérés, dépositaires scrupuleux de nombreux chefs-d'œuvre, formaient les véritables musées de l'art grec, puisqu'ils en offraient les débuts et les progrès aux générations qui successivement venaient s'y former le goût; mais, contrairement à l'idée que nous représente un musée, tout dans ces réunions d'objets d'art vivait du sentiment qui avait présidé à la consécration de chaque œuvre du génie, rien qui sentît ce froid glacial, cette impression lugubre dont l'âme est saisie dans nos galeries. A Olympie surtout, la beauté du lieu, la richesse des offrandes et le concours immense des spectateurs, venus de la Grèce et de ses colonies les plus éloignées, étaient bien faits pour enthousiasmer toutes les âmes. Aussi l'admiration, exaltée par les nouvelles luttes, s'attachait aux nouvelles statues, revenait aux plus anciennes, comparait les unes et les autres avec les athlètes qui allaient entrer dans la lutte, et qui bientôt en sortaient couverts de lauriers ou suivis de regrets. C'était l'exercice du jugement le mieux préparé dans les circonstances les plus favorables : un musée de statues à côté d'un musée de modèles; la nature, dans sa plus riche parure de beauté et de force, donnée en étude à l'imagination de l'artiste au moment de sa plus grande exaltation ; et quant à la foule, à ce public destiné à devenir le juge de l'artiste, cette étude de l'art par les modèles vivants était pour elle le développement, le complément de l'enseignement donné dans les écoles, car dans toute la Grèce, dès les temps anciens, le dessin fut la première instruction des enfants. Il devint obligatoire, comme l'étaient la natation, la gymnastique et l'équitation, alors que ces exercices avaient déjà développé dans la nation la connaissance et le goût de la beauté des formes. Les pères ne pouvaient soustraire leurs enfants à cet enseignement sans s'exposer à déchoir de leur autorité, et toute la jeunesse apprit ainsi à figurer exactement les objets avant de les décrire vaguement dans des caractères de convention. Le dessin précédait l'écriture. Habitué de cette manière à regarder, préparé à bien voir et à conserver dans la mémoire le souvenir plastique de ce qu'il avait vu, le jeune Grec arrivait à l'âge où l'on entrait dans les palestres, où l'on suivait les exercices du stade institué dans chaque ville, où l'on avait le droit d'assister aux jeux Olympiques.

Ne nous étonnons pas des progrès de l'art grec, quand la nature, ainsi présentée, lui sert de guide. Cette étude, la mère nourricière de l'art, donna, non pas seulement aux artistes, mais au peuple entier, le sentiment des justes proportions en toutes choses; aussi n'y eut-il chez les Grecs ni paysagistes, ni sculpteurs d'animaux, ni peintres de genre et de nature morte, ni miniaturistes, ni industriels chargés d'appliquer l'art aux objets de la vie privée : il y avait des artistes (chacun était artiste) qui, formés par l'étude du corps humain, étaient devenus maîtres de leur art et l'appliquaient ensuite avec succès à la donnée la plus difficile, comme à ses programmes inférieurs. Je ne citerai pas, la liste en serait longue, les architectes qui furent sculpteurs, et les sculpteurs qui, comme Polyclète, excellaient dans l'architecture, ceux d'entre eux qui pratiquaient en même temps la peinture : Phidias débuta par être peintre; mais je donnerai deux exemples de l'art associé aux lettres et s'alliant sans hésitation avec l'industrie. Paul Émile ayant demandé aux Athéniens, pour élever ses enfants, le plus célèbre de leurs philosophes, et, pour peindre son triomphe, le meilleur de leurs peintres, ils ne choisirent qu'un seul homme : Métrodore réunissait ces deux mérites. Pausias, un peintre célèbre, dont le talent avait inspiré assez de confiance pour qu'on le chargeât de restaurer les peintures de Polygnote sur les murs de Thèbes, Pausias peignait en même temps des décorations d'appartements, de murs, de lambris et de plafonds. L'histoire des arts dans l'antiquité est remplie de ces faits. Zeuxis même, et c'est tout dire quand il s'agit de talent incontestable et de gloire acquise, Zeuxis, enrichi par l'exercice de son art et remplissant la Grèce de sa renommée, ne dédaignait pas de tracer ses compositions sur les vases de la céramique la plus ordinaire. Cette limite si précise que nous prétendons tracer entre l'art et l'industrie n'existait donc pas, ou du moins la transition était si insensible que l'industrie semblait être un emploi courant, facile et comme secondaire des facultés de l'artiste. Elle était abandonnée à des élèves livrés à eux-mêmes soit par le départ, soit par la mort de leurs maîtres, et à des artistes qui, n'ayant pas réussi dans les grandes œuvres de l'imagination, trouvaient chez un bronzier, un orfèvre ou un potier l'emploi d'un talent, incomplet sans doute, mais préparé par les plus sérieuses études et nourri des meilleurs principes. Ces jeunes gens apportaient dans la décoration d'un fauteuil ou d'un lit, d'une lampe, d'un bouclier, d'un coffret ou d'un vase, un sentiment supérieur à leur œuvre et des traditions de goût maintenues avec d'autant plus de respect qu'elles étaient rigoureusement exigées par une clientèle difficile à satisfaire. De cette domination exercée par l'ouvrier sur l'œuvre qu'il entreprend découle le bon sens ou la convenance des formes, l'application heureuse de la décoration des monuments aux ustensiles les plus vulgaires, en un mot l'alliance de l'art et de l'industrie.

Il n'y eut donc pas chez les Grecs des artistes et des industriels, mais il y avait des artistes à divers degrés de talent, dont les productions se distinguaient surtout par la différence de leur destination. Un exemple excellent de cette confusion, disons mieux, de cette fusion, se trouve dans Plutarque. L'illustre biographe parle des magnifiques constructions entreprises à Athènes par Périclès, et menées si rapidement à bien aux dépens du trésor commun des villes alliées : « Il meit en « avant au peuple des entreprises de grands édifices et des des« seings d'ouvrages de plusieurs mestiers qui ne se pouvoyent « achever que avec long traict de temps, afin que les citoyens « qui demouroyent en la maison eussent moyen de prendre « part aux deniers publics, et de s'en enrichir aussi bien comme « ceulx qui alloyent à la guerre, qui servoyent aux vaisseaux « sur la mer ou qui estoyent en garnison à la garde des places : « pour ce que les uns gaignoyent à fournir les matières, « comme la pierre, le cuyvre, l'yvoire, l'or, l'ébène et le cyprez ; « les autres à les mettre en œuvre et à en besongner, comme « les charpentiers, mouleurs, fondeurs, imagers, maçons, « tailleurs de pierres, teinturiers, orfèvres, menuisiers, beson« gnans d'yvoire, peintres, ouvriers de marquetterie, tour« neurs ; les autres à conduire les estoffes et à les fournir, « comme marchands, mariniers, pilotes ès choses qui s'ame« noyent par la mer, et par terre les charrons, voituriers, char« tiers, cordiers, carriers, selliers, bourreliers, pionniers pour « applanir les chemins, fouilleurs de mines. Davantage chasque « mestier comme capitaine avoit soubz soy sa propre armée « de maneuvres, gaignans leur vie à la peine de leurs bras « seulement, pour servir comme d'outilz et d'aides aux mais« tres ouvriers ; de manière que la besongne, par ce moyen, « venoit à espandre et distribuer le gaing à toute aage et à toute « qualité et condition de gens.

« Or, celuy qui luy conduisoit tout et avoit la superinten« dance sur toute la besongne estoit Phidias, combien qu'il « y eust plusieurs autres maistres souverains et ouvriers très« excellents à chasque ouvrage. »

Je ne me suis pas servi sans intention de l'attachante traduction d'Amyot. Les expressions du vieil helléniste sont comme ces touches de pinceau qui, dans un tableau ancien, fixent sa date; ici elles rapprochent cette scène des grandes entreprises du moyen âge et de la Renaissance, on croit assister aux immenses travaux de construction d'une cathédrale comme celle d'Amiens ou à l'édification d'un magnifique château comme celui de Fontainebleau. Même activité dans une grande association, même ruche de travail où chacun, quel que soit son art ou son talent, se range sous les ordres du chef pour accomplir consciencieusement sa part de l'œuvre, en ne prétendant qu'à une gloire collective.

Cette subordination a été l'un des éléments de succès des Grecs. Si nous nous reportons à la plus grande époque de l'art, à sa plus belle création, à son représentant le plus illustre, nous pouvons saisir dans l'ensemble de ce Parthénon, dont Plutarque vient de nous faire le tableau, l'esprit qui anima les artistes à Athènes. Une exécution irréprochable dans les moindres détails du monument suppose une association dévouée à son œuvre; l'absence de toute signature indiquant la part des artistes dont la main s'est trahie involontairement dans des sculptures exécutées toutes d'après un modèle créé évidemment par une seule main, prouve la soumission des élèves devant l'autorité du maître; ce n'est pas l'abnégation, c'est un sentiment naturel de retenue qui étouffe les prétentions quand il s'agit d'une participation presque manuelle, et réserve pour des œuvres personnelles un droit de signature dont on était excessivement jaloux, et que le maître de l'œuvre, dans cette occasion même, maintenait pour lui au risque de sa vie.

On n'ignore pas que les Athéniens, dans cette circonstance exceptionnelle, avaient défendu à Phidias d'inscrire son nom sur la Minerve, et qu'ils le jetèrent en prison parce qu'il avait substitué son portrait à sa signature. Si l'on scrute attentivement l'antiquité, on voit cet amour-propre se dessiner aux deux extrémités de l'échelle : au haut, les artistes déjà célèbres qui signent en toutes lettres et d'une manière assez évidente les œuvres qu'ils considèrent comme leurs chefs-d'œuvre; au bas, de simples potiers et leurs dessinateurs à gages, qui tracent leurs noms sur les vases comme un marchand met son adresse sur sa boutique; au centre, des artistes de grand talent qui s'associent aux créations des architectes, combinent des monuments, reproduisent des œuvres célèbres, et qui, laissant de côté toute prétention personnelle, considèrent l'art comme une carrière qui fait vivre, et s'acquittent de leur tâche avec la même conscience qu'un tisserand, un menuisier ou un employé de bureau, qui ne prétendent pas mettre leurs noms sur l'étoffe, le meuble ou la dépêche qui est cependant bien sortie de leurs mains, tissée, rabotée ou copiée.

Ainsi donc, un même enseignement pour tous, les uns se faisant artistes, les autres se faisant public et juge; parmi les artistes, ceux-ci représentant la nature dans l'expression des passions violentes, dans l'étude des formes animées par le mouvement, ceux-là appliquant leur art à tous les besoins de la vie, dans l'ameublement et dans l'ornementation de la demeure, dans les armes, les bijoux et le costume. Des différences d'appréciation au milieu du public juge, mais une même direction de goût, et un goût simple qui cherche la perfection en toutes choses, et, quand il l'a atteinte, s'y tient et ne se lasse pas d'en voir les répétitions reproduites sous toutes les formes. De là cette grande stabilité dans l'art des Grecs et dans leur industrie, ce perfectionnement, jusqu'au chef-d'œuvre, de chaque donnée qui a pu appartenir dans sa première inspiration à quelqu'un, mais qui, dans sa perfection, est l'œuvre de tous les talents qui l'ont adoptée. Un tableau, une statue, un temple avaient-ils reçu de l'opinion publique cette consécration qui en faisait un chef-d'œuvre, aussitôt les répétitions s'en multipliaient partout : ce tableau, on le copiait sur toutes choses; cette statue, on la reproduisait de toutes les dimensions, on la transformait en bas-relief, en camée, en médaille; ce temple lui-même servait de modèle aux temples de la Grèce et de ses colonies. Les arts, comme l'amour, sont de grands recommenceurs, et les Grecs, ces amoureux de l'art, ne se fatiguaient pas de contempler sous tant de formes nouvelles ce qui les avait ravis dans sa forme première; ils excellaient moins par les facultés inventives que par ce don de perfectibilité, d'épuration, d'idéalisation. La beauté de la forme les préoccupait autant que l'idée qui s'y rattachait, et ils montraient dans leur admiration une constance et une fixité qui leur manquaient souvent dans des circonstances plus graves.

De cette liberté laissée à tous de s'appliquer à l'art dans la vaste étendue de son domaine, de cette juste appréciation de la part et des droits de chacun dans l'œuvre créée en commun, de cette facilité accordée au talent de profiter des idées et des chefs-d'œuvre des grands artistes, soit pour les copier, soit pour les faire entrer dans des combinaisons nouvelles, sans que des lois fiscales en protégeassent sordidement la propriété, résulta un art sublime et une industrie incomparable, art et industrie confondues, créant à l'envi les grandes œuvres de l'architecture et les productions charmantes de la céramique, les statues des dieux et les miroirs des courtisanes, les scènes historiques du Pœcile et les peintures des vases, les trépieds de bronze du temple et les colliers d'or des femmes, les pierres gravées et les médailles, tout un ensemble de perfections répondant à un ensemble d'institutions vivifiées par les lettres, la poésie et la philosophie, par l'amour de la gloire, de la patrie et de la liberté. De la liberté: oui, c'est sous sa sainte protection mieux encore que sous l'égide de Minerve que s'épanouirent les arts de la Grèce au milieu d'un monde entier courbé sous le joug d'un sacerdoce immuable, d'une tradition aveugle ou d'une tyrannie brutale, et à Thémistocle revient l'honneur d'avoir contribué à affranchir de toute entrave le travail et l'industrie; il voulait faire prospérer Athènes, la peupler, la vivifier, et la liberté lui sembla le ressort le plus puissant de l'amélioration qu'il projetait. Non-seulement l'industrie fut libre, mais les ouvriers qui la faisaient fleurir avaient, comme citoyens, leur part de droits dans l'administration de l'État, et Périclès, en rendant leur existence plus prospère, augmenta encore la dignité de leur position. Les esclaves ne vinrent que plus tard porter atteinte à cette belle organisation.

Ces arts, cette industrie, ainsi protégés par des institutions favorables à la liberté, ainsi vivifiés par un public délicat, avaient-ils besoin, pour progresser, de ces concours publics que nous appelons des expositions? Évidemment non. Dans les mœurs de l'antiquité et de l'Orient, l'art et l'industrie s'épanouissaient au soleil, au grand air, au regard de tous; l'un et l'autre n'en étaient point arrivés à cette satiété qui produit sans but, qui accumule des ouvrages de toutes sortes au hasard et pour tenter des curiosités banales, des goûts indécis; l'art et l'industrie créaient pour une destination bien définie, et l'exposition de leurs œuvres se faisait chaque jour et à toute heure sur la voie des Trépieds ou sur celle des Tombeaux, dans les temples et sous les portiques, au milieu des jardins de l'Académie et dans les gymnases, au théâtre ou au stade.

Il y avait bien chez les anciens l'emporium; mais c'était un entrepôt des marchandises envoyées par le commerce, et, sous ce rapport, le Pirée tout entier pouvait être considéré comme un vaste entrepôt, puisque les marchandises du monde des Grecs étaient exposées, dans ses rues et sur ses quais, à la curiosité des désœuvrés d'Athènes et des négociants de toute la Grèce. Le caractère exclusivement mercantile de cette réunion d'objets de diverses provenances la distingue des expositions modernes, et la rapproche plutôt de nos grandes foires du moyen âge. Je ne passerai pas non plus sous silence les processions solennelles de certaines grandes fêtes dans lesquelles on promenait sous les yeux de la foule les productions rares des contrées éloignées et de l'industrie des peuples étrangers : celle qu'organisa dans sa ville d'Alexandrie Ptolémée Philadelphe présentait une réunion d'œuvres d'art, de meubles et d'ustensiles de la vie privée, apportés de loin, bien faits pour attirer l'attention, et qui peut-être devaient servir de modèles; mais on comprend que ces expositions rapides ne purent laisser que des impressions passagères, et qu'elles ne participaient en rien du caractère d'utilité de ces vastes expositions dont on classe de nos jours les objets avec tant de méthode, pour que le public apprécie mûrement les progrès accomplis, pour que les hommes compétents les comparent, les jugent et les récompensent. D'ailleurs, il s'agit déjà d'une époque comparativement moderne et de circonstances tout à fait particulières. Les généraux d'Alexandre, devenus souverains en Égypte et en Asie, adoptant par politique et par goût les habitudes de magnificence de ces contrées, n'en étaient pas moins restés Grecs par le cœur, par le souvenir et plus encore par la conscience hautaine de la supériorité de leur patrie. Le goût des arts persistait donc au milieu de l'étalage du faste oriental, et ce goût, en dépit des difficultés qu'il trouvait à se satisfaire, était exclusif pour les arts de la Grèce.

Le premier soin des Ptolémées, des Séleucides et de leurs collègues fut de consacrer une partie de leurs richesses à acheter en Grèce des tableaux, des statues, des camées et pierres gravées, en outre, tout l'ameublement de la demeure, et les vases peints et les trépieds de bronze, délicieux entourage de la vie privée qui faisait illusion sur l'éloignement de la patrie, dont le regret ne pouvait être compensée ni par les richesses de l'Asie ni par les splendeurs des bords du Nil. Ce n'était plus, comme à Athènes, l'ornement conséquent, et pour ainsi dire le fruit venu naturellement sur l'arbre; une collection artificielle avait formé ces pinacothèques où les œuvres des vieux maîtres de Sicyone et d'Égine coudoyaient les productions des artistes vivants d'Athènes et de Corinthe : le pouvoir des richesses et ses séductions avaient transplanté, avec une égale brusquerie, les hommes et les choses; les philosophes, lès poëtes, les artistes de la Grèce trouvaient près des successeurs d'Alexandre, les uns le refuge le plus consolant contre les injustes persécutions de leurs concitoyens, les autres un asile charmant, entouré de tout ce qu'il fallait de jouissances raffinées pour compenser l'exil qu'ils s'étaient volontairement imposé.

Quand, à l'imitation de ces souverains grecs, les colonies de la Grèce eurent adressé de tous côtés à Athènes des demandes du même genre, quand l'Attique fut devenue la pourvoyeuse générale du monde d'alors en objets d'art de toutes sortes, on conçoit l'espèce de perturbation momentanée que cette affluence de commandes pouvait apporter dans les ateliers; je dis dans les ateliers, je ne dis pas dans le goût public. En effet, le public grec resta fidèle à ses errements distingués, à son culte pour l'art dans ses données les plus pures, dans son programme le mieux raisonné; mais tandis qu'il continuait à chérir dans l'art tous les genres de perfection; tandis que, même au milieu des excès du luxe qu'une immense prospérité commerciale développait à Athènes, à Corinthe, et dans les principales villes de la Grèce, il ne comprenait l'art que créant les choses qui le passionnaient, qu'ornant les monuments qu'il élevait, qu'embellissant tout ce qui l'entourait, que vivant, en un mot, de la vie qu'il animait lui-même, ses compatriotes du dehors demandaient aux artistes grecs des ouvrages créés sans but déterminé, des statues hors de propos, des tableaux sans destination précise, ou qui n'en devaient pas avoir, puisqu'ils étaient appelés à se juxtaposer au hasard dans une pinacothèque, à côté d'autres œuvres étonnées de se rencontrer ensemble. L'artiste grec, habitué à pratiquer un art appliqué aux besoins de la vie, un art vivant, ne comprenait pas mieux que le public cet art mort-né dans les catacombes d'un musée, et il n'aurait pas résisté aux tendances fâcheuses de ces tiraillements, si trois circonstances favorables n'avaient conjuré ce désastre : en premier lieu, le goût public, qui, comme une direction supérieure et puissante, maintint la dignité et la pureté de l'art; en second lieu, l'admiration exclusivement réservée aux chefs-d'œuvre et la préférence accordée à une bonne reproduction d'un ouvrage célèbre sur la création d'une œuvre nouvelle d'un mérite contestable, les étrangers demandant plutôt des reproductions, qui exerçaient la jeunesse, que des compositions nouvelles, qui se fussent produites dans des conditions de hâte et de presse toujours préjudiciables aux arts; en troisième lieu, le peuple grec, exercé au dessin dès l'enfance, formé pendant le cours de sa jeunesse par des institutions favorables au développement du goût, était prêt à réussir rapidement dans la carrière des arts, qui offrait désormais de si beaux profits, et on vit le nombre des artistes s'augmenter sans que le niveau de l'art baissât d'une manière sensible. On doit attribuer à ces trois causes le maintien et la résistance des saines doctrines de l'art, les moyens trouvés si facilement de répondre aux demandes d'objets d'art sans altérer la sérénité des artistes créateurs, les moyens aussi de suffire, par la prodigieuse multiplication des artistes, aux besoins non moins prodigieux de têtes ingénieuses et de mains habiles pour façonner toutes les données de l'art et les plier à toutes les exigences de l'industrie.

La civilisation grecque eut, à toutes les époques, ses grandes entrées en Italie et ne cessa jamais de communiquer aux habitants de cette contrée les œuvres et les procédés de son art; bien plus elle permit à ses artistes, à une époque très-reculée, de porter en Italie leurs talents avec ses types, ses mythes et ses traditions. Tant que ces communications eurent lieu, l'art, comme une fontaine qui fait jaillir l'eau dont on emplit son réservoir, lança les jets brillants de cette abondance d'emprunt; mais aussitôt que les guerres, ou les malheurs des temps, détournaient la Grèce de ses occupations favorites, la source de l'art tarissait, l'Italie était frappée de stérilité, car ce qui manquait à sa population, d'ailleurs bien douée, c'était l'éducation artistique, l'enthousiasme pour le beau, et l'imagination féconde qui crée un monde original et le peuple de ses productions.

Rome jeta ses fondements, grandit, prospéra sans sentir la passion des arts, sans avoir le goût du luxe; mais les fiers habitants de cette ville, devenue immense, pensèrent qu'ils se devaient à eux-mêmes de protéger, d'encourager les arts : ils firent appel aux artistes. Les Étrusques leur apportèrent ce qu'ils avaient emprunté. Rome eut le bon goût d'aller chercher l'art grec en Grèce même; malheureusement pour Rome, pour les arts et pour la Grèce, les Romains ne se contentèrent pas d'envoyer à Athènes des fils de famille, de jeunes artistes et des apprentis pour s'instruire dans ses écoles et devant ses monuments; ils y envoyèrent aussi leurs généraux, qui mirent la ville au pillage. Bientôt, les triomphes se succédant à de courts intervalles, les dépouilles de la victoire entassèrent dans Rome les chefs-d'œuvre de l'art grec par milliers et par centaines de milliers. La ville devint un vaste musée où les monuments de l'art, comme dans tous les musées, avaient perdu leur véritable signification, parce qu'ils ne se liaient plus à leur destination première; c'était bien encore un enseignement archéologique, ce n'était plus cet enseignement vivant des œuvres que les artistes grecs avaient produites en harmonie avec les horizons de l'Attique, en rapport avec les besoins et les mœurs, en communion avec le sentiment public. Les Romains n'étaient pas préparés à ce débordement des beautés de l'art; ils en furent comme écrasés et ne se relevèrent de ce coup qu'en affectant plus de grandiose dans l'architecture, plus de vérité dans la peinture, plus de réalité dans la statuaire. A vrai dire, la pratique des arts dans les conditions ordinaires était générale. Comme à Athènes, pas un enfant à Rome qui n'apprît à dessiner, pas d'homme bien élevé qui ne sût plus ou moins représenter un fait quelconque en peinture. Pline énumère complaisamment les chevaliers romains, les préteurs, généraux, proconsuls, consuls, empereurs même, qui exerçaient la peinture avec assez de facilité pour exposer dans le forum des tableaux représentant leurs exploits militaires. Il ne nous dit pas quel était le mérite de ces peintures, et je doute, rien qu'en voyant le célèbre compilateur vanter quelques-uns de ces tableaux *parce qu'ils ont été peints de la main gauche*, qu'un Grec s'en fût fait un titre d'honneur.

Quoi qu'il en soit, on trancha du connaisseur, on disserta à perte de vue, on se jeta dans mille systèmes : ici l'engouement pour le style grec primitif, là un retour archéologique décidé vers le style égyptien, partout le luxe des belles matières; même pour la statuaire, le marbre blanc ne suffisait plus : le marbre coloré, le basalte, le granit et le porphyre furent employés. Dans ces efforts de prétendue jeunesse, on sent la satiété de la vieillesse, on voit des prétentions de toutes sortes; on cherche vainement la pureté du goût, la pensée élevée, le sentiment profond. Les arts étaient devenus un spectacle, et le peuple romain s'attachait aux statues grecques de ses portiques comme aux acteurs de ses théâtres; il faisait des émeutes quand on déplaçait celles-là, quand on excluait ceux-ci, mais l'âme qui avait animé ces chefs-d'œuvre de l'art lui restait étrangère : c'était une curiosité et une vanité; il eût été indigne de Rome de ne pas égaler Athènes. Évidemment ce peuple est trop positif : l'art pour lui n'est plus une part de la vie, ce n'en est même plus le luxe; c'est un mode d'influence, une action gouvernementale, un auxiliaire de la grande voirie. Les Romains demandent à l'architecture des aqueducs, des ponts, des arcs de triomphe, des thermes, des théâtres, des cirques, des forums, et ils installent partout comme marque de leur puissance, dans Rome et dans les provinces conquises, ces monuments au caractère grandiose. De là un art majestueux, à physionomie municipale. Pour conséquence de tant de manières diverses d'étudier et de sentir, on trouve une absence d'école, une divergence de vues, un mélange de styles, et cependant le feu sacré allumé par la Grèce n'était pas étouffé; il brûlait d'une intensité assez vive pour résister à tant d'influences destructives, pour produire encore, à Rome, des monuments magnifiques embellis par la peinture, une statuaire iconographique puissante, de beaux camées et des médailles excellentes, des armes, des bijoux et tous les ustensiles de la vie privée, réminiscences appesanties, mais toujours charmantes des inventions grecques.

Au milieu du dissolvant de toutes ces influences, dans cette immense et trop rapide production d'un luxe sans frein, l'art et l'industrie restèrent d'autant plus unis que les Romains voulaient des applications utiles, et que les artistes grecs, qui n'avaient jamais scindé les deux impulsions, trouvaient matière, dans les immenses travaux commandés par les empereurs et les riches de Rome, aux combinaisons les plus heureuses.

On aurait droit de s'étonner que l'industrie, poussée à ce débordement, n'ait pas cherché un moyen de réunir ses productions pour les montrer au public, n'ait pas organisé quelque chose d'analogue à nos grandes expositions. Bien des causes expliqueraient l'absence, dans le gouvernement romain, de cette institution qui prend de nos jours une si grande place dans la vie publique; mais il suffira de faire ressortir celle qui domine les autres. Toutes les œuvres d'art produites à Rome ayant une destination, et presque toujours une destination publique, les artistes d'alors n'avaient pas besoin de cette publicité que recherchent les nôtres; en outre, ils n'auraient pu retirer leurs œuvres des monuments qu'elles décoraient pour les réunir dans un local destiné aux expositions, et, bien plus, ils n'auraient pas compris l'utilité de ce rapprochement, de cette juxtaposition forcée de peintures et de statues qui, dès lors, ne s'expliquaient plus par leur but, par leurs entours, par toutes ces circonstances qui ont préoccupé l'artiste et qui donnent à une œuvre d'art sa signification sérieuse et sa valeur véritable. Il n'y eut donc pas d'exposition semblable aux nôtres; mais l'intention, le but et le résultat ont été les mêmes. Les œuvres d'art, soit qu'un général les arrachât aux sanctuaires de la Grèce, soit qu'un tribun ambitieux de popularité les commandât aux artistes grecs établis à Rome, étaient toujours exposées en public, dans les temples, sous les portiques ou dans les forums. On ne pouvait, il est vrai, pénétrer dans les habitations particulières, dans ces bibliothèques ornées de statues et de tableaux par la passion d'un Cicéron, et dans ces villas embellies de chefs-d'œuvre de l'art par la prodigalité d'un Lucullus; mais, outre que ce luxe n'approchait en rien de la richesse des lieux publics, il fut plus d'une fois question de livrer ces objets d'art à la curiosité des citoyens, et Agrippa, au rapport de Pline, avait prononcé avec succès un discours sur la nécessité d'exposer en public, à Rome, tous les tableaux et statues devenus richesses particulières. Quant aux ouvriers, étant tous esclaves, ils n'avaient aucune initiative, aucune prétention d'amour-propre, aucune ambition de gloire. La fainéantise d'un peuple corrompu, bien plus qu'un sentiment de supériorité mal entendue, avait frappé l'industrie de cette indignité.

Les Romains, race militaire, s'étaient constitués puissance par les exploits de la guerre; mais la portion de la population de Rome qui aurait dû représenter l'élément pacifique et industriel n'offrait que le spectacle dégradant d'une immense agglomération cupide et abjecte. Tandis que le nom et la puissance du peuple-roi s'étendait aux confins de la terre, tandis que Rome prétendait au sceptre de l'intelligence, comme elle possédait en réalité le sceptre du monde, les arts, les sciences et l'industrie étaient abandonnés aux étrangers et aux esclaves; ils étaient, pour ainsi dire, interdits aux citoyens romains. Denys d'Halicarnasse fait remonter à Romulus, c'est-à-dire à l'établissement même des Romains, cette interdiction incompréhensible; mais cet auteur écrivait sous l'empire, et ce qu'il attribuait à une loi aussi ancienne n'était que le résultat d'une incapacité notoire, reconnue avec le temps et constituée en interdiction traditionnelle par habitude de paresse. Quoi qu'il en soit du motif, l'interdiction était réelle; les Grecs avaient l'entreprise et la direction des arts, les affranchis cultivaient les sciences et les lettres, les esclaves seuls exerçaient les métiers. Des hommes comme Crassus, comme Atticus, qui comptaient les esclaves par milliers, avaient organisé leurs travaux et l'apprentissage de leurs enfants; habiles à distinguer l'aptitude de chacun, ils parquaient dans telle ou telle branche de fabrication ceux qui montraient pour elle le plus de dispositions, et tous ces bras, semblables à nos machines, travaillaient sans que le maître mît son honneur dans leur succès et se souciât d'autre chose que du profit qu'il en retirait. Sans doute, il se préoccupait du bien-être de ses esclaves, il affranchissait les plus laborieux après avoir reconnu leurs bons services; mais de même qu'il n'avait d'autre pensée que de s'enrichir pour briguer au moyen de sa fortune les grandes dignités, de même aussi ses esclaves n'espéraient de leurs travaux qu'un accroissement de jouissances matérielles, qu'une vie plus douce.

Il ne manque donc à cette époque de production exubérante que deux choses : chez les grands, un sentiment distingué de l'art; dans la foule, un goût exercé capable de juger. Privés de cette direction et de cette digue également salutaires, les artistes marchèrent au gré d'une imagination désordonnée, et la décadence de l'art était complète à Rome quand, au IVe siècle, il émigra à Byzance.

De cette décadence, qui se poursuivit dans la capitale de l'empire d'Orient, je ne veux faire ressortir que l'absence d'imagination et l'excès de luxe qui en furent le caractère et qui expliquent comment dans cette ville, je dirai mieux dans cette capitale du monde, non-seulement l'art et l'industrie ne firent qu'un, mais l'industrie absorba l'art, l'art ayant échangé ses pensées contre des tours de main. Et de cette circonstance se déduit un autre fait bien important dans l'histoire de l'art en Occident, c'est le maintien et la mise en œuvre non interrompus de tous les procédés, de toute la technique de l'art antique dans ses applications industrielles. Je dis que ce fait est important, parce qu'il explique comment l'art, dans sa pratique matérielle, a pu traverser presque tranquillement des temps si malheureux pour l'Occident et venir se prêter aux goûts de luxe que réveilla au VIIIe siècle la sécurité toute nouvelle, la prospérité engageante du grand empire de Charlemagne.

A la même époque, les populations arabes, retrempées par le fanatisme d'une nouvelle religion, exaltées par leurs victoires, enrichies par leurs conquêtes, s'abandonnèrent aux douceurs de la paix sous des chefs habiles, sages et éclairés. Les arts et les sciences charmèrent leurs loisirs, et ils surent trouver, dans l'imitation ingénieuse de tout ce qui les entourait, l'expression originale de leur pensée, la physionomie propre à leur nature. Le style arabe est une déviation de l'art antique avec un mélange de caprices orientaux et d'imitations byzantines. Les pèlerinages et les croisades, entre le VIIᵉ et le XIIIᵉ siècle, ont été la voie et le fil conducteur de l'influence orientale sur les goûts et les arts de l'Occident. Cette période de cinq cents ans vit toutes les intelligences ouvertes aux nouveautés, toutes les natures passionnées, en deux mots l'imagination et la foi, en marche vers le saint sépulcre, et malgré les dangers du voyage, en dépit des malheurs des croisades, l'Europe faire son tour de Terre-Sainte. Plus de quatre millions d'hommes partirent pour ces contrées lointaines, et assistèrent au spectacle inattendu de la civilisation avancée de ces soi-disant barbares, comparée à la barbarie de l'Europe soi-disant civilisée. Revenus au foyer domestique, ces pieux voyageurs, ces hardis croisés, avaient la tête remplie de souvenirs assez vagues qui confondaient les monuments élevés par les chrétiens d'Orient et ceux que construisaient les Arabes musulmans; ils rapportaient, soit conquis sur le Sarrasin au risque de la vie, soit acquis à prix d'argent dans les bazars de Jérusalem, de Damas et du Caire, des étoffes, des tapis, des armes, des bijoux, de petits meubles, tous les ustensiles de la vie privée, autant de témoignages irrécusables de ces longues et méritoires pérégrinations. Tout ce qui venait de la Palestine était pieux et sacré aux yeux de ceux que l'impuissance de l'âge ou la faiblesse du sexe avait retenus en Europe; l'étoffe à la légende tirée du Coran était aussi sainte que la relique enchâssée par les artistes chrétiens de Constantinople, le vase des fabriques mahométanes de Damas aussi vénéré que les chapelets de Jérusalem et les coquilles sculptées de Bethléem; ce qui sentait par trop l'infidèle était compensé par un parfum de Terre-Sainte, et ce dévot engouement, rencontrant tout un art d'une élégance nouvelle et délicieuse, faisait naturellement pencher le goût vers un style qui n'avait pas besoin d'un aussi pieux cortége pour être apprécié, si bien que les Arabes de Cordoue et de Grenade, en Espagne, de Palerme et de Messine, en Sicile, trouvèrent commode de défrayer l'Europe de produits analogues et qui passaient pour orientaux, si bien que les Vénitiens aussi, toujours à l'affût des sources du gain, voyant ces marchandises orientales à la mode, s'appliquèrent avec une admirable adresse à contrefaire étoffes, verreries, bronzes et fer ciselés, tout l'art et toute l'industrie des Arabes et des Byzantins, et ils les répandirent en immense quantité sur les marchés de l'Europe par les mille voies commerciales que leur industrie s'était ouvertes. Le style byzantin et le style arabe, dans leurs formes si riches, si abondantes, si variées, devinrent ainsi, pendant toute la durée du moyen âge, la préoccupation de l'Occident; de leur fusion, ainsi que du mélange avec le vieux fonds romain qu'entretenaient les traditions des corps de métiers, sortit le style gothique, autre expression vraie, originale, d'une renaissance puissante; mais n'anticipons pas.

Toutes les contrées de l'Europe, conquises par les Romains, avaient accepté, avec leur domination, la langue, les lois et les arts de leurs vainqueurs. Les traditions grecques, qui régnaient sur le littoral de la Méditerranée, dataient de la colonisation et se fondirent, en l'épurant, dans ce nouveau courant; quant aux influences indigènes, elles marquent dans le détail, elles passent inaperçues dans l'ensemble. La Gaule était donc romaine dans le style de ses artistes et dans les procédés de ses ouvriers; tout prouve qu'elle montra dès lors cette rare aptitude et ce bon goût qui la distinguent de nos jours. Du IVe au VIIIe siècle, une grande inondation de barbarie avait dévasté en Occident le champ de la civilisation; Charlemagne attira quelques rayons de la splendeur byzantine sur son empire naissant, et la cour magnifique d'Aix-la-Chapelle donna le ton au reste de l'Europe.

Ce fut un météore, car déjà, au milieu du IXe siècle, l'obscurité était de nouveau complète; mais il resta de cette renaissance orientale, greffée sur les traditions romaines, quelques grandes constructions et le souvenir de la protection de l'État. Faisons attention à ce fait, parce qu'à partir de Charlemagne nous allons trouver tous les grands mouvements de l'art stimulés par l'initiative intelligente et la protection éclairée de nos rois, et que cette coïncidence expliquera l'habitude qui s'est introduite parmi nous de laisser au souverain, avec le soin de décider de la paix et de la guerre, la charge de faire les renaissances et de diriger les arts. A ce point de vue, le pays se considère comme en tutelle; il s'attribue ses progrès, mais il accuse son Gouvernement de ses défaillances, et il ne lui pardonnerait pas une décadence.

Inutile de faire le tableau des arts et de l'industrie au xᵉ siècle; on ne saurait comment l'éclairer, avec quoi l'animer, si ce n'est avec la torche de l'incendie et avec des flots de sang. On voit bien de grands établissements religieux se former et devenir le refuge des lettres et des arts, on sait qu'au retour de la Terre-Sainte, voyage qui se faisait par terre en passant par Constantinople, les pèlerins s'arrêtaient quelques jours ou rentraient définitivement dans ces saints asiles, y apportaient des étoffes, des reliquaires et mille objets de fabrication byzantine, y recueillaient aussi leurs souvenirs encore frais et le résultat de leurs études, y faisaient des récits écoutés avec avidité; puis ils se remettaient, avec leurs frères, à l'œuvre de la civilisation occidentale sous l'impression de ces charmantes traditions des beaux-arts que l'antiquité avait léguées à l'Orient. Au commencement du xiᵉ siècle, Cluny, l'immense abbaye, dont les couvents de Grèce, de Syrie et d'Arabie m'ont donné le tableau, était une grande maison industrielle. On y faisait son salut, mais on y faisait toutes choses en même temps, pour l'habillement des moines et le service du couvent, pour l'augmentation de la bibliothèque, pour l'ameublement de l'église, des chapelles et des succursales, pour les cadeaux aux grands protecteurs, comme aussi pour la vente et le profit. L'art et l'industrie étaient là en plein exercice comme encore aujourd'hui dans les couvents de l'Orient, où la communauté se règle suivant les lois de l'association, avec abnégation par tous les membres et d'après les capacités de chacun, sans gloire personnelle, mais avec conscience et pour l'utilité de l'œuvre.

Tout l'art et toute l'industrie, depuis la plus fine orfévrerie jusqu'à la plus grossière étoffe, étaient confinés dans ces cloîtres; mais bientôt la sécurité générale les appelle au dehors, et ils franchissent les murs du couvent. Cette émancipation allait avoir lieu d'elle-même; saint Bernard l'activa. Le grand réformateur condamnait l'excès du luxe dans les couvents, il en avait provoqué la réforme jusqu'à l'exagération; les laïques, au contraire, commençaient à s'y habituer, et c'est en dehors des asiles de la piété et de l'abnégation que l'industrie fit fortune, en se constituant toutefois sur les mêmes bases, mais au milieu de la commune et en corporations de métiers.

L'art était alors un procédé mécanique, esclave de la tradition. Les moines suivaient servilement les modèles qu'ils avaient reçus de l'Italie ou de l'Orient, et ne se sentaient entraînés à innover ni par leur imagination ni par leurs talents. Une nation jeune ou rajeunie, comme l'était la France, n'adopte pas les types de convention, le style emprunté et des procédés même perfectionnés, sans les renouveler bientôt par l'étude de la nature et une originalité propre. Ainsi se signala la renaissance du XIIe au XIIIe siècle; c'est au point que nous trouvons dans quelques-unes de ses statues une pureté de traits, une vivacité d'expression, et dans leurs attitudes des poses si nobles, que nous hésitons à décider si elles appartiennent à la Renaissance du XVIe siècle ou si elles ne sont pas de simples imitations de l'antique. Ni l'idée chrétienne du Dieu fait homme et de ses apôtres sortis du peuple, ni les usages et les costumes du temps, ne favorisaient dans cette renaissance le retour au culte de la forme, tel que les Grecs l'avaient conçu. Les artistes gothiques auraient atteint, j'en suis convaincu, jusqu'à la beauté idéale, jusqu'à l'étude la plus hardie du nu, si telle avait été la tendance de leurs contemporains; mais on voulait des types d'une vérité saisissante, d'une expression souffrante et mystique, vêtus avec la décence claustrale des modes de l'époque, et, en se soumettant aux exigences de ce programme restreint, les artistes du XIIIᵉ siècle le remplirent avec la distinction, la simplicité, la noblesse, qui resplendissent si magnifiquement depuis le pied jusqu'à la cime des cathédrales de Chartres, de Reims, de Strasbourg, d'Amiens et de vingt autres villes. Ce retour à la source pure de la nature, efforts persévérants d'artistes isolés, devient plus évident à mesure que l'on avance dans le XIVᵉ et le XVᵉ siècle; la peinture, la sculpture, l'orfévrerie, en offrent mille exemples remarquables, et quand, à la fin du XVᵉ siècle, nos promenades militaires au delà des monts nous eurent appris quelle renaissance un retour vers l'antique avait produite en Italie, nous étions arrivés à peu près au même point, mais par une autre et meilleure route, celle de la nature.

Ces efforts de nos artistes avaient pour but d'animer la statuaire et la peinture; ils étaient accompagnés d'études pratiques sur l'art de bâtir suivant les règles et les traditions transmises par les maîtres qui avaient construit les immenses et majestueux édifices des XIᵉ et XIIᵉ siècles, mais d'après des principes nouveaux. Les architectes étaient devenus laïques, comme les artistes qui s'appliquaient à l'industrie; placés plus près des hommes, initiés à leur vie, à la marche des idées et au progrès du bien-être, leur but fut désormais de satisfaire les besoins nouveaux, les goûts à la mode, et de tirer le meilleur parti des matériaux, en greffant les innovations qu'ils méditaient sur l'ancien fonds d'architecture antique mélangé d'influences orientales qu'on nomme le style roman. Quelles étaient, quelles auraient dû être ces innovations? Devait-on, pouvait-on revenir à l'architecture antique dans ses principes de pureté première? Il n'est pas douteux qu'on l'eût dû, il ne me paraît pas certain qu'on l'eût pu. Le cours donné à la décadence des arts à Constantinople, dès le IIIᵉ siècle, avait encore une certaine force d'impulsion : c'est le style gothique qui devait l'épuiser.

Voyons donc comment on répondit à ces besoins, à ces goûts, à la nature de ces matériaux. On donna plus d'élancement à tous les supports qui élevaient les voûtes comme autant de ciels; on amincit les piliers et on agrandit les fenêtres pour donner plus d'air et de lumière à ces grands édifices : voilà pour les besoins; les formes de toute l'ornementation résultèrent d'un mélange de réminiscences de l'antique, de l'Orient et des productions de la nature : voilà pour répondre aux souvenirs des pèlerins et des croisés, aux tendances chaque jour plus élégantes et à un ensemble de civilisation qui progresse; enfin le style particulier de l'architecture gothique, déduit de l'art antique, mais modifié suivant les exigences des nouvelles voûtes, de leur poids et de leur poussée, fut la conséquence de l'emploi des petits matériaux et d'un mode de construction plus hardi, plus hâtif, mais moins puissant.

Sous l'empire de ces conditions nouvelles, au moyen de ces études rajeunies, se forma cette admirable modification du style roman, dont le tiers-point des arcs est un détail, l'élancement vertical des lignes, le caractère, et l'ornementation le véritable mérite, tant elle est ingénieuse à faire valoir toutes les innovations, à parer des nécessités déplorables, à tirer parti même de défauts obligés et révoltants. Là n'est pas seulement l'architecture gothique; là est aussi l'art gothique tout entier, car il devint l'expression de l'art dans toutes ses formes, et fut appelé à orner et à meubler tout à la fois l'église et le palais des rois, le château du seigneur, l'hôtel de ville et les maisons des bourgeois enrichis par le commerce.

On a tenté d'ériger le style gothique en type exclusif et universel du christianisme, en style religieux par excellence : c'est une erreur à la fois et une injustice. L'Italie et l'empire grec ne l'ont point connu à ses débuts. Quand il dominait déjà en France, en Angleterre et en Allemagne, le Midi et l'Orient l'ont accepté à titre d'importation étrangère, mais sans y associer leur âme, et tout disposés à lui prouver leur indifférence avant même qu'il fût passé de mode dans les pays qui lui avaient donné la vogue. Il en a été autrement dans le nord de l'Europe : là le style gothique, né dans l'église, s'est développé au sein du catholicisme dans son plus grand mouvement de ferveur pieuse, et il en est devenu pour nous l'expression la plus éloquente.

Même au milieu de l'Europe du nord, le style gothique n'est pas sorti de terre partout à la fois : il a eu son berceau dans l'Ile-de-France, et ses vrais protecteurs dans nos rois. Paris était alors dans l'apanage et sous l'administration immédiate de nos souverains. Dès le XIIe siècle cette ville était riche, savante, élégante; son luxe, ses écoles, ses modes, avaient autorité dans le monde, et, au milieu de cette grande rénovation de l'art qui se dessine franchement au commencement du XIIIe siècle, Philippe-Auguste n'eut qu'à suivre les tendances et à prendre les hommes qui lui étaient désignés par leurs succès. Il s'éleva pendant ce règne, et sous l'impulsion de ce puissant monarque, une forêt de cathédrales et d'églises des plus grandes dimensions, et cette fièvre de bâtisse n'était égalée que par la fièvre de piété qui la stimulait. En 1245, Pierre de Montereau, revenant de l'Orient avec saint Louis, consacra la place du style gothique dans l'histoire de l'art; il prouva, en élevant la délicieuse Sainte-Chapelle du palais royal, qu'il n'y a pas d'erreur si grave, pas de déviation si fâcheuse des sages principes, qu'un sentiment profond, uni au génie, n'élève à la dignité de chef-d'œuvre.

Dans le domaine royal, c'est-à-dire dans le cercle d'action de souverains éclairés et amis du luxe, sous les yeux d'une cour formée de longue date à ce qui est devenu le bon goût, sous l'impulsion d'un clergé plus mondain que dans d'autres centres où il était aussi puissant, plus courtisan surtout et assez habile pour employer, suivant les tendances de la cour, les dons immenses qui lui venaient d'elle ou par elle, ce caractère d'élégance royale, qui marquait déjà dans la renaissance provoquée par Charlemagne, domina si impérieusement dans cette nouvelle renaissance du XIIe au XIIIe siècle, qu'il exerça son influence non pas seulement sur la France, mais sur l'Europe entière. On appelle les architectes de Paris, on s'engoue des innovations qu'ils introduisent dans l'architecture, on suit leurs plans, on contrefait leurs édifices. C'est ainsi que l'église de Cologne s'élève en imitation de celle d'Amiens et de la Sainte-Chapelle, qu'Étienne Bonneuil va, en 1287, construire l'église d'Upsal, en Suède, et Guillaume de Honnecourt celle de Bude, en Hongrie, à la même époque. Dans l'entraînement de cette vogue, le style gothique, qu'on devrait appeler le style français, couvre l'Europe.

Il est difficile d'être spectateur attentif de cette grande renaissance et de ces immenses travaux sans se demander quelle était l'organisation du service des bâtiments pendant le moyen âge. Mais il n'est pas facile de satisfaire cette curiosité. Une certaine obscurité règne sur ces détails d'intérieur pendant la période qui précède le XIIIe siècle, et même à cette époque on parvient difficilement à saisir les liens qui rattachent entre eux les artistes, les fonctionnaires et le roi, les artistes de l'abbaye mère et les abbés des maisons succursales, les artistes et la municipalité, enfin les artistes et le conseil de fabrique des immenses cathédrales.

Je crois que dans le domaine royal la direction des bâtiments, confiée de tous temps à l'architecte et placée dès l'origine de la monarchie sous une surintendance qui devint, en raison de son importance, une des grandes charges de la cour, était soumise à un contrôle financier; car le service des bâtiments se complique en tous temps des règles de l'art, des goûts particuliers de l'autorité quelconque qui commande les travaux et des exigences d'une gestion financière, trois intérêts très-conciliables, mais qui ont donné lieu à plus d'un tiraillement. Éginhard exerça la charge de surintendant des bâtiments sous Charlemagne avec une habileté dont témoignent les historiens, et sur une étendue de territoire qu'il n'a jamais été donné depuis à un monarque de posséder. Dans les siècles suivants, l'action royale ne dépassait les limites très-restreintes de son domaine que pour s'étendre aux résidences. Si son influence fut grande sur le goût général, ce fut par le maintien des principes de l'art, par une élégance, une pureté et une distinction traditionnelles, le tout embelli par l'éclat du pouvoir qui fascine les yeux de la foule; mais en dehors de ce petit domaine se trouvait la France tout entière, divisée en royaumes, duchés, provinces, abbayes, municipalités, autant d'autorités indépendantes, soumises à des impulsions très-différentes, qui peuvent toutefois se réduire à l'influence italienne répandue dans tout le Midi, à l'intervention byzantine évidente dans le Périgord et une partie du centre, à quelques courants arabes venus de l'Espagne et traversant le sud-ouest, enfin à la séduction exercée par la cour de France dans toute la contrée qui s'étend au nord de la Loire. Cette séduction imposait, comme nous l'avons vu, bien au delà de ces étroites limites le modèle créé par les architectes du roi. Aussi lorsque l'abbé Suger, avant d'équiper une armée pour la croisade au nom et aux frais de son abbaye, administrait paisiblement les immenses revenus de Saint-Denis et les appliquait à l'embellissement de son église, je doute que le roi de France fût plus magnifique que lui et je suis certain que l'abbé empruntait tout, ou beaucoup, à la cour de France. Quand Pierre de Montereau, au XIIIe siècle, était maître des œuvres royales, Raymond du Temple au XIVe, Jean Cambiche au XVe, je les vois entourés d'une foule d'élèves qui répandent de tous côtés les préceptes du maître et les mettent en œuvre; je vois aussi leurs créations, comme la Sainte-Chapelle de Paris et celle de Vincennes, Notre-Dame de Paris et la chapelle de la Vierge de Saint-Germain-des-Prés, servir de modèles; je les vois enfin appelés eux-mêmes de tous côtés en consultation à Amiens, à Reims, à Troyes, partout où s'entreprend une vaste construction, où se discute un point délicat, où il s'agit d'apporter un prompt et énergique remède. Un même genre de domination s'exerçait dans les abbayes quand l'organisation était puissante, comme dans l'ordre de Cluny, puissante dans la rude traverse des dixième et onzième siècles, puissante encore plus tard au milieu des progrès de la civilisation dont elle est la source. Cluny avait un architecte, maître des œuvres de maçonnerie, qui était souvent un de ces artistes universels comme l'antiquité et le moyen âge en produisaient, aptes à tous les travaux et les exécutant autant qu'ils les dirigeaient. La maison mère et toutes ses filles étaient placées sous la direction de cet architecte et ainsi s'explique une similitude de caractère avec une variété de plans et de dispositions qu'on remarque dans toutes les constructions d'un même ordre, à de grandes distances les unes des autres. La gestion de l'architecte était contrôlée par l'économe de la maison, qui intervenait dans les acquisitions de matériaux et distribuait la paye des ouvriers. Chaque ville un peu importante avait aussi un maître de ses œuvres de maçonnerie : c'était le plus souvent l'architecte de l'abbaye ou de la cathédrale qui cumulait ces fonctions; prêtre ou laïque, il avait la conduite de toutes les constructions municipales, il faisait les projets, présentait les plans, surveillait les acquisitions et les adjudications, et référait de sa gestion au contrôleur municipal.

Rien de plus naturel que le domaine royal, les abbayes et les villes eussent des services de bâtiments régulièrement organisés; ce qui est plus singulier, c'est qu'une église ait eu besoin de les imiter. Pour le comprendre, il faut se rappeler que la construction d'une église durait, sans discontinuer, un ou deux siècles, et maintenait en activité son chantier de travaux au milieu duquel s'élevait la maison du maître de l'œuvre. Celui-ci employait chaque année les fonds que la piété publique mettait au service de l'achèvement de l'édifice; il y usait sa vie; puis il laissait à son élève, souvent son fils, et comme en héritage, la continuation de l'entreprise. Il soumettait ses plans et projets au chapitre, et sa gestion financière au maître de la fabrique. L'importance des travaux, la cherté de la main-d'œuvre et des matériaux, l'incapacité financière et administrative bien reconnue chez la plupart des artistes, les désordres survenus, l'expérience chèrement acquise, toutes ces causes réunies engagèrent les municipalités comme les gens de finances du roi, comme les conseils de fabrique et les économats d'abbaye, à appointer annuellement l'architecte et, en l'affranchissant de tout souci de comptable, à établir pour tous ses travaux un système de régie. Dès le XIVe siècle ce régime était presque général. Il amena naturellement les adjudications au rabais, et chaque corps de métier entra dans l'œuvre, prit une part d'autorité et d'initiative dans la question d'art, ce qui d'abord diminua la liberté d'action de l'architecte et l'annula bientôt complétement. Autrefois c'était un artiste qui remaniait sa cathédrale, comme un sculpteur pétrit sa terre, s'inspirant au milieu même du progrès de son œuvre, la corrigeant en la créant; dorénavant, et tous les jours davantage, ce fut un homme de science et un penseur qui, courbé sur sa table, combina dans sa tête l'œuvre entière, dressa le plan, traça les épures, dessina les moindres détails, ne laissant plus rien à l'initiative personnelle de ses collaborateurs sculpteurs et peintres, prescrivant tout avec une sèche rigueur, et pouvant surveiller, même de loin, l'exécution exacte et servile de la plus vaste église. Dans ce mode, si perfectionné quant à l'organisation, la rectitude domine, l'imagination lui fait place; on obtint une plus complète symétrie et moins d'harmonie, car la symétrie se trouve sur le papier avec une plume ou un compas, l'harmonie se rencontre sous les doigts qui pressent la corde ou la touche, sous la main qui entame le marbre, sous l'action de l'architecte qui élève son édifice de la pensée et de la direction, avec la tête et avec les mains. Ce qui aurait été un bien dans une architecture sérieuse et régulière devenait ainsi un principe de décadence dans l'architecture gothique, qui chercha dès lors dans l'ornementation une vie factice, pour remplacer cette vie réelle qu'on lui ôtait.

L'architecture ne serait rien sans l'assistance des autres arts, mais les arts n'auraient pas d'unité sans l'architecture : aussi les grandes époques de l'art, et les renouvellements caractéristiques qui marquent les phases de son histoire, coïncident avec les grandes constructions. Les offrandes à Dieu qui, comme dans l'antiquité, rachetaient les plus grandes fautes et calmaient les consciences bouleversées, prirent toutes les formes de l'art et servirent à son développement. On n'immolait plus les bœufs par centaines, mais on construisait des chapelles, on élevait des églises, on contribuait à l'édification des grandes cathédrales, et, lorsqu'il s'agissait de meubler et d'embellir ce temple du vrai Dieu, le luxe avait des recherches infinies et n'avait pas de bornes. Ainsi s'explique l'incroyable fécondité des XIe, XIIe et XIIIe siècles; ce qu'il a surgi d'églises dans cet espace de temps, au milieu des cités comme dans la campagne, au compte des villes comme aux frais des moindres villages, est véritablement prodigieux. Les styles roman et gothique sont nés, l'un au XIe siècle, l'autre à la fin du XIIe, de ces grands mouvements de la piété. Cette fièvre a été universelle; mais lorsqu'on examine les édifices religieux dans l'Ile-de-France et dans les provinces qui dépendaient plus ou moins du domaine royal, on remarque qu'ils sont plus nombreux, plus magnifiques, plus complets qu'ailleurs, que toutes les innovations de style qui s'y font jour ont précédé ce qui s'est produit dans d'autres contrées, qu'enfin, avec ces droits à l'invention, elles présentent un caractère d'originalité et de pureté qui en a fait des modèles. Ce grand déploiement d'activité explique donc l'apparition du style gothique et constitue nos droits à son invention. Mais, aussitôt ce style formé, la sculpture et la peinture, qui contribuent pour une si grande part à caractériser l'architecture religieuse, la mère de toutes les autres, s'en détachent par mille voies, pour satisfaire aux goûts du luxe des particuliers; elles s'en détachent, mais pour répandre partout le même style adapté à chaque chose. Cette expansion au dehors, cette adoption générale, et dans toute son étendue, du style gothique consacre la légitimité de son usurpation sur les styles byzantin et roman, en prouvant qu'il n'est pas de commande officielle, de caprice princier ou de fantaisie passagère, mais qu'il est accepté par tout ce qui fait autorité, en se mettant au service de tous les besoins. Au moyen âge, on disait un bijou, un calice, un ostensoir *de maçonnerie*, et cela voulait dire un travail d'orfévrerie exécuté dans le style des maçons, les architectes d'alors, dans le style gothique. C'est le caractère propre des véritables révolutions dans l'art; l'antiquité en avait donné l'exemple à Athènes, la Renaissance apporta une nouvelle preuve de cette nécessité de la domination de l'architecture sur tout le domaine de l'art.

Cet envahissement général d'une forme d'architecture établit aussi sa vitalité, et il en sera tenu compte dans cette exposition des variations de nos goûts. A l'avénement du style gothique, il y eut d'innombrables monuments et des objets d'art de toutes sortes à réparer, à finir, à compléter. Le XIIe siècle avait plus entrepris qu'il ne lui était donné de mener à bien, et il laissait à son successeur le lourd héritage de ses entreprises inachevées. Quand le style gothique fut maître du terrain, il le trouva donc jonché d'églises, les unes à peine commencées, les autres à moitié construites : à celle-ci il manquait la façade, à celle-là les voûtes et les clochers, sans compter tout le riche mobilier intérieur qu'il fallait fournir. Que fit le XIIIe siècle? étudia-t-il un art qu'il avait tué, qui était mort, pour raccorder soigneusement, péniblement, les additions nouvelles aux parties anciennes, la suite au commencement, les adjonctions au principal? Il n'y songea pas. Cette Renaissance se sentait vivante, elle portait la tête haute, et son ambition était de laisser partout, franchement, bravement, la trace de son passage. L'église romane n'était pas couverte, des voûtes ogivales s'élèvent sur ses piliers; elle n'avait pas de portail, ou pas de flèches, ou ses clochers n'étaient montés qu'à moitié de leur hauteur : son portail se dresse, sa flèche perce l'air, ses tours se couronnent élégamment, et toutes ces additions, bien que d'un style différent, se soudent, se marient si habilement à l'ancien style, qu'on ne s'aperçoit de l'étrangeté et du contraste que pour admirer l'adresse, le goût, le savoir et le délicieux talent d'arrangement de ces habiles maîtres gothiques. Ont-ils eu tort d'en agir ainsi? Devons-nous regretter qu'ils n'aient pas continué chaque monument, chaque œuvre d'art comme il avait été commencé, méthodiquement, savamment, ennuyeusement? Non certes, et je ne crois pas qu'il existe archéologue si entêté, si aveugle, qui n'approuve ces artistes d'avoir été de leur temps, au lieu de s'affubler d'un costume vieux et hors d'usage, d'avoir parlé leur langue au lieu de s'exprimer maladroitement dans quelque langue morte.

Dans l'élan que reçurent au XIIIe siècle l'amour de l'art et les goûts du luxe, cette transformation radicale s'étendit à toutes les productions de l'art et de l'industrie, depuis le mobilier de l'église, et j'entends par là l'ameublement de son chœur, de ses autels et du trésor de la sacristie, jusqu'au mobilier de la maison, et je comprends dans ce terme la décoration intérieure de toute habitation, les meubles si habilement travaillés, les riches bijoux, les costumes somptueux et les ustensiles de la vie privée qui témoignent tous, chacun au degré qui lui est particulier, des goûts distingués et du luxe de cette époque.

Où est la source de ce luxe inouï des XIIIe, XIVe et XVe siècles? Attachons-nous aux grands motifs. En premier lieu, l'inégale répartition des fortunes et du bien-être qui, dans l'organisation féodale, faisait d'un seul le dispensateur de tous les avantages d'un pays; en second lieu, l'ignorance de toute institution de crédit qui pût donner aux capitaux un emploi utile, avec la certitude de pouvoir les retirer dans les temps de danger et de besoin : de là un grande richesse dans un petit nombre de mains, et cette richesse maintenue en nature, non pas en lingots d'or et d'argent, mais en vaisselle resplendissante, en armes de luxe, en ustensiles de ménage, faits de métaux précieux, jusqu'aux chaudrons et aux chenets qui étaient d'or massif, en bijoux ornés de pierreries, rehaussés de perles et d'émaux, en costumes surchargés de broderies d'or et d'argent, fastueux ornements à l'usage des hommes et des femmes dans les fêtes de la paix, ressources immédiatement réalisables par la fonte, ou comme garantie dans les emprunts, pour les besoins de la guerre.

Un moyen âge resplendissant d'or et de pierreries, embelli par le luxe des arts et le charme des lettres, n'est pas le moyen âge tout entier. Pour rester dans le vrai, nous ne nous contenterons pas de voir la médaille de son beau côté;

nous regarderons aussi son revers. Il offre le spectacle d'une grande barbarie, d'une honteuse malpropreté et d'une profonde misère. Ce contraste ne pourrait être compris si nous n'en avions pas encore aujourd'hui l'image vivante dans les contrées orientales : là aussi des pachas, des radjahs, des beys, des gouverneurs de ville, mènent un train magnifique, habitent de somptueuses demeures, écoutent le chant des poëtes et les féeries des conteurs, ils fument dans l'ambre et s'inondent de parfums; mais immédiatement au-dessous d'eux, sans transition, sans intermédiaires, règnent la barbarie, la malpropreté, la misère. S'ils montent de magnifiques coursiers arabes, leurs chevaux entrent jusqu'aux genoux dans la fange des ruisseaux; s'ils sont couverts de splendides vêtements, la vermine s'y abrite avec eux. Aussi brillant devait être le roi Louis le Gros, quand son cheval, effrayé par les porcs qui cherchaient leur pâture dans la boue de Paris, se renversa sur lui et le tua. Notre moyen âge, c'est l'Orient d'aujourd'hui.

Il est donc bien entendu qu'en parlant des splendeurs du moyen âge, nous n'envisageons qu'une classe très-restreinte de la société, la plus haute et la plus intelligente; que notre esprit est préoccupé surtout du spectacle offert par un clergé riche qui reporte toutes ses magnificences dans l'embellissement de la maison de Dieu, par une royauté qui se préoccupe de l'opinion publique et maintient son rang dans les arts et dans le bon goût comme dans la politique, par une aristocratie enfin qui, en élégance, en faste, en protection libérale de tout ce qui est noble, suit, imite et égale la royauté.

Dans ce luxe, dont les inventaires de nos rois et des princes du sang nous donnent un tableau qui dépasse toute idée, l'art et l'industrie sont confondus dans une même action, ou plutôt on sent que l'industrie, maîtresse de ces riches métaux et de ces pierres précieuses, ne peut faire que de l'art, et que les ustensiles les plus vulgaires se ressentiront de l'élégance des bijoux les plus fins.

On se demande à quelles études, à quelle école, à quel

enseignement se formaient les ouvriers des corporations de métiers, ces artistes qui donnaient à chaque chose, avec le style du temps et l'exécution la plus parfaite, ce cachet de distinction. Trois écoles existaient alors qui formaient l'enseignement public des arts, et, en les énumérant, je laisserai de côté tout ce qui indirectement servait de guide et offrait des modèles; je ne parlerai donc pas de ces palais somptueux tout enrichis de peintures historiques et de sculptures iconographiques, de ces hôtels qui luttaient de magnificence avec les palais, de la richesse des tapisseries appendues aux murs, de la resplendissante vaisselle étalée sur les dressoirs ou sur les tables, des manuscrits à miniatures, admirables galeries de tableaux vus au microscope, des curiosités de toutes sortes recueillies partout et apportées de loin qui s'accumulaient dans le trésor de chaque grande famille, des somptuosités de costumes, d'armures et de harnachements déployées au soleil des fêtes et des tournois, des décorations si splendides, des inventions si ingénieuses créées en commun par le poëte et l'artiste lors des cérémonies royales, à l'occasion d'un sacre, d'une entrée ou d'un traité de paix, autant de musées d'objets d'art, autant d'expositions de produits de l'industrie, musées vivants, expositions animées par l'enthousiasme. Je ne ferai ressortir que les moyens pratiques de l'étude. C'était d'abord la maison de Dieu, le musée du peuple, où l'enfant apprenait dans les bas-reliefs, les fresques et les vitraux, l'histoire sainte ou la légende pieuse, et sentait, à la vue de ce monde imaginaire, animé par un art convaincu, s'éveiller en lui les instincts de l'artiste; c'était ensuite l'apprentissage près de l'orfèvre, où il apprenait à dessiner, à modeler et à travailler de ses mains la matière rebelle, suivant des procédés et des traditions que le père léguait au fils avec les progrès qu'il avait lui-même fait faire à son industrie; c'était enfin l'apprentissage près de l'architecte, le maître de la grande œuvre de maçonnerie, en prenant part aux combinaisons des plans, aux dessins des épures, à la marche des travaux, en peignant les murs et les vitraux, en sculptant les statues, les bas-reliefs et les ornements, chaque chose sous la direction de l'orfèvre pour sa destination, sous la direction de l'architecte pour sa place; l'art, idée abstraite, aux productions sans but, étant chose inconnue. Dans tout cela il n'y avait d'indépendant que la pensée de l'artiste, dans les limites que je viens de tracer; quant à sa personne, elle devait être engagée dans un métier.

J'ai dit que les métiers s'étaient constitués en corporations; les gens de métiers, c'est-à-dire en dehors des gens d'église et des clercs, tous ceux qui demandaient à leur intelligence et à l'adresse de leurs mains de produire ce qui pouvait séduire le goût du luxe, formaient alors la bourgeoisie. Ces corporations, après avoir fait reconnaître leurs statuts par les seigneurs, firent proclamer leurs droits, et de l'industrie elle-même est sortie la classe de la société qui étendit indéfiniment le domaine et les débouchés de l'industrie. Pour se propager, elle institua, non pas seulement les bazars fixes, comme en Orient, c'est-à-dire l'établissement de tout un corps de métier dans une même rue, dans un même quartier, mais des foires périodiques, l'équivalent de nos expositions d'aujourd'hui, comme celles de Saint-Germain et du Landit, pour Paris, celle de Troyes, en Champagne, et de chaque centre commercial dans nos provinces; grands concours industriels qui appelaient à eux, comme en un jour de fête, tous ceux qui avaient des besoins, et cette foule de gens oisifs chez lesquels la vue des objets fait naître des fantaisies de toutes sortes. Ces foires duraient des mois. Elles étaient pour la jeunesse un temps de plaisir, pour les membres éloignés d'une même famille un lieu de réunion, et pour tous les âges, comme pour toutes les classes, une distraction bien nécessaire dans des temps rudes et difficiles. A l'étalage de toutes les nouveautés aimées du luxe et de la coquetterie, se joignait l'attrait des spectacles de toutes sortes, et de ces mystères si longuement récités, si patiemment écoutés, l'attrait aussi de la poésie chantée par des rapsodes, comme à Olympie, avec d'autres idées, il est vrai, et dans un langage moins pur. Ces foires devenaient le lien commercial avec les nations éloignées et le stimulant des progrès pour les pays arriérés; c'étaient, je le répète, les expositions de l'industrie de ces temps. La foire de Beaucaire en donne encore aujourd'hui quelque idée; mais je les ai retrouvées dans leur naïveté première, à leurs débuts enfantins, dans toute l'Asie.

La grande lutte de l'industrie, qu'on l'appelle corps de métier ou commune, contre la féodalité, tout en créant ses franchises, arrêtait son essor. De guerre lasse, elle accepta la protection des rois et trouva sous cet abri des lois paternelles, ainsi que la confirmation des statuts qu'elle avait rédigés elle-même. La hanse parisienne servit de modèle et donna l'essor à toutes les associations commerciales, comme les statuts des métiers de Paris, créés par les métiers mêmes, sanctionnés par l'expérience et enregistrés par Boileau, au Châtelet de Paris, en 1260, furent le type et le point de départ de l'organisation de l'industrie des autres villes et des pays étrangers.

L'esprit de ces statuts est essentiellement protecteur. Ne jugeons pas les corporations, les maîtrises et l'ensemble de leurs règlements, surveillés par une armée de vérificateurs, à notre point de vue et du sein d'une organisation sociale très-perfectionnée; estimons-les comme la protection efficace, judicieuse, habile, du commerce loyal au milieu d'une déloyauté barbare. Leur mérite est d'avoir prévu tout ce qui peut le mieux perpétuer les traditions, assurer les progrès et maintenir l'industrie dans les mêmes familles, tout ce qui peut concourir à la bonne réputation et au perfectionnement du métier, par l'emploi exclusif des matières premières les plus pures, et à l'instruction de l'ouvrier par un long apprentissage, par un engagement qui le lie au maître jusqu'à ce qu'il soit en âge de le devenir, en même temps que le maître est assuré de profiter pendant quelques années de l'enseignement qu'il donne sans réserve et libéralement. Le tort de ces statuts, c'est d'avoir été faits par le métier lui-même et en vue de ses intérêts exclusifs, sans intervention modératrice d'une autorité qui pût défendre les intérêts généraux. De là ces barrières infranchissables entre les industries diverses, véritables et seules entraves que les corporations opposaient aux progrès, entraves que la royauté faisait disparaître de temps à autre en fusionnant ensemble plusieurs corps de métiers, mesure violente, d'une exécution difficile, et qui n'était obtenue qu'après de longues souffrances, et alors seulement que le besoin en était par trop évident.

Quand une institution offre tant d'avantages précieux, et n'a pas un inconvénient qui ne puisse, à la longue, trouver son remède, elle est bonne, elle est estimable, elle possède en elle-même des garanties suffisantes de vie et de durée : ainsi s'expliquent la force et les six cents ans d'existence légale et prospère des corporations.

Tel était donc l'enseignement de l'art dans les métiers; tels étaient aussi ces métiers; voyons quel était le public qui rendait nécessaires ces efforts des artistes, et cette organisation dans la société. Quand on examine une étoffe, une arme, un meuble ou un ustensile quelconque de la vie privée du moyen âge, on s'étonne de voir l'art le plus exquis répandu partout; l'exécution vulgaire et le mauvais goût ne se trahissent nulle part; on en conclut qu'un luxe distingué était du domaine universel. Il y a du vrai et du faux dans cette conclusion, faisons-en le départ. Oui, l'art et l'industrie n'ayant qu'une seule et même impulsion, le goût qui animait l'architecte de la cathédrale et l'orfèvre du reliquaire inspirait en même temps le tisserand, l'armurier, le chaudronnier et le hucher; seulement, et là se rencontre la distinction, le public qui participait au luxe des choses d'art était très-restreint. C'était le roi d'abord, puis le clergé; plus tard le clergé, le roi et ses grands officiers; au XIIIe siècle, le clergé, le roi, la cour et la noblesse; partout ailleurs régnait une simplicité d'habitudes qui, même dans l'aisance, se contentait des costumes les moins apparents, ne portait ni armes ni bijoux, marchait à pied, mangeait dans l'étain; et si la bourgeoisie se distinguait alors des basses classes, c'était par un luxe de propreté qui allait se promenant sur toutes choses, faisant reluire le cuivre et l'étain des ustensiles les plus simples, le bois de chêne des solides bahuts; c'était aussi par un luxe de générosité, quand il s'agissait d'offrir à l'église ou à la chapelle de la confrérie les riches ex-voto. A cette époque, lorsqu'un bourgeois essayait de trahir son aisance en imitant quelque chose du costume ou du train de son seigneur, aussitôt des lois somptuaires rigoureuses réprimaient ces velléités de parvenu. Apprécions donc bien ces limites pour juger ce qu'on appelle improprement la généralité du goût au moyen âge, et pour nous rendre meilleur compte de toutes les productions qui datent de cette époque.

Ainsi dégagé de ce qui l'obscurcissait, le fait se réduit à ceci : il y avait un public d'élite restreint, un art réservé pour son luxe et ses besoins. Ce public formé de toute la noblesse, c'est-à-dire de ce qu'il y a de plus distingué dans la nation, n'avait d'autre tendance, d'autre ambition que d'imiter, ce qui pour lui était tout, l'église et le roi, et ce qui en effet était la distinction par excellence et un modèle unique : le roi confondant son goût avec sa piété, associant le luxe de sa maison au luxe de la maison de Dieu. De là pour les artistes un but sûr, une direction tracée, des tendances bien définies et, comme dans l'antiquité, une fixité de goûts qui, se contentant d'un petit nombre d'idées, préférait la répétition d'une pensée déjà comprise, mais développée ou mieux rendue, à l'essai ou l'ébauche d'une pensée nouvelle, demandait par conséquent beaucoup de copies d'un original consacré par la popularité de son succès, et étendait cette stabilité du goût aux formes de toutes choses. On ne rencontrait donc alors aucune de ces influences pernicieuses de gens de rien élevés par la fortune, aucun de ces tiraillements perpétuels, si funestes aux arts, d'un public qui confond le sentiment de l'art avec ses sots caprices, rien, en un mot, de ce qui corrompt de nos jours les meilleures tendances de nos artistes et le bon goût national de notre industrie. Sur ce dernier point, ce n'étaient pas seulement les institutions sociales qui enchaînaient les modes aux mêmes formes, aux mêmes dessins, aux mêmes goûts; c'était une foule de circonstances favorables à la stabilité : dans les modes des costumes, la richesse d'étoffes cossues et solides qui se transmettaient de père en fils; dans le goût des bijoux et de l'orfévrerie, les modèles conservés dans le trésor de chaque famille; dans les meubles, leur mérite comme objets d'art, et l'habitude de les voir depuis l'enfance occuper la même place; en tout, un sentiment de calme et de repos qui appartient aux classes élevées lorsqu'elles peuvent croire encore leur position inébranlable, et qui tient à un attachement respectueux aux souvenirs des ancêtres.

Au moyen âge, en dehors de ce public d'élite, se remuait une foule, simple spectatrice, curieuse de tout éclat et courant admirer et applaudir les chefs-d'œuvre, mais exclue de toute influence sur les arts. Elle se préparait, il est vrai, par une grande aisance et une meilleure éducation, à prendre sa part du luxe, s'initiant au bon goût en suivant dans l'église les cérémonies resplendissantes du clergé, dans les rues les magnifiques entrées royales, et sur les places les tournois et les fêtes de la noblesse, ces jeux olympiques du moyen âge; elle jouera son rôle plus tard, jusqu'à ce qu'elle domine en souveraine comme de nos jours : mais alors, heureusement pour l'art, elle n'avait pas voix au chapitre.

Si j'ai été clair dans cette rapide exposition, on a dû comprendre que l'art, à l'époque de cette grande renaissance du XIIIe siècle, puisait sa vie dans la nécessité de se plier à une destination, soit dans l'ornementation comme complément de l'architecture, soit dans une multitude d'applications industrielles. Du chantier de construction, de l'atelier des orfèvres sortirent tous les grands artistes en tous genres, car là se concentraient les plus riches, les plus nobles créations de l'art. En disposant un autel et ses retables, en dessinant un reliquaire ou une châsse, en modelant les cires qui peuplaient d'un monde de figures ces grandes compositions d'orfévrerie, destinées aux dressoirs et aux tables des princes, on essayait ses forces, on devinait soi-même ses propres tendances, on marquait sa voie, et, comme Brunelleschi, Albert Durer et tant d'autres, on devenait architecte, peintre ou sculpteur, souvent tout cela à la fois : ainsi se formaient des artistes hors ligne qui, tout en planant désormais au-dessus des nécessités du métier, conservaient de cette éducation première l'habitude d'appliquer leur art et de le plier à toutes les conditions de l'industrie. Aussi, dans ce temps, point de distinction entre l'art et l'industrie, entre l'artiste et l'artisan, les termes de métiers et d'ouvriers s'appliquaient indifféremment aux uns et aux autres. Lorsque tous les corps de métier allèrent, en 1260, faire enregistrer leurs statuts, c'est-à-dire des règlements qu'ils s'étaient dictés à eux-mêmes, mais que personne ne leur avait imposés, et qui prenaient désormais un caractère légal, il ne fut pas question d'art. Les orfèvres, les imagers, les peintres, les huchers, etc., se partagèrent toutes les spécialités de travaux par lesquels l'homme parvient à rendre sa pensée et à exprimer ses sentiments, à montrer son goût pour l'élégance, quelles que soient d'ailleurs les matières qu'il a sous la main. Mais, dès 1303, on revient sur cette heureuse fusion, et, comme il était difficile de fixer des limites dans des productions qui toutes découlaient de l'art et avaient en même temps une utilité usuelle et immédiate, on choisit pour ligne de démarcation la destination des objets : ce qui est pour l'église et pour le roi est de l'art, disait-on; le reste appartient au métier et subit ses charges, impôts et prestations.

S'il y eut un changement dans cette excellente manière d'envisager la mission des artistes, si la scission se fit entre l'art et l'industrie, il faut en faire remonter la cause jusqu'au trône. Nos rois sont les coupables; séduits par les grands talents de quelques hommes hors ligne, ils les attirèrent près d'eux, leur donnèrent des titres et des charges de cour, et, sans le vouloir, en firent des gens à part qui, ne relevant plus de la corporation, parce qu'ils consacraient leur art au service du roi, auraient pu se croire d'une essence particulière et d'un rang supérieur. Quand, en France, il s'agit des actes de la royauté, on ne doit jamais omettre l'influence de l'aristocratie; dans leur action sur les arts, nos rois ont toujours eu quelques grands seigneurs pour auxiliaires. Je ne les cite pas, l'espace me manque pour pénétrer dans le détail; mais chacun connaît ces beaux noms, et on étendra en ce sens mes observations. De la part de la royauté comme de l'aristocratie, l'innovation qui retirait de la corporation les membres les plus éminents, qui les affranchissait de ses charges et leur faisait une position à part en les élevant au-dessus de leurs collègues, cette innovation, qui porte en germe la détestable distinction entre l'artiste et l'ouvrier, se réduisit dans l'origine à la nomination d'un architecte, maître des œuvres, d'un peintre, peintre en titre d'office : l'intention de bouleverser les usages reçus était si éloignée de la pensée de nos princes qu'ils attachaient à leur personne, et aux mêmes titres, les brodeurs, orfèvres et armuriers, chargeant ces artistes et ces ouvriers, ou bien ces gens de métiers, comme on les appelait encore indistinctement, de tous les travaux, depuis les plus distingués jusqu'aux plus ordinaires, depuis la décoration de leurs palais jusqu'à la confection de leurs vêtements et des ustensiles les plus vulgaires de la vie privée.

A la fin du XVe siècle, ces idées prévalaient encore en Europe, et nulle part, ni à la cour de France, de toutes la plus brillante, ni à la cour des ducs de Bourgogne, qui éclipsa pendant quelques années par son faste le luxe royal, ni dans les grandes familles princières et aristocratiques qui formaient aussi des cours, nous ne trouvons trace d'un changement sensible dans la manière de voir, à cet égard, du public et des artistes eux-mêmes. L'activité humaine était encore considérée comme un grand ensemble, dans lequel le talent seul établissait des rangs. Était-on clerc sans imagination, on gagnait sa vie au métier de copiste; avait-on reçu du ciel ou conquis par la ténacité du travail la faculté créatrice, on composait des œuvres poétiques, et si l'on était distingué par un souverain, grand ou petit, qui vous gratifiait de sa familiarité et de quelques faveurs pécuniaires, on jouissait de ces avantages tout en restant un simple clerc. Était-on tailleur d'images ou peintre, on sculptait le bois comme un manœuvre, on promenait sa brosse sur les murs comme le dernier de ses apprentis, et si, remarqué par le souverain ou par quelque grand personnage, on était attaché à leur personne, l'élévation de ce rang, l'agrément de ces avantages, ne vous portaient pas à vous croire un autre homme qu'un hucher ou qu'un peintre d'images. Il y avait donc la jouissance très-complète d'une position matérielle meilleure, il y avait aussi le sentiment d'un talent supérieur qui vous plaçait moralement à la tête de votre corporation, de votre classe; mais l'idée d'un art et d'une industrie distincts, d'un art élevé et d'une basse industrie, d'un art qui anoblit l'homme et d'une industrie qui le dégrade, n'était venue à personne dans tout ce moyen âge, pas plus qu'elle n'avait eu cours dans toute l'antiquité; on s'échelonnait sans se scinder; on se mesurait, on ne se classait pas.

Plusieurs causes contribuaient à écarter les prétentions et à maintenir une heureuse harmonie. Je ferai ressortir comme caractéristiques de l'époque la classification abstraite des arts, les qualifications des artistes, leur organisation. Les vastes conceptions encyclopédiques du moyen âge admettent des arts libéraux : ce sont les lettres, les arts et les sciences, qui découlent d'une source unique, la philosophie. Lorsqu'à partir du XIIe siècle on les figura sur les monuments, soit au nombre de sept, soit au nombre de dix, la philosophie marchait en tête. L'architecture n'avait pas de place; elle était comprise dans l'un de ses éléments sous le nom de géométrie, car, dit Christine de Pisan, en appelant le roi Charles V *un sage artiste, de géométrie qui est l'art et science des mesures et ecquerres, compas et lignes, s'entendoit souffisamment et bien le monstroit en devisant de ses édifices.* L'architecture exclue, la sculpture, la peinture, tous les arts graphiques et manuels se résumaient dans la peinture; ils étaient personnifiés par un homme qui, d'un style solide, traçait vigoureusement son dessin sur une pierre; tous les arts étaient représentés par des femmes, la peinture seule avait la figure d'un homme. Est-ce parce qu'alors l'art était une rude besogne, et qu'il s'y fallait adonner de la tête et des mains? Je ne sais, mais je n'ai voulu faire ressortir que cette fusion des arts libéraux tous ensemble. Les qualifications devaient avoir une influence pratique plus grande. J'ai montré déjà dans mon glossaire que le mot *artiste,* dans son acception actuelle, est tellement moderne, qu'il ne prit pas place dans la première édition du Dictionnaire de la l'Académie. Le mot latin *artista* se traduisait par maître ès arts, et il a été employé souvent, ainsi que le fait Christine de Pisan, pour marquer la supériorité intellectuelle d'un homme; mais cela n'a aucun rapport avec le mot qui marque aujourd'hui une classe d'hommes et les occupations spéciales de l'architecture, peinture, sculpture et musique. Pendant tout le moyen âge, et assez avant dans le XVIᵉ siècle, métier et art avaient une seule et même qualification, excellente fusion et qui s'est conservée de nos jours dans le mot *peintre,* qu'on escorte des mots d'histoire, de genre, de portrait, pour le distinguer du peintre de décors, de carrosses et de bâtiment, qui, lui aussi, n'en reste pas moins un peintre. Eh bien! au moyen âge, le *cementarius* ou le maçon désignait l'ouvrier en constructions à tous les rangs, et aussi l'architecte, souvent un très-gros monsieur. Ainsi, dans une charte de 1251, Gautier de Saint-Hilaire, architecte de la cathédrale de Rouen, est qualifié de *cementarius, magister operis;* rien de plus facile que de trouver des exemples plus anciens, mais j'en citerai de plus modernes pour montrer combien longtemps cette fusion se maintint. En 1368, Charles V assigne un payement à Jean Perrier, maçon et maître de l'œuvre de l'église de Rouen, et il ne nomme pas autrement son propre architecte lorsqu'il donne à son fils, dont il avait été le parrain, deux cents francs d'or : *en contemplacion des bons et agréables services que nostre amé sergent d'armes et maçon maistre Raymon du Temple nous a fais.* Remarquons bien que Raymond du Temple n'était pas un homme ordinaire, qu'il s'était acquis dans le palais du Louvre, et sous les yeux des Parisiens, une grande réputation d'habileté; il occupait en outre la charge de sergent d'armes, sorte de garde du corps du roi. Un sculpteur travaillait-il en bois, c'était un hucher; sculptait-il la pierre, c'était un tailleur d'images : le talent n'y faisait rien, et, quelle que fût sa réputation, il ne prenait pas de titre qui le distinguât de ses compagnons moins bien doués. L'organisation de la maîtrise ou corporation était la source d'une camaraderie qui entrait pour beaucoup dans ce nivellement des prétentions. Partant d'un même apprentissage, sortant du rang d'apprenti pour passer maître, après avoir fait ses preuves, chacun entrait dans la vie avec plus ou moins de talent, avec la même position, les mêmes droits, le même titre.

J'attribue à cet enseignement pratique et à cette manière de comprendre la mission de l'artiste toute la perfection qu'on remarque dans les productions de cette époque, et surtout dans ces immenses cathédrales, produits de l'association, où l'initiative personnelle de chaque collaborateur est subordonnée au plan général et à la direction du maître de l'œuvre. Une opinion différente est depuis quelque temps à la mode. On parle de l'impossibilité de faire ce que le moyen âge a fait; on répète sur tous les tons que l'art n'a atteint ce degré de perfection, que les monuments n'ont obtenu cet ensemble et n'ont conservé le caractère particulier qui les distingue, que parce que les artistes du moyen âge avaient la foi catholique, parce qu'ils croyaient. Est-ce sérieux? ou s'agit-il seulement de défrayer de phrases sonores les archéologues romanciers? Nous serons obligés de leur refuser notre aide en combattant cette opinion. Sans doute il a fallu une foi bien profonde, un enthousiasme bien vif pour trouver, dans ces temps difficiles, l'argent nécessaire à la construction de tant d'édifices religieux élevés presque simultanément; cette foi précipitait l'Europe vers l'Asie, elle détachait de toutes les affections, de toutes les jouissances, la classe la mieux douée par le cœur et l'intelligence, pour la précipiter dans des dangers qu'elle connaissait, dans des entreprises désastreuses dont un petit nombre seulement était revenu; c'est cette même foi qui a donné au clergé les moyens d'élever ces immenses églises, surgissant partout presqu'à la fois et couvrant l'Europe en moins de deux siècles. Ce sentiment religieux, si sincère, si général, a dû être le partage aussi de quelques artistes, surtout de ceux qui vivaient dans les cloîtres; mais l'indépendance d'esprit, l'étendue des vues, la liberté d'imagination, la vie instable et presque nomade des artistes, les disposent en général à une débonnaireté de croyance qui n'est ni l'indifférence ni la négation, mais qui n'est pas la foi ardente. Pour enthousiasmer l'artiste, il lui faut autre chose. Un peuple tout entier, accourant avec ferveur au lieu de pèlerinage, apportant ses offrandes, donnant tout, son avoir et ses bras, communique une grande part de sa sainte ardeur à l'architecte et à ses collaborateurs de tous étages; si ce n'est pas le même sentiment de piété, c'est une sympathie électrique et chaleureuse, c'est l'ambition d'être connu, estimé, applaudi par ce peuple immense. Mais, dira-t-on, si tels avaient été les mobiles des artistes, si l'amour de la gloire leur avait communiqué seule cette vive inspiration, vous verriez leurs noms partout, tandis que, dans leur abnégation de toute célébrité, architectes, peintres, sculpteurs, sont restés inconnus; ils n'ont signé aucune de leurs œuvres. J'ai insisté, en parlant des arts dans l'antiquité, sur le besoin des artistes de se faire connaître de leurs admirateurs présents et futurs; l'homme n'avait pas changé au moyen âge. Vous auriez vu alors le maître de l'œuvre, fier de sa mission, traverser cette foule au milieu des manifestations du respect et de l'admiration, disposé à se croire après Dieu et ses saints le plus important personnage et bien que son nom fût dans toutes les bouches, bien qu'il dût penser que jamais l'oubli ne le revendiquerait, avoir soin de l'inscrire en larges et magnifiques caractères, comme fit Jean de Chelles, en 1257, au portail méridional de Notre-Dame de Paris, Erwin de Steinbach, en 1277, sur la façade de la cathédrale de Strasbourg, Regnault de Cormont, à Amiens, en 1288, au milieu du dallage de la nef avec de belles lettres en cuivre incrustées dans la pierre, en ayant soin de mentionner Robert de Luzarches, qui commença l'œuvre en 1220, et Thomas de Cormont, son père, qui la continua, mettant ainsi son amour de renommée à l'abri de la justice et de la piété filiale. Je n'en citerai pas d'autres. Sous la direction de l'architecte s'agitaient d'innombrables artistes, ouvriers de tous genres, depuis le sculpteur des statues jusqu'au tailleur de pierre, depuis le peintre verrier et le peintre des fresques jusqu'au mosaïste et au carreleur. Ceux-là, il est vrai, ne songeaient pas à transmettre leur nom à la postérité en revendiquant leur part dans l'œuvre commune; mais cette abnégation n'avait rien de religieux. Au point de diffusion générale où était parvenue la pratique des arts, il se faisait de commun accord deux parts dans l'œuvre de l'artiste, ce qui était du métier et ce qui était création personnelle et originale. Un homme de talent se mettait aux gages d'un architecte, et, travaillant sur ses dessins, ne se croyait aucun titre à signer l'œuvre à laquelle il participait manuellement. Cet esprit des artistes du moyen âge, je le répète, avait animé les artistes de l'antiquité : c'est le véritable esprit de l'art. Comme au temps de Phidias, l'amour-propre aux deux extrémités, l'abnégation consciencieuse et dévouée au milieu. Le maître de l'œuvre signe son immense cathédrale; le huchier et le faïencier inscrivent leurs noms sur de grossiers bahuts, sur des plats décorés à la hâte, marchandises mises dans le commerce et qui donnent l'adresse du marchand : entre ces deux extrêmes de l'art, les artistes de talent s'acquittent avec scrupule, mais sans prétention, d'un ouvrage qu'ils considèrent comme une tâche, comme le gagne-pain de la journée, et dont le résultat, en concourant à l'œuvre entière, leur laisse un mérite collectif; mais ils réservent leur amour-propre pour l'œuvre qu'ils créent eux mêmes, et qu'alors ils signent de leur nom, avec indication du lieu de naissance, de l'année, du jour, et le reste.

Mais il est temps d'examiner une transformation plus importante qu'une distinction subtile, une transformation dans l'art lui-même.

En dépit des efforts de tous, malgré les progrès remarquables de la peinture, qui s'élevait, par les voies du réalisme le plus minutieux et de l'exécution la plus parfaite, à une supériorité inouïe, l'art et l'industrie déclinaient, parce qu'ils n'étaient plus soutenus par l'architecture, cette base indispensable de tous les arts réunis.

Le style gothique porta en lui, dès sa naissance, son principe de décadence; fondé sur le caprice, il n'avait pas duré un demi-siècle que des symptômes irrécusables signalaient déjà sa pente fatale. Les habiles architectes qui le créèrent avaient étudié les monuments antiques, et, tout en innovant, ils conservaient encore de ses admirables principes de formes et d'ornementation une simplicité, une réserve, un à-propos, qui ne furent que trop vite abandonnés. Une fois le mouvement commencé, ce fut un vertige: les excès d'élancement, de légèreté, de décoration, n'eurent plus de frein, on sculptait la pierre comme on brode la dentelle, et on s'émerveillait de ces contre-sens; on suspendait sur les têtes des clefs pendantes dont la légèreté ne se faisait plus sentir quand elles venaient à tomber; on ornait les toits plus que l'édifice, et on y prit si bien goût, qu'ils devinrent plus importants que lui, comme on peut le voir à Fontaine-Henry et dans vingt endroits de cette riche Normandie, le berceau, le tombeau aussi de l'art gothique. Au milieu du xvᵉ siècle, les architectes de tous pays étaient déjà à bout de fantaisies et de tours de force, le public à bout aussi d'admiration et d'étonnement pour ces puérilités coûteuses et peu durables. Ce fut surtout dans ses nouveaux besoins de constructions civiles, commandées par le luxe et le goût du bien-être, que la France accueillit les influences de renaissance antique qu'elle puisait en premier lieu dans l'étude nouvelle de la nature, qui donne le goût et le sentiment des proportions justes, dans la vue des monuments romains si nombreux encore; en second lieu, dans le contre-coup du nouvel élan que l'architecture antique avait reçu au delà des monts sous la main puissante de Brunelleschi. Cette phase de l'histoire de l'art est si importante que je désirerais marquer d'une manière plus précise les dates et les localités. J'ai dit que la cour de France dominait à cette époque au milieu de nous toute autre influence. Sa résidence devenait le centre naturel et obligé des manifestations les plus délicates de l'intelligence. Ceci admis, qu'on veuille bien embrasser d'un coup d'œil, et comme à vol d'oiseau, les Flandres, limitées par les sinuosités de la Meuse depuis l'affluent de l'Eyck jusqu'à l'Océan, Paris et la vallée de la Seine, Tours et les bords de la Loire, Lyon et le bassin du Rhône. Antérieurement au XVIe siècle, voici ce qui s'y passe. Sous l'influence des ducs de Bourgogne, princes français, l'art flamand naît sur les bords de l'Eyck, se développe à Gand, à Bruges, à Bruxelles, et parvient à une perfection surprenante; l'art italien, patronné par les papes, qui entretinrent Giotto pendant dix ans, et après lui une succession de ses compatriotes, peintres de premier ordre, remonte le Rhône au milieu de cette Gaule narbonnaise qui fourmille de monuments antiques, et vient dominer dans la ville de Lyon; à Paris et à Tours, deux résidences royales, notre art national se développe dans son originalité native, mais fait des concessions, à peu près égales, tantôt aux Flandres, dont le naturel et les tendances réalistes nous séduisaient, tantôt à l'Italie, qui pénétrait par la vallée du Rhône jusqu'au cœur de la France et s'imposait par l'élévation du style. Arrive le XVIe siècle, ou plutôt les dernières années du XVe, et avec elles la véritable renaissance. Si les scènes historiques étaient encore de mode, ce moment de l'histoire des arts ferait le sujet d'un tableau piquant. Le premier acte se passerait à Tours, sur les bords de la Loire. Là Louis XI, qui aime les arts, comme tout ce qu'il aime, par caprice et par boutade, les met au service de ses dévotions, de ses entrées solennelles et de ses monuments funéraires; la protection royale développe dans la résidence une école toute française. Michel Colombe et Jean Fouquet, deux talents remarquables, un grand sculpteur et un grand peintre, sont à la tête, et ils font leur renaissance d'eux-mêmes, sans penser beaucoup à l'Italie. Cependant le roi ne néglige pas les arts dans les demandes d'objets de curiosité qu'il adresse de tous côtés, selon Commines, pour dissimuler sa maladie, et plus vraisemblablement pour s'en distraire. Dans le nombre de ces commissions données à l'étranger, on remarquera la demande (c'était presque une injonction) faite aux Frari del Zoccolo, de Venise, du magnifique tableau de Gentile Bellini, dont ils étaient si fiers. La venue de ce chef-d'œuvre, qu'on suspendit dans quelque oratoire, eut sa petite part dans l'influence qu'Avignon exerçait déjà sur l'art français, influence modérée que l'originalité nationale développait en l'absorbant. Dès lors, le mouvement de réaction contre le gothique était donné : on le ressent partout, le règne de Charles VIII l'active, et de ce moment il plane dans l'atmosphère comme un parfum d'antiquité qui nous pénètre par tous les pores. La noblesse française ne se promena pas des Alpes jusqu'à Naples sans admirer les progrès déjà faits, sans comparer les palais et les villas des Italiens rajeunis par le nouveau style, avec leurs hôtels et leurs châteaux assombris encore par le style ancien. Charles VIII entraîna à sa suite les artistes et fit venir d'énormes chariots remplis d'objets d'art. Louis XII, à son tour, voit l'Italie : il admire à Turin la Cène de Léonard dans le réfectoire des dominicains, il fait sculpter sa statue par Laurent de Mugiano, le plus habile artiste de cette ville, il ramène un plus grand nombre d'artistes que son prédécesseur, et il remplit ses châteaux de leurs productions. Déjà retentissent parmi nous les noms d'Andrea Solario, de Dominique de Cortone, de Guido Paganino et autres initiateurs de la renaissance; nos artistes eux-mêmes, Perreal, Bourdichon, Geoffroy Tory, ont suivi la cour de France en Italie et suivent aussi ses engouements.

Tout cela se passe sur les bords de la Loire, dans le centre de la France; une école de renaissance plus française qu'italienne se développe sous ces auspices royaux à Tours, à Amboise, à Blois : c'est l'art italien infusé à doses modérées dans l'art français, avec toutes sortes d'égards pour nos habitudes, notre climat et nos matériaux; on n'y subit pas une brutale domination, on y accepte librement et comme d'un commun accord une sorte d'association. Cette renaissance, féconde en œuvres délicieuses, et qui forme d'innombrables artistes, saute par-dessus Paris pour s'abattre en Normandie, sous la protection du premier cardinal d'Amboise. Gaillon devient, à son tour, une école de renaissance dans la province de France la plus fidèle à son vieux style, et un centre de séduisante et rapide propagande. Faute de l'initiative royale, Paris est encore gothique et persiste dans le gothique : Saint-Eustache en est la plus magnifique preuve. Construite en 1532, c'est une église gothique badigeonnée de renaissance.

Ici s'ouvre le second acte de ces scènes historiques que nous appellerions la renaissance des arts à la cour. François Ier partage son temps entre Paris et Fontainebleau. Il laisse à Paris se développer l'art français : là règne une corporation d'artistes qui tient par plus d'une affinité à l'école des bords de la Loire, et qui reçoit de l'Italie une influence salutaire parce qu'elle n'est pas absorbante; ses chefs sont Pierre Lescot, Jean Goujon, Jean Cousin et les Clouet. Mais en même temps que le roi donne d'immenses travaux à cette école sans lui imposer de conditions, il transporte à Fontainebleau, au milieu de sa magnifique forêt, près de ses belles eaux, une colonie italienne au complet, dont nous citons deux ou trois célébrités, et qui compte vingt autres noms que Vasari revendique pour des artistes du plus grand talent.

Jamais terrain ne fut mieux préparé que la France pour donner accueil à cette réforme appelée à juste titre Renaissance. En présence d'un art usé, bafoué, expirant, tout tendait à renaître. Le Gouvernement, plus fort, donnait une sécurité plus grande; l'art militaire, modifié par l'introduction des armes à feu, rendait inutiles les simulacres de fortifications dont les villes et les châteaux s'étaient entourés. L'instruction avait donné du goût; le bien-être inspira l'amour du luxe. De tous côtés, les seigneurs renversaient leurs créneaux, les villes effondraient leurs remparts, nobles et bourgeois reconstruisaient à l'envi leurs demeures, nouvelles de style, de disposition et d'ameublement.

Le luxe du moyen âge, semblable au luxe de l'Orient de nos jours, était retranché derrière des bastions, des fossés et des ponts-levis; le luxe de la renaissance fit quelques avances aux passants de la grande route et de la rue : désormais, au lieu de se cacher, on cherchera à se montrer; on jouissait de son luxe en dedans et pour soi, on en jouira en dehors et avec les autres. Mais on ne tranche pas facilement dans les habitudes qui, nées de la nécessité, conservaient le souvenir de droits regrettés et l'apparence flatteuse d'une autorité maintenue. Le goût des arts et le désir d'imiter les villas et les demeures de l'Italie fut plus fort que les habitudes : on remplaça les créneaux et les hautes murailles percées de meurtrières par des portiques ouverts et des galeries à jour, le pont-levis disparut, les fossés se comblèrent; la porte d'entrée, devenue monumentale, était engageante comme l'hospitalité de la châtelaine.

On ne se représente pas bien l'aspect de Paris à ce déclin du moyen âge. Des villes comme le Caire et Smyrne avant l'invasion des Européens, comme Brousse et Alep avant les tremblements de terre, comme Damas et Orfa, encore de nos jours, en donnent une meilleure idée que toutes les descriptions. D'un côté, des quartiers marchands, divisés par corps de métiers, et dont les maisons, pressées les unes contre les autres, se dressent sur la rue et l'égayent de leurs boutiques richement garnies, coquettement arrangées, bruyamment animées; d'un autre côté, un quartier aristocratique, dont les rues sont bordées de murs crénelés qui forment l'enceinte des somptueux hôtels, ou de hautes maisons qui leur tournent le dos, ouvrant à peine sur les passants quelques jours curieux et menaçants; derrière ces murs un luxe oriental, dans ces rues la misère en permanence, et de loin en loin le cortége brillant et bruyant d'un seigneur qui sort ou qui rentre, d'ailleurs un silence profond, et avec la nuit l'obscurité et les voleurs : tel était encore Paris à la fin du xve siècle, alors que la Renaissance entreprit de le renouveler et commença pour lui une régénération à laquelle, par de nouveaux percements, on travaille encore de nos jours. Nos rois, comme toujours, prirent l'initiative; leur cour, c'est-à-dire toute l'aristocratie, les suivit. François Ier abat l'ancien château fort du Louvre et son redoutable donjon pour faire resplendir, aux yeux de tous, l'architecture de Pierre Lescot et les sculptures de Jean Goujon. Catherine de Médicis construit le château des Tuileries au bord de l'eau, au milieu de la campagne, à la porte de Paris, sans un fossé, un bastion, la moindre tourelle pour défendre son habitation contre les attaques des ennemis et la curiosité des Parisiens. Le goût inné des arts et le désir persévérant d'être à la tête de tout ce qui est élégance et distinction poussèrent nos princes dans cette voie; l'esprit politique ne les eût pas mieux conseillés, car c'était pressentir l'avenir et aller au devant de lui.

Dans cette irrésistible tendance vers les innovations, l'embarras, on le conçoit, fut assez grand : car, entre les velléités de construire d'après le mode antique et la science qui retrouve la proportion des ordres, il y a loin. Nos architectes, nés dans le gothique, n'avaient ni les données premières d'un Brunelleschi, entouré de tous côtés de traditions antiques, ni les ressources d'études qui complétèrent sa science au milieu des monuments de Rome. Ce ne furent d'abord que tentatives timides et isolées. Le style antique commença à marquer dans les peintures et dans les miniatures; je citerai comme exemple celles de Jean Fouquet, peintre de Louis XI. Il se montra ensuite dans les petits monuments, autels ou tombeaux qui s'introduisaient, avec le goût nouveau, dans les chapelles gothiques : on peut s'en convaincre en examinant le tombeau d'Agnès Sorel, dont l'ornementation délicieuse est tout empruntée aux monuments de l'antiquité; il éclata plus bruyamment dans quelques châteaux commandés, soit par des seigneurs de la cour de Charles VIII, après leur expédition en Italie, soit par des cardinaux qui, comme les d'Amboise, avaient la prétention d'être à la tête de cette réforme : le château de Gaillon et ses magnificences en sont la preuve. Dans tout cela, l'intervention italienne n'est nullement directe. Il y a influence, pas autre chose, car on ne pourrait citer ni un architecte illustre venant d'Italie en France, ni un artiste français de quelque renom allant étudier en Italie. Le goût public, poussé dans les voies nouvelles par la lassitude générale et le dégoût d'un art épuisé, s'était senti éveillé par des réminiscences antiques, partout et en toutes choses à la fois.

Depuis plus d'un demi-siècle, on était donc parmi nous en travail de renaissance, attendant, pour que ce style vînt au monde complet, savamment déduit et solidement constitué, des hommes d'étude et de savoir, génies complexes, formés d'inspiration et d'observation. Jean Bullant, au château d'Écouen, Pierre Lescot, au Louvre, et Philibert de Lorme, un peu plus tard, aux Tuileries, présidèrent magistralement aux sérieux débuts du nouveau style : ils en arrêtèrent les principes, ils en posèrent, au milieu de nous, les solides fondements.

Nous trouvons ainsi au XVIe siècle, comme au XIIIe, comme plus tard sous Louis XIV et sous Louis XV, nos architectes à la hauteur de leur mission, inspirés par une élégance particulière, fond de leur originalité, et guidés par une science profonde, base de leur autorité comme constructeurs. Ni Bullant, ni Lescot, ni de Lorme, n'avaient vu l'Italie; mais, depuis leur enfance, ils suivaient les tentatives de leurs maîtres, leurs recherches, je dirai presque leurs insomnies et leurs tourments. Doués de cet esprit critique qui dégage une question des broussailles épaisses qui l'encombrent, ils allèrent droit à la source, aux monuments antiques, à Vitruve, et puis, avec un merveilleux talent, parvenus à plier, à assouplir les principes et les modèles aux besoins qu'ils devaient satisfaire, ils composèrent une architecture qui n'est ni une copie de l'antique ni une imitation de la renaissance italienne : ils créèrent une architecture française. Il est vrai qu'ils eurent le bonheur, chacun, de rencontrer un collaborateur dévoué dans un sculpteur de premier ordre : Jean Cousin, Jean Goujon, Germain Pilon, grands artistes qui, mettant de côté toute prétention personnelle, soumirent leur génie et subordonnèrent la verve de leur imagination aux exigences de l'architecture et au degré d'importance que la décoration pouvait s'arroger partout où elle était appelée à concourir. Ces habiles sculpteurs, sans connaître les ravissantes arabesques que Raphaël alla chercher dans les thermes de Titus, sans se mettre à la suite du premier et du plus habile des ornemanistes florentins, de Desiderio da Settignano, ont créé, au moment où l'architecture française se renouvelait, un art décoratif tout français.

Ainsi s'est formé en France le style de la Renaissance, ou la renaissance du style antique; et comme au XIIIe siècle, dans cette même Ile-de-France, sous les yeux et sous l'impulsion de nos rois, le gothique, pour proclamer sa force, sa souplesse et sa vitalité, s'était étendu à toutes choses, ainsi la nouvelle architecture, dans les mêmes lieux, sous des influences semblables, chassa, au XVIe siècle, de toutes ses positions le gothique aux abois.

Il se produisit alors, comme au XIIIe siècle, comme il se produira toutes les fois qu'un style sera né viable, une domination absolue de ce style dans tout le domaine de l'art : s'agit-il de restaurer, de compléter, de terminer une église romane, un hôtel de ville gothique, les architectes n'ont aucun souci de ces styles, de ces illustres morts; ils les respectent, ils ne tentent pas de leur rendre la vie. A côté d'eux ils élèvent des êtres vivants : à la nef romane ils appliquent une façade dans leur style, le style de la Renaissance; ils complètent de la même manière l'hôtel de ville, l'hôtel-Dieu, les châteaux et les maisons, et ce qui distinguera partout leur œuvre, ce ne sera pas l'étrangeté de ce rapprochement, mais l'habileté avec laquelle ils auront su raccorder les additions modernes aux parties anciennes dans un sentiment d'harmonie des lignes et des justes proportions. Ainsi se promena la Renaissance sur toutes les productions; architecture, peinture, sculpture, gravure, poésie en reçurent la vive et inaltérable empreinte, et rien de plus naturel que de voir cette influence pénétrer par la voie de l'industrie jusqu'au sein de la vie privée : tapisseries, ameublement, étoffes, orfèvrerie et bijouterie, armures et harnachement, caractères et vignettes d'imprimerie, reliure de livres, tout est *à l'antique*, et ce style de la Renaissance suit avec tant de respect les modèles donnés par les grands artistes constructeurs, qu'il est impossible d'hésiter sur la date précise d'aucun de ces objets.

Ces grands traits suffisent pour indiquer comment le gothique fit place à un style qui était un retour au berceau de l'antiquité, comment surtout la France fit sa renaissance elle-même, par elle-même, et en lui conservant une originalité qui n'a rien d'italien. Sans doute, en France comme en Italie, on se fût bien trouvé de croire un peu moins à Vitruve et d'imiter les monuments de la Grèce de préférence à ceux de l'Italie, c'est-à-dire les vrais modèles au lieu de leur contrefaçon; mais, en somme, nous pouvons nous dire que l'Italie n'a rien qui surpasse en pureté, en élégance, en reproduction savante des trois ordres, en interprétation heureuse du goût antique, le château d'Écouen, de Jean Bullant, le Louvre, de Pierre Lescot, et les Tuileries, de Philibert de Lorme : or, je ne veux citer que ces trois monuments, parce que les premiers ils ont marqué le progrès, et parce qu'ils nous sont parvenus suffisamment intacts pour témoigner, au grand jour, des qualités si rares, si puissantes, des chefs habiles de notre renaissance.

Je ne mentionne que pour mémoire les écrits de Bullant, qui ne nous sont pas parvenus, et ceux de Philibert de Lorme, qui montrent sa science ingénieuse. Ces publications prouvent que nos architectes étaient des hommes complets, science et pratique, construction et décoration, et en outre des hommes fort modestes, car ils conservaient leur ancien titre de maître de l'œuvre de maçonnerie. Nous retrouverons toujours en eux cette heureuse association, et il est d'autant plus à propos de la signaler qu'elle fit défaut à l'Italie aussitôt qu'au commencement du XVIe siècle des artistes dessinateurs, peintres et sculpteurs se crurent en droit de construire, comme s'il suffisait du sentiment des proportions et d'un certain goût d'arrangement pour être architecte. Il est bien important de marquer cette distinction, parce que les limites entre chaque art sont étroites, et qu'il est nécessaire de les observer quand des études préalables et sérieuses n'ont pas permis de les effacer. Je voudrais louer dans Balthazar Peruzzi une association heureuse, et je voudrais blâmer dans Léonard de Vinci, dans Raphaël, dans Michel-Ange, dans Jules Romain et dans vingt autres peintres de moindre mérite, un envahissement déplorable; il importe donc de distinguer. Les arts, chacun l'admet, ne sont qu'un : être architecte et peintre, être sculpteur et faire de l'architecture, être à la fois peintre, sculpteur et architecte, c'est la véritable doctrine, à la condition d'étudier chaque art, et l'architecture particulièrement; car c'est plus qu'un art, c'est une science. Balthazar Peruzzi est le plus admirable exemple de cette heureuse association. Il était peintre et exerçait son art exclusivement depuis plusieurs années, lorsque, sur l'invitation de son protecteur, Augustin Chigi, et aussi par tendance naturelle, il étudia l'architecture. Aucun des secrets de cet art ne lui resta caché, aucune de ses règles ne lui fut celée; il était peintre, il devint sérieusement architecte; seulement préparé par la peinture, il chercha des effets nouveaux et trouva des ressources inattendues. La Farnesina sortit tout entière, construite, peinte et sculptée, de ce cerveau complexe, moitié peintre, moitié architecte, ou plutôt de cet esprit ouvert sur le grand domaine de l'art. La Farnesina restera, non pas le modèle de l'architecture moderne, encore une fois il est ailleurs, mais un des exemples les plus frappants de ce que peut le génie de l'invention dans les limites qu'on croit si restreintes de l'imitation antique. Après Balthazar Peruzzi, et en même temps, Raphaël, s'éprenant de l'art antique, se mit aussi à faire de l'architecture; il avait un génie propre à tout, mais tout dans l'architecture n'est pas du fait du génie, et comme il n'avait ni le temps d'étudier ni les occasions de pratiquer, il dut scinder en deux l'architecture, faire une part à la conception de l'œuvre et donner l'autre à l'exécution matérielle, se réserver la première, abandonner la seconde aux hommes du métier; même pour sa propre maison, dont il voulait faire un modèle, il n'en donne que le dessin, et il la fait faire par le Bramante, *fece fare da Bramante*, comme l'écrit Vasari; pour Saint-Pierre aussi, il en façonne un petit modèle : le reste est du ressort de l'architecte constructeur.

On peut assigner à ce désordre d'attributions la tendance pittoresque de l'architecture italienne et la décadence de la nôtre; car, au moment même où Raphaël succédait à Bramante, l'engouement de Henri II pour les artistes italiens fit qu'un peintre devint le collègue de Pierre Lescot et le premier architecte du roi. Alors, et forcément, le titre changea avec les fonctions : l'homme de génie qui, comme Raphaël et Michel-Ange, donnait les dessins d'un édifice, et les hommes pratiques qui conduisaient savamment la construction, dûrent avoir chacun leur nom; et ainsi s'introduisit à Fontainebleau le mot d'architecte, qui n'était pas encore dans la langue et qui devenait nécessaire, car il y avait dès lors, au grand détriment de l'art, un architecte qui dessinait et un maître maçon qui construisait.

La gloire du XVIe siècle est d'avoir compris la haute mission et l'utilité pratique des arts; c'est de n'avoir rien négligé de ce qui pouvait contribuer à leurs progrès. Les souverains se distinguèrent tous, et presque en même temps, par le goût d'une certaine perfection en toutes choses et par une noble ambition de favoriser, de développer, de conquérir même sur leurs voisins le génie, quelle que fût la forme qu'il animât. Ferai-je l'histoire des Médicis, me transporterai-je dans le palais de Laurent le Magnifique, devenu, comme la palestre antique, le rendez-vous des amateurs, l'école de la jeunesse, le musée des artistes, le lieu de réunion des poëtes et des hommes de lettres? Dans ce lieu enchanteur, et sous cette protection princière, qui faisait du talent le plus grand titre à la faveur, se forma cette atmosphère qui bientôt s'étendit sur la ville et au loin, atmosphère d'élégance naturelle, de goût épuré et délicat, qui rendait intolérables l'affectation et le mauvais goût. Quittant Florence, visiterai-je toutes ces petites cours, jusqu'à la cour suprême, la cour de Léon X? Partout même délicatesse d'appréciation, même sentiment du beau, même recherche de la perfection qui semblait former l'apanage des princes et l'ambition de tous ceux qui prétendaient s'introduire à leur cour ou s'en approcher; princes et cour composant ce public d'élite, ou pour mieux dire le tribunal juste et sévère, parce qu'il était compétent, de tout ce que les artistes produisaient.

J'ai dit comment des causes différentes créèrent en France les mêmes tendances déjà sous le règne de Louis XI. J'ai fait comprendre leur développement en montrant Charles VIII et Louis XII sous le charme de cette résurrection des beautés de l'antiquité, respirant en Italie même cette atmosphère enchanteresse; il s'agit maintenant de François Ier, merveilleusement disposé par sa nature ouverte et enthousiaste, entraîné par une sorte d'enivrement qui lui fait trop oublier la France. En effet, ce grand roi, cet artiste délicat, eut le tort de ne pas apprécier l'art français comme il le méritait, de ne pas ménager avec plus de soin son éducation à ce moment si important où il se transformait; mais il avait vu l'Italie, et il ne croyait pas qu'il y eût de meilleur ou du moins de plus rapide moyen d'activer les progrès en France que de nous donner en modèle les premiers artistes italiens. Ses choix doivent lui faire pardonner son erreur. Raphaël, il est vrai, se contenta de lui envoyer des chefs-d'œuvre pour s'excuser de ne pas accepter son invitation; mais Léonard de Vinci, quoique bien vieux, consentit à le suivre, quand il put croire que le roi de France était venu à Milan tout exprès pour admirer sa *Cène* et l'emmener avec lui. Conquérir un grand artiste valait le voyage, surtout en gagnant la bataille de Marignan par-dessus le marché; mais Léonard avait accompli sa carrière : il mourut au milieu de nous, sans nous laisser d'autre production de son génie que celles qu'il avait apportées avec lui. Andrea del Sarto vint alors en France, et il y resta le temps nécessaire pour peindre une vingtaine de tableaux, des chefs-d'œuvre, et pour tromper le roi, son bienfaiteur; il fut remplacé par le Primatice. Ces quatre artistes offraient sans aucun doute la réunion des qualités qui s'alliaient le mieux à nos qualités, et sous leur direction Fontainebleau, remplaçant Rome, où il n'eût pas été facile d'établir une académie et d'envoyer des élèves, devint un grand atelier italien, où des centaines d'artistes français s'exercèrent et se formèrent à ce style un peu factice qui prit le nom d'école de Fontainebleau; puis, comme l'art appliqué à la décoration et aux usages de la vie était pour tous alors, et aussi aux yeux du grand roi, l'art dans son développement le plus naturel, comme il ne comprenait l'industrie que pratiquée par des artistes, François Ier appela près de lui Jérôme della Robbia, héritier d'un grand nom et d'un grand art, qui introduisit dans le château de Madrid l'architecture polychrome au moyen des faïences émaillées. Sur cette invitation royale, Benvenuto Cellini vint nous apprendre comment un grand sculpteur n'est pas de trop pour faire un bon orfèvre, comment le savant dessin des figures et l'élégance des formes puisent un éclat inattendu dans l'identification complète de l'artiste avec ses métaux, ses pierreries, ses émaux et les outils de son métier; une grande pensée rendue avec talent en relief sur l'agate ou en creux dans la pierre fine, c'est là un régal de roi, le rêve de tout amateur. Les Médicis ne manquèrent pas de pousser dans cette voie les artistes qui naissaient en Toscane au soleil de la Renaissance, et François Ier, qui avait tous les nobles goûts, n'eut pas de cesse qu'il n'attirât dans sa colonie de Fontainebleau le plus habile des graveurs en pierre fine, Andrea del Nassaro, un grand artiste et un homme des plus ingénieux. Cet art fit merveille sous cette influence heureuse de protection libérale, puis il s'éteignit à mesure que se retirait la main puissante qui le protégeait. N'oublions pas dans cette récapitulation sommaire : Hugo da Carpi, un merveilleux menuisier; Léonard Limosin, le plus habile peintre en émail de l'industrieuse ville de Limoges; Salomon de Herbaines, le maître tapissier, chargé de diriger les ouvriers qui travaillèrent désormais sur les patrons des plus grands maîtres, et tant d'autres dont l'énumération n'aurait pas d'utilité, car mon but n'est pas de faire l'histoire des arts en France, mais d'indiquer sommairement quelles influences les ont régis. Il faut compter au nombre des plus heureuses celle qu'exerça François Ier lui-même; car cet artiste couronné sut, malgré les désastres de ses guerres malheureuses, transporter en France les meilleurs modèles et les plus habiles artistes, et faire de sa cour une réunion incomparable d'amateurs de bon goût, de femmes de la plus gracieuse élégance, de seigneurs aux meilleures manières.

Le XVIe siècle tout entier, la race des Valois tout entière, furent fidèles à ce mot d'ordre. On peut varier dans les appréciations sur ce temps et sur ces rois quand il s'agit de politique, mais on sera unanime quand on étudiera les arts. Il y avait dans cette noble famille une distinction native, une disposition innée pour toutes les perfections, et comme l'expression raffinée du caractère, des aptitudes et de l'esprit français.

Parvenu à ce point de mon exposé de la marche des arts, je crois nécessaire d'examiner sous quelles influences et de déterminer exactement dans quelle mesure les idées, le rôle et la position des artistes se modifièrent. J'ai montré que leurs progrès, jusqu'à la fin du XVe siècle, n'avaient nullement augmenté leurs prétentions, n'avaient rien changé à leur attitude et à leur manière d'envisager leur mission. Mais, dès que je me place au XVIe siècle, je suis obligé de constater une altération dont il faut tenir compte, tout en montrant qu'elle a été plus apparente que réelle, et favorable aux arts, sans être préjudiciable à l'industrie.

Les gens de lettres, poëtes et chroniqueurs, furent, je crois, les premiers qui battirent en brèche la vieille organisation. Ils s'insinuèrent à la cour, ils conquirent la protection des princes, ils s'élevèrent au-dessus des clercs et tranchèrent avec eux du seigneur. La nomination des architectes, peintres et sculpteurs royaux en titre d'office ne vint que plus tard donner accès aux prétentions d'une classe d'hommes qui, vivant par l'imagination, se nourrit de préférence des vanités de l'amour-propre. Toutefois, bien que l'origine de cette déviation doive être cherchée en France, elle se développa plus rapidement en Italie. On le conçoit facilement. Le caractère italien est avant tout facile : ce n'est ni débonnaireté ni ouverture franche ; c'est le laisser-aller d'un grand seigneur qui tutoie les gens et leur frappe sur l'épaule, avec la confiance qu'on sera flatté de ces familiarités et qu'on ne les lui rendra pas. Ajoutez à ce trait du caractère national les circonstances politiques, qui avaient constitué en Italie vingt centres brillants d'activité fiévreuse. Tous ces princes, toutes ces républiques, tous ces marchands puissants, luttaient de luxe et d'élégance, rivalisaient d'idées généreuses et protégeaient à l'envi les lettres et les arts ; c'était à qui ferait le plus de sacrifices pour encourager et développer autour de soi poëtes et artistes, pour s'attacher les uns, pour séduire l'inconstance des autres. On conçoit facilement combien, dans cette recherche flatteuse de leurs talents, l'amour-propre des artistes dut grandir, leur vanité s'exalter. Ce qui avait eu lieu dans l'antiquité se reproduisit alors. Le grand Alexandre, si irascible, supportait d'Apelle des observations qui auraient mal sonné à ses oreilles partant d'une autre bouche ; Jules II, si fougueux, tolérait dans Michel-Ange ce qu'il n'aurait pas permis à tout son sacré collége réuni ; et les mots qui avaient été dits déjà dans l'antiquité sur la supériorité du génie, sur la position exceptionnelle du talent, reprirent naturellement cours au xvᵉ siècle en Italie. C'est aussi dans ce pays, et réconciliées par tant de distinctions flatteuses, que pour la première fois les grandes familles de la noblesse virent sans honte leurs enfants entrer dans la carrière des arts.

Quoi qu'il en soit de ces facilités données aux hommes supérieurs, de ces séductions offertes aux médiocrités vaniteuses, même en Italie, même au milieu de cette passion qui régna plus particulièrement de 1450 à 1550, les conditions de l'apprentissage se maintinrent, l'autorité des maîtrises ne fut aucunement ébranlée, et, ce qui est plus extraordinaire, ce qui, en même temps, explique comment la pratique des procédés et les ressources de l'expérience se conservèrent dans l'art et lui assurèrent sa base solide, la fusion de l'art et du métier resta complète et intacte.

Les biographies de Vasari, les correspondances et les mémoires des artistes sont remplis de témoignages en faveur de cette assertion; j'y renvoie. On se convaincra, en les relisant, que l'art en Italie, à cette époque, n'a été aussi sublime que parce que l'artiste était complet, tenant à la terre par toutes les perfections matérielles, touchant au ciel par toutes les aspirations du génie. L'apprentissage restait la règle pour tous, et Michel-Ange, quoique issu de la noble famille des Buonarotti, s'y soumit pendant trois ans. Après avoir broyé les couleurs du maître, dégrossi ses marbres, surveillé sa fonte, préparé au haut de l'échafaudage le mortier de sa fresque, on s'essayait d'abord en le copiant, ensuite en variant légèrement sur le thème qu'il avait composé, comme Raphaël perçant sous Pérugin dans cette charmante fleur qui se nomme Spozalizio; puis enfin on volait de ses propres ailes, si le maître le permettait, car dans les anciennes écoles de peinture, comme dans les anciennes familles, on restait élève, enfant, tant que le maître vénéré ou le père chéri prolongeait l'exigence de la soumission. Fût-on grand peintre, et général déjà, on supportait toutes sortes de brusqueries, on acceptait une domination absolue, on avait pris l'habitude d'obéir et on obéissait. On en a violemment appelé de cette soumission, sans s'inquiéter même de tout ce qu'elle avait de bon, d'utile, de salutaire, de tout ce qu'offrait de garantie ce développement du jeune talent à l'ombre de l'expérience. Je ne sais rien de plus instructif, rien qui présente plus exactement le tableau de ces rapports d'élève à maître, d'artiste à roi, que les mémoires de Benvenuto Cellini. Ils sont, quand il s'agit de soumission et d'humilité, d'autant plus véridiques, que l'auteur était plus disposé à altérer sur ce point la vérité; on doit avoir d'autant plus de confiance en son humilité qu'il était plus fanfaron, qu'il se pose plus ouvertement en homme supérieur, frayant d'égal à égal avec papes, rois, ducs et seigneurs.

Fier d'appartenir à une bonne famille, reprochant à Baccio Bandinelli d'être le fils d'un charbonnier, Benvenuto avoue cependant qu'il entra, à l'âge de quinze ans, en apprentissage chez Antonio Sandro, ou plutôt, comme il le dit, qu'il se mit en boutique chez cet orfèvre (*mi missi a bottega*), et cette boutique, ouverte sur la rue à tous les chalands, n'avait rien qui la distinguât des boutiques actuelles que plus de simplicité. Mais la particularité essentielle de l'apprentissage si humble de ce grand artiste, c'est qu'en renonçant à la paye des apprentis, il conservait le droit d'employer une partie de son temps à dessiner d'après les maîtres, complétant ainsi par des études d'un genre élevé la pratique des procédés matériels du métier. Ayant quitté cet atelier et sa ville natale par un de ces coups de tête qui vont être les actes ordinaires de sa vie, il traverse Pise et il s'arrête à la devanture d'un orfèvre pour y considérer les objets exposés à la curiosité des passants. L'orfèvre est sur le seuil de sa boutique; il remarque son attention, il le questionne, et, séduit par sa physionomie ouverte, il l'engage à travailler chez lui. Benvenuto accepte et se met à l'œuvre. S'il a quitté son premier maître sans difficulté, c'est qu'il était entré chez lui à des conditions particulières; s'il s'engage aussi facilement chez le second, c'est qu'il n'est plus dans la même ville, car autrement il eût pu être revendiqué par le premier pour compléter le temps de son engagement, et le second n'aurait osé le prendre chez lui. En effet, nous apprenons par Benvenuto lui-même, dans la suite de ses Mémoires, qu'un orfèvre lui ayant débauché Ascagno avant qu'il eût fini son temps, il le menaça de le tuer s'il ne lui renvoyait pas son élève dans sa boutique (*alla bottega mia*) avant la fin de la journée; quant à Ascagno, c'est à coups de pied et à coups de poing qu'il règle avec lui (*gli detti di pugna e calci*). « Es-tu revenu avec la ferme volonté de finir ton temps (*se' tu venuto per finire il tempo che tu mi hai promesso*)? » lui dit-il; l'autre, à genoux et suppliant, jure sur ce qu'il a de plus sacré, et Benvenuto jure aussi d'oublier ce qui s'est passé. Il y avait donc en Italie les mêmes conventions et les mêmes rapports de maître à apprenti qu'en France. Nous venons d'assister à des actes d'autorité, à des scènes de brutalité; nous trouverions aussi plus d'un exemple de la domesticité complète des élèves. Benvenuto parle avec éloge de Bernardino, qui bêchait le jardin, pansait son cheval, faisait le service de la maison, et devint en même temps le meilleur de ses élèves et un artiste parfait. (*Questo giovane mi governava un cavallo, lavorava l'orto, dipoi s'ingegnava d'aiutarmi in bottega, tantoche a poco a poco e' cominciò a imparare l'arte con tanta gentilezza, che io non ebbi mai migliore aiuto di quello.*) Heureusement que d'autres passages de cet ouvrage prouvent que le dévouement filial de l'élève était toujours égalé par les soins paternels du maître. A Pise, Benvenuto Cellini maintient son droit de profiter de quelques heures chaque jour pour dessiner, et il va chercher ses modèles dans le Campo-Santo; à Florence, puis à Rome, nouveaux maîtres, mais toujours mêmes études persistantes. Aussi ne manque-t-il pas de consigner la remarque de Madame Chigi : qu'il dessinait trop bien pour un orfèvre (*che troppo ben designavo per orefice*), aveu détourné d'une supériorité sur ses confrères qui ne l'engageait cependant ni à quitter ni à dédaigner son métier, qui ne l'empêchait même pas de se conformer au dessin d'un élève de Raphaël, comme modèle d'une aiguière commandée par l'évêque de Salamanque. En même temps qu'il travaillait ainsi de ses mains sur des dessins étrangers, il frayait avec tous les grands artistes, avec Michel-Ange et Jules Romain; il donnait même à dîner au Rosso, à un élève de Raphaël et à d'autres peintres, sculpteurs et architectes; témoignage suffisant de cette grande camaraderie s'étendant sur les arts et les métiers sans distinction. De retour à Florence, il y prend boutique sur le marché Neuf et répond lui-même aux clients qui viennent marchander les objets qu'il expose sur sa devanture. Mais, à cette époque, il est maître chez lui; il travaille à sa fantaisie et sur ses compositions, et répond brutalement à Baccio Bandinelli, qui lui dit que, pour les beaux ouvrages, il faut donner aux orfèvres des dessins en modèles. Il avait le droit de repousser ce reproche quant à ce qui le concernait, bien qu'obligé de l'accepter pour l'ensemble de sa corporation. D'ailleurs, tout en se distinguant de ses confrères par le talent, il reste soumis aux mêmes exigences, et, lorsqu'il s'agit de monter un gros diamant appartenant au pape, il accepte sans difficulté ce qui serait considéré aujourd'hui comme une humiliation, la collaboration des quatre joailliers les plus habiles de Rome. Remarquons qu'à cette époque de sa vie, Benvenuto, qui a déjà fait son premier voyage en France, a atteint toute sa célébrité comme un artiste hors ligne, qu'il est lié avec les peintres et sculpteurs les plus illustres de l'Italie, qu'il est admis à la table des grands et traité avec toutes sortes d'égards; on croit sans doute qu'il cessera de travailler de ses mains, ou du moins qu'il se cachera à tous les yeux quand il sera occupé à ces rudes travaux du métal ; on se trompe; le grand artiste ne songe à quitter sa boutique que pour en prendre une plus grande s'ouvrant près de celle d'un parfumeur, sur une rue plus fréquentée (*apersi un'altra bottega, accanto al Sugherello, profumiere, molto più grande e più spaziosa*). C'est ainsi qu'il faut envisager la position des artistes dans cette mémorable époque, et toujours se rappeler que de la boutique de ces orfèvres, étaient sortis tous les grands noms de la Renaissance. Il en sortait aussi les nobles aspirations ; Benvenuto ne parle jamais de son métier qu'avec enthousiasme, et dans sa boutique il porte haut la tête et il élève le ton. Lorsque le cardinal de Ferrare l'invite, au nom de François Ier, à se rendre à Paris, il va demander des chevaux à l'intendant du prélat; celui-ci, effrayé de ses exigences, lui dit : « Comptez-vous donc voyager comme les fils du duc de Ferrare ? — Non, répond Benvenuto, mais comme les fils de l'art, et pas autrement (*a lui subito risposi : Che i figliuoli dell' arte mia andavano in quel modo*). » Faisons attention à cette soumission au travail, à l'acceptation facile de toutes les conditions du métier, et au maintien du sentiment de dignité personnelle et de supériorité sociale fondés sur l'intelligence et sur le talent. Ajoutons à ce mélange de traits qui semblent se contrarier une certaine souplesse commerciale pour conquérir la faveur des grands et la clientèle des riches, et même une grande humilité quand besoin est. C'est toujours un genou en terre, et après lui avoir baisé les jambes ou le pan de son manteau, que le célèbre orfèvre parle à François Ier, sans qu'il paraisse dans ses Mémoires la moindre répugnance contre ces formes de l'étiquette imposées aux grands artistes ainsi qu'au petit peuple. (*Giunto alla presenza sua, gli baciai il ginocchio. — Io missi un ginocchio in terra, e baciatogli la vesta in sul suo ginocchio.*) Mais cette France où il est si bien traité, il la quitte par instabilité d'humeur, et aussi poussé par un noble sentiment patriotique, par un désir qui l'obsède de laisser dans sa ville natale, et au sein de ce qu'il nomme *la grande école du monde,* une œuvre digne de lui et digne d'elle. Son *Persée* était dans sa tête; il fut bientôt sur la grande place de Florence, et les applaudissements qu'il excita se continuent encore aujourd'hui.

Prenant cet ensemble de faits en considération, on peut dire que dans sa première phase, au moment de la transition, la distinction de l'artiste et de l'ouvrier, devenue si considérable, la séparation si profonde aujourd'hui, était alors sans influence fâcheuse. On vit des artistes réellement supérieurs se dégager de tout labeur fatigant, se consacrer entièrement aux créations de l'imagination, aux fantaisies du caprice, tandis que des artistes d'un talent moins élevé s'inspirèrent modestement de leurs inventions pour les appliquer aux mille productions de l'industrie. L'étincelle du génie enflammait l'ambition des premiers; la modestie du talent retenait les seconds dans l'humble cercle de l'imitation.

L'union de l'apprenti et de son maître, l'humilité du maître devant son seigneur, fut à la même époque plus grande en France qu'en Italie. Nos artistes, nos peintres en titre d'office eux-mêmes, avaient médiocrement développé leur esprit par l'étude des lettres, et se seraient trouvés grandement embarrassés s'il se fût agi d'écrire des mémoires qui devinssent un jour des modèles de style; quand il s'agissait d'invention, ils attendaient les idées du clerc, deviseur de hauts faits, et n'auraient pas été capables de les chercher eux-mêmes dans les auteurs. Jean Coste, le peintre du roi Jean, qui exécuta en 1353 pour son fils le duc de Normandie, le futur Charles V, dans son château du Vaudreuil, *l'Ystoire de la vie de César, celle de Notre-Dame, de sainte Anne et de la Passion; plus encore le couronnement et l'Annonciation de la Vierge*, Jean Coste ne savait ni lire, ni écrire, ni compter. Il y avait certainement chez nos artistes une infériorité d'éducation littéraire, et conséquemment un sentiment de dignité personnelle moins développé. Ce qui s'appelait en Italie les garçons de l'artiste, on les nommait en France les valets du maître. Je sais bien que le mot valet, qui n'avait plus au XVe siècle la signification guerrière qu'il eut dans l'origine, n'avait pas non plus le caractère vil qu'il a pris depuis deux siècles; mais enfin quand Philippe le Bon sort de l'atelier de Jean Van Eyck, il donne à ses élèves quelque argent, et son comptable ne les plaçait pas bien haut dans son estime en inscrivant : *Aux varlets de Johannes d'Eyck, XXX sols.* Charles VIII et sa cour respirèrent en Italie cette nouvelle atmosphère de libéralité facile pour tous les talents, de familiarité engageante et gracieuse avec tous les hommes de génie; ils revinrent en France disposés à se montrer aussi libéraux, aussi familiers; mais, trouvant devant eux une humilité traditionnelle et une modestie ignorante de ce qu'elle pouvait exiger et satisfaite de tout ce qu'elle obtenait, les anciennes habitudes reprirent bien vite le dessus. En 1497, le roi de France ordonnant le payement d'une année de gages de plusieurs architectes, peintres, orfèvres et mosaïstes de marqueterie, qu'il a fait venir de la péninsule en 1495, les qualifie du titre d'*ouvriers et gens de mestier*; et appuie sur les termes, en expliquant la raison de leur venue en France : *pour ouvrer de leur mestier à l'usage et mode d'Italye.* L'année suivante, en 1498, Louis XII, faisant payer l'architecte Joconde, le nomme un *deviseur de bastimens.* C'est au sein de la colonie italienne de Fontainebleau, au milieu des jalousies suscitées par les amours-propres, au milieu des violences de ceux-ci, des manques de foi de ceux-là, et par-dessus tout à la faveur de la passion d'un royal amateur, assistée de la noble indulgence d'un grand roi, que cet esprit libéral pénétra en France et donna d'abord aux artistes italiens la position qu'ils avaient dans leur pays. Serlio est qualifié d'architecte, le Primatice est commanditaire d'une abbaye et superintendant de tous les travaux; le roi visite à plusieurs reprises l'atelier de Benvenuto, l'appelle son ami, et traite tous ces étrangers avec des égards proportionnés à leurs talents. Si ces mêmes concessions ont été plus lentes à l'égard de nos artistes, c'est donc qu'eux-mêmes les sollicitaient avec moins d'âpreté, et il ne pouvait y avoir que profit dans une sage lenteur. Pierre Lescot avait aussi une abbaye, les Clouet étaient peintres en titre d'office, et nous pouvons supposer, quoique les documents ne le disent pas, que le talent français avait des titres au moins égaux à la bienveillance royale.

Si, après nous être préoccupé de la position des artistes et de l'opinion qu'ils se faisaient eux-mêmes de cette position, nous recherchons l'influence que l'indépendance exerce sur l'esprit et l'allure de leur imagination, nous voyons qu'elle est salutaire, au prix même de quelques désordres, et que la sève, pour monter librement, ne perd nulle part de sa force, qu'il s'agisse de décorer l'église d'images pieuses, de peindre des scènes historiques sur les murs du Vatican ou d'égayer une villa des scènes voluptueuses de la mythologie païenne. A l'époque du moyen âge, la direction générale des idées s'était portée vers Dieu; l'art suivit cette voie : j'ai dit dans quelles limites. Mais l'artiste n'accepte les pensées exclusives que sous bénéfice d'inventaire : il y prête son esprit, il y associe son talent; sa religion est ailleurs. Je doute fort que Phidias crût fermement à la grande mascarade de l'Olympe. Vasari prétend que le Pérugin était athée; il est certain que

Raphaël voyait dans ses madones l'idéal d'un amour très-profane. Qu'on nous laisse donc en repos avec l'omnipotence des influences religieuses, les seules, dit-on, qui puissent inspirer les artistes et pourraient aujourd'hui régénérer notre école. La religion de l'artiste, c'est son art; il lui importe d'y croire fermement : pour le reste, qu'il suive ses tendances : s'il est pieux, ses tableaux religieux s'inspireront de sa piété; a-t-il la vocation militaire, il peindra la mêlée des batailles; est-il chasseur, les meutes échapperont toutes haletantes de son pinceau. Aux individus, leur pente; aux époques, leurs grands entraînements. La Renaissance étudiait le style et la nature; elle avait le goût de l'élégance et le sentiment du beau. Était-elle religieuse? était-elle païenne? Je ne m'en inquiète pas.

Telle architecture, tel art et telle industrie, je l'ai déjà dit. Pendant tout un grand siècle (1480-1600), les saines traditions des maîtres de la Renaissance se maintinrent, et l'industrie les suivit fidèlement, sans chercher d'autres modèles, qu'elle n'eût trouvés aussi bons nulle part ailleurs. Rien en pays étranger, rien absolument, et je n'en excepte ni les plus forts artistes de l'Italie, ni Albert Dürer en Allemagne, n'offre des qualités d'arrangement, de proportion, de sage et brillante décoration, qui puissent être comparées à nos œuvres françaises; et cette supériorité est plus évidente dès 1550, car l'art en Italie devient alors un rococo absurde, et l'Allemagne, abandonnant ses traditions, imite l'Italie.

Le public, il est vrai, s'était un peu transformé, j'entends celui qui participait aux arts. Le clergé, le roi et la noblesse avaient dû bientôt accepter le luxe des gens en charge et des gens de finance; la haute bourgeoisie, elle-même, avait acquis peu à peu, avec le moyen, aussi le droit d'être somptueuse dans ses costumes et ses ameublements, d'être recherchée dans tout ce qui tient à la mode. Mais, comme le roi et sa cour continuèrent pendant tout le XVI siècle d'exercer un empire absolu sur le goût, ce public accru les suivait aveuglément, et les artistes, en satisfaisant l'immensité de leurs besoins, conservèrent un guide sûr et un phare conducteur.

Il n'y avait pas plus de goût pour les arts aux cours des petits princes d'Italie qu'il n'en régnait à la cour de France, mais il planait comme une atmosphère plus générale de goûts distingués et d'appréciations justes dans la population entière des grandes villes italiennes. L'opinion publique dans les questions d'art comptait déjà, et pour beaucoup, à Rome, à Florence et à Venise; les souverains s'en inquiétaient et comptaient avec elle. Une grande œuvre de sculpture était-elle terminée, on suspendait tout jugement jusqu'à ce que, exposée aux yeux de tous, on eût recueilli l'expression de l'opinion publique. Alors le peuple d'accourir, les universités de fermer leurs écoles, les tribunaux de chômer, et quand la population en masse avait apprécié, quand les poëtes, et qui n'est pas poëte en Italie? avaient suspendu tout autour, par milliers, leurs sonnets louangeurs ou leurs épigrammes mordantes, la réputation de l'œuvre était faite.

En étudiant la nouvelle position faite à l'artiste dans cette grande rénovation de toutes choses, j'ai touché à deux questions que je désire épuiser ici : celle de l'enseignement des arts et celle de la disposition générale des artistes à entrer dans l'industrie.

J'ai dit que, dans cette grande époque, l'enseignement des arts était partout le même et tenait encore des usages du métier; c'était l'apprentissage, et cette porte ouverte à tous dans la carrière des arts est la meilleure des écoles. Il y avait toutefois un grand changement apporté dans l'enseignement. L'étude du nu y prenait désormais une place plus grande, une place avouée, prônée, déclarée indispensable. L'anatomie elle-même, science encore nouvelle dans la médecine et réservée à cette spécialité, entra dans l'enseignement des arts. Le retour aux traditions de l'antiquité et aux sujets mythologiques donne la raison de ce changement dans les études; ces traditions servaient de prétexte et d'excuse pour étudier d'après le modèle et représenter des nudités. Ni les Médicis, ni les papes, ni les rois de France n'étaient païens, n'étaient immoraux parce qu'ils encourageaient ces études; ils étaient simplement amoureux du bel art de l'antiquité et, dans l'enthousiasme de leur passion, ils prétendaient l'élever aux sommités les plus ardues. Représenter la beauté corporelle dans toute sa séduction, exprimer les passions dans leur vérité si variée, rendre la poésie la plus charmante, c'était pour tous un monde enchanteur et un nouveau monde. La grande école des Donatello, des Michel-Ange et des Raphaël s'appuyait sur ces fortes études. François Ier voulut qu'elles devinssent la base de l'éducation de nos artistes. C'était le seul moyen de dépouiller la vieille friperie du moyen âge, et Jean Cousin, Jean Goujon, Jean de Douai, Germain Pillon, ont prouvé que le roi avait eu raison de compter sur l'école française, car elle a abordé courageusement ce difficile programme et elle l'a rempli avec une tenue, une grâce, une distinction qui, venant de cette impulsion, se sont maintenues au delà même du siècle des Valois. D'ailleurs, point de musées, de collections publiques, d'enseignement gratuit donné au nom et aux frais du Gouvernement; chacun se faisait agréer par un maître, à charge de le servir, mais avec le droit de le voir travailler, de le suivre dans ses études, de l'écouter dans ses démonstrations. Il y eut bien quelques circonstances où des tableaux, comme les cartons de la guerre de Pise par Léonard de Vinci et Michel-Ange, devinrent, par leur mérite transcendant et leur popularité bruyante, une sorte d'enseignement public; mais c'est un fait accidentel : l'apprentissage attentif, soumis, dévoué, lent surtout, était le début de l'artiste, même dans cette Italie où l'abondance des talents ne suffisait pas à la passion des grands protecteurs de l'art, où toutes les prétentions des artistes étaient exaltées autant par la recherche de leurs ouvrages que par une soumission aveugle à leurs caprices. Ce qui le prouve mieux que tout autre fait, ce sont les dispositions des artistes. Et ici j'arrive à cette seconde question si grave de la participation facile, complaisante, et comme naturelle, des plus grands artistes aux travaux de l'industrie. Déjà l'existence du sculpteur et de l'orfèvre Benvenuto Cellini nous a mis sur la voie de ces dispositions, et il est facile d'accumuler les preuves et de généraliser la tendance. Peut-être aurait-on été mal venu à demander au Pérugin ou à Michel-Ange de peindre leurs compositions sur un bahut ou sur un lit; mais qu'on ne s'y trompe pas : le refus serait venu de ce que l'artiste avait d'autres occupations qui laissaient plus de marge à son talent, et nullement de l'éloignement qu'il aurait ressenti pour ce genre de travail, ou de l'abaissement dont il se serait cru atteint dans cette besogne; et en effet, à la même époque, s'agit-il de fêtes publiques, d'entrées triomphales, ce sont les artistes les plus considérables, les plus en faveur, qui peignent des façades de maisons, des monuments de circonstance, des décorations de théâtres, des voitures de gala; s'agit-il d'industrie, les bijoux sont de la statuaire, les faïences d'apothicaires de l'art. Bahuts, armoires, lits et litières, arçons de selle et bannières sont sculptés ou peints par des talents de premier ordre.

Vasari, racontant vers 1550 la vie de Dello, mort en 1421, qui, comme tous les peintres de son temps, consacrait indifféremment son talent aux tableaux de sainteté et à l'ornementation des meubles et des appartements, ajoute : « Et pen« dant longues années l'usage se maintint que les plus excellents « peintres se livrassent à ces occupations sans en avoir honte « (*senza vergognarsi*), comme le ressentiraient aujourd'hui « beaucoup de nos contemporains. » Beaucoup de ses contemporains, dit Vasari, et il semble les condamner d'éprouver de ces vains scrupules. C'est qu'en effet la tendance industrielle était tout aussi décidée chez les artistes italiens que parmi les nôtres; ne suffit-il pas de montrer combien Raphaël lui-même avait l'esprit libéral à cet égard. A peine la gravure, procédé reproducteur, admirablement employé par Albert Dürer, a-t-elle paru en Italie dans son nouvel aspect expressif, facile et populaire, que Raphaël s'attache Marc-Antoine et forme cet élève à la plus parfaite compréhension de sa pensée, à la plus habile manière de rendre son dessin. D'immenses travaux de décoration sont-ils projetés par le pape, le grand peintre accepte les plus vastes commandes, sans reculer devant des moyens d'exécution qui demandent la participation d'un nombre infini d'aides et de collaborateurs, car il comprend l'art dans toutes ses directions : ici comme un élément de l'architecture, avec la liberté grandiose de la décoration; là comme œuvre isolée, avec toutes les finesses de l'exécution la plus parfaite. Pour la première tâche, il s'entoure d'une foule d'auxiliaires qu'il dresse à sa manière, qu'il incorpore à sa pensée : à ceux-ci il confie ses arabesques inimitables, à ceux-là ses sublimes compositions; s'agit-il de tableaux, ses élèves deviennent chacun un autre lui-même, ils exécutent d'après ses cartons, ils commencent la peinture que le maître terminera, ils la répètent même plusieurs fois sous ses yeux; et la direction supérieure est si sage, si puissante, ses élèves sont si soumis, si dévoués, qu'il est bien difficile de distinguer une différence de faire, de surprendre la participation directe et positive de ses habiles et modestes collaborateurs. Ce n'était pas seulement pour le pape et les grands que Raphaël entreprenait ces travaux dont la direction seule surpasse les forces d'un homme et la capacité d'une tête; le besoin de produire, la satisfaction de voir ses créations prendre corps et se manifester au grand jour de l'admiration et de la sympathie publiques, le poussaient à se faire ainsi entrepreneur de peintures. Antonio Battiferri veut-il décorer sa maison : aussitôt Raphaël compose les dessins qui doivent couvrir la façade à l'extérieur, et il charge un de ses élèves de les peindre à fresque; un marchand de ses amis, Antonio Chigi, lui demande de l'aider dans la décoration de sa villa : il s'y prête sans difficulté; sa *Galatée* resplendit au milieu des œuvres d'artistes illustres : Sébastien del Piombo, Antonio Razzi et Jules Romain. Le pape désire avoir des tapisseries : il travaille pour les ateliers de la Flandre et il envoie à Bruxelles deux de ses élèves, avec ses instructions, pour en surveiller l'exécution. La tradition veut qu'il ait donné des dessins aux fabricants de marqueteries de Vérone, aux damasquineurs de Florence, aux émailleurs de Faenza, aux peintres verriers de Marseille. Je n'en ai pas la preuve, mais je crois la tradition, car c'est le véritable esprit de l'art, c'était l'esprit de Raphaël.

Sans doute, il y eut dans cette fusion des tiraillements et des froissements; la ligne de démarcation et les limites étaient si difficiles à fixer, que les artisans les plus ordinaires entraient dans les confréries de peintres et de sculpteurs, et, quand il prenait envie de les en exclure, il s'élevait des contestations sans fin, il s'engageait des procès inextricables. Il reste un fait acquis, cependant : c'est que les artistes qui prétendaient se placer dans une sphère supérieure aux exigences de l'industrie étaient une exception, même en Italie; en France, ils n'existaient pas. Les plus habiles de nos artistes avaient du talent pour l'appliquer à tout usage, pour le mettre en toutes choses.

Nos rois continuaient à avoir des peintres habiles attachés à leur personne, à les loger dans leurs résidences, à les prendre dans leur suite pendant les voyages; les seigneurs de leur cour les imitaient, voyant dans cette intervention un moyen de soustraire des hommes habiles aux obligations que s'étaient imposées les corporations. Il est probable qu'à l'exemple de l'Italie on les traitait avec plus de considération que de simples artisans; toutefois ils n'avaient pas cessé d'être confondus avec les brodeurs, merciers et autres gens de métier, et quelque idée avantageuse que des faveurs et un commerce familier avec le prince aient pu leur donner d'eux-mêmes, on fera attention à un fait qui maintint longtemps et solidement le lien des arts et de l'industrie : c'est la destination spéciale et l'application à sa place et à son usage de toute œuvre d'art. Même à Fontainebleau, peintres et sculpteurs travaillaient pour la décoration de l'architecture. On n'avait pas l'idée d'exécuter un tableau sans but, une statue sans destination; on faisait bien des portraits, mais la plupart peints sur émail étaient incrustés dans les murs et dans les meubles, ou bien, dessinés aux crayons, ils formaient des albums. Un seigneur amoureux des arts n'aurait pas commandé un tableau pour sa demeure; car où l'accrocher? Ses murs étaient tendus des plus belles tapisseries, molles et douces peintures; il demandait à son peintre d'orner ses plafonds, comme à Fontainebleau, ou les murs de sa chapelle, mais en toutes choses l'artiste se sentait encore en association pratique avec l'architecte.

Tel est le caractère général, tel est aussi l'esprit dominant; il faut y regarder de très-près pour saisir les exceptions. Il y en avait cependant, et ne pas les signaler rendrait la suite de ce rapport inintelligible; on ne comprendrait pas qu'il se soit formé partout à la fois, au XVIIe siècle, des collections de tableaux, si l'on n'apprenait comment ce goût a pris naissance à la fin du XVe. Les tableaux placés dans l'église sur l'autel, les tableaux de sainteté accrochés au chevet du lit, et surtout ces tableaux à deux volets où l'on peignait des scènes de la passion, et qui servaient d'*autels portatifs*, doivent être considérés comme le point de départ de la décoration des appartements par des tableaux-meubles; les portraits ne vinrent qu'ensuite. Toutes ces peintures furent exécutées exclusivement par nos artistes, qui passaient sans difficulté de la peinture des miniatures de manuscrits à cette peinture à l'œuf ou à l'huile en miniature; mais, vers 1450, le grand talent et la réputation européenne des frères Van Eyck et de leurs élèves, Roger Vanderweyden et Hemling, mirent en vogue l'art flamand: chacun voulut avoir, à prix d'argent, quelques-uns de ces délicieux tableaux de piété qui contenaient tant de choses, et des mieux peintes, en si peu de place. Déjà donc les alcôves des chambres à coucher se garnissaient de petits cadres, lorsque les circonstances étendirent en Italie le champ d'acquisitions des amateurs. On n'a pas oublié la curiosité inquiète qui poussait Louis XI à demander aux moines de Venise leur beau tableau de Gentile Bellini. Nous ignorons où ce tableau fut exposé; il est probable qu'il prit place dans l'oratoire ou au chevet du lit du roi. Mais quand Charles VIII, au retour de son expédition en Italie, reçut des fourgons remplis d'objets d'art; quand, la mode aidant, les productions italiennes de toutes sortes affluèrent par les soins des voyageurs, la rapacité des troupes et l'active intervention du commerce, alors l'ancienne chambre de curiosité ou l'ancien

Trésor devint musée. Déjà, en 1524, Marguerite d'Autriche, la gouvernante des Pays-Bas, possédait dans ses appartements de Bruxelles 167 tableaux flamands, italiens, français et allemands. Tous les genres de peinture étaient représentés dans cette curieuse collection : la religion, cela va sans dire; l'art, inspiré par la beauté et la poésie, dans des têtes d'expression et dans quelques sujets mythologiques; l'histoire, dans le siége de Vanloo et la bataille de Pavie; le paysage, dans plusieurs vues des saints lieux; le genre enfin, dans les scènes familières et les caprices fantastiques du vieux Bosch et d'autres Flamands. C'était bien là l'un des précurseurs de nos collections modernes. Mais la cour de France n'avait pas l'habitude de prendre ses modèles à la cour de Bruxelles. Déjà Charles VIII et Louis XII avaient amassé dans leur cabinet de curiosités nombre d'objets d'art, et il était réservé à François Ier de former la première collection des tableaux du roi, qui, après trois cents ans, est devenue le musée du Louvre. Il ne fit pas autrement que Marguerite d'Autriche; seulement il fit plus grandement. Léonard de Vinci lui apportait ses tableaux, Raphaël lui envoyait les siens de Rome, Andrea del Sarto, Rosso, le Primatice venaient peindre les leurs à Fontainebleau. Aux tableaux italiens s'ajoutaient les tableaux flamands achetés par ordre du roi à Anvers et à Bruxelles, et une suite charmante de portraits peints par les artistes français; les belles tapisseries complétaient les tableaux, et les objets les plus distingués de l'art appliqué à toutes choses venaient dans cette belle collection de chefs-d'œuvre témoigner des ressources inépuisables du génie de l'homme. Nous n'avons pas tout vu : 124 statues antiques, des bustes sans nombre, représentèrent dignement la statuaire, et il faut parler d'une innovation qui permit d'enrichir cette magnifique collection d'une manière inusitée et toute favorable à l'étude des arts. Le Primatice avait demandé au roi l'autorisation et les moyens d'aller à Rome prendre les moules des plus belles statues antiques. Il voulait les rapporter à Fontainebleau, et couler en bronze ces chefs-d'œuvre, qui devaient servir de modèles aux artistes et de diapason à l'admiration royale pour tout ce qui se produisait d'œuvres modernes autour d'elle. François Iᵉʳ, avec cette belle intelligence des arts dont il donna tant de preuves, comprit l'utilité de ce projet, et bientôt les plus remarquables créations de la statuaire antique peuplèrent Fontainebleau. Nous reconnaissons encore aujourd'hui ces magnifiques bronzes à la rare perfection de leur fonte et à la délicieuse patine dont le temps les a revêtus. Mais je crains qu'à la lecture de ces détails on ne se fasse une très-fausse idée de la collection royale. L'esprit, tenu en lisière par les habitudes journalières, se représente immédiatement quelque vaste galerie, un musée caverneux où tous ces objets sont accrochés, huchés, alignés par ordre chronologique, rangés par pays et par école, avec étiquette, numéros et livret. Il n'y avait rien de tout cela à Fontainebleau; on ne pensait pas à momifier de cette manière les charmantes créations du génie. Quelques statues et des bustes avaient pris place dans les grands appartements peints à fresque et dans les salles tendues de tapisseries; les tableaux étaient disséminés dans les petits appartements, à leur meilleur jour, clair-semés dans chaque chambre, et presque toujours placés de manière à entrer dans la décoration architecturale; les objets d'art avaient pour support des gaînes en belle matière et des dressoirs, objets d'art eux-mêmes, qui permettaient à la lumière et à l'air de les animer, aux yeux de se promener autour et de les caresser de la vue; la statuaire de bronze et de marbre était répandue dans les vestibules, au pied des escaliers et surtout près du château, dans les parterres, autour des bassins, au fond des allées, dans les longues perspectives doucement ombrées par les grands arbres. Associées aux dispositions monumentales de l'architecture, aux beautés de la nature, aux aises de l'intérieur, ces superbes productions de l'art, quoique arrachées à leur destination première, retrouvaient une seconde vie dans ces conditions favorables, comme ces arbres enlevés de la forêt qui reprennent racine et reverdissent dans nos jardins, ne conservant de leur exil qu'un air dépaysé et comme une teinte mélancolique. Ce goût des collections envahit toute l'aristocratie. Le connétable de Montmorency plaçait les esclaves de Michel-Ange sur la façade et à l'entrée de son château d'Écouen; il répandait les objets d'art et les tableaux dans ses appartements. Mais n'entrons pas dans les descriptions de détail; qu'il suffise de dire qu'à la fin du XVIe siècle on n'aurait pas trouvé un hôtel de seigneur qui n'offrît quelque tableau précieux et une suite remarquable de portraits de famille, et qu'on voyait dans le seul hôtel de Beaumont, appartenant à un particulier, le duc Charles de Croy, deux cent trente-quatre tableaux, dont onze de Paul Véronèse, six de Roger Vanderweyden, et des ouvrages des plus fameux peintres.

Je me serais reproché de n'avoir pas compté cet esprit collectionneur au nombre des ressources offertes alors à l'étude des artistes et à leur activité productive. Je ne dois pas omettre non plus une influence qui tendit à effacer le caractère national et tranché que d'autres circonstances contribuaient à maintenir dans les arts et l'industrie de chaque pays : je ne veux pas parler de la facilité toujours plus grande des communications, j'en reconnais la portée; mais j'entends signaler l'influence des estampes qui circulèrent dans les ateliers pendant tout le XVIe siècle. Il ne s'agit pas des progrès de la gravure elle-même. Notre art trouva, à chaque époque, ses fidèles et éloquents traducteurs : l'école de Fontainebleau a été gravée avec les qualités qui conviennent à son style, à son abondance, à sa facilité. Je ne veux parler que des estampes étrangères. La France subit moins que les pays voisins, l'Allemagne et l'Angleterre, l'espèce de nivellement opéré par l'étude de ces reproductions fidèles; elle le subit cependant, et la collection des Marc-Antoine et des Albert Dürer, celle des petits maîtres allemands, les gravures spéciales d'ornements pour la bijouterie, l'orfévrerie, la damasquinure, la broderie et les dentelles, qu'elles vinssent de l'Allemagne ou de l'Italie, pénétrèrent, avec les compositions de l'école de Fontainebleau, dans l'immense domaine de l'industrie : faïences, émaux, sculpture d'ornementation dans l'architecture et dans les meubles, damasquinure et gravure dans le métal, sont les imitations plus ou moins fidèles, plus ou moins habilement déguisées, de ces modèles. A la vue de cet envahissement, on sent que l'art tend à s'isoler, à se retirer peu à peu de l'industrie; il fait place à l'ouvrier copiste, dépourvu d'initiative et de talent original.

Les dernières années du XVIᵉ siècle marquent en France l'extrême limite de la Renaissance et les débuts de l'art moderne. Elles coïncident avec la mort de Henri III, de Ducerceau, de Germain Pillon et de François Clouet, avec la guerre, et de toutes la plus cruelle, la guerre civile issue des passions religieuses. Un autre esprit, né des circonstances politiques autant que du caractère personnel de Henri IV, inspirera désormais l'art, la littérature et la mode. Ce n'est plus la même élégance attique, la même légèreté païenne; c'est un autre esprit, c'est l'art moderne. Dès lors les symptômes évidents d'une décadence envahissante marquent, dans une architecture dépourvue du sentiment des justes proportions et de l'élégance, dans une sculpture qui n'a conservé des traditions de l'antiquité et de la Renaissance que leurs défauts, dans une peinture devenue la contrefaçon des Italiens contemporains, la triste fin d'une grande époque.

Marie de Médicis, par goût, par habitude, peut-être aussi pour ne pas faillir à son nom, protégeait ouvertement les arts et les pratiquait elle-même, chose rare dans ce rang et à cette époque. Elle eut bientôt conscience d'un empiétement de décadence : elle fit comprendre au roi la nécessité de ranimer les arts et l'industrie; elle-même s'y employa. Henri IV comprit tout cela; mais, d'un côté, il fallait livrer de véritables assauts à Sully pour obtenir des fonds que le ministre croyait réclamés avec plus d'urgence par les besoins de l'agriculture et le service des fortifications, ponts et chaussées; d'un autre côté, le roi n'avait pas le goût des arts. Il aimait, il est vrai, la bâtisse et les alignements au cordeau : le vieux Paris en eut la preuve dans la démolition du palais des Tournelles pour ouvrir la place Royale, dans la démolition du palais des Étuves pour bâtir le pont Neuf et la place Dauphine, dans vingt autres démolitions faites à la hâte et remplacées par des constructions faites également à la hâte; mais cet excellent roi se souciait assez peu de la perfection dans les arts, de cette perfection qui est le vrai progrès et dont la poursuite devrait être considérée comme une obligation et un apanage du pouvoir. Il forma, il est vrai, une galerie de peintures dans le Louvre : mais c'étaient des portraits, c'est-à-dire de la peinture positive; il commanda un monument de sculpture à Fontainebleau, mais c'était une cheminée; il fonda deux grands établissements, c'étaient des manufactures de tapisseries; il logea au Louvre nombre d'artistes habiles, c'était pour lui faire ses meubles, et parce que, dit-il dans ses édits, il ne voit pas de meilleur moyen que l'établissement des arts et des manufactures pour relever *ce pauvre estat que nous avons trouvé languissant et comme gisant à terre.* Il fait planter des mûriers dans les Tuileries, là où Bernard Palissy émaillait pour les Valois ses charmantes faïences, et c'était pour acclimater l'éducation des vers à soie. Partout se montre ce côté prosaïque et utilitaire du soldat et du bon vivant; plus rien de l'élégance sans but, de l'art mis en toutes choses et sans nécessité, et de ce coin poétique qui distingue François Ier, son fils et ses petits-fils.

Quand l'esprit se modifie, on peut être sûr de trouver aussi dans le corps de profonds changements. Les arts tournaient au prosaïque, leur direction allait devenir administrative et bureaucratique. Voyons ce qu'elle avait été pendant ce beau XVIe siècle. Le moyen âge nous a montré le maître des œuvres, équivalent de premier architecte du roi, rendant compte au souverain de ses projets, de ses travaux, et au contrôleur des finances de sa gestion. Sous la dynastie des Valois, les rôles se modifièrent, mais au fond le mécanisme resta le même. Et il était bon aussi longtemps que nos rois eurent cette délicatesse de goût qui s'attache à la perfection et qui préfère des monuments de médiocres dimensions, menés lentement au plus parfait degré d'achèvement, à ces places régulières, à ces rues alignées que fit surgir comme par enchantement le premier des

Bourbons; il était bon aussi longtemps que le domaine de nos rois fut assez restreint pour qu'ils pussent diriger eux-mêmes leurs architectes. François Ier, au retour de la captivité, sembla vouloir jeter dans les travaux pacifiques des arts, des lettres et des sciences cette fougue qu'il avait mise jusqu'alors dans ses entreprises guerrières. En 1526, il avait entrepris Chambord; en 1528, il commença à la fois Fontainebleau, Livry, Madrid; en 1530, il y ajoute les grands travaux de Saint-Germain-en-Laye et de Villers-Cotterets; en 1533, c'est le tour de Loches, Chenonceaux, Blois, et je ne cite que les entreprises les plus importantes. Au milieu de ces constructions si vastes, si éloignées les unes des autres, le roi comprit que, tout en se conservant le choix des artistes et la discussion de leurs projets, il devait chercher à organiser une direction générale des beaux-arts, afin d'obtenir de l'ensemble dans les travaux et d'établir un contrôle financier qui aurait pour but de débarrasser les artistes de soins qui doivent leur rester étrangers, et d'établir une régularité financière d'autant plus urgente que les dépenses augmentaient davantage. Voici l'organisation adoptée : l'architecte du roi resta complétement le maître des œuvres, c'est-à-dire le directeur absolu de tous les travaux qui concourent à la construction comme à la décoration de l'édifice. Rien ne se faisait sans son initiative ni en dehors de ses projets approuvés par le roi. Il ordonnait tout; seulement entre l'artiste et le souverain surgissait désormais un intermédiaire. Ce fut en 1528, lors du grand essor des nouveaux travaux, Florimond de Champverne, *son cher et bien amé varlet de chambre,* comme s'expriment les lettres patentes du roi, *auquel il a devisé et donné à entendre son vouloir et intention de la forme et construction d'iceulx bastimens et édiffices, et d'avoir regard et superintendance à faire bien et duement, promptement et diligemment besongner les ouvriers.* L'architecte dut se référer à ce fonctionnaire intime pour le détail et pour *les ordonnances, rolles, prix et marchés des ouvrages des bastimens du roy;* celui-ci, à son tour, s'adressait à un comptable, qui était Nicolas Picart, receveur des finances, qui avait lui-même pour contrôle un conseil de surveillance composé alors de *messire Jean de la Barre, chevalier, comte d'Estampes, prévost et bailly de Paris et premier gentilhomme de la chambre; du sieur Nicolas de Neufville, chevalier, sieur de Villeroy et trésorier de France; et de Pierre de Balzac, aussi chevalier, sieur d'Entragues.* On voit avec quel soin, dans cette organisation, étaient sauvegardées l'initiative du roi, l'indépendance de l'artiste, la surveillance d'une personne de confiance et la gestion financière.

En 1535, le personnel changea, et, si l'organisation resta la même, on voit cependant l'intérêt financier dominer, puisque l'espèce de superintendance exercée dans l'intimité du roi par son valet de chambre passe au grand trésorier de France. Les lettres patentes signées à Coulommiers, le 22 janvier, s'exprimaient ainsi : « François, par la grace de Dieu, roy de France, « à nostre amé et féal conseiller et trésorier de France, Philbert Babou, chevalier, seigneur de la Bourdaizière, salut « et dilection, pour ce qu'il adviendra quelquefois que, au « temps que vous n'aurez pas empeschement à l'entour de « nostre personne, vous vous pourrez transporter en nos mai« sons et nouveaux bastimens, ainsi que vous avons ordonné « faire durant ce voyage où vous allez présentement par nostre « commandement; Nous, à cette cause et affin que vous ayez « meilleur moyen de nous faire en cet endroit le service que « désirons et espérons nous y estre par vous fait, pour la cer« taine confiance que nous avons de vostre personne et de vos « sens, expérience, bonne conduitte et grande diligence, vous « avons commis et députez, commettons et députons par ces « présentes à la charge et superintendance de nosdites maisons « et bastimens, tant de ceulx que l'on besongne à présent ès « lieux de Chambort, Fontainebleau et autres quelsconques « que aussy de ceulx que nous avons ordonné faire à Loches, « Chenonceau et ailleurs, et aussy conséquemment faire tous « les autres que nous pouvons faire faire cy-après. »

Cette superintendance planait sur la direction particulière des artistes, mais sans gêner leur indépendance. Il n'y avait pas encore de premier architecte du roi, mais des architectes étaient chargés d'une grande série de travaux, comme Sébastien Serlio, qui succède à Giles Le Breton, en 1541, dans les constructions de Fontainebleau avec le titre de *peintre et architecte ordinaire du roy;* comme Pierre Lescot, qui est chargé du nouveau Louvre et de toutes les constructions royales dans Paris. Je citerai le préambule des lettres patentes qui nomment cet artiste, pour que l'on comprenne à la fois sa dépendance et son indépendance. Elles sont datées de Fontainebleau, le 2 aoust 1546 : « François, par la grace de Dieu, roy de France, « à nostre cher et bien amé Pierre Lescot, seigneur de Claigny, « salut et dilection, parce que nous avons délibéré de faire « bastir et construire en nostre chastel du Louvre et autres « lieux et endroits de nostre ville de Paris aucuns édiffices, « mesmes audit chastelet du Louvre un grand corps d'hostel, « au lieu où est de présent la grande salle, dont nous avons « fait faire les desseins et ordonnances par vous, duquel nous « avons advisé d'en bailler la totale charge, conduicte et super- « intendance; à cette cause soit besoin vous faire expédier vos « lettres de pouvoir en tel cas requises. Pour ces causes, con- « fians à plain de vostre personne et de vos sens, suffisance, « loyauté, preudhomme et bonne expérience au fait d'archi- « tecture et grande diligence, et aussy que vous avons ample- « ment déclaré nostre vouloir et intention sur le fait desdicts « bastimens, au moyen de quoy sçavez autant bien que nul « autre conduire et vous acquiter de la dicte charge à nostre « gré et contentement, vous avons commis et députté, et vous « avons donné plain puissance de ordonner du fait desdits bas- « timens et édiffices. »

J'ai déjà dit que les travaux de Paris étaient distincts de ceux de Fontainebleau autant par la direction que par les tendances. Pierre Lescot, ayant la superintendance sur tout ce qui se construisait dans la prévôté de Paris, contribua puissamment à maintenir le camp de l'art français séparé du camp de Fontainebleau, qui représentait exclusivement l'art italien.

En 1547, après la mort de François Ier, son fils, Henri II, continua au trésorier de France, Philibert Babou de la Bourdaizière, la superintendance de ses bâtiments; il institua Pierre Des Hostels dans la charge « *de commis à faire les devis et controlle, et avoir la conduitte et regard sur ses bastimens et édiffices, tant de Fontainebleau, Saint-Germain-en-Laye, Boullongne, Villers-Costerets, chasteau du Louvre, que autres estans ès environs de nostre ville de Paris;* » enfin, il donna à Philibert de Lorme, « *son architecteur ordinaire,* » la direction de tous les travaux « *dans ses bastimens, excepté le Louvre,* » qui restait sous la direction de Pierre Lescot. En suivant la marche des travaux dans ce dernier palais, qu'on appelait encore par habitude un château, on s'expliquera le genre de surveillance et de contrôle que subissait l'architecte : ainsi, on a vu que la transformation de l'ancien Louvre en un nouveau avait été confiée à Pierre Lescot, suivant des dessins faits par lui; mais deux ans plus tard, sans doute d'après les désirs du nouveau roi, des changements importants sont proposés par l'architecte; s'il n'y avait pas eu de contrôle, l'approbation verbale du roi suffisait, mais, avec l'organisation financière, aucun mandat de payement n'aurait été accepté par le contrôleur, si de nouvelles lettres patentes n'avaient approuvé les changements apportés aux plans primitifs. Ces lettres, datées du 10 juillet 1549, s'expriment ainsi : « Néantmoins, ayans depuis trouvé que pour grande commodité et aisance dudit bastiment il estoit besoin de le parachever autrement, et pour cet effet faire quelque démolition de ce qui estoit jà fait et encommancé, et ce suivant un nouvel devis et desein que vous en avez fait dresser par nos commandemens, que voullons estre suivi, soit besoin pour mieux exécuter ce que nous avons commandé, vous faire expédier sur ce nos lettres de pouvoir, savoir vous faisons que nous vous avons de rechef et de nouvel donné plain pouvoir de faire faire lesdites démolitions ès endroits que adviserez estre plus à propos. »

Les années apportaient nécessairement des changements

dans le personnel de ce service, les uns causés par la fragilité humaine, les autres amenés par la faveur. Je n'en relèverai que deux. En 1557, Jean Bullant fut chargé du contrôle des bâtiments et il exerça ces fonctions jusqu'en 1559. Le 12 juillet de la même année, le roi décharge Philibert de Lorme de la direction des bâtiments et la donne au Primatice, « à François « Primadici de Boullongne en Italie, abbé de Saint-Martin de « Troyes, ayant confiance dans sa grande expérience en l'art « d'architecture dont il a fait plusieurs fois grandes preuves en « divers bastimens; » dorénavant, en effet, cet artiste porte dans tous les actes le titre « d'architecte et de superintendant « des bastimens royaux hormis celuy de nostre chasteau du « Louvre. »

Il était nécessaire de s'étendre sur cette organisation du service des bâtiments, qui formait en réalité une véritable direction des arts et réunissait les différents services administratifs que nous avons répartis entre la liste civile, la direction des beaux-arts et le conseil des bâtiments civils, toute réserve faite pour l'étendue du territoire et les exigences de la centralisation.

Les malheurs des temps, qu'on les attribue aux guerres politiques, aux passions religieuses ou aux faiblesses du Gouvernement, arrêtèrent cet essor des arts, qui sera à tout jamais l'honneur des Valois, et du moment où on ne construisait plus, où le faste des décorations intérieures faisait place à la simplicité de l'indigence ou à la rudesse des camps, le service des bâtiments, l'étude de l'architecture et la culture de tous les arts furent tous à la fois abandonnés. On n'accorde pas, en général, assez d'attention, dans l'histoire des arts, à cette action malfaisante de certaines phases politiques. Et pourtant, elles ne sont comparables, pour le mal qu'elles font, à aucune des perturbations apportées par ces mêmes causes dans les autres services publics. Dans les arts, ce sont des points d'arrêt, des principes de décadence; c'est la plante coupée à ras de la racine et qui de longtemps ne fleurira plus. Lorsque Henri IV entra dans Paris, la colonie de Fontainebleau était dispersée :

Pierre Lescot, le Primatice, Philibert de Lorme, Jean Cousin, Jean Goujon et les Clouet étaient morts, et les élèves qu'ils avaient formés s'étaient développés avec peine dans l'atmosphère troublée des émeutes et des guerres. D'ailleurs, l'esprit de cette génération n'était plus l'esprit de la génération qui l'avait précédée. Le sentiment de la grâce, le goût de la perfection dans de modestes dimensions, cette patience maternelle qui consentait à attendre une œuvre pour lui donner le temps de devenir un chef-d'œuvre, toutes les délicatesses de la Renaissance avaient fait place à une passion des arts fastueuse, hâtive et de mauvais aloi, amoureuse des grandes proportions et faisant cas de la quantité, ne se doutant pas qu'on regarde d'un œil distrait ce vaste déploiement, tandis qu'on cherche à pénétrer dans l'œuvre petite qui contient une idée et résume dans sa perfection l'âme entière de l'artiste. David le dira plus tard : « *Ce qu'on fait vite est vite vu,* » et le Poussin avant lui avait écrit : « Les choses esquelles il y a de la perfection ne « se doivent pas voir à la hâte, mais avec le temps, jugement « et intelligence; il faut user des mêmes moyens à les bien « juger comme à les bien faire. » Une autre cause contribue alors à altérer le goût national. L'accroissement de la population parisienne, la construction incessante de nouvelles maisons formant de nouveaux quartiers, l'importance politique de la capitale, l'habitude des souverains d'y prolonger leur séjour, tous ces envahissements avaient déjà fait de Paris la grande ville, la ville par excellence, *Urbs.* Nos rois en étaient fiers; ils l'embellissaient comme leur propre demeure pour la montrer aux princes voyageurs, et tous, visiteurs et poëtes, de dire : « *Il n'est qu'un Paris.* » Montaigne n'écrivait-il pas alors qu'il n'était « Françoys que par cette grande cité, grande en « peuple, grande en félicité de son assiette, mais surtout grande « en variété et diversité de commodités; la gloire de la France « et l'un des plus nobles ornements du monde. » Après la guerre, et quand il s'agit de relever hâtivement des ruines, de porter de l'air et du jour dans cette grande ville qui étouffait, l'initiative hardie, passionnée, tenace, de Henri IV était peut-être ce qui convenait le mieux pour donner aux embellissements de Paris le premier coup de collier et aux arts le premier coup d'éperon, tout cela mené brutalement, vivement et même un peu à coups de fouet. Que de percements de grandes rues, que de constructions de grandes places opérées en moins de quinze ans, et quels projets immenses arrêtés par le poignard d'un assassin! On retrouve jusque dans les résidences royales la trace de cette impulsion marquée en ornements lourds cherchant l'ampleur, en statuaire violente de formes et d'attitudes, en peintures au dessin tourmenté comme une dernière convulsion de Michel-Ange, au coloris sans vérité, passant de la lumière à l'ombre sans transition. Au milieu de cette violente activité, Sully, qui n'aurait pu prendre le goût des arts que dans les mêmes camps et dans une vie soldatesque tout aussi rude, qui s'inquiétait bien moins de faciliter les progrès des arts que d'entraver leurs dépenses, Sully fit comprendre au roi la nécessité de soumettre à un contrôle plus sévère le service des bâtiments, devenu désormais énorme, et comme il accaparait volontiers toutes les charges, pour en cumuler les appointements, il se fit donner la surintendance des bâtiments, que M. de Fourcy le jeune occupait depuis la mort de son père, et la réunit aux charges de grand voyer de France et de grand maître des fortifications, pour mener ces trois services de front et du même pas, en les contrôlant comme ministre des finances. Si l'esprit public n'était plus le même, la direction supérieure, comme on voit, avait changé aussi de caractère.

A l'avénement de Louis XIII, il restait cependant de cette impulsion, qui fut profonde et générale, un retour décidé au culte des arts, et les dispositions les plus favorables pour les encourager par de généreuses commandes et par des facilités de tous genres offertes à l'étude. Mais comme dans les ascensions de hautes montagnes, où l'on part gaiement, allègrement, où l'on s'essouffle en marchant trop vite, où l'on s'arrête épuisé, ainsi dans ce mouvement propice aux arts, il arriva un jour où, sans le secours de la presse, des chemins de fer et des télégraphes électriques, il surgit partout, et presque en même temps, un sentiment unanime de découragement, une conscience uniforme de la décadence des arts, et du même coup une aspiration, une ambition de renaissance qui, si elle ne choisit pas le bon moyen pour sortir de l'ornière, envisagea le but résolûment et y marcha avec courage.

Ce moment de transition est une des plus curieuses phases de l'histoire des arts; elle est restée inaperçue, quoiqu'elle contînt en germe tout le siècle de Louis XIV, quoique le premier élan fût plus noble et plus brillant que la course elle-même, comme l'eau est plus pure à sa modeste source qu'elle ne le reste quand, plus abondante, elle devient fleuve immense. Les dernières années du XVIe siècle avaient compromis l'art par l'excès de l'indépendance laissée à l'artiste, par l'abus de liberté donnée à l'élève, par la perte de l'autorité qui doit appartenir au maître; le règne de Henri IV, les règnes, je veux dire les ministères de Richelieu et de Mazarin, travaillèrent à remettre dans les têtes quelques sages idées d'ordre, de hiérarchie et de soumission, et à pousser le goût public dans des voies plus saines que celles qu'on avait suivies partout. En effet, il faut le dire, Michel-Ange avait mené l'Italie, et à sa suite toute l'Europe, à mal; architecture, sculpture, peinture, se ressentirent de son terrible enseignement. Comme une armure qui a protégé celui dont les épaules étaient assez fortes pour la porter et qui écrase un homme courageux, mais moins robuste, ainsi les principes de Michel-Ange, faits à sa taille, n'allaient à aucune autre. Dès la fin du XVIe siècle, l'art italien était en pleine décadence; mais par habitude, par routine, on continuait à le prendre pour modèle.

La réforme commença en Italie même, et se fit par la peinture, dans diverses villes, mais plus particulièrement, et avec un talent supérieur, sous la conduite des Carrache à Bologne. Comme tous les réformateurs, ces grands peintres exagérèrent même leur principe. Ils voulaient ramener l'art à sa pratique consciencieuse, système sage qui comporte la noble poursuite de l'idéal par l'étude de la nature; mais ils réformaient, et en conséquence ils protestaient contre l'idéal, en se faisant exclusivement réalistes ou *naturalisti*, et le public d'applaudir cette nouveauté comme toute autre nouveauté. La sculpture sentit se réveiller ces idées dans les premières œuvres du Bernin, qui débuta comme un homme de génie. En France, cette réforme s'opéra, ainsi qu'on le voit à toutes les époques, par l'architecture étudiée dans ses conditions les plus sérieuses, et par deux peintres, Poussin et Lesueur, qui retournèrent sur leurs pas, l'un cherchant la source de l'art dans l'antique, l'autre la trouvant dans Raphaël, l'un et l'autre donnant à leurs contemporains le modèle invariable, parce qu'il est immortel. Notre beau style de la Renaissance avait été étouffé sous un amas de décorations et de formes qui lui étaient étrangères; pour en retrouver la pureté, on se rattacha à l'antique étudié dans ses monuments.

Les circonstances extérieures seraient impuissantes à rien produire, si elles ne produisaient pas elles-mêmes les hommes capables de diriger les grands mouvements de l'humanité. Louis XIII, personnellement, n'eût point apporté grand aide aux circonstances; il aimait les arts, il s'engoua de Vouet, il s'appliqua même au dessin, mais tout cela mollement, sans idées arrêtées et sans suite. Heureusement il avait près de lui une Italienne, sa mère, une Médicis, et deux ministres dont l'un était passionné pour la grandeur en toutes choses et l'autre amoureux de la perfection dans les œuvres d'art. Marie de Médicis, Richelieu et Sublet de Noyers ont pu s'entendre sur ce point, et leur action dans la direction des arts tripler ses forces par son ensemble. Le Luxembourg fut construit par de Brosse, à l'italienne, et orné par le Flamand Rubens, en 1624, d'une magnifique suite de compositions qu'il était en train de compléter par une seconde série tout aussi considérable, lorsque la reine mère quitta la France. L'hôtel du cardinal s'embellit des peintures de Philippe de Champagne; la Sorbonne se dressa majestueuse à la voix de Lemercier, premier architecte du roi, qui en même temps continuait le Louvre, prouvant dans le premier de ces monuments qu'il pouvait inventer, et dans le second, qu'il savait respecter. Et ce n'est pas tout : Richelieu faisait les choses grandement, et son architecte construisit encore pour lui un immense château, la merveille du temps et quelque chose de prodigieux par l'étendue et la grandeur, par l'abondance des statues et la beauté des objets d'art. Tous ces grands efforts de magnificence et le goût du faste pénétrèrent dans le public et se manifestèrent sous toutes les formes. Le cardinal écrivait en 1632 à son intendant : « Les peintures que je voys en « tous lieux où je vas me font désirer que les miennes soient « fort bien. » Que signifie *en tous lieux*, si ce n'est dans vingt hôtels de Paris et dans autant de châteaux autour de la capitale, où plafonds et lambris resplendissaient des peintures nouvelles, depuis l'hôtel de Sully, dans la rue Saint-Antoine, et l'hôtel Lambert, en l'Ile, jusqu'au château de Vaux? car les magnificences de Lambert et de Fouquet ne sont que la continuation naturelle de ce nouveau luxe qui envahissait tout. Et cependant rien dans toute cette activité n'égale l'influence heureuse qu'exerça alors le nouveau surintendant et ordonnateur général des bâtiments. Sublet de Noyers, secrétaire d'État, c'est-à-dire ministre de la guerre, en 1636, après la retraite de Servien, fut fait capitaine et concierge de Fontainebleau en 1637, et nommé à la surintendance des bâtiments en 1638, à la mort du président de Fourcy. A peine installé dans cette nouvelle charge, il choisit Sarrazin pour sculpter les cariatides du pavillon central du Louvre, et il écrivit à Poussin : « Aussitôt que le roi m'eut « fait l'honneur de me donner la charge de surintendant de « ses bâtimens, il me vint en pensée de me servir de l'autorité « que Sa Majesté me donne pour remettre en honneur les arts « et les sciences. » Ceci veut dire qu'il prenait ses nouvelles fonctions au sérieux, et rien n'était plus désirable à ce moment d'explosion d'une sève nouvelle qu'une direction habile pour la fortifier. De Noyers trouvait dans sa famille trois hommes distingués qui l'aidèrent de leurs conseils à atteindre ce noble but. Il y avait chez les frères de Chantelou une réunion rare d'entente naturelle des arts, appuyée sur la plus solide érudition, et de tendances distinguées qui planaient au-dessus du terre à terre de l'époque. D'ailleurs, ils eurent soin de ne pas proposer de grandes innovations; ils refirent ce qui avait réussi à toutes les époques, et trouvèrent qu'ils guidaient bien Louis XIII en le menant sur les traces du grand roi François Ier.

S'agit-il d'architecture, quel enseignement proposent-ils au surintendant des bâtiments? L'étude de l'antiquité, d'après les monuments, sans préoccupation de Vitruve et des commentateurs. Écoutons l'abbé de Chambray, le plus jeune des frères de Chantelou et l'auteur de l'excellent parallèle de l'architecture antique avec la moderne, il nous dira en peu de mots où il voit l'avenir : « Voulons-nous donc bien faire? « ne quittons pas le chemin que les Grecs nous ont ouvert. « Suivons leurs traces, avouant de bonne foi que le peu « de bonnes choses qui a passé jusqu'à nous est encore leur « propre bien. C'est le sujet qui m'a convié de commencer « ce recueil par les ordres grecs, que je suis allé puiser dans « l'antique, même avant d'examiner ce qu'en écrivent les au- « teurs modernes. Car les meilleurs livres que nous ayons sur « cette matière, ce sont les ouvrages de ces vieux maîtres « qu'on voit encore aujourd'hui en pied, la beauté desquels est « si véritable et si universellement reconnue, qu'il y a près de « deux mille années que tout le monde l'admire. C'est là qu'il « faudrait aller faire des études pour accoutumer ses yeux et « confirmer son imagination aux idées de ces excellents esprits, « qui, étant nés parmi la lumière et dans la pureté du plus « beau climat de la terre, étaient si nets et si éclairés, qu'ils « voyaient naturellement les choses que nous découvrons ici à « peine après une longue et pénible étude »

Ainsi parlait la science en montrant le chemin aux artistes. Ils suivirent ce guide, peut-être même trop loin, car il en résulta un bouleversement presque radical, un abandon quasi complet de notre architecture nationale, qui, moins archéologique et plus pratique, avait combiné le style suivant les besoins, indiquant par une superposition d'ordres, ses divers étages, échelonnant sa décoration du plus grave au plus léger. Pour ces régénérateurs, les besoins, la destination, le but de la construction devinrent une abstraction; on considéra l'ensemble de l'édifice, sans se préoccuper des divisions qu'il devait recevoir, et on disposa un seul ordre proportionné à sa hauteur totale. Ainsi fut continué le Louvre sur le bord de l'eau, ainsi furent décorées toutes les façades de nos édifices publics et les parties intérieures de nos salles et galeries. L'architecture perdit en élégance, en dispositions commodes, raisonnables et variées ce qu'elle gagna en grandeur, en majesté et quelquefois en noblesse. L'ornementation, puisée à l'étude savante des grands monuments de la Rome antique, acquit en ampleur ce qu'on lui ôtait en pureté délicate, et cette révolution dans l'architecture, d'abord plus ou moins bien appliquée, marque dès le règne de Louis XIII dans toute l'industrie, dans les meubles, les boiseries d'appartement, l'orfévrerie et la ferronnerie.

La peinture et la sculpture participèrent de cette explosion d'idées nouvelles, de ce retour vers les belles choses du passé; Poussin, en s'inspirant de l'antique, Lesueur, en associant ses divines pensées aux traditions de Raphaël, Puget, en admirant la nature, l'antiquité, et Michel-Ange, en les amalgamant avec sa propre nature, donnèrent à cette tentative de renaissance une impulsion qui puisait sa force dans leurs chefs-d'œuvre. Malheureusement, ces grands artistes étaient dispersés; leurs pensées, unies par un lien commun, laissaient leur action divisée. MM. de Chantelou virent rapidement où était le mal; ils s'étaient mis en communication facile avec l'Italie et en correspondance avec Nicolas Poussin. Ne se contentant pas de l'écho de sa réputation qui résonnait à Paris, ils lui avaient commandé des tableaux, et ils comprirent à la vue de ce grand style, comme ils sentirent à la lecture des nobles pensées qui remplissaient les lettres de l'artiste, que l'enseignement de Vouet poussait l'art à sa décadence, tandis que Poussin était destiné à le relever. De ce moment ils conseillèrent à M. de Noyers d'appeler ce grand artiste à Paris, et ils firent si bien, qu'en 1641 le roi Louis XIII nommait Nicolas Poussin son premier peintre ordinaire, et qu'ils étaient envoyés en Italie pour le chercher.

Il suffisait, pour venir en aide à nos peintres, de ramener Poussin ; mais, pour nos sculpteurs, il fallait de nouveaux modèles, et MM. de Chantelou obtinrent, comme le Primatice, l'autorisation de faire mouler à Rome « les deux colosses de « Monte-Caval avec leurs chevaux, qui sont les plus grands et « les plus célèbres ouvrages de l'antiquité, que monseigneur de « Noyers avoit dessin de faire jetter en bronze pour les placer à « la principale entrée du Louvre. » C'était là une admirable idée, grandement conçue, une de ces idées qui restent un regret tant qu'elles ne sont pas devenues une réalité. La colonne Trajane tout entière, les bas-reliefs de l'arc de triomphe de Constantin et d'autres moulages de cette importance montrent le point de vue élevé et la grandeur des moyens mis en œuvre pour atteindre le but. On sait par Poussin lui-même comment il fut reçu à Paris, et les difficultés qu'il y rencontra; le tort du roi, de Richelieu et de M. de Noyers est d'avoir cédé à la tourbe des médiocrités qui se liguèrent contre le grand homme et l'enveloppèrent de ce réseau de contrariétés, d'embarras, de dégoûts, qu'elles seules savent ourdir, parce qu'elles seules savent rencontrer des auxiliaires à tous les abords des pouvoirs faibles et jusque dans l'oreille d'un souverain irrésolu. Le mérite de Poussin est d'avoir maintenu la dignité de l'art. On lui demanda la décoration de la grande galerie du Louvre; il s'y mit tout entier : peinture, architecture, sculpture, tout se combina dans sa tête à la fois et produisit un ensemble excellent. On voulait lui associer l'architecte du roi, donner une partie des travaux à un sculpteur, et réserver des places pour les paysages du peintre Fouquières; il repoussa tous ces intrus et maintint l'harmonie de son travail en le faisant seul. On lui commanda des cartons pour les tapisseries des Gobelins. On ne trouve pas trace dans sa correspondance d'une objection ou d'un regret pour cet emploi de son temps et de ses talents; il se plaint seulement d'être trop pressé et de n'avoir pas assez de loisir pour pousser ces compositions à leur perfection. On voulut qu'il fît la décoration d'un cabinet et les ornements d'une cheminée; il s'y prêta avec autant de bonne grâce et s'acquitta de la tâche avec talent. On avait besoin, dans le nouvel essor donné à l'imprimerie royale du Louvre, de frontispices de livres pour ajouter à la magnificence des impressions le mérite de son talent; il s'appliqua à leur composition, rappelant à lui les souvenirs des beautés étudiées dans l'Italie, sa patrie adoptive, qu'il ne retrouvait pas dans la France : « Hélas! nous sommes ici trop loin du soleil pour y « pouvoir rencontrer quelque chose de délectable; mais quoi- « qu'il ne me tombe rien sous les yeux que de hideux, le peu « du reste des impressions que jadis j'ai reçues des belles « choses m'a fourni je ne sais quelle idée pour le frontispice « de l'*Horace* qui peut passer entre les autres petites choses « que j'ai dessinées. Quand j'aurai le sujet du frontispice du « livre des *Conciles*, j'y travaillerai. » En même temps, il peignait des tableaux de chapelle et des tableaux d'église, des tableaux pour M. de Noyers et des tableaux pour le premier ministre : « Le cardinal de Richelieu a été satisfait des ou- « vrages que je lui ai faits; il m'en a fait des compliments et « m'a remercié en présence de monseigneur Mazarini. » Il répondait également à tous les désirs, n'ayant de l'éloignement que pour la hâte, pour cette *furia francese* qui voulait aujourd'hui ceci, demain cela, et tout au plus vite. « Je travaille « sans relâche, écrit-il à son protecteur à Rome, tantôt à une « chose et tantôt à une autre. Je supporterois volontiers ces « fatigues, si ce n'est qu'il faut que des ouvrages qui deman- « deroient beaucoup de temps soient expédiés tout d'un trait. « Je vous jure que si je demeurois longtemps dans ce pays, « il faudroit que je devinsse un véritable *Strapazone*, comme « ceux qui y sont. Les études et les bonnes observations « sur l'antiquité et autres objets n'y sont connues d'aucune

« manière, et qui a de l'inclination à l'étude et à bien faire « doit certainement s'en éloigner. » Ce jugement, trop sévère pour être vrai, était inspiré à Poussin par son esprit morose, par l'absence du beau soleil d'Italie et par la privation de son indépendance, plus belle encore. En réalité, il y avait déjà en France un retour très-sensible vers ces études de l'antiquité, et le séjour à Paris du grand peintre contribua à les animer d'un nouveau feu en leur imprimant leur véritable direction. Pour n'en donner qu'un exemple dans différents genres, je citerai Lesueur, Balin, Warin et François Mansart. Poussin aurait-il renié l'influence de son enseignement sur ce peintre délicieux à qui il servit d'intermédiaire avec l'Italie? C'est par lui que Lesueur connut le style noble uni à la grâce et comprit comment on suit son idéal, même en complaisant aux caprices de la foule; comment aussi on peut sauvegarder la dignité de l'art, même en le mettant au service des fantaisies les plus vulgaires. Balin n'aurait été peut-être qu'un simple orfèvre, Jean Warin, qu'un sculpteur ordinaire, si deux années d'entretien avec Poussin ne les eussent formés au style qui convient le mieux à la sculpture d'orfévrerie et à la sculpture de médailles. A Balin il donna mieux que des conseils, il lui fit des modèles, et c'est en face de ces compositions inspirées par les beautés de l'antique, c'est en forçant le rude métal à s'assouplir sous les conseils du grand peintre, qu'il devint lui-même un artiste de premier ordre, comprenant son métier comme les anciens l'avaient pratiqué, comme la Renaissance l'avait cherché, avec la même élégance, la même pureté, la même ampleur réservée et à propos. Warin, nommé directeur de la monnaie royale, nouvellement établie avec l'imprimerie au Louvre, était chargé de graver les coins des monnaies et des médailles; il retrouva, sous l'impulsion de Poussin, l'art de faire vivre un profil sur le relief modelé d'une médaille, et, après lui, il sembla que le génie de l'antiquité s'était retiré de nous. François Mansart n'avait pas besoin, sans aucun doute, de Poussin pour être un grand architecte, mais les règles, remises en vigueur par MM. de Chantelou, étaient si bien dans les idées du grand peintre, qu'il est impossible que l'autorité d'un si beau talent, d'un si grand esprit, n'ait pas eu quelque influence sur cette imagination inquiète, ne fût-ce que pour la calmer et lui donner cette assurance qui fait la force. Or, quand Nicolas Poussin quitta Paris, nous étions ainsi débarrassés de Vouet, de Freminet, nous avions mis de côté cette massive architecture de transition et cette violente sculpture italianisée qui marque la fin du XVIe siècle et le règne de Henri IV, nous étions redevenus nous-mêmes en entrant dans la bonne voie : la renaissance du XVIIe siècle était faite. Mais de même qu'on voit le coup qui porte, sans savoir, sans se soucier même de savoir d'où le coup est parti, de même aussi on a fait honneur à Louis XIV et à Colbert d'une transformation qui appartenait à Louis XIII, à Richelieu, et surtout à Sublet de Noyers. C'est alors que s'ouvrit le règne de Louis XIV. Le jeune souverain, avant d'avoir atteint sa majorité, avait été formé à l'amour des arts, à l'habitude des collections, au goût des constructions, qui devint sa manie, par le premier ministre de la reine, l'Italien Mazarin, qui avait conservé, de son origine, ces mêmes goûts et s'efforçait de les faire envisager par le roi mineur comme un apanage et un devoir de la royauté.

A la mort du premier ministre, Louis XIV, maître absolu, pouvait continuer les errements de son père et de son grand-père, commander à l'un ou à l'autre des bâtiments, des tableaux, des statues, sans méthode, sans suite : il n'eût pas ainsi exercé plus d'influence sur la marche de l'art qu'il n'aurait laissé trace de son passage; mais il eut le bonheur de rencontrer un administrateur habile, qui lui fit comprendre dans quel désordre était plongée cette importante partie de son gouvernement, et ce roi, aussi impérieux qu'absolu, eut deux mérites à la fois : l'un, de comprendre le plan d'organisation qui lui était proposé; l'autre, de le suivre résolûment, à fond et jusqu'à ses dernières conséquences. Malheureusement, les tristes temps de la Fronde avaient mis toute liberté en discrédit, et si Colbert avait eu la pensée de la réhabiliter au profit des arts, il n'eût été ni bien reçu par son roi ni bien compris par le public : on avait besoin d'autorité, on en fit abus; de direction, elle servit à tuer toute indépendance. Quelle fut l'idée de Colbert? Organiser les arts comme toute autre chose. Voyons comment son plan pouvait répondre à la pensée de Louis XIV. Le roi voyait une hiérarchie succéder au désordre, l'autorité à l'anarchie. Il souscrivit donc facilement à la constitution régulière d'une académie de peintres et de sculpteurs dirigeant une école supérieure de dessin, à la fondation d'une académie d'architecture dans laquelle il fit entrer et où il puisa tous ses architectes, à une école établie à Rome pour compléter l'éducation des élèves commencée à Paris; enfin pour l'industrie, étendue à toute la France et poussée à sa perfection artistique à Paris, il donna son assentiment à l'établissement d'un grand nombre de fabriques, construites ou subventionnées par les fonds de l'État, et à la fondation d'une grande manufacture de meubles et tapisseries, qui devait réunir les artistes les plus habiles en tous genres; et comme faîte de cet édifice à large base, comme chef de cette nouvelle armée des arts et de l'industrie enrégimentée par la royauté, on choisit le peintre Lebrun, qui comprenait Louis XIV et savait s'en faire comprendre. Ferai-je le tableau de cette époque si mémorable dans l'histoire de l'art français? Parlerai-je de la domination que notre école exerça au-dehors, ou bien me contenterai-je de faire ressortir, comme d'habitude, un ou deux éléments d'appréciation? Et tout d'abord, il est bien convenu qu'on ne crée pas les génies, pas plus qu'on ne les étouffe. Partant de là, je cherche si les arts et l'industrie dûrent leurs progrès dans ce règne à quelqu'un de ces hommes supérieurs qui attirent à eux et galvanisent les générations, ou à quelque découverte, comme la vapeur, qui transforme toutes les conditions de l'industrie; je ne vois ni génies ni vapeur, mais je discerne une bonne et sage organisation qui me conduit au Val-de-Grâce, à la chapelle de Versailles, dans le cloître des Invalides et dans leur église, devant l'arc de triomphe de la porte Saint-Denis, et qui m'oblige à vanter les grandes qualités de cette architecture; si je cherche dans les statues et dans les tableaux produits à cette époque ce qu'ils ont de bien approprié à leur place, ne pourrai-je pas faire un triste retour sur la peinture et la sculpture dont on a orné depuis, dont on orne encore nos monuments, et, en outre, ne devrai-je pas signaler les batailles de Lebrun, les tableaux de Jouvenet, les portraits de Rigaud et de Largillière, les statues de Coysevox et des Coustou, comme des productions qui ne dépareront jamais le musée de l'école française? Si, parcourant les appartements de Versailles et des Tuileries, je suis attentivement l'ornementation intérieure, depuis les boiseries dorées jusqu'aux peintures des plafonds, depuis les marbres jusqu'aux bronzes, depuis les tapisseries jusqu'aux meubles, ne serai-je pas autorisé à réclamer des éloges sans réserve pour cette heureuse entente du peintre Lebrun avec les architectes Mansart et Levau, avec les sculpteurs Anguier et Girardon, avec les orfèvres Balin et Germain, pour cette bienfaisante soumission d'une foule d'artistes de talent, employés en second ordre, pour l'association intime et le bon accord de tous les arts de la décoration et de l'ameublement, qui font concorder chaque partie et produisent une douce et majestueuse harmonie? Si, enfin, me reportant à cette époque, je vois affluer une cour brillante dans ces magnifiques appartements, comme dans un riche musée, n'ai-je pas le droit d'être sans inquiétude quand l'amour du faste, le goût du luxe et les devoirs qu'imposent rang et fortune poussent ces jeunes seigneurs à imiter leur maître? Car je sais que le modèle est bon et que les artistes n'en seront pas détournés pour satisfaire aux exigences de caprices individuels.

L'influence à la cour et autour de la cour fut donc heureuse en raison même de cette domination absolue et de l'organisation des arts; elle fut en outre de longue portée, car ce n'était pas assez de ces grands exemples donnés par de vastes monuments dont l'étonnante magnificence était rehaussée par une grande recherche d'exécution; ce n'était pas assez de l'extension de cette noble architecture aux habitations privées, à ces grands hôtels dont l'ampleur, les faciles abords, les entrées magnifiques, les escaliers monumentaux, laissaient cependant place à toutes les aises de la vie, il fallut encore propager au loin ces excellents modèles, et les architectes habiles qui, comme Jean Marot, étaient en même temps des graveurs de talent, se chargèrent de ce soin. L'œuvre de ce maître restera toujours, non pas comme un modèle à suivre, il est ailleurs, mais comme un précieux témoignage de la solidité des études et de l'application ingénieuse des ressources de l'art antique à l'ensemble de nos besoins.

Une des plus précieuses ressources, un des ressorts de ce grand mouvement imprimé aux arts, fut l'accroissement prodigieux de la collection de tableaux et sculptures du roi. A la mort de Louis XIII, on aurait pu trouver environ 250 tableaux disséminés dans les petits appartements du Louvre et les résidences royales; pendant la minorité, et au milieu des troubles politiques, la royauté céda le pas aux grands collectionneurs d'objets d'art, et tandis qu'on n'achetait rien pour le roi, le cardinal Mazarin, Jabach et Brienne, pour ne nommer que les plus ardents, avaient accaparé en Italie, en Belgique et surtout en Angleterre, lors de la vente des tableaux de Charles Iᵉʳ, tout ce qui s'offrait de véritablement remarquable. Ces collections particulières étaient admirables. A la mort de Mazarin, pendant la folie de Brienne et au moment des mauvaises affaires de Jabach, Louis XIV, aidé par Colbert, ou Colbert, autorisé par Louis XIV, songea à faire profiter la royauté de sa stabilité en présence de l'instabilité individuelle, à faire ainsi que le roi, en objets d'art comme en palais et en résidences, fût plus magnifique que sa cour, plus riche que de simples particuliers. Il s'agissait, il est vrai, uniquement du lustre de la couronne et de l'ameublement fastueux des palais royaux. On voit dans les correspondances des ambassadeurs près les cours étrangères, et dans celles des agents entretenus en tous pays par Colbert, que leur préoccupation est bien moins d'acheter ce que recommande un mérite d'art favorable aux études, ou de compléter les œuvres d'un maître, ou de combler une lacune dans une école, que d'acquérir ce qui convient par sa beauté hors ligne et ses dimensions à la décoration des appartements et parcs royaux. « La *Cène* de Paul Véronèse, » écrit en 1663 l'ambassadeur à Venise, évêque de Béziers, « est propre à « mettre dans une salle ou salon à faire les fonctions royales. » Le duc de Villars, ambassadeur à la cour d'Espagne, mande de Madrid, en 1672 : « MM. Blanchart et Cuzat ne veulent « rien avoir icy qui ne se puisse égaler aux plus belles choses « qu'ayt le roy, et ils n'ont trouvé de digne d'entrer dans les « cabinets de S. M. que 24 ou 25 tableaux. » Le duc de Créquy écrit de Rome en 1664 qu'il va faire l'acquisition pour le roi du Taureau Farnèse, « mais c'est une masse si « haute, si vaste, chargée de tant de figures qu'il n'y a pas « apparence qu'on la puisse charger sur un vaisseau ni mettre « en place dans les parcs royaux. » Cet embellissement des résidences royales était donc à peu près étranger à l'idée de collection ou de musée public; mais, par cette voie détournée, la royauté agissait peut-être plus utilement sur le goût général, et c'est aussi pourquoi elle se faisait de ce luxe un devoir et comme un point d'honneur. Les peintres de la Renaissance, ainsi que ceux du moyen âge, avaient été appelés et entretenus à la cour dans cette seule intention, et on lit encore, en 1639, dans les lettres par lesquelles Louis XIII nomme Poussin l'un de ses peintres ordinaires : « Désirant, à l'imita- « tion de nos prédécesseurs, contribuer autant qu'il nous sera « possible à l'ornement et décoration de nos maisons royales, « en appelant auprès de nous ceux qui excellent dans les « arts et dont la suffisance se fait remarquer dans les lieux « où ils semblent les plus chéris, nous vous faisons cette « lettre pour vous dire que nous vous avons choisi et retenu « pour l'un de nos peintres ordinaires, et que nous voulons « dorénavant vous employer en cette qualité. » C'est que le roi était l'État et non pas le chef politique des Français; les domaines de la couronne ne formaient pas encore le domaine de la nation et la propriété de tous les citoyens. Il n'entrait ni dans les idées, ni dans les mœurs, ni surtout dans les besoins, de réclamer la part du public dans la jouissance de ces trésors; mais bientôt, et déjà vers 1680, le bien-être et les progrès de l'éducation augmentant, le goût du public se perfectionnant, le nombre des artistes croissant, et les besoins de leurs études exigeant la communication facile des meilleurs modèles, on comprit l'utilité que pouvait avoir l'accès libre dans la collection des tableaux du roi, et comme trente ans auparavant, le cardinal Mazarin avait ouvert libéralement sa bibliothèque à tous les savants, Louis XIV ouvrit, avec sa magnificence habituelle, un musée à tous les artistes.

On ne doit pas oublier que l'académie de peinture et de sculpture était une création royale en opposition aux usages établis, un acte d'autorité par lequel la royauté affranchissait les artistes de la prétendue tyrannie exercée sur eux par la corporation. Quoi de plus naturel que le roi prît intérêt aux développements que cette nouvelle institution donnait aux études des élèves, et s'associât à l'opinion publique dans une voie ouverte par lui-même! L'initiative de l'entrée publique dans la collection royale peut appartenir à Lebrun, alors directeur de l'académie, mais il doit en partager le mérite avec le roi, car c'est parce que cette innovation entrait dans les intentions du prince que son premier peintre obtint aussi facilement un magnifique local au Louvre pour y disposer les tableaux provenant de ce qu'on appelle le Cabinet du roi.

Qu'on me permette ici une petite digression philologique qui ne m'écartera pas tellement de mon sujet que je n'y puisse rentrer facilement. Le mot de *cabinet*, qui désignait, au milieu du XVIIe siècle, la plus privée des petites chambres d'un appartement, témoin l'usage qu'Alceste prétend faire du sonnet d'Oronte, s'appliquait aussi aux chambres qui formaient les petits appartements, auprès ou au-dessous des grands; ceux-ci, tout entiers réservés à l'apparat, étaient décorés par l'architecte ou tendus de tapisseries. Si le peintre intervenait, c'était en traçant ses compositions sur les plafonds, les lambris et les places réservées exprès dans la décoration; mais les tableaux qu'on accroche et qu'on déplace à volonté n'y avaient pas entrée, à l'exception toutefois des grands tableaux que l'architecte avait compris dans l'ornementation générale et rivés à poste fixe et d'un ou deux cadres de sainteté placés dans l'alcôve de la chambre à coucher. Quant aux tableaux-meubles, on les réservait pour les *cabinets*, c'est-à-dire pour certaines chambres des petits appartements consacrées à l'étude, à la retraite, à la lecture, et dans lesquelles s'étalaient de petites collections; le cabinet des médailles, ceux des estampes, des laques du Japon, des porcelaines de Sèvres, sont venus de là, et ont pu conserver leur nom en changeant de local et de destination, parce que la nature même des objets s'associe à l'idée exiguë de cabinet; ainsi s'explique cette expression si souvent employée dans les correspondances des agents de Colbert : « Tel tableau est digne de figurer dans les cabi- « nets de Sa Majesté; » ainsi doit se comprendre ce passage d'une lettre de Mazarin à Colbert : « Je vous prie de prendre « garde que la folle (la reine Christine) n'entre pas dans mes « cabinets, car on pourroit prendre de mes petits tableaux. » L'usage, cet insidieux corrupteur de la langue, a transformé les tableaux des cabinets du roi en tableaux du cabinet du roi, sans songer que près de trois mille cadres, disséminés commodément dans les mille cabinets des résidences royales, auraient été mal à l'aise dans un seul cabinet; mais l'usage a été plus fort que la raison. Revenons, après ce détour pédantesque, à l'ouverture publique de la collection royale. Sept salles du Louvre, dans le corps de bâtiment du bord de l'eau, et quatre autres salles dans l'hôtel de Grammont avoisinant furent disposées magnifiquement pour recevoir environ deux mille cinq cents tableaux, dont dix de Léonard de Vinci, seize de Raphaël, cinq de Jules Romain, huit du Giorgione, vingt-trois du Titien, dix-huit de Paul Véronèse, dix-sept de Poussin, et le reste à l'avenant. Telle était en effet la collection royale que, sans y être obligé par les parlements, sans y mettre de parade fastueuse ou de recherche de popularité, Louis XIV mit à la disposition des amateurs et des artistes. Il se réservait le droit d'y puiser les tableaux qu'il voulait avoir sous les yeux dans ses appartements, mais il n'en abusa pas, et, en réalité, c'était bien un musée désormais public. Qu'on ne se méprenne pas toutefois, c'était une publicité réservée. Ni les bonnes d'enfants du XVIIe siècle, ni les soldats de la garnison de Paris, pas même les gardes françaises, n'auraient tiré la moindre utilité de la vue de ces tableaux accrochés les uns à côté des autres. Le peuple d'alors avait l'amour des arts et les sentait mieux qu'on ne fait de nos jours, parce que son goût n'avait pas été faussé par les mauvais pastiches qu'on a déroulés sous ses yeux depuis cinquante ans; il les comprenait aussi autrement : l'objet d'art isolé, œuvre abstraite, sujet d'étude et de discussion, lui aurait fait l'effet de ces momies qu'on rapporte d'Égypte, qu'il regarde avec curiosité et qu'il oublie quand sa curiosité est satisfaite; l'art, pour lui, consistait dans une application monumentale de ses beautés et de ses splendeurs; il ne savait pas encore distraire la beauté de l'utilité, de la convenance et de l'à-propos. Un groupe d'amateurs et un petit nombre d'artistes avaient étendu plus loin le goût des arts; les uns voulaient disserter sur les écoles et les maîtres, les autres étudier les procédés et les manières de leurs devanciers : aussi la réunion dans un seul local de la collection royale, désormais livrée à l'étude, ajoutait immensément aux facilités que les propriétaires de riches galeries accordaient déjà à leurs protégés et complétait l'ensemble des mesures prises pour développer les progrès des arts.

Une seule chose a manqué à cette forte et habile organisation, ce quelque chose qui est la lumière dans le phare, le ressort au milieu des rouages, et qui dans les arts s'appelle la liberté, cette part d'indépendance qui crée l'originalité, qui permet la variété dans la règle et encourage l'inattendu dans le conventionnel : aussi que regrette-t-on dans les productions de ce grand règne? un certain jeu de physionomie; on y voit la majesté et ses attributs, la grandeur, la richesse, l'ampleur, on y désirerait un peu de relâche, et sinon le déshabillé, le négligé, ce serait trop, au moins la petite tenue, le naturel et l'aisance, quelque chose enfin de ce que nos voisins des Pays-Bas avaient en surabondance. En effet, je regrette des deux côtés, ici trop d'autorité et de règle, là trop peu. Rubens et Vandyck en Flandre, Rembrandt et Van der Helst en Hollande, ouvrent deux écoles qui produisent en cinquante années (1625–1675) un prodigieux concours de talents dans tous les genres secondaires. Est-ce à la liberté qu'on doit cet essor? est-ce à l'absence de protection royale qu'on peut attribuer l'abaissement, l'avilissement de tant et de si précieuses qualités? On varie d'opinion, la mienne n'est pas douteuse : ma conviction est que les Pays-Bas, gouvernés par un Médicis, un François Ier ou même un Louis XIV (en supposant quelque relâche à son despotisme), n'auraient étouffé aucune des rares qualités de cette génération surprenante de peintres de talent, et les auraient dirigées toutes dans des voies aussi supérieures à celles qu'ils ont suivies qu'il y a de distance du cabaret au ciel ou à l'Olympe.

Ceci nous conduit à l'examen de deux questions importantes : 1° Dans quelle position était l'enseignement de l'art lorsque Louis XIV reconstitua l'académie de peinture? 2° Dans quelle situation était l'industrie lorsqu'il fonda la grande manufacture de meubles? J'évite les considérations générales, qui sont très-commodes, mais médiocrement concluantes; je laisse aussi de côté les influences secondaires, je m'en tiens autant que possible aux impulsions décisives. Les corporations, renouvelées de temps à autre, suivant l'esprit du temps, étaient dans leur force entière au commencement du dix-septième siècle. Nul ne pouvait peindre, sculpter, ni bâtir, s'il n'appartenait à une corporation, s'il n'en acceptait les charges, n'en suivait les statuts et ne reconnaissait les obligations de la camaraderie, qui confondaient ensemble tous les genres de peinture et de sculpture, depuis les plus infimes ouvrages jusqu'aux productions les plus éclatantes, depuis les doreurs, étoffeurs, marbriers, etc., jusqu'aux premiers peintres et sculpteurs. Rien cependant dans ces obligations et dans cette confusion, il faut le reconnaître, n'eût été contraire à l'exercice des arts, si l'habitude de s'y soustraire, si l'ambition de se créer une situation exceptionnelle n'avaient été encouragées de longue date par nos rois et la noblesse. Ce fut dans l'origine, comme nous l'avons vu, une protection accordée au vrai talent; c'était devenu une faveur arrachée par l'intrigue, et tellement multipliée, qu'elle cessait d'avoir du prix. Le roi avait douze ou quinze peintres en titre d'office, la reine autant, et non pas des meilleurs : aussi, tandis que ces gens de peu de valeur affichaient leur titre, le véritable artiste, qui lui aussi pouvait désirer secouer les entraves de la corporation, se sentant humilié de solliciter une exception qui n'était plus accordée au talent, que la médiocrité briguait, que l'intrigue obtenait, restait dans la condition inférieure imposée par les statuts.

Cette situation était pénible. Les exceptions créées arbitrairement lésaient autant les intérêts de l'art que ceux de la corporation des peintres, qui continuait à être reconnue. Cette association avait conservé la bonne habitude d'animer d'un même esprit de dévouement aux arts les artistes d'un talent supérieur et les ouvriers les plus ordinaires : ainsi comme dans une armée bien organisée un même esprit militaire conduit au feu officiers et soldats, ceux-là partis d'en bas et parvenus aux plus hauts grades, ceux-ci enflammés du désir de parvenir, car le plus jeune conscrit sait qu'il porte dans sa giberne le bâton de maréchal; mais l'association avait le tort de laisser avilir l'enseignement à un degré d'infériorité qui faisait tache au milieu des progrès obtenus partout, elle se contentait de tenir la main à l'observation des règlements, et de n'autoriser l'exercice de l'art par les jeunes gens qu'après avoir exigé d'eux des épreuves salutaires. Il est évident qu'on aurait pu dès lors diviser la corporation en deux sections et introduire en faveur de la section supérieure des améliorations dans l'enseignement, une plus grande liberté dans l'exercice de l'art, en un mot, ouvrir une large voie aux progrès. De sages esprits, tels que Mignard, étaient de cet avis;

des esprits avides de domination, tels que Lebrun, poussèrent à la formation d'un nouveau corps, à la création de l'académie. Le roi, ou en son nom la reine régente et le cardinal, n'avaient encore rien décidé lorsque la corporation des peintres et sculpteurs porta sa plainte au parlement. Elle demandait fort modestement qu'il fût ordonné que le nombre des peintres dits de la maison du roi fût réduit à quatre ou à six tout au plus, et que ce même nombre ne pût être excédé par ceux qui se qualifiaient peintres de la reine, enfin que ses statuts fussent observés. Le parlement, dans sa séance du mois d'août 1646, lui donna gain de cause, et n'excepta pas même les peintres logés dans les galeries du Louvre. Au reste, tout ce désordre dans l'organisation des arts se ressentait du désordre qui régnait alors dans la société. Un gouvernement fort aurait reconstitué la corporation des peintres; Anne d'Autriche, conduite par Mazarin, qui connaissait mieux l'organisation des académies de Rome et de Florence que l'esprit des corporations françaises, se décida, en janvier 1648, pour la création de l'académie de peinture et de sculpture, en faisant au nom du roi « très-« expresses inhibitions et défenses aux maîtres et jurés, peintres « et sculpteurs, de donner aucun trouble et empêchement aux « peintres et sculpteurs de l'académie, soit par visites, saisie « de leurs ouvrages, confiscations, soit en les voulant obliger « à se faire passer maîtres, ni autrement, en quelque sorte « et manière que ce pourroit être, à peine de deux mille livres « d'amende. Et afin que les arts de peinture et de sculpture « pussent être exercés plus noblement, Sa Majesté ordonnoit « que tous peintres et sculpteurs, tant françois qu'étrangers, « comme aussi ceux qui, ayant été reçus maîtres, s'étoient « volontairement départis ou se voudroient à l'avenir séquestrer « dudit corps de métier, seroient admis à ladite académie sans « aucuns frais, s'ils en étoient jugés capables par les douze « anciens d'icelle. » Et, par un trait de justice distributive qui devait servir à montrer l'exacte équité du législateur, même arrêt fait réciproquement défense, « sous semblables peines, « aux peintres et sculpteurs de l'académie de donner aucun

« trouble ni empêchement aux maîtres et jurés peintres et « sculpteurs. »

Treize articles composaient la charte de constitution de la nouvelle académie, et les douze artistes que je vais citer, ses membres fondateurs : MM. Lebrun, Errard, Bourdon, de la Hire, Sarrazin, Corneille, Perrier, Beaubrun, Lesueur, Juste d'Egmont, Van Opsal et Guillain.

L'Académie française, établie par Richelieu en 1634, avait pour ancêtres et pour précédents d'autres réunions littéraires auxquelles avait manqué, pour durer, ce titre d'institution de l'État et une assistance pécuniaire qui lui donnèrent dès l'abord son caractère officiel et une garantie d'existence. Il manqua la seconde de ces conditions à l'académie de peinture et de sculpture, car, tandis qu'elle était combattue par la corporation des peintres, qui introduisait dans ses statuts et dans son enseignement toutes les améliorations qu'elle prétendait innover, l'argent lui manquait pour satisfaire à ses premières nécessités, pour payer un petit logement, et pour rétribuer deux modèles qui faisaient alternativement les fonctions d'Antinoüs et de portier. Elle avait bien dans son sein des artistes supérieurs, mais il s'en rencontrait dans la corporation d'aussi distingués, et quoi qu'elle fît pour humilier son adversaire, comme de décider que « tout membre du corps « académique, sous peine d'en être exclu, s'abstiendroit de « tenir boutique ouverte pour y étaler ses ouvrages, de les « exposer aux fenêtres ou autres endroits extérieurs du lieu de « sa demeure, ou d'y apposer aucune enseigne ni inscription « pour en indiquer la vente, et de ne rien faire enfin qui pût « donner lieu à confondre l'état honorable d'académicien avec « l'état mécanique et mercenaire des maîtres de la commu- « nauté »; cependant l'enseignement d'après le modèle, les leçons de perspective, d'anatomie et de géométrie, s'organisaient dans l'institution rivale, aussi bien et avec plus de solidité pécuniaire que dans la sienne; on y établit même un prix d'honneur, et bientôt, tandis que l'école de la corporation prospérait, celle de l'académie était déserte.

Ce malaise et ces tiraillements rendirent évident pour tous, et pour l'académie elle-même, ce qu'on eût dû prévoir dès l'abord, la nécessité d'une fusion, d'une entente de l'ancienne corporation ou maîtrise avec la nouvelle corporation ou académie. Cette fusion eut lieu au mois de juin 1651, et un vaste local, la maison Sainte-Catherine, logea les deux associations, réunies désormais d'après les mêmes statuts, comme leur enseignement se poursuivait dans une même salle et dans un même concours. On doit attribuer à cette résistance de la corporation, à la force de ces vieilles habitudes, l'esprit de liberté et de facile camaraderie qui entra dès l'origine dans la nouvelle institution et lui donna la forme et les allures des anciennes corporations, bien plutôt que la constitution d'une académie comme celle qui siége aujourd'hui à l'Institut. Le nombre des membres n'avait pas de limites; le témoignage de deux académiciens et l'envoi d'un ouvrage suffisaient pour se présenter à l'académie, qui accordait, au scrutin secret, ou refusait le titre d'agréé : c'était le premier degré d'admission. Pour concéder le degré suivant, elle donnait à l'agréé le sujet d'un tableau ou d'une figure sculptée qu'il exécutait en présence d'une commission de deux membres. L'œuvre achevée, souvenir du chef-d'œuvre des maîtrises, elle était soumise à l'académie, qui votait l'admission ou le rejet de l'agréé. On n'était reconnu peintre ou sculpteur indépendant, c'est-à-dire affranchi des obligations imposées par le corps de métiers aux artistes moins habiles, qu'après avoir été nommé de l'académie. Les enfants des membres avaient droit d'étudier dans la classe de dessin d'après le modèle, et ils jouissaient de quelques autres prérogatives qui les acheminaient à une facile réception; c'était en un mot l'ancienne corporation, quant à la constitution, mais c'était une institution nouvelle en ce qu'elle scindait, sans grande utilité, les artistes dévoués à l'art proprement dit et les artistes qui l'appliquaient. Je dis qu'elle les scindait, je parlerais plus exactement en disant qu'elle tendait à les scinder, car, de même que les statuts de l'ancienne corporation étaient entrés dans la constitution de la nouvelle académie, comme les assiégeants entrent dans la place ennemie, de même aussi son esprit s'y était introduit et couvrait encore d'une efficace protection ce mélange salutaire de l'art et de l'industrie. Ainsi les artistes peintres et sculpteurs qui n'étaient pas de l'académie s'en approchaient suivant le degré de leur talent, tous travaillant avec ardeur pour parvenir à se faire agréer et recevoir, tous associés dans les mêmes travaux avec leurs camarades les académiciens nouvellement élus, et n'en étant réellement distincts que par le droit d'exposer au Louvre. Les académiciens s'étaient réservé leur local; les peintres du corps des métiers n'avaient à leur disposition que la devanture de leur boutique et la place Dauphine, où ils exposaient, à l'octave de la Fête-Dieu, en plein vent, et pendant deux heures seulement.

D'excellentes choses, qui ne se seraient faites qu'avec le temps par la corporation, furent mises en pratique immédiatement par l'académie, surtout à partir du moment où, placée sous le protectorat du cardinal Mazarin, en 1655, elle fut installée dans les bâtiments du Louvre. Aux classes de dessin à différents degrés on joignit des leçons de perspective et d'anatomie. Dans les séances de l'académie, on ouvrit, sur des sujets dignes d'intérêt, des discussions qui étendirent l'intelligence et la portée d'esprit de ses membres. Louis XIV, par un arrêt enregistré au parlement en 1662, accorda une indemnité fixe de 120 livres aux académiciens qui remplissaient des charges d'officiers, c'est-à-dire au directeur, au chancelier, aux quatre recteurs, aux douze professeurs en titre et aux huit professeurs adjoints, une somme de 600 livres pour les modèles de l'école, et un fonds de 400 livres réservé pour être distribué en prix aux élèves. Le premier prix, dit prix annuel ou royal, pouvait être disputé par les académiciens; le second prix était réservé aux jeunes artistes qui ne faisaient pas encore partie du corps. Sous l'influence de cette nouvelle académie fut fondée aussi une institution marquée au cachet de l'intelligence des besoins présents et de l'avenir: c'est l'école de Rome. Mazarin en avait eu l'idée pendant son ministère;

il la légua à Colbert, qui, après avoir accordé déjà plusieurs fois à des jeunes gens de talent, comme l'avaient fait avant lui Richelieu, de Noyers et Séguier, les moyens d'aller étudier à Rome les plus beaux chefs-d'œuvre dans les meilleures conditions de tranquillité studieuse et sous un climat inspirateur, engagea le roi à fonder un établissement stable, où l'académie pourrait placer les jeunes gens dont elle aurait éprouvé le talent et qui mériteraient d'être encouragés dans leurs études. Le roi approuva ces idées si sages, et Charles Errard, le premier directeur, partit pour Rome le 6 mars 1666 et alla s'établir au palais Capranica avec les douze élèves que l'académie avait désignés au roi comme étant *en état de profiter en l'étude des arts en Italie.* Enfin, en 1670, on organisa la première exposition, exclusivement réservée aux ouvrages des membres de l'académie; et qu'on ne s'étonne pas de cette restriction, elle ne frappait que des gens dépourvus de tout mérite : l'académie comprenait alors tous les peintres et sculpteurs, ceux même d'une capacité médiocre, et un arrêt du roi, du 8 février 1663, avait même enjoint à une trentaine d'artistes de talent d'entrer dans le corps académique, quelque répugnance qu'ils eussent à s'y incorporer. C'était donc un bien que cette organisation, née des traditions du pays, et qui satisfaisait aux besoins du temps, qui formait un centre de doctrine et un privilége d'enseignement d'après les meilleures méthodes; mais c'était en même temps un bouleversement dans toutes les industries qui confinaient aux arts, et le gouvernement de la France ne pouvait fermer les yeux sur un intérêt aussi grave.

Colbert n'était pas homme à mener le char de l'État une roue dans le bon chemin et l'autre dans l'ornière; né dans l'industrie, il pénétra d'un œil sûr la lacune que venait d'y produire la création de l'académie. Il voulut à son tour relever l'industrie et compenser, par tous les moyens dont disposait alors l'État, le grand coup que lui portait une scission qu'il eût fallu empêcher. La faute était commise : l'esprit du temps en était aussi coupable que la débonnaireté de la royauté; restait à trouver le moyen, sinon de confondre comme autrefois, au moins de rapprocher dans une action collective diverses capacités concourant au même but. Nous avons vu que nos rois avaient compris dans une même protection les arts et l'industrie, en ne faisant aucune distinction entre les choses, entre les hommes; accordant les mêmes faveurs aux peintres, lorsqu'ils peignaient leurs portraits et leurs tapisseries, les murs de leurs chapelles et les dossiers de leurs fauteüils, les miniatures de leurs heures et les patrons de leurs costumes; aux sculpteurs et aux orfèvres, lorsqu'ils produisaient les statues des saints pour l'église et les pièces d'orfévrerie pour leurs dressoirs; aux brodeurs, aux tapissiers, aux armuriers, qui portaient les mêmes titres et recevaient les mêmes appointements que les peintres et les sculpteurs. Toute cette troupe ingénieuse composait, dans le palais du roi, l'atelier le plus complet de l'art appliqué aux besoins de luxe et de bien-être du plus riche comme du plus élégant seigneur du royaume. En cela Colbert n'innova pas, c'est son mérite; il organisa seulement, sur un grand pied et avec un ordre parfait, ce qui s'était fait irrégulièrement, par boutades, suivant les caprices et les nécessités du moment. Il proposa au roi de réunir dans un même local, sous sa surintendance administrative, mais sous la direction de l'artiste le plus éminent, les peintres, les sculpteurs, les tapissiers, les orfèvres et tous les gens de talent que le roi faisait travailler pour l'embellissement de ses résidences, et qui étaient disséminés au Louvre et dans le jardin des Tuileries, au faubourg Saint-Germain et aux Gobelins. Le lieu choisi pour concentrer cette grande manufacture des meubles de la couronne fut l'hôtel des Gobelins, qui s'étendait, avec ses jardins, prés et dépendances, le long de la Bièvre. Le domaine avait été acheté dans ce but en 1662, et depuis lors on y avait organisé petit à petit tous les services. En 1667, l'établissement formait déjà un ensemble compliqué auquel il manquait une constitution et des règlements. Ils lui furent donnés, et j'en extrairai quelques passages pour faire connaître l'esprit général qui présidait à cette fondation : « Le roy

« Henry le Grand, notre ayeul, se voyant au milieu de la paix, « estima n'en pouvoir mieux faire gouster les fruits à ses peuples « qu'en rétablissant le commerce et les manufactures, que les « guerres étrangères et civiles avoient presque abolis dans le « royaume, et pour l'exécution de son dessein, il auroit, par « son édit du mois de janvier 1607, établi la manufacture de « toutes sortes de tapisseries, tant dans notre bonne ville de « Paris qu'en toutes les autres villes qui s'y trouveroient pro- « pres, et préposé à l'établissement et direction d'icelle les « sieurs de Comans et de la Planche, ausquels, par le même « édit, l'on auroit accordé plusieurs priviléges et avantages. « Mais comme ces projets se dissipent promptement s'ils ne « sont entretenus avec beaucoup de soin et d'application et « soutenus avec dépense, aussi les premiers établissements « qui furent faits ayant été négligés et interrompus pendant « la licence d'une longue guerre, l'affection que nous avons « pour rendre le commerce et les manufactures florissantes « dans nostre royaume nous a fait donner nos premiers soins, « après la conclusion de la paix générale, pour les rétablir et « pour rendre les établissements plus immuables en leur « fixant un lieu commode et certain, nous aurions fait ac- « quérir de nos deniers l'hostel des Gobelins et plusieurs mai- « sons adjacentes, fait rechercher les peintres de la plus grande « réputation, des tapissiers, des sculpteurs, orphèvres, ébé- « nistes et autres ouvriers plus habiles en toutes sortes d'arts « et métiers, que nous y aurions logés, donné des apparte- « mens à chacun d'eux et accordé des priviléges et advantages; « mais d'autant que ces ouvriers augmentent chaque jour, que « les ouvriers les plus excellens dans toutes sortes de manu- « factures, conviés par les graces que nous leur faisons, y vien- « nent donner des marques de leur industrie, et que les ou- « vrages qui s'y font surpassent notablement en art et en beauté « ce qui vient de plus exquis des pays étrangers, aussi nous « avons estimé qu'il estoit nécessaire, pour l'affermissement « de ces établissemens, de leur donner une forme constante « et perpétuelle et les pourvoir d'un règlement convenable à

« cet effet. À CES CAUSES et autres considérations à ce nous « mouvans, de l'advis de nostre conseil d'État, qui a vu l'édit « du mois de janvier 1607 et autres déclarations et règle-« mens rendus en conséquence et de nostre certaine science, « pleine puissance et authorité royale, nous avons dict, statué « et ordonné, disons, statuons et ordonnons ainsi qu'il en « suit :

« 1° C'est à sçavoir que la manufacture des tapisseries et « autres ouvrages demeurera establie dans l'hostel appelé des « Gobelins, maisons et lieux et deppendances à nous appar-« tenant, sur la principale porte duquel hostel sera posé un « marbre au-dessus de nos armes dans lequel sera inscript : « *Manufacture royalle des meubles de la couronne.*

« 2° Seront les manufactures et deppendances d'icelles ré-« gies et administrées par les ordres de nostre amé et féal con-« seiller ordinaire en nos conseils, le sieur Colbert, surinten-« dant de nos bastimens, arts et manufactures de France et « ses successeurs en ladite charge.

« 3° La conduite particulière des manufactures appartiendra « au sieur Lebrun, nostre premier peintre, soubs le titre de « directeur, suivant les lettres que nous luy avons accordées le « 8 mars 1663.

« 4° Le surintendant de nos bastimens et le directeur soubs « luy tiendront la manufacture remplie de bons peintres, mais-« tres tapissiers de haute lisse, orphèvres, fondeurs, graveurs, « lapidaires, menuisiers en ébène et en bois, teinturiers et « autres bons ouvriers, en toutes sortes d'arts et mestiers qui « sont établis et que le surintendant de nos bastimens tiendra « nécessaire d'y establir.

« Données à Paris, au mois de novembre 1667 et de nostre « règne le vingt-cinq.

« (*Signé*) LOUIS. »

Ce qui frappe dans ces statuts, c'est la marche prévoyante, l'esprit libéral et le sentiment de devoir royal qui président à cette fondation : le roi veut relever l'industrie; il ne pense pas qu'un autre puisse le faire, car il sait les sacrifices qu'il s'impose, il sait aussi le degré de perfection que ces ouvriers peuvent atteindre, lorsqu'ils sont choisis parmi les meilleurs et dirigés par les artistes les plus habiles : c'est donc dans l'intérêt du pays, et pour servir aussi au lustre de sa couronne, qu'il établit sur de si vastes bases la manufacture royale des meubles.

Qu'entendait-on alors par meubles? On s'en tenait à la signification primitive du mot. Meuble s'appliquait à tout ce qui sert à l'ornementation et à la garniture intérieure de l'immeuble qui est l'habitation : pour les murs, les tapisseries à personnages, connues depuis lors sous le nom de tapisseries des Gobelins, et les boiseries sculptées avec les peintures qui s'y encastraient; pour les parquets, les grands tapis velus, dits *sarrasinois* ou *de Turquie*, qu'on exécutait à la Savonnerie, sur le bord de la Seine (cet établissement dépendit désormais des Gobelins); pour l'éclairage, les lustres et candélabres en bronze doré, avec additions de cristal de roche ; pour la table, la riche argenterie avec ses surtouts magnifiques ; pour l'ameublement, les fauteuils et chaises en bois sculpté et doré, recouverts de charmantes tapisseries ou d'étoffes richement brodées, les cabinets d'ébène, d'écaille ou de bois précieux ornés d'incrustations, les torchères magnifiques, les tables de riches matières rehaussées de pierres dures incrustées.

Quand vous avez récapitulé tout ce qui se faisait dans cette manufacture royale, vous êtes bien près de vous demander ce qui ne s'y faisait pas, surtout lorsque vous savez que le directeur Lebrun, avec une fécondité merveilleuse, donnait des dessins et des projets pour tout; que trente peintres, soumis à ses ordres et pliés à ses volontés, exécutaient chacun avec son talent particulier, mais en se soumettant à la pensée dominante, la partie qui leur était confiée, car le directeur de la manufacture, suivant en cela les vieilles traditions, ne considérait les individualités que comme les parties d'un tout, et n'acceptait le concours qu'à la condition d'une abnégation complète, étendant ses exigences jusqu'aux statues qui décoraient l'architecture extérieure et les jardins, statues dont il donnait les compositions. C'est ainsi qu'il ne reculait pas devant l'association de cinq et six peintres pour mettre des animaux, des figures, des fleurs et de l'architecture dans un patron de tapisserie; c'est ainsi que l'artiste qui avait conçu la forme d'un meuble, d'un candélabre ou d'une pièce d'argenterie, devenait à ses yeux l'homme le plus capable d'en suivre l'exécution et de diriger les ouvriers jusqu'au parfait achèvement. Sachant soumettre les prétentions, utiliser les aptitudes et associer les efforts, il est coupable d'avoir opprimé l'originalité; on lui reproche sa tyrannie, et cependant, quand on examine d'un côté l'ensemble de Versailles, et que l'on considère de l'autre côté le dépenaillement de nos créations modernes, on sent que ces vieilles traditions sont les bonnes, et qu'elles profitent autant aux monuments qu'elles créent tout d'une pièce, aux palais qu'elles meublent avec ensemble, qu'aux jeunes artistes qui s'y forment, en faisant momentanément abnégation de leur initiative. Mais laissons parler un témoin, le *Mercure de France* de cette époque : « On ne doit pas regarder M. Ch. Lebrun, en « cette occasion, comme peintre seulement : il avoit un génie « vaste et propre à tout; il étoit inventif; il savoit beaucoup, et « son goût étant général, ainsi que son savoir, il tailloit en une « heure de temps de la besogne à un nombre infini de différents « ouvriers. Il donnoit des desseins à tous les sculpteurs du roy. « Tous les orfèvres en recevoient de lui : ces candélabres, ces « torchères, ces lustres et ces grands bassins ornés de bas-reliefs « qui représentoient l'histoire du roy, n'estoient que sur ses « desseins et sur les modèles qu'il en faisoit faire; il donnoit « en un mesme temps des desseins pour tendre des apparte- « ments entiers. Pendant que tant d'ouvriers travailloient sur « ses desseins, il y en avoit une infinité qui n'estoient occupés « que par ceux qu'il avoit donnés pour des tapisseries; il a fait « ceux de la bataille et du triomphe de Constantin, ceux de « l'histoire du roy et de celle d'Alexandre, des maisons royales, « des saisons, des éléments et plusieurs autres; enfin l'on peut

« dire qu'il faisoit tous les jours remuer des milliers de bras, « et que son génie estoit universel. Quoique je vous aye « nommé beaucoup de ses ouvrages, j'ai oublié de vous parler « de ces grands et superbes cabinets qui se faisoient aux Go- « belins, sur ses desseins et sous sa conduite ; il sembloit que « tous les arts y eussent mis chacun leur morceau. On en a vu « beaucoup dans la galerie des Tuileries et entre autres le ca- « binet d'Apollon, car tous ces cabinets ont leur nom et sont « historiés. Enfin M. Lebrun estoit si universel que tous les arts « travailloient sous luy, et qu'il donnoit jusques aux desseins « de serrurerie. J'en puis rendre témoignage, puisque j'ai vu « regarder par de très-habiles estrangers des serrures et des « verroux de portes et de fenêtres de Versailles et de la galerie « d'Apollon, au Louvre, comme des chefs-d'œuvre dont ils ne « pouvoient se lasser d'admirer la beauté. »

Ces milliers de bras si bien employés par Ch. Lebrun étaient représentés d'abord par les peintres et sculpteurs qui, aux Gobelins, exécutaient tous les modèles. Je ne les citerai pas : autant vaudrait mentionner les hommes les plus habiles de ce règne, chacun étant appelé successivement à fournir des idées et des modèles. Toutefois, on doit considérer comme plus particulièrement attachés à l'établissement, avec appointements fixes, Van der Meulen, pour les chevaux, costumes et batailles; Baptiste Monnoyer, pour les fleurs; Nicasius Bernaert, pour les animaux. L'orfévrerie réunissait les talents de Claude de Villers et de ses fils, qui étaient venus de Londres s'établir aux Gobelins, d'Alexis Loir et de Dutel. La magnifique vaisselle plate du roi fut exécutée par eux aux Gobelins même, et tous les genres de travaux qui comprennent la fonte, la ciselure, le repoussé et l'estampé étaient pratiqués dans ces ateliers avec une supériorité sans égale. Les meubles avaient pour dessinateurs Lebrun et d'autres artistes sous sa direction ; pour modeleur et sculpteur, Philippe Caffieri; pour ébéniste et sculpteur, un artiste romain, Domenico Cucci, qui s'entendait le mieux du monde à travailler l'ébène et à lui appliquer les ornements de bronze et les incrustations de lapis associé aux autres pierres précieuses; en outre, André-Charles Boulle, un grand artiste, qui ne voulut être que le premier ébéniste de son temps et qui tira un parti heureux de la marqueterie dans ses développements les plus ingénieux. Quatre mosaïstes de Florence, les nommés Horace et Ferdinand Megliorini, Branchi et Gachetti, travaillaient à de magnifiques tables de *pietra dura* qui égalaient, quant au soin habile de l'exécution, ce qui se faisait de mieux en Italie, et qui avaient l'avantage d'être copiées sur de meilleurs dessins. La broderie, dans cette résurrection de toutes les bonnes traditions, devait trouver place à la manufacture royale : on sait ses prodiges pendant le moyen âge et au XVIe siècle; on la vit renaître aux Gobelins sur gros de Tours et de Naples, sur moire et toile d'argent, d'après les patrons soigneusement peints par Bailly, Bonnemer, Testelin et Boulongne le jeune. Pour les grandes tapisseries à personnages, tous les artistes y concourent, depuis Lebrun, qui fournit ses grandes batailles, jusqu'aux peintres de fleurs et d'animaux. Les ouvriers étaient tous venus de Flandre avec les bonnes traditions d'un pays qui avait été, pendant les XVe et XVIe siècles, l'atelier le plus actif de cette belle industrie. Quelles étaient ces traditions? de considérer la destination de la tapisserie, ses moyens d'exécution et l'altération que le temps inflige aux couleurs de la laine, et de se régler là-dessus pour faire une traduction qui est *la peinture de tapisserie*, pour éviter surtout de chercher à atteindre une pénible imitation de peintures achevées, sottement tendues sur châssis et clouées à poste fixe dans un cadre pour mieux recueillir la poussière, les araignées et les vers qui bientôt en ont raison; trompe-l'œil insensé qui, au premier rayon du soleil, a perdu cette fidélité si péniblement obtenue, et l'a perdue non pas tant par un affaiblissement général des tons qui conserverait leur harmonie que par l'altération partielle de certaines nuances qui font des vides et des taches. Ces tapisseries des Gobelins furent donc encore, pendant tout le siècle de Louis XIV, ce qu'elles n'auraient pas dû cesser d'être, des peintures conventionnelles d'un certain éclat, dans une gamme propre à la laine, et telles qu'il convenait à des décorations qu'on accrochait aux murs, qu'on tendait tout à coup et à toutes occasions pour dissimuler la nudité des parois. Lebrun exigea seulement des maîtres tapissiers une plus grande exactitude dans le trait du dessin et un meilleur rendu du modelé.

Ces vastes et actifs ateliers de la manufacture royale des meubles de la couronne recevaient gratuitement soixante et jusqu'à cent apprentis qui venaient se former aux diverses industries. Ces jeunes ouvriers, en même temps qu'ils s'initiaient aux difficiles pratiques du métier, qu'ils en suivaient manuellement tous les procédés, se réunissaient, à de certaines heures de la journée, pour dessiner, d'après l'antique et le modèle vivant, sous la direction de quatre membres de l'académie : c'étaient, en 1691, les sculpteurs Tuby et Coysevox, les peintres Le Clerc et Verdier, c'est-à-dire des hommes maîtres dans leur art.

Il fallait entrer dans ces détails pour donner l'explication de l'impression harmonieuse dont est saisi le promeneur, à Versailles et aux Tuileries, à la vue de tout ce qui provient de cette époque, depuis le plafond peint jusqu'à l'espagnolette de la fenêtre et jusqu'au verrou de la porte; pour donner aussi une idée du rayonnement d'influences heureuses qui partait de cette grande école de l'art appliqué à l'industrie sous la direction d'artistes habiles et de praticiens consommés dans leur métier. Ce qu'il y a de bon goût, de distinction appropriée, d'innovations bien entendues, dans tout ce qui émane de ce foyer actif ne se comprend que lorsqu'on voit les noms des artistes les plus renommés au bas des dessins charmants et des maquettes spirituelles qui ont servi de modèles, architectes, peintres et sculpteurs attachés à la maison même, y demeurant, y vivant et ne donnant essor à leur imagination qu'après avoir étudié les exigences et les ressources de chaque métier. Dès 1607, Henri IV avait étendu aux ouvriers établis par lui dans son palais du Louvre tous les droits de la maîtrise, et le Parlement, l'année suivante, enregistra les lettres patentes par lesquelles il leur était permis « de travailler pour le public, « en quelque lieu que ce fut, et aux apprentis qui auraient fait « leur apprentissage sous lesdits maistres pendant le temps « requis, autorisation de tenir boutique, tant en la ville de « Paris qu'en toute autre ville du royaume, tout ainsi que s'ils « eussent fait leur apprentissage sous les maistres desdites « villes. » Louis XIV confirma, comme nous venons de le voir, et étendit encore cette utile intervention de la manufacture royale, qui déversait chaque année dans les corporations son trop-plein de progrès et d'innovations. Les jeunes ouvriers devenus des artistes dans chacune de leurs parties spéciales, après six années d'apprentissage et quatre années de service, étaient reçus maîtres tant pour Paris que pour le royaume, sans avoir besoin de produire le chef-d'œuvre; et ils allaient dans toute la France répandre les notions les plus élevées de l'art acquises dans l'étude de la nature et des grands modèles, faire connaître les procédés les plus perfectionnés dont ils avaient conquis la pratique en exécutant toutes les pièces de l'ameublement splendide des palais royaux, initier enfin la ville et la province aux principes du bon goût qui, comme une atmosphère, les avaient enveloppés pendant un séjour de dix ans dans la grande manufacture royale. Si l'on n'insistait pas sur des faits de cette nature, si, à l'exemple de tant d'esprits étroits, on s'attachait à montrer les inconvénients des maîtrises sans chercher à découvrir ce qui tempérait les défauts de leur organisation et venait s'associer à leurs incontestables mérites, il serait impossible de comprendre comment l'industrie française a pu conquérir au moyen âge et conserver pendant les XVIIe et XVIIIe siècles la suprématie sur l'industrie de l'Europe entière. Il y avait certainement dans cette organisation un principe de force et de vitalité puissant, et il serait inutile de chercher ailleurs la cause de cette unité, de cette noble tenue et de cet ensemble complet. L'influence personnelle du souverain y comptait pour beaucoup sans doute; mais, en l'absence de direction générale, c'est aux architectes, peintres, sculpteurs, musiciens, industriels, en un mot, aux hommes spéciaux chargés de chaque service, qu'il faut attribuer cet heureux résultat.

Si les goûts distingués de Sublet de Noyers et le choix des hommes dont il sut s'entourer donnèrent, sous un roi indolent, plus d'importance à la charge de surintendant des bâtiments, le premier architecte du roi et son premier peintre n'en restèrent pas moins les directeurs des travaux, les hommes compétents, les influences dirigeantes. Sans doute quand un homme de goût avait la charge de surintendant, il l'exerçait avec une autorité que ne pouvait avoir un homme de cour, qui était alors un simple intermédiaire entre le souverain et les artistes : aussi doit-on regretter que M. de Chantelou n'ait pas accepté ces fonctions, qui lui furent offertes par la reine mère en 1643; mais on comprend un refus : son protecteur, M. de Noyers, n'était attaché à la cour que par ce faible lien; le briser c'était lui ôter dans sa retraite de Dangu, je dirai presque dans son exil, l'illusion qu'il tenait encore à la cour et pouvait, un jour ou l'autre, y être rappelé. En 1645, l'ancien ministre de Richelieu et de Louis XIII mourut, et la surintendance des bâtiments fut donnée à M. Ratabon, qui ne trouva ni en lui, ni dans quinze années de troubles, les moyens de marquer dans sa charge. Il est bien question de la reprise des travaux du Louvre en 1659, et à cette occasion Loret, le gazetier, chante les louanges du surintendant; mais annulé par Mazarin autant qu'annihilé par les événements, il n'aurait pu se signaler qu'au moment où Louis XIV, prenant les rênes du gouvernement, se jeta dans les constructions et se déclara le protecteur des arts et des lettres; mais alors c'est Colbert qui lui succède. L'ancien intendant de Mazarin était déjà le secrétaire d'État le plus important, le plus en faveur, lorsqu'il réunit à ses autres fonctions la charge de « surintendant et ordonnateur général des maisons royales, jardins et tapisseries de Sa Majesté, arts et manufactures de France. » Tels sont les titres inscrits dans les États de la France, où l'on énumère aussi dans le service de la surintendance : quatre intendants, trois contrôleurs, trois trésoriers et le premier architecte du roi, alors Le Veau. Qu'apporta Colbert dans sa charge? rien de ce qu'y avait introduit M. de Noyers, beaucoup de ce que Sully y avait mis: j'entends l'esprit de hiérarchie, d'ordre, de contrôle rigoureux, et en outre une intelligence qui s'étendait à tout et un sentiment de la grandeur de la France qui s'était emparé de tous ceux qui approchaient Louis XIV. Avec ces qualités, il n'eut aucune initiative, mais il fut un intermédiaire éclairé, facile, obligeant, entre les goûts du souverain et l'autorité des chefs de service, et ce rôle du surintendant resta le même pendant toute la durée de la monarchie; il ne changea même pas lorsqu'un artiste, par exception, en fut chargé. Au moment de l'organisation des arts sur la vaste base que leur donnait Louis XIV, au moment de la création de tant d'institutions utiles et de l'entreprise de si vastes travaux, il importait que la surintendance des bâtiments fût dans la main du secrétaire d'État des finances. En 1677, Colbert obtint la survivance de sa charge pour son fils, et j'ignore pourquoi le marquis de Blainville donna sa démission à la mort de son père, en 1683; mais, à la suite sans doute de quelque arrangement, le marquis de Louvois, ministre de la guerre, l'homme déjà tout-puissant, lui succède. Ce choix prouve assez le peu de soin qu'on avait de la compétence de l'homme; mais l'affaire si connue de la fenêtre du Grand-Trianon prouva surabondamment le danger d'associer les bâtiments à la guerre. Le 8 août 1686, M. Colbert, seigneur de Villacerf, parent de Louvois, est « commis pendant trois ans pour, en « l'absence de M. le marquis de Louvois, et sous son autorité « en sa présence, avoir une inspection générale sur tout ce qui « se fera dans les bâtiments et en recevoir les ordres du roy. » C'était une sorte de survivance, et en effet, après la mort du ministre, son cousin germain lui succède sans autre titre que la faveur. Cette dernière raison fut aussi celle qui motiva le choix de son successeur, lorsque les désordres de sa gestion obligèrent M. Colbert de Villacerf à se démettre de cette charge. « Le roi, dit le duc de Saint-Simon, donna les bâti« ments à Mansart, son premier architecte, qui était neveu

« du fameux architecte Mansart, mais d'une autre famille. Il « s'appelait Hardouin, et pour s'illustrer dans son métier, où « il n'était pas habile, il prit le nom de son oncle et fut meil-« leur et plus habile et heureux courtisan que le vieux Man-« sart n'avait été architecte. » Je renvoie aux célèbres Mémoires ceux qui veulent connaître non pas la vérité sur Mansart, mais comment l'admirable écrivain arrange ceux qui n'ont pas le bonheur de lui plaire. Jules Hardouin, dit Mansart, était courtisan, et il est resté fort au-dessous de François Mansart, cela est bien connu; mais il n'y a pas de rancune qui puisse empêcher l'auteur de la chapelle de Versailles et du dôme des Invalides d'être un grand architecte. Voilà donc encore une fois, et comme au XVIe siècle, sous François Ier, le premier architecte revêtu de la charge de surintendant des bâtiments royaux. Était-ce un bien, était-ce un mal? En toute branche d'administration, le bien et le mal dépendent du choix des hommes; mais dans cette circonstance, comme je l'ai expliqué, le choix ne faisait rien. Si Mansart, étranger aux travaux entrepris par le roi, fût devenu tout d'un coup surintendant, il eût porté dans sa charge ses goûts, le fruit de ses études, son initiative et son autorité; mais Mansart avait déjà mis tout cela dans ses fonctions de premier architecte du roi, qu'il exerçait avec une puissance d'autant plus absolue qu'il était le favori de son maître, et que Louvois ou Villacerf, les surintendants, n'avaient aucune connaissance spéciale dans les arts. A la vérité, si nous apprécions l'architecte et le surintendant, désormais représentés par une seule personne, nous dirons que J. Hardouin n'avait pas la distinction de style et la facilité d'invention qu'aurait exigées la mission de l'homme chargé de présider à cette grande unité qui dominait dans le gouvernement de Louis XIV et qui en fait le caractère. Il fallait, par une originalité de bon aloi, trancher sur la monotonie qui s'emparait de tout; il fallait aussi soutenir une certaine grandeur empruntée et fastueuse par l'élévation et la pureté du style. Jules Hardouin Mansart n'avait pas ces dons rares et précieux; De Cotte, qu'il fit nommer premier architecte, ne les possédait pas davantage. Or, cette pénurie dans l'invention marquait d'autant plus gravement, que le surintendant était chargé de la construction de tous les bâtiments royaux, et qu'on le consultait pour les constructions municipales de la généralité de Paris; bien plus, afin de plaire au roi, tous les courtisans s'adressaient à lui pour la construction des nouveaux hôtels et châteaux. « Le roi, dit Saint-Simon, qui « trouvoit fort mauvais que les courtisans malades ne s'adres- « sassent pas à Fagon et ne se soumissent pas en tout à lui, « avoit la même foiblesse pour Mansart, et c'eût été un démé- « rite dangereux à qui faisoit des bâtiments et des jardins « de ne s'abandonner pas à Mansart, qui aussi s'y donnoit « tout entier, mais il n'étoit point habile. » La conséquence la plus nette, résultat singulier de la nomination d'un artiste à la place si importante de surintendant des bâtiments, qui était alors la direction générale des arts, fut d'en accroître l'importance comme charge de cour : aussi, à la mort de Jules Hardouin, fut-elle disputée par tous les grands seigneurs et revendiquée pour leurs favoris par toutes les influences, madame de Maintenon et les bâtards compris. Il ne fut pas question un moment des connaissances spéciales que cette charge exigeait, et les compétiteurs ne l'ambitionnaient ni en raison de la nature des occupations, ni à cause des 50,000 écus de rente qu'elle donnait; toute son importance résidait dans les petites entrées à Versailles et la facilité d'approcher le roi en toutes occasions. Pardaillan de Gondrin, fils légitime de madame de Montespan, et qui fut plus tard duc d'Antin, l'obtint à la sollicitation du duc de Bourgogne et avec l'appui de madame de Maintenon. Du long et habile portrait que fait de lui Saint-Simon, je ne citerai que ce passage : « Beau « comme le jour étant jeune, il en conserva de grands restes « jusqu'à la fin de sa vie, mais une beauté mâle et une phy- « sionomie d'esprit. Personne n'avoit plus d'agrément, de mé- « moire, de lumière, de connaissance des hommes et de cha- « cun, d'art et de ménagements pour savoir les prendre, « plaire, s'insinuer et parler toutes sortes de langages; beau-

« coup de connoissances et des talents sans nombre qui le « rendirent propre à tout, avec quelque lecture. » Le duc d'Orléans le confirma dans sa charge, qu'il conserva jusqu'à sa mort, en 1736. Ses qualités convenaient à la surintendance des bâtiments telle que nous l'avons définie; il suffisait qu'un esprit juste comprît tout ce qu'il devait laisser à l'initiative du premier architecte, du premier peintre et de tous les hommes spéciaux placés à la tête des différents services.

De cette solide organisation des arts et de l'industrie, de ce grand goût imposé à tous par la cour de Louis XIV, et qui dominait la mode et les caprices, résulta pour les artistes et les industriels un temps d'arrêt, de réflexion et de repos, assez semblable à celui dont ils jouirent aux XIIIe et XVIe siècles; c'est-à-dire une fixité qui leur permit d'épurer les formes en perfectionnant les procédés d'exécution, qui leur permit aussi d'exercer de nouveau sur l'Europe entière une domination incontestée. On s'en est plaint, et on continuera à s'en plaindre tant qu'on attribuera à la source pure les impuretés que les affluents ont mêlées à son cours. On nous demandait de tous côtés des architectes, nous en envoyâmes partout. Était-ce les meilleurs? On voulait des modèles nouveaux pour tout ce qui complète l'architecture par l'ameublement, et au lieu de les demander à nos premiers artistes, on les accepta de faiseurs téméraires. Qu'on passe en revue les 1,500 estampes de Jean Le Pautre, on se convaincra que la bizarrerie était son plus grand moyen de succès. Il trouvait, à défaut d'un goût sévère et d'études solides, des ressources abondantes dans une imagination infatigable. Où ses projets fantastiques furent-ils mis à exécution? uniquement à l'étranger. C'était, comme ces produits frelatés de nos fabriques qu'on destine à l'exportation, des projets dont pas un seul n'a été accepté en France, tandis que je signalerais dans vingt résidences ou hôtels de Paris les modèles sensés, posés, raisonnables, que Le Pautre a copiés et dont il a exagéré les beautés, comme les défauts, jusqu'à l'absurde, pour en rajeunir la nouveauté et pour mieux déguiser ses emprunts. Qu'on cesse donc de se plaindre de notre influence sur la province et à l'étranger; à la cour de France, la direction était excellente, même dans sa voie un peu étroite et absolue.

Une semblable domination ne s'exerce pas pendant une longue série d'années sur l'Europe sans que chaque nation fasse des efforts dans une direction ou dans l'autre pour s'y soustraire. Les souverains, ou leur gouvernement, nous imitèrent dans la marche que nous avions suivie à l'égard de l'Italie et des Flandres; à leur tour ils appelèrent chez eux nos artistes et fondèrent des fabriques subventionnées, dites fabriques royales : la révocation de l'édit de Nantes leur facilita cette concurrence en exilant de France d'honorables industriels qu'ils n'auraient pu conquérir qu'avec des sacrifices. Je ne prétends pas défendre l'acte, en tant que mesure politique; je voudrais seulement qu'on n'exagérât pas le tort dont il a été la cause. Il y a dans beaucoup d'esprits une disposition niaise à lui attribuer toutes les difficultés que la concurrence industrielle et commerciale, dans sa marche naturelle, vint susciter à la France. Sans l'expulsion des protestants nous aurions eu à l'étranger des rivaux dans les arts et dans l'industrie; avec leur assistance cette rivalité a été plus redoutable, et nous avons eu plus de gloire à sortir victorieux de la lutte.

Un grand changement dans les mœurs entraîne un changement notable dans les arts. A la mort de Louis XIV, la France entière sembla respirer; ce n'était pas que la joie l'animât, mais elle se sentait renaître à la liberté. La réaction, favorisée par la régence, passa sans transition de la règle au dévergondage; par haine du style qui prétend au grandiose, on se jeta à corps perdu dans le genre qui vise au naturel, le naturel des salons, et qui conduisait du gracieux au sans-gêne et au voluptueux. Cette réaction eût été vaine et passagère, si elle n'avait pas été d'accord avec les mœurs; mais, en conformité avec elles, son invasion tendait à s'emparer de tout.

Trois obstacles, trois barrières, arrêtèrent cependant ce désordre et lui opposèrent au moins une résistance qui permit aux talents consciencieux et à l'art sérieux de défendre la position et de faire une retraite honorable : pour les tableaux religieux, l'église; pour la grande peinture et la sculpture, l'académie; pour tous les arts ensemble dans leur coopération à l'ameublement et à la vie privée, le corps des architectes. Le clergé était débonnaire comme un vieux souverain qui croit son trône à l'abri des orages; mais il était trop éclairé sur ses devoirs, trop respectueux des convenances, pour tolérer dans l'église un art qui ne se serait pas respecté lui-même. On a jugé le clergé sur la conduite de quelques abbés de salon qui n'étaient pas dans les ordres; il n'avait rien de commun avec ces messieurs : le clergé sut maintenir sa dignité au milieu d'une société qui s'abandonnait, et quant au point qui nous occupe, non-seulement il n'introduisit dans les formes extérieures du culte aucune innovation choquante, mais encore il lutta sur certains points contre le principe, admis à toutes les époques, d'une rénovation de toutes choses dans le style régnant; il voulut que dans le mobilier de l'église on remontât le courant plutôt que de le suivre, mais là s'arrêtèrent en effet ses exigences; il accepta d'ailleurs pour ses églises, comme l'État pour ses monuments, comme les particuliers pour leurs habitations, le style en usage. S'agit-il de terminer le couronnement de la flèche de la cathédrale de Bayeux, de décorer les stalles de Notre-Dame de Paris, de placer une grille au chœur de vingt églises, les artistes suivent en toute liberté le style qui est le résultat tout à la fois de leurs études, de leur conviction et de la manière de voir et de sentir de leur époque. Comme au XIIIe siècle, comme au XVIe, avec tout autant de résolution, quoiqu'avec moins de droits, l'art adopta un style qui fit loi partout aux XVIIe et XVIIIe siècles, et si l'on diffère d'opinion sur l'excellence de ce style, on conviendra unanimement qu'il est impossible de mieux ajuster une décoration neuve à une partie d'architecture ancienne, d'asseoir plus habilement le couronnement moderne d'une tour gothique, en un mot de s'incorporer avec plus de talent, de souplesse, d'à-propos et de grâce dans l'œuvre d'autrui, tout en restant original. Si le clergé sut résister dans son domaine, l'académie de peinture et de sculpture ne transigea pas sur le sien. Elle faisait sans doute bien des concessions aux goûts du temps, en acceptant pour collègues des gens qui sacrifiaient aux entraînements de la mode mais on a vu que les réceptions dans ce corps n'avaient ni le caractère ni la signification qu'elles ont eus depuis soixante ans. Son enseignement ne maintenait pas moins dans l'esprit des élèves les bons principes, les règles immuables, et dans le sein de l'Académie les talents les plus fidèles aux saines traditions étaient toujours ceux qui jouissaient de la plus grande autorité. Enfin le corps des architectes avait continué de se recruter d'une manière admirable : qu'on me permette de m'appesantir sur ce point, car c'est une des gloires de la France.

Dans le tableau de ces grandes transformations de l'art et de l'industrie, il faut s'attacher à quelques jalons qui marquent la voie; autrement on se perd dans les détails et on court risque de porter dans l'histoire de l'art français et sur son influence à l'étranger les jugements les plus faux. Chacun sait, sans qu'il soit besoin d'en rappeler les causes, sous quelle influence délétère marchaient, de concert, le roi Louis XV régnant, la peinture, la sculpture et les industries qui concourent avec elles au costume, à l'ameublement et à l'ensemble des usages de la vie privée. Il est évident que la domination du grand roi, cette majesté qui tenait tout en respect, avait fait place à un affaiblissement entier d'autorité, à une absence complète de dignité et à une fantaisie sans limite, d'autant plus funestes que, dans cette voie corrompue, des talents charmants formés par les excellentes traditions de l'Académie allaient se perdant. Transportons-nous à l'époque la plus florissante du nouveau règne, à l'époque peut-être la plus heureuse de la monarchie française, à l'année 1757, alors que la ville de Paris votait à *Louis le Bien-aimé* une statue équestre colossale sur une place disposée magnifiquement. Si vous écoutez la routine, elle vous dira que l'art était alors perdu et le goût corrompu; les étrangers vous montreront les meubles ridicules qu'on leur expédiait de Paris, l'orfévrerie et la bijouterie extravagantes qu'ils fabriquaient à Augsbourg, soi-disant à l'imitation de la France; enfin, à Dresde, on vous signalera ce monument d'importation française qu'on nomme le Zwinger et qui semble le composé complet des idées les plus baroques. Quand vous aurez bien vu tout cela, et avant de vous humilier sous une grêle de reproches du même genre, revenez à Paris, et sans disperser votre attention, concentrez-la sur un livre et sur un monument : le livre, c'est *l'Architecture françoise* de J.-F. Blondel; le monument, c'est la façade des deux édifices qui bordent au nord la place Louis XV. Blondel publia le dernier de ses quatre volumes in-folio en 1756 et compléta ainsi un corps de doctrine qui ne se ressent en aucune façon de la corruption du goût. Son ouvrage est inspiré par l'étude des plus beaux modèles qu'offrait alors l'Italie, et il présente sous une forme pratique les applications les mieux raisonnées des données architecturales des anciens aux besoins de l'architecture moderne. Pendant trente ans Blondel professa cette sage théorie à l'école royale d'architecture de Paris et donna ainsi la vie à son livre. Gabriel termina en 1770 la décoration de la place Louis XV et les deux bâtiments qui la bordent au nord. Je ne passe pas de fois sur cette place, sans m'arrêter saisi d'admiration, sans considérer attentivement ces édifices, sans être charmé de ce bel ensemble proportionné à l'espace, proportionné aux besoins, donnant raison à toutes les règles du goût comme à toutes les exigences de la vie, formant en un mot l'architecture française, c'est-à-dire l'architecture moderne habilement déduite de l'architecture antique. Certes, rien n'est plus facile que de signaler des défauts, rien n'est plus évident que la possibilité de faire mieux avec les modèles de l'antiquité grecque que nos architectes ne connaissaient pas encore; mais rien aussi n'est plus certain que l'influence exercée sur les arts et l'industrie par cette admirable tenue du plus important comme du plus difficile de tous les arts. Si l'on voulait d'autres preuves, je conseillerais d'étudier avec soin, et sans parti pris à l'avance, un petit monument qui est entaché par tout ce qu'on a dit de honteux sur cette époque plus désastreuse pour la royauté que pour les arts : j'entends parler du pavillon du Petit-Trianon. C'est le plus chaste, le plus pur, le plus charmant des pavillons, le mieux proportionné à l'extérieur, le mieux distribué à l'intérieur. Gabriel le construisit pour Louis XV en 1770, la deuxième année du règne de Mme Dubarry. Enfin, si on désire connaître la souplesse de ce talent et savoir comment il comprenait la décoration, il faut voir la salle de spectacle de Versailles éclairée par les mille lumières de ses lustres, animée par les parures et la toilette des femmes, par les uniformes des hommes. Inutile de s'étendre sur les mérites de cette ornementation, sur son heureuse appropriation à nos besoins et à nos goûts.

Tout en accordant à l'architecte Gabriel un talent hors ligne, on continuera à douter de l'importance attachée aux questions d'art dans cette époque qu'on se plaît à placer en toutes choses sous l'empire de la frivolité. Je ne saurais mieux faire pour rectifier les idées sur ce point que de rappeler les hésitations respectables, les discussions passionnées, les études patientes auxquelles donna lieu le troisième ordre de la cour du Louvre. Il s'agissait de réparer l'erreur de Perrault qui avait trop élevé la colonnade, il fallait harmoniser les trois côtés de cette cour avec l'attique primitif de Pierre Lescot. Cette difficulté, qui serait tranchée aujourd'hui en un quart d'heure et d'un trait de plume par un chef de bureau, le sourire sur les lèvres, tint longtemps en émoi l'Académie d'architecture, tous les architectes du temps, et le plus illustre d'entre eux, ce même Gabriel, qui fut considéré comme le plus capable de résoudre le délicat problème.

Je vais au-devant d'une objection. Que faites-vous du style rocaille et du genre rococo? me dira-t-on; est-ce de l'architecture? c'était l'architecture du règne de Louis XV. C'est là l'erreur. La cour donnait la direction des bâtiments et des manufactures royales aux hommes qui, comme Gabriel, conservaient intactes les bonnes traditions d'une architecture noble sans raideur, pure sans exagération de sévérité. Ces architectes, après avoir satisfait dans l'ordonnance extérieure et dans les vestibules intérieurs aux conditions les plus sérieuses de l'art, comprenant que l'aménagement d'une habitation devait se conformer aux besoins de l'époque, et sa décoration se mettre en harmonie avec les matières employées, avec les meubles qui l'occupent et les costumes qui s'y agitent, ces architectes créèrent une décoration assouplie, en supprimant autant que possible les angles et les saillies abruptes, en caressant la vue par l'élasticité des lignes et leur gracieuse ondulation, en n'offrant au toucher que des contours arrondis. L'harmonie des couleurs et la répartition judicieuse de l'or se mariaient aux formes avec bonheur. Tant que des hommes comme Jules-Hardouin Mansart, Robert de Cotte, Lassurance, Boffrand, Cottard, Louis, complétèrent eux-mêmes leur architecture extérieure par cette décoration intérieure, l'architecture française fut digne de respect, et les œuvres qu'elle a laissées méritent encore aujourd'hui une sérieuse attention; mais, au milieu de l'active rénovation des appartements que le luxe sollicitait de toutes parts, il se créa une spécialité d'architectes décorateurs qui, n'étant plus liés par les mêmes études sérieuses, par le même esprit d'observation, exagérèrent ces excellents principes. Oppenord, élève de J.-H. Mansart et qui avait pris dans l'atelier d'ébénisterie de son père de mauvaises habitudes d'ornemaniste, fut un des premiers à fausser le goût et à faire école. Tant que le style de ces décorateurs resta circonscrit dans l'intérieur des appartements, le désordre fut tolérable; mais lorsqu'à la fin du règne de Louis XV seigneurs et financiers leur demandèrent de construire leurs hôtels, alors ce style s'étala au dehors, prit consistance dans la pierre et porta dans l'architecture la confusion la plus fâcheuse. Accuser de ces torts les véritables architectes, c'est une injustice; croire que l'ivraie ait étouffé le bon grain, c'est une erreur. Par l'étude du livre de Blondel et des monuments élevés par Gabriel, vous acquérez la conviction que l'architecture française fut et resta le véritable boulevard du bon goût, et vous vous expliquez aussi son influence au dehors. Il y a longtemps qu'un trait particulier du génie français a frappé les étrangers, j'entends parmi eux les hommes qui étudient et réfléchissent: c'est que la France, avec sa vieille réputation de mobilité, est de tous les peuples artistes celui qui a le mieux approfondi les styles et les procédés qu'il a adoptés. Tandis que les Allemands et les Anglais, ces esprits réfléchis, acceptaient des influences et des styles tout faits, n'en prenant que la superficie et souvent que les défauts, la France ajoutait à ses emprunts les qualités qui lui sont propres, s'assimilait ses importations étrangères, se passionnait pour ses conquêtes et ne les trahissait qu'après les avoir savourées, après leur avoir fait rendre tout ce qu'il y avait en elles de bon, de noble et de fécond. Ce bonheur d'assimilation et d'appropriation tenait alors à sa fidélité aux principes enseignés par les maîtres et à sa ténacité aux anciens procédés. Elle a dû cette vertu à l'organisation de ses écoles et de ses maîtrises, et tandis que l'Angleterre essayait de chaque innovation dans l'art, de chaque production nouvelle, jetant tout pêle-mêle dans son immense laboratoire, la France allait sagement et lentement, éprouvant avant d'adopter, épuisant avant d'abandonner, et se complaisant dans une routine qui a été sa sauvegarde. La tête folle n'était donc pas française, la tête réfléchie n'était ni allemande ni anglaise.

Cette fixité de doctrine, en dépit du laisser-aller de toute la société du XVIIIe siècle, n'est explicable que par la fixité, au sein de l'aristocratie, d'un bon ton exquis, de manières élégantes et de distinction; rares qualités persistant au milieu du désordre des mœurs, de l'immoralité administrative et du détraquement de la machine monarchique. Le monde d'élite, qui avait influence sur la direction des arts, les respectait plus qu'il ne se respectait lui-même. Les vieilles et bonnes traditions luttaient encore contre les nouvelles et mauvaises tendances. Mariette écrivait, il est vrai, en 1765, à son ami Bottari, le custode érudit de la Vaticane: « Vous avez « bien raison de dire qu'on montre ici et dans les Pays-

« Bas trop d'engouement pour les œuvres des peintres fla- « mands. Vous serez étonné de l'argent qui a été dépensé « à une vente de dessins, presque tous flamands, dont un « amateur a voulu se défaire. Il s'y trouvoit un beau des- « sin de Raphaël qui a été payé quinze cents francs; mais « quelle différence d'un tel dessin avec des dessins d'ivrognes, « de bouviers, d'arbres, qui se sont vendus de huit à neuf cents « francs pièce ! Je les ai laissés tranquillement aller. Il est vrai « que, comme dédommagement, il m'est venu un rouleau de « dessins italiens, dans lequel j'ai trouvé beaucoup mieux « mon compte. » Mais ce même Mariette n'est-il pas le successeur naturel de tant d'amateurs distingués du XVIIe siècle et le modèle de l'amateur ? Il s'était formé près du grand collectionneur Crozat, et par reconnaissance, quoiqu'à grand regret, il dirigea, en 1744, la vente des merveilleuses collections de tableaux, statues antiques, pierres gravées, dessins et gravures que le riche et généreux amateur avait léguées aux pauvres. Son catalogue des 19,000 dessins de Crozat est rédigé avec une judicieuse critique, qui semble superflue dans les ventes de nos jours, mais qui était de mise alors, et conserve à ce catalogue le mérite et la valeur d'un ouvrage d'érudition.

Mariette, libraire, marchand de vieilles gravures et de dessins anciens, continua ses études et ses relations étendues pendant de longues années. En 1750, il publia son traité des pierres gravées, qui, sur plus d'un point, fait encore autorité, et il ne cessa pas de scruter l'histoire des arts dans des voies nouvelles. S'il était supérieur à ses collègues du commerce de livres et d'estampes par l'érudition autant que par le caractère, il n'était cependant pas isolé dans sa classe, et l'on pourrait citer à côté de lui plus d'un libraire homme de lettres et homme de goût. Cette distinction eût été de trop chez des négociants, si elle n'avait pas répondu aux exigences d'une clientèle également distinguée. On ignore communément que le goût des arts ne fut à aucune époque aussi général dans les hautes classes, et ce n'était pas seulement ce goût vague, indécis, qui se repaît d'un luxe d'étalage, mais un goût cultivé et entretenu par l'étude des monuments, par la comparaison des chefs-d'œuvre de l'art et même par la pratique du dessin et de la gravure qui forcent la passion de l'amateur à accepter l'observation approfondie et patiente. Je n'ai pas le droit de m'étendre. Je citerai un exemple seulement. Je prends le comte de Caylus. C'était un grand seigneur par la naissance et par le bien de ses pères. Il avait commencé sa carrière à l'armée comme tout gentilhomme, défendant son pays, servant son roi; puis son goût pour les arts l'avait entraîné : il était devenu peintre dans l'atelier de Watteau, graveur, surtout sous la direction de Cochin, archéologue, avec Mariette, érudit, avec l'abbé Barthélemy et toute l'académie des inscriptions, dont il fut l'âme. Il entremêlait, il est vrai, ces occupations d'élite et ces travaux graves de facéties, appelées œuvres badines, comme *Léandre et Nanette, Mademoiselle Cronel, dite Frétillon,* et autres farces qu'on serait disposé à lui reprocher si on voulait voir dans ce contraste autre chose que la tournure d'esprit du temps. Faudra-t-il juger M. de Caylus autrement que Montesquieu, Voltaire et vingt autres grands esprits contemporains? Non certes, car il n'était pas indifférent qu'un seigneur de la cour, voire même un ex-mousquetaire, montrât qu'on pouvait associer l'esprit léger avec l'esprit sérieux, les travaux les plus sévères de l'érudition avec la culture passionnée des arts.

Le comte de Caylus avait rapporté de ses voyages en Italie, en Grèce et en Orient un choix d'antiquités des plus précieux; il pensa qu'il serait utile d'en publier des représentations exactes, accompagnées d'un commentaire instructif. En 1752 parut le premier volume de cet ouvrage curieux, orné de vignettes spirituelles et rempli de planches intéressantes, le texte écrit par lui, les gravures exécutées de sa main. « Les « monuments antiques, dit-il dans un avertissement dont la « modestie est le moindre mérite, sont propres à étendre les « connoissances. Ils expliquent les usages singuliers, ils éclair- « cissent les faits obscurs ou mal détaillés dans les auteurs, ils

« mettent les progrès des arts sous nos yeux et servent de mo-« dèle à ceux qui les cultivent; mais il faut convenir que les « antiquaires ne les ont presque jamais envisagés sous ce der-« nier point de vue. » Or, c'était justement sous ce rapport artiste et pratique que l'antiquité était mise pour la première fois en évidence. « Ces richesses ne périssent pas toujours « dans les mains de ceux qui les possèdent, ajoute-t-il plus loin, « la gravure les rend communes à tous les peuples qui cultivent « les lettres; les copies multipliées, quoique destituées de cette « vie et de cette âme qu'on admire dans les originaux, ne « laissent pas de répandre au loin le goût de l'antique, et, en « se réunissant de différents côtés dans les cabinets des cu-« rieux, elles y forment en quelque façon un corps de lumière « dont toutes les parties s'éclairent mutuellement. J'ai eu d'a-« bord en vue l'homme de lettres, qui ne cherche dans les « monuments que les rapports qu'ils ont avec les témoignages « des anciens. J'ai saisi ces rapports quand ils se sont présen-« tés naturellement, et qu'ils m'ont paru clairs et sensibles; « mais n'étant ni assez savant ni assez patient pour employer « toujours cette méthode, je lui en ai souvent préféré une « autre qui intéressera peut-être ceux qui aiment les arts: elle « consiste à étudier fidèlement l'esprit et la main de l'artiste, « à se pénétrer de ses vues, à le suivre dans l'exécution; en « un mot, à regarder ces monuments comme la preuve et « l'expression du goût qui régnoit dans un siècle et dans un « pays. En un mot, les arts sont en quelque façon l'objet prin-« cipal de cet ouvrage; la forme, le trait et les détails de chaque « monument sont devenus mes règles en plusieurs occasions, « et je n'ai pas eu lieu de m'en repentir. Quoique jusqu'ici « on ait peu suivi cette manière d'écrire sur les antiquités, je « la crois cependant très-utile; elle est du moins très-propre à « donner aux artistes quelques idées des belles formes et à « leur faire sentir la nécessité d'une précision dont le prétendu « goût d'aujourd'hui et le faux brillant de la touche ne les « écartent que trop souvent. » Tel était l'esprit de cet ouvrage, qui n'eut pas moins de sept gros volumes in-4°, et dont les

800 planches représentent plus de 4,000 sujets d'antiquité. Les demi-savants l'ont quelquefois critiqué; les vrais savants l'ont toujours loué, par reconnaissance pour les secours de toutes sortes qu'ils lui doivent, en dépit de la marche du temps et du progrès des découvertes.

M. de Caylus ne connaissait pas de bornes à ses recherches; sa spécialité s'étendait au domaine entier des arts. Il se passionna pour les antiquités de l'Orient, de la Grèce, de Rome et de la France; en même temps les arts, dans les plus belles créations de la Renaissance, eurent en lui un admirateur enthousiaste; mais ce qui le distingue de tant d'amateurs illustres, c'est que, pressentant les tendances de son époque et les besoins de l'avenir, il eut en vue principalement la propagation par la gravure de tous les matériaux d'étude. Sa grande fortune et une activité infatigable furent consacrées à cette œuvre. Successivement, et quelquefois en même temps, il donna au public les gravures du recueil d'antiquités égyptiennes, étrusques, grecques et romaines, celles qu'il fit d'après des copies de peintures antiques exécutées à Rome par Bartoli, les gravures des antiquités romaines de la France, dessinées par l'architecte Mignard, enfin les *fac-simile* des plus beaux dessins des maîtres de toutes les écoles reproduits par mille procédés ingénieux; œuvre immense qui comptait, dans le recueil formé par Mariette, 3,200 gravures.

Sa vie était consacrée aux arts, ses revenus employés à ses publications ou à celles de ses savants amis l'abbé Barthélemy, Pellerin et d'autres, sa bourse ouverte à tous les artistes, sa maison un musée qui déversait périodiquement son trop-plein dans les galeries du Louvre, dont il enrichissait généreusement les collections : « l'entrée de sa maison, » disait Le Beau, secrétaire perpétuel de l'académie des inscriptions, « annonçoit l'ancienne Égypte; on y étoit reçu par une belle « statue égyptienne. L'escalier étoit tapissé de médaillons et « de curiosités de la Chine et de l'Amérique. Dans l'apparte- « ment des antiquités, on se voyoit environné de dieux, de « prêtres, de magistrats égyptiens, étrusques, grecs, romains,

« entre lesquels quelques figures gauloises sembloient hon-« teuses de se montrer. Lorsque l'espace lui manquoit, il en-« voyoit toute sa colonie au dépôt des antiques de Sa Majesté; « et bientôt la place étoit remplie par de nouveaux habitans « qui s'y rendoient en foule de toutes les contrées. Cette peu-« plade s'est renouvelée deux fois pendant sa vie, et la troisième « collection, au milieu de laquelle il a fini ses jours, a été « par son ordre transportée après sa mort dans le même dé-« pôt. »

Le comte de Caylus termina sa belle vie dans ces doux labeurs et ce noble entourage; le groupe d'amateurs et d'artistes qui, réuni autour de lui, savait se défendre de la futilité et du mauvais goût de ce temps, eut son influence en France et hors de France. Les Bottari de Rome, Zanetti de Venise, Zanotti de Bologne, Gaburri de Florence, Horace Walpole de Londres, baron de Stosch de la Haye, Winckelmann de Dresde, étaient en correspondance avec eux sur tous les sujets d'érudition, en échange de dessins, gravures et objets d'art, en communication continuelle dans le cercle de leur passion mutuelle, si bien qu'à la mort du comte de Caylus l'aristocratie, fière d'être ainsi représentée, eut à cœur de remplir dignement la place. L'illustre artiste mourait en 1764, le comte de Choiseul-Gouffier partait pour la Grèce en 1776. Mêmes goûts, même dévouement aux arts, aux lettres, à l'érudition, même protection généreuse accordée aux savants et aux artistes; encore des voyages en Grèce et en Orient, encore des collections de fragments antiques, modèles précieux, encore de magnifiques et coûteuses publications, et cela au profit du goût des arts et des études qui chaque jour s'étendait davantage à tout et à tous.

Je ne puis mettre en évidence les mille manifestations du même genre concourant au même but d'extension du goût et des connaissances; qu'il suffise de rappeler, parmi tant de publications qui portaient les esprits à un sage retour vers l'antique, les premières gravures des monuments de Rome de J.-B. Piranesi. Si nous jugeons ces décorations avec nos exigences actuelles, nous pouvons les critiquer; si nous nous reportons à leur première apparition en 1761, nous ne pouvons leur refuser une influence grande et utile sur le goût général. C'est de ce moment seulement que le public sédentaire de l'Europe crut connaître les monuments de Rome sans les avoir vus, et puisa dans ces belles planches le sentiment d'une certaine grandeur magistrale que Piranesi exagérait pour la faire mieux sentir, et qu'en tous cas il savait rendre séduisante.

Je n'aurais pas voulu passer sous silence cette influence des amateurs artistes et lettrés qui préparaient résolûment, dès 1750, le retour du goût vers les plus sages principes de l'antiquité. On est toujours trop disposé à n'accepter les faits que dans leur réalisation complète; il est plus juste d'en attribuer le principal mérite aux premiers initiateurs, aux Christophe-Colomb de ces renaissances auxquelles les Améric Vespuce viennent imposer leur nom.

Parmi bon nombre de mesures prises sous le règne de Louis XV pour répondre à l'extension générale du goût et au progrès des études, les unes partant de l'initiative de l'Administration, les autres concédées à l'opinion publique, qui trouvait des organes distingués, comme La Font de Saint-Yenne, pour exprimer de justes désirs, je citerai particulièrement l'ouverture publique de la collection des tableaux du roi au Louvre et au Luxembourg, à jours et heures fixes, à partir du 14 octobre 1750, et la création en 1765 d'une école gratuite de dessin pour les artisans, qui fut autorisée par lettres patentes du roi en 1766. A la libéralité du souverain était due la première de ces innovations; à la libéralité d'un simple particulier, du peintre de fleurs J.-J. Bachelier, la seconde. L'une venait en aide aux artistes dans la haute sphère de leurs études; l'autre portait un secours du même genre aux artisans, dans les limites et selon les exigences de leurs travaux. Il ne s'agissait pas de dessin industriel, d'école industrielle; il s'agissait d'un enseignement du dessin meilleur que ne le donnaient les maîtres ou patrons, et d'un enseignement gratuit : excellente mesure, puisqu'elle relevait la corporation par le talent des apprentis, et répondait à l'extension tous les jours plus évidente des goûts de luxe et à l'augmentation de la population ouvrière destinée à les satisfaire. Les corps de métiers en comprirent toute l'utilité et s'imposèrent une taxe pour payer à Bachelier une subvention. Il en avait besoin pour fonder son œuvre, car, quoiqu'il y eût consacré une somme considérable pour le temps, 60,000 francs, considérable surtout pour lui, puisque c'était tout son avoir, il ne serait pas parvenu à combler la dépense de son institution avec ses seules ressources; d'autres souscriptions volontaires s'associèrent en outre à ses efforts, et cette école de dessin gratuite, la première établie à Paris (J.-B. Descamps en avait donné, je crois, le modèle à Rouen cinq ou six ans plus tôt), a si bien porté ses fruits, qu'elle fut bientôt adoptée par le Gouvernement, et qu'elle est encore la première et la meilleure école de Paris.

La direction des arts était donc, sous ce règne, plus réelle que méthodiquement organisée; elle se montre mieux dans les faits et dans les résultats que dans sa hiérarchie administrative et officielle. Ainsi s'explique avec quelle facilité, quelle aisance, sous le règne suivant, l'industrie, c'est-à-dire tous les arts appliqués aux usages de la vie, balaya le mauvais goût et accepta un retour franc et sévère vers l'art antique.

Si Paris avait seul profité des institutions favorables aux arts, c'eût été, dans la constitution provinciale de la France et avant la centralisation de tous les services dans la capitale, une organisation très-défectueuse; mais, à l'imitation de l'Académie royale, il se forma dans les chefs-lieux de provinces, à la fin du XVIIe siècle, des académies qui, parce qu'elles comptaient un moins grand nombre de membres, et des membres moins ambitieux, tournèrent en écoles pratiques des arts.

Elles se généralisèrent dans toute la France avec plus ou moins de succès, selon que d'anciennes traditions d'art et de haute protection avaient mieux préparé les populations à les accueillir : à Dijon, les souvenirs des ducs de Bourgogne avaient été entretenus par la libéralité intelligente des États; à Aix, les traditions du conseiller au parlement Peiresc et du procureur général Boger d'Aiguilles, l'un grand amateur, l'autre artiste distingué, restaient présentes à la mémoire des habitants; à Lyon et dans les villes industrielles, de libérales chambres de commerce avaient toujours favorisé les études du dessin. Ainsi Toulouse, Nancy, Rouen, Marseille, Amiens, Bordeaux, Dijon, Aix, etc., ouvrirent successivement leurs écoles, adoptant les mêmes règlements, distribuant des prix, envoyant à leurs frais les meilleurs élèves terminer à Rome leur éducation, et ce zèle pour la création des écoles de dessin se répandit si bien en France qu'on peut affirmer que jamais on n'offrit à une nation tout entière des éléments meilleurs d'une éducation artiste que de 1765 à 1790.

Louis XVI monte sur le trône, et aussitôt on sent comme un souffle d'aspirations libérales et honnêtes, un besoin de communications universelles, d'associations fraternelles. L'abolition des maîtrises et jurandes, décrétée avec des ménagements prudents par l'édit de février 1776, ouvre une ère de liberté et de nouvelles voies industrielles. Ce grand acte du roi Louis XVI doit rester l'honneur de son règne. Si, après la disgrâce de Turgot, les édits d'août 1776, de janvier et d'avril 1777 tentèrent de parer à quelques-uns de ces abus qui naissent des concessions trop rapides de la liberté, ils ne rendirent aux maîtrises aucun de leurs droits abusifs, et la popularité que le décret du 13 février 1791 valut à la Constituante revient en bonne justice à l'édit du roi de 1776. Peu importe, au reste : l'industrie était en bonne voie ; les rapports des peuples devenus plus faciles activent les échanges; un rapprochement semble s'opérer sous l'influence de sentiments égalitaires entre les artistes et les industriels, on comprend mieux leur action réciproque, et le roi assure aux fabricants la jouissance de leurs dessins, « Sa Majesté ayant reconnu, » est-il dit dans l'édit royal de 1787, « que la supériorité qu'ont acquise

« les manufactures de son royaume est principalement due à « l'invention, à la correction et au bon goût des dessins. »

On voit, en effet, à cette époque, pénétrer partout une tendance d'épuration du goût et un retour décidé vers l'antique. D'où partait l'influence? de plusieurs points à la fois; mais l'impulsion la plus forte, au milieu de nous, vint de nos architectes, qui propagèrent les nouveaux principes du style de leurs constructions dans toutes les industries dont ils sollicitaient le concours.

Les manufactures royales, placées depuis Mignard, qui succéda à Lebrun, sous la direction de l'architecte du roi, et, au temps qui nous occupe, sous la direction immédiate de l'habile Gabriel, s'étaient mieux défendues contre les entraînements de la mode que l'industrie, qui était obligée d'y obéir, et il s'y manifeste dès lors une renaissance de bon goût dont l'apparition subite ne s'expliquerait pas sans le maintien des études sérieuses que je viens de signaler. Il y a des pendules, des vases et autres meubles, décorés de bronzes, composés, ciselés et dorés par Gouttières avec une perfection, une connaissance de l'antique et une judicieuse application de ses beautés qui contredisent les appréciations injustes portées sur la direction des arts au XVIIIe siècle. Il est évident que l'école de l'Académie et l'apprentissage dans la manufacture royale formaient pour l'industrie des artistes de premier ordre. Examinons l'œuvre des Balin, des Germain, des Roitiers. Ne trahit-elle pas partout une éducation artiste complète et des plus fortes? Roitiers, l'orfèvre de Louis XV, se vantait d'avoir remporté des prix à l'école, et quand il composait ses grands services, quand il ciselait pour Mme du Barry sur des cuillers en or pur des amours supportant un écusson, on sentait, comme au XVIe siècle, l'artiste sous l'orfèvre, et, comme à toutes les époques, l'influence d'une cour élégante sur les dispositions de l'artiste. On n'a pas assez réfléchi à la puissance qu'a exercée la cour sur la mobilité naturelle de nos goûts. Depuis l'origine de la monarchie française jusqu'en 1793, ce centre d'élégance permanent luttait facilement contre les impulsions pernicieuses du dehors. L'installation définitive de la cour à Versailles n'altéra ni son influence sur Paris, ni l'influence de Paris sur l'Europe. Il y eut bien deux camps différents, mais ils reconnaissaient un seul chef. On frondait Versailles à Paris, on s'arrachait dans la capitale quelques productions mises à l'index à Versailles, on sifflait un acteur qui avait eu du succès à la cour : légères querelles d'amants, pures bouderies de coquettes; hostile quand il s'agissait des intérêts de l'État, frondeur et menaçant quand il rêvait des libertés publiques. Paris s'unissait à Versailles, l'aristocratie donnait la main à la cour dans toutes les grandes occasions, j'entends chaque fois qu'il s'agissait de chiffons et de mode.

A plusieurs reprises, et particulièrement au milieu du xve siècle, au commencement et vers la fin du xviie, enfin dans les dix dernières années du règne de Louis XV, l'influence malfaisante du luxe des hommes d'argent se fit sentir dans les arts. A cet égard, j'ai exposé assez franchement ma confiance dans l'action salutaire du bien-être des masses, du luxe des marchands, des raffinements de la finance, pour avoir le droit d'y mettre une restriction; car il me paraît essentiel de bien marquer comment cette alliance de l'art et de l'industrie, comment cette soumission des beaux-arts à tous les caprices de nos besoins, entraînent avec elles une déviation fatale aux vrais principes, quand l'art remplace son public d'élite par une foule sans choix, les conseils éclairés, les encouragements raisonnés, par des applaudissements banals et des encouragements aveugles, les uns et les autres distribués sans discernement, sans réflexion, sans cœur. Quel a donc été le refuge, le protecteur, la planche de salut des artistes, à ces moments critiques de l'envahissement de la finance? La cour, qui servait de guide et de continuel moniteur aux uns et aux autres. Sans doute, la cour, au déclin du règne de Louis XV, n'était plus ce qu'elle avait été sous les Valois et sous Louis XIV; mais c'était encore la cour, un centre fixe des traditions de l'élégance. Les maîtresses de nos rois, tant qu'elles sortirent du sein de leur cour, en étaient une émanation, altérée sans doute au point de vue moral, mais très-distinguée sous le rapport de l'élégance; et quand le souverain ou les princes du sang portèrent leurs faveurs dans les coulisses de théâtre, dans la rue même, la seule ambition de ces filles perdues fut d'imiter et de suivre les manières et les modes de la reine, des princesses et des grandes dames de la cour. Mme de Pompadour, toute parvenue qu'elle était, avait trop d'adresse pour ne pas mettre ses manières au niveau de ses titres; d'ailleurs femme de goût, artiste même, elle se servit de ses heureuses dispositions dans les arts pour exercer sa séduction la plus durable sur l'esprit du roi. Pendant vingt ans de domination, son influence ne fut pas nuisible au progrès des arts, et son goût pour le luxe élégant, pour la magnificence dans des limites que la distinction accepte, et plus particulièrement sa prédilection pour une certaine perfection, poursuivie en toutes choses, furent très-utiles au développement de l'industrie. Je ne citerai à son honneur que deux faits, me réservant un jour de caractériser l'influence de cette femme, pour mieux prouver que les princes et leurs entours n'ont besoin que de sentir les arts pour les faire fleurir, et qu'un peu de goût lutte victorieusement, comme il l'a fait sous Louis XV, contre la dépravation des mœurs, le désordre administratif et les malheurs de la guerre. Ces deux faits, favorables à la marquise, et qui la défendront toujours contre ses détracteurs, ce n'est rien de bien supérieur; mais c'est quelque chose qui lui appartient en propre, sans mélange de vanité personnelle, de besoin de popularité ou de souci de sa position particulière : c'est d'avoir ranimé le bel art de la gravure en pierres fines et d'avoir donné le jour, l'essor et le caractère le plus charmant à la nouvelle manufacture de porcelaines de Sèvres. Il lui était même réservé de comprendre que l'homme chargé de diriger les beaux-arts devait, avant d'entrer en charge, faire un apprentissage sérieux de cette délicate matière. Mme de Pompadour avait fait nommer à la place de directeur général des bâtiments du roi, qui était une véritable direction des beaux-arts, l'oncle de son mari, M. Lenormant de Tournehem, en attendant que son propre frère, Anne-François Poisson, marquis de Marigny, pût l'occuper; mais elle exigea que celui-ci, qui n'avait alors que vingt-cinq ans, allât, pour se préparer à entrer dans cette charge, faire un voyage en Italie avec l'architecte de talent Soufflot, ancien pensionnaire de l'Académie à Rome, avec Cochin le graveur, homme d'esprit, et l'abbé Leblanc, connu par son goût, son érudition et son maintien convenable. Ce n'était certes pas remplir toutes les conditions de l'emploi; mais, à la façon dont on choisissait les titulaires, on doit lui savoir gré de ce soin. M. de Marigny revint à Paris en septembre 1751 et entra immédiatement dans sa charge, devenue naturellement vacante par la mort de M. de Tournehem. Il dirigea les beaux-arts pendant plus de vingt ans, avec une certaine sagacité, et il exerça une bonne influence dans des temps difficiles et au milieu de tiraillements infinis. Son successeur, qui ne fit heureusement que passer, fut, en 1773, l'abbé Joseph-Marie Terray; il ne fut pas plus ridicule dans cette charge qu'à la tête du ministère de la marine, et il y fit moins de mal qu'au ministère des finances, parce qu'il s'en déchargea plus tôt. Il était tout simple que les arts fussent dirigés par un pareil faquin, quand la cour était dominée par une drôlesse de l'espèce de Mme du Barry; mais, dès l'avénement de Louis XVI, nous le voyons remplacé par le comte Charles-Claude La Billarderie d'Angiviller. Le nouvel intendant des bâtiments avait moins vu, dans le but de s'instruire, que M. de Marigny, moins étudié dans l'intention de remplir sa charge; mais il était homme d'esprit, et, aidé par sa femme, qui joignait la grâce d'une intelligence vive au charme des manières, il eut sur les artistes non pas l'autorité, mais l'influence que la distinction exerce involontairement, et dans les arts une initiative souvent heureuse. Ne doit-on voir qu'une flatterie, peut-on trouver l'expression d'un sentiment public dans le sujet que l'Académie donna à J.-B. Suvée pour son tableau de réception en 1780 : *La liberté rendue aux arts sous le règne de Louis XVI, par les soins du comte d'Angiviller?*

Ce maintien des bonnes traditions dans l'architecture française, cette influence salutaire de la cour sur la mode, et ce réveil du bon goût dans un public qui animait par ses achats les arts et l'industrie, coïncident avec deux évènements qui prennent une place imposante dans cet historique des variations du goût: la découverte fortuite d'Herculanum, en 1713, et surtout la découverte cherchée, tant on en avait besoin, de Pompeï, en 1755. Cette résurrection vivante et palpable de l'antiquité fut suivie d'un mouvement littéraire et archéologique dont l'influence a été d'autant plus grande, qu'il se propagea presque instantanément dans le monde civilisé. L'Italie fut bien le théâtre de ce changement des goûts et des tendances de l'Europe entière, mais le théâtre seulement; la pièce se jouait à Rome et à Naples par des acteurs étrangers, et le véritable auditoire était de ce côté des Alpes.

Il est difficile d'établir les droits de chacun dans la victoire, quand tout le monde a bien fait dans la bataille. Semblable à un chef d'armée, j'indiquerai seulement dans ce bulletin les plus braves parmi les braves. La littérature, comme dans toutes les grandes transformations sociales, a ouvert le feu. Les hommes de cœur sentaient le besoin de secouer l'affadissement causé par ces voluptés mythologiques et ces amours poudrés. Montesquieu, J.-J. Rousseau, l'abbé Vertot, Mably, réveillèrent l'esprit public. L'archéologie, c'est-à-dire la littérature et l'érudition appliquées aux arts, fit écho: en Allemagne, Lessing et Heine, dans des ouvrages qui comptent encore; en France, le comte de Caylus, l'abbé Barthélemy et leurs collègues de l'Académie des inscriptions; en Italie, en Allemagne et même en Espagne, Raphaël Mengs, peintre érudit qui professait mieux qu'il ne peignait, enfin son ami Winckelmann, inventeur d'une méthode d'investigation aussi judicieuse que féconde. Les arts avaient été étudiés par des hommes d'imagination et décrits par des poëtes; cette fois, un historien, un géographe, un esprit systématique les juge, indique les caractéristiques particulières à chaque école, les manières propres à chaque artiste, classe les unes, groupe les autres. Winckelmann attend aujourd'hui son complément, un collaborateur instruit par les nouvelles découvertes à être moins absolu, et par la pratique des arts à se passionner davantage; mais alors c'était un monde nouveau découvert par la méthode. Ses émules étaient, à Rome, Seroux d'Agincourt et le père des Visconti; à Naples, W. Hamilton, le grand collecteur des vases peints et des antiquités de toute nature. Mais tout aussitôt on franchit les limites de l'Italie, on dédaigne cet art grec corrompu, mélangé, rendu incertain, on va à la source. Dès 1754, l'architecte français David Le Roy, historiographe de l'Académie d'architecture et professeur de son école royale, allait à Athènes étudier les monuments du siècle de Périclès et publiait, dès son retour, le résultat de ses intéressantes recherches, en même temps qu'il en faisait le programme de son cours. On se tromperait, si l'on appréciait son enseignement d'après les gravures de son ouvrage; il comprenait mieux l'art grec qu'il n'avait su le reproduire. Comme ces chants qui résonnent complets dans la tête et que la voix rend incomplétement, ainsi Le Roy, incapable de dessiner les monuments de l'Attique avec la pureté rigide qu'ils exigeaient, avait compris le vrai caractère de leur beauté et l'enseignait à ses élèves. D'ailleurs, suivi bientôt à Athènes par les architectes anglais Stuart et Rewet, et la bande d'artistes distingués qu'emmène avec lui le comte de Choiseul-Gouffier, il put se servir des belles planches de leurs ouvrages et offrir à ses élèves l'exemple à côté de la leçon. Les jeunes architectes s'enthousiasmèrent à sa parole et n'admirent plus d'autre modèle que l'art grec; ils prétendirent même corriger ce qu'il y avait d'indécis dans ses dessins et de trop pittoresque dans sa manière de comprendre l'antique, et ils substituèrent à une souplesse peut-être trop grande, à une ampleur un peu large, une précision qui touche à la sécheresse et à la maigreur. L'architecte Peyre était déjà atteint de ce défaut.

L'Académie de peinture et de sculpture ne pouvait rester et

ne resta pas insensible à cette impulsion générale de rénovation du goût, à cette tendance bien caractérisée d'un retour décidé vers l'antique. Vien obtenait en 1743 le grand prix de peinture et partait pour Rome; on sait quelle a été sa voie, sa direction, son influence. Ses élèves les plus célèbres furent Vincent, Regnault et David. Ils montrèrent de bonne heure quelles étaient les nouvelles tendances de l'Académie, et le dernier d'entre eux trahit seul les déviations qu'elle avait à craindre, et sur lesquelles était dirigée son attention vigilante. Lisez les conseils donnés au jeune David par les académiciens Chardin, Joseph Vernet, de la Tour, Lagrenée et Cochin : quelle prévision sage des dispositions heureuses et des travers menaçants de cette nature révolutionnaire et servile ! Alors il était encore à la recherche des qualités du peintre, qui l'avaient fait choisir, avant son départ, par mademoiselle Guimard pour terminer dans sa demeure un plafond que Fragonard n'avait pu achever : il cherchait avec quelque bonheur à associer la couleur et la grâce de ses maîtres, la vérité de la nature et l'étude des grands modèles de l'antiquité; mais il était porté à négliger, à renier les modernes, à exagérer l'imitation de l'antique, et les académiciens l'avertissaient sagement des fausses tendances qui furent ses grands défauts.

C'est en s'associant à cette même régénération que Louis XVI décida, en 1775, qu'un crédit serait consacré à la commande de tableaux d'histoire. Pour bien apprécier cette mesure, qui était une innovation, il faut examiner dans quelles circonstances elle fut prise. L'aristocratie de naissance avait renoncé, en même temps que la cour, à représenter et à tenir son rang. Depuis que le roi vivait dans les petits appartements de Versailles avec ses maîtresses, les seigneurs de la cour s'étaient fait construire de petites maisons où ils ne voyaient pas meilleure compagnie. Aux salons avaient succédé les boudoirs, et comme, faute de vastes galeries, on ne commandait plus de grande peinture, les artistes en étaient réduits à faire des dessus de porte et des statuettes de candélabres. L'aristocratie financière n'était pas plus favorable aux arts; trop amoureuse de ses aises, et pas assez préoccupée des obligations de toute aristocratie, elle adoptait comme une loi de la mode et du bon ton ce que la cour avait fait naître par insouciance de ses devoirs, et c'est ainsi que l'abandon du style, autorisé par les uns, fut poussé jusqu'au dévergondage de la licence par les autres. Toutes les hautes aspirations de l'artiste étaient répudiées; plus on négligeait l'étude sérieuse de la nature, plus on affectait d'étaler des nudités dans leurs grâces de convention et dans leurs types affectés. Ce fut une déviation fâcheuse; on ne pourrait y voir une décadence sans ressources, car les qualités les plus délicates, les plus rares, de l'école française se retrouvaient dans ces œuvres de boudoir. Et pour sentir qu'il y avait dans ces tableaux une habileté de pinceau, une fraîcheur de coloris, des conditions de vie, des ressources d'arrangement et de grâce, une puissance de naturel qui ne se rencontrent que chez les peintres les mieux doués, il faut examiner attentivement un Boucher, quand le peintre a le temps d'être lui-même, comme dans les Baigneuses du Louvre, un Fragonard, avant que la mode l'ait entraîné, un Hubert Robert, quand il est obligé de peindre la nature ressemblante, un Greuze enfin, quand, renonçant au pathétique, il consent à être naturel à sa manière.

Louis XVI, en introduisant à Versailles la dignité et la morale, voulut montrer à sa cour dans quel sens elle devait influencer les arts; il espérait donner aux artistes une ambition plus haute, une direction plus noble. Dans ce but, il institua, comme je viens de le dire, les commandes de tableaux et de statues. Déjà, sous Louis XV, M. de Marigny, pressentant les effets d'un abaissement du goût assez général, avait cherché un contre-poids dans des commandes faites aux artistes. Je ne parle pas de la suite des ports de France peints par Joseph Vernet, de 1753 à 1763 : c'était une heureuse pensée qui ne pouvait avoir d'influence sur l'école; mais il s'agissait d'obvier aux petites tendances de la noblesse et de la finance, de faire renaître les anciennes habitudes de l'aristocratie, qui chargeait les peintres les plus habiles de couvrir ses habitations de ville et de campagne de nobles compositions tirées de la mythologie et de l'histoire ancienne, surtout de faire rentrer les artistes dans les voies élevées de la grande peinture. Dans ce but, l'intendant général des bâtiments commanda une suite d'immenses tableaux qui, faute d'emploi, après avoir servi de modèle aux ouvriers des Gobelins, s'en allèrent en rouleaux garnir les greniers de la manufacture. La mauvaise tendance de l'école était une recherche vaine de la facilité en toutes choses, la destination de ces commandes eut le tort de l'encourager; Louis XVI eut en vue le même but, mais il s'y prit autrement pour l'atteindre. Désirant ramener les peintres aux études sévères, à la peinture sérieuse, il commanda des tableaux de moyenne dimension destinés à la décoration des édifices publics, et il chercha lui-même dans l'histoire les sujets les plus propres à chasser des ateliers de peinture la mythologie poudrée et la galanterie éhontée : à Vincent, il commanda de peindre le président Molé résistant à l'émeute; à Rigault, l'éducation d'Achille; à David, le serment des Horaces. Une somme de 6,000 francs était allouée pour chacun de ces tableaux. Y avait-il alors un meilleur moyen de tirer l'école française de l'ornière où elle était tombée? Suffit-il de démontrer l'influence fâcheuse du système de protection par les commandes pour condamner la mesure prise par Louis XVI? Je crois qu'il y aurait justice à reconnaître que l'intention était excellente, et que le moyen eût été efficace, s'il avait pu être sagement développé et toujours surveillé par l'ensemble des institutions et par les influences qui dirigeaient alors les arts. Ce moyen, d'ailleurs, devait être passager et disparaître après avoir donné l'exemple et l'avertissement.

En même temps qu'on offrait aux travaux des artistes un but plus élevé, on pensa qu'il était urgent de ramener le goût des bonnes traditions en renouvelant les modèles des maîtres offerts à l'attention du public et à l'étude des élèves. On se rappelle que Louis XIV avait rendu publique sa collection de tableaux, en se réservant le droit d'en placer un certain nombre, à tour de rôle, dans ses appartements. Il n'avait pas abusé de cette réserve; mais son petit-fils s'était montré moins scrupuleux, car, après l'entrée gratuite accordée aux artistes en 1750, les plus beaux tableaux exposés au Louvre avaient peu à peu émigré à Versailles. Tel est l'abus que Louis XVI détruisit, en ordonnant de recomposer la collection royale et de l'ouvrir au public dans les salles du Louvre, sous le titre de Muséum. A lire les éloges que le surintendant d'Angiviller recueillit à la seule annonce de cette sage mesure, on peut comprendre combien elle était nécessaire, tant la culture et le goût des arts avaient pris d'extension. En effet, l'initiation du grand nombre à l'instruction, aux sciences et aux arts était entrée déjà dans cette voie progressive dont le développement se continue de nos jours. L'Encyclopédie circulait dans toutes les mains; Lavoisier, Berthollet, Guyton, Vauquelin, Fourcroy, ne faisaient plus de la science un arcane; les découvertes des laboratoires, les procédés de l'industrie, l'histoire des sciences et les monuments des arts étaient mis à la portée de tous dans le *Portefeuille de l'Enfance*, publié en 1783 par Duchesne, et dans d'autres ouvrages élémentaires : il était donc nécessaire de mettre l'enseignement des arts dans cette voie populaire, tout en dirigeant les artistes dans les voies supérieures.

C'était aux élèves de Vien, devenus membres de l'Académie, qu'étaient échues les premières commandes du roi, et on peut juger par leurs œuvres de la direction que ce corps donnait dès lors aux arts. Le tableau de Vincent, exposé en 1779, est une grande page historique qui réunit des qualités rares d'habile composition, de vie palpitante, de couleur et d'effet; l'*Éducation d'Achille* est un tableau du style le plus élevé, puisqu'il suppose chez Regnault, en 1783, un fond solide d'études classiques les plus sérieuses, en même temps qu'une originalité puissante et toutes les qualités d'un grand peintre; enfin le *Serment des Horaces*, exposé au salon de 1784, a de grandes qualités de dessin et de composition. Ce dernier tableau fit beaucoup parler, non pas parce que David répudiait les manières de Boucher, son parent, et de Vien, son maître, qu'il avait suivies à ses débuts, non pas parce qu'il était conforme au mouvement imprimé par l'Académie elle-même, mais parce qu'il exagérait cette tendance par son côté théâtral, par l'imitation stérile du bas-relief, par une réaction brusque dépassant le but, au lieu et place de cette pente insensible qui permet aux principes nouveaux d'entrer et de se fondre dans l'originalité individuelle. Pour graver ces tableaux selon l'esprit de leurs auteurs, l'Académie formait le jeune Bervic. Elle en faisait d'abord un dessinateur consommé, puis un peintre, et, avec ces qualités indispensables à l'art de la gravure, un excellent buriniste, qui lui présentait, en 1784, *la Demande acceptée,* d'après Sylvestre, et, peu d'années après, le portrait en pied de Louis XVI, dans lequel la majesté royale est magnifiquement rendue par la majesté du burin.

L'enseignement du dessin dans les écoles avait besoin de se régénérer. Il lui manquait de bons modèles. Le peintre du roi, Le Barbier l'aîné, élève de Pierre, premier peintre du roi, en donna de nouveaux qui étaient remarquables par une fermeté inusitée, par un accent vrai de l'étude du modèle et par l'habileté des procédés de gravure à la roulette qui reproduisait parfaitement l'allure aisée du crayon. En comparant aujourd'hui ces vieux modèles à ceux que Jullien, Coignet et d'autres habiles dessinateurs donnent aux élèves, on les trouve inférieurs sous quelque rapport, mais on comprend quelle fut leur utilité et quel a été alors le mérite de l'académicien Le Barbier en ouvrant cette voie de progrès.

La sculpture avait plus souffert que la peinture de l'abandon de ses protecteurs naturels. La sculpture est un art sévère; quand elle sourit, c'est avec gravité: son rire est une grimace. Pour entrer dans les boudoirs, pour décorer les temples de l'Amour, pour réussir dans la céramique à Sèvres ou dans les bronzes chez les fondeurs, la plupart de nos sculpteurs avaient adopté les types à la mode, la nature conventionnelle qui seule était comprise, et les sujets galants qui seuls avaient la vogue. Que de grâce ainsi perdue, que de charme galvaudé, que de facilité, d'abondance et de souplesse mal employées! Bouchardon, Pajou, Clodion, et tant d'autres talents, que vous m'inspirez de regrets! La sculpture, heureusement, trouve dans ses blocs de marbre, dans ses rudes outils, dans la nature même de ses artistes, une résistance aux entraînements de la mode, qui permit à des hommes comme Pigalle de résister au courant du dévergondage de 1750. Le charmant Mercure, qui attache ses talonnières, dont nous n'avons qu'un moule en plomb dans les jardins du Luxembourg, est marqué de l'année 1748 sur le marbre du musée royal de Berlin. Ces conditions de la sculpture permirent aussi à des hommes comme Houdon de suivre le mouvement vers l'antique imprimé par l'Académie, sans sacrifier les bonnes traditions de l'école et l'originalité propre à l'artiste. Quand on examine le Voltaire assis, statue exposée par Houdon en 1779, on sent que la réforme de l'art est là tout entière dans son retour décidé à la noblesse du style, par l'étude attentive de la nature associée aux réminiscences heureuses des beaux modèles de l'antiquité. Le roi avait décidé qu'il commanderait tous les deux ans quatre statues des grands hommes qui font la gloire de la France, et que ces statues seraient destinées à la décoration des monuments et des places publiques. Cette résolution, toute nouvelle, fit beaucoup parler à cette époque. Les artistes se préoccupèrent du choix des sculpteurs, les gens de lettres du choix des personnages. La correspondance de Voltaire, de La Harpe et de plusieurs autres, en conserve la trace. En 1775, on demanda la figure de Descartes à Pajou, celle de Fénelon à Lecomte, celle de Sully à Mouchy et celle du chancelier de l'Hospital à Gois. Ces quatre statues étaient terminées en marbre, plus grandes que nature, et exposées en 1777. Dans les années suivantes le roi commanda à Pajou le Bossuet et le Turenne, à Jullien le La Fontaine et le Poussin, à Houdon le Voltaire et le Tourville, à Dejoux Catinat, à

Roland Condé, à Caffiery Corneille. Je n'ai pas d'espace pour apprécier tous ces ouvrages des anciens académiciens, mais je dois dire que toutes les fois que je les trouve sur mon passage, elles m'imposent cette question importune : Nos sculpteurs feraient-ils mieux aujourd'hui, j'entends d'une noblesse plus vivante et d'une vie plus noble? L'Académie et son école avaient-elles donc tant besoin de la réforme du peintre David, et celle-ci lui a-t-elle bien profité? Je le demande au plus prévenu.

Sous l'ancienne monarchie, à l'époque dont nous parlons, l'Académie, ou plutôt le corps des peintres de Paris, n'exerçait pas une influence exclusive et ne représentait pas à lui seul toute l'école française; la province avait son initiative, et, comme Paris, elle poursuivait une réforme sage dans l'enseignement de la jeunesse et dans toutes les manifestations du goût. Je ne suivrai pas ces auxiliaires utiles de la capitale; il me suffira de citer comme exemple Constantin, le peintre habile, directeur de l'école gratuite de dessin d'Aix en Provence, qui forma Granet, le simple fils d'un maçon, et François Devosges, le directeur de l'école de dessin de Dijon, qui s'était appliqué à chercher dans l'étude de l'antique et dans l'imitation de la nature les éléments de l'art, en conservant la grâce et le naturel, en rehaussant son dessin de tout le charme d'un coloris vrai, instinctif et pris sur le fait. Bien des élèves sortirent puissants déjà de cet enseignement, et étant restés eux-mêmes : Ramey, Rude, Naigeon et Prud'hon sont du nombre. Quand Devosges sentit qu'il avait appris à Prud'hon tout ce qu'il savait lui-même, il l'envoya sur le grand théâtre, à Paris, en 1778. On sait bien peu de la vie de Prud'hon, mais il y avait alors dans la capitale vingt peintres chez lesquels il pouvait recueillir, comme chez Devosges, les vieilles traditions de notre bonne école française : traditions d'arrangement facile dans la composition, de coloris peut-être trop léger, mais singulièrement vif, frais et transparent; traditions surtout de charme et de distinction, l'essence du talent de Prud'hon, mais qui l'auraient laissé dans cette foule qui prodiguait tant de talent dans les vignettes des livres, dans les plafonds, les dessus de porte et les panneaux de voiture, si les institutions provinciales, favorables aux arts, n'avaient pas veillé sur les jeunes talents, pour leur fournir les moyens de développer leurs facultés naturelles dans les conditions les plus propices. Les États de Bourgogne envoyaient en Italie les meilleurs élèves de leur école de dessin, Prud'hon fut choisi et partit en 1780 pour passer cinq ans au milieu des chefs-d'œuvre de l'art, sous un ciel et dans un pays enchanteurs. Le nouveau pensionnaire travailla peu de ses mains, mais il ne cessa de travailler de sa tête. Au lieu de s'enfermer pour copier les maîtres, il visitait les monuments, parcourait les collections, entrait dans les églises, vivait en plein air, se servant de l'observation comme d'un maillet qui enfonçait dans son cœur toutes ces beautés d'un art ancien qui a tant produit, toutes ces beautés d'une race vivante qui semble, par son type, ses attitudes, sa noblesse et sa grâce, avoir juré à l'antiquité de transmettre aux races futures, avec les œuvres de ses artistes, des traditions analogues de distinction et de beauté.

J'aime à me figurer ce mouvement naturel de rénovation s'opérant au sein même de l'Académie et de la monarchie, sans pression violente, sans intervention tyrannique, par concessions mutuelles, de telle sorte qu'on adopte un style nouveau sans perdre aucune des qualités anciennes. Si, à ce moment de jonction toujours scabreux, la critique des archéologues et la facilité des voyages avaient permis de reconnaître dans l'art romain une fausse et froide imitation de l'art grec, avait permis aussi de rechercher et de prendre pour unique modèle les délicieuses productions de l'Attique, depuis l'école d'Égine jusqu'au développement de l'art sous l'influence de Praxitèle, on ne sait vraiment ce qu'eût produit la peinture légère si distinguée des Chardin, Drouais, Restout, Van Loo, Boucher, Natoire, Lagrenée, Robert, Lepicié, Fragonard, Greuze, fondue avec ces nobles réminiscences et ramenée par l'étude plus vraie de la nature à la recherche de ce style élégant; on tressaille involontairement, en pensant à l'accord heureux qui pouvait s'établir entre les mille qualités abondantes, et même naturelles dans le style maniéré à la mode, de nos sculpteurs, tels que Guill. Coustou, Lemoyne, Pigalle, Bouchardon, Allegrain, Falconet, Houdon, Pajou, et les séduisantes sculptures de l'Attique, sévères et gracieuses dans l'école d'Égine, gracieuses et sublimes dans l'école d'Athènes sous Phidias, gracieuses et encore belles dans l'école de Praxitèle, car c'est là l'idée nouvelle et souverainement juste qu'il faut se faire de la souplesse de l'art grec, gracieux jusqu'au maniérisme, coquet jusqu'à l'affectation, mais toujours noble et sachant n'être sévère que lorsque le lieu ou la destination l'exige. Je n'hésite pas à l'affirmer : l'antiquité grecque, la véritable antiquité ainsi comprise, assurait aux dernières années du XVIIIe siècle une renaissance des arts qui eût dépassé les grandes renaissances antérieures.

Quoi de plus naturel! On ne crée pas une ère nouvelle dans les arts, on suit la grande marche de l'humanité; on la fait dévier quelque peu, on l'accélère ou on l'entrave. La réaction révolutionnaire de 93, à laquelle David a attaché son nom, se serait faite sans lui, et la réaction romantique qui l'a suivie en aurait été sans lui la conséquence inévitable; seulement, sans la révolution qui lui donna une autorité terrible, David, d'accord avec l'Académie, modérait son action et mettait en œuvre ses principes avec toutes les concessions de sentiment et de séduction qu'ils comportaient. Il aurait été comme le Poussin, et comme M. Ingres de nos jours, une protestation féconde en faveur des règles immuables du grand art, laissant à la multitude l'exagération qu'il a prise maladroitement à son compte.

La révolution éclata au milieu de ce mouvement salutaire de réforme sage, de régénération prudente et patiente. Comme la faux de la mort qui passe, aux jours des grandes épidémies, sur une population consternée, la révolution renversa tout sur son passage, les institutions du pays et les associations de l'industrie; elle effaça les souvenirs historiques en dévastant les églises, ces musées du peuple, et les monuments, ces modèles de l'art, en saccageant les archives de l'État et des familles, les bibliothèques publiques et particulières; elle rompit toutes les traditions, celles des élèves en fermant les écoles, celles des maîtres en supprimant les académies, celles des ouvriers en fermant les manufactures royales, en désorganisant la famille industrielle, et, pour comble de dérision, elle proclama l'indépendance de l'art et de l'industrie, qui n'étaient pas esclaves, au moment même où elle anéantissait, par l'échafaud et par l'exil, la société distinguée qui en avait été la généreuse et intelligente protectrice.

Je ne peindrai pas inutilement le tableau de cette vaste destruction ordonnée par les décrets, encouragée par des ministres, organisée par les autorités locales, louée, comme un acte du plus beau civisme, par le chef de l'école lui-même, qui demande qu'on enchâsse dans le monument de Lille les débris de marbre des effigies de rois et qu'on frappe avec le bronze de leurs statues des médailles patriotiques. Était-il besoin de tant d'encouragements et de recommandations pour animer la verve destructive des masses?

Au milieu de cette tourmente, l'Académie de peinture et de sculpture semblait devoir être épargnée; elle avait, dès l'avénement de Louis XVI, introduit dans ses statuts et dans son enseignement de sages réformes, et, quoiqu'elle eût résisté aux réformes insensées, elle n'avait pas encouru la haine populaire, qui passait par-dessus sa tête pour atteindre la monarchie; cependant elle succomba comme la royauté. Pressentant peut-être ce sort fatal, elle avait fait, en 1791, une sorte d'exposition rétrospective, dans laquelle les ouvrages exécutés depuis 1789, date de la dernière exposition, se rencontraient avec des œuvres déjà antérieurement exposées. La compagnie, comme à la veille d'un combat ou d'un départ, semblait vouloir se compter. Si près de sa condamnation, elle recueille des témoignages qui peuvent parler en faveur de sa sage direction de l'enseignement et du goût.

Il existe sur cette phase de désordres des documents nombreux, des renseignements complets : on a beaucoup parlé, et le *Moniteur* a tout enregistré; on a beaucoup écrit, et rapports, mémoires, appels, ont été imprimés. A la lecture de toutes ces déclamations, un esprit candide peut croire que jamais la France n'a été plus exclusivement occupée des arts, plus dévouée à leur culte, plus attentive à conserver les grands modèles, plus ingénieuse à solliciter le sage progrès; un esprit quelque peu perspicace découvre bien vite le vide sous cet échafaudage de projets mal conçus et mal digérés; il estime à leur valeur tant d'idées vulgaires, tant de conceptions dépourvues de toute sanction de l'expérience; il entend des phrases sonores, mais il voit le néant de ces emphatiques programmes, escortés de la spoliation brutale, de la dilapidation sauvage, de la destruction sans motif comme sans pitié. Toutefois, de même que l'athéisme est un hommage rendu à Dieu, de même aussi cette montagne artiste, qui fait tant de bruit de son prochain enfantement, est la reconnaissance des généreux efforts de la monarchie et des résultats obtenus par dix siècles de sollicitude éclairée. Il fallait, en effet, qu'elle eût mis les arts en grand honneur, qu'elle eût fait de la France une nation bien décidément artiste, pour qu'au milieu de si épouvantables bouleversements cet intérêt fût resté aussi vivace, fût devenu une obligation, un devoir pour tout Gouvernement, même pour celui de Robespierre.

Dans cette tourmente, les cerveaux exaltés enfantaient projets sur projets; un seul fut réalisé, c'est le monument expiatoire de Marat sur la place du Carrousel. Des témoins m'ont dit que c'était une honteuse turpitude; parmi les programmes, j'en citerai un qui me paraît résumer l'extravagance de ces imaginations :

« 27 brumaire an II de la République.

« La Convention nationale décrète ce qui suit :

« Art. 1er. Le peuple a triomphé de la tyrannie et de la « superstition : un monument en consacrera le souvenir.

« Art. 2. Ce monument sera colossal.

« Art. 3. Le Peuple y sera représenté debout par une statue.

« Art. 4. La victoire fournira le bronze.

« Art. 5. Il portera d'une main les figures de la Liberté et de « l'Égalité, il s'appuiera de l'autre sur sa massue. Sur son front « on lira *lumière;* sur sa poitrine, *nature;* sur ses bras, *force;* « sur ses mains, *travail.*

« Art. 6. La statue aura 15 mètres.

« Art. 7. Elle sera élevée sur les débris amoncelés des idoles « de la tyrannie et de la superstition.

« Art. 8. Le monument sera placé à la place occidentale de « l'île de Paris.

« Signé : BOUCHOTTE et DANTON. »

Les artistes étaient dispersés, les uns en émigration, les autres à l'armée ; il n'y avait dans les assemblées que des hommes de lettres, et quelles lettres ! aussi ces programmes sont-ils tous entachés des mêmes défauts, dont le moindre est d'être impraticables. Dans tous, les dimensions sont colossales, c'est la beauté du vulgaire ; dans tous, la disposition et la forme pittoresque manquent, les inscriptions doivent y suppléer ; mais pourquoi s'attacher à prouver que les troubles politiques sont incompatibles avec le développement des arts ? Qu'il suffise de savoir qu'une exposition des beaux-arts et un grand concours eurent lieu en 1793. Tous ceux qui se présentèrent furent admis à cette exposition, qui excita le même dégoût, les mêmes rires que l'exposition de 1848. Cent huit prix furent distribués aux plus méritants : c'était une aumône, et rien n'est resté de ce concours. Le muséum que préparait M. d'Angiviller par ordre de Louis XVI n'était pas encore ouvert. Des obstacles de toute nature s'opposaient, sous la monarchie, au déplacement des objets d'art qui décoraient les résidences : ici c'était le gouverneur qui se mettait en travers, là un personnage puissant qui obtenait un ajournement ; et comme personne à la cour ne doutait de l'éternité de la monarchie, on ne se pressait pas, même pour les réformes les plus désirées. Le gouvernement républicain ne connaissait pas ces difficultés, et la Convention décréta, le 27 juillet 1793, que *le muséum de la République serait ouvert le 10 août dans la galerie qui joint le Louvre au Palais National.* Cela fut fait à la hâte. On avait amassé dans les grands dépôts des jésuites, des capucins et des cordeliers ce qui avait été sauvé du pillage des résidences royales et ce qu'avaient produit les confiscations opérées dans les demeures des émigrés et des victimes. Une commission, dite des savants, sous la présidence de l'excellent duc de La Rochefoucauld-Liancourt, présidait à la conservation de ces dépôts; mais, en dépit de cette apparence d'ordre, la ruine, la rapine et l'ignorance plus barbare encore passèrent par là, si bien que des tableaux comme la délicieuse halte de chasse de Carle Vanloo, du musée du Louvre (n° 329), furent mis au nombre de ceux *qui n'avaient pas été trouvés assez beaux pour être conservés,* et combien d'autres non moins précieux sont perdus sans retour! A l'ouverture du musée, 537 tableaux et quelques objets d'art représentèrent la fortune publique; on se rappelle les 2,500 tableaux mis à la disposition des artistes par Louis XIV : le progrès n'était pas grand.

Revenons à l'Académie. Cette institution inoffensive et utile, élastique par sa constitution même et accessible à tous les artistes par les suffrages entre pairs, pouvait très-facilement s'harmoniser avec les institutions républicaines et continuer d'être pour les arts un centre d'action, qui aurait été salutaire et dont on avait grand besoin. Aussi personne, parmi les représentants du peuple, ne songeait à la détruire. David, à lui seul, fut sa convention et son bourreau. Ses collègues lui écrivent pour le prier de remplir ses fonctions de professeur adjoint; il répond laconiquement et avec emphase : *Je fus autrefois de l'Académie,* et en même temps le confrère ingrat fait un 10 août, dans la salle du Louvre, contre cette institution sans défense; il prononce de son chef une dissolution que les assemblées n'avaient pas voulu décréter. De ce moment, le souvenir même de l'Académie fut impopulaire : elle fut honnie dans le passé, et si bien mise hors la loi que les jeunes artistes, aux expositions de 1793, 94 et 95, ajoutaient sérieusement à leurs noms, au lieu d'indication d'école et de maître : « un tel, élève de la nature et de la méditation. »

David désormais prend la haute direction. N'oublions pas qu'en 1791 déjà, lorsqu'on déposa le corps de Voltaire au Panthéon, la révolution était aussi complète dans les arts que dans la politique. Le cortége était tout à l'antique, et les costumes de la vieille Rome circulaient déjà dans les rues avec la réserve imposée par l'ordre établi, mais avec un succès qui n'attendait pour donner l'essor aux réformes les plus radicales que la rupture de toutes les barrières et l'abandon des traditions. David arrivait donc au moment dangereux où une idée saine, admise généralement et poussée dans une voie de progrès, ne peut plus éveiller l'attention que par son exagération; il arrivait à une époque surtout où l'esprit du changement favorisait les tentatives les plus absolues et les plus absurdes. Artiste habile à saisir ce qu'il voit, esprit systématique qui ne voit pas plus loin que les limites fixées par son système, politique fanatique, ambitieux sans conviction, caractère faible, David avait vu un moyen de succès et de popularité dans une opposition tranchée à la marche lente de l'Académie; il ne comptait pas faire autre chose que ce qu'elle voulait faire modérément : il le fit brutalement et, tout en condamnant les principes de ses anciens confrères, il en prôna l'exagération. Si son autorité s'était appuyée seulement sur ses formidables amitiés, elle eût eu leur sort; mais elle résidait dans sa nature même. David avait le don de la domination sur les élèves, et il l'exerça sans conteste pendant quinze ans. Quelle a été son influence? Bonne et mauvaise. Du milieu du désordre faire entendre un cri de ralliement, de l'abandon de toute doctrine faire surgir une doctrine, au sein de la dispersion de l'enseignement créer un centre d'études sérieuses auquel vînt se rattacher une partie de la jeunesse artiste de l'Europe, c'est là un mérite que rien ne peut détruire, ne fût-ce que le mérite de l'homme qui sauve ses compagnons de la fureur des flots après avoir, par son impéritie, causé leur naufrage.

Telle est la bonne part de son influence; voici la mauvaise : une réaction violente, mesquine, contre tout ce qui venait de l'ancienne académie, une exagération absurde de la réforme qu'elle avait entreprise elle-même, réforme de logicien sans âme qui consista bientôt à répudier les qualités les plus éminentes de notre école, la couleur, l'effet, l'arrangement souple et facile de la composition, pour leur substituer comme étude l'imitation servile de la statuaire romaine, comme exécution la froideur de simples grisailles et les lignes du bas-relief. Chacun des tableaux de David semble une scène finale sur laquelle la toile du théâtre tarde à tomber. Cela est arrangé d'après des règles, posé suivant des conventions, et si bien disposé en éventail qu'il semble qu'un public jaloux de ses prérogatives se soit fait entendre à l'artiste en criant face au parterre. Une seule fois il a peint avec son cœur, c'est en représentant Marat baigné dans son sang; une seule fois il a rencontré un sujet qui convenait à l'exagération de son système, c'est lorsqu'il fit le tableau de la cérémonie du couronnement de l'empereur. Quand on met le pied dans le faux, il vous saisit comme un engrenage : le corps, le cœur et la tête y passent. David avait nié les grâces naturelles, l'art puisé dans un mélange de modèle antique et de vie réelle; il dédaignait la couleur, il repoussait la touche, il niait l'effet, c'est-à-dire toutes les qualités natives du peintre et toutes les habiletés acquises par le métier; la peinture dans son école, plus encore que dans ses tableaux, se polit comme de la porcelaine, se lave comme un verre d'auberge fraîchement rincé, la vie s'échappe des êtres animés, la sève des arbres, le soleil de toute la nature; et de grandes statues, moins que cela, des figures de bas-relief, se promènent comme des ombres dans un paysage d'opéra fait de toile et de carton peint. La réforme était donc mauvaise, car c'était l'exagération d'une doctrine excellente. L'influence fut pernicieuse; mais ce serait faire trop d'honneur à un homme que d'attribuer à son initiative la puissance de bouleverser toute une école : David avait pour auxiliaire l'esprit révolutionnaire, cet esprit qui tue la poésie avant de tuer le poëte. Le chef de l'école poussa dans cette carrière fatale tous ses élèves, dont il avait conquis la docilité aux dépens de leur initiative; lui seul se permit, de temps à autre, de se souvenir des leçons de ses maîtres, les *détestables académiciens;* et il est facile de retrouver dans ses tableaux les qualités charmantes qui émanent de son éducation ou de l'ancienne école française et les prétentions de style qui appartiennent à sa doctrine. La sculpture adopta les préceptes du maître et se réduisit à la froide imitation des monuments romains; l'architecture, sans vie, sans idées, sans souci des besoins, s'en alla, copiant l'antique sans intelligence, promenant partout les maigres reproductions de ses piètres décalques; l'industrie enfin, enfant délaissé, cherchant inutilement les traditions perdues de ses procédés, en même temps qu'une direction, ne reçut en fait de modèles que quelques tessons dont elle copia les peintures, pour donner à une société avide de jouissances des meubles de formes incommodes, de profils maigres et anguleux, pauvrement relevés par de petits et chétifs ornements plaqués de loin en loin sur l'acajou. L'ingénieux peintre Moreau se prêta, je ne dirai pas aux fantaisies de David, David n'avait pas de fantaisies, mais à son système absolu; il perdit à ce jeu puéril d'imitation archéologique, comme tous ceux qui entrèrent dans ce lit de Procuste, les qualités gracieuses dont il avait donné tant de preuves dans les 2,000 gravures dues à son burin, dans les dessins, plus nombreux encore, échappés de son imagination. L'excellent ébéniste Jacob ne fut pas plus heureux en composant, sur ces indications, l'ameublement de l'atelier de David, composé de chaises et fauteuils en acajou recouverts en étoffe de laine rouge, ornée de palmettes noires. Cet ameublement, reproduit par le peintre des Horaces dans le tableau où les frères alignent leur serment, devint le modèle à la mode et donna l'impulsion aux imitations du même genre, en rompant l'heureux compromis qui s'était établi entre l'art antique et nos besoins. L'architecte Percier, associé avec Fontaine, fit l'ameublement de la Convention sous cette délétère influence, et traduisit, avec une pureté et une délicatesse qui étaient des réminiscences de son séjour en Italie, toute cette pauvreté d'imagination, toute cette sécheresse du cœur.

Marquons bien l'influence dominante de David et de son temps. A la place de la plus gracieuse souplesse, de la plus charmante fantaisie dans l'arrangement de toutes choses, art et industrie, le pastiche de l'antiquité devient une loi appliquée, sans discernement et les yeux fermés, au domaine de l'art. Comment expliquer qu'une société entière, que les découvertes de la chimie et de la physique jettent dans un courant d'innovations, de nouveautés, de bouleversements à tourner la tête, à rendre fou, au lieu de demander aux arts les innovations les plus excentriques, au lieu de repousser ce qui sent le vieux, la copie, la redite, ne se plaise que dans l'imitation la plus servile de tous les styles usés par les siècles? Comment l'expliquer, sinon par un affaissement de l'esprit, par un abaissement moral, ou bien par une préoccupation tellement exclusive des intérêts et des progrès matériels, que le sens qui s'adressait aux arts s'est complétement émoussé? ou bien encore, et c'est peut-être la meilleure explication, par ce besoin de contraste qui fait que la littérature chante les bergeries au milieu de la Terreur et raconte les crimes les plus atroces sous un règne de vertus bourgeoises? Quoi qu'il en soit de la cause, nous subissons durement depuis soixante ans cette domination d'eunuques tyranniques. De cette influence délétère date la manie imitative, l'ambition de patients copistes, la gloire de contrefacteurs qui depuis lors s'est emparée des artistes et a fait le tour du monde. Il sembla de ce moment qu'il n'y eut plus désormais d'art possible, que toute imagination était éteinte, que le bon Dieu avait prohibé la sortie du génie aux portes de son ciel. Tout ce qu'on a remué de vieilles choses, d'oripeaux, de bric-à-brac; tout ce qu'il a été dépensé d'études, de temps, de talent, pour cette œuvre ingrate de sotte reproduction d'anciennes œuvres d'un mérite contestable, ne peut se dire ni se comprendre. Nous avons vu des hommes de goût et d'imagination courber leur génie sous ce joug humiliant, et consentir à travailler dans le vieux, à ressemeler des idées usées, au lieu de créer à neuf ce que Dieu, la nature et leur pensée leur inspiraient de jeune, de frais et de souriant; mais on ne voulait que des vieilleries, et il fallait vivre : on a donc fait des pastiches de toutes sortes, et les plus ridicules ont eu le plus de succès.

Les temps étaient devenus plus calmes. On sortait de la Terreur. Comme après le naufrage, quand, jeté à la côte, on rassemble pièce à pièce les débris roulés sur le rivage par les vagues furieuses, ainsi la France procéda à sa réorganisation après la grande tempête, et les arts eurent leur part dans la sollicitude des hommes habiles qui succédaient aux inhabiles. Même à l'armée, le général Bonaparte ne les oubliait pas, et chaque traité stipulait la cession d'un certain nombre de chefs-d'œuvre au lieu et place d'une province ou d'une contribution de guerre.

Dans l'antiquité, la victoire avait habitué les peuples à ces procédés violents, et les Vénitiens perpétuèrent la tradition; sous la république française, c'était une imitation de Rome antique, et ces trophées eurent dans Paris des entrées triomphales qui enthousiasmaient la population. Mais pendant que la foule applaudissait, glorieuse de posséder le plus beau, le seul musée du monde, les hommes sensés voyaient avec peine ces déplacements d'objets d'art. Les artistes forment dans le monde une république fraternelle qui n'a point de centre et qui se fortifie des efforts de chacun, quel que soit le lieu d'où ils partent. Les moyens d'instruction et, de tous le plus puissant, la vue des grands modèles, ne sauraient donc être trop répandus, trop disséminés; comme le feu du ciel qui éclate partout, il faut que l'étincelle du génie puisse s'allumer en tous lieux. Thorwaldsen serait-il devenu un grand sculpteur, s'il n'avait pas rencontré à Copenhague un musée d'étude? Flaxman aurait-il rêvé l'antique, s'il n'en avait pas vu des modèles à Londres? Ce disséminement ne doit pas être excessif : chaque pays aura son musée, assez voisin pour qu'on puisse le visiter, assez complet pour que la suite et l'enchaînement des écoles s'y montrent clairement. Il y a d'ailleurs dans le déplacement d'autres inconvénients. Si ces monuments sont arrachés de la place pour laquelle ils ont été composés ou de l'édifice qui a été construit pour eux, ils perdent leur signification, leur valeur : si ce sont des objets déjà enlevés, soit à la Grèce, soit à des monuments qui n'existent plus; si ce sont des tableaux qui n'ont plus de destination, la réunion de ces objets d'art dépendant des exploits d'un peuple, l'encombrement en est la conséquence, et ce dont on prive les autres ne profite plus à soi-même. C'est ce que comprirent les artistes français eux-mêmes, lorsqu'ils adressèrent au Directoire exécutif la réclamation suivante :

« Citoyens directeurs,

« L'amour des arts, le désir de conserver leurs chefs-d'œuvre « à l'admiration de tous les peuples, un intérêt commun à « cette grande famille d'artistes répandus sur tous les points « du globe, sont les motifs de notre démarche auprès de vous. « Nous craignons que cet enthousiasme qui nous passionne « pour les productions du génie n'égare sur leurs véritables « intérêts même leurs amis les plus ardents; et nous venons « vous prier de peser avec maturité cette importante question « de savoir s'il est utile à la France, s'il est avantageux aux « arts et aux artistes en général, de déplacer de Rome les mo- « numents d'antiquité, et les chefs-d'œuvre de peinture et de « sculpture qui composent les galeries et musées de cette capi- « tale des arts.

« Nous ne nous permettrons aucune réflexion à ce sujet, « déjà soumis à l'opinion publique par de savantes discussions; « nous nous bornerons à demander, citoyens directeurs, qu'a- « vant de rien déplacer de Rome, une commission formée par « un certain nombre d'artistes et de gens de lettres nommés « par l'Institut national, en partie dans son sein et partie au « dehors, soit chargée de vous faire un rapport général sur « cet objet.

« C'est d'après ce rapport, où toutes les considérations seront

« discutées et pesées avec cette masse de réflexions et de lu« mières indispensables au développement d'un sujet si grand « et si digne de vous, que vous prononcerez sur le sort des « beaux-arts dans les générations futures.

« Oui, l'arrêté que vous prendrez va fixer à jamais leur « destin, n'en doutez point; et c'est ainsi que, pour former les « couronnes destinées à nos légions triomphantes, vous saurez « unir les lauriers d'Apollon aux palmes de la victoire et aux « rameaux si désirables de l'arbre de la paix.

« P. Valenciennes, peintre; L. Dufourny, architecte; Lorta, sculp« teur; Le Barbier l'aîné; P. L. F. Casas; P. Legrand, A. Gi« raud, P. Quatremère de Quincy, Fontaine, A. Percier, A. Per« rin; P. Levasseur, graveur; Tassy, P. Lethière, P. Moreau « jeune; L. Moreau, dessinateur; Bataille, A. Lesueur, S. Pajou, « S. David, P. Suvée, P. Berruer, S. Peyron, P. Desoria, P. Co« las, A. Vien, P. Denon, G. et D. Lange, S. Fortin, S. Molinos, « A. Girodet, P. Gizors, A. Dumont, S. Meynier, P. Boizot, « P. Michallon, P. Bence, P. Chancourtois, P. Lempereur, « G. Soufflot, A. Masson, S. Julien, S. Aubourg, Vincent, « P. Roland, S. Lemonnier, P. Desroches, P. Espercieux, S. De« joux, S. Clerisseau, P. et A. »

Quatremère de Quincy, l'un des signataires, avait inspiré cette réclamation aux anciens élèves de Rome. Dans une suite de lettres, qui parurent en 1796, il avait combattu le déplacement des objets d'art; seulement il l'avait fait avec les arguments les plus faux. A son avis, Rome est le musée naturel des artistes, et on doit désirer que tous les modèles de l'art y soient réunis. Singulière manière de combattre le projet de former à Paris le plus grand musée du monde, en demandant qu'on établisse à Rome, au détriment de tous les peuples, cette gigantesque collection! Le groupe antique de Castor et Pollux a été porté de Rome en Espagne : abomination! *Croit-on que les Espagnols ne l'étudieroient pas plus et mieux à Rome que chez eux?* les cartons de Raphaël à Londres : désolation! *Les artistes anglois eux-mêmes déplorent l'expatriation de ces chefs-d'œuvre et regrettent de n'avoir pu les étudier à Rome en présence de la chapelle Sixtine et des salles du Vatican;* Raphaël n'a peint que dix-neuf tableaux *épars dans les cabinets de toutes les grandes villes de l'Europe. Si toutes les villes renvoyoient à Rome, dans une galerie commune à tous leurs élèves, le tableau unique qu'elles possèdent, chacune redonneroit à ses élèves les dix-neuf tableaux qu'elle n'a pas.* Et la conclusion de Quatremère est formelle. *Excepté Rome, il n'est point de ville dans l'Europe qui puisse présenter à ces chefs-d'œuvre un hospice digne d'eux ni un temple propre au recueillement qu'exige leur étude : on n'étudie pas les arts au milieu des brouillards et des fumées de Londres, des pluies et des boues de Paris, des glaces et des neiges de Saint-Pétersbourg.*

Ce point de vue est étroit : il prouve suffisamment combien, en 1796, on était encore loin de cette grande fraternité qui accepte les efforts de tous et tend à chacun une main secourable. J. van Eyck, le Sueur, Murillo, se sont formés dans leur patrie, et combien n'en citerais-je pas encore, pour réclamer contre ce fétichisme qui parque dans Rome toute source d'inspiration? Mais, s'il fallait choisir un musée et une école pour le monde entier, est-il bien sûr que nous élirions la ville éternelle? Pour mon compte, je dirais aux artistes : « Évitez ce grand pandémonium, cet immense gouffre du bric-à-brac de vingt-cinq siècles; allez à Athènes, et quand vous aurez étudié l'art le plus pur, sans être distrait par les mille médiocrités que l'habitude fait admirer à Rome, allez en Orient observer la nature la plus belle, dont les besoins de la civilisation n'ont pas altéré le grandiose, et les types les plus purs, que n'ont pas encore fait poser et grimacer les touristes de tous pays. » Voilà les vrais musées de l'artiste, ou plutôt ils sont et doivent être partout, les uns pour sourire aux premiers vagissements du génie qui s'éveille, les autres pour offrir à son ardente jeunesse, puis à son âge mûr, les modèles qui iront à son cœur. Ainsi, le voyageur cueille dans chaque contrée les plantes qu'elle produit, et il conserve précieusement celles qui sourient à sa vue ou lui rappellent un de ces souvenirs qui vont à l'âme.

Toute réserve ainsi faite pour le principe, il n'est pas douteux que le musée du Louvre, devenu bientôt musée impérial, ne fût d'une grande ressource pour l'école naissante ou renaissante. C'était le voyage de l'Italie, de l'Allemagne et des Pays-Bas fait sans déplacement, et mis à la portée de tout le monde, dans des conditions défavorables sans doute, mais, pour dix mille individus contre un privilégié, dans les seules conditions où ils pouvaient l'entreprendre. Or, comme la diffusion de l'instruction et du goût des arts étendait déjà singulièrement son domaine, on doit attribuer à cet admirable musée une bonne part dans la formation de cette jeunesse dont les talents firent explosion sous la Restauration et le Gouvernement du roi Louis-Philippe. Le trop plein du musée impérial fut déversé dans les musées de province, et la France entière profita en même temps des conquêtes de la victoire. L'inconstante réclama tous ces trophées en 1815, et la page suivante, détachée d'un rapport lu à cette époque devant l'Académie des beaux-arts, interprète avec convenance le sentiment que doivent inspirer le souvenir de ces richesses et les retours de la fortune :

« Nos pertes sont irréparables, et ne pas les déplorer ici serait d'une insensibilité honteuse ou une lâcheté. C'est maintenant à l'histoire qu'il appartient de prononcer sur la justice ou l'injustice qui les produit, de juger les formes qui les ont accompagnées. Mais nous sommes déjà fondés à croire qu'elle ne dira point que notre nation, qui s'était enrichie de leurs chefs-d'œuvre, se soit montrée indigne de les posséder. Ennoblissons du moins un de nos malheurs par la persuasion qu'il ne fut pas mérité.

« Avant que la victoire abusât du droit de la force, ce qu'elle ne tarde jamais de faire, elle obtint pour la France un choix de monuments de l'art statuaire antique et des plus beaux ouvrages de la peinture moderne : elle se borna aux objets stipulés, et les groupes inappréciables de Monte-Cavallo, ainsi que beaucoup d'autres statues et bas-reliefs d'un transport plus facile, ne furent point enlevés. On laissa au souverain le temps de prendre des images identiques de tous les originaux qu'il perdait, procédé honorable et délicat qu'on n'a point pour nous qui en avions donné l'exemple. Ne veut-on nous imiter que dans le mal? Une réunion d'hommes estimables, sous le double rapport des talents et de la moralité, fut envoyée de Paris moins pour ravir à Rome des monuments cédés et dont la possession n'était pas douteuse que pour veiller à leur conservation dans le déplacement et le voyage. Aussi l'on a peine à concevoir, surtout aujourd'hui, le succès de cette étonnante opération. Arrivés ici sans aucun accident, par le prodige de cette surveillance religieuse et de tous les instants, pendant le cours d'environ une année, les sociétés savantes de tous les genres, les corps enseignants avec tous leurs élèves, accompagnèrent leurs chars, que tous les arts avaient concouru à décorer, et les présentèrent au Gouvernement, aux autorités constituées et à la population de la capitale, réunis au Champ-de-Mars pour les recevoir et célébrer en quelque sorte leur apothéose. Qu'aurait fait de plus Athènes au temps de Périclès? Ce que je rappelle, vous l'avez vu pour la plupart, et l'Europe entière a lu les relations de cette fête mémorable. C'était déjà se montrer digne d'un si grand bienfait et se rapprocher autant que possible des dieux qui venaient nous honorer de leur présence.

« On ne dira pas aussi que la France ait manqué de magnificence pour leur ériger un temple ni de générosité pour en faciliter l'accès à tous les étrangers, amis ou ennemis : il semblait ne plus exister, dans son auguste enceinte, de haines ni de rivalités nationales. Nous jouissions peut-être davantage parce que nous faisions jouir les autres. Mais personne n'osera nier que Paris n'ait paru retenir ces chefs-d'œuvre qu'à titre de dépôt, pour le plus grand avantage de l'Europe et non pour l'orgueil d'une propriété exclusive. »

Pendant qu'un général d'armée enrichissait nos musées, une assemblée renouvelée dans son esprit cherchait les moyens de mettre dans l'administration de la France quelque chose à la place du néant. L'organisation provinciale avait fait place à une centralisation systématique et absolue; il ne devait plus se faire rien aux extrémités sans que le centre en fût informé, donnât ses conseils, sa direction, son visa et son autorisation. La construction des bâtiments publics de la France exige une dépense annuelle d'environ 200 millions. Sous l'ancienne monarchie, chaque province, à cet égard, s'administrait elle-même, appréciait ses besoins, votait ses dépenses, discutait ses projets et, sans consulter le roi, choisissait, parmi les artistes formés dans ses propres écoles et dans le séjour à Rome, dont elle avait payé les frais, l'architecte le plus capable de répondre à ses vues. C'est à cette initiative locale qu'est due la physionomie originale de plusieurs de nos grandes villes; nous allons voir ce qu'on doit à la centralisation. La loi du 27 avril 1791 avait placé dans les attributions du ministère de l'intérieur la direction des travaux pour la confection des routes, ponts et autres ouvrages publics, et en même temps les bâtiments et les édifices publics, tels que églises et presbytères, maisons d'arrêt et de justice, prisons, hôpitaux, établissements de charité. On s'aperçut bientôt que si les provinces avaient perdu sur ces matières toute autorité, et cet intérêt paternel qui en est l'âme, le gouvernement central n'en avait pas hérité. Les fonds votés par l'Assemblée ne parvenaient pas à leur vraie destination, ou ils étaient mal employés, faute de direction. Barrère, dans son rapport à la Convention, du 21 ventôse an II (11 mars 1793), rejette tous les torts sur le fédéralisme; c'était alors le fantôme en usage. Voici quel était le remède : « Ce n'est qu'en centralisant d'une « manière large et opulente le travail du peuple français, l'érec« tion de ses monuments, le perfectionnement de toute com« munication du commerce et de l'agriculture, que vous par« viendrez à avoir les plus belles routes de terre et d'eau, les « plus beaux ports, les plus grands chantiers, à orner chaque « cité de théâtres nationaux et de grandes arênes pour le « peuple; ce n'est que par ce moyen qu'après avoir réparé « les inconvénients attachés au mouvement de la révolution « et au fléau de la guerre, le peuple verra le gouvernement « républicain s'occuper de lui dans ses besoins comme dans

« ses plaisirs, dans ses pertes comme dans ses jouissances, dans « les trottoirs des rues comme dans les avenues des villes, dans « les chemins vicinaux comme dans les grands chemins, dans « les théâtres comme dans les bains publics : voilà ce qui dis- « tingue les républiques des monarchies. Dans les premières, « le peuple est tout; dans les secondes, il n'est rien. Dans la « république tout doit être fait, construit et ordonné pour le « bien de tous, pour la santé publique et pour la sûreté des « citoyens; et dans les monarchies, tout est fait pour quelques « privilégiés. »

A ces phrases succédait une proposition plus sérieuse, la création *d'une commission de travaux publics chargée de l'examen de tous les projets qui lui seront adressés par les administrations.* Elle se composait d'abord de trois membres, assistés d'un secrétaire et de plusieurs inspecteurs chargés de faire les rapports. Elle fonctionnait comme un ministère. Le Directoire, en rétablissant les départements ministériels, fit rentrer les travaux publics dans le ministère de l'intérieur. La commission des travaux publics se transforma dès lors en conseil des bâtiments civils, et donna son avis sur toutes les constructions faites avec les fonds de l'État, qu'ils sortissent des caisses publiques, départementales ou municipales. On conçoit sans peine quelle perturbation profonde ce mécanisme uniforme apporta dans l'architecture française; c'était le nivellement le plus monotone imposé à l'activité artistique de trente millions d'hommes sur l'entière surface d'une immense contrée. Plus d'initiative locale, plus d'originalité individuelle, l'esprit hiératique de l'Égypte transformé en omnipotence bureaucratique. Par suite de cette organisation, et quoique les hommes fussent meilleurs que les institutions, quoique la force des traditions fût plus puissante que la force de centralisation, il a passé sur la France pendant un demi-siècle un niveau de données banales, de compositions insipides, de médiocrités estimables. Chaque architecte, depuis Perpignan jusqu'à Dunkerque, sans avoir reçu de programme bien défini, d'instructions bien précises, savait à quelle hauteur de style il pouvait s'élever, savait dans quelle étendue de nouveauté il pouvait se mouvoir, pour que ses projets fussent goûtés et acceptés, et il ne faisait faute de s'y conformer.

L'établissement de l'Empire créa, avec une nouvelle cour, des besoins de magnificence et de représentation qui dûrent s'exprimer dans l'architecture par de majestueuses entreprises; on décida de terminer le Louvre, de restaurer et d'agrandir les résidences impériales, d'élever des arcs de triomphe et des colonnes commémoratives. A cette grande activité il fallait une direction et un contrôle; l'Empereur, en cela comme en toutes choses, sut prendre dans les institutions monarchiques ce qu'elles avaient de bon : il établit une intendance des bâtiments de la couronne, et comme, dans ce nouvel ordre de choses, Paris reprenait aussi son rang et donnait une impulsion nouvelle aux magnifiques embellissements réclamés par ses habitants, Napoléon retira les travaux de Paris de l'ensemble des travaux publics et en forma une direction dans les attributions du ministère de l'intérieur. C'était d'un sage administrateur, car Paris à lui seul est devenu un État, et cet État, qui a ses finances, ne peut et ne doit pas suffire seul à ses embellissements. Paris représente la France : il a droit de réclamer d'elle les moyens de la représenter dignement. Or, ce mélange, ce concours du budget municipal et du budget de l'État donne au Gouvernement le droit, au moins le prétexte, de diriger d'une main ferme l'exécution des monuments publics en harmonie avec les monuments qu'il érige seul ou ceux dont se charge le souverain sur sa liste civile. Abandonner ce soin à une municipalité élective, c'est livrer les arts et la dignité de la capitale aux caprices les plus fantasques.

Les architectes de l'Empereur, Percier et Fontaine, dominaient dans cette organisation. Ils se firent assister par tout ce qui restait de l'ancienne Académie d'architecture, par leurs maîtres, Peyre et Chalgrin, et les élèves de ces deux architectes distingués, qui étaient leurs camarades. J'apprécierai plus loin leur influence; je m'occupe ici d'organisation administrative. La Restauration respecta ce service des bâtiments; seulement elle plaça, en 1824, dans les attributions du ministre des cultes les travaux des édifices diocésains. Le Gouvernement du roi Louis-Philippe forma, dans le ministère de l'intérieur, une direction des arts, qui comprenait tous les travaux d'art, et, par analogie, les travaux de restauration des monuments historiques. Une commission particulière, qui eut son inspecteur et ses architectes, fut chargée de ce dernier service, auquel on eut tort de ne pas rattacher les édifices diocésains. Ceux-ci restaient dans les attributions du ministère des cultes, et ils n'ont rien gagné à leur isolement; la restauration de Saint-Denis l'a prouvé. Le budget de la commission des monuments historiques a été en moyenne de 800,000 fr., les crédits extraordinaires de 200,000, et comme elle n'accorde, en général, que la moitié de la dépense, les localités étant obligées de s'imposer le reste, on peut admettre qu'elle a employé, depuis vingt ans, 40 millions à la restauration bien nécessaire de nos anciens monuments. Ces travaux avaient pour premier motif la consolidation des beaux édifices qui font la gloire et sont l'ornement de la France; ils ont eu pour principal résultat de répandre dans tout le pays les notions d'art les meilleures. La commission a envoyé de tous côtés des architectes, des contre-maîtres, des tailleurs de pierre choisis parmi les plus habiles. Ils communiquaient avec leurs confrères des départements, leur montraient d'après quels principes de religieuse fidélité il fallait étudier ces vieilles constructions, traiter leur dangereux état, reproduire scrupuleusement leur style, et toutes les fois qu'ils rencontraient un homme de talent, ils lui laissaient, avec leurs instructions, tout le soin des travaux. Ces chantiers devinrent des écoles où les ouvriers des localités les plus étrangères aux arts se sont formés à la pratique des travaux délicats d'un appareil rigoureux, d'une taille précise, d'une sculpture d'ornement souple et rigide à la fois. La France n'a pas toujours dépensé aussi judicieusement 40 millions en vingt ans. Elle obtiendra les mêmes résultats toutes les fois que des hommes vraiment compétents seront chargés de la direction de ses entreprises d'art.

Cette commission archéologique resta seule indépendante de la surveillance du conseil des bâtiments civils, qui conservait le droit de prendre connaissance de tous les projets, d'étudier tous les travaux de construction. Il aurait succombé à la tâche, autant que son influence serait devenue pernicieuse, si la force des choses n'avait allégé le poids et donné peu à peu quelque liberté à l'initiative locale. Dans l'origine, tout ce qui dépassait un maximum de dépense de mille francs devait lui être soumis, autant dire tous les travaux sérieux; et qu'on se fasse une idée de cette immensité, en songeant qu'outre la France, le conseil eut pendant plusieurs années la Belgique et l'Italie dans ses attributions. En 1821, on allégea son service de tous les projets qui ne dépassaient pas vingt mille francs de dépense. Les constructions neuves comportant quelque beauté architecturale restaient encore de son ressort, et ne pouvaient être exécutées sans avoir été vues et approuvées. Dans ces limites, c'était toujours, par an, près de six cents affaires qui lui passaient sous les yeux, supposant une dépense d'environ cinquante millions. En 1837, la loi communale affranchit l'initiative locale jusqu'au chiffre de trente mille francs, et la loi départementale de la même époque abandonna aux préfets, et aux conseils des bâtiments qu'ils avaient institués près d'eux, l'examen de toutes les constructions exécutées avec les fonds départementaux pour une dépense moindre de 50,000 francs; mais en même temps la prospérité de la paix activait si bien les travaux, que le nombre des affaires soumises au conseil s'éleva à près de mille par an et dépassait cent millions de dépenses. Qu'on veuille bien se rendre compte de la part de temps que pouvaient donner à cette masse d'affaires une douzaine d'architectes, très-occupés de leurs propres entreprises; quels moyens d'investigation s'offraient à eux pour juger mille questions de convenance dans l'aménagement intérieur, pour critiquer des proportions, des dispositions générales et de goût dans l'extérieur, sans connaître l'emplacement, l'entourage, le pays et les matériaux? Aussi leur examen était-il devenu une formalité, un visa, et pour les architectes une entrave ou du moins la cause de fâcheuses lenteurs. La loi dite de décentralisation a affranchi définitivement les départements de cette tutelle; elle n'a réservé au conseil des bâtiments civils de Paris que les prisons, les hôpitaux et les plans d'alignement. C'était dépasser la limite de l'à-propos : trop de liberté dans les arts est aussi nuisible que trop de dépendance. La moitié des préfets ne trouvent pas autour d'eux les éléments d'un conseil des bâtiments, et si la monotonie de l'architecture départementale nous offusque depuis cinquante ans, ses étrangetés pourraient bien maintenant nous choquer plus encore. Depuis quelque temps, il a été élevé en province des constructions qui n'ont d'original que leur barbarie, et il est nécessaire de prévenir les abus de cette liberté de tout faire, qui compromettrait la réputation de la France. La responsabilité du mauvais goût dans l'architecture doit peser sur les préfets et sur les municipalités du même poids que la mauvaise gestion des deniers publics. Que l'on sache donc généralement en France qu'il existe à Paris un conseil des bâtiments civils, composé des architectes les plus habiles, qui ne s'impose à personne, mais qui s'offre à chacun pour étudier gratuitement et rapidement les affaires qu'on lui soumettra, pour en étudier les dispositions artistiques, sans s'immiscer dans les moyens d'exécution; un véritable conseil de famille toujours prêt à proposer d'heureuses modifications aux erreurs qu'il signale, et je ne doute pas que l'initiative départementale n'aille d'elle-même, dans les cas difficiles ou seulement douteux, au-devant des conseils sages et bienveillants de ces maîtres de la science.

Dans Paris, l'action du conseil des bâtiments civils remplaçait l'intervention de l'architecte du roi, qui, sous l'autorité du surintendant des bâtiments, donnait anciennement une impulsion raisonnée à tous les travaux; il la remplaçait comme obstacle, non comme influence, car si les projets de monuments à élever dans la capitale lui étaient encore déférés, c'était pour la forme; l'autorité ne lui appartenait plus : elle lui échappait, non pas au profit d'un corps ou d'un homme, mais à l'avantage du droit que s'arrogent les moins compétents de décider dans ces questions. Cette autorité, cette direction, dont les arts, et l'architecture plus que tous les autres, ont tant besoin, était donc disséminée un peu partout. Une part revenait au souverain, l'autre à l'architecte de la liste civile, le directeur des beaux-arts au ministère de l'intérieur réclamait la sienne, et il fallait compter avec la classe des beaux-arts de l'Institut. Ce n'est pas tout. Chaque ministre consentait à soumettre au conseil des bâtiments civils les projets de constructions qui dépendaient de son département; mais quel égard avait-il pour ses avis, quand les projets, exécutés par des architectes de son choix, avaient été conçus sur des indications venues de ses caprices! Ajoutez à ce dédale d'influences croisées l'omnipotence que l'Hôtel de ville s'était peu à peu arrogée sur tous les travaux auxquels son budget contribuait. L'administration municipale avait ses architectes, une commission des beaux-arts et des inspecteurs; vous eussiez dû voir le cas qu'elle faisait des observations du conseil des bâtiments civils et des injonctions du ministre de l'intérieur. Comprenez maintenant comment l'architecture a pu résister à une décadence complète, ainsi tiraillée par des influences diverses et contraires, maintenue d'un côté par l'Académie des beaux-arts dans la sage voie des principes sensés qui resteront éternellement les bons, poussée d'un autre côté dans les voies insensées de l'engouement quotidien d'assemblées et d'hommes étrangers à toute notion sérieuse de l'art.

Si j'ai pu faire adopter mon opinion sur l'importance du rôle de l'architecture dans le mouvement général des arts, on n'aura pas lu sans intérêt ces détails sur la transformation de l'ancienne surintendance des bâtiments royaux et des services particuliers des bâtiments dans toutes nos provinces en une action unique et centrale dirigée par un conseil des bâtiments. Ces développements nous ont éloignés du triste tableau des arts au sortir de la Terreur; mais en y revenant je n'ai pas l'intention de rechercher ce qu'il a été fait d'utile pour eux dans la réorganisation de tous les services administratifs. Les intentions ont été excellentes, la sollicitude témoignée en leur faveur mérite notre reconnaissance; mais les arts, comme un parterre de fleurs qu'une cavale échappée aurait foulé aux pieds, étaient à terre et flétris; des décrets intelligents, des institutions utiles, telles que le Conservatoire des arts et métiers, les écoles de dessin, l'École centrale des travaux publics, ne pouvaient que bien préparer le sol; le temps exigeait qu'on l'attendît pour obtenir des résultats.

A ce triste moment, c'en était fait de l'art français, et il fallait qu'il fût bien malade, puisque son seul représentant, Prud'hon, mourait de faim. Cependant l'Empire ne désespéra de rien. Il trouvait partout des ruines, il les releva : c'est là son mérite. En dépit de la guerre, il rétablit l'Académie, forma vingt-deux musées de province, reconstitua les écoles de dessin et l'Académie de Rome; il rouvrit les églises, qu'il meubla, et le musée du Louvre, qu'il enrichit; il organisa sur des bases nouvelles les écoles des arts et métiers et les manufactures impériales, enfin il créa la Société d'encouragement. L'Empereur eut même la main heureuse en choisissant pour directeur des arts Denon, amateur de talent qui ne prétendait pas être artiste, homme d'esprit quoique savant.

Par infortune, le fil des traditions avait été rompu dans la tourmente révolutionnaire et dans les guerres qui lui faisaient cortége. Ces grandes calamités laissent encore, après dix ans, leur empreinte sur la vigueur du bétail, après vingt ans sur la taille des hommes, après plus longtemps encore sur les arts et les lettres, matière plus délicate qu'elles impressionnent plus profondément. Il s'agissait de renouer ces fils épars et mêlés: cela demandait du temps, de judicieux et persévérants efforts. Les études de l'architecture, suivies avant la révolution, dans une si bonne direction, avaient été brusquement interrompues. J'indiquerai en peu de mots comment elles furent rétablies. On se rappelle que j'ai fait à Gabriel l'honneur du maintien des saines doctrines de l'architecture, à l'époque où on croit généralement qu'elle était dans la décadence la plus complète. Il eut deux contemporains, l'un plus âgé que lui, l'autre plus jeune, qui tous deux, par leur influence et leurs élèves, appartiennent à la catégorie de nos bons architectes : le premier est Servandoni, le second Louis. Servandoni était un Italien, de la race des Peruzzi, qui exerçait l'art difficile et compliqué de l'architecture en maître, c'est-à-dire par tous les moyens à la fois. Comme un prédicateur enthousiaste qui descend de la chaire pour monter sur la borne, il peignit de l'architecture en décorations de théâtre, il en fit en brillantes illuminations; il construisit des arcs de triomphe et des temples en charpente et en toile peinte; et enfin, quand on lui demanda la façade de Saint-Sulpice, il éleva, en belles et bonnes pierres de taille, un vaste et grandiose portique, qui eut par-dessus tout le mérite de nous débarrasser du portail pyramidal, qui n'avait plus de raison d'être depuis l'abandon du gothique. L'architecte Louis tient de Gabriel pour le style, le goût des arrangements et le bonheur des appropriations aux localités, aux besoins et aux exigences financières. En 1777, il construisit le théâtre de Bordeaux; en 1781, l'enceinte du jardin qui s'étendait au nord du Palais-Royal; enfin, en 1784, la Comédie-Française. Pour le premier de ces monuments, on lui donnait un grand terrain sur une magnifique place, il est grandiose dans les conditions de la plus noble architecture; pour le second, on lui demandait de construire un bazar qui ne déparât pas le jardin du duc d'Orléans, et il comprit la spéculation d'une façon monumentale comme je n'en trouve aucun exemple, même de nos jours, où l'on croit être si hardi dans l'architecture de spéculation. Donner à cette ruche de commerçants, à cette population tout entière des abords faciles, une exposition commode, de l'air et du jour pour habiter, et toutes les conditions essentielles de l'existence parisienne, et, après avoir suffi à ces difficiles exigences, conserver encore les moyens de frapper les yeux par une belle ordonnance qui dissimule sous sa majesté la vulgarité de la destination, c'est d'un grand artiste;

enfin, si vous entrez dans le Théâtre-Français, ne critiquez ni la faible hauteur du vestibule, ni l'exiguïté du foyer, car ce théâtre est le tour de force de l'architecture. Le plus petit hôtel n'entrerait pas dans l'espace qu'on donna à Louis, et il a trouvé son vestibule sous le parterre, au-dessus des passants de la rue son foyer, et le moyen de s'élever en combinant un comble en fer avec des murs et des piliers en pierre, comme on se vanterait de le pouvoir faire aujourd'hui même. C'était donc un artiste vraiment complet que l'architecte Louis.

Chalgrin, né en 1739, et grand prix de l'Académie, fut l'élève le plus habile de Servandoni; mais il travailla aussi chez Boulle et Moreau, c'est-à-dire qu'à l'ampleur de l'un il associa l'étude sévère et le goût d'arrangement des autres. Après la mort de Servandoni, il construisit (en 1777) la tour méridionale de Saint-Sulpice, qui montre un goût plus pur, plus français que le reste de l'édifice, et une parenté étroite avec Gabriel et Louis. Mais déjà une certaine maigreur dans les profils, une recherche de simplicité dans les vides et de pureté dans la décoration sculptée, indiquent l'influence archéologique. Les monuments de l'antiquité sont désormais plus connus sans être mieux compris; on commence à ne plus interpréter leurs beautés, à ne plus saisir leurs ressources; on les copie, on les pille pièce à pièce, qu'on rapporte tant bien que mal. Chalgrin résistait à cette tendance mieux que Soufflot à Sainte-Geneviève, qu'Antoine à la Monnaie, que Gondoin à l'École de médecine; il n'avait garde de tomber dans les pastiches de Legrand et Molinos, qui demandaient à l'Égypte le piédestal du monument de Desaix, qui appelaient les temples de Pestum à leur aide pour élever un théâtre d'opéra-comique; il évitait les pastiches de Ledoux, qui convoque pour ses barrières de Paris tous les styles connus et des styles connus de lui seul.

Un autre architecte de talent, Peyre, qui avait le même âge que Chalgrin, mais qui n'obtint le grand prix d'architecture que cinq années après lui, sut résister aussi à l'invasion archéologique, ne lui sacrifiant que les grâces de l'arrangement et l'ampleur des profils, ce qui était déjà beaucoup trop.

Quand la révolution eut tout balayé sur son passage, en 1795, ces deux hommes de talent étaient encore dans la verdeur de l'âge; ils ouvrirent une école et furent la providence de l'architecture française. De leur enseignement sortirent les Baltard, Durand, Heurtier, Vaudoyer, Rondelet, Dufourny et enfin Percier, de tous le plus illustre par la position qu'il occupa, le plus éminent aussi par le talent. On a beaucoup attaqué cette école, on a violemment critiqué les monuments qu'elle a produits, on a méconnu son mérite, qui consiste à avoir résolûment abordé le plus difficile programme et tenté courageusement la conciliation des principes de l'art des anciens avec les besoins des modernes, et on lui a refusé, ce qui sera sa gloire, d'avoir reconquis au profit des études tous les éléments de la science.

Bien qu'appelé par son adroit camarade et ami Fontaine à prendre avec lui la direction des travaux les plus importants de l'Empire et de la Restauration, Percier n'en resta pas moins, par nature, un homme d'étude, un artiste méditatif et un professeur dévoué instinctivement à son enseignement. Dans son école s'est formée la génération actuelle. Il avait trouvé chez son maître Chalgrin, comme ses camarades chez Peyre, le retentissement des exagérations de la réforme qui se poursuivait au dehors; mais déjà lui-même il s'était appliqué à assouplir la rigidité des lignes, à meubler la pauvreté des surfaces, à nourrir la maigreur des profils, à animer ce qu'ils tendaient à dépouiller de vie. Il a laissé à ses élèves ces heureuses tendances, en les enrichissant d'une science assez sûre d'elle-même pour négliger de se montrer, pour s'oublier même.

Cet enseignement eût été incomplet, si l'envoi des jeunes gens à l'École de Rome n'avait pas ouvert à leurs yeux des perspectives plus étendues. On sait que le 25 novembre 1792, sous l'inspiration de David, la place de directeur de l'École de Rome, et par conséquent l'École elle-même, avait été supprimée. Le 1er juillet 1793, la Convention remplaça l'étude en commun, telle qu'elle avait été suivie en Italie pendant un siècle et demi, sous une direction qui était en même temps une surveillance, par des pensions de 2,400 livres qui laissaient aux élèves, avec l'indépendance la plus complète, la liberté de voyager où et comme ils l'entendaient. Pour obtenir cette pension, un concours avait été établi, et pour donner les prix, on avait nommé cinquante juges, choisis parmi les personnes les plus étrangères aux arts. C'était une manière de faire pièce à l'ancienne Académie. Le sujet du premier concours, pour la sculpture et la peinture réunies, fut la mort de Brutus; le programme des architectes, une caserne. C'était encore une façon de faire pièce à feu les académiciens, qui cherchaient des sujets poétiques et des programmes féconds. Toutefois, ce premier concours n'eût pas été suivi d'un second si, dès 1796, on ne fût revenu à la saine raison. Ce retour nous était bien dû, nous l'avions payé assez cher. L'École de Paris et celle de Rome furent rétablies sur l'ancien pied; toutefois, Suvée ne put partir avec ses douze élèves qu'en 1801. Il trouva le palais Mancini ou de Nevers de la via del Corso, qui depuis 1725 abritait l'École, entièrement dévasté et si mal approprié, qu'il demanda un nouveau local; et comme la France a eu du bonheur dans tout ce qui se rattache à cette intelligente création, elle trouva à acheter une villa qui, par sa position, domine la ville éternelle et semble l'observatoire de ses grandeurs passées et de ses misères présentes; une villa qui par son architecture, ses fragments antiques incrustés dans les murs, ses fontaines, ses jardins de myrtes et de lauriers, rappelle tout ce que la belle renaissance du XVIe siècle a de gracieux, de noble et de distingué; une villa, enfin, qui par son nom reste sous le patronage des Médicis de Florence, de Rome et de Paris; car, quand il s'agit d'art, qu'ils fussent au comptoir, dans la chaire de Saint-Pierre ou sur le trône de France, les Médicis étaient des artistes.

Cette magnifique résidence, échangée avec l'Espagne, le 18 mai 1803, contre le palais Mancini, fut appropriée à son nouvel usage au moyen d'une dépense d'aménagement de 40,000 francs. A cette époque, la peinture, la sculpture et l'architecture concouraient seules pour les prix qui conduisaient les élèves à Rome : la peinture et la sculpture depuis la fondation, l'architecture à partir de 1720. Napoléon écouta les réclamations que suscitèrent successivement les progrès des études, et il fonda en 1803 un prix pour la musique, en 1805 un prix pour les pierres fines gravées, en 1809 un autre prix pour la gravure en médaille, et il aurait à lui seul composé l'Académie telle qu'elle est aujourd'hui, s'il avait donné place au paysage. Il laissa ce soin à la Restauration, qui fonda en 1817 le prix du paysage historique.

La peinture et la sculpture profitèrent également de cette réorganisation générale des moyens d'étude. Elles en avaient bien besoin, la peinture surtout. David avait si résolûment enseigné autour de lui le mépris du métier dans l'art, qu'on ne savait plus peindre. Les étoffes, les broderies et le feuillage des arbres, la chair même, toute la nature enfin, se montraient comme lavés et étendus sous je ne sais quelle couverte vitreuse, flasque, transparente et vide. Heureusement deux ateliers purent lutter contre cette influence déplorable dès 1796, aussitôt qu'un peu de sécurité fut dans l'État, un peu de repos dans les esprits. Vincent et Regnault apparurent comme les dépositaires des traditions de l'ancienne académie, comme une protestation énergique et distinguée du naturel, du modelé énergique, de la couleur claire, harmonieuse et pleine de vigueur, contre le pastiche. Leur atelier se remplit de jeunes gens convaincus et assez courageux pour lutter contre le courant des idées, contre la domination de l'homme et la séduction des faveurs que sa position assurait à ses élèves. Ils étaient tous attachés à leur maître, et M. Heim m'a souvent raconté, les larmes aux yeux, ce temps de jeunesse, où, fier de son maître Vincent, convaincu de la bonté de sa doctrine, enthousiaste aussi du maître et de son enseignement, il voyait avec dépit David obtenir tous les travaux. Guérin, que je trouvai en 1825 et

1828 à la villa Médicis, ne parlait pas autrement de son maître Regnault, qui fut aussi heureux, en 1799, du succès du Marcus Sextus que s'il l'avait obtenu avec un de ses tableaux, aussi fier des beaux portraits de Robert Lefèvre que s'il les avait peints lui-même.

L'influence fut bonne, et elle fut si grande que Vincent, avant de mourir, en 1816, avait pu compter parmi ses élèves tous les grands prix de Rome, le directeur compris; que Regnault, qui mourut en 1829, put voir dans sa descendance la portion vivace et traditionnelle de l'école française. Pierre Guérin, je l'ai dit, fut formé par lui. Cet artiste éminent a trahi dans ses élèves plus complétement que dans ses propres œuvres ses qualités de composition facile, d'arrangement gracieux, de coloris brillant; mais, dans les uns comme dans les autres, il marque la chaîne traditionnelle des vraies qualités nationales. Étranger à l'enseignement de David, hostile à ses principes politiques, il expose, en 1799, son tableau du *Retour de l'exil,* baptisé du nom imaginaire de Marcus Sextus, comme une protestation contre l'ami de Robespierre et contre le rival de son maître. Plus tard il groupe autour de lui une jeunesse ardente qu'il sait enthousiasmer dans cette même direction et dont il suffit de citer les noms pour comprendre les tendances : Géricault, Cogniet, Eugène Delacroix, Henriquel Dupont, Champmartin, Scheffer, Sigalon. Qui oserait, même en discutant ces tendances, nier l'influence qu'ont exercée et exercent encore ces hommes de talent sur l'école moderne, nier aussi qu'ils sont les vifs et énergiques interprètes de la vieille école française dans ce qu'elle a de meilleur?

Deux hommes de talent, deux représentants de l'ancienne académie, protestaient en dehors des ateliers de Vincent et de Regnault contre le stérile enseignement de David: c'était Greuze, qui continuait à peindre avec un charme persistant de naturel et de coloris, mais qu'on traitait avec une bienveillance qui tenait beaucoup du peu de cas qu'on faisait de sa peinture familière et bourgeoise; c'était aussi Prud'hon, rentré à Paris depuis 1789. Celui-ci s'était mis au travail avec la lenteur d'un homme chez lequel la verve productive n'est pas encore éveillée; il allait cependant produire, et certainement tout d'abord marquer, lorsque la Révolution lui enleva ses protecteurs naturels, tandis que le courant des idées entraînait dans l'atelier de David tous les amateurs qui se respectaient. Réduit à dessiner des vignettes pour les livres de Didot et à vivre misérablement, il eut le courage de résister à la singerie froide, vide et maladroite de l'antiquité, de rester lui-même, avec le fonds des traditions françaises qu'il avait reçu de ses maîtres.

David aurait à peine ressenti ces atteintes, tant il était, par la faveur, l'éclat du succès et sa grande autorité, au-dessus de ses rivaux, si du sein de son école, de son atelier même, n'avait surgi dans son élève Gros une protestation puissante en faveur de la nature, de la couleur, de la vie dans l'art. Par quelle mystérieuse chaîne ce jeune homme, si bien doué, tenait-il aux traditions de l'école française? En premier lieu, par son organisation et la nature de son talent; en second lieu, par ses premières études, qui commencèrent avec ses premières années, tant il fut précoce, et qui développèrent ses tendances instinctives dans l'atelier paternel. Gros le père n'était pas un grand peintre, mais, ce qui valait mieux pour former un élève, il était homme de goût et possédait une admirable collection de tableaux anciens. L'enfant s'épanouit dans cette douce atmosphère; le jeune homme vivait dans un commerce familier avec les maîtres quand il commença à regarder et à voir, et son passage dans l'atelier de David lui fut un enseignement d'autant plus salutaire qu'il ne se prolongea pas. En effet, déjà en 1793, à l'âge de vingt et un ans, abandonné à lui-même et livré tout entier à la fougue de son talent naturel, le jeune Gros eut le bonheur de gagner la faveur du général Bonaparte, qui lui donna l'occasion d'exercer sa verve sous le soleil vivifiant de l'Italie, dans cette contrée inspiratrice, au milieu de l'enthousiasme de nos bataillons victorieux; inspiration franche, couleur vivante, art fougueux, tout en lui se ressent de la nature de l'homme et de l'influence des circonstances, rien n'émane de l'atelier compassé et stérile de David.

Les tableaux des *Pestiférés de Jaffa* et de la *Bataille d'Aboukir* eurent un immense succès en 1802, et produisirent, dans les ateliers désormais rivaux de David et de Gros, une profonde jalousie déguisée néanmoins sous les ménagements les plus diplomatiques. Dans l'atelier de Gros, on n'a jamais dit que le maître fût encroûté dans la plus détestable routine; dans l'atelier de David, on n'a pas accusé l'élève dissident d'introduire dans l'art les plus fâcheux éléments de perdition, la couleur et la vie; mais, tout en le pensant, on ne tarissait pas d'éloges les uns sur le compte des autres. Les ménagements ont leur temps, et le cercle de la réaction s'agrandissant chaque jour, David, qui avait renversé l'Académie après l'avoir honnie dans son atelier, devint, pour sa punition, le type de l'académicien vide et ennuyeux; son style, la marque caractéristique et le stigmate de ce qu'il y a de plus pauvre dans l'art, le style académique.

Une réaction, analogue à celle qu'il avait provoquée, se produisit d'elle-même en Allemagne. C'était une réaction archéologique. Une fois admis le système des pastiches, il était naturel, il était du moins très-loisible de passer de l'imitation de l'antique à l'imitation des peintres primitifs de la Renaissance, de la fresque de Pompeï aux maîtres du Cinque cento qui précédèrent et formèrent Raphaël. Il ne s'agissait pas de repousser l'erreur de David, qui consistait à copier l'antique au lieu de s'inspirer de son esprit et de ses beautés; il s'agissait pour les Allemands de copier autre chose, c'est-à-dire de commettre une erreur, qui, pour être différente, n'en était pas moins funeste. Raphaël, disaient-ils, n'a produit des œuvres dignes de servir de modèles qu'autant qu'il est resté fidèle à ses maîtres; dès qu'il les a abandonnés, il est tombé dans l'impiété et dans le paganisme. Masaccio, les peintres du Campo-Santo, Pérugin, tous les maîtres du XVe siècle, sont les bons, les seuls modèles, et comme les Allemands ne se dérangent pas de leur immobilité pour s'arrêter en chemin, ils se persuadèrent que, pour comprendre le sentiment pieux qui régnait chez ces peintres, il fallait être pieux comme eux et à leur manière, c'est-à-dire avoir la même foi et la même croyance : ils abjurèrent le protestantisme et se firent catholiques. Qu'est-il resté de ces généreux efforts? Des pastiches, c'est-à-dire absolument rien; et si des hommes comme Overbeck ont surnagé dans le naufrage, il faut estimer leur puissance à la force et au courage qu'ils ont puisés dans la lutte. Déjà, en 1808, l'Académie des beaux-arts donnait un avertissement sévère aux élèves de Paris et de Rome : « De jeunes peintres, disait le rap-« porteur, ne se contentant pas de suivre les routes honorable-« ment parcourues par leurs maîtres, bien plus glorieusement « frayées par Raphaël, Michel-Ange, le Dominiquin, le Poussin, « Lesueur, et par Lebrun, trop dédaigné, comme peintre, par « ces élèves, ont essayé d'introduire une manière de dessiner « mesquine et froide par l'affectation de ce qu'on nomme *le* « *fini,* un style plein de roideur et de prétention à l'origina-« lité, mais qui touchait à la bizarrerie : en voulant mettre de « la naïveté dans leur façon de peindre, ils reculaient vers « l'enfance de l'art; enfin ils croyaient se distinguer par des « progrès nouveaux, et ils n'arrivaient qu'à se singulariser. « Mais, comme nous l'avons dit en commençant, c'est alors que « l'art est en péril. Ces craintes se sont heureusement dissi-« pées : il paraît, par les dernières expositions publiques et par « la marche des écoles, qu'on revient de cette erreur d'ambi-« tion; et l'Académie de Rome, dont nous surveillons avec sol-« licitude les travaux, a été paternellement avertie du danger « qu'elle pouvait courir. »

L'Académie avait raison de protester contre un système étroit et mesquin. L'antique mal compris, le moyen âge servilement copié, doivent être mis dos à dos et chassés de l'école; mais il y eut en France, dans le contre-coup qu'elle reçut de cette réaction, quelque chose de sérieux et de plus respectable : c'était l'inspiration chrétienne, cherchée dans des tableaux peints à une époque et par des peintres remplis de piété, le retour à toutes les ressources de l'imitation vraie de la nature par toutes les ressources du métier, par la couleur et l'effet.

Comme dans toute réaction, il y eut un parti sage et un parti violent, exagéré. M. Ingres appartient au premier, avec Gérard, Heim, Forestier, Schnetz, Léopold Robert, Horace Vernet, Paul Delaroche et leurs élèves à la suite, les Flandrin, Orsel, et toute la portion sérieuse de la jeune génération; c'est la sagesse unie à la grandeur, l'élévation de la pensée poursuivant un idéal qu'elle préfère à la réalité vulgaire, la puissance du dessin et de la couleur mise au service de l'étude de la nature dans ses types les plus nobles, dans ses formes les plus belles. Je dis le dessin, ce qui ne sera contesté par personne; je dis le choix des sujets, dont une certaine école leur fait un tort; j'ajoute les ressources de la couleur, parce que je ne connais pas de coloristes capables de donner plus d'harmonie, de vigueur et de vérité à leurs tableaux que n'en mirent M. Ingres dans sa *Chapelle Sixtine* et son *Vœu de Louis XIII*, Gérard dans le portrait de Mlle Brongniart, M. Heim dans son *Martyre de saint Cyr*, M. Schnetz dans son *Vœu à la Madone*, Léopold Robert dans ses *Moissonneurs*, M. Horace Vernet lui-même dans son frère Philippe, qui rappelle si bien les excellents portraits de la vieille école française, dont il est un descendant naturel par sa mère, fille unique de Moreau le jeune; Paul Delaroche enfin, dans sa *Mort du duc de Guise*. La couleur joue dans ces tableaux le rôle qui lui appartient; elle donne à la scène l'harmonie générale, le repos et les transitions. Si l'on veut plus, s'il faut, pour être coloriste, éclabousser au hasard des vessies de couleur sur la toile au détriment de toutes les conditions de l'art, alors ces peintres, ainsi que le Pérugin, Raphaël, Jules Romain, Fra-Bartholomeo, Andréa del Sarto, ne sont pas coloristes. Dans le parti violent des esprits insoumis, avides de succès et pressés de jouir, se rangeaient, plus par nature que par influence du maître, les élèves de Guérin, et à leur suite ce qu'on a appelé l'école romantique, qui forme dans ses ramifications multiples le gros de l'école moderne. Si l'on ne considère que l'œuvre des hommes de talent qui sortirent de l'atelier de Guérin, on se console de rencontrer quelques défauts à côté de grandes qualités; mais si l'on examine les tendances, on les juge plus sévèrement, car toutes les défaillances de l'école moderne et toutes ses exagérations sont en germe dans leur initiative : l'imitation de la nature sans choix, avec une préférence marquée pour le laid, l'à peu près du dessin, l'à peu près du modelé, tous les à peu près que doivent compenser la couleur et l'effet, un ensemble brillant, chatoyant, quelquefois vigoureux, qui saute aux yeux et ne pénètre ni au cœur ni à l'âme; des qualités précieuses qui s'épuisent en pure perte, qui s'amoindrissent en s'isolant.

On aurait dû croire que la sculpture souffrirait moins de l'influence de David que la peinture; le système du réformateur étant de ramener l'école française à l'imitation et au culte de l'antique, ses tableaux avaient la disposition et un peu la couleur de bas-relief. Comment ce qui appauvrissait la peinture n'était-il pas de nature à enrichir la sculpture? Quand la sécheresse envahit une contrée, elle attaque d'abord les plus petites plantes, elle gagne ensuite les plus grandes, atteint les arbres et s'étend à tout: ainsi la pauvreté de ce système de copie servile de l'antiquité paralysa la sculpture française, comme elle avait affaibli la peinture. Nous avons pris le *Mercure* de Pigalle et le *Voltaire assis* de Houdon comme exemples de ce que la sculpture produisait encore après Nicolas Coustou, pendant le règne de Louis XV; nous avons cité les statues exécutées à la demande de Louis XVI, et qui décorent nos monuments publics; si nous comparons avec ces ouvrages les sculptures qui émanent de l'école révolutionnaire, nous cherchons vainement la même ampleur facile, cette souplesse gracieuse, ce charme d'idéal et de vie. Et par quelles qualités nouvelles remplaça-t-on ces brillants mérites? Je les cherche, et partout je me sens repoussé par une froideur théâtrale qui me glace. Cependant des hommes comme Chaudet avaient certainement en eux toutes les conditions sérieuses de savoir et d'étude qu'exige l'art sévère de la sculpture; c'est le système de l'enseignement qui était erroné, l'interprétation des modèles antiques et de la nature elle-même qui était fausse.

On put espérer un instant qu'il était réservé à Canova de régénérer notre école. Appelé d'Italie par le premier consul, il était à Paris en 1802. Ce grand artiste avait, au commencement de sa carrière, élevé haut ses prétentions : son *Icare*, son *Thésée*, visaient à la grande sculpture; mais, en homme d'esprit, il se détourna de ce but : il avait compris, mieux que ceux dont il bravait la critique, que sa mission n'était pas là. Par nature, par instinct, plus encore que par l'étude, il avait pressenti dans l'antiquité autre chose que la sévérité, le grave, le sublime; il devina la grâce, l'appliqua à ses compositions et lui dut son immense renommée. Malheureusement il y avait dans sa nature, comme dans son talent, quelque chose d'efféminé qui lui donnait plus de goût pour une certaine coquetterie d'arrangement que pour les grâces naturelles, pour l'élégance que pour la vraie noblesse : de là un type fluet, maigrelet, pointu, qui eut sa vogue comme les figures d'un journal de mode, et qui a passé comme elles. Installé à Paris, Canova fut chargé de grands travaux, et il exerça par son esprit, par ses ouvrages et plus encore par la faveur dont le pouvoir l'entoura, une influence sensible et malheureuse sur nos artistes et sur nos fabricants dans toutes les industries qui se rattachent aux arts par la sculpture.

L'industrie avait perdu les traditions de ses procédés et les ouvriers rompus à leurs métiers; elle ne trouvait plus son guide naturel, une cour élégante pour diriger son goût, et des artistes sortis de son sein qui pussent venir en aide à ses efforts, en comprenant ses difficultés et ses obligations. A la place de ses anciens appuis, l'avénement d'un public nouveau, élément inconnu jusqu'alors dans la sphère des arts et des industries alliées aux arts; ce public, c'est tout le monde, car la révolution, en détruisant les distinctions de classes et de rangs, a mis les jouissances les plus délicates à la portée du premier venu qui peut les payer. Il ne s'agit plus, pour avoir le goût des arts et le droit de les protéger, pour s'ériger en Mécène et imposer aux artistes une direction, de s'être préparé à ces jouissances et à ce rôle par une éducation distinguée, par les voyages qui étendent les points de vue, et surtout par l'habitude de voir dans la maison paternelle les chefs-d'œuvre de l'art amassés de père en fils et les riches ameublements des bonnes époques, il s'agit d'avoir de l'argent. Or, si nous avons trouvé au dix-huitième siècle déjà, en dehors de la cour, du clergé et de la noblesse, l'active et assez fâcheuse intervention de la magistrature et de la finance, qui toutefois se faisaient un point d'honneur de prendre la cour pour modèle, il faut, au point où nous sommes arrivés, ajouter les parvenus de toutes sortes et de tous étages. De ce moment, en présence d'une cour nouvelle qui n'avait point les vieilles traditions de l'élégance et dont l'autorité était contestée par la haute société, se manifestent l'instabilité des goûts et les changements incessants du style; les arts et l'industrie deviennent le jouet de tous, et flottent à la merci des caprices d'une mode qui tend chaque jour à prendre plus bas son point de départ. Ce fut d'abord l'invasion des modes anglaises qui battit en brèche l'élégance française: on vit le sans-gêne faire irruption, le commode, *le confortable* dominer toute autre règle, et, une fois ce goût introduit dans la place, des élégants comme Garat, Trénis et autres *incroyables* n'étaient pas de force à l'en faire sortir. Vint ensuite l'influence dominante des étrangers de tous pays, avides de plaisirs et accourus à Paris d'où la Révolution les avait éloignés si longtemps. Tandis qu'ils s'étaient mis jusqu'alors au pas des modes françaises, on les vit, en l'absence d'une cour formant centre d'action, donner le ton. Les Palfi, les Pignatelli, des comtes polonais, des princes russes, et le corps diplomatique tout entier, jetèrent pêle-mêle leurs goûts dans la mode.

A ce grave désavantage ajoutez-en un autre. Les artistes font dès lors défaut à l'industrie. Avec la suppression des corporations avait disparu ce fond d'anciennes familles industrielles dans lesquelles se trouvaient les artistes de chaque spécialité. Désormais un jeune homme, né dans un métier, a-t-il quelques dispositions, il se croit du talent et il quitte son industrie; il la dédaigne pour transporter ses espérances et ses travaux dans une sphère qu'il croit plus élevée. L'industrie est livrée à des praticiens sans initiative, sans idées, et si elle demande des modèles aux artistes, ils les lui donnent, mais sans avoir la conscience de la destination des objets et des procédés employés à leur fabrication. Le créateur est d'un côté, le metteur en œuvre de l'autre, et il s'élève des réclamations également justes des deux parts: les artistes sont mécontents de voir leurs modèles mal exécutés, les fabricants ou leurs ouvriers déclarent ces modèles inexécutables. Cette absence d'entente produisit une scission déplorable et un dédain réciproque. Quelques exceptions, dues aux compositions de Lafitte, qui se ressentaient de l'excellent enseignement de son maître Vincent, aux dessins corrects et délicats de Percier, aux compositions gracieuses de Prud'hon, ne purent prévaloir contre l'ensemble de cette défaillance générale.

Auguste, orfèvre en titre du roi Louis XVI, tenta, après la révolution, de reconquérir les vieilles traditions de son métier: il ouvrit un atelier, il réorganisa des travaux; mais il ne put retrouver ni des artistes inspirateurs, ni des ouvriers intelligents, et avec le même esprit, la même aptitude et la même main, il n'a rien laissé qui approche de ce qu'il produisait avant cette fatale époque. Toutefois, il recevait, à l'Exposition de 1802, la médaille d'or. Odiot, né dans la maison d'orfévrerie de sa mère, pouvait, comme Auguste, servir de lien entre l'industrie de l'ancienne monarchie et celle de l'Empire. Nommé orfèvre de l'empereur, il eut, comme l'ancien orfèvre du roi, beaucoup de succès, et, comme lui, il obtint, dès 1802, la médaille d'or. Thomire et Biennais, à leur tour, représentèrent, en 1806, l'art dans son union avec l'industrie. Qu'il suffise de ces noms pour caractériser l'industrie de cette époque; je dis l'industrie tout entière, car elle est représentée par ces hommes dans son goût général, dans ses meilleures qualités, comme dans ses tristes défauts. Quand on retrouve aujourd'hui sur son chemin leur orfévrerie et leurs bronzes, on passe, on ne peut s'habituer à considérer comme des objets d'art cette pauvreté de conception, cette sécheresse d'ajustement. L'absence d'à-propos et le défaut de proportion de toutes ces pièces de rapport les fait jurer ensemble : si le dessin de la composition est bon, l'exécution est fautive. On sent que la vieille organisation de l'industrie n'est pas venue au secours de l'art, et tout ce qu'on a fait pour pallier ce défaut dans l'organisation ouvrière n'a servi qu'à le mettre mieux en évidence. Conseil des prud'hommes, chambre consultative des arts et métiers, conservatoire des arts et métiers, société d'encouragement, brevets d'invention et de perfectionnement, que sais-je encore, combien d'assemblées, de corps et d'états-majors pour remplacer ces corporations modestes qui fonctionnaient d'elles-mêmes et qui ne demandaient qu'à s'amender!

Ce moment malheureux de transition impuissante compromit la meilleure des causes, le retour vers les traditions de l'antiquité. On avait fait de l'antique sans l'étudier, ou plutôt sans le comprendre, et, au moment où on allait se rendre maître de ses secrets, le public dégoûté ne voulut plus entendre parler de grec et de romain: il lisait *le Génie du Christianisme* de Châteaubriand, les romans de Walter Scott, les poésies de lord Byron; en sortant du musée des monuments français, il venait de *découvrir* les églises gothiques de la France, et il s'éprit du style gothique.

Je ne poursuivrai pas ce triste tableau de nos variations, qui me mettrait en présence de mes contemporains et dans l'obligation de faire porter mes critiques sur deux gouvernements que j'ai servis. Ce que j'ai à dire sur les causes d'une décadence qui me paraît aujourd'hui imminente trouvera mieux sa place là où les réformes que je propose m'amèneront naturellement à discuter d'anciennes mesures et de vieilles routines. Je résumerai cependant ici mon opinion. Il y a, dans la situation périlleuse où nous nous trouvons, deux coupables: d'un côté, les souverains, par le choix des hommes qu'ils ont employés depuis cinquante ans; de l'autre, le public, par l'instabilité de ses idées et de ses goûts. La Restauration, qui appela sur les marches du trône une princesse italienne dont le goût se signalait par une protection judicieuse accordée aux artistes éminents et par des commandes qui faisaient de l'admission dans sa galerie un titre d'honneur envié de tous, la Restauration, préoccupée d'autres soins, a confié la direction des arts, pendant quinze ans, à quelques seigneurs qui se faisaient pardonner leur incompétence par d'excellentes manières et les meilleures intentions; le Gouvernement de juillet, qui comptait au nombre de ses artistes la fille du roi, la princesse Marie, auteur de *Jeanne d'Arc*, et parmi les amateurs les mieux inspirés, le duc d'Orléans, dont la collection, fermée à la vulgarité, résumait en elle toute l'activité distinguée de l'époque, ce Gouvernement a livré les arts et l'industrie à quelques fonctionnaires subalternes qui rejetaient la faute de leur pitoyable administration sur les nécessités du système parlementaire. Depuis la chute de la royauté, la direction des arts a voyagé d'un ministère à l'autre, et on se demande où elle siégera définitivement, quels seront ses principes, quelle garantie d'études et d'expérience elle offrira au pays; en un mot, comment elle répondra à l'immensité de sa tâche.

Et cependant, au milieu de ce malaise, une confiance insensée nous aveugle. Nous nous étourdissons dans le bruit d'une satisfaction qui, pour être inébranlable, n'en est pas mieux fondée. Parce que nous ne regardons pas hors de notre petit cercle, nous croyons qu'il ne se fait rien au delà des limites de Paris et de la France, nous sommes convaincus qu'on acceptera toujours nos arts, notre industrie et nos modes les yeux fermés, et quelles que soient les excentricités que nous nous permettrons. C'est une grave erreur. Sans doute, de cette continuelle sollicitude de nos rois pendant dix siècles, de cette persévérante protection de leurs gouvernements, il est résulté non pas seulement des monuments et des chefs-d'œuvre dans toutes les branches de l'art, comme chaque peuple peut se vanter d'en avoir enfanté; mais cette influence des élégances de la cour et de la distinction permanente des goûts de nos souverains, partagée par leur noblesse, a produit en outre un phénomène qui ne s'était pas vu depuis les beaux temps de la Grèce, une nation artiste : oui, une nation artiste, chez laquelle un bon goût inné se traduit en toutes choses, depuis le bonnet coquet d'une fille de ses campagnes jusqu'aux frontons imposants des monuments de ses villes, depuis les produits variés de son industrie jusqu'à la manière séduisante de les exposer sous les yeux des passants; une nation artiste, qui place la culture des arts au nombre de ses institutions les plus chères, à tel point, que tout gouvernement nouveau, acclamé, légitime ou républicain, cherchant la plus habile combinaison pour se rendre populaire, n'en trouve pas de meilleure que de lui donner, au lieu de pain et de spectacles, des rues nouvelles et magnifiques, comme celles de Rivoli et de Rambuteau; des façades de palais, comme le Louvre sur le bord de l'eau; des salles de musée et des galeries de tableaux, comme au Louvre et à Versailles; des collections de monuments transportés, à grands frais, de toutes les parties du monde, de la Grèce, de l'Égypte, de Babylone et de Ninive, ou de la Thèbes américaine. Mais, parce que dix siècles de généreux efforts ont ainsi formé la France, croit-on qu'un demi-siècle d'abandon, ou, ce qui est plus fatal, de mauvaise direction, n'a pas été capable de fausser ce goût et de compromettre au dehors une suprématie qui n'est acceptée, dans les arts et l'industrie, par les nations étrangères qu'à la condition que nous mettrons nos progrès incessamment hors de la portée des progrès qu'elles s'efforcent de faire? Or, pour qui vit au milieu des artistes et de l'industrie, pour qui observe depuis trente ans la marche des progrès et leurs temps d'arrêt, je le répète, les symptômes les plus graves d'une décadence se manifestent partout.

L'architecture, qui s'était relevée dans son enseignement, et qui prouvait déjà, dans des monuments comme l'école des beaux-arts, la bibliothèque Sainte-Geneviève et plusieurs autres, qu'elle se tirait de la profonde inertie où elle était plongée, l'architecture est maintenant aux prises avec le corps des ingénieurs et l'association des entrepreneurs. Tandis que ceux-là s'emparent, sous la protection du Gouvernement, d'une partie des constructions de l'État, ceux-ci accaparent toutes les affaires, et au lieu de se laisser diriger par des architectes d'un talent reconnu et d'une réputation fondée sur des œuvres éminentes, ils vont demander projets et dessins à des élèves, jeunes gens sans expérience, qui ne savent résister à aucun entraînement, et font de l'architecture comme on fait de la passementerie, selon la mode du jour et les caprices de chacun. Battus ainsi, et dans les monuments et dans les constructions particulières, par le sans-gêne des exigences utilitaires et par la fatigue des paperasses de comptable, ici par des innovations de gens étrangers aux principes de l'art, là par d'absurdes règlements de voirie, les architectes sérieux, ceux qui pourraient régénérer l'architecture par l'étude nouvelle de l'art grec, si fécond en ressources et en beautés, si peu connu, si mal appliqué en France, s'arrêtent abasourdis, tout consternés de voir le public et l'État lui-même trouver que tout est pour le mieux quand l'édifice, quel qu'en soit le style, s'élève et se termine comme par enchantement, quand les dépenses répondent aux devis.

Dans la peinture et la sculpture, nous vivons sur cette école qui, à l'imitation de Gros et de Géricault, secouant les pauvretés des doctrines de David, se rattacha aux errements des saines traditions françaises; qui voulait associer toutes les qualités de la peinture, le dessin et la couleur, la composition et l'effet, le style et la vie. Mais les maîtres de cette brillante école sont aujourd'hui des vieillards; quelques-uns, pleins de vie, Dieu merci, sont encore l'honneur de la France, ils n'en sont plus l'espérance. Si, quittant le passé, vous cherchez l'avenir, comment s'annonce-t-il depuis dix ans? Citez un artiste qui indique une haute tendance avec un talent puissant, un artiste nouveau et hors ligne, un seul. Non, vous verrez que le champ s'est appauvri, la moisson amaigrie; vous sentirez qu'il souffle comme un vent contagieux d'aspirations banales et terre à terre ; l'épi ne lève plus, la plante est rabougrie ; au lieu d'un rêve de poésie, réalisé par toutes les beautés de la nature, par toutes les perfections de l'art, c'est un petit genre anecdotique et bourgeois, qui va partout, promenant sur la toile les pauvretés de la vie réelle. Là n'est pas tout le mal. Le plus grave symptôme de l'abaissement de notre école est dans l'esprit de la jeunesse : plus d'autorité chez les maîtres, plus de docilité chez les jeunes gens ; partant, plus d'enseignement. Tous les ateliers qui faisaient école sont fermés ; là où vous aviez des chefs et une armée, vous ne rencontrez plus qu'une foule sans lien, sans conviction, sans but, une foule dans laquelle on se forme soi-même, d'où l'on sort peintre et sculpteur, comme on veut, quand on veut, et même avec des commandes, lorsqu'on sait se faire appuyer dans les bureaux.

Signalons encore, à côté de ces fâcheux symptômes, l'intervention malfaisante d'un public, désormais innombrable, qui porte dans les arts l'inexpérience du goût et tous les mauvais instincts de la spéculation. Ce public n'est pas tout le monde. Au prix où sont montés les objets d'art, il se compose exclusivement des hommes de la finance. Mais la fortune distribue ses faveurs capricieuses à des gens de tout étage, de toute origine, et quand le parvenu enrichi songe à mettre son luxe de niveau avec son avoir, n'ayant rien vu, rien étudié, se défiant de lui et des autres, il n'a d'autre préoccupation que de réunir des objets d'art qui gagneront en valeur ; il achète donc de petits tableaux de genre, soit hollandais, soit flamands, soit de leurs imitateurs français, belges ou anglais, parce que les beautés de ces tableaux sont à la portée de toutes les intelligences et hors de la portée des copistes les plus habiles. Par suite de ces tendances, le nombre des collections qui, faites sans esprit de spéculation, ont demandé aux écoles italienne, espagnole et française, leurs plus belles inspirations, se réduisent à trois ou quatre ; et, si vous questionnez les gens habiles, ils vous diront que ces amateurs sont des maladroits qui perdront 80 p. o/o sur le prix de leurs acquisitions, parce que tous ces tableaux sont répétés ou faciles à copier: en effet, la poésie d'un sujet, la sainteté d'une madone, le sentiment d'une composition, n'ajoutent rien à la valeur matérielle d'un tableau, tandis qu'on peut établir, à un petit écu près, ce que gagnent chaque année en valeur et ce que se vendront plus tard les tableaux hollandais et flamands, les Decamps, Meissonnier, Rousseau, et autres œuvres modernes que s'arrachent les connaisseurs. Sur ce marché de la peinture, une haute pensée traitée largement, une inspiration poétique qui n'est qu'indiquée, n'ont pas cours; il faut de la peinture de genre, et on la paye chèrement, afin de la revendre plus cher encore. Telle est la direction que nos nouveaux Mécènes donnent à l'art et à l'école.

A cet abaissement du goût par l'esprit mercantile, ajoutez l'espèce de fièvre dont se sent travaillée une génération entière qui semble vouloir mettre toutes choses, les arts et la littérature, les sciences et l'industrie, au pas redoublé de ses chemins de fer et de ses télégraphes électriques. Poésie, romans et histoire, tableaux, statues et architecture, livres de science et produits exceptionnels de l'industrie, œuvres délicates que le recueillement, la réflexion et l'étude couvaient autrefois sous leurs ailes patientes, ne sont applaudis aujourd'hui que suivant le nombre de mois, de jours ou d'heures qu'on a employés à les produire.

L'industrie a toujours subi le contre-coup des désordres de l'art. Privée de cette haute direction que la cour de France donnait à toutes choses, n'étant plus protégée par le maintien des mêmes modes, des mêmes goûts, du même style, pendant un grand nombre d'années, l'industrie s'est vue abandonnée à elle-même et contrainte de demander sur la place publique où était le goût dominant, la mode souveraine, le style de facile défaite. La difficulté était de découvrir qui dispensait le goût, qui faisait la mode, qui choisissait le style : le souverain et sa cour, depuis la chute de la royauté en 1793, n'y étaient plus pour rien; les artistes, n'ayant eux-mêmes aucun principe arrêté, attendaient, comme l'industrie, l'impulsion au lieu de la donner, et alors, comme une foule qui prend certaine direction sans savoir pourquoi et sans qu'on puisse l'arrêter, on suivit des courants littéraires, des dessinateurs-archéologues, des amateurs d'antiquités qui exhumaient du passé les styles et les modes autrefois maîtres de la vogue, et à leur suite successivement on s'éprit de misérables redites et des plus sottes contrefaçons. Cinquante années d'abdication de toute initiative! Un demi-siècle d'impuissant labeur de copiste, de ridicules grimaces de singes qui contrefont le bon et le mauvais sans discernement, tel a été le sort de l'industrie depuis la Révolution. On ne voulait plus des froides copies de Pompeï, et comme le fabricant demandait, avec soumission, quel style on préférait : « le gothique, lui répondit-on en 1814, c'est le style national, l'expression vraie d'une société croyante; nous voulons du gothique. » L'industrie mit du gothique partout. Il était mal étudié, faussement compris, c'était du détestable gothique; mais on allait en faire de meilleur, quand toute une jeunesse enthousiaste demanda le style de la Renaissance : ce nouveau mouvement, ce retour à l'antique, bien que par une voie détournée, avait pour lui la raison, notre organisation tout entière et jusqu'à notre vaste mobilier; mieux encore, il avait pour lui l'ensemble de nos idées, qui découlent de l'antiquité en sautant à pieds joints par-dessus le moyen âge. Dans la vie nouvelle de tranquillité pacifique et de liberté inaccoutumée que la Restauration et le Gouvernement de juillet apportèrent à la France, tous les esprits s'épanouirent, comme ces fleurs qui surgissent aux premiers rayons d'un soleil de printemps et émaillent la nature entière. Malheureusement, l'explosion fut exubérante : à la simplicité monotone de la ligne droite, à l'imitation un peu froide de l'antique, telle que l'avait conçue l'école de Percier, on substitua la ligne brisée; à la maigreur des ornements succédèrent des ornements à tout propos et hors de propos. De toutes les causes qui provoquèrent cette réaction, voici la plus puissante. Depuis David, les arts étaient entachés d'archéologie, mais depuis qu'il avait pris en main leur réforme, les arts n'étaient plus le privilége de la cour, de l'aristocratie, du clergé et des gens enrichis; ils étaient tombés dans le domaine public. Nos musées, ouverts à tous, offraient un aliment continuel à la curiosité banale des uns, aux études sérieuses des autres, à chacun selon ses facultés et en les développant. Cette initiation avait été subite, cet enseignement trop rapide; le public admira tout sans se rendre compte de rien; les artistes copièrent à leur tour les productions des divers âges, sans étudier l'époque où parurent ces modèles, les conditions dans lesquelles ils furent créés, la destination spéciale qu'ils avaient. Le cabinet des estampes de la Bibliothèque impériale fournit des créations nouvelles, j'entends des vieilleries oubliées, à tout un monde d'artistes employés par l'industrie. M. Duchesne aîné, avec une sage prévision des besoins de son temps, réunit dans de grands volumes toutes les estampes qui avaient servi aux fabricants des XVIe, XVIIe et XVIIIe siècles. Outre les œuvres complètes des Marot, Lepautre, Berrain, Meissonnier, Fordrin, et autres faiseurs de leur temps, qui donnaient les modèles de meubles, cheminées, grilles et boiseries, il offrit aux artistes 7 volumes pour l'orfévrerie, 7 pour la bijouterie, 1 pour la joaillerie, 3 pour la serrurerie, 2 pour l'arquebuserie, 2 pour les passements, 1 pour la broderie. Ces 3,000 planches contenant environ 12,000 modèles variés, les uns inventés par ces graveurs, le plus grand nombre arrangés par eux d'après les beaux meubles et les objets de toilette qu'ils avaient sous les yeux, ont défrayé nos industriels depuis quarante ans de modèles et d'idées, et les défrayeront encore tant qu'il s'agira de tourner dans cette roue d'écureuil sans issue, de suivre cette voie battue et sans but. C'est avec ces faciles et abondantes ressources que l'on contrefit le vieux à tort et à travers. On amplifia, on réduisit les œuvres anciennes selon les nouvelles applications, sans se rendre compte des conditions primitives du modèle; on associa sans scrupule, on appliqua sans discernement, et de cette misérable cuisine ne purent sortir que les mélanges du plus mauvais goût.

Un homme d'une rare facilité et d'une application exemplaire se livra avec ardeur à ce travail d'amalgame désordonné. Chenavard était un médiocre artiste; il avait cet instinct du frelon qui sait trouver dans chaque fleur le suc qu'elle contient, mais qui ignore le secret de l'abeille pour en former du miel. Fureteur infatigable, il avait feuilleté les livres, calqué les gravures, copié les manuscrits, dessiné les monuments, et de tout cela il n'avait pas su se former une originalité propre, un style individuel. En dépit d'une exécution des plus habiles, malgré des détails très-bien rendus, on aurait dû lui reprocher l'abus de toutes choses, la disproportion dominant partout, l'absence complète de calme, de pondération et de simplicité. On eût dit que cet homme jetait ses idées par-dessus les ponts, en masse et pêle-mêle, et qu'il se faisait un plaisir d'entasser dans un seul groupe assez de figures, dans une composition assez d'ornements, pour former dix groupes et autant de compositions. Mais qu'aurait obtenu un avertissement sensé au milieu de l'engouement? Chenavard avait séduit quelques hommes de lettres qui faisaient alors les réputations, et il était devenu l'artiste populaire, le prophète et l'homme-dieu d'une religion qu'on croyait nouvelle, de l'art appliqué à l'industrie. Dès 1834, il fait plus que dessiner; il ne se contente pas d'avoir envahi la manufacture de Sèvres et de s'en servir comme d'une tribune du haut de laquelle il professe ses principes; il prend la plume et il écrit des factums pour demander la création d'un *musée industriel* pour les *artistes industriels*, et pour tous ceux qui veulent étudier *l'art industriel.* Il eut de nombreux élèves, hélas! il eut même des concurrents qui, pour l'effacer, exagérèrent encore les abus que nous signalions dans sa manière. Tout ce désordre, qui ressemblait fort à une orgie, marqua, dans l'art et l'industrie de la France, d'une manière déplorable, et ses conséquences auraient été graves au dehors si l'exportation des objets produits sous cette influence avait rencontré des esprits sages, des jugements éclairés, des gens parfaitement maîtres de leur raison. Par bonheur l'engouement était devenu européen, et ce style pitoyable, dit de la Renaissance, reçut des étrangers le meilleur accueil.

Tandis qu'on donnait ainsi la main à un faiseur sans talent, on repoussait deux artistes que la bonne fortune de la France avait fait naître au sein même de l'industrie: l'un est Morel, l'autre Vechte. Tous les deux sont nés dans l'apprentissage de l'orfévrerie, et sont devenus artistes comme on le devenait dans l'antiquité, au XIIIe siècle et au XVIe, le marteau à la main. Morel a traversé tous les degrés de l'apprentissage, il a pratiqué tous les procédés connus, il en a retrouvé plusieurs qui étaient perdus et très-regrettés, et il est devenu le plus habile orfèvre-bijoutier-joaillier que la France ait jamais possédé. Ce qui le distingue surtout, c'est un sentiment d'élégance et une passion pour la perfection qui domine sa nature. Si, au lieu de dessiner dans sa jeunesse, aux rares moments qu'il pouvait arracher à l'apprentissage et à la besogne quotidienne, il eût pu se former par de fortes études, nul doute que Morel aurait surpassé ce que le passé offre de plus digne d'admiration.

Vechte est un artiste autrement puissant; mais, comme Morel, il s'est fait lui seul dans le sein même de son industrie. Vers 1835 on vit paraître, dans les boutiques de marchands de curiosités, des pièces d'orfévrerie repoussées qui paraissaient trop belles pour être modernes, qui, comme œuvre de la Renaissance, avaient un style si large, si plein, si vivant, qu'il était difficile de l'associer à des maîtres connus; d'un autre côté, on ne s'expliquait pas l'apparition subite de pièces aussi importantes et tout à fait inconnues : il aurait fallu la découverte d'un Pompeï du XVIe siècle pour l'expliquer. Vechte se chargea lui-même d'éclaircir ce mystère en signant dorénavant ses œuvres et en les composant pour les amateurs, au lieu de les faire passer sous le couvert suspect de brocanteurs d'objets d'art. A la fois homme d'imagination, artiste habile, ouvrier incomparable, Vechte est à Morel ce que Michel-Ange est à Benvenuto Cellini, toutes proportions gardées d'un Michel-Ange orfèvre à un Benvenuto Cellini bijoutier.

Je ne détaillerai pas leurs œuvres : tous ces beaux vases,

ces coupes délicieuses, sont autant de productions complètes, comme on n'en a vu que dans l'antiquité, et passagèrement à Florence, sous les Médicis, et à l'hôtel de Nesle, sous François Ier. L'œuvre tout entière, conçue et fabriquée sous une même impulsion, sortant du cerveau comme d'un moule, l'artiste-ouvrier ayant les traditions du métier dans la main, les enseignements de l'art et les inspirations du génie dans la tête.

Qu'a-t-on fait pour ces deux hommes, qui avaient dans leurs mains suppliantes l'avenir de l'art associé à l'industrie? On les a laissés végéter, s'épuiser dans une lutte commerciale qui tue le génie et avilit le goût, et enfin porter à Londres leur talent avec toutes les bonnes traditions de ce premier des métiers. Est-ce faute d'avoir été averti? non, ni l'un ni l'autre de ces artistes n'a caché ses ouvrages: c'est au grand jour des expositions qu'ils les présentaient aux suffrages du public et du jury; mais ils devaient être repoussés par toutes les administrations pour servir de protestation vivante contre l'organisation des beaux-arts.

C'étaient pourtant les véritables maîtres de cette Renaissance tant goûtée; mais on ne les négligea peut-être que parce que l'engouement abandonnait cette ornementation légère, délicate, élégante; parce que la mode allait déjà chercher l'ampleur et la magnificence du style de Louis XIV, sans y être sollicitée ni par l'architecture ni par le costume, ces deux réformateurs extrêmes du goût. En effet, l'industrie fit alors volte-face; elle avait mis de la Renaissance partout, d'abord faussement amalgamée avec toutes les déviations qu'elle a subies, puis étudiée dans ses vrais modèles, s'épurant chaque jour et redevenant digne de son nom. Mais alors on n'en voulait plus : le ministre qui s'était engoué du style de la Renaissance avait quitté le pouvoir; un autre ministre, épris des splendeurs du siècle de Louis XIV, lui avait succédé. En transformant Versailles en musée historique et national, le roi Louis-Philippe avait fait reprendre la route de l'ancienne résidence royale, si complétement abandonnée, et les artistes, les amateurs, toute la foule à leur suite, avaient trouvé avec bonheur dans les anciens appartements, dans la salle de spectacle, dans les abords, dans tout l'ensemble enfin, cet art du XVIIe siècle avec sa splendeur, son abondance et ses belles proportions.

Le style de Louis XIV domina dès ce moment. On racheta partout les vieux meubles, et, confondant ensemble le grand roi et son petit-fils, les meubles du XVIIe siècle avec les meubles du XVIIIe, on associa l'ampleur de l'un avec le tourmenté de l'autre, et Dieu sait ce qu'il fut fait de meubles en bois sculpté et doré, de bronzes et d'orfévrerie en imitation de tout ce bric-à-brac. Nos maisons en sont pleines ; mais on s'en est vite fatigué, et aujourd'hui on passe au style Louis XVI que l'on considère avec raison comme un retour vers un meilleur goût, sans prendre l'engagement toutefois de s'y tenir bien longtemps. L'industrie, esclave toujours soumise, obéit et passe au style de Louis XVI; mais ce n'est pas sans inquiétude qu'elle se demande où la conduit cette course au clocher à travers tous les styles et toutes les imitations : car si elle prend son parti de ces brusques changements quand il s'agit de gazes imprimées, de tulles brodés, de toiles damassées ou de papiers peints, il n'en est pas de même quand elle voit ses meubles, ses porcelaines, ses bronzes, son orfévrerie et sa bijouterie ne plus faire qu'une saison, quand elle se trouve obligée tous les ans de renouveler des modèles coûteux et des magasins de grande valeur. Cette situation lui devient intolérable, car la mobilité du goût ne ruine pas seulement l'industrie française, elle menace aussi d'altérer la préférence que l'étranger accorde encore à nos produits. En pareille perplexité, nos industriels, comprenant toute l'importance des arts, non pas au point de vue élevé de leur essence, mais sous le rapport très-matériel de leur utilité commerciale, cherchent quel directeur général, quel ministre spécial est chargé de pourvoir aux besoins de l'enseignement des arts, aux institutions capables de fixer le goût du public, de diriger les études des artistes et les efforts des fabriques; ils cherchent, et ils trouvent au fond d'un bureau sans importance quelques employés sans initiative qui vont au jour le jour, alignant des commandes en regard d'un budget toujours dépassé. Cette absence de direction s'est fait moins sentir tant que les vieilles traditions de l'Administration des arts ont subsisté; elles servaient comme de digue à l'envahissement. Malheureusement, après avoir tenu tête au romantisme, aux mille engouements du caprice, aux tendances positives du Gouvernement de juillet et à l'influence d'un réalisme brutal qui en est né, ces traditions semblent à bout de voie et paraissent avoir abdiqué; cependant, en face de ce désordre, s'élève menaçante la concurrence étrangère, qui grandit partout et se fortifie chez chaque peuple, en satisfaisant les goûts nationaux et en faisant ressortir le danger d'acquisition d'objets d'art français qui n'ont aucune garantie de maintien de leur valeur, le goût éphémère qui les a mis à la mode devant se tourner contre eux en moins de temps qu'il n'en faudra pour les exporter.

Telle était la situation des arts et des industries qui se rattachent aux arts, en 1851, lorsque l'Angleterre annonça qu'elle allait faire une Exposition universelle à laquelle tous les peuples étaient conviés. Avant d'examiner comment les arts et l'industrie de la France se présentèrent dans ce grand tournoi, voyons comment l'Angleterre trouva dans nos expositions antérieures tous les précédents de la sienne.

DES EXPOSITIONS DE TABLEAUX, STATUES ET GRAVURES, DEPUIS L'AVÉNEMENT DE LOUIS XIV, ET DES EXPOSITIONS DE L'INDUSTRIE DEPUIS 1798, EN FRANCE, JUSQU'À L'EXPOSITION UNIVERSELLE DES ARTS ET DE L'INDUSTRIE À LONDRES, EN 1851.

Déjà, en 1648, lorsque l'Académie de peinture et de sculpture fut fondée, il était convenu qu'elle ferait exposer chaque année en public les tableaux et les statues sortant des ateliers de tous ses membres : un article du règlement de 1663 est formel sur ce point. Toutefois, par suite de diverses difficultés, dont la plus grande était l'absence d'un local, les premières expositions se firent seulement à partir de 1673, et en plein air, dans la cour du Palais-Royal; plus tard, on exposa les tableaux dans la galerie du Palais-Royal; enfin, Mansard obtint de Louis XIV, en 1699, que l'exposition eût lieu dans la grande galerie du Louvre, et, de ce moment, elles se sont suivies régulièrement et avec le plus grand succès.

Il existe de cette première exposition un catalogue officiel imprimé, indiquant tous les tableaux, statues et bas-reliefs, dessins et estampes offerts à la curiosité publique, et aucune exposition n'eut lieu sans livret. En 1699, outre le livret, on eut sur les almanachs des vues qui représentent les tableaux dans leur arrangement, et Florent-le-Comte en fit une appréciation. Depuis lors, divers comptes rendus parurent à chaque exposition; celui de La Tour de Saint-Yenne, en 1746, contient déjà des vues d'avenir sur les arts en France. L'Exposition de 1769 donna lieu à une critique acerbe, faite avec esprit dans un ton plaisant. L'Académie s'en offensa et fit saisir cette brochure, qu'elle appelait un pamphlet, et que Daudet de Jossan, sans se nommer, avait intitulée : « Lettres sur les « peintures, gravures et sculptures qui sont exposées cette « année au Louvre, par M. Raphaël, peintre de l'Académie de « S. Luc, entrepreneur général des enseignes de la ville, fau- « bourgs et banlieue de Paris, à M. Jérosme, son ami, râpeur « de tabac et riboteur. » Le public avait pris parti pour cette attaque, qu'il attribuait aux grands critiques du temps, à Diderot, à Marmontel ou à d'Alembert; mais, comme la force n'est pas une bonne raison, Cochin, secrétaire de l'Académie, en chercha de meilleures dans une réponse qui eut un entier succès, et qui acceptait la plaisanterie jusque dans son titre: « Réponse de M. Jérosme, ràpeur de tabac, à M. Ra- « phaël. »

De cette époque datent les trois *Salons* de Diderot, adressés sous forme de lettres à Grimm et répandus dans toutes les cours de l'Europe par ce colporteur si original du bel esprit français. Il ne faut pas placer trop haut ces délassements de l'esprit de Diderot : cet écrivain distingué n'était nullement préparé à ce genre d'appréciation, et si on doit lui accorder l'honneur d'avoir fait renaître la critique littéraire appliquée aux arts, il faut aussi le rendre en quelque sorte responsable de cette critique aveugle qui fait le désespoir des artistes, dont elle décourage les bonnes et fécondes inspirations, et qui fait en même temps les délices du public, dont elle caresse les engouements et les préjugés. Mais ce n'est pas le moment d'apprécier cette littérature légère; j'ai voulu seulement, en rappelant ces comptes rendus et ces pamphlets qui pullulaient à chaque exposition, en vers et en prose, sous une forme sérieuse ou bouffonne, et dont plusieurs sont restés, montrer à quel point ce concours annuel soumis par l'Académie au public était entré dans nos mœurs, et forma, pendant tout le XVIIIe siècle, une des préoccupations de l'esprit public.

On se demandera pourquoi l'industrie ne fut pas dès lors convoquée à pareille fête : il serait difficile de répondre avec précision, s'il s'agissait de rechercher toutes les raisons qui plaçaient si loin sur le second plan des intérêts aussi sérieux; mais je m'en tiendrai à une seule, que je considère comme dominante : c'est que l'Académie, qui faisait exposer les œuvres de ses peintres et de ses sculpteurs, formait une corporation, et que cette corporation s'était interdit de tenir boutique. Rien n'eût été plus facile que de demander à la corporation des merciers ou à celle des orfèvres de faire aussi une exposition de leurs œuvres, bien que ces honorables industriels, groupés ensemble dans le même quartier et faisant dans leurs rues une exposition permanente de leurs produits, n'eussent pas bien compris l'utilité de ces expositions périodiques. Si, étendant cette idée, on avait annoncé que toutes les corporations des merciers de la France ou toutes celles des orfèvres devaient exposer en concurrence et dans le même local, il eût fallu d'abord obtenir l'assentiment de tous les corps de métiers et consentir à leur accorder le droit de choisir parmi eux les exposants et les objets à exposer. Admettons que de sages règlements fussent parvenus à concilier dans une même industrie toutes les rivalités de localités, toutes les prétentions individuelles : que pense-t-on des difficultés qu'on aurait eu à surmonter, lorsqu'il se serait agi de faire appel à l'ensemble des corporations de la France, à l'industrie tout entière? On n'aurait pu rien concilier. Les usages reçus, les habitudes prises, les droits consacrés et tant de règlements exclusifs les uns des autres se seraient heurtés. On serait tombé dans un véritable chaos. Ajoutez à cela l'impossibilité matérielle de faire affluer des divers points de la France vers un centre commun toute une classe de gens d'humeur casanière, pour qui un voyage et le transport d'objets de prix devenaient, vu le mauvais état des routes et leur sécurité précaire, les moyens insuffisants de transport et les mauvais gîtes, une entreprise des plus graves.

Cette idée d'un appel général fait à l'industrie ne pouvait donc, à cette époque, être conçue, car elle était impraticable; mais le Gouvernement se préoccupait des moyens de stimuler, dans l'intérêt général, le zèle et l'activité de cette grande armée industrielle trop morcelée. Le 28 décembre 1777, Louis XVI signait l'édit suivant :

« Le Roi, dans le compte qui lui a été rendu de ses finances, « a approuvé les dispositions qui lui ont été présentées pour « assurer des secours pécuniaires aux nouveaux établissements « de commerce et de manufacture qui méritent ces encoura- « gements; et S. M., désirant entretenir encore l'émulation « par des motifs de gloire et d'honneur, a jugé à propos de « fonder un prix annuel en faveur de toutes les personnes « qui, en frayant de nouvelles routes à l'industrie nationale « ou en la perfectionnant essentiellement, auront servi l'État « et mérité une marque publique de l'approbation de S. M. « Le prix honorable que son amour pour les travaux utiles « l'engage à instituer consistera dans une médaille d'or du « poids de douze onces. Cette médaille sera décernée dans les « premiers mois de chaque année, à commencer en mars 1779, « pour l'année 1778, et ainsi de suite, au jugement d'une « assemblée extraordinaire composée du ministre des finances, « de trois conseillers d'État, des intendants du commerce, et « à laquelle seront appelés les députés et les inspecteurs géné-

« raux du commerce. S. M. approuve même que l'assemblée « nommée pour juge puisse demander la permission de décer- « ner un second prix, s'il arrivait que deux citoyens eussent « des droits à peu près égaux à cette marque de distinction. « Enfin l'intention du Roi est que ces médailles deviennent « dans les familles une preuve subsistante d'un service rendu « à l'État et un titre à la protection particulière de Sa « Majesté. » Parler en ces termes de l'industrie, c'était l'honorer; mettre ce prix à ses efforts, c'était une manière ingénieuse de porter au domicile de chacun un concours qu'il n'était pas encore possible de réaliser autrement.

La suppression de l'Académie n'avait pas arrêté le cours des expositions annuelles de tableaux, de statues et de gravures; seulement le livret de 1793 porte que l'Exposition a lieu *par les artistes composant la commune générale des arts*. En 1795, 1796 et 1797, le public put donc continuer à se distraire des graves préoccupations du temps par l'examen de ce que les artistes avaient encore le courage de produire.

L'année suivante, en 1798, il s'agissait de fêter le sixième anniversaire de la République; et, pour répondre au retour d'un peu de tranquillité et de quelques rayons de confiance, le Directoire chercha ce qu'il pouvait donner en pâture à la curiosité publique. Les fêtes païennes de la Révolution étaient usées; on avait fouillé le carton de la corne d'Abondance, et on savait qu'il était vide; on avait regardé de près tout l'Olympe, et l'illusion s'était dissipée en voyant les déesses sortir du cabaret dans un état que les dieux seuls, et des dieux de même origine, pouvaient tolérer. Ces solennités renouvelées des Grecs, ces processions dans lesquelles figuraient les produits de la terre, sous la protection de Cérès, avaient donc fait leur temps. Il fallait autre chose, et, on doit le dire, depuis que la déesse Raison était cassée aux gages, la raison prosaïque, la vraie raison avait fait de sérieux progrès. François de Neufchâteau, alors ministre de l'intérieur, était un homme instruit, nourri d'idées pratiques et doué d'une remarquable intelligence. Il avait vu le vide produit dans toute la machine industrielle par la suppression des corporations, et l'immense désordre qui avait pris la place de cette organisation protectrice; il comprenait la nécessité de rattacher les uns aux autres les différents membres d'une même industrie et toutes les industries ensemble. Un concours périodique, c'est-à-dire une exposition des produits de nos fabriques, faite à l'instar de ce qui se pratiquait depuis près d'un siècle et demi pour les productions de l'art, lui parut propre à rapprocher les différents métiers qui n'avaient plus aucun lien entre eux, aucune responsabilité vis-à-vis de l'autorité, aucun moyen de se connaître et de s'entendre dans un but commun de perfectionnement et de progrès. La nouveauté de cette mesure, autant que les circonstances au milieu desquelles on en faisait l'essai, empêcha un grand nombre d'industriels d'y prendre part. Cent dix exposants seulement, presque tous des départements qui forment la ceinture de Paris, répondirent à l'appel du Directoire et exposèrent leurs produits pendant les cinq jours complémentaires de l'an VI et jusqu'au 10 vendémiaire de l'an VII. Douze récompenses furent accordées : je citerai parmi les lauréats Didot et Herhan, libraires-imprimeurs et fondeurs; Dilh et Guérard, pour leurs tableaux peints sur porcelaine; Conté, pour ses crayons à dessiner. C'était, dès l'origine, l'introduction des arts dans l'exposition de l'industrie. Bien que le Directoire n'ait eu qu'à se féliciter d'avoir ouvert cette voie de progrès pacifique à une époque de guerre et de troubles, toutefois, rien n'indique qu'on ait pressenti, dès la pose de cette première pierre, quel monument colossal on venait de fonder.

Le Gouvernement avait l'intention de renouveler ces expositions à des époques très-rapprochées; mais les fureurs de la guerre obligèrent d'ajourner la seconde aux cinq jours complémentaires de l'an IX. Ce concours dépassa, en grandeur et en résultats utiles, son aîné sous tous les rapports. Il eut lieu dans le palais des sciences et des arts : on appelait ainsi le Louvre. Les sciences et les arts ouvrirent les portes à deux battants pour accueillir l'enfant de leur union légitime, l'industrie. « Nul art ne devait être excepté, dit le programme ; « des statues se dresseront à côté des socs de charrue, des « tableaux seront suspendus près des étoffes. » L'Exposition de l'an IX eut donc ce caractère d'universalité et montra cette tendance de fusion qui est dans la raison des faits, dans l'ordre des choses, et qui, en marquant au début de cette institution, présageait son avenir. Les visiteurs passèrent sans transition étudiée, et sans être choqués de ces rapprochements, des galeries de tableaux anciens dans les galeries de tableaux modernes, des cours où l'industrie montrait avec orgueil ses produits dans les salles où les plus beaux morceaux de la sculpture antique s'offraient à l'admiration des connaisseurs.

Ce caractère particulier de l'Exposition de 1801 devait être mis ici en évidence; il en est un autre que je veux signaler : c'est l'excitation particulière que ces solennités donnèrent à l'amour-propre des producteurs, à l'ambition de gloire des fabricants. Depuis deux cents ans ce sentiment sommeillait dans l'industrie; la création de l'Académie de peinture et sculpture l'avait, je ne dirai pas tué, car il réside au fond du cœur humain, mais elle l'avait endormi, étouffé. Nos rois cherchèrent vainement à le ranimer par des titres, des logements au Louvre et des distinctions personnelles. L'industrie avait besoin de sortir de l'état d'infériorité où on l'avait placée vis-à-vis des beaux-arts. Le stimulant des expositions publiques et les récompenses distribuées à la suite vinrent à propos réveiller son amour-propre et relever son moral.

Ainsi donc les résultats de ces premières expositions peuvent déjà être ainsi caractérisés : tendance des arts et de l'industrie à se rapprocher, réveil du sentiment de l'amour-propre chez l'industriel, conscience d'une valeur égale à toute autre. Mais n'espérons pas trop de ces premières tentatives. Bien des obstacles s'opposaient encore au retour de l'heureuse fusion qui s'était montrée si féconde dans l'antiquité et au moyen âge. Le mouvement, il est vrai, était donné par ces expositions, qui plaçaient désormais dans les mêmes conditions l'artiste et l'industriel, jugés l'un et l'autre par les hommes les plus éminents d'après leur œuvre et nominativement; mais l'antagonisme subsistait, et il se produit de nouveau à la troisième exposition : les arts se détachent de l'industrie et exposent à part.

Je suis obligé, par cette raison, de suivre l'une après l'autre ces deux branches du même fleuve, courant parallèlement, s'alimentant aux mêmes sources, arrosant les mêmes contrées, et ne pouvant se joindre, séparés par cette langue de terre très-étroite qu'habitent les préjugés, la vanité et l'ignorance. Toutefois, j'indiquerai les heureux symptômes de rapprochement que signalent à l'horizon mille faits précurseurs, en conservant la confiance que cette fusion s'opérera bientôt et en y travaillant de tout cœur.

J'ai dit que les expositions des beaux-arts avaient repris leur cours annuel aussitôt après la suppression de l'Académie. Le grand salon carré du Louvre fut consacré à ces solennités. Voici le tableau de ces expositions, avec leur date précise, le nombre des exposants admis et l'indication du local qui fut affecté à leurs œuvres. J'aurais voulu placer en regard du chiffre des exposants admis le chiffre des artistes qui envoyèrent leurs ouvrages au Jury, avec l'espérance de les exposer. Je n'ai pu me le procurer avec les garanties d'exactitude nécessaires, et cependant il est évident que l'admission, se réglant sur les instructions données par le directeur du Musée et sur les dimensions du local, n'avait aucune signification, tandis que la comparaison entre les deux chiffres pouvait donner une idée de l'accroissement continu du nombre des artistes et de l'extension de la faveur accordée aux arts.

Les Expositions de 1847 et 1848 mises en regard, 2,321 exposants en face de 5,180, remplaceront, jusqu'à un certain point, le renseignement qui nous manque.

EXPOSITIONS DES BEAUX-ARTS.

ORDRE.	DATE.	NOMBRE des EXPOSANTS.	LOCAL.
1.	1793 (an II de la République française).	929	Salon du Louvre.
2.	1795 (vendémiaire an IV)..........	687	Salon du Muséum, au Louvre.
3.	1796 (vendémiaire an V)...........	871	Salon du Musée central des arts.
4.	1797 (1er thermidor an VI).........	191	*Idem.*
5.	1798 (1er fructidor an VII).........	736	*Idem.*
6.	1799 (15 fructidor an VII)..........	1,001	*Idem.*
7.	1800 (15 fructidor an VIII)........	651	*Idem.*
8.	1801 (15 fructidor an IX)..........	720	*Idem.*
9.	1802 (15 fructidor an X)..........	854	*Idem.*
10.	1804 (1er jour compl. an XII de la Rép.).	930	Musée Napoléon. (Louvre.)
11.	1806 (15 septembre)..............	705	*Idem.*
12.	1808 (14 octobre)................	834	*Idem.*
13.	1810 (5 novembre)................	1,210	*Idem.*
14.	1812 (1er novembre)..............	1,353	*Idem.*
15.	1814 (1er novembre)..............	1,442	Musée roy. des Arts. (Louvre.)
16.	1817 (24 avril)..................	1,064	*Idem.*
17.	1819 (25 août)...................	1,072	*Idem.*
18.	1822 (24 avril)..................	1,802	*Idem.*
19.	1824 (25 août)...................	2,371	*Idem.*
20.	1827 (4 novembre)................	1,834	*Idem.*
21.	1831 (1er mai)...................	3,182	Musée royal. (Louvre.)
22.	1833 (1er mars)..................	3,318	*Idem.*
23.	1834 (1er mars)..................	2,314	*Idem.*
24.	1835 (1er mars)..................	2,336	*Idem.*
25.	1836 (1er mars)..................	2,122	*Idem.*
26.	1837 (1er mars)..................	2,130	*Idem.*
27.	1838 (1er mars)..................	2,031	*Idem.*
28.	1839 (1er mars)..................	2,404	*Idem.*
29.	1840 (15 mars)...................	1,847	*Idem.*
30.	1841 (15 mars)...................	2,280	*Idem.*
31.	1842 (15 mars)...................	2,121	*Idem.*
32.	1843 (15 mars)...................	1,597	*Idem.*
33.	1844 (15 mars)...................	2,423	*Idem.*
34.	1845 (15 mars)...................	2,332	*Idem.*
35.	1846 (16 mars)...................	2,412	*Idem.*
36.	1847 (16 mars)...................	2,321	*Idem.*
37.	1848 (15 mai)....................	5,180	Musée national du Louvre.
38.	1849 (15 juin)...................	2,586	Palais des Tuileries.
39.	1850 (30 décembre)...............	3,923	Palais National (Palais-Royal).

Jusqu'à l'Exposition de 1849, les tableaux modernes furent fixés à un échafaudage de poutres, recouvert de toile verte, qu'on montait devant les tableaux anciens, et pendant six mois le musée des vieux maîtres, le musée des jeunes élèves, était envahi par le tohu-bohu de la production moderne, au grand détriment des études, au grand regret des visiteurs de la province et de l'étranger. Mais comme un flot d'inondation monte du lit du fleuve, passe sur les prairies et gagne l'habitation, ainsi la rumeur de l'indignation monta avec l'invasion des échafaudages, qui d'abord ne couvrirent que les grands tableaux du salon carré, puis s'introduisirent dans la grande galerie, cachèrent les tableaux des écoles primitives, et, chaque année empiétant davantage, s'étendirent sur les chefs-d'œuvre des maîtres italiens, qu'on avait placés à l'extrémité de la galerie, à l'entrée des Tuileries, à proximité des visites du souverain. Le roi Louis-Philippe resta sourd à ces plaintes; elles ne lui déplaisaient pas. Dans son désir de terminer le Louvre, il voyait avec plaisir tout ce qui contribuait à faire sentir la nécessité de ce grand achèvement. La République tendit aux arts une main secourable, sans y mettre de si difficiles conditions. Elle établit en principe que les études seraient respectées, que ni la jeunesse studieuse ni le public ne seraient privés des modèles qui font la science de l'une et le goût de l'autre; et quant à l'exposition moderne, qu'on se mettrait en quête d'un autre local. Le château des Tuileries fut choisi, d'abord parce qu'il était vide, et quoique ses distributions ne convinssent nullement au bon éclairage des tableaux; on essaya ensuite du Palais-Royal, avec adjonction d'un bâtiment provisoire : dispositions meilleures, quoique bien insuffisantes pour des expositions que la complaisance d'un jury débonnaire rendait colossales. Peu importe le local nouveau : ce ne fut plus la galerie des anciens maîtres, et c'était là un grand bien.

Suivons maintenant les destinées des expositions de l'industrie et leur développement matériel, et nous examinerons ensuite leurs conséquences sur le progrès des arts et de l'industrie. Voici un tableau qui résume, en quelques chiffres exacts, la marche et le progrès de ces expositions :

EXPOSITIONS DE L'INDUSTRIE.

ORDRE.	DATE.	NOMBRE DES EXPOSANTS examinés par le jury du département de la Seine.	admis par le jury du département de la Seine.	admis par les jurys de la France entière, y compris le jury de la Seine.	NOMBRE des RÉCOMPENSES décernées par le jury central.	LOCAL ET SA SUPERFICIE.
1.	1798	"	"	110	23	Cour du Louvre.
2.	1801 (du 19 au 24 sept.)	56	46	220	80	*Idem.*
3.	1802 (du 18 au 24 sept.)	158	116	540	254	*Idem.*
4.	1806 (du 25 s. au 19 oct.)	349	316	1,422	610	Esplanade des Invalides.
5.	1819 (25 août)......	585	503	1,662	869	Cour et salles du Louvre.
6.	1823 (25 août)......	905	845	1,648	1,091	*Idem.*
7.	1827 (1er août)......	1,115	1,110	1,795	1,254	*Idem.*
8.	1834 (1er mai)......	1,595	1,400	2,447	1,785	Place Louis XV, sur 14,288 mètr. carrés, dont 10,452 utilisés.
9.	1839 (1er mai)......	2,437	2,027	3,381	2,305	Carré des Champs-Élysées, sur 16,500 mètr. carrés, dont 12,800 utilisés.
10.	1844..............	2,886	2,203	3,963	3,253	Carré des Champs-Élysées, sur 17,760 mètr. carrés, dont 17,356 utilisés.
11.	1849..............	3,276	2,883	4,532	3,741	Carré des Champs-Élysées, sur 27,040 mètr. carrés, dont 24,422 utilisés.

Le nombre des exposants, qui n'avait été que de 110 en 1798 et s'était élevé à 4,532 en 1849, concordait avec la durée de l'exposition, qui de deux jours s'étendit à six mois, et avec l'espace mis à la disposition des industriels, qui avait remplacé la cour de l'ancien Louvre par le Grand carré, aux Champs-Élysées (24,422 mètres carrés). Je n'ai pu trouver le chiffre des industriels qui demandèrent à exposer dans toute la France; je donne seulement ce chiffre pour Paris : il eût été intéressant de l'avoir complet, car le nombre des exposants admis n'exprime pas les tendances de l'industrie, il rend compte des nécessités du local que les jurys d'admission subissaient. En effet, le Gouvernement exerça, dans le cours de ces cinquante années, deux actions contraires. Jusqu'en 1823, il stimula les industriels, il sollicita leur concours; mais, à partir de 1827, il fut obligé de modérer l'affluence suivant les proportions de l'espace donné par un local qu'on croyait suffisant au moment où on l'ordonnait, parce qu'il dépassait de quelque 500 mètres carrés le bâtiment de l'exposition précédente, mais qui se trouvait toujours trop restreint. La sévérité du jury était en outre sollicitée dans le but d'éloigner de cet honorable concours l'esprit mercantile et les manœuvres de la charlatanerie, qui ne tendaient que trop à l'envahir.

Si le but de ces grandes solennités avait été dès l'abord sainement compris, l'architecture aurait été appelée avant toute autre à y concourir. Ce premier des arts, cet art qui les comprend tous, n'avait pas d'autre manière d'exposer qu'en construisant le bâtiment et l'enveloppe de l'exposition; provisoires même, comme elles l'étaient, ces galeries d'expositions devaient montrer à chaque solennité le goût et les tendances de l'architecture. On négligea ce grand intérêt. Construits à la hâte, économiquement et sans autre souci que de mettre les marchandises et les visiteurs à l'abri, les bâtiments qui s'élevèrent en 1806 sur l'esplanade des Invalides, en 1834 sur la place Louis XV, en 1839, 44 et 49 sur le Grand carré, dans les Champs-Élysées, ne présentèrent pas même ce qu'il était possible de faire avec des moellons, des planches et de la toile peinte, et l'architecture entra piteusement dans ces constructions éphémères pour montrer quelques matériaux de construction entassés et sans signification.

Je ne veux pas faire l'histoire de ces précieuses solennités; expositions des arts, expositions de l'industrie ont eu, dans leur surprenante progression et dans leur succès populaire, le sort des institutions humaines. Elles ont parcouru le cercle de leur influence utile; elles ont produit le bien, elles se sont usées dans cette action continue d'un demi-siècle, et elles demandent aujourd'hui l'une et l'autre à renaître dans une fusion des mêmes intérêts, des mêmes efforts; fusion, rapprochement qui se traduira en expositions vraiment universelles, et dans lesquelles l'art donnera la main à l'industrie, non pas comme à une esclave qu'on relève de sa déchéance, mais comme à l'épouse qu'on est fier d'asseoir à ses côtés.

L'exposition des tableaux, statues et gravures remplaçant celle des académiciens, dut se soumettre à des conditions nouvelles pour répondre à un but entièrement différent. Ce n'étaient plus les œuvres d'un petit nombre d'artistes dont le mérite était constaté par leur position même, et qui consentaient à montrer à un public restreint des tableaux commandés à l'avance pour une destination spéciale; c'était le concours où tous venaient faire leurs preuves et tenter la fortune du succès et de la célébrité, sans autre droit que le talent, sans autre juge qu'une foule d'amateurs désormais immense. Ne perdons pas de vue le changement radical introduit dans la société par la révolution, et dans les arts par l'absence d'organisation. D'un côté, un public chaque jour plus nombreux voulant participer aux jouissances du luxe, et au luxe par excellence, qui est le culte des arts; de l'autre côté, une foule de jeunes gens se jetant avec ardeur dans une carrière devenue lucrative et produisant, bon an mal an, tableaux et statues par milliers. Une direction habile aurait pu sans doute faire tourner cette disposition générale du public et ce flux de talents au profit de l'art appliqué, soit en peintures murales, soit en sculpture associée à l'architecture dans les édifices publics et les demeures particulières; mais laissés à eux-mêmes et n'ayant de débouchés à leur activité que dans les expositions publiques, les artistes se formèrent une manière mesquine et un goût de petit genre qui permettent de produire, sans préoccupation de la destination, des œuvres faciles et de petites dimensions, qui conviennent à tous les appartements, à toutes les fortunes, à tous les goûts. De ce moment, l'artiste envoya des productions banales au Louvre, comme au marché, et les vendit au plus offrant; puis, sans s'apitoyer sur le sort de ces enfants abandonnés au tour de l'exposition, il recommença d'autres tableaux et d'autres statues pour l'exposition suivante. Le Gouvernement ne tarda pas à se préoccuper de cette situation nouvelle, et pour que ces concours ne devinssent pas un bazar, il institua un jury chargé de repousser la médiocrité et de n'admettre que des œuvres d'un mérite supérieur. En même temps, pour donner aux artistes le loisir de mener à bien des conceptions mûrement élaborées, il décida que les expositions n'auraient lieu que tous les deux ans. Avec ces garanties, on espérait que les expositions exerceraient une influence favorable sur l'artiste et sur le public, qu'elles éclaireraient l'un par l'autre; mais leur retour périodique, même à deux années de distance, apprit aux artistes qu'il n'était pas de meilleure occasion pour se mettre en vogue et vendre ses tableaux, qu'il fallait en deux mots travailler pour l'exposition. Quand cette malheureuse tendance fut devenue presque générale, le besoin d'un bazar se fit sentir; on demanda l'exposition annuelle, on s'ameuta pour l'obtenir, et le roi ayant été assez faible, en 1838, pour l'accorder, les exposants n'eurent plus d'autre but, d'autre ambition que de solliciter le riche amateur et le marchand de tableaux. Depuis lors, l'influence de ces foires annuelles de tableaux, aquarelles et gravures fut nulle, quand elle ne fut pas pernicieuse. Ceux qui conservaient la noble ambition de parvenir à une réputation de bon aloi, par des travaux consciencieux, renoncèrent à se commettre dans la foule, ou, s'ils continuèrent à y figurer, on peut d'autant mieux croire qu'ils auraient eu sans les expositions ce même sentiment de leur haute mission. Mais le nombre des artistes que ces concours publics entraînèrent à la recherche des succès éphémères obtenus par le charlatanisme des moyens, ici par les dimensions des toiles, là par la couleur et l'effet, un jour par cette mode, un autre jour par la réaction contraire, ce nombre fut d'autant plus grand que cette fièvre mercantile, devenue plus lucrative, venait chaque année, à jour fixe, s'emparer des esprits. De ce moment, l'invasion de l'industrie dans l'art était un fait accompli et un malheur; nous allons examiner comment, par un chemin différent, mais aussi par le développement des expositions, l'art fit irruption dans l'industrie, par la fausse porte il est vrai, en se facilitant pour des temps rapprochés une entrée plus légitime.

Les expositions de l'industrie étaient indispensables après la dispersion des corps de métiers; elles ont remplacé le contrôle qu'ils exerçaient sur chaque industrie, et elles ont permis de nouveau d'établir entre les produits une comparaison qui se faisait naturellement autrefois dans chaque quartier industriel. Au stimulant de la réputation conquise parmi ses pairs elles ajoutaient l'honneur d'être remarqué par un grand concours de visiteurs, d'être examiné et récompensé par les hommes éminents de la science, d'être proclamé au nombre des plus dignes par le chef de l'État au milieu d'un appareil solennel. L'influence des expositions de l'industrie fut donc bonne; quelle cause pouvait en compromettre les heureux résultats? L'esprit mercantile, qui trouvait dans ces concours des appâts de toutes sortes. Inutile d'exposer en détail ce mauvais et ce petit côté d'une grande institution. Il a suffi de composer l'administration de gens intègres, et le jury d'hommes supérieurs, désignés au respect de tous par leurs travaux, pour lutter contre les tendances mauvaises et pour maintenir aux expositions de l'industrie le caractère élevé d'une lutte d'honneur.

Le Gouvernement, en effet, avait reconnu qu'il devait rester maître de ces grands concours, afin de leur assurer toutes les conditions de franchise, d'impartialité et de loyauté qui appartiennent aux institutions publiques. Pour exposer les produits de l'industrie, il choisit, comme pour les arts, le plus beau des palais, et quand le Louvre fut trop petit, il construisit, aux frais de tous, un local suffisant, où tous purent entrer sans rien payer, considérant avec raison que cette lourde dépense était largement compensée par l'instruction et le bon goût que tous les visiteurs, depuis le plus haut placé sur l'échelle sociale jusqu'à celui qui reste au dernier échelon, viendraient y puiser chaque jour gratuitement et librement. Non content de placer l'administration dans les mains les plus désintéressées, il institua deux jurys composés des savants les plus compétents. L'un, le jury d'admission, formé, dans la capitale et dans tous les chefs-lieux de départements, des hommes pratiques qui connaissent le mieux la position des industriels, afin d'éloigner du concours les débitants et les amateurs, les gens mal famés ou ceux dont la situation financière pourrait être compromise; formé aussi d'hommes de goût qui savent faire pencher la balance en faveur d'intermédiaires utiles, d'artistes hors ligne qui se vouent à l'industrie, d'inventeurs enfin qui n'ont pour patente et pour raison sociale que leur génie. Quand ces jurés ont terminé leur pénible et ingrate mission, sans en tirer d'autre récompense que le sentiment d'un devoir de justice accompli, les objets admis sont disposés dans le Palais de l'Industrie par l'Administration, avec l'intègre impartialité qui est le droit de chacun et avec le goût qui ajoute au mérite des objets. Alors le second jury, celui qui juge et qui récompense, entre en fonctions. Onze fois déjà ces jurys ont exercé leur magistrature, et si l'on étudie leur composition, on s'explique comment une enquête qui a porté sur d'innombrables objets exposés par plus de quatre mille industriels a pu être terminée en trois mois et provoquer jusqu'à 1,500 jugements motivés, non sans froisser bien des amours-propres, mais sans susciter la moindre réclamation. Les plus hautes sommités de la science, des artistes aimés du public, des hommes de goût voués par caractère à tous les perfectionnements, ont donné leur réputation, leur savoir, leur désintéressement, en garantie de leurs décisions dans cette action solennelle de la justice.

Comme membre du jury d'admission du département de la Seine et du jury des récompenses, j'ai suivi depuis vingt-cinq ans les progrès de ces expositions; je laisserai cependant à un autre le soin de les raconter. Je veux faire ressortir uniquement la place modeste que les arts, sans avoir conscience de leur valeur, y occupèrent à l'origine, le rang plus élevé qu'ils s'attribuèrent à chaque exposition, l'importance prédominante et supérieure qu'ils y ont acquise de nos jours. Cet envahissement bienfaisant, cette condition obligée de tout succès, cette marque caractéristique d'une fabrication de premier ordre, mieux appréciée par les exposants, à mesure que le Jury y attachait la plus grande part de ses récompenses, conduisit les juges, de conséquence en conséquence, à rechercher, dans l'examen du mérite des fabricants, la part qui revenait, non plus au chef de l'établissement, à l'homme d'affaires, au capitaliste, mais à l'artiste qui fournissait ses modèles, au contre-maître habile qui dirigeait ses ateliers, à l'ouvrier intelligent qui perfectionnait lui-même, dans la pratique de chaque jour, les moyens d'exécution.

Dès l'Exposition de 1819, le ministre de l'intérieur appelait l'attention des préfets sur ces mérites trop longtemps tenus à l'écart et dans l'ombre : « Faites-vous rendre compte, leur « écrivait-il, des découvertes qui pourraient avoir amené, « depuis dix ans, une amélioration notable dans une branche « quelconque de l'industrie manufacturière de votre départe-« ment, et signalez-moi les savants, les artistes, les ouvriers « auxquels on en est redevable. Un mécanicien, un simple « contre-maître, ou même un ouvrier doué d'un esprit obser-« vateur, ont quelquefois, par d'heureuses découvertes, élevé « tout à coup des manufactures au plus haut degré de prospé-« rité. Ces hommes industrieux cherchent rarement la for-« tune; ils s'oublient eux-mêmes et ne songent qu'aux progrès « de l'industrie. Le plus modique salaire est, pour l'ordinaire, « tout le prix qu'ils recueillent de leurs importants travaux. « Ce sont ces artistes que le roi a voulu honorer par son ordon-« nance du 9 avril dernier. »

Cette ordonnance instituait, dans chaque chef-lieu de département industriel, un jury composé de fabricants chargés de connaître des droits de chacun et de faire parvenir au jury central des récompenses un rapport capable de l'éclairer.

La date de ces recommandations et de cette sollicitude explique la recherche de popularité qui animait le gouvernement de la Restauration à cette époque de l'établissement libéral de la légitimité; il faut dire aussi qu'elles étaient dictées par les meilleurs sentiments d'humanité et de justice. On ne peut lui faire un tort d'avoir soulevé la difficulté la plus grande, une difficulté jusqu'à présent insoluble, et dont le Jury ne s'est jamais bien tiré, car c'est une de ces nécessités qui s'avancent d'elles-mêmes quand on ne sait pas marcher résolûment à leur rencontre.

Je traiterai cette question plus loin et j'en exposerai en même temps la solution. Je ne veux ici qu'en indiquer les embarras pour expliquer et excuser les hésitations du jury chargé de distribuer les récompenses. Les arts, en ajoutant à presque toutes les industries quelque chose de leur charme séducteur, donnèrent chaque jour aux artistes une place plus importante dans la fabrique. C'était le début d'un retour heureux vers cette ancienne association naturelle dont j'ai signalé dans les temps passés, et chez tous les peuples bien doués, les heureux résultats. Des fabricants, quoi qu'il leur en coûtât, non-seulement en gros appointements, mais en soumissions de toutes sortes, pour complaire à des caractères fantasques et difficiles, attachèrent des artistes de talent à leur établissement; mais ils pensaient que, supportant tous les frais, tous les risques de l'entreprise, ayant la charge de la direction et la responsabilité d'une expérience difficile à acquérir pour louvoyer au milieu des caprices de la mode et des fluctuations commerciales, ils avaient le droit, non pas de s'approprier des dessins qu'ils n'avaient pas faits, mais de comprendre dans leurs titres de bons fabricants le mérite d'avoir fait faire ces dessins, le mérite plus grand de les avoir appropriés à leur fabrication, enfin, et comme dernier titre, le mérite d'avoir établi, d'après ces dessins, de bonne marchandise qui, rivalisant avec la concurrence étrangère, enrichissait en même temps la France et leur famille. Cette opinion était partagée par la grande majorité des membres du jury, et elle repose, il faut le dire, sur les idées les plus saines de la justice, et sur la nécessité de protéger les droits et l'autorité du chef qui, de même que le pavillon du haut du mât couvre la marchandise, du haut de sa responsabilité domine l'entreprise entière.

La circulaire de 1819 vint bouleverser cette manière de voir, avant qu'il fût bien urgent d'en adopter une autre. Vous récompensez les produits de l'établissement dans son chef; si vous allez plus loin, si vous faites dans le succès la part de l'artiste, du contre-maître, de l'ouvrier, qui empêchera le souffleur de la forge, ou le portier qui tire complaisamment le cordon, de réclamer leur part de récompense? Voyez quel désordre dans la hiérarchie, quelle atteinte à la subordination, quel appât jeté à toutes les prétentions. Où trouver un jury qui se croira assez éclairé sur les mérites, en quelque sorte secrets, de la fabrication, pour procéder à cette répartition? Vous en remettrez-vous au chef de l'établissement? Dans quelle position le placez-vous vis-à-vis de ses ouvriers? La famille industrielle est-elle donc déjà si unie qu'une nouvelle cause de discorde, jetée au milieu d'elle, soit bien utile? Voilà tout ce qui se disait avec raison en 1819, tout ce qu'on répéta moins bruyamment en 1824 et 1829; mais l'intervention de l'art dans l'industrie prit alors des proportions telles, et on comprit si bien l'intérêt qu'elle avait à recevoir l'aide des artistes de talent, que tous les esprits pratiques convinrent que, dans une certaine mesure et dans des cas exceptionnels, l'artiste avait sa valeur propre et son mérite à part, dignes d'être récompensés à côté et en dehors du fabricant qui, selon lui, l'exploitait. Quand l'armurier Lepage donnait à Vechte un lingot d'argent, et que, sans aucune intervention de sa part, cet excellent ouvrier, cet habile artiste, lui rendait un bouclier qu'il avait laminé et repoussé en composition énergique, en ornements ravissants, Lepage, l'industriel, ne pouvait être récompensé seul sans une souveraine injustice; Vechte, l'ouvrier artiste, avait des droits égaux : l'un, comme le chef de l'établissement, acceptant le projet, tentant l'entreprise, engageant ses capitaux; l'autre, comme l'ouvrier habile qui exécute et crée. J'en dirai autant des tableaux composés pour les papiers peints des maisons Zuber et Delicourt, des ornements modelés par Lienard pour les pâtes de Cruchet, des modèles fournis par Barye, Lechesne, Moreau et tous les artistes pour les bronzes de Susse et de ses confrères.

Ajoutez à ces droits, compliqués des droits de l'industriel, ceux que les artistes réclamèrent en leurs noms propres, quand les fabricants, dégoûtés d'entretenir à grands frais des peintres capricieux, trouvèrent plus commode et aussi avantageux de prendre de côté et d'autre, et de toutes mains, les idées qui leur étaient proposées par les artistes. De ce moment le fabricant lui-même reconnaissait la nécessité, la convenance d'un partage; car cette composition, qu'il n'avait ni inspirée ni dirigée, dont la propriété commerciale seule lui appartenait, l'artiste venait l'exposer sous la rubrique de dessin industriel et en son nom. Dès lors l'artiste, admis comme exposant, tranchait toute difficulté; le jury dut examiner ses œuvres, et des dessinateurs d'une grande habileté, des sculpteurs de talent, furent récompensés d'une manière toute libérale.

Ainsi donc deux tendances, contraires en apparence, mais en réalité parfaitement concordantes, sont en présence: l'art porté, par l'accroissement du nombre des artistes et des acquéreurs d'objets de luxe, à se faire industriel; l'industrie poussée, par les goûts du public et le progrès de la fabrication, à se faire artiste; les expositions secourables à ces deux tendances et l'exposition universelle attendue par les esprits clairvoyants comme le lien naturel et la fusion obligée de l'art et de l'industrie. L'État, ou ce qui le représente dans les rouages administratifs, la direction des beaux-arts, ne comprit pas la puissance de ce mouvement et s'y opposa, au lieu de s'y associer. Épousant tous les préjugés de l'Académie des beaux-arts, ces vieux préjugés qui entourèrent son berceau et semblent inhérents à cette compagnie, l'État ne vit qu'un côté de l'art, au lieu d'en embrasser de haut tous les intérêts. Aux artistes il défendit de se faire industriels, aux industriels il ne sut aucun gré de se faire artistes, et, pataugeant dans cette contradiction, tandis que le jury de l'industrie marchait dans la voie du progrès en ouvrant les bras aux artistes, lui et le jury des beaux-arts, son interprète, acceptant les limites créées par des vanités aveugles, proscrivaient impitoyablement les artistes qui avaient eu le malheur de passer, pour un jour, pour une œuvre seulement, dans le camp de l'industrie. Une fois cette limite franchie, l'artiste était marqué d'une tache indélébile, c'était un artiste industriel, et l'entrée du salon du Louvre, des galeries du Luxembourg, aussi bien que du bureau des commandes faites par l'État, lui était à tout jamais interdite. La plupart des artistes, élevés par leurs maîtres dans ces idées mesquines, partageaient eux-mêmes et partagent encore cette manière de voir. Réduits par l'enseignement de l'école à des œuvres sans signification, ils marchent dans la voie étroite qu'on leur a tracée, et sentant leur impuissance, ils la cachent sous les grands mots de la dignité de l'art, de l'indépendance du génie et autres misères dont je n'irai pas grossir ces pages.

Comme dans tout déplacement des idées, comme dans tout déclassement des individus, il est une phase pénible à passer : nous subissons aujourd'hui la peine de cette transformation. J'examinerai plus loin quelles mesures devront être prises, quelles institutions fondées, quelle direction générale donnée aux esprits pour lutter contre des préjugés aussi tenaces. Dans ces mesures seront comprises des adjonctions nouvelles à la liste des jurys de l'industrie, afin que l'art appliqué ait ainsi des juges compétents, non pas parmi les grands artistes, qui dédaignent cette tendance de l'art et n'en comprennent ni le mérite ni les difficultés ; non pas parmi les fabricants, dont le goût n'a pu se former que sous les influences de la mode ; mais parmi les hommes qui font de l'art et de son histoire l'affaire de leur vie entière, et qui ont exercé leur jugement à rechercher dans les œuvres du passé ce qui peut convenir et à nos arts et à notre industrie.

L'Exposition de 1849 eut lieu au sortir d'une révolution et sous un gouvernement précaire ; cependant la marche ascendante des progrès ne s'était arrêtée ni devant le désordre des idées ni devant le désordre de la rue, et peu s'en fallut même qu'en dépit de circonstances si défavorables, le développement naturel, obligé, de cette institution ne fût proclamé à cette époque par un ministre intelligent. Il n'y a pas à en douter, M. Thouret agita très-sérieusement la question d'une exposition étendue aux produits de tous les genres et de toutes les nations; il avait la pensée de faire une exposition universelle des arts et de l'industrie. Mais le Gouvernement de Février, sorti de l'émeute, et qui eût dû en avoir assez l'habitude pour ne pas la redouter, recula devant celle des cotons, des tapis, des faïences et des glaces. Creil et Baccarat, Mulhouse et Saint-Gobain firent retentir des plaintes exagérées; les plus grandes maisons industrielles déclarèrent que si l'Angleterre, la Suisse et la Belgique exposaient en France, c'en était fait de leur industrie, et qu'elles n'exposeraient pas. Le Gouvernement, au lieu de faire attention à cette levée de boucliers, à ce soulèvement d'intérêts mal entendus et coalisés pour la défense de leurs priviléges, au lieu de prêter l'oreille à ces cris du découragement et de la peur, eût dû consulter les artistes et les belles industries qui font la richesse de la France. On lui eût dit unanimement : « Ouvrez vos portes au monde entier, il est notre tributaire depuis des siècles : ce qu'il fait venir à grands frais, il le trouvera ici; s'il nous apporte quelque produit que nous ne fabriquions pas, nous nous instruirons, et si cela en vaut la peine, avant la fin de l'Exposition, nous le ferons mieux que lui. » Au lieu de consulter les vrais créateurs de l'industrie, le Gouvernement accepta l'avis de ceux qui l'exploitent.

Par cette opposition, aveuglément intéressée, la France, qui avait fondé et conduit, assise par assise, les expositions des arts et de l'industrie à cet immense progrès, se vit privée de l'honneur de les amener à leur complet développement. Le 3 janvier 1850 parut à Londres une ordonnance de la reine Victoria, qui annonçait au monde entier qu'une commission royale était formée, sous la présidence du prince

Albert, pour organiser une exposition universelle destinée à réunir, au 1er mai 1851, dans la capitale des trois royaumes unis, les produits des arts et de l'industrie. Le Gouvernement français ne pouvait manquer de répondre à cet appel, et il chargea une commission, formée des présidents du jury de l'industrie de 1849, de préparer notre contingent dans la grande armée pacifique. La première réunion eut lieu le 16 mars 1850 [1].

TRAVAUX DE LA COMMISSION FRANÇAISE

À PARIS ET À LONDRES.

L'Angleterre, copiste hardie, nous avait enlevé l'initiative d'une Exposition universelle; il n'y avait qu'un moyen de répondre dignement à son appel loyal et confiant, c'était de la battre sur son propre terrain. Avec quelles armes? avec toutes, mais surtout avec celle qui, la plus faible en apparence, est en réalité la plus forte dans nos mains : avec le bon goût, cette expression de l'art. Cependant une difficulté se présentait. Peuple pratique, les Anglais avaient ouvert aux produits des beaux-arts l'entrée du palais de l'Industrie, en même temps qu'à tous les autres produits de l'industrie humaine; mais, comme une innovation n'obtient le droit de circuler qu'après avoir fait signer son passe-port par la routine, ils reculèrent devant l'immensité de la conséquence, et la commission royale eut la singulière idée d'admettre la sculpture, l'architecture, la gravure, et de repousser la peinture. Voici d'après quels principes : « La sculpture, disait-elle, fournit ses artistes à l'industrie pour décorer une pendule, pour sculpter un meuble; l'architecture se

[1] La commission, nommée par M. Dumas le 28 février 1850, n'était composée que des douze présidents des commissions du jury de 1849 : j'en faisais partie à ce titre; mais par un second arrêté, du 11 mars de la même année, elle fut augmentée de diverses adjonctions. Dans la séance du 16 mars, elle comptait vingt-trois membres et se divisa en six commissions. La sixième, celle des beaux-arts, dans laquelle on m'avait placé, était composée de MM. Fontaine, architecte; Armand Séguier, Ebelmen, de Lavenay et Delambre.

combine avec l'industrie du potier, du fondeur, et elle donne les profils et les dessins de toutes sortes de décorations; la gravure s'exécute sur du cuivre et s'imprime avec une presse : ces arts sont industriels. Tout au contraire, la peinture transmet sur la toile un ordre d'études, de sujets, de passions, qui sont étrangers à l'industrie : donc elle sera exclue. » On pouvait répondre que la peinture, qui puise ses inspirations dans la nature, vient autant en aide à l'industrie que la sculpture, dans les compositions qu'elle fournit aux fabricants de papiers peints, dans les études harmonieuses de couleurs qu'elle donne aux tissus, dans les combinaisons infinies qu'elle imagine pour tous les genres de broderie. On semble avoir compris la force et la valeur de ces objections; mais, n'osant pas aborder franchement la grande pensée de l'union des arts et de l'industrie, on maintint l'exclusion de la peinture d'histoire en décidant, par un compromis, que les dessins, les miniatures, n'étant pas de la peinture, seraient admis, ainsi que toute composition, même peinte, destinée à l'industrie.

La décision de la commission royale de Londres étant souveraine, nous devions nous y soumettre, et dans ces limites, aussi arbitraires que mal fondées, faire nos efforts pour établir aux yeux du monde notre supériorité. Malheureusement nos artistes prenaient en grande indifférence l'appel qui leur était fait. Ce n'était ni le trouble apporté dans les études par une révolution, ni le découragement, conséquence de l'interruption des travaux et des commandes, ni la crainte de faire courir les risques d'un long voyage à des œuvres délicates et précieuses, qui les détournaient de ce concours : c'était une cause plus futile et plus grave à la fois; elle doit être franchement déclarée. J'avais sollicité et obtenu de la commission préparatoire française la mission de parcourir nos ateliers et de stimuler le zèle. J'allai partout, je ne trouvai de sympathie nulle part. « L'art n'est pas de l'industrie, me répondirent nos artistes; qu'irons-nous faire dans un bazar? » Porté par l'ensemble de mes études à n'admettre aucune distinction entre l'art et l'industrie, trouvant les esprits les plus éminents rebelles à cette idée, je me creusai la tête pour parvenir à préciser la distinction qu'ils prétendaient établir et pour amener le rapprochement qui me paraissait si désirable. Je disais à chacun : « L'artiste est l'homme heureusement doué, qui sait trouver dans toute la nature ce qui s'associe le mieux à sa pensée, à son sentiment, à ses passions, et qui parvient, avec les ressources matérielles mises à sa disposition, à donner une forme saisissable pour tous à sa pensée, à son sentiment, à sa passion; et cette forme, qui est sa création, n'est cependant que la reproduction de ce qu'il y a de plus beau dans la nature. L'industriel qui est artiste, ou l'artiste qui s'est fait industriel, n'est pas autre chose. Ah! s'il était un art qui ne demandât pas d'étude, un art naturel, il est évident qu'il serait supérieur à l'industrie, qui doit compter et grandement compter avec les moyens matériels qu'elle met en œuvre; mais le sculpteur n'est-il pas obligé de se préoccuper des conditions de son marbre, de la grandeur qui est fixée, de l'emplacement qui est destiné à sa statue; le peintre a toute une éducation à faire pour devenir maître des mille petits moyens avec lesquels on produit cette illusion conventionnelle qui s'appelle la peinture; le musicien a des difficultés et des limites d'exécution; le poëte et l'orateur eux-mêmes ont les exigences d'une langue parlée dont ils doivent suivre les règles, dont il leur est défendu de franchir les bornes définies. Bref, musicien, poëte, artiste, industriel, ont un égal labeur, partant un égal esclavage. Faudra-t-il chercher la distinction dans la destination de l'œuvre, comme on tenta de le faire au moyen âge? ce qui est religieux et destiné à Dieu sera de l'art, le reste du métier; qui voudrait de cette séparation subtile et déraisonnable? Est-ce la matière qui fait l'art? Un tableau, dès qu'il est peint sur toile, et une statue, parce qu'elle est sculptée en marbre, appartiendront-ils de droit à l'art? et si je peins ce tableau en émail sur plaques de fer ou sur morceaux de lave de 3 mètres carrés, ou si je repousse le bas-relief et la statue dans le cuivre, l'argent ou l'or, n'aurai-je fait qu'une œuvre industrielle? Quelle est donc cette limite si profonde qu'on la dépasse sans s'en apercevoir, si grande qu'on ne parvient pas à la distinguer? Convenons qu'elle n'existe que dans les prétentions malheureuses des artistes et dans les habitudes routinières du public. » J'eus beau dire, j'eus beau prendre en exemple les plus grands artistes de l'antiquité et de la Renaissance, rien n'y fit. C'était un préjugé enraciné, et qu'y a-t-il de plus fort qu'un préjugé? L'opinion de l'Académie peut-être? Je le pensais alors, et je fis porter la question devant la classe des beaux-arts de l'Institut, espérant qu'un appel éclairé, venant de si haut, effacerait ces lignes de démarcation que le temps et les progrès, la marche des idées et la fusion des classes ont balayées depuis longtemps. Je m'étais trompé : la vieille querelle de l'art et des métiers se réchauffa comme au premier jour de la création de l'Académie de peinture et de sculpture. L'illustre corps décida que ses membres et les artistes seraient engagés à ne pas se commettre à Londres avec l'industrie. Messieurs les membres de l'Institut voulaient être conséquents avec eux-mêmes; ne s'exprimaient-ils pas ainsi, en 1842, par l'organe de M. Raoul-Rochette, leur secrétaire perpétuel, au sujet de quelques reproductions excellentes et populaires de la statuaire moderne : « Que le propriétaire d'une statue la « fasse mouler pour en distribuer les épreuves entre ses amis, « cela se voit tous les jours; puis qu'une de ces épreuves, par « vente, par échange ou de toute autre manière, vienne à « tomber dans les mains d'un de ces spéculateurs qui ont à « leur disposition la machine Collas ou toute autre machine « analogue, c'est ce qui ne peut manquer d'arriver souvent: « voilà tout d'un coup la statue reproduite de toute dimension, « la voilà mise à la portée des goûts les plus frivoles, rabaissée « au niveau des usages les plus vulgaires, et voilà l'art tout en- « tier dégradé dans un de ses chefs-d'œuvre. Ce n'est pas une « simple supposition qu'on se permet ici, c'est un fait qu'on « exprime et qui tend à s'établir en habitude. N'avons-nous « pas vu le *Spartacus* de M. Foyatier et l'*Eurydice* de M. Nan- « teuil réduits en figurines et convertis en modèles de pen- « dules? » Voyez-vous ce grand malheur et cette abomination dans la désolation! Parce qu'une statue est placée sur un dressoir, cesse-t-elle d'être conçue dans toutes les données de l'art? Parce qu'un tableau entre dans la composition d'un meuble qui lui sert d'encadrement, cesse-t-il d'être une production de la pensée exprimée par les ressources de l'art? Qu'une fleur soit imitée par l'habileté du sculpteur en bois, par l'adresse des combinaisons artificielles, par les ressources non moins artificielles du pinceau de Saint-Jean, n'est-ce pas toujours le miroir de la nature, et cette imitation parfaite, quelle que soit la matière employée, le mode de fabrication et l'application qu'elle reçoit, n'est-elle pas du domaine de l'art, qui est l'industrie humaine? Benvenuto Cellini faisait des meubles et Raphaël des peintures pour les tapisseries; l'un et l'autre auraient demandé à exposer, si Léon X avait ouvert les salles du Vatican aux produits de l'industrie.

Les hommes isolés ont heureusement des idées plus libérales que les corps auxquels ils appartiennent: les académiciens Pradier et Lemaire cédèrent à mes instances, et fort de ces exemples j'entraînai quelques artistes. J'avais besoin de donner ces détails pour expliquer la part proportionnelle des récompenses accordées à la France, et les difficultés que j'ai dû surmonter pour nous maintenir dans cette proportion, tandis que nous aurions eu une supériorité incontestée, si un plus grand nombre de nos artistes avaient voulu exposer.

Les opérations du Jury d'admission terminées à Paris [1], la commission française du Jury international se rendit à Londres [2] et tint sa première réunion générale le 13 mai 1851, dans l'hôtel du commissariat français. Il ne m'appartient pas de vanter les sentiments qui animaient ces trente Français dési-

[1] Le jury central de l'Exposition de 1849 reçut cette mission pénible. Nous fonctionnâmes à la gare du chemin de fer du Nord du 1er février 1851 au 6 avril de la même année.

[2] La commission française du Jury international fut « chargée », par un arrêté de M. Buffet, ministre du commerce, en date du 7 avril 1851, « d'aller, sous la présidence de M. le baron Charles Dupin, étudier l'Exposition, défendre les droits et les intérêts de nos exposants dans le sein

gnés par leurs travaux et choisis par le Gouvernement pour juger ce grand concours et y défendre les intérêts de la France; je ne parlerai que de la haute idée qu'ils se faisaient de leur mission et du consciencieux dévouement qu'ils portèrent tous dans son accomplissement. Je tairai aussi les souvenirs charmants de ces séances, où les grands intérêts confiés à notre patriotisme étaient discutés avec le même sérieux, avec un sens aussi positif que dans le Jury anglais, mais avec un entrain, une gaieté, un esprit qui n'avaient rien d'international. C'était encore, pour notre petite colonie, une manière de représenter la France.

Après une première entente sur la manière de procéder uniformément dans nos commissions particulières, nous allâmes chacun rejoindre les classes auxquelles nous appartenions, et nos travaux commencèrent.

TRAVAUX DU JURY INTERNATIONAL.

ÉTUDE GÉNÉRALE SUR LES BEAUX-ARTS À L'EXPOSITION DE LONDRES.

Le Jury des beaux-arts, formant le Ve groupe et la XXXe classe, était composé d'artistes distingués et d'hommes de goût venus des quatre coins de l'Europe. Les uns et les autres, accessibles à tout ce qui est original dans les créations modernes, avaient trop vu de choses, trop examiné de monuments et d'objets d'art, trop bien étudié les mille variations du goût et de la mode, depuis l'antiquité jusqu'à nos jours, pour se laisser prendre, pour s'émerveiller beaucoup à la vue des pastiches de toutes sortes que nous exposâmes à Londres comme des produits de nouvelle création française. Aussi les jurés de la classe des beaux-arts furent sévères dans leur

« des jurys mixtes de Londres comme dans le jury général des présidents, « qui devait décerner les récompenses aux exposants; enfin, de rendre « compte au Gouvernement français, dans un rapport d'ensemble délibéré « par tous ses membres, des progrès de l'industrie des nations concurrentes « attestés par l'Exposition, et aussi de présenter ses vues sur les moyens de « perfectionnement suggérés par ce parallèle. »

appréciation, et quelque soin que j'aie mis à dissimuler des défauts trop évidents, à vanter des qualités et des mérites que je savais très-contestables, ils discernèrent avec un juste coup d'œil le désordre général qui, des idées, avait passé dans l'exécution. Ils virent des imitations plus ou moins heureuses de la Renaissance, du style des règnes de Louis XIV, Louis XV et Louis XVI, ainsi que des amalgames malheureux de tous ces styles; pour de l'originalité, pour de la pureté de formes et d'ornementation, ils la cherchèrent partout dans notre exposition sans la trouver nulle part, et le résumé de leur opinion fut que la France devait incontestablement à la protection éclairée que ses souverains ont toujours accordée aux arts d'être une nation artiste, mais aussi que la France était dans une mauvaise voie et compromettait sa réputation au lieu de la soutenir.

Cette opinion était malheureusement juste et fondée, tant que la France était considérée à part, ou mise en parallèle, art et industrie, avec les grandes époques; mais comme il s'agissait d'un concours et d'une distribution de récompenses, il fallut nous comparer avec nos concurrents, et, de ce moment, le triomphe de la France fut assuré.

Mais il est des victoires qui équivalent à des défaites, et celle que remporta la France à l'Exposition de Londres aurait ce caractère, si nous ne l'acceptions pas comme un sévère avertissement. En effet, le Jury des beaux-arts constata, et tous les visiteurs intelligents ont dû le reconnaître, que nous avions une supériorité générale qui tenait moins au génie de la nation, aux règles précises d'une esthétique supérieure, au choix heureux des modèles, qu'à un goût fin et distingué qui plane sur tout, qui fait excuser les plus fâcheux écarts, en faisant valoir les plus modestes inspirations et jusqu'aux moindres créations. Pour nous, la question est de savoir si ce goût sera longtemps notre monopole; si, au contraire, les nations étrangères, nos rivales, ne marchent pas rapidement à la conquête de cette toison d'or, sinon pour nous l'enlever, au moins pour la partager avec nous. Je m'efforçai de me rendre compte de ces positions respectives de l'art et des industries du monde en suivant la marche des travaux de la XXXe classe, qui se prêtaient très-bien à cet examen général.

En effet, la mission de cette classe, qui formait un groupe dans le Jury de Londres, ne se bornait pas à l'examen des productions qui se rangent naturellement dans les beaux-arts, comme l'architecture, la sculpture, la peinture et la gravure. La commission royale a divisé le Jury et a réparti les objets exposés en trente classes, formant six grandes divisions nommées groupes. Les beaux-arts comprennent la sixième division. Ils viennent les derniers, parce qu'ils donnent la dernière main aux productions de la terre, aux productions du ciel, aux productions des hommes, qu'ils sont la dernière perfection et comme le dernier mot de l'industrie humaine. Ils forment une division à part, mais ils sont mêlés à toutes les classes, et les instructions de la commission royale autorisaient le groupe des beaux-arts à récompenser le mérite artiste partout où il se rencontrerait. C'est donc moins une industrie particulière que nous étions appelés à juger, que toutes les industries dont nous avons apprécié les tendances et dont nous avons signalé les chefs-d'œuvre sous le rapport de l'art.

La marche de nos travaux fut modifiée suivant la nature de ces obligations. Les quinze membres de la XXXe classe examinèrent ensemble l'Exposition tout entière et décidèrent quels étaient les objets qui rentraient dans leur examen, soit parce qu'ils y appartenaient suivant la classification établie par la commission royale, soit parce qu'ils ressortissaient à la classe des beaux-arts par l'excellence de l'exécution, et bien que déjà soumis à un point de vue différent à l'examen d'autres jurés.

Je résumerai en peu de mots l'opinion que je me suis faite sur les arts et l'industrie de toutes ces nations. J'ai appelé à mon aide les souvenirs de mes voyages et les collections que, en dehors de l'Exposition, Londres offrait à la curiosité des étrangers. De cette manière, je serai plus complet et je signalerai avec quelque précision les progrès obtenus dans chaque pays et les points où leur concurrence nous menace.

LES NATIONS PRIMITIVES.

Je suis obligé de commencer par les pays de l'Orient, dont je fais une classe à part dans le grand tableau de la famille industrielle. D'un côté je place les nations primitives qui produisent des chefs-d'œuvre en dépit de leur ignorance, d'une inexpérience complète des progrès de la chimie et d'un éloignement instinctif pour les secours de la mécanique; de l'autre côté je range les nations industrielles plus ou moins artistes, mais qui toutes s'aident des machines et des progrès de la science pour fabriquer vite et à bon marché. Si l'on n'admettait qu'une seule catégorie, il faudrait placer l'Inde en tête de la liste, en ne considérant que la perfection de ses produits, et ce serait un contre-sens; ou bien, si l'on n'envisageait que le mérite de ses inventions ou le chiffre de ses affaires, on serait obligé de la ranger la dernière, et ce serait une injustice: il faut donc former une catégorie à part, et y faire entrer, avec l'Inde, la Perse, la Turquie, la Chine, le Japon, et les tribus de l'Amérique, de l'Océanie et de l'Afrique.

Cette division admise, quels sont, dans les arts et dans l'industrie, les caractères propres à une nation primitive, quelles sont les sources de son originalité, les bornes probables de son développement, enfin les enseignements que l'Europe peut lui demander?

J'appelle une nation primitive celle qui n'a avec l'antiquité que des rapports traditionnels d'origine commune, sans aucun de ces retours factices dits renaissance, produits de l'archéologie et de la mode d'imitation; une nation vieille et jeune à la fois, qui a marché à travers les siècles, à travers les révolutions des empires et les alternatives de la prospérité et de la misère, emportant avec elle, défendant contre les autres et respectant pieusement les traditions qui enveloppent tout ce que Dieu a laissé de divin dans nos âmes, dans nos cœurs et dans notre esprit : la religion, l'art et la poésie. Les uns appellent ces nations barbares, les autres les estiment comme les plus civilisées du monde; les deux opinions sont fondées, car leur état social est barbare, tandis que leur art traditionnel est original et pur.

L'Exposition répondait également à ces deux opinions contradictoires. De médiocre étendue quant à l'espace, de mince importance sous le rapport commercial, l'industrie des nations primitives n'offre rien de nouveau ni dans les dessins ni dans la fabrication, et les gens positifs ou les statisticiens ont pu placer les Orientaux au dernier rang des peuples producteurs; mais en les considérant à un point de vue plus élevé, en oubliant les chiffres, les procédés et les machines, en n'examinant que le résultat, en n'appréciant que l'impression produite sur la foule du peuple comme sur l'élite des connaisseurs, personne n'a pu hésiter à placer ces nations au sommet de la civilisation dont nous sommes si fiers.

Comment concilier cette contradiction de nations barbares, ignorantes et misérables, exposant dans le grand concours des peuples un art si perfectionné qu'il témoigne de notions réservées aux peuples les plus avancés dans la civilisation, un art si magnifique qu'il porte en toutes choses une splendeur royale? Comment rendre compte de ce contraste de styles passagers, de modes éphémères, de créations aussitôt vieillies que mises au jour par nos artistes, et de cet art vieux comme le monde, stable, immobile, se répétant à satiété et plein de jeunesse, de sève, de charme et de nouveauté?

C'est à ces questions très-embarrassantes, très-délicates, que je vais essayer de répondre; si j'y parviens, la conclusion sera facile à tirer.

Comme ces jeunes gens qui trahissent la noblesse de leur race jusque dans les excès de l'ivresse, les peuplades de l'Asie conservent le souvenir et des réminiscences de leur antique civilisation jusque dans l'extrême barbarie où elles sont plongées : quarante siècles donnés à une culture passionnée, constante, infatigable, des arts, à la recherche de tous les procédés, à l'étude de toutes les sciences, à la pratique du bien-être et à la jouissance de toutes les délicatesses du luxe le plus effréné, ne s'effacent pas de la mémoire d'une nation, même après vingt siècles de décadence. Il en reste ce que nous trouvons encore dans l'Asie entière, un art complet, original, qui a traversé des siècles d'indifférence, et qui, semblable aux vers d'Homère, reste toujours jeune au milieu des civilisations qui vieillissent et qui passent. Il en reste dans ses reflets qui s'étendent au sud dans toute l'Afrique, en Grèce, en Sicile et en Espagne; au nord, dans toutes les races slaves et jusque chez les nations du pôle, une tradition plus ou moins pure, plus ou moins effacée, mais toujours facilement reconnaissable à ce caractère inaltérable que l'homme de goût remarque avec surprise, que l'artiste recherche avec amour.

Je ferai tout à l'heure la part du soleil d'Orient, de cette lumière qui colore et anime toutes choses; mais je place en première ligne l'influence des traditions. Le soleil, à lui seul, dessèche la nature et la rend aride; il endort l'homme et le rend paresseux; la tradition, au contraire, transformée en habitude, devient une seconde nature.

Mais cet art oriental d'une si haute antiquité, d'une si longue persévérance, a été traversé par une antipathie que Mahomet érigea en principe religieux : l'antipathie de la figure humaine. Comment expliquer cette répulsion pour la créature la plus parfaite, dans le pays où le climat permet de l'observer dans tous les avantages de sa nudité; dans le pays où le tempérament des races rend les hommes plus sensibles, que sous aucune autre latitude, aux charmes de cette beauté, et surtout comment concilier la culture passionnée des arts et leur application à toutes choses avec la répulsion de leur auxiliaire le plus dévoué, le plus charmant : la nature dans sa création la plus belle? Je ne trouve qu'une explication. Ce qui n'est chez les races du Nord, chez les nations placées dans les zones tempérées, qu'un sujet d'admiration sans conséquence, qu'un excitant modéré et salutaire donné à une nature calme, devient chez les races de l'Orient un principe de corruption des mœurs, une pente fatale qui conduit par échelons insensibles, comme toute séduction, de l'étude pure de la beauté au culte effréné de la chair, aux associations les plus monstrueuses et à l'idolâtrie.

Déjà, dans les représentations figurées de la plus haute antiquité, dans les bas-reliefs de Babylone, Ninive et Persépolis, on sent que l'étude de la créature humaine a été comme entravée par une autorité supérieure, comme limitée par des lois hiératiques; elle n'est ni aussi avancée que celle des animaux, ni aussi bien rendue que l'imitation des plantes, des broderies, des cheveux bouclés et des ornements. Les draperies viennent partout en aide à l'artiste, qui semble avoir besoin de se retrancher derrière ces préceptes de pudeur et de retenue.

Je me suis demandé s'il pouvait exister une autre raison pour expliquer la profonde séparation qui existe entre l'art asiatique et l'art grec : d'un côté, une sorte d'appréhension pour la figure humaine; de l'autre, sa divinisation et son culte; dans les deux contrées, le nu s'offrant aux yeux avec la même facilité; dans les deux contrées, sculpteurs et peintres exerçant leur art avec une absence aussi complète d'études anatomiques. Je n'ai pas découvert d'autre cause, et je trouve dans les étranges licences de l'art moderne indien et chinois des raisons suffisantes pour m'en tenir à celle-là.

Ce qui fut un principe, conseillé par la prudence humaine et la politique du clergé, devint par le Coran de Mahomet un précepte religieux, qui eut son influence, même au delà du domaine déjà immense de l'islamisme. L'art dans tout l'Orient perdit son idéal et le but qui le faisait marcher en avant; il se replia sur lui-même et se réfugia dans une ornementation abstraite, aux formes conventionnelles. Tout ce que Dieu a depuis lors réparti dans ces deux parties du monde, l'Asie et l'Afrique, de facultés créatrices, de dons pittoresques, de sentiment du beau, d'harmonie de couleur, a été perdu pour l'art dans sa haute mission de la représentation de la beauté humaine et dans l'expression de nos passions, et s'est épuisé dans les combinaisons infinies et surprenantes d'un art purement décoratif. Au sentiment du beau dans toute son étendue, à l'étude de la nature dans sa grande liberté, l'artiste oriental a dû substituer la combinaison des lignes mathématiques, et il y a développé une grâce charmante et des ressources infinies. Il s'est développé en lui comme un huitième sens, le sens mathématique; mais, quelque talent qu'il porte dans ses élans et ses évolutions, c'est comme la grille de la prison où il a enfermé son génie. Semblable à ces couvents du moyen âge qui endormaient entre leurs murs l'excès de passion, de fougue et de sève de générations encore neuves, l'art oriental, bâillonné par l'islamisme, a coupé les ailes à l'imagination de ses Phidias et de ses Apelles, de ses Benvenuto Cellini et de ses Raphaël. Devant les mosquées de Konieh, de Tabriz, de Damas et du Caire, devant les palais de la Perse et les grandes pagodes de l'Inde, on reste partagé entre l'admiration qu'excite cette fécondité inépuisable et les regrets qu'inspire cet esclavage du génie.

Ainsi borné, ainsi limité, il paraîtrait surprenant que l'art oriental se fût maintenu depuis douze cents ans, si l'on n'en donnait l'explication. Ce qui en fait un style aussi nettement caractérisé qu'élégant et plein de séduction, ce sont les éléments qu'il a puisés dans la nature, source commune de toute beauté, la source même où l'art grec a trouvé son principe : l'harmonie dans la couleur, le sentiment des proportions en toutes choses, le maintien d'un équilibre judicieux dans la forme, la couleur et l'ornementation, et, par-dessus tout, une certaine grâce d'arrangement qui s'applique aux moindres conceptions comme aux plus importantes. Ce qui le distingue de l'art grec, et surtout des autres styles qui en sont dérivés chez les Romains et les nations modernes, c'est un défaut de nature, de climat et de race, défaut qu'ils ont rendu charmant, mais qui n'en est pas moins un défaut; j'entends parler de l'abus de l'ornement.

Cet abus tient à la nature même de l'Orient. La végétation

abuse de richesse, de couleur et d'éclat, le soleil abuse de splendeur, la nuit elle-même de clartés. Ce qu'il y a d'étoiles dans un ciel d'Orient, sans compter une lune qui vaut un soleil, ne saurait se dire, et on conçoit sans peine comment un art qui ne peut s'élever par la recherche de la beauté idéale, qui est poussé dans une voie de richesse exubérante, s'étend et se prodigue dans une recherche inépuisable, autant qu'elle est infatigable, d'ornementation luxurieuse. Par caractère, l'habitant de l'Orient pousse aussi à cet abus. Il est doué d'une imagination vive, et comme il n'a pas dans la beauté humaine un idéal qui réponde à ses rêves de l'infini, il le demande à l'ornementation, qui n'est pas limitée de la même manière, et qui doit faire des efforts prodigieux pour le satisfaire. Mais cet excès est racheté par des qualités bien précieuses. L'artiste de l'Orient n'est pas exceptionnellement coloriste parmi les artistes, il l'est en même temps que ses confrères, en même temps que la population tout entière, qui vit librement en plein air, en compagnie avec le soleil, cet éternel coloriste, et avec la nature, qui reflète ses rayons lumineux. Les rochers et la végétation, les cieux et les eaux, les oiseaux au plumage resplendissant et les reptiles aux écailles dorées, les monuments neufs émaillés de faïences aux mille couleurs, et les monuments en ruine émaillés par le soleil d'été de teintes chaudes que ne sauraient refroidir des hivers indulgents; tout, en un mot, habitue l'œil aux couleurs les plus vives, aux tons les plus tranchés, rapprochés et comme confondus dans une harmonie délicieuse. L'homme d'Orient s'élevant, grandissant au milieu de ces splendeurs, devient si finement, si délicatement coloriste, que sa vue s'offense des moindres disparates dans les associations des couleurs et de leurs nuances, comme le nerf auditif du musicien s'ébranle péniblement aux moindres discordances de sons. Aussi ce n'est pas seulement l'architecte qui élève les grands palais de la Perse et les pagodes de l'Inde, pas seulement le peintre et le sculpteur qui les ornent, pas seulement le chah et sa cour, le radjah et sa suite, mais le plus infime montagnard, qui comprendra, sentira, sera capable de reproduire ces délicatesses. N'est-ce pas lui qui teint lui-même ses laines et, avec le plus grossier métier, fait ces tapis délicieux que l'industrie européenne, avec ses savants chimistes, ses habiles artistes et ses machines intelligentes, n'imite qu'imparfaitement.

A défaut des représentations humaines et de l'habileté que donne cette étude, les combinaisons mathématiques, l'imitation des plantes et des animaux, et une fusion délicate de ces deux principes vivifiée par les nuances les plus harmonieuses, forment le fond de l'art oriental; mais ce qui domine dans l'application, c'est un système habile qui consiste dans la manière de comprendre la nature en l'appliquant à l'ornementation. On ne peut douter que les Grecs de Byzance du IIIe siècle au Xe, si habiles ouvriers en toutes choses, n'aient été capables d'imiter parfaitement les fleurs et les animaux, leur dessin exact, leur relief, leur vraie couleur et leur physionomie vivante; eh bien! ils n'ont jamais rendu ainsi la nature dans leurs ornements : ils l'ont toujours exprimée conventionnellement, c'est-à-dire dans une silhouette largement dessinée en traits caractéristiques, sans ombre qui arrondit les formes, sans ombres portées ni perspective qui accuse le relief et les plans, dans une disposition mathématique qui n'ôte rien à la perfection des détails, mais qui n'oblige pas l'œil à s'arrêter forcément sur telle ou telle place. Quand les Grecs procédaient ainsi, ils s'inspiraient des traditions que l'Indien de nos jours a conservées. Lui aussi aime la nature et la voit avec plaisir, mais il la traduit à la manière des Byzantins quand il la soumet aux exigences de la décoration. Il pourrait tout aussi bien, mieux que nous, représenter la fleur vraie, avec ses couleurs véritables, le bouquet ou la couronne avec ses saillies et ses creux, ses lumières et ses ombres: il ne le veut pas, il n'accepte pas la réalité dans la fiction; une fleur faisant l'illusion de la vérité lui semble un mensonge et un contre-sens sur un vêtement qui sera plié, froissé, taillé par la coupe et l'usage. Autant vaudrait, selon lui, tailler une robe dans un tableau de Van Huysum ou de saint Jean. De là cette transformation habituelle des plantes naturelles et des animaux vrais en plantes et en animaux décoratifs. Il ne fallait pas que l'œil fût arrêté, que l'attention fût détournée par une réalité saisissante, faisant tache au milieu de la fantaisie de l'ensemble ; la plante et l'animal ont dû se soumettre à la discipline pour se fondre dans la combinaison mathématique, sauf à conserver par la finesse de l'exécution autant de vérité naturelle que le permet leur position subalterne dépendante du plan général ; par la même raison, leur broderie ou leur ciselure, leurs marqueteries ou leur damasquinure ne tolèrent pas de masses qui font tache et qui arrêtent violemment la vue. Rien n'est brusquement interrompu, rien n'est défini sèchement. L'harmonie règne dans le dessin, en même temps que dans la couleur.

Cette subordination du détail à l'ensemble permet à l'artiste de soumettre aussi l'ensemble de son ornementation à l'objet qu'il orne. Que ce soit une surface plate ou un objet de ronde bosse, que ce soit un tapis ou la paroi d'un mur, l'ouvrier n'obéissant ni à un modèle fait par un artiste étranger à la fabrication, ni à une machine impérieuse, proportionne sa décoration à ses dimensions, de même qu'il la modifie suivant la nature du tissu et de la matière, suivant l'emploi de chaque objet et sa destination. Sa fantaisie se joue dans ces limites avec trois genres d'ornementation caractéristiques, employés isolément ou associés : le semis, les bandes ou rubans, les entre-lacs et les palmes. Fidèle à ces règles, observateur scrupuleux de ces limites, l'artiste oriental satisfait à toutes les conditions de l'art appliqué.

Je ne fais donc pas honneur aux Indiens de nos jours, aux Persans, aux Arabes, d'avoir créé ce système d'ornementation si rationnel et si fécond en ressources de toutes sortes ; je leur fais un mérite de l'avoir conservé traditionnellement depuis une haute antiquité, et de nous l'avoir transmis religieusement. Si mon intention ou mon programme était de tracer une histoire méthodique des modifications de chaque style, je chercherais à suivre et à constater les influences diverses qui ont agi sur ces peuples, influences intérieures et extérieures, influences de religion, de guerres et de mœurs, influence des arts étrangers, soit par la séduction des objets importés, soit par la nécessité de conformer aux goûts de l'Occident les objets qui sont exportés; mais j'ai voulu seulement marquer le caractère et la physionomie d'une manière générale.

Toutefois il est bien entendu que je repousse entièrement l'art moderne qui, dans quelques centres industriels, a perdu toute originalité. Châles de l'Inde faits sur les dessins de Paris ou de Londres; poteries décorées de sculptures de Flaxman, sur les bords du Gange; revolvers damasquinés en Turquie; secrétaires et commodes en laque du Japon; soupières en porcelaine de Chine, surmoulées sur des soupières de Sèvres, et ornées de vues de Paris peintes par des Chinois, tout cela, et bien d'autres choses, n'a plus ni sens ni portée; mais, en dehors de cette fabrication de pacotille et de commis voyageurs, il reste la fabrication indigène et franchement nationale. C'est celle-là que je juge, c'est celle-là qui est digne de notre admiration, et dont le succès a été incontesté à l'Exposition de Londres, tandis que tout autre applaudissement, même ceux qu'on a accordés à la France, a soulevé des discussions et provoqué des réserves. Je reviendrai sur cette impression.

La peinture et la sculpture, œuvres isolées, sont inconnues et ont toujours été inconnues dans l'Orient, comme elles l'ont été aux origines de l'art grec; la peinture et la sculpture sont toujours appliquées dans ces contrées, soit à l'architecture, soit aux ustensiles de la vie privée, aux étoffes et aux ameublements, c'est-à-dire à l'industrie. C'est la meilleure explication et la vraie cause de la force, de la persistance et de la durée du style oriental. Je vais essayer de définir le caractère particulier de cet art usuel, ou appliqué aux usages. La civilisation orientale ressemble beaucoup à celle de l'Europe au moyen âge. J'en ai fait le parallèle autrefois, et il a frappé tout le monde. Il suffira de faire remarquer ici que l'existence de tous en Orient est quelque peu nomade, comme elle l'était chez nous au moyen âge; qu'on y est toujours prêt à partir pour le faîte des grandeurs, pour l'exil ou l'autre monde; qu'en conséquence aussi la richesse mobilière est toute la richesse, et qu'elle peut, au premier mot, être emballée dans des caisses qui, après avoir servi de bancs dans l'ameublement, se chargent sans difficulté sur les chameaux. On porte donc en Orient, comme en Europe au moyen âge, toute sa richesse sur soi, dans ses costumes et ses armures, dans ses châles et ses bijoux, et ce qu'on ne porte pas peut tout aussi facilement s'emporter: de là le caractère entièrement domestique et usuel des objets envoyés d'Orient à l'Exposition; vous demandiez aux Orientaux les produits de leur art, ils vous ont présenté leur garde-robe au grand complet.

Cette observation s'applique à la forme et à l'usage; je dois en faire une du même genre pour l'emploi des couleurs et le tissage des étoffes. La gamme de tout l'Orient est traditionnellement antique, c'est-à-dire qu'étant restée la même depuis des siècles, par le fait d'une habitude d'immobilité et d'un entretien continuel dans l'admiration des mêmes beautés de la nature, elle se retrouve à la fois aussi bien sur les objets encore en usage, sur les vêtements portés de nos jours, sur les murs des édifices modernes revêtus de faïences colorées, que sur les briques émaillées qu'on retire des ruines de Babylone et de Ninive, sur les parois des grands palais enfouis, sur les statues encore peintes et sur les divers fragments des ustensiles de l'ancienne vie privée. Dire ce que c'est que cette gamme exigerait une longue définition qui risquerait fort de n'être pas comprise sans la vue des objets eux-mêmes ou l'assistance de dessins coloriés. J'en résumerai le caractère en deux mots : le sentiment de l'harmonie. C'est sous l'influence de ce sentiment si rare en Occident, si général en Orient, que l'artiste ose associer les tons les plus violents et sait relever la réunion des nuances les plus fades. Prenant ses modèles dans la nature et n'étant jamais influencé par la mode, qui n'existe pas, il trouve, dans les fleurs des champs et dans la coloration du ciel, des tons d'une finesse qui est pour nous insaisissable, d'une délicatesse céleste qui nous est inconnue et nous transporte comme un rêve dans des mondes imaginaires. Vous le comprendrez, si vous avez vu en Orient le soleil se lever ou se coucher. Dix minutes avant le lever, dix minutes après le coucher, un prisme complet, mais un prisme adouci, voilé, fondu, s'étend sur le ciel, et suffit à lui seul pour créer l'artiste coloriste. Aussi, quand le paillon reluit sous l'émail brillant, quand la pierre précieuse chatoie dans l'écrin, il se dégage de cet éclat des tons étincelants de vivacité et de pureté, de transparence et de douceur, qui vous prouvent votre impuissance; l'artiste de l'Orient s'en est rendu maître; quand le saumon fait palpiter sur la grève son ventre rose et nacré, vous ne savez avec quelle couleur de la palette fixer ces tons de chair argentine : l'Indien appelle à son aide des métaux, des minéraux, des plantes, et ses étoffes se saumonent à faire pâlir le saumon lui-même; quand la rosée répand sur la flore entière son voile virginal, on découvre, au fond du calice de chaque fleur, des couleurs qu'on voit pendant un moment et qu'on ne reverra plus : ces couleurs passent sur la palette de l'artiste oriental et vont s'associer avec d'autres dans une douceur ardente, dans une mélodie calme ou dans un tumulte passionné, mais toujours harmonieux. L'or et l'argent jouent leur rôle dans cette ornementation délicate, en s'associant aux nuances qu'ils complètent le mieux ou qui les font valoir, l'argent sur le vert, l'or sur le rouge. L'art des transitions n'est pratiqué nulle part comme en Orient. L'artiste indien est amoureux de l'éclat et de la vivacité des couleurs, mais son œil est péniblement affecté par deux tons qui se heurtent : aussi, dès qu'ils entrent dans les combinaisons de son dessin, il crée un intermédiaire qui leur donne la main, et ce mince filet d'une nuance neutre ou moyenne fait l'effet d'un protocole habile qui, en s'interposant au milieu des combattants, met fin à une horrible guerre. Il en résulte comme une fusion de bon accord, comme une demi-teinte au milieu de l'éclat, comme un léger brouillard qui voilerait le soleil. D'autres fois, l'artiste oriental procédera par modulations, ira du fort au faible, et, par des retours habilement combinés, rappellera des tons éloignés et les ramènera dans la composition, comme Mozart et Beethoven procèdent avec leurs phrases musicales qui reviennent par des détours charmants. Couleur de l'Orient, musique de l'Occident, expressions d'un art sublime, vous agissez de même; que vous pénétriez par l'œil ou par l'oreille jusqu'au cerveau, c'est pour le bercer dans une douce harmonie qui a le charme d'un commencement d'ivresse ou d'évanouissement.

De ces nuances des étoffes passons à leur texture. Au point de vue de l'art, ce détail a plus d'importance qu'on ne le croit. Les étoffes d'Orient étant formées de matières premières récoltées dans le pays, leur préparation étant absolument la même que dans l'antiquité, le tissage, ainsi que les métiers sur lesquels il s'opère, n'ayant subi aucune altération, il est assez naturel que ces étoffes aient la même texture, qu'elles enveloppent les formes avec une souplesse semblable, et forment les mêmes plis qu'on remarque sur les sculptures de l'Asie, de l'Égypte et de la Grèce. Quelques-unes, sans doute, manquent à l'appel, le luxe ayant diminué; mais il serait facile d'identifier plusieurs fabrications modernes avec leur analogue sur les sculptures antiques. Je n'en signalerai que deux : celles-là ont été vues par tous les voyageurs sur les robustes épaules des caidjicks de Constantinople ou sur les tailles ondoyantes des danseuses turques et arabes. La première est une étoffe de soie, mi-crêpée, mi-lamée en longues bandes, accusant, quoique blanche, des dessins variés par l'opposition du mat et du brillant: cette étoffe, le bouroundjouk, qui se fabrique dans tout l'Orient, perd rapidement son apprêt et prend une souplesse légère, une ampleur soyeuse; l'autre étoffe est une gaze unie, mate et si légère qu'elle semble un souffle : c'est elle qui ondoie sur le torse des Parques de Phidias au fronton du Parthénon, et qui suit avec tendresse l'élasticité gracieuse des danseuses de l'Orient, car ces femmes, au milieu même de leur abjection, ont conservé la tradition de l'antique coquetterie qui fait deviner sans rien montrer.

Elles savent encore de nos jours, comme on savait bien anciennement, qu'il n'y a pas de perfection découverte brutalement qui vaille les beautés, même médiocres, que l'on voile, que les yeux devinent, que l'imagination se charge d'embellir.

Toutes ces étoffes étant fabriquées sans appareils dispendieux, sans machines compliquées, on conçoit qu'on les exécute partout où un peu de bien-être en assure le débit; on ne pourrait donc indiquer un centre manufacturier, et c'est encore là une ressemblance avec l'antiquité, car dans ce vieux temps la fabrication des étoffes et des vêtements était, comme aujourd'hui dans l'Orient, une part de l'occupation des femmes, une sorte de département de l'économie domestique.

Avant de passer en revue les divers genres d'industrie orientale qui pourraient nous servir de modèles, allons au-devant d'une objection. On dit : « Nous n'avons rien à prendre dans cette exposition; un tel luxe est hors de notre portée, et l'imitation de ces étoffes ruisselantes d'or et d'argent serait la ruine de notre industrie, qui doit avant tout viser au bon marché. » Les gens qui parlent ainsi me font l'effet de ces paysans que leur titre de maire de village appelle aux fêtes de la sous-préfecture; l'éclat des bougies leur donne dans les yeux, et, comme ceux-ci le disent naïvement, ils n'y voient que du feu. L'art oriental sait être riche à bon marché : c'est là le secret qu'il lui faut ravir; sans se laisser éblouir par le luxe exceptionnel qu'il déploie quand on le convie aux magnificences; il sait être à peu de frais brillant, somptueux, éclatant. Voyez ces faïences et l'effet qu'elles produisent avec trois tons; examinez ces toiles imprimées avec deux planches seulement, l'une bleue, l'autre jaune, et formant des combinaisons variées, gaies, vives, animées; étudiez ces tapis que le montagnard fabrique dans sa cahute, avec les laines qu'il teint lui-même et contre lesquels vous êtes obligés d'armer vos triples lignes de douanes, tant leur éclat harmonieux écrase vos moquettes criardes, tant leurs prix sont au-dessous des vôtres. Vous dites que c'est trop riche; mais voyez donc, c'est la simplicité même; l'art seul est riche, et c'est lui qui a tout fait.

Vous dites que ce peuple, courbé sous le bâton, travaille à vil prix; mais combien d'Indous représente une seule de vos machines! Non, là n'est pas l'obstacle: abandonnez ce système de négation; reconnaissez qu'il y a en Orient un art supérieur au vôtre, un art qui découle d'une source féconde, et qu'un respect traditionnel défend contre la manie du changement. Étudiez cet art.

Examinons donc attentivement l'industrie orientale, de toutes les industries la moins connue dans son principe générateur, de toutes aussi la plus féconde en enseignements. Il faudrait d'abord étudier ses tissus et avant tout ses châles, que nous imitons depuis cinquante ans sans les égaler, sans les surpasser au moins; mais j'en ai dit assez sur les tissus. Essayons seulement d'un procédé bien simple pour juger de la supériorité de cette industrie orientale. Jetez une étoffe indienne au milieu de l'exposition du plus habile fabricant de Lyon ou du meilleur imprimeur de mousseline de Paris et de Mulhouse: vous avez pour vous le fracas des couleurs, les inventions toujours nouvelles du dessinateur, la régularité parfaite de l'exécution mécanique; l'Indien n'a pour lui que l'harmonie d'un vieux dessin répété depuis des siècles, qu'un pauvre métier mis en mouvement des pieds et des mains; l'étoffe indienne attirera les regards, reposera la vue, séduira le goût: elle fera l'effet d'une vieille amie qui n'a rien changé à ses sentiments; vous allez droit à elle, vous la préférez aux nouvelles connaissances.

Nous n'avons plus dans les modes occidentales que le genre écossais qui puisse nous montrer en action cette persistance d'un même dessin. On dit, il est vrai, qu'il date de l'invasion même des Gaulois, des Celtes et des Saxons dans les îles Britanniques, et il ne serait pas difficile alors, en adoptant cette origine, d'aller chercher son berceau jusque dans l'Inde. Quoi qu'il en soit, il persiste au milieu de toutes les créations d'un goût soi-disant plus distingué, dont on raffole dans la nouveauté, et qu'on dédaigne la saison suivante. Si donc les Orientaux persistent dans leurs traditions au lieu de courir après les idées nouvelles, comme nous le faisons, si on considère que tout leur luxe est dans l'habillement et qu'il les invite à le varier pour exciter davantage l'attention, si on réfléchit combien leur civilisation est plus ancienne que la nôtre, si on pense que ces modes sont contemporaines de notre barbarie et de nos premiers bégayements industriels, comment expliquer la fixité d'un style qui dure des siècles et des siècles, si ce n'est en admettant la supériorité de ces principes d'ornementation sur le désordre d'idées qui nous régit, et en reconnaissant que ces peuples *barbares* lui doivent un goût plus fin, plus délié et plus calme que le nôtre?

Dans la marqueterie, qui est une mosaïque en cubes d'ivoire et de bois colorés, les Orientaux font de délicieux ouvrages. Leurs coffrets de sandale, leurs échiquiers d'ébène et d'ivoire, toute la petite ébénisterie en un mot est décorée par un travail de marqueterie dont la foule croit découvrir la séduction dans le travail patient et habile de l'ouvrier indien, tandis qu'elle s'exerce uniquement par le charme du style de ses dessins, par l'harmonie de ses couleurs dans une gamme adoucie, par la distinction calme et reposée de tout l'ensemble.

La fonte des métaux, leur ciselure, damasquinure, niellure, ont été pratiquées avec succès dans tout l'Orient, et il s'est trouvé à Bombay et à Calcutta, comme à Mossoul et à Damas, des artistes ingénieux pour appliquer aux armes et à tous les ustensiles de la vie privée, avec un bonheur rare et un goût parfait, le système d'ornementation de l'Orient. Une panoplie orientale composée de fusils à mèche, d'arcs et de carquois, de cottes de maille qu'enfonce la pointe de nos lattes de grosse cavalerie, de casques à visières et de boucliers que nos nouvelles carabines transpercent à 1,200 mètres de distance, sera médiocrement estimée dans notre dépôt d'artillerie; mais leurs formes originales, leur décoration élégante, l'éclat du métal délicatement tempéré par les nuances des émaux, de la damasquine, des nielles et des dorures, feront rêver l'artiste aux armes d'Énée forgées par Vulcain, aux armures de

Godefroy de Bouillon et de ses nobles compagnons, aux équipements de la cour de François Ier combattant à Pavie, à tout ce qui émane de l'art, à tout ce qui signifie beauté de la forme.

L'orfévrerie orientale a également conservé dans les procédés du filigrane et du repoussé, et plus encore dans la manière d'en user, des rapports précieux avec les plus charmants bijoux des Grecs et des Étrusques : ce n'est pas cette soufflure sans motifs, cette légèreté insignifiante dans laquelle est tombé le filigrane aux mains des orfévres génois et parisiens; c'est la main de l'artiste qui a conduit le fil d'or comme le trait d'un pinceau sur le corps du bijou repoussé en formes élégantes, et y a dessiné dans une symétrie plus idéale que rigoureusement régulière des motifs aussi heureux d'invention que bien combinés. Placés dans les vitrines des bijoux antiques de la Bibliothèque impériale, des musées du Louvre, de Londres, du Vatican, de Naples, ou des collections Campana, Luynes, Pourtalès, Janzé, les bijoux orientaux feraient bonne contenance; essayez d'y mettre la bijouterie moderne de l'Occident, la plus fine et la meilleure, vous verrez l'effet qu'elle produira. Le plus grossier paysan n'hésitera pas dans son choix. L'élégante Parisienne elle-même, qui se ruine en affreux bijoux à la mode et qui soupire après ce qu'elle ne peut acheter, préférera l'œuvre en apparence modeste du petit artiste oriental à tout le clinquant des grands fabricants de Paris et de Londres. La pureté de la forme, la distinction du goût, s'expriment en petit comme en grand, le sentiment du coloriste se trahit dans un dessin monochrome et même dans un dessin en noir; il n'y a donc rien d'étonnant si l'on retrouve du style et la chaleur du coloriste dans la bijouterie et dans l'orfévrerie orientale. L'opposition des différents tons de l'or, l'association de l'or et de l'argent au bronze et au fer, offrent des ressources inattendues, quand elles sont sagement ménagées. L'émail aussi, qui a passé de la Gaule par Rome et Constantinople chez les Perses, Arabes, Indiens, Chinois et Japonais, s'est développé chez tous ces peuples en applications les plus heureuses et en procédés d'une habileté incomparable. Nous avons de larges plateaux, d'immenses aiguières, des vases et des services entiers d'assiettes, que sais-je, toute une dinanderie émaillée en dehors et en dedans par le système du cloisonnage qui fait ressortir d'une manière admirable les dons coloristes des Orientaux et fait valoir, au moyen de cette matière inaltérable, leur système d'ornementation dans son développement le plus complet. L'émail appliqué à la céramique répond aux mêmes conditions dans un rôle plus monumental; mais, tandis que le métal émaillé fait usage de tous les tons de la palette et descend jusqu'aux minuties de l'exécution, la terre cuite procède brusquement et produit ses effets à peu de frais. Au moyen de deux tons de bleu, l'un turquoise, l'autre foncé, ou d'un vert associé à un violet, les azulejos et les grillages à jour de l'Orient transportent sur les monuments toute la gaieté, la vivacité, la jeunesse d'un parterre ou d'un bouquet de fleurs. On oublie, ou plutôt on ignore que la pâte de ces poteries est grossière, que le moulage est mal réussi, le dessin lâché, l'émail imparfait; on ne voit que l'effet, on est impressionné par le sentiment artiste.

La richesse de l'Orient en pierres précieuses, le goût national pour ce qui brille par son éclat et sa couleur, la passion pour ce qui est rare, devaient transformer plus d'un artiste en lapidaire, et c'est en effet une des applications les plus goûtées de l'industrie orientale. La monture a de la légèreté, la distribution des pierres de couleur est harmonieuse, leurs nuances sont associées et variées avec bonheur.

J'ai parlé de l'abus de l'ornementation; il est particulièrement sensible dans la sculpture. L'ouvrier découpe et fouille sa matière, bois, pierre ou ivoire, au point de faire d'un ouvrage d'art une œuvre de patience. Cet excès n'est pas général, et, quand il ne domine pas, on retrouve dans cette sculpture l'observation des meilleures règles. Les anciens Égyptiens, et, à leur exemple, toute l'Asie, étaient parvenus à faire jouer une infinité de plans dans un relief de quelques millimètres; ils avaient appris à tracer des combinaisons infinies sans avoir besoin, pour les exprimer, d'altérer le niveau d'une surface. Les Orientaux sont restés, de nos jours, fidèles à ces excellents principes de l'ornementation. Ce qui les distingue des artistes de l'Occident, c'est que, loin de chercher à faire de l'effet, à concentrer l'attention sur un point, à composer un centre et des extrémités, ils semblent effacer, atténuer, amoindrir tout ce qui arrête trop vivement les yeux, s'efforçant toujours de répartir la vue sur l'œuvre entière, comme un filet qu'on jetterait à la fois sur tout l'ensemble. Ainsi donc, ni relief exagéré, ni effet d'ombre et de lumière tranchée; ce ne sont ni des productions de la nature rendues à croire qu'elles sont véritables, ni des fleurs saillant hors du cadre par la puissance de la couleur et de l'effet, mais une demi-teinte harmonieuse répandue sur un dessin qui semble n'avoir ni commencement ni fin, qui n'exprime pas positivement quelque chose, dessin de convention et comme le rêve de la chose elle-même.

L'ancienne tradition byzantine, romane et gothique avait sagement observé ces règles de l'ornementation : c'est ce même plan général, cette même uniformité de premier aspect, ce relief plat et de même niveau qui n'a aucune saillie et ne fait prévaloir les détails que dans un accord parfait avec l'ensemble; c'est la même imagination féconde dans des limites étroites, les mêmes ressources inépuisables dans un système qui semble monotone. L'architecte, dans toute l'extension de sa mission, c'est-à-dire présidant à l'achèvement de son monument par l'intervention de tous les arts, trouve en Orient de nos jours, comme il trouvait aux époques que caractérisent les styles que j'énumérais tout à l'heure, des aides puissants, des collaborateurs dévoués autant que désintéressés, dans les peintres et sculpteurs, qui sont devenus en Occident les tyrans, les embarras et les trouble-fêtes de nos architectes. Entrez dans Sainte-Sophie, dans toutes les églises grecques anciennes et modernes; entrez dans Saint-Marc de Venise ou dans la cathédrale de Palerme, dans l'église de Chartres ou dans la Sainte-Chapelle de Paris; que ce soient la peinture, la mosaïque ou les vitraux qui servent d'ornements, l'effet est aussi saisissant et découle du même excellent principe : un effet général qui absorbe le détail. Vous n'êtes pas salué à l'entrée par un cortége de bonshommes, plus ou moins respectables, qui sollicitent vos hommages; de vastes compositions historiques ne s'imposent pas avant toute chose à votre attention : votre vue est charmée par une harmonieuse splendeur, par un artifice d'éclat et de douceur qui fait flamboyer comme autant de pierres précieuses les émaux, les mosaïques et les vitraux de toutes les couleurs de l'arc-en-ciel, comme elles fondues dans une résille éclatante. A cette première impression en succède une autre, car l'harmonie serait vide si elle charmait sans faire penser : aussi les yeux pénètrent dans cet éclat et y découvrent d'abord la grande charpente architecturale, les membres constitutifs et caractéristiques de l'édifice; puis, avec plus d'attention, ils voient dans les peintures, les mosaïques ou les vitraux naître, surgir et se mouvoir toute une histoire religieuse qui s'y déroule comme sur un second plan et sans empiéter sur aucun droit.

Je laisse de côté plusieurs procédés ingénieux employés par les Orientaux d'après ces mêmes principes, tels que la laque noire et autres branches d'industrie ne donnant pas lieu à de nouvelles observations. Il me suffit d'avoir exposé en quelques traits généraux comment une nation primitive a pu maintenir un style pur, un art élevé, au milieu de son apparente décadence; je ferai en outre remarquer que ce même peuple n'a sollicité l'aide d'aucune machine pour fabriquer ces tissus, ces armes et ces meubles que l'Europe admire : le métier le plus simple, l'établi le plus grossier, des outils tout primitifs ont suffi à ces mains de fées. Nos grands industriels traiteront avec un superbe dédain cette manière de procéder; nos marchands lui reprocheront l'absence de la régularité, de la précision, du fini, qu'ils trouvent dans les étoffes sorties des métiers à la Jacquart, dans les marqueteries débitées à la vapeur, dans les ornements de métal estampés par les moutons puissants. L'homme de goût est plus indulgent. Il n'a pas de dédain, il a de l'admiration pour le pauvre ouvrier qui puise son habileté dans son sentiment; il s'attache à un produit industriel qui pèche sans doute par son irrégularité, par une certaine hésitation dans l'exécution, mais dont une main artiste a su adroitement réparer les défauts; il s'y attache, parce qu'il sent qu'une pensée humaine a suivi l'œuvre depuis sa conception jusqu'à la dernière fibre de son achèvement. L'admiration n'est pas toute donnée à l'œuvre, elle se reporte sympathiquement sur l'auteur: l'homme pressent l'homme et s'identifie à son ouvrage; il compte ce qu'il a fallu de jours et d'années pour broder cette étoffe, pour tisser ce châle, pour sculpter ce bois et fouiller cet ivoire; il sait quel minime salaire, quelle rétribution dérisoire sont accordés à tant d'habileté, de goût et de patience; il admire et il plaint; il jouit de tant de beauté en souffrant de tant de misère. Quoi qu'en disent nos industriels, je crois que ce sentiment artiste et cette sympathie du cœur entrent pour quelque chose dans le succès de l'exposition orientale.

Cette revue bien sommaire expliquera ma pensée et motivera mon admiration; mais, après avoir envisagé le soleil radieux de l'art oriental, nous ne suivrons ni ses rayons ni leurs reflets. Ils s'étendent loin et un peu partout, s'affaiblissant et dégénérant à mesure que la civilisation occidentale intervient et prend plus d'empire. La Turquie, le Maroc, les Barbaresques, l'Égypte, Tunis, puis Alger, puis la Grèce, la Sicile, l'Espagne et l'Italie ont reçu cet art dans le développement particulier que les Arabes lui ont donné du VIIIe au XIIe siècle, et, après l'avoir pratiqué sous leur influence dans sa pureté, il leur en est resté instinctivement des traditions caractéristiques qu'on distingue facilement dans leur association intime avec l'originalité nationale et avec les nouvelles influences étrangères. Je laisserai l'artiste et l'amateur poursuivre, dans chacune de ces contrées, les traces les moins altérées de l'art oriental, associant mes regrets avec leurs plaintes quand ils gémissent sur les résultats fâcheux qu'a eus, sous ce rapport, notre domination dans l'Algérie. Tarare et Nîmes ont fait une razzia sur les métiers indigènes; ils ont substitué à leurs productions imparfaites, mais charmantes, des contrefaçons orientales honteuses, mais qui s'écoulent à l'abri du bon marché et faussent le goût des générations nouvelles par la puissance de l'habitude. Était-il donc nécessaire de ruiner chez les Arabes toutes les saines notions de l'art pour mieux établir notre supériorité, et ne pouvions-nous pas développer le style national par des constructions du même style, par des primes accordées à l'industrie indigène, par un ensemble de protection intelligente qui nous aurait valu non-seulement la reconnaissance des habitants, mais un contrecoup d'excellente influence sur nos propres fabriques?

L'exposition de l'Algérie était attristante : on sentait que nos villes industrielles avaient passé sur les vieilles traditions du pays le niveau de leur envahissante vulgarité. Tunis et le Maroc, moins atteints par cette inondation, accusaient un caractère plus franc. Ce qui méritait quelque attention à l'exposition d'Alger avait été envoyé par les Arabes du désert et de la grande Kabylie, de ces lieux maintenus à l'abri de notre influence. Singulier spectacle, étonnante influence des anciennes traditions de l'Orient! De pauvres Arabes nomades sont des industriels supérieurs à ceux des villes algériennes; leurs tapis et les rares ouvrages exécutés sous la tente, qu'une alerte déplace et que les saisons poussent de vallées en vallées, sont plus distingués, plus séduisants, mieux appropriés aux besoins que tout ce que nous exportons de France à leur usage.

J'aurais pu comprendre la Chine parmi les nations primitives dont l'art découle de la source antique; mais ce qu'elle y a puisé est devenu dans ses mains quelque chose de si particulier, de si bizarre, qu'il est impossible de n'en pas parler à part. Elle conserve les qualités d'un peuple primitif, quoiqu'envahi par tous les vices et la corruption d'une nation décrépite. Il semblerait que son enfance soit une conséquence de son antiquité; elle n'a de jeune que son éternelle vieillesse; semblable à ses poussahs, qui sont incapables de marcher, elle reste immuable, complaisamment assise et les jambes croisées, balançant la tête et croyant avancer. Je n'émettrais aucune opinion sur l'art chinois s'il s'agissait de le juger dans son principe originaire et dans ses développements futurs, car je ne l'admire pas et j'ai des doutes sur son avenir; mais il est impossible, quand on se préoccupe des progrès de l'industrie, de détourner son attention d'un peuple qui invente tout et perfectionne chaque chose jusqu'à la limite qui convient à son caprice.

Il n'y a pas d'art en Chine, si l'on appelle art une recherche de l'idéal, une étude sérieuse de la forme; il n'y a pas même d'esprit d'observation, car la perspective dans les lignes ou dans l'air, dans le modelé par l'ombre, ou dans les plans par la proportion, n'a pas fait un pas depuis quelques milliers d'années que le Chinois copie la nature et prodigue ses copies en tous lieux. Et cependant il y a en Chine un sentiment de l'art qui a sa parenté avec l'art antique et oriental; ce sentiment est perverti sur plusieurs points, il est encore vif et séduisant sur d'autres. Ainsi la corruption est sensible dans ce qui touche à l'architecture, dans ce qui est faculté imitative, soit de la forme humaine, soit de la beauté propre à toute créature; le sentiment antique semble au contraire s'être perpétué dans le don persistant de l'harmonie des couleurs, dans les combinaisons ingénieuses et le style parfois sévère des ornements, dans la création de plusieurs formes de vases dont le galbe, inconnu des anciens, est aussi pur que ce qu'ils ont inventé de plus pur, et par-dessus tout dans une fusion si heureuse de l'art et de l'industrie qu'il serait parfaitement impossible de distinguer l'une de l'autre et d'en faire le partage.

Il y a donc un art chinois, et dans cet art deux classes, deux divisions, l'une de décadence et d'abus, l'autre de pureté traditionnelle. Nous réservons notre admiration pour la seconde, tout en nous demandant si les artistes chinois sont blasés sur la beauté au point de ne s'inspirer que de la laideur, ou bien s'ils ne font des monstruosités que pour satisfaire les fantaisies d'un public qui n'a plus de goût pour le simple, le vrai, le naturel, dont les sens ne sont plus éveillés que par l'invraisemblable. Je m'arrête à cette dernière opinion, parce que je vois trop d'habileté de métier chez ces artistes, et dans leurs productions des qualités pittoresques trop distinguées, pour ne pas les croire capables d'un développement qui ne se fera plus longtemps attendre.

L'art appliqué à l'industrie est soumis à ces mêmes défauts et n'en brille pas moins par l'habileté des procédés et la perfection du travail. Il n'est pas besoin d'en faire ressortir les mérites bien connus; mais il y a lieu de rechercher si la facilité des rapports, la rapidité des communications, ne donneront pas une direction nouvelle et un tout autre essor à ce peuple industrieux, si dans ce cas ce sera en Europe qu'on se pliera au goût des Chinois, si c'est dans nos villes manufacturières qu'on parviendra à faire aussi bien qu'eux et aux mêmes prix, ou si les Chinois, plus souples, aussi habiles et toujours favorisés par le voisinage de matières premières que nous allons chercher chez eux, et par une modicité de salaire qui nous est inconnue, ne nous devanceront pas sur le marché européen, ne viendront pas lutter avec nos industries. Ce que je dis de la Chine s'applique également au Japon.

Dans le désordre de nos idées, dans l'absence de fixité de nos goûts, je crois que les étoffes, les meubles, toute l'industrie chinoise et japonaise auraient un grand succès en Europe, si ces produits pouvaient y arriver à prix égal et même à un prix un peu plus élevé. Un grand charme dans l'association des nuances, dans une gamme adoucie de tons habilement rompus, une grande finesse dans les tissus, des garanties offertes par l'excellence des matières premières et la perfection du travail seraient des conditions de succès très-suffisantes, et ces produits auraient en outre pour eux l'étrangeté et la nouveauté. Déjà, il y a un siècle, mais dans des conditions très-défavorables, la mode fut toute chinoise : elle peut bien s'éprendre de nouveau pour cet art, elle a eu des engouements plus extravagants; mais, quand le goût du public français sera lui-même régénéré, nous n'aurons rien à craindre de l'invasion de ces laideurs, et, quant aux beautés, nous les aurons dépassées.

Dois-je, pour ne rien omettre, mentionner l'exposition des peuplades sauvages de l'Amérique, de l'Océanie et de l'Afrique? Je le ferai, ne serait-ce que pour louer le soin qu'on a apporté à réunir les productions de ces races primitives. Une autre raison m'y porte. Dieu a soumis toute la nature à l'influence des arts, et l'histoire d'Orphée a été, dans l'antiquité, l'expression figurée de cette vérité. Mais, si l'art agit sur les créatures, l'homme seul en comprend l'application. Le plus adroit des singes est moins avancé sur ce point que l'homme le plus abruti parmi les sauvages : se passer des anneaux dans le nez, dans les lèvres et dans les oreilles, se taillader la peau et se tatouer de la tête aux pieds, c'est un commencement de culture des arts, une tentative pour ajouter quelque chose à ce qui est, une aspiration vers l'idéal ou ce qui devrait être. Les Aztèques anthropophages, c'est-à-dire la race primitive du Mexique, avaient le don d'une certaine harmonie de couleurs dans une gamme excessive, et les broderies de plumes faites par les religieuses du pays en ont conservé quelque chose de vif et de très-original. Les Peaux rouges du Nouveau Monde, les Noirs du Soudan et les Cafres du Cap n'ont pas de modèles à nous offrir ni de concurrence à nous opposer; mais, dans leur industrie toute enfantine, ils apportent cependant une originalité d'ornementation, une juste appropriation des formes aux usages, une harmonie de couleur dans des tons dont la gamme diffère suivant les races, toutes particularités qui peuvent nous servir de leçon, autant que des sauvages peuvent en remontrer aux nations civilisées.

L'exposition des produits de toutes ces nations primitives était digne, sans aucun doute, d'une revue plus détaillée; mais le peu que j'en ai dit me conduit à cette conclusion, que l'art oriental, par le fait même de sa source commune avec l'art grec, de son développement parallèle avec lui depuis le ve siècle avant Jésus-Christ, de son application exclusive à l'architecture et à l'industrie, est un modèle précieux qu'on doit étudier dans toutes ses productions, et qu'on pourra imiter quand on aura le soin de suivre les modèles les plus vrais, les plus purs et les moins entachés de surcharge et d'excès. Les imiter, oui, je l'accorde, les imiter dans leur esprit, dans leur principe, et non pas d'après quelques échantillons coupés çà et là et maladroitement copiés. *La vieille Dame de Londres* (les Indiens nomment ainsi la Compagnie des Indes) avait tout intérêt à propager cette imitation en Angleterre, mais elle n'a pas compris qu'il y avait là aussi bien qu'à Athènes un art à étudier. Elle a encouragé des pastiches ridicules, et si elle est parvenue à se faire pardonner des imitations grossières par le bon marché que les machines permettaient d'obtenir, l'esprit et l'âme de cet art oriental sont restés pour elle lettre close. C'est à nous de nous en emparer, et nous y parviendrons quand quelques-uns de nos artistes auront complété leur éducation par un long séjour aux Indes, en Perse et en Turquie; quand nos amateurs, nos populations elles-mêmes, se seront imbus de ces mêmes principes, se seront formés à ces mêmes règles. Alors aussi notre industrie luttera sur le marché oriental lui-même avec le fabricant de l'Orient, car c'est ce qui le menace. La main-d'œuvre est sans doute à bien bon marché en Asie; le lin, le coton, la soie tissés, sont complétés merveilleusement par les broderies faites à la main, les étoffes imprimées produisent des effets délicieux à bien peu de frais, les marqueteries, mosaïques, sculptures et ciselures défient, par leur patiente exécution, le travail des ouvriers de tout autre pays; mais la machine arrivée au degré d'adresse et d'intelligence où l'ont portée les progrès du constructeur, la machine qui ne sommeille que lorsque le charbon s'endort, la machine remplacera toute cette fabrication manuelle : nous irons chercher la laine de la vallée de Cachemire, le coton de la Perse, la soie de l'Asie mineure et de la Syrie, et nous porterons sur les marchés de Lahore, d'Ispahan et de Brousse des châles de laine aussi moelleux, des cotonnades et des soieries qui rivaliseront de séduction avec les leurs par la beauté et par le bon marché.

Nous n'avons donc rien à craindre de l'Orient, nous avons tout à lui emprunter. Avant qu'une bonne administration pénètre dans ces vastes espaces et protége assez efficacement l'industrie manuelle pour que, assistée de grands capitaux, elle se transforme elle-même en fabrication mécanique; avant la réalisation de ce revirement industriel qui pourrait, étant opéré par la nation elle-même, conserver à l'industrie son caractère national et tous ses précieux avantages, il se passera des années, et, longtemps auparavant, la rapidité des communications, la facilité des rapports, auront jeté dans ces pays de telles masses de productions européennes, que le bas prix de nos marchandises rendra impossible toute concurrence, que l'abandon des métiers indigènes aura étouffé toute initiative originale, que la vue et l'usage de nos étoffes auront faussé entièrement l'excellent goût de ces populations. Déjà, depuis longtemps, ces nations orientales sont poussées à l'abandon de leur art national par nos commerçants, et cèdent, tout en croyant résister. Dans la vallée de Cachemire, nos commis voyageurs n'auraient pu faire accepter un dessin de Paris; mais les deux tiers de la fabrication des châles étant achetés par eux, et leur choix étant naturellement dirigé dans le sens de la mode française, il s'établit peu à peu dans toute la population industrielle un courant de style francisé, comme le plus favorable au débit de la marchandise. A Alep et à Brousse, nos négociants obtinrent facilement qu'on suivît leurs dessins, et ces étoffes bâtardes eurent un tel succès, qu'elles ont chassé le goût national et qu'on a pu établir et faire prospérer à la porte de Constantinople une fabrique quasi lyonnaise.

Je ne pénétrerai pas plus avant dans le détail. L'invasion occidentale est manifeste et l'abdication orientale chaque jour plus entière : comment en serait-il autrement, quand l'initiative des gouvernements prend les devants, en proscrivant partout le costume national et en favorisant l'introduction des modes étrangères? Il suffit de passer une journée à Constantinople, au Caire, à Téhéran ou à Bombay pour comprendre que c'en est fait de l'art oriental. Là où des habits aussi ridicules, aussi ternes, aussi étriqués, ont remplacé des costumes aussi magnifiques, là où les souverains et les grands de la nation abdiquent le goût de l'élégance, de la noblesse et de l'ampleur, acceptent, patronnent, encouragent l'adoption des modes les moins pittoresques, l'art national est perdu sans retour : l'Orient n'est plus l'Orient.

Pendant qu'il l'est encore, admirons-le. Recueillons pieusement le dépôt des secrets de l'art antique qu'il a religieusement conservé, formons des collections de tous ses produits pour nous en servir comme de modèles, pour les conserver à côté des restes magnifiques de tant de civilisations éteintes, de tant de peuples disparus. N'oublions pas que cette industrie orientale peut seule nous faire comprendre certains côtés importants de l'art antique, tels que l'application des couleurs, la nature et l'usage des tissus. Nos musées n'ont aucun élément de ces restaurations, nos savants archéologues n'en ont que des traditions littéraires; les tombeaux anciens, les édifices en ruines, les villes englouties et enfouies, nous ont bien montré ce que les anciens ont produit en ce genre; mais ces étoffes avaient perdu leurs couleurs : elles n'avaient pas plus de vie que le mort dont elles formaient l'enveloppe; elles étaient mortes aussi. A la couleur et à la souplesse des étoffes il faut ajouter le mouvement, l'usage, *le porté,* et tout cela se retrouve en Orient.

Ne laissons donc pas se perdre ces belles traditions; recueillons-les comme une part de ce grand héritage que nous revendiquons partout. Quand les convois de chemins de fer, chargés de marchandises européennes, iront à Brousse, à Damas, à Ispahan, à Bombay et à Lahore, les Orientaux viendront à Paris; il est bon qu'ils trouvent dans nos musées l'art que nous aurons tué dans leurs mains, et qui aura prospéré dans les nôtres.

NATIONS INDUSTRIELLES.

Quand on passe de ces nations primitives aux nations industrielles, il y a, sous le rapport du goût, un abîme, et les plus distinguées d'entre elles, les plus avancées, étalent dans leurs boutiques un ensemble de productions que je mets, sans hésiter, au-dessous des œuvres les plus ordinaires des peuplades les moins civilisées; chez les anthropophages de l'Amérique, chez les sauvages de l'Afrique, tout ce qui se fabrique pour les usages de la vie privée, pour les armures des hommes et les parures des femmes, tient à un goût déterminé, caractéristique, et va à son but avec un bonheur d'inspiration qui souvent étonne, tandis que l'ensemble des objets destinés aux peuples occidentaux ne répond à rien, pas même à l'usage, ne satisfait pas une pensée d'art, pas même un goût, et ne se distingue que par la fausse prétention de n'être pas ce que c'est réellement.

Il y a dans cette manière de voir quelque chose d'absolu et de paradoxal qui disparaîtra facilement dans les développements qui suivent. J'examinerai les différents pays, en commençant par ceux qui, soit par leur position excentrique, soit par le chiffre de leur population ou la faible portée de leurs moyens industriels, ne nous menacent d'aucune concurrence; je terminerai par la Suisse, l'Amérique, la Belgique et l'Angleterre, les quatre pays qui marchent avec le plus de succès sur nos traces, et Dieu veuille que des efforts intelligents de notre part les empêchent de nous dépasser!

Je désire, en exprimant ces craintes, préciser bien nettement ce que j'appelle un danger pour la France, ce que je considère comme une concurrence redoutable. En thèse générale, et sous l'heureuse inspiration de cette fraternité universelle qui fait irruption dans la nature entière et semble émaner de ses entrailles maternelles, le progrès, de quelque côté qu'il vienne, doit être salué par tous comme une conquête faite au profit de tous; mais en descendant de ces hautes régions humanitaires, et considérant que le progrès se traduit en bien-être au profit du pays qui est le premier à l'accomplir, nous devons désirer voir la France se maintenir à la tête du progrès. Elle a aujourd'hui cette supériorité dans les arts et dans l'industrie, personne ne la lui conteste; voyons donc chez les différents peuples ce qu'ils font pour nous l'enlever; et tâchons de bien découvrir dans leurs efforts ce qui nous sert et ce qui nous menace.

Russie.

Quand les peuples du Nord, méconnaissant le charme de l'originalité, le mérite de la naïveté et du sentiment personnel, envoient leurs artistes étudier à Paris, à Rome et à Dusseldorf; quand, dédaigneux de leurs costumes nationaux, qui font l'admiration de nos artistes, de leurs fabrications indigènes, qui ne demandaient que les perfectionnements intelligents de la mécanique et de la science pour lutter, avec les fabrications étrangères de charme et de nouveauté, ils attirent à Pétersbourg, à Copenhague et à Stockholm nos fabricants, qui vont promener sur tout le pays le niveau monotone et banal de nos chapeaux ronds, de nos laids paletots, de nos porcelaines sans goût et de nos étoffes sans caractère, nous ne lançons pas le cri d'alarme, nous rions dans notre barbe, en pensant à ce servage aveugle qui nous assure indéfiniment les marchés du Nord, où nous porterons sans relâche, quels que soient les progrès de ces copistes, des productions rajeunies, renouvelées et toujours de quelque six mois en avance sur les leurs. Ces tentatives inintelligentes, ces dépenses inutiles, ne donnent aucun résultat, si ce n'est d'opérer pour notre compte le défrichement pénible de terres rebelles sur lesquelles on nous ménage des moissons aussi faciles qu'abondantes. Là n'est donc pas le danger.

Ce sera également en pure perte que Dieu aura donné aux contrées du Nord les plus belles matières, tant que l'intelligence de l'art, fruit d'une éducation bien dirigée, n'aura pas inspiré à la nation les vraies règles du goût, tant qu'elle n'aura pas prescrit l'usage qu'on doit faire du granit, du porphyre, de la malachite, des grès rouges et autres magnifiques matières. Des vasques immenses en granit, reposant sur des pieds grêles, des coupes d'un galbe fautif, des vases à panses trop larges, trahissent une ignorance déplorable des beautés de la forme et de leurs ressources. Des chaises en placages de malachite, des pianos en incrustations de porphyre, semblent des gracieusetés de narval ou des caresses d'ours blanc : on ne joue pas ainsi à contre-sens avec les pierres même les plus précieuses. L'Égypte, qui exécutait les ouvrages les plus délicats de broderie et de filigrane, quand elle s'attaquait au granit, savait lui conserver, par la manière de le traiter, la grandeur et la majesté qui conviennent à sa durée et à sa résistance; elle l'appliquait à ses monuments, à sa statuaire, et, guidée bien plus par le sentiment de l'art que par la difficulté du travail (rien n'était difficile pour ses ouvriers), elle procédait par larges masses, par plans bien accusés, à tel point qu'il est facile de dire d'après un moulage en plâtre, ou d'après une photographie, si l'original est en granit, en porphyre, en basalte ou en calcaire.

Les arts et l'industrie de la Russie peuvent se répartir en deux divisions : dans l'une, on mettra ce qui est du pays et d'origine nationale; dans l'autre, ce qui est d'importation étrangère. Le Gouvernement et les classes supérieures regardent la première comme un héritage de barbarie qu'on ne saurait trop négliger, la seconde comme la marque d'une haute civilisation pour laquelle tous les sacrifices doivent être faits. Depuis Pierre le Grand, ces idées n'ont pas perdu de leur empire, et la guerre contre toute tendance nationale se poursuit avec une ténacité qui étonne moins que la résistance qu'on lui oppose. S'il n'était pas d'autre voie pour atteindre le progrès que de fouler aux pieds tous les instincts nationaux, j'applaudirais à ce système; mais il est évident que l'avancement des arts est conciliable avec le maintien de l'originalité nationale; bien plus, il est certain que leur union est un des éléments du succès. Les visiteurs de l'Exposition de Londres partageaient cette manière de voir. La monotonie qui régnait dans ce concours universel donnait une soif d'originalité dont il eût fallu se méfier, car elle rendait injuste pour des productions très-parfaites qui n'avaient que le tort d'être des imitations de Sèvres ou de Florence, des redites de Flaxman et des copies des peintres allemands et français; mais que faire? on voulait à tout prix sortir du moule banal, et on se sentait invinciblement porté vers ces magnifiques étoffes fabriquées dans la vieille Russie, les unes pour le clergé grec, c'est-à-dire d'un usage général partout où le schisme s'est étendu; les autres pour les populations mi-slaves mi-orientales, qui ont conservé leurs anciens costumes; et en examinant ces étoffes si somptueuses, ces cuirs brodés si richement, en un mot, tout ce qui appartient à la vieille industrie du pays, on se demandait si c'était bien là une trace de barbarie, si ce n'étaient pas, au contraire, les éléments persistants et encore vivaces de la renaissance future de ces peuples.

Évidemment le Gouvernement impérial fait fausse route. Au lieu de regarder d'où lui vient la lumière, il se tourne vers les brouillards de l'Occident; au lieu d'être à la tête de la civilisation asiatique, il se met à la queue des écoles et des fabriques de l'Europe, et cependant la nation russe, loin d'être rebelle à la culture des arts, y est portée par nature; mais ce ne sont pas ses facultés imitatives qui demandent protection, ce n'est pas au pastiche trop adroit des mauvaises productions occidentales qu'il faut la pousser, mais au développement de ses qualités nationales, de son originalité artiste, et d'une tendance bien marquée vers les traditions orientales, tendances fécondes, auxquelles déjà elle doit la curieuse architecture du Kremlin, sa belle orfévrerie, ses étoffes somptueuses, tout un ensemble qui demande à s'épurer, à se développer, à prendre essor.

Même en rentrant dans le bon chemin, la route sera longue et le progrès lent. La France peut donner généreusement ses conseils; elle est sympathique à tous les nobles élans et désintéressée dans la question, car elle n'a rien à redouter de ce côté.

Danemark.

Si le hasard a fait naître près du pôle le grand artiste Thorwaldsen afin qu'il devînt un sculpteur romain, l'exemple de ses succès et l'accueil patriotique fait à ses œuvres n'auront pas été sans utilité pour ses compatriotes; deux sculpteurs danois, J.-A. Jerichau et H.-W. Bissen, avaient placé dans le Palais de Cristal des statues qui respiraient cette vie dont la sculpture a besoin pour être un art. Il y a en Danemark une tendance de prédilection vers la sculpture, et une satisfaction étrange dans les qualités les plus décolorées, les plus froides de cet art. Quand je suis entré dans l'église que Thorwaldsen a décorée de son Christ et de ses Apôtres, j'ai été saisi d'une sorte de frisson glacial. L'étonnement produit par les grandes scènes des mers du Nord peut être comparé à l'admiration qu'on éprouve entre ces parois de pierres blanches, devant ces autels et ces statues de marbre blanc, sans la moindre teinte, sans le plus petit filet d'or, sans un ornement coloré qui tranche sur cette sévérité de glace. Cette disposition, qui ne peut être favorable au développement des arts, cédera devant quelques tentatives d'architecture polychrome que le Gouvernement devrait essayer; la brique émaillée et la faïence permettent de placer à l'extérieur, et dans les climats les plus humides, la décoration colorée la plus développée.

Les peintres danois n'avaient rien envoyé à Londres; mais quand on a visité Copenhague et le Danemark, on sait que l'art y est dans une bonne voie. Sagement favorisé par le Gouvernement, sans être surexcité, maintenu dans les bons principes par les écoles de l'État, par les musées publics, par les bibliothèques, dont l'ordre exemplaire facilite l'usage, par les encouragements d'une aristocratie éclairée et très-patriotique, il se développe avec simplicité dans une originalité de bon aloi, prenant ses sujets dans la nature, ses types et ses costumes dans le pays, ses inspirations dans le caractère doux, calme et quelque peu méthodiste de ses habitants. La grande peinture n'a pas trouvé l'occasion de se développer : c'est par la peinture de genre et le portrait que l'art cherche son essor; mais des hommes comme MM. Exner, Gertner et Gronland sont préparés à élever leur style quand des circonstances plus favorables exigeront d'eux un art moins terre à terre.

Ce progrès dans les arts, dû à une tendance nationale qui ne dérive ni de l'influence hollandaise ni du voisinage de l'Allemagne, doit améliorer le goût général du pays et provoquer le perfectionnement de son industrie, l'un et l'autre à l'avantage de notre exportation et de notre influence, car le moment est encore éloigné, et il dépend de nous de ne pas le laisser arriver, où l'orfévrerie du Danemark, dont les progrès sont déjà sensibles, où la céramique, qui se perfectionne sous la protection d'une manufacture royale et dans ce caractère digne, calme et noble imprimé à ses produits par l'influence de Thorwaldsen, où les tissus du pays, déjà fort améliorés, formeront une barrière contre l'introduction de nos produits. Il est plus probable que le goût français épuré restera toujours en vogue, et nos produits des modèles, dans une contrée qui répudie chaque jour davantage ses traditions nationales, et n'aura jamais une exploitation industrielle dominante.

Suède.

Comme les Danois, les artistes de la Suède se sont appliqués avec talent à la reproduction des scènes nationales et des beautés naturelles du pays. MM. Höckert et Tidemand seraient partout des peintres de genre très-distingués : ils savent exprimer, dans les scènes les plus ordinaires, le sentiment vrai, profond, qu'elles contiennent et qu'elles leur ont fait éprouver; ils savent les rendre dans toutes les conditions du pittoresque; mais ce n'est là que le petit côté de l'art. On ne fonde pas sur ces bases une école, on n'ajoute rien à la gloire de son pays, on n'avance pas de l'épaisseur d'un cheveu le goût des arts parmi ses concitoyens; on a la valeur d'un daguerréotype intelligent. Peu d'artistes se contentent de cette faible part de leur mission; beaucoup, poussés vers un but plus noble, vont demander à l'Italie, à Paris, à Dusseldorf ou à Munich les enseignements qui forment aux grandes conceptions. Mais, comme je l'ai dit, dans cette pénible marche, plus d'un artiste, qui aurait été un peintre de genre distingué, s'use et s'épuise à produire de froides et incomplètes imitations des maîtres. La Suède en est là : elle n'a pas encore fait surgir un homme supérieur qui, maître de toutes les ressources du métier, ait su dessiner une originalité native.

L'industrie suédoise n'a pas de caractère; sa fabrication courante tient le milieu entre la banalité hâtive de l'Angleterre et la timidité d'invention de l'Allemagne. Elle n'a répondu sur aucun point au goût du luxe, aux dispositions élégantes de son aristocratie et des classes aisées. Il nous est réservé de les approvisionner, et nous conserverons cette vogue et cet important marché, si nous savons toujours légitimer la réputation de bon goût que nos pères nous ont faite en Suède.

Espagne.

Où est l'Espagne, cette grande Espagne? Où sont ses armées, où est sa marine, où flotte son pavillon? Qu'a-t-elle fait de sa littérature et de ses arts? L'Exposition de Londres a prouvé qu'elle n'a pas même su conserver la couleur de ses ajulezos et le dessin de ses mantilles. Des mosaïques en bois, jeu de patience d'une admirable finesse, des damasquinures conçues par les Zuloaga dans un sentiment filial de réminiscences arabes et exécutées avec une sûreté de main conquise dans de bonnes et sérieuses études de l'art, voilà tout ce qu'on peut signaler à son avantage dans ce concours universel. Si, quittant Londres, on parcourt l'Espagne, si l'on demande où sont ses peintres, on vous répondra : « Dans les ateliers de Paris. » Où sont ses sculpteurs? on l'ignore, car de petites statuettes de contrebandiers et de picadores, mi-

flamandes, mi-indiennes, ne représentent pas la statuaire, malgré le talent instinctif et naturel qu'elles supposent. Où sont ses architectes? Les nouveaux édifices élevés à Madrid portent la marque de leur médiocrité. Décadence, décadence, c'est-à-dire que ce peuple qui fut toujours à la remorque des autres, qui n'a jamais brillé par son initiative, mais qui a su, sous les Romains, sous les Arabes, et au XVIIe siècle, faire pénétrer son originalité nationale à travers les influences étrangères qui animaient sa verve, ce peuple est incapable aujourd'hui, non pas seulement de nouveautés, mais même de réminiscences. Et pourtant l'académie de San-Francisco, avec les Madrazzo père et fils à sa tête, les académies provinciales de Barcelone, Séville, Cadix, Saragosse, Bilbao, la Corogne, Grenade, Malaga, Oviédo, Palma, Santa-Cruz de Ténériffe, Valence et Valladolid sont assez richement dotées; les corporations ont des professeurs, des écoles ouvertes et même des élèves; elles forment des artistes dans toutes les branches de l'art; on compte en Espagne cinq ou six cents peintres qui envoient leurs œuvres à Madrid dans des expositions où le bon se coudoie avec le mauvais dans une atmosphère moyenne de médiocrité! Ce n'est ni le soleil, ni le doux climat, ni la beauté de la nature et de la race, ni le pittoresque des ruines et des costumes, qui manquent aux imaginations poétiques; ce n'est pas même le sentiment artiste et l'enthousiasme passionné qui font défaut dans le public. Que faudrait-il donc à l'Espagne? Du repos, un François Ier et un Colbert, c'est-à-dire l'impulsion intelligente donnée au milieu de circonstances favorables par un roi éclairé, par une cour élégante et libérale, et soutenue par une organisation habile et puissante. Il est vrai que si l'Espagne jouissait de quelque relâche dans le roulis politique qui la ballotte depuis deux siècles, si elle avait ces deux hommes que je lui souhaite, elle demanderait d'abord un bon gouvernement.

De l'industrie espagnole que dire? Hélas! sur un fond original, sur un canevas encore riche, dans une matière pleine de ressources, une main malhabile, un esprit dépourvu d'invention, trace, brode et sculpte des œuvres sans valeur, pastiches imparfaits et dégénérés d'un passé grandiose. Et pourtant il y a dans cette généreuse contrée un germe qui ne demande qu'à être fécondé, un germe déposé par les puissantes civilisations romaine, arabe et nationale qui déjà ont fait à l'Espagne une réputation dans les deux mondes. Prendre pour base ce passé, y asseoir les institutions et les encouragements, faire appel à la vieille Espagne pour donner une industrie à la nouvelle, tel devrait être le programme aussi facile à développer que la nature serait disposée à le suivre.

Tout ce que nous devons souhaiter, ce sont les progrès de l'Espagne; mieux elle sentira les arts, plus elle appréciera nos artistes et notre industrie. Dans la nouvelle ère que nous allons ouvrir, ses sympathies ne nous sont-elles pas assurées? Nous voulons retrouver les beautés de l'antiquité et de l'Orient: l'Espagne en a professé le culte comme colonie grecque et romaine pendant dix siècles, comme conquête des Arabes pendant huit autres siècles. En travaillant pour nous, nous travaillerons pour elle, et si même, dans le rapprochement qui s'opérera entre nous, elle se fait plus orientale par instinct de nature et par le voisinage des monuments de ce style, le beau mal! L'art espagnol qui rappellera l'Alhambra et Cordoue dans son architecture s'associera au style que nous renouvellerons du Parthénon d'Ictinus et du Louvre de Pierre Lescot. Les industries qui feront penser à l'ancienne élégance des Maures par le harnachement des mules et des chevaux, par la forme des selles aux arçons élevés, aux étriers volumineux, par les tons tranchés, et cependant harmonieux, de quelques étoffes, par la damasquinure des armes, par les broderies sans fin des costumes, par les faïences émaillées des revêtements, par mille détails charmants, cette industrie, qui semble étrangère, et qui est nationale, donnera la main à celle que nous formerons des beautés ressuscitées de l'antiquité et des beautés vivantes de l'Orient.

Grèce.

L'histoire de la Grèce, sa littérature et ses arts, l'influence que sa haute civilisation exerce encore sur l'éducation de nos enfants et sur la civilisation moderne, fournissent un arsenal où ses défenseurs trouveront toujours des armes. Je ne la défendrai pas. Qu'on s'engoue de la Grèce ou qu'on la dénigre, elle reste un pays enchanteur, habité par la nation la mieux douée. Quand on a vécu dans cette délicieuse contrée, quand on a étudié impartialement ce peuple incomparable, on s'étonne qu'après seize siècles d'esclavage il ait conservé sa piété si ferme, son patriotisme si fervent, un esprit fin, une élégance parfaite, un goût des arts exclusivement grec et une instruction plus généralement répandue que chez aucune autre nation; on s'étonne que dans ses limites, péniblement octroyées par l'Europe, il ait pu reconstituer une nationalité, accroître ses produits, décupler sa marine, étendre son commerce, et tout cela au milieu des rivalités d'intérêt, des antipathies de religion et des sourdes oppositions de ses voisins redoutables: la Turquie, l'Angleterre et l'Autriche. On s'étonne aussi, mais les amis de la Grèce ne partagent pas cette surprise, ses ennemis feignent de s'étonner que Phidias et Apelles n'aient pas à Athènes de successeurs dignes d'eux. Les arts n'ont-ils pas été chassés vingt fois de la Grèce par les Perses, qui renversaient tout sur le passage de leur inondation; par les Romains, qui lui enlevaient ses chefs-d'œuvre et ses meilleurs artistes; par les Turcs, qui se servaient d'une arme plus destructive que la torche et la hache des barbares, l'arme active d'une séculaire antipathie pour tous les arts; par les Anglais enfin, qui de nos jours lui ont ravi ce qui avait échappé à tant de causes de destruction? Et cependant il est impossible que les arts ne retournent pas à Athènes, comme on revient à un premier amour, ne serait-ce que par piété filiale et pour saluer leur berceau. Nous verrons, on verra du moins un jour, la Grèce donner de nouveau le ton à l'Orient, ses soies se détourner de Lyon, ses laines abandonner la voie de l'exportation et passer en Asie, transformées en étoffes précieuses dans le goût le plus propre à satisfaire les populations auxquelles des affinités de religion, de langue et d'origine lui permettent de s'associer plus intimement que nous ne pouvons le faire.

En attendant cette renaissance, Athènes envoyait à l'Exposition de Londres un bloc de marbre pentélique, de ce marbre dans lequel Phidias sculpta les statues, les métopes et la frise du Parthénon. C'était présenter le tableau douloureux à la fois et noble de sa décadence, car c'est encore le même peuple ingénieux, le même climat enchanteur, le même marbre parfait, mais c'est un bloc laissé inerte au lieu d'une statue animée par le génie.

Nous avons une école française, des peintres, des sculpteurs, des architectes; la Grèce n'a plus que ses ruines et ses souvenirs : la mépriserons-nous? Par représailles nous en aurions le droit, car il y a une vingtaine de siècles, deux cents ans après que le Parthénon resplendit au front de l'Acropole d'Athènes, si l'on eût parlé à un Grec des arts de la Gaule, il eût souri de pitié en pensant à cette barbarie sans ruines et sans souvenirs, à cette barbarie complète dont le tableau n'aurait d'équivalent aujourd'hui que dans les descriptions que les hardis voyageurs nous apportent du fond de l'Afrique. Mais usons avec modestie de la victoire, ne nous fions pas à ce sommeil. Il y a dans l'histoire des peuples des réveils de prospérité et de grandeur plus difficiles, plus inattendus que ne sera dans l'avenir une renaissance des arts en Grèce, et quand la civilisation fêtera ce retour de l'enfant prodigue, les Grecs n'auront besoin de se mettre en frais ni de musées, ni d'école à la villa Médicis; ses musées se composeront de ses ruines sublimes, son école de Rome sera la Grèce elle-même. Quand je travaillais dans l'Acropole d'Athènes, je voyais arriver régulièrement tous les jeudis, à heure fixe, une trentaine de jeunes gens suivis de leur pédagogue. Ils circulaient au milieu des débris, puis ils s'arrêtaient devant les Propylées, le Parthénon ou l'Érechthée; le maître montait sur un fragment de marbre, et le cours d'archéologie commençait. Auditeurs des Beulé, des Gherard et des Welcker, que pensez-vous de cet enseignement au fond de vos petites salles sombres et enfumées? L'éloquence de vos dignes professeurs vaut-elle cet entourage inspirateur, ce ciel, cette nature et ces ruines remplies de souvenirs? Quand un peuple intelligent a de telles ressources d'études, et sous les yeux toujours d'aussi purs éléments du goût, il lui suffit, pour être artiste, d'avoir le loisir de le devenir, et, quand les Grecs en prendront la peine, attendez-vous de leur part à une sûreté de jugement, à une pureté de style, à une distinction en toutes choses, que vous ferez bien de puiser dans leur propre fond et avant eux.

Autour de ce bloc de marbre, représentant d'un art qui sommeille, s'était dressée dans l'Exposition de Londres l'industrie nationale, une industrie plus turque que grecque, mais qui, par les mille qualités distinguées de cette origine orientale, se rattache encore à l'antiquité.

Toute la Grèce était là. Que penserait Cicéron s'il revenait en ce monde, s'il s'était trouvé sans autre préambule à cette Exposition? Un flatteur vous dira qu'il se serait arrêté dans l'Exposition française, se croyant à Athènes; mais, pour qu'il commît cette méprise, il faudrait que dix-huit siècles de sommeil eussent terriblement appesanti ses paupières : non, son étonnement aurait été de voir à côté de nations ignorées comme l'Amérique, de nations barbares comme la Gaule, l'Angleterre et la Germanie, la Grèce réduite à exposer quelques broderies, des costumes, des étoffes. Au moins, dirait Cicéron, elle n'a pas mauvais goût; elle a subi toutes les dominations, excepté celle de la vulgarité. Là est encore votre influence, ô Périclès!

Hollande.

La Hollande donne, à qui veut réfléchir, l'avertissement le plus salutaire. Elle a retiré la protection qu'elle accordait aux arts, elle a supprimé ses académies et laissé vendre aux enchères l'admirable collection de tableaux que le feu roi avait formée pour conserver à ses sujets, comme un stimulant et un modèle, une de ses gloires les moins contestées; qu'en est-il arrivé? c'est que la Hollande figurait à l'Exposition comme une puissance déchue, et qu'en la plaçant entre la Grèce et l'Italie, je lui donne son vrai rang dans l'examen des pays qui nous menacent de leur concurrence. Art et industrie sont là en décadence, car ils sont privés de ce qui en fait l'âme, j'entends l'inspiration d'en haut, cette impulsion donnée par la cour, par le Gouvernement et, à leur exemple, par les classes supérieures. Chercher à cet abaissement une autre cause serait superflu : les succès de la Belgique après une révolution, et dans les conditions défavorables qui lui ont été faites, en l'entourant d'une ceinture de douanes qui l'étouffent, en la privant des colonies et de la navigation hollandaise qui assuraient un écoulement à ses produits, les succès de la Belgique dans toute la carrière des arts, dans tout le domaine de l'industrie, sont là pour établir ce que peuvent un Gouvernement intelligent, une protection généreuse, des institutions libérales et un patriotisme qui, au lieu de bouder et de se croiser les bras, s'émeut, se compte et prend d'assaut la position.

Les arts, en Hollande, ont perdu toute distinction; comme un projectile qui va bondissant, roulant, se traînant par l'impulsion qu'il a reçue, mais sans direction et sans force, ainsi l'école hollandaise continue à avoir des peintres, à produire des tableaux, sans marquer, dans aucun des genres qu'elle a si bien traités, par le talent d'un homme supérieur. S'agit-il de statuaire, elle ne s'élève pas au-dessus de la médiocrité : elle fait des statues froides comme leur marbre ou bien elle sculpte le bois comme les habitants de Carrare travaillent dans leurs carrières, traditionnellement et mécaniquement. Le sentiment est perdu et le savoir-faire excelle, il dépasse même le but : on coupe le bois comme de la dentelle, on sculpte le marbre en ornements boursouflés. La taille du diamant et des pierres fines, la fabrication des tapis, le goût des fleurs, quelques misères encore, sont-ce là des mérites dignes de la vieille réputation hollandaise? Que le roi et son ministre Thorbeek y songent : il y va de l'honneur du pays et de ses intérêts matériels les plus grands.

Italie.

Si j'avais été l'Italie, je me serais montré aussi réservé que la Grèce : j'aurais envoyé au concours universel, au lieu de faibles tableaux, la palette du Titien et les pinceaux de Raphaël; au lieu de médiocres statues, le ciseau et le maillet de Michel-Ange. Avec de tels noms, sous l'égide de telles gloires, il est permis de se taire et de s'effacer, il est défendu de bégayer et de montrer d'impuissants efforts.

L'Italie a agi autrement, et ses efforts, depuis vingt ans, lui en donnaient le droit; elle a exposé, et il m'a fallu reconnaître de l'autre côté de la Manche, comme je l'avais constaté de l'autre côté des Alpes, qu'une sorte de renaissance se fait jour dans ce pays. Les études architecturales et archéologiques ont puissamment contribué à ce mouvement. Aujourd'hui, si l'on examine les constructions nouvelles comme les grands théâtres de Naples et de Gênes et la passeggiata de la Porte du Peuple à Rome, vaste promenade monumentale, les restaurations aussi importantes que difficiles de Saint-Paul hors des murs, des cathédrales de Milan et de Pise, on reconnaît que l'architecture, de tous les arts le plus important, est ici dans une bonne direction. L'archéologie n'est pas encouragée d'une manière moins judicieuse. Tenue de longue date en éveil par les découvertes d'Herculanum et de Pompéi, par les fouilles pratiquées dans les hypogées de l'Étrurie et de la Campanie, par le déblayement des monuments antiques à Rome et dans d'autres villes, elle a été poussée d'autant plus loin qu'elle s'est appuyée dans ces derniers temps sur une saine critique. On a porté sur l'arrangement des collections publiques une attention particulière. Ce qui était disséminé a été réuni, ce qu'on ne voyait que par faveur est devenu public; une judicieuse étude a présidé à de nouveaux classements méthodiques, et une érudition de bon aloi a entrepris la rédaction de catalogues instructifs.

Les arts ont pris leur essor sous cette nouvelle impulsion, et déjà l'Exposition de Londres en montrait les heureux résultats. La statuaire est devenue, chose insolite, l'art prospère, l'art à la mode en Italie. Tout art naît, grandit et vit à la condition de produire. Les occasions ont manqué à la peinture, elle s'est éteinte, ou au moins endormie, tandis que le goût de posséder son buste, et même de se faire représenter en pied par la sculpture, est resté dans les habitudes italiennes et s'est communiqué aux voyageurs anglais, russes, américains, qui se chauffent au soleil du Midi. Ajoutez l'usage d'enterrer dans les églises et de consacrer un monument à la mémoire du défunt, et vous aurez la meilleure explication de la supériorité accidentelle et passagère de la sculpture sur la peinture. Cette supériorité relative n'empêche pas qu'il se trahisse dans la renaissance de cet art une certaine débilité, une défaillance précoce. Après deux siècles d'épuisement, conséquence de deux autres siècles de fécondité admirable, se sont levés Canova et Thorwaldsen, après Canova Bartolini, après Thorwaldsen Marchesi, après l'un et l'autre Tenerari, et autour de ces noms se groupent aujourd'hui vingt sculpteurs qui peuvent croire à leur talent, puisqu'il se trouve des amateurs pour acheter leurs ouvrages. Malheureusement le genre gracieux continue d'être en vogue. Canova, avec son type maigrelet et ses moyens d'exécution précieux, se mirerait dans ces marbres éclatants de blancheur; il s'y reconnaîtrait, bien que déformé, grimaçant et privé de vie. J'ignore s'il y a quelque ressource d'avenir dans cette école, mais elle paraît chétive dès le berceau. Ce n'est pas à l'absence d'encouragement du Gouvernement et à l'indifférence de l'aristocratie italienne qu'il faut attribuer cette défaillance; ce n'est pas même l'oppression de toute liberté qu'on devra accuser, c'est le manque de bonne direction, ou plutôt la fausse direction donnée par le mauvais goût de ce public de touristes, la pire espèce des amateurs.

A l'Exposition de Londres, la salle de la sculpture italienne était disposée de manière à s'éclairer par un demi-jour qui aurait fait valoir le caractère, le style et les vraies qualités de toutes ces œuvres, si elles avaient eu une originalité quelconque; mais, à moins de s'éprendre pour des figures voilées et de tenir l'imitation puérile de ces gazes collées sur la peau pour le *nec plus ultra* de l'art, on sortait de cette salle comme on y était entré, et on aurait pu s'écrier : « Dieux du Capitole, chefs-d'œuvre du Vatican, sont-ce là vos enfants? » Évidemment, la statuaire italienne est dans une fausse voie; une atmosphère débile plane sur l'école moderne : elle s'est laissé entraîner, par des praticiens d'une habileté surprenante, à des enfantillages. Ce sont les étoffes, les dentelles, le plumage des oiseaux, la fourrure des animaux, qui la préoccupent; les mille puérilités de la surface la détournent des études sérieuses du fond. Il suffirait d'une habile direction pour redresser ces tendances fausses, car ce qu'il y a de facilité abondante, de talent de métier, d'habileté pratique dans cette jeune école est surprenant; c'est le sol le mieux préparé pour y faire germer et croître tout ce qu'on voudra. Apprenez à ces artistes que les grands modèles sont donnés par la nature, que la vraie manière de l'interpréter a été trouvée et démontrée par les Grecs dans les quelques chefs-d'œuvre qui nous sont parvenus; dites-leur surtout que le fini de l'exécution perfectionne l'œuvre jusqu'au moment où il la dégrade, et que savoir s'arrêter dans son travail est déjà une preuve de talent. Quelques règles indiquées à propos suffiront donc pour redresser ces mauvaises tendances.

La peinture moderne étudiée dans les édifices publics, dans les collections particulières, dans les ateliers des artistes, ne satisfait pas; on voudrait plus, tout en rendant justice aux intentions, tout en sentant l'essor nouveau. Après un long sommeil, l'Italie s'est réveillée; mais, au lieu d'ouvrir les yeux pour étudier et reproduire les sites enchanteurs d'une contrée privilégiée, les types souvent si purs d'une race presque antique, les costumes pittoresques qui font honte à nos costumes, elle s'est laissé fasciner par ce courant de manie imitative qui, depuis Mengs et David, a traversé l'Europe, et elle aussi s'est embarrassée dans les pastiches : d'abord, dans la copie de notre école, qui a produit Sabatelli à Milan, Camuccini à Rome et Benvenuti à Florence : un fatras de peinture creuse couvrant d'immenses toiles qui restent vides; puis, on a quitté cette voie pour contrefaire matériellement à Venise le Titien et Paul Véronèse, à Parme le Corrége, et dans chaque ville son peintre en renom : misérable métier dont quelques collectionneurs étrangers ont été les dupes, dont leurs auteurs ont été les véritables victimes; car ce n'est pas impunément qu'on entre dans ce manége insipide : on en sort dépouillé d'originalité et d'initiative. La croisade des Allemands contre l'influence de David à la conquête de l'art du *cinque cento* entraîna à son tour les jeunes artistes italiens. La théorie de la régénération de l'art par les modèles qui ont formé les maîtres du XVIe siècle avait une certaine séduction; la jeune école l'adopta, et se mit à copier aussi les peintres du *Campo Santo* et leurs successeurs, jusques et y compris le Pérugin. Qu'a produit, depuis vingt-cinq ans qu'il est en vogue, ce système bâtard ? Rien et quelque chose. Rien, si on considère les œuvres, pauvres redites, singeries sans valeur; quelque chose, si on examine l'influence que ces études ont eue sur la manière de comprendre l'art dans ses données les plus hautes et sur les pratiques indispensables du métier avec lesquelles la jeunesse artiste s'est de nouveau familiarisée.

L'Italie a déjà des peintres habiles; elle n'a pas encore un talent dominant : il peut naître au milieu des circonstances favorables qui ont donné le jour, dans d'autres parties de l'art, à des hommes hors ligne, tels, par exemple, que Gistrucci dans la composition et la gravure des médailles, Toschi, Calamatta et Mercuri dans la gravure en taille-douce. Un pays qui aurait renié les grandes traditions ne produirait pas des artistes de cette trempe, et l'on sent qu'il suffirait à l'Italie d'une impulsion vigoureuse dans le sens de l'étude des Grecs et de la nature, pour renaître aux vraies conditions de l'art. Elle est toujours la mère de cette nation qui, formée dès le berceau par les beautés propres à cette latitude, par les monuments de tous les temps accumulés sur le sol, par les églises les plus splendides, par les musées les plus riches, respire l'atmosphère des arts par tous les pores, et se forme non-seulement au bon goût, mais au grand goût, sorte de sens à part qui rend apte à comprendre les chefs-d'œuvre et inspire un éloignement instinctif pour tout ce qui est petit, compliqué, maniéré et médiocre. Voyagez en Italie, non pas sur les deux routes suivies de tout temps par les touristes de tous les pays, en vous arrêtant dans quatre ou cinq villes qui sont depuis des siècles la splendide hôtellerie des étrangers; mais allez à droite ou à gauche, et comparez ses petites villes aux villes de France qui comptent comme elles quatre ou cinq mille habitants : trouverez-vous de ce côté des Alpes un clergé aussi instruit, des femmes aussi lettrées, des hommes ayant de l'archéologie, de l'histoire et des arts des notions aussi sûres? y trouverez-vous ces sociétés vraiment savantes, ces écoles de dessin, ces associations musicales, et par-dessus tout cette estime et cette prédilection pour les travaux de l'esprit et les goûts distingués? Dans les villes plus importantes, l'organisation des arts est forte et suffisante. Des académies bien constituées forment chaque année de nombreux élèves dans toutes les branches de l'art, tant à Milan qu'à Turin, Venise, Bergame, Bologne, Parme, Florence, Rome et Naples. Ces élèves ne trouvant pas d'encouragement passaient en pays étranger et se plaçaient, de premier bond, au niveau des artistes de tous les pays. Pour notre compte, n'avons-nous pas applaudi à la statue de Victor-Emmanuel, par Marochetti, et aux œuvres des Raggi, Rollet et autres? Aujourd'hui les gouvernements italiens font des sacrifices pour donner à leurs artistes de talent les moyens de s'exercer; ils commandent de grandes décorations de musées et d'églises. Bientôt l'aristocratie, enrichie par l'accroissement de valeur que prend chaque jour la propriété, suivra pour ses palais la voie ouverte par les souverains pour les édifices publics, et les arts ainsi vivifiés étendront leur action sur l'industrie.

C'est ainsi que l'association des efforts de tous compensera le dénûment des souverains pontifes. Ce qu'ils faisaient seuls, en puisant dans la bourse du monde entier, ce qu'ils créaient à Rome au profit des études de toutes ces générations d'artistes qui vinrent successivement se former à cette grande école, l'Italie entière le fera d'elle-même, sans nous rendre ingrats toutefois pour le souvenir de cette noble protection qui donnait à l'Europe le décuple de ce qu'elle lui demandait.

Ce mouvement de renaissance des arts a déjà eu en Italie, comme partout, une influence décisive sur les progrès de l'industrie. Nous avons vu à Londres des vitraux qui ont été, pendant six mois, le sujet d'une surprise, la cause d'une satisfaction universelle. Ils plaisaient au commun des visiteurs par leurs défauts, par l'afféterie des expressions et la recherche inutile des effets de la peinture; mais ils avaient, aux yeux des connaisseurs, des qualités puissantes qu'une direction mieux conseillée saura utiliser dans les conditions propres au vitrage. Les mosaïques, les camées et quelques meubles en bois sculpté, particulièrement ceux de Barbetti, de Côme, rappelaient d'une meilleure manière la vieille Italie et ses grandes traditions. Seule, au milieu de cet immense bazar, cette contrée privilégiée semblait ignorer qu'il y eût eu de par le monde un style rococo, et qu'il y a une mode qui lui rend partout aujourd'hui une vogue insensée; ses moulures, le choix de ses ornements, le dessin général de ses meubles, étaient d'une pureté antique, quoique de proportions un peu lourdes, et ce style, si simple dans sa grandeur, reposait les yeux et l'esprit après toutes les folies et les dévergondages qu'ils avaient dû constater. Quand on taille le bois comme on le fait en Toscane, où il semble une matière molle dans laquelle un ébauchoir s'est joué, il doit être bien facile de revenir à ces grands et beaux modèles qui demandent moins de travail et se contentent de pureté. Avec de bons dessins, avec une exécution aussi hardie, aussi habile, et une main-d'œuvre aussi bon marché, les ornemanistes de Florence et de Rome devraient défrayer le monde de cadres et d'ornements sculptés.

L'Italie nous surpassait au XVIe siècle dans l'art de fondre le bronze. François Ier, en attirant à Fontainebleau ses plus habiles fondeurs, nous avait initiés à tous les procédés. Les fontes exécutées sous ses yeux, et sous la direction de Benvenuto Cellini et du Primatice, sont admirables; leur perfection avait été presque atteinte par les frères Keller au XVIIe siècle, et la supériorité de la France dans ce grand art ne fut contestée depuis lors par personne; l'Italie menace aujourd'hui de nous l'enlever. Sa fonte se dégage de nos procédés devenus routiniers, et se présente sur le marché industriel avec un sentiment de l'art, une respectueuse reproduction du modèle et un charme d'harmonie dans la patine, que nous n'avons pas ou que nous n'avons plus.

Déjà les soieries de la Lombardie, ses velours et ses peluches sont d'une exécution remarquable, de teintes harmonieuses et éclatantes, de dessins qui fondent habilement les goûts de l'Orient avec les principes de l'art antique; l'Italie semble se rappeler le succès de ses fabriques d'étoffes au moyen âge, et elle reprend hardiment ce riche filon qui n'était qu'abandonné.

Je n'examinerai pas en détail l'Exposition italienne; une observation générale fera comprendre mon impression. Ni la variété ni l'abondance des produits ne frappaient, mais on aurait cru entendre, dans cette calme Exposition, l'écho lointain et toujours persistant des traditions de l'antiquité; on sentait que l'Italie a beau céder aux tendances de ses touristes et chercher à flatter leurs goûts blasés, elle ne saurait tomber aussi bas que le but qu'elle se propose. Un goût inné dans la nation, et les grands modèles répandus sur le sol ou accumulés dans les collections, sont, pour le public et l'industrie qui le dessert, comme ces portraits des ancêtres qui retiennent dans la voie de l'honneur le gentilhomme chancelant.

De quelque temps encore, il est vrai, nos artistes et notre industrie n'auront à craindre, comme rivale, cette contrée privilégiée. Toutefois, ne l'oublions pas : dans la culture des arts comme dans celle de la terre, un sol vierge est plus difficile à exploiter, mais il est aussi plus fécond qu'une terre qui a longtemps donné; or, l'Italie s'est épuisée pendant cinq siècles de l'antiquité, pendant deux siècles de la renaissance. Aujourd'hui elle se réveille doucement, et nous prépare, d'une main aussi assurée que patiente, une redoutable concurrence : d'abord chez elle, d'où, aidée par les antipathies nationales, elle nous chassera facilement; ensuite sur le marché espagnol, si important pour la France, et enfin dans les contrées orientales, où ses affinités de race, de climat et de langage la portent plus naturellement que nous. Bientôt, à l'abri d'institutions plus libérales, favorisée par les capitaux étrangers, elle donnera l'essor à son esprit ingénieux et à ce goût pur qui ne produit pas encore des chefs-d'œuvre d'art, mais qui, répandu dans toutes les classes, assure à sa fabrication dans tous les genres le même besoin de perfection, la même richesse d'élégance et de style que je demande, en France, à de nouvelles écoles et à un ensemble d'encouragements judicieux. C'est là le danger qui nous menace, et sur lequel il serait insensé de fermer les yeux. On se trompe sur le compte de l'Italie, parce que l'on juge son industrie sur l'envoi de quelques objets fabriqués pour l'Exposition par des spéculateurs; là n'est pas l'Italie, là ne sont pas les éléments de renaissance qu'elle garde au fond de son cœur, j'entends dans les entrailles mêmes du pays.

Quand vous vivez en Italie, vous sentez, comme dans les anciennes familles, la noblesse de la race en dépit des négligences de la toilette, de la poussière qui couvre les tentures, de la fumée qui noircit les dorures : cette noblesse se décèle sans forfanterie, sans besoin de paraître ; de même aussi sa richesse se trahit, au milieu du parcimonieux de l'ordinaire et de la lésinerie des détails, par la richesse du fond, par l'ampleur et le cossu des choses héréditaires, par une accumulation de trésors sans emploi. Cette noblesse de race est partout dans la grande famille italienne : elle drape de ses guenilles le mendiant qui se chauffe au soleil, debout contre le mur; elle donne aux jeunes filles qui viennent au marché, la tête chargée d'ignobles fardeaux, des poses de cariatides antiques et des airs d'impératrices romaines; elle inspire à toutes les classes un sentiment de la vraie beauté, qui est la grande, èt un éloignement instinctif pour la fausse beauté, qui est petite et prétentieuse. Là est pour l'Italie son principe de renaissance, là est pour nous le danger, si nous ne savons pas, avant qu'il se produise, créer au milieu de nous cette grande éducation par la culture renouvelée des arts.

Allemagne.

Il faut descendre jusqu'à nos jours, jusqu'à la nomination de Schadow à la place de directeur de l'académie de Dusseldorf, pour trouver une école en Allemagne. Ce grand pays est composé d'éléments trop divers et fut tiraillé par des influences trop contraires pour pouvoir donner suite à une direction, à une manière, à un style, à cet ensemble de principes et d'œuvres qu'on est convenu d'appeler une école. Bien douée pour la culture des arts, l'Allemagne a manqué du don créateur; son originalité, quoique puissante, n'a pas su résister aux influences du dehors, n'a pas pu maintenir au dedans le caractère national, faute peut-être de cette autorité qui, partant d'un centre, rayonne et s'impose par l'influence des protecteurs sur les maîtres, des maîtres sur les élèves. A la fin du xᵉ siècle, sous l'empereur Othon II, le style byzantin lui arriva complet, et de toutes pièces, dans les bagages de la princesse Théophanie, fille de l'empereur de Constantinople; l'Allemagne l'appliqua avec un grand bonheur à ses monuments. Au xiiiᵉ siècle, elle vint chercher en France le style gothique, que nos architectes avaient créé; elle appela à elle ces mêmes architectes, qui lui construisirent ses premiers modèles. L'idée une fois importée, l'élan et l'impulsion données, elle en tira un parti sage et heureux, avec l'aide de ses qualités d'imitation patiente et de réflexion consciencieuse qui introduisent dans toutes les influences étrangères dont elle accepte la domination, une part d'originalité qui lui est particulière. Au XVe siècle, elle avait des peintres médiocres, et soit dans ses miniatures de manuscrits, soit dans sa peinture religieuse, on ne distingue que des mérites secondaires et rien qui fasse autorité. La première école flamande, et l'un de ses meilleurs artistes, le maître de Cologne, ne propagèrent leur influence que très-peu avant dans l'Allemagne; mais l'école des frères Van Eyck, la seconde école flamande, la domina tout entière. Les perfectionnements matériels introduits par ces grands artistes dans la peinture à l'huile, et leurs tendances réalistes, convenaient à l'esprit d'observation et aux facultés imitatives qui forment le fond du caractère allemand; mais si l'on adopta tous les principes, si on suivit servilement même les erreurs, on resta fort au-dessous des modèles. La renaissance italienne influa sur les Flandres, et en même temps sur sa voisine et son élève; mais l'Allemagne dut cette fois à un homme de génie de résister au courant et de conserver, sinon sa propre originalité, au moins celle de son plus grand peintre, qui est devenue le type et le trait caractéristique de son art.

Albert Dürer, en effet, est la gloire artiste de l'Allemagne. En lui brille sa seule et véritable école; avec lui elle s'éteint, et ses élèves les plus intelligents ne semblent avoir reçu de leur maître d'autre mission que de conduire convenablement le convoi de l'art allemand. Par l'influence puissante, par l'exemple fécond de ce grand artiste, l'Allemagne renouvela ses ateliers de peintres, de sculpteurs, de graveurs, qui répandirent dans des œuvres d'art et d'industrie de toute nature, depuis le tableau et la statue associés à l'architecture jusqu'aux moindres ustensiles de la vie privée, les mille combinaisons, les idées ingénieuses et pleines de grâce dont son enseignement et ses ouvrages étaient la source. Déjà l'influence des Flandres avait répandu dans l'industrie allemande cette disposition artiste; mais il était réservé à Albert Dürer de la développer au plus haut degré et de transformer l'Allemagne, pendant les cinquante premières années du XVIe siècle, en une sorte de pourvoyeuse générale du monde entier. La gravure sur bois et sur cuivre fut à Dürer et à ses élèves un puissant moyen de propagation, et ils en usèrent tous largement pour défrayer les ateliers de toutes les industries des modèles variés de leur inspiration ingénieuse. Dürer mort, l'Allemagne vécut quelque temps de son impulsion vigoureuse et de sa chaleur fécondante; comme après un beau jour d'été, quand le soleil est déjà couché, la nature entière, imprégnée de l'ardeur de ses rayons, s'éclaire encore du reflet de ses feux. Bientôt les rôles changèrent. L'Italie d'abord, la France ensuite, fournirent les modèles que suivit l'art allemand, non pas servilement, mais en amalgamant toujours à ses imitations une originalité particulière et à petites doses. Sans étudier méthodiquement la marche de cette culture des arts *à la suite*, on doit avouer que, vers le milieu du XVIIIe siècle, le dévergondage de nos Van Loo et de nos Boucher faisait singulière figure de l'autre côté du Rhin, privé de sa grâce et transformé en art sérieux par la *Gründlichkeit* allemande.

D'habiles archéologues, de profonds penseurs qui n'étaient pas artistes, ou qui n'étaient que de médiocres artistes, songèrent à quitter cette voie d'imitation, mais ce fut pour en prendre une autre qu'ils croyaient meilleure. Au lieu des Van Loo et des Boucher, ils conseillèrent les monuments de l'antiquité, les fresques d'Herculanum et de Pompéi, les sculptures et les monuments de toute l'Italie. Le conseil avait du bon, observé dans une certaine mesure. Raphaël Mengs et Cartens le suivirent résolûment; ils ne furent pas les seuls : toute l'Europe à la fois entra dans cette voie, et nous prîmes si bien les devants sur l'Allemagne qu'elle se trouva un beau jour, non pas à l'école de l'antique, mais dans l'atelier de notre peintre David. Il fallut vingt années de guerre de l'autre côté du Rhin pour que la réaction nationale des artistes contre notre influence fît explosion en même temps que l'élan patriotique de la nation s'insurgeait contre notre domination. Les armées prussiennes, bavaroises, hessoises, marchaient à la conquête de la France avec moins d'enthousiasme que les jeunes artistes allemands ne marchaient sur Rome à la conquête d'un nouveau genre d'imitation; car le but de la grande levée de boucliers contre l'influence matérialiste de David ne fut pas ce qu'il devait être : l'indépendance de la pensée dans l'étude de la nature et dans le culte des plus belles créations de l'antiquité, mais l'imitation servile d'un art à ses débuts, d'une langue dans les bégayements de son enfance.

Je ne ferai pas l'histoire de cette croisade, elle est connue. Pour moi, qui ai passé huit années de ma jeunesse en Allemagne, cette émigration fanatique est comme un fait contemporain. Je les ai vus revenir, ces enthousiastes, j'ai été le confident de leurs espérances, j'ai partagé leur confiance dans un nouvel avenir, j'étais jeune comme eux; mais j'ai vu bientôt se refroidir la chaleur excessive de leur système, j'ai vu aussi peu à peu se modifier le programme, s'altérer principes et manière. Si ces courageux jeunes gens qui ne reculèrent devant rien, ni devant la longue expatriation, ni devant l'abjuration de la foi de leurs pères, n'ont pas renouvelé le monde comme ils l'espéraient, c'est que le monde ne se remue pas pour si peu; mais ils n'y auront pas perdu leur peine, et l'Allemagne ne doit rien regretter de ces vigoureuses tentatives : son art aura conquis dans cet enseignement, puisé à l'une des sources de l'art, un principe de renaissance. Les croisés de Rome sont rentrés au foyer, et de même que nos anciens croisés ont rapporté d'Orient, comme enveloppés dans un souvenir pieux, les nouvelles idées, les nouveaux goûts qui, associés au fonds national, ont produit le style gothique, de même les croisés de Rome sont revenus en Allemagne avec la foi dans un meilleur avenir, avec un sentiment élevé des destinées de l'art et l'expérience de ses défaillances, avec une confiance inébranlable dans la supériorité de l'idéal sur toutes les pauvretés du réalisme et du pittoresque.

Une forte éducation est indispensable à l'artiste, et malheureusement elle a manqué à cette pléiade généreuse qui sortit des foyers paternels pour tenter de régénérer, par l'Italie primitive, l'art dégénéré de l'Allemagne; elle leur manquait si bien à ces jeunes fanatiques d'un art naïf et spiritualiste, qu'ils érigèrent en système l'inutilité du modèle et l'inconvénient du métier. Des sentiments pieux exprimés par des êtres impossibles; des pensées pittoresques rendues sans couleur; des rêves littéraires se heurtant contre les conditions impérieuses de la réalité et contre les règles absolues de la perspective : en trois mots, de la poésie, du sentiment et pas de pratique, tel fut le programme. Cette disproportion continuelle entre la prétention et l'exécution réduisit la brillante phalange à l'impuissance. Elle comprit enfin ce qui lui manquait. Elle vit bien qu'elle avait trop négligé les moyens pratiques de l'art, qui donnent une base aux plus fortes créations, de l'assurance aux tentatives de l'imagination, et au talent une souplesse qui se prête aux mille données capricieuses et charmantes de l'esprit uni à la grâce. Il est beau sans doute de planer dans les airs, il est bon de savoir aussi raser la terre : ainsi fait l'aigle. Les artistes novateurs démontrèrent à leurs Gouvernements cette nécessité d'un retour sur les pas déjà faits, et avec leur généreuse protection, à l'imitation de la France, ils fondèrent des institutions d'enseignement. Schadow à Dusseldorf, Schinckel et Wach à Berlin, Cornelius à Munich, instituèrent de véritables académies, dans lesquelles on enseigna tous les principes de l'art, toutes les pratiques du métier, dans lesquelles des prix stimulèrent les efforts, dans lesquelles le grand prix donnait aux élèves les moyens d'étudier à Rome; à Rome, où leurs maîtres allaient autrefois, plus enthousiastes sans doute, mais moins bien préparés. Hildebrandt, Bendemann, Lessing, sont sortis de Dusseldorf; Krause, de Berlin; Hess, Rietschel et Kaulbach, de Munich. Je cite au hasard; je me trompe peut-être, et je fais des omissions, mais personne ne contestera la valeur de ces grands talents.

Overbeck seul resta ferme dans ses convictions, dans sa manière, et dans Rome. Ne voir dans l'art que son emploi religieux; ne comprendre de l'architecture que le style à ogive, de la sculpture que les maigres figures des églises, de la peinture que les impuissances et les débilités gothiques, c'est voir en petit, c'est regarder par un trou au lieu de porter ses yeux vers le ciel et sur toute la nature. Overbeck s'est amoindri, rapetissé, affadi, dans cette étroite limite, dans ce champ borné de la peinture religieuse. Son sentiment pieux domine toutes ses compositions; mais ce sentiment profond, convaincu, qui, assisté de la grande peinture, comme la comprenaient Andrea del Sartò et Fra Bartholomeo, aurait produit des œuvres puissantes et radieuses, tourne dans ce petit cercle à une sentimentalité de novice, à quelque chose de timide et de piètre. On voudrait secouer ce foyer assoupi et ranimer ce feu qui ne donne que des flammes blafardes et vacillantes.

Cette résistance d'un grand artiste au développement de l'art par ses conditions matérielles; ce développement obtenu par d'autres, et encore incomplet malgré de si persévérants efforts et de si lourds sacrifices, ce sont deux traits caractéristiques qui expliquent les timidités de l'art allemand et les embarras de son industrie. Quelques développements seront ic à leur place. Un penseur, un poëte, un philosophe, quelque sublimes que soient leurs inspirations, ne deviennent pas des artistes parce qu'au lieu de la plume ou de la parole ils s'emparent d'un pinceau pour exprimer leurs pensées, fixer leurs rêves, développer leurs systèmes. Qui dit artiste dit un être doué d'une vocation spéciale, particulière, indépendante de tous les autres développements de l'intelligence, et qui doit préexister à toutes les autres facultés. Les Allemands se font trop souvent illusion : leur imagination rêveuse, leurs tendances poétiques, la naïveté charmante de leurs douces inventions, composent dans leur tête quelque chose qui ressemble aux facultés de l'artiste, parce que l'artiste, pour accomplir sa mission, doit être animé aussi de ce genre d'inspiration ; mais ce quelque chose n'est pas la disposition pittoresque et le feu créateur. Ils se croient de bonne foi artistes, et avec du travail, de la ténacité, ils parviennent à produire tant bien que mal des œuvres qui ont toutes les qualités, excepté la plus importante au point de vue de l'art, la qualité pittoresque. Ces demi-artistes, ces quasi-littérateurs, sont en rapport naturel et direct avec la classe des gens de lettres, dont ils forment une sorte de démembrement : de là l'influence de la critique littéraire, active et fâcheuse, sur l'art allemand. Tandis que des littérateurs se chargent d'expliquer longuement les tableaux des peintres, d'écrire trois volumes de commentaires sur l'œuvre d'Hogarth et un volume d'explications sur l'*Hospice des fous* de Kaulbach, les peintres et sculpteurs, par un retour de bons procédés, consentent à mettre sur toile les abstractions des littérateurs; ce n'est pas une pensée philosophique qui germe dans leur cerveau et simultanément prend sa forme pittoresque, mais c'est une forme que l'artiste cherche péniblement, facticement, pour exprimer une pensée obscure qui est aussi étrangère à son esprit qu'elle est antipathique aux manifestations de l'art.

Ainsi traité, l'art allemand rappelle nos robustes habitants des Landes montés sur leurs échasses : la pensée est forte et haute, mais la base manque d'ampleur et de solidité, et cette pensée, que n'arrête pas, que ne guide pas la faculté pittoresque, devient rêveuse, nuageuse, incompréhensible. Les peintres allemands sortent du domaine de la peinture, parce que ce sont des penseurs et des poëtes habillés en peintres, et non pas de vrais peintres : aussi l'ouvrage de Lessing intitulé *le Laocoon* devait être écrit en Allemagne et pour ses habitants; il sera lu avec profit par les artistes de tous les pays, mais il est particulièrement à l'usage des artistes allemands. Le fantastique est une autre de leurs erreurs, une de ces impossibilités qu'ils abordent avec la confiance d'enfants ignorant le danger. On s'étonne que les artistes allemands, avec cette abondance d'imagination, de légendes gracieuses, d'inspirations poétiques, soient peu féconds : on doit le comprendre, quand on sait que la pensée marche en avant, et que le pinceau ou l'ébauchoir ne peuvent la suivre, qu'ils ne peuvent même pas la retenir; quand on voit la tête puissante, la main impuissante, l'artiste incomplet. Nous avons en France des hommes de cette trempe : M. Chenavard est du nombre; je les appellerais volontiers des peintres-littérateurs. Ils ne savent pas écrire un livre, et ils croient pouvoir développer leurs systèmes en images; ce sont des intelligences déclassées, des artistes impossibles, et ainsi s'explique l'association maladive des supériorités de l'intelligence avec les faiblesses et les misères de l'art.

Tels sont les défauts; courons aux qualités, aux conditions de succès, aux talents. Il en est d'éminents : si vous voyagez de Dusseldorf à Berlin, en passant par Francfort et Cassel; de Berlin à Munich, en passant par Dresde; de Dresde à Vienne, en passant par Prague; de Vienne à Darmstadt, en passant par Stuttgart; étudiez les hommes, voyez les productions, et vous vous sentirez dans une atmosphère pure, élevée et heureusement dégagée du matérialisme qui ailleurs infecte l'art. Les artistes allemands ont une grande idée de leur mission, une haute ambition. Absorbés dans leurs pensées, ils rêvent un idéal qui leur permet de dédaigner tous les succès obtenus dans les voies qui ne conduisent pas à ce but. Ils se préoccupent médiocrement de reproduire les apparences extérieures de la vie matérielle; ils cherchent dans l'homme ce qu'il y a de plus élevé, son âme, et ils se créent un idéal qui est moins un type de beauté qu'une expression du sentiment. De là ce sérieux qui plane sur toutes leurs productions, sérieux qui admet toutes les grâces de la naïveté, des mœurs simples, des légendes poétiques, mais qui exclut tout ce qui tendrait à rabaisser l'art et la mission de l'artiste, comme la caricature, le grotesque et le lascif. Cherchez-vous l'élévation dans un sujet poétique, et la religion est une poésie, voyez les compositions peintes à fresque par Hess dans la basilique de Munich; êtes-vous plus touché par le sentiment antique des scènes de la Bible, portez votre attention sur le tableau des Israélites de Bendemann; l'expression profondément sentie des douleurs intellectuelles va-t-elle plus droit à votre âme, entrez par la pensée dans l'hôpital des fous de Kaulbach : pas un de ses personnages qui ne fasse un acte insensé et ne porte sur son visage un trait de la bouffonnerie, et cependant les pleurs roulent dans vos yeux; pénétrez au milieu de l'orgie de Knauss, toutes ces têtes avinées, si bien rendues dans leur abrutissement, sont tristement gaies, et servent à faire mieux sympathiser avec la douleur de la jeune épouse.

Telle est la tendance : elle est noble; elle est précieuse à observer et elle est bien rare. Si le talent créateur, la faculté pittoresque, l'exécution, la mise en œuvre, les moyens matériels, que sais-je, le métier, ne répondent pas ou répondent très-imparfaitement à ces hautes inspirations, c'est par les institutions, par l'enseignement, par la pratique, qu'on fera converger vers un même but les deux parties de l'art dont l'action combinée est indispensable, et qu'il est difficile de réunir. Il faut reconnaître ces obstacles, il faut peut-être admettre l'impossibilité d'une conciliation, car autrement l'Allemagne aurait déjà renouvelé de nos jours, dépassé même les beaux temps de la renaissance italienne.

Quand une nation a le courage de placer le but aussi haut, quand elle y marche résolûment, elle peut laisser en route de hardis mais impuissants athlètes; elle doit certainement en mener plusieurs au sommet, et, en tout cas, élever partout le niveau de l'art. Il se fait en Allemagne une régénération qui a toutes les défaillances, tous les côtés incomplets des tentatives généreuses. Ne jugez ni par Cornélius ni par Overbeck; ne jugez même pas cette réforme par leurs élèves. Aujourd'hui c'est le combat, et vous seriez de mauvais juges de la lutte; attendez-en l'issue. Pour ceux qui ont étudié l'histoire de l'art, partout où ils rencontrent ces tendances élevées, la victoire peut leur paraître plus ou moins prochaine, elle n'est pas douteuse. Quand il ne manque à une armée valeureuse, à des soldats animés du plus chaud patriotisme, que la charge en douze temps et l'immobilité dans l'alignement, un peu de discipline a raison de ces lacunes; mais le courage et l'enthousiasme qui soutiennent dans les longues épreuves, le sentiment de l'honneur qui conduit à la gueule du canon et au-devant d'une mort certaine, ces qualités ne se donnent pas avec la même facilité. L'art allemand est

cette armée; quelques bonnes institutions lui feront cette discipline.

De hautes prétentions, quand elles dominent des talents médiocres, des spéculations vagues et nuageuses, quand elles remplissent des têtes vides, sont contraires à la saine production, et elles expliquent, sans qu'il soit besoin d'entrer dans le détail, comment la séparation de l'art et de l'industrie est plus profonde en Allemagne qu'en tout autre pays. Le moindre commençant, de l'autre côté du Rhin, croyant avoir une mission d'en haut et exercer un sacerdoce, le dernier élève de Cornélius étant persuadé qu'il est appelé à régénérer l'art, on conçoit quelles difficultés, quels dédains l'industrie rencontre quand elle demande aux artistes de lui venir en aide, quand elle propose à des hommes préoccupés de *l'idée* d'appliquer leur art à des besoins, quand ces hommes ne consentent même pas à se plier aux nécessités les plus évidentes de leur métier. On ne fut pas longtemps à s'apercevoir des graves inconvénients de cette scission, et la grande association douanière connue sous le nom de Zollverein signala avec force, d'après le tableau des importations et des exportations, le tort considérable que faisait à l'Allemagne l'infériorité de son industrie dans toutes les branches qui ont besoin du concours des arts. De là les efforts de quelques hommes distingués pour amener un rapprochement.

La Confédération germanique se compose, quand il s'agit du progrès des arts, non pas de quarante États, comme en politique, mais de trois pays qui, par leur importance, leur initiative ou la richesse de leurs collections, ont influé depuis un demi-siècle sur la direction des arts et sur les progrès de l'industrie : la Prusse, la Bavière et la Saxe.

L'art moderne, rajeuni par l'originalité nationale, date à Berlin de 1815. Le réveil artiste de l'Allemagne eut lieu dans la ville qui sonna le tocsin belliqueux. Le roi de Prusse, en voyant à Paris le Musée du Louvre qu'on dépouillait, en visitant nos écoles, en assistant à nos séances académiques, prit goût à nos institutions protectrices des arts et des métiers et, pendant son long règne, il ne cessa pas de tendre la main à toutes les innovations, à prêter son concours à toutes les institutions capables de développer chez son peuple le goût et le génie des arts. Il fut assisté dans cette régénération par des hommes d'un grand mérite, tels que Schadow le peintre, Schinckel l'architecte, F. Tieck et Rauch les sculpteurs; par son fils, le roi actuel, que j'appellerai un artiste, parce que je crois l'honorer en lui donnant un titre qu'on lui jette comme une injure; par quelques hautes intelligences, parmi lesquelles chacun citera : Beuth, le directeur de l'institut des métiers; Kugler, l'auteur d'une histoire de l'art; Waagen, le conservateur des tableaux du Musée; Sotzmann, l'homme le mieux versé dans l'histoire des procédés de l'art. On vit bientôt se former de vastes collections à Berlin, s'ouvrir de nouvelles écoles de dessin, se fonder des institutions, des académies; et cette capitale, qui avait brillé, à une autre époque, par tous les raffinements de l'esprit, se distinguer bientôt par l'éclat des beaux-arts et la magnificence des monuments. Il est impossible de n'être pas vivement impressionné en descendant la belle promenade des Linden, entre l'arsenal et le musée, la bibliothèque et le palais neuf, l'église catholique et l'ancien palais. Dans toutes ces créations architecturales, on remarque la pureté du style et les traces d'études sévères; elles sont d'un grand goût et d'un grand air. Sur cette place du Musée s'élève la statue du grand Frédéric, monument de sculpture original et grandiose comme l'antiquité en osait, comme un grand artiste les conçoit, quand une certaine liberté est laissée à son imagination, quand un souverain homme de goût l'anime et le dirige. Ce qui excite l'admiration du voyageur habitue insensiblement la population à épurer son goût, à élever ses idées, et déjà cette bonne influence apparaît dans les manifestations du goût public.

Du milieu de cet ensemble de réformes salutaires et de créations heureuses, le roi choisit Schadow pour diriger l'école de Dusseldorf. Cet artiste sut mettre au service de ses jeunes élèves quelque chose de plus instructif qu'un grand talent :

c'est l'expérience de tentatives ambitieuses avortées, la sage direction d'un esprit enthousiaste revenu de ses illusions, et ce don sympathique qui attache les élèves à leur maître. On peut discuter les principes de Schadow; il est permis de soutenir que la réaction des pratiques du métier contre les divagations creuses, vides et malhabiles des penseurs a été fatale aux arts, mais l'esprit de paradoxe n'empêchera pas de reconnaître que l'art, se sentant protégé par l'État, s'est relevé comme dans une vigoureuse renaissance, et que les noms de Kaulbach, Bendemann, Lessing, Hildebrandt, ne feront jamais tort à la réputation de Schadow, de Dusseldorf, de la Prusse et de l'Allemagne.

La confiance est une particularité du caractère prussien et une de ses qualités; elle devient un tort, quand elle conduit à se complaire dans ses succès, à se contenter facilement, et à fermer les yeux sur le mouvement qui se fait ailleurs. Il résulte de cet aveuglement qu'on persévère dans des défauts dont il est facile de se corriger : ainsi une timide mesquinerie dans la composition, une grande sécheresse d'exécution, et dans la sculpture une tendance malheureuse à donner à toutes les matières, même au plâtre, le poli et la dureté de l'acier, sont des défauts qu'on semblerait devoir corriger rien qu'en les signalant.

En dehors de l'action du Gouvernement, une institution imitée de celle qui se forma à Paris, au commencement de ce siècle, sous le titre de *Société des amis des arts*, s'établit d'elle-même, pour ainsi dire, dans la capitale de chacun des États confédérés et dans d'autres villes. Intéresser tout le monde aux arts, faire d'une faible contribution personnelle, au moyen de l'association, un puissant instrument de propagande et un mode d'assistance pécuniaire honorable pour les artistes, c'était l'idée même qui avait servi de base à l'institution parisienne; mais ce qui appartient à l'esprit méthodique et persévérant de l'Allemagne, c'est d'avoir multiplié les ressources de ces associations en les soumettant à une fusion habilement combinée et à une action commune. Elles ont.

remplacé, dans des pays pauvres, la richesse et son patronage.

L'industrie ne participait pas à ce mouvement si favorable aux arts : j'en ai donné la raison; et les hommes supérieurs, qui voyaient le mal, cherchaient par quels moyens ils pourraient le détruire jusque dans sa racine. Il y avait alors à Berlin deux hommes distingués, très-unis d'amitié, et entièrement d'accord sur cette grave question : l'un était Schinckel, artiste presque universel et architecte d'un immense mérite; l'autre, Beuth, qui n'avait qu'infiniment d'esprit et beaucoup de goût. Le premier, poussé par ses tendances naturelles et affermi dans sa conviction par l'exercice de son art dans toutes ses ramifications, comprenait l'association de l'art et de l'industrie comme il croyait l'avoir vue en pratique dans une étude approfondie de l'antiquité, et, du point de vue politique, comme le programme de l'avenir le plus digne de préoccuper un Gouvernement dont l'ambition serait de se placer à la tête de l'Allemagne. Le second, esprit ouvert à toutes les idées larges et pratiques, conçut l'organisation d'un établissement où les ouvriers dans tous les genres pourraient se former aux principes de l'art appliqués à tous les métiers.

Le roi de Prusse accueillit avec l'intérêt qu'il méritait le projet combiné entre Schinckel et Beuth, et il ne recula devant aucun sacrifice pour le constituer. Telle fut l'origine de l'institut des arts et métiers, du *Gewerbinstitut*. Je l'ai visité bien des fois pendant un long séjour à Berlin, en 1835, et quand je me rappelle sa prospérité d'alors, ses résultats si remarquables, ses publications magnifiques si utiles, et ces deux hommes excellents qui en étaient l'âme, l'accueil donné à toute innovation, la fécondité de leurs idées, les ressources infinies du talent combiné avec un juste esprit d'observation, pour trouver au métal et à la céramique, au bois et à la pierre les plus justes applications, je cherche vainement pourquoi cet établissement est tombé, depuis la mort de ses deux fondateurs, dans la décadence où il se trouve aujourd'hui. Il paraîtrait qu'on en a découvert la raison dans ce fait qui est, comme on sait, l'abomination de la désolation : on y formait des artistes et non pas des ouvriers. Voyez-vous le mal! des ouvriers devenant artistes, et après les quelques tentatives d'un amour-propre exagéré, retournant au bercail de l'industrie. Mais c'est comme une contagion qui règne généralement dans les arts, et à laquelle il serait superflu de s'opposer. Cette idée fausse fait qu'on croit aujourd'hui relever cet établissement au moyen de la triste panacée du jour, par le vain *dessin industriel;* on demande des maîtres et un directeur aux établissements de Sèvres, des Gobelins, aux ateliers de l'industrie parisienne; on me semble patauger dans un marais bourbeux et sans issue. Mais ce désordre d'idées est passager; on prend le change pour le moment, on reviendra sur la saine voie que tracèrent, il y a trente ans, Schinckel et Beuth; on comprendra bientôt, à Berlin comme à Paris, qu'il n'y a qu'un art comme il n'y a qu'un soleil; que cet art éclaire de ses mille rayons toutes les inspirations, peinture, sculpture, architecture et industrie. Ainsi convaincu, on remontera à la source, et avec des écoles de dessin dirigées par des peintres de talent, on réformera l'industrie dans son élément principal, avec les instruments domestiques, j'entends avec les vrais enfants du pays, qui violenteront d'autant moins l'originalité nationale, qu'ils en seront eux-mêmes tout imbus.

La Bavière est à Munich, et Munich ne pouvait se transporter à Londres. Au commencement du siècle, cette ville marqua par une grande invention, qui forme comme un trait d'union entre les arts et l'industrie : Sennefelder découvrait la lithographie ; mais ce ne fut ni à cette invention, ni à des institutions déjà anciennes, ni à des traditions conservées dans le pays, ni à des dispositions naturelles à la nation, qu'elle dut de se placer au rang des villes monumentales les plus intéressantes de la vieille Europe; elle le doit entièrement à son roi, au roi Louis. L'influence de cet ami enthousiaste des arts a transformé Munich en une grande ruche artiste. On a dit en Allemagne qu'il en avait fait une moderne Athènes; on l'a peut-être cru, et il me suffit de constater cette opinion pour établir l'influence rayonnante que sa renaissance a dû exercer autour d'elle. Malheureusement le roi Louis ne semble pas s'être donné la capitale de l'Attique pour modèle, ou s'être fixé un idéal quelconque; il a marché sans but, poussé par un enthousiasme un peu vague, et communiquant à sa génération une fièvre générale plutôt qu'une action déterminée. Élevé dans le courant d'imitation qui était devenu la règle des écoles à la fin du XVIIIe siècle, et qui déjà avait épuisé sa force et sa vogue, il crut voir un mouvement national et un moyen de popularité dans la croisade catholique entreprise à Rome par les jeunes artistes allemands contre l'influence matérialiste de l'école française. Ce système, autre mode d'imitation, qui consistait à retrouver le véritable art chrétien dans les maîtres primitifs, sourit à son esprit, et il l'adopta avec une ardeur et un absolutisme qu'il portait dans les choses, l'appliquant à toutes les productions de l'art, à toutes les époques, à tous les styles. Quand on passe en revue ce qui s'est ainsi produit par sa volonté, on acquiert la conviction qu'il n'a eu d'autre prétention que de réunir dans Munich des spécimens de l'activité artiste de tous les siècles, et il a employé vingt-deux années de règne, toutes les ressources financières du pays, une passion inaltérable et un entêtement à toute épreuve à conduire cette œuvre surprenante dans son étendue et même dans ses résultats. Niebuhr disait de cette nouvelle Athènes et de cette renaissance des arts : *Uebertünchte Barbarey* (de la barbarie badigeonnée); il frappait juste, mais était-il généreux de frapper là? Le roi Louis, comme tout fondateur, sentant que le temps lui manquerait pour procéder autrement, au lieu de commencer par le commencement, débutait par la fin; ce qui aurait dû couronner l'œuvre lui servait de base. Les monuments et tous les styles des monuments jetés ainsi pêle-mêle à la tête d'un pays mal préparé, ce n'était pas une manière sage de procéder; il eût fallu faire l'éducation du peuple, et selon les tendances qu'il aurait manifestées dans ses progrès, lui donner en modèle la reproduction des monuments les plus propres à développer son originalité, laissant une part de ces créations mêmes à son initiative, carrière ouverte à ses instincts nationaux. Cinquante ans et trois souverains n'eussent pas suffi à cette œuvre, et le roi Louis ne pouvait compter ni sur le temps ni sur des successeurs fidèles à sa pensée. Il fit des monuments à tout hasard, et de sa capitale un grand palais de Sydenham; on y passe sans transition d'un temple grec à un palais de Venise, d'une maison de Pompéi à une façade gothique, de l'art romain au byzantin ou à une *loggia* imitée de celle de Florence. Un peu de tout, de tout partout; un esprit critique n'y verrait qu'un enfantillage général, si le soin de l'exécution et la recherche de l'exactitude n'en montraient pas l'intention sérieuse, si les noms des artistes qui prirent part à ces travaux, et parmi lesquels il suffira de citer les architectes Klenze et Gärtner, les peintres Cornélius et Hess, le sculpteur Schwanthaler, n'assuraient à ces tentatives une attention sérieuse, au moins de la part des archéologues. L'influence sur le pays de cette résurrection puérile, de cette fièvre d'imitation dans son labeur hâtif, fut ce qu'elle devait être, rapide, étendue et sans portée pratique, mais elle donna un coup de fouet à l'Allemagne et la réveilla de sa torpeur; elle pénétra l'industrie de la Bavière, et se fit sentir jusque dans les goûts de son peuple.

Dresde fait un contraste singulier avec Munich; tandis que tout est galvanisé dans l'une de ces villes, tout est calme dans l'autre. Tandis qu'ici la main royale plane sur toute l'activité artiste, elle semble se retirer là indifférente et parcimonieuse. Et cependant Dresde a d'admirables musées, des collections d'antiques, de gravures et d'objets d'art du moyen âge, des monuments curieux, et, plus que tout cela, elle a le souvenir, et comme les obligations d'une capitale qui ne fut jamais insensible aux lettres, aux arts et à l'élégance. De ces belles ressources, de ces beaux souvenirs, les peintres Retsch, Vogel et Veith, le sculpteur Ernest Rietschel et l'architecte Semper semblent seuls avoir profité. Les peintres pleins de grâce et de sentiment, le sculpteur élève de Rauch, unissant, dans une originalité de bon aloi, le style, le sentiment, la grâce, qualités rares qu'on remarque avec plaisir dans le fronton du théâtre de Dresde dans la *Pietà* exposée à Londres, et dans des bas-reliefs imités de l'antique; l'architecte, enfin, trouvant dans une science consommée l'emploi judicieux d'une vive imagination et des réminiscences antiques les plus heureuses. Mais l'action des institutions doit-elle se réduire à former quelques artistes? ne doit-elle pas s'étendre sur l'industrie et sur la nation elle-même? A juger par la manufacture royale de Meissen, la célèbre manufacture de porcelaines de Saxe, il y a tout lieu de craindre qu'on ne laisse s'évanouir et se perdre ce goût charmant, ce soin précieux, cette élégance caractéristique, qui étaient rehaussés anciennement par une exécution parfaite.

Dans ce grand pays morcelé qui s'appelle l'Allemagne, ces trois États ont fait loi; ce qu'ils ont tenté pour raviver les arts et l'industrie a été imité en petit par les autres États, et on peut juger le fort et le faible de toutes les académies, des *Gewerbinstituten* (conservatoires des arts et métiers), des associations pour la vente des objets d'art, par le succès ou l'insuccès de ces institutions à Berlin, Munich et Dresde.

Nous avons vu ce qu'ont produit les arts; examinons ce qu'exposait l'industrie. Du premier coup d'œil, et sans en avoir scruté la cause, on sent qu'il existe une barrière entre l'art et l'industrie. Je laisse de côté la contrefaçon impudente de nos produits, tout en constatant son habileté; je me préoccupe de l'industrie nationale, et je vois que d'un côté l'invention fait défaut, que de l'autre la main de l'exécutant manque de légèreté. L'artiste n'intervient pas avec assez d'abandon, de franchise, de dévouement; lui seul pourrait satisfaire la mobilité des goûts, suivre pas à pas cette déesse coureuse qui s'appelle la mode, et galvaniser la lente et imparfaite conception des fabricants. Ajoutez à cette absence d'idées une patiente exécution dont on vante à tort la conscience, espèce de boulet attaché au pied de l'industrie d'outre-Rhin; l'ouvrier allemand se traîne dans tout ce qu'il fait, parce que, n'étant pas formé par l'éducation artiste, il interprète péniblement son modèle. Tandis qu'en France la main vole, esquisse, effleure, en Allemagne elle pèse, elle creuse, elle pénètre; gravure dans le cristal, sculpture dans le bois, ciselure dans le métal, partout on sent sa pesanteur. Pendant que l'ouvrier parisien cherche à comprendre son modèle et parvient, par la vivacité de son intelligence et la souplesse d'un talent exercé, à l'interpréter avec bonheur, l'ouvrier allemand suit lourdement tout ce qu'il voit, copie patiemment sans choix et rend tout avec une aveugle exactitude. Les jouets d'enfants de Nuremberg, de Cassel et des villes qui se consacrent à cette industrie répètent leurs anciennes données avec une désespérante monotonie; ils sont casuels, mesquins et barbares. Les cruches de grès qui font le service des eaux minérales, formées d'une terre blanche, ductile, harmonieusement émaillée, et dont on conserve dans les collections, comme objets d'art, d'anciens spécimens élégants, sont fabriquées aujourd'hui au tour, sans la moindre décoration, sans souci de la forme. Les dessins de broderies de Berlin, maîtres d'une vogue européenne, copient avec la même servilité les tableaux célèbres sans un progrès de souplesse, sans une amélioration dans le ton des couleurs, de façon à dégoûter du travail de la tapisserie jusqu'aux écolières les plus déterminées. La fonte de fer prussienne, si renommée, se laisse battre par la France et l'Angleterre dans l'exécution des grandes pièces, et étale avec complaisance de la dentelle en fer, des éventails en fonte, toute une collection de contre-sens dans ce rude et sombre métal. L'application du verre n'est pas mieux comprise : on l'emploie en colonnes de couleur rose, bleue et verte, et l'esprit s'inquiète de l'usage qui sera fait de ces supports fragiles. La galvanoplastie elle-même est défigurée : à quelle branche de l'art peut-on rattacher des bas-reliefs représentant les scènes de la nature avec recherche de la couleur naturelle par la coloration du bronze? Tout cela marque une industrie abandonnée au métier, délaissée par les artistes de talent, et qui se fourvoie faute de guide. Elle semble cependant, sur d'autres points, marcher d'un pas ferme. L'imprimerie, sans nous dépasser, a fait de grands progrès, et quelques-uns dans de nouvelles voies. Je ne parle pas de l'impression naturelle, qui est un enfantillage ingénieux, mais des caractères, du noir d'imprimerie, du tirage des gravures, de la qualité du papier surtout, qui se sont améliorés sensiblement. Si la lithographie est arriérée, si la photographie ne nous menace que par la perfection des portraits de Hanfstängel, à Munich, il faut avouer que la fabrication des étoffes est en progrès sensible, que les toiles damassées de la Saxe soutiennent leur réputation. Nous avons bien à revendiquer quelques dessins dans ces étoffes imprimées, quelques modèles dans ces combinaisons de tissus; mais en industrie, quand la copie est habile, quand la contrefaçon revient à meilleur marché que l'original, la concurrence est à craindre. La fonte de bronze, une vieille industrie germanique longtemps déchue, a de nouveau parcouru tout le domaine de l'art, depuis les petits animaux et les figurines jusqu'aux reproductions des plus belles statues de l'antiquité, et ses succès sont tels que les grands ouvrages de sculpture de l'Allemagne, qu'on faisait fondre à Paris, sont maintenant exécutés à Munich. L'orfévrerie est remarquable, et lorsque les commandes lui permettent d'exécuter de grandes pièces, comme le bouclier donné par le roi de Prusse à S. A. R. le prince de Galles, comme la reliure de l'album offert au prince de Prusse par la province rhénane, comme la pièce principale d'un surtout de table exécutée par A. Wagner, et aussi lorsqu'elle vise au bon marché, comme dans les fabriques de Francfort et de Hanau, elle prouve ce que peuvent l'habileté de la main-d'œuvre et le bas prix des salaires. Il manque encore à cette belle industrie l'assistance de l'artiste supérieur qui donne le modèle, de l'artiste ouvrier qui l'exécute; l'embarras dans la conception générale et la timidité dans l'exécution se trahissent avec trop d'évidence au milieu de parties bien senties et de détails admirablement bien rendus. Nos orfévres font mieux sans doute; mais eux-mêmes, en présence de ces œuvres, ne sentent-ils pas comme l'haleine du rival qui s'approche et menace de les distancer? C'est déjà beaucoup, assurément, que cette concurrence nous ait enlevé le marché de l'Allemagne et nous dispute à cette heure celui de l'Amérique. La peinture sur porcelaine est exécutée à Bamberg, à un prix inférieur à tout ce que nous pouvons faire, avec un véritable talent et sur des plaques dont l'émail crémeux et velouté est d'une surprenante perfection. Pourquoi cet art appliqué aux formes de la céramique est-il aussi inférieur? C'est que l'artiste était tout entier à sa besogne, tout entier dans sa fausse dignité, quand il a peint cette plaque qui diffère à peine de la toile de chevalet, tandis qu'il a refusé d'entrer dans la fabrique de porcelaine, de s'y associer, de se prêter à ses exigences et d'en développer les ressources. Ainsi s'explique l'infériorité de la céramique allemande, même de celle que la Prusse et la Saxe patronnent de leur subvention dans les grands établissements dits fabriques royales de Berlin et de Meissen. Étendue à la terre cuite pour l'usage décoratif, la céramique a fait, dans les contrées dépourvues de bons matériaux de construction, des progrès remarquables. Cette industrie s'est développée dans le Nord et en Autriche avec le plus de succès, sous la direction d'architectes de talent, tels que Schinckel à Berlin, Semper à Dresde, Forster à Vienne, qui ont trouvé dans des procédés rendus économiques par la noble simplicité des ornements le moyen d'atteindre à une grande richesse de décoration sans dépasser les limites très-bornées de leur devis. L'Exposition ne donnait qu'une faible idée de ce développement des fabriques d'objets en terre cuite, principalement de celles de Louis Mussbach à Waagram; il aurait fallu juger sur quelques fragments une industrie qui orne les jardins, les maisons, construit des palais, des synagogues et même des cathédrales. Nous nous contenterons de signaler ses efforts et ses succès. On n'en pourrait pas dire autant des verreries de la Bohême. Elles sont renommées depuis longtemps; elles avaient sur nous l'avance d'une ancienne possession de la faveur publique : il eût suffi, pour conserver une domination à laquelle on était fait, de maintenir le bon goût comme un drapeau d'honneur défendant cette belle industrie. L'Allemagne n'a pas trouvé un artiste de talent qui consentît à se faire industriel, et les verreries autrichiennes ont été battues par les verreries françaises, en dépit de toutes les conditions favorables à la fabrication. Ce sceptre est-il perdu sans retour? La Bohême sait désormais comment elle peut le reconquérir. Prenons garde, les tendances de nos verriers me font trembler.

L'ameublement, représenté par les parquets de Stuttgart et par quelques meubles d'une bonne fabrication, indiquait que l'ébénisterie de l'Allemagne est dans une excellente voie de consciencieuse exécution, qu'il ne lui manque que des idées et des modèles. Les meubles de Vienne, au contraire, semblent avoir pris un essor remarquable dans un ordre d'idées déraisonnables et dans la voie la plus fausse. On regrettait que du bois travaillé, assemblé, sculpté, poli et verni avec tant de soin et de peine, n'eût pas eu pour modèle le dessin d'un architecte de talent. Ces bibliothèques immenses, où l'on ne peut placer des livres, auraient coûté moins de frais et produit plus d'effet si elles avaient été conçues pour leur usage; ces lits menaçants, auxquels on s'accroche de tous côtés et qui semblent devoir écraser le malheureux condamné à s'en servir, auraient pris des airs majestueux et nobles à la fois si un artiste en avait tracé le modèle et suivi l'exécution; ces chaises qui ont tout prévu, excepté les aises de celui qui s'asseoit, les auraient rencontrées sur le chemin de la simplicité et de la raison : tout cela prouve une invention maladive, qui gagnerait fort à reconnaître un principe et des règles. Ce défaut disparaît dans la petite industrie viennoise, qui correspond à l'industrie parisienne, car là, ce qui est élégant, voyant, éveillé, nouveau, se passe de raison et d'à-propos. Toutefois les petites merveilles d'ébénisterie, de placages, de laques et de cuirs gaufrés, tous ces brimborions qui défrayent les galanteries des eaux à chaque retour de la saison des bains et remplissent les boutiques de toute l'Allemagne, ne nous feront concurrence que lorsque la raison viendra en aide à l'imagination, les saines conditions du goût au secours des inventions quotidiennes; alors, et ce moment, je le crois, n'est pas éloigné, l'industrie viennoise, dépouillant cette élégance grêle, prétentieuse, superficielle et de clinquant, adoptant l'ampleur proportionnée, la solidité nécessaire et un style approprié à chaque objet, nous fera une redoutable concurrence. Il en sera de même dans toute l'Allemagne, quand les artistes de talent donneront franchement la main à l'industrie. Combien leur riante imagination, leur fantaisie originale, leur naïveté gracieuse, leur sentimentalité un peu affectée, trouveraient d'occasion de se développer au profit de l'industrie! Schinckel, au pont de Berlin, T. Kalide donnant le modèle de l'*Enfant au Cygne,* qui forme une délicieuse fontaine, en ont fait l'essai et donné la preuve; il suffit de ces deux exemples : il en est beaucoup d'autres que je pourrais citer; et, lors même qu'il ne faudrait y voir que des exceptions, des protestations isolées, nous les donnerions encore en avertissement à l'Allemagne pour lui apprendre ce qu'elle peut faire, à la France pour lui montrer ce qu'elle doit craindre.

Résumons-nous, quoiqu'il ne soit pas facile d'embrasser d'un seul coup d'œil cette grande Allemagne et de porter un jugement d'ensemble sur cette mosaïque d'États, destinée à former un jour une seule et imposante nationalité. Nous dirons: un art aspirant haut, cherchant les sublimités de la pensée, les beautés de l'idéal, mais négligeant les conditions pratiques du métier, cette partie essentielle et trop dédaignée qui est la base solide; en regard, je ne dis pas à côté, je dirais plutôt en opposition, une industrie qui semble à première vue une grande et même fabrique de joujoux de Nuremberg, l'invention, la distinction faisant défaut, la vie manquant même là où le métier excelle; des outils et pas d'idées, des mains et pas de tête. On comprend maintenant pourquoi je place l'Allemagne, patrie de l'intelligence réfléchie, loin des pays moins bien doués qui nous menacent davantage de leur concurrence. Art et industrie, sur la rive droite du Rhin, renferment les éléments les meilleurs du progrès, car ils s'appuient sur l'observation patiente, sur la conscience, sur le sentiment, sur tout ce qui est noble et respectable; mais l'art, comme l'industrie, ne recevant pas la bonne, la vraie impulsion, s'épuise, je ne dirai pas dans un antagonisme, mais dans un parallélisme déplorable. Un jour ou l'autre, l'Allemagne comprendra que c'est de la rencontre, de la réconciliation, de la fusion de l'art et de l'industrie que dépendent l'essor de l'un et la prospérité de l'autre; ne lui laissons pas faire cette découverte avant d'être en mesure de braver sa concurrence.

Amérique.

Après avoir passé en revue des pays artistes devenus industriels, nous arrivons à une nation industrielle qui se fait artiste.

L'Amérique peut ce qu'elle veut, et elle veut être artiste. L'Amérique tentera de tout, même d'avoir le génie des arts; elle l'osera à sa manière, et elle accomplira en moins de cent ans ce que l'Europe n'a obtenu que par quinze siècles d'efforts. Les États-Unis ont défriché tout un monde; maintenant ils donnent les sciences, les arts et l'industrie en pâture à leur activité. Déjà ils comprennent qu'il leur faut des instruments de travail, des bibliothèques, des musées et des collections scientifiques : ils ont fondé, construit et acheté tout cela; ils comprennent qu'il est nécessaire de réunir, comme dans un même faisceau, les esprits les mieux disposés, pour que l'étincelle jaillisse du frottement des intelligences, et ils ont fondé l'établissement connu sous le nom de *national institution for the promotion of science and art;* on leur a enseigné que les particuliers, et les collections qu'ils forment, sont les promoteurs de l'art, et les particuliers achètent de tous côtés les plus belles statues et les meilleurs tableaux. Quand on racontait autrefois en Italie qu'on avait offert de couvrir d'or un tableau, qu'une généreuse commande avait été faite à un artiste vivant, ou bien qu'un brocanteur s'était facilement défait de Raphaël de contrebande et de Benvenuto Cellini de pacotille, on savait d'avance qu'un lord anglais était seul capable de ces enthousiasmes; aujourd'hui, c'est un marchand américain. Les citoyens des États-Unis ont encore appris que l'art ne s'invente pas, mais qu'il s'enseigne; que les artistes distingués ne surgissent pas seuls et d'eux-mêmes, mais qu'ils se forment près des maîtres, et ils envoient à Londres Healy, de Boston, qui s'approprie habilement les belles qualités de Reynolds et de Lawrence; à Paris Hunt, qui s'est formé à notre école; à Rome Powels, l'auteur de l'*Esclave enchaînée,* cette statue qui fait rumeur dans l'Exposition de Londres, tant elle est conçue avec grâce, noblesse et distinction, trois qualités que l'Angleterre disait antipathiques à ces Yankees, colons incapables de toute création originale, provinciaux inaccessibles aux choses de goût. A côté de Powels, P. Stephenson avait exposé des études exclusivement américaines, qui trahissent un style individuel et national avec des qualités rares d'observation et d'imitation de la nature.

La vieille Europe fera bien d'y songer. Il y a de l'autre côté de l'Atlantique une puissance d'invention, une sève de jeunesse, une originalité tranchée, qui marquent dans la mécanique, dans les découvertes scientifiques et dans la littérature par des hommes d'un tel mérite, que le murmure du grand Océan n'a pas étouffé le bruit retentissant de leur célébrité. Chacun sait que les Américains ont inventé la machine qui sépare la graine de coton du coton lui-même, la faucheuse à vapeur et une multitude d'applications heureuses de la mécanique aux instruments aratoires, les revolvers, le chloroforme; personne n'ignore qu'il n'est pas d'invention théorique dont ils n'aient, des premiers, tiré le meilleur usage pratique; et, sans parcourir la longue liste de leurs ingénieuses applications, qu'il soit permis au rapporteur de la classe des beaux-arts de rappeler qu'un artiste américain, l'élève distingué de B. West, autre Américain, vint à Paris, en 1802, mettre en mouvement sur la Seine le premier bateau à vapeur viable et bien constitué. Cette machine ingénieuse, ce petit navire qui contenait dans ses flancs la plus grande révolution des rapports sociaux de l'humanité, resta amarrée au pont Royal.

inutile et décriée pendant cinquante ans. On en rit à Paris, on la dédaigna à Londres; le peintre Fulton, plus heureux et mieux apprécié à New-York, a pu fonder dans cette nouvelle ville la nouvelle marine militaire et marchande du monde.

Les titres de l'Amérique dans le domaine des intérêts matériels et des sciences positives ne sont pas contestés; on ne lui refuse entrée que dans le royaume de l'intelligence, du goût, de la poésie et des arts. Nous allons voir avec quelle supériorité elle en force les frontières. Je ne cite dans chaque branche que des sommités : les historiens Bancroft, Prescott et Ticknor; les poëtes Longfellow, Dana, Bryant; les romanciers Cooper, Paulding, Hawthorne, Washington Irwing, Edgar Poe; l'humoriste Tuckerman, le musicien Perkins. Un peuple chez lequel le hasard réunirait une aussi brillante pléiade serait déjà digne de figurer au nombre des grandes nations intellectuelles; l'Amérique y a d'autres droits, car elle possède en outre de généreux citoyens qui donnent, comme M. Lawrence, 500,000 francs à la ville de Cambridge pour fonder un établissement littéraire analogue à notre collége de France; dans cette même ville, M. Édouard Philipps lègue la même somme à l'Observatoire; à Boston, l'institut de Lowel est dû aux générosités du citoyen qui lui a donné son nom; et je n'enregistre pas la longue liste des magnifiques legs qui, dans cet ordre d'idées, remplacent si dignement l'initiative de nos gouvernements.

Voyez donc l'Amérique en Amérique, et laissez là les livres qui en parlent. S'ils font de la statistique, c'est une liste sans fin de musées, d'académies, de bibliothèques, qui feraient croire à une nouvelle Attique de l'autre côté de l'Océan; s'ils font de la critique, c'est une moquerie perpétuelle sur ces musées de chats empaillés, sur ces académies où l'on apprend à lire, sur ces bibliothèques où on ne lit pas, souvent faute de livres, plus souvent encore faute de temps. Voyez l'Amérique comme elle est : un géant, doué des facultés les plus rares, qui se réveille, se sent et s'essaye. Ce géant marquera dorénavant dans les arts et dans les choses de goût.

Déjà Benj. West, mort en 1820, avait prouvé à l'Angleterre ce que pouvait un Yankee, fils de quaker, en peignant la mort du général Wolf et le combat de la Hogue; aujourd'hui Ch. Leslie lui montre le physionomiste spirituel qui possède une rare souplesse de talent dans le genre de peinture qui est le plus sympathique à nos voisins; et ces qualités ne sont plus isolées et exceptionnelles, elles sont répandues : j'ai déjà parlé de la pureté de style de Powels, de l'originalité de Stephenson, des qualités diverses de Crawfurd et de Greenough, je m'en tairai ici, et je dirai seulement que, lorsque des tendances aussi remarquables se font jour chez une nation jeune et décidée, il est impossible de prévoir quelle puissance elle aura, nos expériences pouvant lui servir de leçons, nos institutions les plus éprouvées devenant le point de départ des siennes.

L'Amérique entreprend cette nouvelle croisade à la façon des enfants livrés à eux-mêmes, s'enthousiasmant de chaque procédé nouveau, achetant les modèles à tort et à travers, touchant à tout. La photographie devait frapper sa jeune imagination et s'offrir comme un expédient commode, comme le remplaçant de toute étude sérieuse. L'Amérique y a fait merveille. La galvanoplastie, cet autre auxiliaire merveilleux, qui est à la sculpture ce que la photographie est à la peinture, devait aussi sourire à ce peuple pressé de jouir, et il a exploité cette découverte avec un plein succès. L'imitation servile de tout ce que l'Europe envoyait sur ses marchés avait été la première préoccupation de l'Amérique, et une sorte de stupeur vous saisit devant ses contrefaçons étonnantes. Si j'entre chez les grands libraires de New-York, James Smithson, D. Appleton, J.-P. Putnam, les frères Draper, j'y trouve les livres illustrés de l'Angleterre, sa gravure sur acier et sur bois, sa reliure mécanique à bon marché; si je pénètre dans les magasins des autres industries, ce sont bien là nos papiers peints, nos étoffes imprimées, nos meubles; ce n'est plus la même délicatesse d'ajustement, le même soin d'exécution, mais quelle puissance de production, quelle adresse dans la substitution des machines à la main de l'homme, quel succès de bon marché !

Comme la gourme que jette un enfant pour prendre un teint plus brillant, l'Amérique se dégage aujourd'hui de ces excès, de cette exubérance de contrefaçon; elle commence à peine à être elle-même, et elle comprend déjà qu'elle doit cesser de suivre les autres, qu'il lui faut tracer sa voie, marcher de l'avant et lutter à armes égales. Il lui manque, dira-t-on, l'originalité : je le conteste, s'il s'agit du don pittoresque et de l'instinct de l'artiste; je l'accorde, si l'on entend par originalité un style fait et complet; mais je voudrais bien connaître un peuple qui l'ait possédé à ses débuts. L'Égypte emploie des siècles innombrables à former son style, l'Asie emprunte le sien à l'Égypte, la Grèce prend à l'Asie les types de son école d'Égine; à Rome, à Byzance, à Venise, à Florence, en France, en Espagne, en Allemagne, en Angleterre, tout est copie aux débuts; la véritable originalité est un fruit de l'observation et de l'étude qui mûrit à l'abri d'institutions protectrices. L'Amérique en est là, et elle avancera, car elle marche déjà, car elle comprend la nécessité d'accorder des encouragements aux arts. Les moyens d'enseignement lui manquent : elle créera des écoles et formera des maîtres; ses musées seront délivrés des enfantillages; elle achètera les tableaux des maîtres et les belles statues antiques; et je ne serais pas étonné que le congrès, s'éprenant à son tour de l'amour des arts, ne réservât quelques millions de ses économies pour organiser l'enseignement des arts et enrichir les musées, excellent placement qui rapporterait plus aux États-Unis que tous les dégrèvements d'impôt. L'architecture, il est vrai, est encore dans l'enfance, et M. Owen ne lui fera pas faire un pas avec sa prétention de créer une architecture américaine, car des singeries ne sont pas des inventions; mais pourquoi les États-Unis ne donneraient-ils pas à cet art positif un enseignement sérieux; à ce premier des arts, des encouragements féconds? Quel plus beau stimulant que ces villes qui sortent, pour ainsi dire, de terre, que ces Capitoles, ces églises, ces salles destinées aux assemblées, ces théâtres, ces marchés, autant de programmes intéressants faits pour inspirer les architectes et capables de les conduire, par les saines voies des fortes études de l'antiquité, aux données inattendues d'une architecture appropriée à des besoins nouveaux!

Craignez les enjambées de ces Knownothings, les pas de géant de ces nouveaux initiés. Être novice dans les arts et en avoir une passion intelligente, être dans le mouvement industriel et à la tête de cette armée de la mécanique qui est la plus redoutable des puissances, et entreprendre de mettre cette force au service des arts, c'est combiner ensemble deux actions qui feront l'effet du levier et du point d'appui d'Archimède.

Dans l'état actuel de nos arts et de notre industrie, ce danger est menaçant, car il est facile à l'ennemi d'entamer une troupe qui marche à la débandade. Serrons nos rangs. Que les règles du goût, comme les lois de la discipline, nous permettent de tenir ces assaillants à distance. Avec le désordre de nos engouements, l'inconsistance de nos modes, l'exagération ridicule de nos mascarades archéologiques, le marché américain nous sera bientôt fermé, et ses fabricants apporteront sur le nôtre nos misérables modèles exécutés à bas prix; si, au contraire, nous nous rattachons aux vrais principes de l'art, aux règles du goût, notre supériorité restera évidente, incontestable, inaccessible, et l'Amérique ouvrira d'autant plus largement ses ports à nos produits qu'avec la prétention impuissante de nous égaler naîtra l'excellence du jugement et la finesse d'appréciation qui lui fera sentir la différence entre ses tentatives incomplètes et nos perfections idéales.

Je n'ai pas distingué le Canada des États-Unis, et cependant j'aurais pu chercher dans le bas Canada des souvenirs, des habitudes et des goûts tout français; j'aurais pu puiser, dans les traditions de notre ancienne colonie, de nouveaux motifs d'appréhension. Je n'ai pas de place pour ces détails, et, par le même motif, je ne dirai rien de l'Amérique du Sud. Elle n'est pas dans des conditions industrielles menaçantes pour nous, et elle ne possède pas au même degré les facultés du progrès avec l'esprit de conquête et d'entreprise. Là nos arts, nos modes, nos excentricités même, feront encore fortune pendant longtemps. Je ne veux pas dire, toutefois, que le Mexique, le Pérou et les républiques du Sud n'aient pas un goût décidé pour les arts; je crois, au contraire, leur sol naturellement fécond et déjà préparé par le souvenir de l'ancienne et primitive civilisation qui a laissé dans ces contrées des monuments si curieux. Mais les peintres mexicains et péruviens se sont formés à Paris, dans les ateliers de nos peintres, et on ne peut attendre d'eux des talents caractérisés. Tous, il est vrai, retournent dans leur patrie et reprennent quelque chose de l'originalité native; comme ces animaux domestiques abandonnés, par les marins dans des îles désertes, et qui deviennent loups, tigres et faisans, de caniches, matous et poulardes qu'ils étaient, ces artistes mi-français deviendront de vrais Mexicains, Péruviens, Chiliens, quand ils seront rentrés dans le cercle de leur nationalité; ils formeront des élèves, ils dirigeront l'industrie et desserviront peut-être mieux que nous les goûts du pays qu'ils sont plus à portée d'étudier et de comprendre.

En résumé, l'avenir des arts est-il là-bas, à l'Ouest, dans le *Far west?* Le progrès marche-t-il dans ce sens, le voyons-nous poindre, nos enfants le verront-ils grandir et menacer l'Europe? La civilisation renouvelée, la société assise sur de nouvelles bases, l'art et l'industrie développés sous l'égide de la liberté et des inspirations d'un peuple primitif, tel est l'avenir : est-il réservé à l'Amérique? Un jour nos villes seront-elles visitées, dans leur abandon, par les habitants du nouveau monde, comme nous allons voir Rome, Athènes, Jérusalem et Palmyre, ces cités majestueuses et désolées de l'ancien monde? Laissons à Dieu l'avenir. Il nous a confié le présent, préoccupons-nous des progrès de l'Amérique et luttons avec elle par nos propres progrès.

Suisse.

De république à république il y a une grande distance; quand l'une est jeune, au milieu d'un pays nouveau, immense, inépuisable, l'autre ancienne, au centre de la vieille Europe, dans des limites rigoureusement définies et très-étroites. Il n'y a donc pas lieu de comparer la Suisse à l'Amérique. Ses arts et son industrie nous menacent également, mais autrement.

La Suisse n'a jamais eu d'école, elle n'a pas même eu de peintre. Le grand Hans Holbein, né à Bâle, sur sa frontière, s'est formé en Allemagne et dans les Flandres. C'est en Angleterre qu'il a exercé son admirable talent. Faut-il attribuer, comme on l'a fait, cette pénurie pittoresque, cette disette d'artistes, à l'écrasante beauté des Alpes, qui rend impossible toute imitation et décourage l'artiste par la comparaison? Je ne le crois pas; ce paradoxe d'hommes de lettres fait bien dans un livre, il faut l'y laisser et, dans des études pratiques, chercher des causes plus solides. Les arts ne sont le privilége d'aucune créature; Dieu, dans sa bonté, n'a disgracié aucune nation. Mais les arts vivent de traditions, d'institutions nationales fortement constituées, de protection généreuse, et quand ils sont destitués de tous ces appuis, ils languissent là même où ils ont une fois prospéré; ils ne voient pas le jour là où ils ne sont pas appelés par ces puissants patrons.

Quelle protection ont-ils trouvée dans les cantons? Courageux, intelligent et industrieux, le Suisse a toujours été pauvre. La civilisation romaine ne prit pas racine dans ses vallées et n'y laissa pas trace de ses grandes créations monumentales. Pendant tout le moyen âge, des populations guerrières ont lutté contre des difficultés suscitées par la nature même du pays, par leur position géographique et par un noble amour de l'indépendance qui les poussaient à l'encontre des convoitises de leurs redoutables voisins. La lutte patriotique élève l'âme d'un peuple, la pauvreté fortifie son moral, l'âpreté du climat constitue sa santé, mais les arts ne fleurissent qu'à l'abri d'une paix assurée, du luxe entretenu par la richesse, d'une cour élégante devenant le centre des règles de la politesse et des exemples du bon goût. Les arts ne purent prendre leur essor en Suisse, et les monuments qui s'y rencontrent, églises et couvents, manuscrits et peintures murales, créés sous la protection passagère et factice du clergé, soit dans une grande abbaye, soit dans les vastes monastères, sont plutôt d'importation que d'essence nationale. A la fin du xve siècle, la Suisse avait au moins, à défaut d'autre institution protectrice, la tranquillité et une prospérité relative; les arts vinrent à elle, et déjà ils se développaient dans l'architecture, dans la sculpture d'ornementation, dans la peinture appliquée aux murailles, aux manuscrits et aux vitraux, lorsque la réforme de Luther, et surtout celle de Calvin, bouleversant toutes les idées, se firent en Suisse plus iconoclastiques et barbares que partout ailleurs. Depuis trois siècles, la Confédération végète sous ce niveau pesant du radicalisme réformateur qui s'est étendu, comme une contagion, même sur les cantons qui restèrent à l'abri de la réforme. Vainement Dieu, avec une prédilection marquée, appelait cette population à l'intelligence de l'art en mettant sous ses yeux les sublimes beautés de sa création : en été, dans l'éclatant appareil de la plus riche végétation, d'un ciel pur se réflétant dans des eaux profondes, de cimes hardies découpant de tous côtés les grandioses horizons; en hiver, par le spectacle solennel et émouvant de la nature entière endormie sous un linceul de neige. Vainement, les costumes pittoresques animaient les aspects toujours variés de cette nature inépuisable; vainement, l'Europe entière, que dis-je, les deux mondes, envoyaient l'aristocratie de l'intelligence et de la fortune, transformée en légions de touristes, parcourir ses vallées, gravir ses sommets, cherchant partout à acheter dessins et tableaux, qui lui rappelaient des sites devenus les favoris de son admiration. La Suisse restait, comme ses marmottes endormies par l'hiver, dans l'engourdissement causé par la froideur de son culte et la rigidité méthodiste de ses idées.

Depuis la paix générale de 1815, la confédération s'est ressentie de la disposition universelle qui porte les esprits vers la culture des arts, elle a participé au relâchement de rigorisme qui dispose toutes les sectes protestantes à appeler l'art et son prestige au secours du culte. L'architecture religieuse a obtenu l'autorisation d'élever, à Genève même, une église catholique dont les flèches gothiques vont s'élancer vers le ciel avec les pics des Alpes et dans un même hommage à la divinité. La statuaire a trouvé des protecteurs depuis que Pradier est venu nous demander, faute de protection, une nouvelle patrie. La peinture a ses écoles, ses sociétés des amis des arts et ses expositions. On ne peut encore appeler tout cela des institutions, il n'y a rien là qui ressemble à une direction intelligente; mais, puisqu'avec si peu d'aide l'art prospère par le seul fait de la levée de la proscription qui pesait sur lui, que ne devra-t-on attendre, dans cet heureux pays, de fortes associations agissant de concert et faisant concourir les dispositions de cette population intelligente à la gloire nationale? Des talents de premier ordre signalent déjà cette renaissance. Je ne parle pas de Léopold Robert, qui a cherché à Paris son éducation d'artiste et en Italie les inspirations sympathiques à son âme; mais Calame s'est senti violemment remué par la belle nature de son pays : il a peint fidèlement et poétiquement à la fois, poésie de l'exactitude, ce qu'il avait sous les yeux, et les sombres magnificences de ces Alpes orgueilleuses sont venues se refléter dans ses toiles éclatantes. Castan a pris aux riantes vallées leurs plus frais aspects, Mayden et Grosclaude ont demandé à ces mœurs patriarcales, à ces races robustes et primitives, des scènes paisibles qu'ils ont rendues avec calme, simplicité et bonhomie.

L'art est en chemin et en bon chemin : que Dieu le protége, et puisse l'esprit de réforme trouver son compte dans sa prospérité! Au reste, cette renaissance commence à se ressentir d'une impulsion à laquelle rien ne résiste, pas même le fanatisme religieux, l'impulsion des intérêts matériels, du profit, du lucre, et la Suisse n'est pas insensible à cet intérêt.

Tout ce que j'ai dit de l'importance des arts dans le développement industriel est déjà compris par les cantons qui deviennent des pays de fabrique.. Dans cette nouvelle carrière il ne suffit plus d'élever d'immenses bâtiments, de se procurer les machines les plus perfectionnées, et de travailler à meilleur marché que l'Europe et l'Amérique; il faut encore que le ouvriers aient de l'intelligence et du goût, que des artistes distingués donnent des dessins et en surveillent l'exécution, et ces conditions ne s'obtiennent en aucun pays tant que l'art, à son sommet, n'est pas lui-même en progrès. Quand, au lieu de contrefaire piteusement nos dessins ou de les acheter tout faits à Paris et à Lyon, la Suisse les fera elle-même et leur donnera une originalité qui pourra s'imposer à la mode, quand, au lieu d'embaucher nos contre-maîtres, elle formera elle-même les siens avec les jeunes gens sortis de ses écoles de dessin et des ateliers de ses artistes, nous pourrons redouter sa concurrence, car à toutes les conditions de bon marché et d'habile fabrication, de rapports d'affaires étendus en tous pays par l'entremise patriotique de ses nationaux établis sur tous les marchés, elle joindra ce charme, ce goût, cette recherche du beau avec lesquels nous la battons encore.

La Suisse ne peut reculer devant de légers sacrifices pour faire ce progrès dans les arts; il y va de ses intérêts les plus chers. Devenue industrielle, il lui faut conquérir à tout prix ces institutions qui la rendront artiste. Ne consommant rien elle-même et fabriquant énormément, elle doit, coûte que coûte, trouver le moyen d'écouler ses produits. Or, le seul obstacle qu'elle rencontre, et qui la laisse si loin derrière nous, c'est la différence d'une œuvre distinguée par l'originalité du dessin et par le goût et d'une piètre contrefaçon. Dans le domaine des choses élégantes, l'assistance des artistes lui manque, et cependant déjà elle ouvre la lutte sur ce terrain. Ses broderies, arrêtées à la frontière française par nos droits de douane, acquittent cette lourde redevance et viennent sur nos marchés battre nos broderies, car avec des progrès de goût, des perfections d'exécution, elles se vendent à meilleur marché que les nôtres. Ces doigts habiles qui travaillent presque pour rien ont-ils donc acquis, par l'habitude du dessin, cette dextérité que nous voulons donner aux nôtres ? Non pas encore, et on peut reprocher à ces mousselines brodées de tourner au carton-pâte, au cuir gaufré, à tout, excepté à ce qu'elles sont et à ce qu'elles doivent paraître, un tissu léger légèrement orné. Quand nous voyons Guillaume Tell ajustant la pomme, les montagnes de la Suisse avec les forêts de sapins, les chalets percés de petites fenêtres, les laitières coiffées de grands chapeaux, tout cela brodé sur la mousseline et étendu sur les épaules d'une femme, nous laissons la Suisse s'user les yeux et les doigts à ce ridicule travail de peinture en broderie, et nous luttons sans grand effort avec elle au moyen de dessins dont la pureté et le charme sont rendus sans perte de temps ni excès de peine et font effet à bon marché. Il en est de même de ses cotonnades, de ses soieries, de ses velours : ils sont frappés de cette même infériorité de goût et de distinction ; mais quand, en regard des grands progrès et du bon marché effrayant de tous ses unis, on calcule la faible barrière qui sépare encore les deux fabrications, on se demande ce qu'il faut d'efforts à la Suisse pour nous atteindre, pour nous dépasser même, si nous restons stationnaires. La sparterie suisse est une sorte de passementerie en paille, et, comme telle, soumise à quelques règles de goût. Jusqu'à présent on en a fait un feu d'artifice de fantaisies ainsi que de caprices, et elle séduit par ses évolutions rapides et inattendues, comme le cheval échappé plaît par ses sauts et ses écarts. L'invention ne perdrait rien cependant à broder sur un type plus pur, à choisir une phrase moins insignifiante et à la poursuivre dans ses variations. L'orfévrerie suisse et son émaillerie sont arrivées à une habileté de main-d'œuvre qui n'attendent que des hommes de talent pour retrouver la vogue conquise autrefois par le Suisse Petitot. Je laisse de côté l'horlogerie, qui poursuit son but : la plus grande précision dans le plus petit volume, la plus parfaite régularité au meilleur marché possible. Je ne parle pas des chalets, petits et grands, des sculptures en sapin et des peintures de glaciers sur bois blanc : tout cela, comme les fleurs naturelles que l'on admire aux champs, que l'on cueille avec empressement et qui semblent si pauvres une fois entrées dans le salon, doit rester au milieu des montagnes et se parer de la simplicité de ceux qui les font comme du charme des souvenirs de ceux qui les achètent.

La population suisse, laborieuse par habitude et par intérêt, régulière dans sa conduite, honnête dans ses transactions, est devenue industrielle contre nature, et peut-être afin de prouver que la volonté de l'homme domine les circonstances les moins favorables. La Suisse a réussi en dépit de tous les obstacles. L'éloignement des matières premières et du combustible grève la production de transports coûteux, la rigueur des hivers et les escarpements d'un pays montagneux isolent les cantons, et cependant par le concours de grands établissements armés de machines que des chutes d'eau puissantes mettent en mouvement, par l'association des travaux de la fabrique avec la culture des champs qui rend possibles des salaires minimes, l'industrie suisse a pu s'emparer de branches entières de notre fabrication, comme les soieries unies, en obtenant des prix de revient auxquels nous ne pouvons atteindre. Quand à ces conquêtes se joindra l'étude du dessin généralement répandue, quand contre-maîtres, ouvriers, petits enfants, auront dans cette éducation artiste exercé leur goût et formé leur intelligence, quand enfin, dominant le tout, une école de peintres et de sculpteurs s'unira à l'industrie pour la diriger dans les voies nouvelles de l'art appliqué à toute la fabrication, je dis que Lyon et Mulhouse, les soieries et les cotonnades, pourront suspendre tous travaux et, comme les Israélites sur les rives du fleuve, s'asseoir sur les bords du Rhône et du Rhin pour pleurer leur prospérité évanouie.

Nous n'en sommes pas là, Dieu merci ! nous tenons encore la tête, et dédaignant de faire usage du fouet et des éperons, nous sortons vainqueurs de la course par la seule force d'une nature mieux préparée. Ne nous fions pas trop à nos avantages. Les rivaux ont leur ruse; ils travaillent sourdement, avec suite et application. La fable nous apprend comment la tortue dépasse le lièvre. Que notre école des Beaux-Arts élève son idéal au-dessus de toute atteinte, que nos artistes appliquent à l'industrie un goût épuré, un style approprié; qu'une élégance, qu'une distinction toujours vigilante mettent toutes nos productions hors de la portée des concurrents.

Belgique.

Il y a des contrées qui semblent privilégiées pour les arts, comme il y a des coteaux qui sont favorables à la vigne, sans qu'on puisse expliquer pourquoi, à culture égale, à latitude pareille, d'autres contrées sont moins favorisées : la Grèce, l'Italie et la Belgique sont de ce nombre.

Les Flandres avaient déjà eu plusieurs époques éclatantes dans les arts, lorsque, à l'appel des princes français nouvellement placés à la tête de ce pays, deux frères associés dans leurs travaux perfectionnèrent la peinture à l'huile et fixèrent par des chefs-d'œuvre l'attention de tous sur ce nouveau procédé. Il ne s'agissait pas seulement d'une recette pour peindre, l'art entier était en question. La nature se substituait à la convention; le réalisme, dans ses conditions les plus parfaites, les plus séduisantes, s'intronisait pour la première fois dans les arts et allait faire le tour du monde.

On connaît les admirables œuvres de cette ancienne école, nouvelle alors, protégée à ses débuts, encouragée et développée par les grands travaux que les ducs de Bourgogne demandaient, appuyée, en outre, sur le goût de l'art et du luxe élégant que ces princes avaient apporté de la cour de France et répandu autour d'eux avec un faste inouï.

On sait comment ces nobles tendances, implantées dans un sol prédisposé, prospérèrent; comment elles devinrent, à travers les changements de gouvernement et de délimitation, une qualité propre à tout le pays et comme le trait caractéristique des Pays-Bas, si bien qu'à cette première renaissance en succédèrent d'autres qui, chacune en suivant les mêmes directions, eurent un nouveau retentissement en Europe et une influence marquée. Inutile de refaire cette histoire de l'art dans les Pays-Bas, elle est connue, et je ne veux en tirer d'autre conséquence que ce fait d'une disposition native et toute particulière, disposition qu'un gouvernement négligent des vrais intérêts du pays peut laisser sommeiller, qu'une administration habile réveille facilement.

Nous avons parlé des Pays-Bas et des Flandres, nous oublions que la Hollande et la France pourraient se plaindre de cette confusion de noms, de ce mépris des traités; parlons de la Belgique. Créée en dépit de l'Europe, entourée sinon d'ennemis, au moins de voisins envieux, toujours menacée de rentrer sous le joug d'un souverain qui, depuis vingt-trois ans, n'a pas voulu prendre son vrai titre de roi de Hollande, la Belgique, malgré ce mauvais vouloir, ou en raison de ces rivalités, a trouvé de nouvelles forces dans sa nationalité. Elle a réuni, comme dans un faisceau, tous ses enfants, et, par leur union, leurs efforts, elle est parvenue, en moins d'un quart de siècle, à reconstituer une nation, à refaire une littérature populaire et une histoire nationale, à retrouver une puissante école de peinture et de sculpture, à former un conservatoire de musique excellent, à figurer dans le monde honorablement en toutes choses.

Le patriotisme et les traditions ont une large part dans cette renaissance; le gouvernement et les institutions qu'il a fondées à l'imitation des nôtres y ont aussi beaucoup contribué. Les écoles, les académies, les instituts de l'industrie, les concours provinciaux, les expositions provoquées par l'État et répandues dans les provinces par les sociétés des arts, les commandes, tout cet ensemble de bonnes mesures, animées par les collections de tableaux et d'objets d'arts publiques et particulières, par les monuments dont le pays est rempli, par la rivalité avec des voisins actifs comme les Français, les Hollandais et les Allemands, et surtout par des traditions nationales et un goût inné pour les arts, ont fait sortir d'une seule génération une foule d'hommes éminents qui en promettent d'autres. Courage, leur dirai-je, courage! me réservant de dire aux miens : Prenez garde, veillez!

Veillez, car cette école, après avoir fait fausse route, comme vous, reprend le bon chemin; veillez, parce que le goût des arts, provoqué par tout ce qui concourt à leur développement, se répand dans la nation et la forme au bon goût, ce grand mobile de l'industrie, dans ses ouvriers comme dans ses chefs de fabrique, dans ses marchands comme dans son public.

Remarquez bien ces circonstances favorables : en haut, un roi et un gouvernement qui comprennent l'importance des arts; en bas, un public qui les aime. Dès la constitution de la Belgique, ce souverain et ses ministres ont pris immédiatement l'art au sérieux, le souverain en montrant au talent les plus grands égards, en lui réservant, comme à tout autre service rendu à la patrie, les titres, les croix et les honneurs, en ouvrant en personne, entouré des grands dignitaires, toutes les solennités de l'art : expositions, concours et nouveaux musées. Traité avec ce sérieux, avec cette dignité, l'art a été digne et sérieux. A cette assistance partie d'en haut ajoutons l'appui venu d'en bas. Les artistes belges ont été soutenus, stimulés, maintenus dans la bonne voie par un public moins nombreux que le nôtre, mais plus éclairé, moins enthousiaste de prime abord, mais plus persévérant dans son goût, moins inquiet surtout, et dirigé par un instinct national qui le poussait dans les excellentes traditions de ses vieux maîtres. C'est ce même public qui applaudit avec enthousiasme les Servet, Vieuxtemps, Batta et Baillot, formés dans le conservatoire de musique de la capitale et qui, réuni en sociétés chorales, répand sur toute la Belgique les flots d'une musique populaire qui réveille dans la nation ses instincts d'harmonie; c'est encore ce public qui conviera bientôt l'industrie au bon goût dans le choix des modèles et à la perfection de la main-d'œuvre dans tous ses produits.

Résumons, en peu de mots, les directions principales de l'art et de l'industrie en Belgique.

Les Flandres, en raison de leur position géographique, ont toujours eu deux tendances marquées : l'une, nationale, propre au sol, au caractère de la nation, à sa nature, tout cela très-original, mais assez trivial ; l'autre, imitative et d'importation étrangère, venant de Byzance, de l'Allemagne, de l'Italie ou de la France. Celle-ci avait pour but d'échapper au réalisme par trop prosaïque des dispositions nationales, et de s'élever à ces hautes qualités de l'idéal, de l'élégance et du style qui doivent être antipathiques à la nation, car elles n'ont jamais pris racine dans ce sol rebelle, quels que soient les hommes de talent qui se sont efforcés de les y implanter. Jusqu'à la fin du XVIIIe siècle, l'école flamande lutta victorieusement contre les influences du dehors ; mais avec la révolution de 93, l'art fut anéanti, la résistance céda, l'école de David triompha, et David lui-même, en choisissant Bruxelles pour son lieu d'exil, perpétua dans ce pays, plus longtemps qu'ailleurs, ses doctrines et son influence.

En Belgique cependant, aussi bien qu'ailleurs, la réaction se produisit, et des artistes comme Odevaere et Havez, qui, par la nature de leur talent, s'étaient soumis à David, trouvèrent des successeurs qui, par une disposition de nature analogue, mais en réagissant contre eux, allèrent chercher dans l'école française, dans Delaroche, Scheffer, Schopin et nos autres peintres anecdotiques, les modèles à suivre.

Wappers, Gallait et de Keyser sont les plus illustres dans cette voie, et il n'y a peut-être qu'une raison de priorité pour faire pencher de notre côté la balance, dans laquelle seraient placés les qualités et les mérites des concurrents. Là n'est ni l'avenir pour l'école belge ni le danger pour la nôtre. Voici où ils sont : avec les bienfaits de la paix se réveillèrent tous les bons instincts. En Belgique, le vieux fonds national n'était pas aussi complétement anéanti qu'on l'avait cru ; il fit preuve d'existence, d'abord en copiant servilement les anciens peintres flamands et hollandais, puis en les imitant avec une certaine liberté, et de progrès en progrès, ayant acquis par l'observation patiente tous les secrets du métier, ayant réveillé en eux, au moyen de ces pastiches, des tendances naturelles et originales qui ne sont que des analogies de dispositions natives, les peintres belges passèrent sans difficulté de la copie à l'original, de leurs vieux maîtres à la nature et aux types qui les avaient inspirés. Ils sont arrivés aujourd'hui à ce point, et les Leys, Wilhems, les deux Stevens, Adolphe Dillens, Verlat, et de plus loin Coulon, Degroux et d'autres, en possession des meilleures pratiques de leur art, animés du véritable esprit des vieux maîtres, vont renouveler l'école nationale en restant fidèles aux instincts nationaux. Je ne suivrai pas ces peintres dans les diverses phases de leur talent qu'on pouvait étudier aux diverses expositions de Londres. Je dirai un mot seulement de Leys et à Leys. Ce peintre ingénieux a compris l'école de Van-Eyck comme je voudrais que nos artistes comprissent l'art des Grecs; il s'est fait vieux Flamand comme je voudrais qu'on se fît ancien Grec, partant de cette noble nature d'emprunt pour développer l'originalité native. Leys, d'ailleurs, n'usurpait pas le bien d'autrui, il héritait du bien paternel; il ne copiait pas ses ancêtres, il leur ressemblait par pente naturelle et par instinct; mais Leys doit se défier de ses procédés de peinture : il devra recourir à la nature, étudier ses effets, retrouver son coloris, et craindre le maniérisme, qui est autant dans la couleur que dans l'expression, dans l'effet que dans le dessin. Le maniérisme commence où le vrai cesse, et la couleur de M. Leys n'est pas toujours vraie, elle est souvent conventionnelle et vieillotte; elle semble avoir déjà subi cette sorte de cuisson qu'opère le temps avec les couleurs entre l'apprêt et le vernis. Avec une couleur plus vraie, je voudrais que Leys peignît des sujets ou plus éloignés ou plus rapprochés de nous, c'est-à-dire l'idéal poétique ou le réalisme prosaïque; il ferait taire l'envie, qui lui nie les qualités originales.

La statuaire belge avait une tâche plus difficile que la peinture. Bien que la cathédrale de Louvain et d'autres églises offrent aux artistes modernes des spécimens remarquables de la sculpture monumentale du XIIIe siècle, bien que les collections aient recueilli, que les églises aient conservé des sculptures en bois du XIVe et du XVe siècle, qui se distinguent par la grâce de la composition et le charme de l'exécution la plus précieuse, bien que chaque génération compte quelque sculpteur qui, comme François du Quesnoy, puise dans un sentiment vif de la nature des ressources remarquables, cependant il n'y avait pas dans ces chefs-d'œuvre du réalisme la même tradition suivie et des modèles aussi féconds que dans la peinture des vieux Flamands. L'école moderne a dû se faire d'elle-même, et je doute qu'elle s'y soit bien prise. L'influence exercée à Paris par Canova s'est étendue jusqu'en Belgique, et y persévère encore aujourd'hui; on la retrouve dans le type des figures, dans leur élégance et leur grâce, et jusque dans le choix des compositions. Une réaction se produit de nos jours, le style s'épure et le goût s'ennoblit : telle qu'elle est, la statuaire belge faisait bonne figure à l'Exposition de Londres, et, placée à côté de la nôtre, elle marquait combien les frontières de l'art français et de l'art belge tendent à se confondre. Elles ne sont guère plus apparentes que celles qui divisent les deux pays; on passe de l'un à l'autre sans secousse, et en se demandant : Est-ce ici, est-ce là, suis-je arrivé, ai-je dépassé? Quand on pense que nous haussions les épaules, il y a vingt-cinq ans, en parlant de la Belgique, et que nous ne la connaissions que pour maudire ses contrefaçons, il faut avouer que cet alignement des deux arts a de quoi faire réfléchir.

Ainsi donc, pendant que nous désapprenions, les Belges apprenaient; pendant que, traitant tout avec cette légèreté dont nous nous faisons un mérite, nous compromettions l'héritage de domination légué par nos pères, les Belges, stimulés par le réveil de leur nationalité, fortifiés dans l'atmosphère de leur indépendance, sentant qu'ils avaient à prouver devant l'Europe qu'ils étaient dignes de leur passé, les Belges prenaient l'art au sérieux, apprenaient consciencieusement leur métier, travaillaient avec conviction, et, à chacune de nos expositions, venaient nous apporter les témoignages de leurs progrès, qui auraient dû résonner dans nos ateliers comme une cloche d'alarme.

On prit cependant ces sérieux efforts en grande pitié et ces sévères avertissements en profond dédain. Nos grands critiques affirmèrent que ces peintres étaient les élèves de nos peintres, ces tableaux des imitations de nos tableaux, et toute notre jeunesse, avec ce contentement d'elle-même qui est la première de ses qualités, puisqu'elle soutient les autres, s'en alla répétant qu'on ne peignait pas mal à Bruxelles près Paris. Prenons-y garde : la Belgique ne nous copie pas. Si même, en lui donnant des leçons, nous laissons les élèves devenir plus habiles que les maîtres, ils pourraient bien, à leur tour, dater nos tableaux de Paris près Bruxelles, de Paris près Anvers. Ce n'est pas ainsi qu'on juge ses rivaux. Placée à notre porte, la Belgique n'a pu résister à la tentation de regarder par la fenêtre comment nous nous y prenions pour régenter le monde; et pouvons-nous lui en faire un reproche, nous qui avons plus d'une fois regardé par le trou de la serrure dans l'atelier de Rubens, de Van-Dyck et de Rembrandt? Les critiques ont abandonné cette tactique : ils nous disent maintenant de M. Leys : C'est du Hemling; de M. Wilhems : C'est du Metzu; comme en France nous sapons la réputation de M. Ingres en disant : C'est du Raphaël. Tout cela est aussi facile qu'inutile à dire : admirons les Hemling, les Metzu, les Raphaël modernes, quand ils vivent de leur vie propre : — l'avenir fera le partage.

L'industrie a pris une autre voie que les arts; ses progrès se sont faits uniquement dans la direction du bon marché, et, sous cette tyrannique tendance, elle a abdiqué sa puissance artiste et se présente sous ce rapport, dans le grand concours des nations, avec humilité et en contradiction avec les progrès faits dans les arts; et cependant nous savons quels prodiges de gracieuses productions industrielles sont éclos dans les Pays-Bas à toutes les époques florissantes de leur art; attendons-nous donc à voir surgir de nouveau ce développement naturel de leur prospérité, car il est impossible qu'entourée de si remarquables monuments, ayant accès dans dix musées remplis des merveilleuses productions de ses artistes, convoquée tous les ans aux expositions des associations des arts, où elle court avec ardeur, où elle applaudit avec enthousiasme, la Belgique, sollicitée par le développement du bon goût qui s'étend partout, ne s'impose pas à son tour ce programme qu'elle remplira si facilement. Elle a beaucoup à faire, car si, d'un côté, tout le mobilier de l'église est exécuté à Liége, par la maison John Philipp, dans un sentiment pieux, digne et d'après les plus saines notions de l'archéologie, de l'autre côté, ses vêtements ecclésiastiques, ses dessins d'étoffes et ses étoffes brodées n'offrent qu'une qualité, la richesse; et qu'est-ce que la richesse, en l'absence du goût, de l'élégance et du sens archéologique? Une richesse massive, lourde, surabondante. Ses meubles et ses tapis sont ordinaires; mais ses parquets, et particulièrement ceux de Godefroy, à Bruxelles, combinent heureusement la mosaïque antique, l'arabesque et le dessin de tapis : le tout exécuté cependant à la mécanique. Ses porcelaines, mi-françaises, mi-anglaises, sont des contrefaçons sans le moindre mérite d'originalité, et cette fusion représente assez bien le goût dominant dans l'industrie belge : cela fait aux yeux la même impression que fait aux oreilles le français des Belges. L'établissement de marbrerie de Leclercq, à Bruxelles, travaille aussi bien que la marbrerie parisienne, c'est-à-dire qu'elle est aussi médiocre que la nôtre. Quant à l'arquebuserie, nous ne l'envisagerons qu'au point de vue du goût, de l'ornementation et de l'élégance des formes, et sous ce rapport elle a bien des progrès à faire. Un examen plus approfondi ne servirait qu'à nous persuader davantage de l'influence fâcheuse de cette poursuite du bon marché qui seule et uniquement préoccupe l'industriel belge. Il obtient en ce sens des résultats surprenants; mais je ne puis douter que le bon goût, l'invention, une heureuse association des idées artistes de tous les temps avec les exigences modernes de la mode, ne fussent des éléments certains de succès, et des éléments très-conciliables avec le bon marché. En effet, le mauvais goût est le plus cher de tous les goûts : le grand style est simple, le petit genre est contourné.

Si la Belgique était un plus grand pays, si ses artistes avaient des tendances plus hautes, plus épurées, plus passionnées, si son industrie voulait être plus parfaite d'exécution et pouvait prendre plus d'extension, si son Gouvernement n'avait pas, depuis les dernières années, une disposition à se croiser les bras et à laisser faire, croyant qu'il a tout fait, je l'aurais prise pour type de ce que nous avons à redouter de nos concurrents, de ce que nous devons faire pour lutter victorieusement; mais nous trouverons ces périls et ces menaces mieux indiqués chez nos dangereux voisins d'outre-Manche : passons donc en Angleterre.

Angleterre.

Tandis que la sculpture anglaise était entrée triomphalement et se montrait au complet dans le Palais de cristal de l'Exposition, la peinture était représentée dans les musées publics de Londres, dans les exhibitions spéciales qui avaient obtenu de tous les amateurs un concours généreux, enfin dans les célèbres collections Egerton, Elsemeer, Devonshire, Ashburton, Sunderland, Grosvenor, Carlisle, Lansdown, Baring, Ward, Robert Peel, Holford, Rogers, Sheepshanks, etc., etc. Tous ces riches musées des particuliers s'ouvraient pour la première fois sans entraves à la curiosité publique, et jamais occasion meilleure n'a été offerte à l'observateur pour étudier la marche des arts en Angleterre, le point où ils sont arrivés et l'influence qu'ils exercent sur son industrie.

Chaque peuple est doué de certaines qualités innées que développe et fortifie l'action prolongée d'une haute civilisation. Le goût des arts n'appartient pas exclusivement à telle ou telle nation, il ne se parque pas, comme les oranges et les ananas, dans certaines zones; il naît et se propage partout; seulement, de même que la chaleur douce et continue du soleil, l'abri contre le vent et contre les intempéries, sont indispensables à la croissance de ces belles plantes, de même aussi la protection généreuse, les soins intelligents, dans une marche continue et sans interruption violente, sont nécessaires à la culture des arts. La France a sur tous les autres pays, sur l'Italie même, cet avantage que ses rois n'ont pas cessé, pendant près de 1,200 ans, de mettre au nombre de leurs devoirs, quand même ce n'aurait pas été dans leurs dispositions naturelles, le patronage des arts et le maintien du goût par la plus noble magnificence. En Angleterre, faute de cette bienfaisante intervention, le sentiment des arts s'est développé tardivement, et par le fait de circonstances religieuses et politiques, qui ne pouvaient être que malfaisantes, il a éprouvé des interruptions et des retours de nullité.

Il ne manque pourtant à nos voisins que les qualités qui s'acquièrent; les qualités innées sont vivantes et vivaces; elles se sont souvent manifestées dans l'histoire monumentale de leur pays, et depuis un siècle elles se développent avec une remarquable vigueur. Ils ont aussi des défauts, mais de ces défauts qui viennent du trop-plein et non pas du vide, d'une nature énergique et non pas d'une constitution épuisée. A tout cela, il aurait suffi d'une bonne direction.

Le caractère de l'art en Angleterre doit son originalité à la constitution géographique du pays; il est insulaire : dans sa couleur, une gamme forte et accentuée, des contrastes brusques et des oppositions heurtées; dans ses types, ses physionomies, ses gestes et ses attitudes, l'étude exclusive du modèle anglais. A première vue, un art qui semble ignorer qu'on peint, sculpte et dessine de l'autre côté du détroit, un art qui, comme le bon Dieu, procède de lui-même et se fait à l'image de son créateur. Mais il manque à cet art l'élévation de la pensée, les beautés idéales et le style; dans son originalité, il reste terre à terre. D'où provient cette infériorité? à quelle cause attribuer cette impuissance?

De même que la plante sauvage qui croît en liberté est chantée par les poëtes comme la plus productive, de même aussi les arts, laissés à l'état d'inspiration et de sauvage indépendance, sont vantés par ceux qui en parlent sans les connaître, comme se trouvant dans la situation la plus favorable à leur développement. Dans l'un et l'autre cas, ce sont des rêves et des phrases : la culture produit les meilleurs fruits. La nature a besoin que la main intelligente de l'homme écarte de ses productions les dangers qu'elle leur suscite elle-même et leur assure une distribution régulière de chaleur, d'humidité, d'engrais, que, dans le cours fantasque de ses saisons, elle est incapable de leur donner. Ainsi des arts. Laissés à eux-mêmes, non pas dans une société primitive qui leur conserve une certaine originalité, mais chez une nation développée par le contact des nations voisines, ils s'abandonnent à tous les écarts, recommencent avec chaque génération les mêmes expériences, se laissent aller aux mêmes engouements et rencontrent les mêmes déceptions. Tel est l'effet que l'absence de bonnes institutions a produit sur les arts en Angleterre.

Aux XIIIe et XIVe siècles, avec une constitution sociale et des éléments en tout pareils à ceux du continent, c'est-à-dire avec une cour, une aristocratie et des corporations de métiers, elle produisit, aussi bien que sur le continent, des cathédrales immenses enrichies de tout le luxe qui formait le cortége de l'architecture gothique, c'est-à-dire ornées avec profusion de sculptures, de peintures, de vitraux et du riche mobilier ecclésiastique; et l'on pourrait affirmer qu'elle allait de pair avec la France, les Flandres et l'Allemagne, puisque le luxe était assez développé chez les Anglais pour qu'ils donnassent souvent, dès cette époque, le ton dans des objets de toilette et des formes d'habillement. Ces moments de prospérité ont été fréquemment accordés aux arts, mais sans continuité, sans persistance. J'en cherche la raison, et je la trouve dans la vie nomade des rois de l'Angleterre, dans l'instabilité de leur entourage, dans le manque de suite et de véritable passion qui font la force des encouragements. Croisés, guerriers et conquérants, le luxe de leur cour a brillé, avec leur valeur, sur les grands chemins et en Terre-Sainte, en Guyenne et en Normandie, plus qu'à Londres et dans les résidences royales en Angleterre. C'est par boutades, sans institutions permanentes et sans règle, que s'est exercée leur influence, et, dans leur absence, les arts du royaume étaient livrés aux directions les plus opposées dans les divers centres où la richesse les sollicitait : ici, sous l'égide du clergé; là, sous le patronage de l'aristocratie, sans compter l'intervention des municipalités, des corporations et des bourgeois enrichis. L'architecture, l'art par excellence, livré à toutes ces influences, ou, pour mieux dire, à ces tiraillements contraires, parcourut rapidement cette pente de décadence où le style gothique glissait en tous pays. Nulle part l'exagération des formes, l'abus de richesse et d'ornementation ne se fit plus sentir qu'en Angleterre; nulle part aussi une renaissance moins bien étudiée, moins solide, ne fit succéder le style renouvelé de l'antiquité au style gothique passé de mode. Toutefois ces défauts allaient recevoir leur correctif; car la cour d'Angleterre, désormais plus sédentaire et entraînée par la passion des arts, qui régnait, en France, sous Charles VIII, Louis XII et François Ier, allait aussi se jeter dans ce courant d'élégance et de luxe. Pendant le règne de Henri VII, le Flamand Jean Mabuse, un peintre italianisé d'un grand talent; sous le gouvernement de Henri VIII, Jean Holbein, un Suisse germanisé dans le sens de la renaissance et un artiste de premier ordre dans tous les sens, vinrent à la cour d'Angleterre et sollicitaient déjà par leur exemple, leurs travaux, leurs succès, les artistes du pays à réveiller leurs instincts, à relever leur style, à former une école nationale, lorsqu'un souffle iconoclaste venu du fond de l'Allemagne renversa ces heureuses tendances. La réforme de Luther fut pour les arts de l'Angleterre le grand naufrage, et il ne surnagea, à cette froide inondation de puritanisme stérile, que quelques portraits peints par des artistes étrangers, tels que Lucas Penni, Fréd. Zucchero, Ant. More, Lucas de Heere, Mytens et Lucas Hoorenbout, devenus les peintres en titre d'office à la cour ou les peintres à la mode dans toute l'aristocratie. A partir de ce fatal moment, l'art cessa de former une partie de l'éducation et de la vie publique : n'ayant plus aucun lien avec le culte religieux, étant même fort suspect aux yeux du plus grand nombre, il n'exerça plus d'influence sur la nation et ne conserva rien de ce caractère élevé qu'on appelle le style, j'entends cette distinction supérieure qui s'étend traditionnellement à tous les esprits pour le comprendre, à toutes les productions pour s'en imprégner; le style, cette haute qualité qui n'appartient exclusivement à aucune école, à aucune nation, mais qui se retrouve partout où l'étude des arts est en honneur et leur direction dans des mains habiles. Tout au contraire, les arts devinrent le caprice des seigneurs de la cour, quelque chose de futile et sans consistance. La royauté s'apprêtait, au XVIIe siècle, à leur rendre leur vrai caractère et leur signification, à être leur arche de salut et à les relever de leur abaissement, alors que Charles Ier, avec un goût délicat, une passion généreuse, une protection libérale, recueillait dans toute l'Europe, et jusqu'en Orient, les tableaux célèbres, les belles statues, attirait les plus grands artistes, fondait les meilleures institutions. Les seigneurs de la cour, stimulés par l'exemple du roi, partagèrent sa passion. Le comte Arundel, le duc de Buckingham et d'autres firent des sacrifices énormes pour amener en Angleterre et offrir à l'étude les plus beaux modèles de l'antiquité et de la renaissance italienne. Les artistes anglais répondirent à cette intelligente protection, ou plutôt ils allaient y répondre; et déjà Henri Stone, le vieux Stone, et William Dobson suivaient les traces de Van-Dyck, avec une fidélité trop servile sans doute, mais avec un talent qui met à une rude épreuve la sagacité des amateurs, et ils cherchaient à se former une manière qui serait devenue, avec la véritable originalité, l'héritage de leurs élèves. Dans un genre plus limité, Pierre Olivier, en utilisant les collections créées par le roi, en étudiant Van-Dyck, s'éleva beaucoup au-dessus de son père Isaac Olivier, célèbre sous le règne précédent.

Ce mouvement parmi les talents nationaux, ces progrès

d'une école naissante, allaient s'étendre à tout; mais la hache du bourreau fit en 1649 ce que le marteau iconoclaste avait fait en 1530. Elle dispersa les collections royales et princières, elle détruisit les établissements favorables aux arts, et remarquons bien ces deux faits, ces deux instruments de destruction, le fanatisme religieux et la politique, car ils sont si bien liés que depuis deux siècles toute renaissance des arts en Angleterre a rencontré devant elle les deux résistances qui en proviennent en ligne directe : le clergé anglican proteste encore contre les arts comme arme du papisme et source d'idolâtrie; les hommes politiques déclament encore contre les allocations financières destinées à la protection des arts, parce qu'ils continuent à les considérer comme un moyen de corruption à l'usage de la royauté. Sous le coup de ces deux anathèmes, les arts ne se propagèrent en Angleterre que par le côté prosaïque; ils n'y pénétrèrent que par la petite porte des choses utiles. L'aristocratie continua à faire faire son portrait; après Rubens et Van-Dyck, elle appela d'autres hommes de talent pour remplir cette mission ingrate. Les Allemands Pierre Lely et Kneller furent le plus en vogue.

Le portrait étant l'unique programme donné au talent d'artistes aussi éminents, ils en firent des tableaux; ils cherchèrent dans la physionomie, la couleur, l'effet, des auxiliaires qu'ils eussent peut-être moins bien accueillis si de vastes tableaux avaient mis à contribution leur imagination, l'habileté du compositeur et le talent du dessinateur. De ces influences et des habitudes de trois siècles se dégagea à la longue, et pour la première fois au milieu du dernier siècle, un art national, une originalité vraie et puissante. Reynolds et Gainsborough sont les illustres fondateurs de cette école. On devine dans leurs portraits le mérite supérieur comme le lion par son ongle, on sent les maîtres formés, mais retenus dans ce cadre étroit, et qui, s'ils avaient grandi dans une atmosphère plus libre, auraient donné des Rubens aussi puissants et plus nobles que le peintre d'Anvers. Tels qu'ils sont et qu'ils ont pu être, leurs chefs-d'œuvre de peinture ne sont pas tout leur mérite. Ils en ont un autre plus recommandable : ils se sont préoccupés de l'avenir de cette école qui naissait avec eux, et, sans hésiter, ils ont demandé à la royauté et au gouvernement une protection et des institutions, car ils comprenaient que leurs efforts allaient devenir impuissants contre les entraînements de la protection mercantile et de l'esprit spéculatif; ils sentaient qu'il fallait aux arts un centre d'action, une base d'autorité, un corps de doctrines, un enseignement supérieur. Ils n'imaginèrent rien de mieux qu'une académie et une école des beaux-arts semblables aux nôtres, et ils en demandèrent la création au souverain.

Il est nécessaire de faire ici une halte, parce que c'est le point culminant de l'art en Angleterre, et le moment qui a décidé du sort de son école. Quels furent les grands soucis, la préoccupation fixe et la pensée dominante de ces artistes qui joignaient à un talent demeuré incontestable une distinction d'esprit, une supériorité de vue moins connues, quoiqu'éminentes? Ce fut le résultat de leur propre expérience. Ils avaient éprouvé par eux-mêmes que le défaut d'une éducation artiste bien dirigée est comme le boulet attaché au pied et qui, dans toute une vie, arrête ou ralentit la marche. Reynolds avait passé trois années en Italie (1749-1752) au milieu des grands modèles, enseignement insensible qu'il n'est possible de comparer qu'à la douce tiédeur dont on est imprégné dans une journée d'automne. Il avait trouvé de si précieux avantages dans cet intime commerce avec les chefs-d'œuvre, il avait si bien compris tout ce qui avait manqué à sa première éducation pour en jouir utilement, qu'il voulait donner à tous cette assistance, en la préparant en Angleterre, au début de la carrière, par un enseignement fortement organisé. En 1766, le roi accéda à ses vœux et, par une patente ou charte royale, la société des artistes de la Grande-Bretagne fut constituée en académie royale des arts. D'après l'article 1er, cette compagnie devait être composée de quarante membres; l'article 2 ordonnait que le choix des membres serait fait sur un morceau de réception dûment examiné. Par l'article 5, il est pourvu à l'organisation de l'école : on choisira neuf des plus habiles artistes, parmi les membres de l'Académie, pour exercer le professorat; ils alterneront tous les mois dans leurs fonctions; enfin, il est dit dans l'article 7, qu'il y aura tous les ans une exposition de tableaux. Ne se croirait-on pas à Paris, un siècle en arrière? Reynolds, plus que tout autre, prenait à cœur et au sérieux cette nouvelle institution; il voulait mieux faire qu'en France, c'est la prétention de toute nouvelle fondation, et il croyait ce mieux facile par cette raison assez plausible, que l'école anglaise naissait, pour ainsi dire, avec les commencements de son académie. *Nous n'avons rien à désapprendre,* disait-il, dans la séance d'ouverture, avec une fierté de parvenu qui se sent le fils de ses œuvres.

L'Académie en effet trouvait un sol vierge et entreprenait de le préparer aux plus belles cultures; elle ne rencontrait pas de vieilles souches à extirper, de fâcheuses racines à arracher; elle n'avait pas à lutter contre un parti pris, mais il lui fallait élever les esprits, ennoblir les tendances, tenir haut la bannière. L'entreprise était grande et elle attendait de tous une assistance dévouée: elle la trouva. C'était à qui s'associerait à ce nouveau culte des graves enseignements et des grands modèles. Tout le mouvement archéologique de l'époque y concourait, car à l'étranger, comme je l'ai dit, ce sont les Anglais qui y eurent la plus notable part. Déjà, vers 1734, une société de touristes s'était formée à Londres, sous le nom de *Dilettanti,* pour se communiquer, dans des réunions littéraires, leurs souvenirs de voyage, les renseignements qu'ils avaient recueillis, les publications qu'ils projetaient. En 1764, ayant fait des économies assez considérables, ils décidèrent qu'ils les emploieraient à envoyer en Orient des personnes capables de relever, dessiner et décrire les magnifiques ruines des monuments grecs. L'érudit Chandler, l'architecte Rewett, qui revenait d'Athènes, et l'habile dessinateur Pars formèrent la première expédition; le résultat de leurs travaux, publié en 1769 avec un grand luxe, et de format in-folio, donna une idée nouvelle et séduisante de ce bel art des Grecs.

Stuart publiait simultanément, et dans le même format, de concert avec Rewett, les *Antiquités d'Athènes*, et fournissait à l'étude de l'architecture et des arts plastiques des représentations fidèles de ce que les anciens considéraient comme le chef-d'œuvre par excellence de l'architecture et de la sculpture. Tout ce mouvement se faisait à Londres, mais il était éclos, il avait été nourri et entretenu en Italie par les touristes anglais qui s'y enthousiasmaient au contact des fouilles merveilleuses d'Herculanum et de Pompeï. Stuart avait trouvé des encouragements auprès des antiquaires de son pays. J'en citerai deux des plus marquants : Charles Townley, qui ne reculait ni devant les sacrifices d'argent, ni devant les fatigues de voyages en Grèce et en Orient, pour acquérir les plus beaux spécimens de l'art le plus pur, et l'ambassadeur d'Angleterre à Naples, un seigneur érudit, sir William Hamilton, qui faisait graver en un format magnifique ses *Antiquités étrusques, grecques et romaines*. On peut facilement concevoir, le vent de l'engouement et de la mode soufflant dans ce sens, quelle impulsion vigoureuse devaient donner ces dix volumes in-folio, remplis de bonnes reproductions de si admirables monuments de l'art; quels salutaires enseignements ils fournissaient aux architectes, aux peintres, aux sculpteurs et à l'industrie.

Qu'on ne perde pas de vue que l'antiquité n'avait jamais été étudiée avec autant de science, ni figurée avec cette exactitude et cette magnificence; qu'on n'avait jamais réuni sous les yeux du public, dans vingt collections dont les noms sont encore synonymes de choix éclairé, un ensemble aussi complet des plus beaux fragments de sculpture de la belle époque; qu'il ne s'agissait plus d'un art de seconde main, comme l'architecture et la sculpture romaines, mais des monuments du style grec parvenu à l'apogée de sa pureté et de son excellence; que monuments, statues et bas-reliefs, vases et peintures de vases, apparaissaient au milieu d'un cortége de critiques savantes et se présentaient cette fois avec toute l'autorité du corps de doctrine le plus imposant, avec la séduction des nouveautés les plus nobles tout à la fois et les plus charmantes.

Ainsi, il y a plus d'un siècle, par un concours d'efforts et de sacrifices des membres les plus intelligents d'une aristocratie puissante par la richesse et l'influence politique, l'Angleterre se trouva tout d'un coup dans la voie la plus sûre et la meilleure, dans la voie que conseillerait aujourd'hui même tout homme qui a réfléchi sur ces matières. L'espace me manque pour détailler les effets considérables de cette heureuse révolution, mais j'en ferai toucher du doigt toute l'importance, en citant dans chaque branche de l'art un seul homme. Je laisse de côté les études littéraires, qui produisaient des philologues, hellénistes et latinistes de premier ordre. Je mentionnerai seulement : en architecture, William Chambers, l'auteur de Sommerset-House (1780); dans la peinture, Benj. West, l'auteur de la *Mort du général Wolf* (1770); dans la sculpture, Flaxman, dont l'imagination était plus sculpturale que la main; dans l'industrie enfin, J. Wedgwood, le metteur en œuvres pratiques, l'industrieux ouvrier, et le grand propagateur de ces saines et admirables doctrines.

C'était là une féconde tendance et une excellente direction, mais à la condition que l'État, luttant contre la mobilité des goûts du public, associerait son influence persévérante et sa direction, aussi stable que puissante, à l'intervention capricieuse et mobile de sa nature des hautes classes de la société. L'ambassade de lord Elgin à Constantinople, en 1799, appartient par son côté politique au Gouvernement anglais; mais les projets archéologiques de l'ambassadeur, les artistes qu'il emmena avec lui, les gens expérimentés qu'il soudoya, tout le cortége de l'amateur des arts, étaient comme la suite, la conséquence et le dernier reflet de cette influence aristocratique que je viens de détailler; ils étaient tellement étrangers au roi, au ministère et aux chambres, que lord Elgin ayant fait transporter à Londres les admirables fruits de ses honteuses rapines, l'authenticité de ces marbres sublimes fut mise en question par le monde politique; leur mérite et le prix qu'il en demandait, simple équivalent de ses dépenses, furent contestés, discutés, et ses propositions au moment de se voir repoussées avec dédain. Les témoignages éloquents de Visconti, Canova, Quatremère de Quincy, l'intervention chaleureuse de lord Aberdeen, un des dilettanti, et de tous ses collègues, suffirent à peine pour amener les chambres à voter une aussi excellente acquisition et à enrichir la nation de cette collection à toujours unique.

L'esprit puritain et les scrupules politiques dont j'ai parlé plus haut avaient appliqué aux arts, dans toute sa rigueur, le système du *selfsupporting*. Les arts devaient se soutenir eux-mêmes, c'est-à-dire être dirigés, rétribués, encouragés par ceux qui y prenaient plaisir, sans devenir une charge à la partie la plus nombreuse de la nation, qui n'en faisait aucun cas. Les hommes chargés de la direction du gouvernement ne comprenant pas, ou ne voulant pas admettre l'influence morale de la culture des arts propagée dans toutes les classes de la société, les rangeaient avec l'élève des chevaux, des chiens et du gibier, dont ils laissaient le soin aux amateurs d'équitation, de courses et de chasse. Les arts, abandonnés ainsi à eux-mêmes, étaient conduits d'une main, comme nous venons de le voir, par les efforts passagers d'une société d'élite, dans la haute sphère des études les plus sérieuses et des aspirations les plus nobles, tandis qu'ils étaient menés de l'autre main dans les voies faciles du petit genre, de la petite séduction, dans les voies d'une rapide décadence. Nous allons examiner cette dernière tendance.

Il faut dire que le goût des collections de tableaux et de statues, introduit et développé avec tant d'ardeur par Charles Ier, accepté et imité avec tant de magnificence par les seigneurs de la cour, n'avait pas cédé devant les coups du puritanisme. On fait tomber la tête du roi, un autre roi lui succède; on vend la collection royale, et cette grande collection en produit à elle seule vingt petites. Toutes les modes ont traversé l'Angleterre; la mode du collectionneur a été répandue le plus rapidement et est restée la plus persistante. Mais il est à remarquer que si, à l'imitation de Charles Ier, par goût et dans le noble but de propager les saines doctrines de l'art, les premiers collectionneurs anglais n'admettaient que les tableaux des maîtres italiens de la meilleure époque, après eux, peu à peu et à la suite de plus d'un mécompte, on ne rechercha que les tableaux des Pays-Bas. Cette prédilection pour un art terre à terre s'explique par les relations et les affinités de l'Angleterre avec la Hollande, les Flandres et l'Allemagne, par les garanties d'authenticité qu'offre à la spéculation la peinture empâtée et terminée, enfin par les dimensions des tableaux et leur débit facile; aussi, à l'époque de notre révolution, quand mon oncle fut contraint, par la saisie de tous ses biens, de vendre sa collection (la collection d'Orléans), ce furent les tableaux flamands qu'on poussa avec le plus d'ardeur, aux prix les plus élevés. Mais les bons tableaux de cette ancienne école né sont pas nombreux; on reculait devant l'exagération des enchères, et les artistes vivants sollicitaient des commandes. La peinture, dans sa fraîcheur, a aussi son attrait. On consentit à compléter ses Flamands avec des tableaux modernes; seulement, comme la manie du collectionneur, tout intéressée, n'entraîne avec elle aucune des tendances généreuses du vrai protecteur des arts, les artistes dûrent se plier au genre de peinture terminée à l'excès, au choix des sujets prosaïques, aux petites dimensions, qui s'alliaient avec les idées de spéculation des amateurs.

Si le goût public déversait dans cette ornière, nous conviendrons que les artistes eux-mêmes y étaient entraînés par leurs propres tendances. Habitués à peindre le portrait et à étudier les physionomies, ils étaient naturellement portés à la peinture de genre : aussi peut-on sans difficulté établir une liaison intime entre le goût des collectionneurs, l'invasion des tableaux flamands, et la venue presque simultanée de Wilkie, Mulready, Leslie, Elmore et autres, parmi lesquels je ne cite pas Hogarth, qui a toute sa valeur dans les gravures exécutées d'après ses compositions, mais qui n'en a aucune dans sa peinture lourde, blafarde et plâtrée.

Remarquons que cet esprit collectionneur, répandu dans l'aristocratie de naissance et de fortune, n'était pas encore partagé par le Gouvernement anglais au profit du vaste public. Le *selfsupporting* l'empêchait de suivre l'exemple de ce qui se pratiqua d'abord en France, et ensuite sur tout le continent; il laissait faire dans les arts le bien et le mal, sans se croire obligé d'activer l'un, d'entraver l'autre. L'initiative généreuse d'un particulier l'obligea à sortir de ce système négatif. Hans Sloane légua à la nation, en 1753, une collection d'objets d'histoire naturelle et d'antiquités qui lui avait coûté plus de 1,200,000 francs, et les chambres votèrent l'acquisition de Montague-House pour la placer, la disposer méthodiquement et la rendre publique. C'était la fondation du Musée britannique, ouvert pour la première fois aux curieux en 1759, mais qui se présentait alors plutôt comme une collection d'objets relatifs aux sciences physiques et naturelles que comme un musée d'objets d'art et d'antiquités. De ce moment, le Gouvernement, lui aussi, était collectionneur, c'est-à-dire qu'il abandonnait son système pour adopter le principe de la protection des arts, et comprenant dès lors l'utilité des bons modèles offerts au public et à l'étude, soutenu d'ailleurs par l'obligation d'agir, comme État, avec autant de magnificence et plus de suite que les particuliers, il ne s'adressa jamais vainement et il s'adressa tous les jours avec plus de confiance aux deux chambres pour obtenir les crédits qui ont fait du Musée britannique le premier musée du monde pour les antiquités et la sculpture.

Dès 1823, l'ancien hôtel Montague était devenu insuffisant; le Parlement vota les fonds nécessaires pour construire un édifice adapté à son usage, digne des collections qu'il devait renfermer et de la nation qui l'élevait. Robert Smirke s'acquitta de ce difficile programme avec talent. A cette même époque, l'Angleterre et Londres ne possédaient pas encore un seul musée de tableaux où les amateurs et le public pussent se former à l'étude des arts par la connaissance et la comparaison des meilleurs ouvrages des artistes les plus célèbres de toutes les écoles. Il ne fut pas difficile de pousser le Gouvernement, le mouvement étant donné et le principe de protection adopté, à demander 1,500,000 francs aux chambres pour acquérir la collection du banquier Angerstein, qui forma le riche noyau de la Galerie nationale. On sait combien elle s'est enrichie depuis par les allocations libérales des chambres et les dons patriotiques des particuliers. En 1835, Ed. Vernon légua à la nation sa galerie de tableaux d'artistes anglais, qui forme aujourd'hui une collection particulière dans Malborough-House, mais qui sera réunie à la Galerie nationale quand un nouveau local, devenu indispensable, aura été construit, comme on en a le projet, dans les meilleures conditions d'éclairage et hors de Londres, c'est-à-dire à l'abri de ses brouillards et de sa fumée. Je parlerai plus loin d'un musée d'objets d'art du moyen âge et de la renaissance fondé depuis l'Exposition de Londres; c'est une conséquence nouvelle du principe de protection, une conséquence aussi de l'Exposition universelle.

Cet exposé de la formation successive et tardive des musées publics de Londres était indispensable pour expliquer comment l'influence mercantile du collectionneur s'exerça sans contre-poids sur l'école anglaise pendant tout le XIXe siècle et jusqu'à nos jours. La petite peinture, la peinture de genre et le portrait furent seuls protégés; la peinture historique et les fortes études qu'elle exige n'eurent pas un seul appui. Nous examinerons plus loin cet art moderne; donnons quelques moments d'attention à la sculpture, à l'architecture et à l'industrie dans leur marche parallèle.

Si la peinture, faute d'une direction persistante qui fît concourir vers un même but toutes les protections généreuses, éparpilla ses efforts et affaiblit sa portée, la sculpture, ce grand art bien autrement sérieux, rencontra plus d'obstacles encore, et, jusqu'à nos jours, il n'a pu prospérer en Angleterre. Au moyen âge, la sculpture, telle qu'on peut l'étudier encore dans les monuments gothiques, était médiocre; ni la pensée, ni le style, ni même l'exécution, ne la distinguent des sculptures du troisième ordre que nous conservons en France de la même époque. La renaissance du XVIe siècle ne produisit rien de remarquable, et la sculpture d'ornementation de ce style, riche et féconde jusqu'à l'excès sur le continent, n'a laissé en Angleterre que des souvenirs qui semblent des redites. C'est avec la renaissance de la peinture au XVIIIe siècle, avec la fondation de l'académie et le grand mouvement archéologique dont il vient d'être question, que la sculpture anglaise commença à être de la sculpture.

L'aristocratie, à ses portraits peints, voulait joindre des portraits sculptés. Elle était alors sous le charme de l'antiquité, et ne voyait pour tous les arts d'autres modèles que les monuments des anciens. Appliquer ces doctrines à la sculpture, rien de plus rationnel, de plus sensé; mais il fallait préparer de longue main les artistes à cette difficile tâche, tandis que les sculpteurs dûrent, sans études préalables, sans principes fixes et bien arrêtés, adopter le style antique. Ils s'en firent un à leur usage: il était sec, vide, froid, pauvre; il excluait toute inspiration originale, sans avoir en compensation aucun attrait. Cette impulsion nouvelle fit cependant surgir quelques hommes de talent qui exécutèrent un petit nombre de bustes de mérite; mais à cela se réduisait la sculpture anglaise, lorsqu'un homme de génie vint au monde, envoyé sans doute du ciel pour servir de guide à l'Angleterre : c'est John Flaxman, qui est mort de nos jours (en 1826), quoiqu'il semble déjà appartenir aux générations éloignées. Il alla à Rome puiser les bonnes traditions à la source éternelle de l'antiquité. Malheureusement il lui manquait cette éducation première, complète, qui donne à l'artiste une telle conscience de sa force qu'il conçoit l'idée et sa forme simultanément, et n'est satisfait que lorsqu'il a donné à cette forme l'exécution la plus achevée. Flaxman, au contraire, se sentant riche d'idées et pauvre de forces créatrices, a donné libre cours à son imagination dans des compositions au trait qui sont la perfection du genre, parce qu'un sculpteur seul pouvait imposer à sa fantaisie des bornes aussi étroites, un champ aussi fermement limité. Son idée prenant sur le papier une forme plastique, il la livre dépouillée de tout artifice, et elle séduit d'autant plus qu'il abandonne davantage à l'imagination de chacun le soin de la compléter.

A une œuvre semblable un peintre aurait échoué, un sculpteur complet l'aurait dédaignée comme la perte de son temps et le désaveu de son art; il fallait, pour la conduire avec cette persévérance, l'imagination puissante, l'éducation artiste incomplète et la santé débile de Flaxman. Il revint en Angleterre en 1794, encore dans le feu de l'inspiration; car il était loin de l'avoir épuisée dans ses nobles illustrations des grands chefs-d'œuvre : Homère, Eschyle et Dante.

Un homme ainsi doué, qui à l'inspiration du génie, à la délicatesse du goût, à un amour exclusif du beau dans sa simplicité, à l'étude et à la connaissance de tous les chefs-d'œuvre de l'antiquité, joignait par bonheur une maladresse d'exécution et une impuissance de mise en œuvre qui le rendaient incapable de produire des œuvres dignes de son savoir et de son imagination, cet homme était prédestiné à devenir chez une nation le directeur de ses beaux-arts; mais le Gouvernement anglais, comme je l'ai dit, se croisait alors les bras et laissait faire. Il ne tira donc aucun parti de cette heureuse chance, et si l'exemple, l'enseignement et le succès des publications de Flaxman ne furent pas sans influence, cette influence, tiraillée par des impulsions contraires, ne fit souvent que refroidir l'inspiration nationale sans être assez puissante pour diriger, régler et contenir ses élans. Elle fut réelle toutefois; elle s'étendit même de l'art à l'industrie, et nous la trouverons un peu partout. Avant de la suivre dans ce rayonnement, examinons la marche de l'architecture.

La patrie d'Inigo Jones, l'auteur de Guildhall, de Ch. Wren, l'architecte de Saint-Paul, de William Chambers, qui venait d'élever Sommerset-House, ne pouvait regarder avec indifférence la renaissance des goûts classiques. Tous les efforts des archéologues, toutes leurs conquêtes en Orient, leurs publications, leurs beaux dessins gravés, s'adressaient de préférence aux architectes, et ceux-ci étaient mieux préparés par l'habitude de l'étude à comprendre et à mettre en pratique ces nouveaux principes qui se réduisaient à un seul : l'emploi exclusif et bien approprié du style grec le plus pur. Malheureusement, au lieu de l'étudier avec maturité, au lieu de le mettre lentement en œuvre, et avec toute réflexion, il fallut l'appliquer immédiatement à de grands monuments et à tous les usages. Aussitôt on vit sortir de terre, à Londres, à Édimbourg, et dans vingt villes de l'Angleterre, des édifices grecs, de style dorique et ionique, ornés avec une simplicité toute primitive. Il y eut naturellement, dans cette subite importation, de l'étrangeté, dans ce généreux mouvement, des faux pas, dans cette renaissance, bien des erreurs. On n'avait pas en Angleterre, comme en Italie et en France, les exemples d'une renaissance antérieure qui s'interposait doucement entre le modèle rigoureux des anciens et les besoins actuels des modernes; on prit l'antiquité tout d'une pièce; on l'imposa de force à tous les programmes, en dépit d'un climat contraire, d'une lumière différente, d'usages qui n'avaient aucun rapport avec les dispositions imaginées pour la destination primitive. Le style grec, semblable à ces belles fleurs arrachées au sol des tropiques, qui réussissent dans la culture attentive des serres chaudes et périssent dans le plein air de nos climats, le style grec ne fut compris ni par les architectes, qui n'eurent pas le temps d'en retrouver et d'en développer les ressources, ni par le public, qui n'en aperçut que les inconvénients. L'État, qui prétendait assister au développement des arts en spectateur, et qui seul aurait pu donner aux architectes le temps et les moyens de construire des monuments étudiés d'après ces sages principes, mais modifiés suivant les besoins, l'État fut le premier à abandonner ces belles traditions, à admettre des caprices de souverain en goguette, comme le palais chinois de Brighton, des styles sans nom comme Buckingham-Palace, coûteuse et déplaisante résidence royale, et des retours puérils à un style gothique bâtard, comme le Parliament-House, qui va engloutir cent millions.

Dans ce sauve qui peut des bonnes doctrines et du bon goût, tous les escadrons ennemis, j'entends toutes les fantaisies du mauvais goût, firent leur trouée. Depuis la pagode chinoise jusqu'aux temples de l'Égypte, depuis le palais indien jusqu'aux édifices gothiques, tout eut libre entrée et s'étala sur la voie publique avec les facilités qu'offrent à la spéculation des matériaux factices, de telle façon que l'Angleterre, où depuis cinquante ans on a le plus construit et avec le plus de magnificence, est certainement le plus bas dans l'opinion des connaisseurs sous le rapport de l'architecture.

Au milieu de ce dévergondage d'imitation de tous les styles, deux tendances dominent impérieusement : l'une féconde, et qui réclame tous les encouragements sans en avoir jusqu'ici obtenu aucun, l'autre impuissante, et qui prospère cependant, parce qu'elle réside au fond du cœur anglais, et qu'elle a pour elle ce patron puissant qui est tout le monde. La première de ces tendances, celle dont j'ai tracé l'historique, c'est la renaissance grecque par l'étude des plus beaux monuments de la Grèce et de l'Asie. Quoique battue en brèche par l'abandon où l'État l'a laissée, elle forme encore le fond des études de tous les architectes anglais de quelque mérite, et elle conserve en germe l'avenir de l'art en Angleterre. Il faut sans doute la tenir en bride et la gouverner; empêcher les entrepreneurs du West-End de traiter l'architecture, quand il s'agit de construction, comme les peintres la traitent quand il s'agit de décoration, sans se préoccuper des règles les plus élémentaires, sans songer même à la réalité, aux nécessités, aux convenances; mais la Poste, la Banque, la Galerie nationale, quelques grands clubs et d'autres édifices sont la preuve que les efforts des dilettanti, les travaux de Stuart et de Rewett, les belles collections du Musée britannique, ont introduit un goût pur et une prédilection heureuse pour le style grec, dans un pays et une capitale où l'on peut aussi tolérer le grand éteignoir, autrement dit l'église de Regent street, l'enceinte décorative des parcs et les inventions les plus saugrenues des particuliers. La seconde de ces tendances est archéologique et toute de sentiment. En adoptant le style gothique, on s'est cru national en Angleterre, comme nos enthousiastes de la même école se sont crus catholiques en France, et l'amour de l'art uni à ce sentiment patriotique a propagé activement ces singeries, au secours desquelles accoururent des artistes habiles que les difficultés d'un art autrement sérieux et les séductions de travaux bien rétribués poussaient dans la voie de la fortune aisée. Pugin, notre collègue du Jury, a été, parmi ces architectes gothiques, le plus célèbre. Il a exercé une véritable influence, moins toutefois par son talent supérieur que par son activité passionnée et infatigable. C'est à lui que sont dues ces nombreuses publications dans lesquelles tout est prévu pour une application du gothique à toutes choses; c'est lui qui a construit des églises entières et des résidences de campagne dont le succès a été prodigieux et l'imitation incessante; c'est à lui, enfin, que revenait en grande partie l'honneur, ou la responsabilité de cette cour du moyen âge qui fit tant d'impression à l'Exposition de Londres.

Je me suis réservé, en quittant Flaxman, de revenir sur son influence, quand il serait question d'industrie; j'y arrive, et nous allons trouver ici, comme dans les arts, les deux influences : l'une excellente, protégée exceptionnellement par les sommités aristocratiques; l'autre dépendant du goût public qui en Angleterre est moins bien formé, plus brut, plus faux que partout ailleurs.

Faute des encouragements de l'État, qui participent de sa stabilité en persévérant dans les bonnes doctrines, la première de ces influences, la bonne, a été étouffée; la seconde, la mauvaise, a dominé dans l'industrie. Nous en sommes la cause, car l'influence des notions et des modèles de l'art grec s'est exercée en Angleterre, sans discontinuer, depuis les premières publications des dilettanti au milieu du XVIIIe siècle jusqu'en 1815. Les excès de notre révolution, les guerres de l'Empire et le système continental préservèrent nos voisins de l'influence de David, et, au retour de la paix générale, nous retrouvâmes avec étonnement dans les arts et dans l'industrie de l'Angleterre de vénérables traditions, non pas conservées, mais continuées, qui nous parurent d'autant meilleures qu'elles nous rappelaient les productions distinguées de notre ancienne école académique et de nos anciens corps de métiers. C'est à partir de cette époque et des communications faciles de l'Angleterre avec le continent, qu'aux inventions pleines de noblesse d'un Flaxman, interprétées avec pureté, avec grâce et à-propos par un Wedgwood, à la belle orfévrerie ample et cossue, à un ameublement somptueux et raisonné, ont succédé les imitations burlesques de la mode française. Sommes-nous revenus à notre renaissance du XVIe siècle, aux styles patronés par Louis XIV ou par Louis XV, aussitôt l'industrie anglaise est entrée dans cette voie, Dieu sait par quelle porte, et elle en est sortie affublée comme un masque, ayant pris à François Ier son pourpoint, à Louis XIV sa perruque, à Louis XV ses habits à ramages et à paillettes. Ce tableau des variations du goût, des styles et des manières dans les arts et l'industrie de l'Angleterre serait incomplet, si l'on ne tenait pas compte de deux penchants particulièrement sensibles au cœur anglais : c'est, dans les arts, une recherche un peu prétentieuse de la naïveté; c'est, dans l'industrie, une intervention outrée de la nature végétale.

Il était nécessaire de se rendre compte de ces deux courants contraires pour comprendre la mise en présence, l'antagonisme constant de deux tendances très-différentes : l'une supérieure, féconde, mais difficile et ingrate, du moment où elle était laissée sans encouragement par l'État; l'autre petite, terre à terre, recherchant les qualités mesquines, l'élégance de mode et de keepsake, et trouvant dans un public passionné des patrons aussi généreux qu'aveugles, du moment où, le hasard ayant fait le succès d'une idée quelconque, le succès a proclamé sa vogue. On n'aurait pas compris sans ces explications la présence simultanée en Angleterre d'ouvrages du style le plus pur et du meilleur goût, dans son architecture, sa peinture et sa sculpture, dans ses ameublements, ses bronzes, son orfévrerie et toutes ses productions industrielles, en même temps que d'autres œuvres de la composition la plus baroque et du genre le moins admissible; on n'aurait pas compris le succès populaire obtenu par les collections du Musée britannique, formées du choix sévère des modèles éternels de l'art, des documents les plus précieux de la science, et un succès égal conquis par le palais de Sydenham, qui va, dit-on, engloutir vingt millions pour exposer l'arlequinade au grand complet de l'art de tous les peuples.

Telles quelles, et malgré des tiraillements en sens divers, les bonnes influences furent les plus fortes, et elles ont créé, non pas une école, mais un ensemble d'architectes, de peintres, de sculpteurs et d'industriels dont les productions sont évidemment supérieures, et comme goût et comme exécution, à tout ce qu'on était habitué de voir en Angleterre. Il n'y a pas d'école chez nos voisins, si l'on s'en tient au sens élevé de ce mot, qui devrait désigner un corps de doctrine promulgué par le génie et maintenu religieusement par un enseignement supérieur dans les hautes sphères de l'idéal, de la poésie et du style; mais il y a école, faute d'un autre mot pour désigner l'ensemble respectable de tous les artistes anglais, et cette école, dans son manque d'unité et avec tous ses défauts, est plus près d'une renaissance que toute autre, car elle a le bonheur, comme les parvenus, d'avoir sa fortune liquide sans aucune des charges traditionnelles d'une ancienne noblesse; elle marche de l'avant, et ses défauts tiennent de sa jeunesse : heureux défauts!

Examinons donc l'art et l'industrie en Angleterre sans perdre de vue cet historique de leur passé, et voyons comment, du désordre où ils sont tombés, semble devoir naître un développement rajeuni et pour nous menaçant.

La grande peinture, telle que Reynolds la rêvait dans ses projets et la conseillait dans ses *Entretiens*, cet art élevé qui est l'apogée de l'art, ne pouvait se réaliser par lui. Il sentait que pour quitter le portrait, pour entrer largement dans cette carrière des créations idéales, il lui manquait la base indispensable, le fonds essentiel, une forte éducation artiste : aussi la conseillait-il à tous ses élèves. Benjamin West remplissait mieux les conditions par la science du dessin et l'entente de la composition : son *Combat de la Hogue* et sa *Mort du général Wolf* en sont la preuve; mais quand on étudie ces deux pages d'histoire comme toute son œuvre, non pas dans les gravures de Woollett et W. Sharp, mais dans les tableaux originaux eux-mêmes, on voit qu'il manquait à West le don du peintre, les qualités les plus essentielles de couleur, de touche et de sentiment, et par-dessus tout le style, si par style on entend ce caractère universel de beauté qu'un artiste porte en soi, et dont il retrouve les plus purs modèles répandus en tous pays. B. West n'avait pas ces facultés et ne se souciait pas de ces recherches; il est resté Anglais ou Américain en peignant les scènes de la Bible, de la Grèce et de Rome avec des modèles de Londres, des physionomies de Londres, des carnations de Londres. Si ces deux artistes, recommandables à plus d'un titre, n'ont pu remplir la haute mission qu'ils s'imposaient, d'autres, parmi les jeunes gens qui se pressaient dans leurs ateliers, pouvaient mieux réussir; mais il aurait fallu un encouragement puissant, des occasions de produire, des commandes faites par l'État, des honneurs, un avenir : tout a manqué à la fois aux artistes courageux qui consentaient à suivre cette voie pénible, à gravir les rudes escarpements des hauteurs sublimes.

Celui qui, de sa volonté, crée le génie, de sa volonté aussi l'envoie sur cette terre et le répartit entre les nations; celui-là, le grand Artiste éternel, pourrait demander à l'Angleterre quelle sollicitude elle a eue pour la part qui lui était si libéralement octroyée. Le Créateur lui dira : Qu'as-tu fait de Thomas Stothard? Je l'avais doué d'une imagination féconde, de la grâce la plus riante, d'une souplesse de talent merveilleuse, d'une ardeur au travail incomparable, et 5,000 fois (car à ce chiffre s'élève son œuvre, et 3,000 de ses dessins ont été gravés), 5,000 fois je t'ai avertie qu'il y avait là le germe et l'étoffe d'un grand talent, et tu as condamné à illustrer tes livres, à ne pas dépasser les proportions de tes petites maisons de Londres, le peintre qui portait dans sa tête, qui avait dans son ardeur de quoi décorer tes édifices publics et tes résidences aristocratiques. J'avais donné à l'auteur du *Pèlerinage de Canterbury* et des pastiches de Watteau toutes les grandes qualités, et, faute d'une éducation sérieuse, faute de nobles encouragements, tu l'as rapetissé à ce rôle. Qu'as-tu fait de Lawrence? Ai-je accordé à un autre artiste des dons de coloriste plus précieux, une plus habile entente de l'effet, un sentiment plus fin de l'arrangement d'une composition, de la dignité des attitudes et des gestes, une puissance pareille pour faire palpiter les chairs et circuler le sang sous la peau? Et tu l'as réduit à peindre des portraits. Qu'as-tu fait de Wilkie, de Bonnington, de Mulready, de Landseer, de Grant? des peintres de petits genres et d'animaux, quand je les avais mis au monde avec toutes les conditions du génie qui crée les grandes scènes de la passion, de la poésie et de l'histoire. Dans quelle école trouverait-on une réunion d'artistes doués d'autant d'habileté pour composer une scène, d'un talent d'observation plus profond pour saisir et rendre la physionomie individuelle, un charme de couleur, une puissance de réalité plus grands? et tout cela, tu l'as circonscrit dans des scènes vulgaires, dans des portraits aux costumes étriqués, dans des études de chiens et de chevaux! Et Dieu n'ajoutera pas : Je te maudis! Il continuera à doter largement l'Angleterre d'artistes supérieurs. Leur ouvrira-t-elle une meilleure voie? Tout le fait présager, car les grandes peintures historiques du palais des deux chambres ont commencé, depuis 1841, une nouvelle ère pour la peinture anglaise. Déjà MM. Dyce et Maclise se sont montrés à la hauteur de cette tâche. Il y a tout à attendre des talents de cette école, quand l'esprit des jeunes gens se sera accoutumé à aborder les grandes difficultés de l'art et à répondre aux conditions élevées de leur mission.

Jusqu'à ce jour, ne rencontrant dans ce pays qu'une protection mercantile, étant soumis à toutes les mauvaises impulsions de la mode, l'artiste, au risque de rester ignoré, a dû se prêter aux exigences du goût public, et tout a concouru à le pousser aux exagérations. S'agit-il de coloris, les couleurs de l'arc-en-ciel et les mille feux des pierres précieuses n'y suffisent pas, ce ne sont que reflets, qu'oppositions; s'agit-il d'effet, tout y est sacrifié; doit-on dessiner savamment, on va jusqu'aux contorsions. C'est que l'*exhibition* annuelle exerce sa domination : c'est l'unique moyen de se faire connaître du public acheteur, du vrai patron, et il faut à tout prix poindre, percer, se montrer dans ce semis de tableaux. Dût-on faire tache, on veut être vu, et la vérité est sacrifiée à l'effet : on n'étudie plus la nature, on étudie la mode pour se soumettre à ses volontés.

Lorsque l'artiste est parvenu, aux dépens de ses meilleures qualités, à fixer l'attention des amateurs sur son talent, lorsqu'il a atteint cette réputation qui, à l'abri de l'engouement, pourrait tout se permettre, même l'étude sérieuse, alors c'est encore la mode qui l'accapare, car la facilité de gagner de l'argent le pousse à faire de la peinture facile. Ainsi Landseer, imitateur consciencieux de la nature et maître de son art dans la première partie de sa carrière, n'est plus qu'un peintre d'apparences, de trompe-l'œil, depuis qu'on se presse à sa porte pour acheter, à des prix fabuleux, sa peinture lâchée, creuse et vide. Il ne se donne plus la peine de regarder la nature : ses animaux ont du poil et n'ont plus d'os; ils ont de l'esprit et n'ont pas de corps; ses personnages sont des poupées.

Cette influence pernicieuse s'exerce sur l'art en tout temps comme en tout pays; seulement elle a carrière ouverte en Angleterre parce que l'État, la cour et l'aristocratie ne lui font pas contre-poids. Déjà, au XVIIe siècle, Jabach, un grand amateur parisien, qui voyageait dans ce pays sous le règne de Charles Ier, reçut de Van-Dyck la confidence de ses procédés expéditifs. Son atelier était organisé comme une fabrique; les portraits s'y faisaient, pour ainsi dire, mécaniquement. La part du grand artiste se réduisait à la pose du personnage et à une étude très-rapide de sa physionomie; le reste se faisait, je le répète, en fabrique par des jeunes artistes que Van-Dyck avait à sa solde. Il est resté dans l'école anglaise comme une tradition de ces procédés faciles, et tous les peintres les pratiquent fidèlement aussitôt que la vogue, accumulant les demandes et exigeant une prompte expédition, leur permet ces libertés.

La peinture, arrêtée ainsi dans son essor et compromise dans ses conditions d'existence, a perdu la première de ses qualités : le style lui manque. Mais, dira-t-on, l'école anglaise copie la nature : le type anglais lui sert de modèle, et peu importe que les apôtres, dans une scène de la vie de Jésus-Christ, aient l'air de membres de la chambre des lords, qu'un empereur romain ressemble à un baronnet, que les Israélites, au passage de la mer Rouge, puissent être pris pour des matelots de la Tamise; c'est la nature. Voilà justement ce que je conteste, car, outre que les trois royaumes ne sont pas la nature entière, le type anglais n'est pas naturel. Il a subi, par la nourriture particulière à l'Angleterre, par les exercices de gymnastique et de boxe, par d'absurdes leçons de danse et de maintien, et par des modes excentriques d'habillement et de coiffure, des altérations ou des modifications assez semblables à celles qu'on remarque dans les bœufs, les moutons et les porcs des expositions agricoles de la Grande-Bretagne. C'est de la nature embellie jusqu'à la monstruosité, jusqu'à la santé exubérante, jusqu'au dégingandage de la taille; c'est une nature exceptionnelle, d'une beauté insolite, contestable et d'un caractère exclusivement anglais. Si, faute d'étudier les grands modèles, nos voisins ignorent qu'il y a quelque chose qui s'appelle du style, de même aussi, faute de s'habituer à élever leur esprit à l'étude des grandes passions, à porter leur observation dans les mille replis de la vie humaine, ils semblent ignorer qu'il est une puissance créatrice de l'artiste au moins égale à celle du poëte, la puissance de l'imagination. Ils étudient les ridicules de l'espèce humaine oubliés ou négligés par leur critique Hogarth, ils se font traducteurs, *illus trateurs* des scènes imaginées par les auteurs classiques ou décrites par les écrivains à la mode, ils observent les animaux et rendent leur physionomie avec autant de scrupule que celle des hommes, avec plus d'esprit, avec trop d'esprit; mais, en fin de compte, l'école anglaise n'a pas la grande imagination pittoresque.

Et cependant sa peinture est originale dans l'observation, originale dans la manière de rendre ce qu'elle conçoit, originale dans ses tendances coloristes, originale dans un goût décidé pour les effets de la lumière, qualité rare dont elle a conquis tous les secrets. Que lui manque-t-il donc? Ce qu'il manque d'ordinaire à la jeunesse, la mesure. Que lui faut-il? Se débarrasser d'une exubérance de santé, de vigueur, de trop-plein, appliquer ses facultés à des sujets plus élevés, trouver l'occasion de traiter de la grande peinture et de lui faire parler non plus le caquetage des salons ou le patois des champs, non plus les redites de ses romanciers ou les échos de ses chansonniers populaires, mais la belle langue poétique de l'imagination et le grand style de l'histoire. Il lui faut surtout chercher le beau, dont ses admirables collections publiques et particulières contiennent tous les éléments, dans une nature plus variée, non pas plus belle, mais autrement belle que la nature circonscrite par les bords de ses îles. De cette manière elle associera aux qualités précieuses qui lui sont propres des qualités qui s'y fondront, comme les sucs d'un sol généreux fournissent la sève à l'arbre.

Sans attacher beaucoup d'importance aux nouveaux *primitifs* qui viennent de naître en Angleterre, je dirai mon opinion sur cette tendance passagère. Les arts trouvent profit à marcher résolûment à rebours de leurs mauvais penchants : je crois donc très-bonne en elle-même, et assez féconde dans l'avenir, la tentative des peintres Millais et W. Hunt de remonter aux Flamands de l'école primitive des Van-Eyck. L'entreprise, cela va sans dire, échouera, comme a échoué celle des Allemands quand ils allaient copier à Florence, à Pise et à Rome les Giotto, Masaccio et Pérugin; mais remarquez bien la différence. Tandis que les Allemands réagissaient contre David dans le sens de leurs défauts naturels, qui sont le fini, le timide et le sec, les Anglais réagissent par la précision de l'observation, la finesse du modelé, la sévérité du trait, contre le conventionnel de l'imitation, l'abus de la couleur, les commodes facilités de l'effet, et cette tentative doit laisser après elle d'utiles études, de bonnes habitudes et des œuvres châtiées.

Je ne terminerai pas ce que j'avais à dire de la peinture anglaise sans parler du matériel, qui est très-perfectionné de l'autre côté de la Manche. Sur ce point elle n'a rien à nous demander, et nous avons à apprendre d'elle ses préparations, ses mélanges et ses procédés. Depuis longtemps nous allons à Londres chercher les pains de couleur à l'eau que vendent Ackerman et d'autres bons fabricants; nous devrions en rapporter aujourd'hui des vessies de couleur.

En examinant les tableaux peints à l'huile en Angleterre depuis cinquante ans, en les comparant à nos toiles de la même période, nous constaterons des intensités de tons, des transparences maintenues dans les ombres et une tenue dans la pâte, sans fissures, craquelures ni éclats, qui doit nous faire envie quand nous observons le voile noir qui est descendu sur le *Naufrage de la Méduse;* la teinte verte qui a envahi l'*Entrée de Henri IV;* les craquelures larges comme le pouce qui sillonnent les tableaux de toute l'école française, tableaux d'hier, comme les *Moissonneurs*, de Léopold Robert, et les *Femmes d'Alger*, d'Eugène Delacroix; tableau d'aujourd'hui, comme l'*Assaut de Constantine*, d'Horace Vernet. Ces qualités des couleurs anglaises, cette supériorité matérielle, dépendent de la fabrication, et non pas du maniement des couleurs par le pinceau. Le peintre anglais ne sait pas son métier. Par suite de l'indépendance absolue qui règne dans l'école, les traditions ne se continuent pas et chacun se crée une manière. Il en résulte des bizarreries et des progrès à contre-sens. Nous avons de l'aquarelle vigoureuse, à larges touches, à enlevures hardies, qui font l'effet d'empâtement, à côté de tableaux à l'huile unis comme un miroir, tant la couleur avec laquelle ils ont été peints est délayée, ténue, sans consistance; ces aquarelles sont si grandes qu'il faut renoncer à les couvrir de glaces, ces tableaux à l'huile sont si petits, si précieusement terminés, qu'on croit devoir les préserver avec un verre. Mais il n'en subsiste pas moins un matériel supérieur au nôtre : toiles et pinceaux, couleurs, huiles et vernis ont reçu des perfectionnements qu'il est du plus grand intérêt de posséder. Il y va de la durée de nos plus belles créations.

Je me répéterais, si j'analysais les diverses causes auxquelles on doit attribuer les succès partiels et les mécomptes plus nombreux de la statuaire anglaise. Ils sont en grande partie les mêmes que dans la marche de la peinture. Je ne rangerai pas dans le nombre la maussaderie du climat, la pruderie des mœurs, la cherté du marbre et de la main-d'œuvre. Il y a, en Angleterre, des statues partout; les dames de Londres ont placé sous les fenêtres du duc de Wellington son portrait en Achille, sans demander aux artifices du costumier d'autres voiles qu'un bouclier, un casque et des cnémides; enfin, en aucun pays plus d'argent n'est consacré chaque année à la statuaire; non, les obstacles sont d'une autre et plus grave nature. Un retour subit vers l'antiquité ne pouvait réformer subitement la statuaire anglaise. Cet art difficile exige des conditions particulières d'études sérieuses, qui ont manqué aux artistes, pour compenser, par le savoir qui reproduit exactement les formes, par la grâce qui les assouplit et les rend séduisantes, par la distinction, c'est-à-dire par le style qui ennoblit l'œuvre, pour compenser, dis-je, par toutes ces qualités, les unes rares, les autres difficiles à acquérir, les qualités faciles de réalisme, d'ampleur et d'aisance qu'ils abandonnaient et que nos sculpteurs français avaient importées en Angleterre. Parmi nos compatriotes, l'élégant et fécond élève de Nicolas Coustou, le grand prix de l'Académie en 1750, François Roubilliac avait promené dans tout le royaume britannique cette abondance qui pétrit la terre comme le peintre esquisse au crayon, qui se joue du marbre comme s'il existait un moyen de l'amollir, qui produit en sculpture des ouvrages imposants par la tournure, l'entrain et une certaine majesté, réminiscence du grand siècle.

Le mouvement archéologique du XVIIIe siècle conduisit les Anglais à une sobriété, à une sévérité qui allait peut-être mieux à leur nature, mais qui n'est supportable qu'avec la grâce et le style. Un artiste supérieur, Flaxman, prouva que l'Angleterre pouvait demander à ses enfants la réunion de toutes les qualités; mais il fit son apparition trop tôt, le goût public n'était pas formé alors, et il eût fallu toute la puissance d'un gouvernement, les ressources financières dont il dispose, les encouragements publics qu'il peut offrir, pour donner à ce maître l'autorité officielle qui rehausse celle du talent. Dans ces conditions, Flaxman eût été écouté, suivi, complété et surpassé par la jeune école qui se pressait sur sa trace. Le goût public, abandonné à lui-même, abandonna Flaxman. Quand il mourut, les élèves avaient déjà renié le maître et suivaient le courant de la mode. Il manqua donc à l'école classique la science pratique et les encouragements pour marcher d'un pas ferme dans cette voie difficile. Les mêmes causes qui rabaissaient la peinture vinrent amoindrir la sculpture : la prédilection pour le buste-portrait, la séduction des moyens mécaniques, l'intervention des idées prosaïques et des goûts réalistes, tout cela favorisé par un public qui n'était pas capable d'excuser les insuccès de l'école classique par l'appréciation juste des difficultés d'un genre aussi élevé. Ainsi fut compromise pendant vingt-cinq ans, une génération entière, la renaissance qui s'était annoncée au milieu du XVIIIe siècle.

La grande paix dont nous avons joui depuis 1815 jusqu'à l'ouverture de l'Exposition de Londres, et le concours de l'État agissant depuis près de vingt ans sur les études des jeunes gens et sur les travaux des artistes, ont été favorables aux progrès de la statuaire. Un retour aux saines doctrines de l'art est sensible dans toute l'école : la nature n'est plus comprise comme L. Chantry la comprenait, l'antiquité n'est plus interprétée comme R. Westmacott l'interprétait. Après avoir honoré des hommes morts à la peine, comme Flaxman, dont on a réuni les œuvres dans la grande halle du collége de l'université, on a repris leur marche avec une tendance plus naturelle et des ressources d'études plus développées. H. Baily a marqué le premier dans cette reprise de judicieux errements; il a été suivi de près par Gibson, qui a cherché l'antique dans l'atelier de Thorwaldsen, au lieu de le prendre dans les marbres du Musée britannique. Macdowell a eu raison de ne pas séjourner trop longtemps dans ce même atelier; il y eût peut-être altéré ses précieux dons de sentiment, d'élégance et de grâce. R.-J. Wyatt a fait preuve, dans une statue de jeune fille intitulée *Glycera,* de dons précieux, de pureté et de douce naïveté. J. Bell nous a montré, dans un *Berger tirant de son arc sur un aigle,* ses qualités et ses défauts. J.-H. Foley est rempli de distinction, puisée à la bonne source, dans son *Jeune homme au torrent.* L. Sharp fait sentir qu'il est maître de son art et de la faculté de l'observateur dans son *Jeune garçon au lézard.* A côté de ces artistes de talent une foule d'émules en marche : ainsi donc un art en pleine vie.

Je ne parle pas de quelques statues iconographiques conçues dans un grand style et exécutées avec une habileté qui rajeunira la peuplade de Westminster; je ne mentionnerai pas davantage les bustes innombrables que commande généreusement l'aristocratie et que l'école nouvelle de sculpture exécute avec un bonheur de ressemblance, une vérité d'accent et une noblesse tout à fait originales, quoiqu'elles tiennent de l'art antique le caractère approprié aux physionomies et à l'époque; je ne puis entrer dans cet examen détaillé, je n'indique que l'impression générale et je trouve qu'elle ressemble singulièrement à celle que produit la peinture : d'abord l'étonnement sur tant de progrès accomplis depuis vingt ans, puis une grande estime pour l'originalité et l'à-propos des tendances, enfin la conscience d'un avenir assuré à cette école naissante ou renaissante et un sentiment de crainte devant une rivalité aussi redoutable.

Sans doute, il manque bien des choses à cette école; mais ce qui lui manque s'acquiert. Elle a les qualités instinctives et natives; elle possède le plus beau musée de sculpture, un musée qui contient tout l'enseignement de l'art, une aristocratie qui a réuni, sur tous les points du pays, les collections les plus précieuses, au point qu'on peut dire que l'Angleterre est un musée : ce sont là les grandes ressources de l'étude. Que faut-il donc à l'école anglaise ? Des institutions pour l'enseignement, des facilités pour se dépayser, et enfin des commandes pour élever sa pensée, son exécution et son style. Ces institutions existent depuis près d'un siècle. C'est ce qu'on dit, c'est ce que je nie, parce qu'après les avoir examinées, non pas seulement sur le papier, mais dans leur action, j'ai acquis la conviction que leur ensemble pourrait donner une impulsion utile, mais qu'elles sont annulées par leur organisation précaire.

En premier lieu, elles manquent d'un lien qui les unisse, d'une indépendance qui laisse jour au mérite, d'une sorte de reconnaissance légale du talent et du goût qui donne au vrai juge l'autorité. En Angleterre, l'argent prétend trop tyranniquement au dernier mot en toutes choses. Si je commande une statue en France, en Allemagne ou en Italie, je me sens une sorte de responsabilité, j'ai l'idée d'un devoir qui m'impose l'obligation de faire le choix le plus raisonnable et d'obtenir l'œuvre la meilleure, afin qu'on ne rie pas de moi, afin qu'on m'estime dans l'artiste que j'aurai choisi, dans la statue qu'il m'aura faite. Il y a plus, parce que j'ai le pouvoir de commander une statue, je regarde, je cherche à m'instruire, j'ai l'ambition de deviner un talent et de l'encourager, je lutte contre les réputations établies, j'ai la prétention d'en faire naître une nouvelle. Ce sentiment, cet amour-propre de l'individu, se retrouve dans l'administration ou dans les associations entre particuliers, quand les uns ou les autres font exécuter un monument; ce sentiment n'existe pas en Angleterre. Dans ce pays d'indépendance publique et privée, si je commande une statue avec mon argent, je choisis l'artiste selon mon goût, et, si son ouvrage me satisfait, personne n'a le droit de me blâmer. Le ridicule n'existe pas pour moi, il est pour ceux qui s'occupent de ce qui ne les regarde pas. Si, comme chef d'une corporation, comme membre du gouvernement, comme représentant d'une municipalité ou d'un comté, je suis chargé de choisir un artiste, comme il ne s'agit plus de mes deniers et de mon propre goût, je mets ma responsabilité sous l'abri de la vogue; je ne cherche pas un talent approprié à l'œuvre, je m'adresse, les yeux fermés, à l'artiste en réputation et je lui donne carte blanche : ainsi s'expliquent la fortune colossale de quelques artistes surchargés de travaux et la misère de jeunes talents que personne ne devine. La direction des institutions publiques, presque toutes fondées par des particuliers, est entravée par cette intervention incompétente; celui qui lègue à un établissement les revenus qui assurent son existence lui impose son nom, sa famille et sa descendance à perpétuité pour le diriger et le gérer. Ainsi se sont traînés longtemps le Musée britannique sous la tyrannie de ses trustee, la Galerie nationale dans les tiraillements de ses comités, l'Académie sous l'influence de la camaraderie, l'enseignement du dessin dans les écoles communales, à travers les volontés contraires qui, dans chaque localité, le dirigeaient d'après des principes différents.

Un autre obstacle bien plus grave, bien autrement difficile à détruire, c'est la médiocrité du goût public. Cette infériorité serait inexplicable pour le lecteur si je n'avais pris soin, dans ce qui précède, de lui en expliquer les causes, qui peuvent se résumer en peu de mots : la nullité d'une cour qui n'aurait pu avoir une initiative magnifique sans devenir suspecte, l'influence prépondérante d'un puritanisme religieux hostile au développement des arts. Le goût public n'existe donc pas en Angleterre. Les hautes classes ont le goût faussé par l'absence de bons modèles ou par l'habitude de voir une trop grande variété de modèles sans l'enseignement autorisé qui marque le meilleur et contraint à l'imiter; les classes moyennes n'ont pas encore de goût et en font peu de cas; le public des basses classes est destructeur et gâcheur dans ses habitudes, grossier et ignorant dans ses appréciations. Cette infériorité générale du goût marque en bien des choses, mais plus particulièrement dans la toilette des femmes, dans les détails de l'ameublement, dans les monuments dédiés, sur les places publiques, aux célébrités contemporaines, dans les objets d'art choisis par les comités de courses et de dons patriotiques. Quand des modes parisiennes auxquelles manque la consécration de la bonne compagnie sont justement celles qui ont la vogue en Angleterre; quand l'ameublement est entièrement abandonné aux tapissiers, et se répète avec monotonie dans tout le pays, comme il se retrouve à Paris dans la classe des notaires, des médecins et des dentistes; quand des monuments publics se passent la fantaisie d'être ridicules comme le palais de Buckingham et la statue équestre du duc de Wellington près de Hyde-Park, sans exciter une émeute d'indignation; quand les objets destinés aux prix peuvent être monstrueux et ne sont repoussés ni par ceux qui les donnent ni par ceux auxquels on les offre; quand la situation générale est telle, on peut porter un jugement sévère, mais juste, parce qu'il admet d'honorables exceptions, et dire : L'Angleterre n'a pas de goût.

Par quels moyens, sous l'action de quelles institutions nouvelles la Grande-Bretagne parviendra-t-elle à reconquérir, sous ce rapport, le rang qui lui appartient au milieu des nations civilisées? Nous allons l'examiner; mais il est nécessaire d'abord de se rendre un compte exact de l'état de son industrie, qui, sous beaucoup de rapports, est en avance sur le goût public.

En effet, dans l'industrie le même contraste que dans les arts : les tendances les plus heureuses, des recherches d'une délicatesse infinie, à côté des aberrations du goût les plus déplorables. Je montrerai comment les premières tiennent à l'ancienne direction donnée, aux anciens efforts faits par l'aristocratie du dernier siècle, faute d'un roi pour stimuler et d'un gouvernement pour appuyer; comment les secondes prennent leur source et trouvent leur ressort dans la spéculation, en dépit de toutes les règles admises, en opposition avec les conditions élémentaires du goût. D'un côté, toute la faïence de Minton; de l'autre, toutes les serpentines de Penzance : là, l'influence du style; ici, le caprice de la déraison.

Mais, avant tout, marquons bien où nous nous plaçons pour envisager, pour discuter, pour rabaisser même cette grande puissance qui s'appelle le génie commercial de l'Angleterre, appuyé sur un crédit sans limite, sur des vaisseaux sans nombre, sur des machines toujours en voie de perfection, sur un combustible mieux à sa portée, partant meilleur marché. Nous restreignons notre point de vue au domaine de l'art; il est vrai que ce domaine est immense.

Quand l'industrieuse Angleterre va chercher sa soie en Chine et en consomme pour 150,000,000 de francs à façonner des étoffes de soie à meilleur marché que nos fabricants qui l'achètent en France, j'admire le fait sans m'inquiéter de ses conséquences, car je juge les dessins mauvais et les nouveautés vieilleries : étoffes de robes et d'ameublements, rubans de toute espèce, je vois une infériorité marquée; mais quand ces étoffes de soie s'appellent popelines d'Irlande, velours et moires antiques, et sont plus belles, en coûtant moins que les nôtres, plus belles de dessins, plus riches de nuances, plus heureuses d'association de couleurs, oh ! alors je m'inquiète, car le progrès fait sur un point peut s'étendre aux autres; et si le goût, le sentiment de la distinction, partant l'esprit d'invention artiste, pénétrait une bonne fois en Angleterre avec des moyens de production si puissants, la fabrique de Lyon serait perdue.

Quand l'industrieuse Angleterre accapare à elle seule les trois grands quarts de la production cotonnière, quand elle échange avec les cotons bruts des contrées transatlantiques ses cotonnades fabriquées, auxquelles elle a donné cinq fois leur valeur première, je ne me laisse pas étourdir par l'armée de chiffres qu'on fait jaillir de cette production immense; j'examine les dessins imprimés sur les cotonnades de Manchester, les dessins brodés sur les mousselines de Glasgow, et je vois régner sur tout l'ensemble comme un brouillard de vulgarité, comme un nuage d'inventions monotones. Je remarque que le petit nombre de pièces réussies est copié sur les nôtres; que des genres entiers inventés par l'Angleterre, comme les toiles d'ameublement, à larges fleurs, imprimées et calandrées, lui ont été enlevés par nos artistes fabricants; qu'enfin l'élégance et l'attrait appartiennent encore, d'une manière incontestable, à la France. Je ne voudrais pas cependant que nos établissements s'endormissent; partout nous sommes menacés si nous restons stationnaires; il faut partout marcher de l'avant.

Quand l'industrieuse Angleterre, avec son outillage parfait, avec son combustible à bon marché, avec ses traditions pratiques, fond et travaille les métaux, elle nous bat sur tous les points; s'agit-il de comparer les prix de revient et de vente, le chiffre de la fabrication et les exportations, nous sommes dans une infériorité complète. Mais lorsqu'il faut orner un objet quelconque, et qu'est-ce qui ne sollicite pas l'addition des ornements? on voit que l'Angleterre n'est plus dans son élément, et, comme la mouche qui cherche le jour, elle se cogne à toutes les vitres de la maladresse. Ici, elle ornera un petit objet, comme une plume métallique, jusqu'à l'étouffer; là, elle placera l'ornement à contre-sens; partout elle agira sans règle et contre les règles. Je fais mes réserves pour quelques exceptions que je citerai plus loin, je parle de la généralité.

Je ne pousserai pas plus loin ce parallèle du bon marché des productions et de leur valeur artiste. Je pourrais l'appliquer au papier mâché, employé à mille usages auxquels il est rebelle et orné de la peinture la plus criarde; aux papiers peints, qui souvent rencontrent bien, mais qui, pour la généralité des produits, se partagent entre le médiocre et la contrefaçon de notre fabrication courante. Si je scrute la cause de cette infériorité, elle ne réside pas dans le goût public, qui est mauvais; dans l'absence d'artistes capables de donner de bons dessins, nous avons montré l'école anglaise florissante; dans l'éloignement de ces artistes pour l'industrie, ils ne partagent pas la répulsion que nous avons signalée dans d'autres pays; non, cette infériorité peut bien n'être, comme plusieurs autres, que momentanée.

En effet, si le bon marché a été la première préoccupation de l'Angleterre, si elle a détourné son attention de l'intérêt qui vient immédiatement après : la perfection du produit par le charme de l'invention et la distinction des arts, aujourd'hui elle comprend son importance, elle y porte sa sollicitude, et on peut être persuadé dès à présent qu'elle ne s'en détournera pas. Déjà, sur plusieurs points, l'industrie anglaise est dans une voie excellente. Fatiguée de notre activité d'écureuil qui tourne inutilement dans sa roue archéologique, et nous voyant perdus dans les imitations de tous les genres et des plus déraisonnables, elle s'est retournée vers les temps passés, aux sources de toute beauté, avec la sage précaution, toutefois, de ne faire usage des modèles qu'en les soumettant aux règles du bon sens; or, c'est avec ces deux vieilles armes réunies, et qui sont moins émoussées qu'on ne l'aurait cru, qu'elle s'apprête à nous battre. Elle étudie, dans l'usage des objets et dans leur destination, la décoration qui convient le mieux à chacun d'eux, la forme la mieux appropriée à chaque chose, et quand elle les a trouvées, elle s'y tient. Elle a longtemps cherché le pot à eau qui pût contenir le plus d'eau possible, à portée de la main et sans être exposé à se renverser étant huché sur une base trop frêle; elle a trouvé une forme trapue, pansue, avec une ouverture proportionnée au besoin de verser vite et en abondance; cette forme se reproduit depuis vingt ans, et dans vingt ans elle se reproduira encore. Elle a fait elle-même ainsi sa théière, son broc, ses larges cuvettes, ses plats avec leurs cloches, ses vases à rafraîchir. On se sentait à l'aise dans l'espace réservé à sa céramique, au Palais de cristal. Une simple ménagère en appréciait les mérites aussi bien qu'un artiste supérieur. L'Angleterre est ainsi arrivée, non à une perfection idéale de formes, non à une uniformité de style et d'époque, mais à la forme propre aux choses, et, comme l'homme n'a pas changé de nature depuis que Dieu l'a jeté sur cette terre, elle est parvenue peu à peu, sans grands efforts, naturellement, pour ainsi dire, et sans s'en douter, à retrouver ce que l'antiquité avait cherché aussi et trouvé autrefois: des formes déduites de l'usage et auxquelles les fabricants anglais ont adapté, sans violence, l'ornementation grecque la plus pure. Prenons garde à cet esprit pratique, il nous battra. Nous allons le suivre dans la céramique et quelques autres industries, les unes importantes, les autres secondaires.

L'industrie de l'Angleterre s'est montrée supérieure partout où, marchant dans sa voie naturelle, elle se rencontrait dans le courant des saines doctrines de l'art. L'absence de bons matériaux de construction a créé l'art du potier en tous pays; la brique a fait Wedgwood, en Angleterre, et Wedgwood a produit Minton. Il y a chez ce dernier fabricant, qui compte déjà cinquante ans d'activité dans son industrie, une rencontre heureuse de qualités variées : l'esprit pratique du commerçant, le goût artiste de l'amateur, le choix intelligent et la conduite habile des hommes, et par-dessus tout une absence complète de prétentions personnelles et de parti pris, qui lui permet d'accepter des auxiliaires, quel que soit leur talent, et des conseils, si déplaisants qu'on les fasse, si cher qu'on les donne. Qu'a produit cet industriel? D'abord d'excellente faïence usuelle à bas prix; ici les formes étaient le principal, et il a su, par ses efforts persévérants et couronnés de succès, les ramener à leur destination. Voulant étendre son industrie, sentant qu'avec une matière aussi docile, aussi bon marché, avec un émail et des couleurs admirables, qui ne craignent ni les années ni les intempéries, il avait devant lui un champ incommensurable d'applications heureuses à l'usage de toutes les classes de la société, il se mit à étudier la céramique de la Grèce, des Étrusques, du moyen âge en Angleterre et en France, des Italiens des XVe et XVIe siècles, de Bernard Palissy et des fabriques françaises de Paris, de Nevers et de Rouen; et prenant à chacune d'elles des idées, des formes, des modèles, il est parvenu à composer l'ensemble de fabrication le plus séduisant, applicable à tous les usages, à la portée de toutes les fortunes. Ses frises grecques, ses moulures et corniches italiennes, tous les membres de l'architecture polychrome imités des terres cuites antiques et des faïences des Della Robbia, ouvrent des perspectives nouvelles à l'architecture urbaine, et mieux encore à l'architecture rurale. Ses carrelages, plus solides que ceux de nos anciennes cathédrales, offrent des combinaisons aussi variées, aussi gracieuses; ses majolica ont le brillant, l'éclat, l'harmonie des originaux sans en être une imitation servile; ses vases et bassins, dans le goût des faïences émaillées de Bernard Palissy, sont des compositions neuves et distinguées; ses grandes jarres et ses tabourets de jardins, ornés dans la manière de nos vieilles fabriques de Nevers et de Rouen, ont, autant que les modèles, la fraîcheur, la vivacité et l'éclat, obtenus ici à peu de frais.

Je vanterai moins la porcelaine de Minton. Pâte dure ou pâte tendre, ce produit céramique se traîne dans une imitation insipide des ouvrages de la manufacture de Sèvres. La comparaison sert à montrer dans son vrai jour quelle distance sépare encore le décorateur anglais de nos décorateurs. Le grand fabricant ne se fait pas illusion sur ce point, et il s'efforce, avec les moyens en son pouvoir, de propager parmi ses ouvriers de meilleures notions de science et de goût. Il a fondé près de sa fabrique une grande école de dessin, où la population qu'il emploie complète son éducation. Mais il faut à ces institutions l'auxiliaire du temps pour qu'elles agissent avec efficacité, et ce temps ne lui est pas encore venu en aide. Toutefois, je ferai une exception pour son biscuit de porcelaine qu'il appelle *parian,* parce qu'il se rapproche, par sa teinte et son éclat, du marbre de Paros, étant à notre froid biscuit de Sèvres ce que le marbre est au stuc. Cette délicieuse composition a reçu les plus gracieuses applications en statuettes, en vases ornés de bas-reliefs, en sculptures d'ornementation destinées à l'architecture.

Minton n'est pas seul. Étruria est un monde de potiers, et les succès d'un fabricant ne laissent pas dormir ses concurrents; tous sont à l'œuvre pour faire aussi bien et pour faire mieux, mais il suffit ici d'avoir marqué la place de l'homme supérieur et le degré de perfection où il a conduit son industrie. La défaite de la France a été complète sur ce point à l'Exposition de Londres, et nous ne saurions l'attribuer qu'au manque d'initiative de la manufacture de Sèvres, qu'à la confiance étourdie et aveugle de nos fabricants. Certes, la patrie de Bernard Palissy ne devait pas recevoir cet affront; elle a une revanche à prendre.

Dans l'orfévrerie, les progrès de l'Angleterre sont loin d'avoir été aussi heureux, et son expérience devra nous instruire. En 1815, cette belle industrie était juste au point où elle se trouvait en France en 1775, lors de la guerre d'Amérique. Le goût français, la belle orfévrerie du règne de Louis XV, ramenée sous Louis XVI à plus de pureté, avait passé en Angleterre, et elle s'y maintint sous la protection de l'isolement auquel la condamnait notre révolution d'abord et ensuite le système continental. La mode, suivant sur le continent sa course capricieuse, s'éprenant tour à tour de l'antique, du gothique, de la Renaissance et du style de Louis XIV, avait laissé d'abord l'Angleterre loin derrière elle; mais en marchant toujours, en revenant à Louis XV et à Louis XVI, elle s'était trouvée à sa suite, quoique l'Angleterre n'eût fait ni un pas en avant ni un pas en arrière. Ainsi s'explique la vogue dont jouit un moment l'orfévrerie anglaise parmi nous; on admira ses formes majestueuses, amples, cossues, qui étaient nos anciennes formes françaises; ses moyens d'exécution et ses conditions de bonne fabrication, qu'elle devait au maintien de ses vieilles traditions, qui étaient les nôtres. Ces mérites et ces qualités s'altérèrent bientôt. La réforme archéologique de David n'avait pas marqué en Angleterre; les modèles donnés par Flaxman pour le bouclier d'Achille et le triomphe de Bacchus et d'Ariane, assez faiblement exécutés par Rundell et Bridge, n'avaient eu qu'une faible influence : on comprenait l'élévation du but où tendaient ces modifications dans le style, mais on sentait en même temps que les forces manquaient pour l'atteindre, et cependant on voulait innover, on croyait qu'il était urgent de rajeunir l'ancienne orfévrerie.

En Angleterre, les largesses du moyen âge sont encore de mode. Distribuées par les grands seigneurs de l'aristocratie ou données au moyen de l'association et par voie de souscription, peu importe, les grandes pièces d'orfévrerie sont continuellement demandées à l'industrie pour remercier un ministre, récompenser un bon citoyen, donner le prix aux vainqueurs dans les courses, les régates, les comices. C'est énorme ce qui se consomme d'orfévrerie en Angleterre. Nulle part un champ plus vaste, plus généreux, n'est offert aux orfévres. Qu'arriva-t-il de ce besoin, de cette recherche de nouveauté? Faute de trouver en eux les ressources d'invention, faute de savoir, par le seul raisonnement, déduire de l'industrie elle-même ses vrais besoins et ses conditions d'être, faute d'avoir pu tirer des principes de l'art les formes naturelles et une ornementation sensée, les orfévres anglais cédèrent à l'influence de notre Chenavard et de sa séquelle, et dès lors la nature morte, la nature vivante et tout un genre pittoresque envahirent l'orfévrerie. Ce ne furent que palmiers et forêts vierges, bois de sapins couverts de neige et habités par des ours, chasses à l'éléphant et aux tigres, scènes des croisades ou de la vie privée la plus ordinaire, comme le duc de Wellington à cheval dans son parc, ou bien toute la végétation des serres chaudes de l'Angleterre, tout le règne animal du monde, péniblement imité, durement rendu. Surtouts, candélabres, vases à rafraîchir, pièces de milieu, soupières, corbeilles à fruits, plats et boules, avez-vous eu assez de complaisance? Vers 1845, on avait si bien abusé du caprice, de la fantaisie et de l'absurde, que les Anglais étaient arrivés à ce moment de satiété où l'on accepte tout, même le bien et le beau, pour changer. A la maison Elkington, de Birmingham, et à M. de Schlick, architecte danois, revient l'honneur d'être sorti de cette mauvaise voie. Ce dernier avait étudié à Pompeï et dans les collections du musée de Naples tous les ustensiles antiques, et il s'était parfaitement rendu compte des ressources d'élégance et de charme que les anciens avaient trouvées dans des formes appropriées aux besoins et déduites de l'usage même de chaque objet. Il donna à la fabrique de M. Elkington une collection d'excellents modèles, les uns copiés sur les monuments anciens, les autres imités de l'antique. Des modeleurs français, parmi lesquels il suffit de citer Jeannest, exécutèrent ces modèles, et la fabrique les rendit parfaitement tant que la galvanoplastie lui vint en aide; mais aussitôt qu'il lui fallut employer la fonte et reprendre le métal par la ciselure, une infériorité marquée se fit sentir. Quoi qu'il en soit, l'orfévrerie anglaise montrait à l'Exposition de Londres, dans la case de M. Elkington, un principe de renaissance que les Cartwrigth, de Birmingham, Georges Richmond, Colles, Stor et Mortimer, de Londres, s'apprêtaient à adopter, et qui me sembla plus menaçant encore que la présence des belles pièces repoussées par Vechte. Là c'est un essor national, ici un progrès d'importation, et j'en augurais des conséquences plus graves, quoique le cœur me saignât aussi en pensant que cet artiste français, cet art et cet enseignement étaient perdus pour nous, faute de quelques mille francs d'appointement qu'une administration vigilante aurait donnés à cet homme habile.

La bijouterie et la joaillerie anglaises, considérées sous le rapport de l'art, étaient tout entières dans l'exposition de Morel : autre douleur pour un Français, autres regrets; elles y étaient à l'état de perfection, et déjà on voyait l'influence de cet artiste-ouvrier rayonner autour de lui.

Je crois avoir expliqué comment le gothique a repris son empire en Angleterre; il règne maintenant dans la maison du lord aussi bien que dans celle de Dieu. Église et collége sont à ogives; buffet d'orgue et piano, stalles et fauteuils, sont à trèfles et à lancettes. Pugin a été le plus actif promoteur de cette renaissance du gothique. Renaissance, c'est trop dire, car jamais le goût de ce style et son emploi n'avaient été abandonnés en Angleterre : les universités d'Oxford et de Cambridge sont là pour le dire; mais jamais aussi plus grande extension ne lui a été donnée que depuis 1835. On avait formé, dans l'Exposition de Londres, une cour de l'art du moyen âge, *mediæval court,* qui contenait tout l'ameublement des églises à ogives et la *furniture* des habitations de style gothique. Je ne sais si je dois attribuer le peu de charme que j'y ai trouvé à l'infériorité du gothique anglais comparé au nôtre ou à l'infériorité de son imitation comparée aux singeries du même genre que nous faisons si bien en France; mais il est de fait que tout cela m'a paru d'une insigne pauvreté de conception et d'exécution. J'excepterai de ce blâme quelques bons vitraux, des pièces de dinanderie franchement travaillées, des sculptures exécutées dans notre belle pierre de Caen par un praticien français pour le compte de MM. Gates et Georges, des mosaïques, genre byzantin, assez heureusement reproduites, des mosaïques de carrelage habilement combinées par l'architecte Digby-Wyatt. Mais c'est assez s'étendre sur une industrie de pastiches; revenons à une industrie plus vivante, plus riche, à la fonte du métal. Il y a de la largeur dans l'exécution et un grand goût dans les productions de la compagnie Coalbrookdale, du Shropshire. Fonte de fer et fonte de cuivre sont également remarquables, et le sujet particulier de mon étonnement a été l'initiative hardie d'une foule d'innovations heureuses; ses rampes d'escalier, ses chaises, ses bancs et ses tables de jardins, ses supports de cannes et manteaux, ses consoles, ses devants de feu, tous les ustensiles, en un mot, qui peuvent être utilement exécutés en fonte pour l'ameublement des intérieurs et l'usage extérieur prennent dans cet établissement une propriété de forme bien remarquable. Je pourrais reprocher trop d'exubérance dans l'ornementation et recommander plus de repos dans les formes, mais ces défauts sont de ceux qu'on corrige facilement quand on a conquis les autres mérites.

Je ne m'étendrai pas sur les diverses industries dans lesquelles nos voisins font chaque jour des progrès étonnants : je pourrais citer leurs remarquables reliures, leurs impressions de livres et de gravures toujours supérieures, leurs imitations de bois et de marbres en peinture et en stuc, leur carton-pierre si solide; je pourrais vanter vingt autres industries et jeter le cri d'alarme; mais à tant d'éloges qu'on dira exagérés, à tant de craintes qu'on taxera de vains fantômes., on objecte que les efforts de Minton, Graham, Elkington et autres sont dus aux transfuges de nos ateliers, aux artistes et aux contre-maîtres français qu'embauche l'argent de l'Angleterre. J'examinerai cette circonstance, dont on doit tenir compte, en exposant les mesures savamment combinées que prépare ce gouvernement habile pour venir en aide à l'industrie nationale.

RÉCOMPENSES

DÉCERNÉES

AUX EXPOSANTS FRANÇAIS PAR LA XXXe CLASSE DU JURY INTERNATIONAL,

FORMANT LE GROUPE DES BEAUX-ARTS.

Je crois avoir porté un jugement impartial sur l'état des arts chez tous les peuples, et ne m'être pas trompé en mettant en évidence les éléments de jeunesse et de renaissance qui s'offrent à eux. M'étendrai-je maintenant sur notre attitude en présence de l'Europe entière et vis-à-vis de tous nos concurrents, sur l'impression favorable que nous devons à une réputation séculaire? Non, car je tiens en réserve des arguments pressants pour nous réveiller de l'engourdissement dangereux que produit dans nos esprits, trop disposés à la confiance, un facile et trompeur succès.

La masse des visiteurs, fidèle à une opinion traditionnelle, avait proclamé la France sans rivale, avant même d'entrer dans le Palais de cristal; elle a couru voir la France avant de visiter les autres nations, et elle a tout admiré sans exception. Le groupe restreint des artistes, des gens de goût et des hommes qui ont étudié la marche de l'art et ses transformations dans les monuments anciens et dans l'activité moderne, ce groupe, inaperçu dans le flot mouvant des visiteurs, mais dont la voix fait l'opinion publique, et qui, en fin de compte, guide la foule moutonnière, ce groupe d'élite a porté un jugement différent, qui était élogieux comme une épigramme et semblait caresser quand il blessait.

Le Jury des beaux-arts ne fut ni aussi indulgent que le gros du public, ni aussi sévère que les hommes de goût; il devait récompenser les plus méritants, abstraction faite de toute perfection idéale, et il reconnut loyalement que la comparaison nous était favorable. Je vais rapporter ses décisions; mais, avant de donner la liste des récompenses accordées aux exposants français par la XXXe classe, je dois dire qu'agissant comme Ve groupe, c'est-à-dire souverainement, elle prit, à l'égard de la grande médaille d'honneur ou du conseil des présidents, une décision en conformité avec ce vieux préjugé de la nécessité de maintenir une séparation entre les arts et l'industrie. Elle décida que cette récompense de premier ordre serait réservée à l'art pur, à l'art affranchi de toute préoccupation matérielle ou industrielle, c'est-à-dire à la statuaire et aux dessins. Je luttai vainement contre une décision qui nous empêchait de récompenser les Gobelins, Sèvres, Fourdinois, Vechte et Morel; mais c'était une de ces préventions invétérées qu'une discussion, même passionnée, altère à peine, que le temps seul peut détruire. S'il s'agissait de comparer l'art aux procédés industriels, je n'aurais pas hésité, plus que mes collègues, à le mettre dans une catégorie à part et plus élevée; car, même lorsqu'il se fond dans l'industrie, il voit devant lui un idéal de beauté toujours inaccessible, qui stimule ses efforts en élevant sa mission. L'industriel qui a taillé les facettes d'un diamant, tissé sans accident une étoffe ou laminé régulièrement du métal, peut croire qu'il a atteint les dernières limites de la perfection; mais dans les arts cette perfection, comme un mirage décevant, marche en avant des efforts et des succès, s'éloigne à mesure qu'on approche et n'est jamais atteinte. L'art est donc d'une essence supérieure; mais de même que la nature, dans sa prodigieuse et indépendante fécondité, fournit à l'industrie de l'homme le lierre qui tapisse ses murs, la rose qui orne ses jardins, la grappe de raisin qui pend aux ceps de vigne et les mille êtres gracieux qui ani ment le monde végétal, de même aussi l'artiste, vivant dans la sphère épurée de l'inspiration, crée des chefs-d'œuvre qui deviennent, placés sur une pendule, appliqués à un meuble, le plus délicieux accompagnement des œuvres de l'industrie. L'art est quelque chose par lui-même, en dehors de toute autre préoccupation, et la classe des beaux-arts devait lui faire une large part dans la distribution des médailles d'honneur, comme au plus noble de ses justiciables; mais le mérite des artistes est-il donc altéré, compromis, parce qu'ils auront étudié les besoins de leur temps, parce qu'ils auront cherché à faire vivre de la vie de chaque jour des créations qui perdraient certainement beaucoup à rester dans l'isolement et l'inutilité? Je ne le crois pas : à mes yeux, leur mérite grandit; et s'il est un moyen, de nos jours, de galvaniser les arts qui s'en vont mourants, c'est de les encourager à entrer dans cette voie féconde. J'y perdis mon éloquence : la classe des beaux-arts passa outre, et je ne pus faire appel au groupe, puisque la XXXe classe formait à elle seule le Ve groupe, ni à la commission royale, qui avait laissé les groupes juges de ces questions. Je dus accepter cette décision, et voici comment les récompenses furent décernées aux exposants français. J'omets les éloges qui furent adressés aux exposants dont les produits, bien que du domaine des arts, ressortissaient aux autres classes; on trouvera ces mentions dans le rapport officiel publié par la Commission royale de Londres.

LISTE DES RÉCOMPENSES.

Médaille du conseil des présidents.

M. J. PRADIER, pour la statue de *la Phryné.*

Médailles de prix (*Prize medal*).

M. AUGUSTE DEBAY, groupe du *Premier berceau*

M. E.-L. LEQUESNE, statue du *Satyre dansant.*

M. A. ÉTEX, groupe de *Caïn et sa famille.*

M. J.-M. Ramus, groupe de *Céphale et Procris.*

M. Jean Debay, groupe du *Chasseur tuant un cerf.*

M. Fratin, études d'animaux.

M. A. Lechesne, groupe d'enfants et de chiens.

M. M.-J. Liénard, sculptures en bois.

M. A. Collas, réductions de statues.

M. Diéterle, pour ses compositions et pour la direction donnée aux travaux de la manufacture de Sèvres.

Mme A. Ducluseau, peintures sur porcelaine.

M. Jacober, peintures de fleurs sur porcelaine.

M. A. Béranger, portraits peints sur porcelaine, d'après Rubens et Winterhalter.

Mme P. Laurent, peintures en émail sur métal, d'après Raphaël et M. Ingres.

Mme Jacotot, peinture sur porcelaine, d'après Raphaël.

M. Bonnet, peinture en émail sur fonte de fer : *l'Apôtre saint Jean*, en pied.

M. Schilt, peinture sur porcelaine, décorant des vases et une table.

M. Hamon, peinture en émail sur cuivre, décorant des coffrets et des aiguières.

M. Alfred Gérente, peinture de vitraux dans le style du xiiiᵉ siècle.

M. Maréchal, de Metz, peinture sur verre, représentant une *Scène de la Peste.*

M. J. Roucou, pour ses damasquinures.

M. E. Laroche, dessins de châles, de baréges et de mousselines.

MM. Berrus frères, dessins de châles et d'étoffes.

M. A. Couder, dessins de châles, de tapis et de meubles.

M. J. Chebeaux, dessins de cotonnades et de toiles imprimées.

M. J.-H. Meraux, dessins de dentelles.

M. R.-J. Lemercier, lithographie en noir et en couleur.

M. Engelmann, lithographie en couleur.

M. G. Silbermann, impressions typographiques en couleur.

M. C.-E. Clerget, dessins d'ornements applicables à l'industrie.

Mentions honorables.

M. M. Pascal, groupe du *Moine et des enfants.*
M. C. Cordier, buste de nègre.
M. Bonnassieux, *l'Amour se coupant les ailes.*
M. L. Lautz, sculptures en ivoire.
Mme Turgan, peinture sur porcelaine.
M. Mariette de Chassagne, peinture sur porcelaine.
M. A. Lusson, peinture sur verre, vitraux du moyen âge.
M. F. Didier, dessins pour les fabriques.
M. Meynier, *idem.*
MM. Naze et Cie, *idem.*
M. Braun, *idem.*
M. E. Picard, *idem.*
M. N.-A. Galimard, compositions pour vitraux d'église.

Un petit nombre d'observations sur cette répartition expliquera la part qui a été faite à la France. En ce qui concerne la sculpture, nous n'étions pas représentés à Londres : cinq ou six sculpteurs de talent ne pouvaient donner une idée du style et des progrès de notre école, tandis que la réunion de tout ce que les Anglais avaient exécuté depuis nombre d'années formait une exposition importante. L'Italie elle-même, habituée à vendre ses statues aux Anglais, considéra l'Exposition de Londres comme un bazar, et, en dépit de l'éloignement et des frais, elle envoya un nombre énorme de groupes et de figures en marbre. Dans cette situation, je croyais avoir bien défendu les intérêts qui m'étaient confiés en obtenant pour la France deux médailles de conseil, trente et une médailles de prix et treize médailles de bronze. Mais cette répartition, qui n'était qu'équitable, fut faussée dans son esprit par la rédaction du catalogue. M. Marochetti, qui paraît être natif de Turin, mais que le Jury avait considéré comme un Français, fut déclaré digne de la médaille de conseil, ou grande médaille, et cette récompense, portée au compte de la France, empêcha que M. A. Debay ne l'obtînt à côté de Pradier. On objecta que trois grandes médailles dépassaient la proportion, les autres nations n'en ayant qu'une. Je cédai devant cette raison, et je dus être étonné, un mois plus tard, de trouver M. Marochetti dans la liste des exposants anglais : je réclamai; mais on répondit que cet artiste travaillait à Londres, s'était fait porter sur la liste des exposants anglais et se déclarait désormais Anglais. Vechte et Morel, tous deux Français, malgré l'apparence étrangère de leurs noms et en dépit de leur qualité de transfuges, tous deux apprentis des ateliers de Paris, auxquels j'avais compris que de grandes médailles avaient été accordées par notre classe, ne reçurent d'elle que des éloges, la XXIIIe classe les ayant déjà récompensés.

J'ai expliqué comment il avait été décidé, dans la classe des beaux-arts, que la médaille de conseil, ou grande médaille, ne serait accordée qu'aux ouvrages les plus remarquables dans l'une des branches de l'art, sculpture et peinture. Cette décision frappait toute l'industrie : les manufactures de Sèvres et des Gobelins furent comprises dans cette exclusion; j'obtins toutefois un vote par lequel le XXXe Jury, expliquant à la commission supérieure des présidents sa manière de procéder et l'impossibilité où il se trouvait de donner aux manufactures de France la récompense qui leur était due, les recommandait à sa sollicitude. Cette intervention indirecte eut le succès que je désirais : le conseil des présidents accorda la grande médaille à ces établissements.

J'avais obtenu une médaille de bronze pour la statue de *la Femme piquée par un serpent;* mais, au moment de la révision, un membre anglais du Jury s'opposa fortement, dans l'intérêt de la morale et, je crois même, de la religion, à récompenser « une œuvre dont la beauté ne faisait que « rendre plus coupable l'intention immorale. » Je fis mes efforts pour écarter cette fin de non-recevoir; je demandai à mes collègues de se considérer comme juges d'objets d'art et non pas d'actes de vertu : j'échouai; la XXXe classe, agissant comme Vᵉ groupe, procéda à la révision de son propre travail et revint sur sa première décision : M. Clesinger fut rayé de la liste des récompenses. Tout ce qu'on m'accorda, ce fut d'insérer dans le procès-verbal les motifs de cette exclusion, et, en effet, on lit dans le rapport officiel : « Le Jury, par des rai« sons tout à fait indépendantes du talent reconnu de ce jeune « artiste, a renoncé, bien qu'à regret, à accorder à cet ou« vrage une haute marque de son approbation. »

Suivant le règlement adopté par la Commission royale, un rapport lu et discuté en séance devait rendre compte des travaux et motiver les décisions de chaque classe du Jury. Ce travail, revêtu ainsi d'un caractère officiel, était destiné à entrer dans le rapport général. Le groupe des beaux-arts avait abordé des questions si délicates; tout en finissant par s'entendre sur la distribution des récompenses, il avait manifesté des divergences d'opinion si considérables, que je fis prévaloir sans difficulté cette pensée, que son rapport s'énoncerait avec réserve sur tous les points de doctrine, et éviterait avec le plus grand soin les théories, les méthodes, les systèmes, parce qu'il était impossible, en si peu de temps, entre membres étrangers les uns aux autres et réunis de tous les points de la terre, non pas seulement de s'entendre sur les principes qui doivent diriger dans un jugement, mais aussi sur la manière de les énoncer et de les ériger en formules officielles. M. Panizzi avait été élu rapporteur justement parce qu'il était de nous tous le moins engagé dans ces questions, parce qu'il pouvait rédiger le rapport sans être tenté d'y introduire des considérations personnelles et des principes exclusifs. La Commission royale de Londres a pensé différemment, car de son autorité privée, sans consulter la classe des beaux-arts, et après la dispersion de ses membres, elle a demandé à M. Waagen, de Berlin, et à M. Redgrave, de Londres, des mémoires particuliers, à l'un sur la sculpture, à l'autre sur les dessins, pour les insérer dans le rapport officiel. Si ces mémoires avaient été lus à la XXXᵉ classe, ils auraient été discutés par ses membres, et pour mon compte je n'aurais certes pas laissé passer des phrases comme celle-ci : « Jusqu'au com« mencement du siècle présent les sculpteurs de Berlin conti« nuèrent à imiter le style faux et maniéré de l'école française « contemporaine. » J'aurais demandé à prouver que Jean Cousin, Jean Goujon, Jean de Douai (ou de Bologne), le Pujet, les Coustou, Houdon et Chaudet étaient des artistes supérieurs, qu'on avait eu grand'raison, pendant trois siècles, d'imiter à Berlin, et que si l'on y a été faux et maniéré, ce n'est pas la faute de ces excellents modèles. Je me contenterai de cette seule observation; mais j'ai dû faire mes réserves, parce que, tout en accordant à ces rapports particuliers la valeur qu'ils tirent de la position et des talents de leurs auteurs, mes collègues et mes amis, je leur refuse toute autorité et ne les mentionne même pas.

L'IMPORTANCE DES ARTS EST GÉNÉRALEMENT RECONNUE; EFFORTS FAITS POUR NOUS DISPUTER NOTRE SUPÉRIORITÉ.

L'appréciation générale des visiteurs de l'Exposition de Londres ne se ressentit pas du jugement sévère des hommes de goût, ni de la réserve de la classe des beaux-arts. Entraîné par notre vieille réputation, soumis à la domination séculaire de la mode française, le public du Palais de cristal ne vit que nos qualités d'élégance, de bon goût, d'harmonieux éclat et d'arrangement séducteur. Tandis que chaque nation visitait de préférence son exposition nationale, toutes les nations se réunissaient dans l'Exposition française, et on n'y entendait qu'un murmure approbateur. De cet examen un peu confus, de ces jugements assez discordants quant aux motifs, mais unanimes quant à l'admiration, découla une opinion toute favorable aux arts et à l'industrie de la France; mais en même temps trois révélations se firent jour qui vont servir de base à un plan d'attaques formidables contre notre suprématie.

En premier lieu, on acquit généralement cette conviction que les arts étaient désormais la plus puissante machine de l'industrie; en second lieu, chaque nation prit la ferme résolution de conquérir à tout prix ce mobile de nos succès; en troisième lieu, elles formèrent ce projet avec d'autant plus de confiance qu'elles se dirent que les arts, comme les sciences, sont la propriété commune de l'humanité, et qu'en les protégeant aussi bien et mieux que la France on pouvait atteindre aussi loin qu'elle et plus loin.

Dans les luttes que l'industrie de chaque pays a soutenues contre les industries rivales des pays étrangers, les armes dont elle s'est servie ont été le bon marché et le bon goût. Le bon marché tient à l'abondance des capitaux mis au service de l'industrie, à l'outillage plus ou moins perfectionné, au prix des matières premières, de la main-d'œuvre et du combustible. Le bon goût entre dans les habitudes d'un pays par une longue éducation artiste; il s'y maintient par les institutions qui l'entretiennent. Tous les grands pays industriels ont dirigé leurs efforts vers le bon marché; la France seule, par caractère, par disposition native et par cette éducation dont j'ai esquissé les principaux traits, a poursuivi la perfection de l'œuvre par l'intervention des arts dans l'industrie, par la bonne fabrication et les soins apportés à l'exécution des moindres détails.

Or, il se trouvait, en 1851, que tous les pays qui visaient au bon marché se disputaient entre eux le plus minime profit, au prix d'une immense fabrication, d'un excès de travail imposé aux ouvriers dans les temps prospères, de la misère et des crises commerciales les plus terribles dans les temps difficiles. L'Angleterre était sans rivale dans cette lutte de gros sous; mais le bon marché n'est pas un monopole facile à conserver, et l'Angleterre sent qu'il lui échappe sous les efforts de la Belgique pour les tissus de laine peignée, pure ou mélangée, embellis par la contrefaçon habile des dessins français; de l'Amérique pour toutes les étoffes de coton, dont la matière première ne supporte aucun frais de transport, aucun droit à payer; de la Suisse enfin pour les mousselines brodées, d'après des dessins de Paris et de Lyon.

Le tort de l'Angleterre avait été de n'envisager que cet

unique côté de la question industrielle. Si elle s'était dit que le bon marché implique l'idée d'un objet d'une certaine élégance pouvant faire un service utile, et que hors de là le bon marché est ruineux, l'Angleterre aurait soigné davantage sa fabrication, et, en produisant moins, elle eût gagné tout autant. Pour la France, le bon marché consiste dans l'élégance de la forme, de l'arrangement, de l'ajustement, de la disposition générale; elle vise au bon marché de ce qui est séduisant; jamais au bon marché du laid et du grossier. A prix de revient égal des matières premières, nous devons l'emporter sur tous les marchés avec nos qualités de bon goût; car celles-ci ne nous coûtent rien, et elles ne relèvent d'aucune législation douanière. Ainsi s'explique aussi comment la France, médiocrement industrielle de sa nature, et qu'on n'avait pas comptée jusqu'alors sur le grand marché des peuples, se trouve, au moyen de ses charmants modèles, et d'une élégance qui lui est propre, en mesure de battre dans les qualités moyennes et supérieures l'Angleterre avec son immense outillage, ses capitaux et son vaste marché; la Suisse, la Belgique et l'Allemagne avec le bon marché de leur main-d'œuvre; l'Amérique avec les avantages que lui procurent le bas prix et l'abondance des matières premières.

On surprit alors notre secret. On vit qu'une étude persévérante de l'art nous avait donné cette force. Les arts devenus une puissance!

Une question futile et de dernier ordre, aux yeux des hommes graves, une préoccupation de gens à imagination vive, qui d'ordinaire ne comptaient pas dans les affaires sérieuses, devient désormais une question vitale et presque une question d'existence pour les nations. En effet, les beaux-arts, passe-temps élégant, étaient jadis réservés à quelques personnes auxquelles leur rang donnait ces goûts et leur fortune ces loisirs; hors de ce cercle restreint les beaux-arts étaient considérés comme un luxe royal que l'industrie pouvait mettre à profit, mais dont personne, dans le gouvernement, ne devait se préoccuper, pas plus que des autres caprices du roi. Un sage ne l'a-t-il pas dit : Nous traitons les choses éternelles comme si elles étaient frivoles, et les choses frivoles comme si elles étaient éternelles.

Le duc de Rosny, l'ami de Henri IV, Sully, a été sans doute le dernier grand esprit qui, en France, aura traité les arts de babioles. L'année 1851 a été, à l'étranger, le dernier terme du triomphe des gens positifs, qui les comptaient parmi les superfluités. A partir de ce moment, on a compris que les sciences et les arts étaient les deux mamelles inépuisables où l'industrie prend sa nourriture et renouvelle ses forces ; mais, au moment même où on leur reconnaissait cette importance, on tomba dans une autre erreur : on crut que la conquête de ce moyen de succès était plus facile que tous les autres.

Les nations étrangères se rencontrèrent donc, en quittant l'Exposition, dans cette pensée commune qu'il ne suffisait pas d'avoir des machines, du charbon de terre, des capitaux, qu'il fallait encore avoir du goût, et comme le goût ne se trouve pas en terre, qu'il ne se fabrique ni ne s'achète, elles résolurent de faire les plus grands sacrifices pour, à l'imitation de la France, encourager les arts, non plus seulement au point de vue des jouissances délicates d'un petit nombre d'intelligences supérieures, mais sous l'influence des préoccupations les plus positives et les plus graves, dans le but de développer l'industrie, l'avenir commercial, le bien-être des peuples et la puissance des États.

Je ne crois pas utile d'exposer en détail les projets de chaque pays, les institutions qu'ils s'apprêtent à fonder, l'organisation nouvelle qu'ils préparent en faveur de leur art et de leur industrie : l'espace me manque. Il suffira d'établir comme un fait certain que l'Angleterre, l'Amérique, la Belgique, l'Allemagne, la Suisse, la Lombardie et la Sardaigne se préparent à nous disputer sur tous les points notre ancienne réputation et de nouvelles conquêtes. Dans vingt ans peut-être, nous nous rencontrerons à forces égales avec l'Amérique ; aujourd'hui, c'est l'Angleterre qui nous menace, et c'est là que réside le danger. Les moyens de défense, ce que nous imaginerons pour le combattre de ce côté, seront autant de parades assurées contre les coups qui nous viendraient d'autre part. Examinons donc les projets de l'Angleterre.

J'ai montré plus haut comment les Anglais tendent à former une nouvelle école des arts sur les meilleures bases; j'ai parlé des résultats qu'ils obtiennent depuis vingt ans. Ces progrès méritent l'attention la plus sérieuse, soit que, désintéressé dans la lutte, vous les examiniez au point de vue élevé du développement des arts, soit qu'intéressé aux grandes questions internationales, vous n'envisagiez pas sans émotion l'immense outillage de l'Angleterre, son approvisionnement de charbon, ses énormes capitaux, ses relations étendues et son esprit d'entreprise élevant l'industrie à une perfection inconnue jusqu'alors, par la conquête nouvelle de toutes les séductions de la forme, du dessin, de l'arrangement et du goût.

On s'est demandé en Angleterre, presque de nos jours, pourquoi les Reynolds, les Gainsborough, les Wilson, les Wilkie, les Lawrence, étaient si rares? pourquoi chacun de ces artistes laissait après lui des chefs-d'œuvre et ne laissait pas d'école? Puis, passant de l'art à l'industrie, on s'est effrayé du désordre qui régnait dans les idées sur les différents styles, sur le système d'ornementation le plus sensé, sur tous les points où les règles du bon goût devraient contenir l'imagination et diriger la main. On était arrivé à cet état d'incertitude et de malaise qui précède les fortes résolutions, lorsque s'ouvrit l'Exposition de 1851. Cette exposition sera la renaissance de l'Angleterre. Ce qu'elle soupçonnait, nous le lui avons démontré; ce qu'elle cherchait, nous le lui avons apporté. Oui, elle a compris que les machines n'étaient rien sans l'art, elle a saisi du même coup d'œil le point vulnérable de son industrie, le secret de nos succès et l'explication de cette lutte sublime que nous soutenions contre elle, en pleine révolution, sans machines, sans capitaux, sans marine, sans débouchés.

Depuis longtemps déjà les hommes clairvoyants de l'Angleterre, ceux que des voyages sur le continent ont éclairés, s'affligeaient de l'état de dégradation, de barbarie même où se trouvait le peuple anglais dans ce qui touche au sentiment des arts et à ce qu'on est convenu d'appeler le goût. Ils faisaient des vœux pour qu'à l'imitation des autres pays, leur Gouvernement prît en main ce grave intérêt. Mais les chambres avaient pour principe de ne pas intervenir dans ces questions; elles en laissaient le soin à ceux qui devaient en avoir le profit immédiat. Sous l'empire de ce laisser-faire, il ne se faisait rien. L'université d'Anderson, établie à Glasgow au commencement de ce siècle, donnait quelque instruction aux apprentis dans les courts moments de loisir que leur laissait la fabrique; Léonard Horner, Esq., fonda aussi, à Édimbourg, en 1821, une école dans laquelle les apprentis apprenaient et apprennent encore à dessiner et à modeler : voilà tout ce que j'ai pu découvrir de favorable aux arts, appliqués à l'industrie, dans les trois royaumes, et cependant, poussée par le courant sourd et mystérieux de l'intérêt général, la chambre des communes avait nommé, en 1835, un comité avec mission de « rechercher les moyens les plus efficaces pour étendre la con« naissance des arts et les principes du dessin dans le peuple, « et particulièrement dans la population manufacturière. » Les résultats de son enquête avaient été la fondation d'une école centrale de dessin à Londres, dans laquelle « l'élément princi« pal de l'enseignement ne devait pas être théorique, mais pra« tique, et particulièrement applicable aux manufactures, » et en outre l'établissement de vingt et une écoles dans les trois royaumes, aux frais de l'État, qui reconnaissait enfin, par cette intervention directe et cette allocation de crédit, qu'il était de son devoir d'encourager et de répandre la connaissance des arts.

Cette organisation, qui offre une apparence imposante sur le papier, était en réalité précaire et insuffisante. Les hommes éclairés dans les deux chambres se réjouissaient d'avoir remporté une grande victoire sur le système du *selfsupporting;* mais en fait ils n'avaient donné à l'industrie qu'une assistance médiocre et impuissante. Aussi continua-t-on à venir, de toute l'Angleterre, chercher des dessins et embaucher des dessinateurs en France. Il ne sera pas inutile de donner une idée de cette sorte de piraterie organisée. Les fabricants anglais payaient un abonnement annuel au bureau de certains individus établis à Paris qui s'engageaient à leur faire passer, aussitôt sortis de la fabrique, les dessins et coupons d'étoffes de toutes les nouveautés des maisons réputées pour avoir la plus grande vogue. Ces modèles, enlevés frauduleusement dans nos magasins, étaient emportés en Angleterre par les convois directs des chemins de fer, et dès leur arrivée on les copiait avec une rapidité dont le prodige était encore surpassé par le chiffre prodigieux de mètres d'étoffe qui s'en fabriquait, tellement que l'inventeur du genre avait eu à peine le temps d'en vendre quelques pièces quand déjà son plagiaire en inondait les deux mondes, et ce métier de forban, connu des deux Gouvernements, toléré par la police, se faisait en plein jour, avec l'assistance du télégraphe électrique, de la poste et des chemins de fer à grande vitesse. Nos fabricants crurent parer ce coup en envoyant leurs nouveautés sur le marché de Londres avant même de les mettre en vente à Paris; mais alors les fabricants anglais s'adressèrent directement aux dessinateurs français, qui n'étaient plus, comme autrefois, attachés à une fabrique et exclusivement payés par elle, mais qui vendaient leurs dessins au plus offrant; ils leur demandèrent des dessins; ils obtinrent souvent les meilleurs, et comme il fallait des ouvriers habiles pour les exécuter, ils débauchèrent les nôtres avec leurs contre-maîtres. C'est ainsi que nous avons trouvé l'habile M. Bontemps, ancien directeur de la verrerie de Choisy, à la tête de la plus grande verrerie de Birmingham; M. Arnoux, un porcelainier expérimenté, établi chef des travaux d'art de l'immense fabrique de Minton; Carrier, Jeannest, sculpteurs, et vingt autres artistes de talent attachés aux plus grandes maisons de l'Angleterre et de sa capitale.

J'ai vu des esprits très-fermes, des industriels remplis d'expérience, s'inquiéter de ces menées. Ils les appelaient déloyales, et je les trouvais de bonne guerre industrielle, puisque nous n'avons pas agi autrement avec l'Italie et les Flandres tant que nous avons eu besoin de leurs artistes et de leurs ouvriers. Ils les considéraient comme très-menaçantes, parce qu'ils voyaient notre élégance, notre bon goût, passer le détroit et s'acclimater en Angleterre; ils ne savaient pas que les arts, pas plus que les arbres, ne se transplantent vigoureux et tout venus. On réussit bien, avec mille peines, à en faire reprendre quelques-uns; la première année ils se couvrent d'une menue verdure et on applaudit, mais la seconde année déjà ils montrent des branches mortes et succombent bientôt dans le sol qui leur est étranger, dans l'air qui leur est contraire. Ainsi nos artistes transfuges arrivent pleins de sève et d'imagination en Angleterre; ils ne savent pas ce que coûte l'exil, ce que pèse l'ennui, ce qu'il y a de décourageant à n'être pas apprécié par des intelligences sympathiques, à n'être pas compris par des ouvriers adroits; au bout d'un peu de temps l'artiste ne se reconnaît plus lui-même, lui et son patron sentent qu'ils ont fait un mauvais marché. Aussi n'ai-je pas partagé les terreurs qu'inspira généralement cet embauchage, précurseur et conséquence de l'Exposition; j'y vis un affaiblissement passager pour nos fabriques, un moyen de concurrence momentané au profit de nos voisins, deux maux effacés rapidement par le niveau montant de nos progrès, et je m'affermis dans cette conviction, que les colonies d'artistes et d'ouvriers étrangers peuvent dégrossir une nation, lui communiquer des procédés nouveaux, l'enrichir de quelques tours de main, mais qu'ils ne lui portent ni l'originalité ni l'initiative. Ils me rappellent la fable de *l'Alouette et ses petits, avec le maître d'un champ* : aussi me suis-je bien promis de ne m'inquiéter que lorsque les Anglais, au lieu de faire faire leurs dessins par nous, entreprendraient de les faire eux-mêmes, au lieu d'emprunter nos ouvriers, formeraient les leurs. Or, c'est ce qui arrive aujourd'hui; c'est aussi ce qui m'inquiète.

L'Exposition de 1851, visitée par l'Angleterre entière, allait fermer ses portes, et les derniers visiteurs sortaient à peine du Palais de cristal, lorsque les lords du comité du conseil privé pour le commerce, frappés enfin, et à leur tour, de l'importance que les arts prenaient dans la vie sociale, dans les progrès industriels, et particulièrement dans l'extension du commerce, se réunirent et mirent à l'ordre du jour de la séance la discussion sur l'état des arts en Angleterre et sur les moyens de les faire prospérer. Il s'agissait, comme en toutes choses de l'autre côté de la Manche, de procéder pratiquement : aussi, sans faire une de ces enquêtes minutieuses comme les chambres les exigent et comme les *blue-books* en attestent la puérile et volumineuse inutilité, on décida la création immédiate d'un département des arts appliqués (*of practical art*), on constitua son personnel et on demanda au Parlement de doter ce nouveau service. La facilité avec laquelle furent votés les crédits dans les deux chambres est la meilleure preuve de l'assentiment que cette mesure avait déjà obtenu de l'opinion publique.

Avec ce département ministériel et ce budget voici ce qu'on a fait :

1° Une grande école centrale de l'art appliqué (*Metropolitan school of practical art*) a été établie dans Sommerset-House, en attendant qu'on la transfère dans les bâtiments plus considérables de l'hôtel Marlborough. Là se forment, à grands frais, des maîtres de dessin pour les écoles de toute l'Angleterre, et les jeunes gens qui se consacrent à cet enseignement sont non-seulement élevés gratuitement, mais on les paye, pour encourager leur persévérance et combattre les séductions des industriels qui cherchent à les attirer dans leurs établissements.

2° Une collection de plâtres et de modèles de toutes sortes, destinés à l'étude du dessin, est fabriquée pour le compte du Gouvernement et cédée par lui à toutes les écoles de dessin des trois royaumes, à des prix très-réduits et selon certaines conditions.

3° Un musée public d'objets d'art du moyen âge et de la Renaissance a été commencé, d'abord avec un fonds de 115,000 francs, appliqués à l'achat de quelques-uns des meubles qui furent exposés en 1851; puis cette collection s'augmenta des objets de toute nature, art et industrie, anciens et modernes, achetés sur le continent par des agents qui ont eu à leur disposition plus de 600,000 francs; enfin elle s'enrichit à une source qui est toute spéciale à l'Angleterre et à l'Amérique, à la source des dons et des legs, à la source non moins utile des dépôts temporaires d'objets d'art du plus grand prix.

On s'aperçut bientôt que l'enseignement des sciences, qui se lie à celui des arts, avait une égale importance pour l'industrie et se trouvait dans le même désarroi. De ce moment il fut question d'adjoindre au département des arts un département des sciences, qui conduira forcément à un département de l'instruction publique. Dès la première année le budget a été de près de 2,000,000 de francs (79,846 liv.), ce qui est une assistance très-respectable, quand on songe que le Gouvernement abandonne à peine son système d'abnégation.

Si je faisais ressortir uniquement les avantages que l'Angleterre a droit d'attendre de cette initiative de l'État et de cette organisation nouvelle des arts et des industries qui s'y rattachent, dans un pays où ils ont été laissés à eux-mêmes depuis plus de deux siècles, je ne ferais voir que le côté de la question le plus séduisant pour les Anglais et le plus grave pour nous; je jetterais inutilement des inquiétudes dans les esprits de nos artistes et de nos industriels. Il importe de l'envisager sous son autre face, afin de montrer que, tout en nous menaçant, l'Angleterre nous donne le temps de nous préparer à la lutte. En effet il a manqué, dès le début, à ces nouveaux départements ministériels les conditions de vie et de succès. Mes critiques ne s'adresseront pas aux mille détails d'exécution : elles porteront sur l'absence d'un chef autorisé et compétent, sur la direction, qui manque de l'intelligence pratique, enfin sur les mesures adoptées, qui ne sont pas appropriées à l'état des arts en Angleterre.

S. A. R. le prince Albert, homme de goût et de savoir, s'intéresse vivement, dit-on, à cette grande impulsion gouvernementale; mais il ne peut intervenir qu'indirectement, officieusement : l'autorité appartient au *Board of trade*. Ce conseil, ou comité pour les intérêts commerciaux, divise sa responsabilité entre ses membres, c'est-à-dire qu'il la laisse flotter un peu au hasard. En ce qui concerne les nouveaux services dont nous nous occupons, il l'abandonne aux soins d'employés subalternes, fort honorables sans doute et bien intentionnés, tels que MM. Cole et Playfair, devenus les directeurs des arts et de l'industrie, mais qui n'ont pas pour eux ce qui constitue l'autorité morale; j'entends la position sociale, des antécédents illustres et les connaissances spéciales. Aussi qu'est-il advenu? L'enseignement des arts a pris dans toutes ces écoles, établies à grands frais, une régularité bureaucratique, et se ressent déjà d'une sorte d'esprit mécanique et systématique qui tient, à la fois, des méthodes lancastriennes et des rouages d'une fabrique.

L'éducation des maîtres de dessin est en tout point insuffisante. Des jeunes gens sans expérience sont décorés du titre de professeur et placés à la tête de grandes écoles avant de s'être formé le goût, avant d'avoir acquis la science. Suffit-il donc d'une certaine habileté de main, d'une routine d'exécution, pour enseigner le dessin, même à des écoliers? Ne faut-il pas pouvoir accompagner l'enseignement positif, et pour ainsi dire matériel, de notions judicieuses appropriées à chaque intelligence? Ne faut-il pas apporter dans toutes les classes un mûr discernement, qui met chaque élève dans la meilleure voie de progrès?

L'éducation industrielle (*technical classes*), telle qu'elle est pratiquée à l'École centrale de Londres, telle qu'elle va se propager dans les autres villes de l'Angleterre, est un véritable joujou, et un joujou coûteux. Enseigner dans un établissement public, et à la fois, la science de l'architecture et de la construction, les règles de la décoration et de l'ameublement, la fonte des métaux, la théorie des machines, le dessin *industriel* des papiers peints et de tous les tissus; en outre, la gravure sur bois et sur cuivre, la lithographie et la peinture sur porcelaine; tout cela non pas théoriquement, comme on l'enseignerait du haut d'une chaire, dans un développement esthétique, mais pratiquement et manches retroussées, quoique privé de toutes les ressources de démonstration que les grands travaux donnent aux artistes et aux contre-maîtres de fabrique; se substituer ainsi, en amateur, à l'œuvre artiste et industrielle, aux architectes et aux maçons, aux peintres et aux fondeurs, aux porcelainiers et aux tapissiers, c'est le monde renversé, c'est l'apprentissage pris à rebours, c'est la ruine des principes enseignés par l'expérience la plus vulgaire, et, pour compenser les dépenses de ce grand établissement de Sommerset-House, de ses collections, état-major, directeurs, professeurs, employés de toute sorte, 120 jeunes apprentis occupés à une maussade besogne. La belle avance pour la grande industrie anglaise, qui prétend devenir la pourvoyeuse du monde! Et cependant M. Cole proclame les progrès faits par ses élèves, particulièrement dans la classe de peinture sur porcelaine; il affirme que des peintres d'un mérite égal à ceux de Sèvres, Dresde et Munich peuvent être formés en Angleterre, et qu'il dépend maintenant du public de donner au pays, en les employant, le moyen d'avoir une école de peintres en couleurs vitrifiables égale à aucune autre du continent. J'ai vu de ces peintures, contrefaçons maladroites des peintures de l'ancien Sèvres; comparez-les aux ingénieuses créations de Hamon, Schilt, Jacober et autres, et vous vous expliquerez quelle analogie il peut exister entre un travail de manœuvre et les heureuses dispositions d'artistes distingués. De pareilles illusions suffiraient pour marquer dans quelle fausse voie s'aventure ce nouveau département des arts.

Donner de bons modèles à bon marché est une excellente mesure, que nous sollicitons pour la France depuis longtemps; mais répandre des pauvretés et les vendre assez cher, ce n'est pas avancer la question. Nous avons vu la collection des modèles dessinés sous la direction du département des arts; elle fait pitié. Nous avons examiné le choix des moulages en plâtre et les objets imités en galvanoplastie; il aurait exigé une critique autrement exercée. Répandre les œuvres de Phidias et de ses successeurs, des artistes grecs établis à Rome et des artistes italiens et français les plus purs des xve et xvie siècles, c'est une chose sensée, quand on a le soin de bien marquer le rang de chacune d'elles, d'indiquer les tendances, les mélanges et les pentes, parce qu'une même grandeur, une même noblesse a animé tous ces styles; mais placer sous les yeux des enfants, et sans avertissement préalable, le gothique, la Renaissance, les sculptures de Versailles et celles de plusieurs de nos monuments de Paris, dont nous n'aurions jamais supposé l'autorité en matière d'enseignement, c'est là une aberration qui doit avoir les conséquences les plus funestes; c'est faire passer l'Angleterre, sans aucune transition, de l'ignorance des arts à leur corruption.

Ce défaut de délicatesse et de mesure dans l'adoption des modèles d'étude est encore aggravé par la création de deux musées insensés. On refait à Londres, imparfaitement et mesquinement, notre musée de l'hôtel de Cluny, en y associant quelques branches du musée de notre Conservatoire des arts et métiers; c'est-à-dire qu'au bric-à-brac du passé on associe les produits dépourvus de style noble et de goût sévère de l'industrie moderne. Offrir ainsi en modèle à la jeunesse artiste et à la classe ouvrière les évolutions misérables des modes de tous les temps, dans un pays dont le goût devrait être guidé avec fermeté et sans hésitation dans la seule voie ouverte au véritable style en toutes choses, dans un pays qui est très-peu avancé dans l'érudition archéologique d'un passé dont il n'a pas sous les yeux les monuments debout et vivants, c'est inquiéter son esprit, dérouter ses idées, fausser ses bons instincts. Mais cependant l'influence du musée de Sommerset-House, de cette contrefaçon arriérée de nos collections publiques, eût été sans importance, si un autre musée, créé sous l'influence de la Commission royale de l'Exposition de 1851, quoique indépendant de toute subvention de l'État, ne venait s'ajouter à lui et donner cette fois au pays entier, et particulièrement à Londres, sa métropole, une véritable indigestion de l'art et de ses applications à l'industrie. L'Angleterre ne s'était-elle donc point suffisamment passé ces fantaisies coûteuses? Nous avons vu, il y a trente ans, son Colosseum, avec ses paysages suisses animés par de vrais sapins, de vraies vaches de l'Oberland et de vraies paysannes de l'Helvétie; nous avons vu ses monuments de l'Inde et de la Nubie en plâtre et en carton peints : ne pouvait-elle donc pas éviter un nouvel enfantillage, éviter surtout d'offrir à la nation un amalgame capable de donner le vertige aux jeunes élèves sans expérience et des nausées aux artistes vieillis dans des études sérieuses? Ignore-t-on chez nos voisins qu'on ne juge bien l'art égyptien que lorsque le profil de ses monuments se détache sur le ciel bleu de l'Orient et sur l'immensité du désert; qu'il faut voir le Parthénon au haut de l'Acropole d'Athènes, en vrai marbre, dans la pure atmosphère de l'Attique, et que ces grandes impressions ne se remplacent, pour ceux qui ne peuvent faire le voyage, que par un tableau fait de main de maître ou par les moulages exacts de fragments caractéristiques? Juger des monuments en dehors de leur destination, des styles en faisant abnégation du pays et des temps qui les ont formés, c'est confondre dans sa tête tout et à plaisir. Si l'Angleterre avait demandé à ses rivaux le meilleur moyen de compromettre pendant vingt ans le goût de sa jeunesse et de la nation entière, de rendre inutiles l'influence salutaire de son admirable Musée britannique, de la Galerie nationale et des cartons d'Hampton-Court, les efforts judicieux des anciens dilettanti et de leurs savants successeurs, parmi lesquels il suffira de citer le vénérable Cockerell, ses rivaux lui auraient dit : Faites de tous les monuments de la terre des trompe-l'œil, des fac-simile qui n'en sont que la plus grotesque grimace; en peu de mots, dépensez trente millions de francs pour créer le palais de Sydenham.

Ainsi donc il se fait en Angleterre des efforts, mais ces efforts jusqu'à présent ont été mal dirigés; les chambres prêtent leur concours au Gouvernement, qui remplace le *selfsupporting*, ou l'abstention, par l'enseignement gratuit et les encouragements de tous les genres; mais ce changement de système n'est pas encore assez franc ni ces encouragements assez généreux. Voilà des raisons pour calmer nos inquiétudes et nous donner le temps de préparer nos batteries de défense. En outre, vous pouvez vous dire qu'on ne fait pas d'un coup de baguette, qu'on ne crée pas en un jour, même avec les meilleures institutions, une nation artiste; qu'il a fallu à la France, à ne remonter que jusqu'à saint Louis, six cents ans de royauté artiste, intelligente et dévouée, pour s'élever à la supériorité qu'on lui reconnaît.

Et cependant prenez garde, on répare facilement ces imperfections, on comble vite ces lacunes, et les derniers venus ont sur leurs devanciers l'avantage de profiter de coûteuses et lentes expériences. Jusqu'à présent nous n'avons eu à lutter que contre des efforts individuels, et nous sommes déjà atteints sur quelques points dans les arts, battus complétement par les poteries de Minton, menacés par l'orfévrerie d'Elkington et par plusieurs autres industries. Quand un peuple a les grandes facultés, et par-dessus tout cette qualité de persévérance qui ne connaît aucun obstacle, vous avez tout à redouter. Les Anglais, quoi que vous en pensiez, ont les dispositions artistes les plus rares à un degré éminent. Jusqu'à présent ils n'ont pas su les développer, parce qu'ils n'ont pas considéré qu'il importait de faire passer cet intérêt parallèlement avec d'autres qu'ils ont crus plus importants, comme leurs institutions sociales, l'industrie mécanique, la marine, etc. Aujourd'hui ils mettent l'art, non pas en première ligne, ils ne lui accordent pas encore sa véritable place, mais à un rang respectable, et ils ont compris que, sous ce rapport, académies, écoles, industrie, la nation entière, étaient arriérées. Ils ont entrepris de les relever de cette déchéance, et soyez certains que l'Angleterre atteindra sur ce point une grande hauteur, et, si vous n'y prenez garde, une supériorité sur vous, comme elle l'a obtenue dans ses routes, ses canaux, ses chemins de fer, ses chevaux, son industrie, sa marine, en tout et partout où elle a voulu, car elle sait vouloir.

NÉCESSITÉ DE S'OPPOSER À L'ENVAHISSEMENT DU MAUVAIS GOÛT EN FRANCE, POUR LUTTER CONTRE LA RENAISSANCE DU BON GOÛT À L'ÉTRANGER.

Notre succès à l'Exposition de 1851 serait le plus traître des flatteurs, s'il nous avait fait illusion au point d'endormir notre intelligence, d'engourdir nos bras, de paralyser notre ardeur.

De quelle résolution la France a-t-elle fait suivre cette reconnaissance générale de sa supériorité? S'est-elle dit dans sa suffisance : Nous serons toujours supérieurs à nos rivaux; qu'est-il besoin d'autres efforts? ou bien, se laissant aller au découragement, s'est-elle écriée : Nous sommes perdus, car les étrangers, connaissant désormais le secret de notre force, vont nous disputer nos succès en appelant à eux nos ouvriers les plus habiles, en imitant nos institutions consacrées par une longue expérience?

J'ignore ce que la France décidera. Suffisance aveugle ou découragement énervant seraient également funestes dans la position critique où nous nous trouvons. Je sais qu'il est une manière commode de nier le danger, de croire même qu'il n'existe pas, c'est de fermer les yeux pour ne pas le voir. Je n'ignore pas qu'il y a vingt manières de s'étourdir sur le péril; mais j'ai appris par expérience qu'il n'y a qu'un bon moyen pour le vaincre, c'est d'aller droit à lui, et, après l'avoir démasqué brutalement, de le combattre avec conviction et courage.

Notre suprématie dans les arts et dans l'industrie sera bientôt contestée sur plus d'un point; elle est déjà menacée partout, menacée par les efforts de nos rivaux, menacée dans nos propres mains par des symptômes inquiétants de décadence. Il est donc urgent d'y pourvoir.

L'originalité de l'Angleterre, l'habileté de la Belgique, la persévérance réfléchie de l'Allemagne, la hardiesse des États-Unis, et en tous pays des moyens d'éducation artiste qui ne laissent sommeiller aucune faculté, sont autant de batteries dirigées contre notre école d'architectes, de peintres et de sculpteurs. Si nous comparons les progrès obtenus depuis vingt-cinq ans par les pays étrangers et ceux que nous avons faits nous-mêmes, nous pourrons calculer mathématiquement le moment où nous aurons nos émules pour égaux, et bientôt après pour vainqueurs. Il n'est donné qu'au soleil de briller dans l'inaction. Si nous nous croisons les bras, nous serons complétement fourvoyés dans une impasse de pastiches et de médiocrités. Bientôt notre industrie, qui s'inspire de nos arts, sera délaissée, car partout les goûts nationaux et les marchés étrangers seront desservis par nos rivaux, qui, nous égalant dans ce qui touche à l'art et au bon goût, nous surpasseront par la perfection de l'outillage, par les prix des matières premières et du combustible, par des rapports commerciaux plus étendus, par le bas intérêt et l'abondance des capitaux. Prenons en exemple les toiles, les cotons, les soies et les papiers peints, quatre industries formidables dans lesquelles nous luttons avec les grandes puissances commerciales. Nous avons tout contre nous; elles ont tout pour elles, excepté le bon goût, qui est notre arme. Les Anglais exportent pour 150,000,000 de francs de toiles peintes, la France pour 30,000,000. Les toiles anglaises se vendent meilleur marché, les nôtres ne luttent que par l'élégance des dessins et l'harmonie des couleurs. Sur les 700,000,000 de kilogrammes de coton que la terre produit, l'Angleterre en fabrique plus de la moitié, les États-Unis un quart, et l'industrie du continent européen se partage les 175,000,000 de kilogrammes restant. Cette infériorité devant les chiffres nous laisse la supériorité, si nous considérons la qualité des produits et peut-être le revenu net des bénéfices. En tout cas, lutter contre le bon marché anglais et américain n'était pas possible, et nous ne l'avons même pas tenté; mais Wesserling et l'Alsace entière, Saint-Quentin et Tarare s'ingénient tous les jours à varier les combinaisons des tissus, la distinction des dessins, l'heureuse harmonie des couleurs. Il se fabrique en France, et presque exclusivement à Lyon, pour 400,000,000 de soieries, dont 250,000,000 sont exportés, représentant 40 p. 0/0 de l'exportation totale de notre industrie, et cette admirable branche de notre commerce ne doit sa supériorité qu'à des qualités artistes. Nous fabriquions, au commencement de ce siècle, les papiers peints de l'Europe et de l'Amérique; chassés de tous les marchés étrangers par la concurrence locale, qui livre ses produits à plus bas prix, nous avons maintenu notre supériorité et l'écoulement de nos papiers peints partout où on recherche l'élégance.

La crue montante de la concurrence étrangère, son habileté à s'emparer des séductions de l'élégance, seraient désespérantes, si l'extension du goût n'était pas en rapport exact avec son épuration, si, en même temps que les peuples s'éprennent d'amour pour les arts, leurs hautes classes ne discernaient pas plus facilement la véritable distinction de la distinction d'emprunt, l'originalité de bon aloi de la contrefaçon maladroite. Cette marche simultanée nous permettra de faire toujours apprécier notre supériorité, mais à la condition de maintenir hors d'atteinte et d'élever sans cesse le bon goût, dont nous pouvons rester les gardiens et les interprètes.

Telle doit être, en effet, notre mission; sommes-nous loin de compte? je le crains. La décadence nous envahit, le mauvais goût s'intronise au milieu de nous, le guide sûr, la direction puissante, nous manquent. Rien ne surgit depuis quinze ans. La France semble une terre épuisée que dorent encore les épis de la dernière moisson. On sent une sorte d'arrêt; il se fait entendre comme un cri de détresse. Prenons garde, ces crises arrivent d'ordinaire au moment des grands enivrements, quand on se couronne de roses et que, paresseusement couché sur ses lauriers, on regarde d'un œil aviné les efforts de rivaux dont on croit n'avoir rien à craindre. Être en possession de la mode, c'est avoir un crédit ouvert de toutes espèces de folies et d'absurdités, crédit considérable, mais limité; quand on l'absorbe, on est ruiné à tout jamais. Depuis une cinquantaine d'années, nous avons beaucoup usé de ce crédit; je crains bien que nous ne l'épuisions, que nous ne dissipions bientôt ce vieux patrimoine, car je vois déjà les étrangers, et parmi eux ceux qui étudient sérieusement l'état des arts en France, être frappés d'un abaissement général du goût. Tandis qu'un sens persistant de grâce et d'élégance faisait pardonner à nos ancêtres, au milieu de nos décadences des xvᵉ et xvIIIᵉ siècles, leurs déviations fâcheuses, leurs excès immoraux, ce sens, qui dans les arts est la distinction du style, dans l'industrie le bon goût des applications de l'art, semble s'être perdu de nos jours ou être en train de se perdre.

Comment en aurait-il été autrement, quand, depuis les débuts de ce siècle, la manie archéologique nous jette dans l'imitation acharnée de tous les styles les uns après les autres? Comprenez-vous comment l'art n'a pas été radicalement tué sous deux générations de fossoyeurs qui se succèdent lugubrement depuis soixante ans, occupés exclusivement à fouiller les tombeaux de toutes les générations passées, à arracher des débris à tous les monuments, à les étiqueter, à les classer suivant l'âge, la provenance, l'école, la destination, à les étaler dans de vastes galeries, à les copier aveuglément, servilement, sans choix et comme poussées par un fétichisme fanatique, à les imposer tous, mais successivement, comme la règle immuable et exclusive, comme le modèle unique? Comprenez-vous quelle atmosphère sépulcrale plane sur ces hommes, et combien est grande la nécessité d'aérer et de parfumer ces caves de l'art moderne : d'aérer avec la brise fraîche de la nature, de parfumer avec un choix de véritables modèles; combien il est urgent de constituer des hommes pratiques et une génération saine et vigoureuse qui sache faire une distinction radicale entre l'art créateur et les monuments du passé, comme on distingue la vie réelle de l'histoire?

J'ai retracé les variations des styles de l'architecture et les retours de mode dont chacun d'eux a été l'objet de nos jours, successivement et sous nos propres yeux, si bien que des édifices, lents à s'achever, portent à chacune de leurs assises la marque de chaque inondation nouvelle, le stigmate de ces caprices. Je n'ai pas le courage de critiquer ces monuments. Tout homme qui réfléchit l'a déjà fait, et c'est un problème inexplicable pour les étrangers que la nullité de l'architecture française depuis la révolution de 1789, chez un peuple qu'ils sont habitués, depuis huit cents ans, à considérer comme l'initiateur et le chef de file. Ils ignorent, ces visiteurs de quelques jours, quelle influence désastreuse ont exercée depuis soixante ans d'abord l'abandon des traditions, puis les engouements impatients du public, engouements qui pénétraient jusque dans l'École des beaux-arts, par l'influence des hommes politiques, ministres de la maison du roi ou de l'intérieur, intendants ou directeurs des arts.

Si la sculpture était représentée seulement par les compositions exécutées en marbre, œuvres de quelques artistes de mérite, je pourrais lui reprocher sa froideur théâtrale devenue plus tard une insignifiance dissimulée sous un bon maintien, je pourrais aussi vanter avec plaisir sa science et sa pureté; mais la sculpture d'ornementation, la vraie sculpture, si elle était comprise dans ses conditions d'associée dévouée de l'architecture, prouverait, au besoin, qu'une fécondité banale, qu'une facilité de main déplorable a remplacé les qualités de notre ancienne école de sculpture. Je n'en dirai pas davantage. Quant à la peinture, elle flotte entre le laid par parti pris et l'affectation dans tous les genres, affectation de sentiment efféminé, de grâce enfantine, de naïveté précieuse, d'élégance frêle, de types maladifs soi-disant religieux : on sent que la vie sérieuse s'échappe et s'évanouit, que les qualités fortes manquent; le style dans ses conditions de noblesse est battu par la trivialité; la grande peinture historique, qui se prêtait aux rêves de l'imagination poétique et aux inspirations religieuses, fait place à la peinture de vulgaires réalités, dite peinture de genre. M. Winterhalter et la dynastie des Dubuffe conservent la vogue pour les portraits, depuis plus de vingt ans, malgré les efforts tentés par les peintres consciencieux pour montrer combien une image fidèle, sérieuse, vivante, diffère de ces enluminures qui sourient pendant quelques années et grimacent bientôt aux yeux de tous et des modèles eux-mêmes, fort étonnés de s'être autrefois reconnus, de s'être aimés un jour dans ces miroirs trompeurs.

Comme un astre qui se brise et laisse derrière lui une traînée lumineuse, l'école française, si éclatante avant la Révolution, si heureusement inspirée il y a vingt ans, s'est divisée en une multitude de genres secondaires et de petits talents qui ont aussi leur éclat, un éclat de nébuleuses.

L'industrie s'est ressentie de cet amoindrissement; l'art ne l'anime plus directement, il ne projette sur elle qu'un obscur reflet. Je suis effrayé de la médiocre et fausse originalité de nos dessinateurs pour étoffes, tapis, rubans. Ils vont furetant dans le cabinet des estampes, ils extrayent de ces catacombes de l'art quelques idées, et leurs yeux, devenus une sorte de kaléidoscope, tournent sur elles et en tirent des combinaisons infinies qui suffisent aux modes de chaque jour et à l'ébahissement des niais, mais qui, aux yeux de l'homme de goût, sont tout aussi médiocres que l'idée mère qui leur a donné naissance. Comme on possède des mécaniques à combinaisons arithmétiques, ces artistes sont de véritables mécaniques à combinaisons de dessins; ils n'observent pas un principe, ils ne suivent pas une règle, ils n'ont pas même une faculté ou une prédilection. Aussi quelle misère de redites dans cette ornementation soi-disant si riche! Quand les frères Fannières, Liénard, Cornu et deux ou trois autres bons dessinateurs sont parvenus à trouver une idée vraiment originale, aussitôt la foule des imitateurs d'accourir à la curée, et vous voyez en moins d'une saison *l'oiseau défendant son nid contre un reptile* mis à toutes sauces dans la vaste cuisine industrielle!

Toute la fabrication de Limoges, les productions même de nos porcelainiers de Paris, mises à côté de l'exposition de Minton, faisaient peine à voir. Jamais avertissement plus sévère n'a retenti à mes oreilles qu'en face de cette céramique de bas étage. Non, le pays qui, après s'être glorifié de l'artiste auteur de la faïence dite de Henri II, a donné le jour au délicieux Bernard Palissy, a vu fleurir les fabriques d'Avignon, de Nevers et de Rouen, et qui peut produire de pareilles énormités, qui possède un public capable de les tolérer, que dis-je, de les approuver, puisqu'il les achète, ce pays a le goût faussé. Type et caractère de figures, esprit de la composition, invention des formes et choix des ornements, association de l'or et des couleurs, tout cela hurle, fait grincer les dents et descend dans le mauvais goût à des profondeurs inouïes. Ne me parlez pas de l'excellence de la pâte, de la blancheur de l'émail, de la hardiesse de l'exécution, du bon marché des articles les plus voyants : ce sont autant d'aggravations du mal, puisqu'avec toutes ces ressources matérielles vous manquez de l'ingrédient qui ne coûte rien et qui donnerait du goût à toutes ces choses, du sentiment de l'art. Et, en effet, avec ces excuses on arrive à répandre dans le pays des faïences et des terres de pipe usuelles qui ont une barbarie de formes, de couleurs et d'ornementation digne des peuples en enfance : que dis-je? il y a plus d'art, plus de sentiment de la forme, plus d'amour pour l'harmonie des dessins et des couleurs dans ce qui nous est parvenu des peuples incultes, Celtes, Germains, Gaulois, dans ce qu'on avait apporté à l'Exposition de Londres des forêts de l'Amérique et des déserts de l'Afrique, que dans la vaisselle de nos campagnes. Nos marchands de bric-à-brac vont échanger dans les fermes de la Normandie et du Nivernais des services entiers de faïence neuve contre une seule pièce d'ancienne vaisselle, prouvant ainsi à ces populations, par le meilleur des arguments, à quel point le goût s'est altéré dans nos fabriques.

Nous faisons, il est vrai, mille petits articles, dits de Paris, mieux que tout autre pays ; mais ce n'est pas avec ces babioles qu'on se tient à la tête de l'industrie du monde. Il arrive un jour où la mode adopte d'autres babioles qu'on fait mieux à Berlin ou à Vienne, et notre industrie est aux abois : ainsi les trônes s'écroulent au grand étonnement des rois qui s'y croyaient le plus solidement assis.

N'estimez dans les arts que les œuvres sérieuses et de grand style, dans l'industrie n'appréciez que l'art inspiré par l'originalité puisée à sa source la plus pure; ainsi, dans la littérature, vous êtes-vous jamais enquis du nom des auteurs de ces romans du jour, de ces vaudevilles du soir qui font jaser tout Paris pendant vingt-quatre heures? Non, vous savez que cela pousse sans culture dans le fonds inépuisable de l'esprit français, comme les fleurs naturelles croissent aux champs, comme les gracieuses fougères poussent dans la forêt; il vous suffit de savoir qu'il en faut et qu'il y en a: mais vous cherchez avec sollicitude les grandes œuvres dramatiques, les créations poétiques, les graves histoires, ces puissantes compositions qui mettent la gloire littéraire d'une nation hors de pair.

Est-il nécessaire de poursuivre partout ces symptômes de l'altération du goût? Non, en présentant les moyens de relever le bon goût, je n'aurai que trop souvent l'occasion de signaler le mauvais. Parcourons seulement nos édifices publics, examinons les décorations et les ameublements nouveaux de nos hôtels de ville et de nos ministères; ils donnent le diapason du goût que l'État propage, la mesure du style dont il se fait le patron. Les yeux sont éblouis, l'esprit est dérouté; pas une notion du beau qui puisse s'associer à cette manie de surcharger, d'entasser, d'empiler, de galvauder, d'abuser. Si d'une impression personnelle, rendue exigeante par l'idée peut-être trop grande que nous nous faisons des obligations de la France dans les choses de goût, nous passons à l'opinion d'un corps de l'État qui n'a cependant jamais marqué par des tendances exagérées de style et d'élégance, nous rappellerons qu'hier les chambres de commerce avertissaient notre industrie des draps que les marchandises des Anglais nous étaient préférées partout, en Amérique, parce que nos voisins ornaient leurs pièces avec plus de goût que nous ne savions en mettre aux nôtres. Les Anglais ayant plus de goût que nous! C'est la chambre de commerce qui le proclame, l'entendez-vous?

Après la suppression de la cour et de son excellente direction, la principale cause de l'altération du goût est dans la division de la propriété, et par suite dans la cessation d'abord partielle, aujourd'hui presque complète, de la protection aristocratique. On objecte, il est vrai, qu'on n'a jamais tant construit, peint et sculpté, que jamais les artistes n'ont demandé et trouvé autant d'argent de leurs œuvres; oui, sans doute : mais cette protection enrichit l'homme qui s'est emparé de la vogue; elle laisse mourir de faim l'artiste de talent qui débute, celui dont les travaux consciencieux, les efforts vers un but élevé, demandent un appui. Quel est le Mécène de nos jours qui achète des tableaux avec la ferme conviction qu'ils ne vaudront pas, quand il les vendra, la dixième partie de leur prix d'achat? La libéralité des hommes d'argent pousse les jeunes gens dans les fausses voies où leurs œuvres deviennent des objets de spéculation; l'ancienne générosité des seigneurs les conduisait vers un but coûteux pour les protecteurs, plein d'avenir pour les protégés.

Ce déplacement dans la protection des arts a des inconvénients, des dangers réels, mais momentanés; il se lie à un grand fait moderne, à la transformation de la société par le nivellement des classes, résultat des institutions démocratiques, et par la facilité des rapports, conséquence de la rapidité de tous les genres de communications. Le nombre se substitue à l'élite, une fraternité universelle remplace le patriotisme qui acceptait pour limites les divisions arbitraires de la carte politique. Il n'y a plus de Pyrénées, disait Louis XIV en grand politique et en père affectueux; cette belle parole est devenue le mot d'ordre de l'humanité : il n'y a plus de frontières. Il faut maintenant compter avec les masses, masse de consommateurs, masse de producteurs, et s'attendre à voir un certain niveau d'uniformité s'étendre sur l'art et l'industrie de tous les peuples.

La richesse de notre époque en découvertes scientifiques, la rapidité des communications de toute nature, une certaine libéralité qui prend sa source dans l'impossibilité de rien garder secret, font participer à peu près uniformément les industries de tous les pays aux procédés les meilleurs, aux mécanismes les plus parfaits. Il y a bien des nations, comme l'Angleterre, l'Amérique et la France, qui tiennent encore la corde dans cette grande course dont la vitesse se traduit en bon marché; mais, en général, les nations les plus arriérées regagnent du terrain: l'Autriche, la Suisse, toute l'Allemagne, le Piémont et la Lombardie, les Pays-Bas, la Suède, la Russie même, font des efforts couronnés d'un succès déjà remarquable, et le moment est facile à prévoir où toutes elles arriveront au but. Admirable marche du progrès rêvé par les grands esprits d'un autre âge, réalisé par nous! Si le ciseau ou la navette pouvaient marcher seuls, disait Aristote, les esclaves auraient leur liberté; le ciseau de Colas, la navette de Bonelli, marchent seuls, et les esclaves et les serfs, et l'ouvrier, sont affranchis de toute la partie écrasante de leur labeur; ils travaillent moins des mains et des pieds, ils travaillent de la tête, c'est-à-dire qu'ils la relèvent en se sentant une part de création dans l'œuvre qui concourt au bien-être de tous.

Les cinq parties du monde, reliées entre elles par la chaîne continue des chemins de fer et de l'électricité, gravitent désormais avec ensemble vers le même but, et ce but est élevé. L'envisager dans toute sa grandeur, y marcher résolûment et bien préparé, c'est s'assurer le premier rang, l'autorité, la victoire, dans la grande marche de l'humanité. Quelles sont les armes propres à cette lutte? Une école des arts sans rivale, jetant dans l'industrie les inspirations les plus pures. Ces armes, nous les avions, et nous pouvons les reconquérir, si elles ne sont plus dans nos mains.

L'école française, dans son éparpillement, est arrivée au point de partage où l'on trouve deux routes : celle qui conduit à une renaissance, celle qui mène à une décadence. Avec les éléments d'une forte constitution, la vigueur au départ, le bagage complet du voyage, nous sommes dans un si grand désordre d'idées, dans une telle incertitude de projets, dans ce vague qui côtoie à distance si égale l'ardeur du combat et le découragement de la lutte, que nous pouvons, selon que sera la direction, marcher à pas de géant dans la bonne voie ou nous enfoncer aussi rapidement dans la mauvaise. L'un ou l'autre, il n'est pas permis de rester stationnaire; avancer ou reculer; mais il est un court moment d'arrêt qu'on remarque dans la boule qui, lancée en l'air, a terminé sa carrière ascendante et s'apprête à descendre; elle semble hésiter et regarder autour d'elle avant de prendre ce dernier parti : ainsi l'école française s'est arrêtée depuis dix années, prête à monter, prête à descendre, et cherchant quelle main puissante lui donnera la bonne impulsion.

Il n'est plus permis de demander si le don des arts, c'est-à-dire l'esprit inventif allié au bon goût inné, est une plante particulière au sol de la France, et qu'on ne peut acclimater en aucun autre pays. Cette plante est connue de tous, et elle pousse partout. Comme chaque production de la nature, elle a besoin de culture pour vivre et se développer : laissée à elle-même, elle risque de dépérir ou de dégénérer; soignée habilement, elle grandit et défie la concurrence. Telle est la question vitale de l'avenir des arts et de l'industrie en France, en face d'une concurrence qui s'élève partout menaçante, d'une ardeur générale à ouvrir la lutte, à tenter l'abordage.

Mais comment organiser une direction indispensable, maintenir l'autorité et la discipline, quand l'armée est innombrable; concilier la soumission, sorte d'abnégation de la personnalité, avec la liberté, source de l'originalité; élever l'art aux sommités en l'étendant à la surface, le maintenir pur en l'exposant aux mille alliages que l'industrie lui fait subir? La tâche est difficile; mais si elle était commune, vaudrait-il la peine de l'entreprendre? si elle n'était pas de la plus grande urgence, mériterait-elle qu'on y fît attention?

L'ART EST UN; IL EST LA SOURCE DE TOUS LES PROGRÈS.

Cherchons au milieu de ces circonstances quelle doit être la conduite d'un gouvernement qui veut à la fois le progrès des arts et celui de l'industrie.

L'art a ses bornes, comme l'Océan a ses limites, et cependant l'un et l'autre ont leur grandeur. Dieu a donné à l'homme une âme et la nature, c'est-à-dire le don de création et le modèle de la perfection, la liberté et la règle. Phidias et Raphaël gravissant les plus hauts sommets de l'art ont-ils entendu résonner la parole céleste : *Tu n'iras pas plus loin*, et de ces hauteurs ont-ils entrevu des horizons et des perspectives réservés aux génies plus puissants et plus purs que Dieu créera un jour pour la gloire de l'humanité? Nous l'ignorons, mais nous devons le croire pour lutter avec courage, comme nos devanciers, dans les mêmes sentiers âpres, escarpés, difficiles et charmants.

L'art n'est ni aristocratique ni populaire, il n'est ni industriel ni d'essence supérieure; l'art est un. L'industrie de l'homme, c'est la réunion de ses facultés actives, mise au service de ses besoins; activité intellectuelle pour la satisfaction de ses besoins intellectuels, activité corporelle pour la satisfaction de ses besoins physiques. Les arts, les lettres, les sciences, le vêtement de son corps, l'ameublement de sa demeure, sont autant de branches de son industrie, considérées dans la juste extension du mot.

L'art embrasse donc toute l'activité de l'homme; mais de même que chaque espèce a ses bâtards et ses monstres, l'art devait avoir ses *artistes industriels*. Vous les entendez se plaindre d'être exclus des expositions des beaux-arts, se plaindre aussi d'être *confondus*, dans les expositions de l'industrie, avec des fabricants; ce sont des talents humiliés, des génies sacrifiés, des dévouements méconnus, que sais-je encore? Ah! j'oubliais : des gens médiocres très-vaniteux. Ils demandent des écoles industrielles, des musées industriels, une classe industrielle dans l'Académie des beaux-arts. Ne demandent-ils pas en outre un monument à Chenavard, l'artiste industriel, auquel ils associent d'excellents artistes qui, s'ils n'étaient morts, demanderaient à passer à la postérité par une porte moins étroite.

Ce malaise est momentané, comme l'idée elle-même de parquer l'art en spécialités industrielles, religieuses, militaires, etc., est passagère. Mais, en attendant que ce malentendu soit expliqué, les artistes entrent dans l'industrie comme des victimes couronnées de fleurs, comme des martyrs triomphants, mais en pleurs. Ils se plaignent, et c'est avec raison quand ils ont du talent, d'être repoussés par l'Académie, d'être exclus des honneurs de l'Exposition des beaux-arts; ils se croient, très à tort, même avec du talent, méconnus ou spoliés dans le travail de l'industrie et dans ses expositions. Écoutons-les; ce sont, parmi les plus estimables, les plus sensés qui parlent :

« Les artistes industriels sont plus que méconnus : ils sont « exclus, exclus de l'Exposition des beaux-arts; les portes du « Louvre leur ont été systématiquement fermées de par l'au- « torité des traditions d'écoles, qui datent d'une époque où « la société avait sans doute des métiers, des corporations « d'artisans, mais non cette chose immense qui embrasse le « monde, l'industrie.

« Le sort de ces laborieux missionnaires de l'art est-il meil- « leur à l'Exposition de l'industrie? Leurs œuvres y entrent, « sans doute; mais elles ont changé de nature, elles sont ma- « nufacturées : l'artiste y perd son individualité, et l'œuvre ne « s'appelle plus de son nom; il en résulte pour l'artiste une « position qui le livre à la spoliation des droits les plus légi- « times : il doit perdre, nous ne dirons pas l'espoir de la fortune « et des encouragements honorables, mais jusqu'à la réputa- « tion des œuvres qu'il sait faire. Cette réputation, seule for- « tune de l'artiste, et qui doit être son patrimoine le plus saint « et le plus sacré, est absorbée et comptée au nombre des mé- « rites de l'industrie. Ainsi méconnu dans la république des « arts, où les règlements académiques lui ont refusé le droit « de cité et le diplôme de capacité (quoique pourtant le sen- « timent qui façonne l'œuvre d'un statuaire et celui qui ins- « pire celle d'un artiste industriel s'échauffent au même souf- « fle, s'éclairent au même rayon), notre art se trouve placé, « dans ses rapports avec l'industrie, à l'état de matière pre- « mière, lui appartenant corps et pensée; l'industrie fait la

« baisse sur nos œuvres comme sur toute matière première « laissée à sa discrétion. »

Ces artistes s'exagéraient leur importance et leur infortune. L'art industriel, nouvelle religion dont ils auraient voulu être les grands prêtres, n'existe pas; mais, en même temps qu'ils tentaient de lui donner le jour, le clergé et les fidèles commençaient à ouvrir les yeux, les uns sur le délabrement de leurs églises, c'étaient les plus heureux; les autres sur le mauvais emploi des sommes considérables qu'ils avaient consacrées à la restauration de la maison de Dieu. Ils sentaient, les uns et les autres, que les hommes réellement habiles leur faisaient défaut, et persuadés que l'État lui-même manquait de cette assistance, puisqu'il avait pu dépenser en pure perte 1,200,000 francs à la restauration, je dirai *mieux*, au déshonneur de Saint-Denis, ils se persuadèrent qu'il y avait un *art religieux*, que cet art, n'étant pas enseigné, n'était pas pratiqué, et ils proposèrent la création, dans les bâtiments de l'ancien Temple, d'un institut et d'un musée des arts catholiques. Ils disaient : « En créant un institut spécial pour « les arts religieux, ne serait-il pas possible de former, par « de nouvelles études bien dirigées, une génération d'archi« tectes, de peintres, de statuaires, de compositeurs, de con« tre-maîtres, d'ouvriers de tous genres, de toutes spécialités, « dans les plus hautes régions des beaux-arts, comme dans « celles bien plus modestes de l'art industriel, ayant pour des« tinée de perpétuer en France les traditions des siècles passés? « Pourquoi ne fonderait-on pas à côté de cet institut spécial « des arts catholiques, au milieu de tous ces musées qui font « la gloire de la France et celle de sa capitale, un musée pu« rement religieux, où seraient rassemblés tous les chefs-d'œu« vre des arts appliqués à la religion? Ce serait là, sans con« tredit, l'une des plus belles pages de notre histoire artistique « et industrielle. »

Il y a plus de calme dans le langage, il y a autant de désordre dans les idées. Les artistes voués aux travaux de l'industrie se figurent qu'il existe un art industriel, ou, comme les Anglais le nomment, un *ornamental art;* les membres du clergé sont persuadés que leurs admirables églises, leurs tableaux, leurs sculptures, tout le mobilier de la maison de Dieu, sont le produit d'un art religieux, et, de même que les artistes industriels demandent des musées industriels, ils réclament des musées religieux. Je ne connais pas, depuis les plaies de l'Égypte, de fléau plus malfaisant que cette malheureuse et fausse opinion qui prétend trouver deux arts, que dis-je, un art particulier pour chaque chose, quand le bon Dieu n'en a employé qu'un seul dans toute sa création, quand les nations les plus heureusement douées n'en ont connu qu'un.

L'étude, en vue d'une spécialité, dessèche et atrophie le talent; l'art, dans ses données supérieures, rend apte à toutes les spécialités. Qui dit spécialité dans l'art ne dit pas un art différent, et si l'on peut distinguer des genres distincts, suivant des aptitudes particulières, comme l'histoire et le paysage dans la peinture, comme l'art monumental et l'art appliqué à l'industrie, cela ne constitue pas des divisions dans l'art. Je sais que, suivant l'opinion vulgaire, le grand mur de la Chine élevé entre l'art et l'industrie est l'utilité, l'emploi, la destination pratique des œuvres. Ce qui n'est d'aucun usage, ce qui n'a aucune application possible, en peu de mots, ce qu'on range dans les inutilités, est de l'art, et comme tel devrait prendre le premier rang dans l'estime publique; tout au contraire, ce qui a sa destination, son bût, son emploi, sa raison d'être, est de l'industrie et, à ce compte, placé vis-à-vis de l'art à un rang inférieur: ainsi la cime des monts, qui plane dans le pur azur du ciel, domine le fond bourbeux de la vallée où s'agitent nos misères. C'est là une erreur, un contre-sens, qu'il faut combattre et détruire à tout prix. Si je suivais le même ordre de comparaison, je dirais que l'art est le torrent qui prend sa source dans l'atmosphère radieuse des plus sublimes hauteurs, que l'industrie est ce même torrent devenu calme, large et navigable, portant à la mer les vaisseaux du commerce.

Bizarrerie inattendue! cette distinction de l'art et de l'industrie n'a de force et d'autorité que parce qu'elle est maintenue par les artistes supérieurs, parce qu'elle a pour appui les hommes de lettres. Ils ont dit : Vous n'avez d'autre préoccupation que de gagner de l'argent, vous n'êtes pas des nôtres. Nous sommes des hommes d'imagination, vous êtes des gens d'affaires; nous sommes des artistes, vous êtes des marchands. Ce désintéressement est-il bien vrai? N'ai-je pas entendu parler d'une loi de la propriété intellectuelle qui tarife les opéras : tant pour siffler un de vos airs; qui taxe les produits de l'imagination : tant pour reproduire une page de votre prose et de vos vers au bas d'un journal; qui défend vos tableaux : tant pour les copier et les graver; qui s'asseoit à côté du château construit sur la hauteur et réclame un droit proportionné à la place qu'il occupe dans le paysage que j'ai dessiné. Vous tenez boutique d'œuvres de génie, et vous dédaignez Fourdinois, parce qu'il vend son dressoir, Morel, parce qu'il vend ses bijoux. Ah! j'admets, jusqu'à un certain point, la fierté de l'artiste de l'antiquité et du moyen âge qui, pauvre et désintéressé, portait la tête haute en voyant les métiers exploiter ses compositions, s'enrichir de ses idées. Il se disait avec un juste orgueil : Ce qui me distingue de cette foule, ce n'est pas l'art, nous sommes tous artistes, moi en tableaux et en statues, eux en bahuts sculptés et en orfévrerie ciselée; ce qui me distingue, c'est le désintéressement, c'est la préoccupation unique de ma création et, quand elle est parfaite, son abandon à la grâce de Dieu et au profit de tous, sans réserve de droits et arrière-pensée de lucre.

Reléguons donc ces classifications puériles dans l'antre des vieux préjugés; mais il est une distinction qui subsistera toujours, en dépit de la vulgarisation générale de la science et des arts que je prêche, en dépit de ces lois fiscales de la propriété artiste et littéraire que je réprouve, la distinction du génie et du talent élevé.

Si l'on veut bien se reporter à l'exposé que j'ai fait de la création successive des anciennes institutions protectrices des arts et des résultats qu'elles ont donnés, on arrivera à cette conclusion : 1° l'art a sa vie propre en dehors de la nécessité de ses applications; mais en s'appliquant à l'industrie humaine, loin de rabaisser sa mission, il l'agrandit. La théorie du beau, que Platon a développée dans son *Hippias*, paraît convenir mieux à l'industrie qu'à l'art, et cela seul prouverait combien l'un et l'autre se confondaient dans l'antiquité. Platon définissait le beau : *la complète convenance des moyens relativement à leur fin*. La fin, le but, devaient donc rester toujours présents à l'esprit de l'artiste, comme nous le conseillons à l'industriel, afin qu'une parfaite harmonie se voie, se sente même, entre les matières qu'il a employées, la forme qu'il a donnée, le genre de travail qu'il a adopté et l'usage auquel il destine son œuvre. Mais l'objet d'art n'ayant pas de destination, sa mission étant d'éveiller des sentiments, je voudrais ajouter quelque chose à cette condition subalterne du but, et c'est pour cela que j'indiquerais dans l'article suivant la mission de l'État : 2° C'est l'art dans sa pureté, et non pas l'art appliqué, qu'un gouvernement sage doit enseigner et encourager, parce que c'est à la source qu'une bonne ménagère va chercher l'eau pour l'avoir dans toute sa limpidité; 3° Il n'y a que deux modèles : la nature et l'art grec, l'un et l'autre se prêtant à l'interprétation de tous les sentiments, l'un et l'autre se pliant à toutes les conditions de nos besoins : la nature, image de la perfection; les œuvres grecques, interprètes inappréciables de la nature, modèles à suivre pour l'imiter.

L'art grec, c'est l'esprit raffiné des vieilles sociétés, la grâce étudiée des habitants de la ville, associés à la naïveté d'un enfant, à la simplicité de l'homme des champs. C'est un nouveau sens qui, une fois qu'il s'est emparé de nous, une fois qu'il s'est incorporé dans notre nature, et la séduction est telle que cette assimilation se fait rapidement, nous accompagne en tout, se trahit à travers toutes nos idées. Il importe peu que vous traitiez un sujet mythologique ou historique, que vous traduisiez les scènes les plus ordinaires de la vie et ses occupations les plus vulgaires; il est indifférent que vous fassiez un tableau ou une statue, un pied de lampe, un support de pendule ou un vase de jardin : si vous avez pactisé avec l'art grec, compris dans sa pure perfection et non pas dans ses imitations, une simplicité charmante, une grâce vivante, une réalité gracieuse percera dans toutes vos œuvres.

L'art n'est pas, comme la vapeur ou l'électricité, comme l'aluminium ou la gutta-percha, une invention de nos jours, un élément ou une matière nouvelle; l'art, c'est le sentiment de l'homme qui prend une forme, et il est venu au monde avec l'homme. D'innombrables générations s'y sont employées, et ces générations, préoccupées en même temps de la fragilité des choses humaines et d'un commun désir de transmettre après elles leurs pensées, se sont efforcées de rendre durable ce qu'il y a de plus fugitif : leur goût et leur inspiration. C'est ainsi que se sont élevés les monuments, en formant à travers les siècles l'enchaînement continu d'une même pensée qui grandit en s'épurant, d'une même pensée exprimée de mille manières différentes, si l'on s'en tient aux modifications superficielles, rendue de la même manière si l'on pénètre au cœur. En se plaçant au sommet de l'Acropole d'Athènes, au siècle de Périclès, et en regardant du haut de ce musée de l'art grec, à cette époque de civilisation suprême, on voit les siècles et les générations antérieures s'acheminer, avec de légères déviations, vers ce sommet de l'art élevé à sa perfection. Qu'imitaient-elles? que cherchaient-elles? Elles imitaient la nature; elles suivaient les proportions dont la mesure est dans notre instinct; elles allégeaient des formes trop lourdes, assouplissaient des contours trop raides; elles excluaient ici le colossal, qui n'est pas la vraie grandeur, là le fantastique, association monstrueuse des différents êtres de la création; elles parvenaient enfin, d'épuration en épuration, à une perfection idéale, qui est l'art grec dans sa pureté. Si de cette même Acropole, regardant à travers les deux mille ans qui s'écoulent après Périclès, Phidias et Apelle, l'œil suit l'art et ses monuments, il voit ce même principe conservé, je ne dirai pas religieusement, mais instinctivement, sans suite, il est vrai, et avec de violentes secousses, mais avec persévérance aussi et une singulière constance.

Cette thèse n'a pas besoin de développements pour tous ceux qui réfléchissent sur ces questions, qui ont étudié ces matières; pour les autres, la démonstration serait longue, et l'espace me manque. Ma conclusion est celle-ci : voir la nature dans l'art grec, voir l'art grec dans la nature; se former aux mêmes enseignements qui ont guidé Giotto, Mantègne, Pérugin, Léonard de Vinci, Donatello, Michel-Ange, Raphaël, Jean Goujon, le Poussin, Lesueur, Prud'hon, Ingres.

Voilà donc vos nouveautés! dira la routine; mais c'est vieux comme le monde. La voie que vous nous donnez pour nouvelle, je l'ai déjà parcourue; longtemps avant David, à qui j'en ai montré le chemin, j'étais allé chercher l'antique à Rome, à Herculanum, à Pompeï. Oui, et c'est justement là où il ne fallait pas l'aller chercher. L'étude de tout art à sa décadence est mauvaise; c'est seulement lorsqu'on est maître des ressources qu'il développa dans son premier essor et à sa fleur qu'on peut tirer avec sobriété et discernement quelques ressources utiles des monuments de sa décadence, parce qu'ils nous transmettent, même au milieu de l'altération des formes et de la corruption des moyens d'exécution, des réminiscences du bon temps, rendues précieuses par la ruine des monuments antérieurs. Je ne propose pas en modèle toute l'antiquité; je distingue soigneusement dans ses productions ce qui appartient à sa grande époque et ce qui date de sa décadence ou ce qui provient de ses imitateurs. D'ailleurs, j'en conviens, je ne propose rien d'excentrique, rien de très-nouveau. Le bien n'est pas toujours dans l'innovation; l'expérience et l'étude de l'histoire des arts apprennent au contraire que l'ensemble des générations en sait plus que l'individu, même le mieux inspiré, et qu'il y a à prendre dans les vieilles institutions plus encore qu'à retrancher. C'est prétention vaine que de vouloir faire quelque chose de rien. Dieu seul a ce pouvoir. Pour l'homme, il lui faut reprendre patiemment la voie de la tradition. Malheur à lui quand il la perd ! des siècles se passent avant qu'il s'en forme une autre, et la plupart du temps elle est d'importation; c'est une invasion étrangère. Le médecin habile renonce à créer un nouvel homme; il se contente de renouveler le sang de son malade.

Pour bien juger de l'avenir des arts, placez-vous donc au haut de leur passé : c'est un observatoire infaillible, car ce qui a été sera ce que la fantaisie, la mode, le caprice, ont chassé revient au gîte par la route déjà parcourue; il ne s'agit que de l'y attendre. Le gîte dans les arts, c'est le bon sens, l'instinct du beau, l'amour du vrai, c'est en un mot la nature. Ce que je propose n'a rien de neuf, et que dirait donc la routine si je parlais de littérature? Là aussi je présenterais le tableau d'un certain abaissement, je montrerais la poésie essoufflée, le théâtre abusant de ses dernières ressources, le roman tellement à bout d'ordure qu'il est supplanté par les traductions des romans anglais et américains; et prenant texte de cette décadence, j'offrirais les classiques anciens et modernes comme les vrais modèles. Je dirais : Venez au monde au milieu de ce monde; grandissez avec Homère et Virgile, avec Corneille, Racine et Molière, et quand votre cœur aura battu à l'unisson de ces nobles cœurs, quand votre style sera formé à l'école de ces grands écrivains, cherchez autour de vous la poésie, les sentiments et les situations qui sont comme l'écho émouvant de votre époque et de votre propre cœur.

Ma mission de parler des arts me donne le droit d'intervenir aussi en faveur d'une réforme littéraire, car comment séparer les progrès des lettres du développement des arts, comment refuser de reconnaître qu'ils marchent de front? La littérature et son expression la plus élevée, la poésie, exercent sur les arts un empire incontestable, et qui depuis cinquante ans aurait pu leur être plus utile. Si vous cherchez dans les *Bergeries* de Fontenelle, vous trouvez Watteau; des ouvrages de Winckelmann surgissent David et Flaxman; le style gothique et les tableaux mystiques sont dans le *Génie du christianisme;* les batailles et les anecdotes militaires d'Horace Vernet et de

Charlet avaient été chantées par Béranger; Paul Delaroche a rencontré dans Walter Scott sa veine historique et Ary Scheffer dans Gœthe ses inspirations poétiques; Courbet enfin, le réaliste, n'a consacré un véritable talent à représenter les plus insipides vulgarités de la vie qu'après les avoir lues, longuement décrites dans les livres, devenus populaires, de Balzac et de M. Champfleury.

Si le Gouvernement enseigne et encourage dans ses écoles un art dégagé de toute application, ce n'est pas pour favoriser un art abstrait, indéfini, nuageux, insaisissable. On a dit, il est vrai, que l'artiste n'a toute sa puissance, toute sa force, que lorsque, dégagé des liens qui le retiennent à la terre, il s'élève dans les régions supérieures; mais c'est une erreur à l'usage de la littérature: elle n'est partagée par aucun artiste sérieux, par aucun de ceux qui ont étudié pratiquement les arts et leurs moyens d'action. Tout au contraire, l'art, pour croître et s'élever, a besoin, comme la plante, de plonger ses racines dans le sol. Le terrain, ou la base de l'art, c'est sa raison d'être, sa destination, son utilité. L'architecte dresse son plan et arrête le caractère de l'édifice, quand il en connaît l'usage; le peintre fera sa composition après avoir vu la salle qu'il est appelé à décorer et avoir étudié le caractère de l'édifice, l'esprit qui l'habite, la foule qui y circule; le statuaire sait qu'il dépend de l'architecte, il s'associe à sa pensée en s'harmonisant avec la place et le monument qui recevra sa statue; l'orfévre se rend compte des métaux et des matières qu'il met en œuvre, et de ces conditions elles-mêmes surgit dans la pensée des artistes la meilleure part de leurs inspirations. Quand l'art n'est que le luxe d'une nation, il se ressent du caractère superficiel et conventionnel de tous les luxes; quand il satisfait des besoins religieux ou civils, militaires ou domestiques, il acquiert une physionomie, il prend une consistance, un aplomb, une fermeté qui n'est pas le moindre caractère de sa beauté.

D'ailleurs, où finit l'art, où commence l'industrie? Y a-t-il des natures autrement douées, des études différentes pour former les artistes selon leur destination; et dites-moi, dans la liste sommaire que vous allez lire, où commencera la bifurcation industrielle? Ghiberti était un bronzier, Benvenuto Cellini un orfévre, Bernard Palissy un potier, Penicaud un émailleur, Pinaigrier un verrier, Briot un fondeur d'étain, Boulle un ébéniste, Gouttières un faiseur de meubles. Voyez où cela nous mène : le trépied offert par les Grecs dans le temple d'Apollon ne pourra être considéré comme un objet d'art, parce que c'est un trépied, et la *Joueuse d'osselets* des anciens, l'*Amiral Chabot* de Jean Cousin, la *Sapho* de Pradier, perdront leur caractère et leur mérite d'objets d'art parce qu'ils ornent une pendule.

Point de distinctions sottes et puériles; l'État n'en fera aucune, il enseignera l'art dans toute sa pureté, en mettant sur la voie de toutes les applications qu'il est susceptible de recevoir. Une question plus importante surgit ici : l'État doit-il restreindre ou étendre cet enseignement?

On s'est étonné, effrayé même de l'accroissement continu du nombre des artistes et de la multitude de leurs tableaux, statues, aquarelles et dessins à chaque nouvelle exposition; je m'en suis réjoui. Depuis cinquante ans on entend une foule de niais répéter à l'envi : « A quoi bon une Académie des beaux-arts, à quoi bon une école à Paris et à Rome, des écoles dans les départements? N'avons-nous pas assez de tableaux et de statues dont on ne sait que faire? N'avons-nous pas assez d'artistes qui meurent de faim? » Je leur ai répondu : « Depuis cinquante ans l'industrie française tout entière doit à ces statues inutiles, à ces artistes affamés, d'avoir lutté victorieusement contre la puissance des capitaux, la force des machines, et, plus que tout, contre l'instabilité de nos Gouvernements et les désordres de la rue. Dans cette Académie, dans ces écoles, se renouvellent, comme dans une source intarissable, les principes et les règles du bon goût, qui restent notre arme; et je mets cet intérêt en première ligne, comme étant le plus palpable, car je pourrais aussi parler de la gloire que fait rejaillir sur la France la supériorité de ses artistes, de ses savants, de ses hommes de lettres; leurs œuvres partout estimées, propageant au loin son nom et son influence. »

Laisserons-nous cet héritage se dissiper entre nos mains, cette force s'épuiser dans notre inertie? Aux époques où l'avenir était séparé du présent par des siècles de distance, les sages conseillaient de s'en préoccuper; dédaignerons-nous aujourd'hui ce conseil, quand l'avenir c'est demain? Où tend le progrès général? A répandre dans toutes les classes, avec le bien-être, l'instruction et le sentiment des arts. Cette tendance, rien n'en peut arrêter le développement; le suivre ne serait pas assez, le devancer est votre loi. La protection divine a permis que vous fussiez en avance sur toutes les nations, maintenez-vous à ce rang. La partie la plus intelligente, la plus éclairée de la nation est déjà artiste, faites que la nation tout entière le devienne; si l'on vous dit que l'art ne s'élève qu'emporté par l'inspiration et qu'il n'y a pas de procédé pour créer des hommes de génie, pas plus dans les arts que dans les lettres, vous conviendrez de cette vérité; mais l'extension de l'étude des arts à tous établit une immense base qui empêche qu'un homme de génie puisse rester inconnu, incompris ou négligé. Et d'ailleurs, immédiatement au-dessous du génie règne le talent, et quand le public sera composé d'habiles praticiens, les talents seront d'autant plus distingués qu'ils auront de meilleurs juges. Semez donc partout les bons et féconds enseignements : ce n'est pas la graine d'où naissent les génies, celle-là vient de Dieu; elle est jetée par ses anges, vrais oiseaux du ciel, sans que nous sachions pour quelle cause, dans tel sillon plutôt que dans tel autre, au printemps plutôt qu'en automne; mais l'enseignement des arts, répandu partout, formera comme une atmosphère favorable à l'éclosion du génie, à son développement, à ses admirables fruits. Le génie sera le sommet, le talent et le goût la base; plus loin vous étendez la base de la pyramide, plus haut s'élève son sommet. Le génie, c'est aussi l'élite, et pour avoir une élite, il faut créer une foule. L'élite est l'inconnue exceptionnelle dégagée de la foule; c'est le génie qui sommeille, et que cet appel général va réveiller partout où il est en germe.

Qu'appelons-nous génie, talent, goût des arts? Je veux le dire, pour éviter la confusion dans la grande fusion que je prêche. Voir, sentir, comprendre les beautés de la forme et les expressions de l'âme et avoir la faculté de les reproduire, c'est l'artiste complet, c'est l'homme de génie; voir, sentir, comprendre les beautés de la forme et les expressions de l'âme sans avoir la faculté de les reproduire, c'est le fait des artistes de talent, cœurs généreux qui luttent héroïquement avec la conscience de leur impuissance, qui font des œuvres applaudies de tous, excepté d'eux-mêmes; c'est aussi le fait des amateurs, gens de goût, qui reculent devant la lutte, et se contentent de jouir des beautés de la nature et de l'art avec les heureuses facultés que Dieu leur a départies. Ne rien voir par ses yeux, ne rien sentir au fond de son cœur, ne rien comprendre de soi-même, mais par l'éducation première, par l'habitude de voir les chefs-d'œuvre de l'art, et à l'aide de toutes les ressources d'une intelligence sagace et vive, avoir acquis la faculté imitative des singes, l'agilité des écureuils et des mains de fées; produire sans relâche en copiant indifféremment tout ce qui est à la mode; gagner ainsi le pain quotidien, comme l'ouvrier remplit sa tâche de chaque jour, tels sont les artistes, ceux qu'au moyen âge on appelait si justement *gens de métier,* et qui pullulent, sans faire tort à l'art, en devenant les plus solides appuis d'une industrie supérieure à celle de tous les autres pays. Les 5,000 exposants de 1848, qui doivent être augmentés de quelques centaines de collègues aujourd'hui, et se monter à bien près de 6,000 artistes, peuvent être ainsi répartis dans ces trois classes : 5 hommes de génie, 100 artistes de talent, 5,895 ouvriers plus ou moins habiles, en architecture, peinture, sculpture et gravure. Dans le monde lettré, ferai-je tort à quelqu'un en comptant aussi 5 hommes de génie, 100 écrivains de talent, 5,895 ouvriers de littérature, n'écrivant ni mieux, ni plus mal que ceux qui ne se font pas imprimer, écrivant pour vivre?

Des esprits moroses s'effrayent de cette extension et de ces chiffres; ce qui m'effrayerait plutôt serait l'impossibilité de les centupler, car je ne connais pas pour les arts et les lettres de plus noble stimulant, de plus nerveux encouragement qu'un public délicat, éclairé dans son enthousiasme, compétent dans ses jugements. Pour l'industrie, l'avenir du progrès sera atteint quand des artistes supérieurs se feront industriels, quand des industriels intelligents seront artistes : une fusion intime de l'inspiration et de l'application, une association étroite entre l'imagination de celui qui invente et la main de celui qui exécute; association qui seule peut calmer la fougue de l'esprit, seule ennoblir et relever le travail de l'outil; association qui surtout maintient dans une juste proportion la part que l'industrie doit faire à l'art, la part que l'art doit faire à l'industrie pour que le meuble reste un meuble, en devenant un chef-d'œuvre.

De sinistres projets ont été conçus à diverses époques, de lugubres menaces ont été prononcées bien souvent; on répétait tout bas : « Le Gouvernement veut diminuer le nombre des artistes; il découragera cette jeunesse qui se jette aveuglément dans la carrière des arts; il ne veut plus de médiocrités; il restreindra les expositions; il réservera ses commandes aux grands talents. » Je n'accuse les intentions de personne; on se trompe, et voilà tout, mais cette erreur d'appréciation crée une tendance déplorable. Si vous n'admettez pas l'heureuse influence des arts, protégez les familles contre les entraînements de leurs enfants; fermez vos écoles, ou du moins n'en entr'ouvrez la porte que juste assez pour qu'il n'y entre que le nombre d'architectes, de sculpteurs et de peintres dont vous avez besoin, comme vous n'admettez à l'École polytechnique et dans la maison militaire de Saint-Cyr que le nombre d'élèves qui pourront obtenir leurs brevets d'officier. Il est vrai que dans les sciences exactes il est facile, au moyen de programmes précis et de boules noires et rouges, de trier avec certitude les supériorités, tandis que les facultés artistes ne se marquent pas au front, à jour et heure fixes, mais surgissent par mille voies, au hasard et du milieu d'une foule de tentatives avortées. Si vous n'abordez pas franchement ce grand projet de faire des artistes de tout le monde, en réservant les grands travaux aux talents éminents, les travaux de l'industrie aux talents moins heureux, les artistes médiocres que vous aurez formés nous demanderont compte d'une carrière qui n'a pas d'issue; vous serez condamné à l'art officiel, aux expositions sans vie ni raison d'être, et aux travaux forcés des monuments perpétuels qui ne s'élèveront à la gloire de personne.

Est-il raisonnable de refuser à l'art cette extension, quand les lettres et les sciences s'y sont prêtées? l'art prétend-il à plus de dignité?

J'entends bien que, pour devenir féconde, cette transformation de l'art devra être modérée et lente. L'esprit de l'individu est novateur, la raison de la société est conservatrice : de là une lutte continuelle, qui fait, de concessions mutuelles péniblement arrachées, les progrès tant vantés de chaque époque. Concessions minimes, progrès lents. Se figurer qu'une invention, une idée, un homme changent tout d'un coup la société, c'est n'avoir étudié ni la marche lente du christianisme, ni l'influence bornée de l'imprimerie, ni la résistance aux principes de 89, ni les effets lents de la vapeur et de l'électricité sur la condition humaine. Toute modification sociale, pour ne pas produire une réaction, doit procéder lentement; mais c'est déjà beaucoup si plus de foi produit à la longue moins d'intolérance, si le goût des arts et leur pratique, répandus comme le goût des lettres et l'instruction, procurent des jouissances générales et élèvent plus haut la pensée de l'homme et les aspirations de son âme.

QUELLES SONT LES CONDITIONS DU PROGRÈS? ÉLEVER L'ART, MULTIPLIER LES ARTISTES, FORMER LE PUBLIC.

Je ne compose pas une mélodie nouvelle, je transpose de la musique ancienne; ce que les esprits libéraux ont obtenu pour l'éducation littéraire de la nation, ce que les esprits rebelles aux innovations ont fini par trouver utile pour les sciences, je demande qu'on l'applique aux beaux-arts; ce n'est pas une nouveauté, un système: c'est l'extension d'institutions reconnues bonnes, et qui fonctionnent pratiquement sur toute l'étendue de la France.

Longtemps on s'est passé de l'écriture, et la société humaine n'en marchait pas plus mal. Homère a composé ses chants immortels sans les écrire, et, s'il les avait écrits, le public qui les applaudissait n'aurait pas pu les lire. Pendant tout le moyen âge l'écriture, comme le dessin de nos jours, a été un talent d'agrément pour ceux dont ce n'était pas le métier d'écrire. Les clercs seuls se chargeaient de ce soin, c'était leur fonction, et, comme en Orient de nos jours, ils écrivaient et lisaient pour les besoins de chacun. Dans notre jeunesse, la classe des écrivains publics, dont les échoppes en plein vent, alors si nombreuses, sont devenues si rares, remplaçait encore les anciens clercs. Aujourd'hui la lecture et l'écriture sont devenues universelles; un homme rougit de ne savoir pas écrire, comme si un acte déshonorant pesait sur sa conscience. Chacun fait soi-même sa correspondance et ses comptes, lit son journal et les manuels de sa profession.

Les sciences ont été pendant l'antiquité et le moyen âge un arcane. Aujourd'hui l'enseignement théorique des professeurs du Conservatoire des arts et métiers a pour auditoire 1,200 praticiens; chaque notion nouvelle acquise à la science, comme si elle se reflétait dans des miroirs intellectuels, va faire surgir de nouvelles idées dans d'innombrables esprits, préoccupés des mêmes recherches, soit par l'intermédiaire des journaux spéciaux, des comptes rendus académiques, soit par la rapidité des communications, les facilités et la multiplicité des rapports, qui mettent chaque jour davantage en contact les hommes de théorie et les hommes d'application, les inventeurs et les praticiens. Aussi les progrès de la science, mis en œuvre dans les grands centres intellectuels comme Paris, Londres et New-York, marchent-ils dans une progression dont la chute des corps peut offrir la règle. En calculant les conquêtes faites depuis cinquante ans, et la puissance qu'elles apportent à l'homme pour faire d'autres conquêtes, on est effrayé de la marche rapide, prodigieuse, étourdissante, de la civilisation matérielle. Les uns acceptent cet avenir avec effroi, les autres avec reconnaissance : je suis de ceux-ci; et considérant l'état de barbarie de nos campagnes, les lents progrès qu'elles ont faits, le chemin qu'il leur reste à faire, je vois avec bonheur le progrès marcher, et je compte avec regret les années qui s'écouleront avant que nos paysans soient assez éclairés pour comprendre et pour utiliser les conquêtes faites dans les centres.

Si l'instruction littéraire, si la participation aux secrets des sciences sont ainsi tombées dans le domaine de tous, pourquoi en exclut-on les arts, qui assouplissent et ornent l'intelligence, qui rendent plus facile la compréhension de certaines beautés des lettres et de certains rapports des éléments de la science les uns avec les autres, qui offrent en même temps un moyen commode d'en conserver le souvenir. L'objection ne peut venir ni de la difficulté de les enseigner, ni du peu d'intérêt qu'il y a à les répandre. Quant au premier point, on dira que le dessin n'est pas plus difficile à apprendre que l'écriture; qu'il l'est moins, puisqu'il n'est pas conventionnel comme les caractères, et qu'il répond à la faculté imitative, innée dans tous les hommes. Quant au second point, l'intérêt est de premier ordre, la perfection des arts et les progrès de l'industrie en dépendent, et le pays qui le premier sera bien convaincu de la portée de cet intérêt fondera les institutions nécessaires pour devancer ses rivaux dans la carrière des arts, moyen assuré de les battre sur le marché industriel.

Le goût des arts s'est étendu dans le monde entier, mais particulièrement en France; et cela tient à une qualité que nous devons à notre vieille éducation artiste : cette qualité est l'atticisme français; ajoutez-y encore un heureux défaut : la vanité du luxe, le besoin de briller. L'homme qui couche dans une soupente a un cabinet meublé de mille superfluités élégantes; la femme qui se dépouille de ses vêtements pour savonner son unique jupon sortira avec un bonnet orné de fleurs, une robe de soie et des bottines vernies. Cet amour du luxe qui se montre et qui se voit est répandu dans toutes les classes de la nation et se trahit en toutes choses. Inutile d'en dérouler le tableau. Tandis qu'un Allemand met sa simplicité solide et cossue partout, un Anglais et un Américain son confort en toutes choses, un Espagnol, un Italien, un Oriental, Turc, Arabe ou Indien, sa soif de faire effet, dans un riche châle, dans de belles armes, de précieux bijoux, toutes fantaisies pour ainsi dire spéciales et réservées au petit nombre, le Français, bien mieux tous les Français, sacrifieront leur dernier écu au luxe voyant et aussi au luxe élégant. Sous l'influence de ces dispositions, la nation entière s'est éprise du goût des arts, de l'amour des monuments, de la passion pour les images, autant de symptômes d'une renaissance populaire à laquelle je voudrais voir l'État concourir de tous ses efforts. Je dis renaissance populaire, car il ne s'agit plus, comme au VIIIe siècle, sous Charlemagne, comme au XIIIe siècle, sous saint Louis, comme au XVIe, sous François Ier, comme au XVIIe, sous Louis XIV, de la renaissance des arts à la cour de France, mais d'une renaissance aussi belle, aussi forte et plus féconde, parce qu'en descendant dans la rue elle s'étend à tout le pays.

Si vous consultez la librairie, j'entends les libraires instruits (la consultation ne sera pas longue) et les libraires commerçants qui jugent des tendances littéraires par l'écoulement de leur marchandise, ils vous diront tous, les uns avec un certain dépit, les autres sans se rendre compte de la cruauté de leur aveu, que les hautes classes ont abdiqué dans le domaine de l'intelligence, qu'elles n'achètent plus les bons livres faits pour elles et tirés à 1,000 exemplaires seulement, tandis que le peuple enlève, arrache et absorbe par centaines de mille les livres médiocres faits pour lui. Toute spéculation de librairie s'adressant au peuple réussit, toute entreprise à l'adresse de l'aristocratie languit, végète et meurt; almanachs de toutes sortes, romans à deux sous, journaux à cinq centimes, volumes de 500 pages à 1 franc qui ne couvrent leurs frais qu'au-dessus de 10,000 exemplaires, tout cela enrichit les auteurs, les imprimeurs et les libraires, tandis que j'aurais honte de citer les noms respectables, les talents éminents dont les manuscrits attendent un éditeur. J'ai pris la librairie en exemple; il en est de même de toutes les autres industries, et c'est un fait manifeste en toutes choses. N'avons-nous pas des cabinets de tableaux, de gravures, de médailles, d'objets d'art du plus grand intérêt, et dont les catalogues de vente font autorité, qui ont été formés par des dentistes, des tailleurs, des droguistes, des acteurs et de petits employés?

Si un enseignement sérieux avait précédé l'invasion de ce goût, si la connaissance du dessin et l'étude des grands modèles avait patroné cette passion, l'influence eût été bonne; mais c'est dans le désordre des idées, dans la confusion des principes qu'on a procédé et que l'on continue à marcher. L'initiation incomplète et fautive de ce public, qui désormais se croit capable de décider dans toutes les questions, nous a donné les juges les plus pitoyables des productions de l'art; son ignorance est fabuleuse, l'autorité qu'il s'arroge dans la critique des œuvres les plus remarquables vraiment extravagante. Des hommes qui ne sauraient pas dessiner une oreille sans lui donner la figure d'une huître, qui ne feraient pas un champignon à le distinguer d'un parapluie, qui ne pourraient pas dire combien ils ont de côtes, ces hommes déclarent imperturbablement que M. Ingres a mal dessiné tel bras, que M. Horace Vernet n'a pas su ajuster telle jambe. Et ce ne sont pas seulement les collectionneurs qui jugent, c'est tout le monde; chacun dans la spécialité de ses affaires ou de ses études ne reconnaissant de compétent que lui et les hommes spéciaux, mais admettant sur le terrain des arts une libre discussion et la compétence universelle.

C'est en cela, plus qu'en toutes choses, que nous différons de la Grèce des beaux temps. On vante ses grands artistes; j'admire surtout son grand public, qui comprenait ses artistes, en même temps que par la fixité et la pureté de son goût il les maintenait dans la recherche exclusive de l'idéal et de la beauté.

Aussi est-il grand temps de s'occuper des consommateurs, après avoir accordé toute l'attention, tous les encouragements aux producteurs. Dans cette question délicate des arts, quand on a formé le talent du peintre et du sculpteur, il n'y a que moitié de la besogne faite, il faut encore former le goût du public qui est le consommateur; car c'est de l'action réciproque de l'un sur l'autre, de celui qui produit sur celui qui juge ou achète, de celui qui juge sur celui qui crée, que résultera le progrès vrai, fécond, durable. Le public acheteur, tel qu'il se compose aujourd'hui, pervertit l'école en l'entraînant dans les déviations les plus fausses, dans les exagérations les plus perverses. Aujourd'hui il applaudira le tableau esquissé et jamais assez lâché; demain il lui faudra de la couleur, mais de la couleur à tout prix; une autre fois il ne demandera que des empâtements, mais des empâtements à tant la livre. La peinture de genre est seule patronnée par lui, y compris le paysage, et il impose partout la réalité dans sa plus grande trivialité, les scènes de la vie quotidienne avec les vêtements du jour et toutes les mignardises que la mode fait valoir.

Quoi qu'on fasse, l'artiste devra toujours compter avec le public; plus ce public sera initié aux beautés de l'art, plus l'artiste pourra s'abandonner sans arrière-pensée à l'étude de la nature et à sa manière originale de la comprendre et de la rendre. Dans l'état actuel des choses, c'est une concession continue, un compromis déplorable. Les neuf dixièmes des artistes regardent le public avant d'étudier la nature, et ils ne la voient qu'avec ses yeux, j'entends toutes sortes de combinaisons factices, de malentendus, de partis pris, de coloris conventionnels, de factures à la mode. Reste un dixième d'artistes fervents adorateurs du vrai et du beau. Mais malheureusement ces esprits convaincus sont le plus souvent des talents médiocres, ou au moins pénibles, qui ne produisent rien d'assez remarquable pour faire rougir ceux qui les laissent mourir de misère. Les gens de talent, d'imagination et d'esprit encensent le pouvoir, c'est-à-dire le public, et s'ils font moins de concessions pour lui plaire que le gros des artistes, ils en font tout ce qu'il faut pour abaisser leur élan et atténuer les plus précieuses de leurs qualités.

De là ce grand rideau monotone, parce qu'il est populaire, tiré sur l'ensemble des productions de l'art moderne, rideau changeant de couleur, de dessin, de mode, suivant chaque pays, mais qui bientôt, comme le chapeau dans les costumes des peuples, exercera son empire trivial sur tout le monde tout à la fois.

Il est donc bien nécessaire qu'une meilleure éducation artiste, en s'emparant du public, guide les amateurs hors des voies de la médiocrité banale par les mille petits sentiers de l'appréciation personnelle et les conduise au vrai talent, à la bonne originalité, à l'art consciencieux et senti, dans ces ateliers paisibles et trop solitaires où la pensée s'épure et s'élève, où se font les vrais progrès, où réside l'avenir. C'est nécessaire, parce que le riche étant lui-même connaisseur, appréciant lui-même l'art à un point de vue particulier, sacrifiera ses habitudes de spéculation à son goût personnel, peut-être même à l'ambition de conquérir le renom de protecteur désintéressé des arts. N'oublions pas qu'un changement s'est fait parmi les élus de la richesse. Il y avait autrefois deux natures de richesses : la révolution ou nos révolutions ont détruit la richesse de naissance; il ne reste plus que la richesse acquise. Entre les deux se creuse un abîme. Le riche qui n'a fait aucun calcul pour le devenir n'a pas la conscience de la valeur de l'argent; pour lui sa fortune est une obligation, rien de plus, l'obligation de soutenir dignement son rang. L'emploi d'une grande fortune de naissance n'a jamais été de spéculer pour l'augmenter, mais de la dépenser noblement. Au moyen âge, un seigneur répandait l'argent autour de lui, distribuait à tous les magnifiques pièces d'orfévrerie et les riches vêtements aux cris mille fois répétés de : Largesse! et ces sacrifices il les faisait afin d'obtenir le renom de libéralité, de tous le meilleur. Ces fières traditions faisaient encore, en 1789, le premier article du code aristocratique : on trouvait dans les châteaux la plus franche hospitalité; dans les hôtels de Paris, qui semblaient des palais, on rencontrait, au milieu d'une existence magnifique, des bibliothèques remplies de tous les beaux livres nouvellement publiés, des appartements décorés de peintures par les artistes vivants et des galeries remplies de tableaux des grands maîtres de l'art; poëtes, artistes, gens de lettres, étaient attachés au seigneur et faisaient partie de sa domesticité, c'est-à-dire de sa famille, alors comme chez les anciens, une et même chose. Les calamités financières qui frappèrent l'aristocratie depuis le système de Law jusqu'au règne de Louis XVI, les iniques spoliations de la Révolution et, plus que tout, l'abolition du droit d'aînesse, ont détruit les grandes fortunes transmises par héritage; il n'est plus resté que la seconde classe de la richesse, la richesse acquise. Je n'en voudrais dire aucun mal; ailleurs, et partout dans ce travail, je montre le besoin que les arts ont de son appui, et je développerai même avec complaisance toutes les espérances qu'ils doivent fonder sur son concours quand il sera plus éclairé; mais il est impossible, dans l'état actuel des choses, de ne pas remarquer que son intervention dans les arts n'est que calcul et spéculation, de ne pas être effrayé de l'influence désastreuse de cette impulsion. Sans être très-vieux, je me rappelle encore avoir vu des amateurs commander des tableaux comme on les commande quand on pense plus à l'art qu'à soi-même; ils mettaient à la disposition d'un artiste une somme d'argent et lui disaient : Faites-moi un tableau, une statue, un meuble ou un bijou. J'ai entendu aussi depuis lors bien des plaintes, soit que les artistes n'aient pas apporté dans leur travail toute la conscience que ces nobles procédés avaient droit d'attendre, soit que, conformément au cours naturel des choses, ils aient moins bien réussi pour l'objet auquel ils appliquaient tout leur zèle que pour les œuvres créées selon la fantaisie du moment et vendues au hasard; tant y a que si les rares amateurs désintéressés ont supporté sans regret cette conséquence de leur générosité, la génération qui les a suivis s'est instruite à leur expérience et n'a plus voulu d'une protection qui faisait partager au protecteur les chances de non-réussite supportées par l'artiste lui-même. En effet, la fortune acquise ne connaît aucune obligation : elle a bien entendu vaguement parler de ces traditions de grand seigneur qui ouvrait sa bourse aux jeunes artistes dont le talent avait à peine vu le jour, aux jeunes poëtes dont les vers n'avaient encore aucun écho, qui jetait en un mot son argent par toutes les fenêtres des nobles dépenses; mais elle ferme l'oreille à ces vieilles histoires de sa nourrice, elle veut du luxe voyant et des acquisitions d'objets d'art dont la valeur soit aussi bien garantie que toute autre valeur industrielle et participe de leur hausse et plus-value.

Y a-t-il un moyen de faire dévier ces tendances ? Aurons-nous la prétention de rendre l'homme meilleur et d'épurer son cœur uniquement pour que les arts soient mieux protégés ? Nous n'entretenons pas de si folles espérances, mais nous croyons que la sagesse consiste à tirer parti des positions et qu'on peut pousser la richesse à de bonnes acquisitions et faire tourner ses achats en utile influence, en lui prouvant seulement que, de même qu'un homme bien informé gagne à la Bourse immanquablement, un amateur éclairé doit forcément gagner s'il porte sa spéculation sur les objets d'art. De là une nécessité de se faire une éducation artiste, afin de pouvoir mépriser la mode ou la cote du jour pour écouter les conseils sages et suivre les bons principes qui sont la cote du lendemain. En effet, si, comme tout le fait espérer, le public se forme, les gens qui aujourd'hui remplissent leurs salons de médiocres tableaux, parce qu'ils sont en vogue, seront considérés comme aussi mal inspirés que ceux qui chargent leurs portefeuilles d'actions véreuses, parce qu'elles sont en hausse; il doit arriver et il arrive un moment où ces tableaux et ces actions n'auront pas la moindre valeur, tandis que l'amateur exercé achète les tableaux et le spéculateur les actions auxquels un avenir de vogue est indubitablement réservé. Ce n'est donc pas un rêve que la possibilité, non-seulement de modifier le goût du public influent, mais même de l'intéresser à cette modification, à ce perfectionnement qui sera le ressort de la nouvelle renaissance de nos arts et de notre industrie. On ne saurait trop insister sur ce point.

Dans ma manie de propagande du bon goût et de ce que j'appelle les notions du vrai beau, j'ai causé avec nos fabricants et je les ai trouvés plus avancés, mieux préparés que le public; ils me comprenaient, acceptaient mes conseils, reconnaissaient que mes principes étaient aussi fondés qu'ils pourraient devenir féconds; ils me montraient même, sur leurs propres cheminées, dans leur ameublement particulier, des objets d'art d'un goût plus pur et tout différent de ce qu'ils fabriquaient, et puis ils confondaient toute mon argumentation avec cette horrible remarque qui retentit à mes oreilles, comme un anathème jeté sur notre génération : « Si je suivais vos conseils, ma clientèle m'abandonnerait, les marchandises s'accumuleraient dans mes magasins, je serais ruiné avant un an. » Et ces appréhensions avaient leur fondement; l'industrie a souvent poussé le public plus vivement et dans un meilleur sens qu'elle n'a été stimulée ou même suivie par lui. Des fabricants, hommes de goût, se sont avancés et, comme ces généreux officiers que leurs troupes ne suivent pas au feu, ils se sont trouvés isolés, abandonnés, avec les huissiers à leur poursuite.

En fait, l'industrie est dépendante du public : ce n'est pas elle qui achète, c'est elle qui vend; ce n'est pas elle qui peut faire la loi, car elle sollicite la faveur de tout le monde; c'est elle qui obéit à la loi imposée par tous. Je prendrai en exemple l'ébénisterie de laque et de nacre de perle. On exécute avec ce procédé des peintures flamboyantes, et on obtient des effets de final d'opéra imitant ces feux de Bengale qui viennent éclairer les décorations au moment où la toile se baisse. Des panneaux entiers de ce genre de peinture sont destinés à tapisser les murs des appartements. Irez-vous conseiller au commerçant, qui gagne honorablement sa vie dans cette industrie, de la supprimer, parce qu'elle est d'un goût détestable dans sa donnée première comme dans ses applications? Lui direz-vous que M. Ingres, fût-il coupable des plus grands crimes, ne mériterait pas d'être condamné à habiter entre quatre parois ainsi décorées? Il ne vous croira pas, et ses livres lui prouveront que vous êtes dans l'erreur, puisqu'une foule de gens haut placés payent très-cher pour se donner le plaisir que vous appelez un supplice. Adressez-vous à sa clientèle. En effet, le fabricant est un écho qui répond au bon goût ou au mauvais goût des acheteurs par des productions de bon ou de mauvais goût. Faire du bon goût, sans y être sollicité par la demande, serait sublime; mais, industriellement parlant, ce serait d'un niais, et l'envie en a vite passé à ceux qui l'ont tenté.

Un gouvernement peut et doit prendre cette initiative. De sa part, suivre les mauvaises tendances serait aussi coupable, au point de vue élevé de sa mission, que d'empoisonner les puits et les fontaines, car ce serait empoisonner le goût; mais donner l'impulsion au bon goût, au prix de grands sacrifices, facilement supportés par la caisse commune, c'est de la sage et prévoyante administration.

Ainsi point de doute, point d'hésitation; avant de former le goût des fabricants, occupons-nous de l'éducation du public. Là est la planche de salut. L'industrie ne doit connaître qu'une chose, la demande de celui qui achète. La terre du bon Dieu produit suivant ce qu'on sème dans les sillons, et rend le blé dont le laboureur a répandu la semence; si le public sème de l'ivraie et des chardons, pourquoi exiger que l'industrie rende du froment et du plus beau et du meilleur? Encore une fois, faites l'éducation du public, les artistes surgiront du sein même de l'industrie ainsi sollicitée, et les industriels seront en mesure de répondre à de nouvelles et plus judicieuses exigences.

Au demeurant, l'intelligence des choses de goût n'est plus un arcane, un saint des saints, où se tiennent barricadés les grands prêtres d'impénétrables mystères. La religion, les lettres, les sciences, les arts, ont bien été successivement escamotés par quelques gens adroits qui ont maintenu le peuple dans l'ignorance, sous prétexte qu'il était incapable de profiter de l'initiation et trop disposé à en faire un mauvais usage; mais les progrès de l'humanité, avec l'assistance de Dieu, ont eu raison de ces entraves. Le christianisme a vulgarisé le culte de Dieu, l'imprimerie a vulgarisé les lettres, les vrais savants ont vulgarisé la science; l'industrie, c'est-à-dire le génie des arts appliqué, s'apprête à populariser les arts.

En est-on moins sincèrement religieux, pour l'être en communauté avec son prochain; moins profondément lettré, parce qu'on lit son Cicéron et son Virgile imprimés, en même temps que cent mille autres lecteurs, au lieu de le posséder manuscrit avec dix ou douze collègues; moins profondément savant, pour l'être plus pratiquement? Les arts, enfin, perdront-ils quelque chose de leur élévation pour avoir abaissé leurs regards sur la foule; auront-ils amoindri leur sommet en étendant leur base? Certes non.

La piété dans certaine direction, l'étude chez certaines natures, ont besoin de recueillement et de silence; tel ne peut prier que dans la sombre crypte, tel autre n'élève son âme à Dieu que dans la nef, à ce moment du jour où le soleil, comme une émanation divine, inonde l'église de flots de lumière, transformés par les vitraux en rivières de pierres précieuses. Ainsi des savants : tel n'est maître de sa pensée qu'en se recueillant dans son cabinet, au milieu de ses livres; à tel autre il faut la chaire, le bruit des applaudissements, la foule des élèves réunie dans le laboratoire. Ainsi des artistes : à l'un l'atelier aux portes verrouillées, où le chef-d'œuvre s'enfante dans le silence et s'accomplit en cachette; à l'autre, les portes grandes ouvertes, le projet annoncé tout haut et discuté avec le premier venu, l'idée conçue dans le bruit, ébauchée devant la foule et terminée au milieu de ses applaudissements; le grand artiste puisant la vie et la chaleur dans cette communication libérale, dans ces retours sympathiques. Vous ouvrez l'église catholique, non pas seulement aux heures du prêche comme les protestants, mais comme dans toutes les religions orientales, qui sont nées du sentiment autant que des combinaisons de l'esprit, vous les ouvrez à toute heure pour qu'elles accueillent toutes les dispositions pieuses. L'art est une religion : laissez ses portes ouvertes à tous. Popularisez-le et cependant respectez les tendances : la piété de Fra-Angelico, de Lesueur, de MM. Overbeck et Orsel, la sombre conviction de Michel-Ange et du Poussin, le mystère de M. Ingres, le besoin de jour et de popularité de Raphaël, de Rubens et de M. H. Vernet, sont autant de caractères différents convergeant vers un but semblable. Soyez certain que votre action généralisatrice éveillera le génie partout et ne l'entravera nulle part; car le génie suit sa voie, et, dans la grande armée de la civilisation, il est plus discipliné qu'on ne le croit à première vue. Les uns se font chefs, les autres simples soldats, et tous les grades se remplissent par l'ordre d'en haut qui retentit dans la conviction de chacun. Ne craignez donc rien pour les études sérieuses, pour les entreprises désintéressées. Il y a et il y aura toujours, dans la science et dans les arts, des sentiments cupides, des aspirations prosaïques et ambitieuses; il y aura en même temps des prodiges de dévouement et d'abnégation.

L'éducation artiste de la population entière est devenue plus indispensable, au point de vue industriel, depuis que la capitale chasse chaque année de sa grande ruche des branches entières de fabrication. Paris n'aura bientôt plus que la direction d'une vaste industrie dont les usines actives seront répandues dans toute la France. Du centre partiront les modèles, le goût et l'impulsion générale; dans la circonférence on demandera des populations intelligentes et déjà préparées aux choses de goût pour pousser l'œuvre jusqu'à sa perfection.

Le pays est préparé à admettre la nécessité de cette éducation artiste; il comprendra bientôt que si lire, écrire et compter sont aujourd'hui une condition obligée de tout avenir, de tout établissement, demain dessiner sera une garantie de succès dans plusieurs carrières honorables, une facilité immense dans tous les métiers, le germe et le ressort d'une brillante fortune et d'une position enviable.

Ce qui s'est fait jusqu'à nos jours de conspirations sourdes, adroites, persévérantes, contre les dispositions artistes d'enfants heureusement doués est vraiment prodigieux, et on s'étonne qu'en dépit de ces menées qui appellent à elles toutes les ressources, depuis le dédain général professé pour tout ce qui tient à la carrière d'artiste jusqu'à la porte fermée à tous ceux qui s'y dévouent, depuis le bonbon donné à condition qu'on ne dessinera pas sur son cahier ou sur sa table jusqu'à la malédiction paternelle qui menace le jeune homme à son entrée dans l'atelier du maître, on s'étonne, dis-je, que des vocations aient osé se faire jour. Si l'on étudie cette situation, on remarque combien elle est fausse et funeste, car ce ne sont pas les vocations les plus vraies, les plus fécondes, les vocations d'avenir qui persistent, mais des vocations de gagne-pain, d'esprits dissipés, de natures incapables d'études suivies. La carrière des arts se remplit ainsi de jeunes gens partis des derniers rangs de la société, et qui se sont formés à grand'peine des dehors de distinction. Sans instruction première, car ils n'ont pas fait leurs classes; sans éducation, car dès l'enfance ils ont échangé leur famille contre la Bohême des ateliers; sans études suivies, car toutes sortes d'obstacles financiers les ont entravées; sans conviction, car ils l'ont vendue pour vivre, ils se traînent dans les banalités du jour et rabaissent l'art au lieu de l'élever. Les vocations réfléchies, nées au milieu de l'aisance et dans toutes les conditions favorables à l'étude et à la réflexion, cèdent aux sollicitations d'une mère, aux volontés d'un père, et transportent avec regret et résolution de hautes facultés artistes dans d'autres voies. Ces jeunes gens deviennent notaires, avoués, commerçants; ils sont perdus pour l'art, et ce n'est pas une compensation si, toute leur vie, ils sont distraits et comme dégoûtés de leurs monotones occupations par les rêves de leur jeunesse et la conviction que de grands succès les attendaient dans la voie qu'ils n'ont pas suivie.

La carrière des arts doit être réhabilitée par la conviction générale de sa valeur et de son importance, valeur morale aux yeux des hommes d'imagination, importance politique et commerciale aux yeux des gens positifs. Que cette carrière s'ouvre désormais aux jeunes gens que l'aisance de leurs parents peut conduire, dans l'atelier du maître, après de bonnes études classiques qui meublent la tête, après une éducation morale qui ennoblit le cœur, après de fortes études du dessin qui forment le goût, et la carrière de l'artiste sera, au lieu d'une existence vagabonde, une noble profession, côtoyée par ce qu'il y a de plus moral dans la vie et de plus distingué dans l'esprit; carrière qui se continuera dans le bien-être, qui facilite l'étude, qui repousse les concessions faites par les convictions les plus fortes au besoin de plaire au public, et qui permet de suivre librement sa voie en gardant son originalité. Cette carrière des arts, ainsi ouverte à tous, même aux jeunes gens riches, instruits, nourris aux enseignements de la morale, de l'honneur et des bonnes manières, me semble étendre l'horizon de l'avenir et fortifier nos espérances.

Ce qui n'est pas encore dans les faits pour ainsi dire plane dans l'air; il est indispensable que le Gouvernement prenne en main cet intérêt et active le mouvement qui se ferait de lui-même, mais trop lentement. J'en vois la nécessité dans toutes les manifestations des arts et de l'industrie, et je ne crois pas me tromper, car dans mes hésitations sur l'avenir que nous prépare le courant des idées, j'ai l'habitude de me tourner vers l'Amérique pour deviner où il nous mène, bien persuadé que, quelle que soit la répulsion instinctive des esprits d'élite pour l'entraînement populaire, la force des choses le fera triompher. Là-bas, à l'ouest, la spéculation s'empare de toutes choses. Avec l'augmentation de la population et du bien-être, avec le principe fécond de l'association, avec l'intervention de la mécanique, avec la force puisée dans les grandes compagnies financières, des ateliers spéciaux pour chaque industrie vont exécuter en grand, pour la consommation de tous et sur des modèles uniformes, ce qu'il y aurait duperie à faire isolément et avec l'originalité propre à une individualité. Pourrons-nous lutter en France contre ce courant industriel? En aucune façon, si ce n'est par l'éducation artiste de la nation entière qui obligera la spéculation à se faire elle-même artiste, parce que le bon goût est d'une exécution plus rapide et moins coûteuse que le mauvais et parce qu'il y va de notre honneur et de la domination que nous sommes menacés de perdre.

Tant que l'industrie sera à la remorque du public, elle sera aussi à sa merci. Quand le public sera réformé, l'industrie française repoussera l'axiome banal : *Il faut travailler pour tous les goûts;* elle ne travaillera que pour le bon goût et ne propagera que celui-là. Je n'entends pas qu'on refroidisse la verve de nos dessinateurs de tissus, de meubles et d'orfévrerie; au milieu du besoin incessant de changements imposés par la mode, ils font merveille; mais de même que dans l'art j'offre une règle, des principes, un idéal et une direction dominante qui ne souffre pas de déviation, quoiqu'elle laisse à chacun le libre essor de son originalité et de son imagination, de même aussi dans nos industries je voudrais la variété, qui est l'âme de la nouveauté, avec un idéal fixe, pur, élevé, qui serait la règle inébranlable du goût dans toutes les transformations de la mode.

Pour atteindre cet immense public, pour élever les arts dans leur sphère la plus pure, pour donner aux industries diverses le degré de perfection dont elles sont susceptibles, il y a trois voies ouvertes à l'action légitime et obligée de l'État :

L'enseignement pratique des arts imposé à toute la nation, comme l'enseignement littéraire, avec les conditions qui sont spéciales à sa nature;

L'enseignement supérieur des arts, réservé à ceux qui consacrent leur vie à cette carrière et ramené aux règles données par les maîtres, dans la voie de l'idéal le plus élevé;

Le maintien du goût public, et qui dit maintien entend une épuration continue.

Réformer tout ensemble le jugement du public, la direction des arts et leur application à l'industrie, c'est une grande tâche; celui qui l'accomplira fera briller dans notre vie un nouveau soleil et ouvrira une grande ère d'activité sociale et de prospérité industrielle. Le moment est propice pour exercer une salutaire domination. Aucune individualité puissante n'entraîne les artistes, aucune mode exclusive ne s'est emparée des goûts du public; chacun flotte au gré du caprice. Le bien-être et la tranquillité publique facilitent le luxe, qui se répand dans toutes les classes et partout; mais ce luxe, qui ne cherche qu'à bien placer sa richesse, manque d'idées et d'invention: il croit avoir tout épuisé, quand il n'a pas même essayé de la grâce alliée à la beauté, de la simplicité animée, souple, élégante, mise au service d'un style sévère.

HABITUDE EN FRANCE DE COMPTER SUR LE GOUVERNEMENT; NÉCESSITÉ DE SON INTERVENTION.

Au moment d'une redoutable concurrence étrangère, quand l'union des arts et de l'industrie peut provoquer une de ces renaissances qui marquent dans l'histoire de l'art, le Gouvernement abdiquera-t-il, laissera-t-il s'égarer et se perdre de si généreuses et fécondes tendances, ou bien, sentant sa force et l'utilité de son concours, se mettra-t-il résolûment à la tête du mouvement, en employant pour le diriger toutes les leçons de l'expérience et les ressources de sa puissance? Tel est, au fond, le sens de tout mon travail.

Abandonnés à eux-mêmes, les arts, au lieu de s'épurer et de s'élever, se corrompent et se précipitent dans les bas-fonds du mauvais goût; tous les petits genres de peinture pullulent, tous les abus de la sculpture de décoration prennent leur essor, la vulgarité envahit l'industrie entière: les lieux publics les plus en vogue, les théâtres ou les jardins dansants les plus courus ne montrent que pauvreté d'imagination, abus de dorures, négligence d'exécution; tout cela associé aux amalgames des styles les plus discordants, aux formes contournées les moins bien proportionnées, défauts d'autant plus choquants que l'éclat des lumières les fait valoir davantage. En sommes-nous arrivés à compter l'éclat pour le sublime de l'art? Au jardin Mabille, au jardin des Fleurs, au parc d'Asnières, dans tous ces lieux publics, on dirait des fêtes entreprises chez les

Peaux-Rouges par l'administration du gaz, et la comparaison est d'autant plus juste qu'il y a dans la monotone extravagance de la danse, à ces deux extrémités de la civilisation, plus d'une triste analogie. Non, il m'est impossible de voir dans les directions diverses de la spéculation particulière les indices d'une civilisation avancée; il m'est impossible de placer là mes espérances de régénération du goût, de me reposer sur ces tendances de bas étage pour redresser le public et les artistes. Y a-t-il plus à compter sur l'aristocratie? Sans aucun doute, ses idées ne sont pas perverties de la même manière, elle a conservé certaines traditions d'élégance, de mesure et de distinction; mais elle est pauvre, et elle ne se mêle plus à la vie publique; eût-elle sa générosité proverbiale d'autrefois, usât-elle de nouveau de cette prodigalité insouciante qui est restée son honneur, il lui manque l'influence qui domine, qui trace la ligne et impose la suite. Comme protectrice des arts, c'en est fait de l'aristocratie. Aussi la France se reconnaît-elle mineure; elle demande à son Gouvernement de lui servir de conseil de famille pour la guider, lui éviter les dépenses inutiles, lui faciliter les progrès qu'elle désire faire. Lui seul, en effet, peut arborer un drapeau et le tenir élevé assez longtemps pour qu'il soit suivi. On citera, il est vrai, quelques exceptions d'une initiative partie de la foule; mais est-il sage d'attendre ces rares apparitions? Nous avons vu, de nos jours, cette influence dominante s'exercer non pas par un souverain puissant, par un seigneur haut placé, par un amateur que la richesse rendait influent, mais par un simple artiste, fils de ses œuvres, qui, timide de caractère, dépourvu d'éloquence et n'ayant ni la vigueur d'un Michel-Ange, ni la puissance officielle d'un Lebrun, ni l'autorité magnétique d'un David, a dominé sa génération et a relevé la dignité de l'art par le seul empire d'une conviction profonde, d'un ferme dévouement à l'art, d'un inébranlable attachement aux mêmes principes, qui sont la recherche du beau et le mépris des succès faciles. Nous avons vu en même temps un autre homme se substituer à toute une institution et, à force de sacrifices, de démarches, de dévouement, devenir lui-même la véritable institution, l'institution vivante. Tel fut cet élève de l'École polytechnique qui, avec un goût musical très-prononcé et une passion de propagande qui allait jusqu'à sacrifier sa fortune, sa santé, sa vie, créa à la fois une méthode, un vaste enseignement organisé et un public musical.

La routine osera-t-elle dire : « Vous voyez bien, à quoi bon fonder des institutions? quand l'homme de la chose se lève, l'institution surgit avec lui. » Un tel langage est une cruauté, car M. Ingres a vécu trente ans dans la lutte et les mécomptes, car Choron est mort à la peine, et son institution est morte avec lui. Si vous supposez au contraire l'enseignement des arts bien organisé et fortement constitué avec l'aide du Gouvernement, ces grands artistes prennent leur place, et loin d'user dans des luttes énervantes les plus précieuses qualités, ils les emploient à faire faire à la France les plus manifestes progrès. Dans l'industrie, je citerai aussi M. A. Lefebure, qui, faute d'une initiative plus puissante, telle que pouvait être celle de l'État, et quand déjà nos dentelles étaient menacées de tous côtés, a transformé le mode de fabrication de toute la Normandie, a régénéré cette industrie et étendu sa réforme à toute la France.

Des hommes de la trempe des Ingres, des Choron, des Lefebure, sont toujours de rares exceptions; ils apparaissent et ils meurent, emportant leur œuvre avec eux, car ils sont l'œuvre tout entière. Un Gouvernement est d'une autre essence; il ne dure pas toujours, il est vrai, mais ses institutions, quand elles sont bonnes, lui survivent à lui-même, et alors calculez leur portée, prolongeant à travers les générations les mêmes principes fixes et la même action féconde. D'ailleurs, l'État ne fait pas tout : il est le protecteur de l'art à sa base et à son sommet; l'industrie se charge des étages intermédiaires. En répandant de bonnes notions dans le peuple, en donnant partout l'exemple, il oblige l'industrie à monter les degrés de l'art; et comme sans aide elle ne parviendrait pas au haut de ce bel édifice, du sommet il lui tend la main. Ainsi, en même temps qu'il encouragera de splendides publications à deux sous et qu'il poussera l'art à ses applications les plus diverses dans un vaste établissement entretenu à grands frais, il se préoccupera des plus belles théories de l'art et des aspirations les plus élevées, entièrement dégagées de préoccupations industrielles. Quand il prendra en main ces graves intérêts dans toute leur étendue, la foule moutonnière le suivra aveuglément, apportant aux arts et à l'industrie le tribut magnifique de sa richesse inépuisable, de ses caprices coûteux, de son luxe insensé. L'aristocratie de la fortune sera en tête de cette foule, car on lui persuadera facilement que l'acquisition des chefs-d'œuvre est une bonne affaire, qu'il y a toujours hausse sur le bon goût, que le mauvais goût seul est ruineux.

On s'étonnera alors, en regardant en arrière, de voir que depuis soixante ans il n'y a pas un intérêt du pays qui n'ait pris des développements considérables, qui n'ait été le sujet des réflexions de l'homme d'État, l'occasion de graves délibérations, de rapports de commissions, de créations de cours publics, d'institutions nouvelles, d'une réorganisation presque radicale, les arts exceptés. Ils ont même moins de protection qu'avant 1789. L'Académie de peinture et sculpture était plus nombreuse; il y avait une Académie spéciale d'architecture qui donnait de l'ensemble au corps des architectes; l'École académique des beaux-arts n'était que le centre d'un rayonnement d'écoles pratiques tenues par tous les maîtres en renom; le nombre des élèves envoyés à Rome n'était pas limité comme aujourd'hui, et seulement la conséquence d'un concours : les libéralités du roi, plus judicieuses, allaient s'augmentant suivant les progrès de la jeunesse. Les écoles de province, qui comptent à peine de nos jours, avaient une véritable autorité, et leurs meilleurs élèves étaient envoyés à Paris et à Rome aux frais des États; les commandes du Gouvernement, comparées au nombre des artistes, étaient plus considérables, sans compter que l'art rencontrait dans une aristocratie riche, éclairée, des ressources abondantes et des encouragements flatteurs. Je ne parle pas de l'esprit judicieux, de la suite raisonnée, de la saine raison qui présidaient à toute cette activité; je m'en tiens aux éléments matériels. Ce tableau provoquera une comparaison attristante; il fera dire que, depuis soixante ans, les arts ont été menés comme des parias. Loin de là, on les a traités comme des enfants gâtés, et c'est bien plus fâcheux. Dans un abandon complet, ils se fussent peut-être suffi à eux-mêmes: si on avait voulu les tuer, ils eussent appris à vivre de leur propre vie; mais on les a entourés de soins maladroits et énervants, un jour on leur a donné des indigestions de commandes, le lendemain ils recevaient des réprimandes et on leur refusait même du pain. D'abord, on leur avait assigné pour précepteur un ministre; on le leur a ôté, et d'intendants en directeurs, ils en sont arrivés au simple chef de division; chacun croit qu'on a au moins choisi pour occuper cet emploi les plus capables de diriger les arts, les mieux instruits de ce qu'ils devaient enseigner; prenez-en la liste! Il est vrai que chaque nouveau titulaire, au lieu de l'éducation des arts, faisait la sienne; mais aussitôt qu'aux dépens du budget, et après mille écoles, il arrivait à savoir distinguer à peu près les artistes vrais des artistes intrigants, les bonnes méthodes du charlatanisme, les projets féconds des projets creux, un nouveau ministre arrivait et mettait le directeur à la porte. Il serait vraiment original de montrer une France artiste, non pas, comme on le croit à l'étranger, par le fait de ses institutions intelligentes, mais en dépit d'une négligence complète de la grande cause de l'art. Entrons à la Sorbonne ou au collége de France: cinquante professeurs du haut de leurs chaires tonnent du grec et du latin, de la physique et de la chimie, de l'éloquence de tous les genres et de la littérature de tous les peuples; cherchez celui qui décrit les chefs-d'œuvre des écoles, écoutez la parole sympathique qui analyse les beautés, qui fait comprendre le but élevé, les jouissances délicieuses de cette puissance créatrice qui s'appelle l'art; demandez la chaire d'archéologie, la chaire d'esthétique et d'histoire de l'art moderne: vous entendrez le silence, vous verrez le néant, et ce n'est pas faute d'auditeurs désireux de s'instruire, faute d'hommes capables de parler éloquemment sur ces belles matières; c'est oubli, c'est indifférence.

En dépit de cette déplorable éducation, l'art français, comme un vigoureux garçon, a grandi; il y a bien du désordre dans ses idées, les aspirations les plus incohérentes agitent son âme, des projets discordants remplissent son cerveau, mais il a de la vie et du bon vouloir; toute ressource n'est donc pas perdue, si vous refaites cette éducation avec amour et avec suite, en traitant l'art comme un être sérieux et en le jugeant digne de quelques sacrifices.

LA PROSPÉRITÉ DES ARTS EST UNE FORCE POUR L'ÉTAT, UNE GLOIRE POUR LE PRINCE.

Les arts en valent-ils la peine? Au point de vue commercial et matériel nous avons mis la question hors de cause; existe-t-il quelque doute sur la gloire qu'ils donnent au prince, à la nation, aux individus? Je me demande ce qu'il resterait de Côme Ier de Médicis et de Léon X, s'ils étaient abandonnés par les poëtes et les artistes à la froide logique de l'histoire. Je ne passerai pas en revue toutes les têtes couronnées. Je n'étends pas mes regards hors de France; mais je lis Rœderer. Ce fanatique de haine a écrit contre François Ier un livre abominable. Le libelle est habile, et il rabaisserait le noble souverain au-dessous de ses petits-fils, si les arts et les lettres ne le protégeaient pas contre tous les pamphlets. Avec l'épée de Marignan et de Pavie, avec le cortége de Ronsard et de Clouet, de Léonard de Vinci, d'Andréa del Sarto et de la pléiade entière, François Ier reste à tout jamais un grand roi. Louis XIV a traversé son règne de bien des faiblesses; l'histoire, non pas celle qui s'écrit, mais celle qui se sait par cœur, les lui pardonne toutes en raison de la plus grande, sa faiblesse pour la beauté, les lettres, les arts et la magnificence. C'est que le temps efface la trace des détresses financières, il cicatrise les blessures des défaites militaires, et la postérité ne conserve le souvenir que de ce qui laisse sa trace sur la voie publique et une trace digne de respect. Elle dédaigne les apothéoses les mieux justifiées, quand elles sont médiocrement peintes ou pauvrement sculptées; elle applaudit les monuments commémoratifs de gloires, même suspectes, quand le mérite de l'œuvre est manifeste.

Il appartient aux époques mémorables, aux souverains habiles, aux grandes nations, de marquer par les œuvres d'art, mais seulement par des œuvres parfaites; car la perfection, d'essence divine, est seule immortelle. Croire qu'on s'impose au temps par l'ampleur des monuments, par la rapidité de leur construction, par la richesse des sculptures et l'éclat des dorures, c'est une erreur. Les pyramides d'Égypte sont restées anonymes, tandis qu'un petit temple redit le nom éternel de Périclès, et une façade du Louvre, de la largeur de trois fenêtres, suffira, à travers tous les siècles, à la gloire de François Iᵉʳ.

Le luxe des arts coûte bien peu à une nation. On en est étonné, quand on le compare aux dépenses que lui imposent son armée, sa marine et la guerre, cette gloire ruineuse. L'argent dépensé à Versailles, à Trianon, à Marly, est considérable sans doute; mais il passe inaperçu quand on en compare le chiffre aux trésors dévorés par les guerres de Louis XIV.

Si les arts sont glorieux, s'ils coûtent peu, quelle bonne influence n'ont-ils pas! S'agit-il d'un peuple neuf: ils sont les grands civilisateurs, et je ne connais pas de pionnier plus hardi, plus séduisant, plus patiemment actif. Sans doute la religion et la morale, l'écriture et la lecture dégrossissent l'homme; mais il est réservé à l'art d'assouplir sa nature et de développer ses instincts les plus élevés. S'agit-il d'un peuple vieilli dans la civilisation: c'est dans les lettres et les arts qu'il trouvera ses plus purs enthousiasmes, ici pour ennoblir sa liberté et voiler ses fautes, là pour le consoler de son oppression et l'aider à attendre des temps meilleurs.

Une France transformée, un Paris renouvelé, c'est un immense événement; car l'Europe est la poitrine où respire le monde, la France en est le poumon, Paris en est le cœur, et lorsque le pouls lui bat, l'humanité a la fièvre. Faisons que ce pouls ne s'anime qu'au contact innocent des lettres, que sous l'inspiration protectrice des arts, et confions-nous dans nos efforts, puisque le progrès n'a pas de limites. Construisons pour ce progrès indéfini; que notre édifice ne ressemble pas à ces encyclopédies des sciences qu'il faut refaire tous les vingt-cinq ans; étendons sa base, c'est le moyen de le mieux asseoir et de l'élever davantage.

LA VULGARISATION DES ARTS EST-ELLE LA RUINE DE L'ART?

On ne change pas de direction, dans quelque route que ce soit, sans rencontrer des gens qui vous conseillent de prendre à gauche, de prendre à droite, d'éviter les marais, les fleuves, les montagnes; selon eux, il n'y a qu'obstacles et impossibilités. Si vous écoutez tous ces avis, le découragement vous saisit et vous rebroussez chemin; si, au contraire, confiant dans la direction que vous suivez et dans votre étoile, vous marchez de l'avant, la grande voie des innovations s'ouvre devant vous, large, facile et déjà aplanie par les bons esprits. Ne nous disait-on pas que la pisciculture était un passe-temps du membre de l'Institut qui étudie la nature entière dans la cour du collége de France? M. Coste a laissé dire et il a enrichi notre génération d'un prodigieux auxiliaire. Aux premiers pas de toutes les grandes découvertes, nous avons vu hausser les épaules, hocher les têtes. Hier, c'était la vapeur et les chemins de fer; aujourd'hui, c'est l'électricité; demain, ce sera la locomotion aérienne; et ainsi chaque jour voit s'élever une idée en face d'une masse d'objections. L'idée perce les nuages et les brouillards; elle resplendit sur l'humanité entière; et les myopes de dire aux incrédules : Il faut avouer qu'il fait jour. Il en sera de même de la vulgarisation de l'art.

Je pourrais donc dédaigner ces objections, après en avoir déjà prévenu plusieurs; mais, au risque de me répéter, je les passerai toutes en revue et les combattrai avant de m'engager dans des propositions d'innovation.

On dit d'abord : Pourquoi l'État prendrait-il ainsi l'initiative ? Quelle nécessité de se mettre à la place de tout le monde ? Le Gouvernement n'est pas une vache à lait chargée de la subsistance de tous sur la caisse commune. Qu'il dise aux arts, comme à toute autre branche de l'activité sociale : Aide-toi toi-même; ou tout au plus : Aide-toi, le Gouvernement t'aidera. Les arts vous demandent de ne pas les fausser sous prétexte de les diriger, l'industrie vous prie de ne pas l'entraver avec la bonne intention de la protéger.

Je proteste contre cette objection par vingt-cinq années d'étude et d'observation dans les ateliers de nos artistes, dans les usines de nos industriels et dans les expositions périodiques des uns et des autres. J'admets qu'une part soit faite à la liberté dans l'intervention de l'État, part large et suffisante pour donner jour à toutes les grandes qualités. Quant à cette liberté, qui est l'abandon, le laisser-faire, je ne sais pas de tyrannie plus odieuse, car elle met l'artiste entièrement à la merci du public, et c'est un maître intolérant: de grande peinture, il n'en veut pas; en fait de portrait, il ne connaît que les poupées souriantes dans la gaze proprette et le satin luisant; en fait de tableaux, il n'apprécie que ce qu'il comprend, c'est-à-dire les scènes de la vie quotidienne et la reproduction d'une nature conventionnelle. A ceux qui réalisent pour lui ces données de l'art, il distribue la renommée, les distinctions flatteuses; à ceux qui s'en écartent pour suivre la voie de leur originalité, il n'accorde pas même le dédain, il leur octroie son indifférence. Sous ce régime de liberté, trouvez-moi un homme qui consente à faire de laborieuses études pour peindre des tableaux d'histoire qu'on n'achètera pas, ou des portraits consciencieusement rendus dans leur personnalité caractéristique, et qu'on trouvera enlaidis; ce métier de dupe ne tentera personne.

Un jour le public sera plus clairvoyant, parce qu'il sera lui-même artiste : alors vous abandonnerez à ses encouragements la direction des arts; jusque-là les laisser entre ses mains, c'est les tuer. J'ai donné un exemple récent des conséquences de cet abandon. On sépare la Hollande de la Belgique: dans l'une de ces monarchies, on laisse l'art à lui-même; dans l'autre, on l'encourage par les honneurs qui stimulent l'amour-propre, par les commandes qui soutiennent des débuts difficiles ou des tentatives hardies; l'école hollandaise végète et s'efface, l'école belge prospère, ou plutôt, à peine née, elle a grandi jusqu'à nous égaler.

Ah ! nous y voilà, dira la routine, c'est l'absolutisme dans les arts, la personnalité des artistes sacrifiée à la domination de quelques chefs qui absorbent leur initiative. Si l'école française a, de nos jours, des talents admirés de l'Europe, elle les doit à la liberté dont elle jouit depuis quarante ans, et vous allez de nouveau faire passer sur elle le niveau de l'autorité. N'avez-vous pas assez des enseignements de l'histoire, de l'influence de Michel-Ange et de Lebrun, de l'expérience faite, sous nos yeux, par l'omnipotence de David, qui a passé sur l'école comme un vent desséchant, laissant derrière lui la stérilité et le vide? Et s'il s'agit d'industrie, n'est-ce pas par l'esprit d'invention, par le charme des nouveautés, par la séduction des changements incessants de la mode, que nous luttons avec le monde? Tous les peuples pouvant conquérir à la longue la pureté du style, ils sont assurés, avec le temps, de nous atteindre, tandis qu'avec la mobilité de nos inventions, évolutions, révolutions, personne ne nous devancera jamais.

La réponse n'est pas difficile. S'agit-il des arts : je demanderai pourquoi l'originalité des jeunes élèves serait opprimée par des études sérieuses, par des modèles bien choisis, par les conseils de l'expérience. Quand la population artiste formait une petite colonie, on pouvait exercer sur elle cette domination que vous redoutez; aujourd'hui, le nombre des artistes est si grand, l'esprit d'indépendance qui les anime si turbulent, que vous n'aurez jamais la moindre influence sur les natures insoumises, fantasques et rebelles à toute direction. La domination s'exercera sur les talents réfléchis qui acceptent l'autorité des maîtres, sur les esprits indécis qui sentent le besoin d'un guide; et comme cette domination s'imposera avec sagesse, elle deviendra féconde. Je veux des règles absolues et un enseignement uniforme, parce que ces règles seront déduites de principes consacrés par l'expérience du temps et des grands maîtres, parce que cet enseignement sera la conséquence même de l'étude approfondie du caractère et des dispositions de l'élève. Des règles et un enseignement qui s'adaptent à tous les arts, qui conviennent à tous les artistes, ne sont pas comme ces habits *confectionnés*, qui, parce qu'ils vont à toutes les tailles, font de fort vilains habits; ces règles et cet enseignement n'enveloppent pas le cerveau, ils n'étreignent pas le cœur et l'âme, mais ils s'y insinuent, ils s'y incorporent, et voilà pourquoi ils peuvent être absolus et pourtant se prêter à tout et à tous.

En ce qui concerne l'industrie, l'objection nous place dans un dilemme trompeur dont il est urgent de sortir. Voici comment raisonne la routine : L'ignorance et le mauvais goût du public sont favorables à notre industrie, car qui dit ignorance dit instabilité de goût et besoin incessant, insatiable, de nouveautés; or, comme l'industrie française et ses artistes sont, par caractère, par la nature du talent et par la tournure de l'imagination, les plus propres à toujours inventer avec une souplesse et une grâce qui devancent et écrasent toutes les autres industries, il s'ensuit que, dans cette roue d'écureuil, la France tournera toujours plus vite et plus adroitement que les autres pays; tandis que si vous parvenez, avec les progrès de l'instruction, à créer un type immuable du bon goût, vous entravez aussitôt le mouvement de cette roue; votre type, une fois admis par les arbitres du goût, reste le même, comme dans l'antiquité et comme au moyen âge, pendant des années; la puissance mécanique et l'avantage des bas salaires reprennent le dessus, la puissance du goût et de l'invention particulière à la France perd toute valeur.

Ce raisonnement est spécieux; il n'a aucune force. La pureté du style étant l'idéal du beau, sa poursuite est incessante, et ce noble but reste toujours hors de la portée humaine; pour y atteindre, on traverse mille phases charmantes, et l'imagination, guidée par ce type insaisissable, crée, dans des données toujours plus épurées, d'innombrables inventions inattendues et séduisantes. Dans cette marche du vrai progrès, vous serez toujours en avance, tandis que cette tendance, devenant générale, inspirera partout dégoût et pitié pour cette mobilité de singe qui grimace mille pauvretés réduites à néant par le plus superficiel examen.

Il n'est pas question, comme on voit, de ralentir ce mouvement d'innovations continu qui est le caractère, le mérite et la supériorité de l'industrie parisienne. Déjà, en 1711, la chambre de commerce de Lyon disait, dans une délibération du 11 avril, en parlant de la mercerie, qui comprenait alors, en grande partie, l'*article de Paris :* « Comme il y a apparence « que le génie des François, en ces sortes de gentillesses, n'est « pas épuisé, et que plus de cinquante mille familles, ou pour « mieux dire la moitié de Paris, ne vivent que de cette indus- « trie, laquelle deviendroit sans fruit, s'ils n'innovoient pas « tous les jours, » c'était reconnaître dès lors ce caractère déjà bien ancien d'invention incessante. Nous devons le conserver à tout prix; seulement nous croyons lui assurer permanence et durée, lui éviter de fâcheux écarts et de pénibles mécomptes en arrêtant quelques principes de goût, en fixant quelques règles salutaires; et c'est en donnant à l'art une direction sage que nous atteindrons ce but.

Une objection plus décourageante est celle-ci : la facilité et la rapidité des communications, la grande fraternité des peuples, une tendance générale au cosmopolitisme, ont changé complétement les dispositions morales et les conditions matérielles de l'humanité; les arts et l'industrie en subissent le contre-coup et vont s'effacer dans une vaste uniformité qui engloutit les efforts individuels et les originalités nationales. On passe les Pyrénées, et on trouve au centre de l'Espagne M. Madrazzo, qui peint comme M. Édouard Dubufe; on traverse la Meuse ou le Rhin, et on rencontre vingt peintres qui semblent sortir de l'atelier auquel nous devons M. Paul Delaroche; on s'élance en Italie, et on s'aperçoit que les Alpes n'empêchent pas l'imitation de nos peintres en renom. La Manche est un fossé plus profond que les fleuves, une barrière moins débonnaire que les Alpes : aussi remarque-t-on de l'autre côté de son canal plus d'originalité; mais laissez faire deux ou trois expositions universelles, et le niveau qui égalise tout se rira de l'Océan : il passera sur l'Angleterre et l'Amérique sa monotone uniformité.

C'est parce que je tiens un grand compte de cette situation nouvelle, que je me préoccupe autant de la nécessité de diriger les arts et l'industrie dans un sens nouveau ; toutefois, je l'envisage froidement, étant persuadé que l'homme change bien peu quand tout change autour de lui. Sa nature perfectible est au-dessus de ces modifications et, comme l'arche qui s'élève quand les eaux montent, son âme, dont les arts, les lettres et les sciences sont l'expression, dominera toujours les grands progrès matériels. Loin donc de croire à la ruine des arts et des lettres, je compte sur eux pour maintenir les traits dominants du caractère et de l'originalité des nations, pour guérir, ou au moins pour rendre moins douloureuse, la triste plaie de notre matérialisme. Quand tous les peuples communiqueront facilement par les voies ferrées, quand ils se parleront d'antipode à antipode avec le fil électrique, quand leurs frontières se seront effacées, leurs douanes confondues, quand on ne pourra plus emprisonner Shakespeare dans son île, enchaîner le Tasse en Italie, Camoens à Lisbonne, et arrêter Schiller sur le Rhin, il résultera, j'en suis certain, non pas de la fusion des esprits vulgaires, mais du contact des intelligences supérieures et des expériences longuement accumulées dans chaque pays par son activité nationale, une force nouvelle pour les arts, les lettres et les sciences, qui combineront cette multiplicité d'efforts impuissants dans l'isolement, formidables en faisceau.

Il n'y a pas de danger pour l'avenir général de l'art; y a-t-il une diminution sensible dans nos jouissances?

La paix générale, la circulation rapide de la pensée par l'imprimerie, aidée par la rapidité des chemins de fer, une langue et une littérature universelles, les poids, mesures et monnaies uniformes, un même costume et des mœurs semblables, seraient certainement l'intronisation de la plus triste monotonie, si les arts ne restaient fermes à leur poste pour consoler les humains, pour les réjouir dans l'intimité et leur conserver les jouissances les plus élevées de l'âme et de l'esprit. Faites-en l'épreuve : quand la vapeur vous aura promené à travers les espaces sans laisser une trace de quoi que ce soit dans votre mémoire surchargée; quand l'électricité, en roulant son fil autour de la terre, vous apportera les révolutions du globe de chaque jour et de chaque heure; quand mille autres inventions prodigieuses, accablant votre intelligence, vous auront donné le vertige, les arts deviendront le plus doux, le plus calme, le plus assuré des refuges au milieu de cette tourmente. Vous sentirez le besoin de repos naître de l'immense activité, la soif de se recueillir surgir du sentiment pénible de l'éparpillement. Il y a de la sensitive dans le cœur et dans l'intelligence, la grande fraternité rapproche de la famille et fait goûter les joies du foyer; il semble que plus le monde appartient à tous, plus on est avide de ramasser autour de soi ce qui n'appartient qu'à soi seul. Il se dégagera ainsi de ce vaste public, préparé par une éducation mieux appropriée au progrès, une élite d'âmes qui se mettront en communication sympathique avec les artistes de tous les pays, comme le sont déjà les musiciens avec leur auditoire ubiquiste, les poëtes avec leurs lecteurs partout répandus; comme eux, architectes, peintres, statuaires, aidés par la photographie, qui répand instantanément leurs créations dans toutes les mains, rencontreront partout, et dans les réduits les plus éloignés, des âmes émues qui seront l'écho de leur âme, des amateurs éclairés qui apprécieront leurs inventions avec la connaissance de toutes les difficultés vaincues, avec l'intelligence de toutes les beautés conquises, avec la sympathie inhérente aux mêmes études, sinon aux mêmes succès. M. Cogniet recevra du fond de la Russie des lettres anonymes après *la Fille du Tintoret,* comme M. de Lamartine en recevait après *le Lac;* des âmes tendres voudront épancher le trop-plein de leur émotion dans l'âme qui vient de les électriser; on dira : Avez-vous vu *la Malaria* de M. Hébert? comme on dit : Avez-vous lu *la Résignation* de Mme d'Arbouville? Loin donc de tuer les arts en les répandant partout, cette large diffusion sera comme la cloche qui appelle à l'église le monde croyant; les sons du timbre béni frappent les oreilles de chacun : entendus de tous, ils réveillent chez tous un même sentiment de piété, mais ils ne persuadent qu'un petit nombre de cœurs portés naturellement à la prière et qui répondent à son appel. Tel sera aussi le résultat de cette grande communauté des artistes du monde entier, quand la culture des arts sera étendue à tous.

Je passe à côté d'une objection déjà débattue. La routine dit : N'inspirez pas la passion des arts à des gens qui ne sont destinés ni à avoir du talent, ni à pouvoir l'exercer, s'ils en avaient; enseignez-leur le dessin industriel, le dessin linéaire, cela suffit au peuple; en lui apprenant davantage, vous faites de mauvais artistes, vous détournez de bons ouvriers de leur carrière naturelle.

Je n'ai pas le courage de lutter avec l'entêtement : j'ai dit ce que je pensais de cette niaiserie qui se nomme le dessin industriel; j'ai exposé l'utilité de faire des artistes de tous les ouvriers, de tout le monde; je laisse faire la routine. Où irons-nous, s'écriera-t-elle, si nous créons tant d'artistes, tant de bras inutiles? Insensée! le monde ne suit-il pas la marche envahissante du progrès de la civilisation? L'Europe fait fonction de pionnier dans les contrées incultes du globe; préparez des bras à cette grande œuvre. D'ailleurs, jetez un coup d'œil sur la carte, marquez avec les teintes de notre honorable président, M. le baron Charles Dupin, les pays que les jouissances élevées des arts n'ont pas encore atteints, et vous verrez quelle étendue de contrées nous avons encore à fertiliser. Sans nous perdre dans la terre entière, ne trouvons-nous pas dans l'Europe assez de besogne, et dans la France même combien reste-t-il encore à faire! Vous craignez d'augmenter le nombre des artistes dépourvus de talent, leurs prétentions vous effrayent; faites-en qui aient du talent, les passions turbulentes de ceux-là ne sont pas à craindre. Occupés de leurs beaux rêves, dans leurs ateliers, ils ne vont pas chercher dans la rue une triste réalité; et d'ailleurs, parce qu'un bandit a tué un voyageur avec son couteau, cela fera-t-il interdire la fabrication des couteaux? parce qu'un fripon et un faussaire auront profité de ce qu'ils avaient appris de mathématiques ou de dessin pour mieux combiner l'effraction et contrefaire plus habilement le billet de banque, cela deviendra-t-il un argument contre les sciences et les arts?

Quand on comprendra qu'il est aussi utile de dessiner que d'écrire, on demandera des classes de dessin comme on a demandé des classes de lecture; c'est une affaire de temps, et l'habileté consisterait à ne pas se laisser devancer par les autres. On objecte que la foule est indifférente aux arts, qu'elle n'a ni le temps de les cultiver ni la faculté de les sentir, et que dans le public qui sort de la Comédie-Française il y aura toujours quelqu'un qui se demandera après *Athalie :* Qu'est-ce que cela prouve? A notre tour, nous demanderons : Que prouve cette minorité de sottise? Le goût des arts est un bienfait du Ciel qui vaut toutes les autres jouissances, car seul il les remplace; associé à elles, il les double. Être artiste, c'est sentir ce qu'il y a de beau, ce qu'il y a de noble, c'est la clef d'or qui ouvre les portes de tous les plaisirs et les portes même du ciel, où plane le génie; être artiste, c'est vivre de la vie réelle et de la vie de tous, c'est vivre en outre d'une autre vie qui réside dans l'imagination et qui est réservée à l'art seul. La beauté frappe et étonne tout être bien doué; mais l'artiste seul la comprend et sait, par des déductions infinies, en faire jaillir mille sources d'admiration qui resteront toujours inconnues au vulgaire. Une femme, un site de la nature, l'animal dans sa liberté, les effets variés du jour, aurore ou coucher de soleil, tout cela est la mine inépuisable des jouissances de l'artiste: car pour lui une femme n'est pas seulement la femme, c'est un résumé de tendresse et de passion, de grâce et d'élégance, de poses distinguées, de mouvements assouplis, de démarche noble; le choix de ses vêtements, jusqu'aux plis des étoffes qu'elle porte, tout en elle répond à quelque pensée d'art, à quelque étude, à une création en germe. Pour lui la nature ne se réduit pas à des arbres, ses animaux à des bœufs et à des moutons qu'on mène à la boucherie; il entend des accents dans les bois, il trouve dans toutes les créations du bon Dieu des beautés ignorées des pauvres humains; Athènes n'est pas, à ses yeux, seulement une petite ville poudreuse; l'Attique a pour son esprit le charme rêvé par l'imagination des poëtes; il se plaît dans la campagne de Rome avec le grave historien, au milieu de la tempête avec le marin. Les lugubres désastres qui affaissent l'esprit du vulgaire élèvent son âme par le grandiose, par l'horreur, autant de faces particulières du beau. Un incendie, des inondations, une scène de carnage, la violence des passions, les terreurs du crime, lui sont sujets d'étude et de réflexion. Si Dieu est inépuisable dans sa puissance créatrice, depuis le cèdre jusqu'à l'hysope, depuis le mastodonte antédiluvien jusqu'aux animalcules microscopiques qui vivent dans l'air que nous respirons, l'artiste seul possède la faculté de comprendre cette puissance, de saisir dans une admiration également inépuisable toute l'organisation divine.

La routine n'est pas à bout d'objections décourageantes; elle répétera sur tous les tons que l'anéantissement des aristocraties a tué l'art, sans songer qu'il y a quelqu'un de plus riche que les seigneurs d'autrefois: ce sera tout le monde d'aujourd'hui, du moment où tout ce monde deviendra par l'éducation artiste un monde d'élite; alors l'industrie, *ce qu'on appelle* l'esprit d'association, c'est-à-dire les capitaux de tous réunis au profit de chacun, décorera les salles de café, les salons de concerts publics, les appartements des clubs et les théâtres avec une richesse que l'aristocratie n'a jamais atteinte en y employant vingt fois plus d'artistes qu'elle n'en protégeait; seulement, et voici l'écueil ou au moins l'objection, quels artistes choisira-t-elle? Quel art encouragera-t-elle? Ici, sans doute, je diffère de l'opinion commune : je crois qu'en prenant soin de former le goût de cette aristocratie nouvelle qui s'appelle tout le monde, Ingres, Delaroche, Delacroix et Scheffer ne seront pas de trop grands artistes pour les entrepreneurs de cafés et les directeurs de spectacles. Entre 10,000 francs qu'il faudra donner à un barbouilleur et 50,000 francs que réclamera un artiste en réputation, ils n'hésiteront pas. La première dépense n'aurait aucun retentissement, avec la seconde ils se feront immédiatement une clientèle; l'une exige des annonces ruineuses sur les murs et dans les journaux, l'autre sera la plus bruyante des annonces. On ira au *Café Delaroche,* à la salle de *Concert Ingres,* au *Théâtre Delacroix,* et du premier jour ces lieux publics réuniront une foule de curieux que n'auraient point attirés et que ne feraient pas revenir les plus riches dorures, le gaz le plus éclatant. Si les *Frères Provençaux* avaient demandé, dans le temps, à Papety de leur peindre *le Rêve du Bonheur* sur la paroi de leur principal salon, il ne se serait pas fait une noce à Paris qui n'eût voulu débuter sous la protection de cette promesse poétique; ce beau tableau n'aurait pas été enterré dans une salle basse de l'hôtel de ville de Compiègne, et cinquante autres restaurants auraient rivalisé d'idées gracieuses rendues par nos plus illustres peintres.

Mais, on va dire, comment obligerez-vous ces grands artistes à aller s'installer dans un café pour peindre des panneaux? D'abord, je crois que le temps n'est pas éloigné où les artistes auront secoué toutes les mièvreries modernes, tous ces haut le cœur des aristocrates de l'école; où ils trouveront que, pour le développement des splendeurs de l'art, tout théâtre est bon quand il a un public intelligent, et que le plaisir de parler à une foule innombrable et incessamment renouvelée, curieuse et avide d'émotions, vaut bien le triste honneur de se montrer à des habits brodés, de poser devant des gens blasés, qui bâillent d'ennui et ne vous regardent même pas, sous prétexte qu'ils vous ont vu quelque part. Ensuite, n'a-t-on pas inventé mille moyens ingénieux pour laisser à l'artiste la jouissance de l'étude tranquille, la protection du calme de l'atelier? Les panneaux de bois, montés à coulisses, s'introduisent après coup dans la boiserie; les toiles peuvent être marouflées; on a même inventé un enduit gélatineux qui permet de peindre sur une toile, d'où l'on détache toute la peinture, comme un linge, pour l'appliquer, selon sa destination, sur le mur ou sur le plafond.

Quatremère de Quincy, aveuglé par les préventions de son temps, n'aurait voulu, à aucun prix, fondre les arts avec l'industrie dans une commune action; mais, à son insu, il travaillait à opérer cette fusion désirable, car il comprenait l'absolue nécessité de faire sortir les arts du cercle étroit où ils végètent et de les raviver dans l'atmosphère populaire. Cette page exprime très-bien ce besoin: « La science doit « exister dans les productions de l'art, mais sans chercher à « y paraître; elle peut y paraître, mais ne doit pas se montrer. « Malheur à l'artiste dont le travail n'est pas de nature à plaire « à tout le monde! Les belles choses sont celles qui plaisent « aux savants par le savoir, et, indépendamment du savoir, à « ceux qui ne le sont pas, ce qui signifie que le vrai talent « est un composé de science et de sentiment.

« C'est fausser la destination morale des arts et de leurs « ouvrages que de leur donner pour but unique celui de satis« faire les savants, ce qui, en définitive, signifie exclusivement « les artistes eux-mêmes. Mais les ouvrages des arts ne sont « point faits pour les artistes. J'irai jusqu'à dire que si ceux-ci « pouvaient être seuls juges de leurs travaux, seuls arbitres de « la bonté des productions, seuls organes de l'opinion en ce « genre, les arts et le goût y perdraient plus qu'on ne pense.

« Ceci a besoin d'explication. Rien ne semble effectivement « plus désirable aux artistes que de travailler pour ceux qui « sont le plus en état d'apprécier leur talent. J'en conviens, et « j'avoue encore que le suffrage des artistes serait le seul équi« table, le seul digne d'envie, si tous réunissaient le mérite « de la science et le don du sentiment; malheureusement, « l'expérience prouve que la réunion des deux qualités est le « partage du petit nombre. Bien plus, il faut dire qu'il est dans

« la nature des artistes de juger en artiste, c'est-à-dire de faire « prévaloir dans leurs jugements, comme dans leurs ouvrages, « le mérite du savoir et de l'exécution. Au contraire, il est « dans la nature du public ou des hommes étrangers à la pra- « tique des arts d'y considérer et d'y applaudir par-dessus tout « les qualités qui correspondent au sentiment.

« S'il devait donc arriver que les artistes fussent obligés de « ne travailler que pour les artistes et dans la seule vue de « plaire aux savants, ou je me trompe fort, ou la partie de la « science et de l'exécution serait bientôt la seule en considé- « ration. L'obligation de satisfaire des juges si habiles à dis- « cerner les fautes ferait qu'on n'oserait point s'exposer à en « commettre; que, renfermé dans une timide circonscription, « on redouterait de se livrer à ce sentiment, qui souvent ne « produit les grandes beautés qu'aux dépens de grands défauts; « qu'on dirigerait ses efforts vers la pratique d'une exécution « péniblement étudiée; qu'on perdrait de vue peu à peu et « le but moral des arts et les routes qui y conduisent; qu'en- « fin on ne ferait plus que des morceaux d'étude.

« A tout prendre, il me semble plus avantageux à l'art que « l'artiste soit obligé de travailler pour ce qu'il appelle les igno- « rants (ou le public), c'est-à-dire pour des juges qui veulent, « avant tout, être affectés moralement. Ne pouvant plus alors « regarder l'étude et la science comme l'objet unique de son « ouvrage, il apprend à les employer ainsi qu'ils doivent l'être, « comme des moyens dont la valeur dépend de l'effet qu'ils « produisent. Alors, il ne borne plus l'emploi de la science et « de l'étude à faire montre d'étude et de science; mais elles « deviennent pour lui ce qu'elles sont réellement, un des « ressorts de cette puissance imitative dont le triomphe est « d'émouvoir le cœur et de satisfaire l'esprit. Les deux principes « de l'art retrouvent ainsi leur équilibre et rentrent dans l'ordre « qui convient à chacun. La destination morale de l'art a repris « l'empire. »

Ces observations paraîtront justes, même de nos jours, où l'abus de l'étude et de la science n'est pas à craindre; mais aujourd'hui, comme alors, si les gens de goût désignent à la foule les talents supérieurs, la foule s'acquitte envers eux en signalant à leur admiration des qualités de sentiment et de sympathie populaire qu'ils ne comprennent pas, ou qu'ils sont trop disposés à dédaigner.

Une autre objection s'élèvera, car toute situation nouvelle en inspire par milliers aux gens intéressés à ne rien changer: elle consiste à nous reprocher de soumettre les artistes aux caprices de la mode, aux fantaisies de la nouveauté, qui sont le guide impérieux de tous les industriels, parce qu'ils sont l'essence même du luxe. C'est là une grande erreur, et je compte, au contraire, sur ces entrepreneurs de cafés; sur ces directeurs de spectacles et de lieux publics, pour former, dans l'avenir, les plus forts appuis, les meilleurs auxiliaires du maintien du bon goût. Qu'est-ce qui ruine d'ordinaire ces entreprises? la nécessité de renouveler des décorations passées de mode. Quel est leur intérêt? de choisir dans les différents styles et parmi les talents celui qui, goûté aujourd'hui, le sera encore demain. On pourra bien céder accidentellement à un courant de mode, comme les médecins usent des nouveaux remèdes pendant qu'ils guérissent; mais ce sera momentané et superficiel, le fond restera fidèle aux données sévères et persistantes de l'art. Si donc votre école a des principes, si le public, formé par l'éducation artiste, a adopté ces principes, soyez certain que l'industrie des cafés, comme toutes les autres industries, aura intérêt à s'y tenir le plus longtemps possible.

Voilà donc où vous poussez les arts! dira la routine : à se transformer en marchandise, à devenir une branche de commerce, sous l'influence de mécènes industriels! L'art ne vit que d'encouragements désintéressés, ne prospère que dans les mains de protecteurs distingués, ne s'élève que sous une direction supérieure; l'artiste doit rester pauvre, et n'avoir en vue que la gloire.

Ces sornettes résonnent creux, et avec le retentissement de l'histoire on les fait taire. Dans toutes les époques de grande prospérité, l'art a répondu aux nécessités sociales; il a été le collaborateur et l'associé du bien-être et de la richesse. Sans doute les nouveaux enrichis ont des entraînements faciles et des engouements fâcheux; mais j'ai fait déjà, à cet endroit, mes réserves : aussi n'irai-je pas reprendre une à une les vieilles diatribes à l'adresse des gens de finance et des hommes d'argent, c'est peine inutile. Je préfère rappeler l'influence heureuse qu'exercèrent sur les artistes de l'antiquité les marchands d'Athènes et les commerçants de toutes les délicieuses colonies de l'Asie mineure, ainsi que ceux de Cyrène, de Palmyre et de Petra : partout l'art le plus pur associé au luxe le plus somptueux, la perfection du détail, la recherche des matières les plus précieuses, et en même temps la grandeur des conceptions, l'immensité des monuments. Faudra-t-il descendre au moyen âge? Visitons Venise et son église de Saint-Marc, ses palais et son école d'architectes, de peintres et de sculpteurs; allons à Gênes voir les palais de marbre; à Pise, les monuments religieux; à Florence, la ville entière, marquant chacun de ses souvenirs par un chef-d'œuvre : tout cela est dû à l'esprit d'entreprise et au génie commercial d'hommes de finance; appelez-les Médicis, Mocenigo ou d'un nom ignoré, tous sont occupés à gagner de l'argent pour se procurer les plus nobles jouissances. Cette direction d'idées, ces sentiments élevés dans une carrière qu'on a trop rabaissée, ne se trouvaient pas, à cette époque, en Italie seulement; ils inspiraient les négociants de tous les pays : parcourez les Flandres, voyez comment ces communes industrielles et ces corps de métier puissants comprennent l'art et savent l'encourager, en le mettant en toutes choses; visitez la France, allez à Bourges évoquer le souvenir de Jacques Cœur, et dans vingt autres villes recherchez l'influence heureuse des gens de finance; de nos jours même, ne pouvons-nous pas donner en exemple Londres et Liverpool, citer Marseille, Hambourg et les villes commerciales des États-Unis? Nulle part les bons tableaux et les belles statues ne sont payés plus cher. A Paris, est-ce l'aristocratie du faubourg Saint-Germain qui protége les arts? Ne sont-ce pas les Delessert, Selières, Benoît et Louis Fould, Pourtalès, Eynard, Moreau, tous banquiers, agents de change, gens d'argent et gens de goût?

Acceptons cette protection libérale quand elle est éclairée, et ne croyons pas, avec quelques esprits arriérés, que l'art, dans ses conditions élevées de style et d'idéal, doive être absolument sérieux, sévère, lugubre même, et le produit exclusif de quelque société compassée, vertueuse par excellence, profondément religieuse et parfaitement méthodiste. Pour détruire ces illusions, il n'y a qu'à séjourner un peu de temps en Écosse, dans quelques villes de l'Amérique ou dans la partie haute de Genève. L'inspiration, l'invention, l'art dans ses conditions vivantes, ont fui ces antres d'ennui, si par quelque méprise ils y sont jamais entrés; ils sont les compagnons des passions éveillées, des élégances distinguées, des enthousiasmes populaires, et ils s'accommodent très-bien du confortable et du bien-être. Quand les Athéniens votèrent à Minerve, leur déesse protectrice, une statue colossale d'or et d'ivoire, ils avaient entouré leur vie intime et publique de toutes les recherches du luxe.

Dans ce développement naturel et rationnel des arts, dans ce concours de la richesse et du génie, la carrière de l'artiste devient lucrative, sa vie s'embellit de tout le charme du bien-être. A ces mots, je vois des aristarques prendre leur tête à deux mains, s'arracher les cheveux et dire que l'art est perdu. Pétrone aussi, en vidant sa coupe ciselée, s'élevait contre l'amour de l'or et lui attribuait la décadence de l'art. Je ne veux pas faire de recherches rétrospectives sur la magnificence de Zeuxis, sur le luxe de vingt artistes de la Renaissance, sur l'état de grand seigneur de Rubens et de Vandyck. Je ne sache pas que le talent de ces artistes célèbres ait rien perdu de son élévation, de sa chaleur fécondante, de sa vitalité incessamment renouvelée, parce que des loisirs étaient faits à leur vie laborieuse, parce que le charme d'une délicieuse musique accompagnait le cours heureux de leurs inspirations, parce que les ressources des étoffes les plus magnifiques, des modèles les mieux choisis, des accessoires les plus variés, se trouvaient à leur disposition. Il en sera de même de nos jours, aussitôt que l'ensemble de la nation aura reçu une éducation artiste; la valeur vénale des objets d'art, le prix des dessins de fabrique, et par suite la position grande et honorable des artistes, sera un stimulant pour tous les hommes de talent.

On sait les prix que les tableaux de Prud'hon ont acquis dans ces derniers temps; celui que les Anglais donnent aux productions de Reynolds est fabuleux; mais le résultat des enchères de la collection d'Orléans et de plusieurs ventes récentes a prouvé qu'il n'était pas besoin d'être dédaigné pendant sa vie et de mourir de misère pour voir ses œuvres grandir dans l'estime des amateurs : on a payé sans difficulté et on paye tous les jours de 25 à 50,000 francs des tableaux de MM. Ingres, Landseer, Leys, P. Delaroche, Scheffer, Decamps, Willems, Knauss; et quand l'artiste fait appel à l'industrie, il ne rencontre pas moins de générosité : Cavelier a vendu à Barbedienne, pour 3,000 francs, le modèle de sa *Pénélope*, que le duc de Luynes a payée 30,000 francs, et il prélève 250 francs sur chaque épreuve; or, il s'en vend une trentaine tous les ans. Pradier se serait grassement enrichi dans l'industrie, si la mort ne l'avait pas arrêté dans sa carrière, et ses œuvres font la fortune de Susse et de vingt bronziers. Le dessinateur Henry a fait pour la maison Mieg, de l'Alsace, un dessin qui a servi à fabriquer pour 750,000 francs d'étoffes, et, dans une seule campagne, il a vendu à une seule maison anglaise pour 50,000 francs de dessins.

Cette vogue financière est-elle le fait d'un caprice et l'affaire d'un moment? En aucune manière. Le protecteur, ce tout le monde qu'inspirent les idées de la spéculation, a vu que les objets d'art choisis avec goût gagnaient tous en valeur, et qu'il n'est pas de placement dont le capital soit plus sûr, s'augmente davantage et paye en jouissances de tous les moments des intérêts aussi agréables. Cette garantie offerte aux gens positifs et si bien comprise par les hommes de finance n'a eu qu'un tort : elle s'est attachée de préférence à une petite peinture réaliste et coquette; mais elle s'étendra bientôt à tous les genres et deviendra plus forte en raison de la supériorité de l'œuvre : elle atteindra ainsi tous les objets qui devront leur charme et leur élégance à la main de l'artiste, autant dire à toutes choses. Par exemple, croit-on que les amateurs formés à l'étude des grands modèles de l'art refuseront, d'ici à bien peu de temps, de payer un collier ciselé et émaillé par un Benvenuto Cellini moderne, encadrant des camées gravés par Robert ou Simart, le même prix qu'un collier de diamants? Non, sans doute; car l'art aura plus de valeur, et une valeur plus positive, que les perles et les pierres précieuses, quand les Ebelmen et les Deprez futurs menaceront de faire des diamants comme on fait des bouchons de carafes et des émeraudes avec la même facilité que nos verres de couleur. On peut donc prévoir dès à présent la bonne chance des gens de goût qui auront payé cher l'œuvre de génie, vis-à-vis des infortunés propriétaires de verroteries sans beauté comme sans valeur; ils seront heureux d'avoir acquis ce que le génie seul est capable de faire et qui ne sera atteint, sans être déprécié, que par le génie lui-même.

On s'inquiète à tort de la direction que ces succès financiers peuvent donner aux tendances de l'artiste, on s'effraye sans raison des productions mercantiles que va provoquer l'amour du lucre. Ces préoccupations s'évanouissent dès qu'on se rend bien compte de la nature des créations de l'art, dès qu'on accepte l'association de l'art avec l'industrie, en reconnaissant à l'un et à l'autre des limites. En effet, si les productions de l'art sont devenues une marchandise, si les artistes deviennent des fabricants, que vous importe? Soyez donc certain qu'il surnagera sur ce grand courant d'œuvres banales quelques rares chefs-d'œuvre, qu'il s'élèvera sur cette foule mercantile un petit nombre d'artistes supérieurs. Le niveau général se sera élevé; les sommités de l'art, loin de s'amoindrir, auront participé de cette élévation. Il se fait en France, en un siècle, quatre ou cinq portraits dignes de ce nom, j'entends de véritables œuvres d'art qui préoccupent le spectateur en dehors de tout retour sur l'histoire, la politique et les affections de la famille; je compterai dans ce nombre le *Wille*, de Greuze, le *Marat*, de David, le *Bertin*, de M. Ingres, la *princesse de Crillon*, de M. Cogniet, le *frère Philippe*, d'Horace Vernet. A côté de ces chefs-d'œuvre il s'est fait environ 500,000 portraits, sans compter 2 ou 3,000,000 de portraits daguerréotypés (depuis vingt ans seulement). On expose tous les ans des milliers de tableaux; combien en reste-t-il qui méritent d'être cités, qui conservent, après quelques années, une qualité, une valeur quelconque? Y a-t-il lieu, devant cette proportion toute naturelle, de s'étonner si les productions de l'art prennent rang parmi les produits de l'industrie, si on trompe sur la marchandise livrée dans ce commerce comme dans les autres; de s'émerveiller du langage des amateurs qui parlent, dans le même argot, des objets d'art et des actions industrielles? On se rend à la salle des commissaires-priseurs comme on va au marché; pourquoi les œuvres des artistes ne seraient-elles pas jugées, appréciées, cotées, d'après des règles qui les confondent avec les raies et les turbots de la halle voisine? Il serait fou de s'en plaindre, il ne serait pas juste que l'objet d'art échappât à ce contact; c'est le sort de toute marchandise : les tableaux de nos plus illustres artistes le partagent avec les livres, les manuscrits et les autographes de nos plus grands poëtes, qui sont ainsi adjugés au plus offrant, suivant des règles et des principes parfaitement étrangers au domaine élevé de l'inspiration.

Au-dessous d'une certaine limite de supériorité, art, science et littérature, tout est de l'industrie. Faites que ce soit de la bonne et la meilleure possible, mais ne prétendez pas maintenir des distinctions puériles. Comment! les théâtres de Paris donnent en moyenne 350 pièces par année, une par jour; nos romanciers produisent en même temps autant de romans disséminés dans les revues, feuilletons de journaux et journaux à un sou, et vous appellerez cela des productions de l'art, et vous m'obligerez à ranger les meubles sculptés du faubourg Saint-Antoine dans les produits de l'industrie? Moi je tiens tout cela pour de la fabrique, et si bien fabrique que je vous mets au défi, après un mois, de citer les titres de ces pièces et de ces romans, de retenir les noms de leurs auteurs; on écoute et on lit cela sans s'informer qui l'a fait; on y pleure, on en rit, et la toile tombée ou le dernier feuillet tourné, on n'en sait plus rien. Je me trompe, dans cette immense production il y a l'immense banalité et puis l'élite; l'œuvre du génie, le chef-d'œuvre, *rari nantes*. Que ce soient des tableaux ou des poésies, des meubles ou des statues, des vaudevilles ou des romans, il y a le grand nombre qui se perd dans la foule; il y a le choix mis à part et en réserve par les natures d'élite qui lui sont sympathiques. Sur le flot poétique nageront quelques pages de beaux vers et les noms de Lamartine, Hugo, Musset, Barbier; on relira les récits d'Augustin Thierry, les nouvelles de Mérimée, les proverbes d'Octave Feuillet; on mettra sur l'étagère le marbre de Pradier et le bronze de Barye; on placera sur le pupitre le sévère dessin de M. Ingres, le fin tableau de Meissonnier, l'aquarelle de Decamps, l'esquisse poétique d'A. Scheffer, et ainsi de beaucoup d'autres, suivant son goût et sa sympathie, puis on laissera le reste suivre son cours de production périodique, nécessaire, banale, immense; immensité pareille à la production de la nature, qui n'a jamais compromis une belle rose parce qu'à côté de la plus belle elle en produisait des milliers d'espèces inférieures.

Acceptons les faits tels qu'ils sont; réjouissons-nous de ce qu'ils sont. La carrière de l'artiste de talent sera toujours une existence vouée aux rudes labeurs, aux angoisses de l'amour-propre, mais ce ne sera plus une vie d'abnégation et de misère. Le talent sera une carrière lucrative. Le métier de protecteur des arts, aussi, n'est plus ce métier de dupe qui conduisait à l'hôpital : c'est la meilleure des spéculations; on encourage les débuts des talents ignorés en achetant à bas prix leurs premiers tableaux qu'on revend cher quand la réputation conquise a relevé leur valeur; ne parle-t-on pas de gens de rien qui ont sournoisement fait fortune à ce jeu de grand seigneur, comme on citait autrefois tel duc et pair qui s'y était généreusement ruiné? Il y a dans ce revirement des choses le bien à côté du mal; il y a aussi la nécessité, plus forte que nos regrets. A quoi bon pleurer ce temps où l'artiste, stimulé par le besoin, fortifié par l'obligation de se replier sur lui-même, s'élevait vers l'inspiration comme une plante emprisonnée qui s'élance vers le jour du ciel; à quoi bon! cherchons quels sont nos avantages, et ici ils sont évidents. Jamais la médiocrité ne fut plus délaissée; jamais le talent ne trouva plus facilement des appuis; jamais l'originalité vraie et puissante, qui est le génie, ne fut plus en honneur. Noble encouragement s'il est accepté noblement; si l'idée d'accaparer la fortune, la gloire, le bien-être, donne aux jeunes gens du courage pour les fortes études et pour les travaux préparatoires pénibles et consciencieux, si elle leur inspire le respect pour l'expérience acquise et la soumission pour les maîtres illustres!

On dit aussi, mais nous abordons ici le domaine de la haute morale, on dit que l'art est un dissolvant, les artistes des artisans de luxe et de luxure, apportant la corruption du sentiment moral chez l'individu et un mobile d'asservissement pour les peuples. J.-J. Rousseau a écrit de belles pages, il a fondé sa célébrité sur ce paradoxe. Inutile, aujourd'hui, de discuter une opinion qui était pour lui un jeu d'esprit, j'entends une thèse académique. Condorcet, dès 1791, y répondait par de nobles accents.

C'est en effet avec la croix que les premiers évêques ont chassé la barbarie, cette enfance des peuples; c'est avec l'art que nous détruirons le matérialisme, cette autre barbarie des peuples et la plaie de leur vieillesse. L'art rend l'homme supérieur à la tyrannie, à l'infortune; il ne dore pas seulement ses chaînes, il les transforme, à tel point que le tyran séduit par tant de beautés devient l'esclave de sa victime.

Si, ramenant nos regards sur la France, nous considérons ce qu'elle doit aux arts, nous dirons à ceux qui les calomnient : Vous êtes des ingrats. Que vous envient donc vos adversaires, les nations rivales? est-ce votre climat? chacun se fait au sien; sont-ce les produits de vos manufactures? dans plus d'un genre ils vous sont supérieurs; est-ce votre intelligence? chaque nation se croit au moins votre égale; vos victoires? pas une qui ne se vante de vous avoir battus à son tour. Quelle est donc votre supériorité, reconnue et enviée? c'est votre goût pour les arts, cette distinction que vous y avez puisée, ce sentiment supérieur que vous leur devez, et ces formes agréables, faciles, séduisantes, que vous avez prises à leur source.

Mais j'entends un grand fracas: c'est la grosse objection qui fait son entrée. Elle ne m'est pas adressée par la routine seulement, elle m'est opposée par les esprits réfléchis qui étudient les arts en lisant leur histoire pour proposer les mesures les plus profitables à leur développement; elle m'est faite, pour ainsi dire en corps, par tous les artistes, et plus vivement, plus violemment, suivant que ces artistes ont acquis, par leurs travaux et leur réputation, plus d'autorité. Cette objection, la voici dans toute sa force : La vulgarisation de l'art, ou sa popularité, est la mort de l'art; le génie est une exception, le talent est rare, le goût lui-même est une faculté restreinte dans un cercle peu étendu; si vous dépassez les bornes de ce cercle vous trouvez le néant, et non-seulement vous faites une tentative inutile, mais vous dégoûtez le public, vous découragez les artistes, vous compromettez l'art.

Rien ne m'a autant préoccupé que cette objection; si elle avait pour elle le moindre fondement, toutes mes idées étaient fausses, et l'ensemble du travail que je soumets aux esprits éclairés n'aurait plus de signification et serait le plus flagrant contre-sens. J'ai souvent abordé la question avec les hommes appelés à la résoudre; je n'ai trouvé qu'arguments faibles dans leurs réponses, que préventions aveugles dans leur esprit. Cet effroi, cette horreur de la vulgarisation de l'art repose, comme tout ce qui tient à la peur, sur un fantôme, sur une erreur.

On semble croire qu'apprendre à dessiner, savoir peindre

et modeler, connaître les règles de l'architecture, s'être formé le goût en s'habituant à voir les plus beaux modèles, sont autant d'obligations de se vouer pour toute la vie à la carrière d'artiste, de faire des tableaux immenses, des statues colossales et des temples grecs. Alors, et partant de là, on ne tarit pas sur le danger d'encombrer la France d'artistes médiocres, autant d'intelligences déclassées, de prétentions vaniteuses, de piliers de clubs, d'aliment des émeutes, car vous voyez le fantôme grandir peu à peu et devenir à chaque pas plus effrayant.

Ce n'est heureusement qu'un fantôme, et un fantôme avec lequel on a déjà fait connaissance, quand il s'agissait d'introduire l'instruction dans le peuple, et plus tard d'étendre à tous le bienfait des découvertes de la science. Ce qui fut dit alors contre l'écriture, la lecture, le calcul, les cours scientifiques, les classes de mécanique et de chimie élémentaires à l'usage des ouvriers, les résumés écrits par les savants pour les gens du monde, la publicité des séances de l'Académie des sciences, tout cela se reproduira aujourd'hui contre l'extension générale donnée à la culture des arts, et rien n'est plus naturel; il y a une parenté si étroite entre les lettres, les sciences et les arts, que les uns ne se meuvent pas sans que les autres soient impressionnés. Cependant, puisque l'expérience est acquise pour ceux-là, pourquoi n'en ferions-nous pas profiter ceux-ci, sans en attendre pour eux les effets? Je crois aller au devant des désirs de tout lecteur sérieux en démontrant le peu de fondement de ces objections, et comment elles ont cédé devant l'évidence des faits. Il est impossible qu'une épreuve aussi complète, faite successivement par les lettres et par les sciences, ne soit pas un titre acquis d'avance aux arts.

Une nation ne compte pas aujourd'hui dans la civilisation, quand du milieu d'une ignorance générale s'élèvent quelques génies sublimes dans les arts et dans les lettres; elle ne compte pas dans la prospérité, quand, au milieu de la misère de tous, quelques privilégiés de la fortune affichent un luxe effréné; elle compte, quand l'instruction et le bien-être, répandus proportionnellement, donnent à chacun, suivant sa position et ses besoins, les connaissances qui font le citoyen utile, les jouissances modérées qui sont les conditions raisonnables de la vie matérielle.

On a contesté l'utilité de l'instruction, on a exagéré ses dangers. Que ferons-nous, disait-on, de ces hommes de lettres en sabots; qui voudra désormais charrier le fumier et conduire la charrue? On répondait : Mais pourquoi ne pas labourer, parce qu'on saura écrire les observations que l'expérience nous donne et que la mémoire ne conserve pas; pourquoi abandonner la ferme, parce qu'on sait calculer sa dépense et faire ses comptes; pourquoi enfin cesser la culture des champs, parce qu'on aura lu dans des manuels spéciaux de bonnes notions théoriques d'agriculture, quelques aperçus d'histoire et des pensées morales? On a dit encore mille étrangetés sur ce sujet; les faits et l'expérience plus complète chaque jour ont répondu victorieusement.

En premier lieu, personne n'était resté indifférent à ce grand intérêt. Les gouvernements n'ont reculé devant aucun sacrifice pour étendre l'instruction à tous; les hommes les plus distingués ont usé leur vie à la recherche des méthodes d'enseignement les plus sûres, et des lois longuement étudiées ont érigé les écoles publiques en institutions nationales. On avait reconnu qu'il y allait du sort de la nation et que l'intérêt était trop grave pour l'abandonner à la responsabilité des parents. De même que l'État pourvoit à la défense du pays en veillant au recrutement de ses armées, de même aussi l'État fut chargé de répandre l'instruction, afin de maintenir la France au rang qu'elle doit occuper dans la civilisation; il en fut chargé avec les moyens financiers qui assuraient la construction de maisons d'école dans nos 37,040 communes et la rétribution d'une armée de fonctionnaires lettrés. Si on n'alla pas jusqu'à la gratuité complète, jusqu'aux moyens coercitifs, jusqu'à emprisonner le père qui refusait d'envoyer son fils à l'école, latitude donnée au Gouvernement dans quelques pays, c'est qu'en mettant l'instruction à la portée de tous, on ne comptait pas sans raison pouvoir faire comprendre à chacun qu'il y allait de son propre intérêt d'ouvrir à ses enfants toutes les carrières.

Depuis un demi-siècle on apprend ainsi au peuple à lire, écrire et calculer, on répand partout les notions de la science, et déjà l'expérience est acquise sur tous les points. Nos campagnes ne sont pas dépeuplées, et les départements qui ont le moins bien réussi dans l'enseignement sont aussi les plus arriérés en agriculture, partant les moins heureux dans leur intérêt, les moins utiles dans l'action commune du pays. Dans les autres, au contraire, on voit, avec l'instruction, entrer dans les fermes un cortége de progrès en toutes choses, depuis les jouissances intellectuelles jusqu'à la propreté, qui est un principe d'ordre et un élément de la santé. Dans les agglomérations, villages, bourgs et villes, l'instruction a transformé toutes les classes. Les procès-verbaux des brigadiers de gendarmerie, le journal des employés de chemin de fer, les rapports des gardes champêtres, sont rédigés avec un ordre et une clarté, écrits dans un style excellent et avec une orthographe qui ne pousse pas leurs auteurs à prétendre au fauteuil académique et qui facilite singulièrement l'administration de la justice, de la guerre et de l'intérieur. Dans toutes les entreprises industrielles, ces mêmes progrès ont des résultats aussi satisfaisants, et l'instruction élémentaire est désormais reconnue, même dans nos campagnes, comme le patrimoine le plus utile pour les garçons, comme la dot la plus avantageuse pour les filles.

Avant la Révolution, le curé, le seigneur et le notaire étaient les hommes instruits dans la petite ville, le curé seul savait lire dans le village. Écrire suivant les règles de l'orthographe, faire imprimer une brochure, un livre, étaient, il y a un siècle, chose exceptionnelle, qui classait un homme parmi les érudits; aujourd'hui les enfants sont consultés par leurs parents sur les difficultés les plus ardues des participes, et il faudrait être bien abandonné du Ciel pour mourir sans avoir eu l'occasion de se faire imprimer. De cette facilité les trembleurs tirent un argument menaçant. Ils disent : Voyez quelle déplorable littérature on nous fait partout! Je regarde attentivement, et je vois la masse des écrivains qui rédigent pour les journaux et pour les revues la conversation spirituelle, animée, hâtive, conduite au jour le jour, où la critique des arts prend sa place avec la critique de toutes choses; je vois aussi la masse du public qui ne lit que le journal, masse éveillée, intelligente. Mais ces deux grandes classes d'écrivains et de lecteurs, que vous êtes disposé à déprécier au point de vue littéraire, ne publiaient et ne lisaient rien autrefois; c'est autant d'acquis à une littérature quelconque, ce n'est pas une perte. Ce n'est pas même une transformation, c'est la conversation spirituelle de Paris qui s'évanouissait aux portes des salons, et qui de nos jours s'étend partout et va aux quatre coins du monde chercher des auditeurs. A cette lecture de chaque matin s'offre l'ébauche, l'esquisse, l'improvisation, le griffonnage, toutes choses qui ne songeaient pas à se faire imprimer autrefois et qui valent bien une demi-heure d'attention, surtout quand on est assuré de retrouver imprimé en volumes tout ce qu'on ne remettait autrefois à son libraire qu'après l'avoir recopié, remanié, fait lire à ses amis, qu'après tous les conseils et mûre réflexion. Quant au public érudit, sérieux, travailleur, il n'a jamais été si nombreux, si profond dans ses travaux, si riche de connaissances solides et variées, si bien pourvu de livres surtout, les cherchant avec tant d'ardeur, les payant à si haut prix.

En tout cela il y a eu dans le premier moment du trop-plein, de l'excès et du débordement. L'extension de l'enseignement a donné le jour à une pléiade d'ouvriers poëtes et à une immensité de petits romanciers; mais cette bouffée de prétentions vaines a fait bientôt place à la réserve modeste, à la retenue prudente conseillée par Molière. Chaque chose a repris son rang : la calligraphie, l'orthographe et l'arithmétique sont devenues des ustensiles familiers et usuels pour tous, des instruments de publicité pour le talent seul.

Il en a été de même pour les sciences. Ceux qui ont appris

quelque chose en savent assez pour avoir acquis la certitude qu'ils ne savent rien, qu'ils possèdent tout au plus la faculté de comprendre et le talent d'appliquer aux besoins quotidiens les hautes leçons des maîtres. Ceux-ci continuent à planer dans le domaine idéal de la théorie, et ils y sont d'autant plus à l'aise, d'autant mieux affranchis de toute préoccupation pratique, qu'ils se savent entourés d'esprits portés vers ces directions. Et cependant, que d'objections se sont élevées contre cette grande vulgarisation des sciences libéralement entreprise par les savants illustres du règne de Louis XVI et continuée jusqu'à nos jours avec entraînement!

Je ne veux rien dissimuler; autant je méprise les fantômes des trembleurs, autant je prends en grande considération les appréhensions des esprits éclairés. Je pèse le bien et le mal de la situation : le bien, c'est la vulgarisation avec ses avantages inappréciables et son avenir de progrès sans limites; le mal, c'est une tendance trop générale à l'application et une assistance incomplète, mesquine, indigne de son but, offerte par l'État aux grandes intelligences qui cultivent les théories de la science, improductives pour eux et si fécondes pour ceux qui déduisent de leurs travaux des applications fructueuses.

Je reprendrai cette question sous ses différents aspects. La science, comme l'instruction, comme les arts, a été une aristocratie; elle avait une cour et des immunités de toutes sortes. L'invasion des principes démocratiques et la destruction de tous les priviléges offusquent les vieux savants, qui se sentent mal à l'aise au milieu de cette nouvelle activité, dans le frottement continuel et obligé avec gens de toutes sortes. Quoi de plus naturel! La science vivait si commodément, si tranquillement chez nos pères! Étudiait-on une théorie : on avait le temps de suivre la série complète des déductions de tous les faits avant que personne songeât à vous en ravir le moindre détail. Une vie entière se consacrait ainsi à l'étude d'une seule des forces secrètes de la nature et en accaparait, comme par un monopole sacré, tout l'honneur. Il n'en est plus de même aujourd'hui. Entreprenez-vous une recherche : vous y êtes suivi, harcelé par vingt concurrents qui transforment en course furibonde la marche paisible des travaux; annoncez-vous un germe de découverte: vingt esprits hasardeux en tirent immédiatement les conséquences réelles ou hypothétiques; et dans ce tohu-bohu, la réflexion de l'observateur est distraite de son but, le créateur de la doctrine dépaysé dans son propre système.

Autant je dédaigne les regrets puérils d'une aristocratie scientifique détrônée sans retour, autant je m'inquiète avec les esprits sages du trouble porté dans les recherches sérieuses, patientes et consciencieuses. Je crois avec eux que, semblable au gentilhomme qui hérite de ses pères une fortune accumulée depuis des siècles, et dissipe rapidement tant d'excellentes valeurs amassées à grand'peine et qu'on n'avait jamais songé à faire fructifier, la science moderne fait des prodiges d'applications avec les théories, aussi sublimes que désintéressées, des maîtres du temps passé. La question inquiétante est celle-ci : Ne dissipe-t-elle pas son patrimoine? ne néglige-t-elle pas d'amasser pour l'avenir les germes inaperçus que le temps couve avec sollicitude, que les besoins des générations font éclore?

Oui, elle le dissipe. Non, elle ne l'enrichit pas, parce que les grands esprits seuls sont capables de découvrir les lois souveraines, mères des inventions les plus grandes comme les plus minimes, parce qu'eux seuls ils ont la puissance d'investigation, la fixité d'observation, la persévérance des poursuites qui arrachent à la nature ses secrets intimes. Ce qu'on appelle des découvertes dues au hasard, ou conquises par les ignorants, n'est pas autre chose que des applications pratiques, usuelles et plus ou moins adroites, des principes supérieurs fondés par les théoriciens. Longtemps avant Newcomen, Watt, Fulton, des années avant Niepce et Daguerre, avant Ruolz et Elkington, avant Taylor, Davidson et Froment, avant Deville, les savants Davy, Jacobi, Ampère, Arago, Wöhler, tous théoriciens désintéressés dans les questions d'application, avaient entrevu la puissance de la vapeur, la faculté des rayons solaires d'agir comme un pinceau, les ressources incommensurables de l'électricité, la richesse des argiles en métaux nouveaux. Ils n'avaient point fait d'application de leurs théories, ils dédaignaient cet emploi de leur esprit; ils n'étaient peut-être pas capables de construire des bateaux à vapeur, de faire des photographies, des appareils d'éclairage au gaz, des télégraphes électriques, des bains animés par la pile, mais ils entrevoyaient ces applications, ils en fournissaient les éléments, et le hasard, ce dieu de l'ignorance, n'eût rien fait sans eux; les hommes d'application, sans leur boussole, eussent tourné dans le vide, eussent nagé dans l'immensité des tentatives vagues et aveugles, sans savoir quelle direction prendre, à quelle branche s'accrocher.

Quelle sera la conduite d'un gouvernement qui tient à maintenir la France à la tête du mouvement scientifique, ou bien seulement au courant des progrès? Il propagera l'enseignement général des sciences et leur diffusion par toutes les voies, dans toutes les veines du corps social, un enseignement gratuitement offert aux masses, mis à la portée des loisirs de l'ouvrier; il construira de vastes amphithéâtres où des milliers d'auditeurs recueilleront les leçons des savants les plus illustres, et une salle des séances de l'Institut, dix fois plus grande que la salle actuelle, et qui ne se fermera devant aucun esprit éveillé; il ramènera à leur but et à l'esprit de leur fondation les écoles savantes, comme l'École polytechnique, en reléguant à Metz l'élément militaire; en un mot, il organisera une diffusion sans réserve et sans limites; mais, en même temps, il entourera de soins pieux la théorie, cet idéal des sciences, théorie chimique, physique, mathématique, qui portent en elles l'avenir. Dans ce but, il créera pour les savants théoriciens des positions honorables, magnifiques même, qui compenseront le tort que leur fait un désintéressement absolu, et qui les délivrera des soucis et des préoccupations de la vie matérielle. Que seraient pour l'État vingt pensions à vie de 15,000 francs, pour les hommes de la science qui sèment les millions et les laissent récolter par le pays tout entier, qui consentent à mourir pauvres dans le laboratoire d'où s'épanchent les richesses de l'industrie ?

L'instruction répandue dans le peuple, les sciences mises à la portée de tout le monde, n'ont pas été les seules objections; le bien-être lui-même, devenant plus général, a servi de thème aux pronostics les plus fâcheux. Déjà Condorcet allait au devant de cette objection dans son rapport sur l'instruction publique présenté à l'Assemblée nationale en 1791; il disait : « Dans un pays où les arts fleurissent, le « pauvre est mieux logé, mieux chaussé, mieux vêtu que « dans ceux où ils sont encore dans l'enfance. Cette augmen- « tation de jouissances est-elle un véritable bien? n'est-elle « pas plus que compensée par l'existence des nouveaux be- « soins, suite nécessaire de l'habitude du bien-être. C'est une « question de philosophie que je ne chercherai pas à ré- « soudre; mais il est certain, du moins, que l'accroissement « successif des jouissances est un bien, tant que cet accrois- « sement peut se soutenir et remplacer par de nouveaux « avantages ceux dont le temps a émoussé le sentiment. Je « connais un pays où les pauvres n'avaient pas de fenêtres il « y a quarante ans, et ne recevaient le jour que par la moitié « supérieure de la porte que l'on était obligé de laisser ouverte. « J'ai vu l'usage des fenêtres y devenir général. Ce change- « ment sera peut-être très-indifférent au bonheur de la géné- « ration suivante, mais il a été un véritable bien pour ceux qui « en ont joui les premiers. Or, c'est précisément une augmen- « tation toujours progressive de jouissances pour les pau- « vres que l'on doit attendre de ce progrès général des arts « mécaniques, résultat nécessaire d'une instruction bien com- « binée. »

La jouissance du bien-être, comme la participation à l'instruction, a été aussi une prérogative aristocratique; quand tout le monde y a pris part, les privilégiés se sont écriés que c'en était fait de la poésie des campagnes, du pittoresque des villes, de l'intérêt des voyages. Les chemins de fer, il est vrai, avaient supprimé les postillons, et on pleurait ces excellents postillons; mais quand on s'aperçut que le waggon, avec tout le monde, était plus commode que la voiture la plus commode; qu'on traversait rapidement l'ennuyeuse Champagne pouilleuse pour voir plus à l'aise et admirer plus à loisir les beaux sites de la Lorraine et de la Franche-Comté; alors, en dépit de la communauté, les plus dédaigneux se sont bravement installés dans le waggon. On nous disait aussi qu'avec les chemins de fer, c'en était fait du foyer domestique et de la vie de famille: les voies ferrées sillonnent l'Europe, et à part quelques esprits inquiets qui en profitent pour s'éviter eux-mêmes, la locomotive n'entraîne que ceux qu'emmenaient leurs affaires. Le mouvement des étrangers et des passants crée, autour de la vie de famille, un bourdonnement et comme un nuage de poussière qui en circonscrit mieux les limites; autrefois on n'excluait personne de l'intimité, maintenant on élimine résolûment tous ceux qui n'y appartiennent pas. Il y a donc avantage même pour la vie intime. De proche en proche, on s'apercevra que le progrès de la civilisation enrichit notre vie de jouissances nouvelles sans exclure les anciennes, comme les acquisitions de nouveaux livres s'ajoutent aux anciens et se classent au milieu d'eux sans les expulser. Notre nature n'est pas un local restreint, meublé d'un petit nombre de plaisirs; le bien-être général fait mieux goûter les raffinements d'un luxe distingué: d'un côté, parce que, la séparation étant moins tranchée, il y a plus de délicatesse dans la nuance; de l'autre côté, parce que la différence en est mieux sentie par la foule, qui, tout en l'appréciant, ne le partage pas.

Les mêmes gens qui disent que l'instruction généralement répandue a tué l'amour de l'étude dans la classe des érudits, que les prodiges réalisés par l'application des sciences rendent impossibles les progrès de la théorie, disent aussi que les arts s'en vont; ils le voient ainsi, mais c'est un effet d'optique; ils croient que les arts s'abaissent, parce qu'ils s'étendent.

La littérature et la science se sont bien trouvées de leur popularité; les deux bonnes muses n'ont pas écouté les fausses prédictions de leurs adorateurs cachottiers; elles ont relevé leurs robes, elles sont bravement descendues dans la rue, et bien leur en a pris; elles échangent quelques hommages intéressés contre l'adoration généreuse de la foule et, au lieu d'être reléguées au fond du cabinet noir de l'érudition, au lieu d'être réservées au harem ennuyeux de quelque théoricien impuissant, elles sont portées en triomphe par le monde entier et passent de mains en mains, abordables à tous et électrisant les cœurs. Lamartine, Hugo, Musset, ne sont pas plus lus que Humboldt, Arago, Pouillet, Babinet, Figuier; les uns et les autres rencontrent des échos dans le monde entier. Ajoutons le bien-être qui, lui aussi, est descendu dans les masses, est entré dans la ferme, s'est assis au foyer modeste de l'ouvrier et a donné à chacun du goût pour les créations de l'esprit et du loisir pour en jouir.

Et les arts seraient seuls déshérités de cette noble part de popularité! les arts qui sont faits pour la foule comme pour l'élite, qui sont l'expression la plus séduisante des sentiments du cœur humain et des beautés de la nature, craindraient, en se vulgarisant, de devenir vulgaires, en se popularisant, de s'identifier aux masses, car c'est là la grosse objection; et on ose la faire à une époque où les plus habiles physiciens s'occupent du chauffage des fourneaux de nos cuisines et de la ventilation de nos égouts; où les plus profonds chimistes font de la bougie avec du suif, analysent des fumiers et recherchent les meilleurs procédés de conservation de nos aliments; où les plus forts mathématiciens, après avoir étudié les forces secrètes de la nature, appliquent leurs calculs aux locomotives et aux turbines; où des mécaniciens, comme Robert Houdin, montent sur des théâtres de prestidigitation et étonnent la foule par des illusions fondées sur des lois nouvelles de physique et de mécanique; où des savants voyageurs, comme les frères Verreaux, se font simplement empailleurs d'oiseaux; à une époque où l'instruction, répandue dans toutes les classes, crée dans tous les lieux des appréciateurs de la bonne littérature; où nos plus grands écrivains travaillent pour les journaux à cinq centimes et pour les petits théâtres des boulevards; où nos plus charmants compositeurs mettent en musique les farces des théâtres en plein vent et les romances des cafés-concerts; et c'est au milieu même de cette époque de diffusion générale que les arts plastiques prétendraient se retirer de la fraternité universelle! Ils ne le pourraient pas, si même, mal conseillés, ils tentaient de le faire; car, de tous côtés, se prépare le rapprochement définitif.

Les sociétés ont leur courant : ni les gouvernements attardés, ni les littérateurs en manchettes, ni les savants et les artistes dédaigneux, ne le leur feront remonter. Le courant, depuis un demi-siècle, a rompu assez de barrières pour qu'on soit convaincu de l'inutilité des barrières : construire des digues pour éviter les débordements, soit; creuser un lit dans la bonne direction, c'est encore bien; faire dévier peu à peu les institutions et les lois, comme on fait plier les arbres pour qu'ils ne rompent pas, j'admets ces précautions; quant au reste, voguons toutes voiles déployées, et arrivons des premiers au port.

Le mouvement de la société tend à faire participer le plus grand nombre au partage des jouissances réservées à quelques-uns; le lit de la propriété creusé et mis à l'abri de l'entraînement, faisons la part large à tous. Demandons aux mamelles inépuisables de l'imagination poétique, de la science théorique, des sublimités de l'art, ces jouissances variées qui, si elles ne sont pas une nourriture substantielle, forment dans la vie l'illusion du bien-être, élèvent les intelligences les plus vulgaires, et rendent accessibles aux nobles sentiments les cœurs les plus simples.

J'accepterais les objections s'il s'agissait d'une tendance superficielle, d'un mouvement factice; mais cette transformation des arts se produit avec le caractère d'à-propos de toutes les grandes découvertes: pas une qui ne vienne à son rang satisfaire un besoin signalé et développer une jouissance cherchée; pas une qui, par son caractère de nouveauté, ne bouleverse ou n'inquiète l'ordre établi; l'écriture après la parole, l'imprimerie après l'écriture, la rapidité des communications après l'imprimerie, qu'elle soit obtenue par les relais de poste, les chemins de fer, l'électricité ou la locomotion aérienne; toutes concourent au grand fait de l'extension à tous des conquêtes intellectuelles ou matérielles, d'accord avec la marche démocratique de la fraternisation générale, qui s'établit en tous lieux par l'égalité des poids et mesures, par l'uniformité des monnaies, par la suppression des douanes, par une législation et des formes administratives mises partout en rapport, par une sympathie générale accueillant l'homme de génie, quelle que soit sa nationalité, le chef-d'œuvre, quelle que soit son origine, et bientôt peut-être par une écriture pittoresque, comprise de tous comme les notes de la musique, et menant à une langue universelle, qui sera la dernière et sublime combinaison d'une fusion complète.

Dans ce grand mouvement libéral, l'art réservé au petit nombre, à l'élite, aux intelligences supérieures, est une de ces fatuités qui ne peuvent plus se reproduire en public; elle ressemble trop à toutes ces prétentions que la suppression des priviléges a renversées. L'art a été donné par Dieu à tous, quand il a placé les plus beaux modèles de l'art, c'est-à-dire toutes ses créations, à la portée de tous. Quelques-uns ont le don de reproduire ces beautés sublimes; tous devront acquérir la faculté de les comprendre, et, dans leur mesure vraie, de les appliquer aux besoins de la vie. L'art ne sera plus une plante rare cultivée artificiellement en serre chaude et qui mourrait en plein air; l'art sera l'arbre vigoureux et vivace qui s'épanouit au soleil, s'abreuve de la rosée des nuits, et, suivant les saisons, se couvre de verdure, de fleurs ou de fruits.

Avant d'examiner ce qu'on dit et ce qu'on peut dire contre la diffusion des arts, voyons comment le cours naturel du progrès de la civilisation, la force des choses et le développement régulier de l'humanité ont créé d'eux-mêmes cette popularité des arts, irrégulièrement, il est vrai, sans contre-poids et sans mesure. J'ai d'autant plus d'intérêt à établir nettement quelles ont été ces modifications, qu'elles expliquent et excusent une contradiction qu'on remarquera dans ce travail et qui n'est qu'apparente : d'un côté, de grands éloges donnés à l'organisation des arts et métiers telle qu'elle a existé avant la révolution de 1789, telle qu'elle a admirablement fonctionné pendant huit siècles; de l'autre côté, toutes les espérances que je fonde sur un nouvel ordre de choses, si on sait en activer les éléments féconds. Ici, une société aristocratique développant les arts, les sciences et les métiers, au profit du peuple, il est vrai, mais dans un cercle privilégié et restreint; là, une société démocratique organisant les arts, les sciences et l'industrie de manière à en vulgariser la pratique dans les masses et au profit de tous. J'ai recherché ce que la cour et l'aristocratie nous ont laissé, et j'ai admiré leur influence; je regarde maintenant ce que les Grecs, à la plus grande époque de leur histoire, qui est le plus beau moment de l'art, ont produit, et je n'oublie pas que leurs artistes, embrassant tout le domaine de l'industrie humaine, ont trouvé leurs plus belles inspirations, et ce sentiment d'amour-propre qui met en jeu les plus grandes facultés de l'âme, dans la jouissance de toutes les libertés et dans le ressort énergique du principe démocratique. Seulement, cette démocratie était tout entière artiste, et ma préoccupation est de donner cette même base à notre art moderne, car, pour les principes, ils resteront les mêmes : ils sont immuables.

Le point de départ de l'art moderne dans ses conditions nouvelles d'extension indéfinie se trouve dans le renouvellement de la société par la révolution de 1789. La reconnaissance des principes démocratiques entraînait avec elle l'égalité à tous les rangs et en toutes choses. L'instruction répandue généralement, les sciences devenues accessibles à tous, faisaient pressentir la venue prochaine des arts, comme accompagnement obligé et naturel de l'éducation. On a fait très-peu, trop peu, pour activer et diriger ce développement indispensable. Prévoyait-on des difficultés insurmontables, s'est-on créé des obstacles imaginaires? je le crois, et j'avoue que si je supposais avoir affaire à une nature rebelle, indolente et entachée d'indifférence, je ne m'occuperais pas ainsi de l'éducation artiste du peuple; mais l'indifférence, la répulsion, l'indolence, sont dans les salons; la curiosité vive, intelligente, qui grave dans sa mémoire une image durable du spectacle qui l'a frappé, se trouve dans les masses. Le peuple est artiste de fond par la naïveté, par la facile crédulité, par l'enthousiasme rapide, par la passion résistante. Annoncez un spectacle, qui accourt? une revue, qui se met en place des heures à l'avance? une entrée princière, qui attendra patiemment sur le pavé, au vent, à la pluie? Et dans la vie de tous les jours, voyez ce peuple, quoique dépourvu de toute éducation préparatoire, courir aux musées, aux résidences du souverain, aux expériences de la science, aux expositions publiques, se coller aux devantures des marchands d'estampes, et payer un sou pour voir Saturne dans le télescope d'un astronome en plein vent. Aux théâtres, qui rit de bon cœur? qui pleure avec abandon? qui s'indigne contre le tyran et prend le parti de l'innocence opprimée? le peuple; et la stupide claque a été inventée pour éveiller les gens du monde, car aux théâtres des boulevards, c'est le peuple qui applaudit, et toujours à propos. Non, jamais élève mieux disposé pour les arts n'aura été plus injustement disgracié de toute éducation artiste.

Si de ces dispositions, qu'on pourrait appeler primitives, nous nous élevons aux goûts de l'élégance, avec quel étonnement, quelle satisfaction ne les avons-nous pas vus pénétrer partout, et s'étendre de la toilette des basses classes jusqu'à l'ameublement de la mansarde. Voyez les montres de tous nos marchands. Avec quelle habileté, quelle entente de l'art, quel sentiment du goût les tableaux, les aquarelles, les gravures, les bijoux, les châles, les étoffes de toute nature, les effets d'habillement *confectionnés,* sont disposés, associés, groupés. Les mains qui ont formé les plis brisés de ces étoffes, qui ont créé l'harmonie de ces nuances, le rapprochement de ces dessins, ne sont-elles pas instinctivement artistes, et n'aurait-il pas suffi de quelques leçons pour faire de ces garçons de boutique des peintres coloristes? Quels procédés ingénieux, pris dans le vrai sentiment des arts, sont mis en œuvre pour vous séduire! Avez-vous besoin de crayons, c'est un peintre qui vous prouve leur excellente qualité en dessinant sous vos yeux, bien autrement que Mengin, de charmants croquis; cherchez-vous un châle ou un mantelet qui aille à votre taille, on se gardera bien de les étaler sur le sec mannequin d'osier ou de carton qui suffisait à nos grand'mères; aujourd'hui de souples jeunes personnes font les fonctions du mannequin : se promenant, se cambrant, se drapant avec art, elles font valoir ces étoffes moelleuses ou légères, amples ou serrées, dans leur mouvement naturel, dans la vie qui leur est propre.

L'intervention des machines a été, dans cette propagande de l'art, une époque et l'équivalent d'une révolution; les moyens reproducteurs sont l'auxiliaire démocratique par excellence. Contester cette action est d'un aveugle; dédaigner cette influence serait d'un insensé; ne pas prévoir l'avenir de cette association du génie des arts avec la puissance des nouveaux moyens de reproduction à bon marché, c'est d'un esprit borné. La fonte du bronze qui multiplia les chefs-d'œuvre de Phidias et des grands sculpteurs de l'antiquité avait été accueillie par la Grèce avec reconnaissance; le moyen âge reçut comme un don du Ciel l'imprimerie, qui est l'écriture mécanique; hier la vapeur, cette éloquente expression de la société moderne, donnait ses bras puissants en aide à tous les produits de l'industrie imprégnés de l'influence des arts; aujourd'hui la photographie, ou l'art mécanique dans une perfection idéale, initie le monde aux beautés des créations divines et humaines. Tous ces moyens réunis répandent jusque dans la cabane du paysan la copie habilement reproduite de l'objet d'art unique et de l'étoffe brodée à la main que le riche avait seul possédés.

Une fois dans cette voie, aucun progrès ne doit étonner; et si l'on me disait qu'après le métier Jacquart marchant par la vapeur et par l'électricité, après la machine qui sculpte et la machine qui coud, on a trouvé une mécanique qui peint, je n'en serais pas surpris et j'y applaudirais, car cette machine aurait toujours besoin d'une âme pour l'animer, second moteur aussi indispensable que celui qui se développe sous l'action du combustible enflammé.

Au nombre de ces perfectionnements d'un ordre positif, il faut compter les facilités offertes à l'étude par l'étonnant bon marché du matériel des arts : papier, crayons, pinceaux, couleurs, instruments de mathématiques, tout, en un mot, est de cent pour cent meilleur marché qu'il y a cinquante ans. Cette proportion est même insuffisante : les meilleurs crayons anglais, à 2 shillings, sont remplacés aujourd'hui par d'excellents crayons français à 5 centimes, et M. Guimet, de Lyon, fabrique 3,000,000 de kilogrammes d'outremer à 5 francs le kilogramme, plus parfaits que les 30 kilogrammes qu'on produisait avant 1834 à 4,000 francs. Je ne m'étendrai pas dans cet ordre de faits, ces indications suffiront.

Les artistes tendaient eux-mêmes à suivre ce mouvement. Dès avant la Révolution et jusqu'à nos jours, mais sans discontinuer pendant cinquante ans, L.-L. Boilly a peint à l'huile des portraits fort ressemblants, en une séance et au prix de 20 francs; il en comptait en 1845, lorsqu'il mourut, plus de 5,000, et sans doute il se trompait à son désavantage. Une pareille facilité, une si immense production, un art mis tellement à la portée de tous ne fut pas exceptionnel; Boilly eut des imitateurs dans Thompson, pour l'aquarelle, et dans vingt autres émules qui, avec plus ou moins de talent, donnaient, c'est le mot, portraits, vues et paysages dessinés au pastel ou peints à l'huile pour quelques francs. Était-ce de l'art? Je suis tenté de répondre affirmativement, quand je compare ces productions à la moyenne des œuvres du temps passé ou de l'étranger; mais je dirai : Non, ce n'est pas de l'art; ce sont les produits courants d'une industrie qui préludait par ces précurseurs faciles à l'admirable découverte du daguerréotype.

Mais avant d'avoir obtenu du Ciel cette merveilleuse faveur qui s'appelle le dessin par le soleil, ou l'héliographie, n'avions-nous pas des ressources déjà surprenantes? Dès le début de ce siècle, l'invention de Sennefelder mit dans toutes les mains les dessins originaux des Vernet, Géricault, Bonnington, et les copies des meilleurs tableaux de l'école par des dessinateurs de talent; la gravure en bois, qui est aussi une reproduction artificielle des dessins de l'artiste, a atteint, par les améliorations de la presse, une perfection étonnante. Les moulages en plâtre ont été perfectionnés; les mouleurs ont choisi d'excellents modèles, et chaque épreuve est revenue à si bon marché, que j'entendais ce matin même un marchand offrir aux passants les beaux médaillons des Pisans, les admirables fragments de J. Goujon, en s'écriant : « A un sou, messieurs! cela « les vaut bien, quand ce ne serait que pour boucher le trou « d'un tuyau de poêle! » Que dire enfin de ces photographies, qui sont des perfections de l'art aux yeux des artistes eux-mêmes, et que le bon marché répand dans toutes les mains, tandis que leur multiplicité les place sous tous les yeux? Déjà la gravure s'est emparée de ses productions pour en rendre les épreuves moins chères et plus égales; en même temps de nouveaux procédés de transport sur pierre permettent aux artistes de dessiner sur papier, sans aucune étude préparatoire, dans l'indépendance de l'inspiration, avec toute la liberté de la main, et ces dessins de maîtres sont imprimés en épreuves innombrables. Ce n'est pas tout : Desjardin reproduit en couleur, dans toutes les conditions de l'art, les plus vigoureuses aquarelles de nos meilleurs peintres. Musée admirable, chaque jour renouvelé pour le peuple qui passe devant les boutiques, éléments délicieux des collections de l'amateur, ressources précieuses pour l'artiste, ensemble favorable qui remplace jusqu'à un certain point ce qu'était dans l'antiquité la vue continuelle et l'entourage des monuments de l'art! Nos murs en sont tapissés, nos portefeuilles remplis, et nous abandonnons aux instincts destructeurs de nos enfants des quantités de reproductions bien supérieures aux gravures à la roulette et au pointillé que nous eussions encadrées, il y a cinquante ans, avec tant de soin.

Mais cette grande propagande, se faisant d'elle-même, s'est faite sans méthode et contrairement aux vrais principes conseillés par l'expérience. Elle a été plus favorable tout d'abord aux productions de mauvais goût qu'aux œuvres éminentes, à la mignardise qu'au style; et cependant elle a eu pour résultat de mettre bien des choses à leur place. Elle a appris aux artistes à faire deux grandes parts dans les arts : ce qui est création originale, invention, inspiration, et ce qui, à différents degrés, peut se ranger parmi les produits de diverses industries. L'espace me manque pour développer ce point de vue, mais quelques faits en montreront la justesse; et si l'on est mêlé à la vie des artistes, ils en feront comprendre toute l'importance. Si Pujet revenait au monde, personne n'hésiterait à placer au nombre des créations de l'art ses figures sculptées dans le bois pour la proue des navires; et la même génération qui fera cette part à des ouvrages brutalement taillés dans des masses de bois passera devant des fleurs peintes avec talent, devant des fruits rendus avec art, en considérant ces effets d'imitation comme une industrie patiente et estimable à la portée de toute adresse qui dessine. De cette appréciation, qui s'étend à tout le domaine de l'art et de l'industrie, découle déjà un apaisement sensible dans tous les amours-propres. Il y a dix ans, chaque graveur sur bois inscrivait son nom en toutes lettres au bas d'une œuvre sans importance; aujourd'hui, feuilletez les journaux et les livres illustrés, *le Magasin pittoresque, l'Illustration,* le *Musée des Familles,* et autres publications *pittoresques* à bon marché, vous ne trouverez plus un nom au bas des gravures remarquables de toutes ces publications. La gravure en bois est toujours un art; mais chacun sent qu'une interprétation, même parfaite, un *fac-simile,* même exact, de l'œuvre d'autrui, n'est pas plus méritoire que de bien copier une lettre; et l'expéditionnaire du ministère ne met pas son nom au bas de sa copie. Il en sera bientôt ainsi des ouvriers de MM. Fourdinois, Delacroix, Tahan, Ingres, Denière, Simart, Delicourt, ouvriers en sculptures de meubles ou en mise au point de statues, en peintures d'accessoires dans un tableau ou de nature morte pour les papiers peints. La soumission, l'abnégation sera l'accompagnement du talent, et, excepté le créateur de l'œuvre, tous mettront leur ambition, non pas dans leur propre illustration, mais dans la réputation du maître et la réussite de l'entreprise.

Cette popularité de l'art, produit naturel de la marche du progrès, est donc étonnante, si nous la comparons à l'état des arts à quelques années en arrière; mais elle est incomplète et nous paraîtra engagée dans une bien fausse voie, si nous la rapprochons des grandes époques de l'art comme l'antiquité grecque au IVe siècle avant notre ère, comme le moyen âge au XIIIe siècle. Nous n'avons plus aucune idée de ce sentiment élevé régnant généralement, sentiment délicat et exclusif, appuyé sur les plus beaux modèles de l'art le plus pur et se manifestant en magnificences éclatantes. Les productions de l'art et de l'industrie étaient marquées alors à un cachet de pureté si distinguée, que nous sommes autorisés aujourd'hui à attribuer à d'autres époques toutes les œuvres qui ne sont pas empreintes de cette marque supérieure; et quant à la magnificence, qu'avons-nous à comparer à cette Minerve du Parthénon, haute de quarante-cinq pieds, en or et en ivoire, et à la pieuse générosité du roi Dagobert, qui couvre le sanctuaire de Saint-Denis en plaques d'argent par dehors et par dedans? Une si grande perfection nous est inconnue, de telles splendeurs dépassent jusqu'à nos rêves. Cette vulgarisation est d'ailleurs incomplète, parce que ses efforts se produisent au centre seulement, dans la capitale, et ils n'ont qu'un faible retentissement aux extrémités, au milieu de nos provinces; elle est enfin dans une mauvaise direction, puisque les mesquineries du faux goût, bien plus que les hautes délicatesses de l'art, font la loi dans cette diffusion générale.

Il semble, sur toute la surface de notre activité, que nous exploitions en petites pièces et en gros sous les nobles largesses des temps passés. Nous semblons nous consoler de l'infériorité de nos qualités en supputant la supériorité de la quantité : on pourrait croire que nous estimons autant la multiplication obtenue par mille procédés reproducteurs que les créations originales. Encore si nous reproduisions seulement les œuvres de premier ordre; mais les artistes les mieux doués sont les moins bien disposés à descendre dans cette arène populaire. Agatharque peignait les décorations des pièces d'Eschyle; Brunelleschi, Balthazar Peruzzi et Servandoni ont renouvelé dans leur temps les illusions des spectacles publics; mais de nos jours, à l'exception de Stanfield, qui a fait les décorations de *Drury-Lane,* un théâtre secondaire de Londres, on ne citerait pas un peintre de talent qui voulût accepter ce rôle. Nous avons sans doute de bons graveurs, dont les planches vendues à haut prix sont bien connues; mais qui oserait tapisser sa chambre avec les thèses de nos avocats et les calendriers de l'année, comme Toinette voulait et pouvait très-décemment le faire avec la thèse du fils Diafoirus, comme chacun le faisait alors que les premiers peintres et les meilleurs graveurs se chargeaient d'orner ces publications?

L'art est entré de nos jours partout, mais ce n'est plus l'art inspiré d'en haut; c'est un petit art qui passe par une fausse porte. Les savonneries de Marseille envoient aux Expositions des statues en savon, les fabricants d'allumettes chimiques composent avec leurs produits des tableaux de l'éruption du Vésuve, les marchands de Niort des paysages en angélique, les chocolatiers des temples en chocolat, les passementiers des pendules monumentales, les fabriques de bougies des bustes de M. Chevreul en stéarine; le chaudronnier Desprats néglige ses chaudrons, qui auraient été parfaits, pour exposer un médiocre buste de Voltaire en cuivre repoussé, et enfin, pour terminer cette liste, si facile à allonger, le vannier Desvignes dédaigne ses excellents paniers pour tresser en osier un Napoléon passant les Alpes, comme Bennati, de Gênes, avait tissé en filigrane un Christophe Colomb qui, n'en déplaise à nos collègues du XXIIIᵉ Jury, était un enfantillage de la pire espèce; partout, comme on voit, les contre-sens d'un art rendu vulgaire par sa vulgarisation.

D'un autre côté, si nous entrons dans les lieux publics, dans les édifices municipaux, dans les hôtels des ministres, dans les résidences du souverain, nous trouvons l'excès des dorures, l'entassement de la décoration, l'amalgame de tous les styles, la collection complète de toutes les redites, et en chaque chose une apparence trompeuse de l'art plutôt que l'art lui-même, des surmoulés faits sans choix et sans soins, au lieu de créations suivies dans la perfection de leur exécution. Cet abus général, qui est pour les esprits moroses un signe de décadence irréparable, une sorte de glas funèbre de l'art, c'est pour moi comme le cri douloureux d'un enfantement pénible, c'est l'indication certaine d'un besoin senti d'introduire l'art en toutes choses, c'est un appel au talent, appel auquel on a mal répondu faute de le comprendre, mais qui va trouver son écho.

Ces fausses directions expliqueraient, à elles seules, la répulsion aveugle que les artistes éminents et les esprits distingués manifestent pour la vulgarisation des arts; et il y a, en outre, dans leur aversion pour cette populaire diffusion, des sentiments respectables qui méritent un examen.

Toute passion est exclusive et jalouse; vouloir qu'on aime les arts libéralement et en communauté avec tous, c'est peut-être une utopie. Voyez ce coteau verdoyant d'où la vue s'étend au loin sur la vallée de la Seine: on l'a vendu en détail. Chaque acquéreur pouvait construire son habitation au milieu de son lot et entourer sa propriété de haies vives, de manière à jouir tous ensemble du coteau entier, avec ses échappées de vue et ses horizons éloignés. Qu'a fait l'amour de la campagne associé à l'amour de la propriété? il a élevé des murs, il a transformé chaque parcelle de terrain en un enclos cerné, muré, sans jour et sans vue, et ces amateurs des champs de vivre heureux dans la case qui compose leur échiquier de maçons. Les amis des arts sont trop disposés à en agir ainsi, à enceindre l'art dans une froide limite, à parquer dans ce domaine exigu des genres et des procédés, et à vivre petitement dans cette nécropole. Les artistes, en travaillant pour ces morts, partagent leurs tendances; ils se serrent, ils tendent à former une confrérie exclusive, ils la restreignent le plus possible. L'initiation mystérieuse des anciens cultes et de la franc-maçonnerie leur semblerait de mise pour les arts au XIXe siècle; ils se sentiraient mieux à l'aise dans une aristocratie très-bornée que dans la démocratie, dont le bruit et le mouvement les effrayent; ils préfèrent tout à la communauté. Dans leur opinion, la décadence des arts se produit en raison directe de leur extension. Ne voyez-vous pas, diront-ils, la facilité, cette fée banale, répandre ses dons à qui se donne la peine de les ramasser et cette foule bruyamment habile étourdir, effacer, étouffer les vrais mérites? Il n'existe qu'une dose de talent dans le monde; plus vous la divisez, moins il en reste pour chacun. Récapitulez les expositions des beaux-arts depuis un siècle et demi : qu'elles comptent 300 exposants ou 5,000 comme de nos jours, c'est la même somme de talents remarquables.

Telle est la manière assez générale d'envisager les arts parmi les artistes, c'est la part des sentiments respectables; celle des idées fausses et des craintes intéressées est plus passionnée, mais je ne prétends pas répondre à toutes les objections. Il suffira d'exposer quelques idées générales en faveur de la vulgarisation des arts, et ensuite de présenter l'ensemble d'une organisation nouvelle.

Entreprendre de former le public à la jouissance de l'art, de l'initier à ses beautés, ce n'est nullement rêver de faire de tous nos paysans des artistes et des discoureurs sur l'art. Il y aura dans cette éducation, comme dans toutes les autres, des degrés et des sommités. Ainsi que dans une salle de concert, une symphonie de Beethoven est sentie de mille manières distinctes, à mille échelons différents, selon que le sentiment naturel ou des études spéciales et approfondies viennent en aide à l'auditeur; ainsi, dans la nouvelle génération, l'art sera compris avec mille nuances, depuis l'artiste créateur, qui juge avec son sentiment et avec la connaissance de toutes les difficultés de l'art, jusqu'à la foule, qui jouira de la vue d'un chef-d'œuvre en se contentant de le distinguer de l'œuvre médiocre et banale.

Mon rêve, pour les arts du dessin, sera d'ailleurs bientôt réalisé par la musique. Romance, que me veux-tu? est devenu un dicton populaire, et on n'écoute plus les petites filles qui ont vaincu les difficultés des plus difficiles sonates. Tout le monde étant un peu musicien, chacun jouant de quelque instrument, on ne prête l'oreille qu'aux vrais talents. Des amateurs qui pourraient passer pour des musiciens consommés dans leur art ont le bon goût de ne pas publier leurs compositions, de ne pas faire jouer leurs opéras; ils se contentent de se servir de cette faculté précieuse pour faire d'excellente musique en famille, entre amis également bien doués, ou chez les autres, quand ils sentent que l'auditoire a le goût d'entendre et le temps d'écouter : alors vous voyez le prince de la Moskowa diriger habilement un excellent orchestre, le prince Poniatowski chanter Gluck, Mme Kalergis jouer Chopin, la marquise de Chimay, la comtesse de Tournèse, la princesse Czartoryska, charmer l'auditoire par une exécution inspirée, qui est l'éloquence du sentiment musical. Il en sera de même pour les arts du dessin. Savoir modeler une figurine avec quelque adresse sera l'affaire de tout le monde, et personne, pour cela, ne songera à faire de mauvaises statues équestres; savoir peindre ses souvenirs, des portraits d'amis et des vues de son parc, n'obligera aucun amateur à exposer de grands tableaux médiocres et à solliciter des travaux du Gouvernement; mais ce talent sera la joie des intérieurs et ajoutera au bonheur des familles en donnant de l'occupation aux désœuvrés et des loisirs charmants aux gens occupés.

L'art cessant d'être un mystère, un privilége, sera pratiqué par tous indifféremment, et alors il se rencontrera une même somme de talent, de génie même, chez les riches comme chez les pauvres. La seule différence qui existe aujourd'hui entre de rares amateurs et les artistes, et qui se maintiendra, c'est que le talent supérieur ne se développant qu'à la suite d'études longues et pénibles, les hommes que stimule le besoin de parvenir seront toujours sur la brèche et enlèveront la place, pendant que les autres emploieront mollement, capricieusement, les loisirs que leur fait la fortune. Je crois donc que les grandes créations et les bons portraits seront toujours l'œuvre des artistes, des hommes pour lesquels l'art est une carrière; mais je crois aussi que dans tous les genres secondaires, le paysage, l'étude des fleurs et de la nature morte, les croquis piquants des mœurs du temps et des anecdotes du jour, le vaporeux pastel et l'aquarelle pimpante, les amateurs battront les artistes; je crois surtout que le nombre de personnes capables de mettre un dragon à cheval, un âne sur son pré, une chèvre au bord du ravin, ou un chaudron et un paquet de carottes au milieu d'une cuisine, sera si grand, que les artistes trouveront plutôt à acheter de ces vulgaires merveilles qu'à en vendre.

Arrivons maintenant aux conséquences pratiques et au résultat très-heureux de cet avenir prochain : ici des artistes, là des amateurs; l'art monumental, l'art sérieux, réservé à quelques hommes de génie, qu'ils soient amateurs artistes ou artistes vivant de leur talent; l'art moyen, celui qui se résume dans les tableaux de genre, dans une besogne courante, sorte de passe-temps de jeune fille et d'amusement des gens oisifs, cet art vulgaire, à force d'être généralement pratiqué, devenant la proie des amateurs. Ces deux parts ainsi faites, que reste-t-il aux artistes qui, privés de ce gagne-pain quotidien, sentent qu'ils n'ont ni le génie ni le style des hautes inspirations exigées par l'art monumental? Il reste le vaste champ de l'industrie, qu'ils féconderont de leur talent facile.

La vulgarisation de l'art, ainsi envisagée, est-elle donc un si grand mal? Elle maintient le génie sur les sommités de l'art pur, appelé à exercer sur l'humanité un grand empire; elle donne à l'activité des hommes de talent les ressources multiples de l'art appliqué; elle procure aux amateurs des occupations élégantes, des études pleines d'intérêt et l'occasion de s'exercer le goût; enfin, elle forme un vaste public compétent en matière d'art.

Arrêtons un instant notre attention sur ces amateurs et sur ce public. L'avenir des arts est là désormais. Ce n'est point un rêve de croire que la génération prochaine tout entière saura dessiner comme la génération présente sait écrire, que chacun aura du talent pour peindre et sculpter comme il a du style, fera des tableaux d'histoire contemporaine comme il écrit les descriptions de ce qu'il a vu. Peindre et sculpter étaient autrefois et sont encore aujourd'hui des talents exceptionnels auxquels on doit, dans la société, une place hors ligne; dans peu de temps, toute personne bien élevée sera en état de faire des portraits de famille, de dessiner des sites pittoresques en voyage, de modeler un christ ou une vierge pour son église de village. Vous aurez des Charlet et des Bellangé par douzaine dans les états-majors, des Ziem et des Gudin en masse à bord de nos flottes; vingt chasseurs peindront leurs chiens et les animaux qu'ils forcent aussi bien que Jadin, les membres du Jockey-Club représenteront leurs courses comme pourrait le faire Dedreux, et les agriculteurs auront des chambres tapissées de leurs études de bœufs, de cochons et de brebis. Ce ne sera pas de l'art, mais une écriture pittoresque, bien autrement exacte, précise, vraie, saisissante, que la peinture des artistes que je viens de citer; car, avec autant de talent, il y aura plus d'observation, de réalité, de science du détail, de minutie de l'exactitude, et, en outre, il sortira de loin en loin de cette foule d'amateurs les hommes de génie dans chacun de ces genres : les Vander-Meulen des batailles, les Backhuysen des marines, les Sneyder des chasses, les Géricault des courses, les Cuyp de toutes les beautés de la nature. A part ces apparitions rares, on citera la monnaie courante des talents ordinaires, comme on parle des lettres spirituelles d'un homme du monde; seulement vous entendrez parfois une jeune femme s'écrier: « Concevez-vous M*** qui n'a pas su me dessiner la coiffure que sa femme portait au bal : c'est inconcevable; où donc a-t-il été élevé? »

Dans cet avenir, on se fera réciproquement ses portraits, de famille à famille : « Vous m'avez peint, merci; je vous sculpterai. » Au XVIIe siècle, les portraits se faisaient dans le monde par écrit. Pas une femme, tant soit peu à la mode, qui ne se crût obligée de tracer quelques portraits, qu'on lisait le matin dans la ruelle ou le soir dans la salle; aujourd'hui, au XIXe siècle, l'ébauchoir et le pinceau détrôneront la plume; ou plutôt non, ils s'associeront à elle, et les portraits se multiplieront à l'infini. Si les caricatures les suivent, comme le fou suivait le triomphateur en l'insultant, qu'y faire? c'est le revers de toutes ces belles médailles. Et voyez l'avantage pour l'art, ces portraits seront enfin de vrais portraits. Tous les artistes peignent avec succès les deux personnes qui leur sont le plus chères : la femme qu'ils aiment et eux-mêmes; les deux personnes en tous cas qu'ils voient le plus souvent et qu'ils connaissent le mieux. Tout au contraire, les portraits de leur clientèle réussissent rarement : c'est qu'ils ne vivent pas avec leurs modèles, qu'ils ne les étudient pas aux divers moments de la journée. Un être humain, avec sa figure, a cent visages, et il y a beaucoup à parier qu'il ne portera au peintre que le moins agréable de tous, tandis que vingt fois dans le jour l'amateur aura confidence du visage pensif ou souriant, illuminé par la passion ou par le bonheur, inspiré, presque divinisé par les lueurs fugitives de tous les enthousiasmes. Un portrait, pour être vrai et naturel, exige d'un peintre à qui vous amenez un modèle gêné par l'obligation de poser, contraint par l'ennui des séances, des prodiges de talent, tandis que l'amateur n'aura qu'à saisir la ressemblance dans les moments d'expansion heureuse.

Je ne récuse pas aux amateurs le génie qui aborde les grandes difficultés de l'art: Châteaubriand, Byron, Lamartine, Mme de Staël, Benj. Constant et tant d'autres ont prouvé ce qu'une grande naissance et une éducation distinguée ajoutent à la hauteur du style, à la noblesse des sentiments, à l'élévation des pensées; les Humboldt, de Luynes, Séguier, Benj. Delessert, ont témoigné de la même manière pour les sciences. Il en sera ainsi dans les arts avec une génération sérieusement préparée; seulement si la richesse rend facile leur culture, comme elle donne des loisirs pour l'étude des sciences, des facilités pour les voyages archéologiques, pour les acquisitions des chefs-d'œuvre, pour faire des fouilles et des expériences, cette même richesse imposera aux amateurs une certaine réserve. A moins d'un talent hors ligne, ils ne feront que des portraits de famille par affection, des tableaux de salle à manger par passe-temps, ils décoreront les maisons de leurs amis par complaisance; jamais ils ne prendront la place des artistes supérieurs, ni le pain des artistes qui vivent de leur métier. Le plus grand nombre même n'aura appris le dessin que pour l'oublier, et comme on se fait coiffer par un perruquier pour se décoiffer avec sa brosse, comme on apprend les pas de la danse pour danser sans faire de pas, comme on va au manége pour monter à cheval autrement qu'au manége : ainsi les gens du monde sauront dessiner et peindre pour négliger leur talent, et, loin d'en faire parade, ils s'efforceront de le cacher. Que de femmes charmantes écrivent aujourd'hui aussi bien que madame de Sévigné, sans permettre qu'on lise leurs lettres dans les cercles, qu'on les copie et les fasse circuler; il en sera du talent de dessiner comme du talent d'écrire : il restera ignoré, mais il existera, et pour le bonheur de ceux qui cultivent les arts et pour l'agrément du cercle intime, petits cercles qui tendront à se resserrer à mesure que les talents grandiront.

Dans cette génération nouvelle, tout entière artiste, les amateurs prendront une autre place qui leur convient mieux, celle de juges du camp. Ils formeront les jurys des concours et des expositions, ils entreront dans les commissions, ils écriront la critique de l'art : fonctions difficiles et délicates pour l'artiste engagé dans la lutte, fonctions faciles et pleines d'intérêt pour l'homme de goût et de loisir qui achète de bons tableaux après avoir cessé d'en faire de mauvais; qui apprécie les œuvres modernes avec une sévérité puisée dans l'étude des chefs-d'œuvre, avec une indulgence conquise dans la connaissance des difficultés de l'art; qui possède, en un mot, toutes les qualités du juge, puisqu'il a toutes les conditions de l'impartialité. Rien ne me représente mieux ces artistes-amateurs de l'avenir que les hommes d'esprit que j'ai connus autrefois dans le monde. En entendant la conversation du comte de Montrond, de Martin, de Joubert, du prince de Talleyrand, de lord Alwenley en Angleterre, de vingt autres encore, je me disais qu'un sténographe ferait fortune s'il lui était permis de mettre en volumes tout l'esprit que ces hommes du monde jetaient en fugitives paroles. Il y avait des jugements littéraires si piquants, des aperçus politiques si ingénieux, des manières de voir en toutes choses si indépendantes de l'opinion commune, et, par le fait même de ce dégagement des préoccupations littéraires et de toute arrière-pensée de publicité, si originales, qu'on songeait involontairement à un aréopage littéraire tel que le formeront un jour les amateurs dans toutes les questions où les intérêts de l'art seront engagés.

Il est un autre résultat important à attendre de cette nouvelle éducation de tous : c'est une meilleure entente du public et des artistes; désormais, ils parleront dans une même langue de choses qu'ils ont apprises en commun. Quand on vit dans le monde, soit comme artiste et célèbre par ses œuvres, soit comme amateur des arts et connu par quelques travaux, la conversation tourne par pénurie de sujets, ou par complaisante bienveillance, sur les questions d'art. Tout d'un coup vous entendez soutenir par des hommes supérieurs, par des femmes intelligentes, des thèses banales de la plus plate vulgarité. L'A B C des principes de l'art leur est évidemment étranger. Tandis qu'ils débitent les théories les moins fondées, des opinions aussi tranchées, aussi absolues qu'elles sont opposées les unes aux autres, ils émettent sur la politique, la religion, la littérature, des idées distinguées, hors ligne, toutes frappées au coin d'une noble supériorité. D'où vient donc que sur des sujets d'un ordre élevé et abstrait, qui devrait être moins familier, on s'entend ou à peu près, et que sur les arts, qui sont à la portée de tous, on divague sans se comprendre? Cela tient uniquement à l'absence complète d'éducation artiste depuis l'enfance, où le crayon aurait dû être aussi familier que la plume, jusqu'à l'âge mûr, où les cours publics, les publications sur les arts, devraient avoir pour auditeurs et lecteurs tous les gens du monde.

Je suis loin de prétendre épuiser la discussion soulevée par cette grave matière; mais, si je ne me trompe, la vulgarisation des arts ainsi envisagée, loin de présenter le tableau de leur ruine, en fera pressentir la plus énergique, la plus féconde renaissance.

En ce qui concerne l'industrie, les objections n'ont pas été les mêmes; mais tout en prétendant favoriser son développement, on l'entrave. Chacun trouve bon en soi, utile au pays et glorieux pour la France que l'industrie conserve sa supériorité sur le marché européen, qu'elle s'améliore, s'épure, fasse des progrès; mais on interdit aux artistes toute intervention dans l'industrie, et, quand je propose de donner aux industriels le moyen de devenir artistes, ce n'est plus la vulgarisation de l'art qui est en jeu : on m'objecte que je vais créer des prétentions, exalter les amours-propres, rendre intolérables les ouvriers, déjà trop disposés à se croire supérieurs à leur véritable capacité : c'est la plus profonde des erreurs. Rien n'inspire plus la modestie que le savoir : rien ne fera rentrer plus sûrement l'ouvrier à la fabrique, rien ne le ramènera à son travail manuel qu'il exécute en maître, comme la connaissance des chefs-d'œuvre dont il aura compris les beautés qu'il renoncera d'atteindre. L'ignorance dans l'isolement crée les illusions de l'amour-propre; l'instruction, au contact des grandes productions de l'art, remet les talents à leur rang et les prétentions à leur place.

Je veux former des artistes pour en faire des ouvriers; n'agissez-vous pas de même dans l'enseignement public, quand vous livrez toute la jeunesse à l'étude des lettres? Vous essayez ces fraîches intelligences au style, à la poésie, aux problèmes les plus ardus comme les plus élevés de l'esprit, et chacun sort de cette arène supérieure pour monter, courir ou descendre dans les voies que les dispositions naturelles ou les circonstances leur ont tracées. Parmi ces nourrissons des Muses, les lèvres encore humides de Virgile et d'Horace, les uns deviennent Victor Hugo ou Alexandre Dumas, Cousin ou Augustin Thierry, c'est-à-dire des poëtes ou des conteurs, des philosophes ou des historiens; les autres se sentent peintres comme Eugène Delacroix, comédiens comme Got, qui est peintre aussi, ou comme Mélingue, un sculpteur habile, et qui, à ses moments perdus, joue *Benvenuto Cellini* comme l'orfèvre batailleur aurait voulu être représenté : en homme de cœur et de talent.

Une nation lettrée, qui élève ainsi sa jeunesse, voit le génie déborder dans ses mille ramifications; j'en voudrais faire aussi, et ce sera plus facile, une nation artiste, pour qu'elle ait une industrie dont le dernier ouvrier, celui qui dégrossit la matière à la première opération, ait déjà le sentiment de ce qu'elle deviendra, et lui apporte son concours intelligent dans sa petite participation à l'accomplissement de l'œuvre entière.

Une nation formée d'hommes de talent, dira la routine, mais qu'en ferez-vous, quelle pâture donnerez-vous à cette soif insatiable? Je me préoccupe médiocrement de ce soin. Je voudrais mettre du talent partout, de la pureté de goût, de la noblesse de style, et je n'en vois presque nulle part. Quand notre industrie sera artiste, soyez sans crainte : le talent sera réclamé en toutes choses. Achille Devéria m'a donné hier une boîte à cigares de la Havane, une simple boîte en bois, comme celle qu'on jette à la porte des débits de tabac; seulement il a peint à la sépia, sur les cinq faces, l'histoire de Psyché, et cette simple boîte a été transformée par quelques coups de pinceau en un merveilleux écrin. Je n'ai pas l'habitude d'accumuler les arguments : un fait pareil vaut, pour toute intelligence ouverte, la plus évidente des démonstrations. D'ailleurs, n'ai-je pas démontré qu'à toutes les époques illustrées par de grands génies, le nombre des artistes était innombrable? Une population entière de sculpteurs et de peintres a travaillé sous Phidias aux monuments de l'acropole d'Athènes. Ce qu'il a fallu d'artistes, et des plus excellents, pour construire, sculpter, peindre, orner de vitraux et meubler délicieusement la Sainte-Chapelle de Paris, de manière à la terminer en huit années, est vraiment prodigieux. Nous avons la liste des artistes employés par les ducs de Bourgogne au XVe siècle, par François Ier au XVIe siècle, par Louis XIV au XVIIe siècle : elle est sans fin.

Le bronze, les meubles, les tissus, les tapis, la céramique, depuis son emploi dans l'architecture jusqu'à la pipe d'un sou du fumeur, toute l'industrie, en un mot, a intérêt à suivre les errements des talents les plus distingués et de l'art le plus pur; deux cents artistes de premier ordre ne seraient pas de trop pour composer sur le papier, pour modeler en cire, pour graver dans les matrices les mille ornements de la bijouterie, de l'orfévrerie et des bronzes. Remarquez bien le changement qui s'est opéré parmi les acheteurs; c'était autrefois l'élite d'une société restreinte, c'est aujourd'hui tout le monde, et je prétends que ce changement bien dirigé peut être favorable aux arts, s'il sollicite plus vivement les créations du génie.

L'art s'est toujours attaché de prédilection aux belles matières, aux métaux rares, aux pierres précieuses; dans toutes les époques florissantes, un chef-d'œuvre était la réunion de la matière du plus grand prix et de la conception du plus habile artiste. Les copies et les répétitions revêtaient un moins riche habillement. Trop de révolutions nous ont appris ce qu'il en arrive de ces nobles façons de procéder pour que nous nous laissions entraîner par notre propre goût; nous serons plus sages. Nous nous garderons d'oublier que l'orfévrerie, la bijouterie, la joaillerie, ont contre elles, comme le cerf de la fable, ce qui les embellit, et que le creuset du fondeur est la roche Tarpéienne de ces industries triomphantes. Aussi, sans faire le tableau de tous les trésors de l'art qui ont été anéantis parce qu'ils étaient des trésors de matières coûteuses, sans rappeler les monuments parvenus jusqu'à nous sous la couverte modeste d'humbles métaux, je dirai : Évitez l'or, l'argent et les pierres précieuses; choisissez les métaux comme le cuivre, qui, dans ses divers alliages, dans la facilité avec laquelle on l'argente, on le dore, se prête aux procédés anciens du travail manuel et aux procédés nouveaux, qui empruntent de si utiles secours à la chimie et à la mécanique. Ne vous effrayez pas des noms modernes qui portent avec eux comme un stigmate de vulgarité; voyez le fond et le vrai des choses, c'est-à-dire l'œuvre d'art et l'apparence de richesse, qui est l'illusion de la richesse. Et remarquez bien que, dans cette direction, ce n'est pas l'objet riche, ce n'est pas l'œuvre d'une exécution difficile qui trouve avantage à prendre pour modèle les créations les plus originales et les meilleures de nos artistes; c'est le bon marché, l'industrie courante, dont les débouchés sont infinis comme les moyens d'exécution, aidés par les procédés multiplicateurs, sont inépuisables. Tandis qu'un industriel peut hésiter à exécuter un meuble dont le modèle, composé par l'architecte le plus habile, lui coûte 3,000 francs, parce que, n'en faisant qu'un seul, il est obligé de le vendre 20,000 francs, le fabricant de bronzes payera sans hésitation à notre meilleur statuaire 10,000 francs pour un modèle de pendule, parce qu'il calculera qu'en vendant 1,000 répétitions de cette pendule à 100 francs, il ne grèvera chacune que de 10 francs pour frais de modèle.

De ce principe, dont il serait facile de multiplier les exemples frappants, découle une des conditions essentielles de l'industrie française : aucune économie pour le modèle, l'artiste faisant le succès de l'œuvre, le nombre des répétitions s'augmentant en raison de ce succès, et pouvant, par conséquent, compenser le prix du modèle, fût-il de Phidias, si Phidias revenait parmi nous. On se tromperait, du reste, si l'on croyait que ces procédés reproducteurs travaillent au détriment des artistes, qu'ils multiplient leurs œuvres sans en réclamer de nouvelles. Bien loin de là, ils étendent et propagent partout le désir de posséder à côté de ces répétitions quelque pièce originale, production unique de l'artiste. Vous craignez l'influence de ce débordement de l'industrie artiste sur l'artiste lui-même; détrompez-vous : la beauté, le mérite supérieur de ces reproductions d'œuvres de mérite, décourageront les faibles, enhardiront les forts. L'abus des ornements en carton-pâte en cuir estampé à froid et en gutta-percha moulée au feu a son bon côté : les sculpteurs en bois, en pierres, en modèles destinés à la fonte, sentent facilement qu'en exagérant l'ornementation, ils ne font que ressembler à leurs imitateurs; ils deviennent simples et perfectionnent leur exécution, au lieu de la prodiguer, afin de se mieux distinguer de l'imitation.

Où n'entre pas d'ailleurs l'élégance de la forme, la distinction des accessoires? Je sais des sabots adorables de gentillesse : il est vrai que les pieds qui devaient s'y caser étaient bien mignons; mais tout en était si coquet, et leur caparaçon de cuir verni, et leur garniture de drap rouge dentelée! Quand la fabrique de sabots réclame des ouvriers-artistes qui sachent sculpter le bois à la forme du pied, vous étonnerez-vous que l'imprimerie de M. Claye possède un contre-maître artiste comme Joseph Wintersinger, qui donne à la gravure en bois les demi-teintes qui manquaient à ses noirs vigoureux, à ses lumières éclatantes; que Bertaut et Bry transportent, dans toute leur fraîcheur, de la pierre au papier les délicieux dessins de Mouilleron, Nanteuil, Français et Sirouy; que des imprimeurs d'étoffes, à la fois artistes et chimistes, parviennent à transmettre les dessins les plus fins, les nuances les plus délicates, aux étoffes variées, depuis la forte toile calandrée jusqu'à la gaze vaporeuse?

Vous vous plaignez, il est vrai, qu'abusant de cette intervention de l'art en toutes choses, les coiffeurs et les perruquiers s'intitulent artistes en cheveux, les tailleurs artistes en vêtements, les modistes artistes de la toilette : mes contemporains ont ri de ces prétentions; je les ai prises très au sérieux, et je n'ai trouvé d'autres torts à ces nouveaux artistes que de n'être pas assez artistes. Ils le seront désormais. Dans bien peu de temps, tel fabricant de fleurs artificielles s'intitulera élève de Saint-Jean et de Mlle Rosa Bonheur, tel tailleur vous prouvera qu'il a étudié dans l'atelier de Paul Delaroche, c'est-à-dire qu'en homme d'esprit, après quelque temps d'étude du dessin, ne s'étant reconnu ni le génie qui donne la gloire et la fortune, ni le talent qui fait vivre honorablement, il s'est mis dans l'industrie, choisissant, selon les circonstances, celle-ci ou celle-là, considérant qu'il n'en est qu'une mauvaise et dégradante : celle où l'on meurt de faim.

Ainsi stimulée par les amateurs, soutenue par les artistes, l'industrie rendra la vie à des métiers que, faute d'art, elle laissait dépérir. C'est un de nos grands regrets d'avoir vu la broderie, cette peinture à l'aiguille, abandonnée aux passementiers et aux tailleurs; un art cultivé avec tant d'habileté par les anciens, que le moyen âge et la renaissance ont appliqué avec un talent parfait, dont les Orientaux savent encore faire un délicieux usage, est devenu dans nos mains une ornementation bête ou insensée : bête, quand elle suit servilement, mécaniquement, les mailles d'un canevas; insensée, quand elle oublie toutes les règles dictées par le bon sens ou conseillées par le bon goût, méconnaissant la nature même de l'étoffe et de son usage en rendant les rideaux opaques, les gazes pesantes et les garnitures de meubles saillantes : autant de contre-sens.

Un autre regret, — mais à quoi bon les énumérer tous? N'avons-nous pas un meilleur avenir devant nous. La culture des arts, générale et commune à tous, rapprochera le producteur du consommateur, le protecteur des arts de l'artiste, l'homme de goût du fabricant. Personne n'achètera plus au hasard, personne aussi ne fabriquera banalement; l'amateur expliquera ses projets et ses désirs le crayon à la main, et l'industriel, lui-même artiste, non-seulement saura comprendre ce fugitif croquis, mais il le corrigera suivant les modifications que son expérience lui conseille, que sa pratique des moyens d'exécution lui impose.

Quand on a vécu avec les chefs de l'industrie, on sait les regrets qu'ils éprouvent de n'avoir pas appris à dessiner, l'utilité dont serait pour eux cette faculté de s'exprimer aux yeux, cette seconde éloquence bien autrement communicative que la parole. Un client vient chez un bijoutier, chez un orfèvre, chez un ébéniste; il y vient pour commander une parure, un surtout de table, un ameublement. Il ne peut pas dire exactement ce qu'il veut, parce qu'il s'en rend imparfaitement compte à lui-même, et vous voyez en face l'un de l'autre, semblables à des gens qui, ayant à se parler, ne parlent pas la même langue, un homme qui plein de son projet a le désir de le faire naître et l'argent pour en payer le prix, puis un autre homme qui désire exécuter ce projet sans avoir aucune ressource pour retenir le client et l'empêcher d'aller s'adresser ailleurs. Si tous les deux, ou l'un des deux, savait dessiner, il suffirait de quelques minutes pour se comprendre et s'engager. Aucoc, Christophe, Tahan, et d'autres fabricants ingénieux, ont bien vite senti ce qui leur manquait, et comme, passé un certain âge, on n'apprend plus rien, ils ont pris à leur solde un artiste complaisant, qui venait s'interposer entre eux et le client, sorte de truchement qui, avec une merveilleuse adresse, faisait naître des désirs qu'il était censé interpréter, enchaînait des velléités et développait, au profit de la maison, par la séduction de son talent, de petites idées modestes qui avaient peine à se produire et dont il faisait des projets magnifiques et de la plus grande importance commerciale. Mais ces artistes, très-coûteux, n'étaient pas tous honnêtes : voyant le profit qu'ils attiraient à la maison et dont ils ne recevaient qu'une faible part, ils la trahissaient, la quittaient, allaient sur ses brisées et, sans réussir eux-mêmes, parvenaient, au moyen de révélations indiscrètes et mensongères, à faire le plus grand tort à l'industrie elle-même; c'est alors que les vieux industriels résolurent de garantir leurs enfants de semblables dangers, de les affranchir de si fâcheuse tutelle et d'en faire des industriels complets, tête et mains. Fossin, Denière, Froment-Meurice, héritèrent des maisons de leurs pères, ainsi préparés : ce sont encore des exceptions, elles doivent devenir la règle.

Désormais le capital, la première mise, le fonds de l'établissement de l'industriel consistera, pour qu'il ait chance de fructifier, d'une part d'écus et d'une part de connaissances scientifiques et de talents artistes, et si un commanditaire n'est pas aveugle, il ne confiera sa fortune qu'à l'homme qui réunira ces qualités indispensables au véritable industriel. Remarquez qu'il ne s'agit pas d'être membre ni de l'Académie des sciences ni de l'Académie des beaux-arts, mais d'avoir assez étudié, assez suivi de cours, assez pratiqué soi-même pour comprendre et juger, pour choisir et surveiller. Un chef de maison, pourrait-il tout faire, devrait distribuer les travaux pour ne conserver que la surveillance; c'est dire assez que la position des artistes est assurée près de lui. Ces artistes ont besoin d'une direction, car ce sont des hommes de talent qu'une imagination exubérante, une main trop facile, poussent hors de la carrière des études refléchies et des travaux sérieux. Devant une toile, ils feraient de la peinture lâchée, dans un bloc de marbre de la sculpture boursouflée; vous leur donnez de la faïence à peindre ou du carton-pâte à modeler et ils feront merveille, parce que ce sont des talents naturellement spéculatifs et instinctivement industriels, mais à la condition d'être dirigés, maintenus par un chef habile, dont le sentiment vif des arts et le talent acquis prennent sur eux assez d'autorité pour imposer à leur imagination, à leur facilité, les règles du bon sens, qui sont les obligations et les lois industrielles.

Ce que je rêve pour féconder l'industrie, c'est, dans le passé, un homme comme Charles Boulle, dans le présent, un artiste comme Auguste Debay, dans l'avenir, toute une génération semblable à ces deux hommes. Mariette, avec lequel nous avons déjà fait connaissance, comme le plus fin amateur de son temps, disait de Charles Boulle : « Le goût de cet homme « remarquable l'entraînait vers la peinture, mais son père, « ouvrier ébéniste, lui fit apprendre son métier. Bientôt il fut « en état de l'éclairer de ses lumières, de l'aider de ses dessins, « de diriger son goût, en sorte qu'il arriva à une perfection

« inconnue à son père et à tous ceux qui l'avaient précédé. « La grande collection qu'il avait rassemblée de toute espèce « de dessins de peintres anciens et modernes lui fut toujours « fort utile, et il appelait cette collection admirable : la source « délicieuse. » Vous voyez, comme moi, ce jeune homme qui se sent artiste, qui dessine assez bien pour se croire peintre, mais qui cède aux bonnes paroles de son père et à l'idée de faire de l'art en meubles tout aussi bien qu'il aurait pu en faire en peinture; vous le voyez, au milieu de ses bois débités, de son écaille et de ses cuivres, faisant collection des meilleures gravures et des plus beaux dessins, mêlant ainsi à doses égales, ou au moins proportionnées, le goût des arts et les progrès de son métier. Quel autre exemple meilleur de l'association de l'art et de l'industrie pourrai-je donner pour le temps présent que celui-ci : Auguste Debay étudie la peinture dans l'atelier de l'illustre Gros et il devient son élève favori; il concourt à l'école des beaux-arts et l'emporte sur tous ses concurrents : le premier prix de peinture le conduit à la villa Médicis, dans la ville éternelle; là, en face des monuments de l'antiquité, en admiration devant les productions du grand siècle de la renaissance, il lui prend une sorte de dédain michelangelesque pour son art, qui n'est qu'un trompe-l'œil et un attirail de petites ressources; il voit dans la statuaire le grand art, l'art puissant et vrai; il devient sculpteur, et de retour à Paris il remporte, dans un nouveau concours, la palme pour l'exécution du monument de l'archevêque de Paris, cette sainte victime de nos discordes civiles. Jusqu'à présent, on le voit, c'est une carrière d'artiste remplie à la façon des grands maîtres des temps passés; il lui manquait cependant quelque chose pour être entier comme eux : Debay l'a senti, et il s'est complété en se plaçant à la tête d'une fabrique d'objets d'art et de figures en terre cuite pour l'ornement des édifices et des jardins. Il avait compris que pour être un grand artiste, il fallait être aussi un industriel de premier ordre.

D'après ce qui précède, la difficulté qui nous occupe, l'objection qu'on nous oppose, se réduit à ceci : les arts s'étant vulgarisés d'eux-mêmes et cette vulgarisation s'étant produite par une fausse voie, les résultats n'ont pas été à l'avantage du bon goût, du grand style et de l'élévation du sens artiste. S'ensuit-il que si une direction habile, une organisation méthodique, avait présidé d'abord à l'éducation de tous, puis à l'éducation spéciale des hommes doués de talents exceptionnels, enfin au maintien du goût public dans ses voies les meilleures, la vulgarisation générale de l'art n'aurait pas produit de nos jours ce qu'elle a obtenu dans l'antiquité et au moyen âge? C'est là le point où toutes ces objections manquent de base solide et où nous sommes autorisé à nous prévaloir de l'expérience du passé pour prôner une réforme et garantir son succès.

Je vais donc développer en trois chapitres les trois parties essentielles de l'enseignement des arts, qui sont : l'enseignement de tous, l'enseignement supérieur réservé aux artistes, le maintien du goût public par l'État, et dans un quatrième chapitre, qui servira de conclusion, j'exposerai ce que doit être l'art appliqué, c'est-à-dire l'art mis en œuvre, soit par les édifices de l'architecture, soit par la peinture murale et la statuaire monumentale, soit enfin par des produits variés de l'immense champ industriel.

L'ART DANS L'ENSEIGNEMENT PUBLIC.

POURQUOI LE DESSIN ET LA MUSIQUE NE SONT PAS ENTRÉS DANS LES DIFFÉRENTES LOIS DE L'ENSEIGNEMENT PUBLIC.

Rigoureusement parlant, il n'y a pas d'innovation ; mais dans la pratique des faits il arrive un moment où ce qui flottait se fixe, où ce qui végétait prend racine et pousse ses vigoureuses branches, où l'idée devient un fait. De même que la puissance de la vapeur avant le mécanisme imaginé par Fulton, l'électricité avant ses applications récentes, avaient toute leur valeur théorique, de même aussi l'instruction publique, avant 1830, était constituée dans tous ses éléments de libérale propagande, et c'est cependant seulement alors qu'elle est devenue viable, qu'elle a conquis sa puissance et son action.

Pourquoi le dessin n'a-t-il pas été compris dans le programme des études de l'instruction primaire par les auteurs si nombreux de projets de loi et par les orateurs parlementaires plus nombreux encore qui en ont discuté, amendé et voté les articles. Cette question demande une réponse, car si ces longs débats, souvent renouvelés, avaient prouvé que la pratique du dessin est inutile dans la vie et que son enseignement est impraticable à cet âge, il serait inutile d'insister: la raison commanderait de se soumettre.

Le dessin inutile, mais à qui donc? Riche ou pauvre, travailleur ou désœuvré, homme savant, être futile, tous en ont besoin, les uns pour ajouter au charme d'une vie facile, les autres pour donner un emploi mieux assuré à une existence laborieuse. A combien de personnes n'est-il pas arrivé, et cela plus d'une fois dans la vie, au milieu de la conversation, en face d'un auditoire attentif, ou bien dans un pays dont elles ne comprenaient pas la langue, ou bien encore au retour d'un voyage intéressant, de s'être senties humiliées, parce qu'elles ne savaient pas dessiner: il s'agissait de décrire un objet, d'exposer le détail d'un mécanisme, de demander quoi que ce soit, de faire comprendre la forme d'une plante nouvelle, d'un animal inconnu ou d'un monument de style étrange; et vous, le savant, l'homme de ressource, d'esprit, de génie même, vous étiez là à vous perdre en paroles, à suer sang et eau pour décrire ce que personne ne comprenait, tandis que deux coups de crayon vous auraient tirés d'embarras, vous et votre auditoire. S'agit-il de fabricants, de marchands, d'ouvriers, à quoi bon insister? Chaque jour et chaque heure renouvellent le supplice et les regrets de ces hommes intelligents qui voudraient s'exprimer dans cette admirable langue et s'aider de ce langage facile. Il y a plus, le dessin n'est pas seulement un talent accessoire, il va devenir la planche de salut de l'ouvrier, car il n'est pas besoin d'avoir fait de profondes études, de longues observations, pour découvrir que la mécanique est un agent qui va peu à peu se substituer à la force manuelle et remplacer partout les bras qui agissent sans intelligence. Un ouvrier qui n'a que sa vigueur et son bon vouloir risque désormais d'être supplanté par une machine, et le meilleur moyen de lui assurer du pain, c'est de développer son intelligence, de former son goût, d'exercer ses mains aux travaux délicats. Le dessin est un agent de développement excellent, et la meilleure parade aux empiétements de la machine. Bizarre conséquence des révolutions de l'industrie! Lors de l'introduction de la première machine à vapeur dans une fabrique, on avait dit que l'homme allait être condamné au rôle honteux d'un rouage hébété, et il se trouve, au contraire, que cette force artificielle se charge du gros de la besogne, des travaux mécaniques, de cette part qui avilit l'ouvrier par la fatigue et la répétition monotone, tandis qu'elle élève l'homme, en lui réservant toute la part intelligente dont elle ne peut s'acquitter, en faisant de lui le directeur habile et le maître exercé d'une force immense et obéissante. Ces insidieuses machines ont pris déjà bien des rôles : marins, elles rament; fabricants, elles tissent, brodent et cousent; laboureurs, elles préparent la terre, la draguent et l'ensemencent; moissonneurs, elles fauchent et fanent; forgerons, elles se réparent elles-mêmes : l'homme ordonne et regarde faire.

Oui, le dessin est utile à chacun, et, dans la société à venir, je conçois plutôt un homme ne sachant pas écrire que ne sachant pas dessiner. Son écriture le mènera à peu de chose, le dessin le conduira à tout. Savoir lire et dessiner, c'est là l'éducation élémentaire; celui qui dessine écrit dès qu'il le veut; celui qui écrit n'est pas plus avancé pour dessiner que le perroquet le mieux instruit pour parler. Est-il si difficile de dessiner? Bien moins que d'écrire. Pourquoi donc le dessin ne fut-il pas compris dans le programme des études élémentaires de l'instruction primaire et ne fut-il admis dans les classes de l'instruction secondaire, c'est-à-dire dans les lycées et les colléges, qu'à titre de talent d'agrément?

Dès le début de la Constituante, l'organisation de l'instruction publique fut un sujet de préoccupation pour cette célèbre assemblée. On sait dans quel esprit fut rédigé le « rapport au nom du comité de constitution, par M. de Talleyrand-Périgord, ancien évêque d'Autun, administrateur du département de Paris. » Je cite l'intitulé du mémoire imprimé; ce qu'on n'a peut-être pas remarqué, c'est le langage du descendant de tant de fidèles serviteurs de la royauté, en parlant des arts sous l'ancienne monarchie, ou plutôt sous la monarchie, puisqu'il ne l'avait pas encore détruite : « Les arts n'ont « que trop souvent été prostitués aux intérêts de la tyrannie; « elle les employoit à détremper le caractère des peuples, à « leur inspirer les molles affections qui les préparent à rece« voir ou à souffrir la servitude; mais les arts eux-mêmes « étoient esclaves lorsqu'on corrompoit ainsi la noblesse de « leur destination : les arts aussi doivent rompre leurs fers « chez un peuple qui devient libre. Il est vrai que, même sous « l'empire des maîtres les plus absolus, on les a vus créer des « chefs-d'œuvre; mais c'est qu'alors, trompant la tyrannie, ils « savoient se réfugier dans une terre étrangère : ils se trans« portoient, ils s'élançoient à Athènes, à Rome, jusque dans « l'Olympe, et c'est là qu'ils trouvoient cette liberté et ce cou« rage de conception dont ils ont conservé l'empreinte. » Ce marivaudage révolutionnaire devient plus clair et plus concluant quand, quittant l'allusion, le rapporteur aborde la réalité des faits : « La nation, loin de redouter l'influence des « arts, voudra se couvrir de leur gloire; elle les encouragera, « elle les honorera, elle leur confiera ses intérêts; enfin, elle « les placera dans l'éducation comme un moyen de plus pour « faire chérir la morale. » Mais, en fin de compte, ces belles phrases aboutissent à l'introduction de l'étude des *éléments du toisé* dans les écoles primaires : « *Article IV.* On enseignera « aux enfants : 1° à lire, tant dans les livres imprimés que « dans les manuscrits; 2° à écrire, et les exemples d'écriture « rappelleront leurs droits et leurs devoirs; 3° les premiers « élémens de la langue françoise, soit parlée, soit écrite;

« 4° les règles de l'arithmétique simple; 5° les éléments du « toisé; 6° les éléments de la géographie. — *Article VI.* Dans « les villes et bourgs au-dessus de mille âmes, on enseignera « aux enfants les principes du dessin géométral. »

La lecture du rapport de M. de Talleyrand se fit dans les séances du 10 et du 11 septembre 1791 : l'assemblée était sur le point de se séparer; elle ne pouvait engager la discussion d'une partie aussi importante de la constitution; elle la renvoya à la prochaine législature, en déclarant, dans son acte solennel du 12 septembre de la même année, que *l'instruction serait gratuite à l'égard des parties d'enseignement indispensables pour tous les hommes.*

Les 20 et 21 avril de l'année suivante, Condorcet fit, à l'Assemblée législative, un nouveau rapport sur l'organisation générale de l'instruction publique. L'esprit réfléchi, quoique systématique, du géomètre aurait dû lui ouvrir les vraies perspectives sur le rôle important des arts; elles lui restèrent fermées, et, dans son méthodique travail sur l'instruction publique, on voit qu'il n'attribuait aux arts qu'un rôle spécial, dont l'action devait être réservée aux carrières professionnelles. Nous examinerons d'abord la part qu'il leur fait dans son enseignement général. On sait qu'il avait composé un long travail sur l'instruction publique avant de présenter à l'Assemblée nationale un rapport sur son organisation. Dans ces deux ouvrages la même pensée domine. Il divisait l'enseignement en cinq degrés d'instruction : 1° les écoles primaires, 2° les écoles secondaires, 3° les instituts, 4° les lycées, 5° la Société nationale des sciences et des arts. Dans les écoles de premier degré ou primaires, il partageait l'enseignement en quatre années, commençant à l'âge de neuf ans, se terminant à treize. Dans les deux premières années, la lecture, l'écriture, le calcul, quelques éléments des sciences, occupaient tous les moments, et c'est seulement dans la troisième année, quand l'enfant avait déjà atteint l'âge de douze ans, qu'on lui enseignait l'arpentage sur le terrain, « et, ajoutait Condorcet, « cette habitude leur donnerait un usage de l'art du dessin

« suffisant pour la généralité des individus, qui n'ont besoin « que de savoir faire des plans et rendre les objets avec une « exactitude grossière. » On associait à ce *grossier* enseignement, dans la quatrième année, quelques notions de mécanique, des principes de physique et un tableau très-abrégé du système général du monde.

Après avoir pourvu à l'enseignement général, Condorcet aborde l'instruction destinée aux professions, qu'il divise en deux classes, les unes ayant pour objet principal de satisfaire les besoins, d'augmenter le bien-être, de multiplier les jouissances des hommes isolés; les autres, dont l'utilité commune paraît être le premier objet; puis il s'exprime ainsi : « On doit placer dans la première classe tous les métiers, tou« tes les professions mécaniques et même les arts libéraux, « quand ils ne sont véritablement exercés que comme des « métiers. La peinture, la sculpture, sont des arts dans un « homme qui sait exprimer les passions et les caractères, « émouvoir l'âme ou l'attendrir, réaliser enfin ce beau idéal « dont l'observation de la nature et l'étude des grands modèles « lui a révélé le secret; mais un peintre, un sculpteur, qui dé« core les appartements d'ornements ou de figures qu'il copie, « n'exerce réellement qu'un métier : l'un crée de nouveaux « plaisirs pour les hommes éclairés et sensibles, l'autre sert le « goût ou la vanité des hommes riches. » Il reconnaît toutefois que le dessin est utile dans toutes les carrières : « Le « dessin est indispensable dans tous les arts employés par le « luxe, où l'on joint la décoration à l'utilité, et dans toutes les « professions où l'on fabrique les instruments et les outils em« ployés par les autres arts. » Mais, en résumé, il ne fournit aucune méthode d'enseignement, et on voit quelle aurait été dans ses idées une organisation des institutions favorables aux arts par ce qu'il propose pour les architectes : « On sent « bien qu'il ne s'agit pas ici de former un corps de construc« teurs : rien ne nuirait plus au progrès de cet art si vaste, si « important; rien ne contribuerait davantage à y perpétuer « les routines, à y conserver des principes erronés. S'il faut

« une instruction publique pour cet art, c'est précisément « afin qu'il n'y ait plus d'école, afin d'en détruire à jamais « l'esprit. »

L'Assemblée législative n'eut pas le temps de s'occuper de la loi sur l'instruction publique; elle légua le soin de ce grave intérêt à la Convention, qui fit réimprimer le rapport de Condorcet et le mit en discussion au mois de juillet 1793. Antérieurement, dans la séance du 26 juin, elle avait entendu la lecture du projet de décret pour l'établissement de l'instruction publique ou projet d'éducation nationale, présenté à la Convention, au nom du comité d'instruction publique, par Lakanal. C'était un bizarre composé de vues philanthropiques et égalitaires, d'opinions doucereuses et révolutionnaires; d'ailleurs, pas la moindre place faite aux arts. — « *Article Ier*. « Les écoles nationales ont pour objet de donner aux enfants « de l'un et de l'autre sexe l'instruction nécessaire à des ci- « toyens français. — *Article XXIII*. Les premières leçons de « lecture et d'écriture sont données par l'institutrice aux petits « enfants de l'un et de l'autre sexe. Après ce premier ensei- « gnement, les garçons passent entre les mains de l'instituteur. — « *Article XXIV*. Dans l'une et l'autre section de chaque « école nationale, on achève de perfectionner les enfants dans « la lecture et l'écriture. On enseigne les règles de l'arithmé- « tique et l'art de se servir des dictionnaires. On donne les « premières connaissances de géométrie, de physique, de géo- « graphie, de morale et d'ordre social. »

Il est vrai qu'il restait bien peu de temps aux jeunes élèves, qu'on formait, en outre, aux exercices militaires et gymnastiques, qui visitaient les hôpitaux et les prisons et devaient aider dans leurs travaux domestiques ou champêtres les pères et mères de famille que leurs infirmités ou leurs maladies empêchaient de s'y livrer, sans compter d'interminables fêtes nationales dans lesquelles une place était toujours spécialement réservée aux enfants : Fête du mariage et de la maternité, du retour de la verdure et du retour des fruits, etc., etc.

Dès le commencement de la discussion sur ce grave sujet, Robespierre intervint (séance du 13 juillet) pour substituer au projet de la commission un autre projet, ouvrage posthume de Lepelletier, qui avait fait partie, avant sa mort, du comité de l'instruction publique. L'auteur demandait à la Convention de décréter « que depuis cinq ans jusqu'à douze pour les gar-« çons et jusqu'à onze pour les filles, tous les enfants, sans « distinction et sans exception, seraient élevés en commun « aux frais de la république, et que tous, sous la sainte loi de « l'égalité, recevraient mêmes vêtements, même nourriture, « même instruction, mêmes soins. » Il exprimait, en outre, le désir « que, pendant le cours entier de l'instruction publique, « l'enfant ne reçût que les instructions de la morale univer-« selle et non les enseignements d'aucune croyance. » Telles sont, au point de vue religieux et économique, les idées de l'auteur; quant à la part faite aux arts, voici à quoi elle se réduit : « L'enfant est parvenu à douze ans; à cet âge finit « pour lui l'instruction publique. Une très-petite portion, mais « choisie, sera destinée à la culture des arts agréables et aux « études qui tiennent à l'esprit. Quant aux premiers, l'appren-« tissage de leurs divers métiers n'est pas du ressort de la loi : le « meilleur maître, c'est l'intérêt; la leçon la plus persuasive, « c'est le besoin. » La Convention vota la loi dans cet esprit. Elle décréta la gratuité de l'enseignement public et arrêta au chiffre de 1,200 francs la rétribution fixe de tous les instituteurs, avec garantie d'une retraite proportionnelle. C'était d'un coup de plume une dépense de 30 millions imposée au budget. L'intention était bonne; mais, vu les désordres du temps et la pénurie des finances, une organisation aussi compliquée, aussi coûteuse, devenait impossible. Si même on l'eût entreprise, il est probable que les arts en auraient médiocrement profité. A cette époque, on avait une foi vague plutôt qu'une ferme confiance dans cette extension générale, indéfinie, des lumières et du bien-être dans les masses. Les artistes suffisaient aux besoins du luxe; ce qui restait de l'organisation des métiers, à l'activité de l'industrie. On rêvait, mais on ne prévoyait pas que le jour fût si voisin où tous les citoyens, sachant lire, écrire et compter, voudraient participer à la culture des arts, non plus comme l'occupation de faciles loisirs ou comme la satisfaction des plaisirs de l'amour-propre, mais comme un des ressorts les plus énergiques de l'industrie, comme un des moyens les plus assurés de gagner sa vie honorablement et même de faire fortune.

Cette importance des arts devint tous les jours plus évidente, et cependant, ni sous le Directoire, en l'an IV, ni sous l'Empire, en 1810, ni dans les divers remaniements de la loi de l'instruction sous la Restauration, on n'eut l'idée d'associer l'art à l'enseignement public, comme une de ses parties indispensables. Le dessin continua à être considéré comme un art d'agrément réservé aux riches, ou comme une étude particulière propre à des carrières spéciales.

Mon père, qui fut pendant toute sa vie un esprit avancé, publia en 1815 un plan d'éducation élémentaire d'après les deux méthodes combinées du docteur Bell et de Lancaster: c'était l'enseignement mutuel, et on sait qu'il en fut le plus ardent promoteur. Les avantages de cette méthode ne seraient pas plus contestés aujourd'hui que son ancienne vogue, si, comme une orange dont on rejette l'écorce après en avoir sucé le jus, on ne la dédaignait après lui avoir pris tout ce qu'elle avait de bon. Quoi qu'il en soit, en 1815, proposer de nouveau l'enseignement de la lecture, de l'écriture et du calcul pour tous indistinctement était une chose insolite, et mon père le fit avec autant de vivacité d'esprit que de dévouement de cœur; cependant il n'osa pas recommander en même temps l'étude des arts pour tous. Voici comment cette intelligence supérieure, et, je le répète, très-avancée, répartissait en trois grandes classes les éléments de l'enseignement : « Il suffirait « aux pauvres de savoir lire, écrire et compter, et d'être ins- « truits dans les éléments de la religion et de la morale. Les « classes moyennes auraient de plus les études classiques, les « sciences exactes, les notions nécessaires au commerce et à « l'administration. C'est aux gens riches seulement qu'appar-

« tiendraient les arts et les talents d'agrément, tels que la mu-« sique, la danse, le dessin, qui tiennent aux habitudes élé-« gantes de la vie et à la disposition de tout son temps. »

Les arts étaient donc considérés, en 1815, par les esprits les plus éclairés, comme des talents d'agrément réservés aux riches, et la Restauration avait alors le tort de laisser penser qu'elle voulait étendre cette opinion à l'instruction elle-même. Ses partisans les plus dévoués avaient quitté la France au moment où l'extension de l'instruction publique était devenue un drapeau révolutionnaire et le texte des diatribes les plus violentes contre la royauté, les hommes de loi, les prêtres et les nobles. Toutes les fois qu'on soulevait cette question, les Bourbons croyaient voir une machine de guerre braquée contre leur gouvernement; et la monarchie, qui, appuyée sur le clergé, avait été pendant tant de siècles le pionnier de la civilisation, la protectrice infatigable des lettres et des arts, au lieu de se mettre à la tête d'un mouvement qui lui était naturel autant que profitable, laissa forger, dans la bienfaisante propagande de l'instruction, une arme d'opposition.

Quand la réaction de 1830 eut eu le dessus sur cette malencontreuse résistance, on avait appris à mieux apprécier l'influence des arts sur l'intelligence du peuple, on comprenait de quelle importance était notre supériorité sur les autres nations dans les choses de goût, et la valeur que les arts donnaient à tous les produits manufacturés: aussi le dessin et la musique entrèrent-ils dans la loi de l'enseignement. Il est vrai qu'on ne leur ouvrit que la petite porte, et ils n'acquirent de cette manière aucune autorité, aucune influence sur l'esprit des enfants.

Le législateur de 1833 avait imaginé deux degrés d'instruction primaire : l'une élémentaire, applicable à toutes les communes; l'autre supérieure, destinée à des populations avancées, à des communes riches; mais c'était un genre de progrès, une sorte de perfection laissée au choix des instituteurs, c'est-à-dire l'exception, le hors-d'œuvre. Le premier degré imposait seulement « la lecture, l'écriture et le calcul; » le second degré « comprenait en outre et nécessairement le dessin li-« néaire, l'arpentage et les autres applications de la géométrie, « les notions des sciences physiques et de l'histoire naturelle « applicables aux usages de la vie; le chant, les éléments de « l'histoire et de la géographie, et surtout de l'histoire et de « la géographie de la France. » Mon père, qui depuis 1815 avait vu quelques notions de dessin facilement apprises par des milliers d'enfants dans les écoles mutuelles, voulait introduire « le dessin linéaire » dans l'enseignement élémentaire, ou enseignement du premier degré. « Ce que je propose, di-« sait-il à la tribune dans la séance du 29 avril 1833, existe « déjà dans toutes les écoles mutuelles, même les plus mé-« diocres. » Le général Demarçay répondit à cette proposition et à celle du Gouvernement qui plaçait le dessin linéaire dans l'enseignement primaire supérieur ou facultatif : « Je me suis « occupé de ces objets, j'ai lu attentivement les instructions « qui ont été données par un savant de Paris et qui servent de « manuel dans les écoles primaires (le Manuel de M. Francœur) « pour l'enseignement du dessin linéaire. Eh bien ! messieurs, « je crois m'être convaincu que ce sont des idées creuses, dé-« nuées de sens, inapplicables, inutiles. Je vais tâcher de le « démontrer de la manière la plus sensible. Dans la pratique « des arts, où l'on a souvent besoin de mener une ligne per-« pendiculaire à une autre, de tirer ce qu'on appelle un coup « d'équerre, on ne le fera jamais sans instrument, puisque « sans leur secours on est presque certain de se tromper. On « vous propose d'habituer un élève, un jeune homme, un « ouvrier, à tracer une circonférence sans instrument; eh bien! « messieurs, cela ne s'est jamais fait et ne se fera jamais; ce « serait une dérision, car il est impossible de tracer avec la « main seule et un crayon une circonférence aussi exactement « que tout le monde peut le faire avec un compas ou avec les « instruments en usage. Ainsi que j'ai eu l'honneur de le dire, « on ne l'a jamais fait; il serait totalement déraisonnable, il « serait extravagant d'agir autrement. Il en est de même pour « les parallèles et les autres applications. Je propose de sup-

« primer les mots de dessin linéaire, parce que c'est une idée « fausse, une application dénuée de tout fondement et, je puis « le dire, ridicule. »

Il n'eût point été impossible de discuter avec plus de mesure et de politesse, mais on pouvait aussi raisonner moins juste. Le dessin linéaire n'est autre chose que l'écriture de la géométrie; et une fois qu'on s'en tenait là, mieux valait peut-être commencer par le commencement et enseigner les éléments de la géométrie. Évidemment on n'avait encore qu'un vague pressentiment des besoins de l'avenir; on n'osait pas demander le dessin, on craignait les objections qui pouvaient s'élever contre un art d'agrément qu'il était d'habitude de réserver aux classes riches. Le dessin linéaire, ce bâtard répudié de tout le monde, n'étant ni imposé dans la classe élémentaire, ni obligatoire pour obtenir le brevet d'instituteur, fut entièrement annulé et ne figura en aucune manière dans le programme des écoles primaires.

Tous les hommes sérieux ont suivi avec une vive satisfaction l'accroissement prodigieux du nombre des écoles nouvellement construites, du nombre des instituteurs formés dans les écoles normales, du nombre des Français qui désormais savent lire, écrire et compter. Les écoles se sont augmentées dans la proportion de 1 à 100 et sont desservies par une véritable armée de 30,000 instituteurs; enfin on peut compter 80 p. o/o des jeunes Français ayant reçu cette instruction première, utile et indispensable.

Le fantôme des dangers de la propagation de l'instruction fut au moment de reprendre son empire au milieu des désordres de 1848. Les instituteurs, qui remplissaient leur modeste mission aussi bien qu'il est donné à un corps tellement nombreux de répondre à de si grandes exigences, payèrent cher la faiblesse de quelques-uns d'entre eux qui s'enivrèrent des idées socialistes et répondirent aux excitations d'un homme médiocre, recommandé à leur confiance par le nom de son père et son titre de ministre de l'instruction publique. Quand la réaction fut possible, en 1849, elle alla à son tour trop loin. Aux yeux d'une nouvelle majorité parlementaire, la loi de 1833 était presque un crime, car « elle avait déclassé les in« dividus en leur inspirant des sentiments d'ambition, con« formes sans doute à nos institutions, mais que la société est « impuissante à satisfaire et qui trop souvent mènent au déses« poir ceux qui les conçoivent. » Et cependant, en faisant une nouvelle loi, on reconnaissait que « l'objet en était d'initier « l'universalité des citoyens à un petit nombre de connais« sances simples, usuelles et indispensables, comme le dit la « constitution, pour tous les besoins et toutes les situations de « la vie, telles que l'instruction morale et religieuse, la lecture, « l'écriture, le calcul et le système légal des poids et mesures. » Suivant ces principes, la nouvelle loi supprimait les deux degrés d'enseignement primaire, et les fondant en un seul, elle réduisait le programme des études à la lecture, l'écriture et le calcul, avec cette réserve bien illusoire : « Tout instituteur « peut donner à son enseignement des développements con« formes aux besoins et aux ressources des localités. » C'est-à-dire qu'on ne défendit à aucun instituteur d'enseigner le dessin, le chant et toute autre bonne chose, mais sans lui en faire une obligation; et on pouvait prévoir ce que signifierait cette liberté dans nos campagnes; mais cela s'appelait, en 1848, « renverser l'échafaudage d'une fausse science élevé « en 1833. » La fausse science me paraît être aussi bien celle qui n'apprend pas ce qu'il faudrait savoir que celle qui enseigne ce qu'il est inutile de connaître.

Évidemment, les hommes honorables qui désertaient ce grand intérêt avaient pour excuse de ne pas comprendre l'importance des arts dans l'économie sociale d'un peuple. Sont-ils bien coupables? On en douterait, quand on suit la marche des travaux de l'enquête ordonnée en 1848 par la chambre de commerce de la ville de Paris. S'il est une ville qui dût mettre l'enseignement des arts en première ligne dans l'éducation publique, s'il est un corps qui eût intérêt à s'enquérir des progrès faits dans cette voie, c'est la capitale, c'est sa chambre de commerce. Eh bien! l'administration municipale marchande 500 francs de subvention à l'école de dessin de Lequien, quand elle devrait consacrer des allocations considérables à soutenir les anciennes écoles ou à en fonder de nouvelles, et la chambre de commerce n'a jamais songé à donner en encouragements de ce genre la moindre part de ses riches revenus. Bien plus, dans cette enquête, une de ses préoccupations les plus vives devait être de connaître quelle éducation recevait la classe ouvrière, quels encouragements ou quelles entraves rencontraient les apprentis et les ouvriers qui voulaient apprendre le dessin et par le dessin augmenter leur habileté, développer leur goût, et ajouter à leur bien-être en fournissant à l'industrie des éléments de nouveaux progrès. Il entre dans les attributions de la chambre de commerce d'adresser au Gouvernement, ou à la municipalité, des observations et des plans d'amélioration auxquels ses moyens d'enquête et ses connaissances spéciales donneraient un grand poids et une véritable autorité. Il était donc naturel qu'elle s'enquît spécialement, sous ce rapport, de l'état des classes ouvrières; elle a chargé ses recenseurs de monter aux étages de toutes les maisons, de leur demander s'ils savaient lire et écrire, s'ils étaient dans leurs meubles, s'ils avaient des habitudes rangées ou dissipées, laborieuses ou fainéantes; quant à leur demander s'ils avaient appris à dessiner, où et comment, s'ils désiraient l'apprendre, s'ils en reconnaissaient l'utilité, s'ils rencontraient des obstacles à leur bonne volonté, rien. La chambre de commerce n'a pas pensé à cet intérêt.

Avec quels regrets ne voit-on pas tout un demi-siècle, le temps d'élever vingt millions d'hommes, perdu pour les arts, quand ces cinquante années pouvaient prendre deux générations sous leur égide! Il fallait ces explications pour comprendre comment ces précieuses études ont été d'abord méconnues, puis oubliées, puis systématiquement exclues des lois de l'instruction publique.

Le caractère distinctif d'un bon plan d'éducation réside dans une heureuse harmonie entre ce que l'enfant apprend et ce que l'homme est obligé de faire. Étant prouvé que la connaissance du dessin est utile, indispensable pour toutes les classes et dans toutes les situations de la vie, on doit l'enseigner; reste à examiner si l'enfant peut l'apprendre et si on peut l'enseigner à tous les enfants.

DE LA CULTURE DES ARTS PAR LES FEMMES ET DES RESSOURCES QU'ELLE LEUR OFFRE.

Dans tout ce qui précède, je ne me suis préoccupé que de l'avenir des beaux-arts et des moyens d'en étendre l'heureuse et féconde influence. J'ai supposé que les autres réformes marchaient de pair, que l'enseignement des ouvriers et des ouvrières serait favorisé par les institutions de l'État et par les associations de charité; autrement j'aurais dû entrer dans un ordre de considérations en apparence étranger à mon sujet, et qui m'aurait entraîné hors de mon cadre, bien que la moralisation des individus, les moyens donnés aux plus intelligents de devenir plus habiles, tout l'ensemble des progrès qui élèvent le niveau de l'intelligence, tout l'ensemble des nobles perspectives ouvertes aux yeux de chacun, qui stimulent dans les âmes l'ambition de parvenir par la voie la plus glorieuse, la voie du travail, soient autant de progrès faits dans la carrière du vrai, du bon et du beau, qui est la préparation naturelle à la pratique sérieuse des arts. Mais je laisse à d'autres cette tâche si digne de la sollicitude des esprits éclairés et des âmes honnêtes.

Je dirai cependant un mot de la condition des femmes dans la classe ouvrière; j'en dirai un mot pour n'en plus parler. Cette condition intéressante devient si malheureuse que tout moyen proposé pour y porter remède mérite une attention bienveillante. Entre les villes manufacturières qui montrent, comme à Lowell, ce que peut la philanthropie combinée avec les obligations du commerce et les villes manufacturières de l'Angleterre, qui dévoilent ce que produit l'unique préoccupation du gain; entre des jeunes filles qui gagnent honorablement leur vie aux États-Unis en cultivant leur intelligence, en conservant la pureté de leur cœur, en amassant pour former la dot du mariage ou pour assurer la retraite dans la vieillesse, et cette prostitution, compagne de la misère, qui est organisée en Angleterre comme une addition obligée au salaire de la journée, il y a de nombreux échelons de dignité humaine et d'abrutissement. Nous n'atteignons pas si haut, nous ne descendons pas si bas; mais, en somme, la pente est mauvaise. Chaque jour le salaire du travail des femmes s'avilit, et chaque jour ce salaire, si vivement disputé entre elles, leur est enlevé par l'introduction des machines dans les travaux et des hommes dans les fonctions qui leur étaient attribuées et semblaient à tout jamais devoir leur être réservées.

On sait comment la filature et le tissage mécanique du lin et du chanvre, la façon de la dentelle et de la broderie par le métier Jacquart, le tricot fabriqué mécaniquement sur le métier circulaire, ont dépossédé des populations entières de leur gagne-pain traditionnel; dans nos villes, les machines à coudre viennent opérer une révolution du même genre. Ce tort grave pouvait être compensé par un emploi plus général des femmes dans l'immense commerce de débit, où leur probité, leur propreté, leur assiduité, leur douceur engageante, étaient d'autant mieux appréciées, qu'elles offraient ces qualités en échange de salaires moins élevés et d'appétits plus modérés; mais aujourd'hui, j'ignore sous quelle influence, les garçons de boutique, de bureau, d'auberge, remplacent partout les filles : une maison croit relever sa dignité et flatter ses chalans en les faisant servir par des hommes; bien plus, nous voyons des hommes modistes et des tailleurs pour dames.

Quand le commerce admet une innovation coûteuse, il faut toujours reconnaître une nécessité dominante; j'ai cherché à découvrir les raisons vraies opposées au service des femmes: les plus graves sont le peu de moralité des filles qui se mettent en condition et les inconvénients plus fâcheux de leur inconduite. Je ne fais qu'indiquer ces reproches, et j'arrive à un défaut d'une autre nature, moins grave, mais plus inattendu, c'est l'infériorité des femmes dans tout ce qui touche au goût, à l'adresse, au sentiment des arts. Aussi voyez-vous les jeunes gens exclusivement chargés de disposer les montres, comme possédant mieux le sentiment de l'harmonie des couleurs et de la disposition pittoresque; les jeunes gens chargés seuls de façonner les objets délicats et de dessiner les broderies, canevas et autres ouvrages féminins, comme étant plus habiles dans ces travaux; les jeunes gens, enfin, préposés dans les magasins de nouveautés à la vente des étoffes et de tous les articles de la toilette, comme se montrant plus capables que les femmes d'en faire valoir les qualités et les avantages aux élégantes pratiques de l'établissement.

La femme a-t-elle donc subi quelque grave altération dans ses facultés? Elle n'a jamais eu, comme l'homme, la force, l'audace et la persévérance; mais elle possédait à un degré plus éminent que lui l'intelligence qui saisit vivement l'aspect le plus séduisant des choses, le tact inné de l'ajustement et de l'harmonie des couleurs, développé par la coquetterie de sa toilette, l'adresse des mains qui exécute délicatement et une faculté très-développée pour comprendre et reproduire tout ce qui est charme et grâce. Que sont-elles devenues, ces brillantes qualités naturelles? Si les hommes les surpassent aujourd'hui sur tous ces points, cela tient uniquement à l'éducation artiste qui s'étend parmi eux et qui se restreint parmi elles : or, c'est justement à l'enseignement des arts plus développé, plus populaire, que je voudrais demander pour elles aide et protection. Dira-t-on que les femmes se montrent moins aptes que les hommes aux grandes qualité de l'artiste? En dépit d'une disposition naturelle à louer le passé au détriment du présent, à mettre en parallèle des souvenirs embellis par l'imagination et des réalités éminentes rabaissées par le contact des faiblesses humaines, on ne peut contester la supériorité de nos femmes artistes sur leurs émules de tous les siècles passés. Ne discutons pas le mérite des artistes de l'antiquité, nous sommes obligés de les juger sur quelques assertions de compilateurs; mais cherchons dans l'histoire des arts, en tous pays, les femmes que nous pourrons comparer à Mlle Rosa Bonheur! Est-ce la Rosalba? Est-ce Mme Lebrun? Je prends les deux talents les plus sérieux dans la légion féminine; mais ces peintres sont restées dans les limites habituelles des facultés de leur sexe : c'est la grâce sans la force, l'apparence sans la solidité, le savoir inné plutôt que le savoir résultat d'études sérieuses. Mlle Bonheur, au contraire, a la hardiesse de la conception, la témérité des grandes compositions, la vigueur du dessin, de la touche et du modelé, et, par-dessus tout, un instinct pittoresque, puissant, qui déroute tous les jugements et force les plus incrédules à accorder à la femme toutes les facultés artistes que l'homme prétendait monopoliser.

Ces facultés, qu'on a l'habitude d'appeler mâles, sont du fait de la femme aussitôt qu'elle se place dans les mêmes conditions d'étude et de labeur que l'homme. Mlle Bonheur avait, comme tant d'autres personnes de son sexe, de bonnes dispositions; mais elle avait de plus un père artiste, qui l'a guidée dès son enfance, et une volonté forte, qui l'a soutenue dans la persévérance de l'étude. Elle a réussi comme d'autres réussiront quand des institutions leur fourniront les ressources d'enseignement qu'elle trouvait exceptionnellement dans la maison paternelle. Mais ce que je tiens à établir, c'est que si elle est un exemple de ce que peut son sexe, elle n'est point une exception, et c'est pour cela que je crois à l'avenir réservé aux femmes dans la carrière artiste. Leur aptitude supérieure, en dépit des difficultés imposées à leur éducation artiste, s'est manifestée jusque dans les petits genres de peinture qu'on leur réservait. Mme de Mirbel et Mme Herbelin, dans la miniature, Mlle Wagner et Mme Sturel-Paigné, élèves de Maréchal, dans les fleurs dessinées au pastel, laissent-elles quelque chose à désirer et qui puisse inspirer la moindre hésitation au juge le plus sévère? Tandis qu'une foule d'hommes de talent, véritables manœuvres de fini minutieux, puéril, écœurant, s'en vont rapetissant, affadissant ces genres de peinture, les femmes de génie que je viens de nommer adoptent pour la miniature des procédés plus faciles, un faire qui répond plus largement à la finesse de leur observation et des touches hardies qui fixent le caractère et saisissent la physionomie; pour l'imitation des fleurs, elles repoussent la perfection froide, sèche et sans animation d'un Van Huysum, elles donnent la vie à cette peinture en rendant aux fleurs quelque chose de leur fraîcheur, de leur duvet, et presque de leur parfum. Un autre symptôme de cette aptitude générale, c'est le succès des femmes amateurs: Mme de Rougemont, Mme la duchesse d'Albufera, Mme P. O'Connell, pour ne citer que celles qui ont envoyé leurs ouvrages aux expositions publiques ou livré leurs noms à la publicité, sont arrivées, du premier coup, à des résultats remarquables; et, dans un art plus sévère, la princesse Marie d'Orléans, l'immortelle auteur de *Jeanne d'Arc*, Mlle Fauveau, Mme Lefèvre-Deumier, Mme Édouard Dubufe, proclament, par des œuvres distinguées, que la sculpture ne perd rien en s'assouplissant sous des doigts féminins.

Comment, au reste, refuser aux femmes des qualités qui semblent comme une émanation de leur nature, quand des célébrités littéraires de premier ordre s'appellent de Staël, Sand, d'Arbouville, de Girardin; quand Mlle Dupont, en France, et Mlle A.-G. Green, en Angleterre, travaillent aussi sérieusement que des Bénédictins aux éditions des vieux chroniqueurs?

Comment enfin leur contester le don organisateur et calculateur, les facultés du commandement, l'autorité du chef d'atelier, la sûreté de tête du comptable, quand nous avons, dans l'industrie parisienne, des maisons considérables tenues par Mmes Meyer, Tempier, Bouasse, Barenne, Palmyre, Félicie?

Douées de telles facultés, pourquoi les femmes lutteraient-elles seulement avec l'aiguille et le fuseau contre toutes les misères matérielles et morales qu'apporte, dans leur vie l'envahissement des machines à coudre, à broder, à tisser?

Qu'elles remplacent cette besogne, devenue mécanique, par des travaux qui sont hors de la portée des machines et qui ne sont pas au-dessus de leur vive intelligence; qu'elles se fassent artistes, puisque la femme peut réussir dans les arts et non-seulement y acquérir la gloire, mais y trouver aussi la fortune, sans qu'aucun de ces succès lui demande en échange une concession de sa dignité, de son bonheur ou de sa vertu. En se livrant à leur culture, elle obtient d'eux, suivant ses aptitudes, les moyens de s'appliquer utilement à toutes les occupations qui sont dans sa nature, à des occupations qui ne l'arrachent à aucun des devoirs de la famille. On peint, on sculpte, on grave, on lithographie, on dessine la broderie et les éventails, on exécute les mille objets d'art délicats dits articles de Paris, sans quitter le toit protecteur de sa mère, sans perdre de vue le berceau de son enfant, sans mettre le pied dans ces lieux de corruption qui se nomment des fabriques, véritables bagnes du travail en commun.

Instruire une femme, on l'a dit, c'est créer une école dans la famille. Instruisons-la dans le dessin et dans le chant; elle répandra ensuite autour d'elle ces deux sources fécondes de travail et de moralisation. Je les appelle fécondes, parce qu'on ne doit pas perdre de vue un point essentiel. En même temps que le pouvoir de la mécanique augmente et envahit tout, le domaine du travail manuel s'agrandit à son tour et fait des progrès du même genre. La propagande du bon goût, dans un plus vaste public, rend les consommateurs difficiles; elle donne du prix à la perfection du travail qui se ressent d'une main habile, elle fait désirer la possession d'œuvres originales, d'œuvres d'art, qui se distinguent de la banalité des produits mécaniques et de l'uniformité de la foule. Qui devra satisfaire ces tendances du luxe, ces prédilections des classes élevées ? ce seront les femmes artistes, ces ouvrières supérieures par le goût, la distinction et le talent.

Il est donc nécessaire d'introduire le dessin dans les écoles des filles, au même titre et dans la même forme que dans les classes des garçons, depuis l'asile de l'enfance jusqu'aux couvents qui conduisent la jeune personne à l'entrée du monde, jusqu'aux institutions qui les mèneront dans les ateliers de peinture, si elles ont des talents hors ligne, et dans les maisons d'apprentissage où on les initiera aux carrières industrielles. Sans doute, il est des ménagements à garder, des réserves à observer, une limite à établir entre l'éducation des hommes et celle des femmes. Aussi ne s'agit-il pas d'introduire dans les couvents l'Hercule Farnèse ou le torse du Belvédère et de faire fuir les saintes filles à la vue de ce qui faisait, à Athènes et à Rome, l'admiration d'honnêtes femmes. Les rigueurs de notre climat, bien plus que les principes du christianisme, en nous cachant la vue des formes humaines, ont fait une indécence de ce qui était une beauté. Je ne voudrais donc rien heurter; seulement je substituerais à des christs pitoyables, à des saints ridicules bonshommes, à des vierges prétentieuses, minaudières et affectées, des chefs-d'œuvre d'un art sérieux, grandiose et sublime, copiés sur les meilleures productions de la statuaire du moyen âge, de la renaissance ou des artistes contemporains; puis, dans les cours, dans les parloirs et promenoirs du couvent, je placerais, comme dans les colléges, des moulages d'après l'antique et des copies de tableaux qui auraient reçu, les uns et les autres, l'approbation de l'autorité ecclésiastique pour cette destination. Ce serait, par exemple, la *Vénus de Milo*, *la Victoire rattachant ses sandales,* les *Stèles* si chastes et si touchantes d'Athènes, les figures des *Parques* de Phidias, l'*Ariane endormie* et les portions de la frise du Parthénon qui paraîtraient inoffensives.

Les femmes, plus encore que les hommes, ont besoin que leurs yeux s'exercent de bonne heure à voir les formes humaines, qu'il ne leur est pas permis d'étudier autrement. Ainsi habituées, leur vue ne sera choquée que par la laideur, et j'appelle laideur tout ce qui n'est pas dégagé d'instincts mauvais, de tendances impudiques; car le beau, quelque nu qu'il soit, n'est jamais indécent.

L'éducation première ayant formé le goût, ayant exercé les yeux à bien juger, servira à toutes les jeunes filles, quelle que soit la destinée qui les attend. Mais il faut à celles qui gagneront leur vie par le travail une profession, et pour chaque profession un apprentissage spécial. De quelle nature sera-t-il pour les jeunes personnes? S'il se fait dans ces vastes ateliers des fabriques en communauté avec les garçons, sous la direction des contre-maîtres, en dehors de toute surveillance maternelle ou morale, ce n'est, je le répète, que corruption à tous les âges et à tous les degrés. Ce qui convient aux garçons, ce que je recommanderai pour les apprentis, ce travail en commun avec le maître, dans la besogne toute pratique du métier, devient pour la femme mêlée au travail des hommes la source de tous les désordres. Si j'avais plus d'espace, je placerais en regard : d'un côté, le tableau honteux de l'atelier, avec le genre de conversation qui s'y tient, dans le style du langage qui s'y parle; de l'autre, le spectacle de l'intérieur d'une famille dans nos villages de Normandie, quand la mère, entourée de ses filles et de ses apprenties, travaille avec elles, soit à la broderie de la fine dentelle, soit à la couture des gants. Si le travail industriel et la culture des arts comportent toutes les dignités de la femme, s'ils les maintiennent à la campagne, pourquoi donc continuer à empoisonner toute la jeunesse des villes par la séduction du vice et du mauvais exemple? Il y va des intérêts les plus chers de la société. On ne fera pas inutilement appel à la sollicitude du Gouvernement et à la charité publique, pour former et soutenir dans toutes les grandes villes et dans les arrondissements de Paris de vastes écoles de dessin, des maisons spéciales d'apprentissage, des ateliers de peinture, de modelage et de gravure, d'où sortiront des artistes-ouvrières, capables de relever l'industrie en y introduisant, avec les talents acquis, toutes les aptitudes féminines si précieuses, si rares et si respectables, quand on peut les donner à ce faible sexe comme une arme contre la séduction du vice. Quelle industrie, la plus grande ou la plus minime, ne gagnera pas à leur intervention, quand elles auront été formées par les études sérieuses du dessin, qui donnent au goût tant de sûreté, à la main une souplesse si habile? Les modes seront de meilleur style, parce qu'elles seront appliquées avec le bon sens qui émane du goût exercé dans la culture des arts; tous les dessins de nouveautés, étoffes tissées ou imprimées, châles ou broderies, se ressentiront de cette collaboration féminine qui n'inventera plus une ornementation qu'avec la conscience du rôle naturel et des nécessités obligées de chaque chose, de telle façon qu'on ne portera plus sur son dos le dessin qui conviendrait au fauteuil, qu'on ne mettra pas sur la gaze l'ornement propre au damas et autres contre-sens habituels et quotidiens. Mais je ne veux pas détailler tous les travaux que les femmes, désormais bien préparées, entreprendront avec succès : en gravure sur cuivre, Mme Pannier y excelle; en gravure sur bois, dans la famille Thompson, les femmes sont plus habiles que les hommes; en gravure sur cristal, sur pierre fine, en camées, en sculpture de médailles, en peinture de tous les genres, sur porcelaine, sur verre, en émail, en orfévrerie délicate, rehaussée par la ciselure, la niellure, l'émaillure ou le délicieux travail du filigrane, que sais-je encore qui ne me confirme dans ma confiance qu'un meilleur avenir leur est assuré par l'éducation artiste, en même temps que l'industrie y gagnera une exécution plus parfaite et une main-d'œuvre à meilleur marché.

Cette population féminine, relevée de sa déchéance par le talent et de sa dégradation par l'honnêteté des mœurs, s'associera à une population d'ouvriers qui elle-même aura mieux la confiance de sa valeur morale; et l'élite de ces femmes artistes, s'élevant aux sommets, prendra rang parmi nos illustrations. Dans la carrière des arts, aucun sujet, aucun genre ne leur sera interdit; mais il semblerait que l'inspiration religieuse, la tendresse maternelle, tout ce qui s'adresse aux jeunes filles et fait battre les jeunes cœurs, devrait être de leur domaine. Que de salles de catéchisme, de promenoirs de couvents, de salons de mères de famille, elles décoreraient avec à propos, sans compter une bibliothèque entière de la jeunesse, illustrée par elles! Avec ces travaux les femmes artistes réclameraient leur place dans la grande association des artistes, comme elles étaient reçues autrefois membres de l'Académie royale de peinture et de sculpture à côté de nos illustres peintres et sculpteurs.

TOUS LES ARTS SE LIENT, ET LA MUSIQUE DOIT FAIRE PARTIE DE L'ENSEIGNEMENT COMME LE DESSIN.

Après avoir ainsi retranché de mon cadre, déjà trop rempli, le rôle de la femme, intérêt puissant dont je me suis efforcé de montrer la sainte importance, je vais agir de même à l'égard de la musique, dont je ne veux pas me taire, tout en renonçant à traiter à fond cet intéressant sujet.

Le chant appris aux enfants sur les premiers degrés de l'enseignement, la musique grandissant avec eux et venant prendre sa place dans la vie de l'homme, c'est, à diverses phases, un principe de moralisation, une harmonie qui des sons passe dans l'âme et influe sur le caractère; c'est aussi au sein de la famille, dans les paisibles travaux de la campagne comme dans les bruyants métiers de la ville, en paix comme en guerre, une compagne fidèle qui soutient et distrait, qui calme les mauvais instincts, qui enflamme les nobles passions. Mais ce chant, cette harmonie, tout l'ensemble de la musique, peut-il être considéré comme un art isolé? Ne doit-il pas, au contraire, suivre les mêmes principes, observer les mêmes règles, entrer dans l'esprit par la même porte que les arts plastiques? Être artiste, c'est chanter, c'est peindre, c'est sculpter, c'est exprimer la pensée commune dans une langue particulière et dans une forme idéale qu'il n'est donné qu'au petit nombre de posséder, mais que tous comprennent et doivent étudier pour en jouir plus complétement. Aussi, pas de grand peintre, sculpteur, architecte, poëte, écrivain, qui ne soit vivement impressionné par la musique, pas de musicien qui n'aime les autres arts; et la réunion de la musique dans l'Académie des beaux-arts, le choix récent d'un musicien pour secrétaire perpétuel de cette classe de l'Institut, est la plus heureuse expression de cette fusion naturelle. Il a fallu l'aveuglement de la passion et d'intérêts de bas étage pour faire écrire tout ce qu'on a lu contre la présence des musiciens dans les jurys de peinture et de sculpture; il fallait les y convoquer, si leur droit n'avait pas été d'y siéger, car je ne connais pas de juge plus délicat d'un bon tableau qu'un grand musicien, de même qu'un musicien n'aura jamais de plus intelligent auditoire que celui qui sera formé par des architectes, des sculpteurs ou des peintres.

La France, envisagée au point de vue musical, ressemble à l'Afrique. C'est un désert bordé de pays fertiles; dans le Nord et le Midi, des sociétés chorales populaires et bien organisées: les Bretons, les Basques, les grisets de Toulouse chantent naturellement leurs mélodies et légendes nationales; sur les bords du Rhin et de la Meuse, les races mélodiques; au centre, le néant et, qui pis est, le faux. Pas une voix capable de s'harmoniser d'instinct avec la voix sa voisine, et de la part de l'État, pas un effort ou de misérables efforts pour opérer le rapprochement par l'enseignement et les associations. Mais cette Afrique antimusicale a des oasis d'admirable fertilité au milieu d'un désert d'immense barbarie : aussi est-elle jugée différemment et d'une manière absolument tranchée, suivant qu'on vit dans ses sables ou qu'on habite sous ses ombrages, suivant qu'on a été enchanté par ses grands musiciens ou mis en fuite par son peuple chantant.

Quand Paris avait courbé son front sous la honte de l'occupation étrangère, il était une heure où la haine de ces uniformes ennemis se calmait, s'adoucissait du moins : c'était à l'entrée de la nuit, quand, au détour d'une rue ou dans les allées des Champs-Élysées ravagés, on entendait les prières du soir chantées en chœur par les gardes montantes hongroises, allemandes ou russes. Impossible de ne pas s'arrêter pour écouter ces chœurs harmonieux, et de ne pas se sentir porté par des sentiments plus doux vers ceux qui savaient exprimer si bien des sentiments communs à tous les cœurs.

Quand, par une soirée chaude d'été, chassé par l'atmosphère viciée de ce grand Paris, qu'un chimiste éminent comparait à un immense tas de fumier, vous sortez dans les environs pour chercher un peu d'air, vos pas vous conduiront près des tonnelles verdoyantes des jardins publics et des guinguettes populaires, partout de la gaieté et de l'esprit, dont le franc rire devrait être la seule expression; mais on ne s'y tient pas : Désaugiers, Béranger, Dupont, Nadaud et les vaudevilles en vogue ont fourni de gais refrains; on ne se contente pas de les réciter en les accompagnant d'une pantomime expressive, non : on les chante, et alors ce n'est plus une nation civilisée venant répandre dans la campagne les accents cadencés de ses mélodies; ce sont festins de cannibales aux hurlements affreux, aux éclats de voix criards et vulgaires, devenant toujours plus discordants à mesure qu'un plus grand nombre de voix cherche à se mettre à l'unisson.

Et nous n'avons pas honte de cette infériorité, et, tandis que nous cachons avec tant d'art toutes nos difformités, nous étalons celle-là complaisamment au grand jour, sans égard pour le tympan des rossignols et des étrangers, au risque de faire fuir définitivement les uns et les autres. Si vous dites à un Allemand, à un Bohême, à un Slave, que le soir nos paysans ne se réunissent pas pour chanter en chœur des airs nationaux, les mélodies de quelque Sébastien Bach français ou les morceaux d'un Mozart parisien, mais qu'ils s'étourdissent et s'enrouent à crier à l'unisson et à faux de vulgaires flonflons, ils lèveront les yeux au ciel et nous plaindront avec cette pitié que nous accordons aux sauvages de l'Océanie et aux peaux-rouges de l'Amérique quand nous apprenons qu'ils ignorent les douces jouissances de l'intelligence, des arts et de la poésie.

Ne nous étonnons donc pas d'être mal jugés, ne trouvons pas choquante, injuste et trop peu combattue une contradiction qui frapperait l'esprit le moins juste. Cette contradiction, la voici : tandis que vous sollicitez vainement en Angleterre, en Espagne, en Allemagne, en Russie, et même en Italie, la faveur d'entendre au théâtre quelque grande œuvre de musique nationale, tandis que vous êtes assourdis par nos opéras-comiques, et pas toujours par les meilleurs, vous entendez sortir de toutes les bouches cet axiome : la France est le pays le moins musical du monde, celui où on chante le plus faux. Bizarrerie inexpliquée ! On nous pille et on nous insulte ; on se prétend plus riche que nous et on nous emprunte.

Et cependant, une contradiction aussi manifeste ne repose ni sur une erreur d'ignorance ni sur une injustice de rivalité ; elle a son fondement dans la vérité. En France, l'instinct musical est très-vif. Comme ces harpes éoliennes que le plus simple zéphyr fait vibrer, ainsi notre nation s'enthousiasme et s'enflamme à certaines mélodies. L'opéra de *la Muette* n'a pas été étranger à la révolution de 1830, et M. Delessert, étant préfet de police, disait à M. Seveste, l'entrepreneur des théâtres de la banlieue : « Vous ne jouerez pas *les Girondins ;* « savez-vous pourquoi ? C'est que si nous avons une nouvelle « révolution, elle se fera sur l'air des *Girondins.* » C'est en effet la seule variation que se permettent nos révolutionnaires ; ils changent d'air, mais c'est toujours aux accents d'un chant populaire, *la Marseillaise* ou *les Girondins,* qu'ils enlèvent le peuple et le conduisent à l'assaut du trône et des plus libérales institutions. La France a des compositeurs estimés des plus difficiles amateurs de musique de tous les pays ; elle a des violons, des flûtes, des cors qui n'ont pas leurs égaux dans le monde ; elle possède un excellent enseignement supérieur, et son industrie d'instruments de musique est sans rivale ; mais elle n'est pas organisée, constituée musicalement.

Y a-t-il intérêt à empêcher le peuple de chanter faux, nos jeunes étudiants de hurler leurs chansons à l'unisson, et nos chantres d'église de rendre insupportable l'accomplissement des devoirs religieux ? Oui, sans doute, et par plusieurs raisons. Je placerai en première ligne l'influence heureuse de la musique comme principe de civilisation, comme adoucissement des mœurs, comme passe-temps facile offert à nos plus pauvres hameaux. La lyre d'Amphion qui adoucissait les instincts féroces des animaux sauvages, la trompette sainte qui renversait les murailles de Jéricho, sont des emblèmes du pouvoir civilisateur et pacifique de la musique; elle calme les passions, elle détruit les engins de la guerre. Je concevrais l'indifférence, la répugnance même, si l'on demandait en faveur de la musique, et au profit des arts en général, de conduire le peuple au cabaret, à l'ivresse et aux désordres qui en sont la suite; avec raison vous répondriez que ni la musique, ni tous les arts réunis, ne compenseraient ce mal; mais on vous offre, au contraire, un moyen de guérir cette plaie en donnant au peuple la plus douce et la moins coûteuse des distractions. Je rangerai ensuite les ressources d'étude, les modes de contrôle donnés aux intelligences d'élite qui sommeillent, aux chanteurs qui s'ignorent: en effet, que d'inspirations musicales étouffées faute de pouvoir se produire! que de belles voix éclosent et meurent ignorées, comme ces fleurs dont le parfum et l'éclat se perdent dans les ravins des montagnes! Enfin, et avant tout, je placerai l'avantage immense, l'utilité incontestable de former un public intelligent, un auditoire éclairé et sévère pour toute création musicale.

La nation française est-elle impropre à la musique? Les grands compositeurs, les habiles exécutants qu'elle a donnés au monde, prouvent assez son inépuisable fécondité. La langue française est-elle rebelle au chant? Gluck a prouvé le contraire en composant la musique d'*Iphigénie*. Sommes-nous indifférents à cet art? Tout ce qu'on entend de chants et de musique à l'église, au théâtre, dans les fêtes, dans les promenades de la capitale et des villes de province, montre pertinemment que nous n'y portons qu'un trop vif intérêt. Non, la France n'est pas disgraciée.

Dieu a réparti le sens de la musique comme l'instinct de tous les autres arts, uniformément, à dose égale et à tous les peuples, suivant le développement de leur intelligence. Les institutions sages, les encouragements généreux et sensés, ont fait le reste. Aussi chaque pays a-t-il eu ses renaissances musicales, ses génies créateurs et ses exécutants habiles, suivant qu'un prince éclairé ou un gouvernement intelligent a su créer et maintenir une forte éducation musicale.

Au XIIIᵉ siècle, tout l'indique, nous étions le peuple le plus musicien de la terre : chants du clergé, chants des poëtes, musique d'église, musique de la rue, tout était harmonie; la prière, la poésie, la gaîté populaire, l'histoire même, tout était chanté. Les Pays-Bas recueillirent au XVᵉ siècle, sous l'influence des ducs de Bourgogne, et développèrent, en même temps que les autres arts, leurs dispositions musicales; l'Italie, vers la même époque, s'inondait d'harmonie; l'Allemagne était encore ignorée au monde sous ce rapport et ne se connaissait pas elle-même. Luther réveilla ses sens endormis. Le réformateur était poëte et musicien : le poëte composa les cantiques de l'Église et chanta l'heureuse et douce influence de la musique; le musicien composa les airs de ses cantiques, et *Ein' feste Burg ist unser Gott* élèvera toujours les âmes à Dieu. Toute l'Allemagne se passionna pour la poésie et la musique du *Cygne d'Eisleben;* toute l'Allemagne crut longtemps et croit encore faire quelque chose qui lui plaît en chantant à l'église, en chantant sur la voie publique. Les petits enfants, les fils mêmes des gens aisés, s'en vont par bandes dans les rues, et de leurs voix éclatantes font retentir les cantiques du réformateur; on leur jette quelques monnaies en souvenir de Luther, qui prenait part à cet exercice musical de l'enfance et qui en recommanda le maintien. De là cette grande popularité de la musique, cette éducation musicale qui commence au berceau, se suit dans les écoles à tous les degrés et traverse la vie. En France, quand on chante dans un cabaret, toute l'assistance se met à l'unisson, et l'on hurle; la police intervient, et l'on fait silence. En Allemagne, dans les immenses salles enfumées où l'on boit la bière, quelques personnes qui ont plus de goût, plus de talent que les autres, entonnent en partie une mélodie populaire; l'assistance écoute avec recueillement, chante les refrains, forme des chœurs, et d'une assemblée incohérente fait un concert harmonieux. C'est qu'il faut pour le développement de tout art et pour le renouvellement musical d'un peuple les passions religieuses, guerrières ou politiques : les cantiques de Dieu ou *la Marseillaise.*

Tandis que l'éducation publique et privée, assistée du sentiment religieux, jetait ainsi sur toute l'Allemagne comme un vaste réseau musical, la France laissait endormir ses plus précieuses qualités. Son gouvernement avait à choisir entre les gens du monde, qui ont à leur disposition tous les moyens de satisfaire leurs fantaisies musicales, et le peuple, qui n'a pour lui qu'un sentiment mélodieux, inné, profond, attaché à des chansonnettes traditionnelles, et il a pris sous sa protection l'homme du monde, dépourvu de cette véritable inspiration que souffle la naïveté, flottant au gré du caprice et demandant chaque année de nouvelle musique avec de nouvelles modes. C'était le contraire qu'il fallait faire : comme dans tous les arts, ne voir que le sommet et la base avec la conviction que le reste s'aligne. 1° Donner à l'art musical l'enseignement sérieux et les principes immuables d'où se dégage, comme un gaz éthéré, l'inspiration du ciel; protéger cette inspiration contre les séductions de la mode et de la spéculation, en les entourant de toutes les faveurs qui donnent les loisirs productifs et permettent de dédaigner les succès faciles; 2° former le goût musical du peuple à l'école primaire et dans la fête du hameau; cela fait, laisser voguer à l'aventure la barque légère de la mode montée par les dilettanti, ces partisans de toutes les écoles, qui ont oublié d'aller à la bonne, à celle où l'on apprend à sentir, à écouter, à comprendre.

Les maîtrises des cathédrales avaient formé comme l'arrière-garde dans la déroute musicale de la France; elles restèrent les dernières à leur poste et constituaient encore, au moment de la révolution de 89, d'excellentes écoles de chant à Paris et dans tous les grands centres provinciaux. Lesueur entra comme enfant de chœur dans la maîtrise de la cathédrale d'Amiens, et il y devint maître de chapelle. Gossec et Méhul étudièrent dans ces mêmes maîtrises. On y était admis après un concours sérieux, et l'illustre Lesueur, dont je viens de parler, pour obtenir la maîtrise de Notre-Dame de Paris, eut à lutter contre quarante-six concurrents.

La révolution ruina entièrement cette vieille et populaire organisation. Napoléon montra son intérêt pour l'art musical à ses sommités en rétablissant une chapelle, en subventionnant les théâtres lyriques, en développant l'organisation du Conservatoire; mais il ne se préoccupa en aucune façon de l'enseignement populaire de la musique, et c'était peut-être par là qu'il aurait dû commencer. En 1815, la musique s'introduisit dans l'éducation du peuple comme un accompagnement de l'enseignement mutuel et de la gymnastique. J'ai déjà dit que la Restauration avait eu la maladresse de laisser l'opposition se faire de l'éducation du peuple une machine de guerre et un moyen de popularité. Nous chantions contre les Bourbons avec nos moniteurs et dans les exercices gymnastiques, sous la direction du bonhomme Amoros, qui croyait avoir découvert que le corps, comme l'esprit, trouve du repos dans la variété des travaux. A la faveur de ces dispositions frondeuses, il y eut à cette époque un véritable élan en faveur de la musique populaire et des efforts intelligents pour l'introduire dans l'éducation. Alexandre Choron se signala un des premiers. Il avait une organisation harmonique admirable, un grand dévouement à son art de prédilection et un don particulier de propagande sympathique. Il imagina une méthode à la portée du plus grand nombre et ouvrit son école; Massimino en créa une autre, que le Gouvernement appuya et qui eut du succès; enfin Wilhem, avec une persévérance d'apôtre, mit en pratique la sienne, la plus simple, la mieux adaptée à un enseignement populaire, et qui, de son modeste logement, passa d'abord dans quelques petites pensions d'enfants, puis dans l'école communale de l'île Saint-Louis, en 1818; devint, avec l'assistance de la préfecture de la Seine, l'école normale élémentaire de Saint-Jean-de-Beauvais, puis, en 1826, l'enseignement officiel dans toutes les écoles élémentaires de Paris, et enfin, en octobre 1833, acquit son dernier développement dans l'orphéon, qui est la résultante du problème, puisque c'est le contrôle, par la réunion des élèves à des époques fixes pour s'exercer par le chant en commun.

Je m'arrête ici, bien que le progrès de l'enseignement musical se continuât et s'étendît aux écoles des frères et des sœurs, et même à des classes d'adultes; mais le bien n'était encore qu'à la surface : il avait si peu pénétré, que lorsque M. Guizot s'occupa de la loi de l'enseignement primaire, il n'eut pas l'idée de placer le chant, cette étude facile et attrayante, cette étude à la portée de tous, dans la première partie de l'enseignement, dans la partie indispensable et obligatoire; il le relégua dans la seconde partie, dans l'enseignement supérieur et facultatif. Et bien lui en prit, car, même en le plaçant dans cette catégorie illusoire, il fut violemment attaqué dans la Chambre des députés. M. de Salverte demanda que le chant fût entièrement effacé de la loi; il est vrai qu'il redoutait l'encombrement des sujets d'étude dans ces petites classes, où il voulait introduire *les notions des droits et des devoirs politiques.* La Chambre, après une longue discussion, décida que, pour des enfants de six à dix ans, le chant valait mieux que la politique; mais en même temps elle approuva l'article de la loi qui déclarait le chant facultatif seulement. En 1849, M. de Falloux le retrancha entièrement du programme, et les députés du peuple applaudirent à cet acte de libéralité. La musique, si bien faite pour calmer les passions, était traitée comme la complice de cette propagande socialiste qu'on voulait expulser à tout prix, et on l'a chassée impitoyablement. Était-ce bien le meilleur moyen d'empêcher le socialisme d'y rentrer?

Nous voilà donc retombés dans le néant : à peine si Paris, sous la direction de M. Gounod, et fort d'une vieille popularité musicale, a conservé son ancienne organisation; à peine si quelques départements du Nord, stimulés par leurs voisins les Belges et les Allemands, ont pu constituer ou développer leurs sociétés chorales. J'ai suivi attentivement ces efforts: j'assiste aux chants des écoles, aux réunions annuelles de l'orphéon, j'interroge partout où l'on chante, et il me semble que nous ne gagnons pas de terrain. La distinction manque, la vulgarité domine. Ces voix, qu'on est parvenu à unir, ont cessé de fausser, mais elles continuent à avoir un timbre ignoble. Halévy a dit que c'étaient de belles voix qui avaient les mains sales; elles semblent, en effet, l'écho de la halle et comme une émanation de la rue. M. Gounod se préoccupe surtout de mettre d'accord ces voix discordantes, de faire marcher au pas et en mesure cette armée indisciplinée; il y avait autre chose à faire, il fallait réformer l'intonation. Dans les arts, ce qui doit prédominer, c'est le goût, et dans la musique, l'intonation est le goût. Il n'y a pas de chant possible, quelque parfait qu'il soit, quand l'intonation est criarde, gutturale et vulgaire. Cette réforme du plus grave des défauts de l'enseignement actuel n'est possible qu'avec une organisation générale de l'éducation musicale. En effet, la classe ouvrière de la population parisienne est mobile; elle se renouvelle chaque année par la province, et envoie au loin ceux qu'elle a formés. Le progrès musical fait à Paris est entravé par les nouveaux arrivants, et le niveau de la médiocrité pèse constamment sur toute la population.

Une meilleure organisation musicale de la France, c'est-à-dire le chant et la musique faisant désormais une part de l'éducation publique, doit nous sortir de notre abaissement: il y va de notre place parmi les nations civilisées; ce n'est pas le luxe des hautes classes, c'est le nécessaire des masses. La musique est par excellence l'art du peuple, et le peuple de France en est privé; on l'en a déshérité. Une longue indifférence a fait disparaître ses mélodies nationales, l'a laissé devenir étranger aux chants religieux; une police inquiète a condamné ses chansons; un clergé, qui aurait dû s'inspirer de la tolérance de Fénelon, a défendu ses danses, et depuis lors les fêtes du village, privées de cette langue poétique, de ces concerts harmonieux, de ces passe-temps joyeux, sont devenus d'ignobles et ennuyeuses séances de cabaret.

Il faut faire appel à toutes les influences pour régénérer l'art musical et changer les habitudes de la France. C'est bien quelque chose de recueillir nos vieilles chansons nationales et de les publier texte et musique; mais la chanson s'ennuie et se meurt dans un livre comme le rossignol dans sa cage : donnez-lui la liberté, qu'elle retentisse de nouveau dans la vallée et sur la montagne; ce n'est pas assez de chanter à l'église toujours à l'unisson et souvent faux, il importe aussi qu'on chante juste à la maison et qu'on puisse se distribuer en parties quand on se réunit sous le porche de l'église ou dans la salle du café; mais il faut, pour obtenir ce résultat, l'éducation musicale depuis les crèches jusqu'à l'entrée dans l'indépendance de la vie; il faut une méthode susceptible de se généraliser; il faut enfin une forte organisation, qui ne portera ses fruits, toutefois, que si l'on associe à ces innovations une qualité qui en est l'âme, la persévérance, qualité rare en tous pays, et que la société d'acclimatation de France devrait bien prendre sous sa protection.

Il peut se faire que l'on conteste cette infériorité radicale de la France au milieu de l'Europe; il est possible qu'on me prouve que jamais le goût de la musique ne s'est manifesté aussi vivement, et qu'on apprécie d'autant plus ces progrès qu'ils sont dus uniquement à l'initiative générale. J'en conviens, jamais les concerts n'ont été aussi nombreux et plus courus, jamais les théâtres lyriques, en province comme à Paris, n'ont eu autant de vogue. Mais la musique y est-elle bien distinguée, le public délicat dans son goût, judicieux dans ses applaudissements? J'en doute fort, et je crois même qu'à ces sommités d'une société d'élite, qu'au milieu de cette grande capitale, on sentira facilement qu'il manque l'éducation première, les principes sérieux, le goût formé par l'étude des beaux modèles. On est étonné de la pente naturelle vers les petites et bourgeoises inspirations, des dispositions favorables aux combinaisons d'un ordre inférieur, d'une antipathie cachée, bien cachée, mais réelle, pour tout ce qui est supérieur, pur, élevé. Que sera-ce si nous descendons dans les petits théâtres de Paris et de la province? L'absence de toute donnée musicale, l'envahissement de la vulgarité sûre d'elle-même et de la médiocrité prétentieuse, fait frémir les vrais amateurs et révolte les étrangers. Faisons encore un pas, entrons dans les cafés-concerts, éclatants de gaz, inondés de fleurs, aux cantatrices provoquantes, au public tellement serré qu'un étranger me demandait naïvement : Qui donc garde les maisons dans Paris ? Oh alors ! c'est déplorable, c'est à désespérer du goût et de l'avenir musical de la France.

Et cependant, ce concours populaire prouve quelque chose, car l'industrie ne fait de si grands frais que lorsque la marchandise est demandée. N'y aurait-il pas moyen de tirer parti de ce dévouement inintelligent, de cette extension faussée, de cette popularité maladive de la musique ? La fabrique des instruments a atteint en France une supériorité qu'elle doit autant aux inventions variées, qui ont enrichi l'art lui-même, qu'à la perfection unie au bon marché, qui a mis à la portée du grand nombre des instruments excellents, réservés, il y a vingt ans, aux riches amateurs. Les fabricants de pianos livrent chaque année 3,000 instruments à la consommation parisienne et ne peuvent suffire aux demandes. Si l'on considère qu'un piano dure, à ses différents degrés d'usage, au moins trente ans, c'est 100,000 pianos répandus dans la capitale, et pendant ce temps les autres fabriques ne chôment pas. On fait des orgues expressifs à 100 francs, et dans peu chaque église de village, ayant un guide de ce genre, fera taire le charivari sauvage qu'elle tolère, et l'harmonie dominicale résonnera pendant toute la semaine dans les oreilles de la population. On fabrique aussi des violons parfaits à 50 francs, et l'orchestre qui fait danser sur le préau devra se ressentir de cette amélioration.

Je voudrais me réjouir de ce progrès naissant, je m'en afflige : c'est un enfant mis au monde avant terme; il est sans pieds et sans bras. En effet, l'éducation d'en haut étant incomplète, celle d'en bas manquant complétement, ce qui s'agite au milieu va au hasard des petits caprices de la mode et des fantaisies banales du mauvais goût. Mieux vaudrait mille fois que ce mouvement eût tardé à se produire; comme un jeune homme qui débute dans le monde en entrant dans la mauvaise compagnie et qui toute sa vie en gardera la trace, même lorsqu'il vivra dans la bonne, ainsi le peuple français aura, pendant bien des années, à lutter contre les fausses tendances qui le surprennent à son réveil.

Qu'on ne se méprenne pas, qu'on ne m'accuse pas d'être exclusif en musique, étant libéral sur tous les autres points. J'applaudis quand la musique quitte sa franc-maçonnerie restreinte, délaisse la petite église exclusive et s'émancipe dans la foule, quand elle monte dans la mansarde, descend dans la rue et s'arrête à tous les étages. Je ne suis pas de ces amateurs excessifs dans leur délicatesse qui se bouchent les oreilles et jettent les hauts cris parce que tout n'est pas perfection. Leurs goûts de musique aristocratique se révoltent à la vue de cette invasion démocratique, trop souvent très-discordante; comme les savants, comme les architectes, les sculpteurs et les peintres, ils souffrent de se sentir dérangés dans le sanctuaire, d'être coudoyés par l'envahissement de la foule; et cependant, depuis vingt-cinq ans, les grands compositeurs sont-ils déchus, les violons et les pianos, les violoncelles et les harpes, les flûtes et les cors, ne nous ont-ils pas conduits de surprises en merveilles; les amateurs, gens du monde que chacun cite, n'ont-ils pas rivalisé de vrai talent et de talent acquis avec les artistes de profession; a-t-on jamais fait plus de musique et écouté plus sympathiquement la bonne? Non, sans doute; mais, je le répète, l'éducation d'en bas manque complétement, et celle d'en haut sollicite un puissant concours.

On peut rester incertain entre la splendeur apparente de l'édifice et la connaissance que l'on a acquise de la fragilité de sa base, on peut hésiter sur différentes questions de méthode et d'encouragement; mais la nécessité d'une organisation musicale de la France entière est prouvée avec autant d'évidence par la barbarie de sa population prise en masse que par l'élan nouveau, vif et passionné de son élite. Il n'y a pas à en douter; il en sera pour les progrès de la musique comme pour les autres arts : on élèvera le sommet de la pyramide en étendant sa base.

Une nouvelle loi de l'instruction primaire devrait contenir le programme suivant des études obligées de la première enfance : 1° lecture, 2° écriture, 3° calcul, 4° dessin, 5° chant. Pour satisfaire à ces obligations et les étendre avec le progrès de l'instruction, il faut pourvoir à la formation des maîtres en même temps qu'à celle des élèves. L'organisation doit être étudiée à ce double point de vue.

Une direction de l'éducation musicale, assistée d'un conseil formé de nos grands compositeurs, chargé d'arrêter le meilleur système de notation, la plus sage méthode et les principes généraux du mode d'application, réservant pour Paris son action immédiate, laissant les écoles de département exercer leur influence. Une grande école normale ayant mission de fournir, dans une série d'années, des professeurs à Paris et à la France : 1° aux lycées, aux institutions privées et aux écoles communales de la Seine; 2° aux écoles normales établies dans chaque académie universitaire, et qui seront elles-mêmes chargées, plus tard, de former des professeurs cantonaux, ayant mission, à leur tour, d'instruire les instituteurs des écoles communales, soit en passant chaque semaine quelques heures avec eux, soit en les réunissant au chef-lieu de canton, pour exécuter des morceaux d'ensemble et se concerter sur une action commune et sur les besoins de l'art. Ces écoles normales de la province recevraient de Paris, au début, directeurs et professeurs; mais, une fois constituées, elles auraient liberté entière pour l'application des méthodes adoptées par la direction supérieure; et c'est dans l'élasticité de cette application que pourraient trouver place les modifications conseillées par des habitudes prises et des traditions locales.

La direction centrale devra s'entendre avec le clergé pour tout ce qui tient au chant de l'église, à la constitution des maîtrises, à la formation des chœurs; avec le ministère de la guerre, pour organiser des écoles musicales dans les régiments; avec les congrégations de frères et sœurs, pour ramener leur enseignement à une même méthode.

Des bourses seront accordées aux élèves des écoles communales qui se distingueront par leurs dispositions ou par leurs voix, pour aller étudier à l'école normale de l'académie universitaire. Les professeurs cantonaux désigneront les candidats après un examen passé au chef-lieu de canton, et ces candidats se réuniront au chef-lieu d'arrondissement, dans un concours public, en présence de tous les instituteurs communaux. Ces solennités auront lieu pendant l'été, après les travaux de la moisson, et coïncideront avec les expositions des écoles de dessin et les distributions de prix. D'autres bourses seront accordées aux meilleurs élèves de ces écoles normales universitaires pour aller passer deux ans à Paris, dans le Conservatoire de musique; de telle manière que pas un talent naturel, pas une aptitude décidée, pas une voix distinguée ne puisse échapper à la sollicitude de maîtres attentifs et se perdre faute d'appui et d'encouragement.

Tous les éléments de la musique, les méthodes approuvées, les chefs-d'œuvre de l'art, seront imprimés aux frais du Gouvernement et donnés gratuitement, ou à un prix modique, aux établissements d'instruction publics ou privés. Des orgues seront accordées, moyennant une retenue annuelle de 10 francs sur leur budget, aux communes dont les instituteurs seront devenus de bons organistes; ils s'en serviront, pendant la semaine, pour diriger le chant de leurs élèves, et ils les transporteront le dimanche à l'église, pour accompagner le chant des offices; enfin, on recherchera tous les moyens d'encourager la bonne musique et de proscrire la mauvaise : à l'église, dans son caractère religieux; à l'armée, avec tout l'éclat militaire; dans les fêtes publiques, au moyen d'immenses orchestres jetant au loin les flots de l'harmonie; dans les villes, comme dans les villages, en créant des sociétés chorales et des orphéons du soir, où les ouvriers seront attirés par l'attrait de l'art lui-même et recevront des jetons de présence en bronze et en argent, suivant leur aptitude et leurs progrès.

Si je ne me trompe, une organisation de ce genre embrassant tout le pays, depuis l'école de la plus petite commune jusqu'à la grande école du Conservatoire de Paris et l'école de France à Rome, offrant au talent, à des échelons successifs, le moyen de marcher toujours suivant ses progrès et l'avantage de s'arrêter quand l'avancement dépasse les forces, donnant à tous des notions qui éveillent les instincts musicaux et des habitudes de chant en partie qui exercent l'oreille, signalant, sans en négliger une seule, dans le Nord, les organisations musicales distinguées, et développant dans le Midi, par des méthodes favorables, toutes les voix qui se perdent ou se gâtent faute de soins, affranchirait la France du tribut onéreux payé à l'étranger, effacerait la tache de barbarie que les étrangers signalent en la visitant, formerait enfin un public sévère appréciateur de toute expression musicale, qu'elle émane de ses illustres compositeurs, dans les splendeurs de l'Opéra, ou d'improvisateurs inconnus, Orphées de la nature, dans les plis de la vallée, au sommet radieux des montagnes ou sur la grève plaintive.

Le rapprochement, le parallélisme, que j'ai cherché à établir entre tous les arts et, par conséquent, entre la musique et le dessin, se retrouve jusque dans les préjugés qui s'élèvent contre l'extension des études musicales, jusque dans les objections qu'elles soulèvent, préjugés des artistes eux-mêmes, objections des grands trembleurs de la société. Les premiers feignent de croire que la musique est perdue, parce qu'elle devient populaire et brise leur monopole aristocratique; les seconds croient sincèrement que la société est perdue, parce qu'on augmente le nombre des musiciens, ne voulant pas admettre qu'on puisse chanter sans monter sur la scène de l'Opéra et jouer de la flûte sans faire de la flûte sa profession. J'ai combattu ces objections sous une autre forme; au fond, c'est toujours la même chose : si le temps est proche où l'on saura bien dessiner sans se croire pour cela un peintre de génie, il n'est pas loin non plus où on saura exécuter toute musique sans se croire un musicien. J'ai passé sept années de ma jeunesse en Allemagne; un jour, j'accompagnais un de mes camarades, et il me dit : « Je t'en prie, pressons le pas; « autrement, je n'aurai que la clarinette, et je la déteste. » Je me fis donner l'explication de cette clarinette tyrannique, et je ne vous la ferai pas attendre. Mon camarade se rendait à une de ces sociétés musicales, comme il en existe dix dans chaque ville allemande. On s'y réunissait chaque soir pour exécuter ensemble les meilleurs morceaux des bons maîtres et pour former ensuite l'orchestre d'un bal où l'on était, à tour de rôle, musicien et danseur. Chaque arrivant choisissait son instrument de prédilection et laissait aux autres, parmi les instruments en défaveur, la clarinette qui effrayait mon camarade. Je cite ce fait, parce qu'il prouve qu'en Allemagne tout être un peu bien élevé, homme ou femme, est capable de jouer d'un ou de plusieurs instruments et de chanter sa partie dans tout morceau d'ensemble. Cette facilité est répandue et marque dans le village comme à la ville, dans la grande cathédrale de l'évêché comme dans la petite église perdue au sommet des Alpes. Il ne vient pas à l'idée de ces gens qu'ils sont musiciens; de même que nous ne nous croyons pas poëtes anglais ou italien, quand nous sommes parvenus à nous exprimer clairement dans ces langues, de même aussi ces gens parlent la langue musicale sans autre prétention que de comprendre les chefs-d'œuvre des hommes inspirés, que d'exprimer eux-mêmes des idées mélodieuses, composées des réminiscences de tout ce qu'ils ont entendu dans les concerts des oiseaux et des hommes.

Ainsi mêlée intimement à l'éducation, la musique redeviendra, pour quelques-uns, ce qu'elle fut pour tous dans l'antiquité et au moyen âge, la compagne fidèle et la sœur de la poésie. Rossini, le maître adorable, disait dernièrement à un jeune compositeur : « Il faut se chanter ce qu'on compose, « car il faut s'entendre soi-même. — Mais je n'ai pas de voix. « — On a toujours de la voix, on a sa voix. » En effet, la voix est dans l'oreille plus encore que dans le gosier, j'entends cette voix qui exprime de mille manières sympathiques et charmantes ce que l'on sent; demandez plutôt à Delsarte et à Nadaud. Il restera en dehors de ces chanteurs expressifs les grands et rares ténors, comme il reste au-dessous des célèbres orateurs de la chaire et de la tribune la multitude des causeurs spirituels et des conteurs qui dominent leur auditoire.

On voit où le progrès nous conduit : de la musique avec son atmosphère limpide où plane le génie à une musique terre à terre qui a cessé d'être un art difficile et qui devient comme une extension du langage, de même que le dessin est un développement de l'écriture. Alors chacun chantera juste et, par conséquent, chantera avec sa voix. Le poëte composera, avec les paroles, l'air et le rhythme qui se produit en même temps que la pensée, musique simple, presque naturelle, mais expressive et adaptée aux paroles, comme le feuillage du rosier à la rose. Beffroy de Reigny, Favart, J.-J. Rousseau, Rouget de l'Isle, Désaugiers, Dupont, Nadaud, et même Béranger, ont ainsi donné à leurs compositions une seconde vie, le mouvement naturel et l'allure propre, qui valent pour bien des gens, pour les véritables amateurs surtout, des airs compliqués, à grands effets et bruyants.

Quelle faculté sublime! comprendre la nature entière, lire à livre ouvert dans la seule langue universelle la pensée de tous les hommes inspirés, la lire et la comprendre comme une langue natale, entrer ainsi dans une communion fraternelle avec l'humanité entière! Si ce don devait être réservé à quelques intelligences supérieures, j'en ferais peu de cas; mais il deviendra le partage de tous si l'éducation musicale est élevée au niveau de l'éducation littéraire et artiste.

Il est cependant, parmi tant d'objections faites contre la popularité de la musique, un motif d'opposition que je ne puis passer sous silence, parce qu'étant adopté par des hommes convaincus, qui sont parvenus à l'inoculer à une partie du clergé, il peut devenir un obstacle sérieux.

Cette objection est celle qui fait du plain-chant le type

unique et, de ses ressources limitées, le cadre rigoureux de toute musique chantée ou jouée dans les églises; c'est une opinion sincère: elle est partagée par un grand nombre d'esprits très-distingués; ce n'en est pas moins une erreur vulgaire. L'art industriel, l'art religieux, le plain-chant en tant que forme exclusive de la musique d'église, le gothique en tant que style exclusif de l'architecture chrétienne, sont des pauvretés qui sortent des mêmes têtes et vivent dans les mêmes esprits. Le Gouvernement et le clergé doivent fermer l'oreille à toutes ces déclamations et se fixer une règle :

Restaurer les églises gothiques et les conserver avec un soin pieux, et n'en plus faire;

Rechercher les anciennes compositions du plain-chant, les exécuter dans toute la pureté de leur donnée primitive, et n'en plus faire.

Telle est la raison et la justice à l'égard du passé; mais pour le présent et pour l'avenir, entendons-nous bien : nous demandons un art vivant; nous voulons dans l'église le progrès de la musique mis au service du sentiment religieux. La messe de Lesueur, avec toutes les ressources de l'instrumentation moderne, avec l'accompagnement ravissant des voix les plus pures et les mieux exercées, nous semble un perfectionnement excellent, tandis que, sous prétexte de la dignité du culte, chasser de l'église comme des profanes Palestrina, Marcello, Haendel, Séb. Bach, Haydn, Mozart, Beethoven, Cherubini, Lesueur, Gounod, Berlioz, serait un symptôme effrayant de décadence. Qu'on l'appelle fanatisme dévot, archéologie obtuse, étroitesse de l'esprit, peu importe d'où viendrait l'exclusion de ces chefs-d'œuvre : ce serait de la barbarie. Il y a trente ans, j'entendis pour la première fois, pendant la semaine sainte, en face du *Jugement dernier* de Michel-Ange, la musique papale, dans la chapelle Sixtine. Des voix étranges et délicieuses entonnaient les chants sublimes que Léo, Pergolèse, Durante, ont composés pour ces jours de pénitence; les cardinaux, princes mondains, préfets, gouverneurs, ministres de la guerre et de la justice, assistaient assez distraitement au service, et cependant tout cela était sanctifié par la majesté du Saint-Père et comme relevé par un passé historique plein de grandeur. De ce jour, et trente années d'études m'ont confirmé dans mon opinion, je me suis dit : La religion du Christ n'exclut de son sein que la grossièreté; elle ouvre ses bras aux progrès illimités de l'art. Tous les styles lui ont été bons en architecture, en peinture, en sculpture; pourquoi aurait-elle pour la musique, le moins sensuel de tous les arts, une autre balance, quand cette musique trouve, pour exprimer le sentiment religieux, des accords plus sublimes, plus développés, plus sympathiques à l'universalité des natures. Laissez venir à moi les petits enfants, disait Jésus; laissez entrer dans l'église, dit la vraie religion, tout ce qui charme l'homme dans la vie extérieure et vient, en s'épurant dans mon sein, le charmer à mon profit. Que la musique s'installe dans mon sanctuaire avec ses nouveautés, harmonies, tonalité, modulations, instruments; seulement, et c'est là ma seule réserve, que l'inspiration, le caractère et le style religieux soient les vrais guides de vos compositeurs, de vos chanteurs, de vos exécutants; n'oubliez jamais ma mission divine et le SURSUM CORDA, *en haut les cœurs.* C'est là ma règle et la seule règle.

Mais, dira-t-on, en quoi consiste le sentiment religieux? Si je pouvais répondre, à la tombée de la nuit, sous les voûtes de l'église, si j'expliquais ma pensée aux sons de l'orgue répétant un oratorio de Sébastien Bach, je me ferais facilement comprendre, tandis que définir froidement un sentiment, c'est impraticable : mieux vaut s'en tenir aux faits positifs. Il est une seule musique comme il est un seul art, mais il y a une musique qu'on chante à l'église, et qui sert d'accompagnement à la prière, et celle-là doit avoir le caractère élevé, simple et profond qui convient à la prière, comme celle qu'on chante au théâtre, au camp, au cabaret, se ressent des lieux qu'elle fréquente. Le plain-chant a eu la confidence de belles inspirations religieuses, alors que l'art musical ne s'exprimait pas autrement. Conservez-nous ces chants dans toute leur pureté, ils ont écho dans les cœurs; mais en même temps, et pour un public dont le sens musical s'est développé, public qui tend à devenir l'universalité, conservez à l'église son caractère de libéralité universelle; craignez, par un rigorisme exclusif, de condamner sa tradition généreuse, favorable à tous les progrès, et tout un passé libéral, qui est sa gloire; craignez de faire le procès à la noble protection que les papes les évêques, le clergé tout entier, ont accordée aux arts, et tout cela pour satisfaire quelques archéologues transis et moribonds, aux vues étroites, à l'horizon borné, pour faire de la majestueuse et vivante église catholique un mesquin et morne couvent du mont Athos, où des moines ignares répètent mécaniquement, selon les formules prescrites, un art qu'ils ne peuvent faire progresser d'une ligne. Et d'ailleurs, le plain-chant a-t-il donc si bien garanti l'église de toute souillure? Les mélodies vulgaires ne sont-elles pas entrées dans le sanctuaire dès le XVIIe siècle, avec sa signature et sous son couvert? Il est vrai que par le fait seul de son caractère grave, de ses limites précises et de ses ressources bornées, cet envahissement ne peut être comparé au débordement de mélodies mondaines, de modulations guillerettes que la tonalité moderne a introduites de nos jours dans l'église, pour détourner l'âme de toute pensée religieuse. A qui sommes-nous redevables de ce désordre? A des musiciens de troisième ordre, à des organistes qui devaient se contenter d'exécuter la bonne musique des maîtres de l'art, à des ecclésiastiques même, dont l'éducation musicale incomplète se laisse surprendre par toute espèce de réminiscences modernes, qu'ils ne croient pas mondaines parce qu'elles sont venues les chercher au presbytère, sans leur avouer qu'elles viennent de l'Opéra. En présence de cette pitoyable musique religieuse, le dégoût est devenu général, et il n'y a pas lieu de s'étonner si les vrais artistes se sont alliés aux savants archéologues pour demander le retour au simple et grave plain-chant. Et cependant, c'est du découragement, ce n'est pas un remède. Que les âmes pieuses, que les prêtres et les évêques se reportent au passé, ils verront dans ce miroir le modèle de l'avenir. Et tout d'abord, ils doivent se bien dire qu'il n'y a pas pour le compositeur inspiré de théâtre plus favorable à ses rêves d'imagination que l'église. Où trouvera-t-il un édifice plus majestueux et aussi sonore? une pompe plus solennelle? un auditoire plus recueilli, tout entier absorbé dans une même adoration, dans un même sentiment de pieuse exaltation? Ajoutez l'enivrement de l'encens, les rayons du soleil, richement colorés par les vitraux, qui traversent l'espace, et semblent s'animer aux sons de l'orgue frémissant, ou bien, quand la nuit approche, ces demi-teintes mystérieuses qui pénètrent aussi avant dans les cœurs que dans les nefs. Comment comparer ce vaisseau d'architecture, propice à la musique, et qui semble le sanctuaire de l'art, à l'Opéra, où l'on crache, où l'on tousse, où l'on entre pour faire du bruit, d'où l'on sort pour faire de l'effet, où l'on vient poussé par mille motifs différents, tous également étrangers à l'art? Comment y obtenir quelque recueillement? Comment la domination de l'artiste s'y exercerait-elle? Si par hasard une impression grave s'y est produite, c'est lorsque, singeant l'église, une scène du *Prophète* a été demander à ses cérémonies et à ses chants quelque chose de leur autorité, et ce jour-là le théâtre mondain faisait sa soumission, l'Opéra rendait les armes à l'église. Ainsi, au point de vue de l'art, nul théâtre préférable à la maison de Dieu. Pourquoi donc le musicien ira-t-il chercher ce monument fait de plâtras et meublé d'oripeaux, quand il a le monument de pierres de taille, embelli par tous les chefs-d'œuvre de l'art? C'est qu'au théâtre, avec un succès qui lui a demandé six mois de travail, il gagne 20,000 francs par an, tandis qu'une messe en musique, qui exige cinq années de grave recueillement, lui rapportera 500 francs une fois payés.

Évêques qui vous plaignez de la décadence de l'art, âmes pieuses qui gémissez sur l'altération du sentiment religieux, imitez l'ancienne générosité du clergé et des fidèles; reconstituez les maîtrises, organisez l'éducation musicale dans les séminaires et dans les écoles de frères, vastes pépinières d'où vous ferez sortir les talents et résonner les voix. Ne vous contentez pas de votre fonds clérical; attirez à vous les grands compositeurs qui, formés hors de votre influence, se sentiront portés par quelque inspiration pieuse à s'abriter sous votre abri paisible. Le Gouvernement vous viendra en aide; il fondera six pensions de 3,000 francs dans les grandes cathédrales de Toulouse, Strasbourg, Lyon, Bordeaux, Rouen et Lille, et une pension de 10,000 francs dans celle de Paris. Ces pensions, accordées au concours pour dix ans, et pouvant être renouvelées, donneront les loisirs nécessaires, les occasions favorables aux talents forts, sérieux, convaincus, pour développer l'essor de leur inspiration religieuse dans le milieu le plus propice de tranquillité, de piété et de concours enthousiaste. Les solennités du culte deviendront pour leurs créations musicales comme une mise en scène magnifique et sympathique.

La Sainte-Chapelle de Paris serait réservée pour l'exécution des concerts spirituels et pour tous les retours savants à la bonne musique des anciens temps. La musique archéologique a pour but de ranimer les précieuses cendres du passé et d'en faire jaillir de nouvelles étincelles. Tous les arts ont leurs monuments qui parlent aux yeux; il suffit de les recueillir ou de les signaler pour que les amateurs aillent en foule les admirer et les étudier. A l'égard de la musique, on ne peut procéder de la même manière. Un cahier de musique n'est pas la musique, il faut l'exécuter. Le coup d'archet seul peut réveiller la morte et la faire sortir de son tombeau, brillante dans ses qualités particulières, toujours jeune dans sa naïveté et son sentiment. Faire renaître, aux oreilles d'une foule d'amateurs passionnés, les inspirations de Palestrina, Allegri, Marcello, Haendel, c'est élever une barrière contre la venue arrogante des médiocrités du jour.

L'éducation musicale élémentaire étant organisée, le développement de l'art pourrait encore être faussé si l'enseignement supérieur n'était pas assis sur des bases aussi larges et aussi solides, s'il ne partait pas continuellement d'une sphère supérieure comme une lueur céleste, l'étincelle qui enflamme le génie en lui montrant le but élevé. Mais l'espace me manque pour aborder des questions de méthode, pour développer un plan d'organisation; je dois me contenter de marquer les grandes lacunes.

Le Conservatoire de musique comptait sous l'Empire 300 élèves, et il avait un budget de 250,000 francs; il a aujourd'hui 800 élèves, et on lui alloue 150,000 francs pour tout appui : c'est dérisoire. Dans une réorganisation, l'éducation musicale de tous étant faite au dehors, le Conservatoire n'a plus à se préoccuper que de l'éducation des talents supérieurs, c'est-à-dire des jeunes gens qui se sentent portés, par une vocation décidée et des dispositions exceptionnelles, à prendre une carrière artiste. Le Conservatoire devient dès lors le centre où convergent tous les efforts, l'école supérieure vers laquelle tend l'ambition des lauréats de toutes les écoles secondaires de la France. Être admis est déjà un titre, car c'est une immense difficulté vaincue, et c'est en même temps, pour les professeurs, une grande facilité conquise, leur enseignement se trouvant désormais dégagé des entraves apportées par la médiocrité.

La méthode de l'enseignement de la musique et de la déclamation a, comme celle qui préside aux autres arts, des principes arrêtés et des règles variables : les principes sont les traditions laissées au Conservatoire par ses illustres directeurs et ses principaux professeurs, les règles se modifient suivant les besoins du dehors et suivant les ressources du dedans; sous ces deux rapports, le Conservatoire peut prétendre à un plus vaste développement.

Mais dans la musique, comme dans tous les arts, dès qu'il s'agit de la perfection, le nombre, pas plus que le temps, ne fait rien à l'affaire. Je ne me préoccupe donc pas du chiffre des élèves du Conservatoire; ce qui m'inquiète, c'est la moralité, la direction des idées, la disposition de l'âme, l'élévation du cœur, le développement de l'intelligence de ces jeunes gens qui prennent pour carrière la plus difficile et en tous cas la plus délicate des missions. Se faire l'interprète du cœur humain dans ses conditions de grandeur morale, de sentiment élevé, de pureté ou d'enthousiasme religieux, soit en composant la musique d'un opéra qui exprimera toutes ces passions, soit en déclamant les plus beaux rôles de nos chefs-d'œuvre dramatiques ; et pour comprendre ces nobles sentiments, pour les exprimer, vivre dans une atmosphère grossière de basse vulgarité, ou, ce qui est pire, dans tous les désordres du vice, c'est un contre-sens, c'est l'explication de tant de vocations avortées et de la désespérante nullité de nos débutants lyriques et dramatiques.

Sans tourner au couvent, sans se transformer en école de mœurs, le Conservatoire peut être un noble abri contre la misère, cet actif auxiliaire du vice, et devenir une école de bonnes et élégantes manières, de maintien digne et convenable. A cet effet, il se partagera en deux grandes sections, les externes et les internes; les lauréats de Paris et les boursiers de la province, tous ceux qui feront preuve de capacité dans les examens d'admission, suivront les cours comme externes; mais tous les six mois des concours auront lieu pour passer internes, c'est-à-dire pour conquérir la faveur d'être élevés aux frais du Gouvernement. L'école du Conservatoire, qu'on pourrait comparer à Saint-Denis pour les femmes et à l'école d'état-major pour les hommes, concilierait une indépendance nécessaire avec une utile surveillance, et donnerait à cent jeunes gens et à cent jeunes filles, pendant quatre ans, une éducation artiste, assistée d'une éducation littéraire et morale. De cette école partiraient presque exclusivement, car il est peu de candidats du dehors qui pourraient lutter contre ses élèves, les lauréats de Rome et les lauréats voyageurs. Au lieu d'un élève tous les cinq ans, elle en enverrait deux tous les ans, choisis dans toutes les spécialités de l'enseignement du Conservatoire, en épuisant avant tout la liste des talents éminents, fussent-ils, par le fait du hasard ou des tendances du moment, dans la même spécialité.

Les prix de Rome, les bourses de voyages, quelles que soient les promesses des lauréats, ne peuvent jamais être donnés qu'à des commençants. C'est un jeune homme qui, en musique, écrit l'orthographe et connaît les règles du style; c'est une jeune fille qui, en déclamation, parle correctement et sait l'usage de ses bras; l'étincelle ne jaillit que plus tard : si vous avez dix élèves bien préparés, elle peut enflammer le génie de l'un ou de l'autre; si vous n'en avez qu'un seul, cette chance est réduite comme de 1 à 10, et ce sont cinq années perdues.

Au retour de l'école de Rome ou des voyages d'instruction, le musicien, le chanteur, le tragédien et le comique devront être mis à l'épreuve immédiatement dans les conditions les plus favorables. Cette règle est essentielle surtout à l'égard du compositeur, qui doit se produire avant que le feu sacré s'éteigne, avant que la vulgarité musicale qui plane dans l'air parisien ou le découragement vienne annuler tant d'efforts et de sacrifices. Ceux qui connaissent les difficultés, les mécomptes de tous les genres qui assaillent l'élève de Rome à sa rentrée en France, comprendront ma sollicitude. Des œuvres éminentes ont sommeillé pendant dix ans dans les cartons d'un directeur d'opéra, en dépit de tous les règlements, et lorsqu'elles sont venues au grand jour de la publicité, lorsqu'elles ont signalé un musicien d'avenir, son inspiration s'était éteinte, anéantie sous la pression de l'humiliation et du désespoir.

Deux prix de Rome, un boursier voyageur et cinquante élèves fortement préparés formeront chaque année le contingent de talents offerts à la société par l'institution du Conservatoire : c'est assez, s'ils sont capables de répandre dans leur carrière les bons principes et la chaleur fécondante qu'ils auront puisés près des hommes les plus éminents, leurs professeurs; ce n'est pas trop, car vous n'avez pas à craindre que ces artistes réclament votre assistance et vous imposent, en retour de votre libéralité, comme une charge d'âmes : leur tort sera de vous échapper trop tôt et de s'en aller par mille voies diverses jouir du soleil de la liberté. La plupart de ces artistes sont comme certaines plantes qui ne peuvent pousser dans l'étreinte des serres chaudes, des espaliers torturés et des plates-bandes alignées; il leur faut le grand air et l'indépendance : les petits théâtres de Paris et de la province, de Londres, de Berlin et de Saint-Pétersbourg, seront le terroir de ces plantes sauvages, riches de senteurs et de toutes sortes d'éclats.

En dehors de l'enseignement public qui prépare le goût musical de tout le monde, du Conservatoire qui prépare les artistes, des théâtres lyriques et des enseignements particuliers qui forment les gens du monde, il y a une élite musicale qui réclame davantage. Elle compte les artistes compositeurs, les artistes exécutants, les amateurs sérieux, enfin les critiques et les érudits qui, par profession et par goût, écrivent sur la musique. Dire les notions vagues de tout ce monde serait dévoiler une des grosses plaies de l'art musical, car on expliquerait la marche indécise, flottante, capricieuse, de notre école, les appréciations aussi variées que les sensations d'un public qui a le droit de se croire un juge éclairé, enfin les opinions de nos critiques qui écrivent sur l'art sans en connaître les principes et les lois, sans en avoir étudié la marche, sans en comprendre les chefs-d'œuvre. Il importe grandement de combler cette lacune. L'État fondera un cours public d'esthétique et d'histoire de la musique. Le professeur ou les professeurs donneront leurs leçons pendant la semaine, et en présenteront le dimanche dans un concert comme la preuve et la démonstration. Ils expliqueront par des exemples, faciles à saisir, les développements de la musique, de son esprit, de ses beautés, et ils en feront ressortir les principaux traits dans une suite chronologique de morceaux empruntés aux différents maîtres. Ce cours, et les concerts qui en sont le complément, seront publiés et formeront une histoire de la musique et un corps musical ou trésor des beautés de l'art en tous pays et à toutes les époques.

Quand l'État a pourvu de cette manière à l'éducation en bas, à l'éducation en haut, quand les masses sont dégrossies et quand l'art est appelé dans les régions élevées où il s'épure, l'État a encore une mission, celle de maintenir le goût du public, de l'améliorer, de l'épurer. L'éducation des gens du monde peut se continuer et s'entretenir à l'Opéra; les décorations excitent leur curiosité, les ballets les amusent, ils prennent la musique par-dessus le marché. Que cette musique soit bonne, élevée, sérieuse, qu'elle se dramatise en s'épurant, qu'elle fasse plus d'effet en faisant moins de bruit. Avec de beaux décors et de brillants ballets, le succès du spectacle est assuré; assurez par-dessus tout le progrès de la musique. Qu'un directeur, musicien de premier ordre, assisté d'une commission musicale composée d'éléments divers, soit le maître absolu du terrain; qu'il puisse faire des sacrifices d'argent pour remunérer les efforts, pour exécuter les grandes œuvres consacrées, avec l'aide des meilleurs chanteurs et la séduction detoutes les splendeurs de la scène. Quand le public, sans se douter qu'il fait une étude, sera initié aux beautés de la musique de Gluck, Beethoven, Mozart, sera habitué au grand style de ces compositeurs, il traitera comme ils le méritent les flonflons des faiseurs. Nos habiles compositeurs ne seront pas évincés pour cela; bien au contraire, ils seront poussés, stimulés, maintenus dans la bonne voie. Des poëmes seront demandés par le Gouvernement à nos gens de lettres, manière aussi de les encourager, non pas pour qu'ils fassent des vers spirituels, on n'en a que trop, mais pour qu'ils trouvent des situations dramatiques dont la musique sera l'esprit et l'éloquence; ces poëmes seront donnés gratuitement aux jeunes lauréats qui promettent, aux maîtres qui déjà ont tenu. Et, quand à cet appel généreux les compositeurs français ne répondront pas, quel riche répertoire est le vôtre, le répertoire du monde entier, car ne parlez-vous pas la langue universelle, la langue qui se lit, se chante et se comprend partout? Avec la musique étrangère appelez les artistes étrangers. Ils produisent l'effet de ces miroirs qu'on rencontre au détour d'un palier d'escalier: on se voit passer, on trouve à cet autre soi-même du ventre et un air vieilli, on se reconnaît après s'être jugé. Les Italiens nous montreront combien nous sommes inutilement bruyants et souvent mesquins dans notre chant, froids et conventionnels dans notre tragédie; ils nous apprendront à estimer nos comiques si fins en voyant leurs bouffons si faux; les Anglais nous débarrasseront de quelques défauts, en nous exposant avec candeur leur affectation de gentillesse et de mimique exagérée; les Allemands nous enseigneront comment on est pathétique sans violence, passionné sans fracas, comment on exprime tous les sentiments de l'âme sans efforts et sans bruit, avec un procédé bien simple, qui consiste à en chercher l'écho dans son âme.

Dans tous les arts, c'est avec des tentatives hasardeuses qu'on fait naître de bonnes idées applicables. Comme une boisson généreuse qui renouvelle le sang, les essais intelligents raniment la verve. Il manque à ces essais de tous genres un local approprié, et de même que l'État offre aux artistes peintres et sculpteurs, à l'industrie et à l'agriculture des salles d'exposition pour les affranchir de la tutelle inintelligente des marchands, de même aussi il mettra à la disposition des musiciens une salle sonore qui leur épargnera des sollicitations dégradantes pour la dignité de l'artiste, des démarches qui accablent le génie, des frais écrasants qui sont un obstacle à tout. Ce théâtre des essais, dont je parlerai avec plus d'étendue en traitant de l'architecture, car j'en ferai un modèle de style et d'aménagement, sera mis gratuitement à la disposition de tous ceux qui apporteront une idée nouvelle, un spectacle instructif, un progrès matériel ou intellectuel. Dans l'état actuel, une troupe de chanteurs et de musiciens allemands vient faire entendre à Paris les chefs-d'œuvre des compositeurs d'outre-Rhin qui nous sont inconnus, ou même les opéras connus, mais pour les jouer dans la langue qui les a inspirés, avec les traditions du maître conservées, les inflexions consacrées par lui et toute une originalité nationale. La troupe étrangère trouve de l'écho, mais la difficulté de trouver un local la ruine avant que ses débuts commencent, et il faut donner en secours improductifs, pour renvoyer nos pauvres hôtes chez eux, ce qu'on aurait sacrifié en encouragement utile pour faciliter leur succès.

Il y a, pour le maintien du Théâtre Italien sur un pied de splendeur qu'il n'a plus depuis nombre d'années, des raisons du même genre. En dehors de la musique, c'est un théâtre où l'élégance et le bon ton se donnent rendez-vous. Nous traiterons ce point ailleurs; ne songeons qu'à la musique.

Chérubini, Paësiello, Paër, Spontini, Rossini, en se faisant presque Français, leur musique interprétée sous leur direction par des artistes italiens de leur choix et les meilleurs de leurs pays, ces artistes se renouvelant continuellement et apportant au milieu de nous des tranitions de méthode et de chant toujours rajeunies à la source, ont-ils donné une impulsion utile et offert de bons modèles à notre public d'élite, à nos musiciens, chanteurs et compositeurs? La réponse n'est douteuse que de la part de ceux qui contestent à l'Italie son sentiment musical, ses bonnes traditions, ses voix remarquables, et à ses compositeurs, des qualités que ses artistes rendent mieux que tout autre. Je ne discute pas de pareilles thèses; j'admets en fait l'utilité du Théâtre Italien, et je propose d'en faire un théâtre subventionné avec générosité jusqu'à ce que, remis à la mode, il se soutienne lui-même; seulement, je mettrais à cette libéralité certaines conditions en faveur de l'instruction musicale, non pas de son public particulier, mais de la masse du public. Ainsi, il n'exécuterait que de la musique italienne; mais il députerait, chaque semaine, l'élite de sa troupe dans deux ou trois de nos petits théâtres pour chanter, pendant une heure, les meilleurs morceaux de son répertoire. La bonne propagande n'attend pas les prosélytes, elle va les chercher. Vous auriez un théâtre italien merveilleux que vous n'y feriez pas entrer un seul spectateur de nos théâtres des boulevards; ils entendent dire qu'il y a là de la bonne musique : ils le croient sur parole et continuent à aller entendre les vulgarités de leur scène favorite; mais quand Mlle Frezzolini aura fait vibrer, de sa voix passionnée, les parois du Palais-Royal, du Vaudeville ou des Folies-Nouvelles; quand Mme Alboni aura rempli de ses accents calmes et puissants les salles de l'Odéon, de la Porte-Saint-Martin et de Franconi, oh! alors, soyez certains que la comparaison forcée, la mise en présence des sublimités de l'art et de ses banalités réformera les goûts de ce public qui s'ignore lui-même et qui imposera ensuite, sans même se douter de l'influence exercée sur lui, une autre musique à ses orchestres, une autre méthode à ses chanteurs, car il voudra, à son tour, un art vrai au lieu de sa grimace. Le Théâtre Italien donnera en outre, chaque semaine, un millier de places gratuites aux écoles de chant, aux institutions distinguées par leurs progrès et aux lycées de l'État. Ce sera pour cette jeunesse un stimulant et une récompense, en même temps qu'une leçon.

D'autres subventions, réparties avec la connaissance des besoins, soutiendraient des entreprises utiles qui débutent et aideraient au développement de celles qui ont fait leurs preuves. La société des Concerts, formée par les professeurs et les élèves du Conservatoire, soutient le goût public, et, rien qu'avec la splendeur du beau, met en fuite la vulgarité; mais son influence est minime, elle ne s'étend pas au delà du petit nombre d'amateurs qui s'est emparé de l'étroite enceinte des Menus-Plaisirs et n'y laisse pénétrer de nouveaux initiés ni pour or ni pour argent. Il serait temps de songer aux intérêts d'un public qui grandit et deviendra immense.

Avant tout, songeons à l'éducation de ce public; écartons de ses oreilles tout ce qui n'est pas harmonie, depuis les hochets des enfants, qui leur faussent le tympan, depuis les sifflets des chemins de fer, qui nous le fendent, jusqu'aux instruments sans nom des fontainiers, qui entonnent dans nos rues une musique sauvage. Il serait si facile de faire autant de bruit et de le faire harmonieusement, d'amuser les enfants en les charmant, d'attirer les chalands, comme on le fait en Grèce, avec une douce cantilène, d'avertir un ouvrier qui travaille sur la voie ferrée avec un accord éclatant, mais juste, et sans faire fuir des populations entières, qui conservent longtemps dans l'oreille, comme un reproche de barbarie, le son discordant qui s'y est implanté. Pour la musique comme pour les autres arts, je dirai : Bercez l'enfant dans une douce et inaltérable harmonie, qu'elle l'accompagne dans toute son enfance; plus tard, le désaccord des sons offusquera son oreille autant que des proportions qui jurent, des nuances qui crient offensent ses yeux exercés par le dessin; et remarquez combien est intime l'association de ces impressions et l'union des arts, puisque les mêmes mots expriment les mêmes sensations, qu'elles frappent les yeux, les oreilles ou le toucher.

Mais, je le répète, la chose importante sera d'agir sur les masses en favorisant toutes les manifestations musicales qui s'adressent à elles : dans les villes, les associations chorales, les réunions de musiciens amateurs, la musique en plein air des jardins publics, les chanteurs et musiciens ambulants, et la musique militaire des régiments; à la campagne, dans les vallées comme sur la montagne, la recherche et le maintien des mélodies nationales, l'amélioration des orchestres du village, tout cela encouragé, stimulé à peu de frais, par l'impulsion administrative, l'attrait de quelques prix et autres distinctions, l'intérêt surtout que les autorités témoigneront aux efforts et aux progrès. Dans la capitale, il faut plus encore, et les inventions nouvelles nous permettent de porter des secours également efficaces à cette immense agglomération d'habitants. Demandez à l'architecture nouvelle de vous construire d'immenses arènes favorables à l'audition, faites appel aux nouveaux instruments de Sax, dont l'étourdissant éclat ne sera plus qu'une sonorité suffisante, aux sociétés chorales, qui réuniront des milliers de chanteurs, et alors la perfection des concerts du Conservatoire retentira au profit de tous dans ces vastes espaces, où 20,000 places à 50 centimes rapporteront autant que 500 à 20 francs. Avec cette excellente musique mise à la portée de tous, il y aura une véritable propagande du sentiment musical, une habitude de l'harmonie, une génération entière dont l'oreille juste proscrira autour d'elle le chant faux, la musique criarde, et qui ira même dans nos théâtres siffler les acteurs et faire la leçon aux directeurs.

Comme dans les autres arts, veillez au sommet et à la base, et du sommet où vous l'entretenez, transportez bravement la perfection à la base, où elle fructifiera.

IDÉE QU'ON DOIT SE FAIRE DU DESSIN.

Ayant dégagé ce projet d'organisation générale de deux intérêts majeurs, la part donnée aux femmes, la part réclamée par la musique, je reviens à l'éducation primaire, que j'ai laissée au moment où la loi de 1849 en excluait complétement les arts. On ne peut attribuer à aucune lacune dans l'esprit, à aucun mauvais sentiment du cœur, l'omission dont je me plains; on en trouve la raison dans la fausse idée qu'on se fait des arts en général et de l'étude des formes en particulier, autrement dit, du dessin.

J'ai présenté, il y a déjà bien des années, une opinion que je vais développer ici : elle était alors nouvelle, quoiqu'elle fût pour moi le résultat d'une expérience pratique et déjà bien arrêtée dans mon esprit; depuis elle a fait son chemin, quelques esprits distingués s'en sont emparés, et l'Angleterre essaye de la mettre en œuvre sur une vaste échelle; si donc je la revendique, c'est pour en faire honneur à la France; et qu'il ne soit pas dit qu'on nous a devancés quelque part en Europe dans la culture des arts.

Il s'agissait alors de l'organisation des bibliothèques, et je me supposais dans une ville comme Montpellier, qui, au lieu de disséminer ses collections en multipliant ses frais, en rendant impossible la surveillance, réunirait dans un même local ses livres et ses objets d'art, ses cours scientifiques et ses cours littéraires, l'amphithéâtre de la chirurgie ou de la chimie et celui des beaux-arts. Je disais : « Le dessin n'est déjà « plus un art; il avait précédé l'écriture, il en a été l'origine, « il doit la compléter. Est-il donc plus difficile pour l'enfant « de dessiner ceci : ℓ que de tracer les trois traits arrondis « qui composent cela : B? Si l'élève copiait des yeux, des nez

« et des oreilles en même temps et avec autant d'application « qu'il griffonne des M, des P et des Z, il arriverait du même « coup à écrire et à dessiner sa pensée. Il en sera ainsi doré- « navant si l'enseignement donne à l'enfant cette double puis- « sance intellectuelle et communicative[1]. »

Cette manière d'envisager le dessin et son étude acquiert chaque jour dans mon esprit plus de consistance, et une organisation de l'enseignement conforme à ce système me semble contenir en soi la solution la meilleure de cette grande difficulté de l'élévation des arts par l'extension indéfinie de leur culture. Si c'était une innovation dans les habitudes de l'humanité, j'hésiterais à en proposer l'application, je douterais de son succès; mais c'est vieux comme le monde. 400 ans avant Jésus-Christ, Pamphile, le plus fameux peintre de Sicyone[2], avait fait admettre pour règle, et même comme loi obligatoire, que tous les enfants apprendraient à dessiner avant d'écrire, avant d'entreprendre aucune autre étude; et la génération formée par cet excellent système donna à la Grèce plus d'artistes que d'écrivains, lui donna surtout ce public délicat qui fut le juge compétent d'*Ictinus*, de *Phidias* et d'*Apelle*.

Le dessin n'est pas un art, disons-le tout d'abord et bien haut, pour qu'on ne le repousse pas comme une superfluité du luxe réservée aux gens oisifs, ou comme une étude spéciale du ressort de l'artiste. Le dessin est un genre d'écriture, et avant peu chacun aura un bon ou un mauvais dessin, comme on a une bonne ou une mauvaise écriture; mais il sera honteux de ne pas dessiner, on en rougira, comme aujourd'hui on rougit de ne savoir pas écrire; et de même

[1] *De l'organisation des bibliothèques dans Paris*, 8e lettre, in-8°, pag. 51. Paris, avril 1845.

[2] Pline, lib. XXXV. « Et hujus auctoritate effectum est Sicyone primum, « deinde et in tota Græcia, ut pueri ingenui omnia ante graphicen, hoc est « picturam in buxo docerentur, recipereturque ars ea in primum gradum « liberalium. » (Voyez plus haut, page 13, l'historique des arts chez les Grecs.)

qu'écrire, c'est-à-dire tracer sur papier sa pensée avec l'encre qui découle de sa plume, ne constitue pas le talent d'écrire, c'est-à-dire d'avoir une pensée élevée ou profonde, exprimée dans un style précis ou coloré, de même aussi dessiner tout ce qu'on voit, tout ce qu'on a vu, ne saurait constituer le talent de l'artiste, ni autoriser les prétentions qui en découlent. On tenait en honneur autrefois un homme qui lisait et écrivait correctement, une place lui était réservée; bientôt, pour être remplaçant dans l'armée, homme de peine dans la vie civile, il faudra savoir lire, écrire et dessiner.

Remarquons bien que le dessin est un langage qu'aucune description parlée ou écrite ne remplace, car l'intelligence qui comprend un dessin est non-seulement ordinaire, mais elle est aussi arrêtée dans les limites justes de la vérité, tandis qu'il dépend de l'intelligence de l'auditeur d'interpréter une description suivant la lenteur ou la rapidité, la pauvreté ou la richesse de son imagination; et cela est si vrai, que celui qui décrit s'efforce par ses gestes en parlant, comme par ses comparaisons en écrivant, de fixer, de borner à des limites raisonnables l'imagination de son auditeur. Avec un léger, un furtif dessin, il précisera complétement sa pensée, il abrégera sa description, avantage précieux pour ses auditeurs, pour ses lecteurs et pour lui-même.

L'écriture est une partie du dessin; l'enseigner seule a été l'erreur. Il y a différents genres d'écriture: on connaît l'anglaise, la bâtarde, la gothique, on aura dorénavant l'écriture figurée, c'est le dessin. Apprendre aux enfants les proportions des choses par l'habitude de figurer les objets naturels, c'est se rapprocher de leurs instincts imitatifs; les conduire en même temps à faire des lettres, c'est leur faciliter l'imitation de ces figures conventionnelles qui composent l'écriture. Ainsi l'enfant qui aura reproduit avec plaisir et facilité cette fleur, parce que c'est pour lui un objet familier, plaisant, séducteur, passera facilement de ce dessin à l'imitation d'un P, qui, malgré son étrangeté, son insignifiance, répond à des idées naturelles par un même rapport de justes proportions qui font, comme dans la fleur, dans l'œil ou dans l'oreille, l'élégance de la forme; mais astreindre l'enfant tout d'abord, et sans une préparation préalable de son jugement, sans aucun exercice préparatoire de sa main, à reproduire mécaniquement des figures qui ne se rattachent à aucune de ses idées, à aucune des formes qu'il a d'habitude sous les yeux, c'est prendre le raisonnement à rebours, l'étude à l'envers, c'est dégoûter l'enfant et l'abrutir. Aussi, qu'est-ce que l'écriture pour l'enfance, sinon un long supplice, dont on peut suivre la marche sur la trace de ses pleurs? Tout au contraire, si le dessin, cette étude attrayante, a précédé l'écriture, celle-ci vient s'y mêler comme sa compagne, comme une sœur plus âgée, plus sévère, et l'enfant passe de l'une à l'autre en fortifiant l'une par l'autre. L'enseignement de l'écriture seule est un ennui, une fatigue, un dégoût pour l'enfant; l'enseignement du dessin, à titre de hors-d'œuvre, une fois et deux fois par semaine, est une perte de temps, puisque c'est un temps employé sans résultat possible; mais le dessin et l'écriture, enseignés simultanément et confondus ensemble, s'allégent en alternant, se soutiennent en s'appuyant, et font faire des progrès chacun au profit de l'autre.

Les rapports de l'écriture et du dessin ne sont devenus mystérieux qu'avec le temps; ils étaient manifestes dans l'antiquité. Dans son état primitif, toute écriture a été figurée et s'est transformée conventionnellement en devenant cursive pour les besoins. Les hiéroglyphes des Égyptiens se servent de l'homme, décomposent son corps et emploient chacun de ses membres pour figurer une idée; plus tard, transformant cette écriture pittoresque en caractères hiératiques, ils réduisent chaque figure à ses éléments principaux et à ses rudiments; enfin, passant au démotique, qui est l'écriture cursive, ils se contentent d'une abstraction, d'un diminutif conventionnel, mais qu'il n'est pas impossible d'amplifier et de ramener à son origine figurée. Les nations qui sont venues ensuite dans l'ordre de la civilisation ont adopté immédiatement des caractères de convention, qui conservent encore, de leur principe d'imitation des œuvres de Dieu, certaines proportions naturelles et humaines qui en font la beauté, tellement que vous pouvez juger du degré de civilisation de tous les peuples par la pureté, la grâce, la justesse et l'équilibre des caractères de leurs inscriptions. Les savants qui ont étudié l'épigraphie n'hésiteront pas à rattacher aux plus grandes époques de l'art les plus belles inscriptions; leur régularité harmonieuse, leur allure noble et dégagée, en font une date certaine et aussi l'indication d'un foyer actif de l'art. Nîmes, qui n'était comparable à Rome ni par sa grandeur ni par son importance, l'égale par la beauté de ses inscriptions, qui lui venait des principes de pureté de l'art qu'elle avait reçu des Grecs et conservé sous la domination romaine. Chez les Orientaux, les inscriptions associées à l'ornementation générale de l'architecture ont concouru à son embellissement, et ce système ingénieux, fécond, a été adopté à la suite de nos croisades par l'art entier de notre moyen âge, dit art gothique. Banderoles gracieuses, enroulements sans fin, combinaisons ingénieuses, balustrades à jour, partout l'inscription se fait dessin ou le dessin devient inscription, dans une fusion habile, harmonieuse et insensible.

Encore aujourd'hui, où nous sommes loin de ces heureuses traditions, auxquelles cependant nous tendons de nouveau, auxquelles nous reviendrons, ces rapports du dessin et de l'écriture se retrouvent, quoiqu'avec moins d'évidence. Nos artistes ont tous une belle main, et ils luttent, pour ainsi dire, contre des dispositions de calligraphes dont ils craignent le ridicule; un élève fort en écriture sera le premier dans la classe de dessin, et il en sera de même pour celui qui dessine bien, quand il s'agira d'écrire. J'ai consulté nos principaux graveurs en lettres: tous m'ont dit que les apprentis qui suivaient les cours des écoles de dessin avaient une avance de moitié sur les autres pour bien mener leur burin, assouplir leur main, former leur goût aux proportions et aux rapports que les lettres doivent conserver, soit entre elles, soit dans l'espace qu'elles occupent.

Dessiner, écrire, seront donc une même étude, et quand

chacun pourra plus facilement et plus vite peindre les objets qu'écrire leur description, l'écriture redeviendra pittoresque et commune à toutes les nations; ce ne sera pas encore la langue universelle que sollicite le présent, que nous réserve l'avenir, mais c'est un acheminement vers elle, son premier rudiment et le germe qui la contient.

Si l'enseignement du dessin, dans les écoles primaires et secondaires, devait être un obstacle, ou seulement une entrave à l'ensemble de l'éducation, je ne crois pas que l'intérêt de l'industrie et des arts prévalût contre cette grave objection; mais quoi de plus propre à développer l'intelligence et ce qu'il y a de plus noble en elle, le goût, quel allié plus attrayant, quel appât plus innocent que le culte des arts pour élever l'esprit de la jeunesse à la compréhension du beau, du vrai et du bien, ces trois essences de la morale? Le dessin, et les idées qu'il fait naître dans les jeunes esprits, soit pour mieux comprendre la nature, soit pour apprécier, presque sans en avoir la conscience, les beautés des œuvres de l'homme, doivent fournir au professeur, au simple maître d'école lui-même, des inspirations morales d'un ordre élevé que n'éveilleraient jamais les redites quotidiennes de la routine pédagogique.

Rien autant que l'étude du dessin, surtout cette étude suivie dans le jeune âge, n'habitue l'esprit à se reposer sur les objets et l'observation à s'y arrêter, de manière à fixer dans la mémoire leurs formes générales et leurs particularités. Ce don d'observation exercé, développé, est dans la vie la source de mille jouissances qui échappent aux autres hommes. De même que celui qui comprend parfaitement une langue étrangère, assistant à une tragédie, entend plus que des sons, comprend le sens, saisit les mérites de la versification, est transporté par les beautés particulières à l'idiome, de même aussi l'artiste voit dans la nature mille beautés qui l'enthousiasment, et devant lesquelles reste froid le spectateur dépourvu des notions de l'art.

Le dessin, enseigné dès l'enfance, ne crée pas et ne doit

pas créer des artistes; mais l'art, comme l'esprit, est un instrument dont on apprend à jouer. Celui-là devient maître qui a le génie et les dispositions naturelles; mais tous les autres acquièrent, par l'exercice et l'habitude, des talents agréables et, en tout état de cause, le talent de goûter celui des autres. N'est-ce donc rien de comprendre les merveilles de la création et les beautés de l'art, de sentir l'élégance, de distinguer la mise de bon goût, d'estimer un certain luxe de propreté sur soi et à l'entour de soi, de suivre avec amour l'arrangement pittoresque de son habitation, des allées fleuries de son jardin, des routes serpentantes de sa commune et du préau de son village? L'art fait de chacun de nous le plus heureux des Christophe Colomb; chaque jour, et à chaque instant, il nous découvre un monde nouveau, et ce monde est à nous, personne ne nous le conteste.

ÉTAT ACTUEL DE L'ENSEIGNEMENT DU DESSIN.

Quel fut, dans ces derniers soixante ans, l'enseignement du dessin? On peut dire, en thèse générale, qu'il a été tout à fait indigne de la grandeur de la France et de l'importance bien reconnue de l'art.

On enseigne les langues mortes et vivantes dans les écoles publiques et particulières; on leur consacre huit heures d'études par jour, tandis qu'on n'enseigne pas la langue universelle, le dessin, ou qu'on lui fait l'aumône d'une heure de leçon par semaine, soit dix minutes par jour. C'est dérisoire.

Si l'on avait donné à l'art sa part au soleil de l'éducation populaire, depuis plus d'un demi-siècle que l'enseignement public et gratuit a été décrété par les assemblées, nous n'en serions pas où nous sommes; sur 32,000,000 de Français, il n'y en aurait pas 25,000,000 qui ignorent de quel côté ils doivent regarder le dessin que vous placez dans leurs mains, qui ne savent pas distinguer le beau du laid, et qui ont un secret instinct pour le trivial. 25,000,000 d'êtres intelligents laissés dans cette ignorance! Et quel est l'enseignement du dessin pour quelques privilégiés? Entrez dans les écoles, les pensions, les colléges. Qu'y verrez-vous? A un seul jour de la semaine, et pendant une seule heure, largement entamée par l'adresse des enfants à prolonger leur installation et par la hâte qu'ils mettent à quitter leurs crayons quand la leçon maudite approche de son terme, un maître de dessin, incapable de dessiner d'ensemble une tête d'expression, de mettre debout un bonhomme, déroule devant ses élèves des modèles pitoyablement gravés ou lithographiés d'après des peintures modernes d'un caractère vulgaire. Les figures sont exprimées par un contour qui semble, à sa dureté, à sa valeur, le rebord de quelque chose et les ombres sont rendues par un système de hachures qui forment comme un réseau de mailles régulières. L'élève déjà grand, qui n'a pas été préparé à renverser un corps solide sur une surface plane et à habituer son esprit à cette abstraction qui veut qu'une ronde-bosse ou un relief s'exprime sur un papier blanc par des ombres et des lumières simulant conventionnellement les saillies, les creux et le modelé d'un objet, cet élève ne voit dans son modèle qu'un contour, que des hachures, et s'en va imitant puérilement, mesquinement, servilement, ce qu'il a sous les yeux, sans penser à ce qu'il exprime. De là ces dessins sans vie, sans caractère, figures au trait, figures ombrées en hachures, travail pénible, étranger à l'art. Quatre années, de douze à seize ans, passées dans ce fastidieux exercice ne laissent dans l'esprit des jeunes gens ni un sentiment des proportions, ni une habitude de bien voir et de juger sainement; l'élève a acquis une routine, quelque chose comme la mise en carte d'un modèle, et cette routine ne lui sera d'aucune utilité dans la vie. Ainsi l'enseignement du dessin, par la brièveté du temps qui lui est consacré, par l'aridité et l'insignifiance des gravures données en modèle, devient, au lieu d'une distraction charmante, d'une récréation enviée et attendue, un vrai supplice; il prend du temps, fausse les idées et n'apprend rien.

Si l'on passe dans les écoles spéciales de dessin de Paris et des départements, l'enseignement y est, sans aucun doute, dirigé avec plus d'intelligence, mais les modèles y sont tout aussi pitoyables : ce sont des lithographies dessinées sans grandeur, d'après des peintures dépourvues de toute distinction, des gravures sans accentuation, ou terminées outre mesure et d'un burin routinier, des animaux de Victor Adam, privés de la ligne caractéristique, de la physionomie, de la vérité; et pour les plâtres, le vieux fonds des antiques du Vatican, tel qu'il a servi avant que les voyages en Grèce et les progrès de l'archéologie aient fait discerner dans les fouilles récentes, comme dans les musées de tous les pays, l'art attique de ses imitations médiocres, originaires des colonies grecques et de l'Italie, pendant l'empire de Rome. Les plus avancées de ces écoles se croiront en progrès, si elles donnent à leurs élèves des fragments hardis de Michel-Ange et de Benvenuto Cellini, séductions au devant desquelles ils auraient été d'eux-mêmes toujours assez tôt, quand ils ne devraient voir, étudier, comprendre, que les plus pures créations de l'antiquité, sources du bon goût, préservatifs du mauvais.

L'étude du dessin n'étant pas obligée dans les classes élémentaires, c'est-à-dire au début de l'éducation, cette étude étant exceptionnelle, bornée et mal dirigée à la fin de l'éducation, il en résulte que l'ignorance des premiers principes de l'art est à peu près générale; et cette ignorance, qui formera ensuite dans la vie le plus singulier contraste avec la prétention de chacun à juger les œuvres d'art, devient intolérable pour tous ceux qui entrent dans les carrières scientifiques, administratives et industrielles. Aussi n'y a-t-il pas un père aujourd'hui qui ne se promette d'éviter à son enfant les tourments, les embarras, les fausses hontes qu'il a essuyés. Mais quand vient le moment de mettre cette bonne résolution à exécution, comment faire ? Dans les classes élémentaires, on n'enseigne pas le dessin, et on persuade facilement au père que son enfant est trop jeune, que ce serait peine perdue; puis viennent les années, et ce père apprend que le dessin, étant un art d'agrément, n'est compris ni dans le programme de la pension, ni dans les heures d'étude, ce qui l'obligerait à payer ces leçons à part et l'enfant à les prendre sur ses récréations. Le père insiste moins pour imposer cette étude, l'enfant insiste davantage pour la repousser, et on renonce au dessin d'autant plus facilement que, n'étant obligatoire dans aucun examen, l'éducation peut se couronner avec le baccalauréat sans s'être imposé ce souci, et le jeune bachelier, arrivé à dix-huit ans, n'ira certes pas se remettre sur un banc d'école pour dessiner des yeux et des oreilles. De là vient que les artistes ne sortent pas des institutions où les classes aisées font élever leurs enfants; ils percent du milieu d'une éducation littéraire nulle ou très-négligée, lorsque, dans un apprentissage grossier, leur talent peut se faire jour; de là vient aussi que le peuple français, naguères le plus poli parmi toutes les nations, apprend maintenant à lire, à écrire, à compter, et sort des écoles sans se douter qu'il y ait dans la vie, en dehors de la lecture du journal, de l'écriture de ses comptes, du calcul de ses intérêts, quelque chose qui s'appelle les arts et qui donne à peu de frais les jouissances les plus élevées et les plus douces. S'il l'apprend, en entrant le dimanche dans l'église, vieille construction gothique, couverte d'anciennes peintures, éclairée de resplendissants vitraux, retentissante des sons majestueux de l'orgue, il peut se figurer que ces arts et les jouissances qu'ils procurent sont d'un ordre divin, inaccessible à la foule. Il faut détruire cette erreur à tout prix et faire rentrer les arts dans le domaine du peuple. Laissons donc l'attristant tableau de l'organisation présente; ne songeons qu'à l'organisation future, à cet enseignement public, libéral, gratuit, qui doit transformer notre nation.

La France est un soldat; on l'a dit, et c'est vrai, mais selon que l'honneur l'exige. Quand la guerre est glorieusement terminée, quand la victoire a mis l'épée dans le fourreau, la France n'est plus un soldat, et elle est encore un artiste, car elle l'est toujours.

L'ENSEIGNEMENT DU DESSIN DOIT COMMENCER AVEC L'ENFANCE.

A onze siècles de distance, il sera voté une loi qui ordonnera qu'en France, dorénavant, tout le monde saura dessiner, comme, en 787, l'empereur Charlemagne jetait à l'étonnement de ses vastes États un simple décret qui ordonnait qu'à partir de cette date chacun sût lire. Le grand monarque voyait avec honte dans quel style barbare les réclamations, même celles du clergé, lui étaient adressées; la France de nos jours peut voir également avec douleur l'ignorance de ses enfants dans cette langue naturelle qui est la représentation fidèle des objets. Le décret de Charlemagne provoqua la grande renaissance des lettres, dont l'honneur lui est resté; notre loi sera également le germe d'une renaissance des arts : personne ne savait lire, comme personne ne sait dessiner, et on apprendra l'un plus facilement de nos jours qu'on n'a appris l'autre au VIIIe siècle.

Le dessin prenant place dans l'enseignement au même titre que l'écriture, l'enfant, en même temps qu'il épelle, fait des bâtons. Le bâton est le premier trait du dessin. Ainsi appris, le dessin ne s'oublie pas et devient un auxiliaire pour la vie. On perd l'habitude, mais jamais l'usage de la lecture, de l'écriture, de l'équitation, de la natation, de ses fleurets, de sa balle, de ses patins, tandis qu'on désapprend si rapidement le dessin, appris au collége comme talent d'agrément, que vous voyez, à la fin des études, 99 élèves sur 100 abandonner complètement cette occupation, devenir incapables de dessiner d'aplomb un moulin, et parler cependant avec complaisance des magnifiques dessins qu'ils exécutaient autrefois. C'est que faire entrer un jeune homme de treize ans dans un cours de dessin sans l'avoir rompu dès l'enfance à des habitudes pittoresques, c'est l'exposer au dégoût sur ces bancs où il rencontrera à la fois tous les obstacles, tandis que, préparé par l'éducation première, il trouve pour ainsi dire, avec chaque nouvelle année, la forme pittoresque de son âge, le genre d'imitation qui convient au degré de son intelligence.

Tant qu'il s'est agi uniquement de former des artistes et de réserver le dessin et la culture des arts à cette carrière spéciale, je crois qu'il était sage d'attendre la quatorzième ou la quinzième année avant de mettre un crayon dans les mains d'un enfant. Dans de telles circonstances, il y allait de l'avenir de l'homme, chose grave, et il fallait que sa vocation ne fût pas douteuse. Tout enseignement lui aurait médiocrement servi, si ses dispositions étaient éminentes et décidées, et on courait risque, en lui apprenant de trop bonne heure à dessiner, de se tromper et de prendre quelques penchants précoces et des habiletés de main pour les indices certains d'un avenir assuré. Il est si difficile dans l'enfance de distinguer la vraie vocation! On accepte si facilement un petit prurit de griffonnage pour un symptôme décisif! L'historiette du jeune pâtre Giotto dessinant ses brebis trompe les pères depuis quatre cents ans, car ils ne veulent pas croire qu'on annonce plus souvent sur les marges de ses livres sa paresse présente que son futur talent.

Mais dans le nouvel enseignement ces erreurs ne sont pas possibles, ou elles sont sans conséquence. On ne fera pas des artistes, on formera des hommes, en donnant à tous, par la connaissance du dessin, une faculté précieuse. Le talent, le génie, les penchants irrésistibles et les vocations arrêtées se dégageront d'une génération tout entière uniformément bien préparée.

Si le dessin était un art naturel comme l'est la sculpture, il y aurait moins d'inconvénients à s'y prendre tard pour l'enseigner, quoique l'habitude de se rendre compte des proportions soit d'un grand secours au sculpteur lui-même; mais rien n'est plus artificiel et de convention que le dessin, cette base de la peinture; ce n'est pas trop de commencer dès l'enfance à combiner dans sa tête les éléments de ce procédé qui consiste à renverser les objets et à les fixer sur une surface plane tels qu'on les voit et non pas tels qu'ils sont, contrairement même à ce qu'on sait de leur forme réelle. Ainsi une boule est ronde et pour l'imiter vous ne pétrissez pas une boule dans vos mains, mais vous devez apprendre à marquer cette rotondité par un trait qui n'existe pas, par des blancs au lieu de relief, par des noirs au lieu de parties fuyantes et en retraite. Non, ce n'est pas trop d'habituer l'homme dès son enfance à cette traduction conventionnelle de la réalité en illusion, de la vérité en fiction.

D'ailleurs, les grandes facultés s'annoncent quelquefois tard; un homme n'a souvent l'imagination, la couleur, le pouvoir et le tourment de produire qu'en pleine maturité. La Fontaine écrivit ses premiers vers à trente-trois ans; mais La Fontaine avait alors fait de bonnes études et son inspiration a jailli immédiatement d'un sol bien préparé. Il en sera ainsi de chacun dans la pratique des arts. Le métier, le rude métier de dessinateur aura été fait à cet âge où l'esprit, souple comme la main, se prête à tout; vienne l'imagination, et elle trouvera des yeux habitués à voir et une main exercée. Aussi, dans les arts comme dans les lettres, quand l'homme est formé, quand le cœur est affermi, quand l'esprit est fortifié, je ne crains plus ni l'influence des romans et d'une littérature frelatée, ni la tyrannie de ces caprices de l'humanité qui sont des modes et qu'on appelle des styles, ni le pouvoir des fantaisies individuelles qui ont la prétention d'être des règles.

Par une faveur providentielle, un seul procédé sert de base à tous les arts. Que votre penchant, votre nature, vos aptitudes, vous portent à l'architecture, à la sculpture, à la peinture, et à toutes les industries qui dépendent de ces arts, il importe peu; vous n'avez à vous occuper d'aucun choix : une seule étude, le dessin, est pour tous et par excellence l'étude préparatoire.

Cet enseignement uniforme réclame cependant une méthode dont l'élasticité convienne aux divers âges des élèves. De deux à six ans, c'est-à-dire pendant le temps qu'on passe sur les genoux de sa mère ou dans le préau de l'asile, l'enseignement du dessin est un amusement, une distraction qui rectifie le jugement et forme les yeux. De six ans à dix, on fréquente l'école primaire, ou l'on est élevé chez ses parents : dans l'un et l'autre cas, le dessin devient une habitude que l'on prend dans la pratique quotidienne, une sorte d'occupation manuelle comme l'écriture, à laquelle on n'attache aucune idée esthétique, mais qui donne une faculté nouvelle pour juger les objets et les représenter. C'est depuis dix ans jusqu'à seize qu'on dessine avec un sentiment artiste; mais alors ce n'est plus pour imiter servilement la forme extérieure des objets, mais pour en observer toutes les particularités et les rendre dans la justesse des proportions, dans leurs formes caractéristiques, avec leur expression particulière.

A ces trois échelons, si différents de tous points, répondent naturellement des formes d'enseignements différentes, qui se distinguent en outre de l'enseignement supérieur. Celui-ci, destiné aux jeunes gens qui se consacrent aux arts, aborde un ordre plus élevé d'études et de préoccupations. Toutefois ces échelons sont les degrés naturels qui conduisent du bas de la montée à son sommet : c'est une seule méthode, mais elle est progressive; ce sont les mêmes principes, mais ils ont un développement continu.

DES PRINCIPES QUI PRÉSIDENT À TOUTE MÉTHODE D'ENSEIGNEMENT.

Je ne voudrais préconiser aucune forme d'enseignement, la meilleure méthode étant sans doute celle qu'on applique avec le plus d'intelligence, qu'on associe à des soins paternels, à une vocation professionnelle. Il est naturel de commencer par la tâche la moins difficile et de progresser suivant les progrès de l'enfant : d'abord la copie d'après le modèle dessiné, puis la copie de mémoire, et enfin la composition. Cette succession de travaux gradués sera accompagnée d'un enseignement historique. Le professeur mettra sous les yeux des élèves les grandes influences qui ont modifié la marche des arts et qui forment ses époques caractéristiques. Il les intéressera avec d'autant plus de facilité que cet enseignement soulagera leur attention et se fera avec l'aide des monuments.

Copier fidèlement le modèle, dans ses proportions, ses lignes et son caractère, c'est forcer l'intelligence à s'incorporer à lui, à s'identifier avec lui de telle sorte qu'il se fixe, pour ainsi dire, dans l'esprit et que les yeux l'y voient après qu'il leur a été enlevé, aussi fidèlement que lorsqu'il était placé devant eux; le reproduire alors de souvenir, non pas dans sa charge, ce qui serait facile, mais dans toutes les conditions d'une exactitude naïve, c'est s'habituer à voir son modèle dans son dessin et non pas le dessin lui-même, à comprendre dès lors que ce travail de hachures et de frottis n'est pas le but, mais le moyen, qu'il n'est pas une chose en lui-même, mais le reflet de quelque chose.

Lorsque la main a acquis cette habitude, lorsque la mémoire s'est ainsi meublée des plus beaux ornements de chaque style, des plus célèbres modèles de chaque époque et des éléments essentiels de la science anatomique, alors l'élève est préparé pour l'application, soit qu'il devienne artiste ou industriel, soit qu'il reste homme du monde.

En résumé, agir progressivement, tout en élevant constamment le niveau, car il en est de l'étude des arts comme de l'éducation de l'enfant : *The sooner,* dit Locke, *you treat him as a man, the sooner he will begin to be one.* Traitez donc l'enfant, qu'il soit du peuple ou des classes supérieures, comme un artiste, et il le deviendra, car il en a naturellement l'instinct et les facultés.

Dieu, en nous donnant la perception du bon goût, en en faisant dans la marche de la civilisation une qualité, presque une vertu, n'a pu nous priver des modèles qui en fixent les règles; dans sa bonté inépuisable, il nous en a entourés. Toute la création semble être le commentaire de cette loi et avoir eu pour but d'habituer nos yeux, de familiariser notre esprit avec l'harmonie des proportions, avec le balancement de la symétrie, avec cette universelle régularité qui se fond dans une universelle variété. Et je ne comprends pas dans la variété l'accident. La nature, dans son incessante production, est sujette à des altérations exceptionnelles; mais jamais elle ne s'est rendue coupable d'une monstruosité. Quand le tronc est noueux, quand l'être est difforme, il y a eu, non pas caprice du créateur, nous le croyons, parce que nous lui prêtons, avec notre figure, aussi nos faiblesses, et Dieu ne connaît que les lois immuables qu'il s'est faites : il y a eu accident; quand la plante ou l'homme sont chétifs ou disgraciés, la loi pour cela n'est pas lésée : la symétrie, les proportions, l'ordre parfait, se retrouveront dans un être de la même espèce, qui se rapprochera davantage du type originaire; et c'est dans la connaissance innée ou dans le sentiment instinctif que nous avons de ce type primitif et dans l'étude de ces déformations accidentelles que s'est manifestée à nos esprits la distinction du laid et du beau, distinction inconnue de Dieu, type du beau par excellence et source de toute beauté. Quant aux créations divines que le vulgaire nomme des monstres dans tous les règnes de la nature, depuis les êtres gluants de la classe des acalèphes, depuis les êtres mous comme le poulpe des mollusques céphalopodes, depuis la cigogne, le flammant et le pélican, jusqu'au chameau et à la girafe; ces créations divines sont des modèles de beauté qui nous paraissent difformes parce que, renfermés dans notre élément et circonscrits dans nos habitudes, nous nous sommes fait de notre image et de quelques êtres à notre portée un critérium, une sorte d'étalon, auxquels nous rattachons toutes les productions de la nature, d'après lesquels nous les échelonnons, quand nous devrions au contraire juger chacune d'elles dans sa nature propre, dans son élément et d'après ses conditions d'existence : étude immense qui signale le beau dans toute la création, étude féconde qui nous enseigne comment nous pouvons créer nous-mêmes la beauté en cherchant le même accord, la même harmonie entre la forme des objets et leur destination. Dieu n'a peut-être fait le formidable rhinocéros, le majestueux cheval marin, le fougueux bison, que pour nous apprendre à trouver les formes de beauté brutales et imposantes qui conviennent au canon sur son affût, au navire à hélice fendant la vague, à la locomotive aux naseaux enflammés fuyant sur les rails, plus rapide que le vent.

La nature, qui résume tous les genres de beauté, est donc

le modèle unique; sa plus parfaite imitation, le but constant de l'élève; mais la nature est compliquée de détails infinis, de contrastes qui nous paraissent bizarres, d'oppositions qui nous semblent tranchées; elle est insaisissable pour un enfant inexpérimenté, et ce serait renoncer gratuitement à tous les avantages de l'expérience acquise que de ne pas profiter des efforts séculaires de ses plus habiles interprètes. Les artistes anciens lui ont ravi ses secrets les plus précieux et ont su traduire ses beautés les plus sublimes. L'antiquité est donc aussi un modèle et comme l'intermédiaire entre la nature et nous. On l'accuse de roideur, de monotonie, de froideur, quand on ne la connaît pas ou quand on la connaît mal. Les monuments sont là pour prouver sa surprenante souplesse, sa grâce toujours variée et ses ressources inépuisables. L'antiquité est le modèle que doivent suivre les élèves, non pas exclusivement, mais de préférence à tout autre, depuis le moment où ils cessent d'apprendre avec les yeux jusqu'au moment où ils sont assez forts pour comprendre la nature elle-même et l'interpréter, c'est-à-dire depuis la sortie de l'enfance ou de l'asile jusqu'à l'entrée dans l'âge sérieux ou dans l'enseignement supérieur.

Mais quand je dis : Prenez la nature pour modèle, ce que vous faites est contre ses lois, on s'insurge, on me contredit, on prend la nature elle-même à témoin. Il y a là un malentendu. Avant d'aller plus loin, j'expliquerai ce qu'est pour moi la nature. S'agit-il de fleurs, de végétation, d'animaux domestiques, d'animaux sauvages, de l'homme lui-même, l'observateur reconnaît deux états très-différents :celui où tous ces êtres, de création divine, tiennent par quelque lien à leur origine et ont conservé quelque chose de leur beauté primitive; celui où, transformés par la civilisation, défigurés par elle, ils ont encore des beautés, tout en ayant perdu les vraies proportions et l'accord. Ceci accepté, voyons où commence le malentendu : nous disons à l'élève, lorsque nous cherchons à lui faire comprendre les véritables principes de l'ornementation, qu'il doit prendre la nature pour règle et qu'elle lui apprendra à maintenir la régularité et la symétrie dans l'arrangement, à conserver des proportions rigoureusement mathématiques à chaque chose, et surtout à subordonner toujours le détail à l'effet général; l'élève nous contredit. S'agit-il de végétation, il nous montrera une fleur monstrueuse, écrasant la corbeille de plantes de même espèce par sa grosseur, qui semble avoir pris ce développement au détriment de ses voisines; il nous signalera les proportions relatives des fleurs et des feuilles, les unes énormes et nombreuses, les autres imperceptibles et rares, de telle sorte que toutes ces fleurs groupées n'offrent plus qu'une masse colorée, confuse, et la verdure, au lieu de servir de doux repoussoir à la fleur, de l'encadrer et de la faire valoir, disparaissant entièrement. Qu'y a-t-il à répondre? C'est que la nature vraie n'est pas plus là que dans les ateliers de fleurs artificielles de Constantin et de Batton; qu'elle est au milieu des bois, dans nos prairies, sur nos montagnes. Là se retrouvent ses véritables lois. Le créateur, artiste habile, donne à son étoffe un fond général d'une teinte uniforme qui ne contraste durement avec rien; ce fond, c'est le bleu du ciel, le blanc nuancé de gris de ses nuages et le vert de toute la végétation. Sur ce fond il a brodé des dessins qui se découpent par larges masses arrondies et dans lesquelles percent les fleurs comme un semis imperceptible de nuances harmonieuses. L'effet général est tranquille, parce que la lumière est répandue abondamment et non pas concentrée artificiellement comme dans l'atelier; rien qui choque la vue, rien qui s'impose à elle et s'en empare violemment; quelque chose d'uni où tout a modérément sa place et chaque plante sa valeur, ce qui n'empêche pas la perfection des détails jusque dans les extrémités imperceptibles. Je répéterai donc : Imitez la nature, mais choisissez-la dans sa vérité la plus simple, dans ses types les plus purs.

L'homme, aux grandes époques de ses créations idéales et parfaites, a pris pour modèle la nature dans ces conditions de vérité, et il a su l'appliquer à ses œuvres d'art dans la forme conventionnelle la mieux appropriée; c'est pourquoi, dans l'enseignement du dessin, les beaux exemples de l'ornement antique seront mis à côté de la plante naturelle qui leur a donné naissance, et ce parallélisme s'étendra aux productions des Orientaux, aux ornements du style gothique et de l'époque de la Renaissance, cette comparaison ayant pour but de faire comprendre de bonne heure aux élèves comment la nature doit se modifier et dans quelles voies conventionnelles il faut entrer pour lui trouver des applications convenables. Toutes les grandes époques de l'architecture ont excellé dans cet art qui emprunte tout à la nature, en traduisant ses données délicieuses dans la langue propre à l'art.

On luttera ainsi, dans le moment le plus favorable, quand l'esprit s'ouvre aux impressions les plus heureuses, contre la tendance, aujourd'hui trop générale, à transporter le réalisme dans la décoration, c'est-à-dire à accoler à l'architecture, ce tronc conventionnel, à pendre à ses branches, qui sont des pilastres et des corniches, une végétation toute naturelle avec des reliefs capricieux et des enroulements désordonnés, en un mot à associer ce qui jure, le conventionnel avec le réel.

L'enfant, habitué à voir la nature vraie dans ses grandes lignes, dans ses masses, dans son harmonie de proportions et de valeurs, comprendra de quelle manière ces grandes qualités sont applicables aux œuvres humaines. L'étude passionnée de la nature dans ses créations les plus charmantes comporte cette étude comparative, et elle assure non pas seulement un bon copiste, mais aussi un intelligent interprète, car celui qui aura saisi le secret de cette création puissante, variée, inépuisable, ne pourra pas, quand il s'agira de la réduire au rôle d'auxiliaire d'un art de convention, la dépouiller de son charme, de son ampleur, de sa vie; mieux que tout autre, il fera les concessions indispensables, et il enrichira l'architecture sans appauvrir la nature.

Ces études donneront à l'élève le sentiment antique, c'est-à-dire le sentiment de la simplicité noble et de la naïveté élégante, qui est aussi le sentiment de la nature. On peut, je crois, avec un faible bagage d'heureux instincts, en s'entourant de tous les beaux modèles, en écartant soigneusement tout ce qui corrompt le goût et salit la vue, se donner facilement cette seconde nature. Corot faisait des paysages minutieusement exacts et froidement composés; il s'éloigne de France, il voit l'Italie, c'est-à-dire une faible partie de la terre classique, et il revient avec un sens si complet de la grande nature, qu'il semble un Grec contemporain d'Apelle, tant il voit avec bonheur les sites, quels qu'ils soient, sous des aspects majestueux et charmants. La forêt de Fontainebleau et la campagne de Rome, les bords de la Seine et les bords de l'Ilissus, se reflètent dans son sentiment artiste avec une même grâce attique qui n'ôte rien à la fidélité, à la couleur locale, à l'exactitude du détail, à toutes les exigences secondaires de l'art, et qui ajoute à toutes ses œuvres un charme indéfinissable de jeunesse poétique, de fraîcheur d'impression, d'élégance classique et rajeunie. Ces qualités peuvent enrichir tous les artistes, car elles s'appliquent à tout, à la peinture de paysage et d'histoire, à la sculpture, à l'industrie; c'est la nature même de l'homme qui se transforme et qui exprime dans une même langue harmonieuse tout ce qu'elle sent. Le peintre que l'on a le plus accusé d'imitation archaïque, de pastiche, à qui l'on reproche d'être un faiseur de calques et de copies, ce peintre prouvera, au jour de l'ouverture de sa succession, que jamais artiste n'a plus étudié la nature, plus choisi avec soin ses moindres détails, plus réalisé sa peinture. M. Ingres a des monceaux de portefeuilles qui démontrent que chacun de ses tableaux a été étudié jusque dans ses parties les plus indifférentes, avec une patience, un labeur, une conscience qui peuvent servir d'enseignement à la jeunesse. Sa *Vénus anadyomène*, qui semble l'idéalisation la plus pure d'une pensée poétique, est copiée sur une étude délicieuse faite à Rome d'après nature.

Ainsi donc vous direz aux élèves : Étudiez ce que vous trouverez de plus beau dans la nature, mais en la contrôlant avec tout ce que nous avons trouvé de plus accompli dans l'antiquité, et, pour faciliter ce travail, qu'il n'entre dans les écoles que l'art à l'état d'excessive pureté, qu'on renvoie les chefs-d'œuvre dus à d'autres directions dans les musées, où les jeunes artistes iront les voir après avoir terminé leurs études. L'éclectisme dans l'école, c'est la destruction de l'école. L'éclectisme a un domaine bien assez vaste dans l'antiquité, sans l'embarrasser encore dans les mille déviations des systèmes modernes. Laissons aux novices, aux nations qui débutent dans l'art, ces admirations banales; ne montrons à nos élèves que ce qu'ils peuvent prendre en modèle. Comme ces enfants dont on dirige les lectures en meublant leurs bibliothèques de ce qu'ils doivent lire, comme ces jeunes filles qu'on marie selon leur goût, en ne les laissant aborder que par les jeunes gens dignes de leur main, ainsi nos élèves n'auront de contact qu'avec les modèles qui élèveront leurs pensées, leur jugement et leur goût. C'est là un point capital; l'art grec pour tous et pour tout, l'art grec et la nature.

J'indiquerai bientôt tous les moyens de s'instruire qui s'offriront aux jeunes artistes, soit par les voyages dans le monde, soit par l'étude des collections rassemblées dans les grandes villes et plus particulièrement dans Paris; mais, au début de leur éducation, ce n'est pas la variété des modèles, des écoles et des styles qui les instruira, c'est l'étude de quelques maîtres appropriés et comme apparentés à leur nature, c'est aussi la reproduction exacte des plus beaux morceaux de l'antiquité grecque. Voir souvent, à tout instant, ces grands modèles, vivre avec eux, s'habituer avec le professeur à scruter leurs beautés et à deviner la manière de procéder des maîtres, s'identifier avec leur esprit et puis s'abandonner à sa propre inspiration, telle semble être la meilleure marche à suivre.

Je chasserais donc de l'école, et sans aucun regret, le romain et le byzantin, l'arabe et le gothique, toutes les déviations qui sont plus ou moins dangereuses suivant qu'on les trouve plus ou moins heureuses; car je voudrais dans l'école non pas vingt courants divers et contraires, mais le cours paisible du fleuve majestueux d'un seul art, de l'art par excellence.

On a joué avec l'antique, on a tenté de le compromettre avec la gentillesse lascive et la naïveté trop cherchée du XVIIIe siècle.

Il ne suffit pas de mettre le bonnet phrygien à Colin et le peplum à Colette; pour faire du style antique on produit des puérilités qui ont le tort de blaser le public avant même qu'il n'ait goûté du repas dont il croit s'être rassasié. Avec Mengs, avec David, on s'est cru plus exactement dans la voie antique. Quand on avait ajouté un vase grec à sa composition, quand on pouvait montrer dans ses cartons les calques de chacun des détails introduits dans son tableau, on pensait que tout était dit; mais là n'est pas l'antique. Le squelette qui sortirait de son tombeau avec sa chlamyde encore agrafée sur l'épaule serait moins la vraie antiquité que les figures évoquées de son imagination par le Poussin. Là est la lettre, ici est l'esprit. La nouvelle école des jeunes gens, les Hamon, Garipuy, Isambert, Gustave Moreau, Picou, et tant d'autres, a dévié autrement. Elle semble avoir cherché à prendre l'art des anciens par sa mauvaise queue et s'être efforcée de rabaisser ces grandes traditions au niveau de petites allusions mesquines. Ces jeunes talents ne sont ni absolument condamnables, ni définitivement perdus pour la bonne cause; mais il faut les relever de cette déchéance et les habituer à regarder plus haut. Berquin, habillé à la grecque, me plaît encore en dépit du sacrilége, mais la renaissance des grands principes de l'antiquité a d'autres horizons.

Il nous faut l'art grec, non pas dans sa simplicité primitive, non pas même tel que l'avait développé Phidias, mais avec plus d'ampleur, plus d'abondance, un mouvement de passion plus vif, en un mot avec des progrès égaux à ceux que ce grand artiste avait obtenus sur l'école d'Égine. Le cœur humain reste le même comme la lyre, mais le temps ajoute des cordes retentissantes à l'un et à l'autre; ce ne sont ni des sentiments inconnus, ni des sensations nouvelles, ce sont des manières différentes et plus variées de sentir et d'être ému. De même que l'enfant porte dans son cœur tout ce qu'il peut contenir des sentiments de son âge et trouve place ensuite pour les sentiments fougueux du jeune homme, pour les sentiments passionnés de l'âge mûr, de même qu'il se plaît d'abord dans des jeux qui ne lui semblent plus tard que fades niaiseries, de même aussi l'humanité tout entière éprouve l'atteinte de l'âge; elle a eu la simplicité des premiers âges et avec le même cœur, elle a besoin d'autres émotions.

Quand on entre bien équipé dans ce chemin ardu de l'art antique, on y fait mille rencontres heureuses qu'on salue suivant qu'elles sympathisent avec notre propre nature : c'est Pierre Lescot, c'est Jean Goujon, c'est Poussin, c'est le Sueur, c'est l'interprétation facile et presque la fusion des natures d'élite avec les données les plus élevées de l'art dans les conditions les plus favorisées. Ainsi Ingres, tout dévoué à l'antique, fait élève de Raphaël, et prend ce guide chez les modernes sans trahir les anciens.

La routine ira redisant : Soyez de votre temps. Je répondrai : Tous ces hommes ont été de leur temps, car le génie n'a pas la force de sortir et de se dégager entièrement de l'atmosphère contemporaine; seulement il est assez puissant pour secouer et repousser les faux engouements, les mauvaises modes, toutes ces plantes parasites qui poussent à l'envi autour de lui et souvent l'étouffent. Sans doute, quand vous aurez copié les bas-reliefs de Phidias, vous n'aurez pas dérobé à l'antiquité tous ses secrets; vous parlerez la langue d'une époque privilégiée; pour faire revivre son éloquence, il faut rentrer dans une atmosphère d'aspirations sublimes, de sentiments élevés, sous l'influence d'un courant idéal et comme d'un souffle divin. Ce n'est donc pas la forme elle-même, le décalque, l'imitation aveugle qu'il faut conquérir, mais l'esprit de l'art et une sorte d'incorporation instinctive qui se prête aux modifications exigées par l'ordre d'idées qui règne de nos jours, par la civilisation du XIXe siècle, par ses mœurs, ses habitudes, ses maisons et ses meubles.

Dans ces dispositions, si l'artiste, porté par son imagination, rêve l'Olympe, il le représentera comme l'ont fait les anciens, et ce ne sera pas un Olympe en frac et en culotte; si, au contraire, inspiré par le côté poétique du grand développement de notre industrie, il veut représenter la forge dans la furie infernale de ses travaux gigantesques, ou la vapeur dans la fougue domptée de sa course haletante, l'étude de l'antique, le sentiment de la dignité humaine, l'habitude de voir la nature en beau, lui auront appris à rendre poétique la beauté de ces scènes en apparence si ordinaires. Léopold Robert voyant des moissonneurs passer dans la campagne de Rome ou Phidias contemplant la marche des panathénées, Decamps s'arrêtant devant le chasseur de truffes ou Praxitèle concevant sa Vénus célèbre en voyant Phryné sortir des eaux de la mer, aux fêtes d'Éleusis, c'est tout un, quand l'artiste s'est créé son idéal dans l'atmosphère radieuse des beautés de la nature et des chefs-d'œuvre de l'art; comme les Mages guidés par l'étoile divine, il marche sur cette terre et atteint le but en regardant le ciel.

DE L'ORGANISATION DES ÉTUDES DU DESSIN DANS TOUTES LES ÉCOLES.

Avant d'examiner comment ces principes généraux seront réduits en pratique proportionnée à l'âge des enfants, voyons quels sont nos moyens d'action, nos instruments, nos outils.

La plus parfaite des méthodes enseignée sans intelligence peut devenir mauvaise; la plus défectueuse mise en œuvre avec sagacité, suite et dévouement, devient bonne. L'avenir de l'enseignement du dessin dépendra donc des maîtres; mais, dans toute organisation générale d'un service quelconque, la France se divise en deux parts distinctes et tranchées : Paris et la France. Je m'occuperai moins de la capitale que du pays, parce que beaucoup a été fait pour Paris et rien pour la France, parce que la population parisienne agglomérée, à portée des ressources de tous les genres et de la surveillance administrative, a déjà réalisé de grands progrès, et qu'il sera facile au Gouvernement de lui donner une organisation complète avec le concours du conseil municipal, de la chambre de commerce, de l'Université et des maisons mères des associations religieuses. D'ailleurs, en parlant des asiles, des écoles communales et des lycées, ces trois dégrés de l'enseignement, j'aurai en vue à la fois la ville et la campagne.

La France a le bonheur de posséder déjà environ 30,000 écoles communales : c'est à peu près les trois quarts de ses besoins pour élever cinq millions d'enfants. Devons-nous chercher 30,000 artistes pour enseigner le dessin à cette jeunesse? si nous les trouvions, devrions-nous les employer?

L'opinion qu'on a d'un professeur de dessin tient beaucoup des idées qu'on se fait du dessin lui-même. J'ai rectifié celles-ci : examinons maintenant les qualités qu'exige cet enseignement; je dis les qualités, les plaçant fort au-dessus du talent.

Dans tout enseignement, l'autorité, la puissance, et une faculté sympathique qui s'exerce magnétiquement sur les auditeurs, est indispensable; le dessin l'exige comme toute autre étude, et les méthodes d'enseignement réussiront, quelles qu'elles soient, dans les mains de celui qui aura ces qualités. Pour les classes élémentaires, dans les écoles des frères et des sœurs qui donnent à la France un dixième de ses instituteurs et dans les écoles communales qui sont l'instruction publique, le dessin, devenant partie intégrante de l'éducation, doit rester dans les mains de l'instituteur, qui connaît le fort et le faible de ses élèves et sait les conduire. Pour enseigner quelque chose à des enfants de cet âge et de cette capacité ou incapacité intellectuelle, il faut plus que savoir, il faut savoir enseigner. C'est une faculté : l'artiste l'a tout au plus avec ceux qui le comprennent facilement; il ne l'aurait pas du tout avec des commençants. Le maître d'école, au contraire, le frère ignorantin et la sœur grise se sont faits enfants par vocation et par habitude; ils savent montrer ce qu'ils savent, ils peuvent même enseigner ce qu'ils ne savent pas, quand ils ont à leur disposition de bonnes instructions. Pendant dix ans encore, il faudra leur fournir cette assistance; plus tard, vous exigerez d'eux la pratique du dessin et un certain talent avant de leur accorder le brevet de capacité, avant de permettre que les séminaires, les maisons de frères et de sœurs les autorisent à professer. Il serait nécessaire qu'un manuel d'enseignement élémentaire fût dans les mains de tous les instituteurs. Ce manuel, facilement intelligible au moyen de nombreuses gravures, serait destiné à rendre uniforme l'exposition des éléments du dessin, en donnant aux maîtres une connaissance méthodique de la figure humaine, en leur exposant les premiers éléments de l'ornementation, pour qu'ils puissent expliquer aux enfants l'origine, la nature et par suite le mouvement propre à chaque ornement consacré dans les monuments qui restent nos modèles, en leur démontrant les principes d'après lesquels la lumière et l'ombre sont impressionnées par les corps et leur donnent la forme, en leur enseignant enfin les éléments de la géométrie figurée ou dessin linéaire et les règles de la perspective.

C'est donc aux qualités, à la vocation pour le professorat qu'on doit avoir surtout égard. Sans doute le plus grand artiste n'est pas de trop pour faire une classe élémentaire de dessin, comme le plus célèbre latiniste n'a pas le droit de dédaigner une classe de sixième. L'enseignement est quelque chose de si difficile, de si respectable en même temps, qu'on ne saurait exiger de trop hautes qualités; mais celles-ci seraient insuffisantes, si elles n'étaient pas assistées d'autres qualités plus modestes et tout aussi indispensables, la vocation, l'aptitude, le savoir qui sait s'expliquer clairement et se mettre en dehors, qui domine, plaît et attache. Le Gouvernement, en formant une école normale des arts, annexe de l'école des Beaux-Arts, dans laquelle se formeront des maîtres de dessin pour toute la France, n'accordera les brevets de professeur d'académie, de département ou de villes importantes, même aux médaillistes des expositions, même aux grands prix de Rome, que lorsqu'ils auront fait un stage dans les écoles communales de Paris et obtenu des inspecteurs un brevet d'aptitude. L'incapacité du talent pour l'enseignement est parfois si complète, qu'il faut savoir fermer les yeux sur des chefs-d'œuvre et exiger du génie même les qualités spéciales du professorat; ces hommes auront, d'ailleurs, l'emploi de leurs rares facultés : ils deviendront les juges des concours et des résultats de l'enseignement; à eux seraient réservées les fonctions d'inspecteur d'arrondissement et de directeur académique.

Cet état-major est indispensable : il est plus urgent que dans l'instruction primaire, parce que les fausses directions peuvent avoir de plus fâcheuses conséquences; parce que, tandis que chacun se croit obligé de savoir le latin pour critiquer l'enseignement du latin, il n'est personne qui ne se croie apte à juger des arts et de la manière de les enseigner. Or, lorsque la loi de l'instruction primaire fut votée, en 1833, il était convenu qu'elle fonctionnerait en s'appuyant sur l'intérêt commun, représenté gratuitement par des comités cantonaux; mais, en France, chacun veille avec d'autant plus de soin sur ses propres intérêts qu'il abandonne plus complétement l'intérêt commun à l'État, et celui-ci était obligé dès l'année 1835, faute d'un concours actif, d'instituer des inspecteurs, et en 1837, des sous-inspecteurs. Il est vrai qu'on les a supprimés en 1848, en se confiant de nouveau à l'intérêt commun, représenté par des délégués cantonaux; c'est une nouvelle erreur, et il y aurait danger de la prendre pour guide.

La vraie direction des instituteurs communaux doit partir du chef-lieu de canton et du professeur de l'école cantonale, qui aura la surveillance et la haute main sur les écoles de cette région. Nous avons en France 2,846 cantons. Est-il si difficile, quand nous possédons à Paris cinq à six mille artistes, de former en plusieurs années et successivement, suivant la demande des localités et les sacrifices qu'elles s'imposent, ce nombre d'artistes préparés à leur nouvel état de professeur? L'école normale des arts de Paris et les écoles normales établies au chef-lieu universitaire s'acquitteront facilement de cette mission. Chacun de ces maîtres cantonaux recevrait 1,000 francs d'appointements et un logement. Leurs fonctions consisteraient à enseigner le dessin cinq fois par semaine, pendant une heure, aux élèves du chef-lieu de canton, deux fois par semaine, pendant deux heures, aux moniteurs et aux instituteurs des écoles communales, à l'époque où les travaux de la campagne dégarnissent ou ferment les écoles, enfin de surveiller l'enseignement dans les écoles du canton au moyen de tournées fréquentes et inattendues.

Un traitement de 1,000 francs, un logement, du loisir pendant une partie de la semaine pour peindre, faire des portraits, exécuter des travaux de leur compétence, donner des leçons dans les institutions privées et dans les châteaux environnants, ce sera une position douce, commode et sollicitée avant peu par des artistes hors ligne. En effet, la culture des arts étant devenue plus générale, le talent plus répandu, nombre de jeunes artistes, avant d'entrer dans l'industrie, voudront tenter la haute carrière et le maréchalat; ils seront heureux de trouver une existence assurée pour mettre à exécution, en toute maturité, quelques travaux qui les puissent faire connaître. L'âge et le désillusionnement gagnant le jeune professeur cantonal, il se mariera dans l'endroit, il y liera des relations agréables, et voilà un homme de talent désormais acquis à la province, cette pauvre déshéritée.

Or, envisagez, comme d'un coup d'œil qui embrasse un panorama, l'ensemble de ce réseau de bonnes inspirations, de bon goût, de bons exemples, jeté tout d'un coup sur la France entière. Figurez-vous les arts transportés en chair et en os au fond des vallées, dans les sables des Landes, au milieu des misères de la Sologne; un homme de talent prêchant d'exemple, produisant, au milieu de populations qui n'ont jamais vu de tableau, des œuvres remarquables, des portraits vivants de la nature entière, hommes et animaux, costumes locaux et sites du pays, réveillant, ainsi dans les âmes engourdies par l'absence de tout stimulant et par la fatigue des travaux journaliers, ces sentiments innés dans l'homme et qu'il n'est jamais impossible de ranimer.

J'ai dit que les moniteurs des écoles communales et leurs instituteurs viendraient deux fois par semaine, en été, pendant la morte saison, prendre une leçon de deux heures près du professeur de dessin du canton. Personne n'ignore que nos 30,000 instituteurs jouissent de 600 francs d'appointements fixes et n'ont pas de caisse de retraite dotée convenablement. Pareille position ne tente aucun esprit distingué et n'attire pas à elle les intelligences capables d'en remplir les devoirs. En exigeant des instituteurs l'enseignement de la musique et du dessin, le Gouvernement prendra cette occasion de faire reviser la loi de telle sorte que 200 francs de gratification seront alloués à l'instituteur qui aura conquis, dans des examens institués au chef-lieu d'arrondissement, le diplôme de capacité pour la musique, et 200 autres francs pour le dessin. De cette manière, ils seront encouragés à acquérir les talents qui leur manquent, et ils se trouveront dans une position convenable, à égalité avec le professeur de dessin du canton.

L'enseignement, à ses débuts, peut être uniforme sur toute la surface de la France ; en se développant, il pourra se modifier par une pente et comme par un laisser-aller vers l'industrie dominante dans le pays. Ainsi les toiles peintes de l'Alsace, les porcelaines et les faïences du Limousin, les dentelles de la Normandie, peuvent influer sur le choix des ornements et des modèles, mais d'une manière presque inaperçue, le dessin, comme la nature, dont il est l'image, étant le même partout, quel que soit l'emploi qu'on en fasse, dans les conditions de la vie humaine.

L'émulation est le ressort de l'enseignement; les concours à différents échelons seront à la fois un stimulant pour les élèves et les instituteurs, un moyen de contrôle pour le professeur cantonal, l'inspecteur départemental et le directeur de l'académie universitaire. Il y aura tous les six mois un concours au chef-lieu du canton, tous les ans un concours au chef-lieu de l'arrondissement se combinant avec la distribution des prix du collége; enfin, un mois après, un dernier concours au chef-lieu académique. Les lauréats des écoles publiques communales et des écoles privées placées sous la direction du professeur cantonal se réuniront au chef-lieu de canton pour concourir entre eux; il y aura exposition des meilleurs dessins exécutés dans les six mois et des dessins faits pour le concours. Les autorités municipales seraient présentes à la distribution des prix, qui consisteraient en objets utiles aux études elles-mêmes, boîtes de mathématiques, porte-feuilles, porte-crayons, papier, pinceaux. Si je ne me trompe, ces concours du dessin, associés aux concours de la musique, deviendraient dans nos campagnes la véritable fête cantonale, et l'art aiderait ainsi à épurer nos insipides foires rurales. A la fin de l'été, nouveau concours, mais au chef-lieu de l'arrondissement et entre les lauréats des cantons. L'exposition réunirait les travaux les plus remarquables exécutés pendant l'année dans tout l'arrondissement et les dessins du concours. Ici la solennité est plus grande, comme le concours lui-même est plus sérieux. Les autorités du département, fonctionnaires et représentants électifs, les parents et les étrangers invités forment une réunion imposante qui relève les récompenses décernées par tout ce qui flatte l'amour-propre et enflamme le zèle.

Cette exposition annuelle des meilleurs travaux exécutés dans les classes de dessin des écoles publiques et privées de tout l'arrondissement sera d'un vif intérêt pour tous les visiteurs, qui ne profiteront pas moins à regarder les ouvrages des instituteurs et des professeurs. Ceux-ci, comme leurs élèves, ont l'obligation de faire preuve de zèle et de montrer leur talent; comme eux, ils ont droit à des récompenses, soit sous forme de commandes, d'indemnités, de titres académiques et d'avancement, soit par des témoignages d'un ordre plus élevé. Leurs productions, compositions historiques, esquisses de mœurs et de costumes, études de paysages, portraits, tableaux d'église, destinés à rester dans la localité ou à aller, suivant leur mérite, jusqu'aux grandes expositions parisiennes, transporteront dans des lieux et dans des esprits indifférents à toutes ces manifestations de l'intelligence un art en exercice, en travail, d'autant plus sympathique qu'il reflètera mieux la couleur locale, un art vivant qui fera naître l'émulation du milieu de l'engourdissement le plus profond.

Tout naturellement ces expositions des œuvres d'art appelleront à elles les expositions industrielles de la circonscription, car il est bon de voir et, pour ainsi dire, de toucher le but pratique de ces efforts. Un beau meuble fabriqué dans la localité par un ancien lauréat du concours manifestera, mieux que bien des discours, l'utilité matérielle de ces études et des dépenses qu'elles mettent à la charge des communes et de l'État. Ces expositions attireront aussi les produits agricoles, les instruments aratoires et le bétail. Voyez quelle nouvelle vie provinciale, quel rapprochement heureux et fécond de toutes les préoccupations nobles et intéressantes; l'esprit d'association introduit au milieu de l'esprit d'isolement, les moyens de contrôle donnés à tous les efforts.

La distribution des prix aux classes de dessin se fera par les autorités, avec le concours du Gouvernement. Le jury se composera naturellement de tous les professeurs de canton et d'un certain nombre d'amateurs pris dans les villes ou appelés des châteaux voisins. Médailles d'or, d'argent et de bronze, objets d'art en gravure et en lithographie, en bronze et en plâtre, boîtes de mathématiques et ustensiles propres au dessin, seront distribués suivant les mérites, et largement. Cette générosité en stimulera d'autres. De riches propriétaires fonderont des prix qui appelleront la reconnaissance sur leurs noms en portant aux jeunes artistes les premiers encouragements de leur carrière future : ce seront des médailles qui restent des titres de familles, ou des bourses de voyage de différente valeur, les unes pour aller visiter la cathédrale célèbre du département, les autres pour passer huit jours de vacances avec le professeur de dessin dans les musées de Paris; voyage fructueux, même quand il est rapide, car il meuble ces jeunes intelligences et il calme ces imaginations ambitieuses, en leur montrant les beautés et aussi les difficultés de l'art, les positions brillantes obtenues par quelques artistes, mais aussi les travaux consciencieux et les rares talents qui les leur ont values.

N'oublions pas que le dessin qui aura obtenu le prix d'honneur sera encadré et placé dans le musée d'arrondissement, car il y aura dans l'avenir un musée là où il n'y a pas même aujourd'hui un tableau.

Les concours des cantons, terminés au chef-lieu de l'arrondissement, recommenceront immédiatement soit au chef-lieu des académies universitaires, soit au chef-lieu des départements. Le premier mode pourrait être suivi pendant une vingtaine d'années; il sera indispensable d'adopter l'autre ensuite. Je ne tranche pas cette difficulté : la solution dépendra du développement que prendront les études. Les anciennes académies florissaient au chef-lieu de la province, et elles y ont encore quelques racines. Il serait peut-être sage de commencer par établir les académies des arts au chef-lieu des académies universitaires, sauf à les multiplier et à en instituer dans les départements suivant que leur musée, leur école de dessin, leur concours pécuniaire et le développement industriel en feraient entrevoir l'utilité. Quoi qu'il en soit, ici, nous avons atteint aux sommités : les concurrents ne se contentent plus d'une écriture figurée bonne à pratiquer comme une assistance usuelle et journalière, ils visent plus haut; les épreuves successives par lesquelles ils ont passé et le témoignage de leurs professeurs les encouragent à porter leurs dispositions dans des carrières spéciales et à travailler pour devenir artistes et suivant le développement de leurs facultés naissantes, des artistes en tableaux, en statues, en peinture de papiers peints, en fabrication d'orfèvrerie ou de meubles.

Le concours du département, ou le concours académique, par cela seul, prend un caractère d'épuration et de supériorité qu'augmentent encore la compétence d'un public mieux préparé et l'assistance du Gouvernement, qui fera coïncider avec l'exposition des classes de dessin l'envoi des esquisses de l'école des beaux-arts qui ont concouru pour le grand prix, les ouvrages envoyés dans l'année par les élèves de Rome, et enfin les tableaux et les plâtres des statues commandés ou acquis par lui. En même temps, les Associations des Amis des arts feront leurs expositions avec le concours des artistes français et étrangers. Et qu'on ne croie pas qu'il y ait inconvénient ou danger à réunir toutes ces productions, à donner à ce concours ce caractère d'universalité. Il ne s'agit pas, en apprenant à tout le monde à dessiner, de faire croire à chacun qu'il est apte à devenir artiste; il est utile au contraire, en montrant les belles œuvres, de rendre chacun difficile, les pères comme les enfants, difficile pour soi comme pour les autres : ce sera le meilleur moyen de décourager de bonne heure les prétentions vaines et de ne conserver sur la brèche que de vaillants combattants.

Les prix consisteront en médailles d'honneur, offertes par le Gouvernement, et en bourses accordées par le département pour un séjour de trois ans dans la capitale. Les fonds départementaux consacrés à cet utile emploi s'augmenteront des dons d'hommes généreux qui comprennent toute l'importance de ces études. Déjà plusieurs villes jouissent de riches legs institués dans cette intention. Granet, fils d'un maçon, a fondé aux Incurables de Paris deux lits pour de vieux maçons et en même temps 1,500 francs de rente pour un élève de l'école de dessin de la ville d'Aix pendant ses études dans la capitale; le Puy a reçu de Crozatier une somme de 50,000 francs, dont la moitié est applicable à l'entretien d'un jeune artiste à Paris; Caen doit à Lefrançois 1,200 francs de rente pour la même destination. J'omets sans doute plusieurs estimables fondations du même genre, et je ferai remarquer que celles-ci sont dues à des artistes qui avaient éprouvé eux-mêmes les difficultés et la misère des premiers pas. Bientôt nous verrons chaque localité se glorifier de cette assistance, et trouver des hommes généreux qui, ayant compris l'utilité de ces fondations, détacheront une parcelle de leur héritage pour attacher à leur nom la reconnaissance éternelle de leurs concitoyens. Ces grands prix seront alors si nombreux, que chaque talent naissant verra s'ouvrir devant son ardeur les portes de l'école des Beaux-Arts et de la grande manufacture nationale pour devenir, soit un artiste célèbre, soit un excellent ouvrier, suivant sa capacité, ses tendances ou son ambition.

Ainsi formés dans leurs départements, ainsi députés dans la capitale au bruit des applaudissements de leurs concitoyens, les jeunes artistes conserveront avec le pays natal mille liens de reconnaissance, mille attaches sympathiques. A moins de ces rares succès qui mènent au premier rang, ils délaisseront bientôt le grand tourbillon de Paris pour revenir à la vie plus calme de la province, et ils le feront sans regret, si les municipalités et les conseils généraux réservent aux enfants du pays les travaux qu'ils commandent, les monuments qu'ils construisent, les statues qu'ils érigent à l'honneur de leurs célébrités locales, si l'esprit de dénigrement que les petites localités exercent contre ceux qu'elles ont vus naître fait place à une bienveillance sympathique et, à mérite égal, à une préférence sur les inconnus et les étrangers. Ils retourneront au pays, les uns pour y enseigner l'art qu'ils y ont appris, mais qu'ils ont renouvelé dans un enseignement supérieur, les autres pour y travailler de leur art ou de leur métier, et ainsi se reconstituera l'activité provinciale et l'originalité géographique, qui sont très-conciliables avec la supériorité de la capitale, avec une communauté d'éducation et une méthode uniforme d'enseignement.

Les académies des arts, en relation continuelle avec tous les artistes, professeurs cantonaux ou inspecteurs d'arrondissement, offriront des ressources précieuses pour constituer la statistique monumentale et artiste de la France. Nous saurons, après tant de révolutions, ce que nous possédons encore en monuments et en objets d'art, et nous aurons partout des sentinelles vigilantes pour les défendre contre la barbarie des destructeurs et la convoitise des brocanteurs. Je voudrais pouvoir compter dans le nombre nos quarante mille desservants, et n'en ai-je pas le droit, connaissant l'esprit distingué et la science libérale de nos évêques? Ces dignes prélats voudront que dorénavant aucun ecclésiastique ne sorte de leurs séminaires inférieur sous le rapport des arts à leurs ouailles, et il est réservé aux générations prochaines de voir quarante mille prêtres expulsant le mauvais goût de leurs églises, comme Jésus chassait les vendeurs du temple, devenant des guides et des conseils partout où ils donnent déjà l'exemple de leurs vertus. Les sociétés littéraires, scientifiques et archéologiques compteront tous ces nouveaux collaborateurs, religieux et laïques, au nombre de leurs membres, et elles trouveront dans leur concours et dans une heureuse association de la science et de l'art une nouvelle vie pour activer le zèle des érudits et populariser leurs travaux.

SOINS DONNÉS À LA PREMIÈRE ENFANCE DANS LA FAMILLE ET DANS LES ASILES.

Dans une salle égayée par l'air qui circule, par la lumière du jour qui s'y précipite comme avec joie, par une décoration fraîche et simple, quatre murs ont reçu dans leurs compartiments, qui forment autant de cadres, des tableaux mobiles, imprimés sur toile, qui varient souvent en instruisant toujours. Les uns offrent les rudiments d'un dessin élémentaire, les autres, de grandes inscriptions donnant, en irréprochable calligraphie, des sentences morales; ici, ils dérouleraient sous les yeux des enfants les costumes de tous les peuples, les animaux de tous les genres; là, ils livreraient à leur curiosité une géographie monumentale: l'Égypte personnifiée dans les pyramides, la Grèce dans le Parthénon, Rome dans le Colysée, et ainsi de toute la terre. Que de choses excellentes pour des enfants de deux à six ans! car remarquez que je ne me suis pas arrêté à votre surprise, lorsque j'ai proposé comme moyen d'enseignement des tableaux contenant les éléments du dessin; c'est que je n'admets pas cet étonnement. Voir, dessiner et écrire, c'est la progression et la transformation obligée de deux sentiments naturels à l'homme: curiosité et imitation. Attelez donc à ces deux moteurs vos moyens d'éducation, satisfaites la curiosité par des procédés ingénieux, offrez à l'esprit imitatif des applications utiles. L'exécution est dans la main, a dit Michel-Ange, mais le jugement des choses est dans l'œil. On ne saurait exercer de trop bonne heure cette dernière faculté, afin d'habituer l'œil aux proportions justes, à la beauté des formes, aux conditions du style. Comme l'air pur et sain que vous faites respirer à l'enfant, et qui anime son sang ou favorise sa croissance sans qu'il en ait la conscience, ainsi les créations de la nature et de l'art forment son goût sans qu'il s'en doute. Les tableaux dont j'ai parlé sont imprimés en couleur sur toile; ils représentent, autant que possible, les objets de grandeur naturelle, et se succèdent sous les yeux des enfants. C'est un spectacle récréatif, c'est une instruction utile. Ces objets frappent leur attention, excitent l'intelligence et développent le sens pittoresque. Dans la gradation de ces tableaux, l'enfant passe de la fleur au papillon, à l'oiseau, au quadrupède, à l'homme, aux paysages animés, aux effets du jour et de la nuit, aux monuments de l'art. L'explication de la maîtresse est écoutée, est dévorée, parce qu'elle s'allie à l'objet qui, dans le moment même, absorbe l'enfant, et tous ces tableaux laissent dans ces jeunes imaginations une empreinte que le vieillard lui-même retrouvera au fond de sa mémoire.

Les Arabes du désert, qui sont encore des enfants, s'exercent à une étude qu'ils nomment la lecture du sable : c'est l'examen attentif des empreintes laissées sur le sol par les hommes ou les animaux; c'est aussi la conséquence à tirer sur la nature, l'âge, l'époque du passage et la direction des auteurs de ces traces. Nos valets de limier, en observant le pied des animaux, ont quelque idée de cette étude, au moins autant que le besoin de défendre sa vie, ses enfants, son avoir, peut être comparé au soin d'un plaisir. La sagacité qu'atteignent les Arabes dans la lecture de cette écriture pittoresque prouve suffisamment quel secours l'étude des objets seuls et le travail de l'observation peuvent apporter à la formation du jugement.

Les exercices de Frédéric Frœbel se rattachent à cette méthode : instruire par les yeux en habituant l'esprit à se rendre compte de ce qu'ils voient. Il est possible, même dans ce jeune âge, d'aller plus loin, et je ne serais pas étonné que l'imitation de certaines formes architecturales à l'aide de cubes en bois conduisît les plus intelligents à dessiner ces mêmes formes sur des surfaces planes. L'enfant, ainsi amusé, ainsi occupé par la tête et par les mains, perdra cette faculté destructive qui amène le désordre des vêtements et la malpropreté ; il lui substituera toutes les dispositions heureuses.

37,000 asiles pourraient préparer ainsi l'enfance dans nos 37,000 communes. Il y en a peut-être 1,500 aujourd'hui dans toute la France, et j'entends des âmes charitables dire qu'il n'y a plus de bien à faire, ou demander quel bien elles pourraient encore faire.

De cette éducation artificielle, inventée par la charité pour débarrasser la mère du poids de son enfant et lui donner l'usage fructueux de ses bras, passons à ces rangs de la société où le bien-être et la richesse permettent l'éducation naturelle, l'éducation si douce pour la mère, si utile pour les enfants. Mais cette question de la première éducation éveille mille pensées, et je ne veux pas sortir de mon cadre. Il s'agit d'enfants de deux à six ans : qu'ai-je à prouver? En premier lieu, que l'éducation artiste porte des fruits dès cet âge; en second lieu, qu'il n'est pas indifférent de donner à des enfants de fausses ou de justes idées sur le beau.

De deux ans à six ans, on peut apprendre à voir en habituant à regarder. Le pauvre enfant qui passe ces quatre années entre des murs enfumés et n'a pour occupation que des pages imprimées en gros et en petits caractères, pour distraction qu'une horrible et crasseuse poupée ou un grossier chariot, cet enfant-là entrera dans l'école communale en arrière de quatre ans sur celui qui aura passé ce temps à jouer avec la création en image, à la comprendre par les yeux, de façon à la reconnaître à première vue, à devenir dessinateur et peintre, pour ainsi dire *in petto*, sans tenir un crayon, mais en ouvrant les yeux et en y mettant le compas, comme s'exprime le peuple. Je montre à un enfant de trois ans un hippopotame, une girafe, un cochon, je lui dis les noms de ces quadrupèdes, et l'enfant les répète; le lendemain, je lui montre les mêmes figures, et il les reconnaît, et il nomme ces animaux. N'est-ce pas le début d'un peintre? Cet enfant n'a-t-il pas dessiné de mémoire? N'a-t-il pas fixé dans son jeune cerveau des traits et des proportions? Si de ce premier exercice je passe à un autre, si je dessine au tableau la forme rudimentaire de ces animaux dans leurs lignes caractéristiques, si l'enfant les reconnaît encore, ne l'aurai-je pas préparé, sans qu'il s'en rende compte, à saisir dans chaque objet sa physionomie propre et, par conséquent, sa beauté? De là à prendre un crayon et à traduire par la main ce que l'œil voit si nettement, ce que l'intelligence comprend si bien, il n'y a qu'un pas; ce pas, il le fera, soit en continuant cette éducation sous une direction intelligente, soit à l'école communale, en y entrant bien préparé, car on fait ainsi de la prose sans le savoir, on devient artiste sans s'en douter.

Au contraire, voit-on impunément dans le jeune âge, et sans que le goût en soit affecté, de laides figures et des formes grossières? ne reste-t-il rien de ces premières impressions dans le souvenir? Citez-moi une femme qui ait oublié la figure de sa première poupée, sa tournure et les détails de sa toilette? Ne connaissez-vous pas beaucoup d'hommes qui regardent avec émotion les livres d'images de leur jeune âge? ces livres les reportent si vivement à d'anciennes impressions restées ineffaçables!

Sept millions de francs, représentés par des millions de jouets d'enfants, sortent chaque année des nombreux ateliers de Paris qui se consacrent à ce genre de travail; c'est tout ce qu'il en faut pour rendre heureux trois à quatre millions de petites filles avec leurs poupées, de petits garçons avec leurs chevaux et leurs soldats. Peut-on dire qu'il soit indifférent de mettre des figures disproportionnées, des traits grimaçants, la laideur enfin au lieu de la beauté, sous les yeux de ces enfants dont les fraîches imaginations reflètent avec une facilité merveilleuse les objets les plus fugitifs, et qui s'attachent à leurs premiers jouets avec une passion acharnée au point de les préférer dans leur état de ruine et d'invalidité à de nouveaux cadeaux dans leur fraîcheur? Qu'a-t-on fait pour améliorer cette industrie et lui donner une direction utile? Lui a-t-on offert de bons modèles, comme pouvait les créer Pascal, le Michel-Ange des enfants, ou tout autre excellent sculpteur? S'est-on attaché à récompenser les sacrifices faits par quelques industriels dans ce but d'amélioration? Non, on a donné les médailles à celui qui produisait le plus et vendait le meilleur marché. Qu'en est-il résulté? Que nous tirons de Nuremberg nos bustes en papier mâché; de Saxe, nos bustes en porcelaine; de l'Angleterre, nos bustes en cire, et qu'avec ces produits de pacotille nous inondons la France de jouets sans distinction, sans physionomie caractéristique, sans signification.

Il y a quelque chose à faire en cela comme en beaucoup d'autres choses en apparence plus sérieuses, et je conseillerais d'accorder un prix de quelque valeur à celui de nos fabricants de jouets d'enfants qui donnerait à ses bustes de toutes grandeurs le caractère de beauté propre à chaque âge, qui choisirait, pour représenter les individus de toutes les nations, le type le plus vrai et le mieux accentué de chacune d'elles, car de cette manière on préserverait les enfants du contact et du goût de la banalité, cette mère placide de la vulgarité. Ce n'est pas encore assez : ces poupées ont des corps humains, et on les formera en cherchant les vraies proportions de la nature; au lieu de les peindre en rose, ce qui est au moins inutile, on suivra un modèle sculpté selon les règles de l'art : ce sera pour les enfants un bon enseignement. En outre, on leur donnera toutes les articulations des mannequins Le Blond, afin qu'en cherchant à leur faire prendre des poses naturelles auxquelles ils se prêteront facilement, les enfants s'habituent à observer les poses qu'ils voient dans l'habitude de la vie, sans y attacher la moindre réflexion.

Je pourrais étendre indéfiniment ce genre de recommandation, car le champ est vaste et il est à peine exploré; mais il suffira d'indiquer la voie, de donner l'impulsion et de signaler les plus méritants; l'industrie fera le reste.

DE LA MÉTHODE D'ENSEIGNEMENT DANS LES ÉCOLES : ELLE NE VARIE PAS, MAIS ELLE SE DÉVELOPPE EN PROGRESSANT AVEC L'ÂGE DES ÉLÈVES.

Au sortir de l'asile, ou en quittant les bras de sa mère, à sept ans, l'enfant entre dans les écoles communales, dans les colléges de l'État et des communes, dans les petits séminaires, dans les écoles privées, ou bien, s'il reste sous la tutelle de la famille, il passe aux hommes, de la mère au père, de la bonne au précepteur. Sous quelle forme l'enseignement du dessin lui sera-t-elle donné? Pour répondre à cette question d'une manière catégorique, il faudrait diviser l'éducation en trois périodes : de sept ans à dix, de dix ans à quatorze, de quatorze ans à dix-huit. La première période coïnciderait avec l'instruction primaire, la seconde avec l'instruction supérieure, la troisième avec les classes de seconde, de rhétorique et de philosophie dans les colléges. Un enseignement gradué donnerait à la première les modèles les plus faciles à copier, en cherchant les moyens de stimuler l'attention de l'élève, d'ouvrir son esprit à l'observation, de former son œil aux proportions. Il ajouterait, pour la seconde période, à des modèles dessinés plus compliqués les modèles de ronde bosse et le dessin de mémoire; pour la troisième, les promenades dans la campagne, qui apprennent la perspective, qui font comprendre les effets de lumière et le contraste des couleurs, et enfin le dessin de composition, qui est le dessin de mémoire appliqué à l'imagination.

L'espace me manque pour suivre un ordre aussi méthodique. J'envisagerai l'ensemble de l'enseignement; il sera facile ensuite de faire la répartition suivant les établissements d'éducation, suivant l'âge des élèves et leur aptitude.

Avant toutes choses, on fixera le temps qu'on accorde à l'étude des arts. Du moment où le dessin n'est plus un talent d'agrément, mais une partie essentielle de l'éducation, il réclamera tous les jours son heure de travail. Si l'on objecte que la journée est déjà bien chargée, que c'est ôter à des études plus importantes un temps déjà trop court, je dirai que ce temps est plus que racheté par les facilités que la culture de l'art apporte à toutes les autres études, en ouvrant l'intelligence, en éveillant l'esprit, en formant le goût.

Y a-t-il une méthode d'enseignement par excellence, une méthode pour apprendre à dessiner acceptée généralement? Non. Vingt écrivains, cent peut-être, ont bâti là-dessus des théories, et si M. de la Palisse était encore en vie, il nous donnerait la meilleure, par son grand amour de la vérité; il dirait : Pour apprendre à dessiner, dessinez. — Mais. — Pas de mais, dessinez et ne faites pas autre chose; dessinez, en vous rendant compte de ce que vous faites; dessinez, en observant si bien votre modèle qu'il s'identifie avec vous. Pourquoi un objet aimé plane-t-il, même absent, devant vos yeux? Quel est l'artiste qui ne reproduirait de souvenir les traits de sa mère ou ceux de sa maîtresse? C'est que ces modèles chéris n'ont pas seulement posé devant ses yeux, ils sont entrés dans son cœur en se fixant dans sa mémoire. Quel a donc été ce travail? Un travail d'observation passionnée, de tendre sympathie, d'assimilation. C'est beaucoup demander à l'élève, sans doute, devant son froid modèle; mais on obtient quelque chose en demandant beaucoup; on réveille au moins l'instinct en sollicitant la passion, et que ne peut-on attendre de l'amour de l'art qui s'est emparé d'une jeune imagination? Que ne peut produire une organisation prédisposée, quand on la dirige bien, quand on l'exalte par la vue de nobles modèles, par la sympathie de principes saisissants? En fait, on a tout essayé, du raisonnable à l'absurde. Les uns font pâlir les enfants sur des yeux et des oreilles; les autres leur donnent pour premier début le *Léonidas* de David tout ombré, ou même la gravure de quelque célèbre tableau de maître. On dégoûte les uns par l'ennui, les autres par la difficulté. La raison n'est-elle pas de proportionner la charge à la force du sommier, le travail à l'habileté de l'élève? Tout bien considéré, ne devrait-on pas conseiller d'éviter trop de méthode, de s'abstenir de trop de rigueur? Craignons par-dessus tout de fatiguer les enfants. Il n'importe pas essentiellement de les faire procéder de telle ou telle manière, mais de les amener à se rendre compte de ce qu'ils voient et à le transporter sur le papier sans cesser d'y trouver intérêt et plaisir. Rappelez-vous comment ils ont appris à marcher, à parler; avez-vous exigé de ces petits châteaux branlants qu'ils se tinssent droits, le menton haut, la tête renversée, le ventre rentré et les pieds en dehors? Non, vous avez été content quand vous avez vu qu'ils avaient une vague notion de l'équilibre et du centre de gravité, après en avoir senti toute l'importance *étant par terre;* de même, quand ils ont commencé à parler, les avez-vous taquinés sur la grammaire? Ne trouviez-vous pas plaisir à ce parler enfantin, si pittoresque parfois dans son incorrection, si expressif dans ses tournures embarrassées? Vous avez joui de ces débuts, vous en avez encouragé les progrès; ne soyez pas plus rigoureux pour le dessin.

Puisque le dessin est une écriture pittoresque et un complément naturel de l'écriture conventionnelle, je puiserais l'étude de ses premiers éléments dans l'écriture, comme l'écriture a puisé les proportions de ses lettres, leur grâce ou leur noblesse, dans les règles du dessin. Ainsi les premières leçons consisteraient dans l'imitation des lettres suivant les plus belles formes, puis parallèlement dans l'imitation des objets qui s'en rapprochent : ainsi, je placerais un fronton de monument avec les colonnes de son péristyle près d'un A, d'un H ou d'un M; une feuille, l'ovale d'une tête, la forme d'un œil, à côté d'un R, d'un S, d'un O, d'un C ou d'un G. De là je passerais à d'autres objets, en les variant assez pour distraire l'ennui de l'enfant, en les lui laissant assez sous les yeux pour qu'ils préoccupent son esprit, pour qu'il puisse essayer de les reproduire de souvenir, comme il répète sa lettre de mémoire. Le même tableau noir servira aussi alternativement, je dirai mieux simultanément, à dessiner ou à écrire des yeux et des O, des oreilles et des R. L'élève verra de sa place comment le maître s'y prend, avec son immense porte-crayon, pour tracer des yeux et des O d'un mètre d'envergure, et il imitera sur son ardoise et la manière et la figure. L'habitude d'écrire régulièrement formera l'élève à l'exactitude dans le dessin, l'enseignement des proportions justes par le dessin formera à son tour l'élève à l'élégance dans la calligraphie, et de cette façon le dessin devient un exercice de l'écriture qui contribue à en sauver l'aridité.

Je passe, comme on voit, à côté du dessin linéaire ; je fais mieux, je le proscris absolument en tant qu'élément du dessin, parce que je le crois hostile à l'art et perturbateur des instincts artistes. Du moment où la règle et le compas entrent dans le dessin, ce n'est plus l'œil qui dirige la main, c'est l'esprit et ses calculs. Les formes ainsi dessinées sont pauvres, anguleuses ou compassées (remarquez la justesse de l'expression, compassé, exécuté avec le compas). En effet, la main n'ayant plus de liberté, l'œil ne comprend plus l'ondulation des formes, le goût devient étranger à la grâce et à la souplesse de l'arrangement, à l'inattendu de l'inspiration. *N'ayez pas le compas dans la main,* disait Michel-Ange, *ayez-le dans l'œil;* l'habitude de regarder, le talent de voir, valent géométrie et arithmétique. Le dessin linéaire a, cependant, son utilité, sa valeur, son importance, son utilité comme écriture figurée de la géométrie, sa valeur comme moyen d'en résoudre les problèmes, son importance comme étude préparatoire aux carrières spéciales; mais mieux on saura dessiner avant de l'apprendre, plus on ajoutera à l'usage du dessin linéaire d'intelligence, de goût et de ressources. Au reste, comme les principes de la construction doivent accompagner tous les degrés de l'enseignement, parce qu'ils donnent la raison d'être des formes, l'harmonie des parties et le sentiment des proportions, c'est associer en partie le dessin géométrique ou linéaire au dessin artiste.

Une difficulté partage les esprits : commencera-t-on à dessiner en copiant l'ornement ou la figure humaine, des feuilles d'acanthe et des rinceaux de l'architecture antique, ou des yeux, des oreilles et des figures d'ensemble? Je n'hésite pas, j'adopte le second de ces systèmes. Les partisans de l'enseignement du dessin par l'ornement argumentent ainsi : un ornement se dédoublant exactement, l'élève a pour la seconde partie un guide, en même temps qu'un modèle pour le ramener à l'exactitude. Nous demanderons qui est chargé de dessiner la première partie; dans la figure, une moitié n'exige-t-elle pas pour l'autre la même exactitude? et ne faut-il pas pour atteindre ce rapport plus que de l'exactitude, quelque chose qu'il importe au premier chef de développer dans l'élève? ce quelque chose, c'est le sentiment.

La création entière a pour base une symétrie qui ne se montre nulle part avec plus de finesse, de charme et de parallélisme varié que dans la figure de l'homme, que vous preniez pour modèle sa tête ou son corps tout entier. C'est donc bien là le plus rare, le plus précieux, le mieux adapté de tous les modèles, celui avec lequel l'enfant est le plus familiarisé, et qu'il peut contrôler à chaque pas.

L'élève, exercé par l'étude de la figure, qui lui fait comprendre mieux que l'ornement la nécessité des proportions, du caractère et des traits essentiels, apprendra vite à tracer l'ornement, genre d'imitation qui observe les mêmes règles avec bien moins d'exigences; que les deux parties opposées d'un ornement soient à peu près pareilles, cela suffit à l'élève qui n'a appris que l'ornement, mais celui qui s'est exercé sur la tête de l'homme est rompu à de bien autres exigences. Deux yeux doivent être en rapport, non pas seulement de grandeur, mais de proportion, d'ouverture, de direction et d'expression, et toutes ces conditions d'imitation, toutes ces habitudes d'observation exacte, l'élève les transportera dans son dessin, lorsqu'il copiera l'ornement. Étonnez-vous donc que deux années consacrées à l'étude de la figure permettent de dépasser en six mois celui qui s'applique depuis deux ans et demi à l'ornement, de le dépasser et de tracer l'ornement avec un sentiment de la forme, avec une connaissance de l'importance de ses parties constitutives, enfin avec un bonheur d'imitation originale que l'autre n'atteindra jamais, sans compter qu'il n'aura aucune connaissance de la figure, si elle se trouve mêlée à l'ornement, ou si lui-même veut l'y introduire! Enfin, et pour dernière considération, s'il est dans ces deux élèves une même étincelle du génie qui fait les grands artistes, elle s'enflammera chez celui qui se trouvera en contact avec les plus belles créations de l'art, tandis qu'elle restera étouffée chez l'autre sous le poids, la stérilité et la monotonie de l'ornementation.

Dois-je mentionner une autre divergence dans l'enseignement ? Il s'agit de savoir si l'on commencera à dessiner la figure par parties isolées ou par ensembles complets, en peu de mots, si on donnera à l'élève, à sa première leçon, le *Léonidas* tout entier, ou son œil. Je suis partisan d'un commencement d'enseignement qui ne commence pas par la fin : je propose de donner pour premier modèle un œil de profil. On me dira que l'enfant ne comprend pas ce que je place devant lui, qu'il voit dans cet œil de profil un cornet. Si les cornets pouvaient avoir dans leur forme autant de grâce qu'un œil en offre dans la sienne, je ne verrais aucun inconvénient à exercer l'enfant au cornet; mais comme sur dix élèves il y en aura neuf qui dans ces traits comprendront la forme de l'œil, et que tous les dix, en l'imitant d'abord patiemment, en passant ensuite à l'œil de face, puis aux deux yeux, et en les mettant en rapport de grandeur et de direction, trouveront dans cet exercice tous les moyens de développer leur jugement, de s'habituer à apprécier des proportions, à assouplir leur main par la courbe des lignes, je crois que le trait, assisté graduellement de l'ombre, d'après un œil, deux yeux, le nez, la bouche, l'oreille et l'ensemble du visage, est le meilleur commencement de l'étude du dessin.

Ainsi, quand on enseigne aux enfants à épeler des mots, on prend un livre quelconque, ou bien on en fait exprès dont les caractères sont gros et lisibles, les syllabes espacées, les mots bien détachés; le sens importe peu. Si ce sont des idées simples et morales, exprimées avec une vivacité faisant image, cela n'en vaudra que mieux, mais là n'est pas l'important, c'est la lettre qu'il faut s'exercer à connaître; ainsi, dans le dessin, il s'agit d'abord d'un exercice manuel, et tout doit céder devant ce premier intérêt.

L'autre système prend, au contraire, le raisonnement théorique pour guide et débute non plus par un détail, non plus par des lignes et des contours, il donne en modèle la figure complète poussée à l'effet de la réalité, arguant de la nécessité de faire bien comprendre à l'élève ce qu'il doit rendre. Mais cette figure mise à l'effet n'a plus de contours : aussi l'élève les supprimera-t-il, de même que la nature ne les admet pas, et il apprendra à rendre les formes par des oppositions d'ombre et de lumières. C'est la logique au rebours, la marche naturelle prise à l'envers : aussi ce système, d'une réussite très-problématique avec des jeunes gens bien doués et qui commencent tard, devient impraticable avec les enfants des classes élémentaires.

Cette question du trait et du contour est grave et n'est pas nouvelle; elle a été pour tous les grands artistes, à leur début comme dans leur maturité, une véritable préoccupation. Qu'il n'y ait pas de trait dans la nature, qu'il n'y ait que des oppositions, c'est là un fait incontestable, comme déduction abstraite; il est faux, quand il s'agit pour tous, et surtout pour l'élève, de traduire ce qu'il a sous les yeux. Dans la pratique, le trait définit la forme et permet de l'arrêter avec précision, de manière à le conserver comme guide jusqu'au moment où le travail du modelé le fait disparaître et le remplace par une opposition de teintes. Mettez-vous à la portée d'une intelligence jeune et novice. Comme des peuples entiers, les Égyptiens, les Asiatiques et les Grecs primitifs, les enfants ne conçoivent le nez que de profil et les yeux que de face, ce qui donne au griffonnage dont nos murs sont noircis quelque chose d'hiéroglyphique. Irez-vous heurter de front ces dispositions naturelles? Non, vous les adopterez; seulement, par une série développée de modèles, vous ferez accepter aux élèves toutes vos conventions de traits, d'ombres et de raccourcis. Et ces modèles, vous les leur imposerez le moins possible. Ils seront tous excellents dans le même principe de distinction supérieure, et ils seront très-variés; les élèves choisiront sans contrainte ceux qu'ils veulent copier, afin que dans cette variété, et au moyen de cette indépendance, puisse se mouvoir l'originalité de chacun, se marquer la vocation, s'établir la pente. Au nombre de ces modèles je comprends le squelette humain, qui, dessiné sur pierre de main de maître, n'est pas plus difficile à copier que tout autre objet, donne une excellente leçon de pondération des parties et d'harmonie de l'ensemble, en même temps qu'il enseigne les éléments constitutifs de notre structure. Plus tard l'écorché, plus tard encore des os et des pièces anatomiques sont d'excellents motifs d'étude.

Les écoles communales ne doivent pas s'élever au-dessus du dessin monochrome. Le champ à parcourir est déjà bien assez vaste; toutefois, je voudrais que l'enfance n'isolât pas l'idée de forme de l'idée de couleur, et qu'elle pût comprendre, même en exprimant le relief et le contour par une simple opposition de noir sur blanc, comment cette convention se traduit par la couleur.

Une série de modèles de végétaux, fleurs ou fruits, lithographiés, les uns en noir, les autres en couleur, seront donnés en modèle. Le plus habile de nos dessinateurs fera ces modèles en noir d'après Saint-Jean et M. Desjardin, en se servant d'un transport de cette lithographie en noir, afin d'obtenir exactement les mêmes proportions, le rendra en couleur d'après le tableau avec cette exactitude qui va jusqu'au trompe-l'œil. On pourra appliquer cette méthode à quelques belles figures, comme les *Vierges* de Raphael, le *Saint Jean* de Pérugin du musée de Lyon, et quelques grandes têtes d'expression prises dans les œuvres de Titien, de Paul Véronèse, de Rubens, en reproduisant exactement la touche et le ton de ces grands coloristes, à côté du dessin en noir qui l'exprime par le travail du crayon et l'effet. La vue de ces modèles en couleur, encadrés sous verre, éclairera la classe d'un reflet artiste qui impressionnera de bonne heure les enfants et luttera victorieusement, par l'harmonie, contre le bariolage sauvage des peintures et coloriages mis en circulation à la campagne par les colporteurs. Il ne s'agit pas de copier ces modèles, il suffit de les avoir sous les yeux, en dessinant au crayon noir d'après les lithographies en noir.

Mais, avant d'arriver là, il a fallu montrer le dessin à des enfants qui n'avaient à leur disposition que la table de sable ou l'ardoise et son crayon. Pour cela, l'enseignement au tableau peut être une très-bonne préparation à un dessin plus sérieux. La difficulté d'un dessin blanc sur un fond noir n'existerait pour eux que s'ils le copiaient avec un crayon noir sur papier blanc, mais ils le reproduisent de la même manière sur leur ardoise.

On a conservé en Allemagne, où tant de choses se conservent, l'usage du tableau, même dans l'enseignement supérieur. J'ai dessiné, à l'âge de quinze ans, sous des maîtres qui, sans être des artistes de talent, avaient l'habitude de dessiner au tableau et le faisaient avec une rare adresse. Cet usage doit venir du temps où les gravures étaient chères; mais aujourd'hui, où les modèles sont à la portée de tous, le dessin simultané ne compense par aucun avantage les inconvénients de ces sèches reproductions d'un original dépourvu de caractère et de style, que tous les élèves ne voient pas dans les mêmes proportions, le point de vue n'étant pas pour tous exactement le même, et qu'ils copient uniformément, quelles que soient leur aptitude, leurs goûts et leurs tendances. Au contraire, le tableau n'a aucun inconvénient pour l'enseignement élémentaire, et il offre au maître mille ressources de conversations, d'éloquence même, propres à provoquer l'attention, à animer et à soutenir l'intérêt. Si le *travail attrayant* est possible de cette manière, pourquoi en priverions-nous l'enfance? Le maître racontera et dessinera à l'appui de son conte; s'il fait une figure, il s'interrompra en demandant aux enfants de deviner ce qu'il va faire, d'indiquer dans une tête n'ayant pas de menton ce qu'il manque, dans une figure ayant trois jambes ce qu'elle a de trop; celle-ci sera trop courte, celle-là trop longue, une troisième bossue, la tête sera trop petite ou trop grosse : entre trois figures il faudra choisir la mieux proportionnée. Les expressions de la physionomie sont des ressources aussi : la joie, la douleur, le sourire, les pleurs, la méchanceté, la bonté, l'étonnement, l'effroi, offrent autant d'exercices utiles qui forment le jugement de l'élève, sans nuire à l'esprit de l'homme.

Mais tout cet enseignement fructueux, au point de vue moral autant que sous le rapport qui nous intéresse le plus, exige une certaine habileté qu'on ne peut attendre avant dix ans des maîtres et maîtresses de nos asiles, des frères et sœurs des écoles chrétiennes, des instituteurs de nos écoles communales. Ce qu'on peut leur demander, en les leur faisant comprendre à eux-mêmes, ce sont des notions justes sur le jeu de la lumière et sur les règles de la perspective, et ils les transmettront à leurs élèves non-seulement à l'heure des classes, mais dans les récréations, et surtout à la promenade. Un instituteur intelligent. marchant avec ses enfants dans la campagne, au milieu de la grande richesse de la végétation, peut ouvrir sous les yeux de ses enfants un monde pittoresque. M. Chardin ne croit pas pouvoir enseigner la botanique à ses élèves sans courir avec eux à travers champs, et vous voulez apprendre aux vôtres les difficultés de l'art sans leur faire connaître son seul modèle, qui est la nature. Où pourra-t-on leur faire mieux comprendre les effets de la lumière sur les couleurs et sur les corps, les problèmes si simples et si singuliers de la perspective, leur faire mieux connaître cette flore merveilleuse, non pas la flore obèse et orthopédique de nos serres, mais la flore du bon Dieu, qui conserve dans la campagne sa distinction, sa mesure et sa grâce? Les fleurs seront l'éternel thème de l'ornementation, les fleurs bien choisies, bien disposées, justifiant leur emploi par l'heureuse distribution des formes autant que par la parfaite harmonie des couleurs.

On ne se figure pas à quel point on peut rester ignorant sur ces effets naturels, et voir toute sa vie les choses les plus simples sans chercher le moins du monde à s'en rendre compte. Demandez à vingt personnes ce que c'est qu'une ombre portée, une ombre transparente, une demi-teinte, un reflet, dix-neuf ne sauront que répondre, et cependant il leur eût suffi, guidées par un maître, d'une demi-heure d'observation pour comprendre ces choses; mais on passe sans s'imaginer qu'il y a pour l'artiste, dans ces tableaux naturels, la source des études de toute la vie, et une foule de problèmes escortés de difficultés, dont lui-même trouvera plus aisément la solution quand, dès l'enfance, il aura habitué ses yeux à voir ces procédés admirables de la nature et son esprit à les étudier pour en scruter les secrets.

La perspective est une de ces inconnues qui nous coudoie à tout instant de la vie, et avec laquelle nous ferions facilement connaissance, si nous la traitions familièrement, en camarade, au lieu de voir en elle une science étrange, d'un abord difficile. La perspective, en effet, constitue une science chez quelques peintres, qui ne seront jamais artistes, et qui en font métier; chez les autres, c'est une habitude que le jugement et un petit nombre de règles sommaires ont fortifiée. Je n'imposerais pas la science aux écoles, mais j'assisterais l'habitude de voir et de dessiner, en exigeant des jeunes gens qu'ils se rendissent compte de ce qu'ils observent. Je viendrais en aide à leur observation par quelques explications qui leur feraient rapidement comprendre comment le relief des corps et les raccourcis des figures sont soumis aux mêmes lois de la perspective que les lignes de l'architecture et les différents plans des paysages. Ces explications ne constitueraient pas une leçon proprement dite, mais le professeur saisirait toutes les occasions qui se présentent pour arrêter ces règles dans l'esprit des enfants. Comme les lois de la politesse et du tact qui n'ont pas d'enseignement fixe, les règles de la perspective s'apprennent en les pratiquant sous un bon guide, et ce sont, les unes et les autres, celles qu'on met le mieux en pratique.

Cet enseignement, comme on le voit, s'adresse autant au jugement qu'à la mémoire, et ce sont, en effet, les deux auxiliaires principaux du dessin.

Au point de vue de l'art, les choses n'existent que pour celui qui a appris à les regarder; la photographie nous en a enseigné long sur ce point. Les portraits qu'elle a faits de nos amis les plus chers, ses vues de nos villes natales, de nos promenades favorites, de notre maison elle-même, nous ont prouvé que nous n'avions jamais regardé ni les uns ni les autres, car nous les connaissions si peu que nous ne les avons pas reconnues; mais quand vous avez dessiné une étude de chevaux, de bœufs ou de brebis, chaque individu de ces espèces que vous rencontrez ensuite vous apparaît avec mille détails de proportions, de physionomie, de pelage, qui n'existent pas pour les autres, même pour l'amateur de chevaux, préoccupé d'un genre tout différent d'observation. Ce sens artiste, tout particulier, ne s'acquiert que par l'habitude de regarder avec la préoccupation d'être obligé de rendre par le dessin ou le modelage ce qu'on a vu; ce sens, c'est le dessin de mémoire, et c'est parce qu'il développe éminemment la faculté du souvenir pittoresque qu'on ne saurait trop le recommander. Les Grecs n'ont tiré un si heureux parti des occasions qui s'offraient à eux dans la palestre et les jeux publics de voir les hommes les mieux faits dans les exercices les plus favorables à la beauté, que parce que, maîtres du dessin et habitués dès l'enfance à regarder la nature, ils en fixaient immédiatement dans leur mémoire toutes les beautés. Chacun de nous a dans l'œil un miroir où se reflètent les images; ces images s'y pressent, s'y succèdent et s'y effacent les unes après les autres; l'artiste doué de la mémoire pittoresque, ou celui qui a développé cette faculté, au lieu d'un miroir, a dans l'œil une impressionnabilité semblable à celle du daguerréotype qui reflète et fixe les images. Il les reçoit, il les garde, il les reproduit avec une merveilleuse exactitude.

Dans l'enseignement du dessin, la copie du modèle ne doit être qu'une transition pour arriver à se passer de modèle, et le dessin de mémoire prépare l'intelligence à ce moment où on cessera d'avoir le modèle sous les yeux, où on l'aura gravé dans son souvenir pour s'aider dans le travail de l'imagination. Ce genre d'étude doit commencer avec les premiers éléments du dessin; de même que vous avez appris à l'enfant à faire un A de lui-même, après l'avoir copié l'ayant sous les yeux, de même aussi il devra s'habituer à copier d'abord un nez dessiné et à le rendre ensuite de mémoire : l'un n'est pas plus difficile que l'autre.

Il n'est pas besoin d'avoir de l'enfant une grande expérience pour connaître sa mobilité, son attention superficielle, ses observations aussitôt effacées que produites. Quel meilleur moyen avez-vous de fixer cette mobilité, si ce n'est de donner un contrôle à son observation? Le dessin de mémoire est le moniteur par excellence. Mieux que le professeur, mieux que la volonté la plus assidue, il détache de la copie servile, de l'exécution minutieuse, insignifiante, et il transporte dans la copie raisonnée, exécutée avec sentiment suivant le caractère de l'original. Quand un élève a copié pour copier, il reconnaît à peine son modèle si, après avoir terminé son dessin, il le retrouve inopinément sur son passage; toute sa pensée, toute sa réflexion, son intelligence artiste tout entière s'est renfermée dans sa copie, le modèle n'a rien été pour lui; et, comme cet expéditionnaire copiste, il pourrait dire : Je ne lis pas ce que je copie. Si, au contraire, en dessinant, l'élève est averti qu'il aura son modèle à copier de mémoire, ce n'est plus sa copie qui le préoccupe, c'est son modèle; il le regarde, non plus seulement pour le copier, mais pour le connaître, pour l'étudier, pour se familiariser avec les traits caractéristiques, la justesse des lignes et les détails. Ce dessin de mémoire, étendu à des objets extérieurs, à des sites particuliers, à des vues pittoresques, aux ornements de l'architecture, même aux meubles et aux ustensiles de la vie privée, devient une source de jouissance, parce que c'est une extension donnée à la faculté presque entièrement négligée de l'observation. On s'étonne soi-même de tout ce qu'on voit là où on ne saisissait rien, cela devient plus qu'une passion, c'est une habitude; on fait mieux que d'en rêver, on y songe tout éveillé; en un mot, on s'aperçoit que l'on sait voir, tandis qu'on se contentait de regarder; et bien voir, c'est bien juger.

Les objections contre le dessin de mémoire sont nombreuses, et elles ne sont justes qu'en frappant sur l'abus. On dira : Vous empêchez l'enfant de s'attacher à rendre naïvement son modèle, quand vous le préoccupez de l'idée de le rendre de mémoire, c'est-à-dire de la nécessité d'en faire un à peu près, sous un aspect superficiel. Il est évident que la double étude du modèle ne doit affaiblir aucune des deux, et que l'idée de dessiner de mémoire ne doit pas détourner de la scrupuleuse copie d'après nature; autrement l'un des deux exercices empiète sur l'autre. Vous acquérez de la main, des procédés de facture, des habitudes d'observation superficielle, de dessin de premier coup, et vous perdez cette faculté si essentielle de l'étude suivie, tenace, minutieuse, qui se satisfait difficilement, qui efface, revient et reprend. On le conçoit, tout dépend du maître qui dirige son élève. Ici il faudra stimuler l'observation en développant l'adresse; là, c'est, au contraire, contre l'adresse de la main qu'on luttera pour renforcer les facultés d'observation, car la pratique de l'art se compose de naïveté et d'habileté dans une juste pondération; au maître appartient de maintenir l'équilibre pour empêcher l'un de devenir un *fa presto* superficiel, un faiseur sans fond, pour empêcher l'autre de croupir dans une naïveté timide, impuissante et bête. Remarquons bien que nous ne formons pas des artistes; que le dessin n'est encore dans cet enseignement qu'une écriture figurée; que le but de cet exercice de la mémoire est de transporter le dessin dans une sphère pratique dont toute la vie se ressent. Je sais tel homme, habile à copier parfaitement les compositions les plus compliquées des maîtres, et qui ne sera pas capable de mettre sur pied un bonhomme, un chien courant après un lièvre, une charrette attelée de son cheval. David, sans modèle sous ses yeux, esquissait misérablement, et son élève Guérin disait, en voyant Delécluze faire facilement de légers croquis : « Pour un million, je n'en ferais pas de pareils. »

Cette faculté de rendre ce qu'on a vu par le dessin, comme celle d'exprimer une réflexion longtemps mûrie dans le cerveau par le style, semble très à tort réservée aux artistes de profession et aux gens de lettres, dont c'est l'état.

On apprend dans les classes à écrire des narrations; nous enseignerons à ces mêmes enfants à dessiner des compositions: dans l'un et l'autre exercice ce seront d'abord des réminiscences, plus tard cela deviendra de l'originalité.

La composition est le dessin de mémoire d'après nature. De même que vous conduisez l'enfant au musée, ou dans la campagne, pour étudier les maîtres et les sites, avec l'intention de les dessiner de mémoire, de même vous le conduirez au milieu des champs et des bois, au marché aux chevaux et dans une forge, pour lui montrer la nature en action et l'aider à former avec sa mémoire une composition. Dans la campagne, vous vous ferez suivre d'un modèle qui se placera dans le paysage pour l'animer, en mettant des manteaux de diverses couleurs qui expliquent à l'élève certains jeux de lumière, certains contrastes de couleurs; dans la forge, vous arrêterez l'ouvrier dans les poses que l'élève aura choisies comme les plus nobles, parce qu'elles étaient en même temps les mieux appropriées à la rude besogne du forgeron. Combien de ressources encore dans cette étude et qu'il est inutile de détailler! Je dirai seulement qu'il n'y a pas d'inconvénients dans cette manière d'enseigner, d'inconvénients du moins que ne compensent largement de précieux avantages. Je viens résolûment au devant de l'objection banale que je prévois. Vous allez faire de tous ces campagnards des artistes, et de ces enfants des barbouilleurs de bonshommes qu'il sera impossible de maintenir devant un modèle pour l'étudier sérieusement. Ces objections avaient leur valeur dans d'autres temps, au milieu d'un courant d'idées différent, quand le progrès des arts n'avait pas encore transformé la génération; aujourd'hui, les jeunes gens capables de faire un dessin de mémoire d'après une scène prise dans la nature, capables d'en retenir dans la pensée l'ordonnance, le mouvement, l'effet et la couleur, ces jeunes gens sont capables aussi de comprendre la nécessité de l'étude d'après les grands modèles, la nécessité de serrer de près et de rendre ces modèles dans leur sévérité.

LE CHOIX DES MODÈLES EST LE NERF DE L'ENSEIGNEMENT DES ARTS ; L'ÉTAT DOIT FOURNIR LES MEILLEURS MODÈLES DE DESSIN AU PLUS BAS PRIX POSSIBLE.

Dans l'éducation morale, les meilleurs préceptes restent sans influence quand ils ne sont pas appuyés sur les bons exemples, quand ils sont contrariés par les mauvais. Il en est de même dans l'éducation artiste. Vous professez dans le vague, vos paroles s'envolent avec le vent, quand vous ne soutenez pas vos démonstrations par la production faite à propos et par la présence continuelle des plus beaux modèles; bien plus, sans cette intervention, les plus amers mécomptes vous menacent. Votre auditoire est attentif, vos élèves vous ont écouté avec un intérêt soutenu, vous croyez les avoir mis dans la meilleure voie; mais bientôt, comme la poule qui s'effraye en voyant les petits canards couvés par elle se précipiter dans l'élément qu'elle redoute, vous vous apercevez que cette jeunesse, maintenue par votre enseignement sous l'aile de l'antiquité et de la belle nature, se laisse entraîner par les grâces affectées ou mondaines des Watteau, Boucher, Gavarni et autres séducteurs.

Quand on ne compâtit pas aux penchants de la jeunesse, quand on s'y oppose, quand on prétend aller en sens contraire, la jeunesse vous quitte et suit sa pente naturelle; ayez l'air de marcher avec elle, elle va avec vous, et la voie que vous lui tracez, mais qu'elle croit avoir choisie, lui plaît, elle ne la quitte plus. Ainsi, quand un enfant a le goût de la lecture et se plaît aux romans, faites-lui un choix des romans les meilleurs; si vous lui imposez de bons livres ennuyeux, il s'en procurera de mauvais qui l'amusent. Dans l'étude de l'art, mettez sous les yeux de l'élève ce qu'il y a de plus beau et de plus gracieux dans la nature, exprimé par ses plus habiles interprètes; faites-lui de ces modèles un entourage et comme une atmosphère, et soyez tranquille sur ses goûts à venir. Comme le noble enfant que les idées religieuses et les sentiments d'honneur ont toujours entouré ne ment pas à ses devoirs de gentilhomme, ainsi l'élève ne trahira aucun mauvais instinct, quand on n'aura encouragé en lui que de bonnes tendances.

Ce qui domine dans le choix des modèles de l'école, c'est la fixité des principes qui tient en vue et comme hors de toute atteinte un art idéal; cette fixité peut bien ne rien exclure, mais à la condition de tout classer. Elle placera en tête les grands modèles de l'art grec, comme un type éternel, et, à côté, ces autres grands modèles de la Renaissance qui s'y rattachent par les mêmes conditions d'élévation du sentiment et de distinction du style; elle ne prendra jamais l'œuvre entière d'un maître, fût-il le plus sublime, parce que tous ont eu leurs défaillances et leurs écarts; mais, guidée par ce type unique d'un idéal supérieur, elle choisira dans chaque œuvre, dans toutes les écoles, comme à toutes les époques, ce qui marque par un égal amour de la nature et du beau dans ses conditions de naïveté primitive et de haute distinction. Pas d'éclectisme, pas d'exclusion systématique, un triage fait avec l'aide d'une disposition bienveillante et admirative, mais d'après les règles rigoureuses de la distinction, de la noblesse et de l'élégance. C'est assez dire qu'on exclut ainsi toutes les vulgarités, qu'elles viennent d'une trop grande facilité de main ou d'une trop grande facilité de goût.

J'ai proposé une seule et même méthode pour l'enseignement du dessin à ses divers degrés; je propose également de faire servir les mêmes modèles à tous les élèves, depuis l'asile de l'enfance jusqu'à l'école des beaux-arts, qui donne les prix de Rome. Il n'y a qu'un art, qu'une méthode pour l'enseigner, qu'un idéal de beauté pour le comprendre. Dieu a-t-il donc créé autant de natures diverses que de différents degrés d'intelligence? Offre-t-il aux citadins de plus beaux arbres qu'aux campagnards, aux enfants d'autres fleurs qu'aux hommes? N'a-t-il pas, au contraire, donné aux gens de la campagne plus d'occasions de voir les beautés de la nature, et aux jeunes gens une imagination plus vive pour les mieux comprendre, comme s'il eût voulu compenser par plus de bienveillance les ressources abondantes de la ville et la riche expérience de l'âge?

Vous imiterez le bon Dieu en initiant les petits enfants à sa belle création, vous saurez lutter contre les systèmes gradués, les bosses Dupuis, les méthodes linéaires, les procédés rapides, expédients de calques, de gazes, de papiers à carreaux et à dessins successivement plus apparents; vous chasserez toutes ces puérilités d'une simplicité si compliquée; vous donnerez aux élèves un papier, un crayon et un bon modèle. Ne proscrit-on pas aussi des écoles les versions interlinéaires, les procédés de mnémonique qui donnent des résultats si surprenants? Jacotot lui-même n'a-t-il pas fait son temps? Tout cela se tient.

Je sais qu'on s'élève contre l'usage des modèles de l'antiquité et des grands maîtres : sous prétexte que les enfants n'en peuvent saisir toutes les beautés, on prétend leur substituer avec utilité de petites images fabriquées *ad hoc*. N'ai-je pas également entendu dire qu'on avait exilé des écoles le bon La Fontaine, sous prétexte que les enfants ne comprennent pas ses fables, et qu'on les a remplacées par de plates historiettes qu'ils ne comprennent que trop? Comment oublie-t-on que la moitié de notre plaisir, dans le cours de la vie, en relisant ces charmantes fables, c'est d'associer le charme de l'habitude et des souvenirs de l'enfance aux jouissances toujours neuves que La Fontaine nous procure à tout âge? L'influence des modèles sur la carrière artiste et sur le goût de l'amateur dans sa vie entière est de même nature. Sans doute l'enfant ne découvrira pas les beautés du torse du Belvédère et de la Vénus de Milo, pas plus qu'il n'a compris les finesses du fabuliste; il ne les sentira même pas toutes quand son maître les lui aura signalées; mais ce torse et cette Vénus, devinés avec peine, observés avec ténacité, de même que ces fables apprises par cœur, s'incorporent en nous et grandissent avec nous. Je suis loin de m'opposer à une gradation, elle est naturelle; vous faites répéter *le Coq et la Perle, la Cigale et la Fourmi,* en même temps que l'élève copie les plus simples parmi ces beaux modèles, et c'est pour arriver progressivement aux grands exemples de la poésie et de l'art : *les deux Pigeons* ou les Parques de Phidias, *le Chêne et le Roseau* ou l'Esclave résigné de Michel-Ange.

Depuis soixante ans, depuis le Barbier, il n'a rien été fait pour réformer le choix des modèles dans l'enseignement du dessin, et les nouveaux procédés de gravure et d'impression, comme l'abaissement du prix des moulages, ne semblent avoir servi qu'à pervertir le goût. Anciennement, de vieilles gravures, les études du maître et quelques moulages d'après l'antiquité formaient toute la collection des modèles; quand les procédés de gravure à la roulette et au pointillé furent entrés dans la pratique, quand la lithographie y eut ajouté ses facilités, quand le moulage au plâtre fut devenu un métier vulgaire, on était sous l'influence de David. Les nouveaux modèles s'en ressentirent. On copia les maîtres italiens depuis Raphaël jusqu'aux Carraches avec une froideur et une sécheresse qui ne s'approchaient de l'original que pour en éloigner le goût, et qui ne permettaient pas de distinguer si on avait sous les yeux des modèles de peinture ou de statuaire. Quant aux plâtres surmoulés sur l'antique, on s'en tenait aux modèles les plus banalement populaires, et qui sont loin d'être les meilleurs. L'antiquité, depuis les fouilles pratiquées, avec autant de passion que de bonheur, au commencement du XVIe siècle, était représentée dans les musées de l'Italie par quelques œuvres de la décadence. L'*Apollon* du Belvédère, la *Diane* de Versailles (dont nous avons l'original), la *Vénus* de Médicis, le *Laocoon* et autres statues classiques trop connues, furent fabriquées à Rome, à une époque, sinon d'abaissement du goût, au moins de refroidissement de l'imagination, par des artistes grecs, dans un style conventionnel, suivant un canon de beautés et certaines règles de proportion qui avaient toutes les qualités, excepté les plus importantes, l'étude naïve de la nature et l'inspiration du génie. Les études critiques marchèrent depuis lors. La facilité des voyages en Grèce et dans les colonies grecques, les dilapidations de lord Elgin à

Athènes, les acquisitions du roi de Bavière à Égine, les fouilles pratiquées à Olympie pendant notre expédition en Morée, les missions confiées par le gouvernement des Bourbons et celui du roi Louis-Philippe à M. le comte de Forbin pour recueillir dans les musées de Florence, de Rome et de Naples ce qui n'avait jamais été moulé; à M. Lebas pour rapporter d'Athènes les moulages de tout ce que les fouilles récentes avaient révélé de plus remarquable, et en même temps un système d'échanges et d'achats mis en œuvre pour obtenir les plâtres des plus belles productions de l'art antique conservées dans les musées de Dresde, de Vienne, de Londres et de Berlin, auraient dû renouveler la collection des modèles destinés à l'étude et présenter aux jeunes élèves de nouvelles perspectives. Il n'en fut pas ainsi : ces conquêtes de la critique et ces acquisitions faites par l'État n'eurent aucune influence sur l'enseignement, parce qu'elles venaient s'enterrer, soit dans les stériles discussions archéologiques de notre Académie des inscriptions et belles-lettres, soit dans le musée de l'école des beaux-arts, inaccessible au public. L'idée ne vint à aucun ministre de demander aux Chambres un crédit pour fournir gratuitement, ou à très-bas prix, ces mêmes moulages aux musées et aux écoles des beaux-arts des départements. Combien ai-je vu de professeurs de dessin et de maires de petites villes venant solliciter du Gouvernement, pour leurs écoles, des modèles de dessin, des gravures et des plâtres; ils allaient de la chalcographie à l'atelier de moulage de l'État, mais on leur répondait qu'il n'y avait aucune allocation pour ces générosités, aucune facilité même pour faire ces acquisitions, puis à la fin de l'année on enregistrait avec joie les quelques mille francs produits par la chalcographie du Louvre et le moulage de l'école des Beaux-Arts, pendant que maîtres et élèves se morfondaient et prenaient leur besogne en dégoût devant d'affreuses lithographies tachées d'huile et de pauvres plâtres enfumés de l'*Apollon* du Belvédère et de la *Vénus* de Médicis, qui datent de l'époque où l'Empire réorganisa les musées et les écoles de la France.

Et cependant ces monuments ignorés, ou nouvellement découverts, avaient été pour les érudits et les artistes autant d'invitations à ouvrir les yeux. On appliqua les notions de l'art à l'archéologie, on étudia les monuments de la sculpture d'après leur caractère, on les classa par école et par période de temps, et distinguant dans cet immense domaine de l'antiquité une époque par excellence, une école supérieure, on y rapporta les œuvres les plus exquises. Ce sont elles que nous demanderons dorénavant pour modèles.

Dans ces circonstances, l'engourdissement, l'apathie de l'Administration ne fut pas le plus grave des torts. Pendant que les érudits étudiaient en pure perte les monuments de l'antiquité, une réaction romantique fit sortir, pour ainsi dire, de terre une foule de monuments d'un goût contestable, et en répandit les moulages à bon marché dans toutes les mains. Assistée en outre par la lithographie, elle empesta nos écoles de modèles de dessin exécutés sur pierre et à deux teintes avec fougue et un grand abus de noirs et de blancs, d'après des peintures modernes d'une banalité ordinaire, quand elles n'étaient pas de la plus offensante vulgarité. Ces lithographies, qui affectaient une grande facilité de main, ne présentaient naturellement que la contre-partie ou le décalque du travail de l'artiste; il se trouvait alors que les malheureux enfants, qu'on astreignait à imiter le travail du modèle, étaient obligés d'imiter à contre-sens, à l'envers et en commençant par la queue, les hachures de l'original. Tels ont été les éléments d'étude et leur influence perverse; telles sont encore aujourd'hui les ressources de l'enseignement du dessin en France: c'est évidemment insuffisant.

S'il est reconnu que les bons modèles dans les écoles sont la base d'un utile enseignement et le ressort le plus énergique d'une bonne direction dans les études, il n'est pas d'intérêt plus grave à sauvegarder, et l'État doit le prendre en main, car seul il peut faire d'un grand sacrifice imposé à tous un immense bien dont tous profitent. Sa mission consiste à choisir les meilleurs modèles, les procédés de reproduction à la fois les plus parfaits et les moins coûteux, enfin à livrer ces modèles à toutes les écoles du pays et, suivant les ressources des communes, à titre gratuit ou aux conditions les moins onéreuses.

Examinons ces trois points. La vie seule donne la vie. Une gravure exécutée au burin, à l'eau-forte, à la roulette, au pointillé par un graveur de talent (d'ordinaire, ces travaux sont abandonnés à de médiocres artistes), une lithographie dessinée par un homme habile dans son métier (et le plus souvent ce sont des faiseurs sans goût ni sentiment qui entreprennent la besogne), sont des œuvres mortes; elles ne transmettent à l'élève qu'un reflet décoloré de l'objet d'art qu'elles reproduisent, et rien de sympathique n'émane de ces modèles. Pour régénérer les écoles et ranimer l'enseignement du dessin, vous vous adresserez aux maîtres qui comptent dans l'art. Vous demanderez à Ingres, à Flandrin, à Cogniet et à tant d'artistes que je pourrais nommer, de dessiner une série complète d'études depuis l'oreille, l'œil, le nez et la bouche, jusqu'à l'ensemble de la figure académique, offrant dans ses diverses poses les mouvements caractéristiques, les raccourcis habiles et la théorie des proportions du corps humain. En 1560, Jean Cousin exécuta quelque chose d'analogue pour les élèves de son temps; mais ses dessins furent reproduits par des moyens grossiers, et nous voulons mettre sous les yeux de nos élèves les dessins mêmes de nos maîtres. Après avoir étudié l'homme, l'élève étudiera les animaux rendus avec la ligne caractéristique de chacun et sa physionomie particulière : Barye, Fremiet et Mlle Rosa Bonheur nous fourniront ces études; les végétaux et les fleurs seront dessinés par Saint-Jean, Maréchal de Metz et Mme Sturel-Paigné, les ornements d'architecture par Duban, Labrouste et Vaudoyer; et observez bien que tous ces artistes dessineront ces études sur papier préparé de façon à décalquer fidèlement sur pierre et à reproduire dans le même sens que l'original tous les traits tracés par le maître, de telle façon que, jusqu'à leur signature, ce sera le dessin du maître lui-même, dessin vivant jusque dans ses repentirs, palpitant, pour ainsi dire, encore sous la main de l'artiste. On choisira en outre dans les portefeuilles de ces grands peintres les plus parfaites de leurs études, et elles seront reproduites de la même manière par leurs élèves et sous leurs yeux. On ne se tiendra pas à l'école française; on demandera aux maîtres de l'art qui ont acquis un nom dans les écoles étrangères des études du même genre, dessinées par eux sur le même papier, et transportées sur pierre à Paris. Enfin les élèves de Rome, dessinateurs consommés, seront chargés de faire des études d'après les plus belles créations de la peinture et de la sculpture, études graduées en ce sens que, suivant le sentiment qu'ils y apportent, suivant le mérite de l'œuvre originale ou leur simple caprice, ils auront serré de plus près le modèle, ne faisant d'après telle peinture que le trait d'une tête, trait précis, fortement accusé, simplement expressif; faisant, d'après telle sculpture, un dessin poussé jusqu'à l'effet et au plein relief. De cette manière on formera une collection vivante de modèles qui offriront aux élèves non plus des procédés de gravure à imiter mécaniquement, mais le faire même du maître.

Je n'ai pas parlé encore des ressources offertes par la photographie; c'est qu'en thèse générale je repousse l'emploi de cet art, d'ailleurs admirable, mais peu propre à fournir de modèles les écoles de dessin. S'agit-il de photographier les tableaux des vieux maîtres, on sait que les embrunissements des vernis et l'altération des couleurs donnent des résultats incomplets; mais ces épreuves, fussent-elles aussi parfaites que celles obtenues devant les plâtres moulées sur les statues antiques, je les écarterais, comme celles-ci, de l'enseignement, parce qu'elles ne résolvent pour l'élève aucune difficulté et qu'elles faussent ses idées sur plusieurs points essentiels. La perfection même du procédé, perfection uniforme qui sent la mécanique, décourage l'élève et l'induit en erreur. Je n'admets l'épreuve photographique, de la grandeur de l'original, que pour la copie des dessins des vieux maîtres, quand elles ont assez bien réussi pour reproduire tout le travail de ces précieux confidents d'un Raphaël, d'un Michel-Ange, d'un Titien ou d'un Lesueur, sans rendre avec la même valeur les taches du papier ou la saleté produite par le temps.

Je ne demanderais pas davantage de modèles d'aquarelles aux nouveaux procédés des presses typographiques et lithographiques, inventés par MM. Baxter et Desjardins; quelque perfectionnés qu'ils soient, ils ne présentent qu'une traduction mécanique suivant des nécessités particulières, tandis que les élèves ont besoin du ton précis, de la touche animée et de l'indication du faire propre à l'artiste.

Les modèles pour dessiner d'après la bosse sont des moulages en plâtre, et je me réfère pour le choix des originaux à ce que j'ai dit plus haut. En outre, il serait utile que le Gouvernement fît des sacrifices pour mettre à la portée des élèves l'*écorché* de M. Auzou et le mannequin mécanique de M. Leblond.

Ces modèles ainsi créés, il s'agit de les répandre et de considérer la dépense comme une contribution publique, supportée par tous, parce que les avantages qu'elle procure sont partagés par tous. Le Gouvernement a intérêt à ce que les modèles soient les plus parfaits d'exécution et de reproduction : dans ce but il les fait exécuter, comme je viens de le dire, par les plus grands artistes et reproduire par les moyens les plus perfectionnés; mais, en outre, il obtiendra une reproduction indéfinie des dessins les plus élémentaires en les faisant transporter sur cuivre par la chalcotypie, de telle façon que, sans rien perdre de leur pureté primitive, ils lui seront livrés à un prix tellement minime qu'il pourra sans difficulté en défrayer gratuitement les trente mille écoles communales; les études des peintres transportées sur pierre seront réservées pour les colléges, les séminaires et les écoles spéciales de dessin; on les vendra au prix de revient, c'est-à-dire à des conditions qui les mettent à la portée de tous.

J'irai au devant de deux objections : on dira d'abord que le Gouvernement ne peut se faire indéfiniment le pourvoyeur général de toute la France; on ajoutera ensuite qu'il ne doit pas se substituer à une industrie et la supplanter. Je répondrai que le Gouvernement peut et doit, dans une circonstance aussi majeure, prendre l'initiative; je dirai, en outre, que l'intérêt est général et domine les considérations particulières: seulement, il y a des limites à cette grande et noble générosité, et ces limites se tracent d'elles-mêmes. Les commencements, le premier établissement, seront à la charge de l'État: il donnera les premiers modèles, mais les uns se détruiront par l'usage, on se fatiguera des autres, et c'est alors que, restreignant sa participation à la production de nouvelles études, il donnera les planches originales aux imprimeurs de Paris et de la province, à la condition d'un rabais très-considérable pour les écoles publiques de tout genre, et alors les départements et les municipalités se substitueront à lui, parce qu'on aura déjà généralement apprécié l'utilité de ces études et la nécessité d'activer les progrès en renouvelant les modèles qui les ont fait naître.

Cette impulsion du Gouvernement, devenue ainsi générale, donnera aux études du dessin un élan si extraordinaire, que les fabricants trouveront encore un accroissement d'affaires à côté de ces distributions gratuites, et s'associant à sa pensée, ils propageront ses modèles et ses études, qui leur faciliteront l'écoulement de tout le matériel des arts. Vous verrez s'élever des maisons spéciales pour la fabrique à bon marché de tous les instruments, ustensiles et matières employés dans la pratique du dessin, et quand le Gouvernement, les conseils généraux de département et les municipalités commanderont par milliers les boîtes de mathématiques et les porte-crayons, par centaines de livres les crayons et par centaines aussi les rames de papier, ces fabricants accorderont des conditions de bon marché qui n'étonneront pas moins que la précision et la qualité de leurs produits; de même aussi quand le Gouvernement assurera à MM. Auzou et Leblond le placement de vingt mille de leurs écorchés et mannequins, il se trouvera des capitalistes pour aider les inventeurs à établir ces merveilles d'imitation et de mécanisme à 60 o/o au-dessous de leur prix actuel, et alors chaque commune, aidée par une subvention, et surtout par les contributions volontaires des parents intéressés au développement des études de leurs enfants, pourra se fournir de cet utile complément de leurs modèles. Car l'écorché, tant qu'on n'aura pas fait un écorché articulé comme un mannequin, doit être étudié dans son immobilité à côté du mannequin dans sa mobilité; les mouvements de l'homme expliquent le mécanisme de sa construction, et de cette manière les notions les plus compliquées de l'anatomie entrent et se fixent facilement dans la mémoire des enfants, en même temps que la juste appréciation des gestes, mouvements, attitudes et proportions.

A côté de ces fabriques d'objets utiles dans l'étude des arts, s'ouvriront des bazars du dessin, dans lesquels les modèles élémentaires imposeront, par leur perfection même, des qualités supérieures à toutes les productions des artistes destinées aux études des amateurs. Quand on dessinera dans l'école communale d'après les fac-simile, je dirais presque d'après les dessins originaux de M. Ingres, pense-t-on que la jeune personne dans sa famille acceptera des marchands à la mode les vulgarités, dessins, aquarelles ou tableaux dont elle s'est contentée jusqu'à présent? Ne le craignez pas. Le flot du progrès monte rapidement, quand on en soulève le fond. MM. Susse, Giroux et leurs concurrents à venir loueront au mois les dessins et les tableaux des plus grands maîtres anciens ou modernes.

L'État, je le répète, ne se fait ni fabricant ni éditeur; il obtient au prix de sacrifices considérables des modèles excellents, il les fait reproduire par l'industrie et vendre par elle, se réservant seulement le droit d'en distribuer des exemplaires, en quantités immenses, les uns gratuitement, les autres au-dessous du prix de revient, à toutes les écoles publiques; se réservant aussi d'obtenir, par des combinaisons favorables à la concurrence, les prix les plus modérés en faveur des particuliers, car son but est partout le même : mettre dans toutes les mains, sous les yeux de tous, les meilleurs modèles de l'art.

ON COMPLÉTERA L'ENSEIGNEMENT DES ARTS PAR L'EMBELLISSEMENT DES ÉCOLES, ET EN RENDANT LE DESSIN OBLIGATOIRE DANS TOUS LES EXAMENS.

Ces études seraient incomplètes avec les meilleures méthodes, les plus beaux modèles, les maîtres les plus zélés en même temps que les plus habiles, si les enfants continuaient à être entourés du tableau lugubre qu'offrent à leurs yeux les maisons d'asile et d'école, les pensions et les colléges.

Quatre murs verdâtres qui suintent l'humidité, qui suent l'ennui, ne sont pas l'asile de l'enfance, c'est sa prison; si vous êtes charitable par l'intelligence comme par le cœur, par ce sentiment poétique qui comprend d'autres souffrances que les peines physiques, d'autres besoins que les satisfactions matérielles, vous n'enlèverez pas l'enfant aux soins maternels, qui ont aussi leur poésie, sans lui donner en échange le charme des arts qui égaye, distrait et console. Les arts, l'ai-je dit assez? ne connaissent ni rang, ni fortune, ni âge, ni sexe; ils s'associent à toutes les situations de la vie, ils tendent la main à toutes les classes. Faut-il tant de frais pour orner la salle d'asile? Une décoration à grandes teintes plates, rehaussée par des ornements délicats d'un ton tranché, peut être exécutée en peinture à l'huile, rapidement et à peu de frais. Des espaces libres seraient ménagés pour placer de grands tableaux instructifs et amusants, et l'on abolirait ainsi l'usage de tapisser ces murs du haut en bas de pages finement imprimées qui donnent à ces salles l'apparence d'un séchoir de blanchisseuse.

Ce que je dis de l'asile est applicable à l'école communale, et avec bien plus de raison encore aux pensions, séminaires et colléges; car, tandis que dans ces établissements les enfants sont élevés dans l'observation des bonnes manières, de la décence, de la propreté et de tout ce qui constitue la politesse et l'élégance, par un contre-sens inexplicable, on met sous leurs yeux tout ce qui peut avilir leur goût.

Nos colléges sont, au point de vue de l'art, de véritables bouges. Je conduis bien souvent mon fils à Louis-le-Grand, le plus fort et l'un des meilleurs colléges de Paris, et je reviens chez moi profondément attristé de l'aspect lugubre de ses dehors, de la vue mélancolique de ses cours étroites, tapissées de cinq étages de fenêtres grillées, de ses escaliers aux murs livides, de ses couloirs aux parois sordides, de ses classes privées d'air et de jour, de tout un ensemble fait pour des prisonniers coupables de quelques grands méfaits. Par le premier des colléges de Paris, jugez des autres, et des colléges départementaux, et des écoles communales. Comment veut-on qu'un enfant enfermé dans cette odieuse prison pendant les dix années où l'esprit et le goût, comme les os, se développent et prennent leur forme définitive, ne reste pas étranger à tout ce qui ouvre l'intelligence du beau et du sublime? Quand je rentre, j'arrête mon fils dans mon salon tapissé des plâtres du Parthénon, de quelques marbres de Phidias et des belles époques de la statuaire; je lui montre ces chefs-d'œuvre pour distraire sa vue du spectacle qui l'a offensée, pour lui apprendre que les anciens, dont il lit les auteurs, dont il apprend l'histoire, mettaient la poésie partout, et dans les vers de leurs chants héroïques, et dans les images de leurs dieux, et dans les ornements de leur architecture. Je sens le besoin de ranimer en lui le goût des belles choses, que cet affreux collége est bien fait pour tuer à sa naissance, pour corrompre dans sa source ouverte, naïve et limpide.

Serait-il donc si coûteux de renouveler ces constructions, afin de donner aux enfants assez d'air pour respirer et vivre, assez de lumière pour entretenir cette lumière divine qui éclaire la jeunesse, et ces aspirations vers le beau que Dieu a placées en elle comme le germe fécond de tous les nobles sentiments? La ville a bien des dépenses urgentes, elle n'en a pas de plus pressées; elle a des obligations de toutes sortes, elle n'en a pas de plus sacrées.

Il n'est pas besoin d'être bien vieux pour se rappeler les parcs qui servaient aux récréations de notre enfance dans les pensions des rues Notre-Dame-des-Champs, de Clichy et du Rocher; il suffit d'un peu de lecture pour savoir que tous les grands colléges qui, au moyen âge, s'élevèrent dans le quartier latin par la bienfaisance de généreux donataires, étaient construits pour leur destination. C'étaient de vastes monuments de style gothique, où l'art se combinait avec les conditions du programme, associait ses beautés et sa souplesse aux nécessités rigoureuses de l'éducation en commun, nécessités qu'il est inutile de traduire en tristesse, en airs farouches, en couloirs sombres, en fenêtres fermées de grilles et de grillages, nécessités auxquelles il faut pourvoir, mais en les dissimulant par des dispositions heureuses et sous des ornements souriants comme l'enfance.

Vous écartez de la vue de votre fils les images immorales, vous faites taire à son oreille tout propos grossier, vous vous efforcez de réunir dans sa mémoire les exemples de la vertu la plus pure, du patriotisme le plus désintéressé, car vous désirez que son âme ne soit accessible qu'à des préceptes de morale, qu'à des conseils de bienséance, de dignité et d'honneur; pourquoi n'agiriez-vous pas de même pour former son goût? Vous ferez à la jeunesse, désormais artiste, un monde à part dans lequel elle vivra, elle grandira, au milieu duquel son esprit pittoresque se formera un idéal toujours noble, quoique aussi varié qu'il y aura de diversité de natures : idéal de beauté et de noblesse dans les traits de la physionomie humaine comme dans les formes de toutes choses; idéal qui, semblable à l'ange gardien, ne le quittera plus, l'accompagnera dans ses études et dans ses voyages, le conduira partout où est le beau, ce bon de l'art, le préservera en toute circonstance du vulgaire et de la banalité, qui est la laideur.

On procédera dans cet ordre d'idées à la construction des nouveaux colléges réclamés sur la rive droite par la vaste extension de la ville de Paris et à la reconstruction des anciens colléges sur la rive gauche. Les gymnases d'Athènes, le Lycée, le Cynosarge et l'Académie furent construits aux frais du trésor public, avec tout le luxe des arts, rehaussé par cette grandeur monumentale, par cette exquise recherche du beau qui associe l'hygiène du corps à celle de l'esprit. Si vous voulez mériter le titre de nouvelle Athènes, imitez l'ancienne dans ce qu'elle a fait de plus beau et de meilleur.

Deux nouveaux colléges seraient construits à frais communs par l'Université, l'État et la ville de Paris, qui, chacun dans la mesure de leur mission, prennent intérêt à ces améliorations. Ils s'élèveraient l'un dans l'ancien quartier Beaujon, l'autre dans le voisinage de Saint-Vincent-de-Paul, tous deux profitant du bon air, de l'étendue et du bon marché des terrains, et se trouvant à proximité des six arrondissements qui envoient aujourd'hui leurs enfants à plus de trois kilomètres de leurs demeures. La maison antique, le gymnase et la palestre des Grecs, les thermes des Romains, quelques dispositions des colléges annexés aux mosquées et des habitations de l'Orient, quelques détails d'aménagements demandés aux colléges ou séminaires de l'Italie, aux colléges universitaires de l'Angleterre, offriraient à un architecte de talent les éléments d'un programme magnifique dans lequel s'introduiraient facilement toutes les exigences de nos mœurs modernes, toutes les nécessités de la vie en commun et d'une surveillance facile. En exécutant ce plan, nous ne ferons que nous acquitter d'une dette sacrée contractée avec la jeunesse, car, remarquons-le bien, nous sommes, sous ce rapport, dans un état d'infériorité que les étrangers n'ont pas manqué de signaler et qu'ils nous reprochent. Entrez dans le collége des Jésuites de Rome, à la Sapience, à la Propagande et dans les établissements du même genre de la Lombardie et de la Toscane, ou bien dans les quarante colléges différents, mais tous solennels, d'Oxford et de Cambridge, ou bien même dans les nouvelles universités des États-Unis, puis visitez nos colléges, depuis Louis-le-Grand, qui est un ramassis de vieilles masures, jusqu'au collége municipal Chaptal, construit par la ville en 1844, et qui semble une fabrique, tant en est médiocre l'architecture et vulgaire la décoration; partout vous

40.

vous étonnerez avec les étrangers de ce grave oubli, de cette coupable négligence.

Examinons en détail le nouveau programme de l'architecte. A des entrées grandioses succéderaient des cours monumentales, couvertes par d'immenses armatures en fer qui, en été, ne laisseraient pénétrer le soleil qu'à travers les scènes héroïques représentées dans les vitraux, et qui, en hiver, intercepteraient la pluie et la neige, assurant ainsi aux enfants de l'ombre dans les jours de grandes chaleurs et un abri contre le mauvais temps, de telle façon que jamais, aux courts moments des récréations, l'air et le jour ne leur fussent refusés. Là, ou à proximité, serait disposée la palestre, vaste espace destiné aux exercices de la gymnastique, de l'escrime et de tous les jeux d'adresse. Parmi les nouvelles combinaisons inventées par les élèves d'Amoros, on prendrait celles qui sont simples et qui atteignent le but sans courir après le danger; on y ajouterait une disposition qui permettrait de transformer, à certaines heures, la palestre en hippodrome pour les leçons d'équitation, et, lorsque la ville aura de l'eau en abondance, on disposera à côté de la palestre un vaste bassin couvert pour les leçons de natation, car ces leçons devraient être communes à tous les élèves, le collége ne devrait en rendre aucun à leurs parents et à la nation sans lui avoir donné ces facultés qui font un homme : savoir manier une épée, franchir un obstacle, se tenir à cheval et traverser une rivière à la nage; ce ne sont pas des talents d'agrément, car, faute de les posséder, un homme d'honneur peut manquer à ce qu'il se doit, à ce qu'il doit à son prochain, et se montrer à la fois plus embarrassé qu'une femme et aussi ridicule qu'un poltron. Au moyen de ces dispositions, l'élève ne sera, ni pour l'équitation, ni pour la natation, ni pour la promenade, soumis à des sorties en ville, qui sont autant d'atteintes portées aux bonnes mœurs, à la morale, tout au moins à la discipline. En temps ordinaire, les élèves prendraient leurs ébats dans un jardin planté des plus beaux arbres verts de l'Italie, et entouré de portiques qui réuniraient dans leurs arcades les moulages des plus excellents fragments de la statuaire antique. Quand les professeurs, se promenant sous ces ombrages, entourés de ces chefs-d'œuvre de l'art, réuniront autour d'eux leurs élèves, les uns et les autres se rappelleront que Platon et les Péripatéticiens, suivis de leurs disciples, enseignaient sous les galeries ouvertes de l'Académie la plus belle philosophie. Sur ce jardin, sous ces portiques, s'ouvriraient toutes les classes, afin d'obtenir, avec des abords commodes, une surveillance synoptique facile, afin de faire pénétrer dans ces salles; où se pressent des élèves pendant des heures, l'air pur en été, le jour en hiver, afin de montrer toujours ce coin du ciel qui fait chanter l'oiseau dans sa cage, qui réjouit l'enfant dans sa captivité studieuse.

Le grandiose de l'architecture devrait être partout assisté, assoupli, égayé par les ressources de la peinture; elle commencerait par transformer le sol poudreux ou fangeux de ces colléges. Les tapis, je le sais, ne sont pas possibles sous l'action continue de ces piétinements; mais on les remplacera, comme les anciens l'avaient fait, par des mosaïques. Celles qui ornaient les abords des maisons, les vestibules et l'Atrium à Athènes, celles qu'on foule aux pieds dans les maisons de Pompeï, étaient composées de cubes de marbre blanc et noir, et formaient de beaux et sévères dessins; quelquefois on y ajoutait un mot bienveillant, comme *salve,* ou la représentation du fidèle chien de garde, avec l'avertissement charitable : *cave canem.* Tous ces dessins, d'autres inscriptions tirées des auteurs, d'autres sujets pris dans l'antiquité, peuvent être très-bien rendus et à bon marché par les nouveaux procédés industriels, tels que les mastics et l'asphalte, ou par les combinaisons ingénieuses de brillantes faïences émaillées. Dans les salles qui exigent plus de luxe, les marbres gravés par le procédé Colas et les laves émaillées peuvent fournir un revêtement du sol aussi riche, aussi distingué que la *Bataille d'Issus,* de la maison du Faune. Du parterre, la peinture monterait aux parois. Galeries et dépendances de l'administration, salles d'études et de classes, réfectoires et salle de distribution des prix, auraient un style de décoration appropriée à leur destination. Une grande simplicité, mais une grande pureté d'ornements règneraient dans tous les abords et dans les appartements de l'administration, en conformité avec le caractère simple, élevé et austère des chefs. Le luxe des arts entre dans le collége avec les enfants ; il se révèle tout d'abord dans les salles d'études et de classes, qui seront décorées d'immenses fresques, de bustes sur les consoles et de bas-reliefs encastrés dans les murs. Les fresques, exécutées avec une grande largeur, retraceraient les faits mémorables de l'antiquité, quelques-unes dans la simplicité archaïque des vases grecs et des peintures étrusques, d'autres dans le style des fresques d'Herculanum et de Pompeï, d'autres enfin en camaïeu ou en grisailles; les bustes représenteraient les grands hommes de toutes les époques, confondus sans distinction, pour bien faire comprendre que la gloire n'en connaît pas; enfin les bas-reliefs seraient des plâtres moulés sur l'antique. Les réfectoires et la salle des examens ou des prix renchériraient sur ce luxe. Ici on demanderait aux portefeuilles de Huyot ses grandes et admirables restaurations des plus célèbres villes de l'antiquité, Memphis, Thèbes, Éphèse, Milet, Halicarnasse, Cnide et tant d'autres ; Paccard peindrait l'Acropole d'Athènes et ses beaux monuments; les anciens élèves de la villa Médicis, aujourd'hui membres de l'Institut, et nos premiers architectes retraceraient sur ces murs les habiles restaurations qu'ils ont faites en Italie; Hittorff aurait des salles entières pour exposer ses excellentes idées sur l'architecture polychrome; enfin Duban et Bouchet reproduiraient en grand les délicieux dessins dans lesquels ils ont fait revivre le luxe intérieur des habitations grecques et romaines. Associez à ces architectes consommés dans leur art nos meilleurs peintres à leur retour de Rome et d'Athènes, quand, la tête encore pleine des souvenirs de l'antiquité, ils en sont les interprètes naturels, et demandez-leur d'animer ces palais, ces villas, ces temples, ces théâtres, ces portiques de la rue et ces intérieurs domestiques, de scènes prises dans la vie des anciens, et vous aurez mis une heureuse harmonie entre ces décorations et le sujet continuel des études de l'élève.

On dira, sans doute, que les enfants ne respecteront pas ces peintures. Je le crois, si elles sont médiocres et vulgaires : oh! alors, à un Achille ridicule on donnera une pipe, à une Minerve maniérée des moustaches, et des oreilles d'âne à une Cassandre pleurnicheuse; mais vous avez un moyen sûr pour défendre ces décorations : qu'elles soient d'un style noble et d'un grand caractère; comme le professeur qui conserve sa dignité, elles maintiendront le respect; vous n'avez rien à craindre pour elles.

Quand on en viendra à décorer la salle des examens et des distributions de prix, le luxe des dorures, la magnificence des marbres et des belles matières, devront se joindre aux manifestations de l'art. Comme cette salle aura plusieurs usages, je voudrais qu'elle fût disposée en vaste amphithéâtre imité des plus belles créations de l'antiquité, et dans les meilleures conditions de l'acoustique. Sur les gradins, élèves et professeurs; sur la scène, les représentants du Gouvernement et les dignitaires de l'Université. Puis, quand la cérémonie est terminée, ceux-ci descendent au milieu de la Cavea, laissant libre l'orchestre aux musiciens, la scène aux acteurs. La toile du fond alors se lève et les élèves viennent alternativement, selon leur classe et leurs études, accompagnés des mélodies contemporaines et nationales, réciter des scènes d'Euripide, de Plaute, de Corneille, de Gœthe, de Shakspeare et de Calderon dans la langue originale de ces grands créateurs. Les plus forts élèves du chant se feront entendre, et les mieux disposés des classes de dessin joueront des pantomimes d'un grand caractère ou composeront des scènes d'Homère et de Virgile en tableaux.

Je n'ai pas le temps, je n'ai pas non plus l'intention d'arrêter définitivement un plan; mille circonstances pourraient le modifier, et cependant je ne sais pas de programme d'architecture plus séduisant pour l'artiste que celui d'un collége. Toutes les conditions matérielles et morales se trouvent réunies pour inspirer l'architecte, et aucune d'elles ne l'écarte des données heureuses du style le plus noble, des préceptes et des exemples fournis par l'antiquité; il peut même poursuivre cette recherche et cette réhabilitation jusque dans l'ameublement, la vaisselle et tous les ustensiles en usage, car, si l'archéologie pratique est de mise, c'est dans un collége, où, depuis ses livres jusqu'à ses écuelles, tout peut être classique.

A l'œuvre donc! L'art reprend ici son vrai rôle de propagande morale, l'architecture redevient le livre populaire où l'enfance s'instruit.

Ainsi fortifiées par tout l'entourage et enveloppées, pour ainsi dire, de l'atmosphère antique, les études des arts seront encore négligées ou poursuivies mollement, si elles ne deviennent pas une nécessité, une obligation, par l'insertion du dessin au nombre des connaissances exigées dans le programme de tous les examens. Pour démontrer la convenance de cette condition d'admission dans les carrières libérales, sera-t-il nécessaire de prouver de nouveau l'importance du dessin dans chacune d'elles? On la reconnaît sans difficulté pour tous les métiers, pour toutes les carrières industrielles et commerciales; la niera-t-on pour l'homme du monde qui vit dans les salons ou pour le propriétaire qui habite ses terres? Mais combien d'occasions s'offriront à eux où le dessin ne sera pas seulement le plus agréable accompagnement de leurs loisirs, mais le plus indispensable auxiliaire de leurs obligations! Le dessin sera-t-il repoussé par le diplomate? Ne lui conviendrait-il pas mieux, au lieu de décrire longuement une fête, au lieu de s'épuiser en efforts de style pour donner une idée de la beauté d'une nouvelle reine, ou pour représenter l'importance et le caractère de récents travaux de fortifications, d'envoyer un croquis de l'une, un portrait de l'autre, un plan cavalier de ceux-ci? Le dessin sera-t-il dédaigné par l'avocat, le notaire et l'avoué? Je ne le crois pas. M. Chaix-d'Est-Ange, amateur de tableaux comme plusieurs de ses confrères, plaiderait sa cause en prouvant que, dans bien des circonstances, les tribunaux sont appelés à décider dans des questions d'expertises, dans des appréciations du domaine des arts, et qu'un avocat au fait de ces matières en parlera plus pertinemment que celui qui y est resté étranger. Est-ce l'archiviste paléographe chargé de fixer l'âge d'un manuscrit par ses signes extérieurs, et de porter dans toute l'archéologie les investigations de la critique, qui récuserait le dessin? Mais ne sait-il pas que dans toutes ces questions c'est avec ses yeux qu'il décide, et que partout il demande les originaux ou des *fac-simile* exacts, tant est nécessaire dans ces appréciations délicates la sagacité de l'œil, qui est le dessin intuitif grandement assisté dans tous les travaux d'érudition par le dessin pratique? Est-ce le savant dans sa chaire qui proclamera l'inutilité de cette écriture pittoresque? Cuvier et Blainville s'aidaient au tableau de cet auxiliaire docile; MM. Regnault et Focillon, aujourd'hui, ont souvent recours au dessin pour compléter leur pensée; et je ne sache pas que l'auditoire se soit montré ingrat envers ce truchement fidèle et rapidement communicatif. Est-ce au médecin et au chirurgien, est-ce à l'agronome que le dessin ne rendrait aucun service? Je sais que sur la longue liste des cours professés aux écoles de médecine de Paris et des départements, aux écoles de pharmacie, aux écoles d'agriculture, on trouve des cours de diagnostic, c'est-à-dire de l'étude des maladies par la physionomie, des cours de botanique, de génie rural et de législation rurale, et pas un cours de dessin; mais je sais aussi qu'un médecin exercé dès l'enfance à l'étude des arts saisira dans la physionomie de son malade des détails caractéristiques, des traits concordants à des expériences antérieures, des altérations symptomatiques qui échapperont à des confrères moins exercés, et l'aideront singulièrement dans le labeur délicat du diagnostic. Veut-il entrer dans la vaste carrière de la littérature médicale, il s'y présentera avec des ressources nouvelles, car il ajoutera à la description toujours vague de ses observations des études précises et toutes nouvelles sur les altérations du visage figurées d'après nature par le dessin, et sur les modifications du teint exprimées par le coloris; s'il est chirurgien, il rendra dans les planches de son ouvrage jusqu'à la teinte et la physionomie des plaies palpitantes; ils feront faire ainsi l'un et l'autre un pas nouveau à la science, et ils devront ce mérite à l'étude des arts. Quant à l'agronome, le dessin lui servira à faire aménager ses bâtiments suivant ses vues et ses besoins, à introduire dans ses instruments aratoires et dans ses machines les modifications suggérées par l'expérience, à choisir mieux son bétail, en distinguant les meilleurs élèves; il lui sera utile en tout, et il ne lui est enseigné nulle part.

En exigeant le dessin dans tous les examens, je ne crois pas non plus qu'il soit nécessaire d'établir de nouveau que ce talent n'est pas réservé à certaines facultés innées, et qu'on ne l'acquiert pas avec la meilleure volonté du monde quand on n'y est pas prédisposé; j'ai suffisamment démontré que le dessin est un genre d'écriture à la portée de toutes les intelligences; seulement, on a un bon ou un mauvais dessin, et les examens exigeront qu'il soit bon.

Dès qu'une loi aura dit qu'à partir de telle année, car il faut laisser du temps aux jeunes gens pour se préparer, on ne sera plus admis sans un certain talent de dessin aux examens

de baccalauréat ès lettres,
de baccalauréat ès sciences,
de l'École des chartes,
de l'École de médecine,
de l'École d'Alfort,
de l'École forestière,

soyez assurés que vous aurez des candidats mieux préparés et plus forts que ceux qui se présentent, ainsi exercés, aux examens

de l'École polytechnique,
de l'École militaire,
de l'École centrale des arts et métiers,
de l'École de commerce,

c'est-à-dire quand on saura qu'on ne sera apte à rien et admis dans aucune carrière, si l'on ne fait pas preuve de ce développement de son écriture; alors l'éducation dans la famille et dans les institutions privées sera complétée par le dessin comme dans l'enseignement public. Il s'ensuivra que les maîtres de dessin brevetés par l'Administration, les artistes auxquels elle aura reconnu dans des examens sérieux le talent propre à l'enseignement, seront recherchés de tous, et qu'elle pourra être d'autant plus sévère en leur accordant ces brevets de capacité, qu'un plus grand nombre d'artistes sollicitera ce titre, qu'une meilleure position leur sera assurée.

Enfin, au sommet de l'instruction publique siégent les comités départementaux, les conseils académiques et le conseil général de l'université; qu'une place dans chacun d'eux soit réservée aux artistes, aux amateurs, aux membres de la classe des beaux-arts de l'Institut, qui prennent intérêt et qui ont consacré leurs études à cette partie de l'enseignement. Ils y seront les avocats de toutes les bonnes mesures et les adversaires des nouveaux envahissements de la routine.

ENSEIGNEMENT DU DESSIN AUX APPRENTIS ET AUX OUVRIERS. L'INDUSTRIE FORMANT SES ARTISTES ELLE-MÊME.

Nous voici arrivés à un point extrême, à une halte, à un carrefour, où les routes se croisent et se bifurquent. Jusqu'à présent, nous n'avons eu en vue que l'éducation générale, l'enseignement de tous, les arts du chant et du dessin y trouvant leur part comme toutes ces notions de langues mortes, d'histoire et de science que chacun doit posséder, quelle que soit d'ailleurs la carrière qu'il embrasse. Maintenant, nous allons entrer dans un autre ordre d'idées, en abordant l'enseignement des arts appliqués à des carrières déterminées, soit qu'il s'agisse d'enseignement spécial pour les apprentis et les ouvriers, soit qu'on se préoccupe d'enseignement supérieur pour les artistes.

Occupons-nous d'abord du sort des apprentis, tout modeste et inaperçu qu'il soit; on verra bientôt qu'il est digne d'un intérêt très-vif, et qu'il conduit par échelons naturels à l'enseignement supérieur.

L'industrie lutte depuis soixante ans avec les contre-sens sociaux qu'une révolution radicale a jetés dans son sein, et que le temps n'a pas permis de corriger sur tous les points. Cette perturbation si profonde, en désorganisant les corporations industrielles, en n'organisant pas la liberté, a plongé l'industrie dans une anarchie qui exerce son empire, d'une manière sensible, partout où le concours de l'art semblait fait pour lui rendre la jeunesse et la vie.

L'industrie de nos pères, recrutant ses artistes en elle-même, trouvait en eux cette aptitude générale qui fait le caractère des grandes époques. Quand on étudie la céramique, les meubles et les bijoux de l'antiquité, les ustensiles gothiques de la vie privée, les majolica italiennes, les faïences et les émaux français de la Renaissance, on sent que dans ces fabriques tous étaient artistes, artistes de plus ou moins de talent, se laissant aller souvent à l'exécution la plus lâchée, mais artistes par le goût de l'arrangement, par l'esprit de la composition et surtout par la création des formes, suivant certaines données d'élégance, certains principes d'appropriation raisonnée, suivant les matériaux et la destination des objets.

A la fin du XVᵉ siècle, Francia avait dans son atelier de ciselure et d'orfévrerie deux cent vingt élèves qui travaillaient sous sa direction pour se former à tous les arts, car ses enseignements, comme un mont puissant qui jette de ses flancs les sources des fleuves tributaires de plusieurs mers, conduisaient chaque élève sur sa pente naturelle au but qui souriait à son imagination. Tandis qu'il formait Marc-Antoine Raimondi à devenir le plus habile des graveurs, lui-même quittait l'orfévrerie pour prendre rang parmi les maîtres de la peinture.

C'est qu'il n'y a de véritable instruction dans l'industrie que veste bas, manches retroussées, le tablier de cuir sur le ventre et le marteau dans la main. Au sortir des écoles de dessin, voir travailler les patrons et les anciens qui possèdent les vieilles traditions du métier, suivre toutes leurs opérations et se rendre compte non pas seulement des procédés, mais de toutes les causes d'accident qui peuvent les entraver et des moyens d'y remédier, c'est devenir un ouvrier complet, et c'est être en même temps un artiste supérieur, si, maître de ses outils et de sa matière, on sait associer à son travail la puissance du goût et de l'imagination. On peut donc ériger ceci en axiome : les artistes qui entrent dans l'industrie s'y perdent et la perdent, les artistes qui en sortent s'élèvent et l'élèvent avec eux.

La destruction des corporations ayant anéanti l'apprentissage sérieux, les chefs de fabrique n'ont plus trouvé d'ouvriers capables d'exécuter les programmes qu'imposait à l'industrie le retour de la prospérité au commencement de ce siècle. Ils se sont adressés à des artistes, et leur ont demandé des modèles. Percier, Prud'hon et d'autres hommes d'un grand talent ont répondu à leur appel, mais ils ont composé leurs modèles, les uns d'inspiration, les autres suivant la théorie des arts, tous abstraitement et sans se rendre aucun compte des obligations imposées à l'industriel par la matière, les procédés de fabrication et la destination des objets : aussi sent-on un désaccord pénible, tantôt dans les ornements, qui s'adaptent mal, faute de pouvoir être pris dans la masse, se fondre du même jet ou se cuire du même feu, tantôt dans la forme, qui ne répond pas par ses proportions à la dureté de la matière, à son opacité, à sa transparence ou à son poids, toutes choses inaperçues pour le vulgaire, mais qui blessent l'homme de goût, parce qu'elles choquent autant son sens artiste que la violation de certains principes de délicatesse, qui ne sont pas une contravention aux règles de l'honneur, peut froisser le sens moral d'un honnête homme.

Si cette intervention des artistes ne fut pas alors pratiquement utile à l'industrie, elle devint très-gênante pour l'industriel, car il luttait avec tous, avec l'artiste qui invente le modèle, avec l'inventeur qui lui livre son procédé; si celui-là le traitait dédaigneusement, celui-ci ne lui accordait qu'une confiance ombrageuse, limitée, et quand, à force de patience, de souplesse et de persuasion, il avait plié l'artiste aux besoins de son commerce, conduit l'inventeur aux conditions pratiques de son industrie, s'il réussissait, l'artiste proclamait ses droits à toute la gloire, l'inventeur des procédés étalait ses titres à tout le mérite de l'exécution, et il ne restait à l'industriel qu'un vil profit contesté comme un vol, revendiqué comme une propriété légitime par l'artiste et l'inventeur.

On conçoit très-bien qu'avec de telles conditions l'industriel n'eût recours à cette intervention qu'à la dernière extrémité, accidentellement, et en faisant des vœux pour trouver de nouveau des artistes dans son industrie même. Malheureusement, faute d'éducation première, les ouvriers ne purent répondre à ces désirs bienveillants, et si quelques-uns, aveuglés par leur amour-propre, s'y sont risqués, la tentative n'a pas été heureuse. Ils étaient maîtres de tous les procédés, connaissaient parfaitement leurs outils et leur matière; mais n'ayant pas, dès l'enfance, assoupli les mains, épuré le goût, fait l'œil à toutes les délicatesses des proportions, de la grâce et du style, ils furent trompés par quelques dispositions naturelles, et ils ne purent dépasser la limite de la plus plate médiocrité.

Encore aujourd'hui, dans les fabriques de bijouterie, mais surtout dans ces innombrables ateliers d'ouvriers, dits en chambre, qui défrayent les boutiques de marchands bijoutiers, auxquels s'adresse la plus riche clientèle de Paris, de la province et de l'étranger, le graveur est l'homme dirigeant, le chef d'atelier. C'est presque toujours un simple ouvrier qui s'est formé dans l'apprentissage et qui, sans s'être nourri d'aucun principe sérieux de l'art, d'aucune étude suivie d'après les grands modèles, s'est poussé de l'avant par l'habileté de la main, le talent d'imitation et quelques instincts de bon goût. Ces graveurs sont à l'affût des tendances du public et vont, aussitôt que la mode prend une voie, chercher au cabinet des estampes, dans les mille modèles publiés depuis quatre siècles, ce qui s'associe à cette direction; ils copient, amalgament, modifient: le tour est fait, et il réussit.

Qu'attendre de cette production bâtarde, de ces imaginations vives et adroites que l'étude eût élevées, non pas au rang des génies, mais au niveau des exigences du temps et des ressources de leur industrie? Rien, absolument rien; car je ne leur fais pas l'honneur d'appeler quelque chose cette fabrique infatigable d'œuvres insipides, qui séduisent au premier aspect et qui ne gardent pas la faveur plus de vingt-quatre heures, tant est vide la pensée et médiocre l'exécution. Esprit de petit journal, talent de caricaturiste, invention de bijoutier, tout cela se vaut pour l'importance et la durée, et se vaut si bien qu'à l'encontre de l'exercice avide et général des droits de la propriété industrielle, tout cela est abandonné à la merci du contrefacteur; l'auteur, étant toujours prêt à renouveler ce que la vogue changeante dédaignera demain, ne réclame pas une propriété que l'oubli de chaque jour rend illusoire.

Je pourrais passer en revue toutes les industries et signaler partout ce désaccord. Il a pour conséquence de laisser perdre les dispositions naturelles les meilleures, et d'arrêter dans les bas-fonds de la banalité ce qui a besoin d'inspirations épurées et de talents supérieurs pour s'élever hors des atteintes de la concurrence. Dans cette situation, on s'attriste autant de voir une exécution irréprochable accordée à un modèle médiocre, que de voir un dessin heureusement composé et qu'une exécution imparfaite ne fait pas assez valoir. L'Inde et tout l'Orient font souvent regretter que la perfection de la main-d'œuvre et le choix des matières ne soient pas en rapport avec la beauté de conception des dessins; notre industrie, au contraire, montre presque toujours une habileté de main remarquable et les matières les plus rares mises au service de compositions dépourvues de goût et de bon sens.

L'industrie a donc besoin de devenir artiste pour apprendre à ses ouvriers à se méfier des prétentions impuissantes, à se méfier aussi des engouements du talent de métier. J'ai vu de très-habiles ouvriers sculpter en bois, repousser en cuivre, ciseler dans le fer de détestables compositions dont ils étaient les auteurs. Leur main seule avait été exercée, leur goût n'était nullement formé, et l'amour-propre les aveuglait. S'ils avaient étudié sérieusement d'après les modèles de l'art, jamais cette poutre ne serait entrée dans leur œil, car ils auraient comparé, et le rapprochement eût mis leur suffisance à la raison. Laissez un charpentier faire de l'architecture, dans l'état actuel des études de ce corps de métier, sans aucun doute le plus instruit de tous, l'ouvrier ne cherchera que problèmes insolubles, qu'étalage de difficultés vaincues; mettez un chimiste à la tête des fabriques de Baccarat, les nuances les plus fausses, si elles sont nouvelles, s'étaleront orgueilleusement partout; donnez-lui à diriger la manufacture de Sèvres, la conquête d'un émail nouveau le consolera de toutes les défaites de l'art.

L'enseignement général du dessin dans les écoles de l'enfance, continué dans l'apprentissage, rendra à l'industrie sa véritable place dans le domaine de l'art. Elle formera dorénavant elle-même ses propres artistes au sein de ses ateliers, et ces artistes, qui tous auront étudié l'art au point de vue le plus élevé et le plus général, ne l'appliquant que dans une spécialité, y deviendront supérieurs, à la condition bien entendu de les y maintenir, de ne pas commettre la faute de les faire chevaucher d'une industrie à l'autre, sous prétexte que celle-ci est plus noble que celle-là, car les qualités les plus fermes et les meilleures se perdent dans ces émigrations. J'en citerai un exemple. Un élève de Dieterle, placé comme apprenti dans une fabrique de papiers peints, avait appliqué avec goût et adresse aux conditions de cette industrie ce qu'il savait de dessin, ce qu'il avait de couleur et un talent particulier à peindre les fleurs. Ses modèles, conçus suivant les exigences de l'impression en planches de bois, faisaient merveille. Le directeur de la manufacture de Sèvres les voit, et séduit par leur vigueur et une grande franchise de tons, il attache ce jeune homme à son administration. Quelque temps après, on vit se dérouler sur le blanc des vases de porcelaine, des bouquets de fleurs qui semblaient découpés avec des ciseaux, et chacun de se dire : Ces fleurs sont belles sans aucun doute, mais on dirait du papier peint; l'ouvrier-artiste avait fait preuve d'autant de talent et du même talent, mais ce talent était déplacé.

Ces jeunes ouvriers devenus artistes en restant attachés à leur métier, issus tout entiers de l'élément dans lequel ils doivent vivre, sentiront que la forme a sa beauté quand elle exprime, non pas quelque chose, mais la chose à laquelle elle est destinée. Donnez à une pendule la forme d'une cathédrale, à une commode la disposition d'un temple, ni cette cathédrale ni ce temple ne peuvent être beaux, car, étant en contradiction avec leur but, ils ne s'harmonisent pas avec la pensée du spectateur. L'idée de la destination doit se confondre avec l'impression causée par la forme pour produire le sentiment d'unité qui est la beauté. On prendra garde cependant en voulant marquer la destination, de pousser jusqu'à la subtilité. Je comprends l'allégorie, elle est toujours féconde; je repousse les rapprochements, ils sont toujours absurdes. Un monstre qui vomit du lait dans mon café me fait mal au cœur; Rachel puisant à une fontaine qui ne peut lui donner que de l'encre provoque mes rires; Hippolyte précipité de son char frappe mes yeux quand je cherche l'heure, et je suis longtemps à trouver le cadran et les aiguilles de la pendule sur les jambages de la roue, tant il y a peu de rapport entre ce char embourbé et le temps qui ne s'arrête pas.

En parcourant l'Exposition de Londres, en suivant les travaux de l'industrie dans ses ateliérs de Paris, on s'apercevait que ces principes avaient très-rarement préoccupé nos fabricants. Ils semblaient chercher à les contrarier plutôt qu'à les suivre. En vérité, de qui se moque-t-on ici? L'art est-il donc un habit d'arlequin composé de pièces rapportées et qu'on adapte à toutes choses? La sculpture d'une crosse de fusil, d'un buffet, d'une pipe, d'une cheminée, ne doit-elle pas varier de nature et de caractère, autant que se distinguent entre eux, par la destination et l'usage, un fusil, un buffet, une pipe, une cheminée? Cessez donc, au nom du ciel, vous, public, de vous ébahir devant ces énormités, vous, amateurs, de les encourager par vos achats. Ayez votre bon sens pour tirer ces artistes de leur ivresse, soyez réfléchis pour que l'industrie soit raisonnable.

Cette beauté de la forme, déduite de la destination de l'objet, a reçu de Dieu ses modèles dans la création entière, et elle soumet toute chose à l'empire des arts, quand les ouvriers de chaque industrie sont en même temps des artistes. Les grands moteurs mécaniques, ces machines à vapeur formidables, vrais produits de l'enfer et destinés à un peuple de Titans, ne semblent pas être du ressort des arts, et cependant elles sont susceptibles de certaines beautés de la forme qui surprendront les artistes eux-mêmes, car ces beautés seront le résultat des justes proportions observées entre les moteurs et les rouages, d'une harmonie complète entre les forces et les masses, d'une combinaison de lignes heureuses et d'un assouplissement des formes exigées qui, sans rien ôter à la puissance des moyens, ajoutent le charme irrésistible de l'élégance et de la grâce unies à la force. L'artillerie et le génie sont des institutions de guerre, j'allais dire des industries de carnage : quoi de plus naturel que l'éloignement, la répulsion des militaires pour les artistes qui voudraient ajouter à leurs armes des colifichets ridicules et à leurs engins de destruction des ornements qui entravent leur action? Mais formés eux-mêmes à la connaissance du beau, vous verrez les batteries des fusils de munition, les poignées de sabre, les obusiers et les canons perdre ces formes maladroites, pataudes, embarrassées, qui affligent les yeux, pour revêtir le charme de formes appropriées à la destination et qui constituent la beauté guerrière.

Ces ouvriers artistes comprendront aussi que la matière a ses exigences particulières, et la destination, des lois absolues; ils se garderont d'imiter en fer une forme qui a été conçue pour le bois, et réciproquement. Ce sont ces conditions qui expliquent les analogies frappantes qu'on s'étonne de retrouver chez les peuples les plus éloignés les uns des autres, les plus étrangers entre eux; analogies propres à des industries spéciales et qui s'effacent quand on examine l'ensemble de leur art et le style qui l'exprime. Ainsi la céramique a des traits de ressemblance très-évidents, et qui découlent de la matière seule, en Égypte, en Grèce, aux Indes, en Chine, chez les anciens Mexicains et nos vieux Gaulois; le bronze, le bois et les étoffes ont des liens du même genre: c'est la matière qui s'impose au style et fait le trait d'union entre les industries.

Ce n'est pas parce que la Prusse est trop artiste qu'elle dépasse les limites imposées à la fonte du fer, c'est parce qu'elle ne l'est pas assez qu'elle fait de la dentelle et des éventails en fer. Ce n'est pas parce que l'Autriche est trop artiste qu'elle détruit le teint clair et transparent de ses verres et leur donne des maladies de peau, des verrues, des taches de vin et de rousseur; c'est parce qu'elle ne l'est pas assez qu'elle viole la transparence virginale de cette belle matière.

Sans doute une œuvre d'art ne perd pas absolument son caractère et son mérite d'œuvre d'art parce qu'elle n'est pas conçue dans la matière qui lui convient; mais cette œuvre ne sera complète et ne répondra aux conditions du chef-d'œuvre que lorsque la conception de l'artiste et la matière s'épouseront pour se faire valoir réciproquement. Or l'ouvrier artiste est plus à portée de cette sage combinaison que tout autre. Il lui est réservé de comprendre, en outre, que l'ornementation n'a de prix que lorsqu'elle a sa raison d'être; qu'elle doit s'associer par l'intention avec l'objet, et rendre par le détail la même idée qu'il exprime par l'ensemble; qu'il est nécessaire par conséquent de lui conserver un tout harmonieux, de caractère, de style et de proportion, car, sa mission étant de décorer, il lui faut éviter d'envahir la construction; elle doit sembler sortir de la conception même du meuble ou du monument, dans sa forme, son style et ses matériaux. Pour faire valoir sa richesse, elle ménagera ses effets et donnera à l'admiration une marche mesurée, progressive, avec des moments de halte et des surfaces de repos, sans cependant que cette ornementation ressemble aux pierres précieuses qui s'enchâssent après coup, sans qu'elle porte la trace d'une exécution isolée ou à part; elle fait corps avec l'œuvre elle-même, elle naît avec elle et doit sembler couler du même jet.

De même que, dans les poésies héroïques et dans la littérature dramatique, le poëte est obligé de côtoyer la réalité; de même aussi, dans l'art appliqué à nos usages, l'artiste doit ménager les conditions de probabilité, quelque conventionnel que soit l'usage des objets de luxe. Ainsi des camées et des perles sur un bouclier doré et ciselé, qui ne servira jamais que dans des cérémonies de parade, ne sont certainement pas chose contraire à la raison; mais le bouclier ne peut pas se dépouiller de son caractère d'arme de guerre, et, comme tel, il doit conserver un aspect sévère et des ornements solides. Des médailles au fond d'un plat, des goderons et des bas-reliefs au fond d'une cuvette, supposent des embarras dans l'usage et des obstacles à la propreté qui gênent l'esprit et offensent le goût, quoiqu'il soit bien facile de se convaincre que ces meubles ne serviront pas à l'usage pour lequel ils paraissent destinés. La beauté n'est compatible qu'avec l'harmonie; une tabatière en or émaillé, ornée de pierres précieuses et de fines ciselures, n'en devra pas moins couler dans la main, offrir des proportions gracieuses de hauteur et de largeur, se fermer hermétiquement et s'ouvrir facilement, en un mot, une belle tabatière doit être aussi une bonne tabatière, si même elle n'est destinée qu'à orner un tiroir de curiosités.

Dans ce même ordre d'idées, c'est une faute d'abonder dans l'usage. Parce qu'un vase à rafraîchir est destiné à contenir de la glace, oubliera-t-on que c'est un vase? On lui donne les formes anguleuses d'un glacier ou les épanouissements arrondis de la neige, puis, esclave des rapprochements, on appelle les ours blancs, on plante les sapins du Nord, on fait accourir chiens et chasseurs, et alors, au lieu d'un surtout de table rehaussé de toute les beautés de l'art et séduisant par l'élégance de formes bien appropriées, toujours de mode et toujours de saison, vous offrez aux yeux un fouillis incompréhensible à première vue, et qui ne devient intelligible que pour faire rire de ces poupées ridicules ou faire pleurer sur ces enfantillages niais et coûteux.

Ces mêmes principes apprendront à l'ouvrier artiste qu'une composition a ses limites d'application. Il ne mettra pas le serment du jeu de paume en bas-relief et les groupes de Clodion en peinture; l'arbre de Jessé, qui fait accepter ses figures soutenues par des rinceaux colorés dans les vitraux du moyen âge, ne se transformera pas en lourd travail de marbre et de pierre. Il sentira aussi que les contrefaçons deviennent bêtes à force d'exactitude : il n'imitera pas les faïences de Bernard Palissy, comme Avisseau, et les majolica de l'Ombrie, comme Jean Freppa; mais, si le public s'éprend de nouveau pour ces belles faïences émaillées, il s'inspirera des progrès de l'art et de la chimie pour faire aussi bien et mieux que ses devanciers. En effet, les beautés d'un style le caractérisent bien mieux que ses défauts; mais comme elles sont plus difficiles à saisir, plus pénibles à rendre, vous voyez le public accepter de l'industrie les caricatures de tous les styles, au lieu d'exiger d'elle qu'elle reproduise uniquement leurs beautés.

Le style ne consiste pas seulement dans une observation scrupuleuse des époques et du développement historique des arts; un monument qui aura rigoureusement respecté les moindres traditions sera irréprochable aux yeux d'un archéologue, et il pourra manquer complétement de style dans l'opinion d'un artiste, si à cette étude extérieure il n'en a ajouté une autre plus intime et intérieure. Celle-là réside dans une appréciation intelligente de considérations d'un autre ordre. Tel meuble, telle décoration vous est demandée; étudiez trois choses : son origine, sa destination et la matière qui convient. Son origine, pour vous rendre compte de sa nature au travers des mille déviations qu'il a subies. Ainsi le papier peint, quelque varié qu'il soit, subit toujours l'influence de son origine première, qui est la tapisserie; rapprochez-vous donc de cette donnée, qu'elle soit maintenue et sensible au milieu de toutes les fantaisies de votre imagination. Préoccupez-vous ensuite de la destination. Pour quel lieu? Pour quel usage? Pour quelles personnes, suivant leur âge, leurs habitudes et leur position sociale? Rien ne rehausse mieux l'intervention de l'art dans l'économie domestique que cette douce harmonie qu'il répand sur l'ensemble de la vie, associant l'enveloppe à ce qu'elle contient, faisant valoir le tableau par son cadre, ne tolérant pas plus ces fantaisies de bourgeoises qui se dorent sur toutes les coutures que ces faiblesses de vieilles beautés qui acceptent de leurs tapissiers des ameublements en vert céladon, émaillés de roses-pompon, que ces erreurs d'hommes graves qui ne craignent pas de traiter d'affaires sérieuses sous un plafond étoilé d'amours bouffis. Un mot sensé, un conseil donné avec esprit et, mieux que tout, le modèle de ce qui doit être placé à propos sous les yeux des personnes, dirigeront facilement leur choix dans la saine direction de ce qui leur convient. La réponse à ces deux questions d'origine et de destination vous indique la matière à employer. Un guéridon de boudoir sera t-il fait en chêne, et un buffet de salle à manger en bois de rose? le granit reposera-t-il sur le bois? ne sera-ce pas le bois qui montera sur le granit? une porte qui se meut sera-t-elle en malachite, à côté d'une colonne stable en bois incrusté? En se faisant ces questions, l'artiste les résout. En concevant et en modelant son œuvre, il a toujours en vue l'exécution finale qu'elle recevra. Est-ce en marbre, en pierre, en porcelaine, en bronze, en argent, en or de diverses couleurs, avec addition d'émail, ou bien en bois, qu'elle sera exécutée? Son imagination doit s'inspirer de ces conditions pour disposer sa figure et ajuster ses vêtements en conséquence. L'importance de cette précaution devient évidente quand on regarde des statues primitivement exécutées en marbre, qu'on a surmoulées exactement et reproduites en métal, bronze, argent ou or; ni les proportions ni la physionomie de l'œuvre ne sont les mêmes, et ces disparates se retrouvent, quel que soit le changement que vous opérez.

La matière arrêtée, celle-ci vous prescrit le genre de décoration qu'elle comporte et les instruments qui s'emploient pour la travailler. Le marbre est du marbre, le bois est du bois; si du marbre vous faites de l'albâtre, comme Canova s'y appliquait par le poli de ses limes et les lavages de ses acides; si du bois vous faites du marbre en arrondissant ses surfaces, qui devraient accuser la touche de l'artiste, vous perdez tout l'avantage de votre matière, tous ses mérites. Avant tout, vous lutterez contre la manie de tenter l'impossible. C'est une prétention de l'impuissance; pour qui a la force en partage, le possible est un programme plus que suffisant. Si vous jouez du violon, pourquoi imiter la flûte? si vous promenez vos mains sur les touches d'un piano, pourquoi faire croire que vous pincez les cordes d'une harpe? Il en est de même de toute fabrication; avec la céramique n'imitez ni la sculpture du bois, ni la fonte du bronze, ni la dureté du porphyre, mais puisez vos ressources dans l'admirable terre du potier, dans le tour employé avec ménagement, dans les émaux colorés bien distribués, dans la beauté des formes et la force proportionnée des différentes parties suivant leur usage. Ne faites de la dentelle de porcelaine que pour les badauds, et des tasses transparentes, qu'un souffle renverse et brise, que par manière d'essai et de tour d'adresse. Le bon goût consiste à ne pas s'imposer d'efforts inutiles, à dissimuler ses efforts, à cacher même la valeur vénale des matières, pour mieux faire ressortir l'élégance du dessin et la beauté de la forme. L'artiste et l'industriel ont tout à gagner dans cette voie de simplicité noble et grandiose : d'un côté, ils épargneront les déboursés de matières premières, de l'autre, les frais qu'entraîne l'exécution de dessins tourmentés. On mettra au rebut les modèles de la Vierge maniérés, grimaçants, aux vêtements agités et tourmentés, quand on aura reconnu qu'il est moins cher et plus raisonnable de reproduire la Mère de Dieu dans la simplicité d'une pose naturelle, associant la dignité de ses traits aux mouvements reposés des plis de ses vêtements.

Froment-Meurice, qui exposa de beaux produits d'orfévrerie à Londres, a la prétention de répondre à ces conditions de l'ouvrier artiste ou de l'artiste maître de son métier. Bon apprenti de l'orfévre Lenglet, il apprit dans son atelier la pratique du métier et un peu de dessin. Avec ce léger bagage nous l'avons vu reprendre la maison de son père Froment et continuer celle de son beau-père Meurice dans son établissement du quai, près de l'Hôtel de ville. Il lui manque, pour être un artiste supérieur, tout ce qui fait un artiste même ordinaire, les études sérieuses et le talent. Morel et Vechte se sont plus approchés de mon idéal de l'ouvrier artiste : tous deux nés dans l'apprentissage, tous deux faisant preuve, à coups de marteau, d'un talent distingué et de rares facultés artistes, mais malheureusement tous les deux dépourvus de la forte éducation première que rien ne remplace. Enseignement littéraire, étude sérieuse d'après les grands modèles, conseils du maître, tout leur a manqué depuis les premiers pas jusqu'au moment où, marchant seuls, ils ont prétendu monter aux rangs supérieurs.

Une nouvelle organisation de l'enseignement peut seule opérer cette grande transformation, cette élévation de l'ouvrier consommé dans son métier à la condition d'artiste supérieur dans sa partie. L'industrie alors aura son originalité comme l'art. Aujourd'hui, quoique les industriels chefs de maison manquent de l'aptitude personnelle et de l'autorité que donne le talent, on remarque dans toute leur fabrication l'influence de leur caractère particulier. Chez l'un, ce sera l'élégance précieuse et proprette qui dominera; chez l'autre, une sorte de fougue et de laisser-aller ; celui-ci sera coloriste, celui-là dessinateur. Or, remarquez que toutes ces nuances tiennent du goût qui leur est naturel, et nullement d'études ou de talents particuliers : que sera-ce donc quand ils seront vraiment artistes? Alors les fabriques compteront dans l'industrie, comme aujoud'hui les artistes dans l'art. On citera les belles compositions de telle maison, le grand style de telle autre; on parlera d'un fabricant comme d'un maître, ses apprentis formeront son école; la couleur fera la renommée de Mulhouse, le dessin, la réputation de Choisy.

L'industriel, chef de fabrique, étant artiste, et ses ouvriers artistes aussi , il ne s'ensuit pas qu'ils repousseront toute intervention des artistes formés en dehors de leur métier : loin de là. Comme dans toute préoccupation exclusive, comme dans tout travail spécial, l'imagination resserre son cercle, revient sur elle-même, se berce dans les redites et s'endort. Quoi qu'elle fasse, l'industrie sera toujours disposée à la routine, à l'entêtement dans les procédés usés et les compositions banales des décorateurs de métier. La précision obtenue par les moyens mécaniques, l'exactitude qui n'est plus guidée par le sentiment artiste, deviennent froides et monotones ; mieux vaudrait une certaine négligence pittoresque qui conserve la grâce, le mouvement et la vie. Un artiste fécond, se sentant à l'étroit dans son atelier désert, et prenant en dégoût le rôle de saint Vincent de Paule de ses œuvres délaissées, se rapprochera de l'industriel, et dans la grande fournaise active sera le bienvenu; avec lui l'industrie redevient un art, et une séve vigoureuse circule de nouveau dans ses veines. Ainsi fit la céramique; les Arabes envoyaient, au XIVe siècle, leurs faïences émaillées en Italie, et des transfuges de leurs fours portent dans la Toscane les secrets de leur fabrication. Un homme de génie, le grand sculpteur Luca della Robbia, s'en empare vers 1420 et l'élève jusqu'aux sommités de l'art; ses neveux continuent cette fabrication, puis ils meurent, et la sculpture en faïence émaillée meurt avec eux; l'art se retirant, l'industrie devient un métier. En France, au XVIe siècle, la poterie était aussi une industrie sans valeur : Bernard Palissy en fait un art, ses neveux héritent de ses traditions, ils meurent, et la poterie redevient ce qu'elle était.

Ainsi, de temps à autre, l'industrie puisera à une source rajeunie les idées nouvelles, elle demandera aux imaginations que leur indépendance affranchit de toute attache matérielle et positive les inventions, les idées, les projets. Et remarquez combien la position est différente. Les industriels appellent désormais les artistes à leur aide, non plus comme des dominateurs et des maîtres, mais comme les compagnons de leurs efforts et les associés de leurs travaux; artistes eux-mêmes, ils s'entendent facilement avec eux, ils les comprennent et s'en font comprendre; en peu de mots ils leur expliquent leurs obligations, avec quelques traits de crayon ils les mettent sur la voie de ce qu'ils désirent; quoique de contrées différentes, ils s'entendent, car ils parlent la même langue, et il suffit à l'artiste bien inspiré de leur donner une idée première pour qu'ils en tirent parti, la modifiant habilement de manière à la soumettre au génie de la matière employée et aux ressources offertes par leur industrie spéciale.

Telle sera l'intervention de l'artiste quand l'industriel et l'ouvrier seront eux-mêmes artistes; il en est une autre toute passive qui date de loin et se continuera toujours ce qu'elle est aujourd'hui. Pradier compose une *Sapho en méditation:* sa statue est réduite de diverses grandeurs, on la place sur un socle que remplit le cadran d'une pendule, l'œuvre de l'artiste moderne devient industrielle au même titre que les *Parques* de Phidias du Parthénon, la *Joueuse d'osselets* ou la *Vénus accroupie.* Ce n'est pas une fusion de l'art et de l'industrie, c'est un trait d'union : c'est sans intérêt et sans importance.

S'il est bien établi que l'industrie doive recruter ses artistes en elle-même, il est nécessaire de rechercher comment on pourra continuer aux apprentis et aux ouvriers l'enseignement du dessin qu'ils ont suivi dans les écoles, afin de développer toutes leurs qualités et d'en faire des ouvriers artistes complets avant qu'ils s'établissent patrons, chefs d'ateliers ou directeurs de fabriques.

Cette sollicitude doit s'étendre à toute la France, mais Paris la réclame impérieusement. Paris est à lui seul un monde industriel. La tête qui donne à toutes choses le modèle et l'impulsion est à Paris, les bras sont en province, et c'est encore à Paris que se retrouvent les mains exercées qui ajoutent à chaque objet fabriqué une dernière perfection. L'importance de Paris est antérieure à l'importance de la France, elle date de la Gaule; mais depuis Hugues Capet Paris est sa capitale, le siége de la royauté, le séjour de la cour. La monarchie a souvent lutté contre son esprit de révolte et de domination : elle a transporté ses résidences hors de ses murs, elle a favorisé l'essor et l'activité des autres grandes villes de la France, cherchant à maintenir sur cette immense surface une pondération équitable, un équilibre juste; mais la domination parisienne a pris le dessus, et elle n'eut plus de bornes quand le gouvernement républicain, reniant son principe égalitaire, organisa une centralisation absolue, impérieuse et brutale. De ce moment, et sous les gouvernements qui se sont succédé depuis cinquante ans, Paris a absorbé à son profit toute l'activité intellectuelle de la France. C'est un fait qu'on peut déplorer, mais que, dans l'esprit de mon travail, je dois admettre, auquel je suis contraint de m'associer. Je suis même disposé à reconnaître que cette absorption est dans les tendances de toute capitale; mais je crois aussi qu'un État bien administré doit et peut lutter contre cet envahissement. Les mesures que je propose pour la régénération de notre classe ouvrière tendent à ces deux fins : fortifier l'importance industrielle et la suprématie artiste de Paris, pour lui maintenir son rang dans le monde; élever en même temps dans toute la France le niveau de l'art, pour que le pays tout entier concoure à la prospérité nationale.

Paris, siége du gouvernement, résidence du chef de l'État, berceau de la mode et foyer du luxe, est le centre traditionnel des affaires. Ses relations commerciales sont établies avec le monde entier, et tandis que les autres pays ont leur élégance dans la capitale, leur industrie dans les villes manufacturières et leur commerce dans les ports, Paris, la ville de la mode et de tous les raffinements du luxe, est la plus grande ville de fabrique et de commerce de la France, et elle deviendra, par la canalisation de la Seine et la navigation à la vapeur, son port le plus actif et le plus riche. La nature même de notre supériorité industrielle explique cette anomalie; nous exportons nos arts, notre luxe et les mille fantaisies du grand monde : il est donc naturel que les élégantes de la haute société soient les premières ouvrières de cette fabrique; elles servent de modèles aux modistes, qui copient et exportent leurs chapeaux et leurs robes; elles sont, sans s'en douter, par leurs mille caprices et leurs fantaisies de chaque jour, la source inépuisable de cette fabrication immense dont le monde est tributaire.

L'organisation industrielle qui découle de ces faits est-elle favorable aux progrès de l'art, au développement intellectuel et artiste des ouvriers, à l'union des arts et de l'industrie? C'est là le sujet de notre préoccupation. Les grands industriels s'unissent dans une même pensée et soumettent la gestion de leurs affaires à une même règle, autant que le permettent les distances et les moyens de communication. Quelle est cette pensée? Quelle est cette règle? Considérer Paris comme le seul point d'où l'on peut diriger la fabrication; rapprocher les ateliers de la capitale, mais, quel que soit leur éloignement, établir à Paris la direction artiste et le dépôt central des marchandises. La puissance du bon goût parisien, la réunion des talents artistes qui fournissent dessins et modèles, l'habileté particulière des ouvriers, le mouvement des affaires facilité par la position géographique et par la masse de consommateurs qui y affluent, expliquent cette singularité d'une industrie qui semble chercher le haut prix des salaires et venir au-devant de la cherté de toutes les matières premières. On comprend ainsi quelle est la puissance de cette capitale, on pressent l'avenir réservé à Paris.

Déjà aujourd'hui cette ville compte plus de quatre cent mille ouvriers établis, et il serait impossible d'évaluer exactement le chiffre de sa fabrication, l'enchevêtrement de sa participation dans les productions de plusieurs départements étant inextricable.

L'ouvrier parisien est plus intelligent, plus adroit, plus instruit et surtout plus artiste que les ouvriers de toute autre ville de la France et de l'étranger. Il y a du zouave dans sa nature, c'est-à-dire de l'intelligence entreprenante et enthousiaste, qui s'associe aux projets du chef, lui suggère des moyens d'action, comprend l'utilité d'une attaque sur toute la ligne, la nécessité d'un coup de main rapide, et qui, lancée dans la bonne direction, va d'elle-même au but, sûre de l'atteindre. Toujours en éveil, l'ouvrier parisien ne laisse rien s'endormir ou se rouiller autour de lui, c'est comme un état de fièvre continue; et c'est si bien à la ville de Paris elle-même que tient cette activité, qu'elle se calme et se perd aussitôt qu'on la transporte ailleurs. Nous avons vu de tout temps cet effet se produire parmi les ouvriers parisiens qui émigraient à l'étranger. Ces qualités précieuses sont donc nationales et surtout propres à la population parisienne; une éducation artiste mieux dirigée leur donnera une plus grande portée.

Ces qualités sont, en outre, traditionnelles. Déjà, au moyen âge, les corps de métiers parisiens étaient organisés avec une force et une puissance qu'expliquent seules la supériorité artiste de leurs ouvriers et leur réputation. Dans la longue existence de l'ancienne monarchie, l'élégance de la cour, la vue des monuments et des créations variées du luxe, les écoles de dessin et par-dessus tout les occasions d'exécuter, sous la direction des premiers artistes, des œuvres importantes, ont formé un ensemble de bonnes traditions dont tous les corps de métier profitaient. La Révolution troubla l'organisation de l'industrie sans pouvoir complétement anéantir les qualités naturelles de la population ouvrière; au lieu de corporations unies dans une action commune, vigilantes pour tous et protectrices des droits et du bien-être de chacun, il se produisit un disséminement général des ouvriers, les uns dans les ateliers, les autres en chambre, les premiers se prêtant avec une rare intelligence à la direction du contre-maître, les seconds trouvant dans leur goût d'indépendance et dans les obligations qu'il leur impose un ressort énergique pour le travail et un levier d'amour-propre pour atteindre la perfection, qui ne se rencontre aussi généralement nulle part ailleurs.

De ces qualités et de ces circonstances est résultée la constitution actuelle de Paris en ville industrielle colossale. Je dis colossale, parce qu'à ses quatre cent mille ouvriers, assistés de quelques cent mille chevaux de vapeur, s'ajoutent plus d'un million d'ouvriers des départements de Seine-et-Oise, de l'Eure, d'Eure-et-Loir, du Nord, de l'Aisne et du Pas-de-Calais, qui travaillent pour elle, sur ses indications, d'après ses modèles, et lui dégrossissent à bon marché les matières premières, auxquelles sa main de fée apporte la perfection dernière, soit par l'impression des dessins, la broderie, la ciselure, gravure ou sculpture des ornements, soit seulement par ce dernier coup de main qui est comme le passe-port artiste pour voyager dans le monde entier.

On sait l'importance commerciale de cet *article de Paris;* on ne sait pas ce qu'il suppose d'industries diverses et rapprochées, d'intelligences éveillées, d'idées et d'inventions; on ne sait pas surtout dans combien de vallées retirées, dans combien de simples villages se préparent les objets de toute sorte que la clientèle européenne croit tout entiers fabriqués dans la rue de la Paix ou sur les boulevards. Tabletterie variée, éventails légers, gants délicats, verrerie habilement gravée, peignes réguliers, brosserie élégante, riche coutellerie, riens éphémères et charmants, tous ces mille produits de la fantaisie et de la mode ont passé par des mains bien étrangères aux jouissances du luxe; mais ils sont venus se faire *rhabiller* à Paris, comme ces montres suisses, si imparfaites en passant la frontière, si bonnes après être devenues de l'horlogerie parisienne.

Les gazes de Paris sont entièrement picardes, et des masses d'étoffes de toutes natures, fabriquées en tous lieux, viennent s'imprimer à Paris, c'est-à-dire recevoir dans cette ville leur dernière parure sous l'inspiration d'industriels habiles, tels que MM. Berneville et Louis Choquet.

Le coutelier de Paris reçoit les lames et les ciseaux dégrossis; il les ajuste, les façonne, les orne. Il fait plus : épiant les goûts et la mode, il dessine de nouvelles formes, prises dans les bons modèles anciens ou suggérés par l'usage, il les envoie aux forges qui sont à sa portée, telles que celles de Nogent et de Langres, dont il fait la prospérité, et ces pièces lui reviennent à l'état brut pour lui devoir de nouveau tout le travail de montage, toute la variété des manches élégants en vraie ou fausse damasquinure, en bois ou en ivoire sculpté, en agate, malachite, jaspe sanguin et autres belles matières. C'est là son initiative, c'est aussi la part du goût. Qu'en est-il résulté? C'est qu'avec des fers moins bons, de plus grandes difficultés et de plus lourdes charges pour se procurer les excellents aciers suédois, la coutellerie française a fait l'admiration des fabricants à l'Exposition de Londres, qu'elle satisfait tous nos besoins en France et ira bientôt chercher des débouchés à l'extérieur.

L'industrie parisienne est si avancée, et sa réputation bien établie la sert si bien, que des industries qui sembleraient devoir lui échapper viennent renforcer sa grande armée. Pourquoi les fourrures sont-elles mieux préparées, teintes, lustrées et utilisées dans leurs différents usages à Paris qu'ailleurs? Ni la mode, comme en Angleterre, ni le climat, comme en Russie, ne les appellent chez nous, et tous les chasseurs de l'Amérique et du Nord portent leurs dépouilles sur le marché de Londres. En dépit de toutes ces conditions défavorables, par le fait seul de la supériorité du goût et de l'adresse des mains, c'est à Paris que se mettent en œuvre et en vente les plus belles fourrures.

Vingt industries végétaient ou végètent encore à l'étranger, qui ont trouvé ou qui trouveront à Paris leur essor. Je citerai Henry Schloss, une tête industrielle des mieux organisées. Il avait échoué en Allemagne, et il a fait fortune à Paris avec ses porte-monnaie, que nos ouvriers intelligents ont fabriqués avec élégance, auxquels nos artistes ont donné quatre mille modèles différents.

A une ville qui a des artistes pour faire les cartonnages des confiseurs et les poupées des enfants; à une ville qui a cinq départements à sa solde et qui met la dernière main à leurs produits; à une ville qui semble une fournaise et un volcan dans lesquels bouillonnent et s'enflamment à l'envi les projets, les idées et les inventions; à cette ville il faut par-dessus tout un personnel d'ouvriers chaque jour plus instruits et mieux dirigés. C'est l'enseignement du dessin aux apprentis et aux ouvriers qui introduira ce perfectionnement, et cet enseignement étendu à la France entière, en même temps qu'il élèvera au centre l'ouvrier déjà si avancé, fera des Parisiens dans toute la France.

Ici, nous sommes arrêté par la plus grave difficulté, par une question qui semble insoluble quand on considère que depuis soixante ans on en cherche vainement la solution, par l'organisation du travail. Occupons-nous d'abord des apprentis, la pépinière et la source fécondante de l'industrie. On sait ce qu'étaient ces *infâmes* corporations de l'ancien régime, et leur apprentissage, ce *tyrannique* apprentissage! On le sait; le sait-on? J'en doute fort. La corporation, c'était l'association de tout un métier qui veillait sur ses intérêts, qui prenait à cœur sa prospérité, son honnêteté et son honneur, qui soutenait ses indigents et ses malades; l'apprentissage, c'était un contrat équitable entre le maître et l'élève, contrat qui assurait au maître, en retour de l'éducation donnée, en échange de la confidence sans réticence d'une expérience lentement acquise, une rémunération juste en services loyaux, le maître ayant intérêt à former et à rendre habile l'apprenti le plus rapidement possible, puisqu'il devait profiter de son travail; l'apprenti étant assuré d'une communication libérale de tout ce que le maître savait et pouvait lui enseigner; l'un et l'autre connaissant, au moment de la signature du contrat, la durée de leur engagement; l'un comme l'autre disposés à le remplir dans leur propre intérêt, et par cet esprit d'association et de corps qui devient comme une seconde parenté, qui crée comme une autre famille. Cette belle organisation avait ses inconvénients. Quelle institution humaine n'a pas les siens? L'organisation actuelle en est-elle exempte? On se plaignait que la maîtrise était trop difficilement accordée. Le beau mal, quand on empêchait les ignorants de s'établir et de faire souche! Nous jouissons d'une tout autre liberté, et nous en usons pleinement. Demandez au premier venu, parmi les plus compétents, ce qu'il pense du patronage et de l'apprentissage actuels. On se plaignait aussi que les corporations de métier étouffaient l'industrie en arrêtant son développement. Elles étaient, en effet, un obstacle à la concurrence sans vergogne, à la poursuite du gain, sans égard pour les lois de l'honnêteté comme sans souci de l'honneur du métier, à l'intrusion dans telle ou telle industrie du premier venu, qui y entre comme à l'auberge, s'y installe avec ses capitaux et, sans précédents comme sans avenir, exploite ses avantages, fait fortune et se soustrait à ses obligations; mais cette barrière qu'élevaient les corporations était continuellement abaissée par un pouvoir vigilant, et si nos rois, dans leur paternelle sollicitude, détendaient ces liens protecteurs avec une sage lenteur, si la révolution les trancha avec sa hache impitoyable, chacun remplit son rôle dans les conditions de son caractère; mais il n'est pas douteux qu'on pouvait garder ce qui était bon, supprimer ce qui était mauvais et conserver les corporations comme base d'une organisation nouvelle, dans laquelle seraient entrés l'esprit d'association, principe fécond, et l'esprit de socialisme, heureux de payer son droit d'admission en laissant à la porte ce qu'il traîne avec lui d'insensé et de fatal. La force du socialisme réside aujourd'hui dans le vide que la suppression des corporations a produit, et que n'ont comblé ni les chambres de commerce, ni les conseils des prud'hommes, ni les ordonnances de police.

Et cependant je n'ai pas le courage de demander le rétablissement des corporations. Il est des monuments qu'on regrette et qu'on ne reconstruit pas; on en a les plans et les dessins, on pourrait les refaire, et avec raison on en fait d'autres. Il est réservé à notre époque de reconstruire les corps de métier sur une nouvelle base et sous un autre nom. Les noms exercent en France une influence si fatale sur les choses! Quoi qu'il en soit, nous saluerons l'avénement des corporations avec bonheur, quelque nom qu'elles portent, et en attendant je ne toucherai à la présente organisation ou désorganisation, comme on voudra l'appeler, qu'en ce qui intéresse l'humanité et le bien public. Sans doute je pourrais demander qu'on refasse la loi de l'apprentissage; mais comment y toucher quand il faudrait d'abord refaire la loi du patronage, qui autorise toute une classe d'ignorants à contracter avec des parents pour enseigner à leurs enfants ce qu'ils ne savent pas eux-mêmes; pour montrer à des apprentis un métier qu'ils n'ont pas appris? Cette loi en effet ne laisse pas aux parents, par l'entremise d'inspecteurs en titre d'office ou par des examens périodiques, le moyen de contrôler l'instruction donnée à leurs enfants; cette loi permet aux patrons d'abuser deux ans sur quatre, quelquefois les quatre ans entiers, de leur autorité pour user les pieds des apprentis à faire des courses dans Paris, et leurs mains à tailler sans discontinuer les mêmes pieds de fauteuil, ou à limer à perpétuité la même pièce de bronze, sous prétexte de sculpture et de ciselure. Or, du moment où la loi n'assure plus au patron le profit de l'instruction communiquée à l'apprenti, le patron se soucie fort peu de lui rien apprendre; il le rend à ses parents comme ils le lui ont donné, avec quelques vices de plus conquis dans l'immoralité de l'atelier, et c'est ainsi qu'on a vu des maîtres prendre deux ouvriers et dix apprentis, quand ils auraient dû avoir dix ouvriers et deux apprentis seulement: dix ouvriers pour travailler devant les deux apprentis et leur servir de guide, au lieu de dix apprentis qui ne se communiquent entre eux que l'exemple des mauvaises mœurs; mais qu'importe au maître? L'avenir de ces enfants n'étant rien pour lui, il exploite le présent.

Cette loi n'est donc qu'une entrave pour le petit nombre qui se soumet à ses prescriptions; elle n'existe pas pour les autres. En 1848, l'enquête parisienne constatait la présence dans Paris de 19,114 apprentis, dont 4,077 seulement s'étaient liés par des contrats avec leurs patrons; le reste, placé arbitrairement sous l'autorité du maître, est soumis à ses caprices, exposé à sa négligence, sans autre garantie que sa bonne foi.

On n'attaque pas une pareille loi; elle est sans défense. Le législateur, il est vrai, a ordonné que les patrons seraient surveillés par les commissaires de police, menacés par eux et punis pour leurs méfaits; mais les enfants doivent-ils être sous la surveillance de la même autorité? Non, elle appartient aux hommes éclairés, philanthropes et charitables qui, par leur tendresse, leurs conseils, et souvent par leur généreuse intervention, seront un utile intermédiaire entre le patron qui exige trop, les enfants qui ne voudraient pas assez donner, et le commissaire de police qui ne voit que le texte de la loi, sans se douter qu'il y a un cœur dans toute bonne loi.

Le législateur a étendu plus loin sa sollicitude: il a pris sous sa protection, au nom de la morale et de l'humanité, les enfants employés dans les manufactures; je n'examine pas s'il est parvenu à les défendre contre la corruption des ateliers et contre les exigences des chefs de fabrique, je vois seulement que la loi a oublié un intérêt grave, celui de leur éducation. Que fera l'enfant qui, pendant cinq années, se sera acquitté de l'insipide besogne de poseur chez les fabricants de papiers peints, ou de lanceur de navette chez plusieurs catégories de tisserands, quand, arrivé à l'âge de seize ans, son appétit réclamera pour se satisfaire une paye plus élevée qu'on n'en attribue à cette besogne; s'il avait réservé chaque jour le temps nécessaire pour se préparer à un autre métier, il ne serait pas contraint, ne sachant rien faire qu'un travail qui ne le nourrit plus, d'accepter la misère ou le rude labeur du terrassier. Je demande donc, pour les apprentis et pour les enfants employés dans les manufactures, chaque jour deux heures de liberté; je les demande au nom de la nation, car il y va de son honneur de vulgariser, sans exception, les moyens d'instruction qui perfectionnent la génération et la conduisent au niveau du progrès général. Ces deux heures de liberté pourraient être compensées en accordant aux maîtres une prolongation d'apprentissage de quatre ou six mois, en payant aux chefs des manufactures une faible indemnité. Déjà la municipalité parisienne et les sociétés de bienfaisance ont créé dans les écoles gratuites des prix d'apprentissage; elles devront à l'avenir stipuler dans leurs contrats ces deux heures de liberté quotidienne consacrées à l'étude du dessin et les racheter pour ceux qui ont déjà contracté. Elles le pourront d'autant plus facilement, que le temps enlevé au patron ou au chef de fabrique lui est rendu par l'aptitude plus grande de l'apprenti et de l'enfant.

Paris compte environ quatre cent mille ouvriers, apprentis et enfants qui tous, sans distinction, ont intérêt à apprendre le dessin, et qui, en grande majorité, le désirent. Il y va de l'intérêt public d'offrir gratuitement, d'offrir même avec des facilités séduisantes, un si précieux moyen de perfectionnement intellectuel et moral à cette intéressante et énorme population. L'État et les municipalités créeront des écoles de dessin, ouvertes le jour pour les jeunes gens que leurs parents peuvent entretenir, pour les apprentis et les enfants employés dans les manufactures pendant leurs deux heures de liberté, ouvertes aussi le soir, de sept à dix heures, pour les ouvriers.

Dans l'état actuel, ces établissements sont insuffisants. L'école supérieure, dirigée par M. Belloc, a huit cents élèves, et on en compte environ autant dans les écoles réunies du Conservatoire des arts et métiers, de la manufacture des Gobelins, etc. Je ne parle ni de la maison des jeunes détenus, ni de l'hospice des sourds-muets, bien que le dessin enseigné aux tristes hôtes de ces établissements dût leur être plus profitable que les brimborions qu'un entrepreneur patenté leur fait exécuter pendant des années avec une barbare monotonie. S'ils trouvent dans cet insipide travail quelque profit pécuniaire, ils n'en retirent aucune instruction, aucun élément de carrière avantageuse pour l'avenir; ils font tort au commerce, ils ne se font aucun bien. Mais c'est là un intérêt secondaire auquel l'Administration est toujours en mesure de pourvoir. Les écoles privées de dessin, soutenues par la ville au moyen de modiques subventions, sont au nombre de quatre; elles comptent entre elles environ huit cents élèves. Celle de M. Lequien est la plus considérable, et on ne saurait donner trop d'éloges à sa direction, à sa persévérance. Il a eu d'abord cent élèves, son école s'est agrandie; les cent nouvelles places étaient à peine prêtes qu'on les occupait déjà. Cette année, nouvelle augmentation de cent places, et immédiatement l'école est comble, quoiqu'il faille payer 3 francs par mois pour y étudier. Si ces huit cents élèves étaient répartis dans toutes les industries, il s'y infiltrerait à la longue une dose sinon suffisante, au moins appréciable, de bonnes notions de style et de goût; mais des industries spéciales, telles que celles des ornemanistes, des papiers peints, des bronzes, de la porcelaine ornée, les accaparent exclusivement, et les autres industries, complétement déshéritées, croupissent dans une ignorance déplorable. D'ailleurs, toutes ces écoles privées sont, dans leurs locaux, leurs abords, leurs modèles, tout à fait misérables, indignes de la grande ville de Paris, en disproportion fâcheuse, en désaccord criant avec le rôle important que jouent les arts dans l'industrie parisienne. Il est donc indispensable que l'État, la capitale et les chefs-lieux de département s'imposent cet intérêt comme leur premier devoir.

Il faut à Paris quatre écoles supérieures de dessin, entretenues aux frais de l'État :

La 1re au centre et pour le service des 1er, 2e et 3e arrond.;

La 2e au centre et pour le service des 4e, 5e, 6e et 7e arrond.;

La 3e au centre et pour le service des 8e, 9e et 10e arrond.;

La 4e au centre et pour le service des 11e et 12e arrond.

Il faut en outre, à Paris, douze écoles municipales, placées chacune au centre industriel des douze arrondissements. L'extension progressive de la ville de Paris a détruit depuis longtemps l'ancienne délimitation des industries; on remarque encore des agglomérations, comme la fabrique des meubles et des papiers peints dans le faubourg Saint-Antoine, la carrosserie et la sellerie dans le premier arrondissement, l'article de Paris dans le sixième, la librairie et la papeterie dans le dixième; mais, en général, on peut dire que toutes les industries sont disséminées dans la ville, à la portée de la consommation. Les écoles municipales de dessin n'auront donc pas à se préoccuper des spécialités ; elles suivront une méthode d'enseignement uniforme. Les jeunes apprentis et les ouvriers viendront y continuer le dessin qu'ils ont commencé dans les écoles primaires. Ils y seront admis sans aucune rétribution, et des médailles de quelque valeur seront tirées au sort entre les élèves présents dans la soirée du dimanche et du lundi. Cette dernière mesure a pour but de leur faire préférer la classe au cabaret ; quelle que soit sa portée, l'influence sera bonne.

L'admission dans les écoles de l'État sera prononcée après examen et réservée aux élèves les plus distingués des écoles municipales ; comme aussi on passera des écoles de l'État dans l'école centrale ou académique des beaux-arts, quand des dispositions hors ligne ou une vocation irrésistible pousseront l'élève dans cette voie. Il dépend des professeurs, il dépend aussi de l'opinion générale qui régnera alors, de prédisposer les jeunes gens à cette ambition ou de les en détourner. Mais l'industrie, je l'espère, aura si bien relevé la tête, son programme sera si riche, d'un côté la vie si facile des ouvriers, de l'autre les moyens d'existence toujours précaires des artistes, tout, en un mot, dira avec éloquence à l'élève que la carrière industrielle est aussi belle et plus vaste que celle des arts, le but aussi élevé et plus facile à atteindre, l'honneur et la gloire les mêmes.

Disons un mot de la construction de ces écoles, de leur disposition, des méthodes d'enseignement qu'on y devra suivre, des collections qui y seront annexées.

Si, parce que l'on compte dans Paris quatre cent mille ouvriers et apprentis, il fallait calculer sur quatre cent mille élèves, ces seize écoles devraient prendre des proportions démesurées. Sans atteindre ces dimensions, elles doivent être construites dans la prévision de vingt à vingt-cinq mille élèves, ce qui en suppose environ mille pour la moins favorablement placée, et deux mille pour celles qui desserviront les arrondissements industriels, tels que les 6e, 7e et 8e. Une classe de deux cents élèves peut être conduite par un professeur qui sait se faire assister de moniteurs intelligents. M. Lequien suffit parfaitement à cette tâche depuis vingt ans.

Des écoles ayant sept à huit classes à différents degrés d'avancement ne sont disproportionnées en rien, si on compare cette extension à l'utilité du dessin, à l'importance de l'industrie parisienne, à l'immensité de la capitale. On n'aura à s'occuper, dans leur construction, de l'exposition à bon jour que pour deux ou trois classes, dans lesquelles les élèves travailleront pendant le jour; les autres sont éclairées au gaz et peuvent être disposées par étages superposés, dans les terrains les plus exigus. Je fais cette remarque pour montrer la possibilité d'établir ces vastes écoles sans grands frais, et cependant je voudrais qu'une certaine magnificence régnât dans les abords et les vestibules, que les murs ne fussent pas le réceptacle des immondices de l'esprit des loustics de la classe. Une décoration de bon goût, toujours entretenue avec soin, imposerait par sa propreté et son élégance l'amour de l'ordre, la décence des propos et le respect de soi-même. . . . . . .

Chacune de ces écoles aurait une vaste galerie formant son musée de modèles. Quand on laisse les plâtres dans les classes, la fumée et la poussière les ont bientôt rendus méconnaissables. On retirera chaque matin du musée les morceaux dont les classes auront besoin en échange de ceux dont elles se servaient. Je n'ai rien à dire du choix de ces modèles. J'ai indiqué les principes qui doivent diriger l'Administration dans la formation de sa grande collection. Le musée des plâtres de l'école académique des beaux-arts sera le musée complet; les musées des écoles de l'État et de la ville en seront le diminutif, et cet extrait sera formé suivant les besoins de l'enseignement. Ainsi, l'ornement d'architecture y entrera dans une proportion plus grande, parce qu'il sert à montrer comment les styles, qui forment les grandes phases de l'art, se sont transformés en entrant dans l'industrie et l'ont transformée à son tour. S'agit-il de porcelaines, d'étoffes, de meubles, d'armes de guerre, l'élève suivra dans la collection d'architecture et de sculpture le style de chaque grande époque;

pris il examinera comment ce même style s'est infiltré dans toute l'industrie, et comment chaque spécialité, suivant son esprit, ses usages et les matériaux qu'elle emploie, a modifié ce style, dans la céramique par l'éclat, dans les étoffes par la légèreté, dans les meubles par l'élégance, dans les armes par la sévérité; partout un même style, un même art, mais une manière différente de le comprendre et de le mettre en œuvre. Outre l'ornement, la collection de plâtres sera assez complète pour apprendre aux élèves les ordres antiques, les beautés de la forme humaine, les ressources de la flore architectonique, les chefs-d'œuvre des styles différents et les époques successives de l'art.

Je serai bref sur la méthode à suivre; ce que j'ai dit de l'enseignement général du dessin et des préoccupations particulières de l'ouvrier artiste marque assez comment j'entends qu'une même méthode préside à l'enseignement du dessin, quelle que soit la nature de l'élève et sa carrière à venir. J'ajouterai cependant quelques mots ici pour marquer les modifications qu'il faut attendre du bon sens des professeurs.

L'industrie, qui est l'art appliqué à nos besoins avec toutes les ressources de la science et des procédés du métier, a, comme les beaux-arts, ses architectes, ses peintres et ses sculpteurs; seulement, de même que l'antiquité, le moyen âge et la renaissance, trois époques mémorables, confondaient dans un même enseignement les trois grandes spécialités de l'art, de même aussi les écoles de dessin, destinées principalement à former les ouvriers de l'industrie, feront marcher de front, distinctes et cependant associées, ces diverses études. Le professeur ne sera pas censé connaître les industries spéciales auxquelles sont attachés ses élèves; il enseignera les principes, laissant aux élèves le soin des applications; seulement, comme il reconnaîtra, rien qu'au genre de dessin de chaque élève, quels outils sont habituellement dans sa main et sur quelles matières il s'exerce, il fera passer dans ses conseils les règles les plus raisonnables de chaque application.

Les principes de l'ornement sont faciles à préciser quand il s'agit d'architecture ; soumis à la construction, ils se modifient avec elle et trouvent en elle leur raison d'être et des règles fixes. Il n'en est pas de même des meubles et des ustensiles de la vie privée, auxquels ces principes ne peuvent continuer à être appliqués qu'à la faveur d'un grand relâchement. Ainsi on peut demander à la sculpture d'ornement, suivant les circonstances, une imitation de la nature du plus fidèle réalisme, ou bien une imitation idéale et conventionnelle, c'est-à-dire modifier les règles pour chaque industrie et pour chacune de ses spécialités. Dans les meubles d'une salle à manger, dans ses étagères et ses buffets, dans les meubles d'une sellerie ou d'un cabinet d'équipement et d'armes de chasse, l'imitation vraie, la nature morte dans sa réalité, les faisceaux d'armes, les pièces de gibier, les fleurs, les fruits et les végétaux ne sont pas hors de place; pour les étoffes imprimées, pour les tapis, l'imitation vraie des fleurs et de la verdure a des limites suivant la nature des tissus et leur emploi. De même que dans l'architecture les ornements ne doivent se produire qu'en suivant une certaine gamme qui va de l'imitation vraie à l'imitation conventionnelle, de même aussi dans les meubles ils doivent se développer suivant les circonstances, suivant la place, les dimensions de l'ensemble et les proportions de l'espace réservé à la décoration. L'amortissement d'un meuble, le bouton supérieur d'un vase ou d'une soupière, comportent très-bien des groupes isolés de fleurs, de fruits ou de reptiles d'une imitation parfaite; mais sur la bordure qui forme ceinture autour du même meuble, du même vase, de la même soupière, je veux un ornement moins précis, moins réel, des formes plus conventionnelles, plus architectoniques : ce seront encore des fleurs, des fruits et des animaux, mais dans une imitation qui rend les traits principaux, les formes caractéristiques et l'esprit des objets plutôt que les objets eux-mêmes. Si dans l'imitation réelle j'ai pu, comme Bernard Palissy, me servir de moulages et de galvanoplastie, dans l'imitation conventionnelle je ferai appel au savoir et au talent de l'artiste qui aura conçu la forme générale du meuble ou du vase. On apprendra ainsi aux élèves, avec le dessin qui imite tout et rend chaque chose avec naïveté et vérité, les règles de l'ornement, qui est l'interprétation des objets dans un but spécial, et on donnera sur ce point des notions générales et des avis particuliers suivant les professions.

Mais il est bien entendu qu'on n'enseignera pas aux peintres sur porcelaine, aux dessinateurs pour papiers peints, étoffes imprimées et broderies, aux ciseleurs, sculpteurs en repoussé, damasquineurs, etc., comment ils devront appliquer les grandes beautés de l'art à leur industrie spéciale; ces conseils, ils les trouveront dans les nécessités mêmes et dans la pratique de leur métier; ils en sauront plus long à cet égard que le professeur, et leur imposer des règles absolues serait les pousser, comme un stupide troupeau, dans la voie étroite et monotone d'un système préconçu. La liberté, c'est le grand refrain dans la vie de l'art, la liberté bercée, nourrie, élevée dans l'étude et dans le commerce continu des plus beaux modèles.

Ainsi donc point d'enseignement spécial dans les écoles: c'est la mort de l'art; c'est bon pour les nations qui commencent leur carrière industrielle, ce serait un fléau pour la nôtre. Ainsi donc point de classes spéciales, où les apprentis sont parqués comme des moutons et font entendre le même bêlement monotone. Les beautés de la création divine et les chefs-d'œuvre de l'art humain seront mis à la portée de tous; comme ces nourritures saines dont les constitutions les plus différentes profitent également.

L'enseignement est un, et il domine les applications spéciales; cependant je ne voudrais pas empêcher l'apprenti et l'ouvrier d'apporter à leur professeur la pièce fabriquée dans l'atelier industriel et de lui demander ses conseils. S'ils ont transporté dans leur manufacture, pour les appliquer, suivant leur sentiment particulier, les principes généraux de l'art enseignés dans la classe, il n'est pas sans utilité pour eux de suivre des indications plus précises, applicables à un cas spécial.

Quelques notions scientifiques devront s'ajouter à l'enseignement du dessin. Les éléments de la géométrie et les principes de la construction sont indispensables à l'ouvrier artiste, quelle que soit sa spécialité, car jamais son talent, son inspiration, son goût, ne trouveront la base solide et les limites exactes, s'ils ne sont pas nourris des saines notions de l'architecture, et guidés par elles. Il y a dans tout ouvrier artiste complet un praticien consommé, un homme de goût et d'imagination, plus un architecte, et c'est à ce dernier qu'est dévolu le soin de guider l'imagination et de la modérer; c'est lui qui enseigne la raison d'être, l'à-propos, les convenances des formes et des ornements. L'artiste ouvrier qui ignore les éléments de la géométrie et les principes de la construction peut avoir de grandes qualités, il n'aura jamais le bon sens. Il rencontrera juste quelquefois avec le seul aide du goût et de l'habitude de voir, mais il tombera plus souvent dans le disproportionné, l'inconséquent, la surcharge et tous les défauts dont les peintres se rendent coupables quand ils composent pour l'industrie, et qui déparent l'œuvre entier des dessinateurs industriels. Parcourrai-je le vaste champ de la céramique, de l'orfévrerie, de la bijouterie, des lustres et des lampes, des cadres et des boiseries sculptées? l'espace me manquerait. Prenons en exemple l'industrie principale du faubourg Saint-Antoine. Un meuble est un monument; comme lui, il a son ordonnance générale, ses divisions en ordres et en étages, ses portes, ses fenêtres, ses lucarnes, et pour couronnement les moulures, corniches et architraves formant son entablement, les balustrades et ornements, composant son toit ou son couronnement. Qu'a-t-il manqué aux meubles envoyés par la France à l'exposition de Londres? que manque-t-il à tout ce que produit l'industrie des meubles à Paris et en province? Est-ce la richesse de la sculpture, la perfection dans l'exécution, le choix des ornements en bronze ou des peintures en mosaïque de bois coloré, en émail ou en porcelaine? Non sans doute, tous ces accessoires ont atteint une rare perfection ; ce qui choque l'homme de goût, ce qui provoque sa critique, c'est la construction du meuble, ses lignes et ses proportions ; c'est l'absence de grâce dans l'harmonie générale, d'une juste mesure dans les parties, et de repos dans l'ensemble. Les plus déplorables contre-sens, des dispositions absurdes, qui ne sont exigées ni par l'usage ni par la destination, déparent ces produits d'une industrie estimable. On comprend que le sens architectural n'a pas été assez robuste pour résister à l'envahissement de la décoration ; comme ces cottages rustiques qui cachent sous le lierre, la vigne vierge et la glycine leurs formes architectoniques, et ne semblent bientôt plus eux-mêmes qu'un produit naturel de la végétation qui les enserre, ainsi l'ornement envahit le meuble ; au lieu d'une construction, vous avez une scène de théâtre, une meute de chiens, un bouquet de fleurs et de fruits, le plus souvent un buisson d'épines. Les études architectoniques, au moins leurs principes élémentaires, doivent donc prendre dans l'enseignement une place aussi importante que ces notions sont nécessaires dans les carrières industrielles ; elles doivent toujours précéder et accompagner l'étude sérieuse du dessin.

Déjà dans les écoles municipales ou d'arrondissement on apprendra à modeler. Quand on sait dessiner, c'est une pratique plutôt qu'un art, mais c'est une pratique indispensable pour se rendre compte des formes, pour éprouver ses inspirations et contrôler les compositions des autres. Acquérir l'habitude de modeler, c'est posséder le talent essentiel dans les trois quarts des industries qui dépendent de l'art, et ce talent sert, non pas seulement pour modeler d'après l'antique, d'après la nature, ou suivant ses propres idées, des projets pour l'orfévrerie, la bijouterie, les faïences émaillées, les décorations d'appartement et les bronzes, mais pour se guider dans la sculpture en bois et dans la reprise de tous les ornements blancs destinés à la dorure, dans le rhabillage des pièces importantes de la céramique avant le dégourdi, et dans la ciselure des pièces de bronze, de fer et de zinc après la fonte.

Les métaux, en sortant du moule, sont spongieux, ternes, obscurs; ce n'est pas du métal. La ciselure les ravive. Comme le marbre sortant de la mise au point du praticien imbécile conserve une épiderme réservée à l'artiste créateur, épiderme dans laquelle se jouera cette délicatesse du modelé, cette vie de la chair, cette palpitation de la pensée qu'un coup de ciseau ou de lime crée ou détruit, selon que la main est conduite par l'âme de l'artiste ou par la pratique du manœuvre; de même aussi, dans les bronzes, la statue, en sortant du sable, conserve à sa surface une épiderme qu'il faut enlever. A qui confierez-vous ce travail, si l'artiste ne veut pas s'en charger, s'il ne peut pas consacrer son temps aux deux ou trois mille reproductions que vous allez faire de son modèle? Vous le confierez à un manœuvre qui gratte, rabote et polit toute cette surface, sans comprendre où il doit appuyer, où il doit passer légèrement, quelle forme il adoucira, quel muscle il accentuera. Les ciseleurs chargés de cette délicate besogne, j'entends les plus habiles, n'ont aujourd'hui que du métier; ils ont perdu toutes les bonnes traditions, et cette qualité de savoir profond et de sentiment exquis que possédaient si bien les ouvriers de l'antiquité, de la renaissance en tous pays, et du XVIIe siècle en France, particulièrement dans l'atelier des frères Keller, dont les ouvrages ornent les jardins de Versailles, de Saint-Cloud et des Tuileries. Il s'agit de refaire des ciseleurs qui, unissant, comme leurs devanciers, la science du dessin à la délicatesse du sentiment, raniment la plus belle des industries.

Les ouvriers artistes n'ont pas besoin d'apprendre la peinture tant qu'ils n'entrent pas dans les quatre écoles de l'État. Là, au contraire, l'étude des couleurs, dans leur association et leur contraste, leur est d'une grande utilité, et en peignant à l'aquarelle ou à l'huile, ils se feront un œil coloriste, comme ils se sont fait, par l'étude de l'antique et de la nature, un œil dessinateur. La classe des végétaux leur sera d'un grand aide pour s'exercer à peindre et se faire à l'harmonie des couleurs. Chaque école aura les fonds nécessaires pour renouveler ce genre de modèles, en ayant soin de choisir, parmi les fleurs de nos jardiniers, celles qui ont conservé, de leur origine première, dans leur éducation factice, le plus de grâce, de liberté d'allures et de simplicité de formes. Un goût naturel, une main délicate, une main de femme, tresserait ces fleurs, ou plutôt leur rendrait leur liberté, en les accouplant, comme font le mouvement du vent et la marche de la végétation en les enlaçant d'une branche à l'autre. Les élèves ne s'arrêteront pas là : ils iront étudier l'agencement naturel des lianes dans les grandes serres et jardins du Muséum d'histoire naturelle, dans les forêts de Compiègne et de Fontainebleau. L'esprit, formé à bien voir, trouvera mille ressources inattendues d'ornementation conventionnelle dans cette belle végétation que le Créateur, inépuisable inventeur, varie de forme et de gracieuse disposition plus encore que d'espèce.

Cette étude de la végétation naturelle aurait de graves inconvénients, si elle n'avait été précédée, si elle n'était accompagnée d'études d'architecture qui auront déjà fait comprendre aux élèves comment les anciens, et surtout les Orientaux, comment les artistes du moyen âge, mais ceux-ci avec des tendances réalistes plus décidées, ont compris l'ornementation végétale. Préoccupés du respect de la construction dans ses formes et dans ses lignes, ils éviteront les erreurs de l'entraînement végétal, et la fausse direction que donna à cette étude Gérard Van Spaendonck, l'héritier du talent de Van Huysum et presque son contemporain, lorsqu'il fut nommé, en 1793, administrateur et professeur d'iconographie au Jardin des plantes. Ce peintre de mérite ne voyait dans la fleur que ses brillantes couleurs et ses beautés naturelles ; il les transporta sur ses toiles, et habitua ses élèves à les introduire dans la décoration, sans aucune des modifications que devaient lui imposer les sages principes de l'ornementation. L'ouvrier artiste ne commettra plus cette faute ; il sait que la nature ne donne pas l'ornement, qu'elle en présente à l'homme seulement les motifs dans des variétés inépuisables, et qu'à lui appartient de modifier son modèle suivant les circonstances, et d'après l'objet auquel il s'adapte. Des fleurs, avec leur reflet réel et leurs couleurs vraies, des animaux, dans leur réalité vivante, ne sont pas des ornements tout faits, ils en offrent les rudiments, les éléments ; ils doivent se modifier dans une combinaison conventionnelle.

Dans les quatre écoles de l'État, des études d'anatomie, des classes d'après le modèle vivant, des compositions de mémoire, aidées du mannequin, des lectures sur l'esthétique, donneront à l'éducation artiste son développement.

Chacune de ces écoles aura son concours particulier, et chaque année leurs meilleurs élèves concourront ensemble, en même temps que, de leur côté, les douze écoles communales auront leur concours particulier et général. On sent combien la publicité, la présence des autorités, la nature des prix, ajoutent d'importance à de pareilles solennités ; ces stimulants ne seront pas refusés aux élèves. Je pense que si l'on donnait aux ouvriers et aux apprentis qui auront montré dans les écoles municipales les dispositions les meilleures des bourses pour étudier dans l'une des écoles de l'État, c'est-à-dire si on compensait en argent, en moyens d'existence, le temps plus long qu'ils consacreront à leurs études artistes, on faciliterait singulièrement la création d'un nouveau corps d'excellents contre-maîtres ; je pense aussi que si de pareilles bourses étaient données aux jeunes gens qui, dans les écoles de l'État, auraient fait preuve d'un talent hors ligne, il n'y aurait aucun inconvénient à leur faciliter le passage dans l'école académique centrale des beaux-arts. J'ai déjà dit comment l'influence du professeur, l'influence des progrès et d'une sorte de grande réhabilitation de l'industrie, agiraient naturellement contre les velléités des ouvriers artistes à poursuivre une autre carrière ; mais il est des talents réels et des vocations décidées auxquels on doit ouvrir de plus vastes horizons ; ils sont destinés à devenir des artistes complets, tête et mains : si même ils s'aventurent, et s'ils naufragent dans cette immensité, le retour au port n'est pas impossible ; ils trouveront toujours une ressource et comme une planche de salut dans les études pratiques par lesquelles ils ont commencé. Galle, né en 1761 à Saint-Étienne, était le fils d'un graveur de damasquine sur fusil ; il entra comme apprenti dans la fabrique de boutons de M. Lecour, et s'y fit remarquer à tel point qu'on l'envoya étudier dans l'atelier de Chaudet ; malheureusement, il commença trop tard à dessiner et à modeler, l'outil de l'ouvrier domine dans tous les travaux de l'artiste. Galle n'aurait jamais dû quitter l'industrie. Barre a commencé de la même manière, mais il fit des études sérieuses dans un âge moins avancé : aussi marque-t-il comme artiste.

De ces seize écoles sortira chaque année un essaim vigoureux d'apprentis et d'ouvriers, préparés par le dessin à perfectionner chaque branche de l'industrie à laquelle ils sont attachés, à répandre autour d'eux les saines émanations de l'atmosphère de style, de grâce et de bon goût qu'ils ont respirée au milieu de cette collection de beaux modèles, dans la préoccupation de l'étude, sous les inspirations du maître. Et, d'ailleurs, pourquoi les liens qui unissent les élèves et les maîtres se briseraient-ils ? Pourquoi la confiance, établie dans une si heureuse entente des mêmes sentiments, ne se continuerait-elle pas hors de l'enceinte des écoles ? Je voudrais que les professeurs fussent encouragés par des indemnités, eussent mission, avec le titre de professeurs inspecteurs, de continuer leur enseignement en visitant les fabriques, en portant partout, comme la sœur de charité, le médecin ou le prêtre, les conseils qui soutiennent dans la bonne voie, fortifient dans les résolutions de longue haleine et donnent, avec la bonne direction, le courage d'y persévérer.

Avec cette organisation si simple, parce qu'elle est pratique, vous doterez l'industrie d'un capital immense, qui ne coûte rien à personne et qui enrichit tout le monde : le fabricant qui produit, avec des moyens peu compliqués, les plus riches ou les plus gracieux effets ; le consommateur qui achète ces produits à bon marché; tout le public enfin, qui à la vue réjouie au lieu de l'avoir choquée et salie. On ne sait pas ce que le mauvais goût coûte à la fabrique, au consommateur, à l'essor commercial de la France entière : le fabricant se ruine en frais inutiles pour produire des effets baroques; le consommateur paye cher ce dont il est dégoûté aussitôt; le public accuse la fabrique; et la France compromet au dehors ses droits de suprématie.

Cette nouvelle organisation nous promet un autre avenir. Peut-être qu'alors nous serons affranchis de la déplorable tutelle de ces ateliers de *dessins industriels*, qui sont la plaie et qui deviendraient la ruine de notre industrie, si l'on n'y mettait bon ordre. J'ai expliqué plus haut comment différentes circonstances avaient détourné les chefs de fabrique d'attacher à leurs maisons et d'entretenir à grands frais des dessinateurs en titre chargés de donner aux ouvriers tous les modèles. Le caractère souvent difficile des artistes, leurs prétentions croissant avec leur talent et s'étendant à tout, depuis des appointements exorbitants jusqu'à des égards plus qu'aristocratiques; puis, dois-je l'ajouter? dans beaucoup de cas, leur défaut de probité en face d'engagements que l'honnêteté et l'honneur devaient respecter : tous ces inconvénients réunis disposèrent les grands fabricants à imiter les petits, et des villes entières, comme Paris, à suivre l'exemple de la grande ville industrielle de Lyon, qui exécute ses superbes soieries sans avoir à sa solde un seul dessinateur. De ce moment, les modèles dessinés, peints ou sculptés, furent une marchandise, une matière première qu'on acheta sur le marché, qui eut son cours et ses prix courants. Au début, des dessinateurs portaient isolément leurs portefeuilles de maison en maison, faisaient antichambre comme les agents de change, et essuyaient des humiliations de plus d'un genre, avant de placer leurs modèles; mais ce commerce, comme tous les autres, s'organisa. M. Couder le premier, ensuite M. Henry, puis MM. Berrus frères et d'autres artistes de talent, ayant conquis la vogue, reçurent des commandes auxquelles ils ne purent suffire; ils se firent aider d'abord par quelques élèves, puis par un grand nombre d'artistes consommés, et ainsi se formèrent de proche en proche ces ateliers immenses d'où sortent aujourd'hui, comme d'un four de pâtisseries, tous ces produits confectionnés à la hâte et cuits au même feu. Il faut avoir suivi ces travaux, avoir pénétré dans cette organisation, pour comprendre à quel point elle est vicieuse, et quelles déplorables conséquences elle peut avoir pour notre avenir industriel. Son tort est d'arrêter toute initiative personnelle, de tuer l'originalité des jeunes talents, d'imposer des conceptions banales à toutes les industries, au lieu de les faire naître de leur milieu et de leurs besoins; en un mot, de substituer l'habileté méprisable des faiseurs au lieu et place de l'observation réfléchie et de l'étude patiente, qui combine les données les plus pures de l'art avec la connaissance approfondie des moyens d'exécution et de la destination.

De quoi se compose le personnel de ces ateliers? Premièrement, d'un entrepreneur habile, homme d'action, esprit de commandement, tête organisatrice, puis de quelques acolytes, artistes incomplets, qui ont quitté la carrière des arts au défilé pénible et souvent ingrat des études sévères, pour prendre cette besogne qui rémunère largement les travaux faciles. Il n'y a pas dans tous ces à-peu-près de talent une idée saine, une observation sérieuse, une réflexion sensée; mais il y a le mouvement des idées, qu'on prend pour de l'imagination, et la combinaison d'une foule de réminiscences, sorte de pillage qu'on appelle de la fécondité. Tout cela serait bien vite à bout de voie, bien vite démasqué et honni, si l'on ne recrutait pas incessamment dans toute la jeunesse artiste, qu'elle sorte des écoles ou vienne de la province, de fraîches imaginations, des talents naissants, pleins de séve généreuse et riches de ces idées gracieuses que Dieu donne à nos vingt ans. Ces jeunes gens, séduits, au milieu des débuts difficiles de la carrière, par des appointements élevés, espérant continuer leurs études en même temps qu'ils gagneront de l'argent, se laissent entraîner dans ces repaires, et, une fois attachés à ces entreprises, y sont enchaînés et s'y épuisent. Le chef de l'établissement a bien vite reconnu l'aptitude de sa victime : il a vu dans l'un les dispositions innées du coloriste, il le met dans la spécialité des toiles imprimées et des foulards ; dans l'autre, il a reconnu l'aptitude aux combinaisons originales des dessins réguliers, il le place dans la salle des châles de l'Inde ; celui-ci a étudié les principes de l'architecture, on le consacre aux meubles ; celui-là est maître de la figure, il a le sentiment de la forme, des tendances au style, on lui donne les compositions des cadres et boiseries des appartements. La répartition faite, il faut produire, produire à satiété, toujours, et en hâte, sans qu'un moment de relâche permette aux idées de se renouveler, sans qu'on vous accorde les moyens d'étudier la destination des objets et des décorations, sans qu'il soit permis de chercher à mettre en harmonie le style et les proportions avec le lieu et l'espace ; il faut produire incessamment pour remplir le portefeuille que l'entrepreneur va porter chez le fabricant. Ici c'est une nouvelle victime, sur laquelle le chef de l'atelier des *dessins industriels* exerce une influence autre, mais tout aussi pernicieuse : car, après avoir épuisé ces jeunes gens, après avoir faussé leur esprit et gâté leur main à tel point, qu'au bout d'un peu de temps ils ne sont plus bons à rien, ni à cette besogne, à laquelle leur imagination ne suffit plus, ni à un retour à des études sérieuses dont ils ont perdu l'aptitude ; après avoir fait ce mal, l'entrepreneur va tenter le fabricant par la vue de ces mille projets, si séduisants au premier aspect, et dont la déraison ne devient évidente que lorsqu'il est trop tard pour la reconnaître : j'entends lorsque l'étoffe est brodée ou imprimée, lorsque le meuble est sculpté, lorsque le bronze est fondu.

Mais ces portefeuilles, si fâcheusement corrupteurs, ne s'arrêtent pas à nos frontières : ils les passent et vont porter en Angleterre, en Suisse, en Allemagne et en Amérique les mêmes séductions, car ces entrepreneurs, s'ils n'ont aucun patriotisme, n'ont aussi aucune préférence ; ils feraient le même mal à l'humanité entière, si elle voulait se ranger dans leur clientèle, et ainsi s'explique, sans en rendre responsable la contrefaçon, ce nuage de banalité qui s'étend sur l'industrie du monde et qui a frappé tous les yeux à l'Exposition de Londres.

L'organisation générale de l'enseignement du dessin, surtout l'extension de ces études dans la classe ouvrière, nous délivrera de ce fléau, et nous permettra de rendre à notre industrie une originalité vraie qui l'élèvera au-dessus des atteintes de la concurrence.

DE L'ENSEIGNEMENT SUPÉRIEUR DES ARTS DANS LES CARRIÈRES SPÉCIALES.

Si je ne me trompe, nous avons marché régulièrement, progressivement. Nous avons désormais toute une génération artiste qui, depuis le simple ouvrier jusqu'au bachelier ès sciences et ès lettres, jusqu'à l'élève de l'École polytechnique, s'avance dans la bonne voie; nous avons détruit les craintes qu'inspirait à quelques esprits une société composée uniquement de peintres et de sculpteurs. N'a-t-il pas été démontré qu'il surgirait de cette génération artiste une élite d'autant plus forte, d'autant plus puissante, qu'elle ne pourra se croire supérieure à la foule qu'en se signalant par des œuvres de premier ordre?

En effet, voyez combien par cette suite d'enseignements progressifs, déduits d'un même principe, toutes les forces vitales du pays sont sollicitées : aucun germe de talent n'est étouffé, et, ce qui est capital, chaque vocation trouve par échelons successifs, et comme par couches superposées, la voie ouverte et l'avenir devant elle. Tel qui, dans le premier feu de son ardeur, aspire à la mission d'artiste voit peu à peu surgir le néant de ses prétentions; alors, sans découragement, sans humiliation, sans rien perdre de sa considération personnelle et de sa dignité, sans changer ses études, sans condamner les enseignements qu'il a reçus et les modèles qu'il a pris l'habitude d'admirer, il s'arrête en chemin à l'une des belles étapes de cette noble carrière des arts. Dans notre langue actuelle, nous dirons qu'il s'abaisse au rang d'industriel; dans le langage de l'avenir, on dira simplement qu'il applique son talent artiste à la céramique, à l'ébénisterie, aux tissus; et si ce talent est remarquable, il aura une large part dans la gloire distribuée par l'opinion publique et dans les distinctions honorifiques accordées par l'État.

Ces doux échelons de l'enseignement qui conduisent tout le monde à la fois au même but, mais qui portent, comme soutenu par des mains ailées, l'élève que signalent son aptitude naturelle ou ses instincts développés par la ténacité du travail aux sommités de l'art; ces échelons qui permettent à la grande nation d'adopter les plus dignes de ses enfants sans distinction d'origine ni de patrons, de les envoyer au milieu des splendeurs de la villa Médicis vivre sans aucune préoccupation matérielle au sein de cette bonne société des vieux maîtres, au milieu de cette aristocratie du génie, d'où il reviendra avec une originalité fortifiée par l'expérience de tous les siècles, pour diriger à son tour l'enseignement de la génération suivante, soit en manifestant sa pensée dans toute sa splendeur sur les murs de la place publique, soit en exposant les résultats de son expérience du haut de la chaire des vastes amphithéâtres; ces doux échelons nous conduisent nous-mêmes, dans cette étude théorique, à l'enseignement supérieur de l'art réclamé par l'élite de la jeunesse artiste.

Quel sera l'enseignement de cette élite? un enseignement supérieur et en même temps un enseignement pratique. Il n'est plus question des éléments de l'art; il s'agit du métier dans ses conditions les plus sérieuses, et des théories de l'art dans leur sphère la plus élevée. Ce que j'ai dit et proposé pour l'industrie, je le dis et je le propose pour l'art, car ce sont frère et sœur, de même origine et de même nature. L'artiste a autant besoin que l'apprenti de connaître son métier et de reporter dans l'atelier de son maître, pour le mettre en œuvre et en pratique, l'enseignement qu'il a reçu à l'école des beaux-arts. De là deux nécessités à ces débuts de la carrière artiste : l'apprentissage chez les maîtres, ou enseignement pratique; l'étude en commun à l'école, ou enseignement supérieur. Examinons l'un et l'autre.

Je ne veux pas revenir sur le tableau général des arts aux époques antérieures : j'ai montré comment se sont formés pendant vingt-cinq siècles, d'après des principes arrêtés, mais dans une heureuse confusion, l'artiste et l'industriel. Je ne ferai ressortir que deux ou trois particularités qui ont trait à l'enseignement. En Grèce, les élèves de Pamphile, au nombre desquels il faut compter Apelle, lui payaient dix talents, une grosse somme, pour travailler sous sa direction, et ils lui consacraient les dix années les plus précieuses de leur vie avant de se produire eux-mêmes. Aux grandes époques du moyen âge et de la renaissance, mêmes sacrifices, même abnégation soumise et dévouée. Le XVIIᵉ siècle organise l'enseignement académique, qui ne fait que compléter, en lui donnant plus d'unité, l'enseignement particulier dans les ateliers. Cette époque, grande encore, continue à voir régner l'autorité du maître et la soumission de l'élève.

Par quelle fatalité, par suite de quel enchaînement de fausses mesures, les meilleures ressources de l'enseignement ont-elles été enlevées à la jeunesse? Faut-il accuser les élèves, les maîtres ou l'administration? Nous n'accuserons personne; peut-être le temps, qui modifie les idées, les manières d'être et les habitudes, est-il le seul coupable. En fait, un désaccord profond s'est peu à peu établi entre les élèves et les maîtres. La révolution de 89, en bouleversant la hiérarchie de l'ancienne société, a produit une jeunesse nouvelle, qui se révolte contre toute idée de soumission, et ne veut entendre parler ni de lenteur dans la conquête de ses droits ni de progrès dans la jouissance de son indépendance; il lui faut tout et tout de suite. Ce qui fut général dans la jeunesse, dès les débuts de ce siècle, se produisit avec une véhémence particulière dans les ateliers et parmi les élèves : là on vit la soumission respectueuse faire place à l'arrogance discoureuse, le dévoûment filial à des prétentions de pair et de compagnon, la collaboration désintéressée aux empiétements les plus ridicules. Est-il donc étonnant que les maîtres, qui ne recevaient, en échange de leur peine et d'un temps précieux dérobé à leurs travaux, qu'une rétribution dérisoire, et qui, loin de se créer des aides et des partisans, nourrissaient dans leur sein des émules dédaigneux et des traîtres jaloux, aient fermé leurs ateliers? Personne n'oserait leur en faire un reproche, surtout après avoir été initié aux mauvais procédés dont ils ont été les victimes et qui ne saliront pas ces pages.

De tant d'ateliers d'architectes, de sculpteurs et de peintres auxquels nous devons tout ce qu'il y a eu en France de bons dessinateurs, de peintres distingués, de sculpteurs de talent, il reste aujourd'hui, en tout et pour tout, celui de M. Labrouste pour les architectes, celui de M. Rude pour les sculpteurs, celui de M. Picot pour les peintres; trois hommes de talent qui, jusqu'au déclin de l'âge, persévèrent dans la voie traditionnelle des grandes époques et se consacrent à l'éducation d'une centaine d'élèves : telles sont les ressources d'un enseignement sérieux pour l'école, pour Paris et pour la France. En dehors de ces trois ateliers, je ne mentionne pas les quelques élèves qui entrent chez les professeurs de l'Ecole des beaux-arts, avec l'espérance de profiter de leur protection pour obtenir le prix de Rome; ce sont en général de bons sujets, des imaginations calmes, des travailleurs décidés, mais il n'y a pas en eux le germe du génie et le feu tourmentant du talent : celui-ci s'égare, voici où et comment. De vieux modèles se procurent un misérable local, et ils ouvrent des académies où, moyennant une faible rétribution, on dessine d'après le modèle vivant. Les jeunes gens vont travailler là, le soir, sans autre guide que leur admiration réciproque; puis ils s'associent et louent des ateliers où ils travaillent en commun, dans une fièvre d'ambition sans mesure, dans un parti pris d'opposition systématique aux règles les plus saines de l'art, de dénigrement déclaré à tous les talents consacrés. Stimulés par la séve de leur jeunesse, encouragés par la chaleur de la liberté, soutenus par leurs dispositions naturelles, quelques hommes de talent vivace surgissent de temps à autre de ce chaos, originaux quand même, et frappant juste parfois, malgré la fausse direction des études et les profondes lacunes de l'éducation. Qu'en est-il résulté? Un motif de plus pour persévérer dans cette voie funeste; motif d'autant plus fort, que l'Administration, qui n'avait pas trouvé une récompense ou seulement une marque d'estime à donner aux maîtres pour les encourager à persévérer dans leur enseignement, l'Administration, qui aurait dû condamner et proscrire par tous les moyens à sa disposition cette bohême délétère, est venue s'associer à ce désordre en commandant à des jeunes gens dont elle ignorait l'origine, l'éducation, les principes, et sur la simple inspection de quelques croquis séduisants, des tableaux religieux pour les églises, ou bien, en retour de faciles bambochades, des tableaux d'histoire et des statues monumentales. Cela s'est appelé, je ne l'ignore pas, sortir des routines académiques; les critiques du temps ont approuvé, le public a applaudi : ce n'en était pas moins créer un fâcheux précédent, et contribuer, en précipitant l'enseignement dans l'état pitoyable où nous le voyons, à produire toute une génération qui n'apprend plus, qui sait.

Où trouver le remède? comment l'appliquer? Si l'art était tout d'inspiration, s'il suffisait pour bien peindre d'être doué de ces qualités brillantes qu'on résume dans le mot facilité, nous aurions une foule de grands peintres, tandis que nous n'en comptons qu'un petit nombre dans la foule des jeunes gens qui donnaient de si grandes espérances. C'est que les plus belles dispositions naturelles exigent les plus fortes études, parce que concevoir et rendre sont deux procédés très-différents et presque antipathiques, en ce sens que l'imagination exubérante s'allie difficilement à un caractère tenace, l'idée prompte à l'étude patiente, la facilité à la persévérance. De là tant d'artistes incomplets, tant d'hommes inspirés qui ne savent pas leur métier, tant d'artistes consommés dans leur art qui manquent d'imagination.

Le fait de l'enseignement, le devoir de l'État est donc d'astreindre tous les élèves à une étude sérieuse, patiente, complète, de manière à tirer le meilleur parti possible des facultés naturelles; vienne ensuite l'âge où l'artiste se sent créateur, et toutes les voies lui seront ouvertes suivant ses instincts de coloriste, de dessinateur ou même d'industriel, si, se sentant incapable d'élever sa pensée à une certaine hauteur et de créer dans la sphère élevée de l'art, il ramène sa vue sur l'orfévrerie ou la sculpture des meubles, sur les décorations d'appartement ou sur l'art céramique.

L'étude sévère compose donc la base unique de l'enseignement supérieur, et celui-ci se divise en enseignement pratique, qui équivaut à l'apprentissage, et en contrôle des progrès exercé par les concours de l'École centrale des beaux-arts.

Cette école est une arène. L'élève doit passer d'abord par le champ d'entraînement, et pour cette préparation, rien ne remplace l'initiative indépendante, naturelle, passionnée, du maître. J'aime à me figurer, non pas le David haineux, au visage déformé, à l'encolure vulgaire, mêlant le professorat d'une politique de ruisseau à l'enseignement d'un art sublime, mais Gros, à la noble tête fièrement portée, artistement désordonnée, à l'âme passionnée pour le beau, le noble, le généreux, étranger à toute préoccupation de place et de popularité, uniquement occupé de son art, ouvrant son cœur à la jeunesse qu'anime le feu sacré, sa bourse même au service de ses élèves chéris devenus sa famille. Je me représente devant sa *Bataille d'Aboukir,* au milieu des jeunes gens qu'il aime et qui l'admirent, l'artiste au sang bouillant, à l'expression animée et mobile, à la voix sympathique. Y a-t-il dans les combinaisons administratives, dans tous les projets griffonnés sur le papier, quelque chose qui vaille cet enseignement? Non; perdez l'espoir d'en trouver un meilleur, et, de même que vous cherchez dans l'éducation des enfants à maintenir, à faire prévaloir l'autorité paternelle, la tendresse maternelle, de même aussi faites tous les efforts pour rassembler de nouveau les élèves autour du maître. Sans doute, le choix du professeur est chose difficile; le talent seul ne doit pas décider; à talent égal, c'est l'homme qu'on cherche : son caractère fait pencher la balance, si même son talent le cédait de quelque chose à celui de son concurrent, car le bon enseignement dépend d'une nature passionnée, communicative et sympathique, d'un esprit entraînant, démonstratif, ingénieux dans les déductions et les preuves, saisissant l'attention par la vivacité de l'expression. Dans l'atelier, la démonstration doit tourner à l'axiome pour se fixer dans l'esprit de l'élève. Tous les grands artistes qui ont été de bons professeurs, qui ont fait école, parce qu'ils étaient des maîtres, dans la vieille acception du mot, avaient ce don de parole brève, concise, pittoresque et tant soit peu sauvage; ils étaient en outre passionnés, intolérants, exclusifs, afin que leurs élèves ne fussent ni indifférents ni banals : ils les fanatisaient pour les dominer.

Un maître dans les arts n'est ni un instituteur qui conduit ses élèves avec la férule, ni un patron qui enseigne son tour de main à des apprentis, ni un colonel qui commande à sa troupe, c'est tout cela et c'est autre chose. Je le comparerais volontiers au chef de la tribu chez les Arabes. Désigné moins par l'antiquité de sa famille que par ses mérites reconnus de valeur au combat, de générosité en chaque occasion, de justice dans toutes ses décisions, il exerce une autorité qui est absolue, quoique acceptée volontairement. Il commande sans avoir le moyen de se faire obéir; il est obéi avec la conscience qu'a chacun de sa propre indépendance. Ses ordres ne sont jamais absolus; il les donne comme des avis motivés sur des circonstances à lui connues, sur les règles du droit commun et sur l'intérêt de tous. Il n'impose donc pas son autorité, il n'impose pas davantage ses vertus; seulement, il offre sa conduite en exemple, et, par des maximes fortement pensées, qui se traduisent dans tous les actes de sa vie, il exerce autour de lui une domination absolue. Ainsi je me figure le chef d'école : une autorité sympathique et puissante exercée librement; un artiste dont le talent est le droit, dont l'exemple est l'influence, et qui possède dans le caractère ce goût du commandement et cette conscience de sa force qui prépare, exerce et soutient dans la lutte contre l'apathie des uns, la résistance des autres, les embûches des rivalités et la guerre de la critique.

Des hommes supérieurs comme Ingres, Delaroche, Scheffer, sont incapables aujourd'hui d'enseigner publiquement. Ils sont devenus trop mystérieux, compliqués, incertains, trop embarrassés dans leur gloire et l'administration de leur célébrité, pour sympathiser avec les détails d'un bon enseignement et la préoccupation de ces jeunes avenirs dépendant de leur attention. D'ailleurs, le passé l'enseigne : des hommes comme Brenet, à Paris, et Desvoges, à Dijon, pour ne citer que deux exemples dans des conditions différentes, ont été des maîtres parfaits sans être des talents de premier ordre. Horace Vernet aurait eu les qualités du professeur, si son éducation artiste et un esprit plus réfléchi avaient été d'accord avec son caractère ouvert et son talent; Delacroix n'a malheureusement rien à enseigner, car les excellents modèles qu'il prône et les principes qu'il conseillerait avec son esprit charmant, il ne sait pas s'y conformer, et ce qu'il peint, quoique paré de qualités éminentes, dément ce qu'il enseigne; Couture aurait eu la faconde, le mouvement, la passion de l'entraînement, mais le sens droit et la fermeté de conviction lui manquent. — On le voit, c'est, comme en toutes choses, les hommes à trouver, l'homme de la chose. Je chercherais, à défaut des grands talents consommés et qu'on ne peut tirer de leur tente, quelques artistes, lauréats de l'école, tout frais revenus de Rome et de l'Orient, ayant déjà conquis cette première fleur de popularité qui enthousiasme la jeunesse, étant encore imbus des grands enseignements et des frais extases, pouvant produire, sachant parler. A dix de ces nouveaux professeurs, dont six peintres et quatre sculpteurs, je donnerais d'immenses et magnifiques ateliers, construits dans les meilleures données de l'art, de manière à offrir aux élèves des amphithéâtres pour l'étude du modèle et pour les cours du soir; j'y ajouterais de gros appointements pour compenser le temps dérobé aux travaux, et pour obtenir un enseignement gratuit au profit de la moitié de l'atelier, j'entends en faveur des mieux doués, en faveur de ceux qui portent en eux l'avenir de l'école, laissant l'autre moitié payer son ingrate éducation. Des concours de places règleraient la part de chacun, élimineraient, à chaque semestre, les incapables au profit des aspirants du dehors.

Ces dix professeurs, nommés pour cinq ans, pourraient être, après ce temps, maintenus ou remplacés dans leur enseignement. L'influence exercée par un maître est mobile de sa nature : elle dépend de la force de son caractère et de la puissance de son talent; elle tient aussi aux modifications que subit le goût public, et dont il faut tenir compte, quelque changeant et capricieux qu'il soit, car peu importe la cause qui détruit l'influence : privé de cette assistance, l'enseignement perd sa force. Il y aura plus encore et mieux à faire. Se rappelant ces grands artistes de l'antiquité et de la renaissance qui, par la popularité seule de leur talent, enthousiasmaient la jeunesse et se voyaient suivis, entourés d'une foule de partisans, d'élèves, de clients, on cherchera les moyens de rendre à l'école cette vie et cette passion issues du cœur de chacun et de la liberté de tous. Un hôtel, ayant atelier et amphithéâtre, serait offert avec de riches appointements, à l'issue d'expositions quinquennales, à l'homme supérieur que désignerait l'opinion publique. Tous les exposants auraient le droit de voter, et de l'urne sortirait le vainqueur. N'avez-vous pas quelque confiance dans l'influence de ce maître, appelé à l'enseignement public par le suffrage de tous? Ne trouvez-vous pas que la récompense soit digne d'un homme hors ligne, qui trouverait ainsi la confirmation de ses doctrines, et dont la patrie récompenserait les efforts en lui confiant sa jeunesse et les espérances de l'avenir?

La soumission des élèves est perdue pour toujours : l'esprit du siècle l'a emportée; c'est chimère de tenter de la reconquérir; il s'agit de s'en passer et de rétablir l'enseignement dans ses conditions indispensables de haute expérience et de sage direction au profit de jeunes gens indépendants, insoumis, présomptueux, vaniteux, ingrats! Que dirai-je encore? La liste des défauts est-elle assez longue? Avez-vous quelques vices à y ajouter? Et qu'importe? quand votre enfant ne tourne pas comme vous l'avez rêvé, le chassez-vous de votre demeure, l'abandonnez-vous dans la rue? Non, vous gémissez et vous redoublez de soins. Faites ainsi à l'égard de la jeunesse artiste; entrez dans ses défauts pour y trouver ses qualités; admettez son esprit d'indépendance : il a du bon; son insoumission : c'est une source d'originalité, c'est quelquefois même du génie; seulement, dirigez ces exubérances, et ne vous découragez pas de bien conseiller ceux qui obéissent mal.

Il faut tenir compte toutefois d'une opinion consciencieuse, partagée par des esprits sérieux. On prétend que la création des académies et leur influence ont été fatales aux arts; que l'autorité dans l'enseignement est hostile au talent, incompatible avec l'essor du génie : de là un penchant assez général aujourd'hui pour le laisser-faire et le laisser-passer, un système débonnaire et commode de libre échange et de liberté absolue appliqué aux beaux-arts. Je crois fermement que cette opinion est fausse, que ces appréhensions sont dénuées de fondement, que cet abandon systématique serait fatal aux arts.

Avant d'apprécier les résultats obtenus par l'Académie des beaux-arts et son école, depuis sa fondation au milieu du XVIIe siècle jusqu'à nos jours, il faudrait se rendre bien compte de son programme. Poursuivre l'art jusqu'à ses sommités, chercher le style dans ce qu'il a de plus pur et le beau dans ses conditions idéales, cela suppose mille défaites contre une victoire, et quelque décourageante que soit cette proportion, on a lieu de s'applaudir du résultat général, car au-dessous des hommes supérieurs, rares comme le génie, qui ont atteint le sommet, s'élèvent sur des zones inférieures les talents distingués qu'un reflet de la même lumière a éclairés, et la nation entière a pu pendant deux siècles se réchauffer au feu pieusement entretenu, jamais éteint, des hautes doctrines et des vrais principes. Supposez, au contraire, une académie composée uniquement de peintres de genre, et des genres les plus vulgaires : douteriez-vous de ses succès continus et constants? Nullement, chaque année vous exigeriez, et vous verriez surgir, à ce bas étage de l'art, des talents toujours nouveaux et toujours excellents. Il en est de même au théâtre : tandis que la scène tragique attend depuis 1826 le successeur de Talma et frémit à la moindre extinction de voix de Mlle Rachel, les comiques les meilleurs se sont renouvelés sur toutes les scènes au fur et à mesure des lacunes et des vacances.

Vous demandez pour la jeunesse une indépendance absolue. A quelle époque, dans l'histoire de l'art, déjà si longue, la trouvez-vous en vigueur, exerçant une action bienfaisante? Raphaël, élève et copiste docile du Pérugin, Raphaël, doué de toutes les qualités divines, n'eût été qu'une originalité incomplète, si son maître ne l'avait pas conduit par la main à son point d'arrivée, qui désormais devenait pour lui son point de départ. Qu'il en soit ainsi de nos jeunes gens : ne les laissez pas recommencer et toujours recommencer la longue et infructueuse route déjà parcourue; que les nouvelles générations, comme dans un siége les nouveaux renforts, prennent les travaux où ils sont parvenus, qu'ils poussent en avant appuyés sur les ouvrages exécutés et les conquêtes faites avant leur venue.

Mon rêve, c'est la liberté individuelle sous le despotisme d'un enseignement libéral, des vrais principes et des bons modèles. Je prétends être votre guide, car je sais le chemin qui conduit à la cime, je vous le montre, je vous l'enseigne : libre à vous d'en découvrir de plus courts et de vous y risquer; mais si je suis un guide habile, les bons esprits me suivront, et, à part quelques casse-cou, je mènerai mon monde au but. L'élève peut être comparé à une jeune plante; ses meilleures conditions de développement, c'est l'état de nature, mais d'une nature protectrice, comme étaient l'Orient et la Grèce. Les arts, dans nos contrées du Nord, sont une importation quelque peu factice, et la plante livrée ici à la seule nature, succombe sous les intempéries du climat, sous les attaques des insectes qui dévorent sa verdure, piquent son écorce ou attaquent ses racines. Il faut donc à la jeune plante une culture qui protége son éclosion et assiste sa croissance. Dans la pépinière, la plante gênée par le manque d'espace croît et s'élève, mais elle est grêle et sans force; laissée en plein champ, elle s'étend outre mesure, se courbe et se tord en mille contorsions désordonnées; il faut donc l'espace limité mais suffisant, ce qui contient et élève, ce qui prête au développement et à la force. Je ne veux pas autre chose pour l'artiste, pour son intelligence et son art. Faire renaître le principe d'autorité, ce n'est pas étouffer la liberté, c'est la contenir, la guider, c'est la conduire dans le vrai chemin d'une renaissance, chemin étroit, bordé des deux côtés par le précipice où l'art est tombé de nos jours, précipice qui s'appelle l'anarchie.

Le nouvel enseignement public, tel que je le propose, pourra bien être tumultueux d'abord et difficile; mais de lui renaîtra peu à peu l'enseignement intime. Quand l'ensemble de la vie artiste sera mieux réglé, mieux protégé, quand la soumission et l'abnégation seront de nouveau dans la jeunesse, la loyauté et les égards dans la critique, les grands artistes retrouveront leur libérale hospitalité, leurs franches allures d'autrefois; on n'en verra plus de mystérieux cachant timidement la marche de leur œuvre et dérobant à leurs élèves les procédés et les études qui la mènent à bien. L'atelier de l'artiste sera ouvert comme nous avons vu ceux de Géricault et d'Horace Vernet, et là, sous les yeux d'une jeunesse avide d'enseignements, l'artiste créateur fera sortir de la toile avec son pinceau, ou de la masse de terre avec son ébauchoir, les rêves de son imagination. Animé par ce labeur puissant exécuté en public, maître de son œuvre comme Dieu lui-même de sa créature, l'artiste a dans ces moments la marque lumineuse au front, le geste et l'attitude magnifiques, l'éloquence à la bouche. Son entourage avide de voir, avide d'écouter, admirera ces grands traits qui, chacun, ont une valeur; il recueillera des préceptes qui, prononcés dans ces moments solennels, sont comme des lois et se gravent dans ces jeunes mémoires plus profondément que dans le bronze.

La conquête de l'enseignement pratique dans l'atelier des maîtres ne modifie pas l'enseignement supérieur de l'École des beaux-arts, qui a été et doit toujours rester un passage d'épreuves et de contrôle, une sorte de baromètre des progrès obtenus dans l'enseignement pratique; mais les circonstances nouvelles, les modifications que le caractère de la jeunesse a subies et les changements qu'elles ont introduits dans l'enseignement pratique, imposent également à l'École des beaux-arts une sorte de régénération : dans quel sens? d'après quels principes? dans quelles limites?

Pour créer cet enseignement supérieur sur de nouvelles bases, je ne proposerai pas de bouleverser nos institutions, fruit d'une longue expérience, d'une noble intervention de la royauté, d'une généreuse participation de l'État; je me contenterai d'en fortifier les parties faibles, d'en développer les parties stationnaires et arriérées. Faire du nouveau est toujours chose facile, mais médiocrement méritoire, et dans l'espèce, on se demanderait pourquoi nous détruirions une organisation enviée par le monde entier, et que les gouvernements de chaque pays s'efforcent d'imiter. Rien d'ailleurs ne garantit mieux à ces institutions le respect des esprits sensés, que les attaques insensées de la médiocrité. Toutes les fois qu'elle a eu la parole, toutes les fois qu'on lui a donné voix au chapitre, elle a demandé la suppression de l'École des beaux-arts à Paris, la suppression de l'école de la Villa Médicis à Rome, la suppression des jurys de l'exposition, la suppression de l'Académie des beaux-arts et quelques autres suppressions encore, car la médiocrité ne procède pas autrement. Que d'outrages n'a-t-elle pas déversés sur les membres de l'Institut, et l'Institut n'en est pas moins resté, pour les talents distingués, la plus noble ambition; que de quolibets n'a-t-elle pas lancés contre les concours jugés par l'Institut et contre les grands prix de Rome, et cela n'a pas empêché les grands prix d'être la récompense des travaux sérieux, comme les élèves de Rome sont encore et seront toujours l'espérance et l'avenir de l'école française.

Loin de proposer la suppression de l'Académie des beaux-arts et le licenciement de nos écoles, il faudrait, en raison des circonstances nouvelles, solliciter leur développement et un concours énergique de l'État. J'exposerai plus loin les raisons qui doivent ouvrir les rangs de l'Académie des beaux-arts à un plus grand nombre de membres, afin d'éviter les inconvénients d'une camaraderie trop restreinte, afin de puiser dans un cercle élargi d'esprits supérieurs des conditions d'impartialité plus grande, afin d'accueillir aussi les talents avec plus de libéralité, et quelle que soit leur spécialité. Le nombre des membres de l'ancienne Académie royale de peinture et de sculpture était illimité, l'Académie des sciences compte aujourd'hui soixante membres titulaires et dix membres honoraires; l'Académie des beaux-arts a tous les droits de se régler sur cette sœur cadette et de s'augmenter de vingt membres titulaires et de dix membres libres. L'École des beaux-arts prendra un accroissement parallèle et sera la vaste école de perfectionnement de l'enseignement pratique suivi chez les maîtres. 150 places d'élèves architectes, 60 places de peintres, 20 places de sculpteurs, répondent aujourd'hui à la moyenne des besoins. Il faut s'attendre à voir ces chiffres quintupler. Je sais que l'art, à ses débuts, accueille tout le monde, tant la voie est large et facile; je sais aussi que le chemin se resserre plus avant on s'y engage: il devient escarpé et s'obstrue d'obstacles de tous genres, le courage manque à la foule, et il n'est donné qu'au petit nombre, parmi ceux qui persévèrent, d'arriver au sommet. Toutefois, l'enseignement général du dessin va rendre très-prochainement tant de jeunes gens capables de dessiner une académie, et de modeler un ensemble avec plus de talent que la moyenne de ceux qui se présentent aujourd'hui au concours des places, qu'il faut songer, avant toutes choses, aux agrandissements du local pour suffire aux classes, aux cours, aux concours en loges et aux collections.

Duban a fait de l'École des beaux-arts un monument historique qui ne permet plus de proposer le déplacement de cette institution pour cause d'agrandissement, et sa bonne étoile a permis qu'un vaste terrain contigu, qui présente sur le quai de la Seine un immense développement de façade, fût déblayé en 1847, pour ainsi dire en prévision de ses besoins. L'État doit acquérir cet espace; il l'aura à bon marché; et, quoique nous ayons fait bien des vœux pour que son indigne propriétaire, le destructeur du magnifique hôtel de Conti, fût puni de son vandalisme, nous pensons que quatre années de perte d'intérêts sont une admonestation suffisante et feront réfléchir ses confrères de la bande noire. Maître de ce terrain, l'État fera étudier les nouveaux besoins de l'école et confiera à Duban le soin de refléter dans ses constructions l'institution elle-même. Aux classes le silence et le jour, aux heures de repos des promenoirs spacieux, rappelant les portiques de l'antiquité et les beaux cloîtres du moyen âge; l'architecte trouvera dans les collections de l'École d'anciens fragments d'architecture et de sculpture qui formeront une décoration appropriée et pleine d'intérêt; la végétation, le lierre, les gazons et les fontaines jaillissantes ajouteront à l'envi quelques détails pittoresques à l'ensemble. On construira pour les cours d'esthétique et de littérature des amphithéâtres assez vastes pour permettre aux jeunes artistes du dehors de renforcer l'auditoire des élèves; plus le public est nombreux autour de la chaire, mieux la sympathie s'éveille, plus l'attention s'électrise. L'architecte imaginera pour les concours des aménagements qui conduiront les épreuves depuis le commencement jusqu'au terme final, à l'abri de toute influence du dehors, sous la protection du grand air et de l'agréable végétation d'un jardin aéré. Quand il y va de l'avenir d'un homme, de la récompense d'une jeunesse studieuse, l'impartialité de tous est requise à l'École, ses murs mêmes ne doivent pas être soupçonnés. Enfermés en loge pendant plus d'un mois, les concurrents auront ainsi, outre des dégagements pour se reposer, la fraîcheur du jardin pour calmer cette fièvre d'ambition que l'imagination allume. Enfin, la collection de moulages des chefs-d'œuvre de l'architecture et de la sculpture du monde entier et de tous les temps réclame un vaste emplacement. Comme ce musée devra être public pour l'usage général, je voudrais qu'il pût s'ouvrir comme une sorte d'immense atrium derrière le portique monumental qui composerait la façade de l'École des beaux-arts sur le quai de la Seine. Les visiteurs entreraient de ce côté sans communiquer avec les élèves, qui continueraient à avoir accès par l'ancienne entrée de la rue des Petits-Augustins.

Il est nécessaire de dire un mot de cette collection pour en bien déterminer le caractère et les limites. Les élèves de l'École et le public qui s'associe à leurs travaux étudient les arts sérieusement : ce sont dônc des éléments sérieux d'étude qu'il s'agit de leur offrir. On a le projet, à Londres, d'exposer à Sydenham, dans un nouveau Palais de Cristal, la reproduction de tous les monuments de l'antiquité dans leur état actuel, avec la couleur qu'ils avaient reçue dans leur nouveauté. On fera un joujou, dont le peuple anglais, un enfant dans les arts, pourra s'amuser, mais qui ne conviendrait pas à notre nation vieillie dans ces études. L'architecture n'impose pas de si grands frais, elle s'exprime par ses éléments constitutifs : les ordres assistés de quelques détails, et c'est ainsi qu'elle sera représentée à l'École des beaux-arts en moulages exacts et de grandeur d'exécution. Toutes les restitutions d'ensemble et de détail, de forme et de couleur, ont été ou seront cherchées par les élèves dans leurs concours ou par les élèves de Rome dans leurs études; mais ces travaux archéologiques, si intéressants d'ailleurs, sont du domaine conjectural et ne doivent pas entrer dans la collection des monuments dont une authenticité absolue est la base; ils seront à la disposition des travailleurs dans les portefeuilles de la bibliothèque. La sculpture de tous les peuples et de tous les temps figurera en moulages de plâtre pour les monuments de granit, basalte, porphyre, marbre ou pierre, et en reproduction galvanoplastique pour les monuments en métal. La peinture ne connaît pas de moyen reproducteur qui offre à l'étude l'équivalent du moulage; un musée de copies, même dans les dimensions des originaux, même exécutées par des hommes de talent, ne serait d'aucune utilité pour l'étude, et pourrait avoir la plus fâcheuse influence sur les idées et le goût des élèves. La gravure a son musée dans la collection d'estampes.

Ainsi donc, cette collection de moulages de l'architecture et de la sculpture comprendrait la reproduction partielle des œuvres des nations primitives : Égyptiens, Asiatiques, Indiens, Chinois, Mexicains, peuples du Nord, la reproduction complète de l'art grec, et, par une liaison facile à établir, un choix dans les productions romaines, byzantines, arabes, gothiques, un choix aussi dans les œuvres modernes, du XVIᵉ siècle au XIXᵉ. La disposition suivante permettrait une étude chronologique, quelles que soient les divisions de détail adoptées dans la distribution :

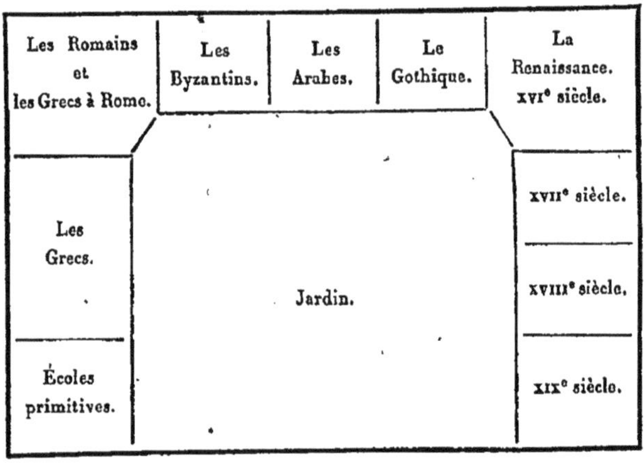

Quai.

Je ne parle pas du style de ces bâtiments, de leur décoration; celui qui a composé les dessins des intérieurs grecs et romains sait mieux que personne ce qui convient à la jeunesse de l'École. Donnez à Duban de l'argent, de la liberté et du temps, du temps surtout, et l'École des beaux-arts sera, déjà par ses bâtiments, un fécond enseignement.

Le nombre plus grand des élèves exigera à l'avenir l'augmentation du nombre des professeurs. Au lieu de douze, pour la sculpture, la peinture et la gravure, il y en aura vingt-quatre, et ces adjonctions se feront en dehors de l'Académie. Qu'on ne se méprenne pas sur mes intentions. L'École des beaux-arts doit être dans les mains de l'Académie : quel corps plus illustre offrirait de meilleures garanties d'expérience et d'impartialité? Mais il ne doit pas être exclusivement dans ses mains. Même lorsque l'Académie comptera soixante membres et représentera les sommités caractéristiques dans tous les genres, il y aura encore en dehors de son sein des forces vitales, des talents pleins d'initiative, des artistes populaires qui devront contribuer à infiltrer dans l'enseignement les doctrines consacrées par la tradition, mais rendues séduisantes par des formes nouvelles et des inspirations rajeunies. Douze professeurs seront choisis par l'Académie dans son sein; douze autres professeurs, jouissant des mêmes prérogatives et alternant dans l'enseignement avec les académiciens, seront nommés dans les premières années par l'Administration jusqu'à ce qu'une maturité plus grande des élèves permette de les laisser à leur choix. L'enseignement alternatif et mensuel de ces talents si différents n'a pas d'inconvénient sérieux. Les grands principes de l'art restent sacrés dans la chaire du professeur pour ceux-là même qui les violent le plus outrageusement dans leurs ouvrages. Reynolds recommandait à ses élèves le dessin le plus sévère, le contour le plus correct et le plus pur; Eugène Delacroix ne s'exprime pas autrement et prescrit, avec la chaleur de la conviction, l'étude exclusive de l'antique à qui lui demande conseil. Mais la manière de mettre cet unique programme à exécution, de le comprendre et de l'interpréter, varie avec chaque maître, et cette variété berce doucement l'élève dans une sorte de vague d'où son originalité se dégage. Aujourd'hui c'est Ingres qui continue pendant février l'enseignement donné en janvier par Horace Vernet; le mois suivant ce sera David d'Angers, puis Coignet, puis Robert Fleury; quand Rude, Delacroix, Decamps, Ary Scheffer ou

Troyon viendraient après eux, la dissemblance des talents et des manières de voir ne pourrait être plus profonde, mais aux uns comme aux autres la responsabilité de l'enseignement et la sainte cause de la jeunesse recommanderont les mêmes principes fondamentaux, qui sont la base de toute étude sérieuse.

Le grave défaut de l'enseignement actuel, c'est la manie de la spécialité; c'est le parcage des élèves dans des études déterminées qui produit l'amoindrissement des facultés, qui arrête l'essor de l'originalité native par le rétrécissement des horizons. Nous formons des architectes, des peintres, des sculpteurs, en défendant rigoureusement à l'architecte de peindre, au peintre de modeler; mieux encore, nous avons des spécialités et des classes spéciales d'architectes classiques et d'architectes religieux ou gothiques, des sculpteurs pour la figure, d'autres pour les animaux, d'autres encore pour les ornements, et dans la peinture il faudra bientôt des classes pour les peintres d'histoire profane, de sujets religieux, de genre, de nature morte, de fleurs, de paysage, mais des classes spéciales où l'on n'apprend que cela, exclusivement cela. Aussi vous entendez des gens de talent dire sans honte : Je peins le paysage, je ne sais pas peindre la figure; je peins le genre, je ne comprends rien à l'histoire. Quand Titien faisait ses admirables paysages, quand N. Poussin composait *le Déluge*, étaient-ils des peintres de paysages? Quand Giorgione asseyait mollement sur la pelouse ses élégants musiciens, faisait-il de la peinture de genre? Mais n'étendons pas plus loin ce contraste. Nos pères, sans parler des anciens, sans reporter nos yeux sur les grandes époques du moyen âge et de la renaissance, nos pères, il y a à peine un siècle, étaient plus sensés; ils ne connaissaient qu'une peinture, qu'une sculpture, qu'une architecture. Quand Watteau se mit à peindre des bergeries et s'en fit une spécialité, on ne sut, lors de son admission à l'Académie, comment le qualifier, et on l'appela *peintre des fêtes galantes*; Pater fut désigné comme *peintre de sujets modernes*, et un de ses confrères comme *peintre de bam-*

bochades; mais c'étaient des désignations personnelles; nos pères n'en faisaient pas des spécialités de peinture, et, prenant les trois arts à leur source commune, ils les confondaient dans un même enseignement, tout en laissant à chacun la liberté de suivre son courant, comme du haut des Alpes les eaux d'un même glacier s'en vont grossir la mer du Nord ou la Méditerranée. De cette saine appréciation des arts il était resté l'habitude de choisir indifféremment les professeurs parmi les sculpteurs ou parmi les peintres et de donner, pour le concours du prix de Rome, un seul et même programme aux peintres et aux sculpteurs, laissant à chacun la faculté de s'exprimer suivant sa tendance.

Les arts, comme les sciences, ont un fond commun que chacun doit connaître, et des spécialités que les vocations choisissent. A l'École polytechnique; on subit, pour être admis, un seul et même examen, on suit pendant deux années les mêmes cours, et, après ce temps, les succès ou l'étude ont déterminé les aptitudes ou les vocations, et l'on sort de cette école avec le brevet d'officier du génie, de l'artillerie ou de la marine, avec le titre d'ingénieur des ponts et chaussées, de mécanicien ou d'élève des mines. L'École des beaux arts devrait être organisée sur le même principe, car les arts, plus encore que les sciences, vivent en communauté, sur le même domaine; je dis plus, parce que cette base reste commune aux différentes carrières qui ont leur point de départ à l'École; elle les rapproche souvent, elle maintient toujours un lien entre elles. L'architecte sorti de l'École aura continuellement besoin de ses camarades, peintres et sculpteurs, pour orner ses monuments, et ceux-ci s'adresseront à lui pour combiner, l'un des bâtiments, l'autre des fonds d'architecture et des intérieurs; bien plus, tandis que l'ingénieur reste ingénieur, l'officier de marine, un marin pour la vie, l'architecte se fera peintre et le sculpteur architecte, suivant que la maturité de son esprit ou la diversité des circonstances changeront sa vocation première.

Ne craignez pas qu'une faculté s'affaiblisse par le développement d'une autre faculté; Mezzofanti attribuait avec raison le pouvoir qu'il possédait d'apprendre si rapidement de nouvelles langues aux quarante ou cinquante idiomes qu'il parlait avec facilité. D'ailleurs, dans une étude approfondie, la pensée prend la forme, non pas de toutes nos dispositions, mais de la disposition dominante, et la supériorité de celle-ci fait forcément converger vers elle toute la puissance de nos facultés. Ainsi le peintre apprendra à modeler, il combinera des projets d'architecture, il s'abandonnera à toutes les séductions des harmonies musicales, à tous les entraînements du culte de la beauté, tout cela venant aboutir à un même but, à la création la plus épurée dans le style le plus noble, revêtue de la forme pittoresque, plastique, poétique ou musicale qui doit dominer.

Si par le fait de cette initiation générale, de ce vibrement simultané de toutes les cordes de l'âme, les tendances se déplacent, si le peintre s'aperçoit qu'il s'est trompé sur sa vocation, qu'il est sculpteur, poëte ou musicien, est-ce un malheur ou une perte? n'est-ce pas plutôt une conquête au profit de l'art, puisque cette réaction, se produisant dans de telles conditions, n'a pu percer, éclater et se faire jour que parce qu'elle était puissante, irrésistible. Il n'y a donc pas, dans cette éducation, à craindre que l'universalité des études laisse dans un jeune esprit de l'incertitude, du vague, que le peintre peigne des bas-reliefs comme David, que le sculpteur modèle des tableaux comme Antonin Moine, que le musicien prétende parler avec ses notes, que le poëte se contente de chanter mélodieusement des vers vides et sonores. La variété des études sollicite vivement les facultés et produit sur elles l'effet de ces réactifs qui isolent et désagrégent les parties essentielles des substances; elle met à nu la faculté dominante, la vocation vraie, le germe du génie.

Je ne demande pas aux architectes d'être peintres à seule fin de barbouiller de smalt et de couleurs vigoureuses leurs projets, dont la pureté de trait ne saurait être trop rigide: il n'y a aucune utilité à transformer des dessins d'architecture en aquarelles de salon; mais, de même que le peintre, pour être complet, a dû conquérir la science du dessin, de la couleur, du clair-obscur, de même aussi l'architecte, pour être entier, devra se rendre maître des qualités correspondantes. La première, le dessin, est la science de la construction, le fondement et la part positive de l'art; la seconde, le coloris, c'est le goût ou un certain instinct d'ornementation qui anime, vivifie et colore l'édifice; la troisième enfin, le clair-obscur, est un sentiment particulier des effets pittoresques, qui arrache à la symétrie des concessions, et qui trouve des ressources et des effets jusque dans l'irrégularité d'un plan, jusque dans les exigences du propriétaire, en effaçant la roideur de la ligne, en donnant aux dispositions de détail, de l'inattendu, au caractère général une originalité franchement accusée.

Les anciens architectes étaient peintres et sculpteurs d'abord par instinct naturel et par les premières études; ils devenaient architectes par des enseignements spéciaux et par la pratique, comme Balthazar Peruzzi l'a prouvé d'une façon si éclatante. Giotto a construit le campanile de Florence; Léonard de Vinci, Michel-Ange, Raphaël, se sont trouvés préparés par la peinture et la sculpture à devenir architectes; aux XVIIe et XVIIIe siècles, cet art sévère recrutait ses meilleurs élèves chez les peintres, et de nos jours encore, c'est dans l'atelier de Lagrenée qu'il a été chercher Percier, c'est dans l'atelier de David qu'il a trouvé Huyot.

Joubert a dit : *Chez les uns le style naît des pensées, chez les autres les pensées naissent du style.* Les architectes, qui ont le dessin facile, comprendront Joubert, en se rappelant combien d'excellentes idées sont sorties de ce crayonnage fugitif et vagabond qui escorte et quelquefois devance la pensée. Le dessin libre, alerte, pittoresque, et l'art de modeler, poussé à une certaine perfection, sont en vérité indispensables à l'architecte.

L'étude de la figure, dessinée ou modelée, ne lui est pas moins nécessaire. Mieux que toute autre, elle développera en lui le sentiment des justes proportions. Toute l'architecture est dans la construction du corps humain. Poussin en avait la conviction, et il l'exprime d'une gracieuse manière lorsqu'il écrit: « Les belles filles que vous avez vues à Nîmes ne vous auront, je m'assure, pas moins délecté l'esprit par la vue que « les belles colonnes de la Maison Carrée, vu que celles-ci ne « sont que de vieilles copies de celles-là. » En effet, l'étude savante du dessin, la connaissance approfondie des proportions du corps de l'homme, ont été, chez les anciens, et particulièrement pour les Grecs, la meilleure école de leurs architectes. L'absence de cet enseignement expliquerait à elle seule l'infériorité des styles qui ont succédé à l'architecture antique. L'aplomb du corps et les parfaites proportions de toutes ses parties ne sont-elles pas les premières conditions de tout monument? Ces proportions dans le corps expriment les fonctions et l'emploi de chaque membre : une poitrine large contient à l'aise les poumons et le cœur, un abdomen proportionné renferme les intestins nécessaires aux fonctions de la vie; un vaste front donne place à un puissant cerveau, d'un tronc régulier partent les jambes et les bras pour se mouvoir librement : ainsi toutes les parties d'un édifice, comme son ensemble, doivent trahir à première vue sa destination et les distributions appropriées à son usage. Les styles de décadence, qui n'ont plus la conscience des vraies proportions, offrent la meilleure preuve de cette analogie de l'architecture et du corps de l'homme, car si les nobles cariatides de l'Érechthée soutiennent naturellement, dans leur attitude gracieuse et tranquille, le charmant entablement du temple grec, dans l'église romane du XIe siècle, où tout est ramassé, la figure humaine est obligée de se faire courte et trapue pour entrer dans les tympans et se tenir debout sous les porches; dans les églises gothiques du XIIIe siècle, aux arcades élancées, aux colonnettes démesurément allongées, la statue proportionnée, suivant les règles de la création, faisait l'effet d'une caricature de nain obèse : aussi les architectes habiles qui élevaient ces magnifiques cathédrales, après avoir menti aux proportions naturelles dans leur architecture, se virent contraints de mentir encore aux proportions humaines, en étirant de maigres statues pour dissimuler une première fraude et rétablir l'harmonie.

L'intervention du pittoresque dans l'architecture serait un fléau pour l'art; mais la science du sculpteur, le sentiment du peintre, fortifiés et comme cuirassés par les études spéciales de l'architecte, formeront des hommes entiers, des artistes complets, à qui nous devrons la renaissance de l'architecture, surtout si l'ensemble de ces études ne se réduit plus à une théorie froide et morte, mais devient, par la pratique associée à l'enseignement, l'apprentissage sérieux et fécond. Pour atteindre ce but, les élèves passeront une partie de la journée dans les salles des cours, l'autre dans les chantiers de construction; ils travailleront alternativement sur le papier et sur les échafauds, archéologues-artistes le soir, architectes praticiens le matin.

La sculpture ne reprendra son essor que sous l'aile de l'architecture; qu'elle l'accepte donc comme guide dès ses premiers pas. J'enseignerais, à l'École, les éléments de la construction aux jeunes sculpteurs, en même temps que je les ferais dessiner et peindre. Ils ne retrouveront la vie, l'abondance, et ce trop-plein qui est la séve de la jeunesse, que dans cette heureuse association. De nos jours, que leur manque-t-il? L'originalité, l'esprit, l'accent. On ne sent rien d'individuel dans leur manière, rien de spirituel dans leurs inventions, rien de caractéristique dans leur touche. Réunis dans une salle d'exposition, ce n'est pas un chœur d'artistes où chacun chante sa partie, c'est une foule monacale qui psalmodie à l'unisson. Il va pourtant sans dire que la sculpture n'est pas et ne doit pas être pittoresque, de même que la peinture n'est pas et ne doit pas être plastique. La sculpture peut assouplir les formes, animer les physionomies, recourir même à tous les prestiges de la couleur, sans empiéter sur la peinture, sans sortir de son domaine, sans cesser d'être monumentale; de même la peinture peut adopter la ligne sévère, accepter l'ordonnance symétrique et conquérir toutes les qualités monumentales, sans rien emprunter à la statuaire; mais de leur étude simultanée, dès les premières années, naît un sentiment des convenances propres à chaque art et une richesse de ressources toutes naturelles. Bien loin cependant de vouloir soustraire la sculpture à ses sérieuses obligations, aux lois sévères qui sont la nature même de ce grand art, je m'inquiète de certaines tendances dangereuses. Il est un principe faux, inconnu et étranger à la belle antiquité, mais qui a été mis en pratique depuis la décadence de l'art et chaudement défendu jusqu'à nos jours par quelques archéologues et par tous les hommes de lettres. Je demande aux jeunes sculpteurs de s'en défier comme de l'une des causes principales de la faiblesse de notre art monumental. Ce principe est celui de la sculpture à effet, qui substitue à la vérité, à la nature elle-même, une vérité de convention, une nature modifiée suivant la position, l'élévation et la distance où les objets seront placés sous les yeux du spectateur. Une anecdote arrangée par Tzetzès, selon les idées qui régnaient à son époque, a été prise pour un fait authentique et sert de règle. Ce Byzantin du XIIᵉ siècle raconte que Phidias et Alcamènes, son élève, chargés chacun de faire une statue de Minerve qu'on devait placer sur une colonnade, et soumettant leur œuvre au jugement d'Athènes avant de l'exposer sur son haut piédestal, l'un, l'élève, eut un grand succès, l'autre, le maître, fut sifflé; mais quand les deux statues eurent été mises à leur place, Phidias recueillit les applaudissements, Alcamènes les huées. L'un aurait fait sa statue sans se préoccuper de la hauteur où elle devait être placée, et aurait plu à ceux qui la voyaient de près; l'autre, calculant les effets de la perspective, aurait ouvert les lèvres, relevé les narines et changé les proportions vraies de la nature, de façon à déplaire à des spectateurs trop rapprochés et à retrouver à distance son véritable effet et les bonnes proportions. Si les statues de Phidias elles-mêmes, descendues des frontons du Parthénon, ne condamnaient pas l'absurdité de ce conte; si elles n'étaient pas conçues, ajustées, accentuées avec toute la finesse, le repos et les justes proportions qu'on observe dans la nature, et qu'elles auraient eues à un même degré si Phidias les avait destinées à être vues dans un musée, comme à Londres, ce serait la nature elle-même qui se chargerait de répondre, en nous montrant qu'elle ne fait pas des hommes ou des animaux de différentes proportions, les uns pour être vus de près, les autres pour être vus à distance. C'est contrarier la vérité, aller contre ses lois, que de faire des créatures qui deviennent des monstres quand elles ne sont pas juste au point de vue de leur destination. L'art reproduit la nature : il peut la grandir ou la diminuer, il ne doit jamais l'altérer.

Il est une autre tendance que je combattrai. Pendant que nos peintres cessent d'étudier leurs couleurs et de connaître leur métier, les sculpteurs ne sculptent plus; ils modèlent dans la terre, et ils abandonnent l'œuvre elle-même, ce beau marbre que Michel-Ange caressait de ses mains délicates, à d'ignorants et inhabiles praticiens. L'art est mort, quand on scinde l'exécution de la pensée. De même qu'une nourriture en sucs de viande concentrés, qui vous épargne la mastication, ne vous nourrit pas; de même aussi la statue qu'on ne sculpte pas dans le marbre, les compositions dessinées qu'on ne peint pas soi-même, les ouvrages d'érudition dont on fait faire les recherches, se ressentent de cette absence de mastication et de participation personnelle : il leur manque les soins maternels, si supérieurs aux droits de la paternité.

Vous voulez, me dira-t-on, que le sculpteur dégrossisse lui-même son marbre? Je n'exige rien d'absurde; je demande que la mise au point ne se perfectionne pas tellement qu'elle prive la sculpture de ses ressources dernières et des inspirations suprêmes que l'artiste trouve dans son ciseau, dans la transparence et la beauté de la matière. Cette domination limitée à trois lignes d'épaisseur n'est pas bien grande, dira-t-on. Oui, mais cependant elle suffit à l'artiste pour faire entrer dans le marbre sa tendresse ou sa passion, le sentiment profond qui naît du travail obstiné, la vigoureuse énergie qu'imprime à la main la substitution d'un marbre éclatant de blancheur et rude à l'outil, à cette terre douce et molle, harmonieuse et matte.

Ces perfectionnements de la mise au point et l'asservissement qu'ils imposent aux sculpteurs ont des inconvénients plus graves encore. De même que dans l'architecture les maîtres maçons et les entrepreneurs sont devenus de véritables constructeurs, à qui suffisent quelques croquis de projets et des pochades d'élévation, de même dans la sculpture les praticiens ont pris tant d'importance, ils sont devenus de si habiles ouvriers, que les artistes se contentent de faire de petits modèles au dixième d'exécution et les leur abandonnent pour les amplifier avec le secours des machines Collas ou Sauvage et pour les exécuter en marbre; à leur imitation, les amateurs font des maquettes informes, de petites figures plus ou moins sur leurs jambes, que ces adroits praticiens se chargent de grandir et de rendre présentables : nous avons ainsi tout un art bâtard, et le grand art s'en va à la dérive.

Ce serait une honteuse décadence et une perte regrettable : une décadence, si nous étudions l'histoire de l'art, car nous y voyons écrit à toutes les pages que la France, depuis les Grecs et les Romains, et surtout depuis le moyen âge au XIIe siècle, n'a pas cessé d'entretenir les traditions et les talents d'une excellente école de sculpture; une perte, car je ne crois pas la sculpture devenue aussi étrangère à nos goûts, à nos besoins, à nos mœurs, qu'on veut bien le dire : je la vois, au contraire, enthousiasmer le public dans un *Spartacus* assez vulgaire, dans un *Chant du départ* bien sauvage, dans une *Heure de la nuit* toute mélancolique, dans une *Sapho* douloureusement pensive; mais la sculpture fût-elle devenue plus étrangère à nos goûts, à nos besoins, à nos mœurs, il faudrait l'y ramener par les plus puissants efforts, car la sculpture est un art monumental, que les artistes réclament pour exprimer les grandes pensées et le haut style, dont notre public a besoin sur ses places, aux carrefours de ses rues, au front de ses monuments, pour s'exercer le goût aux fortes créations et se former à l'appréciation de ce qu'il y a de plus noble dans l'art.

Tout ce que les critiques ont dit sur l'inutilité et l'embarras des œuvres de la sculpture dans la société moderne, sur les contre-sens de ce qui fait son essence et de ce qui constitue les conventions de notre éducation, n'a pas empêché le nombre des sculpteurs de s'accroître : c'est que la sculpture, loin d'être antipathique à notre civilisation, est au contraire la branche de l'art qui s'associe le mieux à ses besoins et qui, dans le développement de son luxe, joue le rôle le plus important. Seulement, il faut que la sculpture cesse d'être un exercice abstrait, l'esclave de quelques rares commandes du Gouvernement, et qu'elle devienne l'associée intelligente de l'architecture, en faisant entrer toutes ses beautés et ses ressources incomparables dans le cadre vaste à la fois et restreint de nos usages, de nos demeures, des arrangements de nos boudoirs, salles, salons, vestibules, cours et parcs. Si les critiques ne l'ont pas envisagée ainsi, c'est que les critiques jugent le mouvement des arts, une fois l'an, dans la salle de l'Exposition, sans se mêler à leur vie active; les jeunes artistes, au contraire, qui se sentent portés là où est l'activité pratique, où l'art se renouvelle dans sa fécondité et se fortifie dans les applications nouvelles et utiles de tous les genres, ces jeunes gens se sont recrutés en grand nombre; il ne s'agit plus que de rectifier bien des idées fausses.

Est-il nécessaire de prouver l'utilité pour le peintre de se préparer à son art, le plus fictif de tous, par des études générales? Est-ce l'architecture qui lui sera superflue, quand il pourrait puiser dans son ordonnance et ses proportions des indications et des règles précieuses? Est-ce la sculpture dont il peut se passer, quand cet art lui apprendra à comprendre et à faire mieux sentir la valeur des reliefs et l'épaisseur des corps, à éviter ainsi ces placages et cette platitude qui déparent la grande majorité des œuvres de la peinture? Le jeune artiste ignore sur quelle pente l'entraîneront ses goûts, la facilité plus grande de sa main et les circonstances. Il doit tout apprendre, pour choisir ensuite, entre toutes les directions, celle qui conviendra le mieux à son talent; et alors, s'il est peintre d'histoire, comme Raphaël, il peindra lui-même son architecture, qui s'harmonisera avec ses compositions; s'il devient paysagiste, comme Claude Lorrain, le Poussin et le Dominiquin, il exécutera ses figures lui-même, c'est-à-dire que loin de les donner par-dessus le marché, il en fera la séduction morale de ses paysages.

Je désire être bien compris. Je demande l'union et comme la fusion de toutes ces spécialités d'études en une seule et complète étude pendant les premières années de l'enseignement; mais je ne veux pas faire des architectes de nos peintres et sculpteurs, pas plus que des peintres et sculpteurs de nos architectes. Une fois la vocation trouvée dans ces premières années d'étude et la voie choisie, on s'y tiendra, on la poursuivra avec suite et persévérance; les notions et la pratique qui constituent un seul de ces arts sont à elles seules assez compliquées pour occuper la vie d'un homme. N'envions pas l'ancienne universalité des artistes : Michel-Ange, organisation puissante, aurait mieux fait de ne pas construire; Raphaël, nature frêle, a perdu son temps à sculpter et ne sera jamais pris au sérieux comme successeur de Bramante. Sans doute Michel-Ange a dû se réjouir d'avoir étudié l'architecture pour disposer lui-même les tombeaux des Médicis, et Raphaël pour faire les belles ordonnances architecturales dans les fonds de ses tableaux; mais ils auraient dû l'un et l'autre s'en tenir là. J'ai vu aussi Schinckel mordu de cette manie de peindre, Ingres de jouer du violon, Ary Scheffer de sculpter. Schinckel montrait complaisamment, longuement, ses paysages dessinés à la plume et ses grandes compositions peintes, et passait rapidement sur les travaux intéressants qui lui ont permis d'assigner en architecture à la brique comme au fer leur rôle important, étendu, mais précis. Au reste, qu'on ne s'effraye pas de ces empiétements de l'universalité : elle tente les fortes natures, elle séduit les puissants génies, elle n'égare pas la moyenne des artistes qui ont bien assez de leur art spécial ; mais cette universalité d'études rendra à tous un talent précieux, qui a régné, depuis l'antiquité, à toutes les grandes époques, et auquel les deux derniers siècles doivent encore le charme de toutes leurs productions, le talent de l'arrangement, sorte d'harmonie générale qui conduit l'œuvre à son but, qui l'associe à sa destination, qui fait qu'un tableau est rempli et animé, une œuvre de sculpture souple et vivante, un produit de l'industrie gracieux, élégant et commode, qui fait d'un raccord d'architecture, même quand les styles jurent entre eux, un mariage aussi naturel qu'il est indissoluble : le couronnement style Louis XV de la tour gothique de Bayeux en est une séduisante preuve entre mille.

Aborderai-je la question de l'enseignement dans l'École? Y a-t-il, à ce degré d'avancement de l'éducation, une méthode d'enseignement? Je suppose toujours une génération qui sait lire, écrire et dessiner, quand j'organise une école spéciale des beaux-arts; je ne me préoccupe plus des premiers éléments du dessin : c'est, comme l'écriture et la lecture, une condition obligatoire. On peut bien faire des fautes d'orthographe et ânonner un peu, mais on est rompu aux bons principes et capable de comprendre leurs développements. L'élève connaît la figure humaine comme ses lettres, les proportions du corps comme les règles de la grammaire; il ne s'agit plus pour lui que de mettre en pratique, dans le même esprit, mais dans un ordre d'idées supérieur, le développement de ces éléments des arts. Même à ces degrés élevés, l'étude de la figure académique reste l'exercice qui prépare à tout, à saisir la ligne caractéristique dans l'animal et dans la fleur, à dégager l'ornement de convention de l'ornement naturel.

On apprend toute sa vie, Michel-Ange l'a dit, Raphaël l'a prouvé; mais la vie de l'artiste est si courte qu'il faut produire quand l'inspiration est vive : c'est donc entre quinze ans et vingt-cinq qu'on apprend, entre vingt-cinq et quarante qu'on invente, que l'on crée, entre quarante et soixante-dix qu'on se répète. Dans ces dix années d'études sérieuses (je ne considère pas comme une étude la pratique du dessin acquise dans l'enfance), l'artiste ne peut reprendre toutes les expériences faites par ses prédécesseurs de tous les siècles : il ne peut donc avoir pour maître la nature seule, car ce premier des maîtres ne décèle pas en dix années les secrets qu'il n'a confiés qu'à trente siècles de labeurs; il faut associer à l'étude de la nature celle des chefs-d'œuvre des temps passés et les bien choisir.

L'élève, ayant en son pouvoir toutes les règles, ne reçoit plus que des conseils; mais il s'ignore lui-même, et ses professeurs, loin de lui imposer une manière ou leur manière, l'aident à trouver sa voie en s'appliquant consciencieusement à la découvrir, à la lui indiquer, à l'y laisser ensuite marcher librement, de façon à développer ses qualités ou la qualité particulière qui lui permettra d'être lui-même. L'originalité d'un artiste est quelque chose d'aussi sacré, d'aussi pur que la naïveté de l'enfant, que l'innocence de la jeune fille; fortifiez-la, étendez-la, apprenez-lui à l'appliquer sagement, mais prenez garde de l'affaiblir, de l'amoindrir, en lui substituant son ennemie fallacieuse, qui est l'imitation. Autant la grâce enfantine et son babil naturel a de charme, autant les manières affectées apprises au cours de danse et le langage prétentieux enseigné par le maître laissent froid et insensible. Comme on a remplacé les liens qui retenaient le poulain et sa mère par les boxes, qui leur laissent une entière liberté de mouvement dans des limites raisonnables, de même aussi le jeune artiste doit être libre dans ses allures, et s'il reste d'un enseignement commun, d'une doctrine en partie uniforme, quelques traces dans sa manière, ce sera comme ces fruits différents greffés sur un même arbre qui, tout en conservant le caractère de leur espèce, adoptent une saveur de parenté.

Les professeurs se renouvellent tous les mois; ils apportent dans leur enseignement les mêmes principes supérieurs, mais une grande diversité dans leur interprétation, et c'est là ce qu'il y a de judicieux, car on donne à l'élève des principes comme au voyageur son bagage. Le voyageur part et laisse en route les courroies qui le blessent, les ustensiles qui l'embarrassent; il ne garde que ce qui convient, non pas au voyage en général, tout ce qu'on lui a donné y convient, mais à sa propre nature, à sa manière de marcher et de s'arrêter, de comprendre le voyage et de le mener à bien.

L'Académie de peinture, sculpture et architecture a pour mission d'enseigner les vrais principes et la bonne manière de voir : elle doit s'assurer que les jeunes gens ont acquis la pratique de leur métier, en les prévenant que le métier est indispensable, sans être rien par lui-même; qu'on est artiste par la tête, et que, lorsque celle-ci se laisse entraîner par la main, c'est donner le commandement au soldat ou à l'ouvrier, c'est renverser toute hiérarchie. La main, le tyran du jour et la perte de l'art, cette facilité d'exécution qui se regarde elle-même, au lieu de regarder le modèle et la nature, doit être toujours montrée aux jeunes gens comme un épouvantail, comme une cause de perdition. La main, cette arrogante, envahit l'artiste, domine ses plus nobles instincts et le rapetisse par un réalisme prosaïque; le métier, serviteur dévoué, se prête à ses inspirations, se développe avec elles et grandit dans le domaine de l'idéal poétique; seulement, si l'art n'existe pas par la perfection de ses procédés, s'ils lui sont indispensables, ils ne suffisent pas.

Tout en recommandant l'étude, on élèvera la pensée; pendant que les yeux sont dirigés sur le modèle, pendant qu'ils suivent le terre à terre de l'imitation patiente, la pensée doit planer, en attirant vers elle, en dominant cette science de la réalité, pour l'empêcher de se complaire en elle-même. Le réalisme est le simple soldat dans l'armée de l'art, dont l'idéal est le chef; que l'un obéisse à l'autre, et, dans cette sage hiérarchie, ils contribueront tous les deux à former la cohorte irrésistible, parce qu'elle sera bien disciplinée, aguerrie et sûre d'elle-même. Au reste, un peintre qui n'aura que de la main sera chose bientôt tellement vulgaire qu'on n'y fera pas plus d'attention que de nos jours à un peintre de portes cochères;

mais un peintre qui aura reçu cette éducation qui élève l'âme, épure les sentiments, rend accessible à tous les nobles instincts, un peintre qui, né observateur, saura chercher dans les replis de la vie humaine, dans ces mille rencontres à peine remarquées par l'esprit léger et distrait, ce qui exprime les mouvements de l'âme, ce qui est comme l'écho des passions et des impressions de chacun, ce peintre sera un grand peintre, si à toutes ces conditions, déjà si rares, il joint la faculté pittoresque, ce don qui fait de la mémoire et de l'esprit un réflecteur naturel et naïf de la forme extérieure des choses. Mais, je ne saurais trop le répéter, il faut être maître de son métier avant de produire, avant de créer, afin que l'imagination, la pensée, le sentiment, ne soient arrêtés par aucune difficulté matérielle. Comme un homme qui voudrait parler et discuter dans une langue étrangère aura d'autant plus d'éloquence qu'il possédera mieux le nouvel idiome, qu'il sera moins obligé de chercher ses expressions et ses tournures de phrases, ainsi l'artiste maître de son métier, comme le musicien de son instrument, exprimera sa pensée dans toute sa liberté et sans les hésitations qui l'enchaînent et la font boiter. L'artiste qui produit avant de savoir traîne sa pensée pendant toute la vie au milieu des tâtonnements, et son imagination, quelque riche et puissante qu'elle soit, se ressent des efforts qu'il est obligé de faire, des recherches que son ignorance lui impose; on s'aperçoit que sa fougue a rencontré un obstacle, ses mouvements des entraves, son essor une chaîne, et que chacune des libertés de sa pensée est venue au monde en acceptant un compromis. L'idée seule sans la forme et sans les séductions du métier, c'est de l'esprit, de la poésie, de la littérature, tout ce que vous voudrez, ce n'est pas de l'art.

Il faut donc du métier; il faut aussi qu'au-dessus du métier plane la passion du cœur et cette création de l'imagination qui est notre idéal.

L'idéal n'est pas un rêve : c'est une création. Le rêve, fantaisie capricieuse, décevante, insaisissable, vole devant nos yeux, reluit et s'évanouit tour à tour. Enfant bâtard des souvenirs et de l'imagination, il fausse les uns, il exagère l'autre. L'idéal, au contraire, naît et vit en nous; enfant légitime de nos études, de nos observations, et de la comparaison entre elles de toutes les belles œuvres de Dieu et des hommes, il prend corps, s'asseoit à nos côtés, devient un être réel et se fait notre commensal familier. Émanation indépendante de toute contrainte, de toute règle, de tout principe, c'est une création libre de notre pensée, formée dans le sanctuaire particulier où chacun dépose ses réflexions de chaque jour, ses études de la nature et des monuments, et, plus que tout encore, son originalité native, ses goûts innés et ses penchants naturels. Cet idéal sera plus ou moins pur, noble, élevé, suivant que la nature de l'artiste, sa pensée, ses goûts, ses penchants, seront plus purs, plus nobles, plus élevés. Raphaël, amoureux de la Fornarina, écrivait au comte de Castiglione : « Essendo « carestia e di buoni giudici et di belle donne, io mi servo di « certa idea che mi viene alla mente. Se questa ha in se « alcuna eccellenza di arte, io non so, ben m'affatico d'averla. » Raphaël nous a laissé le portrait de sa maîtresse, la femme qu'il trouvait belle entre toutes, puisqu'il l'aimait, et ce n'était pas son idéal, cette certaine idée qui lui venait à l'esprit quand il peignait : son idéal était supérieur à son amour.

Rien n'est plus sublime que ce pouvoir de création, pouvoir surprenant qui défie Dieu lui-même. Si c'était un simple portrait, l'image d'un être vivant, que seraient devenus cette beauté qui nous ravit, ces yeux qui jettent encore la flamme, ce teint qui semble emprunté aux pêches de la saison, ces cheveux dorés dont les boucles annelées se déroulent sur un cou de marbre vivant, ces dents qui ont le blanc mat de la perle dans un encadrement de corail? Tout cela, dans la réalité, aurait duré quelque dix ans; l'œuvre de Dieu serait flétrie; l'œuvre de l'homme fera vivre pendant des siècles cette beauté imaginaire et tout son charme fictif, car la peinture palpite là vivante; elle n'a reçu de l'influence du temps que plus de douceur, de calme et d'harmonie. Vierges de Raphaël, Antiope du Corrége, Suzanne de Paul Véronèse, beautés de Léonard de Vinci, du Giorgione et de Titien, combien de générations enchanterez-vous encore?

Si l'idéal est une création, l'artiste de génie, en quelque sorte l'égal de Dieu, crée donc en dehors de la création? Non point. Ne nous faisons pas cette illusion, car c'est ici qu'après avoir monté l'échelle de nos ambitions, nous découvrons leur vanité. L'homme crée bien peu de chose. Le mieux doué, par une faculté exceptionnelle, forme en lui cet idéal qui est un résumé de ce qu'il voit de plus beau dans la création; ce résumé lui appartient, car ce n'est pas tel ou tel être naturel, mais c'est moins une création qu'une fusion qui s'est faite dans son âme de tout ce qui l'a ému, et cette fusion domine tout ce qu'il rêve dans son imagination.

La faculté de se créer un idéal vague, rêveur, est accordée à la grande majorité des êtres pensants : c'est le jeu naturel de l'imagination; mais l'extension de cette faculté jusqu'à la puissance de la réalisation par le crayon, le pinceau ou l'ébauchoir, est exceptionnelle. Ce n'est ni la vue des lieux, ni l'étude des monuments et des collections qui la donnent. Combien de voyageurs ont fait le tour du monde sans en rapporter ni un idéal ni une idée! L'artiste de génie est celui qui peut rendre sensible aux autres l'idéal formé en lui.

Cet idéal, cette création, qui, prenant sa source dans les objets de la nature et dans notre propre nature, va, confondant ces deux courants, former un fleuve puissant, est bien chétif à son origine. En y regardant de près, on voit même combien il dépend de notre nature, combien il est soumis à nos faiblesses. L'idéal de l'artiste est en rapport avec ses propres traits. Voyez les images des hommes de génie, surtout les portraits qu'ils ont peints d'eux-mêmes. Étudiez leurs traits, leurs attitudes; puis cherchez dans les mémoires écrits par eux ou dans leurs biographies quelle a été leur vie, et voyez tout cela se refléter dans leurs prétendues créations. La peinture et la sculpture rendent ces rapports plus évidents que l'architecture, et cependant ils se rencontrent aussi dans cet art. La délicate et élégante figure de Raphaël est empreinte dans son œuvre entière; Michel-Ange revit, pour ainsi dire, dans l'exagération de ses formes; Titien, Paul Véronèse, Rubens, Van-Dyck, ont l'ampleur, la fougue et jusqu'au coloris de leurs tableaux; de nos jours, enfin, Ingres n'a-t-il pas transmis dans son idéal ses formes courtes, fortes et arrondies? L'homme crée moins qu'il ne le croit, et quand il a voulu imaginer la représentation réelle de son Dieu, il lui a supposé la fantaisie de nous faire à son image, pour pouvoir lui rendre la pareille.

Quatre siècles avant l'ère chrétienne, la question de l'idéal et du naturalisme se débattait en Grèce : l'un et l'autre de ces systèmes avaient pour eux plus que des partisans, ils montraient des chefs-d'œuvre; mais l'art, tiraillé entre l'esprit et la matière, ressemblait à l'homme de la fable à qui une femme arrache les cheveux blancs, une autre les cheveux noirs : il n'en restait plus qu'un squelette, lorsque Lysippe, à Sicyone, apprit d'Eupompe à voir l'idéal dans l'imitation de la réalité; en un mot, à chercher dans la nature ce qu'elle produit de plus beau. Phidias, après lui, recueillit dans son puissant génie, comme un fleuve dans son vaste lit, les sources abondantes, mais divisées, de ces grands principes de l'art, et ses œuvres restent l'expression la plus complète de l'idéal sublime, créé intérieurement et manifesté au dehors par l'étude patiente de la nature.

A la fin de sa vie, Flaxman disait à Schorn : « L'œuvre de « Dieu est toujours supérieure à l'œuvre des hommes, et la « nature, quoique imparfaite dans le détail individuel, reste « toujours inatteignable. L'artiste résume dans ses ouvrages « ce qu'il a observé en elle de plus beau, mais la beauté acces- « sible aux sens n'est pas le degré suprême de la beauté; c'est « la beauté de la pensée qui plane au-dessus, et Platon a dit « vrai : la beauté du corps dépend de la beauté de l'âme. C'est « pourquoi toute beauté créée par nous est personnelle, non « pas seulement parce qu'elle nous apparaît ainsi dans les in- « dividus, mais parce qu'elle émane du caractère particulier

« de l'artiste et est, pour ainsi dire, la fleur des nobles facultés « qui sont en lui, et qu'il doit garder et développer avec « soin. »

Nous sommes ainsi conduits à conclure que l'idéal se forme en nous en présence de la nature; qu'étudier l'œuvre de Dieu est l'étude par excellence, et qu'il faut recommander aux jeunes artistes de ne jamais faire parler la nature sans l'avoir questionnée. Si vous interprétez sa pensée avant de l'avoir entendue, vous mettrez vos idées à la place des siennes. Puisqu'elle ne refuse jamais ses conseils, pourquoi ne les lui pas demander toujours? Jouer avec elle l'indépendance est un jeu de dupe.

L'idéal dans le réalisme, l'inspiration de l'âme, le rêve de l'imagination, réalisés par les plus beaux types fournis par la nature, tel est le vrai et sain programme. Le programme faux et maladif, c'est, d'un côté, l'idéal cherché dans le vague des formes et rendu sans vérité, sans savoir pratique; c'est, de l'autre, le savoir-faire impudent qui copie d'une main facile, mais sans choix, et avec une tendance au commun, à l'ignoble, tout ce qui lui tombe sous les yeux, autrement dit le réalisme.

Nous commençons à nous entendre, je le crois. Nous apprendrons avant tout notre métier, et nous l'apprendrons avec bonne foi, avec conscience, dans le commerce exclusif des nobles modèles créés par les artistes de toutes les époques, en ayant sous les yeux les plus beaux types de la nature. Ingres a le sentiment du style dans l'art, et il développe cette tendance en cherchant et en étudiant partout ce qui s'associe le mieux à son goût. L'antiquité eut ses prédilections et fut le sujet de ses études, comme toute œuvre de grand caractère; mais c'est dans Raphaël et son école qu'il rencontra ses sympathies, et l'idéal qu'il se forma dans cette noble compagnie avait quelque parenté avec celui du divin maître. Il l'associe toujours à sa pensée, et dans ses compositions conçues au point de vue le plus noble, le plus élevé, cet idéal ennoblit l'étude consciencieuse de la nature, relève le travail persévérant du chercheur. Aussi aucun peintre moderne ne s'est plus résolûment écarté du trivial et de l'affectation de la vie quotidienne; aucun n'a transporté plus franchement le spectateur dans son sujet dégagé de toute préoccupation matérielle, arraché pour ainsi dire de terre, et ne conservant de la vie réelle que ses aspects les plus sublimes. Interpréter la nature en laissant dominer l'idéal, la plier aux exigences du sentiment, aux convenances de l'art, la choisir pour soi et la faire valoir pour elle, être en communication avec toutes ses ressources, comme le général d'armée avec ses magasins d'approvisionnement et ses parcs de munitions, comme l'écrivain avec son dictionnaire, tel est le rôle fait à la nature par un art supérieur à la singerie de l'archéologue, à l'imitation terre à terre de l'esclave copiste. En résumé, l'artiste digne de ce nom est celui dont le talent distingué a conçu l'idéal le plus pur, et qui par une faculté innée, augmentée de toutes les ressources de l'étude, a la puissance de donner à cet idéal toutes les conditions de l'illusion dans la peinture, la musique, et même dans le style, toutes les conditions de la réalité dans la sculpture et l'architecture.

On n'enseigne pas l'idéal, mais on donne aux élèves la manière de le former. L'idéal dans tous les arts est une inspiration qui naît de l'étude. Exceptionnellement, elle peut avoir quelque valeur, quelque étendue, comme simple don naturel: ainsi, le pâtre Giotto deviendra peintre et le perruquier Jasmin poëte, pour ainsi dire, en naissant; mais en général, et quand il s'agit d'institution, on a en vue la généralité : en général, les artistes, classe exceptionnelle, reçoivent de la Providence une faculté innée qui les prédispose à comprendre les beautés divines ainsi que les chefs-d'œuvre humains, et là s'arrêterait la portée de cette faculté, si l'enseignement d'après les principes consacrés par l'expérience, les facilités de voir les pays pittoresques et d'étudier les belles productions de l'art, ne leur donnaient les moyens de développer cette faculté, c'est-à-dire de se créer un idéal en vivant familièrement dans la pure atmosphère du beau. L'enseignement, comme on voit, n'est qu'un auxiliaire pour l'artiste, mais un auxiliaire indispensable. Dieu a placé dans l'artiste le germe; l'enseignement le féconde et en suit avec sollicitude la croissance pour lutter contre les déviations. Il apprend à l'artiste à trouver le beau partout où il réside, à n'admirer que le beau, à ne se plaire qu'en lui; il lui apprend aussi à chercher partout la pensée qui a créé la forme, la vie qui l'anime, et à ne s'attacher à cette forme elle-même que comme expression du beau. De même que le jeune homme de noble famille, élevé dans les grandes manières, n'entendant que le langage du bon ton et l'expression de nobles sentiments, entrera dans le monde avec les façons de la haute société, ayant une conversation distinguée et se guidant au milieu des difficultés de la vie par le sentiment de l'honneur, toutes qualités qui seront devenues pour lui non pas les fades redites du perroquet, les sottes contrefaçons du singe, mais des tendances naturelles, ainsi l'artiste doit quitter l'enseignement, après avoir puisé une nouvelle nature dans le commerce prolongé avec ses maîtres, sous l'influence de leurs préceptes et des modèles mis constamment sous ses yeux, et, s'il voyage, il doit continuer à vivre au milieu des beautés de la création dans un entretien familier avec les chefs-d'œuvre des belles époques.

On peut vivre assez intimement avec les anciens pour épouser leurs intérêts et leur manière de voir, pour se costumer en pensée comme eux, et comme eux se promener sous les portiques d'Athènes, dans les jardins de Côme à Florence ou de François Ier à Fontainebleau, dans le Vatican à Rome ou le palais ducal à Venise. On sort ainsi de son temps, on dépouille sa nationalité, on se transporte dans l'antiquité animée, palpitante, on vit avec elle de sa jeunesse toujours belle, de sa beauté toujours jeune. Mais se complaire dans les misères de son siècle, dans les prosaïques préoccupations de son temps, bercé par le flux et le reflux de la mode, ce n'est pas vivre de la vie de l'art : mieux vaut choisir une autre carrière. *Ce qui me désespère,* me disait naïvement un jeune artiste, *c'est que j'admire autant Gavarni que Raphaël.* Le sens élevé, qui établit une séparation profonde entre l'élévation du style et la gentillesse de l'esprit, lui manquait; il peignait avec talent, mais sans conviction. Il a fait mieux; écoutant mes conseils, il est parti pour l'Afrique, et il en est revenu avec la croix, les épaulettes et la volonté de suivre cette belle carrière des armes.

L'élévation de l'âme et l'habitude de la bonne compagnie dans les arts, j'entends l'étude assidue de la belle nature et des précieux modèles de tous les temps, font qu'il n'est pas de sujet qu'un artiste n'ennoblisse en l'acceptant, ou plutôt cet artiste ne l'accepte que lorsqu'il se reflète dans sa mémoire pittoresque avec les conditions de noblesse ou de style qui le rendent digne d'être exécuté. Il n'est besoin pour cela ni d'un salon et de ses mille bougies, ni des riches costumes de la mode ou des contrées éloignées; des haillons simplement portés, des types de têtes caractéristiques et un coin de nature bien éclairé suffisent à un tableau, quand le peintre sait rendre sur sa toile d'une manière originale le sentiment qui l'a ému.

Il en est de l'originalité comme de l'esprit : celle qu'on cherche gâte celle qu'on a. Je dirais aux élèves : Ne cherchez pas l'originalité. Formez-vous de bonne heure un goût distingué par l'étude exclusive de ce qui est beau dans les monuments de l'art et dans les productions de la nature; ce goût vous donnera pour tout ce qui est vulgaire, prétentieux, banal et pollué par la foule, un profond dégoût : c'est là déjà de l'originalité. Puis vous vous laisserez aller au doux courant de vos admirations : êtes-vous dans la demi-teinte des grands bois, au bord d'une fontaine où les femmes viennent chercher l'eau et laver le linge; traversez-vous le désert en faisant halte avec la caravane près d'une source, au pied d'un palmier, au milieu des ruines; passez-vous sur les versants de l'Hymette en regardant les lointains horizons vers Salamine, en vous arrêtant devant les pittoresques danses du pays, ou bien êtes-vous assis sous les beaux platanes des eaux douces d'Asie, ayant sous les yeux une grave et patriarcale famille turque : autant de sujets de tableaux dont vous saisissez la réalité sur place en l'associant déjà à un idéal d'arrangement qui ressort de votre goût, qui est votre originalité, et que complétera plus tard l'étude de l'atelier.

Le talent, comme la santé, a ses défaillances et ses excès; l'artiste a des phases d'affadissement et de mollesse, des phases aussi de force exubérante. Quand Raphaël peignait ses *Sibylles*, quand Ingres composa son *Saint Symphorien*, il y eut chez ces grands hommes comme une illumination plus puissante que leur pensée, comme une impulsion plus robuste que leur force moyenne. Ces intermittences du talent sont sans danger quand le style n'a rien à en souffrir, car c'est là le palladium qu'il faut défendre à tout prix. On peut se laisser atteindre par des tendances et des sentiments variés, excepté par ceux qui abaissent, qui jettent dans la vulgarité, le pathos ou la manière.

Le style est un peu comme l'élégance, un ensemble de justes proportions en délicat rapport avec ce qu'il y a de plus épuré dans nos goûts, au point qu'il n'est pas absolument besoin de le bien définir ou de le comprendre clairement pour le sentir et en être charmé. Je me figure le style comme cette eau qui, jetée fangeuse dans la fontaine, sort de son réservoir inférieur limpide et pure après avoir traversé le filtre. La réalité, c'est l'eau fangeuse; le génie artiste, c'est le filtre; l'œuvre de style, peinture, sculpture ou poésie, c'est l'eau fangeuse devenue pure et limpide. Restent les gens qui préfèrent boire l'eau sale, qui prétendent que le filtre lui ôte de sa saveur, de ses fortes qualités naturelles; restent, en un mot, ceux qui préfèrent la réalité grossière à une interprétation heureuse de la nature, qui est la nature même vue par le génie et assimilée à lui.

Or, remarquez que ce goût du grand et du noble, qui est le style, ne rend hostile qu'à la banalité. Girodet disait à ses élèves : « Jetez-vous dans le bizarre plutôt que de tomber dans « le commun. » C'était le cri d'un artiste et d'un homme de goût. Le commun et le bête, c'est même chose; c'est le fléau de l'art, c'est une maladie dont il est possible de ne pas mourir, mais dont on ne revient pas.

Si le style a en antipathie les tendances basses et vulgaires, il est très-compatible avec une admiration sincère pour toutes les beautés d'un rang inférieur, et particulièrement pour la grâce, son alliée naturelle. Comment définir la grâce, comment l'enseigner? Vous éviterez les longues définitions, les subtilités littéraires; l'enseignement des arts est quelque chose de positif qui doit traverser l'esprit et l'entraîner vers un but pratique. Je ne chercherais pas péniblement à caractériser la grâce et je ne l'enseignerais pas davantage, car elle n'a ni règle ni méthode; mais j'habituerais l'élève à voir la grâce là où elle est, et à la distinguer de la manière et de l'affectation, ces caricatures de la grâce. En obtenant ce simple résultat, vous aurez beaucoup fait. Ce ne serait pourtant pas assez; vous expliquerez encore à l'élève que la grâce n'est pas un accompagnement, une addition à l'action de l'être animé, mais cette action même assouplie. Un combattant, une danseuse, un cavalier, une bacchante, un coureur, ont tous de la grâce dans leur mouvement, mais une grâce propre à leur nature, non pas seulement à la nature d'homme et de femme, mais à la nature de combattant, de danseuse, de cavalier, de bacchante, de coureur; de même que l'enfance, la virilité et la vieillesse ont une grâce particulière à leur âge, en harmonie avec leurs sentiments; de même que le lion, le cheval, le tigre ou le chien ont une grâce propre à leurs espèces, en rapport avec leurs instincts et leurs habitudes. Ainsi donc, la grâce ne réside pas dans un canon précis applicable à tout, mais dans l'assouplissement de tous les gestes, poses et mouvements. Par cette raison l'étude du modèle ne saurait suppléer l'étude de la nature dans sa pleine liberté, et voilà pourquoi tout est sujet d'étude, pourquoi l'artiste doit vivre au dehors et saisir partout cette nature qui est la grâce même, aux champs ou à la ville, dans la mêlée ou dans le repos, partout enfin, et non pas *dans le joli* ou *dans la mollesse des contours*, ainsi que le professait Voltaire.

L'artiste distinguera de la grâce naturelle, sa seule préoccupation dans les compositions tirées de son imagination, une grâce de convention qui est inhérente à la société de chaque époque, et qu'il faut rendre fidèlement, quand on a le malheur d'être appelé à représenter des sujets d'histoire, à singer un fait connu qui a eu son jour, qui a sa date. Pour s'acquitter de cette tâche, il est indispensable de prendre en sérieuse considération les modes, les gestes et les attitudes, reconnues en ce temps pour être de bon ton, les uniformes, les harnachements et la tenue dite d'ordonnance. Chaque époque ayant eu son bon ton particulier et ses règlements militaires, vous devez tenir un compte sévère de ces exigences que modifient profondément la démarche, les gestes et les attitudes, suivant la nature des équipements : armures en fer ou cottes de maille, étoffes pesantes, légères, souples ou empesées. L'archéologie joue un grand rôle dans la composition de ces tableaux, et l'étude des miniatures, aussi bien que des monuments sculptés, fait connaître la grâce conventionnelle de mode à chaque époque. Reste à savoir si cette exactitude, cet esclavage d'imitation et de couleur locale, sont de l'art.

En dehors de ses préoccupations archéologiques, le jeune artiste s'abandonnera à la nature et à sa propre nature, il ne suivra que les grands modèles, il ne pactisera avec aucune déviation. Depuis que l'Académie française couronne les patois, on est assez mal venu à leur faire la guerre; mais en fermant les yeux sur sa complaisance, peut-être aussi exceptionnelle qu'elle a été inattendue, nous dirons qu'il en est de certains talents dans les arts comme des patois en poésie : on les admire, on les étudie même, pour ne perdre aucune des beautés cachées sous leur enveloppe imparfaite, mais on ne les donne à personne en modèle. David d'Angers dans la sculpture, Eugène Delacroix en peinture, Visconti pour l'architecture, me semblent des Jasmins qui ne diffèrent que par l'instrument; ce sont des artistes doués de qualités supérieures qu'ils expriment en patois, patois de réalisme, de couleur, d'ornementation, patois original, brillant, séducteur, qu'on admire, mais qu'on n'imite pas, et que personne ne songera jamais à donner en modèle à l'école.

Dites aux jeunes artistes : Pensez, et vous ferez penser; si votre inspiration est haute, votre œuvre peut ne pas l'atteindre, mais elle en donnera l'idée; si votre conception est basse et terre à terre, l'œuvre, tout en la dépassant, se ressentira encore de son origine. Le sujet que vous traitez a-t-il frappé vos yeux plus que votre âme, vous n'irez qu'aux yeux, vous n'atteindrez pas l'âme. Ingres pouvait faire du saint Symphorien marchant au martyre, la plus prosaïque des processions; en donnant son âme au saint qui s'avance au milieu de cette foule, il a trouvé de l'écho dans les âmes de tous les spectateurs.

La tâche est difficile, mais la lutte ennoblit et fortifie l'artiste, la lutte avec les grandes choses. Si même le but est hors de notre portée, si du combat résulte une défaite, il n'y a de perdu que de trop hautes espérances, de blessé que l'amour-propre; l'art a progressé, le talent a fait un pas en avant, et, comme l'aigle qui a le courage de voler droit au soleil et se voit obligé de redescendre à terre, l'artiste, après avoir plané avec l'esprit dans les hautes régions, se sent plus fort quand il est ramené au prosaïque de la réalité.

C'est pourquoi on ne saurait donner aux jeunes artistes une trop haute idée de leur mission. S'ils savent qu'ils participent à l'éducation de l'humanité, à son perfectionnement moral, ils éviteront de s'adresser aux sens, ils ambitionneront de frapper les esprits, de retentir dans l'âme, d'aller au cœur. Ne craignez pas de donner à cette jeunesse les aspirations grandioses, les penchants élevés jusqu'au vertige, les ambitions d'une réalisation impossible; fiez-vous à l'apaisement graduel que l'âge apporte à ces bruyantes clameurs. Il leur en restera toujours les féconds enseignements; ils auront compris quel oubli de mort plane sur ceux qui ont laissé la vie s'enfuir sans réaliser dans des inspirations heureuses, dans des œuvres consciencieuses, le meilleur de soi-même et comme une lueur éternelle. La gloire, ainsi que l'argent, se place à fonds perdus et rapporte les succès du jour, la vogue des salons, le bruit des journaux; cela dure ce que l'homme dure, bienheureux s'il ne vit pas assez longtemps pour voir cette gloire viagère lui faire banqueroute; il y a un autre placement plus solide, en biens-fonds assis sur l'avenir, au bord fleuri des admirations réfléchies, au milieu d'un public restreint, paisible quoique enthousiaste, et constant dans ses adoptions, parce qu'il est difficile dans ses choix.

Dans cet ordre d'idées, l'artiste fera une large part au respect des convictions religieuses, aux scrupules de la morale, aux délicatesses du goût. L'amour de l'art autorise toutes les études, toutes les curiosités; mais les œuvres de l'artiste n'en doivent refléter que le côté noble. Comme les étudiants en médecine qui taillent le cadavre pour connaître le corps vivant, qui étudient le mort pour sauver le malade, ainsi l'artiste puise dans des études positives et des admirations matérielles les inspirations les plus élevées, s'il sait faire planer son esprit au-dessus des réalités de l'atelier. Les grands traits du génie sont bien moins les fruits d'une nature supérieure que le résultat d'un éloignement instinctif pour le prosaïsme des choses, d'un dégagement radical de toute vulgarité. On va au cœur de l'homme par la route que d'autres prennent pour enflammer ses sens. La beauté de la nature, suivant qu'elle est comprise par l'artiste bassement ou noblement, s'adresse à l'âme ou aux passions brutales; la laideur elle-même est une ressource de l'art quand elle échappe à la vulgarité. Une femme aux proportions grossières, à l'expression commune, est laide parce qu'elle rappelle ce qu'il y a de plus ordinaire dans la vie de chaque jour; mais les *Parques* de Michel-Ange sont affreuses et d'un grand style; le *Possédé* de Raphaël est horrible, et il ne messied pas dans la *Transfiguration*, dont il occupe le premier plan; le *Teigneux* de Murillo lui-même évite la répugnance en excitant par sa profonde vérité plus de compassion que de dégoût. Quand Louis XIV, mis en présence des scènes bourgeoises et communes des tableaux hollandais et flamands, de leurs personnages avinés, de leurs physionomies grossières, s'écriait : *Ôtez-moi ces magots*, le roi de France marquait ce qu'un souverain doit aux arts, ce qu'ils se doivent à eux-mêmes. On aura beau couvrir d'or ces tableaux et pousser les artistes dans cette voie terre à terre, on ne fera pas que l'art soit là, pas plus que la gaudriole ne sera la haute poésie.

Sur ce point, un scrupule m'a quelquefois mis en hésitation. Je me disais : La mission de l'artiste bornée au simple rôle d'un Teniers, aux bas horizons d'un Jean Steen, est à la portée du grand nombre, et les protecteurs ne lui manquent pas: sur vingt jeunes gens, certains de réussir dans cette voie, suis-je bien sûr de créer un talent supérieur en les poussant tous dans la sphère élevée de l'art idéal? Non certes. Ne suis-je pas sûr, au contraire, de compromettre leurs petits talents de réalisme, leur originalité vraie quoique de bas aloi, sans leur donner en échange les hautes qualités qui font l'artiste supérieur? Oui certes. Je sacrifie donc vingt peintres de talents secondaires à la chance incertaine de produire un peintre hors ligne. Tel est en effet le résultat, et il n'effrayera aucun des lecteurs qui auront envisagé les arts et leur avenir à mon point de vue.

Avec l'éducation vraiment artiste, avec la conquête de cette seconde nature épurée, il importe peu quelle direction prend le caprice de l'imagination, et les professeurs de l'école se garderont bien d'intervenir, car là gît, avec la liberté, la vocation et l'avenir de l'artiste. Chacun porte en soi un don de nature qui décide la vocation quand il est puissant, qui dirige seulement les goûts quand l'impulsion en est modérée. On devient poëte, peintre ou musicien, selon que cet instinct vous porte d'une manière décidée à exprimer vos idées, à rendre vos sensations, littérairement, graphiquement ou musicalement. Mais ces dispositions, pour tourner à la vocation puissante, doivent être tranchées; autrement elles constituent chez l'amateur une tendance générale vers tous les arts, avec un penchant plus marqué pour l'un ou pour l'autre. Même dans ce cas particulier, les arts n'en restent pas moins très-distincts, et quand, dans un musée, un spectateur sent en lui l'impression d'un tableau tourner en mélodie harmonieuse et chaque qualité de cette peinture s'associer dans son âme aux qualités analogues de quelque musicien célèbre, il peut se dire musicien; il n'est ni poëte, ni peintre; si, d'un autre côté, un amateur cherche dans les accords d'un concert un côté pittoresque, s'il est ramené par les mélodies aux grandes scènes de la nature, il doit sentir poindre en lui le poëte, le peintre ou le sculpteur. Il y a la vocation générale et la vocation spéciale. Celle-ci est, pour l'ordinaire, le symptôme d'une imagination bornée, de talents vifs et spirituels auxquels manquent le grand souffle, l'inspiration élevée et la vue étendue aux vastes horizons. Mais ces vocations limitées peuvent être inspirées aussi par des tendances particulières et des goûts décidés; alors la vie comme le caractère s'harmonise avec le talent, ce qui forme l'accord le plus heureux. Overbeck avait abjuré le protestantisme pour rentrer dans l'Église catholique, et il est devenu à Rome un modèle de piété. A le voir seulement, on dirait un moine sortant de sa cellule. Overbeck était instinctivement un peintre religieux. Grant est chasseur comme Dedreux, comme Jadin; pour peindre ainsi les piqueurs, les chevaux de chasse et les chiens, il faut vivre avec eux. Horace Vernet est militaire par la volonté d'en haut; nous l'avons vu suivre les armées à la guerre, caracoler aux parades, faire partie de tous les états-majors; il peint ce qu'il aime. Gudin suivait sa carrière dans la marine royale, lorsque la spécialité de son talent s'est dessinée; Isabey et Morel-Fatio ont vécu dans les canots de Paris et du Havre avant de naviguer, avant de peindre, et ils sont devenus supérieurs dans leur genre parce qu'ils s'y sont mis tout entiers, âme et main, cœur et talent.

L'art est un pays montueux; celui qui s'élève le plus haut voit le plus loin, tandis que des hommes tout dévoués s'arrêtent faute de souffle, faute de hardiesse; heureusement que ce pays difficile a mille vallées plus gracieuses les unes que les autres, étagées successivement à la portée de toutes les forces, de tous les goûts. Avez-vous atteint le faîte, ne contestez pas le charme d'en bas; êtes-vous resté aux étages inférieurs, jouissez de ce que vous y avez trouvé, sans nier que les autres, parvenus plus haut, aient découvert autre chose et plus de choses.

Il en est des vocations spéciales comme des carrières spéciales : on n'en doit pas détourner les jeunes gens, car en s'y appliquant avec suite ils deviennent des hommes utiles et parcourent honorablement la vie; mais là n'est pas l'homme supérieur, celui qui envahit les carrières par les hauts emplois, sans égard pour la hiérarchie, celui qui, comme le Poussin, se fait paysagiste à ses heures, comme Cuyp peint la marine, les animaux, les intérieurs et tout ce qui lui sourit avec la même finesse. Ils ne se vouent pas à des genres spéciaux, ces hommes d'élite, mais ils traitent en maîtres chaque spécialité. Il en est de même de la peinture religieuse : par son caractère élevé, elle appartient à tous les talents distingués. Je ne nie pas qu'un artiste qui s'est pénétré, dans la lecture des litanies de Marie, de toutes les qualités mystiques que l'Église et sa tradition accordent à la mère de Dieu, fera de la Vierge autre chose qu'une belle femme. Habitué à vivre dans un milieu religieux, inaccessible aux préoccupations mondaines, il a acquis un sentiment des convenances qui le dirige dans le choix des natures, des poses, des mouvements, des gestes, des expressions, des ajustements, et il parvient ainsi à inspirer à tous pour sa Vierge le sentiment de respect qu'il porte dans son cœur à la reine des anges. Toutes ces choses, le peintre profane les ignore et les néglige. S'il rencontre un visage doux, naïf, modeste, il le copiera avec talent; son tableau de la Vierge sera une belle peinture, mais au point de vue des convenances religieuses, de l'onction et de l'idéal chrétien, il sera battu par un artiste moins habile et plus convaincu; non que je veuille accorder à certains littérateurs la prétention de suffire aux sujets religieux par la conviction et la piété. Il ne saurait y avoir d'exception pour aucun genre de peinture : le peintre doit connaître son métier. Au moyen âge, des ignorants pleins de foi ont donné des expressions mystiques à des personnages difformes : Fra Angelico de Fiesole a traduit en petites poupées disproportionnées son pieux sentiment ; tout cela prouve seulement qu'une pratique habile, unie à cette même conviction, eût produit des chefs-d'œuvre.

Ceux qui ont la prétention d'inventer un art religieux n'ont rien trouvé de mieux pour la chrétienté qu'une soumission hiératique, aveugle, semblable à l'esclavage de l'Église grecque à laquelle on fabrique depuis des siècles, dans les couvents du mont Athos et de la Russie, ses images d'après un type consacré. Telle n'est pas la plus haute mission de l'art, celle qui émeut l'âme et lui vient en aide pour concevoir l'idée de la divinité la plus favorable à la prière, à la consolation, au retour. Un grand peintre est le plus actif des propagateurs religieux, à la condition que vous n'enchaînerez pas son influence dans de sempiternelles redites, dans la copie aveuglément fidèle de vieilles images des époques barbares de l'art. Déshériter l'art religieux de l'idéal du génie, de la passion individuelle qui donne à chaque œuvre son originalité et sa vitalité, c'est remonter le courant des siècles, c'est aller contre les plus nobles efforts. Une autre erreur est celle qui n'accepte d'inspirations religieuses que lorsqu'elles émanent de peintres convaincus, vivant dans la dévotion. Accordons à l'imagination un essor plus libre, un plus vaste cadre, une puissance créatrice moins bornée ; admettons que le beau religieux et le beau moral soient au pouvoir de l'artiste, abstraction faite de ses dispositions religieuses et morales. A ceux qui refuseraient de souscrire à cette libérale théorie, donnons en exemple le Pérugin athée, Léonard de Vinci très-incrédule, Raphaël assez mondain, Michel-Ange passablement brutal, et permettons-nous de rire de cette petite mode qui fit, un beau jour, de Fra Angelico le premier des peintres, le peintre unique.

Dans un autre ordre d'idées, mais dans des dispositions aussi mesquines, on a créé la spécialité du portrait, c'est-à-dire qu'on a amoindri, ravalé une des études les plus intéressantes, et certainement la plus difficile de toutes. Suffit-il qu'un portrait soit ressemblant pour prétendre au titre de bon portrait? Mais la ressemblance est une affaire de tour de main, un talent de rapin d'atelier ou de Raphaël de corps de garde. Saisir du premier coup la physionomie d'une personne et l'exprimer en exagérant le trait caractéristique, c'en est assez pour faire crier au miracle; ce sera bientôt insuffisant aux yeux d'un public autrement difficile, pour une génération mieux préparée à juger des arts. Un portrait n'est pas un visage plus ou moins fidèlement copié, c'est l'ensemble d'une personne exprimée dans sa nature par les lignes; dans sa distinction, par l'ovale ou la pose de la tête, par l'élégance des mains ou la courbe des épaules; dans son caractère, par l'attitude. Quand tout cela est bien étudié, partant bien rendu, les traits du visage, l'expression caractéristique de la physionomie, la réalité de la vie, ajoutent sans doute à la ressemblance, mais ils sont, comme l'effet et la couleur, des préoccupations successivement subordonnées à cette première étude de l'ensemble qu'on ne saurait trop recommander, parce qu'elle fait voir en grand et d'un portrait vrai fait une œuvre d'art. Tous les maîtres comptent quelque portrait ainsi traité, et dans lequel les contemporains ont dû retrouver le personnage tout entier. Il en a été de même de nos jours, quand Paul Delaroche a découpé sur une plaque de marbre le profil arrêté et la pose résolue de M. Guizot, quand Ingres a présenté de face la tête énergique de M. Bertin et sa corpulence impérieuse; l'un et l'autre de ces artistes avaient saisi leur modèle dans l'ensemble, et les lignes générales auraient suffi à elles seules pour marquer le caractère.

Il y a deux genres de portraits : les portraits vrais et les portraits de convention. On n'avait peint que des portraits vrais jusqu'au milieu du XVIe siècle, c'est-à-dire de naïves et sérieuses études d'un modèle donné, lorsque les artistes italiens intronisèrent le portrait de convention, j'entends un tableau à propos d'un visage. Depuis lors, tous les artistes ont fait un ou deux portraits vrais, d'abord le leur, puis celui de la femme aimée, les deux personnes qu'ils ont regardées, connues, analysées, qu'ils ont soumises à cette étude patiente et consciencieuse qui, tout en saisissant les traits ou la forme extérieure, se rend maîtresse de l'âme de l'individu, de son moral, et l'exprime par le jeu fin, mobile, imperceptible et puissant de la physionomie. Le modèle se trouve, dans de rares circonstances, en rapport assez continu avec l'artiste pour lui permettre d'obtenir ce résultat. Quelques hommes consciencieux, comme Ingres, Cogniet, Flandrin, Paul Delaroche, Amaury Duval, ont remplacé cette connaissance intime par la multiplicité des séances, par la lutte et la patience, mais le modèle n'a répondu le plus souvent à leur forte volonté que par la somnolence et l'ennui : aussi ces véritables artistes refusent-ils de faire des portraits, et ceux qui acceptent ce métier s'en acquittent avec le genre de conscience qu'on apporte dans un métier. Un modèle, qu'ils n'ont jamais vu, vient poser devant eux, et en trois ou quatre séances le portrait, fût-il en pied, est terminé à jour fixe et au prix convenu. Van-Dyck, dans les dernières années de sa vie et pendant tout son séjour en Angleterre, n'a pas travaillé autrement, et ses mauvais portraits, qu'on admire sur la réputation des bons, proclament à tous les yeux clairvoyants cette façon expéditive des portraits de fabrique; nous avons de nos jours des faiseurs du même genre, qui n'ont pas les qualités d'un Van-Dyck pour excuser cette dégradation de l'art.

D'ailleurs, qu'importent les sujets et les spécialités, si en toute création l'imagination se fait un cortége de ses souvenirs, de son idéal et de ces mille réminiscences involontaires qui sont comme les étais du monument et qui forment ce que nous nommons le style ? Le style, c'est l'accompagnement qui donne à chaque chose un ton élevé de noblesse, de vérité, et plus encore de sincérité. Ajoutez les perfections du métier, j'entends une étude acharnée, consciencieuse, naïve, un dessin sûr de lui-même, un coloris local pour chaque chose et soumis dans l'ensemble à une harmonie générale; avec ce style et cette pratique consommée, il n'y a pas de sujet banal, ni de sujet insignifiant : l'œuvre d'art existe par ses seules qualités.

Et cependant il faut tenir compte des dispositions individuelles, prévenir celles qui sont fâcheuses, encourager celles qui sont bonnes, laisser le champ libre à celles qui sont l'expression naturelle du talent. Il y a des artistes allemands qui, sans avoir passé le Rhin, sont devenus Français : c'était dans leur nature, et certainement Schadow a pu le voir avec regret; mais il ne les a pas détournés de leur voie; de même, parmi nous, Chenavard et Janmot sont Allemands, sans avoir vu l'Allemagne, par l'impulsion et la pente naturelle de leurs idées et de leurs sentiments. Irez-vous leur imposer une autre manière? Non, vous respecterez l'originalité, quelle qu'elle soit; vous ne combattrez que les singeries, car vous ne voulez pas plus le pastiche des Grecs que le pastiche du gothique; vous voulez que les élèves vivent avec les grands modèles de l'antiquité, et, comme en lisant Homère, Virgile et Cicéron, ils apprennent à parler français, qu'ils se fassent un style moderne dans les études antiques. C'est si peu difficile que dans d'autres voies, et de moins naturelles, cela se reproduit involontairement, que dis-je, contre la volonté même des gens : M. Viollet le Duc ne peut plus dessiner que des figures gothiques, et j'ai vu une scène de famille dessinée par Belzoni, c'étaient des hiéroglyphes.

De tout temps on a imité les époques, les styles, les individus. On composait chez les Grecs des poëmes prétendus orphiques, comme on nous a fait de l'Ossian; on imitait le style éginétique sous l'empereur Adrien, comme nous recherchons le vieux style gothique. Qu'est-il resté, que restera-t-il de tout cela? Quand les artistes n'ont que du goût, ils contrefont ce qu'ils aiment; quand ils ont le talent puisé aux fortes études, ils s'incorporent le style de leur affection et le maître de leur choix pour en faire un style particulier et un homme nouveau. Barye, étudiant Phidias, fait du Phidias, faute de pouvoir faire du Baryes Ingres, inspiré par Raphaël, reste lui-même.

C'est dans la nature humaine de copier, l'invention étant le don exceptionnel; mais c'est aussi dans les devoirs de l'enseignement d'inspirer aux élèves un profond dégoût pour cette abdication de toute initiative. Vous direz aux élèves : Écoutez le maître, regardez-le, surprenez ses procédés, mais évitez de le suivre. *Rare volte passa inanzi chi camina sempre dietro*, disait et répétait Michel-Ange aux imitateurs serviles. Ne soyez pas copiste. Il y a dans l'homme du singe qui contrefait tout ce qu'il voit, c'est la nature animale; il y a aussi au génie qui trace sa voie indépendante, c'est la mission divine. Quand le génie fait défaut, le singe reste, et s'il s'est formé dans l'étude des bons modèles, ses grimaces s'en ressentent, il fera de bons pastiches; mais s'il perce seulement une lueur de génie, ne laissez pas le singe l'étouffer; combattez ses instincts, éloignez ses séductions, inspirez à l'âme de l'artiste un éloignement décidé pour les gambades de la bête comme vous excitez l'horreur du vice dans un cœur honnête. Chacun doit lutter contre sa disposition imitative, car de même que certaines personnes rendent si bien les physionomies et les grimaces des autres, qu'elles perdent toute physionomie et ne font plus qu'une grimace, de même aussi des artistes d'un immense talent, comme Dietrich, ont perdu toute originalité et ne conservent de valeur qu'en n'étant plus eux-mêmes.

Mais tel défaut est réel chez l'un, il n'est qu'apparent chez l'autre, ou plutôt ce qui est un défaut dans celui-ci est une qualité dans celui-là. Sachez discerner. La facilité de main, comme la facilité d'élocution, cache l'absence de pensée, sert à dissimuler le vide du cœur. Dans la seconde moitié de sa carrière, le Bernin, pour ne citer qu'un ancien, avait sacrifié toutes ses qualités à ce misérable défaut; vous le proscrirez à tout prix. Mais il est une facilité apparente qui a droit à notre respect. Rien n'est plus travaillé, étudié, vingt fois recommencé, rien, en un mot, n'est plus péniblement difficile dans les arts que la facilité de bon aloi. Impressionner fortement son spectateur, dominer son attention, s'imposer à son souvenir par une œuvre qui lui fera dire? Mais ce peintre a fait cela avec rien, en se jouant et du premier coup; produire cet effet, c'est un programme ardu. J'ai vu Decamps travailler des tableaux qui créaient cette impression et qui faisaient dire ces sottises. Après avoir longuement médité son sujet, il l'avait peint de verve avec une facilité étrange qui enthousiasmait tous ses admirateurs; à quelques jours de là, ceux qui revenaient dans son atelier étaient fort surpris et bien attristés de voir la grande peinture grattée jusqu'au tissu, ne laissant plus distinguer que vaguement la première inspiration, et cette charmante toile accrochée au mur parmi les esquisses abandonnées; plus tard Decamps la remettait sur son chevalet et peignait sur ce nuage d'une première pensée un nouveau tableau, mieux conçu, plus saisissant, plus fort que le précédent: on criait à la merveille, l'artiste seul n'était pas satisfait, et malgré nos supplications, nouveau grattage, nouvelle étude du même sujet avec toutes les modifications d'expression plus vraie, de mouvement mieux senti, de couleur appropriée, d'effet saisissant. Alors ce tableau paraissait en public, et le public de s'extasier sur cette facilité, sur cette peinture de premier jet. Il est, en effet, nombre de bonnes gens qui croient qu'on peint de sentiment, qu'on parle d'abondance et qu'on chante naturellement. A ces heureux aveugles n'ouvrez pas les yeux, car l'art et ses chefs-d'œuvre perdraient beaucoup dans leur esprit, s'ils savaient ce qu'il faut d'étude pour modeler des têtes, dessiner des extrémités, donner le mouvement et la réalité à des corps, s'ils connaissaient toutes les préparations de l'orateur, toutes les répétitions du chanteur. L'art facile n'est pas de l'art. Dieu ne se laisse pas arracher une part de sa création, sans qu'il en coûte au ravisseur.

Après avoir vanté le style, je voudrais déprécier les bouffonneries. Je souffre de voir l'art mis en caricature par M. Biard et en charges avilissantes par nos vaudevillistes, mais je sympathise avec les trivialités de Rembrandt, les gueux de Callot et les farces de Molière. C'est que le comique est de deux sortes : il en est un que certaines gens possèdent sans s'en rendre compte, qu'ils absorbent en eux-mêmes et qui les égayé sans se communiquer; celui-là est de courte portée, le plus grand nombre y est accessible, et les plus gais, les plus heureux, y excellent; c'est le comique de la bonne humeur et de la bonne santé; il est bruyant, mais ceux qui en jouissent ne le communiquent qu'à leurs pareils, aux gens de bonne humeur et de bonne santé, aux convives un peu avinés qui rient sans savoir pourquoi et chantent les refrains sans avoir écouté la chanson. Le comique communicatif est tout autre; ceux qui en sont doués, la plupart maladifs et hypocondres, sont observateurs sérieux et moroses. Ils souffrent de leurs infirmités, et du milieu de leurs souffrances, cette faculté particulière de saisir le comique leur permet d'observer les ridicules et de les reproduire avec un tour tellement saisissant, avec une si poignante moquerie, qu'on est impressionné au fond du cœur en même temps qu'amusé à la surface de l'esprit, amusé de ce qu'on voit ou de ce qu'on entend, étonné de ne l'avoir pas observé et saisi soi-même. Molière, Hogarth, Hoffmann, Heine, Bouffé, Decamps, sont des exemples de ce contraste de douleur intime et de reflet comique.

Si, quittant ces préoccupations générales, l'enseignement aborde les parties essentielles de chaque art, il se trouve tout d'abord en face de la couleur et se demande dans quelle mesure il lui est permis ici d'intervenir. Je suis convaincu que le temps n'est pas loin où la couleur et l'effet auront leur théorie précise et leur enseignement pratique, comme aujourd'hui le dessin; en attendant, il faut se ranger à l'opinion commune qui veut qu'on ne fasse pas plus de coloristes qu'on ne fait de musiciens; mais cette opinion n'empêchera pas qu'on ne forme les yeux comme les oreilles à des harmonies de tons (et combien je sais gré à la pénurie de notre langue de ne me fournir qu'un seul mot pour ces deux idées), harmonies qui rendent les yeux comme les oreilles répulsifs à toute association de couleurs ou de notes qui se heurtent, crient entre elles et s'offensent. Au reste, il ne s'agit pas de rechercher si l'on apprend à être coloriste, à être passionné, à être poétique : Raphaël, qui n'était rien de tout cela, a rencontré chacune de ces qualités quand le sujet dont il s'inspirait les réclamait; il les a dédaignées ou négligées quand il pouvait s'en passer, quand son dessin magistral et des indications de couleur lui suffisaient pour atteindre son but. Apprenez donc aux jeunes gens à bien voir la nature et les maîtres : vienne le moment de l'inspiration, et la couleur ne fera pas défaut au dessin. La *Messe de Bolsène* et la *Fuite de saint Pierre* ont été des inspirations; elles ont servi à rabaisser l'orgueil de Venise et de Parme, mais ce n'était ni la préoccupation du divin maître, ni son but, ni ses tendances naturelles.

Il est des coloristes d'instinct et de nature, cela n'est pas douteux. Leurs yeux, faits d'une certaine manière, reflètent en toutes choses la couleur, et leur esprit ne s'occupe que de ces apparences, sans grand souci de la forme. A ceux-là il faudrait une éducation plus sévère, plus sérieuse qu'à tous les autres; car cette qualité native ils ne la perdront jamais, et, associée à l'étude consciencieuse, elle leur assure une supériorité immense. Ils ont particulièrement besoin d'étudier, vu que le charme de la couleur fait illusion sur leurs yeux plus encore que sur les yeux des autres et les dispose à se pardonner des fautes de dessin et des négligences de composition pour lesquelles le public d'élite a moins d'indulgence.

Un élève qui peint les fleurs dans le sentiment de la nature est un coloriste *pour tout faire*. Si des lois de caste comme chez les Égyptiens, ou le hasard des choses comme aujourd'hui, le retiennent dans le genre des fleurs, il les peindra tous les jours plus exactement sans les peindre mieux; mais s'il quitte les fleurs, il peindra le genre comme Diaz, Ziem, Isabey et autres; des paysages, des sujets historiques, des scènes de la campagne et des bords de la mer qui, au premier aspect, font l'effet d'un fourré de roses, d'œillets ou de pivoines. Ce sont là des dons du ciel, lui seul les départit; mais l'enseignement et les bons conseils apprennent à bien placer et à exploiter habilement ce legs précieux, qui au contraire, dépensé follement, dure un jour et laisse pour le lendemain mille prétentions impuissantes. Il y a d'ailleurs deux choses bien distinctes dans les qualités du coloriste : en premier lieu, la couleur vraie de chaque objet en lui-même et le ton général qu'elle prend dans l'ensemble, en harmonisant toutes ses parties, avec une intervention limitée, mais caractéristique, du sentiment particulier que l'artiste exprime : ainsi, par exemple, les scènes de douleur sur lesquelles un pinceau convaincu étend comme un voile de deuil, les douces scènes d'intérieur que l'aube argente comme pour exprimer la fraîcheur des sentiments ; les scènes passionnées de la vie que les derniers rayons d'un soleil couchant viennent dorer comme à la fin d'un beau jour. Quand on ne comprend pas cette teinte poétique mariée à la couleur vraie et locale, on cherche autre chose, et alors on trouve cette seconde catégorie de la couleur : un coloris particulier que chaque artiste crée à son usage, qu'il ne prend pas dans la nature, mais qu'il a bientôt dans les yeux et dans la main, au point de s'en faire un système, une règle et comme un procédé. Rubens s'est égaré souvent dans cette routine, Jordaens y reste empêtré, et si vous examinez attentivement les tableaux des fougueux coloristes, vous verrez que leur entente de l'harmonie et de l'effet est dominée par cette teinte conventionnelle. Bien plus, des écoles entières, comme celles de Venise, de Parme, de l'Espagne, des Flandres, se mettent au pas ; elles ont une couleur et représentent la nature et toute la création avec cette couleur, comme d'un kiosque on voit le paysage bleu, rouge ou jaune suivant qu'on se place derrière une vitre de cette teinte. La couleur ainsi comprise, c'est une harmonie générale dans une gamme conventionnelle qui ne se soucie ni de l'exactitude dans le détail ni de la vérité dans l'ensemble, mais qui séduit les yeux et distrait la réflexion.

Quand on a étudié la couleur, en résistant à sa séduction, on admet plus facilement la supériorité de l'idéal et de la pensée exprimée par la sévérité du dessin et se contentant de revêtir une teinte harmonieuse de couleurs plus ou moins vives, on s'explique comment le Pérugin, Raphaël, Poussin, Lesueur, Ingres, Cogniet, satisfont les plus délicats et ramènent à eux tous les fervents amis de l'art, ceux-là même qu'une fougue de jeunesse et une première séduction avaient entraînés à la couleur pour la couleur. En effet, tous ces artifices se distinguent de l'art véritable, comme l'hypocrisie de la modestie, par une nuance, un détail : la vérité. Les élèves doivent apprendre à sentir que l'intensité de la couleur et la reproduction de certains détails microscopiques sont des exagérations et des contresens : si même les couleurs étaient le ton vrai des choses, elles devraient calmer leur vivacité et se mettre en harmonie avec l'ensemble, en rapport de proportion avec la réduction des objets.

On ne confondra pas l'effet et la couleur ; ce sont choses distinctes, et cependant la couleur ne vit que par la lumière, c'est son âme. Un peintre ne peut être coloriste que s'il conçoit son effet en même temps que ses tons ; quand l'une de ces conditions de l'art domine l'autre, le tableau peut être coloré comme certaines peintures lâchées de Rubens et comme les meilleurs tableaux de Turner, sans avoir ni corps, ni relief, ni réalité ; il peut être aussi d'un grand effet, comme les toiles de Martins, et n'avoir pas la couleur vivante.

La conquête ou la possession de ces belles qualités de couleur et d'effet seraient quasi inutiles, si elles ne devenaient pas l'accompagnement d'une noble composition, si elles devaient servir à refléter les objets naturels qui s'offrent chaque jour à notre vue, ou les vulgarités de la vie dont nous voudrions pouvoir détourner les yeux. Le choix du sujet est donc d'une grande importance. Un sujet réellement pittoresque est celui qui fait le plus penser en frappant le plus au premier aspect. Être compris tout d'abord, sans que le cœur dédaigne aussitôt ce que l'esprit a saisi, être compris d'une façon saisissante, à première vue, et cependant attacher l'esprit, émouvoir le cœur, c'est là un sujet qui aide l'artiste et dépublic, l'un à entourer son œuvre de toutes les qualités, l'autre à les sentir, à les apprécier.

Les élèves éviteront les sujets pris dans des ouvrages dramatiques. La scène est redoutable, n'entrez pas en concurrence avec elle, non pas qu'elle soit difficile à rendre, plus difficile à observer que la nature, mais c'est une fiction dont le public s'est fait une réalité; c'est une traduction de la nature dans une langue conventionnelle que vous êtes obligé de traduire vous-même par les artifices de l'illusion. Si vous n'avez pas été au théâtre, si vous avez cherché votre sujet dans la nature, vous êtes au niveau de l'acteur, du décorateur et du metteur en scène pour l'exactitude et pour la vérité, et vous les surpasserez en noblesse et en beauté si votre idéal vous est venu en aide; si, au contraire, vous empruntez votre composition à la scène, comme les acteurs ont des moyens d'illusion et d'effet, des ressources d'émotion électrique que vous n'avez pas, votre tableau, qui sera vu, apprécié, jugé par les habitués du théâtre, n'aura leur approbation que s'il est aussi pathétique, aussi dramatique que leurs souvenirs, et alors, une fois entré dans cette lutte, vous cherchez votre succès en violant toutes les conditions du naturel. Vous serez forcément ou au-dessous de l'attente du spectateur, ou en dehors de la réalité; vous ne serez jamais dans le vrai. »

En cherchant vos sujets dans la nature, vous ne donnerez à vos compositions d'autre signification, d'autre titre, que ceux qu'ils ont eus dans la conception première. Rien n'est plus aisé, quand le modèle ou les groupes saisis au passage du hasard vous ont donné une mère et son enfant dans un mouvement de tendresse, d'intituler le sujet *Vénus et l'Amour, la Vierge et l'enfant Jésus*; un bout d'étoffe en fait la différence; mais le caractère et le sentiment créateur manquent à cet intitulé. Toute pensée doit naître dans l'esprit de l'artiste avec sa forme indiquée et l'expression qui la complète: architecte ou peintre, sculpteur ou écrivain, chacun enfante son idée revêtue de sa forme; autrement elle n'est pas née viable.

Soyez donc saisissant par l'impression communicative de ce qui vous a ému, mais surtout soyez clair. Quand on n'a rien à dire, il y aurait du luxe à être obscur; mais quand la pensée est profonde, l'obscurité s'en empare. Le beau mérite d'être clair en peignant des veaux et des vaches, en représentant des faits historiques connus ou des anecdotes qui courent les rues. Le mérite commencera là où s'élève une inspiration poétique, une pensée philosophique, un élan du cœur; leur trouver la forme la plus vraie, l'expression la plus noble et en même temps la disposition pittoresque qui les rend clairement à la foule, c'est là le cachet d'un grand artiste. Quand un peintre veut m'expliquer son tableau, je sais d'avance que j'ai affaire à un littérateur artiste, mais non pas à un artiste créateur. Le peintre a tout dit quand il a peint. Le reste doit se comprendre sans explication. L'art n'est qu'à ce prix; autrement la littérature vaut mieux. Un sujet qui a besoin d'un interprète n'est pas dans les conditions de l'art, c'est une vignette à placer au milieu d'un texte. Irez-vous louer à la journée un mercenaire qui expliquera à la foule ébahie vos histoires universelles de l'humanité, comme l'invalide qui montre la *Bataille des Pyramides*, au Diorama, en disant : « J'y étais; nous comptions sur Murat, nous vîmes passer le « général Bonaparte. » Alors, faites du diorama ou de l'art en plein vent, comme les théâtres de la foire; ne prétendez pas atteindre aux sommets sublimes.

Pour vous maintenir dans ces hautes régions, soutenez dans la peinture le choix des temps héroïques, des sujets mythologiques et de toute cette belle antiquité qui autorise le développement des conditions les plus difficiles et les plus fécondes de l'art. Rappelez-vous que vous n'écrivez, que vous ne pensez, que vous ne possédez un petit coin poétique, un petit refuge d'idées élevées, qu'à l'abri des souvenirs bien vagues de vos études classiques. L'État maintient ces études; on lira toujours Homère et Virgile pour faire des vers ou des tableaux, c'est la source commune de l'inspiration, c'est la vraie et la bonne. Que nous font ces fables puériles de la

Grèce racontées par d'ignorants païens? diront quelques sots. Vous leur répondrez : Que vous fait l'histoire des palpitations du cœur humain, ce cœur toujours le même, qu'il batte en Grèce aux cris de victoire de Marathon ou dans nos poitrines aux chants patriotiques des défenseurs de la patrie?

L'abandon des sujets mythologiques et héroïques ne peut être que momentané, c'est une mode; et de même qu'il faut passer aux enfants et aux jeunes chevaux quelques fantaisies pour pouvoir leur mieux faire sentir ensuite l'autorité ou le caveçon, de même aussi on suivra le courant qui dévie jusqu'à ce qu'on puisse le remettre dans sa véritable voie. La création du musée de Versailles a suffisamment enseigné à notre école la science du costumier de toutes les époques et le secret de paqueter un soldat suivant l'ordonnance; on a passé de ce fastidieux exercice à l'imitation des scènes les plus ordinaires de la campagne; mais n'ayons aucun souci, *les Casseurs de pierre* et *les Demoiselles de village* passeront à leur tour, et *le Massacre des Innocents, Vénus sortant des eaux, la Justice poursuivant le crime,* reprendront leur empire. Et soyez persuadé que l'artiste dont l'éducation s'est faite aux sommités de l'art sera encore le mieux préparé à remplir vos programmes inférieurs de sujets contemporains affublés de costumes modernes. Le plus habile peintre du meilleur journal de modes ne sera pas celui qui représentera le plus noblement le frac et le paletot, c'est l'homme exercé à toutes les grandeurs du style antique; celui-là, comme l'a montré Ingres dans le portrait de M. Bertin l'aîné, relève les misères de nos vêtements étriqués par une manière large et fidèle à la fois, par la pose et par le style.

L'allégorie a été une des plus précieuses ressources de l'art, c'est sa plus noble expression. Les ingénieuses inventions de l'antiquité sont de tous les temps, car, comme une langue universelle, elles seront toujours comprises, toujours goûtées par un public d'élite. Faites donc un large usage de l'allégorie, tentez même parfois l'association de l'allégorie et de la réalité. Rubens y a souvent réussi; Ingres dans son portrait de Cherubini; Paul Delaroche dans sa figure distribuant les couronnes au milieu des grands artistes de toutes les époques, n'ont pas échoué dans leur tentative. En 1674, Martin des Jardins eut l'idée de représenter sur l'arc de triomphe de Bullet, à la porte Saint-Martin, le roi Louis XIV en Hercule triomphateur de Géryon, mais en Hercule coiffé de la vaste perruque royale, et qui a meilleur air, plus de grandeur, de pittoresque et de véritable majesté que tous les rois, maréchaux et généraux qu'on nous fait depuis cinquante ans. Toutefois, il est impossible dans le domaine de l'imagination de rester stationnaire, et l'allégorie, comme toutes choses, doit se féconder par de nouvelles idées. Dans l'antiquité tout était pour les artistes motifs à créations, et il semble aujourd'hui qu'on craigne l'invention, qu'on l'évite. Pourquoi les conquêtes nouvelles de la science, les transformations de la société, les idées modernes, ne seraient-elles pas traduites en allégories pittoresques et saisissantes?

L'École des beaux-arts ne développe peut-être pas assez l'esprit de ses élèves vers la composition; elle se complaît dans la science des détails, elle n'envisage pas simultanément leur mise en œuvre, en action, en réalité. Sans doute, et avant tout, les élèves doivent savoir bien rendre une jambe, un bras, un torse, mais avec la préoccupation de mettre debout et en mouvement l'homme entier. Ainsi, quand vos élèves dessinent la figure, que ce soit avec l'idée de la place qu'elle prend dans l'ensemble d'une composition arrêtée dans leur esprit et déjà essayée sur le papier.

Toutes ces questions que j'aborde ici bien sommairement préoccuperont les professeurs; elles les conduiront à discuter devant leurs élèves la théorie insensée de l'art pour l'art. Le temps n'est pas loin où l'on soutenait gravement qu'un chou, peint dans toutes les conditions de la perfection, devait être considéré comme l'égal de la *Transfiguration* de Raphaël. Et l'École entière de battre des mains. C'était le triomphe de la bourgeoisie, des banalités du jour, de la réalité de la vie. Sans doute une laie avec ses petits, grouillant dans le fumier de la ferme, attirera un instant ma vue; mais irai-je m'asseoir, des journées entières, en contemplation devant ce touchant tableau? Un journalier tire avec effort sa charrette, deux hommes avinés se battent à la porte d'un cabaret; je regarde et je passe, même lorsque le corps de l'homme transformé en bête de trait me frappe par son manque d'aplomb, même lorsque ces ivrognes portent sur leurs visages l'exaltation fébrile, l'aliénation mentale de l'enivrement; je le remarque, mais je ne dresse pas ma tente pour garder plus longtemps ce spectacle sous mes yeux; et vous voulez que je me plaise éternellement à ces ignobles scènes, parce que vous êtes parvenu à les peindre en *fac-simile* plus ou moins servile; que j'accroche ces tableaux sur mes murs pour m'en récréer à tout jamais la vue; que je les associe à ma vie de famille, à l'éducation de mes enfants, aux événements heureux, ou trop souvent malheureux, de mon intérieur? vous n'y pensez pas. Ces aberrations ont-elles fait leur temps? Cette théorie n'a-t-elle pas conservé des adhérents? Tous les peintres de genre, tous les amateurs de ce genre de peinture, soutiennent encore que l'art a plusieurs points culminants, et que la perfection étant une, elle est égale à toute autre, quelle que soit la nature de l'objet ou le choix du sujet auxquels on l'applique. Ils prétendent avoir des Raphaëls dans chacun de leurs genres de peinture, et cependant ils savent bien que le chou imité jusqu'à la perfection, le chien rendu avec sa physionomie intelligente, le cheval bondissant, le lion rugissant à faire peur, ne vaudront jamais une promenade au potager, cinq minutes passées à la chasse dans la prairie ou au désert; tandis que Françoise de Rimini traversant les airs dans son délire saignant, Tintoret peignant le portrait de sa fille, la nuit s'échappant mélancolique des clartés du jour, sont autant de poétiques rêves réalisés, que le génie enfante, que rien dans la nature ne peut remplacer. Laissons donc les genres infimes gonfler leur vanité pour atteindre ces colosses; ne leur souhaitons qu'un prompt retour sur eux-mêmes. La moralité de la fable est moins indulgente.

Le paysage portrait est supportable quand il me retrace un

souvenir personnel ou quand il rappelle à tous un fait historique; mais le paysage, imitation patiente d'un site comme la nature m'en offre vingt dans chacune de mes promenades, sans une idée qui s'y rattache, sans un effort d'imagination pour associer, comme le fait Claude Gelée, la plus belle heure du jour, les plus grandes beautés de plusieurs sites avec les monuments de l'art, ce paysage, quand il sera traité par des gens habiles, sera encore recherché comme décoration tant que le daguerréotype en couleur ne sera pas trouvé; mais le jour où ce perfectionnement mécanique sera découvert, adieu messieurs les paysagistes : on gardera un Corot près d'un Titien ou d'un Poussin, un Paul Flandrin près d'un Dominiquin ou d'un Rubens; on se rira du reste.

Je ne demande pas qu'on revienne au paysage dont le style a chassé la vie; je veux la nature, ainsi que l'homme, prise sous ses beaux côtés, dans ses aspects les plus favorables, aux heures du jour les mieux inspirées. Le paysage a de ces phases comme l'homme, et comme lui il a ses vulgarités. Le paysage historique est devenu impopulaire, parce que c'est un mot vide de sens. S'il désigne le beau style que les maîtres ont adopté quand ils ont représenté la nature, c'est le modèle éternel; s'il marque le paysage tel qu'on l'a peint pendant les trente premières années de ce siècle, sous l'influence de David, c'est une froide convention dont personne ne veut. Ne disputons donc pas sur la valeur du paysage historique, sur le mérite de l'idéal dans la représentation de la nature, sur le charme d'une pensée touchante animant un site enchanteur. Les controverses sont stériles, et nous en avons assez. Demandez aux élèves eux-mêmes s'il serait naturel que deux Français, Claude Lorrain et le Poussin, se fussent rencontrés pour créer le paysage historique, que deux siècles se fussent réunis pour les admirer, si cette manière de voir la nature n'avait pas été particulière à nos goûts nationaux et à notre entente de la réalité dans l'art, si elle n'avait pas répondu en même temps à la plus sage théorie; puis, ajournez les contradicteurs à l'année 1900 : ils sauront alors combien de mares et des plus vraies, combien de chemins creux et des plus réels, auront défilé devant le *Forum de Rome* et les *Bergers d'Arcadie* sans arracher à la splendeur de l'un, à la mélancolique séduction de l'autre, un seul de leurs admirateurs. Mais non, ce n'est pas assez et ce serait manquer à votre devoir. Vous avez la conviction que le public va demander aux artistes de faire, sinon mieux, au moins autre chose que la machine qui s'appelle le daguerréotype; vous dresserez vos élèves à penser, à composer, à idéaliser. Vous les formerez aux conditions pratiques de leur métier, non pas pour lutter de fini avec la machine, mais pour s'exprimer facilement, largement. Il n'y en aura pas moins de copistes acharnés à l'imitation bête d'une mare, d'un chou ou d'un poêlon, c'est une des faiblesses de la nature humaine, et il faut l'admettre, comme toutes les faiblesses, mais vous aurez préparé une forte génération à de plus nobles destinées.

Il en est de la peinture de paysage comme de la peinture d'histoire: on vante ses progrès, mais on rapetisse l'une et l'autre. Tous les maîtres ont interprété la nature, qu'elle soit être animé ou paysage, suivant les règles d'un idéal qui a pu exagérer un certain nombre de beautés, mais qui planait certes au-dessus de l'insipide réalité. Nous sommes en train de changer tout cela; mais, par une contradiction qui n'a rien de surprenant, tant est grand le désordre qui ravage les têtes, tandis que Courbet est applaudi lorsqu'il peint le paysage tel qu'il le voit, grenouillère ou bouquet d'arbres, ravin étroit formant rideau à cinquante pas ou masure isolée sur le grand chemin, on l'accable de critiques, on le honnit quand, fidèle au même système d'art insouciant ou de réalisme systématique, il peint des hommes et des femmes tels qu'il les voit, sans choix et sans fard. Les maîtres, je l'ai dit, comprenaient autrement le paysage : ils savaient interpréter ses beautés et trouver dans leur imagination une variété d'arrangement qui n'est comparable qu'à la variété de la nature elle-même, et cependant ils n'avaient pas comme nous la facilité des voyages, ces bateaux à vapeur qui nous transportent au gré de notre fantaisie au milieu dés magnificences de l'Orient, ces chemins de fer qui nous portent, rapides comme le vent, en face des beautés grandioses de la nature inépuisable des Alpes ou des Pyrénées, avec toutes les aises de la vie et la tranquillité assurée aux études. Qu'importe? direz-vous; la grenouillère et le chemin creux, copiés exactement, nous plaisent plus que les paysages les mieux composés. N'y a-t-il pas quelque chose d'équivalent aux raisins verts de la fable dans votre prédilection? De même que l'*École d'Athènes* est un tableau froid, sans vie, où le sang ne circule pas, de même aussi les paysages du Poussin sont factices et manquent de vérité. A un effort d'imagination vous préférez des prodiges de patience, au noble exercice de cette faculté créatrice que Dieu vous a donnée vous substituez de gaîté de cœur, et qui plus est avec vanité, la servilité de l'imitation. Si le paysage composé et idéalisé n'est pas votre fait, choisissez au moins les grands aspects de la nature, l'immense développement de ses beautés, les prodigieux effets de sa lumière, qui semble, dans sa gamme changeante, correspondre avec la gamme des sentiments qui résonne au cœur de l'homme, depuis la joie du matin jusqu'à la tristesse du soir; allez au fond des montagnes, sur le bord des lacs, dans l'immensité de la mer ou du désert, au milieu de la campagne de Rome ou dans les vallées de la Grèce.

Mais c'est encore là aborder la lutte, poursuivre la perfection dans les hautes régions de l'art, suivre une route escarpée et pénible, longue et remplie de difficultés. Il est si commode de s'arrêter en route avec la conscience qu'on ne saurait atteindre plus haut. Et cependant persévérer en dépit des défaillances, surmonter la fatigue, et de ses pieds comme de ses mains ensanglantés défier les obstacles, ce peut être une malheureuse ambition, mais c'est un noble courage, et il est rare qu'il ne soit pas accompagné de succès, qu'il n'atteigne pas au but.

Quand on ne possède pas cette énergie, on peut choisir un genre : seulement le choix est périlleux, car il y a des temps pour la marine, d'autres pour le paysage. L'Arabe et son coursier ont eu leur temps, la ruine gothique et sa châtelaine ont eu leur vogue. Tel qui réussira aujourd'hui avec ses Bretons n'y gagnerait pas demain de l'eau à boire. On accuse le peintre de baisser : c'est le public qui fait baisser les actions de tel ou tel genre à la bourse fallacieuse de ses goûts changeants, tellement que, si un peintre pouvait vivre plus qu'il n'est donné à un peintre de vivre, il verrait la vogue revenir au genre qu'il a senti déchoir de son vivant, et une nouvelle faveur, également momentanée, entourer ses tableaux.

La conclusion de ceci, au moins à l'École des beaux-arts, est de savoir tout peindre pour rendre tout sans effort, pour donner la forme à sa pensée sans trahir sa fatigue, c'est de ne s'attacher qu'à la vérité et de la placer le plus haut possible; plus elle est haute, plus elle défie ces petites brises de la mode du jour. Si vous ne pouvez atteindre le grand et le beau, au moins cherchez dans la nature ce qui correspond à votre âme, ce qui s'associe et s'incorpore, pour ainsi dire, à votre propre nature; n'imitez ni le joli, ni le coquet, ni le gracieux des autres, quelque succès qu'il ait eu. Angelico de Fiesole, Carpaccio, les Tiepolo, Watteau, Boucher, Chardin, Greuze, Vidal, sont des peintres charmants, mais leur mérite réside justement dans le naturel de leur affectation. Vous pouvez être affecté à votre tour et conquérir le même succès par le tour caractéristique de votre propre affectation; mais, quant à celle des autres, c'est quelque chose qu'on goûte si l'on y est porté, qu'on admet, quelque dégoût qu'on en ait, et qu'on n'imite pas plus que l'originalité. Ces genres ont même cela de particulier qu'en les imitant parfaitement, qu'en faisant même mieux, on ferait plus mal. La naïveté enfantine et angélique des têtes de Fiesole, mise sur des corps capables de vivre, n'aurait pas ce mérite particulier, ce caractère primitif qui en fait le charme. Les imitateurs de Watteau étaient plus précis que lui, ceux de Boucher plus chastes, moins monotones et moins blafards, et cependant tous ces imitateurs sont restés bien au-dessous des modèles, et quand M. Pollet, se mettant à la suite de Vidal, le bat sur tous les points, rectitude du dessin, variété d'expression, vérité et force de la couleur, il n'en est pas moins une imitation insuffisante, parce qu'à Vidal appartient quelque chose qui est la nature même de son talent, qui fait sa grâce et sa séduction.

Il est plus fâcheux de se sentir suivi par d'autres que de s'apercevoir qu'on suit quelqu'un : dans le premier cas, rien ne vous débarrasse de ces imitateurs à la suite ; dans le second, il dépend de vous de changer de voie. Eugène Delacroix donnerait la moitié de son talent pour n'avoir pas derrière lui, ou à droite ou à gauche, M. Chassériau, qui lui fait l'effet d'un miroir d'auberge, dans lequel on se voit blême et déformé ; mais à ce mal je ne sais pas de remède, et comme il n'atteint que les forts, il n'est pas dangereux.

Les dimensions d'un tableau ont leur importance ; il est raisonnable de consulter la proportion des choses et le diapason des célébrités. Tel fait, tel homme ne comporte pas plus que le croquis, tel autre ne doit pas dépasser le châssis de petite dimension ; il en est qui seraient à l'étroit sur la toile de la *Bataille de l'Isly,* laquelle, par parenthèse, est trop grande pour le sujet. Quand Biard composa son immense *Gulliver,* quand Courbet peignit ses *Tailleurs de pierre* et l'*Enterrement d'Ornans*, de grandeur naturelle, ils se trompèrent l'un et l'autre au moins de moitié. Un autre genre d'harmonie est nécessaire aussi entre le choix du sujet et la nature du talent. Vous aurez beau faire la grosse voix, on vous reconnaît. Je possède un tableau de sainteté peint très-sérieusement par Boucher, et qui provoque le rire. Au reste, la manière de traiter un sujet le rapetisse bien plus que la dimension de la toile. La petite peinture n'est pas dans les plus petits cadres ; la *Mort du duc de Guise* est un bien plus grand tableau que le *Charlemagne traversant les Alpes*, quoiqu'il soit vingt fois plus petit. Qui se sent la patience, le goût du pointillé et de l'étude au microscope se jette dans cette manière, vers laquelle penchent instinctivement les peintres des décorations de théâtre, et cette remarque suffirait pour condamner la tendance à l'extrêmement petit. Les tableaux nains de MM. Cicéri et Thierry prouvent qu'habitués à rendre la nature autrement qu'ils ne la voient, il leur est impossible de s'arrêter à la juste proportion : ils vont d'un extrême à l'autre; leur vue a pris quelque chose de factice comme une lorgnette, qui ne montre les objets que par le petit ou par le gros bout. Au reste, même en ce genre, il y a, même après les Flamands, place pour de lucratifs succès. Messonnier y a réussi, vingt peintres le suivent, et parviendront à faire aussi bien que lui, si, à son exemple, ils se sont rendus maîtres de leur métier, je veux dire s'ils savent dessiner et peindre; s'ils ont comme lui la persévérance dans la minutie, la passion dans le fini : ils feront mieux que lui, si à ses qualités ils joignent le talent de choisir des sujets intéressants, de rendre des scènes gracieuses ou pathétiques, de mettre de l'âme au fond de ces daguerréotypes peints ; s'ils comprennent surtout que les tableaux infiniment petits, comme les plus grands, exigent une manière propre au sujet, une couleur particulière à la scène représentée, le tout découlant sans effort de l'inspiration de l'artiste et de l'observation du moment. Messonnier a trouvé un procédé et il l'exploite : touche du pinceau, gamme de couleur, maniement de l'effet, tout se ressemble et se répète à satiété. On dirait un procédé reproducteur, une façon d'imprimerie à l'huile. Évidemment l'artiste a cessé de regarder son sujet, il ne cherche plus dans la nature ce qu'il veut rendre. Comme un acteur bien seriné, qui récite en pensant à autre chose, Messonnier répète et reproduit ce qu'il a dix fois représenté, mettant seulement, pour faciliter le débit de la chose, un joueur de basse à la place d'un homme qui lit, un artiste qui cherche dans un portefeuille au lieu d'un chasseur qui démonte son fusil.

Il est bon qu'une porte soit ouverte à toutes les excentricités, aux bonnes qui sont les élans du génie, aux mauvaises qui sont le manége des prétentions. Si David avait enterré Prud'hon sous le linceul de sa stérile doctrine, si l'Académie, il y a vingt-cinq ans, avait étouffé Eug. Delacroix, si la critique aveugle ou la direction des beaux-arts avaient pu, l'une par ses dédains, l'autre par ses négligences, arrêter Ingres dans sa marche droite et résolue, il y eût eu un chapitre à ajouter au livre de M. Jozat sur les dangers des inhumations précipitées. Il faut admettre toutes les fantaisies, c'est une disposition de l'imagination, et quand elles s'entourent de grâce et de séduction, elles sont charmantes dans leur inattendu. Prud'hon a eu de délicieuses fantaisies, mais, pour vivre dans la postérité, il a eu d'autres mérites. Je n'admets pas que la fantaisie domine le talent et devienne une manière. On évitera celle-là à tout prix : c'est un principe de stérilité et de mort. La difficulté est de s'apercevoir soi-même de son envahissement. Comme ces élégants qui se dandinent dans une démarche affectée jusqu'au jour où ils rencontrent une glace en pied, comme ces femmes qui adoptent un sourire banal jusqu'au moment où il les offusque sur la figure d'une autre, le peintre qui a pris une manière n'a pas la conscience de son défaut, et quand il ouvre les yeux, bienheureux si la démarche n'a pas imposé son pli à la taille, si la grimace n'a pas sillonné sa ride, si la manière n'est pas devenue un mal invétéré et incurable. Dites aux élèves : Ne vous faites une manière en quoi que ce soit, et, quand vous vous sentez atteint de cette lèpre, employez contre elle tous les remèdes et jusqu'aux extrêmes contraires. Il y a des manières de dessin dans les proportions du corps, dans les attitudes des personnages, dans les physionomies et le choix des types, des manières d'effet dans le brillanté des blancs et des noirs, dans le sombre ou l'éclatant, des manières de couleur dans le ton général et les oppositions, dans le choix de certaines dominantes et la manière de suivre la gamme; il y a bien d'autres manières encore, mais quand j'en aurais énuméré un millier, il m'en resterait encore autant à décrire. J'aime mieux dire à l'élève de réagir contre elles toutes par l'étude naïve et consciencieuse de la nature, et, si ce moyen échoue, par l'imitation d'un maître atteint du défaut opposé. Avec une manière se perdent les plus belles qualités. Quand Decamps peint des scènes turques d'après ses études faites en Orient, il a des valeurs de tons et une distribution de lumière qui sont vraies, parce qu'elles sont observées sur place et saisies avec talent; seulement, et c'est ici que la maladie présente ses symptômes, quand il peint nos campagnes, je retrouve les oppositions et les effets de l'Orient : alors je me révolte contre la manière, car c'est la nature de Decamps, ce n'est plus la nature du bon-Dieu sous le soleil de Paris. Je trouve tout aussi condamnables les vues d'Orient peintes par nos Parisiens, avec les effets voilés et les tons rompus de notre latitude septentrionale. L'Orient a son caractère en pleine lumière; ses temps gris eux-mêmes éclairent autrement la nature que nos ciels nuageux. Tout étant harmonie, on ne reconnaîtrait pas la campagne de Rome ou la vallée du Méandre, si on les transportait dans la plaine de Saint-Denis, pas plus que nous ne parvenons à nous rendre compte des effets de couleur et de tons, du charme pittoresque dont nous cherchons à rappeler le souvenir évanoui en voyant dans les rues de Paris, par un temps gris, trois pifferari crottés, soufflant aigrement dans leur cornemuse enrouée. Ce sont les mêmes hommes, les mêmes chapeaux couronnés de fleurs fanées, les mêmes manteaux bleus râpés jusqu'à la corde, les mêmes sandales : tout est original, venant de Rome en ligne directe, et rien ne va au cœur, ne fait vibrer les mêmes cordes, parce que rien n'a conservé son originalité, faute du cadre et du rayon de lumière.

Parmi les genres secondaires est rangée la peinture des animaux. Je ne blâme nullement la tendance qui pousse les jeunes artistes vers cette étude : c'est une estimable tâche. Il faut beaucoup d'esprit pour saisir le caractère de ces êtres si mobiles et pour rendre leur physionomie dans les scènes qui caractérisent le mieux leurs habitudes. Mais l'esprit ne suffit pas, et les anciens l'ont prouvé en cherchant dans l'animal comme dans l'homme un idéal de beauté monumentale. Léonard de Vinci était en conformité de pensée avec l'antiquité. Sans avoir vu les chevaux de Phidias au Parthénon, il a compris ce bel animal dans le même sentiment, et il l'a dessiné dans ses albums avec autant de majesté. Les modernes y ont mis moins de grandeur et plus d'esprit, trop d'esprit peut-être. Sneyders était plus peintre que chercheur; Desportes n'a pas son pareil comme portraitiste de chiens; Oudry et Riedinger copiaient assez superficiellement les allures caractéristiques des animaux; il n'a manqué à G. Jadin, pour marquer, que les qualités fines du peintre : il avait l'observation, le talent rare de saisir la physionomie et de la rendre de premier coup, et même l'esprit d'éviter l'esprit; Landseer débuta comme un maître, mais il est devenu un Grandville convenable. Mène et Cain cherchent la vérité, prise sur le fait, vue en petit et daguerréotypée avec les doigts; Fremiet s'élève davantage, et Barye touche quelquefois aux sommités que l'antiquité avait atteintes. A Athènes, à Delphes, dans les villes et dans les colonies grecques, les animaux avaient leurs statues comme les dieux et les héros. Des traditions, des mythes religieux, motivèrent leur admission dans le sanctuaire, mais il eût suffi de leur beauté pour maintenir leur présence dans ces musées sacrés : c'est que l'artiste grec avait étudié la nature dans ses plus beaux types et s'était attaché à conserver à chaque créature sa physionomie et ses lignes caractéristiques. Le point essentiel est donc, dans l'enseignement comme dans la pratique, de s'attacher à cette physionomie et à cette ligne. Chaque espèce a ses proportions, ses attitudes, son caractère; chaque individu a sa physionomie; soyez maître des conditions générales, et quand vous aurez une étude particulière à faire, ces premières notions vous seront d'un grand secours, elles formeront le canevas sur lequel vous broderez l'individualité. Imiter la couleur lustrée du cheval, les taches de la fourrure du tigre, rendre par la sculpture le pelage du lion, les anneaux du serpent ou les écailles du crocodile, tout cela est bien secondaire, si l'on n'a pas compris le mécanisme qui compose la charpente de l'animal, et sa musculature qui forme les lignes dans lesquelles la race se dessine avec ses mouvements instinctifs. Il va sans dire qu'on ne prendra pour modèles que les animaux qui ont conservé, les uns dans l'état domestique, les autres dans l'état sauvage, le type originel et primitif, ce type que les uns et les autres, quelque appauvris qu'ils soient par la civilisation ou l'emprisonnement, rendraient à de futures générations, s'ils étaient transportés dans les conditions de leur vrai développement. Si l'élève, au contraire, va étudier le taureau difforme de Durham, propagé en France à grands frais par l'État, le bélier obèse du Hampshire, le cochon dégoûtant de graisse, l'âne appauvri de nos rues, le cheval caricature de nos courses, le chameau d'Algérie, le lion dégradé et le tigre adouci de nos cages de ménagerie, il est évident qu'il trouvera tous les modèles donnés par les anciens, tous les principes émis par les maîtres, contrariés, contredits par ce qu'il appellera la nature.

Le choix des sujets d'étude, les procédés de peinture, les dimensions des tableaux, pas plus que les instruments, les ustensiles et les matières, n'exemptent des exigences éternelles de l'art. Tout est bon pour rendre sa pensée, et tout doit tendre à la même perfection; mais, les moyens employés ayant une portée de puissance et une limite de perfection, il ne faut pas chercher à les étendre, à les augmenter, en imitant, en recherchant le degré de perfection obtenu par d'autres moyens. Je m'explique : l'aquarelle est un procédé de peinture, l'huile, la cire, la fresque et le pastel sont d'autres procédés de peinture; tous ont le même but, car ils ont à rendre un même modèle, mais tous, s'appliquant différemment, ont des limites de perfection différentes. Si vous prétendez donner à l'aquarelle l'empâtement de la peinture à l'huile, pour ajouter aux qualités de celle-là les qualités de celle-ci, vous contrariez l'aquarelle, vous lui faites perdre de sa transparence, et vous ne lui donnez qu'incomplétement le corps et la solidité de la peinture à l'huile. Au reste, je n'insiste pas sur ces distinctions : le moyen est indifférent, l'art marche librement. Le peintre peint plus avec ses yeux qu'avec sa main; la main obéit, le sentiment perce à travers tous les moyens matériels et leur impose sa domination. Il y a des mélanges de plusieurs genres de peinture qui font merveille quand c'est le pouvoir créateur du génie qui les inspire et qui les découvre; ces mélanges deviennent détestables quand la médiocrité, la routine, les talents mécaniques, en retrouvent le secret et formulent des recettes pour en user.

Il est un point toutefois sur lequel j'appuierai davantage, c'est sur la perfection de l'exécution matérielle, qui ne compense aucun défaut, mais qui complète toutes les qualités. Cette question du moyen, de la pratique, en un mot du métier, est une des plus graves à agiter dans l'enseignement des élèves; il ne doit, à cet égard, rester dans leur esprit aucun doute, aucune incertitude. Faisons d'abord une distinction. L'auditoire du poëte, du musicien, de l'orateur, s'impressionne d'une pensée qui, allant directement à l'âme, s'évanouit et laisse au souvenir personnel de chacun le soin de la mûrir et de la compléter. Les arts graphiques et plastiques produiraient le même effet, et pourraient accepter des conditions semblables d'improvisation, s'il leur était donné de dérouler sous les yeux du public et d'enlever subitement leurs créations, qui ne laisseraient après elles que l'impression causée par la pensée de l'artiste mise à l'effet du premier coup; mais, parce que le monument d'architecture, la statue, le tableau, restent sous nos yeux, deviennent le commensal de nótre sentiment et lui servent de contrôle, il leur faut d'autres conditions d'exécution : à la pensée il faut le corps, au corps la perfection de la réalité, comme dans l'architecture et la sculpture, ou bien les plus habiles combinaisons de l'illusion par la couleur et l'effet, comme dans la peinture. De là un programme bien autrement compliqué.

Au point de perfection où en est arrivé le matériel de l'art, avec les modèles que fournit le daguerréotype, certains principes qui avaient leur sens et leur raison d'être ne l'ont plus. Quand l'art était le langage de l'âme, une sorte de réalisation conventionnelle de la pensée, on prétendait avec raison que les différentes parties d'un tableau devaient être traitées avec plus ou moins de soin, suivant qu'elles avaient plus d'importance dans la composition. Si je vous parle, disait-on, je vois votre visage, je suis votre expression, j'interprète les gestes de vos bras, mais j'ignore comment est fait votre habit et si vos bottes sont vernies. Ainsi, dans la peinture, je laisse dans l'ombre et dans l'indécision certains plans, certaines parties qui, exécutées avec trop de soin, viendraient troubler l'attention du spectateur et l'effet que je veux produire sur lui. Ainsi parlaient les artistes qui avaient plus exercé leur pensée que leur main, qui comptaient plus sur leur imagination que sur leurs pinceaux. Mais le daguerréotype vint au monde et prouva, après les Flamands et les Hollandais, après la réaction dont La Berge fut l'expression première, Messonnier l'interprète adroit, et Ingres, dans la *Stratonice*, le réalisateur inattendu, que la perfection des détails ne nuit en rien à l'ensemble, que ces détails ont tous une même importance, demandent le même soin et le même fini, si même une intensité de ton relative laisse dans la composition toute son importance au personnage principal. Dans cette peinture plus rapprochée de la perfection réelle, des hommes en chair et en os ne se promèneront pas dans des paysages faits de brouillards et de vapeurs.

Dès lors il fut impossible d'échapper à cette nouvelle exigence de l'art, et l'artiste, pour être complet aujourd'hui, doit posséder, avec les plus riches dons de l'imagination, l'habileté la plus consommée du métier. Votre pensée, quelque haute qu'elle soit, ne s'élève pas au-dessus de cette condition de l'art, vous n'êtes plus compris avec l'aide de quelques abstractions et des traits fugitifs d'une esquisse; il faut être clair, précis; cette pensée doit avoir le corps et la réalité que la nature lui prêterait, si, au lieu de la concevoir dans le ciel de votre imagination, vous l'aviez surprise sur cette terre. Ici-bas rien de vague, rien de négligé, rien de sacrifié; chaque chose a un même degré de réalité, quoiqu'à des plans différents.

Entre la réalité minutieuse et puissante du daguerréotype

et le travail de la main humaine, doit-il rester un abîme? Je ne le crois pas. Faut-il, parce que le pinceau ne peut atteindre à ce réalisme saisissant, qu'il se contente d'un à peu près fugitif pour tous les détails, et d'un effort de concentration de tous ses moyens sur le visage, dont il rendra, mieux que la machine, l'esprit, la physionomie et le caractère? La peinture, en un mot, doit-elle devenir un croquis spirituel, et laisser au daguerréotype tout le domaine de l'étude sérieuse et de l'illusion puissante? Je ne le crois pas. Faut-il donc engager la lutte? Faut-il porter cette lutte sur le terrain même de la perfection des détails? Ne risquons-nous pas d'accabler l'esprit créateur sous les fatigues de l'exécution matérielle? A toutes ces questions je répondrai par une définition : la perfection de la peinture est une pensée haute, un sentiment profond ou passionné, exprimés dans une forme idéale, par l'exécution la plus minutieuse et la plus parfaite. Raphaël, Michel-Ange, Jean Van-Eyck et Terburg associés, martelés, passés au laminoir de manière à ne faire qu'un corps et qu'une pensée, voilà ce que j'attends de l'avenir, et c'est ainsi que je me représente Zeuxis et Apelles. Ce n'est pas sans raison que la tradition avait conservé jusqu'à notre ère, et que Pline a soigneusement recueilli ces souvenirs d'imitation minutieuse, de trompe-l'œil, d'illusion parfaite, qui rendirent célèbres les deux grands artistes, parce que ces rares et précieuses qualités accompagnaient chez eux toutes les supériorités de la pensée, toutes les distinctions du talent. Faire hennir des chevaux, attirer les oiseaux qui viennent becqueter des fruits peints sur une toile, tromper jusqu'à son rival qui cherche à écarter le voile qu'on a peint sur son tableau, c'était le triomphe de l'art chez la nation la plus artiste, au milieu des créations sublimes dont l'architecture et la sculpture nous ont conservé les témoignages évidents. C'est qu'aux temps primitifs la pensée domine, parce que le pouvoir de l'exprimer fait défaut, tandis qu'aux grandes époques de l'art une balance exacte s'établit entre toutes les facultés de l'artiste.

Le fini de l'exécution, quand il est un but, tient du métier;

quand il est un moyen, il devient une des ressources de l'artiste et sa plus haute satisfaction. Certes, si un caractère devait être hostile aux soins de l'exécution, c'était Michel-Ange, et cependant qui a soigné sa peinture plus que lui, qui a poli son marbre avec plus d'amour et de patience? Il était heurté, brusque, emporté, dans les esquisses qui cherchaient sa pensée; mais quand il l'avait trouvée, cette esquisse qui portait encore les traces de ce rude labeur de la création devenait, dans l'exécution définitive, douce, finie, parfaite. Déduisons de cet exemple un principe d'enseignement. La fougue, la liberté, le laisser-aller dans les ébauches, un long travail de réflexion avant de saisir le crayon; de patientes recherches, des essais multipliés en esquisses; mais, une fois que l'artiste se croit maître de sa création, toutes les ressources d'exécution parfaite et perfectionnée mises en œuvre, jusqu'à la minutie, jusqu'au fini de la loupe, jusqu'à la perfection des moindres détails.

Le génie a mille manières de se manifester; il n'en a qu'une pour être complet, et c'est celle-là que j'indique ici. Il se rendra maître d'une pensée, d'un sentiment, d'une passion, pensée, sentiment, passion, qui est dans le cœur de tous et que tous les artistes ont ébauchée, mais que lui seul a rendue complète par la hauteur de l'inspiration, la puissance de la science et la perfection de l'exécution.

Je ne repousserai donc aucun moyen d'atteindre à la réalité dans l'imitation, tant que ces moyens seront soumis à ce sens supérieur que j'appellerai la dignité de l'art, sens subtil, délicat, qui ne se méprend jamais, ni sur la fin générale de l'art, ni sur ses convenances accidentelles. Que la chair palpite sous le marbre; que le sang circule par la magie du pinceau; que ces étoffes sculptées à coup de maillet soient aussi souples, aussi variées de souplesse que l'industrie elle-même les crée; que la magie de l'effet et du clair-obscur fasse d'un tableau une illusion de diorama, que les oiseaux s'y prennent, que les chiens et les chevaux s'y heurtent, que les gens de la campagne s'y trompent, j'irai plus loin, que la couleur harmonise toute l'architecture et rende aux ornements quelque chose de la réalité du modèle, que les statues se colorent, sinon de la carnation naturelle, au moins d'une teinte discrète qui leur rende la vie; tout cela me va, me séduit et me semble la véritable donnée de l'art; mais, je le répète, à la condition d'être dirigé, contenu et toujours ramené au grand style par l'idéal le plus élevé et le sentiment de l'art le plus pur. Est-ce à dire que je veuille des statues moulées sur nature, des tableaux qui ressemblent à l'étal d'un boucher, des étoffes minutieusement rendues jusqu'au dernier fil, des trompe-l'œil de diorama, des arlequinades d'édifices et des figures de cire de Curtius? Personne ne se méprendra sur ce besoin de réalité qui se fait sentir à toute âme éprise de la nature, besoin qu'un instinct délicat ramène par les voies de la raison aux principes sages, puissants, féconds, de l'imitation conventionnelle.

Savoir imiter et n'imiter point, être maître de la réalité et de son métier, et n'y pas plus songer en créant que vous ne pensez, vous avocat ou orateur, aux règles de la grammaire, quand vous enlevez votre auditoire; vous, promeneur, au mouvement de vos jambes, à la pose de vos pieds, quand vous courez, quand vous marchez; vous, grand écrivain, à l'orthographe et à la grammaire, quand vous cédez à l'impulsion de votre inspiration: telle doit être la fin, tel le but que l'enseignement se propose. Savoir imiter et n'imiter point, c'est connaître la réalité et son métier, c'est les posséder et les dominer avec assez de puissance pour les maintenir dans les limites justes de l'art et de chaque application de l'art. L'homme qui sait à moitié les choses montre tout ce qu'il sait: c'est un pédant, et, dans les arts, un artiste prétentieux; l'homme qui sait à fond s'applique à donner à la science la forme la plus séduisante, comme la nature qui cache partout sous l'éclat des fleurs ou du teint, de l'écorce luisante ou de la peau veloutée, la structure admirable des plantes et le mécanisme merveilleux des nerfs et des os. Ainsi fait l'artiste fort, il voile sa science sous le charme de son imagination. La destination a, sous ce rapport, une véritable importance, puisqu'elle trace les règles et donne la loi : or, comme l'antiquité ne produisait pas sans avoir en vue cette destination, elle ne s'est point exposée aux contre-sens, aux disparates qui déparent si souvent l'art moderne. L'art antique était plus ou moins monumental, suivant que la statue ou la peinture se liaient plus intimement à l'architecture ; il se rapprochait plus de la nature, quand il s'éloignait davantage du monument qui lui imposait des conventions ; ainsi, dans l'art asiatique et égyptien, les animaux qui décoraient les parois des temples étaient plus conventionnels que ceux qui en formaient les avenues, jusqu'à ce qu'on arrivât à des imitations presque réelles, destinées sans doute à orner des jardins et à s'associer à la nature elle-même. Dans les temples grecs, la frise encastrée dans le temple était plus conventionnelle que la statue placée dans la cella ; cette figure avait moins de réalité que celle qui ornait les portiques ; enfin le gladiateur ou la nymphe, exposés au dehors, se rapprochaient parfaitement de l'imitation naturelle.

Pour l'œuvre d'art telle que nous la concevons aujourd'hui, telle que la réclament la galerie du musée ou nos réduits qui s'appellent des salons, pour cette production, la perfection n'a de limite que dans les forces de l'artiste. Il ira aussi loin qu'il se sent capable d'aller, la tête fraîche, la main ferme et le jarret tendu ; mais, au premier indice de lassitude, qu'il sache s'arrêter, qu'il comprenne que la puissance créatrice l'abandonne. A ce moment commence, en effet, l'exécution pénible, froide, monotone ; le fini de métier, de précieux de routine et toutes les tristes qualités des miniaturistes de fabrique. Savoir quitter à point une œuvre presque achevée, reconnaître le moment où la main cesse d'être inspirée, c'est une part du talent, c'est presque un secret et comme une inspiration dernière. C'était l'art dont Apelles se vantait et par lequel il prétendait vaincre Protogènes, qui le surpassait d'ailleurs en tout. C'est dire assez que nous déclarons la guerre aux ébauches, aux pochades, aux tableaux qu'on promet de finir en ajoutant traîtreusement qu'ils ont beaucoup à gagner. L'art a ses coulisses : on peut y aller, mais à la condition d'oublier à la porte du théâtre les pauvretés qui s'y voient et les propos qui s'y tiennent; le public ne doit être initié qu'à la représentation de l'œuvre elle-même, amenée à la dernière limite de la perfection qu'elle est susceptible d'atteindre. Que d'esquisses admirables j'ai vu se perdre à un certain moment où le tableau commençait! que de dessous charmants j'ai vu couvrir avec un modèle dans lequel s'évanouissaient tous les rêves qu'ils avaient inspirés! C'est que penser et réaliser la pensée sont les deux extrêmes d'une difficulté entre lesquels se trouve l'esquisse, c'est-à-dire la pensée confuse et cependant assez claire pour que l'artiste-poëte et les cœurs sympathiques à ce même accent de poésie y trouvent tout ce qu'ils rêvent, et plus encore. Ne pas pousser plus avant, s'arrêter en chemin à ce point où chacun arrive du premier bond, où commencent les grosses difficultés, c'est bien tentant, et les applaudissements du public, les encouragements de l'État, seraient désastreux, s'ils favorisaient, parce qu'elle est commode, une tendance naturelle qui deviendrait la perte de l'art.

On se fait une réputation d'esprit pour avoir le droit d'être bête à ses heures, quand l'envie prend de s'abandonner à la distraction, quand quelque préoccupation dispose au silence. Dans les arts aussi, il est bon d'acquérir les perfections du métier, toute la science du détail, pour négliger les uns et les autres et se permettre, selon que le vent y porte, des fantaisies de simplicité, des caprices de vérité, des dévergondages de lignes froides et précises qui d'une composition ne donnent que le sens poétique, d'un animal qu'une silhouette caractéristique, de l'homme que sa physionomie et le trait passionné traduits en quelques coups de crayon. Ces temps de repos sont sublimes, mais ils n'appartiennent qu'à l'homme dégagé des entraves de la règle et sûr de lui-même.

En exigeant des élèves la perfection de l'exécution, vous la leur présenterez comme la sauvegarde de leurs œuvres, comme le passe-port à l'immortalité. A tous vous direz : Ne devancez pas le temps, chargez-le de vous apporter sa patine, que lui seul appose avec art, comme la caresse d'une mère sur les joues de son enfant. Si vous teintez vos pierres, si vous colorez votre bronze, si vous bronzez votre peinture, le temps s'écartera d'une œuvre qui se sera faite sans lui, et, au bout de quelques années, pierres, bronzes et peintures seront vieillis d'une fausse vieillesse, tandis que la pierre, le bronze et la couleur dans la franchise de leur nature auraient emprunté au temps cette teinte délicieuse qui rend le monument harmonieux, le bronze vivant, qui donne au tableau une physionomie particulière, un repos, une sorte de pacification générale, dans lesquels, comme par un redoublement de toutes les qualités, ce qui était pieusement senti devient gravement religieux, ce qui était passionné atteint le pathétique, ce qui n'était que légèrement senti tourne au poétique.

En tout cela l'enseignement ne doit rien imposer aux élèves, pas même une qualité, car l'élève est une terre que Dieu ensemence : vous n'êtes appelés qu'à la préparer; vous la remuez, vous jetez l'engrais fécondant, la semence de Dieu germe et l'originalité se montre. Liberté, crie l'élève; qui m'aime me suive, crie le maître : tout est dans ces deux mots. Quand règne le sérieux enseignement, il n'enchaîne ni la fantaisie, ni la rêverie, ni l'archéologie qui regarde trop en arrière, ni le panthéisme qui regarde trop en avant, ni les idéalistes qui s'inspirent de leur pensée, ni les réalistes qui copient la nature telle quelle; non, l'enseignement sévère, profond, sert à chaque disposition naturelle et donne des armes à toutes, quels que soient le champ de bataille et l'arène qu'elles choisissent. Alors Chenavard dessine ses compositions au lieu de les dicter, Hamon donne des corps à ses idées, Glaize, de la noblesse à ses pensées, tous enfin, au lieu de lutter contre leur propre impuissance, marchent en avant forts de leur conviction, bien équipés, bien approvisionnés. Loin de détruire l'originalité et d'arrêter l'essor de l'invention, l'étude nourrit l'une et fortifie l'autre. De même qu'une idée réveille dans l'esprit du lecteur une idée nouvelle et parfaitement indépendante, qui sans cette commotion électrique et sympathique ne serait pas venue au monde, de même aussi l'intimité avec les maîtres de toutes les époques n'altère en rien l'originalité. C'est une langue nouvelle dont on se rend maître. On a dit qu'un homme se doublait d'un autre homme à chaque nouvelle langue dans laquelle il parvenait à s'exprimer ; ainsi l'artiste qui possède l'art antique, l'art des plus grands maîtres, aura pour rendre sa pensée des ressources infinies. Otez à quelques jeunes peintres de nos jours leurs réminiscences antiques, ce charme tranquille qui est comme un reflet vaporeux de la Grèce, que leur reste-t-il? du gris, du terne, de l'effacé, étendus avec monotonie sur de l'afféterie. Que n'auriez-vous pas ajouté de valeur à Français, si un voyage en Orient lui avait donné un peu de la poésie de Corot et de la rigidité d'Aligny? de valeur à Diaz, si vous lui aviez inspiré l'élégance conquise par Prud'hon dans les œuvres des anciens?

L'imagination, cette richesse d'idées qui puise dans son propre fonds et ne demande aide qu'à la nature, est chose rare qui mérite protection. C'est un don du ciel qui doit être entouré de toutes les prévenances, car la richesse d'un seul artiste fait la richesse nationale. On se fatigue vite des prétentions vides, on revient toujours avec plaisir à l'originalité inspirée. Nous nous faisons souvent illusion en France, et nous sommes trop disposés à prendre pour originales des idées pillées de côté et d'autre, mais arrangées avec un art et une séduction que, dans leur donnée première, elles n'avaient pas. Les professeurs de l'École des beaux-arts feront effort pour discerner l'originalité vraie, l'imagination native, de cette originalité de contrefaçon, de cette imagination de seconde main, dont le succès usurpé tombe dans le discrédit aussitôt qu'on a découvert la source où elle est puisée. Pour cela il faut encourager non pas seulement la grande, la haute originalité, celle qui conçoit les œuvres éclatantes, dont la nouveauté est accompagnée de mille autres solides qualités, mais aussi l'originalité craintive, celle qui s'exprime dans une idylle, dans les rinceaux d'une frise, dans les enroulements des marges d'un livre, dans l'entourage d'un titre.

Il est chez les jeunes artistes des défauts à ménager, à choyer, et presque à entretenir : ce sont ceux sur lesquels s'appuient leurs qualités ; plus les premiers sont violents, plus les secondes sont puissantes ; plus celles-ci sont élevées, plus ceux-là paraissent grossiers. Il en est ainsi de ces aériennes voûtes d'église qui ne s'élancent au ciel qu'appuyées sur de lourds et déplaisants contre-forts. Supprimez les uns et les autres, les défauts et les contre-forts, et vous verrez s'amoindrir, s'aplatir et s'annihiler voûtes élancées et qualités supérieures. Ce n'est pas faire notre éloge, c'est constater la faiblesse de notre nature et de nos œuvres ; mais puisqu'il s'agit ici uniquement de la pratique de l'art, et non pas du perfectionnement de notre nature morale, je répéterai : Respectez les défauts à l'égal des qualités. L'originalité, le sentiment, la passion et ce souffle poétique qui les anime vivent de nos qualités et de nos défauts. Vous pouvez enlever le membre qui vous déplaît ; l'homme supportera l'amputation, il vivra, mais mutilé, boiteux, et sa marche incertaine s'appuiera sur des béquilles : ainsi du talent. Jugez bien vos élèves ; apprenez-leur à se juger eux-mêmes ; qu'ils voient leur vraie tendance, leur qualité dominante, et qu'ils y abondent. Le vaisseau qui flotte à l'aventure est le jouet des vents ; celui qui porte droit à son but peut rencontrer des récifs, mais il a le plus de chances d'arriver à bon port. Tel élève est né coloriste : qu'il pousse à la couleur ; tel autre est naturellement dessinateur : qu'il étudie et toujours étudie. En général, conseillez-leur de laisser venir à eux les qualités d'emprunt, une supériorité comme un aimant les attire ; si, au contraire, ils veulent égaliser toutes les dispositions et faire marcher de front les qualités naturelles et les qualités acquises, ils ne trouveront l'équilibre qu'aux dépens de la vraie force. De même que les femmes, dans le choix des fleurs qu'elles mettent sur leurs têtes et des étoffes qui les habillent, doivent abonder dans leur couleur pour aborder franchement et faire valoir leur beauté, de même aussi le jeune artiste doit pousser droit à sa qualité dominante, qui est son talent futur dans sa franchise.

Cette voie conduit au succès. Pour les uns, c'est un but atteint, pour les autres une récompense inattendue, pour tous un moment d'épreuve. Christophe Colomb a découvert les richesses du Nouveau-Monde aux Européens et aux Indiens à la fois ; il en est ainsi des succès de quelques artistes modestes : les applaudissements les font connaître au public et à eux-mêmes, et le plus étonné n'est pas le public. De quelque manière qu'il soit acquis, le succès est le glas funèbre qui convoque l'envie, la jalousie et toutes les petites passions à l'enterrement de celui qui s'en est rendu coupable. Le mortel qui se réjouit du succès de son concurrent, c'est l'homme tant cherché par Diogène, et il ne se trouve pas plus facilement dans les arts et dans l'industrie que dans les autres carrières. Peu importe ; le succès véritable ne se mendie pas, il s'impose. Cependant je dirai aux jeunes gens : Défiez-vous de vos succès, comme Rogers, le chantre des plaisirs de la mémoire, disait aux jeunes poëtes : *Effacez de vos ouvrages ce qui vous en plaît.* En effet, le succès est rarement dû au fond même du talent, à ses qualités essentielles, à sa partie sérieuse ; le succès est dû à un hasard, à un accident, à un détail. Ce qui a sollicité de bruyants applaudissements dans le bas-relief du *Départ*, c'est cette figure de la Liberté, oiseau de proie, Mégère effrayante qui ouvre une énorme bouche pour appeler les citoyens aux armes. Rude s'est laissé prendre à ce succès, et cette exagération ainsi applaudie l'a conduit à son maréchal Ney, violent, emporté, la bouche ouverte, aussi. Oh ! méfiez-vous de vos succès.

Un péril plus grand, c'est la manie de se faire remarquer, le besoin de percer coûte que coûte. Je ferais sortir à toute force des têtes de nos jeunes gens cette opinion malsaine, contagieuse et trop répandue, que, pour prendre rang parmi les hommes de talent et pour marquer dans l'histoire de l'art, il faut marcher isolé, à part, afin de se créer une originalité tranchée, bien distincte, bien évidente. Aujourd'hui un artiste veut non seulement être lui-même, mais il croit qu'en suivant la trace de son maître il ne comptera pas aux yeux du public et dans l'opinion des critiques; or, comme il n'y a pas six mille originalités tranchées pour Paris seulement, il y a bien des efforts impuissants, bien des vocations naïves et consciencieuses détournées par là de la bonne voie. La perfection de l'art n'est nullement dans le renouvellement continuel des idées; loin de là, elle réside dans l'élaboration patiente, mille fois répétée et modérément modifiée, d'un petit nombre de principes sages, d'idées justes et de passions véritables. On n'invente ni des sentiments nouveaux, ni d'autres moyens pour les exprimer; mais on trouve en soi et dans l'observation des autres l'expression sentie qui les rend le mieux, j'entends le plus sympathiquement avec le spectateur. On crie beaucoup contre la pauvreté des inventions de nos artistes : là n'est pas le mal; on ne prépare pas les véritables progrès en innovant. Il y a dans la nature vue, observée et étudiée avec le sentiment qui dirigea les anciens, une mine inépuisable d'inspirations qui répondent à toutes les fibres du cœur, à toutes les cordes de l'âme. L'architecture, la sculpture et la peinture ont ainsi grandi chez les Grecs, sont arrivées avec ce mince cortége au sublime de la perfection, et si l'on cherche dans les grandes époques de l'art comme dans la vie des véritables artistes, on voit la même sobriété d'idées, les mêmes répétitions de pensées naturelles et de passions du cœur, la même lutte persévérante pour atteindre la perfection par l'arrangement toujours nouveau, plus pur et plus noble, de ces mêmes idées répétées à l'infini. La nature, pas plus que l'art, ne s'est sentie tourmentée par l'abondance des idées; elle répète aussi, avec des modifications infinies et charmantes un thème immuable; et quoi de plus varié cependant que la nature? Les anciens et nos pères semblaient l'avoir compris. L'*Iliade* a défrayé la Grèce pendant des siècles; *la farce de Patelin*, ingénieuse comédie qui, selon Estienne Pasquier, *fait contrecarre aux comédies des Grecs et des Romains*, a égayé pendant deux siècles le peuple le plus jovial, et ces œuvres grandirent même dans cette vogue persistante. En ces temps privilégiés l'on se reprenait les idées les uns aux autres, comme un bagage commun auquel on donnait sa marque par la forme et son empreinte par l'expression. Bien rendre est de l'art, beaucoup imaginer est une faculté moins importante, quoique estimable. Lorsque les moines franciscains de Citta di Castello demandèrent à Raphaël, en 1504, un *Sposalizio* pour rivaliser avec celui que le Pérugin avait peint dix ans auparavant pour la cathédrale de Pérouse, l'élève répéta le tableau de son maître, il le répéta presque sans changements, mais avec son intonation particulière. Granet, qui était de vieille roche, refit seize fois son tableau du *Couvent des capucins de Rome*, chaque fois le perfectionnant et y entrant, pour ainsi dire, plus avant. Mozart et Beethoven n'ont pas d'autres secrets : ils trouvent une idée musicale, une phrase harmonieuse, et, loin de l'abandonner aussitôt pour courir à une autre, ils la choient. Ce qui nous plaît en elle, c'est, plus encore qu'elle-même, ses joyeux retours, ses rentrées prévues autant que désirées, et ses absences qui ne sont jamais définitives. Ainsi, dans cette fièvre d'incessantes nouveautés, le retour, la rentrée de certaines formes connues, de certains types longtemps admirés, sont dans le cœur avant qu'ils soient dans la mode. La nouveauté haletante altère; elle donne comme une soif de l'ancien et aux vieilleries elle imprime une seconde jeunesse. Vouloir toujours du changement, c'est tirer à une loterie où il y a plus de numéros perdants que de gagnants. Considérez la marche de l'art dans nos temps modernes : vit-on jamais galérien plus tourmenté dans son bagne de travaux forcés? Mettez donc un frein à cette manie d'originalité, et je le dis aux poètes et aux musiciens, aux peintres et aux fabricants. Tous sont dans le même tourment. Voyez Ingres : il n'est pas fécond, et ses œuvres seront immortelles; songez à ce qu'il restera de Chenavard, ce moulin à idées qui ne chôme pas.

Tout en proscrivant l'abus qui consiste à ne voir le beau, à n'espérer le succès que dans la nouveauté, le professeur prémunira les jeunes gens contre l'excès contraire, qui s'appelle *archéologie*. Dans l'art, la nouveauté est une fièvre, l'archéologie est la mort. Tenez vos élèves également éloignés de l'un et de l'autre. Il y a entre l'art et l'archéologie toute la différence d'une langue vivante à une langue morte. Sans doute, M. V. Le Clerc, le savant traducteur de Cicéron, est parvenu, en y consacrant sa vie et une rare intelligence, à savoir le latin et à pouvoir le parler; mais quelle langue parle-t-il? demandez-le-lui à lui-même : une langue correcte, formée de lambeaux recueillis par une mémoire exercée, de réminiscences cousues ensemble avec d'infatigables labeurs, une langue qui a cessé de vivre et qui ne peut renaître. Ainsi des styles qui, dans les arts, ont fait leur temps. Peindre comme Giotto ou comme Fiésole, sculpter comme au moyen âge, reconstruire du gothique, tout cela est possible. Un artiste de grand talent se confinant, de parti pris, dans une époque, un maître ou une école, s'identifie tellement avec leur manière, parvient à meubler sa tête de tant de bons exemples, qu'il construit de pièces et de morceaux une singerie, des trompe-l'œil; mais c'est une langue morte, et elle aussi n'exprimera rien de vivant.

L'archéologie entrera donc dans l'art pratique à dose modérée. Qui crée doit tout tirer de ses entrailles, comme la nature le fait elle-même. L'artiste nourri, élevé au milieu des modèles les plus beaux, aidé d'ailleurs par les instincts distingués que ces modèles ont développés, ne peut concevoir une pensée que dans le domaine du beau par excellence, dans le domaine de ce qui vit et palpite autour de lui : aussi met-il au jour une création vivante dont il peut hautement revendiquer la paternité.

On est trop porté à croire que les costumes et les styles d'architecture sont seuls soumis à la loi du changement, à la puissance de la mode; les sentiments et les passions, ce fonds commun à l'humanité, quant à la manière de les exprimer dans les arts et dans la littérature, changent aussi radicalement que le style de l'architecture. C'est pourquoi il est sage de vivre avec ses contemporains, d'écrire et de peindre avec son temps, ce qui n'implique ni une soumission dégradante aux fantaisies de la mode ni un divorce absolu avec l'archéologie.

Au contraire, il faut faire sa part à cette science rétrospective, mais ne pas s'en exagérer l'importance. On nous a dit, il y a quelque vingt ans, que la couleur locale, la fidélité historique, ces branches de l'archéologie, étaient la question vitale, et nous pouvons calculer aujourd'hui la portée et la durée de ce pouvoir de vie. Je ne conseillerais nulle part l'imitation des costumes, des temps, des styles, si ce genre de respect devait être poussé jusqu'à la servitude, jusqu'à une préoccupation si exclusive qu'elle dût étouffer l'art sous les longues recherches et les études préliminaires énervantes; mais quand l'élève a reçu les notions archéologiques comme une part de son éducation, c'est une langue qui lui est naturelle, et il est bon de lui offrir les moyens de la parler plus facilement. A l'École des beaux-arts, à l'école de Rome, au Conservatoire de musique, dans les théâtres, je voudrais que professeurs et directeurs se chargeassent de ce soin, que l'artiste trouvât les éléments archéologiques tout prêts, afin de réunir et d'associer sans effort la passion et l'inspiration, qui sont l'essence même de l'art, avec l'illusion matérielle, qui en est l'enveloppe obligée. Dans les sensations que les arts font éprouver, l'esprit et l'âme sont en jeu : si l'esprit est satisfait par l'illusion de la forme, l'âme s'abandonne à toutes les impressions que vous avez voulu produire sur elle; si, au contraire, l'esprit est préoccupé de quelque désaccord, s'il est choqué d'un anachronisme ou de quelque faute matérielle, le génie aura beau exercer sur l'âme son empire de fascination, l'esprit la troublera, distraira, gênera, et l'impression sera incomplète.

Je crois et j'espère qu'en se formant le goût, le public laissera chaque jour moins de pouvoir à l'esprit dans le jugement des questions d'art; il saura le faire taire pour donner à l'âme la toute-puissance; mais comme ce beau résultat pourrait bien se faire attendre, comme aussi jamais, en France, l'esprit de critique n'abdique, je conseille de le satisfaire par l'illusion des accessoires étudiés dans les conditions respectueuses de l'archéologie. Pour atteindre ce but, il ne me semble pas absolument nécessaire d'être un Winckelmann, un Creutzer, un Raoul Rochette, un Gerhard, il n'est pas indispensable non plus d'avoir traversé l'Orient et vécu sous la tente au désert. Draper une figure, c'est créer la vie de ses vêtements; les anciens ont excellé dans cet art, en reproduisant le costume de leur propre temps, ce beau costume dans lequel toute la nation, artiste elle-même, se drapait naturellement; les modernes ont dû faire un effort rétrospectif d'imagination pour retrouver artificiellement ce qui n'existait plus matériellement sous leurs yeux. Déjà le Pérugin, puis Raphaël, et pardessus tout Fra Bartholomeo et André del Sarto, ont su draper leurs figures avec une noblesse d'ajustement, une ampleur et une souplesse qui tient le juste milieu entre la dignité de la statuaire antique et le laisser-aller de vêtements portés, animés par la vie réelle. Or, je ne sache pas que ces grands artistes aient étudié en Orient le type du Christ et les tournures simples autant que majestueuses de ses apôtres, qu'ils aient été chercher les Israélites sous la tente de l'Arabe, et se soient rencontrés avec la Samaritaine dans la Jérusalem moderne.

De ces observations il découle la nécessité évidente de faire de l'archéologie à l'école comme on fait de l'anatomie, pour en savoir assez, ni trop ni trop peu. La vocation archéologique est autre chose, c'est une spécialité, et en général elle se dessine assez tard. Comme ces jolies femmes qui, à la première ride, se font dévotes, il est des peintres qui, en se jetant dans l'archéologie, marquent leur épuisement et font aveu d'impuissance. Ne se sentant pas créateurs, ils s'accrochent à l'imitation patiente d'une époque bornée qu'ils étudient jusqu'à la minutie, d'un peintre qu'ils imitent et copient à satiété, d'une modification de style, byzantin, ou gothique, qu'ils s'incorporent si bien qu'ils pensent, s'habillent et se coiffent à cette mode. A ces artistes n'étendez pas la mission, ne forcez pas le talent, bornez les horizons. Il est des hommes qui restent enfants, qui toute leur vie sont occupés à repasser leurs auteurs, qui du grec, qui du latin, qui du gothique, et ils parviennent à en réciter de bons passages, sinon les meilleurs, A ceux-là laissez liberté entière. Quand on se voue au pastiche, on n'en saurait trop faire ; il faut alors, après les bonnes études qui se prêtent à tout, s'enfermer avec le fétiche qu'on adore, vivre avec lui, ne voir et ne rêver autre chose. Papety, au fort de son talent, avait tourné à l'archéologie. Déjà, à Rome, pendant ce séjour à la villa Médicis qui semble fait pour l'indépendance et l'inspiration, il copiait tout dans les églises et les collections, il calquait impitoyablement toutes les gravures disséminées dans les livres d'art. Si même il eût vécu davantage, il n'aurait pas trouvé en lui le ressort et, dans son talent, l'élasticité qui pousse hors de l'ornière. Decamps était aussi entré un moment dans une sorte d'archéologie, lorsqu'avec sa peinture il faisait de la maçonnerie, de la porcelaine, de l'émail ; mais, d'un bond, il se tira du précipice où d'autres sont restés. Il est plus sage de l'éviter que de se donner la peine d'en sortir.

Cette question d'intervention de l'archéologie dans l'art, qui n'est qu'une puérilité en peinture et en sculpture, a une importance grave et une influence fâcheuse dans l'étude de l'architecture et dans quelques applications à l'industrie. J'y ai fait allusion en exposant les modifications que les styles ont subies ; je suis obligé d'y revenir ; je le ferai le plus brièvement possible.

Depuis l'ère chrétienne jusqu'au milieu du dernier siècle, les modifications de l'architecture européenne et de toutes les industries de l'ameublement qui en dépendent s'étaient produites dans une même voie. On avait pris pour type l'art des Grecs, et ce type, altéré par les Romains, les Byzantins et les nations gauloises et germaines, qui le transformèrent en style roman, puis gothique, fut ramené plus ou moins à sa pureté primitive aux XVIe, XVIIe et XVIIIe siècles. C'est dans les premières années du XIXe siècle que pour la première fois depuis l'antiquité, et à l'imitation des Romains de la décadence, qui firent des contrefaçons du vieux style grec et égyptien, on eut l'étrange idée de refaire du gothique. L'Angleterre la première s'éprit de cette fantaisie. Bien qu'elle n'eût pas cessé, surtout en province, de construire en style gothique, on peut dire que le mouvement produit à cette époque eut le caractère d'une réaction. Horace Walpole l'activa, par manière de passe-temps gaiement, et sans y mettre d'importance. Les ouvrages sérieux sur les antiquités gothiques composés par des Anglais, dans notre Normandie et chez eux, prouvent que dès lors la grande et belle architecture dérivée de l'antiquité ne satisfaisait plus les goûts de la nation, qu'il lui fallait une diversion, une distraction : on lui servit le gothique comme un hochet national. C'est à un contre-coup de voisinage et à une réaction du même genre que nous dûmes le *Génie du Christianisme*, le retour aux antiquités françaises, le succès des publications pittoresques de MM. Nodier et Taylor et des ouvrages élémentaires de M. de Caumont. Inutile de raconter longuement le retour et la vogue du gothique neuf. Il a fait son temps comme mode. Le prince Soltikoff a été le dernier à se bâtir une demeure gothique, et il n'ose pas y entrer. Pas un café qui voulût aujourd'hui d'une décoration à ogives, pas un fabricant de meubles qui osât faire une chaise à croisillons et à lancettes ; j'ai vu refuser à Paris, par le jury de l'exposition de Londres, la dernière pendule en cathédrale gothique ; seul j'ai voté pour son admission, comme ces vieux pécheurs qui puisent de l'indulgence dans le souvenir de leurs fautes.

Mon erreur, cependant, n'avait pas été absolue, parce que mes études et mes voyages m'avaient préservé de l'engouement aveugle. Dès mes premiers pas j'avais fait au gothique sa part, et elle me paraissait juste, bien qu'aujourd'hui je sois disposé même à en rabattre quelque chose. Peu importe. La part du gothique me semblait dès lors purement archéologique. J'avais admiré en Orient les plus belles églises byzantines, j'admirais l'abbaye aux Dames de Caen, qui n'a rien de gothique, qui est toute romane ; j'admirais aussi la cathédrale de Reims, qui est toute gothique ; et je me disais que ces trois modifications de l'architecture antique avaient, chacune dans leur genre, produit des effets merveilleux, en dépit de contre-sens flagrants et des défauts les plus choquants. La question restait celle-ci : Trouve-t-on dans ces modifications le style par excellence qu'on doit prendre pour modèle, qu'on doit adopter comme règle unique dans l'enseignement et appliquer exclusivement à toute l'architecture, aux arts qui se chargent de l'orner, et aux industries qui la desservent dans la décoration et dans l'ameublement? Prendre pour modèle une copie défectueuse, au lieu de recourir à l'original, est un non-sens; d'un autre côté, parce qu'on est convaincu qu'il existe un type architectural supérieur à ces phases passagères, dédaigner les monuments qu'elles ont élevés et les laisser crouler serait une barbarie; je m'arrêtai en conséquence à cette conclusion : on étudiera dans les classes de l'école des beaux-arts le byzantin, le roman et le gothique, dans la mesure qui sera nécessaire pour apprendre à restaurer les monuments construits dans ces styles, ainsi que pour leur accorder la place qui leur appartient dans l'histoire de l'art, mais on ne fera à aucun prix des pastiches de byzantin, de roman et de gothique.

Nous reprochera-t-on d'oublier que le style gothique est l'*architecture chrétienne*? Ceux qui répètent cette niaiserie veulent-ils exclure du catholicisme tout ce qui a prié sous des nefs à plein cintre? Nous allons donc retrancher en premier lieu les dix siècles qui ont précédé le XIIe, et dont la ferveur religieuse a fait ses preuves sur les bûchers du martyre, sur les grandes routes des rudes pèlerinages, sur les sanglants champs de bataille des croisades, sous les nefs d'immenses et magnifiques églises et dans d'innombrables oratoires; en second lieu, Rome, Constantinople, Nicée, Éphèse, quatre villes qui ont un rôle dans l'histoire de l'Église et qui ont toujours proscrit le gothique; l'Italie, l'Espagne, tout l'Orient, qui ne l'ont connu qu'au XVIe siècle, accidentellement et par importation étrangère; enfin la Russie et l'Amérique, qui ont accepté l'une les influences byzantines et arabes, l'autre les styles à la mode en Europe, à l'époque récente de leur colonisation. Ainsi l'architecture chrétienne par excellence, née au XIIe siècle seulement, et restreinte à la dixième partie de l'Europe, aurait duré dans sa pureté environ cent ans, et se serait effacée haletante, épuisée, étayée, fardée et flamboyante au bout de trois siècles.

Non, dit-on, nous n'excluons aucun style de l'architecture chrétienne, mais nous demandons qu'on revienne en France à notre *architecture nationale.* Ah! c'est un autre thème. Où prend-on notre nationalité? Comme ancienneté, au XIIᵉ siècle, ce n'est pas remonter bien haut; comme territoire, dans l'ancien domaine royal, c'est-à-dire dans cinq ou six départements autour de Paris, c'est bien modeste; et en effet, avant le XIIᵉ siècle, il n'y a pas de gothique, et hors de ces limites c'est un autre gothique, et au delà encore, de l'autre côté de la Loire ou dans la moitié de la France, ce n'est plus du gothique.

Nous abandonnons ces prétentions, disent en fin de compte les partisans du gothique neuf; mais nous demandons qu'on revienne à l'architecture gothique, parce que, née sur notre sol, de nos besoins, de nos matériaux, de notre manière de comprendre l'art et ses ressources, c'est le produit original d'une époque créatrice, comme il s'en rencontre rarement dans l'histoire. Faute de pouvoir à votre tour créer un style, adoptez celui-là, car c'est l'architecture forte par excellence, et la seule architecture propre à nos climats.

Une architecture forte, qui s'étaye pour se tenir debout, comme on prend des béquilles pour marcher; une architecture propre à notre climat, qui se mange à la pluie et ne résiste aux vents qu'à force de ferrailles!

Mais si l'architecture gothique est l'architecture chrétienne, l'architecture nationale, l'architecture forte par excellence, il faudrait l'enseigner dans les écoles de préférence à toute autre, la donner en modèle comme le type unique de l'architecture et l'appliquer à tout, aux maisons comme aux églises. Le style gothique redevient le style français du XIXᵉ siècle, et, comme tout style véritable, il embrasse l'art entier : statuaires, qui imitez la nature dans ses justes proportions, chassez vos modèles; peintres, qui vous êtes formés dans l'étude des plus beaux types et des chefs-d'œuvre de l'art antique, l'idéal que vous poursuivez, que vous réalisez parfois, effacez-le de votre mémoire; industriels de toutes sortes, qui avez adopté dans l'ameublement ce qui s'harmonise le mieux avec les habitations modernes, videz vos magasins: tout doit passer sous le niveau du gothique, prendre ses longues proportions et accuser ses profils grêles. Non, non, dira-t-on, vous exagérez notre pensée, pour combattre plus à l'aise notre ambition. Suivant nous, l'architecture gothique ne doit servir de type que pour la construction des édifices religieux; on ne prie bien que dans des églises gothiques, tout autre style employé pour les églises est un sacrilége.

Ainsi, nous allons avoir deux enseignements, puisque nous aurons deux principes exclusifs, l'un pour le culte, l'autre pour la vie civile; deux corps d'architectes, de sculpteurs, de peintres; deux arts enfin, l'un civil, l'autre religieux. Que de puérilités, bon Dieu! Coupons court à ce bavardage. Je maintiens ma conclusion: on enseignera à l'École des beaux-arts l'art grec d'après les données les plus exactes, fournies par les monuments de la plus belle époque, à ce moment précis et de courte durée où la pureté d'un art primitif et timide préside, sous Périclès, à un vaste développement de constructions. Puis on comprendra dans un cours d'archéologie toutes les modifications de l'architecture grecque, qu'on appelle des styles, modifications indiennes, chinoises, byzantines, arabes, romanes, gothiques, et on les étudiera dans leurs plus beaux monuments, suivant l'importance du rôle qu'elles ont joué dans l'histoire de l'art. Les jeunes architectes, ainsi formés, iront à l'école de Rome, à l'école d'Athènes, et continueront à donner une part de leur temps, la plus grande, à l'étude des monuments de la belle époque; une part aussi, minime il est vrai, mais tout aussi consciencieuse, aux monuments des époques de décadence, de telle façon qu'ils reviendront en France parfaitement capables de restaurer une église gothique, comme Duban l'a prouvé à la Sainte-Chapelle, ou d'en construire de nouvelles, comme l'ont fait MM. Gau et Ballu à Sainte-Clotilde. Quand il se rencontrera des hommes de la trempe de MM. Lassus et Viollet le Duc, qui auront consenti, après avoir fait une bonne étude de l'art antique, à consacrer leur vie et leur talent à l'architecture gothique, et qui se seront complétement rendus maîtres de cette modification admirable, alors, si la mode pousse à construire des églises gothiques aussi ressemblantes que possible aux plus beaux édifices de ce style, on leur en confiera de préférence l'exécution, c'est de toute justice. Mais là n'est pas l'enseignement de la jeunesse, ni l'avenir de l'architecture au XIXe siècle.

L'antiquité étudiée dans les monuments de l'Attique et appliquée aux constructions modernes, comme le firent Palladio et Balthazar Peruzzi, en appelant à un commun concours la sculpture et la peinture, c'est là tout le secret de l'architecture nouvelle tant désirée, si vivement attendue. Apprendre l'architecture des Grecs à l'école, l'étudier en Grèce, observer comment les grands artistes italiens et français ont appliqué cette même architecture aux besoins de leur époque dans les palais et les simples demeures, se former à travers cet enseignement un idéal, le suivre et le développer, puis, de retour dans sa patrie, quelle qu'elle soit, la Finlande ou le Mexique, Paris, New-York, Madrid ou Saint-Pétersbourg, étudier les besoins des populations, les conditions du climat, la nature des matériaux, puis enfin créer, tel est le seul moyen de retrouver certaines beautés dignes de l'antiquité, et dont on pourra faire un art nouveau.

On invoque, en effet, dans les revues et dans les journaux, une architecture nouvelle, comme sur les murs on demande un remplaçant et des apprentis; mais telle chose ne se trouve pas tous les jours, et ne s'est jamais trouvée. Les générations, depuis vingt siècles, ont modifié l'architecture mère qui est au haut de l'acropole d'Athènes, suivant leurs besoins et les matériaux qu'elles avaient à leur disposition. Elles n'en ont pas fait de nouvelle. Faire du nouveau en architecture ressemble beaucoup aux efforts de ceux qui, avec tous les éléments de la langue française, forgent des mots et essayent des constructions inusitées. N'y a-t-il donc pas dans les formes de l'architecture antique, comme dans celles de la langue de Bossuet, de quoi tout rendre et tout exprimer? Lorsqu'Ictinus, assisté de Phidias, construisit le Parthénon, cinquante ans après que le temple de Thésée s'était élevé dans la ville d'Athènes, on ne se plaignit pas qu'il eût copié son devancier, qu'il n'eût rien fait de bien nouveau, car dans l'architecture le nouveau c'est l'impossible, c'est l'absurde, c'est le sculpteur cherchant à former une figure humaine différente de l'homme créé par Dieu; Ictinus n'avait point de ces vues folles, mais dans son Parthénon il atteignit la perfection idéale de l'architecture, et c'était là une nouveauté saluée par la Grèce d'un bruyant applaudissement qui s'est prolongé jusqu'à nous.

Avons-nous d'autres besoins que l'antiquité grecque et romaine, qu'aux XVIe, XVIIe et XVIIIe siècles? Oui. Avons-nous à notre disposition d'autres matériaux? Oui, et c'est là ce qui doit modifier notre architecture, ce qui ouvre aux arts une ère nouvelle. Le fer, le zinc, la tôle de fer émaillée, le verre et la faïence en énormes et solides surfaces, sont des éléments nouveaux d'architecture. Je dis nouveaux, parce qu'ils n'ont jamais été employés avec la facilité et dans la proportion qu'ils présentent aujourd'hui; et je ne compte que ceux-là, divers matériaux et procédés en apparence excellents étant encore à l'essai. Il est impossible de ne pas remarquer dans la longue marche de l'humanité que les ressources ont crû parallèlement avec les besoins dans toutes ses grandes innovations. Qu'exige aujourd'hui de l'architecture une démocratie bientôt universelle? de vastes espaces ouverts à tous pour prier en commun, pour discuter en public sur les intérêts généraux, pour se divertir à bon marché en obtenant la qualité par la cotisation de la quantité, pour faire des expositions et concours de tous genres, pour célébrer enfin les fêtes nationales. Les villes sont mal à l'aise dans leurs murs, elles débordent sur leurs enceintes, et les terrains acquièrent une telle valeur au centre que les caves sont rendues habitables, que les cours sont vitrées, et que les rues et places seront bientôt couvertes pour faire appendice aux maisons. Comment répondre à ces besoins? Est-ce avec des monceaux de pierres de taille? Est-ce quand le bois de charpente à grande portée devient tous les jours plus cher parce qu'il est plus rare? Non, c'est avec le secours des industries de la métallurgie, de la céramique et des verreries; je dis avec le secours, avec la participation de ces matériaux, car Dieu nous garde d'une architecture de palais de cristal et de cages à poulets exécutée exclusivement en métal. Persuadons-nous bien qu'après une première folie d'engouement l'architecture en fer deviendra l'exception, et l'architecture en pierre associée au métal, la règle. Neuf fois sur dix la pierre reprendra ses droits, parce qu'elle est d'un emploi facile, constant, durable et à bon marché, et c'est par cette raison que la véritable architecture des architectes dominera toujours l'architecture d'expédients des ingénieurs et des jardiniers. On ne fera pas de l'architecture en fer parce qu'elle est meilleure que l'architecture en pierre, parce qu'elle dure plus, parce qu'elle coûte moins; on emploiera le fer comme la pierre, comme le bois, comme la brique, là où il est nécessaire d'en faire usage. Bien plus, je conseille de résister à la tentation de s'en servir, dès qu'on peut s'en passer. Le fer est un agent capricieux, fantasque; son caractère ne se soumet pas facilement au caractère de ses associés obligés, la pierre, le bois, la brique. Cependant il est parfois nécessaire de recourir au fer : l'architecte Louis en a rempli son théâtre de la rue de Richelieu; Brebion, en l'année 1780, s'en est servi au Louvre pour faire le comble du grand salon carré; on y aura recours encore, et d'autant plus facilement aujourd'hui que des maîtres de forges habiles se prêtent avec adresse à tous les besoins de l'art. Rédigez donc votre programme, sachez ce que vous voulez et expliquez-vous; alors l'architecte combinera son œuvre suivant vos exigences, et il mettra du fer partout où l'emploi de la pierre ne répondra pas aussi bien aux grandes portées, aux vastes espaces que vous réclamez. Pourquoi le véritable architecte serait-il atteint de sidérophobie? Les ingénieurs seuls ont pu répandre ce mauvais bruit. Loin de là, l'architecte emploiera le fer suivant les besoins de l'architecture; mais du moment où il en fera usage, étant convaincu de la nécessité de son emploi, il ne s'en cachera pas, il n'ira pas le dissimuler sous la couleur du bois ou de la pierre, en affectant les formes propres au bois et à la pierre: non, il prendra résolûment le fer parce que c'est du fer, et il déduira ses formes de sa nature même, des outils qui le forgent, des qualités qui font sa force; bien plus, il l'accusera franchement partout où il en fera usage, et le fer deviendra dans ses mains une ressource pour l'ornementation. Sortira-t-il de ces exigences et de ces combinaisons une architecture nouvelle? Oui et non. Oui, si le romain de l'Empire, le byzantin des Grecs, le roman de Ravenne et de France, l'arabe de Damas, du Caire, de Grenade et de Koniéh, le persan d'Ispahan, les gothiques français, anglais, allemand, l'italien du XIIIe siècle, les renaissances de tous les pays au XVIe siècle, le style de Louis XIV, de Louis XV, de Louis XVI, de la République et de l'Empire sont comptés pour des architectures; non, si les changements introduits par nous dans l'architecture des Grecs ne sont que des modifications de ce style, déduit lui-même des architectures antérieures, mais arrivé dans l'Attique, dans les mains d'une nation divinement douée, à son apogée de pureté et de grandeur.

Modifier ainsi l'architecture, c'est connaître son origine et ses lois, la fermeté de son principe et l'élasticité de ses règles; c'est avoir étudié aussi les ressources offertes par les nouveaux matériaux, et les besoins indiqués par les nouvelles exigences de la civilisation; c'est, en un mot, être assez habile pour tirer également parti des éléments anciens et nouveaux; c'est le rôle de tout le monde, et plus particulièrement de quelques architectes d'élite, formés dans un enseignement raisonné, sérieux et exclusivement classique.

L'atelier du maître, les classes et les concours de l'école, laissent dans la vie de l'élève, de sept heures du soir à dix, une lacune que l'estaminet, le bal de la Chaumière et pis encore remplissent régulièrement, tandis que ces trois heures précieuses pourraient recevoir un utile emploi. Léonard de Vinci, Michel-Ange, Dürer, Poussin, Rubens, étaient très-instruits des choses de la science, de l'histoire et des lettres, et nous offrent des exemples à suivre. Tout artiste qui ne voue pas son avenir, qui ne met pas son ambition à peindre des chenils, des singes habillés, des légumes et des chaudrons, devra donc se préparer par des études qui meublent la tête et fortifient le jugement. On a le temps à l'école, et quand le moment de créer et de produire est venu, on ne l'a plus. Il faut alors jeter bas toutes les entraves; comme un lutteur se dépouille du vêtement qui l'incommode, l'artiste créateur laisse de côté livres et lectures, il produit avec ce qu'il a appris, au risque de ne pouvoir plus produire s'il est obligé d'apprendre encore. L'école est la préparation de la carrière ou du voyage de l'artiste; une fois en route et le sac sur le dos, il vit des provisions faites avant le départ, il ne compte pas sur les auberges.

De même que vous remplissez la mémoire de vos enfants des vers de Virgile, d'Horace, de Corneille et de Racine, sans craindre d'étouffer leur originalité naturelle sous ces richesses d'emprunt, de même aussi vous meublerez la tête des jeunes artistes avec les inventions charmantes de l'antiquité, les compositions gracieuses de la poésie, les beaux faits de l'histoire, afin que leurs esprits nourris de bonne heure à ces sources fécondes alimentent naturellement leur inspiration. Je voudrais davantage. J'ai une si haute idée de l'artiste, de sa vocation, de sa mission, que j'ambitionnerais pour lui des recherches infinies. Rien ne me semblerait de trop : la pureté du langage, l'harmonie des mouvements, la poésie des idées, des délicatesses de femme, une propreté d'hermine, l'euphémisme en tout. Mais laissons ces rêves d'avenir, revenons à la réalité du présent. C'est à un manque presque complet de culture qu'il faut attribuer la pauvreté des idées de nos peintres et la médiocrité de nos statuaires. Cette infériorité de l'éducation, cette ignorance humiliante, paralysent les artistes les mieux doués dans toutes leurs manifestations et dans les moindres circonstances de la vie; elle leur cause cet embarras qui les rend sauvages, elle produit cette sauvagerie qui les rend inutiles à la cause de l'art quand ils devraient au contraire, avec fierté et le verbe haut, défendre ses intérêts, quand il leur siérait si bien de lutter par la parole, ou la plume à la main, avec ces faiseurs de phrases et ces barbouilleurs de papier qui tyrannisent les artistes, faussent les idées du public et compromettent l'art lui-même. Le silence des peintres et des sculpteurs sur la théorie de leur art est un autre symptôme de l'imperfection de leur éducation. Depuis cinquante ans, quel ouvrage citer, historique, théorique ou pratique, émanant d'un grand artiste? Quand un peintre fait un article de revue qui a le sens commun et ne semble pas écrit par un porte-faix, on crie au miracle, sans songer que dans l'antiquité et à l'époque de la Renaissance c'était, pour ainsi dire, l'exception quand un artiste n'avait pas publié, ne projetait pas au moins quelque ouvrage sur son art depuis ses conditions pratiques, ses procédés matériels, jusqu'aux données les plus élevées de l'esthétique, jusqu'aux problèmes les plus délicats de la théorie.

Ces trois heures du soir seraient remplies à l'école par des cours et des lectures. Les élèves auraient la liberté de choisir ceux qu'ils désireraient entendre, mais ils contracteraient l'obligation d'en faire des résumés, et ces rédactions concourraient pour une part dans les examens, en même temps que les meilleures seraient couronnées par des prix. Je mentionnerai quelques-uns de ces cours.

En première ligne, un *cours d'anatomie*. Cette étude pourrait être placée dans les classes mêmes, tant elle semble importante, tant elle doit être élémentaire; mais, en la reléguant dans les cours du soir, mon intention est de lui ôter une part de son importance et de la remettre à sa véritable place. L'artiste doit avoir appris l'anatomie sur les bancs de l'école, afin qu'arrivé à l'âge où l'on produit, où l'on crée, il puisse l'oublier, n'en conserver que la conscience et n'être pas mordu de la prétention d'en faire montre. L'anatomie est aux sculpteurs et aux peintres ce que le latin et le grec sont aux poëtes, ce que l'instruction est aux gens du monde, quelque chose que l'on sait et qu'on se garde bien de laisser voir. Une femme qui ferait la révérence comme elle l'a apprise de son maître de danse exciterait le rire et passerait pour une provinciale; un écrivain qui cite du latin est tenu pour pédant; les artistes qui affichent leur science anatomique, comme Michel-Ange et son école, choquent et refroidissent les spectateurs. Il ne faut donc pas montrer ce qu'on sait d'anatomie, mais on doit l'apprendre afin de rendre les mouvements non pas seulement dans leur possibilité et leur vérité, mais avec la conscience du mécanisme qui les a produits.

Les anciens ont dessiné et modelé admirablement bien la figure humaine sans étudier l'anatomie; ils voyaient notre machine en mouvement chaque jour et à toute heure, et ils en devinèrent le mécanisme par l'observation attentive du jeu de chaque membre. L'art trouvait mieux son compte dans cette étude pratique et vivante que dans la sèche étude de l'ostéologie. Je ne voudrais pas que nos jeunes artistes devinssent, en ces choses, beaucoup plus savants que les artistes de l'antiquité. M. Gerdy a cru pouvoir prouver, je le sais, dans son *Anatomie des formes extérieures du corps humain*, que les anciens, dans leurs statues, et les maîtres de la Renaissance, dans leurs tableaux, ont commis les plus grossières fautes contre l'anatomie. C'est un peu avec cette science, ce n'est pas entièrement avec elle que nos artistes surpasseront ces grands devanciers. Trop étudier l'anatomie serait se jeter dans des curiosités inutiles, dans une science superflue. On ne doit pas perdre de vue, il est vrai, que les conditions de la société ont tellement changé, qu'aujourd'hui, sans avoir étudié notre construction par l'anatomie, la statuaire antique et le modèle, on ne connaît pas le corps humain. L'élève de l'école suivra donc un cours général d'anatomie, d'ostéologie et de myologie; mais, devenu maître de ces trois branches d'une même science, il regardera attentivement la nature, afin d'apprendre de Dieu, l'ouvrier modèle, le soin qu'il a pris de cacher ce mécanisme admirable, qu'il avait plus d'intérêt à montrer, lui, le créateur, que l'artiste, qui n'en est que le copiste.

Il manque un ouvrage et un professeur à cet enseignement. En effet, il ne s'agit pas de la science anatomique de l'École de médecine, mais de l'anatomie dans ses rapports avec les formes extérieures du corps humain, et, bien que des tentatives fort estimables aient été faites pour rattacher ce côté de la science à l'art antique et à la pratique de l'art, cependant un ouvrage méthodique, servant à l'enseignement et pouvant toujours être consulté avec profit, devrait être demandé à un artiste assez médecin ou à un médecin assez artiste pour le composer et en suivre les déductions dans l'enseignement.

Après cette étude, je placerais un *cours d'esthétique* dans les conditions pratiques de l'art. Je lui donnerais pour professeur l'esprit le plus ingénieux, la nature la plus délicate qu'on pût trouver parmi les artistes les plus forts ou les amateurs les mieux exercés.

Un *cours de l'histoire de l'architecture*. Savoir comment ce grand art a répondu par ses transformations successives aux besoins créés par les goûts de chaque époque, à ses moyens d'exécution et à ses matériaux, c'est se préparer à répondre aux besoins de notre temps et à trouver le grand problème qu'appellent de nos jours l'esprit d'association, la réunion facile d'immenses capitaux, les procédés rapides d'exécution et l'emploi de matériaux parfaitement appropriés et mis par leur bas prix à la portée de la spéculation. L'architecture n'est pas indépendante du mouvement général de la civilisation; elle en est, au contraire, l'expression vivante, la traduction matérielle. Professer l'histoire de l'architecture, c'est faire l'histoire des peuples par leurs monuments. Voyez à quelle hauteur doivent se placer le maître et ses élèves, quels horizons étendus, quelle carrière immense ouvre ce cours.

A qui confier cet enseignement? A un esprit distingué qui, après une forte éducation classique, aura remporté le grand prix d'architecture; qui, après un séjour à Rome et à Athènes, aura étudié les monuments de tous les peuples, depuis les pyramides d'Égypte jusqu'au pont tubulaire du détroit de Menai, depuis le Parthénon jusqu'aux grandes gares de chemins de fer. Comme Hérodote à Olympie, il dirait aussi à ses auditeurs : « Ce que je raconte, je l'ai vu. » Et soyez sûr qu'il serait écouté avec fruit par ses élèves.

Un *cours d'histoire générale*. Le peintre a été dans l'antiquité et au moyen âge le véritable historien; il pourra reprendre cette noble mission quand il aura appris à lire dans l'histoire le jeu des grandes passions, à saisir dans ses annales les scènes qui font vibrer les cordes du cœur, éclater la note humaine, quand il saura pénétrer les grands hommes et s'en pénétrer. Il nous faudrait ici un professeur éloquent, inspiré par la poésie de l'histoire, faisant revivre par la magie du langage les âges primitifs, les actions généreuses et les hauts faits, parvenant ainsi à détacher la jeunesse du prosaïque réalisme et à la transporter dans le monde pittoresque de l'héroïsme de tous les temps. Que n'apprendront-ils pas dans ce cours? Une chose surtout leur sera enseignée, démontrée à chaque pas : c'est que la ruine des empires entraîne tout, tout, jusqu'au souvenir des races disparues, tout, excepté les œuvres de l'imagination et les créations de l'art. On croit qu'elles sont perdues ou ruinées parce qu'elles sont délicates et fragiles; mais elles renaissent, sinon dans leur splendide intégrité, au moins dans des fragments dont la mutilation voile les défauts et laisse notre admiration deviner toutes leurs beautés. C'est que les chefs-d'œuvre sont animés d'une vie particulière. Tandis que tout ce qui vit doit mourir, les œuvres de l'imagination vivent et ne meurent pas. On les anéantit, et elles renaissent sous une forme différente, conservant jusque dans les reproductions les plus imparfaites la pensée créatrice.

Un *cours d'archéologie*. Je voudrais que les élèves prissent de cette science ce qu'elle a de fécond, et qu'une fois hors de l'école, ils ne fussent plus tentés de l'étudier; comme ces passions dont on est facilement désabusé à l'âge où on ne doit plus les éprouver, quand on les a déjà ressenties dans sa jeunesse, et qui, au contraire, deviennent des entraînements irrésistibles quand on en est atteint alors pour la première fois : ainsi l'archéologie, apprise de bonne heure, devient une ressource pour toute la vie de l'artiste; étudiée tardivement, c'est une mer sans fond et sans rivages, où il se perd corps et biens.

Un *cours de littérature.* Je ne veux pas sonder l'abîme d'ignorance dans lequel sont plongés et vivent les artistes. Qu'il suffise de dire que ce grand mot de littérature cachera, au moins pour les élèves des premières années, des leçons d'orthographe, de grammaire et de style.

Je n'ai certainement pas épuisé la liste des cours que réclameront les développements de l'enseignement de la jeunesse artiste; il en sera de même des lectures, dont j'indiquerai sommairement quelques-unes. Je dis lectures, et non pas cours, parce que leurs sujets ne comportent pas un grand nombre de séances et qu'elles suffiront seulement à remplir utilement quelques heures. Ainsi, un cours de chimie générale serait déplacé à l'École des beaux-arts, tandis que des lectures sur la chimie appliquée aux arts peuvent donner aux jeunes architectes et aux jeunes peintres des notions qui leur seront utiles dans toute leur carrière, soit en les dirigeant dans leurs manipulations, soit en leur permettant de juger en connaissance de cause les matières qu'ils sont obligés d'employer et qui assurent, par leur bonne ou mauvaise composition, la destruction rapide ou la conservation indéfinie de leurs œuvres. Il en est de même d'un cours de physique, dont l'étendue surchargerait inutilement la mémoire des élèves; mais des lectures qui expliqueraient aux jeunes gens d'une manière saisissante de difficiles problèmes d'effets de lumière et de perspective, ainsi que la théorie si curieuse, si intéressante aussi, du contraste des couleurs, seraient certainement les bienvenues. Quand on sait que le Parthénon et probablement tous les monuments grecs de la belle époque n'ont pas une seule ligne droite, soit horizontale, soit verticale, et que les déviations de chacune d'elles en courbes et en inclinaisons vers le centre sont un problème mathématique insensible à la vue et qui concourt à l'harmonie de l'impression générale, on apprend qu'il y a dans les arts, comme dans la nature, des principes cachés qui méritent d'être étudiés, et dont nous devons chercher la raison, bien qu'ils échappent à une perception superficielle. Le contraste des couleurs est de cette nature : il a ses règles, ses principes, et nous semblons l'ignorer. Aux architectes je dirais : Étudiez la loi des courbes et des inclinaisons, puisqu'on a pu sur l'Acropole d'Athènes en retrouver l'économie ; aux peintres : Rendez-vous maîtres de la théorie du contraste des couleurs, puisque vous avez le bonheur de posséder l'homme de génie qui a arraché à la nature le secret de ses harmonies et vous a mis à même de tirer des conséquences, utiles dans l'application, de mille faits que vos prédécesseurs ont eus sous les yeux sans les voir. J'ai entendu des gens habiles se moquer des recherches de M. Chevreul, j'ai vu de grands artistes hausser les épaules en disant (et ils croyaient dire quelque chose de spirituel) que Titien, Corrége et Rubens n'avaient pas étudié les règles du contraste des couleurs. Tout cela n'empêcha pas M. Chevreul, avec une persévérance que Dieu donne à la conviction, de propager ses idées, et rien n'empêchera qu'avant peu sa théorie ne soit une part obligée de l'enseignement et une condition des examens, un système qu'il sera aussi nécessaire de connaître que les proportions de la figure et les règles de la perspective dans l'exercice des arts, que l'orthographe et l'arithmétique dans la vie privée. Vous croyez qu'on pourra devenir coloriste mathématiquement? me dira-t-on. Je n'en doute pas, comme on devient musicien en étudiant la musique ; seulement, si l'étincelle sacrée manque, vous ne créerez rien en musique, rien en peinture. Mais n'abordons pas ce sujet, revenons à nos lectures. Il est bien entendu que l'enseignement suivi, l'étude approfondie a fait place à des aperçus ingénieux et rapides, à des expositions éloquentes mais restreintes. Ainsi au cours d'archéologie générale s'ajouteraient utilement des lectures sur des points particuliers de cette étude. MM. Viollet le Duc et Lassus seraient invités à présenter en quelques soirées leurs idées et le résultat de leurs recherches sur l'architecture gothique; M. Didron, sur l'iconographie chrétienne; M. Rio, sur l'art religieux; M. Beulé, sur ses fouilles à l'entrée de l'Acropole d'Athènes. MM. Ch. Blanc, Montaiglon, Jeanron, Dussieux, feraient l'histoire de quelques peintres. M. Vitet prendrait deux ou trois séances pour lire son étude charmante sur Le Sueur et pour raconter la vie du Poussin, qui, semblable à celle des grands philosophes de l'antiquité, peut être donnée en modèle aux jeunes gens. M. de Chennevières dirait ce qu'a été l'art en province. M. Ruprich Robert rendrait compte de ses observations sur la botanique dans son association avec l'ornementation peinte et sculptée. Horace Vernet, Ingres, Delacroix, Decamps, viendraient successivement exposer leur manière de voir la nature, de comprendre le beau, de rendre leurs idées; Courbet et Clesinger eux-mêmes seraient admis à expliquer, ou à excuser, leur brutal système de peinture et de sculpture. Un jour un grand anatomiste exposera une lumineuse théorie sur les races humaines, d'après leur constitution et leurs types. Un autre jour, le père de Ravignan décrira dans son magnifique langage les beautés du christianisme et les ressources que les arts peuvent trouver encore dans son histoire. Après lui, M. Michelet montera en chaire et racontera, ou plutôt il peindra la guerre des Gaules au point de vue gaulois et les croisades comme les raconterait un compagnon de Saladin, car, dans ces grandes émotions, il est une voix qu'on n'a pas entendue, celle du vaincu; Gaulois et Arabes peuvent dire, comme dans la fable : Si nos confrères savaient peindre! Quand on placardera à la porte de l'École des beaux-arts les lectures de la semaine, il y aura grand émoi dans le monde artiste, car on y apprendra des choses inattendues : MM. Saint-Marc Girardin ou Sainte-Beuve analysant les beautés pittoresques de notre théâtre dramatique, M. Thiers communiquant ses vues sur la renaissance des arts à Florence, M. Cousin développant ses idées philosophiques sur le beau; M. Mérimée racontant son tour de France, revue spirituelle et instructive de nos monuments; M. Botta discutant la priorité des Égyptiens dans la culture des arts; le duc de Luynes recherchant les origines asiatiques de l'art grec. Il est impossible qu'au contact de ces grands esprits, de ces voix éloquentes, la nouvelle génération artiste ne sente pas sa mission s'élever et sa responsabilité grandir.

Je n'ai point l'intention d'épuiser un programme qui aura pour caractère principal l'inattendu, et pour utilité première d'introduire dans l'enseignement l'intérêt, la passion, la vie en un mot, ce ressort si détendu de nos jours, et qui doit reprendre son énergie.

Une bibliothèque et une collection d'estampes seraient le complément de cette éducation. L'une et l'autre, assez restreintes et toutes spéciales, s'augmenteraient principalement de legs des artistes, assurés de la reconnaissance de leurs camarades par une estampille à leur nom qui éterniserait sur leurs gravures et sur leurs livres le souvenir de leur générosité. Une bibliothèque spéciale des arts comprend environ 1,000 bons ouvrages in-8°. Le reste est une insipide redite qui ferait prendre en dégoût les arts et l'érudition aux élèves auxquels on en imposerait la lecture. La bibliothèque admettra en outre environ 3,000 volumes d'ouvrages à figures qui présentent, dans leurs planches, l'histoire de l'art par ses monuments. Elle acquerra plusieurs exemplaires de quelques livres classiques et usuels pour les mettre à la disposition de tous ceux qui ne peuvent les acquérir. La collection d'estampes devra offrir, en belles épreuves, les œuvres complètes des maîtres, j'entends des peintres graveurs et des grands graveurs; tout le reste, y compris les doubles des gravures des maîtres, sera distribué en recueils archéologiques et classé méthodiquement par ordre chronologique, avec des catalogues spéciaux pour les différentes natures de recherches. Il ne faut pas davantage aux artistes, aux élèves, aux apprentis et aux ouvriers. Ils ne sont pas et ils ne doivent pas devenir des bibliophiles et des érudits de profession, mais ils viennent chercher commodément et rapidement, suivant leurs inspirations et mille directions différentes, qui les diverses représentations d'un sujet dont il est préoccupé, qui une pose, un type particulier, une nature exceptionnelle, qui un détail de costume, de coiffure, d'ameublement, — que sais-je? Souvent l'artiste y viendra feuilleter au hasard et en rapportera plus qu'il n'était venu chercher. Ce qui distinguera cette bibliothèque de toutes les bibliothèques de Paris, c'est qu'elle restera ouverte le soir quand ses sœurs fermeront, et qu'on l'ouvrira le matin quand les conservateurs des autres bibliothèques dormiront profondément. J'entends tous les jours de l'année, sans une seule exception, de cinq heures du matin à dix heures du soir[1].

DES MODIFICATIONS QUI DOIVENT ÊTRE APPORTÉES À LA DISTRIBUTION DES PRIX DE L'ÉCOLE DES BEAUX-ARTS; DU DÉVELOPPEMENT DE L'ÉCOLE DE ROME, ET DE L'ÉDUCATION ARTISTE PAR LES VOYAGES.

Quelques prix dus à de généreuses fondations et les grands prix accordés par l'État sont la récompense des élèves et le but de leur ambition. Ni les uns ni les autres ne répondent à l'importance et au développement que les arts ont pris; ils atteignent quelques sommités, ils laissent exposés aux séductions les plus compromettantes des talents naissants qu'il importe d'aider et de soutenir à ce moment difficile des premiers pas dans la carrière.

MM. de Caylus, Latour-Landry, Leprince, Le Clère et Deschaumes ont été de généreux fondateurs de prix pour des

[1] Je ne crois pas nécessaire, si même l'espace ne me manquait pour de longs développements, d'exposer les raisons qui rendraient cette bibliothèque si utile aux artistes et aux ouvriers artistes de la capitale, ni de démontrer la facile exécution de ce service public, pendant toute l'année, de cinq heures du matin à dix heures du soir. Je dirai seulement que cette bibliothèque artiste, publique pour tous, devrait être disposée tout entière en pupitres, pour que les jeunes gens pussent dessiner,

études spéciales et des cas déterminés; ils trouveront des imitateurs, et nous verrons un jour les prix si nombreux, que les élèves seront assurés, au bout de chacun de leurs efforts d'une récompense honorable et d'un moyen d'alléger les sacrifices faits par leurs familles. Ce point est important, car une délicatesse propre aux natures distinguées ravit souvent aux études de l'art les sujets qui promettaient le plus. Ces jeunes gens voient le grand prix de Rome si éloigné, ils voient

copier et calquer à leur aise. Je dis calquer, quoique ce soit une dérogation aux règlements ordinaires, parce que, excepté les œuvres des maîtres qui doivent être scrupuleusement respectées, les autres gravures ont peu à souffrir de ce genre de reproduction, quand on exige l'emploi de crayons d'un certain numéro, parce qu'en outre il importe de fournir aux jeunes artistes ce moyen de recueillir rapidement les nombreux détails, les analogies, les objets de comparaison qui forment comme les matériaux des études poursuivies dans l'atelier et à l'école. S'il doit en résulter pour quelques ouvrages élémentaires et classiques une ruine certaine au bout d'un petit nombre d'années, le grand mal! on en rachètera de neufs, et le temps qu'on aura épargné aux artistes rachètera lui aussi avec usure ces quelques écus perdus.

On me permettra de citer dans cette note, sans y rien changer, ce que j'écrivais au mois de mai 1848. L'article était composé et il allait paraître lorsque *la Presse* fut suspendue. C'est dans ses premiers jours de retour à la liberté, le 16 août, qu'elle le publia. Les idées qu'il renferme sont aussi neuves et aussi applicables aujourd'hui qu'il y a trois ans, tant est grande l'ardeur à adopter les propositions fécondes.

«DES BIBLIOTHÈQUES DES OUVRIERS, ET DE L'ABUS DES VACANCES
«DANS LES BIBLIOTHÈQUES PUBLIQUES.

«On s'occupe beaucoup du peuple, et particulièrement de son instruc-«tion, mais je ne vois pas qu'on ait encore institué pour lui quelque chose «qui révèle une idée ou qui porte en soi un germe fécond d'avenir. Le peuple «ne s'abuse pourtant pas, au moins il ne s'abuse pas longtemps, et quand «il voit un général ou un palais prendre son nom, il sait tout d'abord ou il «comprend bientôt la valeur de ces compliments; il va au positif, il demande «du réel, il cherche autour de lui les hommes vraiment dévoués à sa cause, «car ceux-là font peu de phrases et beaucoup de bien.

«Ces idées me sont venues à propos de ce fatal écriteau que je vois ap-«pendre si souvent à certaine grande porte de la rue de Richelieu. Je me «rencontre là avec une foule désireuse comme moi d'utiliser sa journée, et «nous lisons avec un sentiment commun d'amertume et de désappointement

de si près les charges qu'ils imposent à leurs parents, que bientôt le découragement s'empare de leur âme, et ils vont demander aux ateliers d'ornemanistes et de dessinateurs industriels une assistance qui ne leur est donnée qu'en échange de leurs qualités les plus précieuses et de tout leur avenir d'artiste. D'un autre côté, autant il était naturel d'avoir pour chaque art un seul grand prix tous les ans quand le nombre des artistes était restreint, et quand la protection de l'État était

« l'arrêt que voici : *La Bibliothèque nationale est fermée depuis le..... jus-« qu'au..... inclusivement.* La foule s'écoule : les uns rentrent chez eux en « regrettant le temps perdu; les autres, ne sachant comment l'employer, « l'emploient mal.

« Pour moi, j'ai occupé ce loisir forcé à me demander pourquoi, après « avoir réduit la journée de travail de deux heures, le Gouvernement n'avait « pas donné aux ouvriers le moyen d'employer ces deux heures à cultiver « leur intelligence. Ne disait-on pas dans le décret que tel était le but de « cette diminution des heures de travail? On n'ignorait pas qu'un ouvrier « ne peut lire et s'instruire qu'aux heures de repos qui précèdent ou suivent « les heures de travail, ou bien aux jours des dimanches et des fêtes. Mais « justement les bibliothèques sont fermées le matin, elles sont fermées le « soir, le dimanche on les ferme à double tour; et quand des fêtes laissent « chômer les ateliers plusieurs jours de suite, on placarde bien vite à la « porte le grand écriteau des vacances.

« A une époque où je m'occupais de l'organisation des bibliothèques pu-« bliques, j'ai voyagé en Angleterre, en Allemagne et en Italie pour exa-« miner la composition des collections publiques, leur personnel et leurs « règlements. A Gênes, je poursuivais cet examen quand le dimanche ar-« riva. Là, comme ailleurs, les bibliothèques publiques se ferment, et j'étais « les bras croisés. Mon domestique de place, compatissant à mon désœu-« vrement, me dit : — Vous pouvez employer votre journée; nous avons à « Gênes une bibliothèque publique qu'on ne ferme jamais : c'est la biblio-« thèque du peuple; elle ouvre au point du jour en été comme en hiver; « elle ferme à minuit, et n'a de vacances ni le dimanche ni les jours de « fête. — Je crus un instant que ce compatriote de Christophe Colomb vou-« lait donner à sa ville natale tous les mérites à la fois, et ceux qui rendent « célèbres au grand jour et ceux qui font bénir dans l'ombre.

« J'allai à la bibliothèque du peuple; voici ce que je vis, ce que j'appris : « vers 1750 vivait à Gênes un homme de bien, Paul-Jérôme-François Fran-« zoni. Il dévoua sa vie à l'éducation des apprentis pauvres, au bien-être « des ouvriers. Il avait vu, dans une longue et bienfaisante carrière, que le « peuple va au cabaret faute de pouvoir aller ailleurs et lit de mauvais

réservée à des artistes qu'il adoptait, et dont il prenait, pour ainsi dire, charge d'âme, autant, aujourd'hui que les conditions sont entièrement changées, ces prix sont-ils insuffisants. Autrefois le grand prix donnait droit à une pension pendant trois années pour continuer ses études à Paris et à un séjour de trois années à l'école de Rome; autrefois aussi le nombre de ces élèves de Rome n'était pas limité; le surintendant des bâtiments désignait à la bienveillance royale, en dehors du premier prix, les jeunes gens dont les efforts ou les qualités exceptionnelles avaient mérité cette faveur. Avec une organisation aussi élastique, Barye n'aurait pas été privé, après avoir obtenu deux fois le second prix, de ce moyen de développer ses qualités éminentes; il eût été envoyé à Rome hors

« livres parce qu'on ne lui en donne pas de bons. En mourant, vers 1778, « il légua sa bibliothèque (10,000 ouvrages usuels) à ses amis les ouvriers, « consacrant à cette œuvre pie, et sa maison pour la loger, et sa fortune pour « assurer le rude service tel qu'il l'entendait. Voici son règlement : Nul prêt « de livres au dehors; place pour tous les lecteurs qui se présentent; ouverture « de la bibliothèque au point du jour, c'est-à-dire à cinq heures du matin en « été, à six heures en hiver; fermeture à minuit; pas de vacances, pas de « clôture un seul jour de l'année, sans excepter ni les dimanches ni les « jours de fête.

« J'entrai dans cette bibliothèque : elle était remplie de lecteurs qui paraissaient être des ouvriers, la plupart associés deux à deux, lisant dans le « même livre ou regardant ensemble des gravures; quelques érudits profitaient, eux aussi, pendant la fermeture des autres bibliothèques, de la libéralité de Franzoni. L'ordre semblait se maintenir par la volonté de tous, « le silence par le besoin de chacun. Je pris connaissance, au moyen d'un « catalogue régulier, de la composition de cette collection : c'est bien ce qui « convient : des livres usuels et des manuels, des encyclopédies et des traités « de tous les arts, des livres d'histoire et de voyages. Je m'approchai de « l'employé de service : il était simple et prévenant; je sus de lui que l'association formée pour le service de la bibliothèque, et entretenue aux frais « de la fondation, se compose d'un chef élu, seul chargé de l'administration, « et d'un certain nombre de membres qui se succèdent les uns aux autres « et à tour de rôle depuis le matin jusqu'au soir. On me dit en outre que la « bibliothèque était visitée principalement le soir et le matin, le dimanche « et les jours de fête. Aux autres jours, aux autres heures, elle voit arriver « les ouvriers sans ouvrage ou convalescents, les gens désœuvrés ou les érudits, qui, pendant la fermeture des autres collections, ont recours à celle-

rang, aux frais du roi, et, au lieu d'un ornemaniste de talent, nous compterions, j'en ai la conviction, un grand sculpteur de plus dans notre école. Je voudrais reconquérir aux arts tous ces modes de protection, les augmenter, en imaginer d'autres.

Une loi exempterait du service militaire les dix plus forts élèves de l'école. Il faut se rappeler que nous sommes en pleine paix, et que cette exemption fut accordée au premier et au second prix de l'École des beaux-arts dans le plus fort de la guerre, en 1807. Quoi de plus naturel que de demander au pays une générosité proportionnée à sa quiétude, en affranchissant d'un lourd service et de dangers menaçants les hommes rares destinés à faire sa gloire et à lui procurer ses plus nobles jouissances?

«ci. Je m'informai si le service n'était pas trop fatigant : on y était fait; si «l'on observait le règlement dans toute sa rigueur : il n'y est jamais dérogé; «enfin, s'il existait un fonds d'acquisition : on compte sur les dons, et on ne «compte pas en vain, puisque la bibliothèque possède aujourd'hui près «de 22,000 volumes. C'est donc bien une fondation utile, féconde, qui «fonctionne depuis près d'un siècle à Gênes, et qui, de nos jours, devrait «avoir des imitateurs partout.

«Sans doute, notre république ne prétend pas avoir la première toutes «les bonnes idées, mais elle voudra les adopter toutes quand l'expérience «de la pratique les aura sanctionnées. Qu'on décide donc dès à présent «qu'on suivra dans l'une de nos bibliothèques publiques le règlement de «Franzoni; le personnel sera doublé, triplé, s'il le faut, pour suffire au «service; les livres exclusivement scientifiques seront échangés contre des «livres de science pratique; et quand une bibliothèque aura fonctionné «ainsi pendant une année, quand on aura vu si nos bons ouvriers ont vrai«ment l'ambition de mettre leur instruction au niveau de leurs droits, alors «on étendra ce système dans Paris et dans nos grandes villes industrielles.

«Ces utiles fondations ne devront pas assurer aux autres bibliothèques «la continuation abusive de leurs vacances; mais soyons sans inquiétude, «l'exemple est une leçon, et, quand il y aura à Paris une bibliothèque tou«jours ouverte, vous verrez qu'on n'osera pas si souvent fermer les autres.

«Franzoni ne comptait que sur la reconnaissance de ses amis, les ou«vriers de Gênes : son nom sera connu, j'espère, et béni par les ouvriers «de Paris. Pour moi, de retour en France, j'envoyai en Sardaigne une caisse «de beaux et bons livres, et je reçus du chef de l'association une lettre tou«chante dans laquelle on me promettait que mon nom serait placé parmi «les bienfaiteurs de l'œuvre. Je conserverai ce titre, car il m'est cher.»

Les prix des classes consisteraient en sommes d'argent équivalentes à une pension. Les prix des concours seraient de quatre catégories. Le premier et le second assureraient le séjour à Rome pendant trois ans, le séjour à Athènes et les moyens de voyager pendant trois autres années; au troisième, au quatrième et au cinquième prix reviendrait une pension de mille francs pendant trois années; au sixième, au septième et au huitième, une pension de cinq cents francs pendant le même espace de temps, avec obligation de continuer les études de l'école, sans préjudice de la possibilité de remporter les premiers prix et d'échanger le séjour de Paris contre celui de Rome. Mon intention est claire, je voudrais former une nombreuse pépinière de jeunes artistes marqués dans la foule par leurs dispositions heureuses, par ce germe de talent que tout conspire aujourd'hui à étouffer; les attacher aux études sévères, les conserver aux poursuites ardues des plus hautes données de l'art, en les plaçant dans une position indépendante, en les détachant des nécessités de la vie. Je ne demande pour eux ni la richesse ni les loisirs : je sais que la lutte est un stimulant, et les difficultés un aiguillon pour le génie; je n'ignore pas que toute forte création doit être accompagnée de douleur, que rien ne vient au monde sans déchirement et sans larmes; mais je ne crois pas que le talent ni le fruit mûrissent bien sur la paille; ce n'est pas là qu'ils trouvent leur maturité naturelle : ils y sentent le moisi. Un modeste bien-être est l'accompagnement fortuné et comme le soleil enchanteur de ces débuts pleins d'enthousiasme et d'illusion. Je le demande pour cette élite, afin de la maintenir dans la bonne voie, afin de l'empêcher de succomber aux séductions de la spéculation qui lui assure la fortune rapide dans des travaux faciles.

L'Académie resterait chargée de donner le programme des concours et d'en juger le résultat. Je ne lui fais pas l'injure de discuter les accusations élevées contre elle. Quel est le tribunal infaillible? Quel est l'aréopage dont l'autorité séculaire n'a pas été mise en cause? Qu'on essaye d'en composer un autre qui réunisse aussi bien que l'Académie, élevée au nombre de soixante membres, les conditions de haute impartialité, de compétence incontestable. Qu'on le trouve, et les artistes s'y soumettront : en attendant, ils s'honoreront d'être jugés par leurs pairs, et ne récuseront même pas les musiciens, les graveurs et les architectes qui apportent dans ces décisions un élément mitigé, une aptitude aussi bonne, un point de vue différent et des opinions moins engagées.

Je passe sous silence des questions de détail que soulèvent la rédaction des programmes, la brièveté des expositions, etc. Une administration vigilante donnera satisfaction à tous les intérêts lésés. Je pars avec les jeunes lauréats pour Rome.

Fontainebleau fut, depuis François Ier jusqu'à Louis XIV, la Rome de nos jeunes artistes; Mignard y étudia encore pendant deux années. A partir de 1666, l'élite de la jeunesse artiste dut à un grand roi de posséder un palais dans la ville éternelle et de réaliser le plus doux des rêves. Le palais Mancini a été remplacé par la villa Médicis; c'est un autre palais et une situation admirable. Elle domine les plus hauts monuments de Rome, et elle est entourée d'un jardin délicieux où l'ombre des beaux arbres et la fraîcheur des eaux jaillissantes invitent l'âme à tous les épanchements. Au milieu de ces délices grandioses, l'artiste trouve une douce existence qui lui permet de vivre dans le passé sans souci du présent. Il reçoit les conseils bienveillants d'un directeur qui est un ami et trouve l'émulation entre artistes qui sont des camarades. Au dehors, la considération la plus flatteuse; au dedans, l'amour de l'art avec ses jouissances et ses aspirations infinies. Pouvoir s'adonner tout entier à ses études, aux projets qu'enfante l'imagination, aux rêves que crée le bonheur, et dans ses rêves placer avec sécurité son avenir, y eut-il jamais une plus noble récompense offerte par une nation à ses enfants les mieux doués, un stimulant plus intelligent donné au jeune talent? Pourquoi donc tous les élèves de Rome ne sont-ils pas à leur retour de grands peintres, de sublimes sculpteurs, des architectes incomparables, des musiciens inspirés? Cette question a été la source et le thème de bien des récriminations mal fondées. Comme toute vieille institution, comme la monarchie, l'école de Rome a été attaquée violemment; elle n'en est pas moins restée une des gloires du règne de Louis XIV et la plus féconde des institutions créées en faveur des arts. Quand on aura dit que Le Sueur, Greuze, Géricault, Auber, Paul Delaroche, Scheffer, Decamps, Johannot, Roqueplan, Delacroix et tant d'autres ont eu du talent sans avoir eu le grand prix, on aura tout dit et on n'aura rien dit. Il y a des talents en dehors de l'école, mais il en est bien peu qui n'eussent pas gagné à placer sous sa direction les facultés natives qu'ils ont exploitées seuls. On sent toujours par un petit coin, quelque habileté qu'on ait mise à le cacher, la lacune et le déficit. D'un autre côté, il n'est pas dit, parce qu'on part pour Rome praticien consommé, qu'on en reviendra peintre habile. Être assis une seule soirée sur la terrasse de la villa Médicis, cela vaut une vie d'études; mais vivre cinq années dans ce séjour et n'en pas revenir un grand artiste, ce n'est pas prouver le vice de l'institution, c'est constater l'impuissance individuelle et les limites infranchissables assignées au talent par une volonté supérieure. L'Académie de Paris ne délivre pas des billets de génie payables à vue sur l'Académie de Rome, mais elle assure à ses lauréats les conditions les plus favorables au développement de leurs facultés. Charles Le Brun fut envoyé à Rome (1643-1646), avant la fondation de l'école, par le chancelier Séguier, qui l'y entretenait à ses frais, après l'avoir chaudement recommandé au Poussin. C'est là qu'en étudiant la sculpture antique, et en méditant sur les compositions du peintre des Andelys, il forgea ces belles chaînes qui ne le fixèrent pas au style le plus pur, mais qui arrêtèrent et dominèrent toujours cette nature fougueuse et exubérante. Supprimez Rome de l'éducation de Le Brun, et vous trouverez au fond de son talent un Van Loo colossal. Pour ne citer que des chefs, Rubens et Van-Dyck ont également rencontré en Italie le complément de leurs qualités; ôtez cette bonne influence de leur carrière artiste, et je ne sais plus quel dévergondage de composition, quel tripotage de chairs vous découvrirez dans leur œuvre. En somme, une grande part de la gloire et des espérances de l'école française n'est-elle pas dans les élèves de Rome : Ingres, Picot, Corot, David, Rude, Hérold, Pradier, Forster, Cogniet, Halévy, Duban, Labrouste, Vaudoyer, Berlioz, Flandrin, Simart, Maillard, Cavelier, Guillaume, Paccard, Barias, Hébert, Signol, Le Nepveu, Cabanel, Benouville, Gounod, Bouguereau, Diebolt? Au lieu de citer de mémoire, j'eusse dû prendre la liste entière de l'école; et il m'eût été facile de rattacher à chaque nom quelque œuvre remarquable.

Les rôles ne sont pas changés. La ville éternelle possède toujours, et dans ses monuments et dans ses collections, et dans ses admirables peintures murales et dans ses chefs-d'œuvre de sculpture monumentale, et dans les horizons de sa campagne et dans le type de ses habitants, et dans son ciel et dans sa lumière, un cachet de grandeur, une atmosphère de distinction, qui est la véritable école. Quand on sait s'écarter de la fourmilière des touristes, de la route banale tracée par des admirations de commande, quand on parvient à s'isoler, on vit à Rome dans le calme du penseur, dans le repos du sage, dans un milieu dégagé des choses de ce monde; les monuments grandissent à la hauteur de l'histoire, les créations de l'art parlent une langue à part. Sortez-vous dans la campagne, les grandes lignes du paysage sont traversées par des figures pleines de dignité qui semblent des statues à la recherche de leurs piédestaux et des monuments qu'elles doivent orner. Un commerce intime et prolongé dans cette retraite sévère crée en l'artiste une nouvelle vie.

Les bons résultats du séjour des élèves à la villa Médicis dépendent en grande partie des notions élémentaires et pratiques qu'ils ont acquises à Paris dans l'éducation de l'atelier et de l'école; ils dépendent aussi de la manière dont ils sont reçus, guidés et conseillés à Rome. Le choix du directeur est donc très-important. A l'origine, il était nommé à vie. Vien, pour la première fois, ne dut exercer ses fonctions que pendant six ans; mais son mandat pouvait être renouvelé. Cette modification au règlement primitif est bonne, puisqu'elle permet de rappeler celui dont l'influence s'est épuisée. En général, les choix ont été judicieux, et aujourd'hui encore l'Académie, composée en grande partie d'anciens élèves de Rome, comprend très-bien qu'un grand talent peut seul exercer une autorité prépondérante, et qu'entre les talents il faut encore choisir un homme, un caractère, une individualité.

Tout directeur de l'école sait que les élèves trouvent à Rome un maître qui lui est supérieur à lui-même en autorité et en influence : c'est Rome même. Il cède donc à ces grandes leçons que le jeune lauréat reçoit en face d'une fontaine publique, au milieu du Colysée, dans la campagne de Rome, qui semble un tableau du Poussin en action, et cependant il doit comprendre que ces jeunes gens, à peine arrivés, s'abandonnent à mille excès d'admiration, à mille débauches d'études entraînantes, et qu'une méthode pour voir, un plan pour étudier méthodiquement, pourraient être conseillés et utilement suivis. Il a sous sa direction des architectes, des sculpteurs, des peintres, des graveurs, des musiciens; il doit réserver à chacun d'eux des conseils appropriés à leurs études, une direction qui se préoccupe à l'avance de leur avenir. Ainsi, de même que les architectes ont partagé leur temps à Paris entre les études théoriques de la classe et les études pratiques du chantier, il leur ménagera à Rome ce même parallélisme d'occupations; mieux encore, il fera naître à leur profit des occasions de construction laissée à leur entière responsabilité, afin qu'en rentrant à Paris ils soient non plus seulement des dessinateurs habiles, mais des hommes complets. Quant aux sculpteurs... Mais vais-je me substituer au directeur de l'école de Rome? Faites un bon choix, et vous aurez une bonne direction.

Un autre soin me préoccupe : le séjour de Rome est-il le seul favorable aux études? Est-il également bon pour toutes les études? N'est-il pas, après un certain temps, plutôt nuisible pour certaines natures, tandis que pour d'autres il est comme leur élément unique et indispensable? Que de difficultés, bon Dieu! dans cette éducation artiste, par suite de la diversité des natures et des dispositions, par suite aussi d'un égal besoin de direction et d'indépendance! J'ai pensé que des succursales de l'école de Rome établies à Athènes, à Damas, sur la limite du désert, et à Bagdad, aux confins du grand Orient; que trois années de voyage accordées à certains élèves, après trois années de séjour à Rome, concilieraient toutes les exigences, si le directeur de l'école, comme le médecin habile qui sait découvrir dans son malade et dans les eaux minérales de l'Europe entière des analogies intimes, savait deviner dans l'élève les secrètes correspondances de son génie avec le génie d'un peuple, de ses tendances naturelles avec les beautés particulières à une contrée.

Considérons les arts dans leur spécialité; nous examinerons ensuite les artistes eux-mêmes dans leurs diversités. Un architecte qui passe trois années consécutives à Rome, et deux à Athènes ou en Grèce, sans voir autre chose, sans s'inquiéter des cathédrales de la Sicile, des monuments arabes de l'Orient et de l'Espagne, des monuments gothiques de la France et de l'Allemagne, n'aura sans doute pas, du premier coup, réponse à tout, et l'esprit, comme la main, prêt à satisfaire toutes les fantaisies, mais il aura vécu au sein des grandes choses; au milieu du Colysée et du Forum, en face du temple de Thésée et au haut de l'Acropole, il aura pris les bonnes manières de ce grand monde, et, quelle que soit dorénavant sa destinée, il conservera la marque supérieure et la distinction puisées dans ce commerce intime. Ce ne sera pas un vernis d'emprunt, un costume de comédie; ce sera une habitude vraie, et comme une seconde nature avec laquelle il comprendra ensuite tous les styles, tous les goûts et la manière d'y satisfaire. Telle est l'éducation de l'architecte; mais il est aussi dans cette carrière une éducation pratique indispensable, et celle-ci, quand l'autre est ferme et assurée, peut se trouver bien d'une année de voyages qui permette à l'artiste d'étudier les constructions de chaque peuple, de chaque climat, et de connaître ainsi les usages et les procédés de chaque nation; il examine, il éprouve, il juge l'emploi des matériaux propres aux diverses contrées, les inventions conseillées par les climats chauds ou froids, par la richesse de telle matière, par la pénurie de telle autre : les briques dans le Nord, le fer en Angleterre et en Amérique, le pisé en Allemagne et en Afrique, la faïence émaillée en Espagne, le bois en Suisse, dans le Tyrol et en Turquie, les moyens employés en Orient pour obtenir de l'ombre et une ventilation continue, les moyens imaginés en Russie pour chauffer uniformément toute l'habitation; que sais-je encore et que n'oublié-je pas? L'architecte, prenant de chaque chose ce qu'elle a d'applicable à nos usages, de chaque expérience ce qu'elle offre de concluant dans ces pays et ce qu'elle présentera d'avantageux dans le nôtre, revient en France aussi instruit, aussi spécial, sur chaque point de l'industrie, que pas un, car il a tout vu et tout soumis à l'épreuve d'un esprit observateur, d'un goût exercé dans l'intimité des chefs-d'œuvre de l'art, d'une science sûre d'elle-même, parce qu'elle a pour fondement l'étude et la pratique.

Pour les peintres et les sculpteurs, l'Italie est un pays de séductions; si l'on n'est pas équipé comme il faut, on n'arrive pas au but, on s'en détourne, on s'arrête dans mille chemins de traverse qui n'aboutissent à rien, et quelquefois on s'y perd. C'est pourquoi j'ai demandé avec tant d'instance que l'élève ne quittât l'école de Paris que sûr de son métier, sûr également, quoiqu'à un moindre degré, de son jugement et de ses tendances. Cuirassé de la sorte, il verra les Vénitiens sans se faire décorateur, Michel-Ange sans tourner à l'anatomiste, Corrége sans s'affadir, Pérugin et les vieux maîtres sans devenir maigrelet, pauvret et pointu, Raphaël enfin sans l'imiter, quoiqu'en le prenant pour guide et pour modèle.

Mais si l'arrivée en Italie a ses dangers, un trop long séjour à Rome peut aussi avoir ses inconvénients. Une étude prolongée des mêmes maîtres et de la même école entame l'indépendance que l'artiste doit conserver sous peine de perdre toute originalité, toute initiative. Je crois que M. Ingres, associant de bonne heure à l'étude de Raphaël la vue des chefs-d'œuvre de l'art grec et la contemplation, à Athènes même, de la belle nature et des nobles types qui ont inspiré les artistes de la Grèce, serait resté raphaëlesque dans une mesure plus large, plus dégagée, et où sa propre originalité, si forte, si puissante, se serait révélée plus à l'aise; je crois qu'Overbeck, en suivant la même voie, aurait élargi son point de vue: Angelico de Fiesole serait resté son maître de prédilection, l'école de Pérugin son école, mais avec une liberté d'allures, une étendue d'horizons qui auraient donné jour à des développements tout autres de son rare talent.

Il faudra donc, après les trois années de séjour à l'école de Rome, faire voyager les jeunes artistes, peintres et sculpteurs, pour qu'ils voient la nature sous ses plus beaux aspects, l'homme dans ses types les plus distingués, dans ses mouvements les plus nobles, drapé naturellement dans des costumes pittoresques. J'ignore comment on est peintre sans avoir vu l'Orient, comment, dans nos tristes parages, on se crée, avec des peines infinies, cet idéal de beauté que la nature a prodigué là-bas avec son soleil. Sans doute le génie remplace tout: Raphaël et Le Sueur ont trouvé instinctivement ces mêmes types; ils ont vu dans leur âme cette race d'élite qui depuis l'enfant au maillot jusqu'au vieillard, depuis le simple chamelier jusqu'au chef de tribu, promènent à travers la vie un calme inaltérable, une majesté simple et comme une supériorité dédaigneuse. Mais là où Raphaël et Le Sueur, par une sorte de divination du génie, se rapprochent davantage des types orientaux, là justement ils ont élevé le plus haut leur art. Que serait-ce donc s'ils avaient vu l'Orient? L'enfant Jésus, sur les bras de sa mère, se rencontre de loin en loin dans les montagnes d'Albano, il se trouve au seuil de chaque cabane dans les villages orientaux; Salvator Rosa n'a jamais rêvé de paysages plus sauvages, plus mélancoliques, que la route de Jéricho où se passa la scène touchante du bon Samaritain: les Israélites sont encore dans le désert, et toute l'histoire du peuple de Dieu en action dans la Terre-Sainte. N'allez pas si loin. Arrêtez-vous en Grèce, c'est déjà l'Orient, et, qui mieux est, un Orient idéalisé. Là, tout est en de justes proportions; on ne trouverait pas un tambour-major dans toute la race hellénique, car, dans son association avec la nature, l'homme est toujours en harmonie avec elle. Rien de petit, rien de colossal. Les espaces sont proportionnés aux hauteurs; les arbres, d'un port élégant, revêtus d'un feuillage vigoureux, sont en harmonie avec l'atmosphère. En France la verdure est opaque et les masses de végétation en disproportion avec l'entour, en Italie le type est trop vigoureux, trop accentué, tandis qu'en Grèce tout semble enveloppé dans une simplicité élégante et distinguée. Cette qualité incomparable, la simplicité, rare vertu, déesse qui nous est inconnue, a régné despotiquement sur la nation grecque, elle l'a dominée à sa plus grande époque de développement intellectuel et de puissance créatrice, elle plane encore sur la contrée, dans les contours de ses montagnes; elle se montre dans la sobriété de sa végétation, la beauté mélancolique de ses ruines, la pureté de l'air, la coloration du terrain, la rigidité des horizons, la ligne précise et arrêtée de chaque objet. C'est tout un ensemble de simplicité qui parle éloquemment aux grandes âmes, au grand goût, qui les charme et les repose, en même temps qu'il attriste les esprits médiocres et les natures vulgaires, pour lesquels ces beautés ne sont que misères, cette richesse qu'un désert.

Je ne puis m'empêcher de penser que Prud'hon, ou de nos jours Meissonnier, Hamon, Vidal, eussent vivifié leur idéal chétif et monotone, en contemplant les races fortes des campagnes romaines, les races sveltes de nos Pyrénées, des montagnes de la Grèce, du Liban et du désert d'Arabie. Leur originalité native, quoi qu'ils eussent vu, aurait dominé leurs souvenirs, et elle aurait conservé, de ces impressions de jeunesse, une grandeur, une ampleur, une dignité, qui se serait associée, pendant leur carrière d'artiste, à la poursuite de leur idéal. Ainsi l'habitant du Midi, en venant vivre au milieu de nous, perd son accent natal, et conserve dans sa diction un nerf et une vigueur que nous lui envions. Schnetz aurait dû sortir de l'Italie : l'Orient appelait celui qui a si bien dégagé de la race italienne son type antique et primitif. Un séjour plus long à Athènes aurait distrait et détourné Decamps de ses caricatures de petits Turcs, en le faisant entrer plus intimement dans le secret de l'antique noblesse des races modernes de la Grèce; Courbet, passant six mois à Venise, en compagnie de Giorgione et de Paul Véronèse, puis six autres mois au désert, dans la société des fils d'Abraham, aurait élevé son talent incontestable à toutes les grandeurs de la plus belle nature interprétée de la plus noble manière. Cordier, le sculpteur réaliste, et réaliste dans la bonne acception du mot, aurait saisi, avec la précision rigoureuse qu'il a prodiguée dans son étude de nègre, les beautés naturelles de ces races privilégiées.

A l'école de Rome, à l'école d'Athènes, aux voyages dans les contrées étrangères, de bonnes gens opposeront des raisons de ce genre : « Il faut être avant tout de son pays. La nature est belle partout. Imitez ce que vous avez sous les yeux et rendez-le bien. » A cela il n'y a qu'une réponse : Comparez l'homme grossier à celui qui a reçu une bonne éducation, et vous vous convaincrez que non-seulement celui-ci vaut mieux par l'extérieur, mais que les sentiments du cœur ont autant gagné que les dehors. Avoir vu la nature la plus belle aide à mieux comprendre une nature inférieure et à trouver ses plus beaux côtés. Quand vous revenez de Grèce, vous retrouvez dans la population d'Arles son ancienne colonie hellénique, vous découvrez sur les bords de la Loire des sites comparables aux plus charmants aspects de l'Orient, vous rapportez de la forêt de Fontainebleau des études qui semblent faites au pied de l'Érymanthe. C'est que la fréquentation des belles natures, loin d'inspirer de l'éloignement pour les natures moins bien douées, aide à les étudier sous leur meilleur aspect, à les prendre par leur beau côté, pour les rapprocher autant que possible de l'idéal qu'on s'est formé ailleurs : ainsi un petit esprit ne trouvera que nullité chez des gens qu'un esprit supérieur saura faire valoir en les plaçant sur le terrain de leur expérience, en tirant profit de leurs connaissances spéciales.

J'ai dit que Rome était pour certains artistes un élément vital qu'ils ne quittaient que pour dépérir, ne pouvant prendre racine dans un autre sol. Poussin et Claude Lorrain ont passé leur vie à Rome; s'ils sont nés hors de son enceinte, c'est un pur caprice de la nature. Nicolas Poussin a tenté de vivre en France, il a senti presque aussitôt qu'il y dépérissait. Quand la *Mort de Jules César* fut saluée à Paris de ce bruyant applaudissement qui retentit encore à nos oreilles, un juge intelligent aurait pu deviner que le jeune peintre auteur de ce brillant coup d'essai avait besoin de Rome, de ses types, de ses monuments et de ses collections pour alimenter et contenir son talent précoce, vigoureux, mais essentiellement influencé par l'extérieur et comme par le reflet de ses entours : Court est revenu en France, son talent est resté à Rome.

Ayant autant développé sa libérale protection, l'État a droit de demander aux élèves de ses écoles des preuves de leurs efforts, des témoignages de la sévérité de leurs études. Les architectes continueront ces belles restaurations des monuments antiques qui forment dans les archives de l'École le *corpus* glorieux de l'architecture classique, magnifiques matériaux d'un ouvrage qui devrait être immédiatement publié. Ce vœu a été souvent émis. Déjà M. Le Breton demandait cette publication au nom de la classe des beaux-arts dans la séance publique du 28 octobre 1815 : « Sans publicité, disait-il, ce « trésor d'excellentes études serait enfoui dans nos archives « presque sans aucune utilité, et il est susceptible d'en avoir « une très-grande. On ne peut pas communiquer les originaux « sans courir le risque de les altérer et bientôt de les détruire. « Un accident même pourrait les anéantir. Inconnus du pu« blic, inutiles à l'instruction, embarrassants par les grandes « dimensions des dessins, hasardeux par leur nature, ce se« rait ne pas mériter de les posséder que de les garder ainsi. » On ne peut mieux dire, et, après trente-cinq ans d'inutile attente, il est bien temps de satisfaire ce vœu légitime, et d'entreprendre cette belle publication, en comblant l'arriéré, en prévoyant l'augmentation annuelle de la collection. Les élèves de Rome auront leur programme de travaux qui laissera plus de part à l'imagination et développera davantage l'originalité native de chacun. Ce programme s'attachera à stimuler les études sérieuses des architectes et des sculpteurs d'après l'antique, des peintres et des graveurs d'après les maîtres, par la perspective flatteuse de la publication immédiate de leur dessin en scrupuleux *fac-simile*, récompense qui tournera à leur gloire en même temps qu'à l'avantage de l'enseignement public, auquel ces dessins serviront de modèles.

Je ne m'étendrai pas sur ces divers points, l'Administration des beaux-arts devant puiser dans son expérience des besoins, dans les indications fournies par l'opinion publique et qui lui sont transmises par ses agents, enfin dans la discussion de ces graves questions au sein d'une commission composée d'hommes compétents, tous les éléments d'une réorganisation générale de l'enseignement supérieur.

MAINTIEN DU GOÛT PUBLIC.

DES DEVOIRS DE L'ÉTAT ENVERS LA NATION DANS LES QUESTIONS D'ART ET DE GOÛT.

L'enseignement des arts serait insuffisant, si l'État ne continuait pas son influence en maintenant le bon goût par les grandes créations de l'art, par les institutions publiques et par une direction générale supérieure.

L'enseignement des arts[1], étendu à toute la nation, ne serait pas suffisant pour élever le goût public, si l'État ne prolongeait pendant un certain temps son influence au delà de

[1] J'ai cru devoir embrasser l'enseignement public des arts dans son vaste ensemble, et cette partie de l'enseignement que j'appelle *le maintien du goût public* m'avait vivement préoccupé; mais mon travail s'étant étendu outre mesure, j'ai retranché ce chapitre, et je n'en ai conservé qu'un résumé sommaire placé en appendice.

l'éducation des jeunes gens. Dans cette situation transitoire, la nation restera en quelque sorte sous la tutelle d'une direction supérieure, qui maintiendra le bon goût par les productions de nos premiers artistes et par de nouvelles institutions.

Depuis que le goût public a perdu son guide, qui longtemps a résidé au milieu d'une cour magnifique et dans une aristocratie brillante, le besoin insatiable de nouveautés, et des nouveautés les plus misérables, est devenu le principe de la mode, le tourment de l'industrie, la plaie des arts. Retourner à cet heureux temps où le dorique et ses quelques ornements suffisaient à quatre ou cinq siècles d'immense activité artiste, c'est impossible, car depuis deux mille ans cette fermeté de goût qui se contentait de perfectionner les plus pures données du beau ne s'est plus rencontrée. Revenir même à cette époque soumise où l'autorité religieuse et l'autorité royale prescrivaient à la mode une certaine fixité par la seule influence du respect qu'elles inspiraient, c'est également impossible, car ces grands ressorts sont à jamais détendus. Les modes se suivent, les styles se pourchassent les uns les autres; partout une soif de nouveautés, décorées du nom de progrès, a envahi le goût, et nous a imposé la loi du changement continu.

Tout observateur attentif reconnaîtra que le principe de cette maladie réside moins chez les artistes et chez les industriels que dans le public. En sortant de la Grèce, en se répandant dans le monde, l'art a changé de caractère; il a persévéré comme un luxe et comme un spectacle auquel était conviée la foule; il n'a plus été l'expression du goût national, l'éloquence du cœur de chacun, le cri parti des entrailles mêmes de la nation. Ce fut dès lors et c'est encore un théâtre sur lequel une confrérie d'artistes joue devant un public plus ou moins nombreux; si les acteurs élèvent l'art en épurant leur langage, en ennoblissant leurs gestes, la foule des spectateurs ne les comprend plus et n'applaudit pas; or, comme l'artiste est amoureux des bravos et l'entrepreneur avide de recettes, l'art descend vers la foule pour se mettre à sa portée, et c'est ainsi qu'il se ravale. Il faut donc régénérer la foule plus encore que les artistes.

Dans cette situation, l'État doit intervenir puissamment, et il le fera sans s'imposer de lourdes charges. On sent le besoin de son concours, on ira au-devant de son initiative; sa volonté, ses indications, son encouragement moral, vaudront des capitaux, car, à son appel, les capitaux se réuniront pour créer des merveilles. Mais l'État ne sera pas à tout jamais chargé de cette responsabilité; il s'en déchargera sur la nation, quand celle-ci se sentira capable, comme le peuple l'était en Grèce, de redevenir le guide et le juge des arts et de l'industrie.

La nation aura ce double rôle quand, d'un côté, elle dominera la mode, quand, de l'autre, elle aura retrouvé les émotions des grands enthousiasmes. Quelque espérance que nous fondions sur la contagion du bon goût, nous n'espérons pas ôter à la mode le droit d'être parfois absurde; ce sera déjà beaucoup de gagné si elle ne l'est pas toujours, et si nos artistes, avec des principes fixes, sont capables de résister à ces invasions du mauvais goût, de manière à les maintenir dans certaines limites et à en abréger l'usurpation. La mode, désormais moins inconstante, aura de plus prompts retours. Jusqu'à présent, quand elle a fait quelques pas en avant, elle en a fait quelques-uns en arrière; le moyen de l'atteindre n'a pas été de la suivre en s'efforçant de courir aussi vite qu'elle, ç'a été de l'attendre: comme ces chasseurs qui, au lieu de s'attacher à la piste du cerf et de le suivre dans ses longs détours, vont sur son passage; comme Ingres, nautonier expert, qui a attendu dans le port, choisi en 1804, que la bourrasque de l'antique à la David, du primitif à l'allemande, du romantisme et du réalisme fût passée: ainsi les artistes, formés dans les vrais principes et convaincus de la bonté de leur cause, attendront les retours de la mode, ou plutôt ils la domineront aussitôt que les arts, devenus une part de l'éducation, redeviendront une passion publique. Combien sera petite la puissance de la mode à côté de cette puissance de conviction, que valent argent, pensions, honneurs, à côté de cette commotion électrique qui s'appelle la sympathie publique? Donnez-moi l'auditoire intelligent d'un peuple enthousiaste, et je ne suis pas en peine des acteurs.

La mission de l'État sera facile, car son but est marqué. Il aura été le réformateur du goût public par l'enseignement général; il entreprendra de maintenir ce même goût public en provoquant les créations des artistes, en excitant par ses encouragements tout ce qui est de nature à épurer le goût.

Les arts attendent depuis trop longtemps l'homme qui doit les diriger, l'homme capable de réunir dans ses mains des attributions assez étendues pour leur donner l'unité, de disposer d'un budget assez puissant pour leur rendre la vie. Son programme sera simple, parce qu'il sera dominé par un idéal de perfection en toutes choses : prendre l'initiative de ce qui est grand, noble et pur, s'atteler à tout ce qui est distingué, avec la conviction que la médiocrité vulgaire progresse d'elle-même : telle est la tâche. *Louis XIV*, dit Voltaire, *en fait de beaux-arts, n'aimait que l'excellent.* Admirable éloge, qui s'applique encore mieux à d'autres souverains, dont les artistes ont conservé la mémoire, dont les monuments ne sont ni nombreux ni étendus, mais auxquels restera toujours attaché l'admiration des connaisseurs, parce qu'ils portent le cachet d'un goût distingué pour la perfection. C'est dans ce même sentiment que les arts devront être dirigés. Il y faut les vues générales d'un grand esprit et les inspirations de détail d'un cœur généreux. Récompenser le talent qui se manifeste par une œuvre éclatante, la belle affaire! instituer des concours et couronner le plus habile, le beau mérite! mais repousser les intrigants et les faiseurs; savoir qu'un homme de talent meurt de faim à la poursuite d'un grand projet, qu'un sculpteur bien inspiré ne peut exécuter son groupe faute de marbre, qu'un peintre grelotte sans ouvrage dans sa mansarde, parce qu'il aime mieux voir la nature à sa manière et suivre son idéal que de complaire à la mode du jour; connaître toutes ces misères et y compatir, ne pas attendre que le vrai mérite tende la main, mais lui tendre les bras, c'est là remplir dignement cette haute mission.

Quand une nation est formée dès l'enfance à l'étude et à l'appréciation des arts, elle est fortement impressionnée par leurs productions. Quand l'État ne conçoit les monuments publics et leur décoration que dans de hautes pensées de religion, de morale et de gloire nationale, les commandes de travaux ne sont plus des moyens factices de faire vivre les artistes, elles sont les ressorts puissants de l'art lui-même : car si l'artiste n'y voit plus seulement son gagne-pain, s'il y sent sa gloire et son avenir, le public ne passe pas indifférent devant les œuvres du génie; il comprend leur éloquence, il s'échauffe de leur passion, il s'électrise à cet enthousiasme. Il y a deux raisons pour que l'État commande des travaux d'art, et toutes les deux sont à l'avantage de l'homme de talent. L'État donne des travaux à l'artiste qui sait et qui est assez jeune pour apprendre encore, afin qu'en lui offrant les moyens de produire de grandes choses, il élève sa pensée et élargisse sa manière. L'État donne aussi des travaux à l'artiste qui a conquis *tous* les développements de son talent, afin qu'il laisse des œuvres magnifiques, honneur du pays, précieux modèles pour les générations à venir; mais il reste sourd aux sollicitations des jeunes gens qui ne savent pas encore leur métier, des artistes qui n'ont que du métier, et des vieillards illustres dont la main trahirait la gloire. Aux premiers il continue l'enseignement, aux seconds il ouvre les voies fécondes de l'industrie; pour les derniers, il a des honneurs, des pensions et des asiles. Le principe de l'égalité est applicable dans sa plus grande extension à l'éducation artiste. Un enseignement libéral et complet est offert à tous sans exception dans les écoles gratuites. L'égalité cesse où commence l'exercice du talent. Ici des droits s'établissent suivant certains degrés, et je ne sais pas dans l'histoire un peuple qui n'ait fait plier la démocratie de sa politique sous l'aristocratie du génie. A Athènes, où tous les citoyens prétendaient aux charges publiques, où tous concouraient à la confection des lois, où les destinées du pays étaient confiées à la popularité passagère d'un nom, à la séduction capricieuse du hasard, quand il s'agissait de choisir un artiste et d'élever un monument, on suivait la marche sûre de l'expérience. L'artiste reconnu le plus digne par ses succès antérieurs était choisi d'un commun accord, et toute compétition du charlatanisme était écartée : car l'Athénien consentait à risquer un choix douteux en politique, à essayer d'une loi mauvaise; mais pour une statue qui marque le goût d'une époque, pour un monument définitif qui transporte aux âges futurs le témoignage de la distinction d'une génération entière, ils auraient cru se manquer à eux-mêmes s'ils avaient laissé quelque chose à la fantaisie ou au hasard.

Nous serons aussi difficiles dans nos choix, aussi exigeants que les Grecs; nous ferons même davantage, car il ne suffit pas de donner les travaux aux grands artistes, il faut créer des occasions de produire pour les hommes de génie : c'est la manière de se montrer reconnaissants envers la Providence qui nous les donne. Une administration qui laisse sans emploi les vrais talents devrait être comptable envers la nation de la perte qu'elle lui cause. Ces années précieuses de verve et de force productives perdues sans retour sont, pour la gloire et pour l'avenir artiste de la France, un vol qu'on lui fait. Des millions pris dans les caisses de l'État lui font moins de tort que ces chefs-d'œuvre étouffés en germe. On condamne l'employé infidèle aux galères; on sévira contre l'administrateur incapable. Géricault a sollicité pendant trois ans, et il est mort sans pouvoir obtenir que la liste civile achetât pour 6,000 francs son *Naufrage de la Méduse*. Léon Cogniet garde depuis six ans dans son atelier et va peut-être vendre en Angleterre son tableau du *Tintoret au lit de mort de sa fille*, un tableau digne d'être conservé à l'école pour lui servir de modèle. Prudhon, Decamps, Roqueplan, et combien d'autres talents, demandaient à être pris à leur juste mesure, et n'ont pu s'essayer dans la grande peinture; ils ont vu s'épuiser en petite monnaie le trésor de leurs jeunes inspirations, se faner la fleur de leur talent, pendant qu'on mettait murailles et plafonds à la merci de l'incapacité notoire et avérée.

Une administration prévoyante a même quelque chose de mieux à faire que de donner des travaux; elle donnera aux hommes de génie les moyens de ne rien faire, d'être oisifs à leurs heures, improductifs selon leur nature, c'est-à-dire de ne travailler, de ne créer, de ne produire que lorsque la saine et vraie inspiration s'emparera d'eux et les poussera à l'enfantement vigoureux des œuvres radieuses.

Les commandes de l'État devraient être faites d'après un plan général, de manière à associer tous les talents et à mettre le public de moitié dans leurs efforts. Elles se combineraient avec d'autres mesures qui, s'étendant à tous les détails importants, à tous les intérêts respectables, faciliteraient les études des uns, les travaux des autres, encourageraient les progrès des arts et de l'industrie, et feraient converger tous les efforts généreux vers le même but, en couronnant tous les succès des mêmes récompenses et des mêmes honneurs.

Les œuvres sublimes des artistes célèbres ont sur le goût public une influence considérable; mais, pour le maintenir dans la bonne voie, il est d'autres moyens efficaces. L'État n'en doit négliger aucun. Il demandera le concours des bibliothèques et des musées, des cours publics et des lectures du soir; il prendra l'initiative de magnifiques publications à bon marché et de splendides théâtres où l'on entre presque gratuitement. Se rappelant l'axiome si juste : *Mens sana in corpore sano*, il provoquera les exercices qui font les hommes forts, en leur apprenant à apprécier les justes proportions et la beauté harmonieuse du corps humain; il donnera des promenades aux citadins pour leur faire connaître la belle nature, cette autre bonne institutrice du goût. Partout il visera à la perfection au profit de tous : s'il élève des monuments, il appellera les premiers architectes, il mettra à leur disposition les plus riches matières, il provoquera tous les essais de décorations nouvelles qui peuvent allier la beauté la plus exquise à la grandeur la plus majestueuse; s'il construit des édifices d'utilité publique, il leur donnera un grand caractère monumental; s'il perce des rues, s'il ouvre des places, les œuvres de la sculpture, les immenses décorations peintes, y entreront avec le flot de la population pour devenir, comme aux grandes époques, le musée en plein air et l'instruction du peuple. La nation tout entière, voyant les arts descendre ainsi dans la rue et se mêler à la vie publique, comprendra que la vie privée doit s'imprégner à son tour de leur douce influence, et l'atmosphère elle-même deviendra artiste, comme elle l'a été pendant des siècles en Grèce.

APPLICATION DE L'ART A L'INDUSTRIE.

L'INDUSTRIE A BESOIN D'UN GUIDE SÛR ET SES APPRENTIS DE PATRONS INSTRUITS.

Il a été pourvu avec soin à l'enseignement du dessin dans toutes les écoles, à l'enseignement du dessin aux apprentis et aux ouvriers, à l'enseignement supérieur des arts, et en donnant une direction élevée et un vigoureux essor aux talents divers qui surgissent de ce vaste enseignement, j'ai montré comment on continuerait l'éducation du peuple en maintenant le goût public[1]; il me reste à examiner de quelle manière on formera à la meilleure pratique des procédés les plus perfectionnés tous ceux qui, déjà préparés par le dessin, sont capables de faire progresser l'industrie, de façon à satisfaire par des productions toujours plus pures un public devenu délicat et exigeant, de manière aussi à conserver en face de la rivalité étrangère une supériorité qui fait notre vogue et assure l'avenir de nos exportations. L'étude de cet important sujet terminera ma tâche.

Si la France en était à ses débuts, je n'ajouterais rien aux conseils que j'ai donnés. Le dessin introduit dans l'enseignement public, l'apprentissage des ouvriers chez les maîtres et

[1] J'ai supprimé, faute d'espace, cette partie de mon travail; on en trouvera un résumé sommaire en appendice.

l'éducation des artistes dans des écoles spéciales entièrement réorganisées, le goût public devenu affaire d'État, suffiraient et au delà pour stimuler les progrès de son industrie; mais la France a conquis une position hors ligne difficile à conserver en présence de la concurrence éveillée par nos succès à l'Exposition universelle de Londres. Pour s'y maintenir, il lui faut, à tout prix s'élever en innovant, s'épurer en secouant la routine; car, en fait de pastiches de tous les styles, on s'acquitte de cette sotte besogne à Marlborough-House aussi bien qu'à Paris. Or la routine trône en France plus qu'on ne croit: elle y trône en fermant les yeux sur tout ce qui se fait hors de nos frontières; elle y trône avec des airs de supériorité, des airs de novateur, autant d'airs connus qui n'empêcheraient pas la concurrence étrangère de nous supplanter dans l'opinion publique et surtout dans l'estime d'un public d'élite qui fait l'opinion.

La domination de cette routine pèsera sur l'industrie tant que l'État ne prendra pas l'initiative; sans lui les progrès se feront terre à terre, les entreprises seront timides, les innovations bornées, nos rivaux enhardis. Il ne faut pas se faire illusion: alors même qu'une grande réorganisation de l'enseignement des arts aura donné à nos industriels plus et de meilleures idées, des dessinateurs habiles, des ouvriers artistes, ils subiront encore une entrave qui arrêtera les tentatives, même celles dont le succès semble le mieux garanti. Cette entrave, chacun la connaît: c'est l'absence ou la cherté des capitaux. Quand les chemins de fer auront terminé le réseau des lignes fructueuses, quand les grandes affaires auront placé leurs actions, quand la rente ne donnera plus, comme en Angleterre, que des intérêts minimes, il est possible que les capitaux français entrent dans l'industrie; jusqu'à présent ils s'en sont écartés, et les chefs de fabrique, aussi bien que les chefs des petits ateliers, ne hasardent ni une idée neuve ni un projet nouveau qui entraîneraient des déboursés considérables ou dont la réalisation serait lente. L'État doit intervenir. Personne ne songe à demander au Gouvernement de se faire industriel, de se substituer au jeu naturel des affaires commerciales, il s'y ruinerait et ferait du tort à ceux qu'il prétendrait aider. Voici la portée et les limites que nous voudrions donner à son intervention.

De même que les arts auront une direction supérieure qui facilitera la réalisation grandiose des plus nobles inspirations par des commandes et par l'exécution de grands travaux aux frais de l'État, de même aussi l'industrie aura un chef de file assez puissant pour faire toutes les expériences coûteuses, les essais aventureux, les tentatives désespérées, pour exécuter les grands projets et les modèles exceptionnels, pour être, non pas l'hôpital, il n'en manque pas, mais l'asile désiré des inventeurs que leur sublime folie a chassés de tous lieux. L'ancienne monarchie avait apporté ce secours à l'industrie en transformant les Gobelins en une sorte de manufacture modèle qui fabriquait dans les limites restreintes de l'approvisionnement des palais et des résidences du roi, qui ne fabriquait, par conséquent, que des objets remarquables, d'une exécution hors ligne, mais qui fabriquait assez pour entretenir et développer les procédés les meilleurs et les données les plus heureuses de l'art appliqué, pour former dans son sein et renouveler incessamment des ouvriers supérieurs.

Je demande la restauration de cet utile établissement, rien de plus, trop heureux de pouvoir proposer une chose utile qui n'est point une innovation, qui a pour elle l'expérience et des résultats dont nous pouvons constater la portée féconde et la bonne influence.

CRÉATION D'UNE GRANDE MANUFACTURE-MODÈLE.

Tous les gouvernements qui se sont succédé en France depuis la chute de l'ancienne monarchie ont tenu à honneur, l'Empire de relever, la Restauration, le Gouvernement de Juillet, et la République de maintenir et de développer les manufactures de Sèvres, des Gobelins et de Beauvais ; mais, par les causes générales et particulières que j'ai développées plus haut, ces établissements coûteux, bien que toujours supérieurs par la puissance des moyens de fabrication et l'excellence des traditions, n'ont plus exercé sur le goût public qu'une influence secondaire, contestée et contestable. On a pu se demander si l'argent dépensé dans ces manufactures était bien employé, s'il y avait utilité, s'il n'y avait pas inconvénient pour l'industrie à fabriquer de la porcelaine et des tapis dans des conditions anormales, c'est-à-dire avec un budget qui pouvait dédaigner le prix de revient, de la porcelaine et des tapis qui, par une voie ou par une autre, qu'on les vendît ou qu'on les donnât, venaient sur le marché faire concurrence aux produits créés par l'industrie dans des conditions commerciales bien autrement difficiles.

Il en est de ces établissements comme de toutes les demi-mesures, comme des palliatifs timides, comme des méthodes de traitement hésitantes. Si au lieu de faire un peu de porcelaine et quelques tapis, de disséminer ici et là ses moyens d'action, on se fût mis franchement à la tête de l'industrie pour la régénérer par l'action fécondante de l'exemple, de modèles supérieurs créés à grands frais par les artistes les plus habiles, de procédés nouveaux ou retrouvés mis en œuvre par des contre-maîtres consommés dans leur art, sous les yeux d'apprentis et d'ouvriers avides de s'instruire, les objections, justes en ce qui regarde l'état actuel, seraient tombées d'elles-mêmes. Reprenons ces objections. Les manufactures de l'État font concurrence à l'industrie dans des conditions qui ne sont pas les conditions normales du commerce. Il est facile de répondre. Oui, la concurrence faite à l'industrie par le travail des maisons de détention est déloyale, parce qu'elle use de conditions exceptionnelles pour ravaler l'industrie entière par le bas prix et la mauvaise fabrication de ses produits; non, la concurrence de la grande manufacture ne sera pas déloyale, puisqu'elle ne mettra pas ses produits en vente à bas prix, puisqu'elle fera connaître au contraire ses prix de revient si coûteux, et qu'en même temps elle livrera généreusement ses modèles, qu'elle s'attachera à développer les ressources propres à l'industrie privée, et par une organisation nouvelle la fera participer tout entière à sa fabrication, à ses progrès, à ses succès. Elle agira comme un pouvoir protecteur, comme un conducteur habile qui, suivant les natures et les circonstances, use du frein ou de l'aiguillon. Quand une industrie se développera dans une bonne voie, elle lui viendra en aide en expérimentant à ses frais les matières nouvelles et les procédés qu'on disait perdus, en dessinant des formes pures et des compositions appropriées : c'est ainsi, pour ne citer qu'un exemple, qu'elle traitera les porcelaines dures, où le blanc de Limoges, excellents comme pâte et comme émail, mais auxquels manquent, pour atteindre la véritable perfection, les bons modèles de forme et de décoration; quand au contraire une industrie se traînera pendant des années au fond d'une insipide routine, abusant des droits protecteurs et faisant payer à la consommation le tribut énorme de son impéritie, alors la grande manufacture prendra en main la fabrication, tout en stimulant la création d'établissements rivaux : c'est ainsi qu'elle traitera les faïenciers, depuis les grandes manufactures de Creil et de Montereau jusqu'aux modestes fabriques répandues partout pour la consommation usuelle, et qui sont toutes au-dessous de leur mission de propagateurs du bon goût.

Une autre objection, la vieille objection est celle-ci : De quoi vous mêlez-vous? Laissez donc faire l'industrie! elle en sait plus long que vous et sur ses intérêts et sur les vôtres; quand on demandera des chefs-d'œuvre, l'industrie fera des chefs-d'œuvre. Je ne discuterai pas ces vieilles redites; elles ont fait leur temps, et j'ai déjà eu l'occasion de prouver le néant de ces déclamations en suivant pas à pas, dans les temps anciens comme dans les temps modernes, en France comme chez les nations étrangères, la renaissance des arts et les retours de mauvais goût ou de barbarie (c'est même chose), qui concordent exactement avec l'extension ou l'abstention de générosités judicieusement prodiguées par le souverain ou par l'État. J'ai constaté en outre que jamais la chimie et la mécanique n'avaient fait autant de progrès que depuis cinquante ans, n'avaient mis au jour et libéralement en circulation autant de découvertes, et j'ai établi cependant que l'industrie avait médiocrement répondu à ces avances en n'appliquant pas avec assez de perspicacité les grandes données de la science, en ne développant pas les nouvelles ressources au profit des arts et du goût dans leurs conditions les plus élevées.

Si les progrès des arts dépendent de la direction intelligente et de la protection généreuse qui président à leur développement continu dans la saine voie d'une constante épuration, les progrès de l'art appliqué, autrement dit de l'industrie, n'ont pas d'autres conditions d'avenir. L'État ne meurt pas, sa protection puissante traverse les entraînements de la mode et les crises du commerce. Abandonné à lui-même, l'art appliqué à l'industrie devra quelques moments de prospérité, ici à l'intelligence supérieure d'un homme de talent qui se met à la tête de l'une de ses branches, comme Wedgwood, en Angleterre, à un capitaliste hardi qui jettera dans un nouvel établissement l'argent qui jusqu'alors a fait défaut, comme Johnston à Bordeaux; la mort enlève l'artiste, les grandes déroutes financières engloutissent les capitaux, et tout est entravé, les progrès sont arrêtés, les conquêtes compromises, les traditions perdues. Il s'agit ici de grands pays industriels, comme l'Angleterre et la France; mais à côté de ces colosses, voyez la Toscane et Rome, entraînées avec toute l'Italie dans la décadence industrielle dont elles se tirent péniblement de nos jours. Qu'ont-elles conservé qui respire encore un parfum de ce grand goût et de cette rare perfection des œuvres d'un autre âge? Où chercherez-vous les traces de leur vieille splendeur? Dans les ateliers de mosaïque, entretenus à grands frais par leurs souverains et qui, semblables au Colysée planant sur les édifices de Rome moderne, restent au milieu de l'abaissement comme des témoins éloquents d'une grandeur passée.

La France doit, à tout prix, maintenir dans sa capitale et conserver à l'industrie un modèle permanent du bon goût, qui sera comme une source limpide d'où s'échapperont sans cesse des inventions charmantes, comme une cloche retentisante qui tient les idées en éveil et chasse la somnolente routine. Au temps passé, les Gobelins et Sèvres ont suffi ; il faut aujourd'hui centraliser dans une vaste manufacture, elle-même un modèle, toutes les industries qui se rattachent aux arts ; les centraliser, pour de leur union, de l'unité résultant de tant de voies convergentes, de la perfection poussée à ses dernières limites, faire l'ensemble par excellence de l'art appliqué et comme le chef de file de l'industrie entière.

Sous le rapport commercial, l'industrie n'a rien à craindre de cette concurrence, car c'est une concurrence de perfection insatiable faite uniquement à son profit. La grande manufacture ne vend pas ses produits au consommateur au détriment du producteur ; elle les montre aux uns et aux autres : aux premiers, pour leur apprendre ce que peut l'art du meilleur goût quand il est assisté de l'exécution la plus parfaite, de telle sorte qu'ils n'estiment plus et n'achètent que des produits qui approchent de cette perfection ; aux seconds, pour leur offrir tous les moyens de satisfaire à ces nouvelles exigences de leur clientèle : modèles, procédés, tours de main, artistes exercés aux programmes les plus difficiles, ouvriers, artistes aussi, et consommés dans la pratique de leur métier. Mais pour quel usage l'État fabriquera-t-il ? Pour meubler ses musées industriels. Ah ! nous y voilà donc ! dira la routine ; vous en venez à ce que nous demandions, vous créez des musées industriels ! Oui, certes ; mais remarquez une nuance. Tandis que l'Angleterre réunit à grands frais dans son musée industriel de Marlborough House les œuvres discordantes de notre industrie, nos meubles par ici, nos bronzes par là, la céramique et l'orfèvrerie, les tentures de damas et les tapis, autant d'œuvres mortes du moment où elles n'ont plus l'emploi qui les explique et la destination qui fait valoir leurs qualités ; la France, embrassant la mission complète de l'industrie, charge des artistes éminents de concevoir avec méthode, et dans des vues d'ensemble, ce qui convient le mieux à toutes les parties de notre ameublement et de nos parures ; elle réunit les ouvriers les plus capables et les guide dans l'exé-

étude de ces modèles raisonnés et beaux, parce qu'ils sont raisonnables. Chaque palais, chaque résidence du chef de l'État devient un programme complet, et depuis les revêtements du sol jusqu'aux plafonds, depuis les serrures des portes jusqu'aux espagnolettes des fenêtres, le modèle des plus heureuses applications. Dix ans, vingt ans, ne suffiront pas, je l'espère, pour renouveler ces ameublements ; mais chaque année verra s'ouvrir quelques pièces et quelques galeries qui seront pour le public comme un nouvel enseignement, un sujet d'études, d'observations et de controverses. Toutes les résidences resteraient dans leur état à peu près décent et habitable ; seulement on ferait de temps à autre un certain nombre de pièces qui deviendraient le thème sérieusement étudié d'une décoration et d'un ameublement exécutés avec conscience, avec l'amour de la perfection, dans tout le calme de la réflexion et du temps. De cette sorte vous ne lutterez pas, il est vrai, de rapidité avec le palais de Sydenham, avec les cafés et les hôtels garnis de Paris ; mais vous dépenserez les deniers de l'État pour votre plus grande gloire, et pour l'utilité des générations présentes et à venir, pour l'utilité de toutes les classes de la société, car cette grande manufacture fera du luxe cher en enseignant à l'industrie à le faire à bon marché ; elle aura en vue la diffusion de l'art par toutes les voies, en donnant à son action deux courants différents, non pas contraires, mais parallèles. Élever l'industrie de l'art appliqué à son apogée, c'est-à-dire propager le grand luxe, afin qu'il descende de ces hauteurs toute une industrie privée imbue d'un même amour de perfection ; telle est la première part de sa mission ; faire descendre l'art jusque dans les produits les plus infimes de la fabrication la plus grossière, afin qu'il remonte de ces bas-fonds dans l'industrie modeste de nos villages ; telle est la seconde part. C'est pourquoi, en même temps que les artistes composeront et exécuteront au repoussé le plateau splendide en or ou en argent, ces mêmes artistes prendront la feuille de cuivre rouge ou jaune et repousseront dans ce métal, tout aussi favorable à l'art, le chaudron de la cuisine, la poêle de la ménagère, la casserole du petit monde, pour en faire des ustensiles plus commodes qu'ils n'ont jamais été, bien que gracieux par les justes proportions et l'élégance appropriée à l'usage. Le chaudron, la poêle et la casserole fabriqués ensuite sur ces modèles par l'industrie privée ne seront pas plus chers que ceux qu'elle débite aujourd'hui, et l'œil du pauvre sera réjoui et son goût sera épuré; et nous retrouverons, comme aux grandes époques de l'art, la batterie bien fourbie, s'étalant avec orgueil sur le dressoir, véritable musée de la fermière.

Le Gouvernement qui répandra en France ce goût pur et ce talent d'exécution délicate restera aussi cher à la postérité que les règnes de saint Louis, de François Ier et de Louis XIV, car les souvenirs historiques se traduisent en monuments : la Sainte-Chapelle a autant de signification et un écho plus populaire que Taillebourg, Fontainebleau que Marignan, Versailles que Denain; et malheur aux souverains qui laissent peser sur leur mémoire des traditions de vulgarité et de mauvais goût!

C'est donc là le musée industriel, tel que je le conçois pour qu'il soit vivant, tel qu'il le faudrait à la France et à Paris, pour servir de modèle à nos fabricants et d'enseignement au public.

Cette grande manufacture coûtera des millions, dira-t-on. Oui, sans doute; mais un bon placement, quelle que fût la somme, a-t-il été jamais considéré comme une dépense fâcheuse? Or, les frais de cet établissement, en les supposant considérables, seront pour la France le meilleur des placements financiers, à part même le lustre glorieux que de si beaux produits jetteront sur ses arts et la popularité qu'ils ajouteront à sa réputation de bon goût. L'Attique, au temps de Périclès, s'épuisait en achats de grains nécessaires à la nourriture de ses populations; les contributions amassées pour la défense commune allaient passer dans la Chersonèse, quand Périclès leur donna un emploi qui ne semblait devoir concourir ni à la nourriture du peuple ni aux fortifications du pays : il construisit des temples, fit exécuter par Phidias la

Minerve colossale en or et en ivoire, et répandit dans tout Athènes le luxe des arts. Les esprits moroses, les économistes déroutés dans leurs systèmes, les statisticiens trompés dans leurs calculs, n'eurent pas assez d'un vocabulaire d'injures violentes pour s'élever contre cet emploi de la fortune publique; mais à quelque temps de là le renom d'Athènes était tel dans tout l'ancien monde, que des vaisseaux chargés de statuettes en terre cuite, de vases peints et de mille productions du talent de ses artistes, qui n'avaient coûté que des frais d'imagination ou la peine de copier et de répéter les beaux modèles créés à la voix de Périclès, quittaient le Pirée et allaient demander en échange le blé et tous les objets de consommation nécessaires au peuple grec. L'art avait créé l'industrie, l'industrie le commerce; le commerce enrichissait les Grecs et nourrissait la nation.

Où placer cette manufacture modèle, cette grande académie de l'industrie? Sèvres est trop loin, et ses bâtiments tombent en ruine; aux Gobelins, l'espace est insuffisant. Il s'agit de trouver un emplacement dans Paris, qui soit au centre des quartiers industriels et laborieux, en bon air pour la santé des ouvriers, et en grand air pour que les hauts fourneaux n'incommodent personne, à portée de l'eau pour suffire aux besoins de tous les modes de fabrication et particulièrement aux teintures, près de la rivière et du chemin de fer de ceinture, pour être en communication naturelle avec les canaux et les voies commerciales, qui lui apportent le combustible et les matières premières, avec les résidences du souverain qui lui demande les produits de sa fabrication. La Providence tient toujours en réserve aux grandes nécessités de l'humanité, soit une invention, soit un homme, soit un lieu propice; elle a empêché de couvrir de maisons particulières le vaste terre-plein de l'ancienne île Louvier, afin de réserver une superficie de 30,000 mètres carrés, pour que la grande manufacture puisse s'y établir à l'aise et dans toutes les conditions convenables.

Inutile de faire le programme des constructions; l'Académie des beaux-arts serait chargée d'étudier, et l'architecte le plus habile d'élever ce vaste ensemble de bâtiments qui pourrait devenir pour l'architecture elle-même, dans ses applications actuelles, un modèle magnifique et pratique. En effet, l'obligation de réunir les manufactures de Sèvres et des Gobelins, les laboratoires de chimie et de physique, les vastes ateliers, disposés pour diverses industries, sous la surveillance d'une administration centrale dont les bâtiments devraient contenir, outre les logements du personnel, les ateliers des dessinateurs, les salles et amphithéâtres des études, les galeries des collections, donnerait l'occasion de mettre en présence et en contraste les modes de construction les plus divers et d'apporter dans leur style les modifications que réclameront leurs différentes destinations, depuis la forge jusqu'au musée, depuis les fours à porcelaine jusqu'à la chapelle.

Rappelons le but de ce grand établissement : centraliser sous une direction supérieure toutes les industries qui peuvent recevoir des arts une utile impulsion, dans le but de former une école pratique des arts appliqués à l'industrie et de pourvoir à l'ameublement des résidences du chef de l'État et aux cadeaux qu'il peut faire aux étrangers comme aux nationaux. Quelle sera sa direction? J'ai disséminé dans les pages qui précèdent les principes qui devront diriger le chef de ce vaste et puissant établissement, dont l'action est entièrement distincte de celle que doit continuer à exercer le Conservatoire des arts et métiers. Ici le mot PERFECTION pourrait être inscrit sur le drapeau qui flottera au plus haut de l'établissement; il devrait être gravé sur les portes d'entrée et de sortie, car c'est le mot d'ordre : la perfection obtenue par l'union la plus intime des arts et de l'industrie, la perfection de l'exécution en toutes choses, mais toujours soumise aux projets conçus et élaborés par l'artiste supérieur, toujours cherchée dans les matières les plus nobles, les plus pures, les plus belles. Cette exécution réalisant la pensée de l'artiste sera par elle-même une œuvre d'art, parce que la main de l'ouvrier, lui-même artiste, lui communiquera son sentiment, cette touche de l'inattendu et de l'inspiration qui est sa part dans l'œuvre et que l'ouvrier mécanique est impuissant à donner. Quelle belle mission! n'exécuter que des œuvres d'élite et cependant tout essayer, tout tenter, avoir en vue à la fois le présent et l'avenir, l'habile mise en œuvre des procédés conquis et la recherche incessante de nouveaux procédés, sans faire cas des mécomptes, sans regarder aux dépenses, car l'inconnu est une mine dont les filons rendent au centuple les sacrifices faits pour le découvrir!

Il ne sortira de la grande manufacture rien d'imparfait, il n'entrera dans les résidences du souverain que des œuvres ayant atteint toute la perfection dont elles sont susceptibles. L'art gagne en toutes choses à s'entourer d'œuvres irréprochables. Croire qu'on fait valoir un bon tableau en lui faisant une cour de médiocrités, c'est une erreur. Il s'établit une lutte entre le laid et le beau, où le premier a toujours l'avantage, parce qu'il n'a rien à perdre. Quand vous entourez le tableau de Raphaël d'ouvrages de Tiepolo, vous ne lui faites pas tort si vous supposez un peuple de Raphaëls pour spectateurs; mais c'est une population de Tiepolos qui vient faire la comparaison, et, sans s'en rendre compte eux-mêmes, les Tiepolos déteignent sur le Raphaël. Il en est ainsi de toutes choses: ce n'est pas le laurier-rose qui étouffe la ronce; c'est toujours la beauté et la distinction qui succombent, si vous ne les isolez pas de la médiocrité et du trivial.

Pour que cette perfection soit utile au pays et compense les sacrifices qu'il aura faits pour l'obtenir, il faut la publicité la plus large, les communications les plus libérales : des ateliers ouverts aux ouvriers qui viendront s'y former la main, les résidences rendues publiques comme des musées pour que le public s'y forme le goût, tous les produits aussitôt achevés, aussitôt donnés en modèle à l'industrie et abandonnés sans réserve. On nous objectera que ces modèles iront en pays étrangers, que nous donnons des armes à nos rivaux pour nous battre. C'est une erreur. L'art n'est pas un secret que l'on cache et pour lequel on prend un brevet d'invention. Dans ces essais tentés généreusement et portés au grand jour par un gouvernement libéral, la France prendra le bon, les étrangers choisiront le mauvais; ici ce sera le bon, parce que nos industriels sauront assimiler leurs choix à la nature de leur fabrication, de manière à harmoniser leurs emprunts avec leur fonds et à former un ensemble original; là, ce sera le mauvais pour les étrangers, parce qu'ils pilleront sans discernement et amalgameront au hasard ce qu'ils prendront ici avec ce qu'ils auront pris ailleurs.

Quel homme placera-t-on à la tête de cette grande école, de cette belle institution? On évitera autant les spécialités restreintes que les universalités nuageuses; on écartera également un grand chimiste et un grand peintre : le chimiste aura sa place à la tête des ateliers de la céramique, de la teinture des laines ou du laboratoire des essais; le peintre sera le bienvenu dans l'atelier des modèles; mais à une direction supérieure il faut un esprit, un talent, une instruction et des vues également supérieurs. Je rêverais pour ce choix un artiste aussi profondément instruit en architecture que Duban, aussi excellent dessinateur, un peu plus sculpteur, ayant davantage parcouru le monde, s'étant enquis avec plus de curiosité de l'essentiel dans le vaste domaine de la science, non pas pour être physicien, chimiste ou mécanicien, mais pour comprendre l'avenir de certaines applications et sentir toute l'importance de l'union intime des sciences et des arts avec l'industrie; cet artiste ayant comme Duban des vues libéralement ouvertes sur le développement des arts, et comme lui instinctivement le goût de la distinction en toutes choses et une horreur également instinctive pour la banalité. Le choix du chef arrêté, le personnel est dans sa main : examinons quel essor il donnera aux diverses fabrications. L'activité industrielle de la grande manufacture se portant sur l'ameublement des palais, je diviserai mon examen en trois parties : 1° la décoration immeuble ou architectonique, comprenant les riches revêtements en belles matières, les mosaïques, les tapisseries et tentures, ainsi que certaines parties de l'ornementation; 2° la décoration meuble, qui embrasse tous les meubles meublants depuis le tabouret jusqu'au lustre, depuis le surtout jusqu'au bronze d'art; 3° enfin les ustensiles de la vie privée, tels que porcelaines, verreries, argenterie et batterie de cuisine. En donnant nos idées sur l'art appliqué à l'embellissement de nos habitations, nous supposons que les résidences ont déjà reçu toutes ces améliorations fondamentales qui rendent aujourd'hui une maison habitable : j'entends la chaleur d'un calorifère se répandant partout également, l'eau à la portée de tous les besoins, le gaz éclairant tous les abords, éclatant dans les foyers et servant à tous les usages, les sonnettes électriques et les conduits acoustiques facilitant le service en exigeant le moins possible la présence des domestiques, tout un ensemble de confortables et commodes aménagements qui sont de mise au palais, quoique déjà introduits dans le club, dans l'auberge et dans les restaurants.

La décoration de l'architecture dans l'intérieur d'une habitation est toute l'architecture. Il ne s'agit plus de justes proportions entre les largeurs et les hauteurs, de distribution de la lumière, d'abords grandioses et de dégagements faciles; il s'agit d'orner le plus avantageusement possible, et suivant la destination nouvelle, une ancienne demeure. Débarrassons-nous tout d'abord d'une préoccupation mesquine, j'entends de tous ces scrupules archéologiques qu'après cinq mille ans de libre exercice des arts on a été implanter de nos jours dans la tête de nos riches amateurs et dont on veut faire à nos artistes une règle absolue. Les rigoristes posent en principe, avec une bouffonne gravité, qu'il faut étudier l'époque précise de la construction d'une habitation quand il s'agit de la meubler, afin de se renfermer exactement dans son style, et comme il est rare qu'un château ou un hôtel ne portent pas les traces de compléments que chaque époque y a apportés, et avec le bon sens d'autrefois dans le style de ces époques, ils prescrivent de faire un choix et de le suivre dans toute sa rigueur. On complimentait une femme sur sa toilette : elle avait une robe bleue, des fleurs bleues, des souliers bleus, des rubans bleus; elle répondit : Vous ne remarquez pas que j'en ai la bague? c'était une turquoise. Nous demandons à nos artistes plus d'imagination que cela. Nous n'irons pas chercher du gothique pour l'ameublement de Pau et de Blois, de la Renaissance pour le Louvre et Fontainebleau, du Louis XIII pour Amboise, du Louis XIV pour Versailles, du Louis XV pour Trianon, de l'Empire pour Saint-Cloud; les meubles, par leur nom même, sont quelque chose de mobile qui dépend du goût du jour, de l'imagination des artistes, et qui fait, pour ainsi dire, partie de la vie. Or, de même que vous ne pouvez astreindre les habitants de ces résidences à se charger de l'armure du chevalier, à se mettre des perruques, à se poudrer, à prendre le costume des marquis de Louis XV ou des incroyables du directoire, il faut aussi laisser aux meubles l'empreinte de l'époque de leur fabrication et de leur entrée dans la demeure. L'archéologie doit avoir sa mesure comme toutes choses, et l'industrie gagnera autant à lui faire sa juste part qu'à s'opposer à ses empiétements. Il y aurait peut-être des exceptions à admettre pour quelques salles historiques qui pourraient devenir l'objet de recherches érudites et d'une attention spéciale, comme, par exemple, la salle de bal de Fontainebleau, qu'on meublerait à la mode de la première moitié du XVIe siècle; la salle des États de Blois, qu'on disposerait suivant les usages de la fin de ce siècle, en rétablissant l'escalier de Henri III; une chambre dans les Tuileries, où l'on transporterait les boiseries de Henri IV qui vont si mal dans la partie des bâtiments du Louvre où on les a placées, bâtiments qui n'étaient pas même construits à l'époque où vivait Henri IV: cette chambre serait meublée avec tous les anciens meubles du temps; enfin le salon de l'Empereur à Saint-Cloud. On ferait ainsi de ces diverses salles caractéristiques des musées historiques et érudits à la fois.

Comme on le voit, deux parts distinctes dans l'ameublement: l'une, très-minime, faite à l'érudition archéologique; l'autre, immense, donnée aux aises de la vie, à l'élégance du jour, à l'empreinte de notre époque, qu'il importe seulement de faire noble et distinguée, pour qu'elle marque d'une manière durable.

Un des signes les moins bruyants de la demeure d'un seigneur, mais une des conditions cependant les plus dignes d'une grande habitation, réside dans le choix des matières qui revêtent les murs, forment l'encadrement des portes, se lèvent en colonnes aux angles des pièces pour supporter une coupe précieuse ou une statuette, s'épanouissent en vases et en vasques ou diaprent les parquets de leurs riches couleurs. Que tout soit beau et rare, riche si l'on veut, mais surtout cossu par l'ampleur, le sentiment du confortable, la conscience de la solidité, d'une propreté inaltérable et de la durée. Les Grecs nous ont donné, en cela comme en toutes choses, l'exemple et le vrai modèle; tandis qu'en Asie et en Égypte, aussi bien qu'à Rome, on mit un prix exagéré à la recherche des riches matières, au point que leur rareté et leur valeur dépassaient, obscurcissaient même, dans l'estime publique, le mérite artiste, en Grèce, au siècle de Périclès et de Phidias, la juste mesure se trouve; les matériaux les plus purs sont recherchés avec ardeur : c'est le marbre blanc sans le moindre défaut, c'est l'ivoire, l'or, l'argent et les pierres précieuses, mais chaque chose subordonnée à l'emploi judicieux qu'en font l'architecte et le sculpteur. Ce grand goût, en dépit des altérations qu'il a subies, a eu ses retours, s'est transmis à travers les siècles, et il accompagne toutes les belles renaissances de l'art. François Ier faisait affluer sur Fontainebleau d'immenses envois de marbre; Henri II, son fils, en avait la passion, comme le prouvent les comptes royaux, comme le témoigne Scaliger, et, près d'un siècle plus tard, Henri IV écrivait au connétable de Lesdiguières, gouverneur du Dauphiné :

« Mon compère,

« Celui qui vous remettra la présente est un marbrier que j'ai fait venir expressément de Paris pour visiter les lieux où il y aura des marbres beaux et faciles à transporter, pour l'enrichissement de mes maisons des Thuileries, Saint-Germain-en-Laye et Fontainebleau, en mes provinces de Languedoc, Provence et Dauphiné, et parce qu'il pourra avoir besoin de votre assistance, tant pour visiter les marbres qui sont en votre gouvernement que les faire transporter, comme je lui ai commandé, je vous prie de le favoriser en ce qu'il aura besoin de vous. Vous savez comme c'est chose que j'affectionne, ce qui me fait croire que vous l'affectionnez aussi et qu'il y va de mon contentement. Sur ce, Dieu vous ait, mon compère, en sa garde. Le 3 octobre (1600) à Chambéry.

« Henry. »

Le dépôt des marbres pourrait être annexé à la grande manufacture : on ferait rechercher dans trente-quatre de nos départements les deux cent cinquante espèces différentes qui s'y rencontrent, et particulièrement dans le Maine, le Bourbonnais, les Pyrénées, la Corse, l'Algérie, les plus beaux échantillons de leurs granits, de leurs marbres colorés, de leurs albâtres veinés; on demanderait à la Russie ses malachites brillantes et ses grès admirables; à l'Égypte, ses granits roses, ses porphyres rouges et ses basaltes verts. On réformerait en même temps nos tarifs douaniers. La France, imposant à ses frontières le marbre de Paros, semble tombée dans une barbarie aveugle. Les arts n'ont-ils donc pas droit à une protection? Quand le peuple vous demande son pain et son vêtement à bon marché, vous écoutez sa plainte : resterez-vous sourd quand un Pradier, quand un David vous demande le Paros à bon marché? Non, vous taxerez les marbres étrangers dont nos carrières fournissent identiquement les similaires, et vous payerez une prime d'importation aux industriels qui nous apporteront le Paros scintillant pour remplacer le Carrare savonneux et le marbre gris de nos Pyrénées, une prime aussi à ceux qui iront exploiter à nouveau en Grèce et en Orient les carrières connues des anciens, et d'où ils tiraient le vert et le rouge antique, si beaux en coupes, vases et revêtements de murs.

Des vases en porcelaine, des coupes émaillées, tous les produits de la céramique, sont des expédients pour remplacer à bon marché les riches matières qui, rehaussées par la pureté des formes, faisaient les délices des anciens et le luxe de leur ameublement. Bientôt, quand tout le monde aura du luxe à bon marché, du luxe d'expédient, il se formera une classe d'amateurs, ayant une fortune au service de leur bon goût, qui désireront en toutes choses les œuvres originales, créations de l'homme ou de la nature. A côté d'une terre cuite modelée par un grand artiste, ce qui sied le mieux, en effet, c'est une coupe délicatement taillée dans le porphyre, un vase sculpté dans le granit. La grande manufacture prendra en main cette renaissance d'un noble goût, en fournissant à l'industrie les formes les plus pures, en étudiant les moyens d'exécution les plus précis. Ce qu'elle fera à grands frais, au milieu de Paris et à force de chevaux de vapeur, l'industrie privée le transportera dans les Pyrénées, où les chutes d'eau se précipitent des rochers sans avoir la conscience de leur puissance et de leur valeur, et ainsi s'étendra à la portée de tous un luxe qui semblait réservé aux rois de ce monde.

L'emploi de toutes ces belles matières en larges surfaces sur les parois des murs, dans les escaliers et les vestibules, reçoit son complément par la mosaïque. Dans l'antiquité, l'harmonie a été la règle commune de tous les arts pris séparément ou combinés ensemble. Les parquets ont donc reçu, comme les plafonds, comme les murs, une ornementation qui, tout en répondant à leur nature, à leur usage, s'harmonisait avec la décoration de l'ensemble, dans le temple ou dans l'appartement. Les parquets furent faits en matières solides, parce qu'ils devaient être foulés aux pieds, et dans ces climats chauds on rechercha les matières les plus fraîches. De proche en proche on en vint à la mosaïque, dont les dessins variaient suivant les exigences de l'art. Il y eut la mosaïque monochrome, la mosaïque en cubes noirs et blancs, et enfin la mosaïque de couleur. Le moyen âge à Constantinople, en Orient et en Italie, hérita de ces traditions, et les plus belles mosaïques ont formé les parquets des palais, des églises chrétiennes et des mosquées.

La mosaïque est au marbre coloré, combinant en larges surfaces une décoration architectonique, ce qu'est l'impression en types mobiles à l'impression lente et difficile sur blocs de bois gravés. Maîtres de cette combinaison de cubes colorés mobiles, les anciens poussèrent son perfectionnement aussi loin que possible, et d'un revêtement du sol firent une peinture isolée dans le mur. On peut contester le bon sens de cette extension donnée au rôle de la mosaïque; elle a pour elle la condition majeure de durée inaltérable, qui fait que le tableau d'Apelle, bien copié, sortira peut-être un jour de terre dans sa fraîcheur première, ce que nous ne pouvons certes attendre d'aucune de ses peintures sur enduit et sur bois; aussi Ghirlandajo, plaçant cette qualité au-dessus de toutes les autres, pouvait-il dire : *La vera pittura per l'eternità è il musaico.* Associée à l'architecture, la mosaïque a plus de consistance que toute autre peinture et s'harmonise mieux dans le sentiment avec l'idée de construction ; enfin c'est une ornementation qui n'est pas à la portée de tous, c'est un régal de prince.

Depuis l'occupation des Gaules par les Romains, la mosaïque n'a jamais repris en France son essor. Souvent importée d'Italie, elle est venue parmi nous tenter quelques essais, mais elle n'a pas pris pied dans notre art. L'église de Germigny, près de Saint-Benoît-sur-Loire, est le seul spécimen que nous puissions offrir de ces tentatives; il est d'un très-beau caractère, et d'autant plus intéressant qu'il date de la première moitié du xiᵉ siècle. Plus tard, et à chaque renaissance de nos arts, la mosaïque fut reprise, mais sans vigueur et sans succès. L'empereur ne recula pas devant les sacrifices pour faire refleurir cet art parmi nous. Il appela d'Italie l'habile mosaïste Belloni et lui donna le moyen d'exécuter, pour la décoration du Louvre, quelques grandes peintures en cubes de pierre. Le travail en est parfait, mais le goût, le charme et la vie leur manquent; or cette peinture artificielle a besoin de ces qualités pour échauffer sa froideur.

La grande manufacture s'appliquera aux divers genres de mosaïque qui peuvent être utilisés dans la décoration intérieure : j'entends la mosaïque antique, la mosaïque byzantine et la mosaïque de pierres dures, connue sous le nom de *musaico di pietra dura.* Chacun de ces genres a ses applications particulières; tous sont dignes d'être employés dans les résidences d'un souverain et d'être offerts en modèle à l'industrie d'un grand pays.

La mosaïque romaine n'est pas seulement une industrie, c'est un auxiliaire des arts. Quand elle a revêtu de sa large décoration le sol des vestibules, des salles à manger et des galeries, quand elle se fait peinture, et, sous cette forme, monte aux murs et resplendit de ses couleurs inaltérables, la mosaïque est un moyen reproducteur qui assure à la peinture une fixité et une durée qu'on ne peut obtenir par aucun autre moyen sur des surfaces aussi étendues. La grande manufacture demandera à ses fours de porcelaine et de verrerie les cubes colorés qui composent la palette du mosaïste, et les progrès de la chimie fourniront une gamme complète de cubes alignés par des procédés mécaniques qui permettront à l'ouvrier, artiste mosaïste, d'atteindre à la dernière limite de l'exacte reproduction de toute peinture; bien plus, au moyen du chalumeau, ce mosaïste coloriste modifiera ses nuances lui-même et complétera sa palette, en fondant ensemble plusieurs tons, suivant ses inspirations, et quand un dernier progrès aura permis de mettre toute la surface d'une mosaïque en légère fusion, et de blairotter, pour ainsi dire, au moyen de la flamme cet assemblage de cubes colorés, d'en faire un tout uni et une masse compacte dans son cadre de fer, nous aurons alors un moyen certain de conserver à tout jamais les chefs-d'œuvre de la peinture dans la fraîcheur première de leur couleur, et tels que les a conçus le peintre.

La mosaïque byzantine en pâtes colorées se détachant sur fond de cubes de verre paillonnés en or est d'un bon usage et d'un grand effet dans les édifices religieux. On s'en rendra maître pour orner quelques chapelles des résidences, et surtout pour former les ouvriers auxquels le clergé aura recours dans la décoration de nos plus anciennes églises.

La mosaïque en pierres dures, dite de Florence, est un procédé admirable, si on le maintient dans ses justes limites, si on lui donne toutes les applications convenables. Un architecte habile peut l'employer en miniature ou en grand. En miniature, et alors composée de pierres dures, la mosaïque enrichira les parties les plus fines et les plus en vue de la décoration, et jamais on ne trouvera, pour former des dessus de tables, de consoles, de meubles, un revêtement plus éclatant, plus distingué, et dans lequel l'art se joue plus librement, quoique les moyens d'exécution soient lents et pénibles, les matériaux coûteux. Employé en grand, en matières moins précieuses, mais presque aussi variées, presque aussi brillantes, ce genre de dallage ou de mosaïque à larges découpures étend sur le sol ses magnifiques combinaisons, qui diffèrent des tapis, mais brillent davantage et conviennent mieux aux grands vestibules, aux paliers des escaliers d'honneur, aux cours intérieures; il est susceptible de produire les plus beaux effets quand il est exécuté sur les riches dessins qui lui siéent, et il a sur la mosaïque romaine en petits cubes l'avantage de se réparer plus facilement et de pouvoir se soulever pour le service des conduits de gaz, d'eau et de chaleur.

Les anciens mosaïstes italiens avaient incrusté, à l'imitation des Byzantins et des Orientaux, dans les colonnes et les parois de marbre un assemblage de petits cubes de lapis, de porphyre, de marbres précieux et des plus riches couleurs, comme on enchâsse le rubis et l'émeraude dans l'or. C'est un grand luxe, et l'architecture, dans ses caprices de polychromie, devrait y faire retour. Seulement, pas de fraude, pas de verre à paillon, pas de pâtes colorées; la beauté des matières, leur valeur, la cherté même de cette ornementation, sont une des conditions de son succès.

Les arts décoratifs n'ont de signification que par le mérite de leurs compositions, la pureté de leur dessin, l'accord heureux qui les lie à l'architecture et à la destination de chacune de ses parties. Il faudrait donc parler ici du style qui convient à la mosaïque et des artistes qui seront chargés d'exécuter pour la grande manufacture ces compositions et ces dessins; mais, d'un côté, l'ensemble de mon travail indique mes idées à cet égard, et, de l'autre, étant obligé de passer en revue la plupart des industries qui se rattachent aux arts, je me réserve de parler des compositions et des modèles à la fin et dans un paragraphe d'ensemble. Je pourrai ainsi mieux caractériser le lien qui unit toutes ces industries, l'analogie des principes qui s'y réfèrent et des études qui préparent les jeunes artistes à s'acquitter de cette tâche délicate.

La magnificence n'a pas de limites dans le palais du chef de l'État, mais elle se proportionne et s'échelonne, pour ainsi dire, suivant les localités et leur destination. La grande manufacture trouvera les moyens de substituer, dans les appartements qui suivent en rang ceux d'apparat et de réception, à la décoration en matières précieuses, exécutée minutieusement, une décoration en poteries émaillées, qui la remplace comme éclat et la surpasse souvent par la libre allure de l'inspiration artiste. Les essais tentés dans cette voie, les succès obtenus à d'autres époques, ont d'autant plus d'importance que cette décoration secondaire est plus à portée de l'industrie; ils réveilleront sa torpeur, exciteront son émulation et lui fourniront de larges débouchés.

La porcelaine, la faïence émaillée, la lave et le fer également émaillé, toutes les variétés de ciment et de terre cuite, enfin les bois teints par le procédé Boucherie ou parés de leur coloration naturelle, offrent ici en foule les ressources les plus abondantes, les combinaisons les plus variées, pour tenir lieu de la mosaïque aussi bien comme revêtement des murs que comme ornement des parquets. Les moyens matériels sont acquis; on pourra en trouver d'autres et de meilleurs, mais la chose importante est d'imaginer les dessins convenables, de créer l'ornementation appropriée, et de combiner tous ces éléments avec ce goût d'arrangement qui est si puissant par lui-même, qu'avec une poterie grossière et l'exécution la moins châtiée nos pères et les Orientaux ont produit les effets les plus saisissants.

L'Orient, l'Italie et les pays chauds recherchent la mosaïque et tous les revêtements analogues qui unissent à leur magnificence une grande fraîcheur; mais dans les climats tempérés ou froids, on est disposé à employer dans l'habitation les parquets cirés en été et les tapis en hiver, tout en exigeant du bois et de la laine la beauté des dessins et la vivacité des couleurs qu'ils comportent. Les scieries mécaniques ont atteint une telle précision, les bois, soit de leur couleur naturelle, soit teints dans leur fibre, ont fourni une si grande variété de nuances, que l'industrie des parquets a pu prendre à Paris et dans quelques localités de la France un heureux développement. Il n'est pas de dessins qu'elle ne puisse reproduire; mais, malheureusement, c'est par le dessin qu'elle pèche et qu'elle a compromis ses progrès manifestes. En suivant le mouvement naturel des bois, en évitant autant l'éternel échiquier que le canevas de tapisserie, en évitant surtout des erreurs semblables à celles que commettent les fabricants de tapis, dont les combinaisons de dessin font hésiter les pieds et donnent des vertiges à la tête, on arrivera à mettre cette industrie dans la bonne voie. Ce résultat est d'autant plus désirable que les riches parquets sont les tapis des fortunes moyennes et des habitations du peuple; tapis qui ne s'usent pas et auxquels une brosse, un balai et un peu de cire rendent tout leur brillant. La grande manufacture acceptera cette mission, en créant les modèles et en combinant les nuances des bois qu'elle fera débiter au dehors. Poussera-t-elle ce travail jusqu'à la mosaïque en cubes de bois, jusqu'à la peinture en découpures de bois teints? J'ai admiré à l'Exposition de Londres des tours de force de mosaïques en bois envoyés de Barcelone par Perez, de Venise par Pierre Bigaglia, de Paris par Marcellin, et les mosaïques de découpures faites par Cremer, par plusieurs autres fabricants de Paris, et par Joseph Ciaudo, de Venise; mais je ne puis désirer le développement de ces industries minutieuses. Quand l'éternité de la durée compense dans mon esprit la pénible longueur du travail, j'absous la mosaïque; mais quand je sais qu'un rayon de soleil, un peu d'humidité, le froid ou le chaud, peuvent altérer ces couleurs et détruire ces microscopiques jeux de patience, je me révolte.

Couvrir les parquets avec des nattes tissées en dessins de couleur, ou même remplacer ces parquets par des toiles imprimées qui imitent ces parquets, ce sont des précautions et une industrie qui conviennent partout, excepté dans les palais. La grande manufacture donnera à ces fabricants des dessins de mosaïques et de parquets, en leur conseillant de les imiter, non pas pour les contrefaire, mais pour les développer suivant leur mode de fabrication et ses ressources.

La ferronnerie a été, à toutes les grandes époques de l'art, un auxiliaire dévoué et utile de l'architecture. Depuis la dispersion des corps de métiers, l'art a fait divorce avec la ferronnerie, qui, abandonnée à elle-même et opprimée par la fonte de fer, est tombée dans les mains des plus misérables artisans. La grande manufacture doit relever cette industrie. J'ai dit plus haut que, sous Louis XIV, Lebrun donnait lui-même les dessins de tout l'ameublement de Versailles, et que l'on avait admiré dans cette royale résidence jusqu'aux serrures des portes, jusqu'aux espagnolettes des fenêtres; il nous reste, en fait de ferronnerie, les monuments les plus curieux de l'habileté de nos pères depuis le XIIe siècle jusqu'au siècle dernier, et nos regrets de voir éteint un si bel art doivent devenir le stimulant de nouveaux efforts.

Faut-il exclure une matière parce qu'elle est inférieure à une autre, la fonte de fer, par exemple, parce qu'elle est moins propre à l'art que le fer forgé, ou bien est-il possible d'assigner au fer travaillé à la main son emploi et au fer fondu ses limites? Je le crois. La fonte de fer la mieux réussie n'a pas les qualités exigées par l'art: dans sa nouveauté, elle est poreuse, sombre et terne; en peu de temps elle se colore de rouille aux tons rougeâtres, dont l'inégalité ajoute encore à la fausseté. On remédie à ce défaut par la peinture, et on badigeonne d'une couleur de fer et d'une couleur de bronze ces malheureux produits d'une industrie de contrefaçon. Rien de plus affreux, de plus contraire à toutes les données de l'art que cette enveloppe gluante, que ce fard épais destiné à cacher les rugosités du métal, à dissimuler les rides de la fonte, à ranimer son teint plombé. A côté d'elle se dresse le fer forgé, le front haut et le visage découvert, accusant franchement ce qu'il est, du fer, et s'en faisant gloire. Le forgeron procède suivant les vraies lois de la nécessité; tout ce qu'il fait se traduisant en pénibles coups de marteau, il va droit au but pour s'épargner une peine, c'est-à-dire qu'il construit solidement son œuvre et réserve les parties susceptibles d'ornementation; fait-il une grille, ses montants et l'encadrement auront une force suffisante pour tourner sur les gonds, sans ces supports roulants qui s'ajoutent de nos jours aux grilles fondues, vraies béquilles d'un art boiteux. Le cadre conçu en vue du dessin de la grille se lie gracieusement aux ornements que le forgeron tord, contourne, épanouit en rinceaux variés comme son imagination, avec la souplesse que sa main imprime au marteau. Au fer, toutes les créations du génie; à la fonte de fer, les usages domestiques les plus ordinaires. Les applications de l'art à la forge du fer s'étendent bien loin, car depuis la grille magnifique qui ferme la galerie d'Apollon au Louvre jusqu'aux énormes chenets des vastes cheminées de Fontainebleau, jusqu'à l'attirail de pelles, pinces et pincettes, il est nombre d'ustensiles que la ferronnerie doit exécuter dans les meilleures conditions de bon usage et de bon goût, avec l'ampleur exigée par la solidité et la liberté donnée à la main par le marteau du forgeron. Un coup d'œil rétrospectif nous a montré combien les anciens et nos pères avaient rempli ce programme d'une manière conforme au goût de leur époque et à leurs besoins; faisons comme eux, et que la grande manufacture donne les bons modèles pour chasser cette ferronnerie de mauvais aloi qui nous livre des pincettes en tire-bouchon, des pelles contournées, et ne sait pas faire une poignée, un bouton, une anse qui aille à la main. La condition élémentaire de tout ustensile domestique est la solidité apparente et réelle, la forme appropriée à l'usage et l'élégance mariant ensemble ces éléments avec les données de l'art. Dans ces pelles et pincettes rien de tout cela : une fragilité apparente, des formes qui contrarient l'emploi de la chose, et des poignées qui incrustent dans les mains et dans les gants des ornements qu'on peut appeler stupides, puisqu'ils sont hors de place là où l'on a besoin d'une surface lisse pour presser et appuyer sans se blesser.

La ferronnerie s'étend aux pentures de portes, aux serrures, verrous, espagnolettes, rampes d'escalier, appuis de fenêtres et balcons intérieurs. Les pentures des portes et leurs gonds, les serrures brillantes et leurs clefs élégantes, prêtent à des compositions originales. La damasquinure, la gravure, les délicates ciselures, viendront creuser leurs surfaces sans altérer la forme, sans imposer des reliefs inutiles. L'espagnolette est-elle une légère colonne qui a son chapiteau, sa base et ses anneaux, ou bien une simple tige qui tourne sur ses gonds : dans les deux cas, proportionnez sa force à son usage. S'agit-il des portes ouvrant sur la rue, des fenêtres de rez-de-chaussée à portée des passants, des parties de l'habitation où la sécurité réclame la solidité : affichez franchement votre rôle de gardien fidèle et de gendarme résolu; si, au contraire, nous sommes dans la demeure, dans les escaliers intérieurs, aux fenêtres des étages supérieurs, à quoi bon cet attirail de serrures qu'on ne ferme pas, de verrous qu'on ne pousse jamais? C'est un mauvais héritage de ce bon vieux temps où les voleurs, en temps de paix, les pillards, en temps d'émeute, les routiers, en temps de guerre, changeaient de temps à autre la demeure en une forteresse, dont on défendait pied à pied les ouvrages extérieurs et intérieurs; mais les mœurs de nos jours, plus encore qu'une bonne police, ont rendu ces précautions inutiles, et de même que nous avons comblé les fossés autour de nos châteaux, remplacé les ponts-levis par d'élégants perrons descendant sur des allées sablées, de même aussi il faut reléguer parmi les inutilités cet attirail suranné de barricades intérieures. Où sont les perfections de l'habitation? Dans l'aisance alliée à l'élégance. Tout ce qui contribue à rendre la vie facile, à éloigner ce qui heurte les pieds ou les mains, l'ouïe, la vue ou l'odorat, est une heureuse conquête. Or, si vous aviez appelé un mauvais génie à votre aide pour rendre intolérable un intérieur, il aurait cherché dans son cerveau malsain quelque détestable invention, et il serait arrivé à ceci : chaque fois que vous irez de votre cabinet d'étude à votre salon, ne fût-ce que pour chercher un mouchoir oublié, je vous condamne à ouvrir et à fermer inutilement vingt portes, à les ouvrir avec difficulté, à les fermer avec bruit, afin d'être aussi désagréable aux autres qu'à vous-même. Supposez, au contraire, un bon génie intervenant, il dira : La vie a bien assez d'ennuis, je vous épargnerai les peines inutiles; poussez les portes, je les fermerai; touchez le bouton de ces fenêtres, je les ouvrirai. Ainsi les portes intérieures seront presque toutes à glace et ballantes, de manière à s'ouvrir par la simple impulsion et à se fermer par des ressorts cachés dans l'épaisseur du mur. Du feutre placé sur la feuillure suffira pour intercepter les courants d'air, qui sont d'ailleurs insensibles dans les appartements échauffés par des calorifères. Au reste, nous ne sommes en ceci que des imitateurs : déjà ce bon génie avait secouru de cette manière, il y a bien longtemps, le grand café de Padoue, qui ne ferme jamais, et les cafés de Venise, qui sont toujours ouverts; il était intervenu dans les grands clubs de l'Angleterre, et partout où le bien-être parle en maître et sait se faire obéir.

Comme toute amélioration ou changement de ce genre fait immédiatement appel à l'art pour combiner l'élégance avec l'aisance, on cherchera la forme la mieux appropriée et l'ornementation qui convient aux poignées de ces portes. Autour des poignées et des boutons, le long du montant de la porte, il sera nécessaire d'ajuster des plaques de métal découpé pour recevoir l'attouchement des mains, qui, par un reste d'habitude, saisiront ces portes pour les ouvrir ou pour les fermer. Ces plaques doivent être mobiles, pour se prêter à un fourbissage quotidien, et elles seront découpées en fer ou en cuivre, argentées ou dorées à la pile, damasquinées ou émaillées. Elles sont susceptibles de reproduire les dessins les plus gracieux, l'ornementation la plus variée : tout dépend de l'homme de talent qui créera le modèle et de la souplesse des doigts artistes qui conduiront la scie et la lime. Quant aux portes d'entrée, elles doivent avoir des serrures, et celles-ci sont toutes à refaire aussi bien que leurs clefs dépourvues de signification et d'élégance. Je dis à refaire, car au moyen âge et à l'époque de la Renaissance, dans le siècle de Louis XIV et jusqu'à Louis XVI, le serrurier amateur, on a exécuté en fer des modèles charmants de serrures et de clefs. Il est facile d'imaginer de nouvelles formes qui, sans rien perdre des conditions de bon usage, montreront une nouvelle élégance et permettront de distinguer à première vue, rien que par le goût de l'ornementation, si telle clef ouvre la chambre à coucher ou l'antichambre, la cuisine ou l'écurie, la cave ou le grenier.

Aux fenêtres, même réforme sensée. Une fenêtre qui n'est pas une défense, qui se compose de deux glaces encadrées dans du bois, doit s'ouvrir et se fermer par la légère impulsion d'un bouton qui, au moyen de poids ou de ressorts ménagés dans l'épaisseur des murs, fera monter les glaces ou ouvrir les battants d'eux-mêmes. Voyez cette élégante et gracieuse maîtresse de maison qui, avec des mouvements de chatte, s'apprête à fermer cette fenêtre. L'espagnolette est rebelle et l'impatiente : elle s'irrite contre cette résistance, elle pousse des pieds et des mains, des genoux et du ventre; elle n'est plus elle-même, c'est une mégère attachée aux barreaux de sa cage. Et il faudra qu'une espagnolette d'une force exagérée, d'une pesanteur absurde, compromette ainsi toutes les grâces de cette charmante femme! Changeons vite ces dispositions surannées.

Le fer forgé produira des merveilles quand on lui demandera d'assouplir en larges rinceaux de fleurs et de feuillages les rampes des escaliers, les appuis des fenêtres et les balcons intérieurs. Donnez à l'industrie des modèles qui rappellent l'ampleur des beaux ornements de l'antiquité, moins chargés quoique aussi riches, moins amples et plus majestueux que les productions du XVIIe siècle, et le marteau du forgeron artiste réalisera vos dessins dans le fer docile. Allez plus loin, associez la richesse de l'émail à cette beauté de formes, non pas partout, car il faut à tel escalier la sévérité grandiose du fer, à tel autre la richesse des dorures; mais à cet escalier pratiqué à l'intérieur d'une salle et communiquant d'un étage à l'autre, il me semble qu'un rinceau de feuillages et de fleurs conçu dans les conditions de l'art le plus pur, quoique exécuté avec toutes les recherches d'une imitation éclatante et réelle, irait bien, puisqu'il s'associerait à la richesse des tentures et des costumes, à l'éclat des bougies.

La grande manufacture devra aussi rechercher les formes les mieux adaptées au fer étiré, car l'usine Tronchon et ses rivales n'ont pas le sentiment vrai de la matière qu'elles emploient ni le tact qui indique ce qu'elle peut produire. Le fer étiré n'est ni du bambou, ni du bois rustique, ni de la vannerie : c'est du fer; il doit s'avouer du fer et se comporter comme tel.

Au point de vue de l'art, la fonte qui imite le fer forgé se place vis-à-vis de ce beau métal dans la position qu'occupe le strass à côté du diamant, le papier mâché à côté de la sculpture en pierre, le caoutchouc durci à côté du bois sculpté. La fonte de fer s'est réduite au rôle de contrefaçon. Qu'elle se couvre de peinture ou de dépôts de cuivre, qu'elle imite le fer forgé ou le bambou, peu importe; c'est toujours une contrefaçon, ce n'est pas franc, Or, l'art veut avant tout la franchise, et la fonte de fer et de zinc porte la peine de ses prétentions. Elle n'a pas osé être elle-même; elle a copié les autres et n'a pas su se faire considérer pour ses avantages propres et ses qualités particulières. Et cependant remplacer par ce moyen économique le fer forgé, qui est cher, le remplacer tant bien que mal, c'est une œuvre industrielle qui fera de remarquables progrès quand elle suivra de bons conseils, quand elle imitera les modèles bien appropriés à sa nature que lui composera la grande manufacture. Je n'ai pas ici à m'en occuper, mon intention étant seulement d'exposer les diverses branches de l'art appliqué à l'industrie qui constitueront, dans cet établissement, une fabrication d'un mérite hors ligne.

L'estampage porte aussi la peine de ses excès. Cette industrie a eu beau perfectionner ses moyens d'exécution, la vogue l'a délaissée, parce que le goût n'a pas présidé au choix de ses modèles, parce qu'elle s'est ingérée dans des imitations de toutes choses sans consentir à être elle-même.

Le fer battu étamé ou fer-blanc et le cuivre repoussé ou la chaudronnerie offrent des ressources à l'art appliqué qu'on ne saurait négliger. La grande manufacture ne laissera à personne le soin de fournir la batterie de cuisine et les ustensiles domestiques de toutes les résidences; elle trouvera dans ce devoir accompli, et dans les perfectionnements qu'elle inventera chaque année pour suffire aux besoins, une voie naturelle pour faire renaître l'ancienne et belle dinanderie. Entrez dans un atelier de chaudronnerie, l'aspect seul de ces étaux et de ces ouvriers armés de leur marteau fait plaisir à voir; c'est la franchise de l'outil aux prises avec une matière docile et excellente. On pense, même en face de la plus monotone casserole, aux ressources qu'ont trouvées les artistes de toutes les grandes époques dans le bel art du repoussé. Repousser le bouclier d'Achille ou repousser le plus vulgaire chaudron, c'est tout un, car c'est le même procédé, et il ne coûte rien de donner aux objets une forme élégante, de faire d'un chaudron un objet d'art. A l'œuvre donc, et que chaque batterie de cuisine redevienne, comme dans l'antiquité, au moyen âge, au siècle de la Renaissance, un musée *sui generis*.

Ceci nous amène sans transition à l'industrie de l'éclairage. Aucune peut-être n'a acquis autant de développement depuis un demi-siècle, aucune cependant n'a moins bien observé les conseils de la raison, les règles du goût, les modèles fournis par les monuments de l'art. L'éclairage, dans ses mille combinaisons, est l'un des plus intéressants programmes de l'art appliqué, et les anciens nous ont transmis de délicieuses productions, depuis la lampe la plus modeste jusqu'au candélabre le plus orné. Mais les anciens avaient imaginé la forme qui conciliait l'élégance avec les exigences de leur mode d'éclairage; nous avons d'autres obligations. Les lampes brûlant des matières grasses ont subi depuis l'origine du monde trois modifications capitales, qui trois fois ont dû en changer radicalement la forme. L'antiquité n'a connu que la lampe brûlant à air libre une huile que la capillarité attirait à l'extrémité d'une mèche. Pour ce mode primitif d'éclairage elle a trouvé des formes délicieuses, dont nous nous sommes finement emparés pour en faire d'assez incommodes saucières, ne pouvant plus les utiliser comme lampes, du moment où Argant découvrait les avantages du courant d'air qui, en passant par une mèche circulaire et en suivant une cheminée de verre, active la combustion et augmente la flamme. Quinquet donna son nom aux premières lampes créées d'après ce principe, qui obligeait de placer le réservoir d'huile à un niveau égal en hauteur au point où s'opère la combustion, soit dans un vase, soit dans une couronne circulaire dissimulée sous l'abat-jour. Les artistes ne furent point heureux dans les formes qu'ils adaptèrent à ce système, ce qui est peu regrettable, puisque Carcel imagina bientôt son mécanisme de pompe refoulante qui permet de dégager la lampe de tout appendice extérieur, en plaçant la pompe, le ressort et le réservoir d'huile dans la base. Si Dieu avait voulu que Carcel vînt au monde à Athènes, au siècle de Périclès, nous aurions sa lampe dans la forme la plus parfaite, avec son ornementation la plus sensée, et sur ses supports les plus commodes, quoique les plus élégants; mais puisque cette tâche nous est restée, c'est à la grande manufacture à chercher cette forme, à trouver la solution de ce problème. Elle repoussera les vases de porcelaine de Chine et de Sèvres, qui ne sont que des expédients contraires à la raison. La lampe est quelque chose en soi-même qui ne doit pas entrer dans une autre chose pour prendre corps; elle aura sa forme et son support en harmonie avec les proportions que lui donnent son mécanisme et le réservoir d'huile. Il faut en outre créer pour l'ameublement des modèles de lustres, flambeaux et candélabres. A cet égard, la grande manufacture aidera l'industrie à sortir de ce fouillis de bronzes imités de tous les temps, excepté des bons, de lustres en rubans de cuivre enroulés qui semblent sortir de quelque boutique de sucrerie ou de macaroni, de flambeaux supportés par des chevaliers en armure, qui font l'effet d'un buisson d'épines, auxquels s'accrochent tous les vêtements. Être élégant en étant vrai, produire des effets avec des motifs simples, c'est là une bonne part du progrès.

Au reste, la lampe brûlant de l'huile est encore un programme éphémère; à l'avenir il faudra étudier le gaz et l'électricité, et si l'on apporte dans ce travail les deux qualités rares, mais indispensables, l'instinct de l'élégance avec l'intelligence de l'à-propos, on fera merveille, car je ne sache rien de plus favorable à l'invention, à la grâce, à la légèreté, que l'obligation d'associer l'art à ce gaz qui suit mystérieux ses longs tuyaux, court sous nos rues, transperce nos murs et vient éclater à nos yeux; à ce fluide électrique qui, sans tuyaux, se transmet au bout du monde, j'entends au bout d'un fil de laiton, et rend jaune, verte ou rouge toute autre lumière à côté de son éclat de soleil. Il importe de se dégager de toute tentative de fusion avec l'ancien éclairage, de toute réminiscence de lustres et de flambeaux; il faut être aussi neuf que le gaz, aussi inattendu que l'électricité.

L'appartement, parqueté, clos, éclairé, doit se vêtir avant de se meubler : quelles tentures conviennent le mieux aux salons d'apparat d'un palais, aux appartements d'un hôtel, aux chambres d'une simple habitation? Chacun répondra sans hésiter : celles qui réchauffent le mieux la vue. Je dis la vue, sans en exclure le corps; mais, en fait de décoration, l'apparence des choses domine leur réalité. C'est donc pour le palais la tapisserie et le cuir estampé, pour l'hôtel l'étoffe cossue, pour l'habitation le papier velouté imitant l'étoffe de laine. La grande manufacture fait des tapis et des tapisseries, elle fera des cuirs estampés, et elle fournira des dessins à nos fabriques d'étoffes de tentures et de papiers peints, de manière à imprimer une direction nouvelle à cette grande industrie de l'ameublement, une des plus importantes dans notre activité commerciale.

Chacun connaît les distinctions de tapis de haute et basse

lisse, ou bien les genres de tapis qu'on fabriquait à la Savonnerie et les tapisseries qu'on exécute aux Gobelins et à Beauvais; ce qu'on ne sait peut-être pas aussi bien, c'est qu'au moyen âge, après s'être longtemps contenté de joncher les salles des palais de paille et de verdure, on les revêtit de tapis turcs ou imités, sous le nom de tapis sarrazinois, de ceux qu'on fabriquait en Turquie. En même temps on tendait sur les murs les tapisseries à personnages et on avait en outre, pour les meubles, les tapisseries de broderie, qui, faites sur toiles et non pas sur canevas, étaient de véritables peintures à l'aiguille. Il y eut ainsi, dès le moyen âge, une règle raisonnée pour chacune de ces fabrications. L'observe-t-on de nos jours, je ne dis pas dans l'industrie privée, où l'aberration est à son comble, mais dans les manufactures nationales? C'est ce que nous allons examiner, en commençant par les tapis dits de la Savonnerie, dont la fabrication est réunie depuis 1826 à l'établissement des Gobelins.

En toutes choses cherchons le but. Qu'est-ce qu'un tapis? Le revêtement du sol sur lequel portent les pieds. Il peut être fait de filaments de coco, de jute des Indes, enfin de laine, de telle sorte qu'on sente, dans l'antichambre, qu'il nettoie les pieds, dans la salle à manger, qu'il vient d'être lavé, dans le salon, qu'il tient chaud. Mais la fabrication n'est pas en entier dans la matière; il y a la couleur, il y a aussi le dessin. Dieu nous a donné pour modèles de nos tapis ses tapis de verdure: quand les pâquerettes et les boutons d'or sont répandus uniformément au milieu du gazon, la vue est doucement égayée; quand nous sentons sous nos pieds la douceur moelleuse et élastique de ce revêtement, nous marchons avec plaisir, nous bondissons presque. Comment cette impression sera-t-elle troublée? Par la terre qui perce de sa couleur grise une place qu'un accident aura dénudée, par quelque pierre anguleuse, par quelque chardon hérissé de piquants, enfin par un trou qui nous avertit de songer au danger caché sous ce tapis séducteur. Où trouverai-je tous ces défauts? Dans le tapis oriental les uns, dans le tapis occidental les autres. Les Orientaux ont compris le tapis comme les Grecs et les Romains avaient conçu leur mosaïque, y apportant naturellement, suivant la différence de la matière, moins de régularité et plus de luxe de couleurs, mais conservant toujours en vue, même dans leurs dessins à combinaisons mathématiques, le semis de fleurs sur le tapis de verdure. Le tapis turc vient de là, et c'est le modèle qu'on doit suivre, qu'on peut modifier à l'infini, qu'on ne doit jamais perdre de vue. Comment, dans des salons où tout doit m'occuper, les devoirs de la politesse, la curiosité pour les tableaux qui pendent aux murs et les objets d'art qui ornent les tables, je marcherai sur des tapis qui solliciteront mon attention, avec les saillies et les creux de leurs dessins, plus vivement que le pavé de la rue avec ses égouts et ses ruisseaux! Et voyez quelle influence vos fautes exercent sur l'industrie privée, une industrie qui exporte pour trois millions de marchandises. M. Sallandrouze, pour citer un des plus habiles, expose à Londres un tapis qui transforme le sol en fondrières, où chaque cartouche, durement accusé en formes architecturales relevées en bosse, fait un trou qui me menace, et il va sans dire que les autres fabricants ne sont pas plus sensés. On marche sur ces tapis, comme lorsqu'on vous bande les yeux sur le tapis vert de Versailles, en levant les pieds, en faisant d'étranges enjambées : c'est qu'il n'est pas commode de passer sur des précipices et des rochers, de traverser les eaux du déluge et les forêts vierges de l'Amérique, en compagnie des requins, des tigres et des reptiles.

Un tapis a son vrai rôle quand, formé d'un fond vert ou bleu, émaillé de fleurs et se prolongeant sans interruption, sans changements, depuis l'antichambre jusqu'au fond de l'appartement, il semble une douce prairie fraîchement fauchée. Il appartient à la grande manufacture de lui rendre ce rôle. Toutefois, en sortant des petits appartements, en entrant dans les salles d'apparat et de réception d'une grande dimension, je comprends la nécessité de vastes compositions; mais dans ces circonstances même je demanderais à la nature des inspirations, à la nature conventionnelle, comme les anciens et les Orientaux l'ont compris, quelque chose d'analogue à la décoration de nos anciens parterres, car je rêve une nature soumise à la régularité, dominée par les lignes mathématiques, prêtant en un mot ses charmes de naïveté à un art de convention. On ne prendrait donc aux traditions de la Savonnerie que ses admirables procédés de fabrication, et on rejetterait ses dessins et ses tons de couleurs, dessins de fleurs colossales, impossibles, absurdes, qui font des reliefs et des creux, tons rompus à l'excès qui jouent le vieux, le passé, le fané, tandis que ce qui est nouveau est jeune et doit être frais comme la jeunesse. La grande manufacture remontera ainsi le courant pour retrouver à sa source l'inspiration limpide et pure. Prenant pour base et point de départ le tapis de verdure et le tapis turc, elle appellera à elle les coloristes, ces artistes qui parlent la langue de la nature, Delacroix, Rousseau, Troyon, Diaz, Ziem, et elle leur dira : C'est là le tapis que je veux faire, et, comme la nature sait être variée en restant la même, peignez-moi des tapis de verdure en tons rompus et éclatants, doux et gais, parsemés de fleurs légèrement jetées, de couronnes gracieusement enlacées, comme Dieu les fait, comme vous savez les rendre, comme je puis les reproduire.

Il est des cas exceptionnels, comme pour meubler une salle de réception ou le centre d'une chambre des députés. Dans ce cas, le tapis peut associer ses dessins à l'architecture et devenir lui-même un modèle de symétrie mathématique. Demandez ces dessins à un architecte qui aura fait une étude spéciale des mosaïques de l'antiquité, des carrelages du moyen âge et de l'ornementation orientale, à la condition cependant d'éviter les combinaisons trop vastes et d'exclure les grands partis, rosaces du centre et rinceaux des angles que les sophas et les chaises cachent en partie. Ces grandes compositions auraient quelque mérite si elles pouvaient être vues d'ensemble; mais, comme il n'est donné d'en apercevoir à la fois qu'un fragment, elles deviennent incompréhensibles. Ces dessins seront tracés en noir par l'architecte; on confiera leur enluminure à quelque ouvrier tapissier, artiste et coloriste, dans les limites de sa spécialité.

Cette réforme du tapis appelle une réforme plus grave dans les tapisseries des Gobelins et de Beauvais. On est engagé dans la fausse voie de l'imitation servile des peintures anciennes, altérées par le temps, et des peintures modernes, qui n'ont point été faites spécialement pour la tapisserie; il faut sortir à tout prix de cette ornière.

La tapisserie de haute lisse était un vieil art français, dont les Flamands, stimulés par les ducs de Bourgogne, s'étaient emparés avec une aptitude manufacturière, avec des perfectionnements de teinture, et surtout avec les ressources nouvelles de leur commerce étendu : conditions avantageuses qui n'anéantirent pas complétement l'activité de nos tapissiers, mais qui mirent dans l'ombre leur ancienne réputation. Arras, Valenciennes, Tournay, Bruxelles et Audenarde furent les centres actifs de cette fabrication; mais Arras prit la tête, au point de fournir presque exclusivement les ducs de Bourgogne pendant le xve siècle et de donner, au xvie siècle, son nom à toutes les tapisseries de haute lisse, qu'on nomme encore aujourd'hui en Angleterre *arras*, et en Italie, *arazzi* ou *panni di rassia*. Le moyen âge légua au règne de François Ier toutes les habitudes de sa vie privée, qui se traduisent en deux mots : luxe et misère; luxe des dehors et des jours de fêtes, misère d'intérieur et de tous les jours. A la cour même, ce centre et ce modèle de tous les raffinements, le luxe côtoyait le dénûment. Pour ne parler que des tapisseries, voici comment elles étaient encore, au xvie siècle, un meuble indispensable : on ne possédait à la cour, comme chez les princes et les plus riches seigneurs, qu'un ameublement, celui de la résidence, qui, semblable à un garde du corps, suivait partout son maître. Le roi quittait-il Paris pour s'établir dans l'un de ses châteaux ou pour se mettre en voyage, aussitôt les tapissiers allaient faire son logis, c'est-à-dire qu'ils emportaient de quoi meubler des appartements dont les murs noircis n'avaient reçu d'autre ornement que le crépissage du maçon; chambres vides, salles nues et désertes. Heureux encore quand ils n'étaient pas obligés de mettre des vitres aux fenêtres pour garantir du vent, des bourrelets aux cloisons pour lutter contre l'invasion des rats, et même des serrures aux portes pour arrêter les voleurs : or, comme après le séjour du roi on enlevait les tapisseries, les meubles, les bourrelets et même les serrures, c'était à recommencer à chaque voyage, et l'office du tapissier n'était pas plus une sinécure que le garde-meuble n'était un magasin de curiosités sans emploi. Si tel a été le rôle usuel, journalier, des tapisseries, leur rôle comme luxe exceptionnel dans les fêtes, les solennités et les entrées, eut plus d'importance, et on conçoit de quelle noble splendeur rayonnaient des murs décorés des *Actes des Apôtres*, de Raphaël, des *Faits de Scipion*, par Jules Romain, et de tant d'autres chefs-d'œuvre qui se déroulaient sous les yeux étonnés, éblouis, du spectateur. La simple tapisserie était un meuble ordinaire; mais de semblables tapisseries étaient un luxe royal, digne des goûts de magnificence de François Iᵉʳ. A ce musée de tapisseries, si précieuses au point de vue de l'art, si coûteuses d'achat, il fallait des conservateurs; ils prenaient le titre de tapissiers et de gardes de la tapisserie, et les soins les plus minutieux leur étaient recommandés. En même temps qu'on travaillait en Flandre, pour le roi de France, d'après les compositions de Jules Romain, les peintres de Fontainebleau, le Primatice, Mattéo del Nasaro et toute la bande, mettaient leur surprenante fécondité au service des ateliers de haute lisse. Malheureusement les ouvriers tapissiers des Flandres et de Paris ne répondirent ni aux encouragements prodigués par François Iᵉʳ, ni à ce qu'on était en droit d'attendre des admirables modèles qu'on leur donnait. Le roi imagina alors (peut-être le lui conseilla-t-on, mais de la part d'un roi absolu, suivre un sage conseil a tout le mérite de l'invention), il imagina donc qu'une fabrique de tapisserie de haute lisse établie sous ses yeux, à ses frais, avec un personnel recruté parmi les ouvriers les plus habiles, travaillant sur les modèles les meilleurs et sous la direction immédiate de ses peintres, pourrait porter à un plus haut degré de perfection cette traduction patiente de la pensée des maîtres de l'art. On voit, en effet, par l'ensemble des tapisseries de cette époque, que l'imitation des cartons rencontrait deux difficultés : en premier lieu, la gamme des tons donnée par la teinture des laines et des soies était trop limitée; en second lieu, les ouvriers n'étaient pas assez artistes, pas assez bien dirigés, pour comprendre la finesse du dessin et compléter le modelé que le maître indiquait à peine sur ses cartons. François Ier voulait imposer à sa fabrique royale ces nouvelles conditions de teinture perfectionnée et de dessin plus châtié, mais rien au delà. Croire qu'il ait eu l'intention de poursuivre l'imitation vraie de la nature, de demander des trompe-l'œil de peintures, de tendre sur des châssis et d'encadrer ses tapisseries comme des tableaux, c'est supposer à ce noble amateur un faux goût dont pas une de ses créations ne donne le droit de l'accuser. En effet, le moyen âge hérita des Grecs et des Orientaux l'art de la tapisserie et son usage en tentures souples et flottantes; le XVIe siècle continua ces traditions, car il comprit très-bien que des étoffes à personnages n'étaient pas de la peinture, ou plutôt qu'elles étaient une peinture particulière qui devait conserver, comme la peinture héraldique, ses traditions et ses conventions, ayant comme elle ses exigences et ses limites. Les tapissiers d'alors ne cherchaient pas le coloris vrai et les peintres ne leur donnaient pas pour modèles des tableaux; ils travaillaient suivant certaines règles prescrites par l'expérience qu'ils avaient de la gamme des tons donnée par la teinture et de cette même gamme impressionnée par la lumière. Les tapisseries dans toute leur fraîcheur n'étaient jamais des peintures terminées et poussées à l'effet, mais des tentures qui faisaient comprendre, *à leur manière*, la pensée du maître, et qui, sous les altérations causées par la lumière et prévues par l'expérience, conservaient une même harmonie générale en rapport avec l'harmonie primitive. Raphaël, pour citer un exemple qui doit faire règle, acceptait ces conditions industrielles, et il se gardait si bien d'y rien changer, que ses magnifiques compositions, respectant ces limites, laissaient évidemment au travail du tisserand la latitude de la coloration propre à la laine et la liberté d'effets particuliers étrangers à la peinture et produits par l'intervention des fils de soie, d'argent et d'or.

La fabrique de Fontainebleau resta dans ces sages limites. Fondée en 1539, sa belle période s'étend jusqu'en 1560. Les comptes des bâtiments royaux témoignent des sacrifices que ses succès imposèrent à François Ier et à Henri II, et des efforts persévérants faits par la cour de France pour entretenir ce beau luxe; efforts si généreux que chaque prince, en recevant la couronne, a reconnu l'obligation et s'est fait un point d'honneur de maintenir cette industrie française. Mais, après François Ier et son fils, la fabrique dévie : en premier lieu, en ne prenant pas pour modèles les maîtres hors ligne, les chefs de l'art, en échangeant Raphaël contre Henri Lerambert et Jules Romain contre Antoine Caron; en second lieu, en changeant aussi le caractère du travail, en devenant copiste au lieu de rester elle-même, en cédant aux prétentions d'artistes médiocres qui voulaient retrouver leurs peintures tout entières dans les tapisseries, au lieu d'une interprétation dont Raphaël s'était contenté. Une fois, le Poussin fut appelé par Louis XIII au secours de la manufacture des tapisseries, déjà transportée à Paris, et qui sait dans quelle voie l'eût poussée sa main puissante? Mais l'homme de génie ne pouvait déjà plus suivre le pas parisien; le repos de l'esprit, le calme de la réflexion, lui manquaient au milieu de ce tourbillon. Il nous quitta. Louis XIV et Le Brun, cet autre roi plus absolu que le roi, vinrent ensuite et, de déviation en déviation, la manufacture des Gobelins en est arrivée à prendre l'entreprise de la copie des tableaux en concurrence avec la gravure en couleur, avec la lithochromie, avec les papiers peints, avec toutes les imitations serviles, pénibles et incomplètes, poussant l'aberration jusqu'à imiter sur une tapisserie destinée à être tendue les mouvements souples d'une tenture suspendue, oubliant assez sa propre nature pour s'épuiser à produire l'illusion d'encadrement de bois et de métal incrustés de pierres précieuses; des pierres précieuses en tapisserie! Singulier résultat de trois siècles de sacrifices et d'efforts : avoir pour but unique de reproduire, *à s'y méprendre*, un tableau moderne en employant à ce labeur dix fois autant de temps que le peintre en a mis à produire son œuvre, en dépensant dix fois ce qu'il en coûterait pour obtenir une répétition de l'artiste lui-même, ou, ce qui vaudrait mieux, pour avoir de lui une production nouvelle; faire tous ces sacrifices pour reproduire ce tableau dans une matière qui se déchire plus facilement que la toile peinte, qui se mange aux vers et se ternit par la poussière, et pour obtenir cette reproduction employer trente mille nuances de laines, dont pas une n'a un jour d'inaltérabilité, qui toutes changent rapidement, non pas avec ensemble, de manière à conserver une sorte d'harmonie, mais par places qui font trou, par nuances qui font tache! C'est insensé. Que le mosaïste, le peintre sur porcelaine et sur faïence, le peintre en émail, s'efforcent d'imiter une belle et précieuse peinture, dont le coloris s'altère, avec des matières et des procédés qui en donnent une copie inaltérable, que ces reproductions des grands maîtres viennent sur la voie publique défier l'air ou le soleil et réjouir la vue de tout homme de goût, j'applaudis des deux mains; mais appliquer tant de peines, tant de dépenses, à cette ingrate mosaïque de brins de laine, dont les nuances sont tellement sensibles que l'altération de l'harmonie générale commence avant que le travail soit terminé, je le répète, c'est insensé.

La peinture a ses moyens et la tapisserie a les siens : faites des peintures pour les tapisseries et composez-les de façon à laisser, en outre, à l'artiste tapissier chargé de l'interpréter en laines la liberté de s'inspirer de ses moyens de fabrication. Il manque à la laine teinte des tons assez foncés pour faire les ombres noires et les blancs éclatants des lumières : suivez cet avertissement, vos peintures y gagneront, et les tapissiers ne se fatigueront pas en efforts inutiles. Les couleurs franches des laines teintes sont les plus durables; elles sont aussi pour la décoration les plus heureuses : procédez en conformité avec ce besoin. Que l'effet de vos tapisseries se produise à la distance où l'œil ne saisit plus les cannelures du tissu et où les figures, en accusant franchement leurs formes, ressortent de l'harmonie particulière à la laine.

En résumé, revenez-en à l'artiste qui s'est associé le plus franchement à cette industrie, à Raphaël, en étudiant avec soin les cartons d'Hampton-Court et les tapisseries faites d'après eux, c'est-à-dire en vous rendant compte de ce que le grand artiste jugeait bon pour des tapisseries et ce que les tapissiers de cette grande époque jugeaient bon pour les cartons de Raphaël. Il est bien entendu que l'atelier des reproductions de tableaux anciens ne sera pas fermé : il y va de l'honneur de la France de continuer la routine des Gobelins, qui, toute surannée qu'elle est, rappelle un noble passé et manquerait à l'amour-propre national. Quelques ouvriers consommés dans cette pratique suffiront à ce labeur ingrat. Les autres seront peu à peu remplacés par des tapissiers artistes, par de véritables peintres en laines, qui sauront interpréter une composition dans la plus heureuse harmonie des couleurs et lui donneront leur accent de traducteur. Pour ces nouveaux interprètes, je ferais faire par des peintres habiles et scrupuleux les copies exactes des magnifiques cartons de Raphaël conservés à Hampton-Court, copies fidèles jusque dans les procédés d'exécution, jusque dans les dimensions, et ces cartons seraient reproduits de nouveau d'une manière digne des originaux, j'entends avec sévérité dans le contour, avec liberté dans la couleur, avec aisance surtout, puisque ces tapisseries ne seront plus clouées, tendues, encastrées dans les murailles et encadrées dans l'or, mais descendront sur les murs, souples et flottantes comme leur riche vêtement.

La manufacture de Beauvais, réunie aux Gobelins dans la grande manufacture, sera également dans le vrai quand elle délaissera les vieilles peintures enfumées, qui sont si tristes, ou les peintures fardées du dernier siècle, qui ont fait leur temps. Qu'elle se rende compte de l'influence qu'elle exerce dans cette voie. L'industrie privée, à son tour, se fait vieillotte : M. Requillard (je cite toujours des industriels qui ont assez de qualités pour mériter qu'on critique leurs défauts), à la suite de Beauvais, poudre ses amours, farde ses bergères et jette sur sa fabrication un ton de crême fouettée qui écœure. Dans la grande manufacture, on copiera les fleurs de la fraîche nature et les productions nouvellement écloses de nos meilleurs artistes, productions créées exprès pour faire valoir l'éclat moelleux de ses couleurs, le mat brillant de ses effets : des fleurs et toujours des fleurs, en se préoccupant de leur agencement, de la douceur veloutée qu'elles présentent et dans leurs tons et dans leurs contours. Quand vous détachez crûment par une gamme heurtée et par des contours trop durement arrêtés vos fleurs sur un bleu de ciel trop vif, vous faites un contraste qui n'est ni dans la nature des fleurs ni dans la nature des laines. Soyez vous-même, dirais-je à Beauvais, comme si je parlais à un artiste, car on est déjà artiste à Beauvais.

On ne pourra revêtir de tapisseries toutes les résidences; on aura recours aux étoffes pour les petits appartements. Je ne propose pas de transporter dans l'île Louvier les métiers des tissus de soie, de laine et de fil; mais je voudrais porter dans ces industries mêmes une bonne influence. Les artistes de la grande manufacture composeront les dessins et arrêteront les tons appropriés aux espaces, à la couleur des boiseries, aux tableaux qui ornent ces chambres, au caractère et au rang des personnes qui les habitent, et on fera exécuter les étoffes par les fabriques qui se sont acquis le plus grand renom dans chaque spécialité; en outre, on s'associera aux industriels pour tenter de nouveaux efforts dans des voies nouvelles, pour créer des effets séduisants par des moyens simples. Toutes les étoffes de tentures, damas ou brocatelles, satins, velours ou imitations en laine destinées à couvrir les murs et à rester désormais légèrement flottantes dans leurs plis naturels, prendront pour modèles les dessins à combinaisons fines, déliées et multiples; les étoffes de nuances unies elles-mêmes retrouveront ce même principe d'ornementation dans les variétés du tissage en mailles, en carreaux ou autres dessins. Je n'accepte l'étoffe tendue, clouée, encadrée, que lorsqu'elle doit servir de fond aux légères mousselines qui se drapent sur des couleurs qu'elles amortissent plus ou moins suivant le mouvement gracieux de leurs plis. On objectera la poussière. Le luxe ne connaît pas cet inconvénient. Les étalages si riches, si compliqués, de tous nos magasins sont bien autrement exposés à la poussière; mais chaque soir ils la secouent, et le lendemain ils renaissent plus brillants dans une parure nouvelle. Ayez pour laquais des tapissiers artistes qui sauront ainsi chaque matin, ou chaque semaine, ou chaque mois, détacher, épousseter et suspendre dans le mouvement gracieux de leurs plis, vos tentures, tapisseries, étoffes de soie et mousselines. De même que vous renvoyez le cuisinier qui vous donne chaque jour le même menu, de même aussi vous exigerez des arrangements nouveaux pour vos tentures, des dispositions inspirées par les étoffes, par les lieux, la nature des fêtes et des réceptions. La fresque du grand peintre, la mosaïque ou la peinture en émail de l'artiste habile, ont une beauté fixe et monumentale, et là est le grand luxe; mais l'étoffe banale doit compenser sa mesquinerie relative par cette mobilité, cette variété, ces renouvellements continus.

Le retour aux tapisseries suspendues, aux étoffes flottantes, souplesse conforme à leur nature, le passage insensible de l'imitation mécanique et aveugle du tapissier de routine à l'interprétation artiste, aura une influence heureuse sur l'industrie si importante des papiers peints. Quand on ne fera plus aux Gobelins, avec des milliers de laines, des trompe-l'œil de tableaux, tendus et immobilisés dans des cadres dorés, les fabricants de papiers peints ne se croiront pas autorisés à sortir de leur sphère pour faire aussi, avec des milliers de planches gravées, des imitations de tableaux platement collées sur les murs avec leur illusion d'encadrement. La tapisserie revenant à son origine de tenture suspendue, enveloppant avec souplesse ce qu'elle est destinée à revêtir, le papier peint se souviendra, à son tour, qu'il n'est qu'un expédient pour remplacer à bon marché les étoffes tendues sur le mur, d'où il a pris le nom de papier de tenture, et il puisera dans son origine même les conditions sages et les ressources artistes de sa fabrication.

Je ne suis formaliste en rien, et je sais me plier à toutes les convoitises de luxe qui traversent l'esprit des classes moyennes. Ainsi, lorsque je propose de décorer de fresques les grands appartements du chef de l'État, je ne sais pas de raisonnement à opposer aux désirs bourgeois que l'industrie des Mader et des Delicourt parvient à satisfaire, en produisant, en papiers peints, des fresques à bon marché. Si le paysage de l'un, si la chasse de l'autre, tous deux exposés à Londres avec tant de succès, avaient été gravés d'après de meilleurs originaux, si, par une meilleure entente de la combinaison des couleurs, on était parvenu, même en diminuant beaucoup le nombre de 4,000 planches, à obtenir plus d'harmonie en même temps que plus d'effet, je n'aurais à opposer à la fresque en papier peint qu'un billet sur l'avenir. Oui, aujourd'hui, qui veut orner ses murs, à l'imitation de toutes les grandes époques, de peintures décoratives, et les orner à bon marché, doit s'adresser à l'industrie des papiers peints. Elle seule peut satisfaire ce désir, et elle s'évertuera à trouver des combinaisons qui conviennent à nos ameublements, à l'exiguïté de nos demeures, par conséquent au voisinage de l'œil, qui ne doit être choqué ni par la trace du moyen mécanique de la reproduction ni par la dureté des oppositions de couleurs. Mais les goûts de décorations deviendront plus exigeants, le bon marché lui-même paraîtra une dépense coûteuse, quand il ne donnera que la répétition de ce qu'on trouve partout, et chez le voisin, et au café, et à l'auberge; on consentira à payer davantage pour posséder quelque chose d'original, fait pour soi, selon ses goûts, dans les conditions d'espace, de hauteur et d'éclairage de son propre appartement. Cette extension de bon goût, réservée à un avenir prochain, se combinant avec l'extension du nombre des artistes, aura pour résultat de permettre à la fresque, librement exécutée sur le mur, de battre le papier peint toutes les fois que celui-ci sortira de son domaine de tenture à bas prix.

La tapisserie et les étoffes d'ameublements quittèrent leur voie naturelle, comme je l'ai dit, en se collant platement aux murs, en se tendant durement entre les quatre ais d'un cadre; les papiers peints, ou papiers de tenture, les imitèrent, et ils firent bien, puisqu'en cela ils suivaient leur propre nature, tandis que c'étaient les tapisseries et les étoffes qui mentaient à leurs qualités naturelles et perdaient de leurs avantages en se rapprochant du papier peint; mais maintenant que celles-ci vont reprendre leur rôle vrai, vont se suspendre en draperie et flotter au gré de leurs plis, doit-on conseiller à l'industrie des papiers peints d'imiter l'étoffe, de contrefaire ses plis, de simuler sa souplesse flottante? Ce serait elle, à son tour, qui manquerait à sa mission; peindre des plis, les graver sur bois et les imprimer sur papier n'est pas plus raisonnable que de les tisser aux Gobelins ou à Beauvais. Là n'est pas le rôle du papier. Mais se rapprocher de l'étoffe par ces veloutés imprimés qui en donnent l'apparence moelleuse, les teintes rompues et le ton mat, qui causent la même impression de chaleur douce et confortable, c'est de bonne guerre, et c'est bien loin encore d'avoir exercé sur le goût public l'influence salutaire, d'avoir épuisé toutes les ressources qui appartiennent à cette grande industrie. Il se fabrique annuellement environ vingt-cinq millions de rouleaux de papiers peints dans le monde, soit à peu près deux cent cinquante millions de mètres de ce genre de peinture murale, et, sans m'occuper de la valeur commerciale d'une si immense production (environ 35 millions), je considère l'art exerçant son empire dans cet immense domaine de décorations renouvelées en entier tous les cinq ans, et j'en prends grand souci, surtout lorsque je vois la France en fabriquer le tiers et exporter le tiers de ce tiers. Les droits protecteurs barrent aux frontières étrangères le chemin à nos papiers ordinaires; je m'en réjouis : rien ne peut mieux stimuler nos industriels à faire du bon goût et de l'intelligence dans le progrès, leurs véritables armes. Mais ne l'oublions pas, sur ce terrain, la meilleure machine, c'est un bon artiste, c'est un homme de goût qui a étudié toutes les ressources décoratives développées en d'autres temps, comme dans l'antiquité et le moyen âge, en d'autres pays, comme en Orient et à la Chine, et qui, unissant ces réminiscences à une étude continue de la nature, dans le sentiment juste de son imitation conventionnelle, trouvera des effets nouveaux d'autant plus admirables qu'ils seront à la portée de l'industrie la plus riche de Lyon, à la portée aussi des tentures modestes de papiers peints du faubourg Saint-Antoine de Paris.

Tandis que le tapissier, devînt-il un artiste original, sera obligé de se soumettre aux exigences de son métier mécanique, le brodeur a toute la liberté du peintre; son aiguille est son pinceau, ses soies plates de nuances variées composent sa palette, et la toile sur laquelle il arrête son dessin, dans laquelle il brode ses couleurs, ne lui impose pas d'autre esclavage qu'au peintre sa toile préparée. La broderie est donc un art excellent, c'est le triomphe de l'aiguille, et, après avoir occupé anciennement un monde d'ouvriers et ouvrières habiles, gens à la tâche ou grandes dames travaillant pour leur plaisir, après avoir produit des merveilles, dont quelques fragments sont parvenus jusqu'à nous, ce travail distingué a été détrôné par un parvenu sans esprit, sans âme et sans valeur, par le canevas de tapisserie, une niaiserie à mailles régulières, un travail de manœuvre, le labeur de la résignation distraite, la galère de la vertu casanière. La grande manufacture fera renaître la broderie de tapisserie, et en même temps qu'elle aura remplacé l'imitation servile des tapisseries de haute et basse lisse par l'imitation libre et artiste, aussi libre, aussi artiste que le permet un métier mécanique, elle poussera les ouvriers et les ouvrières doués d'un sentiment élevé de l'art à s'exprimer avec l'aiguille sur la toile comme ils l'auraient pu faire avec le pinceau, et ces tapisseries de broderie, chefs-d'œuvre d'art, iront sur les rideaux des lits et des fenêtres, sur les couvre-pieds et les fauteuils, et suivant leurs mérites, sur toutes les parties de l'ameublement, porter témoignage de l'union la plus parfaite de l'art et de l'industrie. L'influence de cette renaissance de la broderie artiste pénétrera plus loin que dans l'industrie; elle ira rajeunir et ranimer les occupations féminines dans ces classes de la société où le travail peut être un passe-temps, où l'occupation au logis a besoin de puiser un nouvel intérêt dans ses résultats agréables et dans les succès qu'ils procurent.

Ces réformes dans les tapis, tapisseries de haute lisse et tapisseries au canevas, doivent pénétrer aussi dans la passementerie. La grande manufacture fera ses bordures, ses pentes, ses franges, toute sa passementerie pour l'harmoniser de style, de nuances et de goût avec ses tapisseries, ses tapis et ses meubles. Cette fabrication n'exige ni un outillage compliqué, ni un grand espace, ni un nombreux personnel, et il est urgent de tirer cette industrie charmante de la routine des faiseurs de meubles et du désordre aveugle dans lequel elle se perd. Il suffira de lui donner quelques principes sages, de lui imposer quelques règles sensées. Lorsque la passementerie franchit ses limites naturelles, elle dépasse en mauvais goût tout ce qu'on peut imaginer. Elle a la main trop facile.

Il est une autre industrie qui devrait rentrer à la grande manufacture pour retrouver un essor et des qualités qu'elle a eus pendant trois siècles, que le commerce poursuit vainement depuis vingt ans, et qu'il n'est pas impossible de reconquérir, je veux parler des cuirs estampés, dorés et peints. Nos pères avaient compris que le cuir repoussé en relief par l'estampage, peint ou enluminé par pièces rapportées, et enfin doré, pouvait, dans beaucoup de cas, remplacer les riches tapisseries, en communiquant aux murs une véritable chaleur et à l'œil une impression de confort. Ce fut donc dans l'origine, c'est-à-dire au xve siècle, une décoration murale, moins coûteuse que les tapisseries qu'elle remplaçait à poste fixe, et qui durait plus. La cherté toujours plus grande des cuirs, le prix toujours plus modique des étoffes imprimées et l'invention des papiers peints firent renoncer aux cuirs estampés, et cette industrie s'est affaissée. Il importe de la relever. La peau tannée est une excellente matière, elle se prête complaisamment à tout ce que l'art exige d'elle : elle est souple, inaltérable, indestructible; son odeur même est saine et agréable. Ajoutez les perfections nouvelles conquises par l'industrie des cuirs. Les arts demandaient un cuir consistant et souple, des teintes variées, brillantes et résistantes : la fabrication a répondu à toutes les exigences, en surpassant tout ce qui avait été livré aux arts à des époques antérieures. Tannage rapide, corroierie parfaite, teinture en toutes nuances, vernis élastique et brillant. L'art a-t-il tiré parti de ces progrès? On peut catégoriquement répondre Non, en comparant les cuirs estampés modernes aux monuments de cette industrie, et en se rendant compte de ce que l'art peut réaliser. C'est pour cela qu'il faut lui insuffler la vie qui lui manque. Il n'est pas question de copier les anciens cuirs estampés, mais d'associer le goût et l'imagination, l'invention et l'esprit d'arrangement, aux ressources de cette belle matière, en tirant bon parti des oppositions heureuses de ses mats et de ses luisants, de ses revers et de ses surfaces chagrinées, de la douceur et de la vivacité des couleurs, de la netteté et du brillant des dessins dorés, en un mot de mettre l'art aux prises avec un procédé qui tient le milieu entre la ciselure du cuivre, la sculpture du bois et le moelleux de l'étoffe tissée. La grande manufacture reprendra les coutures voyantes, servant d'ornement, le foulage à la main, l'impression des ornements au petit fer, le gaufrage et les dessins enlevés au canif, moyens variés qui permettent à l'artiste d'agir avec la liberté de sa main, dans l'indépendance de son inspiration. Ce qu'elle fera sans compter avec la dépense, l'industrie l'exécutera ensuite avec ses moyens économiques, et nous verrons bientôt les apprentis de la grande manufacture, devenus maîtres, remplacer tous ces procédés coûteux par l'estampage mécanique et les procédés reproducteurs, et parvenir à mettre les plus belles tentures en cuir estampé à la portée des fortunes moyennes.

Le lien qui unit l'architecture à l'ameublement n'est pas

clairement marqué dans les vestibules, les galeries et les salles à manger, où les meubles viennent se placer contre les murs, que l'architecte a décorés seul dans son omnipotence; mais ce lien marquera bientôt dans les appartements par le style de l'ornementation et sa fusion naturelle dans l'encadrement. Déjà, à la fin du xvᵉ siècle, les Italiens avaient remplacé dans l'intérieur de leurs demeures la sculpture de la pierre par une ornementation légère, modelée à part, ou estampée dans une composition molle qui s'appliquait après coup et durcissait en place. François Iᵉʳ appela en France des artistes en ce genre, nommés pouppetiers, qui, sous la direction du Primatice, du Rosso et de Philibert de Lorme, décorèrent avec ce procédé les plafonds des plus beaux appartements de Fontainebleau. L'art n'a rien à reprocher à un procédé qui, avec des garanties de durée suffisante, fournit une ornementation facile, riche, abondante, qui tient un milieu raisonnable entre la sévérité de la sculpture monumentale de l'extérieur et la légèreté de la sculpture en bois qui orne les encadrements des tableaux et les meubles. Seulement, et c'est là l'écueil, au lieu de demander à cette matière docile de racheter son peu de valeur par des qualités de souplesse et une imitation plus fidèle des formes les plus pures, la facilité de produire et de répéter les ornements dispose, non pas tant l'architecte que les industriels qui se substituent à lui, à accumuler les ornements, à introduire dans l'ornementation architectonique tout un monde animal et végétal qui monte à un relief, arrive à une importance tout à fait disproportionnée avec le rôle qu'ils jouent dans l'architecture et la place qu'ils occupent dans nos demeures exiguës. Ce n'est pas le seul inconvénient de l'emploi déraisonnable du carton-pâte. Comme les ornements ont perdu de leur prix par la matière dans laquelle ils sont faits et la facilité avec laquelle on les produit, on s'est senti naturellement poussé à surmouler les ornements en toute matière et à les reproduire en carton-pâte peint couleur de pierre, couleur de marbre, couleur de fer, couleur de bois; mille contrefaçons indignes de l'art, qui font la désolation de l'homme de goût et la honte de nos habitations modernes. Ajoutez encore la manie de la dorure, qui projette dans les demeures les plus simples, dans les intérieurs les plus modestes, comme un reflet louche de Californie. Il est grand temps que les Cruchet, les Huber et toute leur industrie, sous le rapport matériel si perfectionnée, reçoivent une rude admonestation. En continuant ainsi ils pervertiraient jusqu'aux derniers sentiments du bon goût. La grande manufacture leur donnera ce bon avis, non pas en proscrivant le carton-pâte, mais en l'employant dans les saines conditions de l'art, et de telle façon qu'après une visite dans les résidences, chacun ressente un violent désir de s'affranchir de cette surcharge de dorure, de cette bave de sculpture, de ces embellissements qui enlaidissent tout. On appellera l'architecte de talent ou le modeleur sorti maître d'un apprentissage de trois ans dans la grande manufacture, et on lui demandera une ornementation dont la pureté des lignes, la délicatesse des formes, la raison et l'à-propos seront le caractère et le mérite.

Dans les questions d'ameublement et de décoration intérieure, les principes n'ont point une rigueur absolue, bien qu'ils doivent rester toujours présents à l'esprit comme un phare qui guide dans la vaste étendue des applications de l'art. Ainsi, pour la décoration architectonique, je repousse les sujets de peinture qui, en exprimant des plans successifs et des profondeurs, font des trous dans la muraille, et cependant je suis obligé de céder devant l'invasion des tableaux, qui sont devenus des objets d'ameublement très-appréciés et très-dignes de s'associer à notre vie intime. Qu'est-ce qui marquera la limite? Le cadre et sa mobilité indiquée par la suspension. Si vous encastrez votre peinture dans la muraille ou si vous la tracez directement sur le mur, elle fait corps avec lui et doit participer de ses conditions de solidité; si vous suspendez vos tableaux, ils deviennent meubles, et la tenture de l'appartement n'étant plus la décoration principale, mais les tableaux, elle doit leur venir en aide, en leur servant de doux repoussoir qui n'arrête pas la vue. Cependant le profil et l'ornementation de ces bordures de tableaux sont-ils arbitraires, doivent-ils être banals et laissés au hasard? Je ne le pense pas. Les anciens entouraient leurs tableaux d'une mince bordure, et leur fresque d'un simple trait; il leur suffisait d'isoler la décoration particulière au milieu de la décoration générale, sans faire trou ni saillie. Les frères Van Eyck mettaient à leurs délicieux tableaux des bordures plates assez larges et les peignaient eux-mêmes dans le ton le plus en harmonie avec le ton dominant du tableau. C'est peut-être entre ces extrêmes qu'est l'à-propos. Quant aux temps modernes, nous avons vu toutes les modes s'imposer aux cadres depuis soixante ans, et ce ne sont pas les plus ridicules qui ont duré le moins longtemps. Ce qui a été exposé à Londres, aussi bien par la France que par les nations étrangères, ne se recommandait pas par les qualités essentielles. Il existe des règles pour la largeur des cadres suivant les dimensions des peintures, mais chaque genre et presque chaque tableau trouvent dans leur encadrement des proportions qui les font valoir ou qui les tuent. C'est donc comme une étude particulière à faire pour chaque œuvre, et on la fera attentivement en songeant à l'importance que les plus grands artistes attachaient à ce détail. Nicolas Poussin écrit à M. de Chantelou : « Quand vous aurez reçu votre tableau, je vous supplie, si vous le trouvez bien, de l'orner « d'un peu de bordure, car il en a besoin, afin qu'en le considérant en toutes ses parties, les rayons visuels soient retenus et non point épars au dehors, et que l'œil ne reçoive « pas les images des autres objets voisins qui, venant pêle-mêle avec les choses peintes, confondent le jour. Il seroit « fort à propos que ladite bordure fût dorée d'or mat tout simplement, car il s'unit très doucement avec les couleurs, sans « les offenser. »

La grande manufacture, en se réservant l'exécution des cadres des collections publiques du Louvre et du Luxembourg, des palais et des résidences, donnera les modèles en même temps que les préceptes. Elle mettra la simplicité ou la richesse à sa place, elle usera du cadre évasé ou du cadre enfoncé suivant le besoin, et son atelier de blanc et de dorures deviendra la pépinière des bons doreurs, car les ouvriers de l'industrie viendront puiser dans leur apprentissage les notions du goût et la pratique d'un métier qui peut être un art et qui a une importance réelle. En effet, la dorure sur bois est une industrie parisienne de premier ordre, qui emploie près de deux mille ouvriers et fait un chiffre d'affaires de plus de six millions. Il n'en est aucune qui aurait plus besoin d'ouvriers exercés par de bonnes études de dessin et de moulage. La reprise de l'enduit de blanc de céruse, dont on empâte les sculptures, étant un travail de ciseleur, il faut absolument que nos doreurs deviennent de bons sculpteurs, ou qu'on cesse de dorer.

Mais les meubles, fussent-ils le mieux sculptés, le mieux dorés, n'en seraient pas plus recommandables; la beauté du meuble, je l'ai déjà dit, est dans sa construction : si elle est bien conçue, elle sortira victorieuse de tous les encombrements de l'ornementation; si, au contraire, elle n'accuse pas fermement ses proportions et sa destination, quelque soin que vous apportiez aux détails de la sculpture, des incrustations, des enjolivements de toutes sortes, vous y perdrez votre peine : c'est un meuble manqué; vous y engloutirez soins et dépenses, vous ne produirez pas d'effet. Le mot meuble jure avec les bibliothèques, buffets, chiffonnières, armoires, que l'on fait aujourd'hui. S'il y avait une bascule à la sortie du faubourg Saint-Antoine pour arrêter les excès de surcharge, bien peu de ces meubles recevraient leur laissez-passer. Une intervention subite, intempestive et mal raisonnée de l'art dans l'industrie a porté ce coup grave à la belle ébénisterie de Paris. Nos fabricants, très-peu artistes par eux-mêmes, acceptent de dessinateurs industriels, qui ne le sont pas du tout, des projets déraisonnables. Ils sont séduits par des dessins d'une exécution habile, par des dispositions coquettes sur le papier, et ils ne savent pas opposer à l'entraînement de la nouveauté le bon sens de leur expérience; ils adoptent ces monstres ivres d'ornementation, fascinés eux-mêmes par ce déploiement de sculptures et d'ornements. Celui-ci veut faire une belle bibliothèque, et il entreprend une décoration d'opéra, où se trouvent des figures, des colonnes, des arcades, tout excepté la place pour mettre les livres; celui-là espère se faire remarquer par une armoire de chasseur, et il la huche sur des chiens grands comme nature, il la flanque de divinités chasseresses, il l'écrase sous un entassement d'amours, de hures de sanglier et de trophées d'armes : un monde de sculptures pour enfermer cinq fusils de chasse. Une fois que l'ébéniste abdique devant le dessinateur industriel, tout lui semble possible, et le vertige de l'ornementation l'entraîne dans tous les excès. Je m'asseois dans ce fauteuil, et mes cheveux s'accrochent à un nid d'oiseaux; je me révolte contre ce voisinage incommode, mais le fabricant me fait remarquer que les oiseaux, la belette, le nid, sont sculptés à merveille. Je ne tiens pas à amuser le lecteur futile et je ne veux pas fatiguer l'attention du lecteur sérieux par le récit de tous ces contre-sens bouffons; je dirai seulement qu'au milieu de ce débordement de sculpture hors de propos, il semblerait que nos fabricants n'ont pas une parcelle de poussière chez eux, ou qu'ils sont suivis d'une nuée d'esclaves toujours prêts à épousseter, à essuyer, à fourbir : car ils n'ont pas le moindre égard à la peine qu'ils donnent aux serviteurs, et semblent en toutes choses, même pour les plus usuelles, s'évertuer à créer des nids de poussière et des réceptacles de saleté. A moins de tenir ces meubles cachés sous leur enveloppe de toile et ces objets délicatement sculptés sous des cloches de verre, il est impossible de s'en servir, car la poussière les couvre, et, pour les nettoyer, les gens les brisent.

Cette décadence de la menuiserie et de l'ébénisterie parisienne est d'autant plus attristante qu'elle survient au moment même où ces deux métiers réunis avaient à satisfaire à un entraînement général pour les plus somptueux ameublements. Les magnifiques clubs, les fastueux hôtels de nos grandes compagnies industrielles, les vastes auberges enfin et surtout les nouveaux riches qui surnagent aux désastres de la bourse, assurent le placement facile de bibliothèques de 50,000 francs, de buffets de 30,000, de cheminées de 20,000, et le reste à l'avenant. Il importe donc de régénérer ces industries, de les arrêter sur la mauvaise pente; la grande manufacture le fera.

Il est pour cette réforme un sens particulier, le sens de l'ameublement, qui naît instinctivement en nous, comme chez le castor la science de la construction, sens que développent l'étude de l'art et l'observation attentive de ses monuments. Fourdinois le possède naturellement; je sais des peintres, des architectes, qui l'ont développé dans leurs voyages, et pourront exceller, s'ils ont occasion de l'appliquer. Ce sens particulier nous enseigne qu'il est dans les meubles d'une habitation, comme dans les diverses parties d'une science ou dans les divisions d'une armée, un ordre supérieur et une classification de détail, un chef, si l'on aime mieux, et une hiérarchie. L'ordre supérieur ou le chef, c'est une harmonie générale qui s'établit entre l'ameublement de la demeure et l'existence de celui qui l'habite, sorte de complément de son costume, en rapport avec son âge, ses goûts et ses habitudes. La classification ou la hiérarchie assigne aux différentes distributions d'un appartement leur caractère et leur style, aux meubles qui les occupent leur forme et leur revêtement. Ces meubles vous diront, au premier aspect, où vous êtes, et vous feront sentir comment vous devez vous tenir. Est-ce dans le salon d'apparat? Ils sont droits, parce que vous devez rester roide, et ils conserveront leur alignement commandé par l'étiquette. Est-ce dans le salon de causerie? Ils se prêteront si bien à la conversation que, le salon devenu désert, groupés encore, ou restés en tête-à-tête, ils sembleront eux-mêmes causer ensemble et perpétuer quelque chose de ces grâces enfuies, de cet esprit dispersé.

Le tort de David et de ses élèves a été de nous imposer un style antique mal étudié, et, qui plus est, de nous l'imposer en toutes choses, en toutes circonstances, aussi bien dans la salle d'apparat que dans le cabinet de repos. La réaction s'est faite violemment. A des chaises sur lesquelles on souffrait le supplice, à des fauteuils dans lesquels on restait debout, ont succédé des meubles où le bien-être et le laisser-aller sont devenus excessifs, des meubles rembourrés qui n'ont plus de forme, des matelas capitonnés à dossiers évasés sur lesquels on se vautre. L'art n'a rien à voir là dedans : il ne peut les proscrire, il n'a pas à les conseiller; le bon sens dictera ce qu'il doit réformer, et, pour cela, il se contentera de suivre les règles du bon goût. La principale beauté d'un meuble est sans doute de répondre à son usage. Est-il d'usage de se coucher assis, oui ou non? Oui dans un boudoir (il y a des personnes dont l'appartement entier est un boudoir), non dans un salon; oui peut-être au coin du feu, dans la bibliothèque, pour dormir sous prétexte de lire, non dans la salle à manger. Étudiez donc la forme des meubles suivant leur destination, étudiez-la afin que la forme réponde à tous les besoins, suivant les données de l'art, afin d'empêcher que les besoins n'imposent leur sans-gêne à la forme et à l'art. Ayez des chaises légères, des fauteuils commodes, des tabourets nomades; que la forme, même la plus élégante, donne facilement prise à la main, en même temps que des roulettes rendent faciles et prompts les mouvements de vos meubles.

Le premier soin de la grande manufacture sera donc l'étude des meubles à ce point de vue de leur destination variée, depuis la salle d'apparat et de réception jusqu'au vestibule d'entrée, en traversant les salles de bal, les galeries, les salons, la salle à manger et les petits appartements dans lesquels se traduisent toutes les exigences de la vie privée, depuis le boudoir jusqu'au galetas du valet de limier. Les modèles qu'elle exécutera, ceux qu'elle livrera à l'industrie, seront la traduction de ce compromis nécessaire et sensé entre l'art et l'usage, entre l'art et les moyens d'exécution, et ils devront atteindre cette harmonie, cette grâce, cette beauté même qui ressortent des justes proportions et peuvent se traduire en toutes choses.

Dans l'état actuel de la fabrication, un bon modèle est beaucoup, mais ce n'est pas tout. Les moyens d'exécution manquent, il faut les créer. Je ne veux pas que ma critique exigeante soit la cause d'un malentendu et qu'on m'accuse d'être injuste envers des industries très-recommandables. La menuiserie et l'ébenisterie françaises possèdent encore toutes les traditions du métier, je le reconnais, et je mets au défi la consciencieuse Allemagne elle-même d'établir un corps de meuble mieux ajusté et plus solide, d'y adapter des tiroirs coulant plus facilement et des battants fermant mieux; mais ces traditions sont associées depuis trente ans à la puissance de la vapeur, à la précision de la mécanique; la menuiserie et l'ébénisterie auraient dû chercher dans ce développement nouveau et particulier les moyens d'exécution, les formes rigides, les profils d'une excessive pureté, l'ornementation sobre et d'un relief modéré qui leur sied, et non pas imiter ou copier des meubles faits à une époque antérieure par des moyens différents et avec tout le caprice de la main. Autrefois, un artiste ébéniste faisait sortir son meuble, son dressoir ou son bahut de sa matière, comme le sculpteur dégage sa statue de son marbre, en coupant en plein bois moulures et bas-reliefs, en taillant dans la masse son ornementation, suivant un plan d'ensemble modifié au fur et à mesure de l'exécution, donnant ainsi l'accent à sa touche et l'expression de sa pensée à l'œuvre entière. Aujourd'hui, ce même meuble se divise en parties et en spécialités : ici le corps, là son enveloppe. Les menuisiers établissent le corps du meuble avec solidité, et les sculpteurs en bois, les ciseleurs en cuivre, les ferronniers et autres ouvriers, y compris la machine, exécutent toutes les pièces de rapport, telles que figures, attributs, frises et moulures courantes, panneaux, bases et chapiteaux de colonnes, corniches et couronnement. Tout cela fait dans divers ateliers, souvent à de grandes distances, et toujours sans qu'aucun des ouvriers ait la vraie conscience de ce qu'il fait, modère ses reliefs ou accentue son travail suivant le besoin et la donnée d'ensemble. Le maître ébéniste ajuste ensuite cette enveloppe du meuble et réunit toutes ces pièces de rapport, les colle, les cheville, les raccorde, les polit, les lustre, et le meuble sort de son atelier comme d'une mécanique habilement combinée: il est d'une exécution parfaite, chaque morceau de l'ornementation pourrait s'enlever et se conserver à part comme un chef-d'œuvre; il a, en un mot, tous les mérites, excepté la mesure et l'harmonie, tout ce qui fait une œuvre d'art, excepté l'âme et la vie.

Les meubles de nos demeures fournissent à l'artiste un programme charmant, varié, inépuisable, qui s'étend à tout l'ameublement de nos demeures, car il n'est rien qui ne réclame une réforme, qui ne soit susceptible d'améliorations, qui n'ait été abandonné aux erreurs grossières du métier après avoir joui, à toutes les grandes époques, des prérogatives de l'art. Commencerai-je la revue, depuis le soufflet, dont nos amateurs montrent des modèles charmants du moyen âge et de la Renaissance, jusqu'aux lits, qui ont varié de forme suivant les règles de l'étiquette, mais qui ont toujours trouvé dans cette soumission à l'étiquette la forme la mieux appropriée à la destination, c'est-à-dire la mieux proportionnée suivant l'usage avec l'ornementation la plus élégante? Je ne me livrerai pas à cet examen détaillé; les mêmes principes s'appliquent à toutes choses. Voyez ce piano droit, carré ou à queue : les uns en font un cercueil mélancolique, les autres une boîte coquette hérissée de sculptures auxquelles on ne comprend rien; cherchez-lui une forme qui réponde aux conditions du beau et de l'élégance, qui concoure aussi à la sonorité de l'instrument, que ce concours se fasse sentir et dans la forme et dans le choix des ornements. Ce billard construit en bois devait être massif, pour conserver son aplomb et empêcher sa table de gauchir : c'était l'hippopotame de l'ameublement; mais pourquoi lui maintenir ces formes massives, aujourd'hui qu'une table d'ardoise, un encadrement de fer et des bandes élastiques en font un *meuble*? Vous étudierez le profil le plus pur pour son encadrement extérieur, et vous donnerez cette table à soutenir à six balustres bien proportionnés ou à autant de cariatides enfantines.

La mission de la grande manufacture est marquée par ce qui précède : inutile d'ajouter qu'elle recherchera avec soin tous les anciens procédés pour en user avec réserve, qu'elle s'entourera de tous les modèles des belles époques, non pour les copier, mais pour en suivre l'esprit, enfin qu'elle demandera à toute la terre les plus beaux bois connus, les espèces nouvelles que l'étendue de notre conquête d'Afrique et les communications faciles avec l'Asie font chaque jour découvrir.

A l'ameublement se lient les produits de la céramique ; ils s'y lient plus qu'on ne croit, plus intimement qu'on n'a tenté jusqu'à présent de les associer. La manufacture de Sèvres, transportée à Paris, exercera par ce seul déplacement une influence qu'elle n'a plus, et, par une extension toute nouvelle de sa fabrication, elle agira puissamment sur le goût public.

Depuis le commencement de ce siècle, ce grand établissement a eu deux malheurs, je veux dire qu'il a eu deux directeurs pour le mener dans une fausse route : le public et l'illustre M. Brongniart. Je ne répéterai pas ce que j'ai dit du public, de ses faux engouements et de ses modes tyranniques ; je ne dirai pas de nouveau qu'il fallait à la tête de la manufacture de Sèvres un artiste de mérite pour donner une impulsion salutaire, et que le chimiste ne devait venir qu'en second ordre. Je considère ceci comme reconnu et admis par tous les bons esprits ; mais si je me permets de critiquer ce magnifique établissement et son ancien directeur, j'ai besoin de dire d'abord tout le bien que je pense de l'un et le respectueux souvenir que j'ai conservé à l'autre. Sèvres a maintenu, par le soin apporté à toutes ses productions, la réputation qu'il s'était acquise sous l'ancienne monarchie par des créations charmantes ; M. Brongniart a sa place marquée parmi les chimistes distingués de notre époque, et son rang à la tête de ceux qui ont traversé une longue carrière sans manquer à un devoir d'honneur, à une obligation de délicatesse, à un élan du cœur. Mais Sèvres n'a pas exercé une bonne et active influence sur l'industrie, mais M. Brongniart, avec une brusque franchise, professait que, forme, style et couleurs étant affaire de mode, il était prêt à suivre toutes les modes qu'on voudrait, pourvu qu'on ne l'obligeât pas à faire un mauvais produit céramique, comme la fausse porcelaine à fritte, dite pâte tendre; pourvu qu'on le laissât durcir sa porcelaine, unir sa couverte, blanchir son émail, compléter la palette des couleurs vitrifiables et inventer de nouveaux perfectionnements, tels que le coulage et la cuisson au charbon. Je n'ai pas besoin de remettre en évidence les effets désastreux de cette indifférence en matière d'art, arborée comme un drapeau pendant près d'un demi-siècle (1800-1847) dans une manufacture qui aurait dû marquer surtout par les progrès artistes. En succédant à M. Brongniart, M. Ebelmen, chimiste éminent, eut le bon esprit de comprendre qu'il avait besoin, sous le rapport de l'art, d'une direction; il provoqua lui-même la nomination d'une commission d'artistes et d'amateurs, et il chargea M. Dieterle, directeur des travaux d'art, de s'entendre avec elle et de suivre ses indications. La manufacture de Sèvres se ressent déjà de cette bonne impulsion, et elle l'a prouvé à l'Exposition de Londres par mille gentillesses de détail; mais on n'y remarquait pas encore le parti pris, le retour décidé aux saines doctrines; on s'attendait à la voir secouer d'une main plus résolue les fausses habitudes contractées depuis près de cinquante ans.

En général, ce qui marque dans cette manufacture et ce qu'il en faut chasser, c'est l'éclectisme. On y fait de l'étrusque, du chinois, de l'arabe, du grec, de la renaissance, de tout un peu, et avec une complaisance qui tient à la fois des goûts erronés du public et des tendances de M. Dieterle, qui ne trouve dans son talent facile et son caractère obligeant de résistance à aucune exigence, de défense contre aucune séduction. De là cette exposition de Sèvres à Londres, semblable à une exposition universelle, s'adressant à tous les goûts, satisfaisant toutes les modes, prenant à tous les styles et les amalgamant tous ensemble, mais ne montrant pas franchement à l'industrie le but qu'elle doit poursuivre.

J'entre à contre-cœur dans une critique de détail qui demanderait plus de développements pour être comprise dans le caractère bienveillant que je voudrais lui conserver, et qui aurait un tort grave si elle faisait supposer que je ne rends pas justice aux efforts de tant d'artistes distingués, que je ne compatis pas aux difficultés inhérentes à la constitution même de Sèvres, et qu'enfin je n'apprécie pas quelques beaux résultats isolés. La dimension des vases, vasques et coupes semble constituer à Sèvres le plus grand triomphe de la fabrication, et cette dimension s'obtient en faisant des vases de cinq morceaux qui, vu le retrait et le gauchissement produits par la chaleur, exigent des anneaux de métal pour que les pièces se raccordent tant bien que mal. A ces anneaux on relie les anses, les cols et les bases faits également de métal; des anses boulonnées dans de la porcelaine! cela fait mal, cela crie, cela jure : aussi, au lieu d'un ustensile léger qui suppose un emploi possible, au lieu d'une pièce solide et résistante, vous avez un échafaudage en morceaux de matières fragiles, monté sur une armature écrasante de fer et de cuivre, qui perce ses tiges et ses boulons de part en part et ferait fuir de tous côtés le liquide qu'on voudrait garder. Où est l'utilité, l'à-propos de pareils progrès? A côté de cette pénible fabrication, quel oubli des principes qui doivent présider à la forme! Absence de proportions, aucune suite dans les parties d'un même tout, un amalgame de différentes données, bonnes en elles-mêmes, mais contrariées par un rapprochement forcé, des ornements transportés sans motifs et qui sentent le placage, d'autres ornements qui tombent on ne sait d'où, tels que ces chapelets de mauviettes étendues sur le dos, ces guirlandes de perdreaux morts, formant le bord supérieur des vasques et des coupes. Ces volatiles sont modelés, peints et imités avec autant de naturel que les enfants qui soutiennent le vase lui-même, et cependant mauviettes et perdrix sont aussi grosses que les enfants. Si des formes nous passons à la décoration, que d'abus à signaler! Un oubli complet du point de départ, qui est dans la nature même de la céramique, et comme conséquence, une négligence préméditée de ses ressources variées, des beautés de sa pâte, des richesses de ses émaux. Notre biscuit est froid et plâtré, parce qu'on a négligé de lui donner la composition particulière et la teinte harmonieuse qu'il a acquises en Angleterre; nous proscrivons la porcelaine tendre, sous prétexte que le couteau la raye, et nous fabriquons de la porcelaine dure aux dépens de sa décoration colorée, bien que le soin donné à ces peintures les rende si précieuses qu'on met sous verre les vases ainsi décorés et qu'on ne les touche pas. Les ornements eux-mêmes, au lieu de les ménager, car où le *ne quid nimis* est-il mieux à sa place? on les accuse en forts reliefs, que rend plus saillants encore l'épaisse dorure dont on les couvre. La peinture tombe dans des excès semblables. La décoration devient un art, et l'art, poussé trop avant, n'est plus de la décoration. Un beau vase de porcelaine, beau par lui-même, par sa forme et sa blancheur irréprochable, est fait pour recevoir une décoration; mais on ne doit pas l'écraser sous le poids d'une peinture dont les violents effets le pénètrent de trous ou font jaillir ici et là des reliefs qui contrarient son galbe. Sèvres a montré à Londres des vases à fonds bleus, décorés de grandes peintures foncées, dans le coloris du Valentin ou de Michel-Ange de Caravage, qui étaient tellement surchargés d'ornements peints en or et de bronzes dorés, qu'on n'aurait pu deviner qu'ils étaient en porcelaine, qu'on en doutait même quand on le savait.

Sans nous arrêter au tort que ce genre de décoration cause à la porcelaine et à ses formes, nous demanderons s'il est bien désirable de posséder sur une surface ronde, qui rejette en éclats les reflets de la lumière, une copie pénible des tableaux des maîtres. Ce genre de traduction, même lorsqu'il est exécuté sur plaque de porcelaine, même en considérant sa durée inaltérable, ne mérite pas d'encouragement, car il exige un travail si lent qu'il endort la verve de l'artiste, des opérations si scabreuses qu'il revient très-cher, une exécution si lisse, si unie, si proprette, qu'elle ne peut rendre la touche hardie et vigoureuse des originaux. On ne quitte à Sèvres ces jeux de patience que pour tomber dans l'afféterie d'une fausse imitation de la grâce antique, dans des bergeries de Watteau, dans des lascivetés de Boucher et autres redites. La vie, la jeunesse, l'inspiration heureuse, le souffle d'invention, manquent; l'art crie au secours.

A la grande manufacture reviendra l'honneur de répondre à ce cri. On a fait de la céramique un joujou, c'est un géant; on lui met des lisières comme à un enfant, et c'est le gars le plus robuste que je connaisse. Pas de plus noble industrie : voyez sa généalogie, ses artistes, son emploi; l'origine du monde pour berceau; les artistes les plus purs de la Grèce, les plus ingénieux chez les Arabes, les plus illustres dans les temps modernes, demandent à sa docilité, à son inaltérabilité, de transmettre aux races futures leurs conceptions originales, et, tandis que la terre s'ouvre sous la pioche de l'archéologue pour ne montrer que le néant de toutes choses, la poterie, semblable à l'or, se dégage des décombres, brillante comme à son premier jour. Parlerai-je de son emploi? y a-t-il un besoin auquel la céramique ne réponde pas? Que la Providence de généreuse devienne avare, et retire à l'homme tous ses dons en lui prescrivant de faire un choix, l'homme gardera la terre du bon Dieu et, potier, il suffira à toutes ses nécessités.

Qui dit potier dit architecte. La moitié de la France, plus des trois quarts du monde, construiraient des monuments en briques qui feraient honte aux monuments en pierre, si cette belle industrie avait pris, sous une protection intelligente, les développements qu'elle comporte. L'antiquité a bâti des villes féeriques, Babylone et Ninive, en briques et en faïence émaillée. Si la Grèce avait manqué de marbres et de pierres, elle les eût remplacés par les produits de la céramique, puisque, pourvue comme elle l'était de si beaux matériaux, elle a demandé à ses potiers toutes les parties délicates de son architecture, les antéfixes et les acrotères, les pilastres et les chapiteaux, les tuiles et les cheneaux, les bas-reliefs des métopes et jusqu'aux statues des frontons. Quelles ressources admirables les artistes du moyen âge n'ont-ils pas trouvées dans la céramique? Je ne parle pas seulement de nos toits et de nos carrelages émaillés avec tant de goût et une si grande variété de combinaisons; mais tous les voyageurs ont vu dans le Nord, à Dobberan, à Lubeck et dans le Brandebourg, d'immenses et hardies cathédrales construites au XIVᵉ siècle entièrement en briques et sans l'addition d'une seule pierre. L'Italie vit à son tour, au XVᵉ siècle, tout un nouvel art décoratif surgir d'un four de potier. Luca della Robbia avait mis le talent supérieur d'un artiste au service d'un modeste métier, et il l'avait élevé, en association avec ses neveux, au rang d'un art colossal. François Iᵉʳ, en train de protéger nos arts, fit venir de Toscane le dernier représentant de la famille, Jérôme della Robbia; il voulait donner à la France un modèle de ces ingénieuses ressources qui relient si bien la sculpture et la peinture à l'architecture. Le château du bois de Boulogne, qu'on appela le château de Madrid, s'éleva au milieu des prairies émaillées de la Seine et se détacha sur la sombre verdure du bois comme un bouquet. Je ne connais, parmi les artistes modernes, que Schinckel qui ait étudié sérieusement la brique et la faïence émaillée comme matériaux de l'architecture, et Ziegler qui ait cherché à donner un nouvel essor aux grès et aux poteries; mais ces tentatives n'ont eu qu'un faible retentissement. Schinckel est mort au moment où il allait trouver l'occasion d'appliquer en grand ses études; Ziegler a succombé sous l'étreinte commerciale. Une renaissance de la construction en briques s'est faite, de nos jours, à Toulouse; mais les uns construisent en briques leurs façades, et ils la sculptent ou la ravalent comme on travaille la pierre, les autres préparent leurs matériaux dans des moules, et ils négligent d'émailler cette poterie : ce sont deux contre-sens, deux genres de contrefaçon. On veut imiter la pierre avec la brique, on ne sait pas ce que vaut la céramique : c'est faire injure à cet art.

La grande manufacture l'envisagera de ce nouveau point de vue; en embrassant l'industrie du potier tout entière et en lui donnant les prodigieux développements qu'elle comporte, elle réveillera la France, la tirera de sa torpeur, et, sans cesser de faire ces jolis petits vases de porcelaine tendre, couleur rose et céladon, comme les aimaït la marquise de Pompadour, femme d'un goût exquis, elle fera des monuments peints pour l'éternité, et elle parlera au peuple, le long de ses rues, le grand langage de l'histoire.

L'émail coloré, que vous le mettiez en fusion sur la lave, la pierre, les plaques de cuivre ou de tôle et la terre cuite, devient l'auxiliaire docile, le compagnon secourable de la sculpture et de la peinture associées à l'architecture. Le seul fait de l'union des trois arts est un titre de gloire pour la céramique, car c'est un grand service rendu à l'art. Je dédaigne les subtilités, je sais aussi bien qu'un autre que l'émail est un verre, et que, fondu au feu sur la lave ou sur le fer, il n'appartient pas à la céramique; mais s'agit-il de classification scientifique? irez-vous détacher du mur l'immense peinture que j'y ai encastrée pour apprendre sur quelle matière on l'a exécutée? Qu'il vous suffise de savoir que la même main a tenu le pinceau, que le même feu a rendu inaltérables la simple brique et la pensée du génie; qu'importe ensuite que ce soient des émaux sur métal et sur lave, ou de la faïence émaillée?

L'architecture, dans ses imitations archéologiques comme dans la volonté de redevenir elle-même et de se régénérer par l'emploi de nouveaux matériaux, puisera un élément de vie dans un retour sensé à la polychromie. La peinture résiste à l'action de l'air après avoir passé par le feu. C'est donc aux couleurs vitrifiables, autant dire à la céramique, que nos architectes auront recours, tant à l'extérieur des monuments qu'à l'intérieur. Les grandes plaques seront offertes au génie de nos peintres, les combinaisons de carrelages au talent de nos dessinateurs. Les premiers peindront les frises courantes, les tympans, les pendentifs, et les grands espaces encadrés par l'architecture; les seconds formeront ces revêtements de carreaux émaillés dont l'antiquité a épuisé les ressources, dont les Arabes avaient hérité et qu'ils ont transportés dans tout le domaine de leurs conquêtes, qui sont devenus chez les Persans un art encore vivant, chez les Espagnols un art qui se meurt et qui montrait à l'Exposition de Londres ses derniers azulejos. Ici le génie d'un nouveau Josiah Wedgwood trouvera les plus ingénieuses combinaisons, la plus heureuse fusion de la peinture et de la sculpture, pour créer tous les ornements de l'architecture, surtout ces frises où se jouent les grâces du style antique, rendues plus vivantes par la perfection des procédés; là quelque Arabe ressuscité, quelque potier du moyen âge revenu en ce monde, un nouveau Bernard Palissy ou un autre Pierre Courtois, imaginera des décorations de faïence et d'émaux aussi riches, aussi gracieuses, aussi faciles que celles qui décorèrent le château du bois de Boulogne aux regards enchantés de François Iᵉʳ, de Henri II et de leur cour; des combinaisons aussi heureuses qu'à l'Alhambra pour renouveler les revêtements de nos murs; des carrelages aussi variés que les tapis de l'Orient pour parqueter nos salles; des toitures entières aussi éveillées de tons, aussi harmonieuses de couleur qu'au moyen âge. Ce sera un luxe princier et en même temps le luxe du pauvre monde, une décoration hors ligne, quand Duban, Ingres, Flandrin, Delaroche, Cogniet, s'en empareront; une décoration noble encore et réjouissante, quand leurs élèves peindront des inspirations jeunes de premier coup et à l'effet sur émail cru, de manière à ne subir qu'un feu et à éviter les dépenses; mais ce sera principalement pour tous une décoration qui convient à la demeure, car elle porte avec elle sa propreté inaltérable, une propreté qui resplendit au soleil, reçoit la pluie comme un bienfait et défie le temps.

Le programme à étudier et à remplir est immense. Je l'entrevois si vaste, je le trouve si admirable, je le comprends si magnifique, que je me ferais scrupule de l'ébaucher.

L'architecture, étendant son domaine jusqu'à la décoration des abords de nos demeures, réclame des vases sculptés et peints remplis de fleurs, des vasques émaillées qui reçoivent l'eau jaillissante, des balustrades, des rampes d'escaliers, des bancs et des tables qui aillent prolongeant l'action des arts jusque dans les cours, les avenues, les jardins et les parcs, unissant ainsi la nature à l'art par des liens insensibles, par des ornements de formes souples ou capricieuses, et par une fraîche coloration assez semblable à la riche floraison. Là encore un programme délicieux, que nous ne faisons qu'indiquer.

Après ces vastes développements de la céramique, l'émail réclame des applications plus restreintes pour la satisfaction de nos besoins journaliers. Ici nous sommes dans l'intérieur de l'habitation, nous prêtons l'oreille aux exigences de la vie privée. C'est plus modeste, plus limité; mais que c'est vaste encore! Poêles et foyers de cheminées, baignoires et objets de toilette, vases de décors pour les appartements, services pour la table, ustensiles de cuisine, quels usages domestiques citerai-je auxquels ne puissent répondre les applications variées de la céramique, depuis la belle porcelaine jusqu'à la plus ordinaire poterie, depuis la simple terre de pipe qui a donné à la France les quarante et une pièces de faïence dite de Henri II, les innombrables productions de Bernard Palissy et les charmants cruchons moulés de la Flandre, jusqu'aux grès si variés et quelquefois si élégants dans leur aspect un peu grave?

La mission de la céramique ne s'agrandit ainsi qu'en limitant chacune de ses branches au rôle spécial qui lui convient. Plus de mensonge, plus de fausse honte; un art franc, demandant à chaque matière, à chaque procédé, tout ce qu'il peut rendre, et rien de plus. S'agit-il de grandes surfaces peintes en émail, de vastes décorations et de grands vases, la faïence et les terres de pipe; veut-on fabriquer les services de table et les ustensiles de toilette, la porcelaine dure; ne se préoccupe-t-on que de décors intérieurs, d'objets délicats qui sont comme des bijoux mis sous verre et regardés de près, la porcelaine tendre, le cuivre, l'argent et l'or, décorés de peintures appropriées à l'émail, c'est-à-dire abordées franchement et mises à l'effet avec hardiesse; enfin, si l'on ne songe qu'aux ustensiles de la vie privée, y compris ceux de la cuisine, les grès à couverte plombée et tous les genres de poteries communes rehaussées par la beauté des formes et le bon goût de décorations simples.

Les formes sont plus de la moitié des mérites de la céramique; le décor vient ensuite. Je confierais leur étude aux plus habiles de nos artistes, à des architectes assez sculpteurs et assez peintres, à des sculpteurs et peintres assez architectes pour comprendre la nécessité d'un mariage indissoluble de la ligne et de la couleur, des proportions de toutes les parties et de l'harmonie générale. Je viens de le dire, dans cet art la forme est l'art lui-même, la décoration est un détail, et on le comprend, la forme du vase, étant son architecture, doit dominer sa décoration; si le contraire se produit, si l'ornement prend le dessus sur la forme, celle-ci disparaît, son galbe et ses profils sont troublés par les plus inexplicables contre-sens. Mais ici encore il faut dire à l'artiste : Restez vous-même : inspiré du goût le plus pur par l'étude de la nature et de l'antiquité, instruit de toutes les déviations fâcheuses que l'art a souffertes, nourri de toutes les inspirations heureuses qu'il a eues, vous puiserez dans les besoins que vous satisfaites, dans la matière dont vous vous servez et dans les ressources inépuisables qu'elle offre au talent, les indications de ce que vous devez faire. Mais à l'artiste à qui la grande manufacture parlera ainsi, elle laissera une féconde liberté; elle ne lui imposera pas l'insipide décorateur en chef, qui compose pour toutes choses, intervient en maître à tout propos, et traîne sur les créations de chacun le niveau monotone de sa manière, niveau qui étouffe l'initiative individuelle des artistes, niveau qui laisse le public froid. Elle rejettera ces formes administratives; elle reviendra aux grandes traditions, en encourageant quelque artiste hors ligne à se faire un potier complet, un potier qui, semblable à l'architecte des bonnes époques, reste maître de son œuvre tout entière, en combine le plan, les élévations et l'harmonie des proportions, en exécute lui-même la forme sur le tour, applique les ornements dans la pâte, les sculpte dans le dégourdi, et distribue la peinture partout où elle répond à sa pensée en animant sa composition. Le potier, ainsi transformé, redevient le véritable artiste dans la plénitude de sa souveraineté.

J'ai dit que la décoration était un art, mais que l'art poussé trop avant n'était plus de la décoration. En effet, le fini, le rendu, dans les peintures céramiques, donne l'équivalent de la correction dans les tragédies ennuyeuses et du langage plein de convenance des personnes qui n'ont rien à dire; tous mérites dont on se soucie médiocrement là où il faut la passion et le souffle poétique, la grâce et l'esprit. Semblable à l'homme du monde qui jette sa verve dans la conversation et n'approfondit rien, la peinture céramique indique légèrement sa pensée et évite de s'appesantir; sa décoration doit être l'à peu près ou le simulacre de la chose qu'elle représente, ce qu'il en faut pour composer un ensemble gracieux, pour produire un effet saisissant et se comprendre à première vue. Faire de la décoration une œuvre par elle-même, c'est mettre les choses hors de place. Il n'est pas naturel de peindre une cuvette, qu'on remplira d'eau de savon, comme une assiette de dessert destinée à réjouir la vue, à distraire agréablement l'esprit dans les préoccupations de la digestion; mais il n'est pas nécessaire non plus de peindre cette assiette comme un tableau qu'on suspend en bon jour et qu'on examine à loisir : la peinture d'une assiette ne peut être appréciée qu'en écartant les débris d'une meringue ou le jus d'une compote, à moins toutefois qu'on en fasse une décoration d'appartement, comme dans la galerie des Assiettes de Fontainebleau; mais alors ce ne sont plus des assiettes, et c'est un décor ridicule. Non, mille fois non, une assiette ne sera jamais un tableau; et, de même que dans les livres vous ne permettez pas aux arabesques de la marge d'envahir le texte, de même dans les assiettes vous permettrez que leurs rebords ou leur marge soient couverts de vignettes gaies, jeunes, alertes; mais le fond, la place du texte, qui est le ragoût, restera blanc.

Je ne m'étendrai pas davantage sur ce point. Si j'avais un système de décoration arrêté, je n'en ferais confidence à personne, parce qu'en décoration céramique je ne connais que liberté et inspiration. Trouvez des artistes à l'imagination féconde, à la fantaisie ingénieuse, demandez-leur des créations hardies, faites de verve et touchées de premier coup, un peu heurtées même, afin de bien conserver le caractère du décor, et puis dites-leur : Vous avez une matière claire, fraîche et gaie; pourquoi l'assombrir de tons foncés et de touches lourdes, la rider d'ornements inutiles, l'attrister d'additions parasites? La céramique est comme l'enfance : elle a sa beauté propre, tout ce qu'on y ajoute la gâte. Avec ces fleurs vous couvrez les joues roses de cet enfant, avec les bijoux d'or son cou d'albâtre, avec les dentelles ses bras potelés, avec les falbalas ses jambes aux formes jeunes et charmantes; je maudis les fleurs, les bijoux, les dentelles et les falbalas, car je regrette tout ce qu'ils couvrent, je cherche sous vos additions ce que vous avez caché.

Ainsi comprise, la décoration céramique peut devenir l'expression personnelle des conceptions de chaque artiste ou l'interprétation vivante des chefs-d'œuvre de l'art : l'expression personnelle, par une sorte d'incorporation de l'homme dans son métier; l'interprétation vivante des anciens maîtres de l'art, voici comment : sur des vases d'un galbe aussi élégant que ceux qui furent créés par les artistes athéniens et acceptés par le monde antique, un peintre, dessinateur sévère, qu'inspirent les grands modèles (supposez Ingres à vingt-cinq ans), tracera au pinceau, d'une touche ferme, sobre et franche, des compositions tirées de son imagination. Ces esquisses rapides prendront sur le mat du biscuit la tournure noble et simple de ces scènes gracieuses qu'on admire sur les vases blancs de l'Attique. Il ne s'agit pas de copier les vases grecs et étrusques, cela ne se refait pas; il s'agit d'exprimer des pensées du cœur et des idées modernes dans un langage aussi sublime, de réjouir la vue et d'aller à l'âme par des images belles et honnêtes, passionnées et chastes, d'élever la pensée par des allégories à l'apparence légère, au sens profond, de s'associer dans chaque chambre d'un appartement aux occupations des personnes qui s'y tiennent, dans chaque demeure à la position sociale de son maître, aux dispositions morales de ses habitants. Un autre artiste, confondant dans un même amour tout ce que Raphaël a aimé et Raphaël lui-même (pensez à Prud'hon à vingt-cinq ans), transportera sur une céramique de formes élégantes, mais légèrement capricieuses, les arabesques des thermes de Titus ou celles du Vatican, comme encadrement à l'œuvre de Raphaël; arabesques légères, légèrement rendues, copies de Raphaël où l'esprit du maître, sa pensée et ses grâces apparaîtront comme des souvenirs et des réminiscences. Un autre artiste encore (figurez-vous Eugène Delacroix à vingt-cinq ans), poussé par le génie de la couleur et familier avec ses maîtres, les grands Flamands, les grands Vénitiens, animera la céramique de la fougue de sa pensée et de la magie de son pinceau. Supposez en même temps nos meilleurs sculpteurs assouplissant leur art, comme les Athéniens l'ont fait pour composer leurs délicieuses terres cuites, et traduisant avec noblesse les saints objets de notre dévotion, les types de la mode, les passions de nos jours, soit en terre cuite mate ou colorée à froid, comme à Athènes, soit en porcelaine émaillée, comme on l'a fait à Meissen, en Saxe, dans un style maniéré. Supposez encore Ziegler, au fort de son talent, quand la délicatesse du dessin s'associait chez lui à la grâce de l'imagination, quand l'instinct décoratif dans sa fleur commençait à poindre, quand l'esprit était encore susceptible de recevoir les conseils du bon sens, s'emparant des grès pour les soumettre à toutes les exigences de l'art et poursuivant ses recherches sans aucun souci mercantile. Supposez enfin cet avenir si facile à réaliser qu'il me semble à la veille de se produire, et vous aurez le tableau d'une céramique puissante, parce qu'elle sera vivante.

Je ne comprends pas autrement l'imitation des vases peints, grecs et étrusques, que les Anglais copient si mal; je ne saurais admettre l'imitation des majolicas, dont MM. Freppa et Devers nous donnent une lourde caricature; je repousse de toutes mes forces l'imitation des ouvrages de Bernard Palissy, quand ils sont surpassés par Avisseau en stériles difficultes vaincues, sans avoir les belles qualités des originaux; je conçois la céramique tout entière comme un art sérieux, qui peut devenir le sujet d'études animées par l'idéal, soutenues par la science, dirigées par le bon sens de l'appropriation, et d'où doivent sortir, non pas seulement des chefs-d'œuvre d'exécution parfaite, mais une industrie radicalement régénérée, depuis les usines qui desservent de fine porcelaine la clientèle aristocratique de nos villes jusqu'aux fourneaux qui feront de charmants poêlons jaunes, d'élégants culs noirs, de majestueuses marmites, pour la vaste clientèle de nos campagnes.

Le Céramique d'Athènes devait son nom à l'industrie qui prospérait dans ce quartier; la céramique formera aussi tout un quartier dans la grande manufacture, et de ce centre rayonnera son influence sur l'industrie française. Et si, pour créer quelque chose, il est nécessaire de produire beaucoup, il sera facile de donner un grand essor à cette fabrication sans porter préjudice à nos industriels. On meublera les parcs des résidences, les jardins des Tuileries, du Luxembourg et du Muséum d'histoire naturelle, les grandes promenades parisiennes hors de Paris. La carrière est vaste, et en outre on multipliera les occasions de cadeaux, surtout aux villes départementales pour la décoration des préfectures, mairies, places et marchés, transportant ainsi au loin le goût des belles choses et l'habitude de voir de bons modèles.

L'émail qui couvre la porcelaine, et qui égaye de ses couleurs toute la céramique, est un verre: la transition n'est donc pas difficile à trouver pour parler des verreries. Sèvres n'a jamais entrepris cette exploitation, et ce qu'il a produit de vitraux n'est pas à son honneur. Je voudrais voir introduire dans la manufacture modèle la cristallerie et les vitraux; mais je me hâte d'expliquer comment. La France s'est placée à la tête des cristalleries de l'Europe : dans des conditions désavantageuses, elle a surpassé le blanc de la Bohême, et il n'est aucune nuance de couleur qu'elle ne puisse fournir. Il n'y a donc pas lieu à intervenir dans la fabrication de la matière première; c'est dans ses formes, dans sa taille, dans sa décoration, et, quant aux vitraux, dans leur application nouvelle, que la grande manufacture peut donner plus que des conseils, qu'elle doit offrir les modèles.

Il suffit d'être au monde depuis cinquante ans pour avoir été le témoin de toutes les évolutions en sens divers qu'une industrie peut exécuter. En fait de cristallerie, nous avons vu dans notre jeunesse, sur toutes les tables, des carafes et des verres légers qui n'avaient pour tout ornement que leur transparence, leur blancheur et un léger filet doré suivant l'extrémité de leurs bords, imitant en cela la fille du village qui, confiante dans ses attraits naturels, n'y ajoute qu'une rose pour lutter de fraîcheur avec elle. Quelques années plus tard, nous enlevions avec effort les verres et les carafes qui leur succédaient, et dont les surfaces taillées en pointes de diamant, l'épaisseur et le poids, semblaient empruntés à une race de Titans. Aujourd'hui nous voyons avec regret la blancheur et la transparence limpide du cristal obscurcies, détruites par des couvertes colorées qui dissimulent ces qualités, comme s'il fallait en avoir honte, et leur substituent un bariolage de teintes criardes, une fausse apparence d'opale, de porcelaine et d'albâtre, contrariées elles-mêmes par une décoration servilement imitée des anciens modèles et gravée en creux mécaniquement. Toutes les qualités inestimables du cristal ont été ainsi compromises et sacrifiées par besoin de changement. Une raison plus saine semble disposée à provoquer un retour vers les anciennes données de légèreté, de transparence, de sobre et délicate ornementation; mais c'est ici qu'à la fin de ce cercle d'erreurs nous devons prévenir l'industrie d'un écueil vers lequel la mode la précipite.

La légèreté est un don charmant dans les ustensiles de la vie privée; mais cette légèreté, même lorsqu'elle a toute la force que peut prescrire l'usage, a encore ses règles et ses proportions. Boire un liquide parfumé dans une coupe si transparente et si légère qu'il semble planer dans l'air et s'approcher de lui-même des lèvres qui le savourent, c'est un plaisir d'épicurien qui ne doit pas servir de règle dans l'industrie. Pour que le cristal reste, parmi nos ustensiles, la plus charmante des matières, il gardera un juste milieu entre l'extrême légèreté et l'excès de solidité; il recevra peu d'ornements en relief et ce qu'il faut seulement d'ornements gravés en creux.

Je suis loin de vouloir proscrire de la fabrication du cristal les additions de couvertes colorées, mais j'exclus celles qui respirent le mauvais goût ou s'inspirent d'une insipide vulgarité. Je rêve le renouvellement des procédés mis en usage par les Grecs, à cette époque délicieuse où l'humanité semble avoir tout élevé à un niveau supérieur. Dans ce temps, les sculpteurs les plus éminents traduisaient leurs inspirations sur les agates à plusieurs couches et dans les pierres précieuses aux teintes éclatantes. Ces pierres naturelles étant rares, partant chères, le travail de la gravure en relief et en creux étant lent et rempli de difficultés, les artistes qui pullulaient en Grèce, artistes éminents, quoiqu'au second rang, cherchèrent des moyens moins coûteux et plus rapides de rendre les inventions charmantes qui peuplaient leur cerveau ou de reproduire les créations de leurs maîtres. Ils comprirent quels avantages le verre offrait pour remplacer ces pierres précieuses, puisque, à la dureté près, un excès de dureté, il présentait les mêmes qualités et permettait de diriger les couches à volonté, de combiner les teintes à l'infini et même de s'aider du moulage pour faciliter le travail. Ils ont donc coloré, comme nous le faisons, le verre et la surface du verre, non pas dans le but de fausser les qualités du cristal, mais pour imiter les plus beaux produits de la nature, rehaussés par le travail de la gravure la plus exquise. Ils ne se sont pas arrêtés là : ils ont soumis le verre à mille combinaisons ingénieuses qu'il serait trop long de détailler, mais dont les résultats, parvenus jusqu'à nous par pièces isolées et par fragments, font tressaillir d'aise et excitent l'admiration. Voilà le champ qu'il faut de nouveau ouvrir. Ce que les grands peuples de l'Orient, les Phéniciens, les Égyptiens, les Grecs, les artistes de toute l'Italie sous les Romains, les Byzantins, les Arabes, et les héritiers de ces traditions, les ingénieux Vénitiens, ont fait avec succès, il faut le refaire avec la certitude d'atteindre aussi loin et de s'élever plus haut, si, avec des procédés perfectionnés, nous donnons à cette fabrication des ouvriers aussi artistes que l'étaient les verriers de l'antiquité.

De même que nous avons vu la cristallerie de la table passer par des phases diverses, et les plus fâcheuses, de même aussi les cristaux qui ornent les lustres ont éprouvé les effets les plus violents de la mode. On a fait successivement des lustres tout de bronze avec quelques pendants de cristal, ou tout de cristal, sans qu'on pût comprendre comment cette ruche s'était formée et comment elle se soutenait en l'air; ensuite l'industrie a flotté entre ces courants contraires; aujourd'hui elle semble reconnaître que chaque objet a sa raison d'être, et qu'un lustre, même descendu des cieux, doit être suspendu à quelque chose et montrer comment il tient au plafond, afin qu'avec l'intelligence de sa construction, chacun en passant dessous ait le sentiment de sa propre conservation.

Quand le cristal entre dans la construction des pièces montées sur table, des vases à fleurs pour appartement, des candélabres et des lustres, il faut que, semblable au diamant, il se réserve et se fasse enchâsser. Un vase qui contient des fleurs, une large coupe remplie d'une eau limpide qu'animent des poissons de couleur par leur frétillement continu, doivent être montés sur des pieds de métal et s'offrir comme un morceau rare richement encadré. Si le pied est aussi en cristal, l'abondance de la matière diminue sa valeur, et ce qu'elle a de diaphane, ne laissant pas aux supports l'apparence de force qu'ils doivent avoir, trouble l'esprit et met le jugement en défiance; sans compter que des tiges de fer et des anneaux de métal transperçant et cerclant ces pièces de cristal pour les lier ensemble font mal à voir et révoltent le goût. Qu'un marchand de cristaux, qui soutient ses plafonds avec des colonnes de verre et communique d'un étage à l'autre par des escaliers de cristal, perde entièrement de vue ces conditions de l'art, je le conçois; mais il importe que l'industrie entière ne s'engage pas dans cette fausse route : il est réservé à la grande manufacture de lui montrer la vraie voie et de l'y maintenir. Étudier les meilleures formes de la cristallerie usuelle, et commander sur ces patrons le service des résidences; exécuter la taille et la gravure dans un style et un goût aussi bien raisonnés qu'élégants; composer les ajustements des grandes coupes montées, des candélabres, torchères et lustres; pousser la fabrication dans les innovations fécondes qui permettent à l'art de reprendre tous les errements de l'antiquité; ouvrir un atelier spécial de verrerie doublée, moulée, filigranée, soufflée, peinte en émail ou décorée d'or gravé entre deux verres, et dans cet atelier donner aux créations les plus originales l'essor merveilleux de l'invention artiste unie aux ressources inattendues des perfectionnements chimiques; produire ainsi les plus délicieux camées, des frises dignes d'orner des temples enchantés, des vases de Portland aux combinaisons élégantes de la plus ingénieuse polychromie, telle me semble être la mission de la grande manufacture pour produire des œuvres hors ligne et pour créer des ouvriers artistes hors de pair, qui, loin de porter ombrage ou de faire tort à l'industrie, iront, après trois années d'apprentissage, lui communiquer les procédés ingénieux de cette nouvelle fabrication, si bien faite pour le grand débit, puisqu'elle ne dépasse pas les petites dimensions, les faciles transports, puisqu'elle se met à la portée de toutes les bourses, en se prêtant aussi bien aux caprices de la mode qu'aux exigences les plus sévères du style le plus châtié.

Les vitraux, les vrais vitraux, sont les vitraux du XIIIᵉ siècle; ils portent en eux la raison même de leur existence et l'à-propos de leur création. Le grand gothique leur va, et dans les vastes églises de ce style ils font valoir leur cadre. Des verres de petites dimensions, un petit nombre de couleurs, point de modelé, un dessin ferme et vigoureusement accusé par les plombs qui suivent le trait, tout cela formant à première vue un effet de kaléidoscope harmonieux ou de mosaïque enflammée, tel est le programme. Hors ces vitraux, pas de salut.

On a dit que le secret du vitrail était perdu; ce n'est malheureusement pas vrai : on possède toutes les nuances de verre, on connaît tous les procédés, et on fait d'affreuses peintures transparentes sur verre avec des moyens d'exécution qui surpassent de tous points l'industrie arriérée des anciens verriers de Chartres et de la Sainte-Chapelle de Paris. A quoi cela tient-il? Le vitrail est né de l'architecture gothique; il aurait dû mourir avec elle et ne ressusciter aussi qu'avec elle, si elle doit ressusciter. Le vitrail est religieux, il est grave, il a besoin de rester archéologique. Loin d'avoir perdu de ses couleurs, il en a davantage, il en a trop. Le mot de vitrail archéologique n'exclut pas l'intervention de l'art, mais il la subordonne à l'étude et à l'imitation des anciens modèles. Les artistes se conformeront pour chaque époque aux bons exemples qu'elle a laissés, ils imiteront fidèlement la gamme de tons, les ornements, les entourages; ils feront surtout des efforts pour retrouver l'harmonie des couleurs propres au vitrail et l'esprit religieux de ces peintures. Comme la musique d'église ne doit distraire l'esprit que pour l'élever, les vitraux d'église ne doivent attirer l'œil que pour le diriger vers le ciel. A cette tâche se sont consciencieusement préparés et suffisent parfaitement les Gerente, Didron, Lusson et une centaine d'autres peintres verriers qui travaillent tant à Paris qu'en province. On ne ferait pas mieux dans la grande manufacture; il est inutile de faire de même.

Je ne discuterai pas de nouveau s'il est bon d'étendre l'application du vitrail aux églises des XVIe, XVIIe et XVIIIe siècles, aux églises construites de nos jours d'après les modèles du temple antique, de la basilique romaine, de l'église byzantine, ou même des églises italiennes, tous ces édifices n'ayant qu'un petit nombre de grandes fenêtres, tous étant ornés de peintures murales ou mobiles, qui réclament une lumière pure et claire, et non pas des effets d'arc-en-ciel. Ces intérêts ont leurs protecteurs naturels et leurs défenseurs dans le clergé, parmi les archéologues et les fidèles. Mais de nouveaux besoins sollicitent un genre de décoration analogue dans des conditions et pour un but entièrement différents; il y a lieu de s'en préoccuper : ce sera la mission de la grande manufacture.

La société change de face, elle ouvre un avenir indéfini d'association démocratique et de centralisation populaire qui met les intérêts de la communauté et la jouissance des plaisirs à la portée de tous. En politique, les assemblées délibérantes et leur vaste auditoire; en industrie, les concours de tous genres et les expositions universelles; pour la science, les grands amphithéâtres des cours publics ouverts aux ouvriers, les salles immenses des musées et des bibliothèques; pour l'armée, des espaces couverts où l'on fait manœuvrer des régiments entiers d'infanterie et de cavalerie; pour la société, les grands clubs, les grands cafés; pour les plaisirs, les théâtres de jour, les cirques, les hippodromes; pour les besoins des villes, les gares de chemins de fer, les halles et marchés, les rues elles-mêmes couvertes et vitrées : tant le bien-être devient exigeant. Il est indispensable d'employer le fer pour suffire aux portées de ces voûtes gigantesques, et le verre pour inonder de lumière ces immenses vaisseaux; mais le fer n'est pas gai et le verre blanc est bien froid : n'est-il pas réservé un rôle important à la sculpture et à la peinture transparentes dans cette transformation de l'architecture? Étudier sérieusement les applications en grand de la lithophanie, cette sculpture transparente dont on n'a encore fait qu'un joujou; étudier à ce point de vue le vitrail en pleine lumière, cette peinture inaltérable qui emprunte à Dieu sa transparence et son vernis, me semble un programme aussi nouveau qu'intéressant, et dont le succès aurait des applications incommensurables. Cette étude sera-t-elle féconde? Une réunion d'artistes tels que les possédera la grande manufacture, ayant à sa disposition les moyens d'exécution et les occasions de s'essayer, nous l'apprendra.

L'enchaînement des sujets nous a séparé de la ferronnerie et de la fonte de fer par une barrière de meubles, de porcelaines et de cristaux; nous sommes obligé de revenir aux métaux pour parler des bronzes, de l'orfévrerie et de la bijouterie.

Il y a vingt-cinq ans, il ne se fondait de statues monumentales qu'à Paris; le monde artiste était tributaire de notre capitale. Depuis lors, Munich, Birmingham, et, en dernier lieu, Florence, nous ont supplantés. Aujourd'hui le Nord s'adresse à la Bavière, le Sud à la Toscane, l'Angleterre et l'Amérique aux grandes fonderies de Birmingham. Nous restons isolés, et nos grandes fonderies succombent successivement sous les étreintes d'une concurrence patronée par les gouvernements comme à la fonderie royale de Munich, soutenue par de vrais artistes comme à Florence, ou entretenue par un grand mouvement commercial comme à Birmingham. Il ne nous reste aujourd'hui, sauf l'atelier de MM. Eck et Durand, les doyens de nos fondeurs, qu'un diminutif de cette belle industrie, jadis prospère; et si, délaissant le champ des considérations économiques et des récriminations, nous examinons les produits d'après leur mérite, nous voyons dans notre fonte des qualités estimables, mais devenues ordinaires aujourd'hui, et qu'on rencontre partout chez nos rivaux. Il y a autre chose à conquérir dans la fonte des œuvres d'art, car le sable le mieux moulé ne rend à l'artiste qu'une statue de métal mise au point, et qu'il faut terminer par une ciselure. Là gît la difficulté, la lacune, l'écueil. Les artistes ciseleurs manquent entièrement à la fonte, tandis que l'antiquité, les Italiens de la Renaissance, la fonderie de Fontainebleau sous François Ier, les frères Keller sous Louis XIV, ont su trouver des artistes assez dévoués à leur œuvre pour la terminer eux-mêmes, d'autres artistes doués d'assez d'abnégation pour consacrer un vrai talent à mener à leur perfection, soit des surmoulés de l'antique, soit des bronzes d'œuvres contemporaines. Que nous sommes loin de ces conditions excellentes d'une bonne industrie! Tandis que les fontes de ces époques privilégiées, ainsi réparées par une main artiste et lentement oxydées par l'influence de l'air, resplendissent sous une patine qui semble un épiderme chaud sous lequel s'agite la vie, nos bronzes sont récurés comme des chaudrons, limés par des manœuvres sans cœur, fourbis par d'autres manœuvres sans goût, et recouverts facticement de je ne sais quelle sauce qui est à l'ancienne patine ce qu'est le fard d'une vieille coquette au velouté de la joue d'une jeune fille. Il n'y a qu'un remède pour nous tirer de cette décadence, et il est urgent de l'appliquer, car Florence met en circulation des bronzes qui semblent sortis de quelque atelier ignoré de Ghiberti ou de Benvenuto Cellini. Ce remède dépend de l'enseignement général des arts et de l'initiative de la grande manufacture. Quand le nombre des artistes sera assez grand pour que le talent qui n'est pas créateur mette une sourdine à ses prétentions, nous verrons des sculpteurs estimables devenir des ciseleurs parfaits, et alors la grande manufacture aura sa fonderie pour surveiller la fonte du bronze, depuis son alliage jusqu'à sa dernière reprise, depuis les petits bronzes à cire perdue jusqu'aux statues colossales fondues dans le sable et d'un seul jet. Nous relèverons notre réputation, nous attirerons de nouveau à nous tous les dissidents. Cette fonderie sera placée hors de l'enceinte des bâtiments de la grande manufacture, en communication avec elle, mais assez loin pour que sa fumée noire et sa poussière de charbon n'incommodent pas les autres genres de fabrication; et elle sera abandonnée à l'industrie privée dès qu'on aura trouvé parmi les contre-maîtres et les apprentis un personnel intelligent qui garantira la persistance des bonnes traditions en échange de beaux ateliers et d'un riche matériel prêtés gratuitement. La grande manufacture se contentera, à partir de ce moment, de composer ses modèles de pendules, candélabres, flambeaux et surtouts de tables; elle choisira les œuvres de l'antiquité utiles à reproduire ou les ouvrages modernes qu'elle jugera dignes de figurer dans les résidences et leurs parcs : ces pièces lui reviendront telles que la fonte les donne au sortir du sable, pour se faire réparer et ciseler dans un nombreux atelier, sous la direction d'artistes comme Barye, Pascal, Gilbert et autres, qui peuvent appuyer leur autorité autant sur un rude apprentissage chez les bronziers que sur des œuvres originales et d'un vrai mérite. Ainsi la grande manufacture n'assurera pas seulement aux statues, vases et décorations de nos jardins publics, de nos rues et de nos places, la perfection de mise en œuvre qui devra être leur passe-port obligé, mais elle formera des ciseleurs qui iront, après leur apprentissage, travailler pour le compte de nos grands artistes, sous leurs yeux et dans des conditions aussi favorables. Nous verrons alors renaître des ateliers qui sembleront un héritage du bon temps, l'œuvre conçue et modelée par l'artiste, envoyée à des fondeurs habiles, et revenant chez l'artiste pour être achevée par ses élèves, sous ses yeux, sous sa direction, et comme dans la continuation naturelle de la pensée première, avec sentiment, avec amour, qu'elle soit en marbre, en bois, en céramique ou en métal.

L'art ne profitera pas seul de ces essaims d'artistes ciseleurs qui, chaque année, s'échapperont de la grande manufacture; quand toutes les positions seront prises et chez les artistes et chez les fabricants de bronzes, ils descendront à ces couches inférieures de l'industrie où l'on demande au zinc, à la fonte de fer, à l'étain, et à tous les métaux que la pile recouvre d'une couche de cuivre, de remplacer le bronze. Là, non-seulement ils ranimeront le goût de ces fournisseurs du peuple, mais ils contribueront encore au bas prix de la fabrication par les économies que fait un bon ciseleur en ciselant peu, en reprenant à propos; et ils se consoleront de travailler des matières moins nobles, en songeant que le maintien du goût public profite autant de cette propagande qui va transportant partout, avec les saines notions de l'art, une satisfaction au pauvre résigné, une pensée morale à l'ouvrier révolté.

L'orfévrerie a besoin d'être traitée de la même façon pour secouer son marasme, pour sortir de la routine et resplendir d'un éclat de bon aloi. Notre grande orfévrerie de table et d'ameublement, aussi bien que ses ramifications qui s'appellent bijouterie, peut paraître en progrès. Les gens superficiels en jugent ainsi. Pour ceux qui ne se contentent pas d'une apparence brillante, qui étudient, comparent et vont au fond des choses, cette industrie marche à une décadence imminente; elle n'a plus un seul artiste parmi ses ouvriers. La routine dira que nous déprécions une industrie dans laquelle nous sommes reconnus les maîtres; elle aura tort et elle aura raison, car, en même temps que nous croyons être dans le vrai, nous reconnaissons que nos productions sont supérieures à celles de nos rivaux. S'il s'agissait seulement d'un mérite comparatif, nous pourrions être satisfait; mais il s'agit du véritable progrès, qui défie la concurrence en prenant l'avance, et sous ce rapport, je le répète, nous sommes en décadence. Cet état fâcheux tient à deux causes qui dépendent du public, et non pas de l'industrie: c'est le prix élevé des ouvrages bien exécutés aux prises avec l'amour du bon marché qui s'est emparé des acheteurs; c'est aussi la disposition de ceux-ci à se contenter de redites, de banalités et d'une apparence de bonne exécution. Dans cette position, le fabricant recherche les bas prix, épargne sur les modèles, fait un usage immodéré des secours que lui offre la mécanique, et, au lieu d'une œuvre d'art exquise, produit des œuvres vulgaires. Par quels moyens arrêter cette décadence? En formant à la fois le goût du public et les ouvriers habiles, en montrant à l'amateur des productions dont la perfection, conduite jusqu'aux moindres détails, fait le vrai chef-d'œuvre, en mettant l'industrie en position de répondre aux exigences de l'amateur par la communication libérale des plus beaux modèles, par des essais de toutes sortes tentés à son profit, et qui lui seront communiqués quand ils auront réussi, enfin, et plus que tout, par l'émigration dans les ateliers privés, des ouvriers formés dans l'apprentissage de la grande manufacture.

Je ne reproduirai pas, à propos d'orfévrerie, les principes qui doivent diriger dans la création des formes, qui est la grande beauté, dans le choix des sujets et dans l'exécution. De même que l'art est un, ses principes sont partout les mêmes. En général, notre orfévrerie est trop légère, et par son poids et surtout par le poids que son apparence accuse. L'orfévrerie doit faire sentir à la vue qu'elle est un métal orné, et ne pas jouer avec l'argent ou l'or comme le passementier et le vannier peuvent le faire avec les matières souples mises par eux en œuvre. C'est dire assez que le genre pittoresque sera proscrit. Combien est ridicule cette futaie de métal, cette ménagerie et ces bonshommes, soldats, chasseurs, jockeys et autres, qui semblent venus en droite ligne de Nuremberg pour se faire galvaniser en argent à Paris ! Pour l'amour de Dieu et de l'art, proscrivons ces enfantillages et revenons au sérieux, au style, à tout ce qui est consacré dans l'ornementation des grands peuples.

En orfévrerie, la fonte et la ciselure sont des procédés bornés; le repoussé est l'art sans limites. Vous aurez tous les jours de meilleurs fondeurs, vous formerez facilement de plus habiles ciseleurs, car le progrès les porte en avant; mais des artistes capables d'interpréter au repoussé une belle composition, ou d'exprimer par ce procédé ce qu'ils ont conçu et ce qu'ils conçoivent dans la chaleur même de ce travail intelligent, ces artistes sont rares, et une habile direction, d'intelligents encouragements, pourront seuls pousser les jeunes talents dans cette voie si féconde. Ma prédilection pour le repoussé ne me porte pas à conseiller d'abandonner la fonte et l'estampage, de renoncer aux excellentes facilités offertes par la pile. Chaque ouvrage d'art porte, indiqué par sa forme et sa destination, le procédé qui lui convient le mieux; et c'est ainsi que tout orfèvre, artiste éminent, concevra ses œuvres avec le procédé même qui doit les réaliser. On ne doit conseiller qu'une chose, c'est de lutter contre la banalité des idées et contre la correcte précision de la machine.

L'or et l'argent tendent à devenir plus abondants et à diminuer de valeur : c'est une heureuse conquête, car ce sont d'admirables métaux pour la sculpture, quand on sait les sacrifier à l'avantage de l'art. Si l'on en fait parade, l'art est perdu, ou bien c'est un autre art : l'orfévrerie devient bijouterie, elle brille, elle éblouit; et alors il faut lui associer les pierres précieuses et les émaux pour la rendre plus éclatante encore; mais l'orfévrerie digne de ce nom ne quitte sa sévérité que pour s'échauffer de ses propres couleurs, le bruni, le mat et les différentes nuances d'or qui viennent en aide à la sculpture la plus délicate, en en colorant les formes sans leur infliger d'épaisseur.

La grande manufacture aura son exposition permanente dans les résidences. Là les visiteurs trouveront dans les boudoirs tout l'attirail de la toilette, dans les salons les thés complets, et dans les immenses salles à manger les tables dressées; car en exposant ces objets conçus dans l'esprit de leur destination, il faut aussi marquer cette destination aux yeux des visiteurs, pour qu'ils comprennent la convenance et l'à-propos de chaque chose. Couverts, couteaux à découper et couteaux de dessert, aiguillettes qui piquent la viande, plats et assiettes, cloches et réchauds, casseroles et compotiers, pièces de surtout et flambeaux, tous ces ustensiles, devenus des objets d'art par la beauté des formes et la perfection des sculptures, resteront des objets usuels et seront jugés à ce double point de vue par les connaisseurs.

La grosserie, la petite orfévrerie et la fabrique des couverts se partagent l'orfévrerie, qui est, en outre, distincte de la bijouterie. Au point de vue de l'art, ce disséminement est excessif et regrettable. Nous espérons que l'art se chargera de le combattre et de réunir de nouveau dans un faisceau ce qui fait la force et la gloire de cette belle industrie des métaux précieux. On appelle grosserie l'orfévrerie religieuse destinée à l'ameublement des églises et qui fabrique les châsses, reliquaires, flambeaux, calices, patènes, burettes, bassins, ostensoirs, bâton pastoral, etc., etc. La grosserie mérite son nom, si on l'entend d'une orfévrerie grossière, et je ne saurais mieux comparer le caractère général de ses défauts qu'à l'effet produit par ces sources chargées de calcaire qui en accumulent les dépôts sur tous les objets qu'elles touchent et leur conservent leurs formes, tout en les empâtant et en les alourdissant. C'est à épurer et à alléger les formes de la grosserie qu'il faut travailler, en même temps qu'on ranimera l'ornementation. Je n'entends pas parler de l'orfévrerie religieuse calquée servilement sur les anciens modèles : celle-là, comme les vitraux du XIIIe siècle, est facile à refaire, et des maisons recommandables s'y appliquent avec succès; je comprends le programme de la grande manufacture comme une œuvre vivante qui marquera notre époque, parce qu'elle répondra aux convenances ecclésiastiques, aux sentiments religieux, en même temps qu'aux conditions les plus élevées de l'art.

L'orfévrerie se lie à la bijouterie et à la joaillerie. Au moyen âge en Occident, comme aujourd'hui en Orient, les souverains, les princes, les seigneurs, avaient ce qu'on appelait alors un trésor, c'est-à-dire une collection d'objets précieux qui s'accumulaient en temps prospère et s'écoulaient dans les temps difficiles pour subvenir aux nécessités, sans compter qu'on y puisait les subsides de guerre, la dot des enfants et les cadeaux de toutes sortes, distribués à pleine main autour de soi pour mériter le plus beau titre, celui d'homme généreux. Que nous reste-t-il de tout cela ? Le titre de trésor donné à l'un des services du ministère des finances et les diamants de la couronne. Ces diamants et leur monture, qui peut se renouveler de temps à autre, ainsi que l'usage de nouveau établi de distribuer des cadeaux, seront l'occasion de travaux incessants pour les ateliers de bijouterie et de joaillerie établis dans la grande manufacture.

La bijouterie a toujours eu ses immunités, et les règles prescrites en d'autres circonstances cèdent devant le débordement de toutes ces matières éclatantes qui constituent les éléments de la bijouterie. Toutefois, le goût oppose à cet entraînement des barrières nécessaires et d'utiles points d'arrêt. La pureté des formes, l'harmonie des couleurs, l'association des ornements d'un même style et une raison d'être dans les compositions restent des règles en bijouterie, comme en toutes choses, quoique ces règles soient violées d'autant plus facilement que les écarts croient pouvoir se dissimuler sous un éclat qui les voile.

La bijouterie française est malade, non pas de langueur, mais d'excès de changement et de caprices de nouveauté; elle succombe autant sous les engouements irréfléchis qu'elle excite que sous les abandons injustes qu'elle éprouve. Et cependant est-il un art, un métier, une industrie, qui ouvre un champ plus vaste à l'esprit inventif, au goût délicat, à l'élégance exquise? Si des artistes instinctivement portés à l'ornementation, après avoir étudié l'esprit et la grâce qui animent et rehaussent les bijoux antiques des collections de Naples, de Rome, de Florence, de Saint-Pétersbourg et de Paris, les bijoux du moyen âge conservés dans tant d'églises, les bijoux nationaux qui se fabriquent en tous pays, au fond des vallées, au haut des montagnes, depuis l'Orient jusqu'en Irlande, en Norwége et en Islande; si ces artistes, après avoir étudié à la fois la direction du goût qu'il faut ménager et les procédés du métier auquel ils font appel, rentraient en eux-mêmes, ne trouveraient-ils pas dans leur imagination, qui est la mine inépuisable, les filons les plus purs encore inexplorés? Alors reviendraient sur des têtes noblement portées, sur des fronts purs, sur des cheveux brillants comme le jais, ces fleurs d'or que l'antiquité ajustait, avec tant de goût dans une moyenne d'imitation vraie et d'arrangement conventionnel. Alors la couronne de lierre et de pervenches, de lis et de lauriers, reprendrait sa simplicité brillante, sa rigidité gracieuse, sous l'impulsion d'un goût épuré, avec l'assistance des anciens procédés de repoussé, avec les facilités nouvelles de dorure et d'argenture que la pile nous donne, et qui permettent d'unir la perfection du travail à la légèreté, l'éclat du plus beau métal au bon marché. Alors aussi reparaîtraient les procédés du filigrane, c'est-à-dire le bijou par excellence, le bijou qu'on ne porte plus. Comment expliquer que le mode de travail le mieux approprié, par sa délicatesse, son éclat et sa légèreté, à la parure des femmes ait dû céder la place à la fonte, à la ciselure, à mille procédés dont les produits massifs, lourds, écrasants, gênent les mouvements de la tête, étirent les oreilles, comme chez les sauvages, et marquent en rougeurs de sang la place qu'ils occupent sur le cou? Mais vous vous trompez, dira-t-on : voyez les ateliers de MM. Payen et Dafrique, on n'y fait que du filigrane; allez à Gênes, en Orient, aux Indes, vous trouverez une industrie très-développée de bijoux en filigrane. Il est vrai que les populations orientales ont conservé, avec leur bon goût en toutes choses, l'usage du filigrane, et il se fait encore en Asie des bijoux délicieux; il est vrai que les gens de la campagne, dans quelques parties de l'Italie, portent par tradition des bijoux de filigrane d'argent qu'on exécute à Gênes tant bien que mal; il est encore vrai qu'à Paris des industriels intelligents se sont fait de ce procédé une spécialité, avec laquelle ils desservent les goûts persistants de nos colonies et des peuplades africaines et américaines les moins avancées dans la civilisation; mais ces faits corroborent plutôt qu'ils n'ébranlent mon opinion. Je le répète donc, il y a dans le filigrane uni au repoussé des ressources infinies, dont les bijoutiers orientaux exploitent par tradition quelques faibles parties, dont nos bijoutiers ne se doutent pas. Le bijou de filigrane composé par un artiste doit avoir sa signification; ce n'est pas un insipide ornement traité en toile d'araignée : il représente quelque chose. Supposons Mars pris dans les filets de Vulcain, la pêche miraculeuse, ou Vénus sortant des eaux; figurons-nous le Seigneur appelant à lui les petits enfants, une bacchanale d'amours ou une Charité; admettons même les scènes de la campagne avec la blouse et la cotte moderne, ou des épisodes de chasses et de courses, avec les uniformes et costumes des chasseurs et des jockeys! toutes ces figures, conçues aussi noblement que les statues des monuments, ajustées avec une grâce plus aisée et modelées avec la plus délicate perfection, seront repoussées ou estampées en or, et le filigrane viendra comme un pinceau dessiner autour d'elles les détails les plus fins, la décoration des fonds et des supports, associant dans un charmant mélange l'ornement à la réalité, liant entre elles les différentes parties de la composition qui forme le bracelet, le collier ou le diadème. Je ne dois pas étendre davantage ce programme, mais j'affirme que l'avenir de la bijouterie est là, si elle a quelque souci de s'allier avec le bon goût.

Les anciens ne savaient point émailler les métaux; mais, au moyen de pâtes colorées adhérentes au métal, ils donnaient la couleur à leurs délicieuses compositions. Avec l'émaillerie, procédé plus facile à traiter, qui permet de donner aux masses de couleur un bien autre éclat et de leur assurer une durée indéfinie, lançons-nous dans ces données antiques, régénérées par une imitation plus vraie de la flore végétale. Sous ce rapport, notre bijouterie peut encore aller chercher en Orient la lumière. Les émaux en taille d'épargne et les émaux cloisonnés, avec lesquels on orne en Chine de magnifiques vases, les bijoux des Indes, sur lesquels l'émail s'allie à une ornementation du meilleur goût, sont des modèles, non pas à imiter, mais à prendre en exemple.

La damasquinure, dans ses quatre variétés, la niellure, dans sa marche grave, peuvent aussi se réveiller au contact de l'art et donner des résultats d'une rare élégance. Les procédés ne sont rien, ou plutôt ils sont connus; le succès est attaché aux compositions appropriées au genre de travail, dessinées avec facilité et creusées dans le métal avec une main assez artiste pour dissimuler la fermeté sous la grâce, la précision sous la souplesse.

La douleur est respectable, alors même qu'elle ne sait pas se respecter. Consacrer des cheveux, souvenir précieux d'une personne regrettée, à faire des paysages avec ruines et moulins à eau, c'est ridicule; tisser des cheveux, en faire des étoffes pour envelopper des portefeuilles, que dis-je, pour garnir des cravaches, c'est un procédé horrible. La grande manufacture laissera cette industrie, qui accuse un chiffre d'affaires considérable, à son trafic sentimental; mais elle interviendra utilement dans la fabrication des bijoux de deuil. La douleur a sa coquetterie : le deuil doit s'en ressentir. Les bijoux de deuil datent du jour où le noir fut adopté pour exprimer le deuil; cette convention n'est acceptée généralement que depuis quatre ou cinq cents ans. Diane de Poitiers porta toute sa vie le deuil de son époux; elle en avait fait le serment, et elle le tint d'autant plus fidèlement que le noir rehaussait mieux la blancheur de sa peau, la teinte de ses cheveux, l'azur de ses yeux. Ses bijoux étaient émaillés de noir, damasquinés et niellés; elle portait aussi des parures de jais. Un artiste de goût trouverait dans le verre noir, le jais, la fonte dite de Berlin, le cuivre déposé par la pile et émaillé de noir, la damasquine et la nielle, ou bien pour le demi-deuil, dans l'argent oxydé et dans le platine, des combinaisons si variées, si heureuses, qu'elles pourraient consoler ou au moins distraire plus d'une veuve.

La bijouterie d'acier serait également reprise avec succès. Elle a eu vers 1760 sa grande vogue; mais la mode a dominé cette industrie, parce que cette industrie n'a pas su dominer les fantaisies de la mode, en s'imposant un programme dans lequel l'élégance aurait été alliée au bon sens. M. Frichot se vantait, à l'Exposition de 1827, des 91,000 morceaux d'acier rivés dans la cheminée qu'il exposa : c'était une satisfaction de métier et l'apogée de la décadence des bijoux d'acier.

Il est inutile d'entrer plus avant dans le détail. La bijouterie française, régénérée par les bons modèles et par des artistes qui associeraient le goût le plus pur à la pratique du métier la plus consommée, pourrait s'élever si haut, se mettre si bien hors ligne, qu'il ne s'offrirait pas dans les deux mondes une épée d'honneur, qu'il ne se ferait pas un hommage au patriotisme, qu'il ne se donnerait pas un prix à la vertu, un bouclier au général heureux, un vase aux vainqueurs des courses ou des régates, qui ne vînt de France, car on saurait partout que là, comme autrefois à Athènes, la matière la plus précieuse serait dépassée par la valeur artiste de l'objet. Les bijoutiers de Hanau, de Francfort, de l'Angleterre, de la Suisse et de l'Italie ne fermeraient pas boutique devant notre supériorité, mais ils tireraient de Paris, comme l'Occident les a demandées à Constantinople pendant six siècles, toutes les parties fines et délicates de la fabrication pour les ajuster, monter, emboîter dans leurs gros bijoux, suivant les goûts particuliers de leur clientèle. La grande manufacture exerçait, en outre, avec sa magnifique bijouterie, une influence décidée sur la bijouterie doublée et fausse. Je ne connais pas de meilleure et de plus active propagande du bon goût; elle peut monter jusqu'à la mansarde, se colporter dans nos campagnes et pénétrer au fond de la chaumière. La bijouterie doublée et fausse occupe à Paris seulement 3,000 ouvriers, répartis chez 400 fabricants, et fait pour plus de 10 millions d'affaires. On voit quel champ ouvert à l'épuration du goût public par les perfectionnements introduits dans cette industrie.

La joaillerie s'associe à la bijouterie, quand ses pierres prennent des dimensions et des formes qui exigent la composition de supports ornés ou d'encadrements compliqués. Une coupe d'émeraude, de cristal de roche ou d'agate bien montée sur un balustre en or, décoré d'émaux, de lapis et de pierres précieuses, c'est une œuvre complexe qui confine à la bijouterie et à la joaillerie; mais la joaillerie proprement dite est celle qui s'efforce de dissimuler le métal pour faire valoir les pierreries par elles-mêmes. Chercher à augmenter la grosseur d'un diamant en lui faisant un cadre d'or, c'est écraser ce qu'on veut mettre en évidence; au contraire, imaginer des diamants intelligents, se groupant à volonté et sans aucun support, c'est la joaillerie idéale.

La monture des diamants et des pierres précieuses est affaire de goût. D'enseignement, peut-il y en avoir? De règles, en saurait-on fixer? De modèles anciens, en connaît-on? Ce vieil art de la joaillerie n'est-il pas depuis cinquante ans un nouvel art qui s'est formé en dehors de tout principe, par un va-et-vient du goût général et par les gens habiles qui surent le développer? Cependant il existe dans cette industrie, comme dans toute autre, des principes qui ressortent de ses succès mêmes et peuvent en être déduits; ils sont fondés sur la raison et sur le goût. Faire valoir la matière, c'est-à-dire montrer tout son feu et accuser ses dimensions, tel est le programme; faire plus encore, telle est l'ambition, tel est aussi le résultat obtenu, car on est arrivé, par mille combinaisons heureuses, à augmenter ce feu, à amplifier ces dimensions. Aujourd'hui le diamant, le rubis, le saphir, le diamant surtout, semblent autant d'astres, anciennement voilés, qui, pour la première fois, brillent de tout leur éclat dans un ciel pur. Pour faire cette conquête, l'ouvrier monteur a dû déployer autant de goût que le dessinateur dont il suivait le modèle; si celui-ci s'est préoccupé de disposer sur sa cire les pierres mises à sa disposition, dans l'ordre le plus avantageux, en prenant la nature pour modèle, il a eu soin de se tenir à une distance raisonnable d'une imitation ou banale ou minutieuse. Ce n'est pas telle ou telle fleur qu'il a voulu reproduire avec des pierres éclatantes, avec des diamants étincelants; c'est une végétation enchantée, des bouquets en feux de Bengale solidifiés, c'est le mouvement de la végétation, la forme caractéristique, l'enlacement particulier, c'est surtout l'effet général. Quant au monteur, son plus grand mérite est de savoir se cacher et de briller par son absence; à lui revient l'honneur de si bien disparaître qu'on doute de sa participation, et cependant c'est lui qui a enserré chaque pierre de ce bouquet léger dans des griffes puissantes; c'est lui qui a formé toute cette charpente à peine visible, et si solide qu'elle porte tout l'échafaudage, se décompose et se divise pour transformer ce bouquet ou cette couronne en broches, en agrafes, en plaques de bracelets, en garniture de peigne, en pendants d'oreilles, offrant ainsi à la coquetterie l'appât d'une conquête solennelle ou l'occasion de mille escarmouches victorieuses.

La grande manufacture assistera la joaillerie, en renouvelant les montures des diamants de la couronne, qui lui permettront de chercher des combinaisons nouvelles dans le champ que nous venons de limiter; elle l'assistera plus encore, en transportant en France et à Paris la taille des diamants, qui est abandonnée à la Hollande, et la taille des matières précieuses, qui a émigré dans l'Oldenbourg, on ne sait pourquoi. Il est possible de perfectionner et de rendre moins coûteuses l'une et l'autre, quand les moyens mécaniques les plus parfaits réuniront, sous une même direction intelligente, ce qui, chez nos voisins, est disséminé en petits ateliers et s'exécute à la main par les procédés des plus arriérés. Combiner la taille suivant la forme de la pierre brute, disposer ses facettes de manière à faire valoir les dimensions et la couleur, rechercher les formes les plus pures, en les adaptant aux matières suivant leur nature et leurs nuances, c'est affaire de science et d'art, de mathématiques et de goût.

Le strass, qui porte le nom de l'Allemand qui l'inventa, a été l'origine de l'imitation française des pierres fines, poussée, de nos jours, à un degré de perfection que l'antiquité et le moyen âge ont cherché sans l'atteindre. En outre, les perles fines du bon Dieu ont des sœurs cadettes d'une naissance illégitime dans les perles très-ressemblantes qu'on fabrique à Paris, tout cela au grand profit du commerce. Enfin, nous sommes à la veille de trouver au bout de nos chalumeaux le diamant et les pierres fines dans toutes les conditions de dureté et d'éclat. Nous nous réjouissons sincèrement de ces progrès dans le présent et de ces perspectives dans l'avenir. Il en est des pierres imitées comme du cuivre doré, du maillechort argenté et de tous les métaux mis en œuvre par la pile, autant de conquêtes admirables auxquelles on fait vainement un mauvais accueil à leur entrée dans le monde. L'église de village peut être dotée par quelque paysan aisé d'une imitation parfaite de l'ostensoir que la cathédrale du chef-lieu a obtenu de la munificence de quelque richard. Ce que le Seigneur a dit du denier de la veuve, l'homme de goût peut bien l'appliquer à l'ostensoir du paysan, quand l'imitation est si parfaite que le plus fin connaisseur y serait trompé. Les autels des plus modestes églises ainsi décorés dans le meilleur style auront leur influence sur le goût public, et ce n'est pas manquer à l'esprit de la religion que d'épurer à la fois l'esprit et le cœur, le goût et les manières.

Les diamants de la couronne, souvent renouvelés dans leur

monture, les cadeaux, exécutés à l'avance comme autant de degrés d'un programme raisonné, seront exposés en permanence et incessamment remplacés par des œuvres plus parfaites. Tous les gens de goût, le public tout entier, et les femmes par excellence, afflueront à cette exposition et viendront prendre des idées qu'ils imposeront à leurs bijoutiers. La grande manufacture dominera de cette manière les fantaisies des amateurs, et, sans violenter l'industrie, elle fera la mode.

Il est une industrie, en apparence assez modeste, qui exerce sur le goût une certaine influence et qui doit avoir son atelier en activité dans la grande manufacture : c'est la reliure. Les conditions de cette industrie ont changé ou sont en train de se modifier d'une manière radicale; il importe que l'art préside à cette transformation. La reliure est plus que l'habit du livre, habit qui préserve de l'humidité et des accidents du voyage; c'est aussi la cuirasse qui défend le chevalier contre les coups de ses ennemis : la reliure doit donc être solide; et elle peut être élégante; mais de même qu'un homme de nos jours serait fort gênant pour lui et pour les autres, s'il se présentait au milieu de nos usages et de nos cercles de société tout bardé de fer, comme l'était un seigneur féodal au moyen âge, de même aussi le livre relié, comme on le reliait du VIe au XVIe siècle, serait très-incommode, et même impraticable, dans la nécessité où nous sommes, depuis l'invention de l'imprimerie, et en conséquence de la prodigieuse multiplication des livres, de les juxtaposer sur les rayons de nos bibliothèques. Cette économie de place étant impérieuse, le frottement des volumes les uns contre les autres étant une cause de détérioration, et cependant le luxe et les arts ne voulant pas abandonner les bonnes traditions des belles reliures, qui associaient toutes les perfections des arts à l'œuvre la plus parfaite de l'imagination, on eut recours à des étuis, à des enveloppes, puis même à un véritable contre-sens, à ce luxe d'ornement des plats intérieurs qui n'est motivé par rien, qui constitue un hors-d'œuvre en dedans, et exige des recherches pour être découvert.

Au reste, si les besoins ne demandaient pas davantage, la grande manufacture se contenterait de faire quelques reliures archéologiques, j'entends de relier, pour les chapelles des résidences et les bureaux de la comptabilité de la liste civile, des antiphonaires et des registres à plats de bois, à fermoirs de métal, à boutons saillants aux quatre angles; elle exécuterait, pour les cadeaux destinés aux souverains étrangers, des reliures de bijouterie ornées d'émaux, de camées et de pierres précieuses; elle ferait pour les bibliothèques du Louvre et des résidences de bonnes et belles reliures, traitées avec le soin et l'art qu'y mettent les Bauzonnet, Cappé, Duru et autres, offrant tous les avantages de la solidité et tous les mérites de l'élégance. Cela suffirait, mais l'utilité de cette intervention dans la reliure pourrait être facilement contestée; voyons si dans sa carrière nouvelle, dans son extension, qui sera immense à l'avenir, la reliure ayant un rôle important à jouer dans la propagande du bon goût, la grande manufacture ne doit pas l'assister et la guider.

Il n'est pas raisonnable qu'un volume in-douze se vende broché un franc et qu'il en coûte deux pour le faire relier; il n'est pas naturel que le prix de la reliure la plus ordinaire dépasse le prix du livre, que la partie, une partie accessoire, ait plus de valeur que le tout. Non, il est évident que les libraires doivent de nouveau vendre leurs livres reliés et se faire entrepreneurs de reliures, comme l'étaient les Aldes à Venise, les Ph. Le Noir, G. Eustache et tous leurs confrères des xve, xvie et xviie siècles. Ils doivent faire profiter le public des avantages de l'entreprise en grand nombre, qui leur permet de supporter les dépenses de riches ornements, d'exécuter avec promptitude et à bas prix. Ainsi le relieur de Londres Leighton a pu relier en six semaines, avec luxe et à un prix modique, les 20,000 exemplaires du rapport de l'Exposition universelle, qui compte 868 pages in-4°. Le libraire affranchira de cette manière l'acheteur de mille soins, dont le moindre n'est pas de se priver indéfiniment du volume qu'il désire consulter. Je vois bien d'ici le reproche poindre sur les lèvres des amateurs : A votre tour, diront-ils, vous prônez la banalité, la vulgaire monotonie, après les avoir combattues partout. Non, j'indique une nécessité évidente, qui, après avoir dominé l'Angleterre et l'Amérique depuis vingt ans, va faire irruption en France, et, en la prévoyant, je cherche les moyens de l'obliger à pactiser avee les règles de l'art et les conditions du goût. Si donc la grande manufacture compose pour ses livres les dessins les plus purs, les fait exécuter aux petits fers par les relieurs artistes les plus éminents, en laissant un libre cours à leur esprit ingénieux, à leurs fantaisies charmantes, si elle perfectionne en même temps, par des sacrifices bien entendus, tout le matériel de la reliure, caractères, ornements, toile, cartons, papier peint et papier peigné, tranche ciselée, marbrée, dorée, tout en un mot, il est évident qu'en mettant ces moyens d'exécution perfectionnés à la disposition de l'industrie, elle l'empêchera de tomber dans la plate insignifiance d'un métier vulgaire, et les reliures des livres à 20 sous, qui se tirent à 10 et 20,000 exemplaires, exécutées en fabrique, par les moyens mécaniques, en imitation de ces beaux modèles, au lieu d'inonder le monde d'affreux produits, répandront comme un reflet de l'élégance et du bon goût dont la grande manufacture aura donné l'exemple.

La fabrication des fleurs artificielles doit trouver un asile dans ce même établissement, sous l'influence de préoccupations semblables. Cette jolie industrie représente un mouvement d'affaires de 20 millions, dont 15 pour l'exportation, et elle fait vivre honorablement une population intéressante de femmes laborieuses. Ce sont deux raisons de premier ordre pour assurer ses progrès et lui éviter des concurrences menaçantes. Au point où elle est arrivée, si cette industrie n'est pas soutenue par une étude plus artiste de la nature, elle se perd, car, divisée comme elle l'est en mille spécialités, livrée sans défense aux moyens mécaniques, elle ne songe plus aux progrès dans la perfection, elle n'a plus devant les yeux que le progrès dans le bon marché de la production. Il faut donc faire pour elle ce qu'elle ne peut plus faire elle-même. La grande manufacture le fera; elle fondera un atelier de fleurs artificielles qui aura pour but l'imitation toujours plus heureuse de la nature, avec la recherche des moyens mécaniques les plus perfectionnés pour exécuter à bon marché ses modèles. Les fers des nouvelles fleurs seront abandonnés comme récompense aux ateliers de l'industrie qui auront fait preuve des plus grands efforts en maintenant l'honorabilité la mieux établie dans les affaires. Des procédés nouveaux seront essayés, quand on aura conquis tous ceux que les contrées étrangères emploient, et quoique le champ ait été mille fois parcouru, qui peut assigner une limite au progrès, quand des intelligences vives et une persévérance infatigable s'attacheront à cette spécialité? On restera fidèle à la reproduction des plus jolies fleurs, quoiqu'elles soient les plus connues; on imitera les nouvelles conquêtes de l'horticulture à mesure que leur culture plus répandue les aura popularisées. Mais la fleur la mieux imitée peut être une lettre morte : comme la rose que vous avez détachée de sa tige a perdu la grâce de son port, le charme de son entourage et la moitié de sa séduction, ainsi vous n'avez accompli que la moitié de votre tâche quand vous avez reproduit la fleur; il vous reste à lui rendre la vie en l'accouplant dans un bouquet à d'autres fleurs, en la tressant dans une couronne, en la jetant sur un vase ou sur une jardinière ainsi que la nature pourrait le faire elle-même. C'est un art qu'enseignent le dessin, les études du paysage et les promenades dans les bois, à celui que pousse dans ce sens l'amour de la nature; c'est donc aux apprentis sortis les premiers des écoles de dessin que reviendra cette tâche, digne en tous points d'un véritable artiste.

En dehors de ces grandes industries, il en reste d'autres sur lesquelles on exercera de l'influence sans les attirer complétement dans la grande manufacture. L'atelier des modèles peut beaucoup sur chacune d'elles en les étudiant spécialement et en leur fournissant des dessins; mais la direction peut aussi, par ses conseils et de judicieuses commandes sur des modèles préparés avec soin, pousser telle industrie dans une bonne voie, arrêter telle autre sur une mauvaise pente. Citons quelques exemples. Ni la marine ni l'artillerie n'entreront dans la grande manufacture, et il ne serait pas davantage question d'y introduire l'ancienne fabrique d'armes de Versailles; mais croit-on que de bons modèles ne seraient point fournis avec avantage à nos deux armées, quand ce ne serait qu'à titre de conseil à méditer? Je sais qu'on reproche aux armes spéciales d'apporter dans les questions d'art et de goût un dédain superbe très-déplacé; mais on ne fait pas assez d'attention à la position embarrassante de ces esprits d'élite : savoir tant de choses importantes, et ignorer une chose qu'on s'est habitué à taxer de détail insignifiant, et qui devient importante à son tour, cela révolte contre les autres et contre soi-même. Il arrivera un temps où MM. les ingénieurs de la marine, les officiers du génie et de l'artillerie, auront autant de goût que tout autre, ayant appris à l'École polytechnique même les avantages immenses d'une union plus intime des arts de l'imagination avec les sciences exactes. En attendant ce bienheureux temps, l'intervention officieuse et bienveillante dont nous parlons sera reçue avec reconnaissance. Aux époques antérieures, le vaisseau a pu se surcharger d'une décoration d'opéra, qui devint une œuvre d'art quand Pierre Pujet donna ce programme à son génie et se mit bravement à l'œuvre pour sculpter dans une forêt d'arbres ses magnifiques compositions; mais le vaisseau avait alors du temps à perdre : aujourd'hui la vapeur lui impose pour première condition la vitesse de la marche et la rapidité des évolutions, partant une simplicité rigoureuse et la coupe la plus régulière. Reste à savoir si l'art ne répond pas mieux à ces exigences par le sentiment des formes élégantes que le métier par les combinaisons mathématiques. Pour moi, je crois qu'un ingénieur qui sera artiste tirera de l'ensemble de ses études d'après nature et d'après l'antique un sentiment des formes et une habitude de les interpréter qui lui fera trouver dans la grande famille des poissons, dans les monuments antiques et dans les constructions nautiques des peuplades primitives, certaines proportions, certains rapports aussi avantageux qu'inattendus. Et d'ailleurs il y a dans les ports des embarcations de luxe, il y a dans les flottes le vaisseau amiral, et au Havre la frégate réservée aux promenades du chef de l'État; si vous ne voulez pas que l'art pénètre dans vos escadres, permettez-lui au moins de participer au luxe qui distingue ces bâtiments. Je ne dirai rien de notre matériel de guerre, si ce n'est qu'il m'est impossible d'admettre que les Grecs de Xénophon et d'Alexandre, les Romains de Scipion et de César, les Croisés de saint Louis et la noblesse de France combattant sous les yeux de ses rois dans vingt brillantes batailles, aient manqué d'esprit et de science militaire, parce qu'ils mettaient la beauté des formes et l'élégance de la décoration dans leurs armes de combat et leurs engins de guerre; je ne puis croire non plus qu'un canon porte davantage parce que sa forme contrarie toutes les notions de proportion et ses profils toutes les règles du goût, qu'un casque préserve mieux la tête qu'il enlaidit, qu'un sabre aille mieux à la main parce que sa forme est incorrecte, qu'un uniforme, enfin, soit plus chevaleresque ou plus imposant parce que la coupe en est disgracieuse et l'association des nuances aussi fausse que déplaisante. Non, il y a là certainement quelque chose et beaucoup à faire. La réforme entière de nos armes et de l'équipement militaire sera confiée à une commission mixte, prise parmi les officiers du génie, de l'artillerie et des autres armes, assistés de quelques artistes de la grande manufacture.

La richesse variée des armes de guerre a disparu devant les exigences de l'uniforme militaire; le service exige-t-il aussi cette uniformité pour les chefs? Exceptionnellement pour eux, une bonne arme ne saurait-elle être belle? Le beau est-il donc incommode? Je voudrais qu'un jeune officier qui se distingue des hommes qu'il mène au combat par plus d'éducation, plus d'intelligence, et par le privilége de se faire tuer à leur tête, eût aussi le droit de se distinguer par son bon goût dans le choix de ses armes. J'ambitionnerais pour lui un beau sabre de combat, une belle épée de gala; car j'ai toujours souffert de voir à la parade et à la cour les produits honteux de nos insipides fourbisseurs, associés à l'élégance des tournures et à la noble beauté des uniformes. Pourquoi ne pas établir l'usage de sabres d'honneur, et en donner la fabrication à la grande manufacture? Il est impossible d'accorder la croix à tous ceux qui la méritent : une arme d'honneur serait un acheminement à cette distinction, une honorable pierre d'attente, et ces armes, composées et exécutées pour chaque circonstance, faisant allusion dans leur décoration à la campagne, à l'action d'éclat ou au service éminent qui l'a value à l'officier, recevraient par là un intérêt d'individualité qui en ferait un monument de gloire dans les familles, et pour le régiment une initiation insensible aux arts et à l'élégance.

Les armes de luxe et de chasse se ressentiraient de cette réforme. Si nous nous reportons à une belle époque de l'art, par exemple au temps où vivait Benvenuto Cellini, nous sommes conduits à penser qu'un Médicis chasseur devait posséder, soigneusement enfermée dans une belle armoire d'ébène, quelque arme montée par cet habile orfèvre; puis avoir, suspendu à son chevet, un fusil de chasse plus simple, non pas plus commode, car l'habile artiste, en composant l'arme de luxe, lui aura donné toutes les conditions d'un bon usage, mais une arme moins précieuse. Je prônerais aujourd'hui cette sage distinction entre deux choses semblables et distinctes, et je proscrirais à tout prix ces ménageries entières, cette végétation parasite et la mythologie au complet qu'on entasse sur un fusil. C'est un peu beaucoup, il faut en convenir, pour l'ornementation d'un instrument qui n'a rien de pastoral ni de bouffon. Une arme de guerre (la chasse est une guerre meurtrière pour l'un des combattants quand le fusil est bon, et pour les deux quand il est mauvais), une arme qui fait répandre le sang, doit être sévère, il lui sied d'être simple dans son extérieur. Voulez-vous ajouter des ornements, faites-le avec mesure. Comme le lierre enlaçant la ruine du temple antique laisse deviner sous le mouvement de son feuillage la forme de l'architecture, ainsi l'artiste doit presser ses sujets contre la crosse, le canon et la batterie du fusil, contre la poignée du couteau de chasse; il doit choisir, dans les genres de relief et les procédés de travail, ceux qui permettent de créer le plus d'effet en produisant le moins de saillie, qui souffrent le moins du frottement, qui ne retiennent pas la saleté. Provoquer le goût des armes riches et applaudir partout au luxe qui parvient à parer de toutes les séductions de l'art l'objet de sa passion, femme ou carabine, c'est d'un grand goût; favoriser en même temps la bonne exécution d'armes usuelles, élégantes de formes et riches de simplicité, c'est aussi de bon goût.

Il est indispensable que cette même sollicitude, partagée entre les inspirations de l'art et les exigences pratiques, intervienne dans une industrie abandonnée à la routine. Notre carrosserie est inférieure à celle de nos pères, en ce sens qu'ils ont donné à leurs voitures les formes compatibles avec les moyens de locomotion et le matériel de fabrication de leur époque, en même temps qu'ils les ornaient avec art, tandis que nous ne profitons pas des progrès faits par la forge du fer, par l'industrie des grandes glaces et les procédés mécaniques pour renouveler les formes de nos véhicules, qui doivent allier la légèreté à la solidité. Nous renonçons à donner à l'art sa part légitime dans cette fabrication. On dira sans doute que la carrosserie de nos pères, dorée et ornée de paysages, allait bien à leurs habits brodés de toutes les couleurs, et ne conviendrait plus à la sévérité de nos habits noirs : je l'admets, quoique les femmes, qui n'ont pas accepté pour leur costume la même simplicité lugubre, puissent être d'un autre avis; mais n'est-il pas possible de ramener la carrosserie à la véritable élégance sans refaire ce qui n'a plus sa raison d'être? Je ne demande pas que l'on copie des carrosses peints et dorés, qui seraient trop beaux pour nous; mais je ne vois pas pourquoi, depuis un demi-siècle que la capote en cuir est abandonnée, on l'impose à la partie supérieure de toute voiture, en la contrefaisant en bois noirci, pourquoi la partie inférieure subit d'anciennes formes qui étaient la conséquence de ressorts à suspension aujourd'hui réformés. Cette pénurie d'idées est si complète que la carrosserie des chemins de fer elle-même, ce programme tout nouveau, a dû plier sous le niveau de la monotonie. Évidemment la carrosserie est en décadence; elle appelle l'art à son secours, l'art qui régénère toutes les industries. Avant la dispersion des corps de métier, la carrosserie était un art, et quand les selliers-artistes alliaient l'élégance au bon goût, les cours de Louis XIV, Louis XV et Louis XVI, qui n'étaient pas dépourvues de quelque élégance, acceptaient leurs inventions et ne s'effrayaient nullement de leurs éclatantes nouveautés. Les tableaux de Van der Meulen et quelques vieux carrosses du temps sont là pour prouver s'ils avaient tort. Depuis lors, des selliers ignorants de toutes les notions de l'art, étrangers à tout principe de bon goût, se sont abattus sur la carrosserie, et leurs inventions ont été si malheureuses, si ridicules, que la fraction du grand monde qui donne la mode à cette branche du luxe leur a imposé, faute de meilleur programme, une simplicité absolue. C'était, avec d'aussi mauvais instruments, bien agir; mais la carrosserie aura bientôt ses ouvriers artistes, et est-il chimérique de penser qu'alors, avec plus d'imagination, et une imagination alliée au bon goût, on trouvera moyen de faire des voitures moins insipides? Elles seront embellies par la forme et par la couleur. La mode permettra d'associer aux sempiternelles variantes de jaune serin, de vert olive ou de bleu de roi, aux armoiries et à leurs supports héraldiques, quelques ornements de bon goût, peut-être même des figures et toute une élégance variée que feront excuser et admettre des talents de premier ordre. Les particuliers ne rouleront plus dans les sabots que les carrossiers leur imposent; le chef de l'État cessera d'exhiber ces châsses roulantes, ces cages dorées, imitées, et mal imitées, des voitures de Louis XV; une sage réforme donnera à chacun le luxe et la magnificence qui lui convient.

Une réforme de ce genre peut utilement partir de la grande manufacture; il en pourrait venir bien d'autres, mais le temps me manque pour parcourir ce vaste domaine. Dans l'ameublement des palais et des résidences, dans l'existence en vue et en représentation du chef de l'État, toute l'industrie humaine a droit d'entrée, et tout entière elle recevra une heureuse impulsion si, en même temps qu'on impose la perfection à tous les objets fabriqués dans la grande manufacture, on exige une perfection égale des fournisseurs, en leur imposant des modèles et des conditions d'exécution qui changeraient leur fabrication à l'avantage de tous. Prenons en exemple la vannerie : c'est une industrie charmante en elle-même, et par la blancheur de son tissu, et par sa souplesse, mais à la condition de rester dans son domaine, l'empiétement sur ses voisins lui étant fatal. L'art ne lui vient en aide que d'une seule manière, en lui prescrivant les formes les plus élégantes parmi celles qui sont commodes et usuelles; si le vannier se préoccupe de plus nobles soins, s'il veut associer à ses joncs la couleur, le clinquant, les perles, la chenille, la laine ou la soie, il se perd et ravale son industrie; si, d'un autre côté, il prétend l'élever à la hauteur d'un art plastique, il la précipite dans le ridicule.

Mille objets peuvent trouver dans la grande manufacture des développements heureux, qu'ils attendraient indéfiniment de l'initiative industrielle : cannes et ombrelles, cravaches et éventails, peignes d'écaille et pipes d'écume de mer, brosses à cheveux, tabatières et bonbonnières. Dans tous ces objets, futiles en apparence, l'art peut s'introduire et faire merveille, quand on aura habitué des artistes de premier ordre à lancer dans le monde sous cette forme éphémère les idées gracieuses qui débordent de leur cerveau. Alors on ne sentira pas dans ces objets usuels seulement l'intervention d'un habitué raffiné et sybarite, de l'homme de la chose, qui souvent manque de goût; mais on devinera l'artiste qui s'est inspiré de son sujet et l'amateur de goût qui a assigné à l'inspiration ses limites.

Si je ne me trompe, c'est là une grande école pratique des arts appliqués à l'industrie; ce sera aussi une réorganisation de l'apprentissage, et la conquête, par une voie détournée, des garanties qu'offrait à l'industrie l'ancienne constitution des corps de métiers. Respecter la liberté des ouvriers, tout en rétablissant l'autorité des maîtres, laisser à l'ignorance son indépendance, tout en donnant aux études sérieuses et à l'expérience pratique un diplôme qui permet au grand industriel comme au petit public de distinguer l'incapacité suffisante du savoir consommé et modeste, c'est, je crois, un difficile problème résolu à la satisfaction de tous.

Voyons donc comment s'organise le personnel de la grande manufacture et comment il fonctionne. A la tête de ce vaste établissement nous avons placé un directeur artiste, qui domine l'ensemble autant par l'autorité de ses talents que par la puissance qui lui est laissée sur tous les employés; au-dessous de lui, les chefs de chacune des branches spéciales, qui peuvent être indifféremment des savants ou des artistes, le directeur étant là pour arrêter les empiétements de la science sur l'art et de l'art sur la science. Si j'ai blâmé la direction donnée à un chimiste dans la manufacture de porcelaines de Sèvres, si j'ai vanté la hiérarchie établie aux Gobelins, je ne vois aucun inconvénient à laisser dans la grande manufacture toute l'autorité sur la céramique à M. Ebelmen, ou sur les tapisseries à M. Chevreul, quand je sais qu'une direction artiste domine le tout et donne une même impulsion à chaque branche de service. Il y a même des avantages à accorder ses franches coudées à la science pour stimuler ses progrès, du moment où les arts sont véritablement maîtres de la place et forment comme l'atmosphère même qui plane sur toutes choses, depuis l'ensemble jusqu'aux moindres détails. Il va sans dire que le chef des ateliers de dessins et modèles sera un artiste, et le plus renommé, comme le chef de la bibliothèque sera un érudit, et le plus méthodique. Au-dessous des chefs de service est placé le corps des contre-maîtres, composé d'artistes ouvriers consommés dans leur spécialité : c'est là le nerf et l'âme de ce grand corps. Nous aurons Barye, l'ancien ciseleur des Biennais et des Fauconnier, à la tête de l'atelier de fonte et de ciselure; Mayer dirigera l'émaillerie; Vechte, l'orfévrerie; Morel, la bijouterie; Grohé, les meubles, et ainsi, dans chaque branche de l'industrie, sa sommité; enfin, dans les ateliers de dessins et modèles nous trouverons une réunion d'artistes de premier ordre. Tel sera le personnel fixe et comme le cadre des officiers de la grande manufacture. Quelle troupe allons-nous donner à ce directeur général, à ces chefs de services et à ces contre-maîtres? Une armée d'apprentis. N'oublions pas en effet que nous organisons une école des arts appliqués, et qu'elle a beau être une manufacture modèle d'un ordre supérieur et appelée à produire seulement des chefs-d'œuvre, elle n'en est pas moins une école.

Nous supposons que l'apprenti intelligent et studieux est devenu artiste dans toutes les branches de l'industrie, en fréquentant les écoles de dessin des villes et de l'État, en se perfectionnant par l'apprentissage dans la pratique du métier. Nous admettons que les plus habiles d'entre eux ont conquis dans des concours, et à la suite d'examens sérieux, un diplôme officiel qui constate leur aptitude comme ouvriers et leur progrès comme artistes. Munis de ces témoignages, qu'ils peuvent aussi bien obtenir dans les écoles de province que dans celles de Paris, ils se présentent aux concours de places de la grande manufacture, qui s'ouvriront chaque année. Deux cents emplois répartis entre les diverses industries exploitées dans l'établissement supposent un millier de candidats stimulés par la perspective de recevoir cet avantageux développement de leur éducation et luttant d'efforts pour conquérir leur admission. Le concours exigera la lecture, l'écriture, le calcul, les éléments de la géométrie et de la construction, le dessin et la preuve d'un apprentissage sérieux dans une branche spéciale de l'industrie. Cette preuve se donnera en exécutant, sous les yeux du contre-maître, une pièce du métier. Les épreuves terminées, les candidats seront classés en admissibles et en rejetés. Les deux cents noms placés les premiers sur la liste seront admis; mais tous les admissibles recevront un diplôme qui constatera le rang obtenu dans le concours, titre suffisant, vu la difficulté des épreuves, pour se présenter dans les ateliers de l'industrie et s'y placer avantageusement. On ne sera admis à concourir ni plus de deux années de suite, ni passé vingt-cinq ans. Les candidats admis recevront, outre l'instruction qui assure leur carrière à venir, une indemnité de 3 francs par jour. Ils seront logés près de l'établissement dans de vastes bâtiments chauffés, éclairés et fournis d'eau, de telle façon qu'ils n'auront à leur charge que le mobilier, le linge et la nourriture. L'instruction durera trois années. Il y aura des examens tous les ans, et le dernier classera les sortants, qui recevront un diplôme de capacité, je n'ose pas dire de maîtrise, avec indication du rang obtenu en entrant aussi bien que dans les divers examens et à la sortie, avec des observations et des recommandations particulières, s'il y a lieu.

L'instruction se répartit en six heures de travail manuel et pratique, deux heures de dessin et une heure de cours. On a vu, par l'exposé sommaire donné plus haut, quel vaste domaine embrasse la grande manufacture, et comment cependant les produits de chacune de ces branches d'industrie ont leur emploi immédiat ou leur écoulement naturel en dehors des voies industrielles. Le programme de ces études pratiques, qui sont la continuation et comme le développement de l'apprentissage, peut se résumer ainsi : Prendre l'industrie au point où elle est et, au moyen d'une alliance plus intime avec l'art, l'élever par des degrés d'épuration jusqu'au sublime qu'elle n'a pas atteint depuis l'antiquité. Pour remplir ce programme, un chef habile, des artistes de premier mérite, des contremaîtres consommés dans leur art, et un personnel d'ouvriers composé des plus habiles apprentis de la France, qui se renouvelle tous les ans, par tiers seulement, laissant à la grande manufacture non pas seulement quatre cents ouvriers déjà exercés, mais les plus habiles d'entre eux, qu'elle s'attache, suivant ses besoins, avec le titre de contre-maîtres, de manière à ne jamais rompre la chaîne continue des traditions et de l'expérience, de manière aussi à exécuter les œuvres les plus parfaites et à pouvoir donner l'élan aux nouveaux arrivants.

Le dessin a ouvert aux candidats l'entrée de la grande manufacture, le dessin est destiné également à leur faciliter une brillante sortie : car tout est là. En effet, on pourrait supposer l'existence d'un semblable établissement, reposant uniquement sur des études de dessin, occupé exclusivement à former des dessinateurs et à composer des modèles. Son influence pourrait être grande encore, tandis que des manufactures entretenues par l'État et produisant industriellement, sans marcher aux progrès par l'étude de l'art, sans répandre au dehors les ouvriers qu'elle a formés, me semblent une dépense coûteuse, parce qu'elle est stérile. Dans la grande manufacture les deux actions ne se divisent pas : les études d'art devront se combiner avec l'apprentissage manuel, les projets étant immédiatement suivis de l'exécution, la théorie donnant la main à la pratique. Le dessin reste donc encore là une partie de l'enseignement, la partie la plus importante, toujours placée sous la direction immédiate, active, persévérante, du chef de l'établissement. Les ateliers de dessin se diviseront en deux classes, les modèles et l'enseignement. Tous les artistes attachés à l'établissement travailleront ensemble sous la direction de son chef, dans une fusion pour ainsi dire fraternelle; mais chacun sera lié plus intimement par ses instincts naturels et ses goûts, soit à la céramique, soit à l'orfèvrerie, celui-ci aux meubles, celui-là aux étoffes et tapisseries. On favorisera les tendances naturelles en les rapprochant de l'industrie vers laquelle elles se sentent portées. Tel artiste dont les projets pour la céramique auront montré une vocation spéciale et un talent hors ligne sera d'abord attaché aux ateliers de porcelaine et de faïence, et lorsqu'il aura acquis la connaissance approfondie des exigences et des ressources de la céramique, il sera nommé inspecteur des travaux et dirigera l'exécution de ses propres compositions. Mais la grande manufacture étant plutôt une arène d'essai qu'une fabrique industrielle, il lui suffirait d'un petit nombre d'artistes, s'ils ne devaient composer et dessiner que pour les besoins de la fabrication; il n'en est pas ainsi. L'atelier des modèles produira immensément d'après les mêmes principes, mais dans une variété incessante, depuis la composition la plus riche jusqu'à la plus simple. La direction fera son choix, soit pour fabriquer elle-même tel modèle, soit pour le commander au faubourg Saint-Antoine, à Lyon, à Tarare, à Jouy, à Limoges ou à Mulhouse; le reste sera mis libéralement à la disposition de l'industrie dans la bibliothèque publique, où chacun pourra venir s'inspirer de ses fraîches inventions.

Le choix des artistes est chose délicate. Le directeur en aura l'embarras. Distinguer dans la grande famille des arts quels sont, parmi ses enfants les mieux doués, ceux qui, même sans s'en rendre compte, ont des instincts industriels et des tendances décoratives; voir dans les détails d'un projet d'architecture un artiste décorateur, dans tel paysage de Diaz une tenture, dans telle vue de Venise de Ziem une tapisserie, deviner dans le nègre de Cordier, dans les *Enfants à la vigne* de Pascal, des éléments d'ornementation, c'est d'un directeur clairvoyant. Séduire ces artistes, les attirer à soi et les pousser dans la route la plus favorable à leur talent, en même temps que la plus utile à la grande manufacture, c'est d'un directeur habile. Ces artistes seront largement rétribués; mais un tiers de leurs appointements sera retenu à titre de réserve qui leur sera comptée, avec les intérêts, quand ils quitteront l'établissement. Il importe d'assurer leur avenir, s'ils prolongent leur activité jusqu'à un âge avancé; il importe aussi de donner au directeur les moyens de concilier l'humanité avec les intérêts de l'établissement, quand il faut se séparer des hommes que l'imagination a désertés, que la routine a envahis. La vie, une vie incessamment renouvelée dans des créations de plus en plus épurées, est la condition d'existence de la grande manufacture, et les artistes qu'elle remerciera parce qu'elle aura cueilli comme la fleur de leur imagination seront encore des artistes supérieurs, et l'industrie tirera le meilleur profit de leur verve d'invention, associée désormais aux plus sages principes.

La création des modèles sera donc la moitié de la tâche des

artistes; l'enseignement des apprentis formera l'autre moitié. Cet enseignement sera divisé en deux parts : l'une continuera l'enseignement des écoles, l'étude de la figure humaine et de la végétation, l'architecture et son ornementation, le dessin de mémoire et la composition. Je dis la composition, et je devrais dire l'arrangement. En effet, il s'agit bien moins de combiner les différents groupes d'une scène historique que d'ajuster le mouvement d'une figure dans une place donnée, que de remplir un espace prescrit, que de se plier aux proportions d'une frise ou d'un pendentif. Le modèle vivant peut servir à cette étude, mais les œuvres antiques développent encore mieux dans ce sens l'esprit et le goût. Les plâtres du Parthénon, des Niobides, des temples d'Égine et d'Olympie, peuvent devenir le thème inépuisable d'ingénieuses restaurations. Les apprentis feront des ensembles en petites maquettes, et restaureront les plâtres eux-mêmes en cherchant à les compléter; rien ne forme plus au grand style et n'ouvre mieux l'esprit aux heureux arrangements que ces raccords difficiles et bien un peu décourageants. L'autre part des études constituera le dessin appliqué à nos besoins, c'est-à-dire tous les éléments de l'art, tous les principes du style, toutes les règles du goût transformés par l'étude de nos besoins et ramenés des théories idéales à l'application, soit pour composer un meuble, décorer un vase de porcelaine, imprimer une étoffe, tisser une tapisserie. De même que l'artiste assez fort par ses études, assez habile par son talent pour rendre ce qu'il voit dans toutes les conditions de la réalité, s'impose certaines données supérieures et conventionnelles qu'on appelle le style, confondues dans sa pensée avec l'idéal de beauté qu'il rêve, de même cet artiste, quand il appliquera son art, tout en prenant la nature pour guide, la soumettra à certaines conventions. Ainsi, après avoir dessiné les animaux, la fleur et toute la végétation dans leur imitation vraie et réelle, l'apprenti devra chercher leur physionomie monumentale et leurs conditions architectoniques. L'historiette de Callimaque, sculpteur et architecte de Corinthe, est la leçon qu'il faut suivre, car cette invention poétique était si bien dans l'esprit de l'art appliqué, qu'elle a été acceptée par toute l'antiquité comme vraie, et elle a pour moi toute la réalité d'un fait. J'aime à la donner en exemple. Une jeune fiancée vint à mourir; sa nourrice déposa sur sa tombe un panier rempli des jouets de son enfance et de quelques objets qui avaient fait le charme de sa vie. Pour défendre cette pieuse offrande contre la pluie, elle la couvrit avec une large tuile. Une racine d'achante était à cette place. Au printemps, elle pousse sa tige hors de terre et soulève le panier sur ses feuilles, dont les unes l'enlacent, dont les autres se courbent et s'arrondissent en volutes. Callimaque vint à passer; il étudiait la nature comme nous voulons que l'apprenti l'étudie, en admirant ses formes incomparables et en cherchant dans ses gracieux ajustements les motifs de l'art appliqué. La corbeille de la nourrice soulevée et gracieusement embrassée par la plante frappa ses yeux, et, dans son élégante association, lui parut propre, non pas comme se l'imaginerait un réaliste, à se transporter, servilement copiée, dans l'architecture, mais à se transformer en un élégant développement du chapiteau corinthien. Tel est, au fond, tout l'enseignement de l'art appliqué. Quand l'apprenti aura soumis et plié son intelligence et son goût à ces exigences qui dominent tout, quand il sera maître de cette transformation caractéristique, quand en même temps il comprendra l'archéologie, c'est-à-dire l'étude des monuments, comme une interprétation raisonnée, et jamais comme une source de pastiches, alors il abordera la composition.

La meilleure manière de faire admettre la nécessité de ce principe sera de placer sous les yeux des apprentis et de mettre en présence les abus du naturalisme poussé à l'excès dans nos produits industriels et la majesté, la grâce d'un naturalisme conventionnel, tel qu'il a été pratiqué à toutes les grandes époques et s'est un peu conservé dans l'industrie orientale. Voici un damas de Lyon, représentant des morceaux d'architecture de grandeur naturelle, poussés jusqu'à l'effet de la réalité et ondulant sur les plis de la draperie, ou bien une végétation, non pas seulement naturelle, mais colossale et tellement amplifiée, qu'on met ses pieds sur des tabourets qui offrent le quart d'un dahlia, qu'on s'assied dans des fauteuils dont le plus vaste ne peut contenir plus de la moitié d'une rose, qu'on aperçoit dans des plis de rideaux, et entre les cadres des tableaux sur les tentures, des fragments incompréhensibles de cette végétation gigantesque; opposez à cette étoffe un damas oriental dont le dessin, tiré d'une flore imaginaire aux nuances harmonieuses, se répète dans une combinaison mathématique, et semble, par ses traits déliés et sa souplesse, suivre, accompagner et enlacer chaque pli de la tenture. Voilà une mousseline à rideaux qui, au lieu de faire voltiger la légèreté de son dessin avec la légèreté du tissu lui-même, entasse rochers sur montagnes, monuments sur chalets, qui, au lieu de recourir à la flore inépuisable de la nature, copie servilement la flore obèse et maladive de nos serres chaudes; placez-la en regard des mousselines orientales, qui semblent dans leur légèreté, leur souplesse et la délicatesse de dessins peu variés, un emprunt fait aux fournisseurs d'Aspasie et de Phryné. Nous opposerons encore, sous les yeux des apprentis, un cadre ébouriffé de toute une végétation sculptée d'après nature à un cadre dont les proportions et les purs profils sont tout l'ornement; une table soutenue par des chiens exprimés si bien au naturel, qu'on s'inquiète de les voir oublier leur fonction pour vaquer à leurs instincts, à côté d'une table dont les supports représentent des animaux fantastiques ou des animaux féroces, ou même des animaux domestiques, mais dans une convention monumentale qui leur donne en échange d'une vie réelle, et en apparence remuante, un caractère de calme grandeur. De cette juxtaposition, de cette comparaison facile, nous attendons le redressement de bien des idées fausses.

De même que dans les colléges les bons devoirs sont mis au cahier d'honneur, les projets des apprentis qui se distingueront par quelques qualités originales seront déposés aux archives, où ils formeront une seconde série à côté des modèles créés par les artistes-maîtres. Ces archives et la bibliothèque sont une même chose. Les livres à figures et les estampes donneront toutes les applications de l'art ancien; les collections de dessin de la manufacture, toutes les applications modernes. Cette bibliothèque sera publique, elle devra être composée et constituée comme celle de l'École des beaux-arts. Il importe que les deux rives de la Seine jouissent de la même libéralité.

La grande manufacture aura, en outre, un musée spécial, distinct des collections du Conservatoire des arts et métiers, qui présentent la marche des progrès scientifiques, distinct aussi des collections du Louvre et de l'hôtel de Cluny, qui réunissent et classent les monuments de l'art. Le musée de la grande manufacture sera le tableau de sa production. Les ateliers de la céramique, des tapisseries, des meubles et des armes de luxe remonteront à leur origine et réuniront, autant qu'il est possible, les beaux spécimens de leur ancienne fabrication, qui sont leur noblesse et des titres glorieux; mais, en général, ce musée sera un musée vivant, qui montrera les progrès de chaque jour et marquera chaque pas fait avec bonheur ou insuccès vers une perfection idéale. Les productions de la grande manufacture ayant leur destination dans l'ameublement des palais et des résidences, désormais devenus un musée public, on devra souvent se contenter pour le musée de modèles ou de pièces défectueuses qui donneront toutefois une idée satisfaisante de l'œuvre aux fabricants et aux ouvriers, ses véritables visiteurs.

La grande manufacture aura aussi ses cours et ses lectures du soir. Il importe que l'intelligence des apprentis soit nourrie à la fois de ce qui sert à la développer et de ce qui est de nature à la tirer, par moments, des préoccupations spéciales pour la faire déborder dans le domaine de l'histoire et de la poésie. L'esprit devient plus inventif sur un point spécial quand il s'est exercé sur un vaste espace : l'artiste acquiert ainsi une supériorité qui marque, par une certaine grandeur, jusque dans les productions les plus minimes. Il n'est pas besoin de détailler le programme de ces cours; chacun comprend quelles en doivent être l'étendue et les limites pour se tenir à distance égale des cours et lectures de l'École des beaux-arts et du Conservatoire des arts et métiers. Un bulletin hebdomadaire en donnerait le résumé, en même temps qu'il exposerait tous les principes enseignés comme règles, tous les procédés mis en pratique par la grande manufacture, en même temps qu'il tiendrait ses lecteurs au courant des progrès faits en tous pays par l'union des sciences, des arts et de l'industrie. Les artistes de l'atelier des modèles, et les apprentis eux-mêmes, dessineraient sur bois leurs projets choisis pour être exécutés, ou ceux qui auraient reçu, comme récompense de leur mérite, cette autorisation de publicité; l'amour-propre d'auteur et l'esprit de corps feraient de ces dessins des merveilles d'exécution, et le bulletin hebdomadaire de la grande manufacture deviendrait ainsi le journal scientifique, artiste et industriel le plus pratique, le plus utile, en même temps que par son extrême bon marché il serait le plus populaire. Il en coûtera quelque chose à l'État, c'est vrai; mais recule-t-il devant des sacrifices bien plus lourds, quand le ministre de la marine publie les cartes dressées à grande peine et à grands frais par nos marins? Il ne croit pas mal employer les deniers publics en donnant ainsi à la navigation commerçante le moyen d'éviter les écueils, de choisir les meilleures directions et d'arriver à bon port : pourquoi ne prendrait-il pas le même soin de l'industrie? Elle aussi a ses écueils et les fausses directions dans lesquelles la mode l'engage; donnez-lui ce guide.

La grande manufacture, ainsi fortement organisée au dedans, manquerait à l'un de ses devoirs, si elle ne tendait pas généreusement la main au dehors. On ne sent pas, ou on veut ignorer les difficultés que les inventeurs trouvent à produire les idées les meilleures. Chaque invention doit faire sa trouée dans le bataillon carré des positions prises et des industries en exercice; toutes ensemble elles s'opposent à sa venue : de là ces combats acharnés et tant de morts. Cependant l'ennemi, j'entends l'innovation, est quelquefois plus fort que la résistance, et il pénètre dans le sanctuaire; alors on lui serre les mains, on l'embrasse, et le nouvel initié se coalise immédiatement avec les anciens contre tout nouvel arrivant. Lithographie, vapeur, électricité, métiers et faucheuses mécaniques, quelle invention, même la plus féconde, ne porte pas les cicatrices profondes de ces combats déloyaux? N'en citons qu'une seule. Le Bon, ingénieur des ponts et chaussées, invente l'éclairage au gaz en 1785; il prend un brevet en septembre 1800, il publie sa découverte en 1801. Or, en 1818, les ateliers de Birmingham, toutes les fabriques anglaises, les réverbères de Londres et ses théâtres avaient déjà adopté cet éclairage, qu'il n'y avait pas un bec de gaz allumé dans toute la France, pas une usine à Paris pour fabriquer le gaz. Il est vrai que Le Bon mourait ruiné à l'hôpital.

Pour la première fois, l'inventeur, cet être exceptionnel à qui Dieu semble avoir dit, comme à Ève : Tu enfanteras avec douleur; cet être malheureux, inquiet, soupçonneux, rencontrera quelqu'un dont l'abord ne lui semblera pas suspect, dont la protection ne pourra lui paraître intéressée, quelqu'un qui lui inspirera confiance, et à qui il communiquera, sans réticences, ses découvertes et ses projets. Ce quelqu'un, c'est la grande manufacture et son laboratoire d'essai de chimie, de physique et de mécanique appliquées. Là viendront s'éprouver et les nouvelles substances créées par la science et les matières inconnues rapportées des contrées lointaines pour être mises en œuvre par les arts unis à l'industrie; là viendront se donner à l'essai tant d'idées excellentes qui enrichiront leurs inventeurs par la mise en évidence de leur avenir, tant d'idées détestables qui enrichiront aussi leurs inventeurs par la conviction qu'ils acquerront de leur néant, et par le courage qu'ils puiseront dans cette certitude pour les abandonner et en chercher d'autres. L'Académie des sciences, vaste mer où se jettent bruyamment tant de projets et de propositions qu'elle se contente d'enregistrer, tant de secrets cachetés qu'elle n'a pas le temps d'examiner quand le temps serait venu de les décacheter, l'Académie des sciences se mettrait en communication avec ce laboratoire qui lui offrirait des moyens d'expérimentation et des garanties qu'elle ne trouvera pas ailleurs, pas même au Conservatoire des arts et métiers, dont la mission et la constitution ne sont pas les mêmes. En effet, ces deux établissements peuvent être utiles à l'industrie de manières différentes. Dans l'un, on éprouvera la substance pour dire ce qu'elle est, la machine pour constater ce qu'elle peut; dans l'autre, on se rendra compte des plus utiles applications de l'une, des résultats obtenus par l'autre. Un nouveau métal est-il découvert, qu'en dira le Conservatoire des arts et métiers? Rien que ne sache l'Académie, ou que ne puisse lui apprendre son inventeur, tandis que la grande manufacture répondra quelles sont ses qualités et de quelle manière il se comporte dans toutes les applications dont elle l'a cru susceptible.

Cet exemple suffit pour bien marquer ce qui associe et ce qui divise les deux établissements, ce qui les rend utiles l'un et l'autre, en leur permettant de courir au même but par des chemins différents. Ce laboratoire des essais aura des moyens d'investigation d'autant plus puissants, qu'il sera un laboratoire actif. Ce n'est pas seulement la teinture des laines qu'on y pratiquera en grand pour suffire aux tapis et tapisseries, la teinture des bois pour les meubles, la fabrication des couleurs vitrifiables ou émaux pour la céramique, ce ne sont pas seulement toutes les combinaisons des dépôts galvaniques et des effets de l'électricité qui seront chaque jour mis en pratique dans des voies nouvelles; ce sont encore des recherches poursuivies pour la première fois dans cette immensité qui s'appelle l'application des sciences et des arts, non plus isolément et par spécialités, mais avec ensemble, dans une association et un enchaînement qui promettent les plus féconds résultats.

L'avenir de notre industrie est dans cette grande manufacture modèle, qui sera comme un miroir de perfection dans lequel chacun pourra se regarder et se comparer. Elle remplacera les seigneurs d'autrefois, qui protégeaient l'industrie en lui faisant exécuter dans leurs magnifiques demeures des programmes de luxe élégant qui devenaient des engouements pour toutes les classes de la société, et des modèles d'une application facile suivant les circonstances, les fortunes et les caprices de chacun. La grande manufacture crée le grand luxe qui ruinerait les fabricants, et elle leur démontre par quels moyens, par quelles ressources de l'art associé à l'action des machines et aux procédés reproducteurs ils peuvent s'enrichir, en produisant l'équivalent, un luxe à bon marché; elle crée dans le vaste domaine de l'industrie des modèles qui sont comme l'idéal de chaque chose, et elle les offre libéralement aux fabricants, ne les refusant qu'à ceux qui ne se montrent pas dignes de les exécuter, soit parce qu'ils les altèrent par des additions de mauvais goût, soit parce qu'ils ne savent pas les rendre populaires par le bon marché. Le carton-pâte, la fonte de fer, de zinc, d'étain, tout lui sera bon, à la condition d'être bien exécuté. L'art est dans la pureté de la forme, il n'a jamais été dans la valeur de la matière. Il y a des progrès à attendre aussi bien du zinc galvanisé que du bronze dans sa noble pureté.

La grande manufacture en même temps recueille de tous côtés, ou recherche, pour les faire renaître, les traditions, les procédés, les tours de main particuliers aux anciens métiers. Morel se fait vieux; il ne laissera à son élève Clavier qu'une faible part de sa riche expérience; d'autres ouvriers artistes menacent d'emporter avec eux dans la tombe de précieuses traditions de métier. La grande manufacture leur donnera l'hospitalité; ils viendront déposer leur savoir dans ses mains libérales, en formant des élèves, en exécutant de nouvelles œuvres dans les conditions les plus difficiles de leur art.

Enfin, la grande manufacture fera sortir la routine de l'industrie, comme le loup du bois, par la famine. En montrant au public ses productions distinguées, elle le dégoûtera des produits de métier qui n'ont ni vie ni âme, et il repoussera du pied les ouvrages misérables de fabricants sans goût et d'ouvriers sans talent; mais en même temps chacune des œuvres de la grande manufacture portera son prix de revient estimé d'après les règles de la comptabilité, en tenant compte des frais généraux; l'industrie alors n'ayant pas de frais de modèles, puisqu'elle peut copier ceux de la grande manufacture, recevant de celle-ci des conseils pour employer judicieusement les procédés mécaniques, n'ayant à tenir compte ni des essais coûteux, ni des pièces fautives mises au rebut, ni de frais généraux écrasants, pourra donner à 500 francs ce qui sera coté 5,000 dans les galeries de la grande manufacture, sans compter qu'en apportant des changements heureux à ses modèles, qu'en créant elle-même des modèles nouveaux sur des données et dans un goût semblables, elle pourra tenter l'amateur par la modération de ses prix et par l'avantage de posséder une œuvre originale.

Les manufactures de l'État luttent aujourd'hui avec les industriels, elles exposent avec eux et partagent les récompenses; elles leur montrent des productions conçues dans des conditions qu'ils ne peuvent atteindre, sans leur communiquer les procédés qu'ils pourraient employer et les modèles qu'ils devraient suivre; elles forment un petit nombre d'ouvriers, les gardent, les exploitent jusqu'à leur vieillesse, et les enterrent avec leur talent et leur expérience, sans que l'industrie en ait profité. Bien différente, la grande manufacture ne paraîtra dans aucune exposition; elle exposera ses ouvrages dans les palais et les résidences, ses modèles dans son musée, ses procédés d'exécution dans son bulletin hebdomadaire; elle n'aura d'autres ouvriers que ceux qu'elle prendra à l'industrie parmi ses apprentis, et qu'elle lui rendra au bout de trois ans contre-maîtres consommés dans leur partie; elle aura, en un mot, le grand caractère protecteur et initiateur qui convient à l'État intervenant au profit de la nation.

CONCLUSION.

Il ne m'est pas difficile de conclure[1]. Les vertes algues qui vinrent flotter au devant de Christophe Colomb, ces précurseurs infaillibles de sa conquête qui illuminèrent sa face et laissèrent ses compagnons dans l'abattement, n'avaient point une signification plus positive que les symptômes de l'union des arts et de l'industrie qui s'élèvent de toutes parts, quoiqu'ils ne frappent pas tous les esprits à la fois. Tel les méconnaît aujourd'hui qui les reconnaîtra demain, mais à tous revient la tâche de préparer la réalisation de cet avenir.

J'ai établi dans les pages qui précèdent quelques points de fait, j'ai fixé des règles de conduite, j'ai proposé un plan d'organisation nouvelle de l'enseignement des arts, qui est la base du perfectionnement de l'industrie. Je les résumerai en peu de mots.

La France est artiste. Elle l'est par instinct naturel, elle l'est plus encore par cette grande éducation de bon goût et de noble élégance qu'elle doit à ses rois dans une succession non interrompue de quatorze siècles; mais, depuis près de soixante ans, les arts, le goût, les manières, ont reçu en France un rude échec et présentent des symptômes d'affaiblissement d'autant plus menaçants que les nations rivales, ayant compris tout ce que nous devions à une protection libérale, s'efforcent de créer chez elles ces encouragements et de faire mieux en faisant de même. De là une concurrence terrible qui s'élève de tous côtés. Comment lutter pour maintenir notre suprématie, incontestable encore sur tous les points? Par une régénération de l'enseignement des arts, par le maintien du goût public, par des garanties qui viennent

[1] On se reportera pour cette conclusion, comme pour tout mon travail, à la fin de l'année 1851. J'expliquerai, en tête de l'appendice, pourquoi j'ai conservé ma rédaction primitive, sans prendre en considération l'influence des changements survenus dans l'État, et les espérances qu'ils font naître.

se substituer à celles qu'offrait l'ancienne organisation des corps de métiers.

L'enseignement du dessin, placé désormais dans l'éducation à égalité avec l'enseignement de l'écriture, fait renaître dans la nation entière l'unité de goût et de jugement qui est la base de l'art.

L'enseignement supérieur des arts, réorganisé au sein de générations nouvelles devenues artistes, construit l'édifice majestueux, la pyramide immense dont le sommet s'élève d'autant plus que la base est plus large.

L'État, comprenant ses devoirs envers la nation, dans les questions d'art et de goût, s'impose pour programme la perfection en toutes choses, et il la poursuit depuis les détails les plus infimes des petite et grande voirie jusqu'à l'exécution magnifique du monument national.

Enfin, la grande manufacture modèle, en même temps qu'elle aide l'industrie à épurer toutes ses créations, reconstitue dans les métiers l'apprentissage soumis et studieux, le patronage dévoué et instruit, tout en respectant la liberté de la paresse et les franchises de l'ignorance.

Pour dominer cet ensemble, une direction forte et paternelle est créée, qui fait des sciences, des lettres, des arts et de l'industrie sa besogne et sa chose, et qui puise dans une admirable mission et dans sa grave responsabilité le stimulant et l'autorité nécessaires pour animer et contenir.

L'urgence de ces grandes mesures sera facilement reconnue par tous les esprits observateurs et réfléchis. On peut contester la nécessité de vulgariser les arts en se plaçant au point de vue très-borné d'une vieille routine; mais on ne peut méconnaître la voix qui nous commande de porter dans les masses, avec le bien-être matériel, les jouissances élevées de l'intelligence. Ouvrir l'esprit, former le goût de la nation, c'est donner à chacun sans bourse délier, car je n'appelle pas une dépense la part légère réclamée par les arts dans les sacrifices que s'impose la France. Notre attitude en sera-t-elle moins imposante sur le continent et sur la mer quand nous aurons largement pourvu à l'enseignement public des beaux-arts? Quelle a été leur part dans le budget depuis dix ans :

Armée de terre[1].	Armée de mer[2].	Armée de la paix[3].
Ministère de la guerre.	Ministère de la marine.	Lettres et beaux-arts.
328,558,042f	119,458,961f	3,966,443f

Si le budget des lettres et des beaux-arts était porté en moyenne à 10 millions, qui oserait prétendre que c'est payer trop cher notre supériorité intellectuelle et notre prospérité commerciale? Prenez-y garde, il y va de notre renom dans le monde et de notre rang à la tête des nations. Se laisserait-on arrêter par des craintes chimériques? Mais ce que vous ne voulez pas faire dans notre intérêt se fera malgré vous et contre vous. Les chevaux emportent le char, emparez-vous des rênes. Il est trop tard pour revenir en arrière. Une voix retentit d'un bout du monde à l'autre; l'humanité crie : En avant!

C'est qu'aussi les conditions humaines ont changé radicalement. L'esclavage inhumain, la plaie de l'antiquité, pourchassé par le christianisme dans les deux mondes, est remplacé par un esclavage sans cruauté que bénit la religion. L'homme a

[1] La moyenne des dix années du budget de la guerre, de 1842 à 1851, est de 298,562,372 francs pour les crédits ordinaires et de 29,995,669 francs pour les crédits extraordinaires.

[2] La moyenne des dix années du budget de la marine, de 1842 à 1851, est de 109,113,657 francs pour les crédits ordinaires et de 10,345,304 francs pour les crédits extraordinaires.

[3] J'ai relevé dans nos budgets de 1842 à 1851 tous les articles qui, de près ou de loin, touchent aux intérêts des beaux-arts. J'ai même compris dans cette récapitulation les chapitres entiers des indemnités, encouragements et souscriptions qui sont applicables à la fois aux lettres et aux arts. Je donne ce tableau en appendice. J'arrive à une moyenne de 3,966,443 francs. Si l'on y ajoute le chapitre de l'Institut et de quelques autres établissements scientifiques, si l'on y fait entrer les dépenses affectées spécialement aux arts par la ville et par l'ancienne liste civile (une partie de ces dépenses est comprise dans les budgets de 1848 à 1851), on atteindra péniblement le chiffre de 6 millions pour cette immense *armée de la paix* aussi méritante et non moins glorieuse que les deux autres.

pris à son service une bête de somme et de trait qu'il surcharge et malmène sans s'inquiéter des rigueurs de la loi protectrice des animaux. C'est un esclave qui travaille sans se fatiguer, qui gémit sans souffrir, qui ne sait ni s'arrêter ni faire un faux pas de lui-même, qui n'éclate ni par colère ni par esprit de révolte, mais par notre seule faute, et qui ne demande, pour se calmer et se soumettre, que l'ouverture d'une soupape dont il annonce lui-même le besoin.

En employant la machine, l'homme évite le danger d'en devenir une lui-même. Chaque coup de piston affranchit ses bras d'un coup de pioche, d'un lancé de navette, et dégage son intelligence de la monotonie du travail. L'hélice a fait tomber la rame des mains du galérien. La locomotive a donné le repos au postillon et au cheval, au laboureur et au bœuf, qui luttaient grossièrement ensemble de coups de fouet et de coups de pied. L'engrenage sur la courroie de la roue donne sa liberté à l'homme qui tournait dans le manége, qui s'essoufflait dans la farine, qui hannait dans la grange; l'homme, aujourd'hui, conduit, dirige, surveille, et son labeur allégé donne des loisirs à sa pensée, à son esprit, à son âme.

La destinée de l'homme s'est donc améliorée; je veux qu'elle s'embellisse. La Bruyère pouvait écrire, sans qu'on se révoltât alors des sombres couleurs de son tableau : « L'on « voit certains animaux farouches, des mâles et des femelles, « répandus par la campagne, noirs, livides et tout brûlés du « soleil, attachés à la terre qu'ils fouillent et qu'ils remuent « avec une opiniâtreté invincible ; ils ont comme une voix « articulée; et quand ils s'élèvent sur leurs pieds, ils montrent « une face humaine, et en effet ils sont des hommes. Ils se « retirent la nuit dans des tanières, où ils vivent de pain noir, « d'eau et de racines; ils épargnent aux autres hommes la « peine de semer, de labourer et de recueillir pour vivre, et « méritent ainsi de ne pas manquer de ce pain qu'ils ont semé. » Voilà le paysan, tel qu'un homme de 80 ans, après l'avoir vu, aurait pu le décrire à des hommes qui nous parlent aujourd'hui des réformes libérales de Louis XVI au jour de son royal avénement, des magnifiques découvertes de la science à l'aurore aussi de son populaire avénement. Tout cela n'est donc pas bien éloigné, et cependant combien peu nos paysans ressemblent aux paysans du moraliste! Bien nourris, bien vêtus, partout recherchés, tant les bras manquent à l'ouvrage, vous les verrez assis à l'ombre du hêtre, lisant le journal agricole, pendant que la locomotive, au loin dans les champs, laboure, herse, fauche et moissonne. N'est-ce pas l'ancienne poésie bucolique, pour la première fois réalisée? Quand ce paysan, au lieu de revenir avec des chevaux harassés, harassé lui-même, aura rendu à l'air la vapeur qui pendant toute la journée a travaillé pour lui, il rentrera à la ferme frais et dispos, content d'un labeur qui lui a coûté quelques kilogrammes de charbon, sans un effort, n'étant pas abruti par la fatigue, n'étant pas irrité par les disputes avec les uns, par les négligences inutilement reprochées aux autres. Quelques moments seront donnés au dîner et aux joies de la famille, puis tous s'asseyeront à la grande table près du foyer, et la soirée se passera à regarder les almanachs illustrés, les gravures qui représentent les événements du jour, à se tenir au courant des nouveautés dans tous les règnes de la nature, dans tous les arts créés par l'homme, car le facteur de la poste et le colporteur du canton auront passé à la ferme pendant la journée, à la ferme qui n'est plus une oasis d'ignorance au milieu d'un désert de travailleurs hébétés. La machine a fait des loisirs au laboureur, et il en donne une part aux plaisirs des yeux et de l'intelligence.

L'industrie participe à cette grande amélioration morale, depuis le fabricant chef d'entreprise jusqu'au dernier ouvrier. Le travail mieux organisé marque à chacun ses devoirs et sa part de responsabilité; l'œuvre en devient plus intelligente, la pensée plus libre, la dignité personnelle plus haute, et quand l'industrie aura cette direction forte et habile, cette grande réserve de l'enseignement général toujours prête à suppléer par des ouvriers mieux préparés aux ouvriers que l'âge ou la routine laisse en arrière, elle se sentira à l'abri de la concurrence étrangère, car la France entière vivra dans une atmosphère fiévreuse d'idées charmantes et de goûts toujours élégants, atmosphère contagieuse qui s'emparera de tous et galvanisera les plus apathiques, atmosphère qui fait notre force, qui manquera à nos rivaux, qui fera même défaut aux Français transfuges, ne leur laissant qu'une influence passagère, une saison, pour ainsi dire, comme ces plantes dont les graines portées sur un sol étranger donnent pendant une année d'aussi beaux produits qu'au sol natal, mais à chaque nouvelle récolte s'appauvrissent et redeviennent semblables aux espèces particulières aux divers pays.

Mais alors l'artiste et l'ouvrier ne font plus qu'un; leurs mains, associées dans le même travail, se rencontrent pour s'unir. De cette association du travail naît l'union des sentiments, de cette union une calme influence et comme une harmonie insufflée dans la vie des peuples. Les arts nous font boire à leur coupe enivrante les sentiments doux, les passions calmes, le goût de la méditation, l'amour du repos. On les croit vagabonds, ils sont casaniers; on les dit fougueux, ils sont enfants; sauvages, ils donnent à la sociabilité son plus grand attrait. Et quel pouvoir régénérateur n'ont-ils pas? Voyez ce manant humble, rampant, bassement avide et grossièrement gourmand : il entre dans l'atelier, il devient artiste, et la recherche d'un extérieur élégant lui donne le sentiment de sa dignité d'homme; avec le goût des jouissances il a conquis l'insouciance de la fortune, avec l'amour du bien-être, la dureté d'un soldat.

Dans cette nouvelle ère embellie par les arts, qu'ils retentissent en musique populaire ou en poésie improvisée, en productions d'un art idéal ou en produits des arts appliqués, toute ligne de démarcation a disparu, et l'union, la fusion des arts et de l'industrie doit recevoir sa consécration dans de nouvelles expositions qui ne seront pas universelles par le titre seulement, mais à l'organisation desquelles présidera un esprit libéral, une âme fraternelle. Je me figure le palais de ces expositions comme un monument splendide de l'architecture, et non pas comme la volière dans laquelle s'est abattue l'Exposition universelle de Londres, je me le représente distribué de manière à conduire le visiteur par la route que la marche d'un esprit distingué voudrait suivre, et non pas fractionnée en tranches, divisée en cases comme un échiquier ou un colombier.

J'ai proposé autrefois un édifice permanent pour les Expositions quinquennales de la France; l'expérience des années et l'Exposition universelle de Londres m'ont fait changer d'opinion. A des solennités passagères, dont le programme change suivant les circonstances, il faut des bâtiments de circonstance. Seuls ils peuvent répondre à des besoins signalés au dernier moment, et permettent à l'architecte de talent de déployer dans ces constructions provisoires de fer, de bois, de plâtre et de toile, des efforts de génie qui, bien qu'ils ne donnent de la conception artiste que l'illusion ou l'apparence, ont plus tard des applications fécondes. Les rampes de Chaillot et 100,000 mètres carrés de terrains vagues qui s'étendent sur les côtés et derrière en communication avec le monde entier par la Seine et le chemin de fer de ceinture, seront l'emplacement futur de ces grandes solennités. Cette position à elle seule est un rêve d'architecte, et le plus habile sera appelé tous les quinze ans à déployer sur cette Acropole parisienne, en vue des quais et du Champ-de-Mars, son monumental escalier, ses Propylées, son Parthénon gigantesque. Il ne serait pas raisonnable de croire que les progrès de tous les genres de fabrication et la facilité des communications, qui permettront à un plus grand nombre de nations de paraître aux expositions, exigeront une étendue de bâtiments d'un colossal indéfini. Il se produira tout le contraire. L'usage prolongé de ces Expositions universelles et l'amélioration générale du goût public auront pour première conséquence de restreindre le nombre des objets mis sous les yeux de visiteurs éclairés. L'Exposition de Londres a été et doit rester la dernière de ces foires commerciales, renouvelées du moyen âge, où l'on apporte sa marchandise comme à la halle et où l'on tient boutique ouverte. Il faut à l'avenir des préoccupations plus nobles, des sentiments plus élevés. On rêvera le progrès, on ambitionnera la gloire, et on comprendra qu'aux yeux d'un public mieux préparé à juger les efforts des arts et de l'industrie, le succès est assuré à la perfection et à la qualité sur l'apparence et la quantité. La transformation se fera d'elle-même. Aux magasins déjà si vastes qui réunissent dans nos villes la grande spécialité des tissus dits de nouveautés vont succéder d'immenses marchés couverts semblables aux anciens quartiers industriels du moyen âge et aux bazars de l'Orient, magasins-bazars qui permettront à l'Exposition universelle de ne pas faire double emploi avec ces expositions permanentes, et de ne mettre en évidence que des produits exceptionnels, par conséquent peu nombreux.

Deux ans avant chaque Exposition universelle, un concours sera ouvert entre les architectes de tous les pays. Les États qui exposent auront chacun le droit de désigner des candidats pour ce concours, en nombre proportionné à leur importance, choisissant suivant leurs vues, prenant ou non en considération la nationalité, désignant directement un artiste de premier ordre ou le faisant sortir d'un concours préparatoire. Le concours définitif aurait lieu entre ces candidats; tous recevront une indemnité honorable; celui qui remportera le premier prix sera appelé à Paris pour exécuter l'œuvre qu'il aura conçue. Nous posséderons ainsi parmi nous, nous verrons à la tâche un grand artiste qui payera sa bienvenue en nous initiant à ses idées, à son expérience, à sa manière. Cette perspective compense à elle seule tous les inconvénients des concours. Cinq millions et le terrain seront mis à la disposition de l'architecte lauréat pour cette construction provisoire. On dira que c'est une grosse dépense; comparée à celle qu'imposerait un bâtiment définitif, ce sera une immense économie. Un palais monumental des Expositions universelles coûterait 25 millions et des frais d'entretien continuels. Dès la seconde Exposition, il serait en-

contradiction avec des besoins imprévus, avec les goûts nouveaux, avec les moyens de décoration qu'on aura inventés, avec la fraîcheur des objets exposés, avec les innovations de toutes sortes que le progrès amène avec lui, et dont un semblable palais doit être le cadre contemporain. Le plus grave des inconvénients d'un édifice définitif serait d'ôter à l'architecture, le premier et le plus important des arts, les moyens de se produire dignement dans ces grandes solennités avec le concours des mille industries associées à elle, et qui toutes perdent leur signification quand elles ne mettent pas en œuvre ce qu'elles exposent.

Ce monument provisoire sera donc un modèle d'architecture idéale par la grandeur des proportions, la hardiesse des dispositions et la richesse des matières imitées, mais en même temps un modèle dont tous les détails seront applicables. Les distributions intelligentes et grandioses faciliteront pour la première fois une répartition vraiment méthodique des productions de l'activité humaine.

Le système de division adopté à Londres n'était pas logique, car il était contraire à l'esprit des Expositions universelles et incompatible avec des études comparatives vraiment sérieuses. Qu'est-ce que ces spécialités hachées en mille morceaux et dispersées en autant d'expositions nationales qu'il y a sur la carte du monde, non pas de nationalités, mais d'États constitués? Charmant système qui nous a obligé de chercher la sculpture de Milan et la peinture de Venise en Autriche, le Cap africain, le Canada américain et les Indes en Angleterre, l'Algérie en France, Cuba en Espagne et la Pologne en Russie, sans compter qu'il nous a fallu parcourir le monde entier de l'Exposition pour comparer entre elles des productions similaires, telles que les soies, les cotons, les meubles, les dessins et les statues envoyées par le monde entier de la terre. Une Exposition universelle n'est rien, si elle n'est pas l'expression de la fraternité des peuples, si elle n'a pas pour conséquence d'unir et de fusionner leurs arts et leurs industries.

Dans le palais des futures expositions, où tous les arts sans exception et toutes les branches de l'industrie seront représentés, la distribution sera arrêtée, sans égard pour la provenance, suivant l'enchaînement rationnel de l'origine et de la destination des objets, suivant la disposition la plus favorable à l'étalage des étoffes, à l'éclairage des tableaux, à l'action des machines, au bon effet des statues et des bronzes. Je conçois les œuvres de l'art s'associant aux produits de l'industrie dans une progression raisonnée en rapport avec la part de soin, de talent, de génie, que les œuvres comportent. De l'exposition des matières premières qui servent également aux arts et à l'industrie, le public passerait à celles des machines et aux instruments de précision, dont les galeries seraient tapissées de beaux dessins représentant les grands engins mécaniques qu'on ne peut déplacer. On passerait des machines aux tissus qu'elles fabriquent. Ils seraient répartis dans une suite de galeries convergentes sur une vaste salle consacrée aux tableaux, aquarelles et dessins de fleurs, et dont le centre serait occupé en commun par l'exposition des fleurs artificielles de nos plus habiles fabricants et des fleurs naturelles de nos plus passionnés horticulteurs. Association féconde en enseignements pour tout le monde, et pour l'artiste qui imite la nature, et pour le fabricant qui imprime et tisse sur ces toiles des imitations fidèles de ces productions, et pour le public enfin qui comparera. Une galerie voisine, disposée pour l'exposition des tableaux et statues représentant les animaux, les paysages et la nature morte, conduirait à l'exposition des animaux vivants, choisis non pas dans les races déformées par l'obésité jusqu'à la monstruosité, mais parmi les types qui se rapprochent le plus de la création, et qui, par conséquent, sont les plus utiles reproducteurs. Par d'autres salles le public pénétrerait dans les galeries de la papeterie et de l'imprimerie rayonnant sur une salle centrale qui réunirait les chefs-d'œuvre de l'esprit humain, entourés de tous les produits de l'art qui viennent leur faire cortége : gravures, photographies, lithographies, dessins originaux et reliures. Là peut-être un jour, sous une forme ou sous l'autre, la littérature vivante et inspirée serait admise, soit qu'elle s'exprimât par la bouche des poëtes chéris, accourus de tous les points du monde, soit que les meilleurs acteurs fissent valoir les scènes dramatiques du théâtre universel. Aux jeux de la Grèce, Pindare chantait la gloire des vainqueurs et Hérodote racontait ses voyages; aux foires d'Ocadh, avant Mahomet, les poëtes de chaque tribu arabe récitaient leurs vers; aux grandes convocations pieuses qui décidaient les croisades, aux jubilés, dans les tournois, dans les foires, la poésie et la littérature dramatique avaient leur place. Pourquoi les expositions universelles, héritières de ces divers modes de réunions populaires, seraient-elles déshéritées du noble concours de la pensée? Parallèlement à cette salle de la littérature, et comme en pendant, se trouverait la musique : non plus cet affreux charivari d'orgues et de pianos hurlant les uns contre les autres, mais une exposition restreinte d'instruments hors ligne, donnant lieu à des concerts réguliers, où les compositeurs de tous les pays, heureux mortels qui parlent la langue universelle, viendraient tour à tour faire entendre les créations nouvelles de leur génie, avec l'assistance des chanteurs les plus renommés, les plus populaires. La céramique et la verrerie disposeraient leurs éclatants produits dans des galeries qui réserveraient à leur centre une salle où seraient mis en évidence les productions les plus belles, celles que les artistes considèrent comme leur œuvre de prédilection, et toutes les peintures, tous les dessins originaux qui ont servi à la fabrication. Sur cette salle s'ouvriraient les galeries de l'ameublement, qui offriraient, par des dispositions élégantes, une image de la vie privée dans ses innovations les plus raffinées. Mais déjà ici l'art entre plus avant et comme à pleines voiles. Les tableaux de genre et la petite sculpture se font valoir dans leur association avec les meubles. Viennent enfin les productions de l'orfévrerie, qui couvrent et la table de la salle à manger et la table de l'autel, qui servent à la décoration du salon de bal et du sanctuaire de l'église; la bijouterie, qui, depuis la boucle d'oreille jusqu'à la statue de Minerve de Phidias, englobe tout le domaine de l'art; les bronzes enfin, petites statuettes de pendules et statues colossales. Mais ici je voudrais que les salles suivissent une progression de beauté idéale. Comme dans l'ancienne église le narthex, la nef, le sanctuaire, présentaient au catéchumène les différents degrés de son initiation, je placerais d'abord l'art courant, l'art d'imitation mêlé aux statues qui rendent la chair humaine dans sa prosaïque vérité; au-dessus, les tableaux qui sont la reproduction, sans inspiration, de la nature dans sa beauté matérielle, sortes de photographies vivantes; plus loin, les productions de l'orfévrerie et de la bijouterie inspirées par l'âme de l'artiste et les statues qui expriment un sentiment élevé; aux murs, des tableaux qui s'inspirent des grands faits de l'histoire et semblent respirer quelque chose de sa grandeur; puis enfin, comme dans un sanctuaire, où l'on pénétrerait par une mystérieuse galerie de vitraux d'église, tout ce qui exprime poétiquement des sujets poétiques, tout ce qui rend avec onction cette autre inspiration poétique, la religion : d'un côté, l'élan de l'imagination passionnée dans tout son abandon; de l'autre, le sentiment religieux dans les formes voilées de sa retenue; l'art mettant à un même niveau de supériorité, sans les confondre dans les mêmes enceintes, l'Évangile et la Mythologie, la vierge Marie et Léda, un calvaire et une bacchanale. Mais ici l'art règne presque seul; à grand'peine l'industrie pourra l'atteindre dans cette région élevée avec quelque œuvre isolée, exceptionnelle, hors ligne: la couronne d'or du poëte ou le calice divin.

Un public intelligent, guidé par cette marche des productions de l'art et de l'industrie confondues aussi longtemps que chacune d'elles comporte l'association, élèvera ses sentiments en même temps que ses sensations, dégagera peu à peu son admiration des œuvres d'imitation et s'épurera lui-même en comprenant l'estime et le rang que méritent les œuvres selon le sentiment qui les a fait naître et le genre auquel elles appartiennent.

Ce public sortant de l'Exposition sous l'impression que lui

laisse cette progression montée jusqu'au sublime, épurée jusqu'à l'idéal, ce public rentrera dans la vie privée autrement préparé, instruit, formé, que par le grand bazar de l'Exposition de Londres. Artiste en peinture ou en meubles, artiste par des œuvres distinguées, il comprendra mieux la grandeur de sa mission, il verra où devront désormais tendre ses inspirations; amateur jusqu'alors indécis, il achètera et commandera avec l'intelligence de l'art; simple spectateur, c'est un juge, un juge enthousiaste pour le beau, un juge sévère pour la banalité, cette sœur placide de la vulgarité.

FIN.

APPENDICE A.

(Voyez page 799.)

J'ai supprimé, faute d'espace, le chapitre intitulé : *Maintien du goût public*, dans lequel je présentais un ensemble de mesures propres à développer dans les masses l'intelligence des beautés de l'art. Quelques lecteurs pourront trouver intérêt à connaître les différents points de cette grave question, que j'avais traités avec les développements qu'ils comportent. J'ai fait ce résumé sommaire pour eux. J'en ai élagué toutes les considérations générales, j'ai réduit à quelques pages la première partie, la plus importante, celle dans laquelle j'exposais mes idées sur la direction des arts; mais j'ai laissé un peu plus d'étendue à la seconde partie, où se trouvent plusieurs propositions qui peuvent recevoir dès à présent une application utile.

Les retards apportés par diverses circonstances à la publication de ce rapport m'imposent l'obligation de retrancher de cet appendice un chapitre entier : celui des percements de nouvelles voies publiques dans Paris, et d'ajouter en même temps un chapitre entier : celui du maintien du goût public par les influences de la cour. D'un côté, une main puissante va réaliser ce qu'on osait à peine rêver; de l'autre, une main gracieuse va prendre la direction du goût et des manières. Ces nouvelles perspectives de l'avenir ne pouvaient être indiquées que de cette manière : autrement j'aurais changé la physionomie d'un travail qui s'arrête à la fin de 1851.

MAINTIEN DU GOÛT PUBLIC PAR LES CRÉATIONS DES ARTISTES.

Direction supérieure des arts. Après avoir formé des artistes nombreux dans le vaste ensemble de l'activité humaine, après avoir en même temps créé un public artiste, l'État doit aux premiers, il doit au second de les maintenir dans la voie la meilleure. Le maintien du bon goût, chez tous et en toutes choses, sera confié à une direction unique, ministère, intendance ou conservatoire, à une direction puissante par l'autorité morale du chef, par l'étendue des attributions et par l'importance des crédits mis à sa disposition. Sa mission se divisera en deux parts : 1° celle des artistes, à qui il donne l'occasion de produire dans les conditions les plus favorables au développement de leurs talents; 2° celle du public, auquel il donne l'occasion de se familiariser avec le bon goût, par les yeux, par les oreilles, par chaque acte de la vie, par chaque sens, et comme par tous les pores. — *Considérations générales.* — *Historique applicable à la France.* — *La liberté dans les arts, c'est l'inspiration, l'invention, l'originalité; c'est aussi l'instabilité. La règle, c'est la mesure, la tradition, l'autorité des maîtres, c'est-à-dire la stabilité. Unir et confondre ces deux principes qu'on croit à tort inconciliables, c'est fonder quelque chose de durable.* — *L'idéal de la perfection.* — Les œuvres châtiées, les créations sévères, la poésie dans le style, l'idéal associé à la forme, sont les problèmes dont les tentatives heureuses doivent être exclusivement encouragées, dont les chefs-d'œuvre seront mis sous les yeux de tous. Quant aux productions faciles de la grâce, de l'afféterie, du sensualisme, qui empruntent, pour mieux réussir, toutes les petites séductions des types à la mode, des couleurs à la mode, des attitudes et des vêtements à la mode, il n'y a pas lieu de les proscrire ni de les encourager : ce sera toujours goûté, applaudi et apprécié en France. Il n'y a pas lieu non plus de prendre souci de l'esprit dans la littérature; mais on s'inquiétera du bon sens, de la rectitude des idées et du point de vue, qui ne saurait être trop élevé. — *Les principes de l'enseignement continués et développés par la direction des arts.* — Les meilleures institutions ne détruiront pas le mauvais goût : comme l'ivraie, il faut l'arracher une fois et le combattre toujours; mais, unies au bon goût, les bonnes institutions dominent les mauvaises tendances. — *Exemples tirés de l'histoire des arts.* — Pas de camaraderie; ne pas souffrir qu'il se forme dans les régions du pouvoir une petite église, absolue, tranchante, et en même temps bien close, bien impénétrable à tout ce qui ne jure pas par tel maître et ne se soumet pas à une tyrannie subalterne. — *Des bonnes intentions et des mauvais effets dans le passé.* — *Une balance égale entre les arts et l'industrie.* — *Une seule règle : la poursuite d'un idéal de perfection, et cet idéal placé haut.* — ATTRIBUTIONS. *Plus elles sont étendues, plus l'unité est grande et l'ensemble complet.* — *Tiraillements et disparates, conséquence du morcellement de l'action.* — *Faits nombreux.* — *Monuments et ouvrages d'art qui se ressentent de ce désaccord.* — BUDGET. Les grandes dépenses sont : l'enseignement du dessin et de la musique dans toutes les écoles, l'organisation des écoles spéciales des beaux-arts, les publications de modèles, l'exécution des grands travaux. — *Toutes ces dépenses développées progressivement, avec une sage lenteur, sur un plan d'ensemble arrêté en principe et consciencieusement suivi.* — *Dépenses sous l'ancienne monarchie, sous l'Empire, la Restauration et le gouvernement du roi Louis-Philippe.* — *Détails sur la construction des résidences et de chacun de nos grands monuments.* — *Les dépenses imposées par les arts sont minimes, comparées aux autres services.* — *Ces dépenses sont inaperçues, si on les met en parallèle avec le mouvement d'exportation qu'elles assurent à notre commerce, tandis que des économies sur ce point menacent de fermer partout nos débouchés.* — CHOIX D'UN CHEF. Sans une tête qui dirige les efforts, sans une âme qui inspire les réformes, sans un homme qui fait de la direction des arts et de l'industrie son affaire parce qu'elle est sa passion et qu'elle sera son devoir, nous resterons dans une situation dangereuse. Un homme considérable et considéré, puissant par le nom, l'éducation et la fortune, ami des arts et leur protecteur naturel, en rapport de longue date avec les artistes et avec l'industrie, connu par ses écrits, de manière à faire autorité par ses décisions, estimé par son impartialité comme étant étranger aux préventions d'école, aux camaraderies d'artistes, aux influences académiques. *Un simple caporal est, dans cette position, préférable à un demi-savant, à un à peu près d'artiste : l'un suit la lettre et maintient l'ordre, l'autre fausse l'esprit et introduit l'anarchie.* — PERSONNEL. *Des hommes capables, donnant la garantie d'un esprit supérieur par leurs études spéciales.* — Cinq divisions : 1° l'enseignement; 2° les commandes ou l'art militant; 3° la littérature et les théâtres; 4° la musique; 5° l'industrie. *Les chefs de division forment près du directeur ou du ministre un conseil qui donne à toutes les mesures la force de l'unité et le caractère imposant de l'ensemble.* — *Les inspecteurs des beaux-arts.* — *Leur influence.* — *Qualités qu'on devra exiger pour ces fonctions.* — LES COMMISSIONS. Laissez les artistes à leurs travaux, ne les traînez pas dans vos commissions et dans vos jurys. L'enseignement général des arts, en multipliant les artistes de talent dans toutes les classes de la société, formera bientôt une phalange d'amateurs qui, après s'être exercés avec ardeur et s'être retirés de la lice avec modestie, abandonneront la pratique des arts pour s'en faire les juges, les critiques et les historiens. C'est là un personnel excellent pour former les commissions, les jurys, les conseils. — LES CONCOURS. Les arts, placés sous la direction d'un ministre politique, ont été soumis à des concours qui devaient *concilier l'intérêt de l'art avec les garanties administratives,* mais qui n'ont jamais concilié que l'avénement des médiocrités avec l'abaissement de l'art. — *Les concours seront maintenus dans les classes de l'école; les concours ne seront appliqués ni aux travaux des artistes ni aux commandes du Gouvernement.* — *Cruelles déceptions des concours depuis le temple de la Gloire en 1807 jusqu'au tombeau de l'Empereur aux Invalides en 1842.* Les Grecs mettaient tout au concours, parce que la lutte avait pour juge un peuple entier de fins connaisseurs. Les combats des athlètes, la poésie, la musique, la danse, les compositions dramatiques de la scène, étaient les sujets de concours incessamment renouvelés; on n'accordait même pas la gravure d'une inscription, l'emploi d'un héraut ou d'un trompette, sans un concours de calligraphie, de voix et d'instrument. Toutefois, ces concours étaient toujours dominés par la venue d'un artiste hors ligne; les concurrents s'effaçaient, ou bien le peuple grec renonçait au concours, aussitôt que le talent incontesté entrait en lice. — *Les concours ont été abandonnés du moment où le public n'a plus été un bon juge.* — Après la lutte solennelle de cinq grands artistes pour faire les portes de bronze du baptistère de Florence, les protecteurs des arts et les artistes se réunirent d'un commun accord pour renoncer aux concours et pour revenir à l'autorité des hommes de goût, chefs de républiques ou de royaumes, guidés par leur amour de l'art, les travaux antérieurs de l'artiste et la faveur de l'opinion publique. — *En 1727, un essai de concours entre douze peintres; Lemoine et de Troy partagèrent le prix, Coypel eut un accessit.* — *Inutilité de cette tentative isolée.* — Aux grandes époques, du temps de Périclès et de Léon X, quand les princes, médiocrement occupés des détails administratifs de leurs États, consacraient la meilleure part de leur journée à leurs goûts pour les œuvres de l'art et de l'esprit, s'ils concevaient l'idée de se bâtir un château de plaisance, de décorer une chapelle ou d'orner un palais, Michel-Ange, Raphaël ou le Primatice entraient dans leur tête en même temps que le projet. Alors ils disaient à ces artistes : Faites, et ils laissaient faire, au risque d'être brutalisés quand ils venaient se mêler de ce qui, jusqu'à complet achèvement, ne les regardait plus. — Les formes administratives exigent-elles qu'on mette une statue au concours, comme on met une fourniture de bois en adjudication? Oui, aussi longtemps que le ministre politique chargé de la direction des beaux-arts sera préoccupé de soins plus importants, et sentira la nécessité de mettre sa responsabilité à l'abri derrière ce genre de contrôle; mais quand il connaîtra son personnel artiste comme le ministre de l'instruction publique connaît ses professeurs, le ministre de la guerre ses officiers, le général d'armée ses soldats, il saura les hommes qui conviennent à telle œuvre, comme ses confrères savent ceux qui peuvent occuper une chaire de faculté, un emploi de colonel, ou s'acquitter d'une expédition difficile. — Je ne voudrais pas de concours, mais j'aimerais à appeler en toutes choses le public à juger des œuvres de nos artistes, à les mettre en communication et en rapport, les uns et les autres s'instruisant dans ce contact, se polissant dans ce frottement. — *Donner à la peinture un mur de 600 mètres de long, à la sculpture une avenue de deux kilomètres, en plein air et sur le passage de la ville entière.* — *Économie de ces deux projets.* — Contre la sale muraille qui, sur les bords de la Seine, déshonore par son délabrement le jardin des Tuileries, on élèverait un revêtement de briques enduit de ciment et de plâtre qui serait divisé en 100 cadres de 5 mètres de large sur 3 de haut. Un vitrage élégant descendrait du couronnement du mur jusqu'aux réverbères et formerait pour les promeneurs un abri assuré, en été contre le soleil, en hiver contre la pluie et la neige. Ne pensons qu'à l'intérêt de l'art. Tous ces espaces, encadrés entre des pilastres ornés, seraient peints ou stuqués en imitation de marbre, de manière à présenter une simple et riche ordonnance; mais d'avance on aurait arrêté les sujets historiques qui devraient les remplir, et le programme serait porté à la connaissance de toutes nos écoles. Chaque année, après l'exposition des envois de Rome, après que l'opinion publique se serait prononcée, et soit sur la proposition de l'École ou de l'Académie, soit sur le rapport d'une commission renouvelée tous les ans, l'Administration déciderait si un des élèves s'est montré digne de remplir un des encadrements avec le sujet qui a souri à son imagination, qu'il a choisi librement, qu'il a longuement préparé. Il n'y a pas là, comme on voit, un concours dans sa rigueur; c'est plutôt une source d'émulation. La sculpture aurait aussi sa carrière ouverte à l'imagination des jeunes gens. L'avenue des Champs-Élysées appelle une décoration monumentale. L'essai fait en 1840 a été satisfaisant. On construirait les piédestaux d'abord dans la partie qui s'étend de la place Louis XV au rond-point, et on les ornerait avec les plâtres des chefs-d'œuvre de la statuaire antique et moderne, et chaque année, après l'exposition des envois de Rome, un ou plusieurs des élèves seraient chargés de remplacer les plâtres par les groupes en marbre des personnages inscrits au programme. Je dis groupes et non pas figures, parce que l'espace permet de renoncer à l'alignement monotone de figures isolées et autorise à composer pour ces piédestaux des groupes de figures qui associent un personnage et une idée, un guerrier avec l'action d'éclat qui l'illustre, un citoyen avec le grand acte de sa vie, un savant avec les figures qui expriment allégoriquement ses découvertes. Ayant eu la liberté dans leur choix, ayant conçu leur figure en vue de la destination projetée, ces jeunes artistes se trouveraient dans les vraies conditions de l'art. La routine aura bien des objections, bien des quolibets contre des propositions de ce genre; mais, loin de se laisser étourdir par cette tour de Babel, qui s'appelle aujourd'hui l'opinion, dans les questions d'art, les hommes qui ont réfléchi sur l'avenir de nos artistes savent ce que valent les premiers élans d'une jeunesse aguerrie, les tendances naïves d'un talent à ses débuts : ils seraient heureux que ces galeries de la peinture et de la sculpture monumentales eussent été ouvertes quand David, Gros et Ingres revenaient de Rome; leurs tableaux à cette date auraient valu ce que valent les *juvenilia* des hommes de génie, et, de même qu'on s'attache davantage aux premiers ouvrages de Raphaël, on regarderait avec une bienveillance particulière les tentatives de jeunes gens devenus de grands artistes, et dont les vingt-cinq ans sont à la fois l'excuse du présent et la promesse de l'avenir. Ces œuvres, exposées au jugement du public, comme les tableaux qu'Apelle offrait à la critique des passants, auront le double avantage d'éclairer l'artiste et d'entretenir la foule dans l'amour de l'art. Associer la population à ces discussions, donner une part de responsabilité à l'opinion, faire de l'art un intérêt public, c'est avancer l'éducation de la nation de front avec celle des artistes. Un jour on se dira dans tout Paris qu'on a placé la statue d'un tel, un jeune artiste de vingt-deux ans, sur un des piédestaux des Champs-Élysées, ou qu'on a découvert la peinture de tel autre élève le long du jardin des Tuileries, et la foule de se mettre en route, de jaser pendant huit jours et de discuter sur le mérite des œuvres; cela vaut bien les conversations sur la rente et ne les empêche pas. — *Les travaux d'art. — Leur importance doublée par un plan arrêté d'avance et suivi lentement, de manière à proportionner les commandes au talent des artistes. — La hâte sera proscrite. — Pas de débordement, pas de stagnation de travaux. — Trop de commandes dépassent la puissance productive, trop peu l'énervent.* — Les artistes. Comme les enfants, ils n'ont reçu de Dieu que des qualités; leurs défauts viennent de nous. — Les artistes, disent les Anglais, ont double collection de nerfs et pas de peau pour les recouvrir. Ménagez donc ces natures susceptibles et irritables. Un saint a ses erreurs, la femme la plus pure a ses faiblesses, et vous ne voulez pas que le génie ait ses infirmités! Prenez garde de vous tromper. Vous vous offusquez du désordre de l'artiste, son assurance vous est insupportable, vous appelez orgueil le sentiment qu'il a de sa force, et entêtement, caprices, lubies, ce qui est en lui un principe arrêté après bien des combats, une conviction formée au milieu de mille incertitudes. — Un jour, dans une commission, on se plaignait d'un artiste de talent qui ne savait pas se soumettre aux formes administratives; un chef de bureau alla même jusqu'à dire qu'il serait dorénavant impossible de l'employer, que c'était un fou. A ce mot, Duban releva la tête, et, comme un lion qui secoue sa crinière, rejetant sa forêt de cheveux en arrière, il s'écria : « Oui, Monsieur, c'est un fou, car c'est un artiste; s'il n'avait pas été fou, il aurait évité la misère qui est au bout de sa carrière, et avec son intelligence, que vous ne contestez pas, il se serait enrichi à faire du sucre ou de la chandelle. » Les membres de la commission sentirent couler dans la moelle de leurs os quelque chose comme un courant électrique, divin et douloureux : l'artiste conserva ses travaux. Imitons la commission. — On me reprochera de ne pas connaître les artistes, leur fol amour-propre, leurs sentiments haineux les uns pour les autres. — Les artistes sont un sol généreux qui rend selon qu'on y sème, qui donne au centuple à celui qui sait remuer et traiter cette terre légère et féconde, à celui surtout qui ne se laisse rebuter ni par une mauvaise récolte, ni par les mille accidents, contre-temps et espérances déçues qui sont le fait de toute culture; et combien ces contrariétés sont vite oubliées quand par un beau rayon de soleil la plante rare lève et fleurit! Vous avez cru qu'il suffisait d'acheter de la semence, de signer une commande, ou une traite sur la banque pour faire surgir le chef-d'œuvre, vous vous étiez trompé; il faut des soins de plus d'un genre, mais tous sont largement compensés par le succès. — *Des égards dus au talent; des rapports avec les artistes.* — Avant tout, donnez une interprétation neuve au mot de commande, qui résonne trop comme à la caserne. Ne commandez qu'une chose à l'artiste, c'est le respect de lui-même. Si vous lui laissez pleine liberté, dira la routine, vous verrez ce que vous obtiendrez de lui; il se moquera de vous, vous serez trompé et volé. Je ne vois pas qu'un artiste ait jamais trompé un camarade, et je suis certain qu'en lui inspirant autant d'intérêt, on sera traité de même. Suivez donc attentivement les artistes dans leur carrière, depuis les débuts dans l'école jusqu'au succès populaire des grandes expositions, connaissez le fort et le faible de leur talent, puis faites votre choix, et, après avoir apparenté les dispositions de chaque artiste avec chacun de vos projets, confiez-leur ces travaux avec deux lignes de commentaire pour toute prescription. Si pour vous décider il vous faut des esquisses, soyez persuadé que l'homme de talent, puissant pour exécuter une grande œuvre, sera malhabile à ce jeu de maquettes et de pochades; sachez aussi que le charlatan de peinture qui vous séduira par une esquisse ne sera capable que d'une grande esquisse et incapable d'exécuter un grand tableau. Soyez mieux préparé pour choisir l'homme éminent, et, le choix fait, soyez plus confiant. Appelez l'artiste près de vous, non pas comme on fait venir un tailleur pour se commander un habit à sa taille, de la forme de son goût et de la couleur de son choix, mais comme un ami avec lequel on veut discuter un intérêt commun. Vous lui direz vos projets, votre but, le sens moral ou politique que vous attachez à cette œuvre; puis, comme le Créateur, vous prononcez le *fiat lux*, et, si vous avez bien choisi, l'artiste doit avoir en lui une lumière dont il vous enverra un reflet pur et éclatant, car son inspiration sera libre; elle n'aura été obscurcie, voilée, par aucune gêne intermédiaire. Ainsi vous sortirez des vieilles routines, ainsi vous rajeunirez l'art par la liberté. Trop longtemps, comme des enfants en lisières, les artistes les plus forts dans leur métier, et qui avaient déjà donné des garanties de leur talent, ont été retenus par vos programmes; il est temps de leur donner l'essor. Qu'ils jettent leurs bourrelets par-dessus les moulins, qu'ils courent, qu'ils gambadent dans le vaste champ de l'imagination; plus d'un roulera à terre, se fera des bosses et des noirs, mais les habiles développeront leurs grâces naturelles ou leur puissante originalité. — DE L'ASSOCIATION DANS LES TRAVAUX D'ART. L'unité dans la décoration d'un monument est une qualité indispensable qu'il faut sauvegarder à tout prix; c'est une nécessité de force majeure à laquelle on sacrifiera tout, et les artistes eux-mêmes. Mais est-il nécessaire de les sacrifier, de blesser leur amour-propre, de détruire les plus nobles stimulants de l'ambition? Je ne le pense pas. — *Des écoles et des maîtres. — Historique des grandes œuvres. — Antiquité, moyen âge, renaissance, siècle de Louis XIV. — Avantages et abus. — L'association des artistes entre eux peut être féconde, mais elle ne se prescrit pas. — Deux talents s'associent quand deux caractères s'entendent. — Exemples nombreux pris dans l'histoire des arts.* — Joseph et Carle Vernet avaient projeté de peindre ensemble la vaste scène du passage de la mer Rouge. La mort eut peur de cette vie ranimée par deux talents réunis : Joseph avait terminé sa carrière avant que le tableau fût commencé. — *Talents associés de nos jours.* TRAVAUX D'ARCHITECTURE. L'État ne doit pas employer seulement ses élèves; mais comme il donnera aux plus habiles parmi eux les occasions de se produire, comme aussi il ne confiera l'exécution de ses monuments qu'aux architectes qui ont fait leurs preuves, il y a toutes chances pour l'artiste consciencieux qui aura préféré des études sérieuses et arides aux travaux faciles et lucratifs. — Aux grands architectes on donnera non pas seulement les monuments à exécuter, mais les moindres travaux d'utilité publique : il y a pour le goût public autant d'enseignement utile comme autant de fâcheuse influence dans une guérite, un poste de la ligne bien ou mal faits, que dans le plus grand édifice. — *Un habile architecte fait grandement une petite construction; un malhabile fait petitement un grand monument.* — On ne souffrira plus ou du moins on entravera, par tous les moyens qu'un gouvernement possède, le goût vulgaire et les prétentions ridicules des constructions que les compagnies de chemins de fer exécutent aujourd'hui sans contrôle. — *Avantages accordées à celles qui s'attacheront des architectes de talent et de goût, au lieu de laisser faire des ingénieurs incapables et dépourvus de tout sentiment de l'art.* — *Influence bienfaisante qu'auraient de bons modèles d'architecture mis ainsi sous les yeux de la France entière dans ces gares de voyageurs, où l'attente aiguise l'observation et fixe les objets dans la mémoire.* — *Des architectes.* — *Lacunes de leur éducation.* — *Les habituer aux devis précis, aux comptes exacts, à l'exécution consciencieuse.* — *Les architectes vivant davantage dans le monde pour être mieux dans l'intimité de leurs clients et connaître leurs goûts et leurs besoins.* — *Des architectes tapissiers.* DU CORPS DES ARCHITECTES. *Suppression de l'ancienne Académie royale d'architecture.* — *Position actuelle des architectes entre les ingénieurs et les entrepreneurs maçons.* — Sur 350 maisons construites en moyenne chaque année à Paris, 60 sont l'œuvre d'architectes consommés dans leur art, et 290 la besogne courante d'entrepreneurs maçons et d'ingénieurs qui ont fait des études incomplètes. — *Le remède.* — *Éducation du public.* — Donnez aux maçons un meilleur enseignement, et n'accordez aux ingénieurs leur diplôme qu'après des examens sérieux, dans lesquels ils prouveront qu'ils savent de l'architecture plus qu'on n'en apprend en trente leçons. — *Affreuse architecture urbaine de ces cinquante années.* — *Mal fait à nos monuments par les ingénieurs.* — *Le pont Neuf à Paris.* — *Autres exemples désespérants.* — DU DIPLÔME IMPOSÉ AUX ARCHITECTES. La raison sérieuse pour demander le diplôme est la sécurité des citoyens; mais il est facile de prouver, en premier lieu, que les entrepreneurs maçons et les ingénieurs qui manquent de talent et de goût sont des constructeurs aussi bons, sinon meilleurs, que le plus grand nombre de nos architectes; en second lieu, que des commissaires-voyers sont institués pour sauvegarder cet intérêt. Le style et le goût, compromis par les entrepreneurs maçons et par les ingénieurs, est un autre argument en faveur du diplôme; mais il est évident que, le goût public une fois réformé, il réformera lui-même ces mauvais ouvriers. — A ce compte, on devrait imposer le diplôme aux peintres et aux sculpteurs pour s'assurer contre les laids tableaux et les vilaines sculptures; j'aime mieux m'en remettre au goût public désormais épuré, et qui empêchera de construire une désagréable maison, comme il s'offense quand on expose en public une peinture immorale. — Prendre garde, sous prétexte de diplôme, d'anéantir à la fois les inspirations libres des artistes et les derniers droits de la propriété; la loi d'expropriation qui abat notre maison est déjà bien assez arbitraire sans qu'une autre loi nous impose l'architecte qui la reconstruira. — *L'architecture restera une carrière libérale et ne se courbera pas sous l'esclavage du diplôme.* — L'enseignement nouveau de l'École des beaux-arts, embrassant tous les arts dans leur puissante association, nous réserve peut-être un grand peintre ou un grand sculpteur pour notre plus éminent architecte; ne coupons pas les ailes de l'avenir.—*La position est différente pour les architectes de province.—Ils sont en rivalité avec des agents-voyers ignorants, avec des ingénieurs dépourvus de goût, et les conseils municipaux donnent la préférence à ceux-ci. — Instituer un diplôme qui sera délivré aux élèves à leur sortie des écoles, et n'autoriser aucune construction entreprise aux frais de l'État, des départements et des communes, si elle n'est pas confiée à un architecte muni de ce titre.— Former des commissions qui délivreront le même diplôme à tous ceux qui, en dehors des écoles publiques, rempliront les conditions des mêmes examens. — Du reste, liberté pour tous de faire de l'architecture uniquement avec du goût, du talent et même avec du génie.* — SCULPTURE. *C'est le grand art, l'art vivant. — Causes qui l'ont énervé au point que des gens le croient mort. — L'habitude des artistes de travailler sans but et de créer sans destination arrêtée pour leurs œuvres leur a ravi le sentiment des proportions et des convenances. — Des œuvres de la statuaire aux grandes époques. — De nos médailles et de leur infériorité. — Des pierres gravées. — Des matières. — La statuaire d'un grand pays, d'une belle capitale, doit proscrire les matières qui n'offrent pas les conditions de durée et qui ne gagnent pas en beauté avec le temps. — De la fonte qui rougit, de la pierre qui verdit, des compositions qui se délitent. — Les belles matières sont le bronze et le marbre, à la condition de bien allier l'un, de bien choisir l'autre.* — PEINTURE. *Sa grande mission populaire à toutes les époques. Afin qu'elle réponde aux grands sacrifices faits pour l'enseignement général, on entourera les artistes de toutes les facilités qui élèvent d'autant plus le talent qu'il est moins enchaîné à terre. — Ressources offertes par les collections de l'État. — Musées d'objets d'art. — Bibliothèques d'ouvrages à figures et de livres historiques. — Musée de costumes à l'Opéra. — Le bon et le mauvais de ces arsenaux.* DES MODÈLES. J'ai dit comment la Grèce accourait aux jeux d'Olympie pour voir les plus beaux athlètes, comment, dans son enthousiasme, elle demandait leurs statues à ses sculpteurs les plus renommés; j'ai dit comment la beauté était un culte dans la contrée où il était le plus facile de la rencontrer. Je ne sais quand l'enthousiasme pour l'art remontera au degré où l'avaient porté les habitants de Crotone ou d'Héraclée, lorsqu'ils ordonnèrent, par un décret public, aux cinq plus belles vierges de la ville de poser pour la figure d'Hélène devant le peintre Zeuxis. Pouvons-nous espérer revoir cette passion? Devons-nous le désirer? Sans examiner cette question, reportons notre attention sur l'importance des modèles, question vitale pour l'avenir de notre école. Une des misères de l'art à Paris est dans l'absence de bons modèles, ou, ce qui est pis, dans l'espèce de modèles qui pose devant les artistes. Les hommes sont hideux et les femmes abjectes: ceux-là quittent des loges de portier et des ateliers de cordonniers pour poser en Achilles; celles-ci ne laissent que trop percer le métier qu'elles font dans les attitudes qu'elles fournissent aux artistes, dans les inspirations comme dans les distractions qu'elles leur donnent. Aux uns et aux autres manquent la distinction native, l'aisance naturelle; ils les remplacent par l'élégance du bal Mabille et la hardiesse de poses affectées. Si la race israélite apporte aux ateliers des formes moins dégradées et un type plus caractérisé, ces formes sont grêles, ce type est juif, et ces modèles jettent sur toute l'école un ton monotone auquel il faut la soustraire. Au reste, quels qu'ils soient, tous ces modèles de métier, ne faisant de la pose qu'un accessoire de leur vie vulgaire ou désordonnée, apportent à l'atelier de l'artiste le laisser-aller et l'indifférence; il y a absence complète de communauté entre eux et l'œuvre à laquelle ils prennent part. Loin de moi l'idée de moraliser la classe des modèles, de tenter même sa réforme, c'est du ressort de la préfecture de police; mais j'ai à cœur la régénération de l'art, et malheureusement celle-là dépend en partie des modèles que nos artistes ont sous les yeux. On peut faire des phrases sur l'idéal, échafauder des systèmes sur l'alliance de l'inspiration et de l'étude de la nature : tout cela n'avance pas beaucoup la besogne, et, quand on a tenu un pinceau ou un ébauchoir, on sait qu'il faut revenir aux pratiques matérielles et aux instruments du métier; or, le modèle est un de ces instruments, et les productions de notre école prouvent assez qu'il est mauvais. Perfectionnons-le donc. Si nos élèves de Rome et d'Athènes, si nos élèves voyageurs, travaillant dans les succursales de Damas et de Bagdad, trouvent en surabondance les occasions de former leur goût au contact des belles races, à la vue et dans l'étude des mouvements libres et des poses naturelles de peuplades qui semblent n'avoir conservé de leur antique origine que cet héritage de noblesse qu'elles se transmettent sans avoir la conscience de sa valeur, nos jeunes artistes, revenus à Paris, sentent d'autant plus vivement la privation de ces ressources. En même temps, tous les artistes qui, sans avoir obtenu les grands prix, cultivent les arts avec succès luttent contre des difficultés insurmontables et infligent à leurs œuvres les stigmates de ressemblances trop connues. L'État doit suppléer à ce grave déficit, et voici comment il serait possible d'organiser ce service. Le directeur de l'école de Rome embaucherait une dizaine d'Italiens, hommes et femmes, moyennant 1500 francs d'appointements, avec obligation de poser quatre fois par semaine, matin et soir, dans les écoles du Gouvernement ou chez les maîtres dont le professorat se montrerait digne de cet encouragement. Comme ces étrangers conserveraient pour eux, c'est-à-dire pour les artistes, le reste de leur temps, il leur serait facile de gagner 3,000 francs par an, perspective séduisante pour quitter sans difficulté le pays, surtout quand on ajoutera à ces avantages le voyage gratuit à l'aller et au retour. Je ne voudrais pas qu'on engageât ces modèles pour plus de trois années, parce qu'au bout de ce temps l'influence parisienne a pris le dessus sur les habitudes primitives; mais, tandis que la moitié d'entre eux, s'étant faits à la vie de Paris, renonceront à revoir leur patrie et continueront, bien que dégénérés, à être pour les artistes des modèles infiniment supérieurs à ceux qu'ils ont maintenant, le Gouvernement renouvellerait continuellement les siens et ne les demanderait pas seulement à l'Italie; ses directeurs à Athènes, ses élèves voyageurs et ses consuls en Orient, ses gouverneurs en Algérie, ses agents diplomatiques aux Indes, en Espagne, en Autriche, ses préfets dans les Pyrénées et en Bretagne, seraient chargés de faire des recherches et d'envoyer à Paris quelques-uns de ces types à fleur de coins des nationalités les plus belles, et cette population nouvelle de modèles, choisis non pas au point de vue de l'étude des races, qui est un tout autre ordre d'intérêt et d'étude, mais uniquement d'après la beauté des traits, l'élégance des formes, la régularité des proportions; cette population, dis-je, sera l'un des éléments les plus curieux, les plus attrayants, les plus féconds, de l'art moderne. — *Les mannequins Le Blond.* — *Genre de perfection dont ils sont susceptibles.* — *Réduction des prix.* — Il ne faut pas plus chercher son idée dans son écritoire que sa composition d'après son modèle; il faut l'avoir créée dans sa tête avant de la jeter sur le papier. Toutefois un modèle d'une nature élégante, aux attitudes naturellement souples et gracieuses, aux poses toujours distinguées, peut aider l'artiste à trouver mieux qu'il n'avait rêvé. Poser le modèle, c'est scabreux; mais lui expliquer la pose qu'on désire pour exprimer la situation que l'on cherche, la lui laisser prendre de manière à ce qu'il y trouve l'aisance, cette mère de toute grâce et de tout naturel, c'est une des ressources de l'atelier. — Du MATÉRIEL DES ARTS. *La peinture à l'huile.* — *Son histoire.* — *Les Van Eyck n'ont rien inventé, mais ils ont perfectionné la peinture à l'huile en même temps qu'ils peignaient merveilleusement.* — *De la préparation des couleurs aux XVe et XVIe siècles.* — *De leur altération aux XVIIe et XVIIIe, mais plus particulièrement au XIXe.* — *Assistance cherchée dans les ateliers des chimistes de la grande manufacture.* — DES MODES DE PEINTURE. Tous les procédés sont bons dans les mains d'un homme de talent, mais il en est qui grandissent l'homme et d'autres qui l'amoindrissent : ainsi la fresque, ainsi le pastel. — La fresque n'est pas seulement une peinture monumentale parce qu'elle résiste mieux que toute autre à l'influence de l'air; elle a ce caractère parce qu'elle exclut les perfections d'effet, de coloris et de détails auxquelles les artistes sacrifient ou au moins subordonnent le meilleur de leurs qualités. Quand il faut accuser des contours, on dessine, quand il faut colorer par masse, on est large, quand la simplicité des tons et l'impossibilité de revenir sur ses teintes obligent à renoncer à l'effet du trompe-l'œil et à traiter ses sujets par larges partis pris, la manière grandit, le dessin s'ennoblit, on presse sa pensée pour en exprimer l'âme, on est gagné par le grand style. La fresque est un mentor sévère qui nous avertit et ne nous passe rien; la peinture à l'œuf, à l'huile, à la cire et le pastel sont des complaisants qui encouragent toutes nos faiblesses, en nous aidant à les dissimuler. — *N'autoriser dans les monuments que des peintures traitées sur le mur même.* — *Défauts des peintures exécutées dans l'atelier et ensuite marouflées.* — *Des tableaux transformés en plafonds.* — *Du désordre des idées à cet égard.* — *Plafonds plafonnant s'associant à l'idée d'air et de ciel.* — *Peintures extérieures en lave et faïence émaillées.* — DES TRAVAUX. *Entretenir la grande peinture dans l'école et le goût du grand dans le public.* — *Continuation du musée de Versailles.* — *Continuation paisible, réfléchie, bien différente de la furia, peut-être obligée, qui a présidé à l'exécution de sa première partie. — Caractère qui convient à la seconde partie, consacrée aux gloires pacifiques, à l'histoire civile, aux actes mémorables des grands citoyens.* La France n'est pas seulement une retentissante caserne, elle a exercé son influence sur d'autres terrains que sur les champs de bataille; ses vertus, ses grandes actions, ses actes de dévouement, pour n'être pas tous éclairés par l'éclat de la poudre, n'en sont pas moins brillants et dignes d'être représentés, n'en sont pas moins favorables à l'art qui les représentera. — Chaque monument de Paris aura son caractère particulier de peinture. — Les nouvelles galeries des musées du Louvre et du Luxembourg appellent l'antiquité dans sa poésie; le cloître des Invalides, les manéges et les grandes salles d'exercice des casernes se tiendront au courant de l'histoire militaire, et la suivront au jour le jour; la salle des Pas Perdus et les galeries du Palais de Justice montreront avec orgueil les vertus sévères de la magistrature; les galeries du musée d'histoire naturelle développeront les merveilles de la création; les salles des hôpitaux, si tristes, si monotones, offriront aux malades et aux mourants les scènes consolantes de la religion; les églises se prêtent au développement de la pensée religieuse; la galerie des Tuileries sur le bord de l'eau et les grandes gares des chemins de fer, les foyers, plafonds et rideaux des théâtres, feront lire les grandes pages de l'histoire nationale et populaire. Voilà les espaces et le livre ouverts au talent. Aussi, quand un grand artiste viendra vous dire : Telle page m'inspire; répondez : Faites, et laissez faire, car s'il est une chance d'obtenir une œuvre vraiment spontanée et vivante, c'est à ce mode de liberté que vous la devrez; autrement vous aurez de la peinture officielle, un moniteur en images. Il en est du génie dans les arts comme de l'esprit dans le monde : annoncez à vos convives un homme d'esprit, il se taira; à vous la faute, vous lui avez commandé d'avoir de l'esprit. Par cette même raison vous laisserez aux artistes la liberté de renoncer à tel sujet choisi par eux et d'en prendre un autre; l'imagination est capricieuse; l'homme de génie en souffre plus que ceux qui s'en plaignent. — *De la peinture topographique des batailles. — Ce genre exact doit être encouragé pour laisser les artistes faire de l'art à propos de batailles.* — Un secours du même genre sera donné aux peintres qui représentent les faits de la vie civile. On leur demandera d'associer la réalité des attitudes et la vérité des costumes à l'allégorie qui ouvre au-dessus du prosaïque comme un coin de ciel poétique. L'erreur de David et de son école a été de copier l'antiquité au lieu de chercher à la comprendre, de la faire entrer violemment dans les sujets modernes au lieu de la leur associer, là où ils comportent le rapprochement. La gravure du *Serment du jeu de paume* ne se comprend qu'en voyant le tableau esquissé. On était étonné de ces gestes étranges, de ces poses insolites, de ces allures d'athlètes, inconciliables avec des costumes étriqués, des têtes poudrées et des jambes en culottes; mais en découvrant dans l'esquisse du tableau les modèles nus qui ont posé au lieu des représentants des trois ordres, on s'explique comment leurs têtes ressemblantes sont placées sur des corps qui ne pouvaient leur ressembler. Le choix des artistes. Un général d'armée choisit pour chaque expédition les bataillons qui conviennent le mieux aux difficultés de l'entreprise, de même vous distribuerez les travaux suivant les aptitudes. S'agit-il des grandes pages populaires peintes en plein air sur la voie publique, vous appellerez à vous les hommes que leur talent porte à la largeur et à une certaine prestesse d'exécution; vous vous adresserez à ces fortes imaginations qui rêvent les vastes emplacements et font craquer les plus grands cadres en débordant sur les limites de la toile. Quelles mains pour couvrir les immenses espaces que celles de Vernet, de Delacroix, de Laemlein, de Janet-Lange, d'Yvon? Je voudrais qu'on continuât la rue de Rivoli rien que pour fournir à ces hommes l'occasion magnifique d'enseigner l'histoire de France aux passants, depuis le ministère de la marine jusqu'à la barrière du Trône. — Telle imagination procède par enjambées, telle autre se replie sur elle-même; sachez contenir les unes et obliger les autres à s'épandre. Orsel, Perrin, Tyr et toute une génération nouvelle de jeunes peintres convaincus sont délaissés par l'Administration, « parce qu'on n'en obtient rien. » En effet, des artistes de cette nature ne peuvent se faire aux exigences expéditives du jour : je les en félicite. Donnez-leur du temps, n'échafaudez les chapelles que lorsqu'ils seront prêts à peindre sur place. C'est la pensée qui est lente à prendre sa forme, parce qu'elle lutte avec un idéal difficile à atteindre et mille scrupules qui empêchent ces artistes de se satisfaire; mais une fois la pensée conçue et la forme arrêtée, leur exécution est aussi rapide que celle d'aucun autre. — La peinture officielle des portraits du chef de l'État ne saurait être omise dans ce tableau des influences qui agissent sur le goût public. Depuis Louis XIV, la peinture et la sculpture ont répété le portrait du souverain dans son caractère officiel, en même temps que le balancier de la Monnaie frappait l'effigie royale; mais comme, au temps du grand roi, les artistes les plus renommés étaient chargés de peindre et de modeler l'original d'après nature; comme aussi on n'en confiait la reproduction qu'à d'autres artistes de mérite; comme enfin le plus habile graveur était chargé de reproduire ces ouvrages par le burin, les portraits officiels furent, sous ce règne, très-satisfaisants, et ils n'ont pas peu contribué à donner, tant aux contemporains qu'à la postérité, une grande idée de la majesté royale. La peinture et la sculpture officielles furent plus lâchées sous Louis XV, et on peut suivre leur décadence en continuant l'examen des effigies royales jusqu'aux incroyables badigeonnages, jusqu'aux fabuleux bonshommes envoyés sous le titre de portraits du roi Louis-Philippe aux ministères, ambassades et préfectures. — *Alexandre ne voulait être peint que par Apelle. — Les papes et les princes à l'époque de la Renaissance. — François Ier et les Valois. — Henri III ne laisse passer ses portraits qu'approuvés par François Clouet. — Réforme nécessaire. — Intérêt pour le chef de l'État, intérêt pour l'art.* La gravure et la photographie. *Leur action de propagande. — Encouragements donnés libéralement à la gravure dans les siècles précédents. — La chalcographie du Louvre.*

— *Le prix de Rome.* — *Les commandes.* — *Rivalité de la photographie.* — *Progrès de cet art.* — *Son importance immense.* — *Son influence excellente.* — *Son utilité pour remplacer les médiocrités en tous genres par des chefs-d'œuvre, sans faire tort aux chefs-d'œuvre de l'art.* — La photographie a donné des leçons à tout le monde, aux artistes et au public, et ce ne sont pas les artistes qui en profitent le moins. C'est à la photographie que les arts devront de rentrer dans les hautes régions de la pensée, leur vrai domaine. Quand on fera dès la première séance d'apprentissage ou quand on achètera pour quelques sous des imitations inimitables de toutes les scènes de la nature, les gens habiles, qui avaient du penchant pour le réalisme, renonceront à lutter avec la machine; ils ne lutteront plus qu'avec l'idéal. — Les procédés de la photographie sont imparfaits, ils se perfectionneront; on trouvera le moyen de transporter les épreuves sur pierre et sur métal, et ces dessins merveilleux, imprimés par les procédés ordinaires de la lithographie et de la gravure, n'étant grevés ni de droits d'auteur ni de frais de gravure, seront donnés pour presque rien et répandus dans toutes les mains. Allant au devant de cet avenir prochain, on demandera aux grands interprètes des vieux maîtres, à Henriquel Dupont, à Calamatta, à Mercuri, à d'autres burinistes bien connus, non plus d'excellentes gravures qu'ils creusent péniblement dans le cuivre avec leurs outils d'acier (dix années de fers pour chaque gravure), mais d'admirables dessins d'après les chefs-d'œuvre des plus célèbres galeries; dessins aussi finis, aussi brillants, aussi harmonieux que leurs gravures, mais qu'ils mettront deux ou trois mois à faire en compagnie de la fraîcheur de l'inspiration. Ces dessins seront photographiés, transportés sur cuivre ou sur pierre et donnés pour un prix modique à des milliers d'amateurs, heureux de posséder ainsi cinquante Henriquel Dupont au lieu d'un, cinquante dessins qui auront toutes les qualités éminentes de ses gravures, et, en plus, des qualités d'initiative personnelle qui percent dans la liberté de la touche, en nous délivrant des pauvretés, des minuties de pointillé, des résilles de hachures et des difficultés mesquinement vaincues, autant de défauts inhérents à la gravure. Vous voulez donc tuer cet art admirable? Non pas, je demande seulement grâce pour quelques hommes supérieurs. — La gravure à l'eau-forte et la lithographie sont une utile propagande quand elles sont l'expression animée et spirituelle de la pensée, et elles n'ont pas besoin d'encouragement quand elles sont traitées par des peintres de talent; cependant, d'honorables distinctions doivent s'associer aux applaudissements des amateurs. LA MUSIQUE. *Son développement et son avenir.* LES THÉÂTRES ET LA LITTÉRATURE. *Moyens d'associer leur prospérité à celle des arts.* L'INDUSTRIE. *Formes diverses, générales et particulières pour lui distribuer des encouragements.* EXPOSITIONS PERMANENTES, PÉRIODIQUES, UNIVERSELLES. Elles donnent aux artistes l'occasion de se produire, au public le moyen de comparer, à l'État un contrôle de l'opinion et le diapason des progrès. EXPOSITION PERMANENTE. L'inconvénient de tous les modes d'exposition est, pour le jeune artiste, d'exciter le désir naturel qui le pousse à se produire avant sa maturité, et pour les talents faits, pour les artistes supérieurs, de compromettre leur œuvre au milieu d'un fouillis d'œuvres disparates, sous les yeux de spectateurs distraits; mais ces inconvénients, inhérents à la chose, sont la chose même. — La permanence d'une exposition me semble utile, non pas par la raison qui fait qu'on la demande, qui fait qu'on l'accordera un jour, raison mercantile, mais par des motifs supérieurs. — Ne craignant rien de l'éclosion incessante et indéfinie des artistes, je sais cependant quelle foule de précautions et de soins, quelle charge elle impose, non pas charge d'âmes, mais charge de prétentions impuissantes, de luttes désespérées, malheurs passagers, il est vrai, et qu'on prend en patience, si l'on songe au refuge qu'offre l'industrie aux blessés des beaux-arts. — Doué de quelque facilité qu'il prend pour du talent, un jeune homme veut devenir artiste et il lutte avec les difficultés de l'art, ne pensant qu'à la difficulté de se produire, de se faire connaître, si bien qu'il croit n'avoir affaire, pour réussir, qu'à un seul obstacle: la publicité. Rendez facile cette publicité. Ouvrez des salles d'exposition permanente pour les ouvrages nouveaux; que chacun ait le droit d'exposer pendant deux mois ce qu'il a peint, dessiné, gravé ou sculpté, et quand, sans bourse délier, l'élève aura montré au public, dans les belles salles du Louvre, ce qu'il sait faire, si les tableaux et les statues lui sont renvoyés faute d'acheteur, il ne s'en prendra qu'à lui-même, la leçon sera complète, et d'un médiocre artiste mourant de faim vous aurez fait un excellent ouvrier à 20 francs par jour. Les marchands de tableaux, de statues et d'objets d'art modernes, ceux qui font consciencieusement leur métier, n'ont rien à craindre de l'exposition permanente, car les peintres et les sculpteurs dont les ouvrages se vendent couramment chez ces marchands verront bientôt qu'il leur manque au Louvre un intermédiaire intéressé à prôner leur talent, à mettre leur œuvre dans le meilleur jour et leur réputation sur le plus haut piédestal; ils verront bientôt que leurs petits tableaux, confondus et compromis au milieu de mille tableaux, sans un interprète, sans un protecteur, n'a aucune chance d'être remarqué par l'amateur craintif, indécis, soupçonneux et incapable de se former une opinion par lui-même, qu'il a même la mauvaise chance d'être fâcheusement commenté par quelque critique autorisé; alors ils déserteront l'exposition permanente, qui restera l'utile refuge des débutants, dont le nom est pour le marchand une signature sans valeur, des talents consciencieux qui cherchent leur chemin dans le dédale des voies tracées, et enfin des artistes sérieux qui dédaignent les succès faciles et poursuivent l'idéal dans les sujets poétiques ou religieux et dans l'histoire. Exposition périodique. Tous les deux ans les artistes seront convoqués à une exposition de leurs œuvres, et l'hospitalité la plus accueillante sera, comme par le passé, accordée aux étrangers. Je suppose dans le Louvre, terminé d'après le plan proposé par MM. Trélat et Visconti, les expositions se faisant dans une magnifique salle parallèle à la galerie des tableaux anciens, et en communication facile avec elle. Je vois alors le public des amateurs, et les artistes eux-mêmes, allant d'un tableau d'Ingres à un tableau de Raphaël, de l'*Orgie romaine* de Couture aux *Noces de Cana* de Paul Véronèse, de l'*Entrée de Trajan* d'Eugène Delacroix à la galerie de Médicis de Rubens. Croit-on que le public et les artistes ne trouvent pas là le vrai critérium, la saine comparaison, un obstacle salutaire aux engouements insensés, un stimulant puissant aux efforts généreux? Est-il à craindre que cette comparaison serve l'envie, jalouse des succès contemporains, heureuse de tout ce qui déprime et décourage? Ce serait mal connaître le vrai talent que de croire qu'on l'abat ainsi; bien au contraire, en face d'une critique loyale il trouvera de nouvelles forces pour la lutte, et, quant à la médiocrité, bien habile celui qui la découragera. Non, cette comparaison sera salutaire pour tous, pour les hommes de talent qui marchent dans la bonne voie et auxquels elle montrera le vrai but, pour les hommes de talent envahis par le mauvais goût et auxquels elle signalera l'écueil, pour le public enfin qui aura toujours à sa disposition, et pour ainsi dire sous la main, la vraie base de la saine critique. Le choix même du local indique que l'exposition sera très-restreinte. Avec une exposition permanente pour le commerce des tableaux, on peut n'avoir en vue, dans les expositions périodiques, que les progrès sérieux de l'école, son honneur et la gloire du pays. EXPOSITION UNIVERSELLE. Tous les cinq ans il y aura une exposition française des arts et de l'industrie; tous les dix ans, une exposition universelle. Dans ces solennités, et surtout dans la seconde, les arts seront associés à leur sœur l'industrie, et nous espérons voir se développer chaque jour davantage le rapprochement fraternel des arts entre eux et des nations entre elles. — *Classification nouvelle. — Distribution sur un plan différent. — Exposition de l'horticulture et des animaux, combinée avec les productions des arts et de l'industrie.—Intervention de la musique et de la littérature.* DU JURY. Toutes assises réclament de la justice la même protection.—On veut être jugé par ses pairs, être jugé publiquement. — Condamner un artiste à l'exil ou proscrire son œuvre est tout aussi grave aux yeux de ceux qui connaissent la susceptibilité du génie. — Dans l'impossibilité de réunir tous les artistes sur la place Louis XV, et de faire défiler devant eux plusieurs milliers d'œuvres d'art pour qu'ils décident entre eux et en commun de l'admission ou du rejet, il faut un jury. D'un autre côté, une exposition publique n'est ni un bazar de marchandises ni le tour des enfants abandonnés sans nom; c'est le complément de l'éducation des artistes et un ressort puissant pour le maintien du goût public. Il est donc bon que les professeurs de l'École et la classe des beaux-arts de l'Institut suivent, dans les expositions, les tendances des élèves et y maintiennent l'autorité de leurs principes, les y maintiennent toutefois sans pouvoir être excessifs dans leurs prédilections, abusifs dans leurs exclusions. Ce sont, par conséquent, deux éléments à combiner : la participation des artistes aux opérations du jury par voie d'élection, et le corps enseignant siégeant de droit; un nombre de voix égal accordé aux deux influences.—La publicité des opérations, garantie par un jury de

184 membres; ce chiffre se décomposant ainsi : 60 membres titulaires de l'Institut, 20 membres honoraires, 12 professeurs de l'École, 92 jurés élus par les exposants. — Le président ayant voix prépondérante. — Un seul jury pour toutes les opérations, car il importe de maintenir l'unité de vue dans toutes les décisions. — Les galeries d'exposition donnant un espace limité, on procédera par admission et rejet sur l'ensemble des œuvres d'art présentées; puis, dans une révision de celles qui auront été admises, on comptera les voix d'admission pour chaque œuvre, et, suivant que l'espace le permettra, l'Administration placera tableaux, statues et dessins, en suivant l'ordre d'admission. A la suite du catalogue sera publiée la liste des ouvrages admis et non placés : c'est une satisfaction donnée aux artistes qui ont approché du but, et en même temps un procès-verbal des opérations du jury. Tout doit être public dans ces graves assises; on écartera ainsi ce qui sent le conciliabule, le mystère et la coterie. — *Difficultés matérielles de ces votes par boules, vaincues dans notre assemblée législative. — L'obligation d'un rejet brutal fausse l'esprit de justice, l'admission conditionnelle permet l'impartialité. — Combinaisons différentes essayées. — Autres combinaisons proposées. — Leurs inconvénients. — Les membres du jury auront droit d'exposer deux ouvrages; ils soumettront les autres au jury. — Une commission, prise dans le jury, surveillera le placement. — Le jury d'admission, à l'exception des membres exposants, sera chargé de décerner les récompenses, l'une des opérations étant la conséquence de l'autre.* Les expositions de l'industrie ont leur jury d'hommes spéciaux pour toutes les questions de pratique, mais les œuvres de l'industrie ressortissent au jury des beaux-arts quand leur perfection les fait entrer dans ce domaine. — On s'est habitué depuis longtemps à juger les expositions des arts sans laisser trace des motifs qui ont dirigé les juges, et il s'est trouvé ainsi que les artistes, de tous les producteurs les plus intéressés à recevoir la direction de l'expérience, à connaître les règles qu'observent des juges compétents et qu'ils suivent dans leurs décisions, n'ont eu du jugement que l'arrêt sans connaître les considérants ni les motifs. — De même que la marche de l'industrie est signalée dans un rapport imprimé, de même aussi les tendances heureuses de l'École, ses déviations coupables devront être consignées dans l'introduction du rapport qui proclamera les récompenses. C'est une occasion naturelle pour le Gouvernement, et pour le ministre qui dirige plus spécialement les beaux-arts, de motiver son action, de justifier ses mesures, de jeter le blâme, d'accorder les éloges, de donner en un mot une signification à ces rencontres d'œuvres, à ce concours d'hommes de talent. C'est délicat et difficile, sans doute; mais une voix, que je suppose autorisée par l'expérience et l'érudition, est toujours avidement écoutée et sérieusement étudiée, quand elle porte avec elle l'initiative de toute protection. SOCIÉTÉS DES ARTS ET DE L'INDUSTRIE. *Historique. — La société d'encouragement. Son origine. Ses travaux. Elle se complaît dans une somnolence qui l'empêche de s'apercevoir qu'elle compte dans le mouvement général du progrès moins par son activité présente que par son an-*

cienne réputation, et il n'est pas sage de vivre trop longtemps sur ce fond. — Ranimer cette institution. — Reviser ses statuts. — Renouveler ses commissions. Chercher une combinaison pour la fondre dans le Conservatoire des arts et métiers, tout en lui conservant son principe d'association indépendante. — Utilité des associations des arts. — Leur immense développement en Allemagne et en Belgique. — La société des arts de Paris, la plus ancienne en date, a perdu son influence; la faire revivre. — Local spécial pour ses expositions. — Encouragements aux associations formées en province. — Les ériger, par grandes régions de la France, en sociétés unies, de manière à répartir leurs expositions dans le cours de l'année et à faire circuler dans chacune d'elles les œuvres d'art qui n'ont pas trouvé leur placement. L'État confierait à ces agences régionales ses meilleures acquisitions et ne placerait au Luxembourg, ainsi que dans les résidences, tableaux, statues, œuvres d'art et produits de l'industrie, qu'après leur avoir fait faire leur glorieux tour de France, au grand profit du goût public. — Ayant en vue cette marche triomphale de leurs œuvres, les artistes seront stimulés; et qu'on n'oppose pas la crainte des accidents : la Transfiguration, le Laocoon et tant d'autres chefs-d'œuvre ont voyagé de Rome à Paris et de Paris à Rome sans souffrir aucune altération. Les intermédiaires du commerce. La facilité d'écouler les productions d'un art facile est un inconvénient pour les caractères faibles et pour les convictions hésitantes; c'est un avantage pour les caractères de forte trempe, car tandis qu'elle ôte à ceux-là le goût des études sérieuses, elle offre à ceux-ci des ressources pécuniaires qui leur permettent de poursuivre les travaux sérieux, les projets de longue baleine. — *Nécessité des intermédiaires pour sauvegarder la dignité de l'artiste et lui épargner des pertes de temps.* — Les branches de l'industrie qui s'occupent des œuvres de l'intelligence demanderont désormais des gens intelligents et bien préparés à ces délicates transactions. On ne verra plus des Auvergnats descendre de leurs montagnes et accaparer, en dépit de leur grossièreté, le commerce des objets d'art; on ne verra plus des commerçants, quoique parfaitement illettrés, se mettre dans l'imprimerie ou trôner dans la librairie. Les artistes de talent qui ont cessé de produire entreprendront le commerce des tableaux et objets d'art, en même temps que des littérateurs émérites se mettront à la tête de l'imprimerie et de la librairie. Déjà une amélioration est sensible dans le commerce des objets d'art. Il manque encore à nos marchands le goût épuré qui exercera une bonne influence sur les artistes et sur leur clientèle; il manque surtout la passion, qui compatit aux insouciances financières de l'artiste, et l'honnêteté, qui ne spécule pas sur les misères du talent. Tout cela se réformera avec le temps : nous aurons non-seulement des hommes de goût parmi les marchands de tableaux, mais aussi des hommes de cœur. — L'industrie a, de son côté, ses intermédiaires, et il y aurait utilité à relever ce corps dans l'estime publique et dans sa propre estime. — *Les maisons de commission et les commis-voyageurs. — Les huit cents apôtres des arts et de l'industrie parisienne vont au loin vanter notre supériorité en écoulant leurs produits, en provoquant la demande, en étudiant les goûts, les tendances et les besoins. Sont-ils préparés à cette mission? N'y a-t-il pas une organisation à donner à ces utiles intermédiaires? — Études obligées. — Brevet de capacité. — Titre officiel.* — Rentrés à Paris, ne pourrait-on pas leur donner un point de réunion, en facilitant l'ouverture d'un grand club du commerce où ils trouveraient, avec les avantages propres à ces établissements, une bibliothèque, des collections de modèles en tous genres, des assortiments industriels, des lectures sur l'économie politique, des cours d'histoire dans ses rapports avec les arts et avec l'industrie? — *Un certain ensemble s'établirait entre ces membres disséminés d'un même corps, notre influence s'en ressentirait au dehors, en même temps que les influences utiles du dehors réagiraient sur notre fabrique. — Des exportations de la France. — Système douanier. — Des prohibitions. — Primes d'exportation assurées à la perfection des produits qui empruntent aux arts leur principal mérite. — Les négociants qui propagent au loin le goût français méritent cet encouragement.* — MARQUE DE FABRIQUE, POINÇON DE GARANTIE; TIMBRE DES IMPRIMÉS. La marque de fabrique est pour chacun la responsabilité de ses œuvres, et pour la France en pays étranger une caution de son bon goût. — *Le poinçon de garantie. Son origine. — Le pour et le contre.* — On maintiendra la garantie. Qui dit bijouterie française dit, dans le monde entier, belle et bonne bijouterie. Pour ceux qui ne s'attachent qu'à l'apparence extérieure de nos modèles, faites des bijoux doublés ou en cuivre doré, et luttez ainsi loyalement contre une concurrence déloyale. — *Les timbres.* On n'appliquera pas aux objets d'orfèvrerie ancienne de nouveaux timbres, aux journaux d'art et de littérature des timbres grossiers, aux livres destinés au colportage et aux voyageurs des timbres honteux qui les empêchent d'entrer dans toute honnête bibliothèque. — Les bonnes manières comme le bon goût s'étendent à tout : n'ayons en rien l'air d'un peuple de sauvages. — Quand le timbre est indispensable sur nos journaux ou sur nos livres, qu'il devienne un ornement. Un dessin d'Eug. Flandrin, gravé par Depaulis, et imprimé avec soin dans une place spécialement réservée, me semble plus digne du goût français que cette tache noire qui promène indifféremment sa marque graisseuse sur tout ce qu'elle rencontre, texte ou gravure. PROPRIÉTÉ DES ŒUVRES DE LA PENSÉE. LITTÉRATURE ET BEAUX-ARTS. *Histoire de cette nouvelle propriété. Elle a été inconnue à toutes les grandes époques de la civilisation.* — Digne fille de notre siècle, elle n'est pas née dans l'atelier d'un artiste, mais dans le cabinet d'un homme d'affaires : c'était une position à prendre. — Assimiler la propriété du génie sur ses œuvres à la propriété d'un paysan sur la récolte de son champ est une idée prosaïque qui n'avait encore traversé l'esprit de personne. L'artiste, qu'il soit poëte, peintre ou musicien, architecte, sculpteur ou mécanicien, a reçu du ciel son génie, dont vous faites une propriété; il ne l'a pas acquise, il n'en a pas hérité de son père, qui ne la possédait pas, et comment l'exploite-t-il? Au milieu des rêves de gloire les plus doux, dans une existence remplie d'illusions qui valent le bonheur, remplie aussi de luttes qui ne sont pas si pénibles, puisqu'elles restent dans les souvenirs du vieillard comme les plus heureux jours de la vie, il crée des chefs-d'œuvre. Il crée! Vous que le ciel a doués du génie, dites donc à ces gens d'affaires le bonheur qui s'attache à cette faculté émanée de Dieu, à cette puissance qui frappe du pied le néant et en fait jaillir la pensée réalisée. L'œuvre est créée, la foule admire et bat des mains, le nom de l'artiste passe de bouche en bouche, l'artiste lui-même est acclamé, porté en triomphe, salué avec étonnement et respect partout où il se présente, décoré à l'égal des guerriers qui ont donné leur sang à la patrie, élevé sur les chaises curules, à côté des hommes que le peuple nomme ses bienfaiteurs, et, quand l'œuvre est ainsi magnifiquement rémunérée, vous voulez la comparer à la récolte du paysan, et permettre à l'artiste d'en disposer à son gré, au même titre que le paysan dispose de son blé; mais le malheureux cultivateur, quand il a arraché à la terre, au prix de ses sueurs, une récolte précaire, quand il l'a sauvée des atteintes de la grêle, de la pluie, des rats et des insectes, quand il l'a partagée avec le percepteur des impositions, qu'ajoutera-t-il à son gain? Rien au monde. C'est bien sa propriété, car c'est l'unique rémunération de son labeur; la moisson du génie est tout autre, et vous le savez bien. — Prenez-y garde, dirai-je aux artistes et aux poëtes, vous serez les premières victimes de votre mercantilisme. J'achète un tableau ou une partition, je fais faire une statue ou une maison, je souscris l'obligation de jouer sur la scène ou d'éditer, sous forme de volume, une œuvre littéraire : que l'auteur réfléchisse avant de conclure, car, puisque l'art est une marchandise, je ne veux pas qu'on me trompe sur la marchandise livrée; demain, je vous envoie un huissier, vous, le peintre, pour avoir mis dans un autre tableau un groupe de figures qui était dans le mien; vous, le musicien, pour avoir reproduit une mélodie qu'il est bien facile de retrouver dans ma partition, quelque soin que vous ayez mis à la dissimuler; vous, l'architecte, pour avoir placé dans l'entablement de mon voisin les ornements dont vous m'aviez vanté la nouveauté en décorant ma maison; vous, enfin, le sculpteur, qui savez ce que valent les idées, puisque vous en avez si peu, pour avoir donné à une autre statue la pose que vous m'avez vendue. Vous aurez beau prétendre que l'art est libre, qu'on ne peut enchaîner votre imagination, proscrire les réminiscences, assimiler des idées semblables qui diffèrent par le changement de la situation, j'établirai que vous tous vous m'avez trompé, et le tribunal vous condamnera comme des voleurs. — *La propriété intellectuelle est un fait admis. Son extension illimitée est abusive. — Combinaison d'une propriété intellectuelle avec facilité de rachat par l'État, après avis motivé du conseil d'État et pour cause d'utilité publique.* Récompenses. *Comment les artistes ont été récompensés dans l'antiquité; — au moyen âge; — à l'époque de la Renaissance; — au siècle de Louis XIV. — L'artiste a besoin de la feuille de laurier : les uns la portent à la boutonnière, les autres devant leur nom, celui-ci la dore, celui-là la met dans son pot au feu; que tous puissent l'espérer, que les plus méritants l'obtiennent. — L'ordre de la Légion d'honneur associe les services civils aux services militaires, le talent de l'artiste à celui de l'administrateur et du général : — c'est une grande pensée. — Une seule distinction honorifique ne suffit pas; en imaginer une autre qui l'égale sans l'amoindrir.* — On instituerait une croix du mérite à deux degrés: l'un, le second degré, sous forme de médaille; l'autre, le premier degré, sous forme de croix. La médaille serait donnée par le Gouvernement en nombre illimité aux artistes et aux industriels de tous les pays, soit directement, soit sur le rapport motivé des inspecteurs des beaux-arts, des agents diplomatiques et des consuls. La croix serait également distribuée par le Gouvernement, mais seulement jusqu'au nombre de deux cents. Ensuite, chaque extinction serait annoncée par la voie des journaux, et chaque porteur de la médaille déposerait à sa mairie, et en pays étranger, chez l'agent français, un bulletin portant le nom de son candidat à la croix du mérite. L'espace de temps reconnu nécessaire pour parcourir les plus grandes distances étant écoulé on proclamerait le résultat de ce concours universel. La croix du mérite ainsi obtenue par l'acclamation de plusieurs milliers de votants, représentant sur l'étendue du monde entier les juges compétents en matière d'art, serait certes la plus enviée des récompenses, et la seule qu'une femme pût honorablement accepter. Le ruban qui brille sur l'uniforme du soldat comme le signe de l'honneur serait trop souvent sur la robe de la femme la tache de son déshonneur; mais une faveur qu'on obtient de dix mille personnes dispersées dans le monde entier ne saurait effrayer la susceptibilité la plus ombrageuse, et honorerait aussi bien Rosa Bonheur qu'Horace Vernet. Si le caractère populaire de cette distinction en est le principal mérite, on cherchera dans ce même élément tout ce qui peut servir de stimulant pour nos artistes, tout ce qui peut rendre l'enthousiasme à nos populations et la vie à nos départements. — *Ovations faites aux grands artistes. — Récompenses votées par souscription. — Statues érigées par les villes aux artistes célèbres qui y sont nés. — L'État associera son concours moral aux manifestations publiques d'un sentiment généreux.* — C'est relever les arts et les artistes que de les prendre au sérieux jusque dans les jeux de leur imagination, jusque dans l'enfantillage de leurs enthousiasmes. On leur inspire une haute idée de leur mission, on leur donne l'ambition de bien faire en s'intéressant ou en paraissant s'intéresser à leurs projets, à leurs travaux. Mais où ils ont le plus besoin d'assistance, c'est dans leur vie privée. Comme tous les autres hommes, les artistes ont l'esprit et les tendances morales de leurs relations. L'instruction développée, les principes d'honneur et de moralité, les bonnes manières, sont le vrai cortége du talent. Ils font de la vie le miroir de l'art, ils mettent au même niveau la dignité du talent et la dignité de l'homme. — Dans les arts, comme dans les lettres, la vulgarité de la pensée produit la vulgarité du style. L'art est si chaste qu'il trahit lui-même ses intentions à première vue. Comme la jeune fille qui rougit sans le vouloir, l'art accuse ses mauvaises tendances en dépit de tout ce qu'il fait pour les dissimuler. Élevez vos pensées, maintenez votre cœur dans les hautes régions, comprenez toutes les passions nobles; autrement l'âne montrera les oreilles sous la peau du lion, la lasciveté percera sous la grâce, l'obscène sous la passion. L'histoire des peintres est remplie de ces exemples d'un art qui s'épure quand la conduite se limpidifie, d'une pensée qui s'élève quand le corps se redresse, du génie qui s'éveille quand les instincts et les passions d'en bas sommeillent. — *État social des artistes en Grèce.* — Socrate, Platon, Aristote, parcouraient les ateliers et jetaient dans l'âme des artistes les idées, les conseils, les critiques, selon que l'œuvre les comportait. Ces artistes vivaient dans la palestre et sur les places publiques, en familiarité avec la classe la plus distinguée. A l'époque de la Renaissance ils furent traités avec des prévenances au moins égales. Raphaël a dû l'élégance de ses types à une noblesse native assistée d'une noblesse de relations sociales; Titien, Velasquez, Rubens, transmirent aux personnages de leurs tableaux une distinction qu'ils avaient adoptée eux-mêmes, qu'ils s'étaient incorporée en vivant avec les princes, les seigneurs et la haute société. Si j'ai placé au début de la carrière et dans l'École des cours de littérature et d'histoire, on ne s'étonnera pas que je réserve aux artistes, pendant leur carrière active, les heureux effets du contact avec les hommes d'élite dans tous les genres. Des allocations seront données comme frais de représentation aux secrétaires perpétuels de l'École et de l'Académie des beaux-arts à Paris, aux directeurs du musée du Louvre, du musée de Cluny, des conservatoires de musique et des arts et métiers, des archives générales, de nos grandes bibliothèques, du muséum d'histoire naturelle, du théâtre Français et de l'Opéra. Les hauts fonctionnaires qui dirigent ces établissements ou ces institutions appelleraient autour d'eux les artistes de talent dans ces heures du soir où ils ont besoin de repos et de distraction, et ils les mettraient en rapport avec les hommes remarquables dans les lettres et les sciences, avec les hommes les mieux placés dans la haute société, avec les fonctionnaires de tous rangs et le monde officiel; les acteurs et les actrices, les chanteurs et les cantatrices en renom, eux-mêmes invités, viendraient dans ces soirées réciter les plus beaux passages de nos auteurs, chanter les plus délicieux morceaux de leur répertoire; de temps à autre, un voyageur y ferait le récit de ses aventures; un poëte, la confidence de ses inspirations; un esprit ingénieux, la description de ses inventions. Les artistes étrangers se rencontreraient avec les nôtres, tous ensemble avec les artistes amateurs, gens du monde, dont les conseils ont du bon et qui servent d'intermédiaire avec les riches amateurs. PREMIÈRE ET SECONDE ACADÉMIE DES BEAUX-ARTS. Cet accueil fait à l'artiste dans le monde pendant la partie brillante et populaire de sa carrière nous conduit aux deux refuges offerts à sa vieillesse : dans l'un il trouve la gloire, dans l'autre une douce sociabilité et un abri. — *La quatrième classe de l'Institut ou première Académie des beaux-arts. — Son histoire depuis la Révolution. — Son influence modifiée. — Ses lacunes.* — Elle se compose de 40 membres titulaires et de 10 membres libres. Ces chiffres ne répondent pas à l'extension que les arts ont prise dans la vie civile, à l'importance qu'ils ont acquise dans la vie publique, à l'augmentation du nombre des artistes, au fractionnement des différents genres. L'Académie des sciences compte 63 membres titulaires et 10 membres libres; l'Académie des beaux-arts a le droit de prendre plus d'extension encore. — *Répartition des 60 membres de l'Académie des beaux-arts.* — 1re section. Peinture. 20 membres au lieu de 14. — *Motifs de cette augmentation.* — 2e section. Sculpture. 12 membres au lieu de 8. — *Motifs.* — 3e section. Architecture. 14 membres au lieu de 8. — *Motifs.* — 4e section. Musique. 8 membres au lieu de 6. — *Les deux nouveaux membres choisis parmi les grands facteurs d'instruments et parmi les musiciens érudits et archéologues.* — *Motifs.* — *Académiciens amateurs.* — 20 membres libres au lieu de 10. — *Motifs.* — Deux secrétaires perpétuels : l'un représentant l'art vivant et militant; l'autre, les traditions et l'érudition; l'un comprenant dans ses attributions l'enseignement des arts et la direction de l'École, l'autre ayant sous sa direction les travaux d'érudition. — Alors le dictionnaire des beaux-arts ne restera plus un mythe et d'autres ouvrages sur les arts émaneront de la compagnie qui a été instituée pour les produire et qui est composée des meilleurs éléments pour leur donner l'autorité. — *La chapelle du collége Mazarin rendue au culte.* — *Une nouvelle salle des séances dix fois plus grande.* — *La séance de la distribution des prix se tiendra en face des ouvrages qui les ont remportés.* — *La première Académie des beaux-arts est l'asile glorieux des grands talents.* — SECONDE ACADÉMIE DES BEAUX-ARTS. J'ai montré comment l'ancienne Académie royale de peinture et de sculpture s'était formée d'un compromis avec l'ancienne maîtrise, et conservait de la vieille institution des métiers un élément libéral et un excellent esprit de camaraderie. Après sa destruction par le haineux David, après un interrègne, la nouvelle Académie des beaux-arts a été composée en changeant radicalement le vieux règlement et en faussant le bon esprit de la confrérie. Les 40 académiciens sont désormais sans lien et en hostilité permanente avec le corps entier des artistes. La réputation des talents les moins contestés en souffre, leur influence y perd, leur enseignement est lui-même mis en suspicion. C'est que l'Académie des beaux-arts est trop isolée. Au lieu d'être le sommet d'une suite de degrés, c'est une forteresse que l'on regarde avec révolte et qu'on attaque pour en forcer l'entrée. Faisons-en un noble asile et qu'on y accède, comme à l'Acropole d'Athènes, par un escalier large, majestueux, facile. Trouver un moyen de renouer le lien de camaraderie et de rétablir l'harmonie des bons sentiments. — Les médecins et chirurgiens ont leur classe à l'Institut et leur académie particulière; les artistes useront du même droit. — *Création d'une seconde Académie des beaux-arts.* — *Composition, but et moyens d'action.* — Cette seconde académie serait en même temps une réunion sociale et une association fraternelle. — Les membres de l'Institut y entreraient de droit et se partageraient la moitié des places du conseil d'administration, qui serait l'équivalent du corps des officiers de l'ancienne académie; l'autre moitié élue par les sociétaires. J'entrevois déjà dans ce rapprochement et dans les contacts fréquents qu'il produira une influence utile. Les femmes artistes, les amateurs et les artistes engagés dans l'industrie pourront être nommés membres de cette seconde académie, en fournissant, comme les autres membres, deux patrons garants de leur talent, et une œuvre d'art qui restera la propriété de l'Académie et formera son musée. — *La bibliothèque.* — *L'amphithéâtre des études.* — *Les salles des cours et lectures.* — *Les vastes salons pour les réunions.* — *La galerie des tableaux et statues.* — Cette seconde académie sera en outre une association charitable. Tout concourt à embellir la jeunesse de l'artiste, tout conspire contre sa vieillesse : au début de la vie, les rêves de l'ambition, l'amour de l'art et les distractions de l'étude; dans l'âge mûr, la fièvre de la production, les succès de l'amour-propre, la gloire même, qu'elle se traduise par des couronnes ou par des croix, par le murmure des journaux et de la foule ou par les attentions flatteuses du grand monde. Arrivent la vieillesse, la débilité, l'impuissance, les infirmités, et toutes ces charmantes illusions s'envolent comme autant d'oiseaux de passage qui partent à l'approche de la mauvaise saison; tout fuit, et l'artiste reste au milieu du silence et de l'abandon, sans famille, sans amis, en face d'une réputation contestée par les nouveaux venus et d'une misère incontestable, seul résultat de cette vie de poétique insouciance, de noble prodigalité, d'entraînements séduisants. Quand l'artiste est jeune, s'il dévie, vous le remettez dans la bonne voie; quand son talent est mûr, vous lui donnez les occasions de l'exercer; mais que faire pour l'homme de génie, dont les œuvres ornent les musées publics et les palais du chef de l'État, sont couverts d'or dans les ventes, et font la fortune de ceux qui les possèdent, tandis que lui-même meurt de faim dans la misère et dans l'oubli? Je lui donne de l'argent, répondra la routine. Est-ce assez? Est-ce tout? Et cet argent, comment le lui donnez-vous? Il faut que l'homme, fier de ses succès, consente à venir vingt fois attendre dans l'antichambre d'un chef de bureau une audience qui se résume par un arrogant : *Nous verrons.* Ce n'est ni digne de l'artiste ni digne de la France. Je ne veux rien ôter à la dotation des invalides, aux pensions militaires de la Légion d'honneur; mais je demande que tous ceux qui combattent pour l'honneur de la France aient part à ses sacrifices comme à sa reconnaissance. Je vous demande une dotation de 200,000 francs, et de ne pas vous immiscer dans sa répartition. Un gouvernement, un ministre, des bureaux, sont de mauvais conducteurs de cette chaleur du cœur qui est la charité; ils n'ont ni sa délicatesse ni ses hardiesses. Laissez faire les associations fraternelles, et la seconde académie des beaux-arts sera la meilleure de ces associations et la mieux placée pour faire le bien. Avec ce budget de charité et les legs généreux qui viendront le grossir, avec les cotisations personnelles, la seconde académie des beaux-arts donnera des secours, payera des pensions, escomptera aux artistes les billets du commerce, fera des prêts sans intérêt, manière noble de donner à des gens que le malheur empêchera de rendre, et plus encore elle sera pour la nombreuse classe des artistes sa chambre, son syndicat, son conseil de prud'hommes, et aussi son conseil de famille, portant à tous la sollicitude d'une mère vigilante. Publicité. Pour couronnement à cette réorganisation des beaux-arts, la plus large publicité. — Un organe spécial. — Une bonne protection des arts double son influence quand elle fait connaître les principes qui la dirigent. On ne négligera aucune occasion de les exposer dans des instructions adressées à tous les agents, dans les solennités, les concours et les distributions de prix. On publiera en détail les commandes faites aux artistes, en expliquant le but de la décoration, en motivant le choix de l'artiste, et aussitôt que ces travaux seront exécutés, on publiera un rapport raisonné sur chacun d'eux, accompagné de gravures et de photographies, signalant les œuvres supérieures en même temps que celles qui accuseront la négligence des artistes. Il faut que le public soit mis dans cette confidence pour comprendre les faveurs accordées aux uns, l'exclusion qui frappera les autres. — Quand cette organisation fonctionnera tout entière, quand les voiles, remplies de ce souffle protecteur et vivifiant, auront poussé le navire en pleine mer, et qu'il pourra, sans autre pilote, tendre aux régions bienheureuses qu'on voit poindre à l'horizon, il sera temps alors de supprimer cette direction spéciale des beaux-arts et de rattacher ce rouage, désormais peu compliqué, au ministère de l'instruction publique, qui deviendra le ministère de l'intelligence. En effet, l'éducation publique comprendra tout ensemble la formation de la morale, de l'esprit et du goût : la morale par la religion, l'esprit par les lettres et par les sciences, le goût par les arts. Comprendre l'Évangile, Virgile ou Newton et Raphaël, devenir une des gloires de la France par l'éloquence de la chaire, par les découvertes de la science, par les chefs-d'œuvre des lettres et des arts, c'est puiser à la même source, c'est se ranger sous une même bannière.

MAINTIEN DU GOÛT PUBLIC PAR L'ÉLOIGNEMENT DE TOUT CE QUI OFFENSE LE BON GOÛT.

Les symptômes d'un abaissement du goût public se manifestent de toutes parts et frappent les yeux les moins clairvoyants ; il est évident, pour tout esprit réfléchi, que la génération actuelle s'entretient dans le mauvais goût, parce que l'État et l'édilité des grandes villes ne s'occupent pas assez d'écarter de ses yeux ce qui blesse le bon goût. — La foule ainsi pervertie est le plus pitoyable des juges, tandis que la foule, préparée par la vue des chefs-d'œuvre de l'art et par un commerce familier avec le beau, devient un juge bienveillant, parce qu'il est enthousiaste, et sévère, parce qu'il a le droit d'être exigeant. — On ne peut tout d'un coup détruire le laid et le mauvais, mais il suffit de placer sous les yeux du public le beau à côté du laid, le bon en regard du mauvais, pour épurer son goût. — Les orgues de Barbarie, les temples des pâtissiers, les fleurs en coquille et les paysages en bouchons pervertissent le goût, quand la bonne musique ne se fait entendre nulle part, quand il ne s'élève pas de monuments de l'art le plus pur, quand le luxe des fleurs et les beautés de la campagne ne sont pas à la portée du public; mais quand il possède ces éléments du bon goût, non-seulement il dédaigne les imperfections de l'art, mais s'il entend à l'Opéra un motif vulgaire traînant au milieu de fades fioritures, il s'écriera que cela ressemble à un air de pont-neuf joué sur un orgue de Barbarie; s'il voit un déplaisant édifice sortir de terre avec la rapide croissance d'un champignon malsain, il établira une différence entre l'architecture sensée, pure et distinguée, et une architecture qui semble un habit d'arlequin et une débauche de sculpteur; en voyant l'un, il pensera aux assiettes montées des pâtissiers et à leurs monuments en nougat, mais il ne fera cette différence que parce qu'il a vu les autres. — Les Français doivent vivre dans la bonne compagnie des grandes choses. Comme un père fait taire les conversations qui blesseraient les oreilles de ses enfants; comme une âme délicate recherche les sentiments distingués et s'effarouche des tendances basses; comme une personne bien élevée n'attire dans ses salons et dans son intimité que ses égaux en éducation et en bon ton, ainsi l'État doit agir pour la nation. Il l'entourera des chefs-d'œuvre de l'art, il écartera de sa vue les produits de la médiocrité, afin que le peuple s'imprègne, sans s'en apercevoir, par habitude et par imitation, de toutes les tendances élégantes qui lui ont fait cortége. — A la campagne, disait une femme d'esprit, on devient laid et bête. Le public français ne doit pas vivre dans ce sans-gêne de la toilette et de l'esprit dont on prend l'habitude à la campagne; il doit être continuellement stimulé par le devoir de représenter un grand public. — Pourquoi l'Italie, si déchue, a-t-elle un grand goût; pourquoi, lorsqu'il s'agit d'ouvrir une place, de disposer un jardin public, d'organiser un musée, la conception ne sera-t-elle jamais mesquine, si même l'exécution pèche par le détail? C'est que le public a sous les yeux les grandes ruines, comme les Grecs avaient leurs grands morts, et il mesure chaque chose à leur taille. — L'État évitera le médiocre comme étant d'un mauvais exemple; il proscrira le mauvais comme immoral et attentatoire au goût public; il provoquera partout l'éclosion du beau, non pas mystérieusement, au fond du sanctuaire, mais à la portée de chacun, sur le passage de tous, gens d'affaires, de loisir ou d'étude. S'il faut choisir entre le médiocre et le laid, on acceptera le laid qui fait valoir le bon et le beau, qui y ramène les esprits trop amoureux de nouveauté et que la fatigue surprend; le médiocre, au contraire, séduit la foule; il affadit, émousse et amollit les sentiments les plus vifs et les plus décidés. Le laid, comme le beau, est un extrême et une aspérité; le médiocre est un niveau qui ramène tout à la même platitude. Avec le beau, avec le laid, on se sent, on s'explique, on se voit passer et l'on se juge; avec le médiocre, on s'engourdit, on s'endort et on s'hébète dans un sot contentement de soi-même. — Encore une fois, on écartera à tout prix le médiocre. — Pour maintenir le goût public, l'État a besoin de faire usage de tous ses moyens d'action, de tous les modes d'influence : 1° les musées, les bibliothèques et les cours publics; 2° les publications à bon marché; 3° les spectacles; 4° les exercices gymnastiques; 5° les promenades dans les jardins et parcs; 6° l'érection de monuments; 7° l'embellissement de la voie publique; 8° les solennités et les fêtes; 9° les splendeurs d'une cour.

MAINTIEN DU GOÛT PUBLIC PAR LES MUSÉES, LES BIBLIOTHÈQUES ET LES COURS PUBLICS.

La grande majorité ne peut étudier qu'en regardant; les gens qui lisent dans les livres, les gens qui écoutent les cours publics, sont la minorité et l'exception. Les musées forment donc de puissants auxiliaires du goût. — Le sculpteur Corot, apprenant à Rome, en 1815, qu'on dépouillait nos musées, s'écria: Où donc irai-je me promener le dimanche? La population parisienne, sans avoir fait le *Soldat de Marathon*, ne parlerait pas autrement. Les musées sont ses promenades. Embellissez-les, rendez-les-lui chaque jour plus attrayants et plus instructifs. — Les musées sont les bibliothèques de l'art et une part importante de son enseignement, mais ils ont les inconvénients des bibliothèques : amas écrasant pour l'esprit, décourageant au cœur, produisant sur le goût le même effet qu'une surabondance d'aliments sur l'estomac, et dépravant le sens de l'admiration, en raison directe du nombre des chefs-d'œuvre rapprochés et juxtaposés. — Ordre méthodique dans la classification des collections. — Les artistes, les gens d'imagination et de goût, ont senti le froid, le vide, le monotone des classements érudits; ils ont réagi contre cette impression par le pittoresque factice, et le musée de Cluny a conservé de son fondateur cette tendance très-marquée. Elle peut être de mise dans une collection particulière; elle ne devrait pas se faire sentir dans un musée public. — Si M. Naudet avait demandé à feu Curtius les figures ressemblantes des savants illustres dans leur vrai costume, et les avait entourées de leurs œuvres, ainsi que des livres de leurs contemporains, au lieu d'aligner tous les volumes par matière et par format dans les longues galeries du palais Mazarin, il aurait conjuré l'impression lugubre que produit la vue de ces grandes nécropoles de l'esprit humain; mais qui voudrait tolérer de semblables pasquinades? — Les collections sont ce qu'elles sont et ce qu'elles doivent être : les ressources méthodiques et commodes de l'érudition. — Il s'ensuit qu'un musée ne doit s'augmenter ni outre mesure ni aux dépens des jouissances que les chefs-d'œuvre de l'art nous réservent au lieu même de leur destination première. — Les Grecs n'avaient pas de musées, leurs villes tout entières étaient des musées. Nous devons tendre à cette bienfaisante manière de goûter les arts et faire descendre tous les jours davantage nos musées dans la rue. Qu'est-ce qui fait que Paris et la France peuvent prendre en dédain les efforts de magnificence de Londres, de Saint-Pétersbourg et de New-York, de l'Angleterre, de la Russie et des États-Unis? C'est que l'art offre aux passants, dans les rues de Nîmes, la Maison carrée et les Arènes; sur la grand'route, le pont du Gard et l'arc de triomphe d'Orange; dans vingt villes, les cathédrales et les églises : partout disséminés, les châteaux; et à Paris, la Sainte-Chapelle, le Louvre, la fontaine des Innocents, la porte Saint-Denis, les Invalides, la place Louis XV et la fontaine de Bouchardon. — Ce grand musée du dehors prescrit la modération au musée du dedans. — Réunir sans accaparer, composer savamment sans entasser. — Des œuvres mortes gagnent à être mises en évidence dans un musée : elles y trouvent une nouvelle vie et deviennent un enseignement public ; d'autres œuvres sont vivantes dans la pleine lumière du ciel et au grand air : elles s'attristeraient renfermées ; ne détruisez pas leur utile influence. — La capitale est riche en collections publiques ; elles devraient s'aider mutuellement, et elles se nuisent. — Répartition meilleure, échanges autorisés entre collections publiques ; vente, même celle des doubles, rigoureusement interdite. — Le cabinet des antiques transporté au Louvre. Vases grecs et étrusques, terres cuites, bronzes, intailles et camées répartis dans les collections ; les médailles formant, avec leur bibliothèque spéciale, un département distinct, quoique lié intimement avec tout l'ensemble des richesses du Louvre. — Le cabinet des estampes également transporté au Louvre pour mettre ses 15,000,000 de pièces en rapport avec les tableaux des maîtres, à proximité des objets d'art de tous les genres. Cette collection conservera aussi sa bibliothèque spéciale. — Autres déplacements moins importants, mais tout aussi logiques. — Le Luxembourg. Ce musée peut être placé en première ligne, parce que c'est moins une collection qu'un vestibule du Louvre, sorte de limbes où des âmes généreuses attendent que s'ouvrent pour elles les portes d'une gloire incontestée. — Combinaison excellente, tribune éloquente qui proclame l'illustration de chaque artiste au milieu de ses pairs et l'expose à la critique de ce grand juge qu'on appelle le public. Obtenir de placer son œuvre dans ce musée des contemporains, c'est l'ambition de la jeunesse et le plus noble stimulant ; dans la longue et triste vieillesse, c'est une consolation, car de temps à autre le public envoie à l'artiste, dans la retraite que lui impose son impuissance, un bruit flatteur d'approbation persévérante et comme le refrain des mélodies glorieuses de la jeunesse. Il jouit même quelquefois de retours inattendus de popularité ; aussi, de loin en loin, à l'heure la plus solitaire et bien timidement, va-t-il revoir l'œuvre exposée, et comme en lisant la correspondance d'une personne aimée, il se rajeunit à la vue de ce passé, au souvenir des anciennes émotions. — Classification par salles réservées à un maître, Ingres, par exemple, ou Picot, ou Cogniet, ou Rude, entourés de leurs élèves. — Le musée du Luxembourg n'est pas assez vaste. Il pourrait admettre, sans faire déchoir la récompense, un plus grand nombre d'artistes, et il devrait donner place aux œuvres d'artistes éminents de l'étranger. Qui n'aimerait à voir un Overbeck à côté d'un Orsel ; un Cornelius, un Kaulbach, en regard d'un Ingres ; un Lessing, un Gallait, un Bendemann, près d'un Paul Delaroche ; un Mulready en pendant d'un Decamps, un Grant dans le voisinage de Rosa Bonheur, et les Millais, Leys, Willems, Knaus, Stevens, mis en rapport fraternel avec nos artistes dans le même asile glorieux, sous le même toit hospitalier ?

— Rapprochement instructif et moral, en même temps qu'honorable pour tous. — Le Louvre. Notre musée est battu par toutes les collections publiques. Il est surpassé en tableaux de Raphaël par Rome, Madrid et Dresde; en œuvres du Corrége, par Parme; en Bellin, en Titien, en Giorgione, en Paul Véronèse, par Venise; en tableaux hollandais, par La Haye; en flamands, par Munich; en Albert Dürer, par l'Allemagne; en marbres antiques, par le musée Britannique; en bronzes, par Naples; en terres cuites, par Rome; en vases peints, par Berlin; en bijoux antiques, par Saint-Pétersbourg; et, malgré tout, le musée du Louvre est le plus riche musée du monde, parce qu'il est le mieux pondéré et le plus complet sur tous les points. — L'histoire de l'art y est tout entière. — Lui conserver ce caractère éminent et ce rare mérite. — Directeur de musée. Qualités requises pour ces délicates fonctions — Budget. Un fonds fixe, pouvant se reporter d'une année sur l'autre, avec autorisation d'engager plusieurs exercices. — Occasions qui, faute d'un budget fixe et élastique, nous ont échappé depuis quarante ans. — Ces fautes font saigner le cœur, car elles ne sont pas de celles qu'on répare. Tous ces chefs-d'œuvre de l'art, tous ces monuments uniques de l'archéologie, qui auraient pu servir aux progrès des arts et des études érudites, sont désormais immobilisés dans les collections publiques de l'étranger. A elle seule, l'Angleterre a créé, dans ces dernières années, avec une dépense de cinq ou six millions sagement répartis sur quarante exercices, son admirable musée Britannique. — Acquisitions dans les ventes. — Acquisitions directes. — Missions d'agents experts. — Voyages au loin. — Fouilles en Italie, en Grèce, en Orient. — Collections entières qu'on peut acquérir immédiatement et payer par annuité : Campana, Gerhardini, etc. etc. — Balance à tenir entre les intérêts de l'art et ceux de l'archéologie, entre les jouissances du public et son instruction. — Lacunes à remplir. — Compléter les écoles qui ont exercé une grande influence. — Acquérir des tableaux qu'on doit trouver dans un musée, uniquement parce qu'on ne les trouve pas ailleurs, et qu'ils sont nécessaires autant pour étudier l'histoire de l'art que pour contrôler les œuvres qui se rencontrent dans le commerce. — Personnel. Trois grandes divisions: 1° l'antiquité; 2° le moyen âge et les temps modernes; 3° la peinture et les dessins. Un conservateur à la tête de chacune d'elles, ayant sous son autorité autant de conservateurs adjoints que l'exigent les spécialités des collections et les travaux. — Dispositions et classement. Les collections doublent de valeur et d'utilité par l'arrangement. — Tableaux. — Éclairage. — Juxtaposition des cadres. — Monotonie des ouvrages d'un même maître quand ils sont réunis. — Classement chronologique des tableaux dans une même école. — Titien peut être réparti dans l'école vénitienne; depuis le commencement du xvie siècle jusqu'à la fin (1477-1576), il participe de l'influence que sa manière subit et de celle qu'il exerce sur ses contemporains. — Sculpture. Les fragments laissés dans leur condition et avec le caractère de fragment. Les restaurations rejetées. L'artiste ne s'y trompe pas, mais le public est trompé: là est le mal. — Vases. — Bronzes. — Dispositions nouvelles. — Murs ornés de fresques représentant les pays mêmes d'où les objets proviennent. — Salles consacrées à des expositions accidentelles. Un jour, on y réunira toutes les œuvres de Prud'hon que les particuliers et le Louvre possèdent; un autre jour, on fera appel aux heureux possesseurs des Le Sueur, des Largillière, des Greuze. — Une fois, on fera une exposition de belles miniatures; une autre fois, ce sera le tour des brillants émaux, des charmants pastels, des dessins de vieux maîtres ou des aquarelles de grands artistes. — Les conservateurs feraient des lectures sur ces expositions. — Ce n'est pas d'une grande portée, mais c'est de la vie, un galvanisme innocent et actif, introduit dans ces froides galeries. — Les recherches érudites sont provoquées par ces rencontres; l'attention excitée par ces nouveautés, l'art redevient un sujet de préoccupation publique et de discussion. On en parle au salon, on en cause au foyer domestique. — Parfois aussi on exposerait dans ces salles une collection entière proposée à l'acquisition. Le Gouvernement puiserait dans l'assentiment public une force et une excuse pour demander à la Chambre les crédits nécessaires. — Enseignement des musées. Cet enseignement se produit de quatre manières : 1° en montrant les collections; 2° en les donnant à copier; 3° en les décrivant dans des catalogues et en les reproduisant par la gravure; 4° en les commentant dans des cours publics. — Catalogues. Pour chaque collection, un catalogue méthodique et détaillé; pour l'ensemble du musée, un catalogue général donnant l'aperçu de toutes les collections, sous la forme d'une histoire générale et populaire de l'art. Dans ce résumé, on ne décrirait qu'un millier d'objets, dont on donnerait la représentation habilement rendue et finement gravée. Ces perles du Louvre auraient un numérotage d'une couleur distincte et porteraient, en outre, une description tracée au bas du cadre ou sur le piédestal. On ne saurait donner trop de facilité à l'instruction de ceux qui ne trouvent pas, faute de savoir chercher, ou qui ne cherchent pas, faute de pouvoir trouver. — Les catalogues mis à plus bas prix. — La perte du Trésor est compensée par une plus-value d'instruction et de bon goût dans le public. — Atelier de photographie établi au Louvre pour la reproduction de tous les objets d'art des collections publiques. — Deux parts à faire. — L'État reproduit et vend au-dessous du prix de revient, c'est-à-dire pour presque rien, des photographies ou gravures photographiques des plus beaux objets de ses collections, de ceux qui peuvent servir à l'étude et propager le bon goût; il reproduit, à la demande des visiteurs, et en le faisant payer au moins autant que le commerce, tout ce qui est fantaisie et curiosité d'amateurs. — Plus une statue sera belle et célèbre, moins cher sera vendue sa parfaite reproduction. — Restaurations. La sculpture ne comporte aucune restauration. — On fera disparaître toutes les additions parasites. — Les tableaux vieillissent comme les femmes : les uns en augmentant de beauté, en ajoutant la majesté, une sérénité harmonieuse, à la grâce de la jeunesse; les autres, en se laissant imposer les rides de la décrépitude et les taches maladives. Je ne fais pas la critique des restaurations nécessaires. On soigne les tableaux malades comme les hommes infirmes, et on les mène, à force de soins, le plus loin possible. Souvent, pour sauver la vie, il faudra la risquer, et c'est le devoir du médecin de tenter le moyen suprême et de couper le membre qui compromet le corps. — Seulement choisissez le meilleur médecin. — Je sais des restaurations fâcheuses, parce qu'elles étaient inutiles; fâcheuses, faute de la surveillance qui calme les démangeaisons du restaurateur; mais j'en sais aussi d'excellentes, dont on a fait un crime à l'Administration. Écoutez David tonnant à la tribune en 1790 : « Vous ne reconnaîtrez plus l'*Antiope*: les glacis, les demi-teintes, tout ce qui caractérise plus particulièrement le Corrége et le met si fort au-dessus des plus grands peintres, tout « a disparu. » Allez voir l'*Antiope* au Louvre, et dites si ce n'est pas le Corrége le mieux conservé. Mais il fallait prouver la barbarie du roi Louis XVI et de ses agents, comme, en 1848, on voulut exciter l'animadversion contre le roi Louis-Philippe et son administration en exposant *la Charité* d'Andrea del Sarto dans l'état incomplet de restauration où se trouvait ce tableau au moment de la révolution. Mais M. Jeanron en a été pour sa peine; *la Charité*, peinte à Paris même par le grand artiste, pour François Ier, reste toujours l'un de ses plus parfaits ouvrages. — ENTRÉES. Le public parisien n'entre dans le Louvre que le dimanche, et seulement de jour. — Il devrait avoir, trois jours la semaine, ses entrées dans les collections, et trouver tous les soirs les salles de la sculpture ouvertes à son admiration. — Visite du Vatican aux flambeaux. — Vous éclairez vos rues; éclairez aussi cette grande voie intérieure qui, comme l'ancienne voie des Trépieds à Athènes, est bordée de chefs-d'œuvre, et donnez au peuple ce délassement instructif. — Les élèves, les apprentis, les ouvriers munis d'une carte de leurs professeurs de dessin, seraient autorisés à travailler le soir d'après l'antique. — COURS ET LECTURES DU SOIR. — Au directeur reviendra l'honneur de raconter l'histoire du Louvre et de ses collections, de faire la description des collections étrangères, et de discuter les mille questions qui touchent à son administration. Les conservateurs feront leur cours dans un amphithéâtre disposé à cet effet; mais souvent ils transporteront leur auditoire de salle en salle, à mesure que l'enseignement marchera de siècle en siècle, offrant la démonstration de chaque transformation d'école dans le chef-d'œuvre même qu'elle a produit. — Le conservatoire du musée aura son journal, dans lequel paraîtront les gravures des chefs-d'œuvre de toutes les collections, les dissertations archéologiques ayant trait à l'art en général et aux richesses du Louvre en particulier, des descriptions détaillées de toute acquisition récente et les nouvelles des arts. — MUSÉE DE CLUNY. Excellente création. — Historique. — M. Dusommerard. — Son but. — Le but du Gouvernement en se substituant à lui. — Tendance du musée à dévier de sa voie naturelle. — Sa mission doit être de représenter, par les ustensiles de la vie privée, par les ornements et les bijoux, par l'ameublement de la demeure, l'état des arts appliqués, en France, depuis le ve siècle de notre ère jusqu'à la fin du xvie, et exceptionnellement, pour quelques branches des arts appliqués, jusqu'à la mort de Louis XIII (1643). Tout ce qui est hors de ce cadre appartient au Louvre, n'est pas à sa place à l'hôtel de Cluny, occasionne des doubles emplois et cause dans les ventes et dans le commerce des rivalités préjudiciables aux intérêts de l'État. — Répartition à faire entre les deux collections pour rétablir l'équilibre. — Le classement pittoresque doit céder au classement méthodique par grandes spécialités de fabrication, céramique, verrerie, émaux, ivoires, etc. — Reléguer dans les magasins ou céder au musée archéologique du théâtre Français les meubles composés par M. Dusommerard et les objets sans mérite qui font du tort à l'époque même qu'ils représentent. — Le conservateur rédigera un catalogue qui sera scientifique et méthodique, bien qu'il présente l'attrayante histoire de la vie privée de nos pères par les objets et ustensiles qui furent à leur usage. — Il ouvrira des cours du soir, en les combinant avec ceux du Louvre, pour éviter les répétitions. — Son programme exclusivement historique. — Je n'admets pas qu'on donne à nos industriels pour règles et pour modèles toutes les misères de ce ramassis de productions de toutes les modes. Nous sommes heureusement sortis de ces limbes des recherches archéologiques. Le conservateur s'attachera à démontrer que l'art antique fut continuellement le guide des arts et de l'industrie en France, que toutes les déviations, appelées des styles, en découlent avec une part d'invention plus ou moins grande, suivant que l'originalité s'est plus librement développée à l'abri d'institutions protectrices. Il fera le tableau des corporations de métiers et dégagera de cette habile organisation la position de l'artiste, en la mettant en parallèle avec celle de l'homme de lettres. — Musée de l'École des beaux-arts. Il est composé, comme on l'a vu plus haut, de moulages en plâtre, et il représente l'histoire des arts à toutes les époques, par l'architecture et la sculpture. On y ajouterait un musée des matériaux employés par ces deux arts. Ce musée minéralogique n'existe encore nulle part. Il différerait entièrement de ceux qu'on a formés au Muséum d'histoire naturelle et à l'École des mines : en premier lieu, parce qu'il ne présenterait que des minéraux mis en usage ou susceptibles d'être employés; en second lieu, parce que la classification prendrait le milieu entre la minéralogie proprement dite, la chronologie des monuments et leur géographie. — Utilité de cette collection dans les questions d'origine des monuments, dans les discussions archéologiques, dans le choix des matériaux. — Musée sigillographique. Il y en a deux en œuvre: l'un, aux Archives générales, par les soins de l'Administration; l'autre, à l'École des beaux-arts, par l'initiative généreuse de M. Depaulis, le graveur de médailles. Ils seront d'une grande ressource, s'ils sont continués et complétés, si celui des beaux-arts est rendu public, si celui des archives a des fonds suffisants pour s'enrichir de quelques-uns des sceaux originaux qui lui manquent. Aux Archives, on atteindra facilement le chiffre de 25,000 empreintes. Leur classification sera historique, avec des subdivisions chronologiques. A l'École des beaux-arts, deux mille de ces empreintes suffisent pour représenter l'histoire de l'art par la sigillographie et l'histoire particulière de la gravure des sceaux. — MUSÉE D'ARTILLERIE. On déversera dans ce musée les armes isolées que possèdent les autres collections publiques de la capitale. — Il faut éviter de disséminer les monuments. — Dans les époques de grande prospérité, les armes ont été aussi riches que les bijoux, d'un goût plus pur et plus sévère; dans les temps malheureux des longues guerres, les armes ont accaparé l'art entier, qui n'avait pas d'autre emploi. Remarquons d'ailleurs que les bijoux ne sont que d'une espèce, parce que la coquetterie de la femme est toujours armée en guerre, tandis qu'on peut distinguer, dans les armes, celles qui se portaient au combat, et celles qui restaient dans la salle d'armes comme des monuments de l'art, réservées pour la parade, pour les entrées joyeuses et pour les tournois. Une arme, dans une collection de bijoux, comme celle du Louvre, dans une collection de meubles et d'ustensiles de la vie privée, comme à l'hôtel de Cluny, perd toute valeur; placez-la au musée d'artillerie, et aussitôt elle se montre dans un jour qui fait valoir la beauté de ses formes, l'heureux ajustement des parties et le choix habile de l'ornementation; elle prend même son véritable caractère dans la disposition martiale qui s'empare de tout visiteur en entrant dans ce musée spécial. Les armes des souverains et princes du sang y trouveront dignement leur place; car les épées de Poitiers, de Marignan et de Pavie, d'Arques et d'Arcole, n'étaient pas des joyaux de parade. On complétera le musée par les dessins d'un artiste qui aura mission d'étudier les plus belles collections d'armes, et par un catalogue aussi savamment composé que brillamment illustré. — MUSÉE DU CONSERVATOIRE DES ARTS ET MÉTIERS. C'est la suite naturelle des musées précédents. C'est le tableau de l'industrie moderne, destiné moins à offrir des modèles qu'à donner d'utiles avertissements, qu'à servir parfois d'épouvantail. — Loi du dépôt appliquée à l'industrie. — Dans quelle mesure. — Un jury préposé pour n'admettre que les produits dignes d'intérêt. — Fonds d'acquisition pour les productions étrangères. — Salle des étoffes primitives, étoffes orientales, genres écossais, bretons, rouennais, slaves, etc. — Classification méthodique ayant pour base l'histoire des procédés techniques et le tableau des progrès matériels. — MUSÉUM D'HISTOIRE NATURELLE. Toutes ses collections sont utiles aux artistes; il en est une qui est susceptible de prendre un développement très-favorable aux arts. Je ne soupçonnais pas, il y a trente ans, lorsque j'écoutais avec curiosité les démonstrations enthousiastes du bonhomme Blumenbach, que je viendrais un jour proposer en exemple son petit musée anthropologique de Gœttingue. C'était alors si peu de chose, un si petit local, un si grand fouillis; mais l'idée même y gisait. Tout serait dit pour cette science avec la création d'une collection un peu complète de crânes humains, si la question des races pouvait être tranchée par la détermination de l'angle facial; mais tant d'éléments différents doivent concourir à la solution du problème, qu'il n'est pas inutile de faire appel aux arts. — Mission inutilement demandée aux ministres de la guerre et de l'intérieur, pour que le jeune Cordier étudie en Afrique le Berbère et le Kabyle, en Grèce les plus belles races, en Orient les types les plus purs. — Utilité d'une collection scientifique ainsi vivifiée par l'art. — Musées de province. Paris, cœur de la France, doit pousser sa sève artiste, toujours renouvelée, jusqu'aux limites extrêmes du pays, comme le sang incessamment vivifié va, par les artères, animer les extrémités du corps. Paris peut rester le cœur de la France; mais, tout en se rattachant à lui, les départements doivent vivre de leur vie propre. Là réside une part sérieuse de l'administration des beaux-arts, et ce qui doit être sa préoccupation permanente. Attirer à Paris les intelligences provinciales pour les former au bon goût, pour les élever davantage aux nobles aspirations, c'est bien agir, mais à la condition de les rendre à la province; autrement Paris devient une oasis de haute civilisation au milieu d'un désert de matérialisme. L'action absorbante de la capitale n'est pas un fait récent: elle s'est manifestée très-anciennement; et, dès 1767, Diderot pouvait écrire : « Il y a quelques savants, « quelques érudits et même quelques poëtes dans nos provinces, mais aucun « peintre, aucun sculpteur; ils sont tous dans la grande ville, le seul endroit « du royaume où ils naissent, où ils soient employés. » Cet état de choses n'a pas changé; il s'est même aggravé. — Les sociétés savantes, sociétés de littérature, arts et agriculture, sont bien nombreuses, il y en a dans chaque ville; mais je m'afflige depuis quelques années de leurs tendances pratiques et matérielles. Il s'agit, dans leurs mémoires, uniquement de drainage, d'oïdium, de cristallisation du sucre et de statistique; la littérature, l'art et l'archéologie en sont, pour ainsi dire, exclus. Il y a cependant deux exceptions éclatantes, deux villes qui développent la culture des arts et se font centres: Lyon et Metz. Deux artistes, Saint-Jean et Maréchal, ont fait école dans ces villes bien préparées d'ailleurs par leur passé. Comme ces percées dans la forêt qui montrent le ciel et indiquent l'issue, ces efforts déjà couronnés de succès montrent nos chances dans l'avenir. — Organisation générale des musées de province. — Classement et mode d'administration variable suivant les circonstances et les localités; règlement et catalogues uniformes. — Chaque chef-lieu de département et toute ville importante aura son musée comme auxiliaire de son école de dessin. — Édifice propre à un musée. — Le professeur de l'école de dessin est le conservateur naturel du musée. Une société des arts est chargée de son administration. — Elle se recrute par l'élection. — Sa mission est de stimuler les dons et donations des particuliers, de provoquer les allocations municipales et départementales, d'intéresser l'État aux efforts de la localité; elle cherche les moyens d'aviver et de toujours entretenir l'intérêt et la curiosité par diverses combinaisons prises dans les goûts du pays et dans ses ressources. — Expositions annuelles. — Expositions accidentelles d'objets d'art envoyés par le Gouvernement, prêtés par les particuliers, reçus en don des habitants et des artistes du pays, ou acquis sur les fonds du musée. — Ainsi organisé, administré, enrichi, le musée de province ne serait plus une catacombe ignorée des habitants, et que les voyageurs visitent de loin en loin quand on parvient à en trouver la clef; ce serait le Louvre de chaque ville, une gloire de la localité, et la plus instructive promenade du dimanche. — Règlement. — Catalogue. — L'inventaire général de la richesse des musées de province est un travail indispensable. Pour être fait d'une manière logique, méthodique et pratique à la fois, il devrait être exécuté par la même personne, ou par deux personnes procédant de concert. En trois années, cette entreprise peut être terminée, et il sera facile de trouver un érudit connaisseur en peinture et en sculpture, un archéologue versé dans l'étude des antiquités nationales et romaines, qui seront heureux de se charger d'un travail aussi utile et de nature à leur faire autant d'honneur. Charger les conservateurs des musées ou les érudits locaux de ce soin, c'est recommencer la tour de Babel; car rien ne serait plus disparate, plus incohérent, plus incompréhensible que ces inventaires, fussent-ils dressés tous sur le modèle le plus uniforme et le mieux préparé. Charger même plusieurs personnes d'exécuter ce travail par groupes de départements serait lui ôter sa valeur d'ensemble, le mérite des appréciations comparatives et le poids des jugements appuyés sur l'inspection générale. De cette étude approfondie de toutes nos richesses résulterait aussi, pour l'administration centrale, une connaissance exacte des besoins de chaque localité, du goût des arts qui s'y manifeste, des ressources que les collections offrent à l'étude du dessin, des efforts enfin que les administrations locales font pour se rendre dignes de la bienveillance et du concours du Gouvernement. Le catalogue serait imprimé dans la localité, et ces publications, toutes d'un même format, auraient l'avantage d'être pour leurs auteurs une satisfaction d'amour-propre et un stimulant pour la continuation de leur entreprise, d'être pour les conservateurs une constatation officielle de l'état de la collection, et de devenir pour le public, dans son ensemble, une collection d'une grande utilité, isolément, un guide, un sujet de discussion, de critique, toutes choses excellentes pour éveiller l'attention et ranimer le goût des arts. — Bibliothèques. Bienheureux les peuples qui n'ont pas connu de musées, bien enviables les âges qui n'ont pas eu de bibliothèques! La nature pour l'artiste, l'imagination pour le penseur et l'écrivain, voilà les vrais musées, les saines bibliothèques. Mais n'est pas pauvre qui veut. Si la richesse est un embarras, on doit aux siens de la bien administrer et d'en faire bon usage. — Les bibliothèques dans l'antiquité; — au moyen âge. — L'imprimerie. — Les bibliothèques ouvertes au public. — Les bibliothèques publiques de Paris se sont toutes formées indépendamment les unes des autres. — Quelque intention de spécialiser leur composition dans la manière dont les livres confisqués ont été répartis après la révolution. — Les bibliothèques de Paris n'ont aujourd'hui aucun lien entre elles, tandis qu'elles devraient avoir une organisation commune. — Considérer Paris comme un seul être. Consacrer chacune de ses bibliothèques à une spécialité. — Les bibliothèques de Paris formeut dès lors toutes ensemble une véritable bibliothèque universelle. — Faire une répartition des richesses de toutes les bibliothèques de Paris pour compléter réciproquement la spécialité qui aura été assignée à chacune d'elles, suivant les intérêts qu'elles desservent ou le caractère de leur composition primitive. L'ensemble du budget des bibliothèques parisiennes balancera la production littéraire du monde entier. Il s'imprime depuis vingt ans, et il s'imprimera pendant longtemps encore, environ trente-cinq mille volumes par an. Défalquez les réimpressions, la littérature légère, les pièces de théâtre, les pamphlets politiques d'intérêt local, les livres de piété et les livres de classe, il vous restera environ vingt mille volumes à acheter. Vu le rabais qu'on obtiendra des éditeurs étrangers en prenant toutes leurs publications et en les faisant connaître, vu aussi la cherté des grandes publications, c'est une dépense annuelle de 150,000 francs. Ce budget sera centralisé au ministère, qui ne rencontrera pas d'objection contre ses choix, puisqu'il achètera tout; qui pourrait seulement soulever quelque critique par la répartition de ses acquisitions entre les spécialités. Mais, dans ce genre d'appréciation, il faut imiter Salomon, et trancher dans le vif. D'ailleurs, les erreurs, si erreurs il y a, seront faciles à réparer, puisqu'il ne s'agira que d'un déplacement. Quant aux quinze mille publications omises, les conservateurs, dans chaque spécialité, étudieront les recueils littéraires pour connaître et réclamer celles qui sont d'un intérêt général. Les bibliothèques de Paris, ainsi organisées, offriraient à l'érudit, dans la capitale, toutes les spécialités au complet, c'est-à-dire, pour ne prendre qu'un exemple, au lieu de dix exemplaires du *Cosmos* de Humboldt que chaque bibliothèque s'empresse d'acheter, un exemplaire du *Cosmos* dans la bibliothèque du Muséum d'histoire naturelle, et, en outre, tous les ouvrages du même genre, inférieurs sans doute, mais bons à consulter, et que ces bibliothèques auraient été dans l'impossibilité d'acheter. Un catalogue général des acquisitions de l'année serait publié, avec l'indication de la bibliothèque où chaque ouvrage se trouve placé et du numéro qu'il porte. Tous les dix ans, une table générale résumerait les acquisitions, et ces catalogues seraient mis à la disposition des lecteurs. Chaque bibliothèque spéciale aurait, en outre, son catalogue alphabétique et méthodique, non pas une œuvre littéraire qu'on n'achève jamais, mais un instrument usuel, un outil commode mis immédiatement dans la main de tous les lecteurs. Pas une bibliothèque de l'Allemagne qui n'ait terminé cette besogne avec son personnel, et en satisfaisant aux besoins du service. La bibliothèque du musée Britannique, plus riche en imprimés qu'aucune autre bibliothèque, a ses catalogues à jour et au complet. — De la lecture dans les bibliothèques et du prêt des livres au dehors. — Les places de bibliothécaires réservées à ceux qui connaissent le mieux les livres, non pas à ceux qui font les meilleurs livres. — Quand les deux qualités se réunissent, le bibliothécaire est bien près d'être parfait. — Avancement se faisant, autant que possible, dans la bibliothèque spéciale, ou au moins dans les spécialités avoisinantes. — Les employés ne seront autorisés à publier que le moins possible, et seulement des travaux qui ont rapport à leur spécialité. — Heures d'ouverture. — Séances du matin et du soir pour les ouvriers, les employés et les personnes occupées. — Vacances (voir plus haut, p. 784). — Décorations intérieures. — Aménagements nouveaux. — Mécanisme du service. — En dehors des bibliothèques publiques, on encouragera les bibliothèques circulantes, qui portent les bons livres à domicile. — Mais ce n'est pas assez de donner rapidement les livres qu'on demande et d'accorder de longues séances pour les lire; il faut utiliser la présence dans les bibliothèques publiques de conservateurs instruits, hommes spéciaux dans leurs études. Des cours publics seront institués dans la bibliothèque Nationale pour former la jeunesse à la bibliographie, qui comprend la connaissance des manuscrits, des livres et des estampes. Ces cours seront suivis par les amateurs qui se sentent, faute de cette éducation spéciale, à la merci des spéculateurs, et en même temps ils formeront la jeunesse destinée au commerce de la librairie et des estampes. — Ces industries sont dans une décadence inquiétante, si l'on considère le degré d'instruction et le goût de ses représentants. — Former des Étiennes pour la librairie, des Mariettes pour les estampes. — Ces cours de bibliographie se tiendront dans la bibliothèque même, à trois heures, après les séances publiques, ou bien le soir, après la fermeture des maisons de commerce, et leurs chaires seront occupées par des hommes spéciaux. — M. Charles Brunet pour les livres, M. de Wailly pour la paléographie, M. Alfred Darcel pour les miniatures, M. H. Delaborde pour les gravures. Il pourrait sortir de ces cours une jeunesse aussi instruite dans sa spécialité que les élèves de l'école des chartes le sont dans la leur, et qui, munie d'un diplôme, obtenu dans des examens publics, offrirait à l'imprimerie, à la librairie et au commerce des estampes un choix de protes, d'associés, de commis voyageurs, dont les connaissances de bon aloi auraient pour garants les savants les plus compétents. — Bibliothèques des départements. Service mis en rapport avec celui de Paris. — Bibliothèques des communes. Faire pour elles, et sous une forme particulière, l'encyclopédie du XIXe siècle. — Hôtel des ventes. Les collections sont devenues nomades, les bibliothèques errantes. Le temps n'est plus où les collections restaient dans les familles et faisaient partie d'un mobilier qu'on tenait à honneur de transmettre intact et plutôt augmenté aux héritiers de son sang et de son nom; aujourd'hui les tableaux sont affaire de caprice: on cite tel amateur qui a vendu deux et trois collections formées les unes après les autres; les livres ne sont pas mieux traités, même ceux qu'on a fait relier à ses armes. On n'est pas humilié de vendre sa bibliothèque: on a pour soi des exemples illustres, et l'idée de faire savoir en tous lieux qu'on s'est une fois passé la fantaisie de posséder une bibliothèque sourit à la vanité. Quant aux outils de profession, le jeune médecin vend les livres de droit de son père, avocat illustre, et l'amateur du sport la bibliothèque théologique de son oncle l'évêque. Inutile de déclamer contre cette insouciance; elle tient autant à la force des choses qu'aux travers du siècle. Le mieux est de vivre avec son temps et de tirer parti de ses défauts. Les habitudes que déplorent tous les vrais amis de l'art et des lettres peuvent tourner à leur avantage. Puisque les collections de toute l'Europe se dispersent, faites en sorte qu'elles ne se vendent qu'à Paris, qu'elles se vendent dans un local assez spacieux pour donner accès à un nombreux public, dans un local disposé de telle sorte qu'il deviendra une bourse digne de telles transactions. — Libre entrée en France des objets d'art et livres vendus à Paris. — Concessions de quelques avantages à la chambre des commissaires-priseurs, pour qu'ils construisent un édifice de noble apparence, ayant des dimensions suffisantes, offrant des aménagements convenables. L'hôtel des ventes est une bourse vulgaire, mal distribué pour tous les jours et impraticable dès qu'il se fait quelque vente importante. Un homme de goût, une femme qui se respecte, ne peuvent se risquer dans cet intérieur qui semble la continuation de la rue, tant il y a de boue sur les parquets, de poussière dans l'air, d'odeurs déplaisantes dans l'atmosphère, de laisser-aller dans la tenue et la conversation, de brutalité dans la manière de se fouler autour des tables. L'hôtel des ventes de l'avenir sera construit dans la rue de Grammont, en face de la Bourse, dans le prolongement de la rue qui porte son nom. Ce sera un monument, c'est-à-dire un édifice construit avec goût, révélant son caractère par son élégance et approprié dans l'intérieur à ses besoins : au rez-de-chaussée, les ventes courantes des marchandises ordinaires; au premier, dix vastes salles convergeant sur une salle centrale, et pouvant toutes se réunir au moyen de portes rentrantes, de manière à ne former qu'une seule salle au jour des grandes solennités, j'entends des ventes mémorables. Dans l'habitude journalière, la salle centrale sera disposée comme un salon et offrira un forum élégant et confortable où se réuniront les amateurs curieux, gens heureux, puisqu'ils ont une passion, gens sociaux, puisqu'ils ont besoin de se rencontrer, de se questionner, et, toutes les fois que leur intérêt n'est pas en jeu, de s'éclairer mutuellement. Là, les amateurs novices trouveraient les indications les plus désintéressées et les meilleures près des amateurs honoraires : je désigne ainsi les gens de goût trahis par la fortune, séparés violemment de leurs collections chéries, et qui restent attachés platoniquement aux anciens objets de leur amour. C'est parmi eux que la chambre des commissaires-priseurs choisirait son agent. Il lui sera facile de trouver un homme de savoir, de goût et de bonnes manières qui répondra aux mille questions qu'on lui fera, et qui aura une bibliothèque à sa disposition pour être plus précis, et pour fournir à chacun les moyens de s'éclairer lui-même; bibliothèque restreinte à l'archéologie et à l'histoire des arts, à la biographie et à la bibliographie, sciences représentées par des ouvrages usuels, tels que manuels, encyclopédies et dictionnaires, représentées surtout par la collection des catalogues de ventes que compléteraient chaque jour les commissaires-priseurs en léguant à cette bibliothèque leurs exemplaires annotés, avec les prix et les noms des acquéreurs. — Réorganisation du corps des commissaires-priseurs. — Ce que sont les experts et ce qu'ils devraient être. — A l'avenir, un baccalauréat ès lettres ou ès arts sera exigé pour remplir ces fonctions, selon qu'on se destine à la vente des livres, de la curiosité, des objets d'art ou des gravures. — Ainsi réorganisés, les commissaires-priseurs et les experts formeront, dans l'hôtel des ventes, une sorte de société mi-commerciale, mi-archéologique, qui aura son journal d'art, d'industrie et de bibliographie, dans lequel on abordera tous les sujets au point de vue commercial, dans lequel on discutera les contestations judiciaires, et où l'on annoncera les ventes prochaines avec des détails de nature à intéresser et à éclairer le monde des amateurs. — Cours publics. Je ne puis m'occuper ici des intérêts de la littérature, et cependant ces intérêts confinent à ceux de l'art: tout ce qu'on fait pour les lettres profite aux arts. Les hommes d'imagination, quelle que soit leur manière de s'exprimer, sont d'une même famille; il existe une communication électrique, mystérieuse, et cependant évidente, entre les lettres et les arts. Encouragez donc les lettres. Si vous les élevez aux spéculations les plus hautes, aux inspirations les plus poétiques, vous verrez l'art s'élever avec elles dans cette sphère radieuse; je n'ai aucune objection contre trois cours de philosophie au collége de France, contre vingt cours de langues mortes ou qui vont mourir. Je ne m'élèverais pas contre le cours de littérature étrangère et de grammaire comparée, si je les voyais escortés d'un cours d'esthétique; mais, en l'absence de cet enseignement qui manque à la jeunesse, je me permettrai de remarquer que les arts ont aussi leur philosophie, qu'ils parlent une langue toujours vivante, qu'ils ont brillé chez les étrangers autant que leur littérature, et, puisqu'il s'agissait de comparer quelque chose, autant valait mettre en présence l'art antique et l'art moderne, comparer Phidias aux sculpteurs de l'empire romain, de la Renaissance et des temps modernes. On m'objectera qu'il y a un cours d'archéologie au collége de France. J'y entre, et je trouve cinq érudits qui apprennent de M. Lenormant à interpréter les hiéroglyphes. Je demande qu'on maintienne ce cours, ne fût-ce que pour l'honneur du génie français qui a nom Champollion; mais qui osera prétendre qu'un gouvernement s'est acquitté envers les arts quand il a pourvu aux études de cinq égyptologues? Je ne conteste pas davantage l'utilité des cours de tibétain, de pali, d'hindoustani et autres langues étrangères, bien étrangères. Quand je visite leurs amphithéâtres déserts, je me dis qu'un ou deux auditeurs tenaces, qui s'acharnent à ces études, conservent à la France l'honneur de la persévérance dans ces recherches et des découvertes qui s'y font; mais je me dis aussi que, lorsque les arts étaient synonymes de luxe, on pouvait considérer l'enseignement de ces langues comme chose indispensable; aujourd'hui la situation a changé: le pali et l'hindoustani sont du luxe; la France est assez riche pour s'en passer la fantaisie, pourvu qu'elle songe à l'essentiel, à l'indispensable, à ce qui constitue la vie de l'intelligence: c'est aujourd'hui l'enseignement des arts. Le cours d'archéologie, devenu une chaire de philologie égyptienne, se fera dorénavant par les conservateurs des collections égyptiennes du Louvre et au milieu même des monuments, de manière à compléter l'épigraphie par l'archéologie, l'étude de la langue par l'histoire des croyances et des mœurs. La chaire vacante du collége de France sera remplie par un professeur d'esthétique. Il ne suffit pas que les jeunes gens aient suivi le cours de l'histoire de l'art à l'École des beaux-arts, qu'ils en aient retrouvé un autre d'un ordre supérieur dans les galeries du Louvre, un autre d'une nature spéciale dans les salles gothiques de l'hôtel de Cluny et sous les voûtes inspirées de la Sainte-Chapelle, chacun à des points de vue différents; il faut encore que l'esthétique couronne le tout, et que le professeur, regardant comme connue la marche de l'art à travers les contrées, à travers les temps, et son application pratique aux besoins des hommes, aborde une région plus élevée et fasse comprendre à un auditoire d'élite les conditions du beau et du sublime dans leurs rapports avec la création et avec notre intelligence. Et cependant un cours d'esthétique ne devra être professé qu'alors qu'un homme supérieur réunira les rares qualités qu'il requiert; car ces qualités seules rendront cet enseignement fécond, en enflammant par l'éloquence l'imagination de l'auditoire, en répandant surtout les idées sereines, les principes immuables qui dégagent des engouements passagers de la foule et n'attachent qu'aux vraies beautés de l'art. L'idéal du professeur d'esthétique, c'est le grand Léonard de Vinci; mais supposez un prédicateur célèbre, un philosophe aimé, un poëte populaire, ayant pratiqué les arts pour étudier à fond ces grandes questions: ne seraient-ils pas désignés d'une voix commune pour être les vrais professeurs d'esthétique? Un cours de ce genre, froid et monotone, est une perte de temps pour tous les auditeurs, et leur ferait prendre en dégoût le beau et le sublime: pas un artiste qui n'ait meilleur emploi de sa journée, pas un amateur qui n'apprenne plus dans la galerie du Louvre ou dans les champs du bon Dieu; mais un cours d'esthétique éloquent, enthousiaste, qui fait vibrer les grandes cordes du cœur et passionne tout un auditoire par la commotion électrique d'une sympathie puissante, un pareil cours est bon aux artistes, aux élèves, aux hommes du monde. Tous en sortiront avec des idées plus larges, plus élevées. De même qu'en voyage, après avoir gravi une montagne, on découvre tout à coup, du milieu d'une atmosphère plus pure, des horizons plus étendus, de même aussi, après avoir entendu les belles déductions du professeur d'esthétique, on juge des arts plus sainement, on apprécie mieux leur but, on comprend leur véritable portée, leur tendance future, leur avenir final. — L'intelligence doit-elle être parquée dans le coin de Paris dit le quartier latin? — Déplacement de la population depuis deux siècles. — Changement des habitudes. — Sur la rive droite de la Seine habitent aussi des hommes distingués, des femmes intelligentes, des jeunes gens qui ne demanderaient pas mieux que d'apprendre quelque chose, et qui se disent toute l'année, chaque fois qu'il est question des cours de quelque professeur de grand renom : « Ah! mais ce doit être intéressant, je veux suivre cet enseignement. » Puis, quand vient le moment de mettre à exécution ces bonnes intentions, les distances, les heures, tout, en un mot, s'y oppose. Je crois qu'en empruntant une fois par semaine au collége de France, à la Sorbonne et au Conservatoire des arts et métiers leurs professeurs les plus agréables parmi les plus savants, en ouvrant les cours dans un local central, comme le serait le théâtre des essais, au milieu de la Chaussée-d'Antin, on attirerait à soi tout un monde qu'il importe d'arracher aux notions superficielles et aux préoccupations matérielles. Ces cours ne seraient pas plus mondains, pas moins graves que ceux du quartier latin et de la rue Saint-Martin; mais ils seraient offerts à la curiosité d'un autre public, dans son quartier et à ses heures. — Programme. — Les sciences, l'histoire, la littérature et les arts. — Enseignement populaire. — Je voudrais encore quelque chose. Quand les Morin, les Peligot, les Dupin, les Pouillet, descendent de leur chaire des arts et métiers aux applaudissements d'un millier d'ouvriers et de contre-maîtres, je demande que leur enseignement ait comme un appendice. Ils enseignent la chimie, la physique, la mécanique appliquées aux arts; pourquoi l'artiste ne viendrait-il pas occuper la chaire de l'homme spécial, ne fût-ce que pendant une demi-heure, pour clore la séance, comme le chœur qui, dans l'antiquité, servait de commentaire à la tragédie? Aucun enseignement ne s'adresse aussi bien à tous et à chacun que celui des arts: c'est le complément et le poli de l'éducation. — Mesures de même nature étendues aux départements. — Congrès scientifiques. — Tendre la main aux précurseurs de cette idée féconde, à des hommes dévoués comme l'est M. de Caumont. — LA CRITIQUE DANS LES ARTS. — Elle pouvait être salutaire, elle a été malfaisante. — Son histoire dans les temps passés. — Sa forme et ses allures depuis Diderot. — Elle devient l'alliée de la liberté de la presse, car chacun s'est dit, après avoir lu les Salons de Diderot: « Puisque la critique des arts n'est pas plus difficile que « cela, je vais en faire. » — Antécédents de nos critiques. — Revue des doctrines. — Nullité des études. — Limite bornée des investigations et des moyens de comparaison. — Exceptions honorables. — Tandis que les pamphlets publiés au XVIIIe siècle, à l'occasion des expositions, s'imprimaient à cent exemplaires et n'étaient pris au sérieux par aucun des membres de l'ancienne aristocratie qui protégeaient les arts, la presse alla dans toutes les mains, et exerça une domination d'autant plus grande que les artistes comprirent bientôt l'influence que ses jugements avaient sur le public, par suite sur leur réputation, et en définitive sur le débit de leurs ouvrages. Les uns allèrent au devant de ses caprices, les autres au rebours de leur voie naturelle, rien que pour contrecarrer ses décisions. Ah! je ne suis pas coloriste; ah! je suis trop calme, trop esclave de la ligne! tu vas voir. Et la palette de se jeter dans des excès de couleur, et l'ébauchoir d'oublier le respect que la terre glaise doit à son frère aîné le marbre. On ne sait pas assez la tyrannie que les écrivains ont fait peser depuis trente années sur les artistes, sur ceux-là mêmes qu'un talent élevé devait mettre plus complètement à l'abri de leurs coups. Ingres, Paul Delaroche, A. Scheffer, lui ont répondu en s'enfermant dans leur tente, l'illustre Gros en se jetant dans la rivière. Chez les anciens, le goût public étant formé, la critique se faisait tout haut et par tout le monde; un artiste consommé et de grand renom osait seul se faire l'interprète de l'opinion publique. Il en sera bientôt ainsi parmi nous; mais dès aujourd'hui la carrière de la critique devrait être fermée aux littérateurs, qui ne savent rien des arts, et aux artistes manqués, qui en savent trop; elle restera ouverte, non pas aux artistes de génie, qui s'en acquitteraient mieux que tous autres s'ils n'avaient pas un meilleur emploi de leur temps, mais aux hommes de savoir et de goût qui, après avoir pratiqué les arts avec passion, ont conservé assez de loisir pour longuement étudier, beaucoup voyager et recueillir, au contact de l'histoire de tous les temps, dans l'étude des productions de toutes les écoles et dans le commerce des artistes contemporains, cette expérience calme qui donne aux jugements une autorité sérieuse en affranchissant l'esprit du goût malsain des innovations, de la fantaisie des paradoxes et du besoin de briller aux dépens de la justice. Ces nouveaux critiques auront l'indulgence qui donne aux artistes la confiance; ils auront cet enthousiasme de bon aloi qui, dans l'examen de toute œuvre, va droit aux qualités sans se soucier des défauts. L'art est un rude labeur; le plus robuste athlète ne traîne son char, sur la montée rapide, qu'au prix des plus grands efforts. La critique doit-elle s'atteler devant ou derrière, activer ou ralentir la marche, ajouter aux difficultés ou les faire disparaître, tresser des couronnes enfin ou donner le coup de mort? La critique nouvelle viendra en aide aux arts, elle puisera dans leur histoire et dans sa propre expérience les principes immuables, supérieurs aux caprices du jour et aux entraînements de la mode.

— Liberté et gratuité des entrées. Nos rois ont gâté la France, et la France est, sous certains rapports, trop vieille pour qu'on songe à refaire son éducation. — Le Français est habitué à entrer librement, gratuitement, dans les palais, collections et établissements appelés tantôt royaux, tantôt nationaux, dans les cours publics, dans les expositions de tous genres. Parce qu'il paye ses contributions, il croit que l'État doit lui donner des routes bien entretenues et des musées richement garnis, une police vigilante et des professeurs distingués. — Reste à savoir si l'État agit sagement en étant aussi libéral, si les générosités de la bourse commune sont compensées par le profit que trouve la nation entière dans cet enseignement quotidien mis à la portée de tous. — Le doute n'est pas possible. — Il y va de l'honneur de la France de continuer ces nobles traditions. — Les artistes ont été les premiers, je le sais, à faire marchandise de l'exposition de leurs œuvres. Zeuxis imposa un droit d'entrée à tous ceux qui vinrent voir dans son atelier le fameux tableau d'Hélène, et David recueillit 65,627 francs à montrer pendant cinq ans (de nivôse an VIII à prairial an XIII) l'*Enlèvement des Sabines* dans la salle du Louvre, qui se trouvait à côté de son atelier. — Ces faits ne doivent pas être donnés en exemple; on pourrait leur opposer plus d'un acte de désintéressement. L'État, d'ailleurs, ne songe pas seulement à gagner de l'argent; il sait qu'il est des dépenses fructueuses, et il a pour guide les hautes préoccupations.

MAINTIEN DU GOÛT PUBLIC PAR LES BELLES PUBLICATIONS À BON MARCHÉ.

L'État, ai-je dit plus haut, doit à l'enseignement public les meilleurs modèles de dessin; il les donnera gratuitement aux pauvres, il les vendra à bas prix aux riches, car sa spéculation est toujours bonne, quoiqu'il y perde, s'il améliore le goût public. — Faire pénétrer partout le goût délicat de la perfection, chasser de partout une tendance naturelle à la vulgarité. — Retirer son initiative aussitôt que le bon exemple est suivi par l'industrie. — Quels sont les besoins de la nation? Une publicité immense qui mettra, pour quelques centimes, dans les mains de tous les chefs-d'œuvre du génie que les gens de loisir et les riches pouvaient seuls posséder ou étudier dans les galeries étrangères. — Le peuple lit beaucoup, mais il lira davantage, et les images seront toujours sa lecture favorite. C'est par les yeux qu'on l'instruit, disait Horace, c'est par les yeux que le moyen âge lui enseignait sa religion et son histoire; nous lui apporterons de nouveau cette assistance. Un journal en images se prend et se quitte, c'est le véritable livre des moments perdus. L'ouvrier le regardera pendant les courts instants de ses loisirs, et si ses yeux s'arrêtent sur une belle œuvre, bien rendue, il fixera dans sa mémoire un souvenir plus durable que ne le serait une longue lecture, ou, comme il le dit, *de grands mots*. Aux jours de fête, ou quand la vieillesse conseille le repos, il prendra des livres illustrés. Ces livres n'ont fait leur temps que pour les esprits délicats qui interprètent le texte mieux que l'artiste. N'oublions pas que telles illustrations de la Bible satisfont les lecteurs qui la regardent, si même ils choquent ceux qui la lisent; ne perdons pas de vue non plus que nous sommes à l'aurore de la publicité populaire. Le papier est trop cher, et on trouvera quelque plante filamenteuse qui, cultivée en grand, donnera un papier excellent à 50 p. o/o meilleur marché; l'impression mécanique est lente; on trouvera moyen d'en décupler l'action, si bien que nos petits-enfants auront des in-8° de 500 pages à 50 centimes et des in-12 à 25. — La librairie a-t-elle répondu à ces besoins? s'apprête-t-elle à y répondre? Elle a baissé ses prix, elle a multiplié les publications illustrées, et un nombre prodigieux d'acheteurs a répondu à sa hardiesse. Sont-ce les modèles de la littérature qu'elle répand ou des œuvres littéraires sans valeur? Sont-ce les chefs-d'œuvre de l'art qu'elle propage par la gravure sur bois, ou les misères et les vulgarités de talents faciles dépourvus de vraie originalité? Je le demande à tout homme de goût. — Exceptions honorables. — La bibliothèque Charpentier, le Magasin pittoresque, l'Illustration, etc. etc. — Ces publications s'adressent aux classes élevées et aux classes moyennes, ce n'est pas l'œuvre du peuple. A qui celle-ci est-elle confiée? — Allez à Épinal, à Metz, à Nancy, à Montbéliard, à Strasbourg, dans la rue Saint-Jacques à Paris, et vous verrez sortir de sales officines les ignominies qui remplissent la balle des colporteurs sous le titre d'Almanach liégeois, de Messager boiteux, de Vies des saints, de Stations de Jérusalem, de chansons, anecdotes et bons mots. Telle est la bibliothèque, telles sont les gravures qui depuis un demi-siècle salissent l'imagination et le goût des populations de nos campagnes, en ridiculisant par un langage grossier et des dessins sauvages, rehaussés d'un coloriage criard, toutes les légendes faites pour remuer le cœur, les hauts faits de l'histoire, les tableaux de nos glorieuses batailles, les images des vertus et des dévouements. Un gouvernement paternel et prudent étouffera cette librairie, si elle ne crie grâce en s'amendant, et, pour qu'elle s'amende, il fera fabriquer par des artistes et des écrivains, par les premiers graveurs et les meilleurs imprimeurs, des masses correspondantes de bons livres qui, avec les mêmes titres, la même apparence extérieure, feront passer à un prix plus modique la distinction de l'esprit et la perfection de l'art à la place de leurs contraires. Il y a là une œuvre grave à accomplir, et il faut profiter de cette grande extension de publicité pour sauvegarder le bon goût et faire avec le style une concurrence à mort à la vulgarité. — Bibliothèques communales de 30 résumés. — Bibliothèques cantonales de 300 volumes, offrant le tableau de nos connaissances et l'élite de notre littérature. — Appel aux lettres, aux sciences, aux arts et à l'industrie pour composer, avec le concours du clergé, cette encyclopédie populaire du XIXe siècle. — Avec 37,040 communes pour souscripteurs, l'État n'a rien à donner que son adhésion. — Livres illustrés. Avec les prétendues illustrations mises en circulation par nos libraires depuis vingt ans, on a sali plus de livres qu'on n'en a orné, on a troublé l'esprit du lecteur plus qu'on ne l'a aidé à comprendre son auteur. — Demander à Hébert un Horace, à Gérome un Virgile, à Eug. Flandrin un Homère, à Decamps une Bible de Royaumont, puis abandonner ces coûteuses compositions à l'éditeur honorable qui consentira à faire avec elles de beaux livres à bon marché. — Beaux-arts. — Les modèles de dessin, j'en ai traité page 613. — Les publications populaires. — Le 7 nivôse an II, un décret de la Convention ordonne qu'une gravure représentant la mort du jeune Barra sera envoyée dans toutes les écoles primaires, pour apprendre aux enfants que le dévouement à la patrie est un devoir. — La Convention a fait de plus mauvais décrets que celui-là. — L'État fera parvenir aussi dans toutes les communes de la France les grands faits de nos guerres, les actions d'éclat de nos soldats, les actes de dévouement de tous les citoyens, les portraits des hommes chers à la patrie, tout ce qui va au cœur, tout ce qui est digne d'enflammer l'enthousiasme patriotique. Les Horace Vernet, Bellangé, Raffet, Yvon, Decamps, et tant d'autres dont le talent est devenu populaire parce qu'il est sympathique aux masses, dessineront ces grandes scènes sur bois, et les graveurs les rendront en fac-simile, ou bien ils les peindront, et leurs élèves les exécuteront sur bois, à plusieurs rentrées, de manière à les reproduire en couleur dans une vive harmonie de tons, qui donnera une idée juste des originaux. Un million d'épreuves identiques, et plus encore s'il le faut, seront fournies en peu de jours par la typographie associée à la galvanoplastie, et ces belles gravures se vendront dix centimes. On les affichera entre le Moniteur des communes, qu'on devrait lire, et les annonces d'adjudication, qu'on ne lit pas. Ces proclamations parlant aux yeux auront pour les gens de la campagne l'éloquence qu'ils comprennent, et un second exemplaire, conservé à la mairie, formera tous les six mois un fascicule qu'on prêtera aux habitants pour servir de distraction, à la veillée, dans les familles. Ce n'est pas assez : les plus beaux tableaux de toutes les écoles, anciennes et modernes, ainsi reproduits, iront jusqu'au fond des plus misérables hameaux égayer les murs nus des cabanes. La Cène de Léonard, la Transfiguration de Raphaël, les Vierges de Murillo, les Pestiférés de Jaffa et la Bataille d'Aboukir de Gros, l'Assaut de Constantine de Vernet et la Victoire de l'Isly, remplaceront d'effroyables caricatures bariolées.—Les travaux d'art du Gouvernement, exécutés à Paris et dans les grandes villes, seront ainsi représentés par les architectes mêmes chargés de ces travaux. — Des chemins de la croix dessinés en Orient sur les lieux, et animés de scènes évangéliques par Orsel et Perrin, des légendes, des contes populaires, des calendriers illustrés par Gavarni, Daumier, de Noé, et tant d'autres que je ne cite pas, mais auxquels chacun pense. — Pas un artiste qui ne se sentît honoré d'une tâche aussi utile, pas un qui ne donnât un caractère plus élevé à son talent en comprenant la part qu'il prend à cette grave mission de l'enseignement public. — Autres influences. — Au lieu du type ridicule consacré pour les cartes à jouer, en adopter un autre plus noble et aussi fixe, afin de mettre sous les yeux du peuple, même au cabaret, d'élégantes figures au lieu d'affreux magots, qui n'ont pas même pour eux le mérite d'une haute antiquité et le style caractéristique d'une époque. — L'impulsion donnée, chacun se mettra au pas. — L'industrie d'Épinal et autres lieux se réformera pour échapper à la ruine; les éditeurs d'estampes, de livres, de publications illustrées, de gazettes de modes, seront stimulés et par cet exemple et par le réveil du goût public. — L'art grandira sur une base élargie et solide. — Les puissantes compagnies industrielles voudront qu'on distingue leurs actions autant par la beauté du titre que par la valeur de l'affaire, et qu'un luxe distingué répandu en toutes choses annonce leur prospérité. — Quelque Denière, un Taban futur, demandera aux Delaroche ou aux Messonnier de l'avenir l'entourage de leurs cartes d'adresse, qu'ils feront graver par les Mercuri et les Calamatta de leur temps. Rien qu'en voyant ces adresses, on saura qu'on a affaire à un homme de goût. — Autres procédés reproducteurs qui peuvent également servir à la propagande. — Grands moulages en plâtre, légers comme le carton-pâte. — Les ateliers de l'École des beaux-arts, en répandant presque gratuitement dans toutes les écoles de la France d'excellents moulages d'après les chefs-d'œuvre de l'art, obligeront les mouleurs italiens, détestables gâcheurs qui conservent la spécialité de ce colportage dans nos campagnes, à choisir mieux leurs modèles. On leur cédera à bas prix des exemplaires de choix de diverses réductions des chefs-d'œuvre de la sculpture; on fera pour eux des Vierges dignes d'adoration, des bon Dieu vénérables, et toute une série de saints qui éviteront au moins le ridicule. Ils surmouleront ces bons modèles, et iront les débiter jusqu'au fond des plus pauvres hameaux. — MONNAIES, MÉDAILLES ET JETONS. Ce sont les agents les plus actifs de la propagation du bon goût; ils circulent en tous lieux et pénètrent partout. — Les villes de la Grèce tenaient à honneur d'émettre la plus belle monnaie pour propager au loin, avec leurs noms, l'idée de haute civilisation, synonyme de puissance. — Les villes des colonies grecques rivalisaient avec les villes mères, la Sicile avec la Macédoine. — Les anciens avaient compris que la médaille allait plus droit et aussi sûrement à la postérité que le livre, car il y a toujours quelques exemplaires qui échappent au désastre, qui surnagent au naufrage, et, quand les nations qui ne savent plus lire succèdent, comme en Asie, aux nations qui ont écrit, quand elles ont brûlé les monuments de leurs ancêtres, brisé ou fondu leurs statues, les médailles se conservent, les unes en bronze dans la terre, les autres en or et en argent, enfilées en colliers ou suspendues en boucles d'oreilles et portées par les femmes. Les sculpteurs les plus renommés s'appliquaient à la gravure des médailles, des pierres gravées et des camées. La présence des mêmes noms sur les unes et sur les autres prouve que les mêmes artistes, en délaissant momentanément la grande sculpture, transportaient dans cette sculpture en miniature une hauteur de style et un savoir profond, qui semblent prendre plus de puissance en se condensant dans de si faibles proportions. Les Romains s'ingénièrent par tous les moyens à remplacer le procédé si simple de l'imprimerie, qu'ils ne purent trouver, quoiqu'ils en eussent dans les mains tous les éléments, quoiqu'ils le cherchassent certainement, car ils en avaient dans leur immense administration un impérieux besoin. A défaut d'imprimerie, ils reproduisirent à coups de marteau sur des médailles les événements dont ils croyaient utile de répandre et de perpétuer le souvenir : les victoires de la guerre et de la palestre, les grands travaux d'utilité publique, les monuments magnifiques de la ville éternelle, tous les faits, en un mot, qui constataient leur force, l'étendue de leur puissance et la vigilance de leur immense administration. — Le goût des médailles traverse les siècles. — Sceaux du moyen âge. — Grands médaillons des XVe et XVIe siècles. — On en fait à Lyon qui respirent le grand art et sont comme un reflet de l'atelier des Pisans. — Benvenuto Cellini grave la médaille de François Ier. — Tous les Valois se préoccupent, autant qu'Alexandre le Grand, de leurs portraits et de la beauté de leurs médailles. — Henri III, Germain Pilon et François Clouet. — Médaillon de Marie de Médicis gravé par Dupré, en 1624, dernier témoignage de ce grand art. — Le goût de la perfection l'abandonne et la mécanique le tue. — En 1640, de Chambray, qui comptait pourtant au nombre des gens de goût de son temps, vante les nouvelles qualités de précision obtenues par la machine, et qui sont devenues si fatales aux médailles. — L'empilage, condition rigoureuse de la monnaie. — La virole, perfectionnement mécanique. — L'art ne fut pas chassé des médailles, mais son champ a été tellement limité, qu'il y peut à peine faire preuve d'existence. — Étude des médailles commandées par l'État depuis 50 ans et des jetons faits pour les particuliers dans le même espace de temps. — Impression de profond découragement. — Le saint Georges de Pitrucci, supprimé de nos jours, et remplacé sur les souverains par d'insipides armoiries, a été le dernier exemple d'une monnaie artiste; la tête de la République d'Oudiné restera aussi comme le témoignage des ressources qu'un sentiment élevé et un burin délicat peuvent trouver dans les deux ou trois millimètres d'épaisseur laissés au talent par les exigences de l'empilage. — Le véritable art du sculpteur et du graveur en médailles est donc perdu, et je ne sais aucun symptôme plus affligeant, plus humiliant, de l'infériorité des modernes comparée sous ce rapport à la supériorité des anciens. Nous pouvons nous faire illusion en architecture, en sculpture, en peinture; mais, quand il s'agit de médailles, de camées et de pierres gravées, notre défaite est honteuse, car nos productions sont indignes de peuples civilisés. — Moyens de faire renaître ce grand art en remettant les camées et les pierres gravées à la mode, en donnant une large extension aux médailles et aux jetons de présence. — Le monde tend à l'unité de la monnaie la plus insignifiante, mais les médailles et les jetons peuvent rendre une libre carrière à l'imagination de nos artistes. — Rétablir l'usage de distribuer des médailles, ne pas souffrir qu'on les remplace par un ignoble sac d'écus ou par un chiffon de papier graisseux payable à la banque de France. — La médaille n'est pas seulement une rémunération, c'est aussi un titre d'honneur qui doit rester dans la famille. — Style qui convient aux médailles. — Faciliter la connaissance des médailles antiques par des imitations en soufre et par le procédé de M. Cavelier, de Caen. — Exclure le genre pittoresque adopté au XVIIe siècle. — Imiter les Grecs, qui évitaient les sujets compliqués. — S'agit-il de médailles de course? Que fait-on des tableaux de l'hippodrome? Je préférerais la tête du cheval vainqueur, accentuée comme Phidias nous en a donné le modèle. — S'agit-il de comices agricoles? Voyez comme les sculpteurs grecs rendaient sur leurs médailles les animaux les plus humbles. — Médailles de sauvetage, d'actes de dévouement, toutes inspirées par le fait même auquel elles se rapportent. — Les jetons de présence sont devenus si laids, leur effigie si banale, si vulgaire, qu'on a préféré une pièce de cinq francs. — Donnez un bon exemple. — Vos commissions gratuites deviennent désertes, ranimez l'exactitude par des jetons de présence. N'eussent-ils qu'une valeur minime, si vous la rehaussez par la beauté de l'exécution, si vous en renouvelez souvent les types qui peuvent trouver dans l'allégorie mille motifs pour exprimer le sujet de la réunion, on viendra les chercher assidûment.

— L'État ne se contentera pas de distribuer ses médailles et ses jetons dans les occasions déjà en usage, il en créera de nouvelles et de fréquentes. — Ses médailles, étant des objets d'art, vaudront plus que leur poids, et se conserveront comme des objets précieux; les grandes se placeront en évidence dans l'habitation, les petites se porteront au cou et dans la coiffure, comme des bijoux. — C'est ainsi qu'on marque une époque et qu'on donne une impulsion. — Les sociétés de sciences, d'industrie, de bienfaisance, des arts, sont innombrables; ajoutez-y les chambres et tribunaux de commerce de toutes les villes, les prud'hommes de toutes les catégories, les conseils d'hospice, de santé, de municipalités, de cercles et casinos, etc., tous ou presque tous ont leurs médailles et leurs jetons de présence. — Étude des médailles et jetons des sociétés privées. — Monotone et plate insignifiance de cette longue série depuis 50 ans. — Mais, quand l'État distribuera de belles médailles, des compagnies industrielles consacreront 20,000 francs pour que leurs jetons de présence répandent partout une grande idée de leur prospérité, et conservent par leur mérite d'exécution un prix plus élevé que leur valeur intrinsèque; les autres sociétés les imiteront, chacune dans la proportion de leurs moyens; le clergé aussi voudra que ses médailles commémoratives de jubilés, indulgences, communions, mariages, allient la beauté de l'art aux charmes des souvenirs. — On étendra cette bienheureuse réforme, ou plutôt, une fois entreprise, elle s'étendra d'elle-même, à la gravure des timbres, à l'ornementation des plombs de douane. — Petits moyens de propagande du bon goût. — Il n'en est aucun à dédaigner. — La terre de pipe est une admirable matière, la pipe un objet qu'on a continuellement sous les yeux. — Il se fabrique annuellement à Saint-Omer, dans les Ardennes, dans le Nord, dans l'Ille-et-Vilaine, 200 millions de pipes; celles qui sont ornées sont d'affreuses caricatures. Donnez ce thème à un artiste de talent, et il trouvera dans le petit espace laissé autour du foyer de la pipe une place suffisante pour des figures gracieusement posées, pour des types de têtes accentués dans un caractère noble et dans une expression vraie. — Différentes industries qui comportent ce genre d'intervention, différentes influences qui peuvent exercer une bonne propagande. — Les spectacles en plein vent, les musées forains et les colporteurs. — On fera copier par de jeunes artistes les meilleurs tableaux de nos peintres populaires, les batailles d'Horace Vernet par exemple, et on donnera ces bonnes répétitions aux entrepreneurs de spectacles ambulants qui courent les foires. Ils intéresseront le peuple à des faits mémorables dignement représentés, au lieu de lui laisser dans la mémoire des turpitudes, des crimes et toutes sortes de sauvageries qui semblent peintes par les sauvages eux-mêmes. — D'autres entrepreneurs de spectacles forains promènent dans nos campagnes des lions pelés, des éléphants galeux, et des monstruosités naturelles qui n'apprennent rien à personne; on leur donnera en dépôt et on renouvellera de loin en loin des séries de belles gravures, des objets d'art et d'excellents tableaux modernes, qu'ils transporteront et feront goûter jusqu'au fond des plus pauvres hameaux, jusqu'au haut de nos montagnes, tous lieux qui échappent à la sollicitude la plus dévouée, à l'influence la plus puissante. — Les colporteurs sont les intermédiaires entre l'éditeur et l'acheteur, entre l'État et le paysan. — Chiffre des colporteurs. — Organisation. — Ils sont souvent plus immoraux dans leur conduite, plus grossiers dans leurs propos, que les livres et gravures qu'ils vendent sous main; mais, du moment où toutes les carrières sont obstruées, du moment où, par l'impulsion donnée aux publications populaires, aux gravures et aux moulages à bon marché, le métier de colporteur sera devenu lucratif, exigez de ceux qui en exercent le privilége une certaine culture, un don d'éloquence naturel, quelque talent musical pour chanter la complainte; élevez l'homme au niveau de l'importance nouvelle de sa mission. — Encouragements aux plus intelligents, médaille d'honneur du colportage décernée par les préfets.

MAINTIEN DU GOÛT PUBLIC PAR LES SPECTACLES.

Théâtres. Considérations générales. Le théâtre était envisagé chez les Grecs comme un moyen d'enseignement, d'utile propagande, de civilisation bienfaisante. L'accepter ainsi, et, pour répondre aux besoins démocratiques de la société nouvelle, ouvrir d'immenses théâtres. — Les innovations modernes semblent nées de cette participation du grand nombre à toutes les jouissances. — Paquebots énormes, convois indéfinis de chemins de fer, omnibus de cent voyageurs. — A leur tour, les théâtres renouvelés contiendront 30,000 spectateurs commodément assis, voyant bien le spectacle et entendant parfaitement les acteurs. Nous voulons plus encore, car le velamen de l'antiquité est un abri médiocre à côté des ressources de tous genres offertes à nos architectes par les nouveaux matériaux de construction. 30,000 spectateurs préservés de la pluie et du vent, de la chaleur et du froid, ventilés en été avec des courants d'air mêlés aux senteurs de toutes les fleurs, échauffés en hiver par des courants de chaleur tiède et parfumée. — Le public parisien, qui se compose de l'élite du monde, a droit à de beaux et bons théâtres, car il leur jette chaque année 20 millions, et il leur en donnera bientôt 50. Répondent-ils à ces générosités de grand seigneur? On pourra le croire, si l'on compte les théâtres, les acteurs, les pièces représentées chaque année; on protestera, si l'on a le moindre souci de ses aises, le plus faible sentiment de la distinction et du style dans l'architecture, le goût de l'originalité dans les nouveautés et de la vraie gaieté dans les bouffonneries, de l'esprit de bon aloi dans les comédies, de la grâce inspirée par la nature dans les ballets, de l'âme, du talent, du génie, dans les drames, opéras et tragédies.—Toutes les fois que le peuple a compté, on lui a donné de magnifiques théâtres. Les Grecs lui construisaient des théâtres en marbre de la plus belle architecture, où il venait entendre les chefs-d'œuvre des poëtes, entouré des chefs-d'œuvre de la peinture et de la sculpture. Les Romains lui offraient, dans des cirques et dans des hippodromes immenses, les combats d'animaux et les courses de chars. Tant que ces nations furent dignes d'elles-mêmes, ces spectacles excitèrent les plus nobles sentiments, le sentiment du beau dans les arts et l'enthousiasme guerrier. Pourquoi laisser se perdre ces moyens faciles d'une influence féconde? — La construction des grands théâtres ne devrait être confiée qu'à l'architecte le plus ingénieux et le plus artiste parmi les plus habiles (voir plus loin, p. 1008). — Le théâtre est un enseignement qui développe la morale, l'esprit, le goût par les lettres, l'harmonie et le plaisir des yeux. Donnez au peuple le moyen de s'y distraire à bas prix, et souvent d'y entrer gratuitement. — Périclès payait sur la caisse publique l'entrée des citoyens pauvres dans les théâtres d'Athènes, et, à son imitation, toutes les municipalités de la Grèce prirent à leur charge cette utile distraction du peuple. Je ne parle pas des libéralités impériales chez les Romains, elles avaient un but plus politique que moral; je remarquerai seulement que nos dix théâtres contiennent 15,000 spectateurs, et que Rome en mit 87,000 à l'aise dans le Colisée seul. — Des directeurs. Placer à la tête de vos théâtres des hommes convaincus, celui-ci de l'autorité de la musique, celui-là des vrais principes de toute saine littérature, tous de la dignité de l'art, et, si l'on vous dit que tel directeur a fait de plus grosses recettes que son prédécesseur, cherchez, non pas au fond de sa caisse, mais dans son répertoire, ce qui restera de sa gestion. — Direction littéraire. — Mélange heureux qui satisfait le goût tenace des beautés éternelles et les goûts passagers des gentillesses de mode. — Théâtres Français. Premier, second et troisième théâtre Français. — Le théâtre Français reprendra sa mission. Il est la bibliothèque dramatique que la génération actuelle ne lit pas, et qu'il lui récite avec tout le charme, toute la séduction capables de faire accepter de vieux chefs-d'œuvre. Qui lit Rotrou? pour n'en citer qu'un parmi les bons. Faites en sorte qu'on vienne l'entendre dans votre théâtre. — Ainsi l'enfant accepte la boisson salutaire dont vous savez dissimuler l'amertume. — Mais, pour bien jouer les œuvres du génie, il faut être presque un génie soi-même : aussi, quand les Talma, les Mars, les Rachel, viennent au secours de Néron, de Célimène et de Phèdre, tuez le veau gras, fêtez la bonne venue et ne reculez devant aucun sacrifice pour conserver aux lettres ces divins interprètes. — On médit des caprices de Mlle Rachel, de sa tyrannie, de tous ses travers enfin; l'État ne doit se souvenir que d'une chose, c'est que Corneille, Racine, Voltaire et nos illustres écrivains revivent en elle, et en elle seulement. Quel artiste, un peu grand, ne porte pas ses défauts au niveau de ses succès, ses caprices à la hauteur de son génie? Jules II ne voyait dans Michel-Ange que son talent, il oubliait sa brutalité; et, quand l'artiste parvenait à s'enfuir de Rome, il menaçait la ville de Florence de l'excommunier et de lui déclarer la guerre, si elle ne rendait pas son peintre à la chapelle Sixtine. L'histoire des arts est pleine des méfaits de ces grands artistes, et des preuves de mansuétude des papes, des souverains et d'un public non moins intelligent qu'enthousiaste, non moins épris du talent que sourd aux menées de l'envie. Mlle Rachel sert les lettres et elle protége aussi les arts. Inspirée par ce sentiment antique qui vit dans tous les chefs-d'œuvre de notre littérature, elle les interprète non pas seulement par sa savante diction, mais aussi par la noblesse de la pose, la grandeur du geste, la distinction des attitudes et les ajustements incomparables du costume. — A une autre époque, dans d'autres contrées, cette femme eût eu des statues sur la voie publique et dans les temples. — Utiliser ces rares intelligences en se tenant à l'affût des moindres tendances favorables au style et des jeunes talents qui, par une pente naturelle, sont disposés à s'y associer. — Sophocle et Euripide remis sur un piédestal digne de leur génie. — Aucun détail négligé dans ces résurrections de l'art antique, car il suffit d'un détail fautif pour faire trébucher ces essais. Mais, quand on saura que MM. Boissonade, Rossignol, Lebas, ont vérifié la traduction de MM. Ponsard et Augier; que MM. le duc de Luynes, de Saulcy, de Rougé, ont présidé à la mise en scène et au choix des costumes; que MM. Hittorf, Paccard, Maxime du Camp, ont dirigé les peintres décorateurs; que MM. Mérimée, Ampère et Patin ont surveillé les mille détails de la vie privée et des usages, alors l'attention sera confiante et respectueuse au milieu des étrangetés, et, à moins d'un obstacle imprévu, comme un Oreste nasillard ou une Électre grasseyante, le succès sera assuré et d'une véritable portée. Il n'y aura que vingt représentations, car il faut limiter ces plaisirs exceptionnels comme on enchâsse des pierres précieuses; mais, pendant la durée de ces représentations, on ne parle que de cela, la conversation des gens du monde s'en nourrit, l'imagination des artistes s'y échauffe, les modes elles-mêmes s'inspirent de la noblesse des ajustements et se plient à cette élégante simplicité. Cela fait, on abandonne décoration et poëme, sans réserve de droits d'auteurs, à l'entrepreneur quelconque d'un théâtre de boulevard, qui tire alors parti d'un succès sanctionné par l'élite de la société et rend populaire jusque dans les provinces ce qui, tenté par le premier venu, écrivain ou directeur de théâtre, n'eût inspiré que dédain et pitié pour cette sublime antiquité. — Mais après ce succès on ne se croise pas les bras, on recommence autre chose, marchant au même but. — Le problème ne change pas; combattre ce qui monte d'en bas, répandre et généraliser ce qui descend d'en haut. — Notre premier théâtre tragique ne doit pas être seulement le Louvre des vieux maîtres, il est encore le musée du Luxembourg des maîtres vivants. — Moyens de stimuler les auteurs en proportionnant les moyens d'exécution au talent. — Unité d'impulsion en embrassant les différents genres dramatiques dans une même action dirigeante. — Nous avons un second théâtre Français, l'Odéon, qui est trop indépendant du théâtre de la rue de Richelieu. — Public particulier, la jeunesse des écoles. — Que lui faudrait-il? l'ancien répertoire joué par des artistes de talent, et les pièces nouvelles dont le mérite aurait été consacré par un public d'élite. — Que lui donne-t-on à entendre? — Historique des vingt années dernières. — Des tragédies dont le théâtre Français n'accepte pas même la lecture devant son comité; des comédies tellement osées, qu'il n'ose pas les jouer. On traite la jeunesse comme l'*anima vilis* sur laquelle on fait les essais. — Toutes les excentricités de la littérature interprétées par des acteurs inexpérimentés, partant exagérés. — Mauvais drames et mauvais acteurs, qui faussent le goût de la génération nouvelle. — Il est vrai que, si un acteur de l'Odéon marque quelque talent, si un drame joué à ce théâtre dévoile, sous le faux brillant de la mode, quelques qualités réelles, on accapare acteur et drame au premier théâtre Français, laissant son frère cadet recruter d'autres commençants, tenter d'autres essais. — C'est là un mauvais jeu, qui, loin de maintenir le goût public, le corrompt à sa source. — Organisation nouvelle. — On associera, sous une direction générale et sous un chef supérieur commun, le théâtre Français, l'Odéon et le Gymnase. — Pour ces trois théâtres un seul comité de lecture, trois troupes distinctes mais associées; association qui permet d'assigner telle pièce à tel théâtre, d'empêcher les auteurs d'écrire en vue d'un acteur ou d'un public, qui permet aussi de distribuer les rôles non pas suivant les nécessités d'un théâtre, mais conformément aux exigences de l'art. — Le théâtre Français resterait le représentant de l'art dans sa pureté; le second théâtre, participant de ses meilleurs éléments, aurait sans doute un caractère plus jeune, mais serait une véritable école de goût pour la jeunesse; le Gymnase enfin, tout en conservant l'ensemble qui fait son principal mérite, donnerait parfois aux deux autres théâtres des acteurs qui leur font défaut et recevrait, à son tour, de ses associés des renforts pour ranimer sa verve, relever son genre et l'empêcher de tomber dans la manière. — Le comité de lecture de cette grande direction, composé d'hommes éminents, recevrait des jetons de présence de 20 francs et disposerait de 30,000 francs pour les distribuer chaque année en prix et en pensions, c'est-à-dire pour donner au succès sa juste récompense, et au jeune talent, qu'on écarte afin qu'il mûrisse, les moyens d'étudier sans produire, c'est-à-dire sans se fausser le goût dans les bas-fonds littéraires. Cette grande troupe, ces trois théâtres unis, loin d'abaisser les autres, les relèveraient, car le directeur serait autorisé à faire jouer sur les petits théâtres, en l'annonçant ou à l'improviste, entre deux plats vaudevilles, quelques belles scènes de son répertoire. Mlle Rachel venant dans sa solennelle simplicité aux Folies-Nouvelles, aux Délassements-Comiques, parler au nom d'Athalie et de Pauline, ou réciter bonnement *les deux Pigeons*, cette simple histoire, impressionnerait ce public d'une si étrange façon, que le second acte de la pièce, qui faisait pleurer de rire, ferait pleurer d'ennui et de dégoût. — Les acteurs. Les auteurs, depuis Plaute jusqu'à Shakespeare et Molière, les auteurs dramatiques étaient acteurs et jouaient dans leurs pièces, c'est-à-dire qu'ils composaient avec l'expérience du métier, avec la pratique journalière des ressources et des obligations de la scène. Nous qui désirons revoir des orfévres travaillant sur des modèles composés par eux, nous croyons que l'art ne perdrait rien à être encouragé dans cette voie. — Iffland, Garrick, Baron, la Champmeslé, les

Poisson, Dancourt, Monvel, Pigault-Lebrun, Picard, Duval, Mlle Brohan, Samson et Régnier. — Se reporter à l'organisation du Conservatoire de musique et de déclamation (page 550). — LES COSTUMES. L'archéologie la plus rigoureuse est de mise dans les trois théâtres Français. — La fantaisie peut se permettre à l'Opéra tous les écarts; aux théâtres associés pour relever la tragédie et la comédie, l'étude doit imposer rigoureusement le résultat de ses recherches consciencieuses. Un anachronisme trouble l'attention en détruisant toute illusion. Quand Auguste dit : *Prends un siége, Cinna,* je ne veux pas voir le favori de l'empereur s'asseoir dans le voltaire de mon coin du feu; autrement je ris, et la belle scène de Corneille est perdue pour moi. Un musée scénique serait formé pour les trois théâtres, sous la direction de l'artiste distingué qui aura consacré sa vie à l'étude de la vie privée à toutes les époques. Les diverses collections publiques y déverseraient nombre d'objets qui, au milieu des œuvres de l'art, sentent le bric-à-brac, tandis qu'ils deviendraient ici des monuments intéressants et des outils utiles. Ce musée serait public à certains jours; tous les théâtres auraient le droit d'y faire copier leurs costumes et de s'entendre avec son atelier de confection. — Les petits théâtres. — Question des priviléges. — Les élèves du Conservatoire. — Théâtres lyriques. — Maintien du goût public par l'harmonie. — GRAND OPÉRA. La voix du chanteur a une limite; le son de l'instrument n'en a pas. La voix du chanteur se fatigue, et, qui pis est, elle se fausse quand elle doit remplir une salle qui dépasse la puissance de ses moyens. L'instrument grandit en proportion de l'espace; l'orchestre s'étend dans de justes rapports avec la salle. — La salle de l'Opéra, telle qu'elle est, exige des chanteurs un excès d'efforts qui ruine leur voix; cependant il importe qu'il y ait dans Paris un théâtre qui associe la belle musique à l'effet dramatique, à la splendeur de la mise en scène, à l'illusion des décorations, aux surprises des machines, et il est nécessaire, autant pour exercer une saine influence sur un grand public, autant pour répondre aux goûts des jouissances qui s'étendent chaque jour davantage, que pour répartir sur un plus grand nombre de spectateurs les frais de ce théâtre, il est nécessaire de l'agrandir au quintuple. — Le moyen de concilier ces exigences, de conserver à l'art toutes ses perfections, en se prêtant à de si gigantesques développements. — L'Opéra, à en croire quelques enthousiastes, n'est pas seulement un spectacle, c'est aussi une institution, et la plus importante des institutions. Touchez-y délicatement, comme on restaure un pastel, si vous croyez ce théâtre parfait et digne de la France; tranchez dans le vif, au contraire, si la musique qu'on y fait vous semble destructive à la fois du goût musical et des voix les plus belles; si les ballets qu'on y danse, la pantomime qu'on y joue, vous paraissent insipides, conventionnels, guindés, apprêtés, fardés, et tellement contraires aux saines données de la grâce et de l'art que vous vous croyez transporté dans un monde de poupées, de pantins et d'automates. — L'Opéra est trop grand pour les chanteurs et pour la bonne musique, trop petit pour les ballets; il doit devenir le salon français où Paris reçoit les étrangers et les provinciaux, avec la recherche et l'élégance qui caractérisent la capitale. — Il faut trancher dans le vif. — Il y aura un Opéra dansant, qui donnera place à 10,000 spectateurs, et un Opéra chantant contenant tout au plus un millier d'amateurs exquis. — OPÉRA DANSANT. Remonter aux ballets des Valois et aux opéras de Louis XIV. — Ronsard et Baillif composaient des vers pour les ballets. — Association de Lulli, Molière, La Fontaine, Corneille, Quinault. — De la littérature en musique et des œuvres poétiques chantées. — Beethoven met en musique les plus belles inspirations des poëtes. — Drames en musique et à grand spectacle. — Les chanteurs de solo remplacés par les premiers mimiques, les chœurs décuplés de puissance, l'orchestre assisté de tous les progrès faits par Sax et ses confrères, retentissant de trombones, grosses caisses, timbales, cloches, ophicléides et orgues pour accompagner des chœurs de 1,000 chanteurs. — Gluck, Mozart, Spontini, Weber, Rossini, Meyerbeer, grandissant avec la grandeur simple des moyens d'exécution. — LA DANSE. Nouveaux opéras-ballets. — La convention de la danse, réformée dans le sens de la grâce distinguée et d'une pantomime naturellement expressive. — On engagera des artistes comme Mmes Guyon, Stoltz et autres puissantes mimiques, chez qui la passion du geste et le jeu de la physionomie suppléent à la voix. — 10,000 spectateurs au lieu de 1,950, payant en moyenne 3 francs au lieu de 7, rémunéreront mieux qu'aucun théâtre du monde les danseuses parfaites, les pantomimes hors ligne. Ce ne serait pas assez : il faut que la France reprenne le sceptre de la danse, que l'Italie et la Russie lui ont enlevé.— Reconstituer un conservatoire de la danse, une maîtresse école qui imposera les lois, et des lois raisonnables, au lieu d'absurdes violations de la grâce naturelle. — La danse avait été l'art français par excellence, une école de bon maintien et un modèle de poses, d'attitudes et de mouvements gracieux dans un mélange d'élégance et de naturel. — Nous en avons encore la passion, nous n'en avons plus le talent. — Milan a son école, Naples a la sienne, Saint-Pétersbourg même forme ses danseuses; Paris seul n'a plus d'école, et se contente de payer cher ce que ses rivaux consentent à lui céder. — DÉCORATIONS. Les tirer de leur cercle borné, les faire voguer sur une mer d'innovations heureuses. — Quels progrès restent à faire? — Maintenir une plus juste balance entre l'homme de pratique et l'artiste d'imagination, entre le métier et le génie. C'est, en tout ce qui touche aux arts, une même règle, un même principe. Le plus habile décorateur est incapable de faire un tableau d'un mètre de largeur; M. Ingres n'est pas capable de peindre une décoration. Ce genre de peinture est un procédé particulier, un métier à part. Faut-il en tirer la conséquence qu'il doit être abandonné aux hommes du métier; je ferais sortir de ces prémisses une déduction opposée. Le tort des hommes de métier est de se mouvoir dans un cercle et de se contenter de redites, faute d'idées puisées dans l'étude sérieuse de l'art et de la nature, cercle bien autrement vaste, fonds inépuisable. Par ces raisons, il faudrait rajeunir le corps des décorateurs par l'introduction de forces vives, telles que celles d'architectes, de peintres, de sculpteurs de talent, dont l'imagination excessive est continuellement en dehors des conditions de l'art. Chacun de nous citerait un de ces artistes éminents qui, depuis les bancs de l'école jusqu'à la fin de leur carrière, ont toujours dépassé les conditions du programme, les exigences des règles, les désirs mêmes de leurs clients; gens d'imagination, de talent, mais que la réalité gêne et qui se rendent impossibles en toutes choses. J'attirerais ces grands artistes dans la peinture de décoration, et vous verriez la scène de l'Opéra s'animer d'une vie nouvelle, qui n'a été rêvée ni par Servandoni, un grand artiste, ni de nos jours par Stanfield, à Londres, et Marcellini, à Naples. La nature, l'architecture, les grandes perspectives monumentales, seraient conçues avec une grandeur inattendue, parce qu'elles ne seraient plus, comme à présent, la copie amoindrie de la réalité ou le rêve impossible d'une imagination qui n'est pas guidée par des études sérieuses. Sûrs d'eux-mêmes, ayant en souvenir les grands modèles de toutes les créations de la nature et du génie, ils prendraient ces richesses pour point de départ, et selon la scène, l'époque, la donnée de la pièce, ils reproduiraient non pas seulement ce que ces situations leur inspirent, mais les projets, les pensées que l'étude de la nature et des monuments avait créés dans leur imagination. Ce sont bien toujours des rêves, mais d'une réalité possible, dans un avenir concevable. J'espère de ces hommes nouveaux la réforme des anciennes ficelles et des vieux oripeaux. — La décoration peut être autre chose que l'illustration de la pièce, elle peut se faire spectacle elle-même. Quand le public, satisfait qu'on ait inondé la salle de lumière pendant les entr'actes pour faire resplendir les toilettes et valoir la coquetterie, se contentera d'un demi-jour une fois le rideau levé, la scène produira les effets les plus extraordinaires. Ce que Daguerre a imaginé dans son petit Diorama, avec ses faibles ressources, ne sera qu'un enfantillage à côté des inventions magiques qu'on peut mettre aujourd'hui en œuvre sur un vaste théâtre. On racontera, aux yeux des spectateurs, un voyage autour du monde; on leur montrera les forêts vierges de l'Amérique, le simoun du désert et la tempête en pleine mer, peints d'après nature, et se faisant nature par la puissance et l'habileté des moyens; les monuments de l'art avec l'encadrement des beautés de la nature qui les fait valoir sur les lieux, les sept merveilles du monde restaurées par nos jeunes architectes voyageurs dans les conditions les plus probables de leur beauté, de leur grandeur. Toutes ces décorations animées par le mouvement de flots d'acteurs et par les inventions surprenantes des machinistes. Celles-là agiront sur l'esprit par la vue, ceux-ci le domineront en imposant au corps lui-même des sensations émouvantes. On aura froid aux chutes des avalanches, on aura chaud à la vue des incendies; quand la tempête rugira, la bise traversera la salle et soufflera dans les oreilles du spectateur; et, quand une machine à vapeur de la force de deux cents chevaux fera mouvoir des trucs gigantesques, on imaginera des épisodes du déluge à faire tressaillir Noé dans sa tombe, et des scènes de fin du monde à réveiller les morts dans la vallée de Josaphat.— OPÉRA CHANTANT. Cet Opéra différera entièrement de l'Opéra dansant. Si l'un est immense, l'autre est très-petit; si dans le premier tout est donné aux grands effets des masses chantantes et d'une orchestration étourdissante, pour s'associer, dans l'esprit d'un public avide de violentes impressions, à la passion du drame, à la magie des décorations, à l'ensemble grandiose du spectacle, dans le second tout est poussé jusqu'à la plus délicate perfection : choix des chanteurs, composition des chœurs, constitution d'un orchestre d'artistes hors ligne, tout se réunit pour rendre les œuvres musicales les plus belles dans les conditions que pourraient désirer leurs auteurs. — Ici une mise en scène convenable, des costumes simples et ce qu'il faut de danseurs pour motiver la musique des ballets. — L'Opéra français et italien formant une seule troupe, jouant séparément et à tour de rôle, mais pouvant aussi s'unir et s'associer suivant les besoins de l'art. — CONCERTS PUBLICS. Voir plus haut, p. 558, ce que j'ai dit des sociétés chorales, orphéon, etc. — THÉÂTRES POPULAIRES. Un grand théâtre national, construit sur le boulevard Mazas, exactement sur les mêmes dimensions que l'Opéra dansant, et devenant sa succursale. — Aménagements particuliers. — Mêmes décorations, mêmes machineries. — Le dialogue remplaçant la pantomime. — Les grands traits de l'histoire mis en évidence. — Les premières places à 1 franc, les autres à 50 centimes. — On se sent une chaleur d'enthousiasme, un frisson guerrier, en pensant à l'effet produit sur les masses par ce spectacle saisissant de la gloire nationale. — Le rideau, au lieu d'insipides affiches, montrerait au désœuvrement des entr'actes quelque grande scène historique, peinte par un artiste de talent. On les remplacerait à chaque entr'acte par un autre tableau, quelque fresque du Campo Santo de Pise ou du Vatican, le plafond d'Homère, l'assaut de Constantine ou l'hémicycle de l'École des beaux-arts, exactement reproduits sous l'éclairage habilement ménagé de la rampe. C'est un genre de musée mis sous les yeux d'une population qui ne va pas ou qui va trop rarement dans nos musées; c'est aussi le diapason d'un art supérieur retentissant à côté de l'art quotidien pour le relever. — THÉÂTRES DES DÉPARTEMENTS. — Réorganisation radicale. — La dignité de l'art l'exige aussi bien que le maintien du goût public. — Troupes fixes, largement subventionnées par les villes. — Troupes circulantes, subventionnées par plusieurs départements. — Élèves du Conservatoire envoyés pour les assister gratuitement. — Prix fondés par l'État pour récompenser les efforts des entrepreneurs. — Garanties données aux acteurs de l'exécution de leurs engagements. — THÉÂTRE DES ESSAIS. Ce théâtre des essais de tous genres serait lui-même un essai de théâtre nouveau dans sa construction, ses emménagements, ses effets d'acoustique, d'éclairage, de machinerie, de décoration. — Il y a tout à faire dans cette voie d'innovations, et ce théâtre étant de petite dimension, n'étant occupé que temporairement, se prêtera à des tentatives qu'il serait impossible d'entreprendre, d'étudier et de développer sur d'autres scènes. Cette salle serait offerte aux bonnes troupes étrangères de tous les pays, et le prix de location très-modique, prélevé uniquement sur les recettes. — Il y a intérêt pour le maintien du goût public à faire entendre les compositions dramatiques et lyriques dans la langue originale, avec les traditions et la manière d'être des acteurs et chanteurs pour lesquels elles ont été composées, et qui les ont étudiées sous l'impulsion de l'auteur. — Les meilleures troupes de comédiens nous arriveront de l'étranger quand elles seront assurées de trouver cette généreuse hospitalité qui profite de leurs succès sans spéculer sur leurs défaites, et qui leur donne, dans un bon quartier, une salle convenable. — Les samedis, dimanches et lundis, cette salle serait également secourable aux jeunes débutants. — Il y a utilité à ne laisser les élèves du Conservatoire aborder les grandes scènes et la critique qu'après avoir fait un stage intermédiaire, moitié sous l'œil trop sévère du public, moitié sous l'œil trop bienveillant des professeurs. La troupe serait composée d'acteurs que l'âge condamne à la retraite et que l'État pensionne. Ces illustres doyens du corps dramatique continueraient à attirer ici leurs anciens admirateurs, qui viendraient applaudir les bonnes traditions et encourager les jeunes gens qui les continuent. Ainsi soutenu par le talent d'acteurs émérites, par l'intérêt des débuts, par la curiosité des essais de divers genres tentés dans ces représentations, ce théâtre aurait un public assidu et couvrirait ses frais.

MAINTIEN DU GOÛT PUBLIC PAR LES EXERCICES GYMNASTIQUES.

Deux grands intérêts sont absolument négligés dans la civilisation moderne, et leur abandon fait sentir sa fâcheuse influence. — Faute d'initier la jeunesse aux exercices gymnastiques et d'en maintenir l'habitude dans l'âge mûr, l'hygiène publique a perdu son ressort le plus actif, la jeunesse s'appesantit, la race s'énerve; l'agilité, la souplesse, et la grâce, qui les accompagne naturellement, parce qu'elle en est le résultat, semblent réservées à des carrières spéciales. — L'homme du monde et l'homme d'affaires consentent à être obèses, lourds, embarrassés dans leur démarche, emboulés dans leur paletot; ils admettent cette déformation comme un attribut de leur position sociale; être moins complétement laids leur semblerait déroger. — Conséquences pour l'art. — Les formes humaines sont quelque chose de plus inconnu que les formes du mastodonte. — C'est un cercle vicieux, car dès lors le nu, au lieu d'être vu avec indifférence, impressionne, et de légitimes scrupules de moralité s'opposent à l'étude du corps humain. — Le jeune homme bondit, la jeune fille rougit à l'idée de nudité, et ce qui devrait ne pas causer plus d'effet que le cheval qui passe ou la vache qui paît devient un sujet d'émotion, de curiosité bizarre et de scandale étrange. — Le résultat le plus singulier de cette ignorance presque générale est de faire trouver laides les formes les plus belles et les proportions les plus harmonieuses, tant elles sont en choquante contradiction avec les formes et les proportions que les paletots et les jupons donnent à l'espèce humaine. — Il faut lutter contre un pareil désordre d'idées, sans tenter, dans une société chrétienne, de reprendre les errements de l'antiquité et le saint enthousiasme que les Grecs avaient pour la beauté. — Nous connaissons cet anathème de Joubert : « Il est une espèce d'hommes « que l'amour des arts possède tellement, qu'ils ne regardent plus l'art comme « une chose qui est faite pour le monde, mais le monde, les mœurs, les « hommes et la société comme des choses qui sont faites pour l'art; subor- « donnant tout, et la morale elle-même, à la statuaire, ils regrettent la « nudité, la gymnastique, les athlètes, par dévouement aux sculpteurs : « c'est qu'ils aiment les arts plus que les mœurs, et les statues plus que « leurs propres enfants. » — Nous avons des enfants, nous les aimons. Leur éducation se ressentira plus des préjugés de Joubert que de la libéralité de notre conviction, et cependant nous pensons fermement qu'étudier la nature, voir le nu et se connaître soi-même n'est contraire à aucun précepte de la religion, à aucune règle de la bienséance. Les plus grands esprits ont partagé sur ce point une même opinion libérale. Goëthe a traité la question, sans s'y arrêter longtemps, mais il l'a fait avec la fermeté de son jugement et le charme de son style. Il suppose que Julie, une jeune fille, est élevée par son oncle, grand collectionneur d'objets d'art, dans une familiarité continuelle avec les tableaux des maîtres, les statues des anciens, et toutes ces belles créations du génie qui peuplent la vie des jouissances sublimes de l'intelligence. Une femme du monde visite ce cabinet; Julie lui en montre les curiosités, et, comme elle s'aperçoit que les peintres flamands ne sont pas de son goût, elle place sous ses yeux la pièce capitale de la collection : une Vénus couchée, chef-d'œuvre du Titien. La dame détourne les yeux et s'étonne qu'une jeune fille ose regarder et montrer aux autres une nudité de ce genre. Julie répond ingénument : « Cette femme couchée, je la vois tous les jours, elle m'est familière depuis « mon enfance. On m'a appris l'histoire naturelle, on m'a montré les oiseaux « dans leur riche plumage, les animaux dans leur belle fourrure, les poissons « sous leurs écailles argentées, et on m'aurait fait un mystère, à moi jeune « fille, de la forme humaine, à laquelle tout se rapporte, qui respire en « tout et embrasse tout; mais pourquoi cacher l'homme à l'homme ? N'est-ce « pas une bonne école de modestie et de réserve que celle qui nous fait con- « naître, à nous, qui sommes trop disposées à nous croire belles, ce qui est « la vraie beauté ? Mon oncle me l'a dit souvent, à partir du jour où j'ai « réfléchi moi-même : Habitue-toi à la contemplation familière de la nature, « elle éveillera toujours en toi des réflexions sérieuses, et puisse la beauté « de l'art sanctifier les sensations qu'elle fera naître ! » — Contre des préjugés, contre nos habitudes, le meilleur remède est de remettre en vigueur les exercices gymnastiques et tous les spectacles qui font valoir la beauté humaine. — On s'expose peut-être, en proposant ces mesures, à un danger, le plus grand de tous en France, au danger du ridicule. — Il suffit de regarder le ridicule en face, il s'évanouit. — Pour les gens malpropres, le ridicule, c'est la propreté; pour les gens grossiers, l'éducation et les bonnes manières sont un ridicule; aux ignorants, la science; aux poltrons, l'héroïsme. — Évitez le ridicule qui se nourrit de vanités puériles, de prétentions sottes, d'appétits vulgaires; ne craignez pas le ridicule des nobles sentiments, des aspirations élevées, des dévouements au grand et au beau. — Les jeux gymnastiques dans l'antiquité. — Leur influence morale. — Les nobles esprits voulaient que l'âme eût un logement digne d'elle; que la forme, au lieu d'être en désaccord avec l'esprit, fût en parfait équilibre, n'estimant pas qu'un esprit solide, qu'un moral robuste, pût résider dans un corps débile. — Les exercices du corps au moyen âge étaient réservés aux carrières spéciales. — Tournois. — Joutes. — A l'école des clercs, l'*exercitium corporale* n'était pas admis, ou au moins il était si singulièrement compris, qu'il se composait de fonctions actives très-peu nobles, comme la cuisine, le service de la table, le balayage des salles. De gymnastique, de courses, de jeux de balles et d'ébats d'autres genres, il n'y a trace ni dans les statuts de Montaigu, ni dans les statuts des autres écoles calqués sur ceux-là, si ce n'est pour les prohiber comme *ludos violentos*. — La paume dans les hôtels. — Les étuves publiques et particulières. — Renaissance, idées de Rabelais. — Dans les deux derniers siècles, abandon complet des exercices gymnastiques. — Rollin, *Traité des études*. — Le règlement des études de 1789. — Les articles de la loi de l'instruction primaire qui prescrivent la gymnastique. — Opinion de Talleyrand, Condorcet, Lepelletier, Lakanal. — Renaissance de ces exercices sous l'influence d'un retour vers l'antiquité. — Courses à pied, dont les vainqueurs sont couronnés par des membres du Directoire. — Les grandes parties de barres du Ranelagh qui attiraient tout Paris. — Les jeux de courte et longue paume, encore très-nombreux au commencement de ce siècle. — Amoros en 1815. — Mon père, qui l'avait connu en Espagne, devient son protecteur à Paris, et je m'honore d'avoir été un de ses premiers élèves. La gymnastique prit place dès lors dans l'éducation publique, mais à titre de talent d'agrément, et non pas comme un exercice obligé, auquel tous doivent prendre part. — Entrez aujourd'hui dans les colléges, vous verrez les enfants se promener en se donnant le bras et en causant gravement de politique. La balle est proscrite, les barres exclues, la gymnastique délaissée. — La faire renaître comme un plaisir. — Importance de la gymnastique prolongée après l'enfance. — Établissements facilitant les exercices à toutes les heures de la journée, moyennant une faible rétribution. — Professeurs en tricot, les sandales aux pieds. — Les yeux et l'observation artiste profitant des exercices du corps dans ces nouvelles palestres. — La natation. L'utilité de la natation dans l'eau froide est admise et proclamée par toute la faculté. Les nouveaux modes de traitement hydrothérapiques ne sont pas autre chose que des bains froids privés de l'exercice qui les rend salutaires. — Savoir nager est pour un homme une question d'honneur et de dignité humaine. — Un père dont l'enfant tombe dans l'eau, un mari dont la femme se noie, tous deux cloués au rivage par leur impuissance, sont bien malheureux ou bien ridicules. — J'ai vu un brave général trembler dans une barque où mon fils, encore enfant, mais bon nageur, riait de tout son cœur. — La natation devrait être exigée, comme la vaccine, pour entrer dans toutes les carrières, pour se marier, pour être remplaçant dans l'armée. — On apprend à nager à tout âge. Le célèbre baron Hammer de Purgstall avait atteint sa soixantième année quand il prit sa première leçon, et, lorsqu'il eut traversé le Danube à la nage, on inscrivit sur le registre d'honneur la date de sa naissance. — Quand tout le monde nagera, quand les exercices du corps seront remis en honneur, de nouveaux établissements de natation s'ouvriront dans des conditions de luxe et de bien-être dont on n'a aucune idée. Le quai, transformé en jardins, et dissimulé, dans ces endroits, sous des rideaux de lierre et de vignes vierges, tendra la main aux riches estrades flottantes. — Nouveaux modèles d'architecture nautique; chaque établissement de blanchisseuses et de bains de natation formant dans la Seine comme un îlot monumental. — Les nageurs quitteraient le bassin de la rivière pour venir sur terre prendre du repos à l'ombre des arbres et assister aux joutes des lutteurs, aux jeux gymnastiques des athlètes, aux poses académiques des modèles. — Le public serait admis sur les estrades et dans des places réservées au milieu des jardins. Il stimulerait de ses applaudissements la souplesse unie à la force, la grâce associée au talent. — Des prix, depuis le caleçon d'honneur, réhabilitation de l'ancien caleçon rouge, jusqu'à des médailles d'or, seraient distribués par un représentant de l'autorité, et sur la décision de jurys compétents. — Exercices de la rame. — Canotiers. — Régates. — Est-ce se faire illusion que de penser à une régénération de l'hygiène publique devenant le ressort énergique d'une renaissance des arts? — Ces palestres en plein air, ouvertes au mois de juin, fermeraient au mois d'octobre. Alors professeurs et amateurs transporteraient, les uns leur enseignement, les autres leur activité, dans les palestres d'hiver, j'entends les jeux de paume, les écoles de gymnastique, les manéges d'équitation et les salles d'escrime. Partout, dans ces lieux consacrés aux exercices du corps, le public aurait ses places nombreuses, commodes et gratuites, car, s'il s'agit d'une utile hygiène pour ceux qui y prennent part, il en résulte un profitable enseignement pour tous les spectateurs. Y aura-t-il dans tout cela prise au ridicule? Je l'ignore, mais je sais que Platon, traitant le même sujet, disait déjà : « Moquons-nous de toutes les railleries que les beaux esprits ne manqueront pas de faire en voyant une pareille innovation. » — DES JEUX DE PAUME. Ancienneté de cet exercice. — On avait un jeu de paume dans son hôtel comme il y a aujourd'hui un billard. — Décadence de la paume. — Sa cherté en est la principale cause. — Facilités nouvelles offertes pour construire dans la ville de nouveaux jeux de paume, et ouvrir, dans les promenades parisiennes, des espaces pour la longue paume, le bâton, les boules, etc. — Écoles de gymnastique. Elles n'ont pas d'organisation. — Les placer sous la surveillance de l'État. — En faire une part de l'enseignement public. — Simplifier l'attirail gymnastique et l'exiger dans le mobilier obligatoire des écoles. — Gymnase normal à Paris. — Solennités annuelles réunissant les lauréats de tous les gymnases. — Exercices du patin en hiver : bassins de nos promenades publiques réservés aux patineurs. — MANÉGES D'ÉQUITATION. On sait monter à cheval, mais on ne l'apprend plus. — Historique de l'équitation. — Des manéges au dernier siècle. — De l'ancien manége de Versailles. — La France a dominé longtemps dans l'art de l'équitation, et jusqu'en 1830 elle en a conservé les bonnes traditions. — Fatale suppression du manége des écuries royales. — Décadence immédiate de l'équitation. — Ce bel art est livré aujourd'hui à d'honnêtes gens qui ignorent leur métier ou à des saltimbanques qui le déshonorent. — L'école de Saumur est toute militaire. Elle forme des officiers et des sous-officiers instructeurs, mais elle néglige ces connaissances hippiques d'un ordre supérieur qui ont fait la renommée du manége de Versailles, et qui étaient le résultat d'études sérieuses et d'une expérience traditionnelle. — Construire un vaste manége dans toutes les règles d'une belle architecture et dans les conditions exigées par la pratique, l'abandonner gratuitement à une société, à laquelle on imposera un personnel d'écuyers dont la science, à la fois théorique et pratique, s'appuiera sur l'histoire de l'équitation, sur des études anatomiques de l'homme et du cheval, sur la connaissance de tous les défauts de la race que nous fait la Société d'encouragement, sur la juste appréciation des qualités d'un cheval de fond bien proportionné. — Cours professés le soir. — Bibliothèque hippique. — Musée de pièces anatomiques : les dents et les os en nature, les maladies figurées en pièces plastiques, un squelette d'homme sur un squelette de cheval. Une collection historique de mors, d'éperons, de harnachements. — A des époques fixes, des tournois et carrousels. — Distributions de prix. — Vastes estrades pour le public. — SALLES D'ESCRIME. A quoi bon manier des armes ? D'abord pour savoir se battre, et on en laisse par trop l'habitude se perdre ; ensuite pour développer le corps, pour lui donner souplesse et agilité. — Assauts publics. — Espadon, bâton, pugilat. — COURSES. Courses à pied, en véhicules, à cheval. Elles sont la conséquence et le corollaire de ces exercices. Nouvelles arènes pour les unes et pour les autres. — Aux courses à pied, l'esplanade des Invalides, qui n'est pas assez vaste pour en amoindrir l'importance. — Les courses s'associent aux besoins comme aux souvenirs de la guerre. — Parties de barres organisées sur le même emplacement. Les barres tiennent aussi de la tactique militaire. — Grandes estrades construites magnifiquement pour recevoir de nombreux spectateurs, et, en leur absence, pour décorer l'esplanade. — Aux courses de chevaux, le Champ de Mars. — Dispositions nouvelles pour les spectateurs. — Conditions modifiées pour les courses. Tout ceci conservant un caractère sévère, en rapport avec une intention sérieuse. — Hippodrome, cirque. — Le théâtre est un reflet de la réalité. Les courses du Champ de Mars reproduites à l'hippodrome, la haute école du grand manége singée au cirque. Les poses naturelles des nageurs et des athlètes devenues des poses plastiques arrangées pour l'effet de la rampe. — Les facilités offertes au public pour voir des exercices sérieux le rendront exigeant pour les contrefaçons. — Immenses arènes, Chasses d'animaux sauvages. Combats de taureaux. La miévrerie hypocrite de notre époque défend l'introduction en France, ou au moins à Paris, de ces nobles luttes de l'homme courageux avec la bête furieuse; le costume prête au développement des formes et le caractère de la lutte au jeu des physionomies. Les taureaux s'y montrent dans toute la beauté de leur colère et de leur liberté. On dit, il est vrai, qu'il est cruel de répandre le sang de ces animaux. Nos gastronomes ont des raffinements d'humanité; ils pleurent sur un taureau tué noblement, et ils font bouillir des animaux vivants, et ils mettraient à la broche la création entière. — On dit aussi qu'il ne faut pas habituer le peuple à la vue du sang. Le XVIIIe siècle n'avait montré sur ses théâtres qu'amours poudrés, que bergères fardées, que marquises enrubannées dans leurs robes à paniers, lorsque l'échafaud se dressa sur la place de Grève, tandis qu'en Espagne, où les combats de taureaux existent depuis tant d'années, où l'état révolutionnaire est l'état normal, le peuple n'a jamais approché, dans ses plus grandes fureurs, des excès dont nous avons donné l'exemple. Quant aux vengeances personnelles et à l'intervention du poignard dans les mœurs publiques, elles ne sont pas plus fréquentes en Espagne qu'en Italie et en Grèce, où les spectacles sanglants ne se sont pas renouvelés depuis l'antiquité.

MAINTIEN DU GOÛT PUBLIC PAR L'INITIATION DES CITADINS À LA BELLE NATURE.

Plantations et promenades parisiennes. Ce qu'est la nature pour le citadin. — Il lui faut une nature mitigée, comme on fait boire au malade le lait coupé. — Le désordre des plantations au milieu de la rectitude architectonique de nos constructions, les lignes serpentantes des allées sablées à côté de nos rues alignées, forment un contre-sens choquant. — L'architecte Le Nôtre fut le premier à comprendre qu'il était nécessaire de créer un intermédiaire entre l'architecture aux lignes droites et la nature aux lignes assouplies. De là ses dispositions admirables de jardins réguliers, échelonnés sur des terrasses à balustrades ornées; ses parterres largement découpés et parsemés de statues élevées sur de riches piédestaux; ses bassins de toutes formes, animés de jets d'eau de toutes combinaisons, devenant la transition naturelle entre l'œuvre de l'homme et l'œuvre de Dieu. Quelque chose, d'une part, assez régulier, assez architectonique pour s'allier et se fondre dans la construction d'un palais ou d'un château, d'autre part assez riche de verdure et de fleurs, assez libre d'allure dans sa régularité pour s'unir insensiblement aux grandes perspectives de la forêt, aux prairies émaillées de fleurs, aux cascades naturelles des eaux. C'est ainsi qu'il comprit Versailles se prolongeant sur les bois de Satory. — L'Angleterre, après avoir chargé Le Nôtre de disposer ses plus beaux parcs, tels que ceux de Saint-James et de Greenwich, dans le système régulier imaginé par lui, fut la première à s'engouer des jardins irréguliers repoussés par Louis XIV dans la personne de Duverny. Elle développa bardiment toutes les ressources de ce système et lui donna son nom. Pour rester conséquente, elle tomba même dans l'exagération. En amenant jusqu'au perron du château les allées sinueuses, les eaux serpentantes et les arbres dans toute la liberté de leur végétation, elle rendit choquante la ligne droite de l'architecture, la roideur des pilastres, la rectitude et l'aplomb des colonnes; alors le lierre et la vigne vierge furent chargés de dissimuler l'architecture et de la transformer; on alla plus loin, on se réfugia dans le gothique, on se livra aux enfantillages du genre rustique. De ce moment, les grandes beautés de l'art furent remplacées par les fantaisies pittoresques et par la création coûteuse des beautés soi-disant naturelles, telles que cascades factices tombant du haut de rochers apportés à grands frais, grottes mystérieuses bâties de main d'homme et revêtues de coquillages. — Quel caractère doivent avoir les plantations dans une ville et les promenades des citadins hors de la ville? Je parlerai des plantations de Paris, en recherchant les embellissements propres aux voies publiques d'une grande ville. Voyons ici quelles promenades réclame la capitale. Pour la population parisienne, pressée entre les murs étroits de ses rues et de ses maisons, entassée par couches superposées d'étages peu élevés, la promenade, au moins au jour du repos, c'est la santé. La poule au pot rêvée par Henri IV pour toute la France ne vaudrait pas, pour Paris, les belles promenades que son édilité peut lui donner. Sur la rive droite : le bois de Boulogne; Monceaux, que M. Laffitte n'a pas transformé en un quartier tout bâti pour que la ville pût l'acheter aujourd'hui, et Vincennes. Sur la rive gauche : le jardin des Plantes; le Luxembourg, ne formant, avec sa pépinière, qu'un vaste parc, et une nouvelle promenade acquise par la ville dans les fonds boisés d'Aulnay et du Plessis-Piquet. On donnera à ces six grandes promenades tout le charme de la campagne dans sa liberté naturelle, l'art n'y ajoutant que les grandes allées nécessaires à la circulation, l'abondance des eaux, la richesse d'une végétation variée et de fleurs abondantes; partout des partis-pris larges, des dispositions simples, et, quand la main de l'homme doit se montrer, comme dans l'architecture et son ornementation sculptée, une exquise simplicité. Point d'enfantillages qui rappellent les puérilités bourgeoises, maisons rustiques, grottes mousseuses, chalets suisses, ou, ce qui est pire encore, kiosques en découpures, maisonnettes d'ébénistes, qui d'Enghien et de Trouville se répandent en tous lieux avec une contagieuse rapidité. Que partout la beauté de l'art soit en rapport avec la beauté de la nature, comme à Delphes, comme à Olympie, comme près de Paris, lorsque François Ier acceptait les plans et projets de Jérôme della Robbia pour associer, dans le château du bois de Boulogne, toutes les délicatesses de l'art aux délices de la campagne; comme autour de Rome, lorsque des nobles italiens disposaient les parcs élégants des villas Médicis, Borghèse, Pamphili. — Chaque promenade parisienne aura son architecte paysagiste, un artiste d'assez de talent pour comprendre les libertés que l'art peut accepter dans ce milieu particulier qui n'est plus la ville, qui n'est pas encore la campagne, et qui participe de l'une et de l'autre, genre mixte qui constitue la promenade d'une grande ville. Il composera, pour toutes les constructions, les projets les mieux appropriés à chaque emplacement, et il sera fait des concessions d'autant plus avantageuses aux entrepreneurs de cafés et de restaurants, de concerts et de spectacles en plein air, qu'ils accepteront des projets plus élégants, qu'ils les construiront en matériaux plus riches, qu'ils les feront orner de fresques intérieures et extérieures par des artistes plus capables. — Ces six promenades deviendront ainsi un programme pour l'architecture dans ses créations les plus variées, les plus osées en même temps; elles seront, en outre, un auxiliaire, un terrain d'expérimentation et un déversoir pour le muséum d'histoire naturelle et le musée du Louvre. Voici comment: la botanique et la culture scientifique ont prospéré et rendu des services au jardin des Plantes aussi longtemps que le terrain a offert à la végétation assez d'espace pour développer ses racines et ses branches, assez d'air sain pour respirer; mais, d'un côté, les besoins de la circulation des visiteurs, les bâtiments des serres et des collections, l'extension de la ménagerie et l'abondance des richesses acquises ont singulièrement diminué l'espace consacré à la culture; de l'autre côté, les vignes qui entouraient le jardin des Plantes à l'époque de sa fondation, et au milieu desquelles Guy Patin venait boire avec Guy la Brosse le vin du cru, ont été remplacées par des usines, par la gare du chemin de fer d'Orléans, couverte de locomotives toujours chauffées, et par les habitations d'une population serrée, qui exhalent dans l'air des gaz meurtriers. Par ces raisons, les expériences de culture, si utiles anciennement, deviennent impossibles de nos jours, si l'on n'offre pas au Muséum de vastes terrains d'expérimentation. Les promenades de Paris les lui donneront dans des conditions d'autant meilleures qu'elles permettront de répartir plantes et arbres suivant la nature du sol, je dirais presque suivant le climat qui leur convient, la forêt de Vincennes différant essentiellement des hauteurs du Plessis-Piquet. L'architecte paysagiste resterait chargé de toutes les plantations, parce que, outre ses connaissances pittoresques, il aura été reçu bachelier ès sciences naturelles et aura suivi les cours du professeur de botanique et de celui de culture pratique, pour pouvoir comprendre l'importance des expériences et suivre les indications de la science. De cette façon, les plantations des promenades parisiennes hors de Paris ne perdront rien sous le rapport pittoresque, et elles gagneront singulièrement en intérêt, les essences rares portant sur des cartels l'historique de leur origine, les plantes nouvelles étiquetées, les unes et les autres devenant des occasions d'enseignement pour le public, des sujets d'étude pour la science, des renouvellements d'idées pour les artistes. Le public parisien ne respecte rien, dira-t-on; il coupera les fleurs et taillera les arbres. — Le public est un enfant qui fait volontiers ce qu'on lui défend de faire. — Au lieu d'inscrire sur vos poteaux : Défense de...., sous peine d'amende, il est interdit de..., inscrivez, comme dans les jardins publics de l'Allemagne : Ces parterres et ces fleurs sont placés sous la protection des promeneurs. — A qui demande si peu et ne menace pas on accorde tout. — A cette flore agrandie du jardin des Plantes je voudrais associer une faune en liberté, qui serait plus nouvelle, et pourrait être aussi utile pour la science et pour les arts. L'État nourrit depuis bien des années, pour la plus grande joie des conscrits de la garnison et des bonnes d'enfants, quelques lions qui de l'immensité du désert passent sans transition dans une cage de quatre mètres carrés, et des ours qui descendent des Alpes majestueuses pour monter à un triste bâton au fond d'un cul de basse-fosse. Il serait temps de donner à ce chapitre du budget un emploi sérieux. — Des animaux sauvages mis en cage dans l'antiquité. Asie, Égypte, Grèce, Rome, Byzance, Orient et Occident du moyen âge. Lions et tigres des ménageries royales en France depuis le XIIIe siècle. — Les animaux du jardin des Plantes. — Les riches crédits du jardin Zoologique de Londres. — Le pauvre budget du muséum d'histoire naturelle. — Les animaux devraient être disséminés par espèces dans nos promenades. — Emploi du fer pour fabriquer des enceintes que l'œil ne voit pas et qu'aucun lion, qu'aucune hyène ne sauraient ni franchir ni briser. — Vallons plantés d'arbres séculaires, qui dissimulent leurs enceintes de murailles et de grilles, au fond desquels se promènent les ours, les tigres et autres animaux grimpants. — Girafes, bisons, éléphants, zèbres et lamas ayant la liberté avec tous ses droits, moins celui de faire le mal. — Volières de 500 mètres d'étendue, englobant les grands arbres, et donnant à la population volatile une illusion de la liberté. — Chevaux, ânes, vaches et brebis ramenés le plus près possible de leur type primitif par les croisements avec les individus choisis en tous pays et par les libres allures. — Les pelouses émaillées de ces animaux se passent de fleurs et brillent harmonieusement au soleil, car la nature a donné au pelage de ses créatures, comme aux corolles des fleurs, les nuances qui se fondent le mieux avec la verdure ou qui tranchent le plus franchement sur elle. Cette girafe est de la couleur des feuilles mortes, cette vache de la nuance des fleurs de pêcher; qu'un beau taureau charollais, au manteau rose et blanc, traverse à gué la petite rivière qui serpente dans le pré, ne sentirez-vous pas venir à vous comme une senteur mythologique? Vous voyez Jupiter, vous cherchez Europe, vous comprenez mieux l'esprit poétique des Grecs, qui divinisa les impressions produites par les beautés de la nature. — La science étudiera pour la première fois les animaux sauvages dans des conditions favorables. — Reproduction assurée des races devenues rares. — Croisements faciles. — Caractères et mœurs remis en évidence. — Pour la première fois aussi les artistes se feront une idée de la beauté de ces créatures rendues à la liberté. — A quel point de vue améliore-t-on les races? La Société d'encouragement ou le Jockey-Club n'a qu'un but, la vitesse; qu'un succès en vue, la croissance rapide et la puissance donnée à certains muscles. Les formes résultant de cette éducation sont en contradiction directe avec celles des animaux créés par le bon Dieu. Cette tête fine, admirablement placée sur une encolure gracieusement arrondie, ces proportions si heureuses entre la hauteur et la longueur, entre le corps et les membres qui le supportent, tout cela est horriblement défiguré. — De leur côté, les sociétés d'agriculture, et à leur suite toute la France agricole, ne comprennent qu'un genre de progrès : l'engraissement. Ne parlez pas de formes proportionnées et de beauté naturelle, on vous rirait au nez; parlez viande. Faire de la viande aux dépens de tout respect de la créature de Dieu, c'est là le but avoué et poursuivi aveuglément. L'idéal de l'agronome est une table de chair sur ses quatre pieds, une masse de graisse ambulante. Les comices partagent cette manière de voir. Ils décernent leurs prix à des caricatures d'animaux dont l'État publie complaisamment, dans des rapports officiels, les hideux portraits. — On vante ce progrès, on s'extasie sur la puissance de l'homme, qui transforme à son gré des créatures divines. On est dans l'erreur. — En quittant la voie prescrite par la nature, en faussant, en faisant dévier son cours, on n'obtient que de fâcheux résultats. Des parallélogrammes de chair ne font pas seulement des monstres de vaches et de brebis, cela fait aussi peu de lait et de mauvaise viande; des chevaux qui, par croisements successifs, tiennent des espèces sautantes et bondissantes, comme les lièvres, les lévriers et les sauterelles, ne sont pas seulement des types de laideur, ce sont aussi des chevaux pleins de tares, défectueux pour tous les services, à l'exception d'un seul, celui d'une course momentanée, dont on exagère chaque jour la rapidité en en diminuant la durée, comme si le *nec plus ultra* devait être quelque bond prodigieux. — J'ai étudié longuement et pratiquement le système du pur sang en Angleterre, en Allemagne et en France; j'ai éprouvé, au désert même, le cheval arabe, et j'admets l'utilité du pur sang, à la condition de le contrôler par d'autres épreuves que celle de la vitesse. Si vous demandez des exercices plus en rapport avec les besoins, vous obtiendrez des animaux plus conformes au type primitif du vrai cheval. La vitesse seule, à faible poids et de courte durée, s'obtient au détriment de toutes les qualités qui font la force, la résistance et le fond, et ces qualités venant à manquer, au lieu de l'ampleur des formes, des justes proportions entre la hauteur des jambes et la largeur du flanc ou de la poitrine, vous avez des animaux à croupe haute, à flancs déprimés, à jambes grêles, à poitrine étroite. Si vous donniez des prix de courses de vitesse et des prix plus élevés pour des courses de fond à lourds poids, vous encourageriez les éleveurs à chercher dans les races orientales les qualités qui répondraient à ces exigences; si enfin vous fixiez des récompenses pour la beauté des formes obtenues par le pur sang, mais en dehors de toute autre condition, vous ajouteriez encore un stimulant à l'élève des chevaux selon la saine raison. — Les étalons de l'État auront leur écurie annexée à l'une des promenades parisiennes, et le public verra en liberté, bondissant sur les pelouses, le vrai type du cheval. — On ne domestique aucun animal, on n'acclimate aucune plante. Je ne me fais point d'illusion à cet égard. Le chat de Noé, au sortir de l'arche, n'était ni plus sauvage ni plus soumis que de nos jours. Le blé du paradis et le blé après le déluge était le blé qui nous nourrit. Le créateur de toutes choses a pourvu à tout, même à la vanité de ceux qui croient créer quelque chose. C'est lui qui a fait tous les animaux pour ce qu'ils sont, et toutes les plantes pour vivre dans la région climatérique qu'il leur a assignée. Mais la France et Paris ont, sous le rapport du climat, des analogies en Amérique, en Afrique et en Asie; les étudier, chercher les animaux qui y vivent en domesticité et les plantes que nous n'avons pas; installer les uns, planter les autres dans ces belles promenades parisiennes. — Ce n'est pas assez pour une population intelligente. — Trouver une nouvelle fleur et un bel arbre inconnu sur son chemin, apercevoir en toute sécurité le lion qui bondit dans la plaine, l'ours qui grimpe dans le chêne majestueux, la girafe dont la tête dépasse les plantations, c'est sans doute d'un effet pittoresque et saisissant; mais l'âme a besoin de passer d'une impression à l'autre, et les plus douces, les plus élevées, ne sont pas dans la contemplation de ces productions naturelles. — Il est en Grèce, et sur les territoires de ses anciennes colonies de l'Asie mineure, des rivages sans fin et des plaines immenses entièrement couvertes de temples en ruines, de tombeaux majestueux, de fragments de sculpture par monceaux. Le sultan les donne à qui veut les prendre; que nos bâtiments de guerre qui croisent dans ces parages ne rentrent pas en France sans en embarquer quelques morceaux, ne fût-ce que le dixième de leur chargement, et avant dix ans nous aurons dans nos promenades un musée en plein air, embelli de tous les charmes de la nature. — François Ier avait mis la Diane antique dans les jardins de Fontainebleau; Médicis, la Vénus qui porte son nom dans le parc de sa villa; Louis XIV, l'Andromède et le Milon du Puget dans les allées de Versailles. — Je ne demande pas cela. — Les marbres grecs qu'on nous rapportera n'ont pas cette finesse et cette perfection; mais, comme la frise de Magnésie, ils ont une grandeur de proportions, une hardiesse d'exécution, une beauté d'ensemble qui serait à l'étroit dans un musée, et qui s'arrange très-bien d'un encadrement de lierre et des libertés de la ronce. Quand une ville comme Reims menace de jeter bas la façade délicieuse de la maison des musiciens, quand les cloîtres romans sont transformés en pierre à chaux, quand les tourelles gothiques et les hôtels de la Trémouille sont vendus aux entrepreneurs de maçonnerie, j'irais les chercher pierre à pierre, et je les redresserais à l'ombre des beaux arbres, dans ces belles promenades, nouveaux Champs-Élysées de ces pieux souvenirs. On fera bien d'éviter la ruine factice, mais on peut accepter ces beaux fragments des ruines d'une grande civilisation, en les associant à la nature toujours jeune et à nos plaisirs renaissants. Les contrastes plaisent à l'esprit. Dans cette même direction d'idées, on donnera asile à un autre ordre de monuments, qui n'ont pas leur place dans un musée, car ils n'ont qu'une beauté morale : ce sont des reliques historiques. Un bloc détaché de la cime du Sinaï, du mont Calvaire, du rocher de Sainte-Hélène, et comme voilé par l'ombre des grands chênes et des sombres cyprès, offre une source d'émotions vives, d'impressions élevées, de retours religieux et philosophiques. — L'art moderne aura aussi sa place dans ces promenades. Des groupes d'animaux en marbre ou en bronze font bien au carrefour de plusieurs allées ; des édicules placés dans les fourrés peuvent garantir à la fois une jolie statue de nymphe sculptée par Simart et des promeneurs surpris par la pluie. — L'influence pittoresque de la capitale doit s'étendre au delà de ses promenades, elle ornera ses alentours. Huyot avait étudié la décoration du mont Valérien : il étageait les stations sur ses pentes ; il élevait le tombeau du Christ et son calvaire sur le plateau vers lequel s'échelonnaient des escaliers et des balustrades mêlés à une riche végétation. — Couronner la butte Montmartre par quelque chose d'analogue avant que d'insipides maisons ne gâtent cette perspective. — Le goût public se ressentira de cet ensemble d'arrangements pittoresques. — Les artistes ne s'en contenteront pas ; ils préféreront étudier la végétation dans la forêt de Fontainebleau, et je leur construirais dans le bas Préau une auberge disposée en atelier pour les jours de pluie, une sorte de villa Médicis de la nature ; d'autres, plus hardis ou plus exigeants, iront chercher le beau dans les forêts de l'Amérique : ils étudieront les vaches dans les pâturages de la Normandie, les lions dans l'Atlas, les éléphants dans l'Inde, et ils auront raison ; mais à chacun son rôle, et le Parisien à qui le sort a rivé la chaîne au pied comprendra mieux l'artiste à son retour.

MAINTIEN DU GOÛT PUBLIC PAR L'EXCELLENCE DE L'ARCHITECTURE.

Paris doit être une ville monumentale et devenir le joyau de 1,500,000 âmes, en même temps qu'il est le point de mire de toute la France. — Chaque monument ancien, restauré, complété ou fini, chaque monument nouveau qui s'élève, chaque objet d'art acquis devient un sujet de préoccupation publique. — En toutes ces choses, l'État n'offre que des modèles exquis, il ne fait que des acquisitions utiles à l'étude ; comme un père de famille qui devant ses enfants observe son maintien et son langage, l'État ne doit pas se permettre une fantaisie de style contestable, un caprice de décoration douteuse. — En tout il est l'exemple et fait autorité. — Percement de rues nouvelles. — Élargissement des rues anciennes. — Abus de la ligne droite, qui ne peut jamais être le mérite de Paris, puisqu'il sera toujours inférieur, sous ce rapport, aux villes en échiquier de l'Amérique. — Chercher le caractère du nouveau Paris dans la beauté monumentale des perspectives. Faire des coudes, créer des carrefours pour ménager des occasions de monuments charmants, de gracieuses fontaines, de leschès dignes de l'antiquité. — La perfection, le soin précieux et délicat, ne peuvent être partout; mais faites qu'ils se rencontrent de loin en loin, qu'ils soient d'agréables points d'arrêt, comme dans ces processions de la fête-Dieu où l'on traverse des rues entières simplement tendues de linge blanc pour arriver au reposoir orné avec magnificence de verdure et de fleurs. Il semble que la piété se réveille, que l'admiration grandisse, quand elle a ainsi ses alternatives d'abstention et d'exaltation. — Plan d'ensemble montrant l'état présent et les projets arrêtés. — Choix des architectes pour exécuter les travaux de l'État; j'entends ceux qui sont payés par le budget municipal de la ville de Paris et par le budget général de la France. — Un conseil des bâtiments civils, désormais le maître des travaux de Paris. — Monuments anciens du vieux Paris, souvenirs nationaux à conserver. — La destruction de l'hôtel de la Trémouille et d'autres malheurs de ce genre sont des taches sur l'administration municipale de Paris. — Destructions non moins graves en France. — La commission des monuments historiques. Renforcer son autorité et réunir dans ses attributions les édifices diocésains. — Porter son crédit à 2,500,000 francs. — Les églises gothiques arrivent presque toutes en même temps de nos jours à leur âge critique. — Ce qu'on ajoute sans autorisation dans nos départements aux monuments de cette époque est plus fâcheux que ce qui tombe sans permission. — Les travaux dirigés par la commission des monuments historiques sont pour toute la France un enseignement qui maintient le bon goût dans les populations et forme les ouvriers sous la direction d'architectes, d'inspecteurs, de chefs de travaux, d'appareilleurs et de sculpteurs envoyés de Paris. — Mais la ville de Paris s'est soustraite à l'influence de la commission des monuments historiques; il faut l'y ramener. — Hôtels historiques. Assurer leur conservation en y plaçant les services publics, qui occupent dans Paris de vastes hôtels, insignifiants sous le rapport des arts, mais d'une grande valeur. — Hôtels de Sens, Zamet, Mayenne, Sully, Beauvais, Pimodan, Lambert, etc. — Inscriptions commémoratives. Placer des inscriptions françaises partout où un homme célèbre est né, où il est mort, où un événement digne de mémoire s'est passé. La France et Paris sont des musées historiques, il faut étiqueter leurs monuments et les expliquer aux passants. Pierre levée de Carnac, cathédrale de Chartres, champ de bataille de Taillebourg, façade du Louvre, colonne de la place Vendôme, l'homme du peuple lira votre histoire dans une inscription concise. — Monuments à respecter. Entre les monuments à restaurer et les monuments à compléter se placent les monuments à respecter, et la tour Saint-Jacques, que la rue de Rivoli prolongée isolera, est du nombre. C'est le fragment d'une église ruinée que le sort a enchâssé dans cette nouvelle voie, et de même que j'ai demandé au Louvre qu'on exposât les fragments antiques sans additions de restaurations, je voudrais qu'on montrât la tour Saint-Jacques avec ses abat-son et ses arrachements, qui diront clairement ce qu'elle fut: un clocher attenant à une église. Que le lierre et la vigne vierge montent mélancoliquement le long de ses parties ruinées, qu'un massif d'arbres enveloppe sa base, et puis laissez parler la ruine, elle a son éloquence. — MONUMENTS À COMPLÉTER. Saint-Eustache; son portail. — Saint-Sulpice; sa tour. — La Madeleine; placer les acrotères au fronton de la façade principale, et compléter par un bas-relief le fronton du posticum. — La fontaine des Innocents; mettre à l'abri dans le musée du Louvre les bas-reliefs de Jean Goujon, et les remplacer par des copies exactes en pierre de même provenance, qu'un connaisseur ne distinguerait pas des originaux. Voilà dix ans que je sollicite cet acte d'humanité sans pouvoir l'obtenir, et je l'obtiendrai quand l'humidité et la gelée auront consommé leur œuvre de destruction. — Hôtel de ville; rétablir sur la partie neuve les toits élancés et les cheminées monumentales, au lieu de pavillons échancrés et de tuyaux de poêles. — Donner à la bibliothèque Nationale une façade sur la rue de Richelieu et une entrée monumentale sur la rue Neuve-des-Petits-Champs. — L'Institut, la Sorbonne, le Conservatoire des arts et métiers, réclament une salle des séances plus vaste, une salle des concours moins laide, un ensemble de bâtiments indispensables. — L'arc de triomphe de l'Étoile attend encore son couronnement. Repousser l'aigle monstrueux qui ferait du monument un serre-papier colossal; repousser également une figure assise de soixante pieds de haut, qui le réduirait à un piédestal, un piédestal à jour! Puisque vous avez pris votre donnée première dans l'antiquité, complétez-la avec un quadrige à l'antique. — L'obélisque; le surmonter d'un pyramidion en cuivre doré. Impossible d'associer l'idée de la perfection dans l'exécution, qui était la préoccupation et l'idéal des Égyptiens, avec cette pointe irrégulière, machurée, laissée incomplète. — Cour de l'ancien Louvre. Rapporter de Thèbes le second obélisque qui appartient à la France et le placer au centre de cette cour, dont il ne contrariera ni les lignes ni les perspectives. — Les Invalides. Terminer le tombeau de l'Empereur; dorer le dôme; la gloire militaire de la France n'est point ternie, ses revers ne l'ont rendue que plus brillante. — MONUMENTS À CONSTRUIRE. On change une mauvaise loi, on modifie un règlement vicieux, mais les monuments les plus laids, on les conserve. — Que les législateurs soient légers, les ministres malhabiles, peu importe; d'autres législateurs, d'autres ministres, répareront les fautes de leurs prédécesseurs; une erreur en pierres de taille ne se corrige pas, les siècles la subissent. — Choix d'un style pour les monuments nouveaux. — De quelle époque, de quel pays sera-t-on? — On sera de son temps, on sera soi-même. — Le beau dans l'architecture, c'est une harmonie de la forme et de la destination. — L'architecture n'est pas un art d'agrément, de fantaisie, de caprice; c'est par-dessus tout un art utile et sérieux. — Je comprends un architecte comme un orateur éloquent. Il a étudié toutes les difficultés de la langue, il en connaît toutes les beautés, il est maître de toutes ses ressources : quel sujet doit-il traiter? Quelle cause le charge-t-on de défendre? Cela seul désormais le préoccupe; car, pour la forme de sa harangue, pour le choix de ses expressions, pour l'agencement de ses périodes, il n'a pas besoin de revoir ses auteurs. L'éloquence est devenue en lui une seconde nature; ce qui l'occupe, c'est sa cause. Ainsi de l'architecte. Il est maître de son art, il a dans sa tête toutes les transformations que l'architecture a subies à travers les siècles; il a aussi dans le sanctuaire de son âme l'idéal qu'il s'est formé lui-même; vient le programme : prison, palais, collége, théâtre, bourse, caserne ou hôpital. Il étudie les besoins, l'emplacement, le chiffre des allocations; et, ce travail d'ensemble animant son imagination, sans remettre sous ses yeux les Propylées d'Athènes et le Parthénon, sans feuilleter ses portefeuilles pour s'assurer des précédents d'une moulure, des autorités d'une console, il compose son monument et produit à coup sûr, non pas peut-être un chef-d'œuvre, les chefs-d'œuvre sont rares et Dieu en est avare, mais une œuvre qui porte écrite au front son originalité. Dans ces conditions, vous n'aurez pas une caserne qui ressemble à un hôtel de ministre, un timbre qui fasse l'effet d'une caserne fortifiée, un hôtel-Dieu dont le portique semble l'entrée d'un tombeau, au lieu d'annoncer avec calme l'asile du repos et de la convalescence. — Une façade promet-elle plus que ne tient l'édifice, c'est un contre-sens; un escalier est-il plus majestueux que ne comportent les appartements où il conduit, c'est une déception. Le roi de Bavière ne s'est refusé à Munich aucune de ces erreurs. Nous avons dit ce qui l'excuse, nous serions inexcusables de l'imiter. — Au commencement du siècle, nous avons vu nos rues inondées du sang qui s'écoulait des étaux de bouchers. L'Empereur nettoya ces étables en concevant l'idée des abattoirs publics. Ils furent construits simplement; ils manifestèrent à l'extérieur leur destination intérieure. C'était d'un bon exemple; il ne fut pas suivi, il faut y revenir. — Des Églises de Paris. Avant la Révolution, la capitale avait 290 églises et 600,000 habitants; aujourd'hui elle compte 43 églises et plus d'un million d'habitants. La piété a suivi l'accroissement de la population; elle a grandi avec elle, et aujourd'hui elle demande aide et protection. L'archevêque a créé des cures pour montrer la nécessité de nouvelles paroisses; il sème des curés pour faire pousser des églises. L'édilité comprendra ses devoirs. Style des églises. Se reporter à ce que j'ai dit du caractère religieux dans l'architecture; ce caractère est dans tous les styles. Il dépend moins des formes et des matériaux que du sentiment et de l'inspiration de l'artiste. Emploi de nouveaux matériaux pour donner place au concours des fidèles qui affluent aux jours des dimanches et des fêtes. Le maître-autel et la chaire aperçus de toute l'assistance, l'office et le sermon entendus de tous. Maintenir le grand caractère d'un art pur et sévère comme le lieu même, et l'associer à des innovations de toutes sortes réclamées par les habitudes du siècle et les mœurs du jour. — Archevêché. Le pasteur réclame depuis vingt ans le droit de vivre et de mourir près de sa vraie maison, la cathédrale de Paris. Programme. Dans la Cité, à côté de Notre Dame et de la Sainte-Chapelle, il est bien tentant de jouer au gothique neuf; je ne m'y opposerais pas si MM. Lassus et Viollet le Duc consentaient à relever cet enfantillage de tout le sérieux de leurs consciencieuses études. — MONUMENTS NATIONAUX. La gloire est aussi une religion. — Monuments qui la rappellent. — Donner les drapeaux conquis sur l'ennemi à la garde des invalides, c'est une grande idée militaire; les mettre sous la protection divine, c'est aussi militaire et peut-être plus grand. — Ajourner mon projet à notre première victoire, ce n'est pas le faire attendre longtemps. — A notre première victoire donc, on prélèvera sur les indemnités de la guerre dix millions pour acheter les bâtiments de la place Dauphine et pour élever sur un grandiose soubassement, sous les regards de tout Paris, le temple de Notre-Dame-des-Victoires. — Ce ne sera pas une reproduction du Parthénon, mais un monument inspiré par cette merveille, dressé comme lui sous les yeux de la ville entière, construit ainsi que lui en marbre, en marbre français, et renfermant comme le temple d'Ictinus la statue en or et en ivoire de la Sainte Vierge, entourée des trophées de la victoire et des autels où le sacrifice divin se répétera chaque jour en actions de grâces. Les frontons, les frises, les peintures extérieures et intérieures, représenteront les grandes luttes de la nation et associeront leur souvenir aux sentiments de reconnaissance qu'inspire un dieu protecteur. L'emplacement convient à un monument du même caractère que le Parthénon, quoique de dimensions plus grandes. Il s'élèvera assez haut pour dominer le Palais de justice, sans cacher la flèche de la Sainte-Chapelle et les tours de Notre-Dame. Il sera un modèle de pureté de style, et tout en fermant la longue et magnifique ligne de nos quais, il ouvrira aux âmes une perspective indéfinie de beautés morales, d'inspirations élevées, d'enthousiasme national.—Peut-être trouvera-t-on ce monument inutile : je me réserve de proposer d'autres inutilités pour orner la voie publique.—LES GRANDES NÉCROPOLES. La ville des morts menace d'envahir la ville des vivants, car les habitants de l'une passent dans l'autre sans qu'il y ait réciprocité. —Paris enterre chaque année 30,000 morts et dépense énormément dans ses cimetières pour produire un fouillis inextricable de monuments ridicules, aux épitaphes prétentieuses. — La réforme ne consiste pas à introduire dans nos mœurs le columbarium de l'antiquité et l'incinération des corps, les charniers du moyen âge et les champs des morts de l'Orient, mais à élever à côté de chacun de nos trois cimetières une grande nécropole[1]. — HÔPITAUX. Construction d'un hôtel-Dieu formant un ensemble près de la cathédrale dont il est le protégé. — Caractère extérieur de cet édifice, aménagements et décorations intérieurs. — Petits hôpitaux des premiers secours multipliés dans les quartiers d'ouvriers. — Grands hôpitaux en proportion avec la population. Leur caractère bienfaisant traduit par l'art de l'architecte.—MONUMENTS D'UTILITÉ PUBLIQUE. Hôtel des postes.—Hôtel des dépôts et consignations. — Casernes. — Colléges. — Prisons. — La-

[1] Cette proposition étant longuement développée dans un article que j'ai publié dans *le Constitutionnel* du 22 avril 1848, j'y renvoie.

voirs. — Nouveaux abattoirs. — Halles centrales. — Marchés d'arrondissement. — Marché aux chevaux. — Marché aux bestiaux. — Portes monumentales construites sur la ligne des fortifications.—Autant de programmes féconds, médiocrement étudiés jusqu'à présent, au point de vue d'une association heureuse des arts et de la destination. Tout ce qui est construit pour le peuple doit atteindre son but philanthropique, et, en outre, par l'élégance et la distinction du style, frapper son attention et former son goût. Il n'est besoin pour cela ni de luxe ni de dorure; le beau suffit, et de toutes les formes de l'architecture, c'est le meilleur marché. — Vous êtes obligé de reconstruire la morgue, qui est en contre-bas du nivellement de nos quais; demandez à Constant Dubeux, à Paccard, à tous les élèves de Rome et d'Athènes, le charme euphémique que les Grecs apportaient dans leur architecture funèbre, et ce rendez-vous douloureux des cœurs désolés se dépouillera de tout extérieur lugubre. — Que le pauvre entre dans tous vos édifices d'utilité publique avec ce sentiment de douce satisfaction que fait éprouver un bienfait rehaussé par la grâce qui le donne; qu'il en sorte pour rentrer dans sa modeste demeure sans que la comparaison lui soit humiliante. Le beau a cela de bon qu'il fait accepter sa supériorité sans exciter ces sentiments de convoitise, ces retours pénibles pour l'amour-propre, cette admiration trempée d'envie, qui naissent à la vue des fausses magnificences et du faste de mauvais goût. Le beau, comme le soleil du bon Dieu, éblouit, mais il étend ses rayons sur tous, et chacun en rapporte quelque chose, car il s'applique à tous les degrés de la fortune. — Les ponts. Paris a dix-neuf ponts et deux passerelles; il en réclame d'autres. Que la science des ingénieurs ne soit utilisée que pour réaliser les inspirations de l'artiste. Un pont est un monument. — Les fontaines. Elles peuvent servir à maintenir à la fois la santé et le goût publics. C'est le plus délicieux des motifs pour orner monumentalement une ville. — Les fontaines dans l'antiquité. — Aqueducs et fontaines chez les Romains. — Les Arabes. — Le moyen âge. — La Renaissance. — Quand Paris n'avait pas d'eau, il se construisait de magnifiques fontaines; depuis qu'il a le canal de l'Ourcq et de puissantes pompes à feu, il nous jette sournoisement de l'eau dans les jambes avec des bornes-fontaines qui se cachent comme si elles avaient honte de ce qu'elles font. Il prendra un jour à la capitale de telles envies de bien-être et de magnificence, qu'elle ira au loin chercher les eaux les plus pures, et, comme Rome, elle les fera entrer dans ses murs sur des arcs de triomphe. Alors l'eau jaillira de belles vasques, elle tombera en cascades du milieu de grandes dispositions architecturales. — Les fontaines de Neptune et de Vénus, élevées à Florence par notre Jean de Douay, sont la simplicité même, et c'est la grâce, cela coûte une misère et réjouit tous les passants. — La fontaine de Trévi, à Rome, est une décoration d'opéra; mais son mauvais goût est racheté par l'abondance des eaux et leur mouvement. — C'est donc entre ces extrêmes que l'art doit aujourd'hui se placer.—Jean Goujon associé à Pierre Lescot nous a montré comment on peut tirer parti d'un carrefour de rue pour élever une délicieuse fontaine. — Bouchardon, rue de Grenelle. — Visconti, carrefour Gaillon. — Gares des chemins de fer. Le prosaïque des ingénieurs en regard de l'imagination des architectes. — La gare d'Orléans et la gare de Strasbourg. — Le vrai caractère monumental de ces grandes embouchures de fleuves vivants. — Amphithéâtres des cours publics. Nous avons vu que la rive droite en réclamait un. — Étudier le théâtre antique dans ses dispositions aussi élégantes qu'ingénieuses, aussi favorables à l'acoustique qu'à l'art. — Théâtres. Le théâtre compte en France un monument, l'architecte Louis l'a construit à Bordeaux. — Importance des théâtres dans l'antiquité. — Leur rôle. — Leur but. — C'est le programme le plus heureux pour les architectes. — Théâtres construits en marbre, pouvant contenir au delà de dix mille spectateurs, et qui subsistent presque intacts dans les villes ruinées de la Grèce et de l'Asie. — Leurs dispositions particulières, leur richesse, leur ornementation. — Du théâtre moderne. — Paris s'est laissé dépasser par d'autres capitales en conservant à sa première scène, à son Opéra, la baraque honteuse qu'il accepta, en 1821, à titre provisoire. A cette époque, on lui promettait un monument digne de la grande ville, et plus on le projetait magnifique, plus il était nécessaire de construire une scène provisoire sur laquelle on jouerait en attendant l'achèvement de cette merveille. De tous les beaux projets faits alors, il est resté la baraque de la rue Lepelletier, et j'ai prédit tout aussitôt qu'on ne construirait un Opéra définitif que lorsque l'incendie nous aurait délivrés du provisoire. Est-il raisonnable d'attendre ce malheur, qui trop souvent déjà a menacé tout ce quartier? N'y a-t-il d'autre moyen de faire le bien qu'en parvenant à l'excès du mal. La construction d'un Opéra monumental n'est d'ailleurs pas seulement un besoin, c'est aussi une occasion excellente de donner aux étrangers une grande idée de l'état où sont parvenus les arts en France. Ce théâtre est, à leurs yeux, comme la vraie pierre de touche, comme le diapason juste de notre goût et de notre élégance. Le dieu de la mode en a fait son temple; le temple doit être digne de son dieu. L'Opéra dansant de Paris, dont j'ai parlé plus haut, donnera place à dix mille spectateurs, et sera construit dans de telles conditions, que la Scala, la Pergola, San-Carlo, la Fenice et le théâtre de Saint-Pétersbourg y danseront à l'aise, et qu'ils auront l'air de baraques provisoires à côté du monument que nous fonderons. Ce théâtre modèle s'élèvera sur un vaste soubassement au niveau et dans l'axe de la rue de la Paix, ayant de larges abords autour de lui et de faciles débouchés par des percements nouveaux sur les rues des Mathurins et de la Chaussée-d'Antin. Si l'on supprime la rue Basse-du-Rempart, de magnifiques rampes permettront aux piétons d'arriver par le boulevard; si l'on conserve cette affreuse rue, la circulation des voitures pourra être maintenue au moyen d'une arcade sur laquelle s'appuiera l'escalier qui du péristyle descendra au boulevard. On sait qu'un théâtre a besoin, pour le jeu de ses décorations, d'une profondeur égale à sa hauteur; ces terrains en contre-bas de la rue de la Paix semblent donc faits exprès pour ce théâtre, qui aura ainsi son parterre au premier étage, c'est-à-dire de plain-pied avec le boulevard, sans que décorations et machineries descendent assez profondément pour souffrir des infiltrations de l'eau. En même temps tout l'étage au-dessous de la partie du théâtre occupée par les spectateurs, c'est-à-dire par la salle, les couloirs, le foyer et les vestibules, formera un immense espace voûté appuyé sur de majestueux piliers. Ce sera la salle d'attente pour les personnes qui sortent en voitures. Échauffée par les calorifères, munie de nattes et de tapis, plantée d'arbres et ornée de fleurs, elle s'ouvrira aux voitures qui s'écouleront sans se rencontrer.— Vastes escaliers. — Larges corridors. — Immense foyer. — Caractère à l'intérieur : une ornementation qui emprunte aux artistes les plus distingués leurs meilleures inspirations pour faire du théâtre, pendant les entr'actes, un musée qui fixe dans le souvenir d'excellents modèles de goût, et en même temps un confortable raffiné qui associe aux plaisirs de ce spectacle public toutes les aises de la vie privée. Mais ce caractère à l'intérieur peut être commun à tous les théâtres : ce qui distinguera le grand Opéra dansant, ce sera la libre circulation et l'indépendance pour entrer, rester, sortir. Il rappellera dans son ensemble les habitudes du forum antique, en offrant à tous un lieu de rendez-vous agréable pour continuer commodément les affaires de la journée. Ne perdons pas de vue que l'avenir nous réserve une existence fiévreuse par la participation de chacun aux intérêts publics, politiques, financiers, industriels. Il faudra donner aux hommes occupés le moyen d'être sociables sans négliger leurs affaires, et d'associer leurs femmes à leurs plaisirs en mettant leurs plaisirs au milieu même de leurs intérêts. — Fauteuils commodes à toutes les places. — Dispositions ingénieuses pour déposer chapeau, manteau, parapluie. — Des pupitres pour le libretto ou la partition. — Les places assez espacées pour que chacun entre et sorte sans déranger ses voisins.— Loges plus grandes que des boudoirs, et ayant des salons. La sociabilité au théâtre empruntée à l'Italie. — A chaque loge son petit escalier de sortie pour descendre directement dans le grand vestibule d'attente. — Le parterre divisé en deux sections, l'une assise et stable, l'autre debout et circulante. — Souvenirs des théâtres de notre jeunesse, où le parterre tout entier se tenait debout. — Dans toutes ses dispositions, l'Opéra dansant offrira les facilités et la liberté de l'ancien théâtre en plein vent et de la place publique. — Caractère extérieur. — Tout théâtre a deux aspects, et il montre le plus triste au jour. La nuit étend sur la ville son voile mélancolique, le théâtre semble l'avoir attendue pour s'éveiller et renaître à la vie. De ce moment il resplendit de lumières, la foule accourt et assiége ses alentours, une sorte de fièvre bruyante s'empare de lui. La nuit a parcouru sa carrière, le soleil se lève, et le théâtre apparaît sous un aspect noir et lugubre, ses abords sont déserts, les immondices en font un cloaque, et les passants se détournent comme pour l'éviter. — L'architecte composera son monument de manière à répondre à des circonstances si différentes; il appellera à lui toutes les ressources d'un art jeune, d'un style élégant jusqu'à la coquetterie, d'une ornementation gracieuse et riche jusqu'à la profusion. Rien de trop magnifique en belles matières et en précieux métaux, rien de trop voyant en couleurs brillantes pour ce temple de Terpsichore qui doit annoncer, le jour, les plaisirs qu'il tient en réserve pour la nuit; mais en même temps l'architecte se préoccupera, dans son plan général et dans ses lignes principales, de la silhouette que son théâtre projettera sur le fond du ciel quand la lumière diffuse, au lieu de l'inonder d'en haut, jaillira de tous côtés et procédera pour ainsi dire de lui-même. — Le théâtre du peuple. Il s'élèvera sur le boulevard Mazas. — Mêmes dimensions, distributions entièrement modifiées, style et ornementation différents. — Théâtre des essais. Petite salle contenant 1,000 personnes et disposée pour jouer à la lumière artificielle et au jour. — Plafonds en verre peints. — Combinaisons nouvelles d'éclairage, scène éclairée par reflet. — Essais de divers genres. — Constructions civiles. Il ne suffirait pas d'offrir à la nation des modèles d'architecture dans ses grands monuments nationaux; l'État doit étendre sa sollicitude jusqu'à donner des modèles d'architecture usuelle et pratique. — La rue de Rambuteau, ouverte au milieu de quartiers affreux, a été construite tout d'une pièce et pouvait servir à développer un bon programme d'architecture civile; cette occasion a été perdue; cette rue sera dans l'avenir un témoignage de la vulgaire banalité de notre architecture en 1840, et rien de plus. — L'édilité parisienne doit prendre sa revanche en intervenant dans une juste mesure. — En bonne règle, et toutes les grandes époques en offrent des exemples, la maison doit recevoir l'empreinte et présenter le miroir des goûts et des habitudes de son propriétaire avec la même fidélité que la coquille des mollusques et la peau cornée des crustacés; mais, au centre de nos grandes villes, la maison est une ruche dans laquelle chaque habitant choisit son alvéole, et dès lors l'architecture n'a plus qu'un langage de convention qui devient ce qu'on appelle le style architectonique d'une époque. Ce style est si mauvais de nos jours, si arbitraire, que l'État ou l'édilité ont entrepris depuis longtemps de le diriger. — L'idée de façades symétriques sur une cour ou sur une place est aussi ancienne que l'architecture elle-même, mais l'idée moderne a été d'astreindre tous les particuliers qui construisent dans une place, ou sur une rue, à suivre un plan et un style arrêtés par l'autorité et à employer les matériaux désignés par elle. Cette idée appartient, je crois, à Henri IV, qui l'a mise en pratique sur la place Royale et à l'extrémité de la Cité avoisinant le pont Neuf: les lettres patentes du mois de juillet 1605 sont formelles sur ce point. Une autre idée qui découle de la première a été d'imposer à tout jamais le respect de ce plan et de ce style. Le bureau de la ville condamne, le 17 juillet 1676, un marchand de drap qui s'était permis d'altérer un détail de cette architecture. — Louis XIV, fidèle aux errements de son aïeul, a laissé un bel exemple de la grandeur monumentale qu'une ville peut ainsi atteindre. J. Hardouin Mansard, architecte du roi, fut chargé de construire toutes les façades de la place

Louis-le-Grand, sur les terrains de l'hôtel de Vendôme, majestueux encadrement du monument qui s'éleva au centre. — Des façades ainsi bâties à l'avance attendent patiemment, volets et portes fermés, les acquéreurs des terrains. La ville ne s'en inquiète pas. Elle possède sa décoration monumentale, les habitants y installent leurs maisons à la longue et quand ils veulent. — De là, à une symétrie déplaisante telle qu'on l'a introduite dans la rue Mandar et dans la rue des Colonnes, il n'y a pas loin. — Éviter cet écueil. — Paris n'est pas menacé, Dieu merci, comme Londres, de cette exploitation de quartiers entiers par des spéculateurs qui élèvent des massifs réguliers de maisons et mettent l'ennui dans l'uniformité; mais Paris doit aller au-devant d'un inconvénient contraire, le morcellement par trop menu des terrains, qui permet d'élever des constructions étranglées, des maisons huchées sur des échasses, de l'architecture impossible. La municipalité ne devrait pas permettre ces façades étroites, et elle pourrait donner une indemnité aux propriétaires qui s'associeraient pour construire leurs maisons avec une façade commune, offrant un ensemble. Cette association ne s'étendrait pas à toute une rue ni à plus de vingt fenêtres de façade, de manière à simuler des monuments se succédant les uns aux autres. L'indemnité serait donnée en raison des dépenses imposées. Le propriétaire de la maison du centre, qui devra exécuter soit le fronton, soit l'avant-corps architectonique, recevra plus que ses associés chargés de construire les bâtiments formant les ailes. Aux propriétaires qui construisent isolément, on imposerait l'obligation de s'encadrer, de manière à former un tout et un ensemble; ou plutôt on laissera faire, en se contentant de donner les modèles, non pas seulement des modèles qui restent dans les mains des architectes et ne sont compris que par eux, mais des modèles parlant, vivant, faisant l'illusion de la réalité et qui s'offrent sur la voie publique à la critique de tous. — Voici de quelle manière: devant des terrains non construits, l'édilité élèvera des échafauds couverts de toile, sur lesquels des architectes de talent seront chargés de faire peindre les façades d'hôtels somptueux, de maisons élégantes, d'habitations modestes, qu'ils auront composés dans toutes les conditions d'une bonne construction, et en prévision des aménagements intérieurs les plus commodes. Dans ces projets peints, toutes les améliorations seraient prévues, depuis le toit jusqu'au sous-sol; et, comme ils seraient renouvelés de temps à autre, ils suivraient et les progrès de l'industrie et les exigences des goûts de luxe et de bien-être. — En premier lieu, le toit n'offrira plus aux regards cette calotte de zinc blême qui enlaidit la rue de Rivoli; il ne se hérissera pas de cette forêt de tuyaux qui déshonorent les deux bâtiments de Gabriel sur la place Louis XV, les Tuileries et tous nos édifices publics; mais, comme une femme élégamment mise ne se montre pas avec une chevelure en désordre, de même la maison sera coquette depuis son faîte jusqu'à sa base. Les tuiles moulées de diverses formes et émaillées de plusieurs couleurs seront disposées par emboîtage ingénieux, de manière à combiner un double dessin de forme et de couleur. Les faîtières et les pignons des toits, les supports des paratonnerres, ainsi que le petit nombre des cheminées qui subsisteront quand le gaz sera employé partout comme combustible, deviendront des motifs charmants d'ornementation en faïence émaillée. — Pour toutes les saillies, l'édilité rapportera les articles de ses règlements qui entravent la liberté de l'artiste, et les architectes se laisseront aller à la fantaisie de leur imagination pour introduire dans l'habitation une foule de dispositions d'une physionomie aussi piquante au dehors qu'elles seront d'un usage commode au dedans. Sur ces saillies, on disposera des fleurs; sur ces balustrades et appuis de balcon, on imaginera des combinaisons mathématiques qui permettront d'introduire toutes les lettres de l'alphabet dans les ornements, de manière à annoncer les industries qui se logent aux divers étages et à changer avec le changement des locataires. Ces inscriptions rappelleront celles de l'Orient et du moyen âge pour la grâce, et rendront possible la défense absolue de cet affreux bariolage d'affiches dont on couvre les maisons des quartiers commerçants. — Décoration intérieure. — Devantures des boutiques. — Les marchands de Paris ont dans leurs mains la plus belle part de l'élégance de la capitale. Du style et du bon goût des boutiques dépend en grande partie la bonne impression causée sur les étrangers, impression qui se produit depuis le lever du soleil jusqu'à l'extinction du dernier bec de gaz, impression qui fait le renom de Paris. — Ornementation extérieure et intérieure des boutiques. — Grilles de marchands de vin et de bouchers. — Volets en tôle émaillée égayant les rues de leurs belles peintures, au lieu de les attrister pendant toute la journée du dimanche. — Emploi de glaces immenses et d'armatures délicatement travaillées d'après des modèles bien étudiés; une devanture de boutique est un motif d'architecture des plus féconds. — Place réservée pour l'enseigne de manière à faciliter un retour à cette vieille habitude si favorable aux arts. — Au bas des modèles peints de ces habitations en projets, se trouveraient des tableaux offrant les différents plans des aménagements intérieurs qui peuvent s'y adapter, les devis des dépenses et les prix des loyers, ceux-ci comprenant: 1° le gaz d'éclairage; 2° le gaz de chauffage; 3° la participation au calorifère; 4° l'eau froide et chaude; 5° l'heure et le cours de la bourse électriques; 6° les conduits acoustiques communiquant avec le parloir. Chacun de ces avantages destiné à compenser la pénurie d'espace dont on se plaint avec tant de raison dans nos demeures. — Ces modèles peints de projets d'architecture ne sont pas d'invention nouvelle. — Décoration figurant des monuments peinte par de grands artistes dans les fêtes italiennes du XVIe siècle. — En 1809, Chalgrin monta le modèle peint de l'arc de triomphe de l'Étoile, et l'effet en fut immense. — Si l'association dans la demeure rend la vie possible en face de la cherté, l'association dans les constructions rendra la ville possible en face des marées montantes de voyageurs subitement produites par les chemins de fer et les bateaux à vapeur. — Les caravansérails de l'Orient. — Les clubs de Londres. — Les auberges de

Francfort. — Les hôtels garnis de Paris. — Déjà dans l'antiquité on construisait par association; à Palmyre, à Aphrodisias du Méandre, chaque colonne des temples et des portiques porte le nom et quelquefois le buste de celui qui l'a donnée. — Paris ainsi complété en monuments et en maisons qui seront des monuments, ainsi épousseté comme un objet d'art, lavé et nettoyé comme une personne vivante, Paris ne deviendrait pas monumental, s'il devait maintenir les disparates que font dans ses rues les maisons de hauteurs différentes qui conservent la dentelure déplaisante de leurs inutiles pierres d'attente, et qui laissent en évidence ces grands pans de mur à l'état brut et inachevés que le temps noircit, que d'insipides enseignes bariolent. — Favoriser des arrangements à l'amiable entre propriétaires voisins pour qu'ils exhaussent leurs maisons ou pour qu'ils souffrent une servitude qui permettra l'ouverture de jours dans le mur mitoyen. Les propriétaires ainsi avantagés décoreront ces pignons dans un bon style d'architecture. Quand l'arrangement sera reconnu impossible, la ville chargera des artistes de peindre à fresque, sur ces murs, de grandes scènes historiques, ou elle fera tracer au milieu de riches encadrements des sentences morales qui se gravent dans le souvenir. — Quelle immense perspective d'admirables travaux, quelles données heureuses pour l'homme de talent, quelle excellente école pour les jeunes gens qui suivront, sous la direction des maîtres, l'exécution de ces grandes constructions! Ne serait-ce pas un crime de lèse-nation que de négliger ces magnifiques occasions, que de donner à Paris, à la France, à l'Europe, le spectacle de l'impuissance aux prises avec les plus séduisants programmes? Et j'appelle impuissance la nullité de l'invention, la platitude des idées, le ressassement des mêmes pauvretés, tout ce qui nous menace enfin, si une grande unité ne résulte pas d'une forte impulsion. — Sculpture. L'architecture appelle la sculpture et la peinture à son aide pour compléter l'ornementation de ses constructions; mais les sculpteurs ont leur mission particulière, et il faut leur faciliter les occasions de se manifester. — Les œuvres de la statuaire maintiennent le goût public, parce qu'elles ne se produisent nulle part aussi bien qu'en plein air. — Dans nos rues, sur les places, au milieu des promenades et des jardins, sur nos ponts et sur nos quais, les statues parlent aux passants, et elles obligent les plus indifférents à arrêter un instant leurs pensées sur une œuvre d'art. — Dans les hommages rendus aux citoyens illustres, la mission du Gouvernement est allégée par le concours des particuliers. — L'État consacre les hauts faits de l'histoire, les grands principes de la morale, les douces scènes de la religion; les citoyens, associés entre eux, rendent hommage au mérite individuel, retentissant ou méconnu. — Le culte des glorieux souvenirs, la reconnaissance pour les services rendus, sont des sentiments que les générations modernes partagent avec les générations antiques. — La sculpture possède là un programme noble, sérieux, élevé; les artistes, une source d'inspirations, dans l'enthousiasme populaire le stimulant le plus vif, et dans la destination marquée sur la voie publique les conditions les plus sages. — Depuis trente ans, le concours des citoyens a été chaque jour plus libéral, et de tous côtés s'élèvent des statues par souscription nationale. — En dépit de cette générosité, ou par suite d'une générosité qui tient du hasard et de ses caprices, il y a de vrais grands hommes qui n'ont pas encore de statues, quand des hommes qui n'ont rien eu de grand dans leur vie ont déjà les leurs. A celui-ci on accorde difficilement une inscription, à celui-là un buste, à un troisième une statue colossale, et il se trouve que le mérite diminue à mesure que l'hommage grandit. — Il y a une justice pour les morts. — Instituer un jury bienveillant, facile, indulgent, dont les avis motivés pourront provoquer les générosités ou les modérer, et qui aura un crédit sur le budget pour s'associer aux bonnes pensées. — Quel doit être le style de la statuaire isolée et indépendante de l'architecture ? — Du costume qui convient aux illustrations modernes. — Statues dans les jardins. — Leur signification. — Inscriptions qui les expliquent. — Catalogue qui les commente. — Heureuse association de la sculpture avec les perspectives de l'architecture et l'encadrement des arbres. — Du nettoyage périodique des statues. — Les vases de marbre, de bronze et de faïence émaillée, composés par des artistes du premier mérite. — Modèles donnés par l'antiquité, renouvelés par la Renaissance. — Vases de Balin, à Versailles. — Les vases de tout le jardin du Luxembourg, du jardin des Tuileries sur la rue de Rivoli, et autres lieux publics, sont des produits de tourneur, qui n'ont pas même l'élégance du galbe pour excuser leur insipide monotonie. — Programme de grandes décorations sculpturales. — Emplacements qui peuvent être embellis par des statues. — Les entrées de la ville. — Les grandes avenues. — Le Champ-de-Mars. — L'esplanade des Invalides. — Les rampes de la Seine entre le pont de la Concorde et le pont Neuf. — Les places et les carrefours de plusieurs rues devraient être ornés de grands groupes. — Conserver présent à l'esprit le groupe du taureau Farnèse. — Aura-t-on des objections contre cette population de statues mêlée à la population vivante ? — La nation qui a le mieux compris l'influence heureuse des arts et l'élégance appliquée à toutes choses nous a donné l'exemple. — Les Grecs avaient toutes sortes d'indulgence pour les mérites du personnage, quand un grand artiste se chargeait de le représenter. — Au IVe siècle avant J.-C., Démétrius de Phalère vit dresser en son honneur, à Athènes seulement, 300 statues pendant son habile administration des intérêts de la ville et de l'Attique, 300 statues représentant un même homme, toutes érigées dans l'espace de dix années, toutes détruites, il est vrai, dans un jour d'émeute, à l'exception d'une seule, que son rival heureux conserva comme échantillon des 299 autres. Ces libéralités pouvaient se concilier avec le maintien des principes de l'art, parce que le nombre des artistes était immense et leur soumission au chef d'école absolue. Qu'était-ce que 300 statues, quand Lysippe, l'un des plus grands sculpteurs de Sicyone et de la Grèce, a pu dans sa courte carrière, et bien que réputé pour la perfection apportée à son travail, en faire 1,500 à lui seul, j'entends assisté d'un monde d'élèves? — Il n'est pas douteux cependant qu'avec la décadence de l'art cette production énorme ne dût précipiter l'altération du goût. — On en était venu à s'ériger des statues à soi-même, et Lucius Sisenna Bassus léguait à Carthage les fonds nécessaires pour qu'on lui refît tous les sept ans une nouvelle statue. — Il ne me semble pas impossible de profiter de l'exemple des Grecs à la belle époque de leur civilisation et de leur art. — Une rue d'Athènes avait pris son nom de tous les trépieds que chaque tribu victorieuse dans les concours de chant et de danse y avait élevés sur de riches monuments d'architecture; pourquoi les sociétés chorales de la France, luttant dans des réunions musicales, pourquoi les spectateurs qui applaudissent tel acteur ou telle actrice, n'imiteraient-ils pas les Athéniens, en transformant les rues qui aboutissent aux théâtres en avenues triomphales de tous les succès? — Les anciens remplissaient les jardins d'Olympie, les cirques, les stades et les hippodromes de statues et de groupes en l'honneur des vainqueurs dans tous les genres de lutte; pourquoi ne pas demander au Jockey-Club, en échange de quelques avantages, de réserver sur ses recettes les fonds nécessaires pour élever, sur les hippodromes de Paris et de Chantilly, les portraits de quelques-uns des vainqueurs, j'entends des chevaux, que Barye, Fremiet ou Gayrard rendraient avec la vérité de la ressemblance et le style d'un monument? — Dans les écoles de gymnastique, dans les jeux de paume, salles d'escrime, manéges d'équitation, des talents éminents excitent l'admiration d'une foule de connaisseurs, motifs suffisants pour demander à l'art de perpétuer le souvenir de leur supériorité. — Pourquoi concéder aux sociétés de chasses à courre les forêts de l'État sans leur faire contracter en même temps l'engagement de placer au lieu ordinaire des rendez-vous, dans le quartier habituel des hallali, ou à l'endroit devenu célèbre par un accident mémorable, quelque groupe rappelant ou la belle poursuite des chiens, ou la noble résistance de l'animal, ou la mort d'un cheval, ou la blessure d'un chasseur? Ces monuments de la sculpture deviendraient des points de repère dans la forêt, et ils conserveraient, avec les noms des veneurs et ceux des chiens de meute, le souvenir de nobles plaisirs trop vite effacés. — Dans un ordre d'idées différent et plus élevé, la piété des populations serait réveillée et réveillerait l'art lui-même, si on s'associait à elle pour élever les Notre-Dame colossales au haut des montagnes, pour tailler les roches en figures de saints, pour renouveler ces calvaires et mises au tombeau, qui furent l'enseignement des arts et le maintien du goût public pendant le moyen âge, et qui reprendraient de nos jours leur énergique influence, s'ils étaient confiés à des artistes assez sûrs d'eux-mêmes pour aborder franchement le réalisme dans ses conditions de vérité naïve et de style simple. L'occasion est excellente pour les tentatives hardies. L'artiste ne refoule pas en lui les témérités de son imagination, quand il s'adresse aux masses qui trouvent dans leur enthousiasme naïf des témérités de sympathie. — POLYCHROMIE DE LA STATUAIRE. De la sculpture peinte chez les Grecs et les

Étrusques. — Statuaire chryséléphantine. — Les statues des ancêtres chez les Romains. — Les statues peintes de l'architecture du moyen âge, toute la statuaire de cette époque coloriée. — L'ornementation peinte des Arabes. — Les rondes bosses émaillées composées de morceaux de faïence rapportés, œuvres saisissantes des admirables sculpteurs qui portent le nom de della Robbia. — Les tentatives généreuses de Bernard Palissy dans le même sentiment. — Les cires modelées et colorées par les plus grands artistes de la Renaissance. — Les cires du même genre de Montagnès et d'autres artistes espagnols du XVIIe siècle. — Les portraits en médaillon d'Antoine Benoist à la fin du XVIIe siècle, portraits modelés en cire et coloriés d'après nature, dont les contemporains, amateurs du meilleur goût, se sont épris, dont Abraham Bosse disait : « Et pour les beaux et surprenants portraits en cire de M. Benoist, je dis encore que, si ceux qui ont prétendu les mépriser en avaient vu comme moi, à qui il a donné l'air de vie par une gaieté souriante, ils n'auraient peut-être pas été si prompts à déclamer contre une si belle invention. » — Toutes ces tentatives difficiles ont été abordées timidement par des gens de goût et de talent, et presque aussitôt compromises avec impudence par des gens sans goût et sans talent; mais, en dépit de ces insuccès, ce sont des essais généreux et féconds qui devraient être renouvelés avec une conviction sérieuse, poursuivis avec l'aide de toutes les découvertes modernes, encouragés avec libéralité. — Cette polychromie de la sculpture surgira comme une conséquence nécessaire de la polychromie de l'architecture. Un artiste ne peut se figurer une Minerve d'ivoire, d'or de diverses couleurs, ayant les prunelles de pierres précieuses colorées, dans la cella d'un Parthénon éclatant de blancheur; et sans être artiste, en entrant dans la Sainte-Chapelle, chacun reculerait devant une sainte Vierge de marbre blanc qui semblerait, au milieu de ces murailles harmonieusement peintes, un spectre dans son linceul. — POLYCHROMIE DE L'ARCHITECTURE. Son usage général en Égypte et en Asie. — Son adoption modérée par les Grecs. — Sa continuation traditionnelle chez les Byzantins, les Orientaux et dans tout le moyen âge occidental. — Sa renaissance de nos jours. — Winckelmann. — Quatremère de Quincy. — Hittorf. — Semper. — Owen Johnes. — Toutes les renaissances ont en elles une séve printanière qui colore leurs produits. Si je voyais le goût public s'éprendre vivement de la polychromie, je pressentirais comme un symptôme du renouvellement de l'art. Malheureusement on fait de la polychromie un coloriage de l'architecture, c'est-à-dire un contre-sens de la vraie polychromie. De même que les enfants colorient des gravures qui ont déjà toute leur signification de couleur par l'intensité d'ombre et d'effet que le graveur a donnée à sa planche, de même aussi nos architectes construisent leurs monuments, et, une fois terminés, ils demandent à l'Administration si elle entend qu'ils restent blancs ou qu'ils deviennent polychromes. Les architectes de l'antiquité ne comprenaient pas ainsi l'association des arts. En concevant un monument, ils le faisaient sortir de leur cerveau tout armé comme

Minerve, c'est-à-dire sculpté et colorié. Telle surface avait sa valeur par la couleur qui devait la couvrir; tel chapiteau, telle architrave, telle frise, sa forme, son galbe et ses dimensions suivant les prévisions d'un complément par la peinture. Ainsi s'expliquent les fausses interprétations que nous faisons des monuments grecs : nous les imitons tels qu'ils sont, sans nous rendre compte de ce qu'ils étaient et de ce qu'ils devaient nécessairement être dans les idées de l'artiste créateur; ainsi s'explique l'heureuse harmonie des monuments du moyen âge. Les architectes de cette époque ont été leurs propres décorateurs, et la plupart de leurs grands partis, de leurs dispositions fondamentales, ne sont compréhensibles qu'en admettant ou en rétablissant les couleurs qu'ils s'étaient réservées en concevant le plan et les proportions de leurs monuments. — La peinture appliquée après coup aux édifices par des peintres, sans le concours des architectes, est encore plus étrangère à cette heureuse association qui a formé l'architecture polychrome. C'est un embellissement qui peut être heureux quand, par suite de certaines circonstances, comme l'exubérance des talents au XVIe siècle en Italie, des artistes éminents consentent à monter sur les échafauds et à peindre les maisons. L'admirable Giorgione couvrait ainsi de ses magnifiques peintures, vrai manteau royal, les palais de Venise, et la république, reconstruisant, en 1507, l'entrepôt des marchands de l'Allemagne, lui confia la décoration d'une des façades, en même temps qu'elle abandonnait l'autre au talent du Titien. Giorgione et son camarade savaient bien qu'ils livraient aux intempéries des saisons ces productions de leur génie, mais alors l'artiste de talent comme l'homme d'esprit n'avaient pas tant de soin de leurs ouvrages ou de leurs bons mots : à la prodigalité des créations ils joignaient l'insouciance pour leur destinée; ou peut-être savaient-ils qu'une parole éloquente ne se perd jamais, fût-elle prononcée dans le désert. Giorgione et le Titien peignaient donc les façades des maisons de Venise; Raphaël faisait de vastes compositions dans le même but à Rome, simultanément avec cinquante autres artistes qui, depuis le Mantegne jusqu'à Polydore de Caravage, se sont appliqués à ces travaux. Toutes les villes d'Italie avaient ainsi leur musée en plein soleil, et cette coutume pénétra en Allemagne avec les influences de ce pays. Augsbourg et Munich, par exemple, en ont prolongé la pratique jusqu'au siècle dernier, en dépit d'un climat humide, et on la retrouve encore dans la rivière de Gênes maintenue, mais bien altérée. Je voudrais que cette habitude revînt à la mode dans notre France, dans notre belle capitale. C'est un programme excellent pour l'artiste, parce que c'est de l'art à destination fixe. Il sait ce qu'il fait et pourquoi il le fait; c'est, en outre, une influence active, parce que cet art en plein vent va chercher celui qui ne le cherche pas, qui l'éviterait au besoin. Il forme le goût public et réalise la pensée des anciens : *Pictor res communis terrarum est.* C'est dans ce même but que j'ai demandé des vitraux ou plutôt des vitres peintes pour nos halles et nos casernes, nos gares de chemins de fer et nos rues couvertes. A la Halle, on reproduirait la *Pêche miraculeuse* de Raphaël et le tableau de Malines peint par Rubens pour la corporation des poissonniers ; on peindrait des chasses et des scènes de la nature; à la caserne, les batailles; dans les gares des chemins de fer, les costumes, les types et les monuments de tous les pays. — L'art n'ose pas assez parmi nous. — L'État devrait tout tenter. — Le public est défiant avec la médiocrité hésitante, il se soumettra aux innovations et aux audaces du génie. — Dans cet ordre d'idées, on reviendra à l'architecture feinte, et elle aura les emplois les plus heureux dans nos villes pour décorer les affreux pignons de mitoyenneté, pour prolonger les perspectives de nos cours étroites, pour animer notre architecture. — Quand on parle de cette extension de l'art, chacun pense aux ridicules badigeonnages qu'un vitrier du coin aura tracé sur le mur de quelque guinguette des environs de Paris, comme, lorsqu'on vante la sculpture polychrome, l'imagination va d'un bond dans l'ancien musée Curtius et dans les salons de nos coiffeurs. C'est faire preuve de beaucoup d'inexpérience des belles choses et d'une imagination aussi bornée que lente. — Ayez une opinion sur l'architecture feinte quand vous aurez admiré de vos yeux la Farnésine à Rome, quand vous aurez lu dans Vasari quelle admiration excitèrent ces peintures chez tous les hommes de goût et les éloges que le grand biographe leur donne. Autrement, si l'on rit, on fait rire de soi-même.

MAINTIEN DU GOÛT PAR LES EMBELLISSEMENTS DE LA VOIE PUBLIQUE.

Une ville n'est pas monumentale par ses monuments seuls, et le goût public ne se maintient pas uniquement par la vue des édifices grandioses et des productions artistes; il se maintient aussi par un ensemble de bonne tenue qui est pour une cité sa décence, son élégance, son luxe. — Paris n'est pas et ne doit pas être tout en France, mais il sera le modèle par excellence. Ce qu'Athènes était dans la Grèce et au milieu des colonies grecques, ce que Rome fut pendant cinq siècles, Paris peut le devenir par la majesté de l'art. Comme Rome, dans toute l'étendue du monde antique s'appelait *urbs*, la ville par excellence, comme le roi de France a été *le Roi* au-dessus des rois, jusqu'à la mort de Louis XIV, ainsi Paris, comme centre des sciences, des lettres et des arts, doit être toujours *la ville*, la *grand'ville*. Paris ne surpassera pas Londres en étendue, ni Saint-Pétersbourg en régularité de percements, ni Rome par la grandeur des monuments, ni les villes de la Hollande par la propreté extérieure; mais Paris peut se distinguer entre toutes les villes par le goût pur de ses constructions, l'exécution châtiée, le soin recherché, la perfection des moindres détails et cette préoccupation délicate qui ne souffre le mauvais nulle part et dissimule même le médiocre. — La propreté. La propreté, premier degré de l'élégance, est à elle seule une élégance. C'est une amélioration morale et un élément d'hygiène privée quand elle se produit sur l'individu, c'est un embellissement public quand elle s'applique aux villes. La propreté prise en général est moralisatrice, et ce qu'elle a de particulier et de singulièrement fécond, c'est que son influence est contagieuse. Habituez les hommes à la propreté, et après avoir appris à se respecter eux-mêmes, ils apprendront à respecter tout ce qui est respectable; introduisez la propreté dans les monuments et dans les rues d'une ville, aussitôt cette propreté s'étendra d'elle-même aux maisons des particuliers et à leurs personnes. — L'État doit donner l'exemple et fournir les moyens: l'exemple, en raffinant de propreté par l'entretien de ses monuments, par la transformation des rues et leur balayage, par le maintien de la décence publique; les moyens, en répandant l'eau gratuitement et à profusion dans des fontaines nombreuses, dans des bains gratuits ou à bas prix, dans des buanderies accessibles au plus pauvre. — LES EAUX. La beauté et la grandeur d'une ville est dans la bonté et dans l'abondance de ses eaux. — L'antiquité. — L'Orient. — Rome. — Les Arabes d'Espagne. — Comparé au passé, comparé même à plusieurs villes modernes, Paris est, sous ce rapport, dans un état d'infériorité déplorable. — Des hommes, transformés en bêtes de somme, montent des seaux d'eau dans les maisons; d'autres hommes, et même des femmes, transformés en bêtes de trait, tirent péniblement des tonneaux d'eau dans les rues. — Projets d'avenir. — LE PAVAGE. Avant Philippe-Auguste, le sol des rues de Paris était composé de terre et de pierres formant, pendant la sécheresse de l'été, un sol friable que le vent enlevait en flots de poussière, et, pendant l'hiver, une mare de boue sale et infecte. Le roi fut choqué de cette barbarie, et il inventa le pavé. C'était pour son temps fort habile; mais le pavé le mieux fait forme une mosaïque de cubes de grès qui laisse suinter dans leurs intervalles la boue livide et puante sur laquelle elle repose. Qu'on se figure une écumoire pressée sur une marmite remplie. — Nécessité absolue de renouveler le revêtement du sol parisien. — On a fait en Angleterre, et particulièrement à Londres, des essais coûteux de chaussées en bois, en fer, en blocs de faïence, en pavés de granit de Cherbourg. — Rien n'a réussi. — Quel est le problème pour Paris? — Trouver une matière dure qui résiste aux pieds des chevaux, diminue la traction des roues et arrête le passage de l'eau qui tombe du ciel et va humecter la terre, et aussi le passage de la boue qui sort de terre et se transforme en poussière. — L'asphalte métallique, c'est-à-dire mélangé avec le minerai de fer étendu sur un fond empierré et maçonné en chaux hydraulique, comme les anciens construisaient leurs chaussées, répond à toutes les exigences du programme le plus exigeant et ne soulève qu'une seule objection. Les cochers se persuadent que leurs chevaux ont le pied moins sûr quand il porte toujours sur une surface égale que lorsqu'il est toujours à faux sur des pavés bossus et d'inégal niveau. Mais, si ces automédons attardés savaient que tout Florence et tout Naples, qui ne sont pourtant pas des villages, ont leurs rues tortueuses entièrement dallées et offrent une surface unie bien autrement glissante que l'asphalte, qui a de l'élasticité; s'ils avaient vu les cochers napolitains, qui ne sont pas plus adroits qu'eux, conduire sur cette glace, à bride abattue, des carrioles légères au triple galop de leurs chevaux fringants, ils se seraient fait ce simple raisonnement : le cheval passant brusquement du pavé à l'asphalte, et n'étant pas averti par son instinct, glisse et s'écarte au moment de la transition; mais, si toute la ville était garnie de la même manière, il s'y ferait le pied, et, rencontrant une traction moitié moindre, il enlèverait un poids double avec une vitesse plus grande. Il y va de l'honneur municipal de nous délivrer d'un pavé barbare, bruyant, cahotant et tellement crotté, qu'en pertes de souliers, de bas, de robes et de pantalons, en altération par la poussière de marchandises de luxe exposées dans les magasins, ce pavé représente une dépréciation incalculable. Avec le revêtement d'asphalte, plus de boue, plus de poussière, plus d'ébranlement sinistre et de bruit assourdissant; la propreté dans la rue, la tranquillité au chevet et la conversation redevenue possible au foyer. — Les égouts. Ce mot résonne mal aux oreilles, il est entaché de vingt siècles d'infection ; désormais l'architecture le réhabilitera en en faisant la voie monumentale de l'utilité publique, auprès de laquelle la Cloaca Maxima de Rome ne serait qu'une ruelle. Paris n'a songé à se construire des égouts qu'après avoir bâti ses monuments. Là est son tort et la difficulté. — Système général de grands égouts et d'égouts ménagers desservant chaque maison. — L'enlèvement des boues. Paris est aujourd'hui divisé en un nombre infini de petits cantonnements reconnus suffisants pour la charge d'un tombereau, et concédés à un cultivateur qui vient, dans le plus simple appareil, accompagné de sa femme en haillons, suivi d'une charrette démantibulée, attelée d'une rosse affreuse, que précède un âne têtu, qui vient, dis-je, recueillir les ordures jetées devant les maisons, et dont il répand une partie sur sa route. L'édilité parisienne a droit de tirer profit de tout, excepté de ce qui choque les yeux et le goût. Il se passera vingt-cinq ans avant la réalisation complète du système général des égouts; jusque-là Paris continuera à vendre ses boues, mais en imposant à l'adjudicataire la condition de les faire enlever par des tombereaux de modèles uniformes, peints et tenus proprement à l'extérieur, se fermant à couvercle quand ils sont remplis, et ne laissant pas suinter leur contenu à travers des planches mal jointes; ces tombereaux, attelés d'un vigoureux cheval, n'encombreront pas les rues, et leurs conducteurs, vêtus uniformément, seront à la fois convenables et reconnaissables. Si les riches, qui ne laissent pénétrer le jour dans leur appartement que tard, ignorent ce qui se passe dans la rue avant midi, il est une population estimable qui se lève plus tôt, et qui a besoin en toutes circonstances de s'habituer à l'idée de propreté par une sorte de dignité urbaine partout répandue. — Le balayage. De même que nous avons, depuis février 1848, deux genres de propriétés, la propriété nationale et la propriété individuelle, l'une protégée par des affiches, l'autre abandonnée aux hasards de la convoitise, de même il s'est conservé deux balayages, l'un qui s'exécute par les soins de la municipalité et qui est la propreté officielle, l'autre qui incombe aux habitants et qui est la malpropreté générale. Le jour où les égouts seront partout établis, et où le sol sera revêtu de sa carapace d'asphalte, le balayage sera un service municipal, exécuté non plus, comme aujourd'hui, par des pauvres enguenillés ou costumés comme au carnaval, mais par des employés uniformément vêtus, sous la conduite de caporaux et de sergents en uniforme. — La propreté des monuments. La rue étant propre, la boue et par suite la poussière supprimée, la fumée des usines consumée dans leurs fourneaux, la fumée des cheminées n'ayant plus de raison d'être par suite de l'emploi général du gaz comme combustible, nos monuments seront facilement entretenus propres sans être soumis au grattage, qui est leur ruine. Le grattage ne peut être exécuté que par des manœuvres, et il enlève aux sculptures ces quelques millimètres d'épaisseur que l'artiste s'était réservés pour imprimer à son œuvre l'accent et la vie. — On peut calculer mathématiquement combien de fois le Palais-Royal, gratté pour la seconde ou troisième fois en 1849, peut supporter encore d'opérations de ce genre. — Nous avons une pierre admirable, d'un ton jaunâtre délicieux, que le temps rend grisonnant dans une teinte harmonieuse. Elle n'a qu'un ennemi, c'est une petite araignée qui cherche les pores du calcaire, s'y installe et tend sa toile tout autour. Elles pullulent, et en moins de dix ans le monument est peuplé de ces insectes et enveloppé dans leurs toiles. Alors la boue transformée en poussière et le charbon volatilisé par la fumée s'accrochent à ces toiles et forment une croûte qui, humectée par la pluie, s'imprègne dans la pierre. Si donc on appliquait à toutes les façades le procédé de M. Rochas pour la silicatisation des pierres, procédé qui leur conserve leur teinte naturelle et leur porosité indispensable, si en même temps on les lavait et brossait à grande eau, pendant les journées de soleil, à l'entrée de l'hiver et du printemps, tout grattage deviendrait inutile, et le monument serait assuré d'une jeunesse éternelle. — En Hollande, vous voyez, tous les samedis, la ménagère ou sa servante sortir de la maison avec un seau d'eau et une pompe. En moins d'une demi-heure une pluie d'eau, lancée jusqu'au faîte de la maison, a ruisselé contre les fenêtres et contre les murs, entraînant avec elle toute la poussière et rendant à la peinture à l'huile et au vernis tout son éclat. Quand l'opération est terminée, le trottoir de la rue est lavé avec autant de soin que le carrelage du vestibule. Cette propreté extérieure des maisons est devenue, par le fait de l'habitude, un trait de mœurs; mais on n'a pas séjourné six mois dans le pays, qu'on l'adopte comme un devoir social, tant le bien a son principe contagieux comme le mal. — Il y aura dans Paris des compagnies chargées par quartier de faire la toilette de ses maisons. Avec l'aide des puissantes conduites d'eau de la ville, elles auront lavé les façades de toute une rue avant même que ses habitants soient levés. — La décence publique. Ce que je viens de dire de la contagion de la propreté s'applique à la contagion de la malpropreté. — Le maintien du goût public est intéressé dans cette déplaisante question. — L'administration municipale, au lieu de pourvoir à un besoin public, comme c'était son devoir, a eu la faiblesse de se prêter à une négligence coupable, à un laisser-aller aussi indigne d'un peuple civilisé qu'il est contraire à toutes les règles de la morale, de l'honnêteté et de la décence. Ce qu'elle devait entraver, elle le provoque; ce qu'elle devait cacher, elle l'étale dans nos plus belles rues et sur nos promenades, élevant une forêt de colonnes triomphales à cette victoire du sans-gêne. — N'aurait-elle pas d'autres obligations? — De même que les cochers de voitures de louage ont trouvé dans toutes les rues des boutiques qu'ils ont transformées en remises pour abriter leurs chevaux, de même la ville trouvera, à prix d'argent, un millier de boutiques qu'elle transformera à l'usage de ses habitants. Elle exigera en même temps des cafés, des restaurants, des marchands de vins et des théâtres, qu'ils ouvrent à leur clientèle, dans l'intérieur de leur établissement, de vastes et commodes dégagements; puis, lorsqu'elle aura inscrit au coin de toutes ses rues, et pour la nuit sur ses réverbères, l'adresse de la boutique la plus voisine consacrée à cet usage, quand elle aura écrit en gros caractères, aux endroits que le public avait pris en habitude : *Respectez vos filles, vos femmes et vous-même!* alors elle exigera de ses préposés, des sergents de ville et des sentinelles, la répression la plus rigoureuse de toute contravention, une répression qu'il suffit de faire humiliante pour la rendre immédiatement efficace, tant est naturel et comme inné le sentiment de pudeur qu'on a laissé se corrompre. Je n'accepte aucun autre palliatif à ce mal honteux. L'art, qui donne de l'élégance à toutes choses, comme je me suis efforcé de le démontrer, est impuissant dans ces circonstances. Vous transformeriez chacune de vos affreuses colonnes en édicules élégants et gracieux, comme le monument choragique de Lysicrate, que vous n'en dissimuleriez pas l'ignoble destination; on n'orne pas la boue, on n'embellit pas le vice, on le cache, et la ville est assez riche pour payer sa décence. — La circulation. Cette part de l'activité des cités intéresse les arts par les percements de rues et les constructions neuves qu'elle exige, par les idées nouvelles qu'elle suggère, par la part de luxe et d'élégance qu'elle sollicite. Je dirai à l'édilité parisienne : Agissez avec grandeur, ne vous laissez pas surprendre par la marée montante de cette population envahissante; admettez que Paris comptera trois millions d'habitants avant la fin de ce siècle, et que tous vos projets soient conçus dans cette prévision. Quand tout grandit autour de vous, ne laissez pas le goût s'amoindrir. — Les rues de Paris allégées du trop-plein des piétons et des voitures. — Le sous-sol. — Les grandes communications des chemins de fer souterrains vont s'établir; à d'immenses galeries succéderont de vastes salles de réunion pour les voyageurs et pour les marchandises; des escaliers et des rampes embelliront ces dispositions nouvelles de l'architecture, qui peuvent d'autant mieux prendre un caractère monumental qu'une lumière magnifique, bien qu'artificielle, les éclairera continuellement. Cette architecture souterraine doit porter l'empreinte d'une grande solidité, être sévère en évitant de devenir sépulcrale, être élégante en repoussant toute coquetterie; en résumé, elle doit naître d'elle-même et éclater, pour ainsi dire, dans les mains d'un homme imbu des grands enseignements de l'antiquité. — Nécessité de pourvoir à la circulation des piétons en créant des voies nouvelles, les unes aériennes, les autres souterraines. Les voies aériennes serviront à longer les grandes artères encombrées, comme les rues Saint-Martin, Saint-Denis, Richelieu et autres. Des entrepreneurs trouveront profit à percer la partie supérieure des maisons et à transformer des mansardes et des greniers en bazars continus, avec ponts de fer jetés sur les rues. La clientèle de ces nouveaux passages ne craindra pas de monter haut, quand on lui donnera, en compensation d'un peu de fatigue, un moyen d'aller à son but à l'abri du froid, de la pluie ou des rayons ardents du soleil, en étant garantie des chevaux et des voitures, en trouvant sur son passage une occasion de se fournir de toutes choses ou de se distraire en marchant. Des architectes de talent, chargés de construire les grands escaliers conduisant à ces passages et les ponts hardis jetés sur les rues, de disposer ces belles galeries inondées de jour et, le soir, de lumières, trouveraient, dans l'inattendu de ces dispositions, des inspirations du plus grand effet. Ces voies aériennes, qui sembleront des asiles de tranquillité à côté du bruit de la rue, devront s'arrêter devant les grandes rues, les boulevards et les places dont le caractère monumental ne comporte pas l'interruption de leurs lignes architectoniques ou de leurs perspectives pittoresques par des ponts couverts. Non que je désespère des ressources de l'art, qui sait, comme au pont du Rialto, à Venise, dissimuler par ses beautés le tort qu'il fait à la vue; mais je conçois qu'on réserve les effets grandioses de ces ponts jetés dans l'espace pour les rues de seconde grandeur, et qu'on ne les autorise pas dans les autres. Mais alors comment faire pour donner, dans un certain nombre de directions, une protection équitable à la femme âgée que des soins respectables appellent au dehors, et pour qui Paris devient, au milieu du jour, un antre de l'enfer, à la mère qui conduit ses petits enfans, et, comme une poule au milieu d'une meute, semble se multiplier par sa sollicitude, à l'homme enfin dont la gloire couronne les infirmités, mais qui n'a plus, pour éviter les dangers des voitures, les jambes qu'il a perdues en affrontant les charges de la cavalerie ennemie? A tant de faiblesses intéressantes, à tant de dangers réels, à tant de craintes imaginaires, il faut trouver un remède, au risque de rendre Paris inhabitable pour la moitié de ses habitants. Si vous avez le temps de vous arrêter au coin des rues Saint-Martin, Saint-Denis, Montmartre, Richelieu, là où elles débouchent sur les boulevards, au coin de la rue Saint-Honoré, là où elle se croise avec la rue de l'Échelle, aux coins des ponts et dans vingt endroits, vous verrez des êtres malheureux, se tenant sur le bord des trottoirs, comme les ombres au bord du Styx, attendant le moment favorable du passage, hésitant entre l'envie de s'élancer et la crainte de se heurter aux voitures, entre la nécessité d'avancer et la prudence qui conseille de reculer. Vous en aurez pitié, et vous demanderez avec moi qu'on pratique sous terre de grandes galeries qui déboucheront d'un côté du boulevard à l'autre, d'un trottoir d'une rue à l'autre trottoir. L'art uni à l'industrie trouvera moyen de rendre monumentales et productives ces voies souterraines.

— Ce que devrait être une rue dans une ville comme Paris [1]. L'asphalte, qui forme désormais sur le sol de toutes les rues de Paris une carapace impénétrable à la boue, qui n'engendre plus de poussière et conserve à l'eau qui s'écoule dans les ruisseaux son courant limpide, transforme la ville en une salle de bal incommensurable. Sous les dalles du trottoir sont pratiqués l'égout ménager, les conduits d'eau et de gaz, les fils électriques des télégraphes et des horloges. Mais on compte à Paris, année moyenne, cent quatre-vingts jours de brouillard et cent quarante jours de pluie; de 1689 à 1824, on a joui trois fois seulement d'un mois entier sans pluie : il faut donc se créer un abri contre ces variations de la température. Sur les gros murs des maisons, au-dessus des plus hautes fenêtres, s'élancent les cintres hardis d'une armature en fer, garnie d'un large vitrage; l'air pénétrera librement par les côtés, la pluie seule sera interceptée, le vent et le froid modérés. Ainsi abritée, la façade de la maison prend un caractère particulier. Au moyen des avances de balcons, de balustrades et d'escaliers extérieurs, elle participe des aménagements intérieurs. Le passant, se sentant garanti, est disposé à s'arrêter devant des boutiques que disposeront les marchands à tous les étages, avec des arrangements favorables à leur séduction. Le passage des voitures sera interdit depuis deux heures jusqu'à dix heures du soir, et, de ce moment, ces rues deviendront des salons. Les négociants auront, pour leur clientèle, des bancs de repos, des orangers parfumés et des corbeilles de fleurs. Il y aura des perruches et des colibris dans les arbres, des coquillages et des poissons rouges dans les ruisseaux. L'industriel qui vendra des nouveautés distribuera des rafraîchissements; il aura un cabinet de lecture, il charmera sa clientèle par une musique délicieuse, et il trouvera profit à retenir ainsi des chalands qui finiront, de guerre ou de plaisirs las, par acheter. La concurrence aidant, on ira plus loin sans doute, laissons faire l'avenir; mais j'entrevois avec joie tous les arts associés pour ajouter quelque belle peinture à ces murs abrités, quelque œuvre distinguée de sculpture se détachant sur la verdure des orangers et des lauriers au milieu de ces groupes assis. — Horloges électriques. Le temps, c'est de l'argent. Une horloge est un mentor, et, comme tout mentor, elle ne doit pas être prise en faute. — Déjà, avant l'ère chrétienne, la ville de Rome était remplie de cadrans solaires, qui réglaient, pour toutes les heures, les travaux et les repas. Plaute met dans la bouche d'un glouton des plaintes contre cet usage. — Nécessité plus grande d'horloges plus exactes. — Départs des chemins de fer, vie affairée. — Voitures publiques. Il y en a vingt mille qui circulent dans Paris, et elles sont aussi malpropres que dépourvues d'élégance. — On ne conçoit pas qu'on puisse montrer dans la capitale d'un pays

[1] J'ai annoncé en 1842, sous ce même titre, un volume que je n'ai pas publié, d'autres occupations m'ayant alors détourné de ces études. J'en ai extrait, pour les insérer dans ce chapitre, les idées qui ont encore de l'à-propos; je suis obligé de les retrancher de ce résumé. Voyez *Projets pour l'amélioration et l'embellissement du Xe arrondissement*. Paris, in-4°, 1842, chez Jules Renouard.

civilisé des cochers de fiacre en perruques de laine et en carricks déchirés, traînant leurs pieds dans d'informes sabots hérissés de paille, des cochers d'omnibus en costumes et en accoutrements qui semblent venir en ligne directe du fond de la Laponie. — On ne se croirait pas dans la première ville du continent. — Dorénavant n'accorder aucune concession nouvelle sans imposer toutes les conditions de l'élégance. — Défense de circuler dans les rues de première classe et dans les promenades parisiennes sans en avoir reçu l'autorisation d'une commission, qui ne s'inquiétera ni de la qualité du propriétaire ni du caractère privé ou public de la voiture, mais de son élégance et de la bonté du cheval. — Les charrettes et les voitures à bras faisant leur service le matin. — PLANTATIONS. Ce que j'ai dit du caractère des plantations dans les jardins des résidences s'applique plus rigoureusement encore aux plantations de nos boulevards, de nos quais, de nos places et de quelques-unes de nos rues. — C'est un élément puissant de l'embellissement des villes et un secours apporté à l'architecture, à la condition qu'on choisira les arbres parmi les essences architectoniques, qui, comme le tilleul, le platane, le sycomore et le marronnier, ont une végétation touffue, compacte, arrondie en larges masses, et qui se prête par l'élagage à une certaine régularité. On proscrira par cette raison les vernis du Japon, les acacias et autres essences ébouriffées et désordonnées qui jouent à l'agreste, au campagnard, à la forêt vierge. — Paris n'a rien de pastoral, rien de vierge. — On remplacera, sur la ligne des boulevards et des quais, ces arbres d'essences diverses alignés par le pied, mais dont la tête prend toutes les libertés, toutes les allures vagabondes propres à leur nature. — Les 35,000 arbres de Paris doivent éviter ces manières d'arbres du bal d'Asnières; ils forment l'association sérieuse de la végétation avec l'architecture par la rencontre d'une même harmonie des lignes, d'une même régularité des formes, d'une même continuité des tons. — Les boulevards peuvent, en changeant de nom, changer aussi de plantation; cette variété sera plaisante à la vue; ce changement de physionomie sera, pour les étrangers, un point de repère et un moyen de se reconnaître. — Les places plantées ne sont pas nombreuses. Les principales sont les Champs-Élysées, les Tuileries, les Invalides, le Champ-de-Mars et les rampes de Chaillot; toutes exigent dans leurs cadres de pierre des plantations régulières. — Paris étouffe, on lui donne de l'air et de plus larges rues : c'est bien quelque chose, ce n'est pas assez; il nous faut les jardins, la verdure, l'eau et l'ombre : ce sont pour les citadins comme des fenêtres ouvertes sur la campagne. On a dit de Londres que ses squares étaient ses organes respiratoires; nous n'en sommes pas encore à ce point d'asphyxie, qui rend absolument nécessaires ces ventilations factices, mais nous avons besoin, pour faire valoir la ville monumentale, des ressources incomparables de la végétation. Les anciens les connaissaient bien : les majestueux platanes reposaient la vue dans les rues d'Athènes; le luxe de la verdure était grand à Rome; les Grecs modernes et les Orientaux, qui ont conservé tant de traditions antiques, associent partout la végétation à leur architecture. — Acheter des îlots de maisons et en faire des jardins couverts comme de vastes serres. — Abattre tous les murs de clôture qui emprisonnent les jardins de l'État, au Luxembourg, au jardin des Plantes, au ministère de la guerre, et les remplacer par des grilles élégantes. — Accorder des primes ou des dégrèvements d'impôts aux particuliers qui feront jouir ainsi le public de la vue de leurs arbres et de leurs parterres. — Utiliser le parcours de la rivière. — La Seine n'est pas un fleuve sérieux, fait pour porter des vaisseaux et pour désaltérer des êtres vivants; c'est une élégante naïade, qui se console de son inutilité en regardant ses charmes. La Seine traverse Paris pour l'embellir et le rafraîchir, conservons-lui ce caractère. — Entre le pont Neuf et le pont de la Concorde, les quais de la Seine seront transformés en jardins, vers lesquels on descendra par des rampes monumentales et d'élégants escaliers, quelque chose des splendeurs de l'antiquité et des délices de Bénarès sur les bords du Gange. La végétation ne s'élèvera que de place en place, de manière à créer pour chaque grand édifice, tels que le Louvre et les Tuileries, la grande Chancellerie, le Conseil d'État, l'École des beaux-arts, l'Institut et la Monnaie, un soubassement et un encadrement de verdure. Voyez immédiatement la belle galerie du Louvre sortant du remblai humide qui ronge ses assises et renaissant dans ses proportions primitives, dont nous n'avons aucune idée; voyez en même temps chaque monument et cette longue suite de maisons s'égayer et prendre, pour ainsi dire, des habits de fête. Ces plantations du bord de l'eau se composeront d'arbres qui supportent l'inondation, car, à l'entrée de l'hiver, jardins et constructions en fer disparaîtront, pour s'épanouir de nouveau après les grandes eaux, avec les premières feuilles du printemps. — Les bouquinistes établis à l'ombre des arbres. — Cafés et cabinets de lecture. — Exercices des canotiers, joutes. — Le soir, musique sur le bord de l'eau. — Délices parisiennes. — Le commerce des carriers, des débardeurs et autres industries transportés en amont du pont Neuf et en aval du pont de la Concorde. — Les docks construits au Gros-Caillou et à la Villette. — Ces squares plantés, ces jardins sur le bord de l'eau, ne seront jamais au centre de la ville que de rares apparitions, et Paris continuerait à montrer sa tristesse crottée en hiver et son aridité poudreuse en été, si on ne cherchait à faire diversion par quelques heureuses innovations. Les villes de l'Orient offrent au voyageur, comme autrefois les villes de l'antiquité, des points de repos délicieux. C'était, chez les contemporains de Périclès, un leschè; c'est aujourd'hui, chez le musulman, une fontaine, motif charmant d'architecture à l'ombre d'un majestueux platane; ce serait, à Paris, l'emplacement d'une maison achetée dans une rue fréquentée et sur le terrain de laquelle on aurait planté quelques grands arbres, dont le bouquet verdoyant, dépassant l'alignement des maisons, couperait gracieusement leur monotonie. Au fond de cette petite retraite, un architecte d'un talent original aurait exécuté quelque rêve chéri de son imagination. — Un service municipal utile servant de motif à un bijou d'architecture. — Il manque aux rues de Paris de ces monuments qui se distinguent moins par le grandiose de leurs proportions que par la perfection de leur exécution dans un petit cadre. L'un des portiques d'Athènes, le Pœcile, réunissait les œuvres des plus grands sculpteurs, des peintres les plus renommés, et il était en outre un chef-d'œuvre d'architecture : et dans quel but avait-on réuni tant de soins, de luxe et de perfection ? Simplement pour célébrer les grandes victoires du peuple grec, depuis la prise de Troie jusqu'à la bataille de Marathon. Pourquoi, dans un but semblable, ne pas élever des portiques aux carrefours de quelques rues, des portiques dans le genre de la Loggia de Florence ? Un motif à statues et à peintures, toujours ouvert aux passants, leur offrant des bancs de repos, l'ombre et l'eau rafraîchissantes, et, pour la pensée, deux ou trois de nos combats d'Afrique, peints par un homme de talent, quelques généraux ou des citoyens populaires figurés en statues sous les arcades, et voilà une halte digne d'une grande ville et d'une nation artiste. Ne vous étonnez pas de ce luxe des arts et de ces générosités grandioses demandées à notre édilité ; vous prétendez devenir l'Athènes moderne, rappelez-vous que dans l'Athènes ancienne le portique où l'on vendait la farine était décoré d'un tableau d'Hélène peint par Zeuxis, et la ville donnait 360 commodes leschès aux besoins de repos de ses habitants et à leur goût pour la conversation. A Delphes, le leschè des Cnidiens, population de pêcheurs, devait sa célébrité aux deux grands tableaux historiques de Polygnote. En multipliant ces reposoirs dans Paris, l'édilité trouverait souvent une compensation à ses dépenses, soit qu'on la cherchât dans les services que rendraient des hôpitaux de premiers secours, des bureaux gratuits d'information et de placement pour la classe ouvrière et les gens à gages, soit qu'on la demandât en prix de location à des cabinets de lecture, bureaux de tabacs, restaurants et cafés, à de grands marchands de nouveautés et d'objets de luxe, ou même à un loueur de voitures publiques, en composant ce reposoir dans la forme d'un hémicycle percé d'élégantes arcades. Souvent aussi ces portiques seraient un simple prétexte pour exposer un beau groupe de sculpture ou pour développer en peinture un souvenir national ou une parabole morale, assistée de ces bonnes sentences qui se fixent dans l'esprit comme un *memento.* Si la dévotion s'associait par un legs pieux à ce noble luxe, nous aurions aussi le reposoir religieux. La Mère de Dieu assise dans son édicule, au-dessus de la fontaine ; à l'entour des bancs et pour cadre, la riche végétation d'un platane, d'un cèdre et d'un arbre de Judée ; partout le but atteint : un bouquet de verdure pour les yeux des passants ; la fraîcheur et le repos offerts à l'ouvrier qui rentre harassé, au commissionnaire chargé comme une bête de somme, à la femme souffrante, à l'homme infirme. Refuge hospitalier, annoncé de loin, même pendant la nuit, au moyen de la lumière électrique, éclatant au milieu de la sombre verdure. — Les fleurs. Les belles plantations, cette riche végétation associée partout à l'architecture, étendront le goût des fleurs, et les fleurs sont des propagateurs du bon goût et du sentiment harmonique des couleurs. — Chez les anciens, et pendant tout le moyen âge, l'usage des fleurs accompagnait les actes les plus heureux et les plus tristes de la vie; on se couronnait de roses dans les fêtes nuptiales et dans les cérémonies funèbres. — A Paris, on compte deux ou trois marchés aux fleurs et quelques fleuristes enfouies au fond de leurs boutiques, tandis que monuments, places, encoignures de rues, égayeraient leur nudité ou dissimuleraient leur malpropreté avec des corbeilles remplies de fleurs. — Quelle dépense! dira-t-on. — Autorisez l'usine Tronchon, nos fondeurs, nos faïenciers, nos vanniers, à faire la décoration d'une place, et quelques fleuristes à déposer dans ces corbeilles et ces caisses, qui porteront le nom du fabricant, des fleurs qui donneront l'adresse du fleuriste, et confiez-vous à la puissance de ce moyen d'annonces. Si tous les six mois on donnait en outre quelques médailles à ceux de ces exposants qui auraient fait les plus grands efforts ou obtenu, du jugement de tous, les plus légitimes succès, serait-ce une bien lourde charge que quelques milliers de francs jetés chaque année sur ce sol fécond? — L'ÉCLAIRAGE. Quand en 1666 M. de la Reynie, lieutenant général de la police, établit dans Paris des lanternes éclairées avec des chandelles de suif, on cria merveille, on frappa des médailles, on composa des chansons; nous ferons moins de bruit en prolongeant le jour, en supprimant la nuit. Ce n'est plus un rêve, la lumière électrique a résolu le problème; ce n'est plus qu'une question de bon marché. Quand la science aura utilisé toute l'électricité qu'elle laisse se perdre ou qu'elle ne sait pas recueillir, la lumière provenant de la pile coûtera si peu, qu'on en usera partout. La nuit s'étend sur la ville : aussitôt l'astre qui se couche est remplacé par dix grands fanaux électriques qui s'enflamment au haut de grands phares, magnifiques motifs d'architecture. Cette lueur magique jette sur toute la ville un doux et argentin crépuscule qui est presque le jour, et qui est assez la nuit pour qu'on songe à rentrer et à se reposer.

MAINTIEN DU GOÛT PUBLIC PAR LA REPRÉSENTATION ET LES FÊTES.

Une ville a ses jours de représentation dans le courant quotidien et monotone de son existence, comme un particulier a ses habits de fête avec ses habits de tous les jours. Les anciens et nos pères avaient pensé qu'il était de leur devoir de faire partager au peuple le luxe et la splendeur réservés au petit nombre; ils formèrent ainsi son goût et firent son éducation, peut-être sans s'en douter, mais avec une efficacité qui ne peut être mise en doute. La religion a eu dans cette action le rôle le plus important, et à l'Église appartient l'initiative de cette influence dans les temps modernes. — Elle fut suivie, imitée, quelquefois même surpassée par les chevaliers dans leurs tournois, par les seigneurs dans les élégances de leurs fêtes, dans la pompe de leur deuil. — Cette action s'est continuée par l'Église dans les cérémonies du culte, par l'armée dans ses revues et ses parades, par l'État dans les fêtes publiques qu'il ordonne et les pompes funèbres qu'il régit. — L'Église. Son rôle pendant treize siècles de splendeur. — Elle a été dans cette longue suite d'années le musée de l'art. — Aujourd'hui le culte est en dehors des arts; il serait plus utile qu'il fût en dedans. — De l'archéologie dans le costume et le mobilier ecclésiastiques. — Ne pas exagérer ses droits comme les Grecs le font, et bien établir qu'on n'entretient pas, comme l'Église schismatique, des prétentions à une pureté primitive et conjecturale, mais que, sans y attacher aucune importance dogmatique, on fait retour à des usages français, à des formes nationales de culte, appuyé sur des preuves évidentes et matérielles, telles que les trésors et les mobiliers des églises, les vêtements conservés pieusement ou retirés des tombeaux, comme ceux de saint Thomas de Cantorbéry à Sens, ceux des abbés de Saint-Germain-des-Prés, telles enfin que les anciennes peintures et toute la statuaire du XIe au XIIIe siècle. — Maintenir les droits de l'archéologie avec cet esprit libéral toujours professé par l'Église catholique, et en faisant la part des droits de l'art vivant et créateur, comme l'Église latine et la cour de Rome en ont toujours donné l'exemple. — Réforme du costume ecclésiastique actuel. — On rétablira l'ancien costume, si noble, si souple dans son ampleur, si majestueux dans ses grands plis motivés, et qui s'est transformé peu à peu, par l'influence de chasubliers sans goût, en quelque chose de ridicule, ou, qui pis est, car le ridicule est facile à combattre, en un costume d'une roideur faussement traditionnelle. Outre les modifications de la forme, il y a encore à chercher la nature des étoffes neuves et les dessins convenables. — L'orfévrerie d'église à réformer dans le même sens, en conservant le champ libre aux créations de nos artistes. — Recherche des bons procédés anciens pour faire des œuvres rajeunies. — Mais ces réformes entreprises sans direction et sans ensemble par des fabricants dépourvus de notions sérieuses de l'archéologie ecclésiastique et du sentiment de l'art suscitent mille tentatives malheureuses qui entraînent les églises dans des dépenses regrettables. — De même que nous proposons une grande manufacture modèle pour l'art vivant, de même nous croyons utile que l'État encourage, stimule et subventionne un grand atelier d'objets d'art à l'usage de l'église. M. Viollet le Duc est indiqué pour diriger cet établissement. Il lui serait garanti une commande annuelle de 100,000 francs d'objets usuels pour le culte, à la condition de livrer ces objets au prix de revient et de renoncer à toute propriété sur ses modèles. — On voit où j'en veux venir : donner l'occasion de produire, mettre en évidence l'atelier recommandable, et cependant offrir à toute l'industrie les moyens de suivre la même voie. — L'État répartirait ses acquisitions entre les plus pauvres églises de nos misérables hameaux, et formerait, avec les productions hors ligne, un musée d'église, c'est-à-dire une exposition permanente à l'usage du clergé. Le musée de Cluny offrirait ce rapprochement des plus belles créations originales de l'art gothique disposées chronologiquement dans le musée et des meilleures productions de l'art moderne étalées par spécialités dans l'annexe publique; il provoquerait, au moyen de ce parallèle, une épuration dans le goût public et dans l'industrie qui dessert le clergé.— Autoriser les processions dans les rues, encourager les solennités religieuses qui unissent la pompe et l'éclat aux meilleurs sentiments de la piété. — LES FÊTES CIVILES. En 1791, 92 et 93, on a fait beaucoup de projets de fêtes nationales, on en a exécuté quelques-uns; ceux de David peuvent être placés en tête pour le pathos et le ridicule, ceux de Lakanal pour l'affectation du champêtre, des vertus civiques et des joies domestiques. Ces fêtes ont changé de caractère suivant les circonstances et les temps, mais jusqu'aux cornes dorées des bœufs de 1848 elles n'ont eu aucune signification. L'explication d'un pareil avortement continu est dans ce fait, que l'art y a eu trop peu de part, tandis que l'entrepreneur des fêtes était tout-puissant. Quand on a beaucoup voyagé, quand on a vu les fêtes de tous les pays, on se rappelle l'illumination de Saint-Pierre de Rome et la girandole du château Saint-Ange, le reste flotte vaguement dans le souvenir; l'intervention de l'art donne la raison de cette différence. L'illumination de Saint-Pierre, c'est un majestueux monument dessiné en lignes de feu; la girandole, c'est un immense candélabre au haut duquel s'enflamme un volcan pour éclairer magnifiquement une ville monumentale. — On dépense chaque année à Paris 400,000 francs en fêtes publiques. Le dernier lampion éteint, la dernière fusée tirée, il ne reste de cette grosse dépense que des taches de graisse et de fumée sur nos édifices, des fondrières de pavés bouleversés et de laids échafauds, qui pendant deux mois entiers embarrassent la voie publique. Il serait possible d'employer cet argent d'une manière plus digne d'un peuple civilisé, en le faisant concourir au progrès des arts. — Prélevez sur ces crédits 50,000 francs pour les verres de couleur et autant pour les feux d'artifice, car dans une fête il faut faire la part de l'éclat et du bruit. Donnez aux 300,000 francs qui restent à votre disposition une noble destination. Qu'un architecte reçoive une année à l'avance la commission d'ordonnateur de la fête, qu'il prenne pour programme soit une vaste création nouvelle, soit la décoration d'une de nos places, soit enfin la restitution de quelque célèbre monument de l'antiquité. Il étudiera ses projets tranquillement dans le silence de l'atelier, il combinera l'ornementation avec les jeunes peintres et sculpteurs, dont l'imagination se prête volontiers à ces résurrections grandioses, et au dernier moment, quand tout sera bien combiné, bien mûri et exécuté par fragments, le rêve sera réalisé et se dressera en peu de jours sous les yeux de la foule ébahie. Ce seront des châteaux en Espagne, mais des châteaux réalisables, puisqu'ils seront conçus par un architecte, c'est-à-dire par un artiste, qui, tout en s'abandonnant aux rêves de son imagination, tout en construisant en toile et en carton, se rattachera à la réalité par les grands côtés de l'art. Féconde initiation de la foule aux inspirations du génie; aide puissante apportée aux imaginations lentes; barrière excellente opposée aux idées infimes, au petit art, au faux goût. Habituée à voir ces magnificences réalisables, la population entière sifflera les mesquineries réalisées. Elle ne voudra plus que la médiocrité, sous aucune forme, se prélasse sous ses yeux, et, quand il s'agira d'élever un monument national, elle demandera à grands cris l'homme qui aura fait preuve de grandeur dans la conception et de pureté dans le style. — Voyez par un beau soleil ,ou aux clartés magiques des lumières électriques les rampes de Chaillot surmontées d'un monument digne de cette belle position, la place Louis XV devenant la première place de la première ville du monde, le Parthénon reproduit sur le terre-plein de la place Dauphine et dominant les quais, la Madeleine enveloppée de toile et, d'un froid monument romain, devenant le plus noble temple grec dans toute la magnificence de la polychromie, c'est-à-dire des arts associés, le Champ-de-Mars disposé en arènes antiques, avec les courses de chars et les combats d'animaux imités dans toutes les règles; cette année, nous aurons une palestre animée par les lutteurs, embellie par ses portiques remplis de statues et de peintures; une autre année, nous assisterons, 50,000 spectateurs à la fois, à une tragédie grecque jouée dans toute sa simplicité, sur un théâtre qui reproduira les magnificences des arts que les Grecs répandaient dans les monuments publics de ce genre. Songez à des portiques aériens, à des jardins suspendus, à des ponts d'un caractère monumental, inconnu aux générations présentes, à des monuments commémoratifs que la nation attend, et qu'elle réclamerait si elle les voyait aussi grands que ses souvenirs. — La routine s'écriera : Le peuple se soucie peu de vos imitations antiques. Une fête n'est pas un lieu d'étude, et les chemins de fer montrent les monuments de la terre à ceux qui veulent les voir. Je ne ferai qu'une réponse : Si le peuple ne s'intéresse pas à ces grands spectacles, qui sont en même temps de magnifiques études, ajournez-les; c'est que le peuple est plus arriéré, moins artiste que je ne le suppose, c'est une affaire de temps. — Palais du chef de l'État, hôtel de ville, ministères, montrant dans les solennités autant d'éclat de lumières et plus de délicatesse de goût. — En toutes choses, s'adresser aux artistes, et mettre à la porte les tapissiers qui ne sont pas artistes. — ILLUMINATIONS. Sortir de la routine; les lampions vont être remplacés par des becs de gaz: c'est un mince avantage si l'art ne tire pas parti de ces cordons de lumière. — POMPES FUNÈBRES. Le 15 décembre 1840, les cendres de Napoléon, rapportées à Paris, furent entourées d'une pompe funèbre digne de la grande figure de l'Empereur et de la noble pensée du roi Louis-Philippe. Visconti s'acquitta dignement d'une tâche qui allait à son talent souple, à son imagination pleine de ressources. Cette belle cérémonie impressionna fortement la population; elle prouva le parti qu'on pouvait tirer, au point de vue de l'art, de la pompe funèbre. Mais de telles solennités ont lieu une fois tous les siècles, et le convoi funèbre se renouvelle à Paris 35,000 fois tous les ans. — Que fait la municipalité pour entourer ces cérémonies douloureuses de l'appareil digne et sévère qui convient à leur caractère? Elle possède là un moyen facile de promener sous les yeux de la population, chaque jour et à toute heure, un spectacle qui attire son attention sympathique, car ces convois funèbres partent de tous les points de la ville, traversent lentement toutes ses rues, et recueillent partout les hommages respectueux qu'on n'accorde qu'à la mort, au redoutable représentant de l'incontestable égalité. La municipalité n'a qu'une préoccupation, celle de faire rendre le plus d'argent possible à ce service municipal. Dans ce but unique sont combinés avec une minutie de comptable les prescriptions, règlements, tarifs et adjudications. Je les ai tous lus attentivement, espérant trouver dans ces documents administratifs le chapitre du matériel, dans lequel il serait question des beautés de l'art, convoquées aussi à ce concours funèbre; le chapitre du personnel, dans lequel on nommerait l'artiste chargé de présider au renouvellement du mobilier, des costumes, de la carrosserie : je n'ai rien trouvé dans quelques centaines d'articles, pas un mot qui indique que l'administration municipale ait songé à la protection de l'art, au maintien du goût public, ait cru que sa mission n'était pas complétement remplie, même après avoir obtenu, le 16 novembre 1842, une remise de 71 fr. 56 cent. p. 0/0 sur les objets fournis en location et de 15 p. 0/0 sur les fournitures réelles, soit environ 700,000 francs de bénéfice. Aussi, suivez les convois funèbres de cette grande capitale, dont le nom est synonyme, sur la terre, d'élégance et de noblesse, et voyez si cet attirail de deuil et ce cérémonial funèbre sont dignes d'une nation qui se respecte, d'une population qui comprend que la dignité sied à la douleur. Corbillards, voitures de deuil, harnachements, livrées, personnel; et dans l'église, le catafalque, les chandeliers en bois argenté, les trépieds en carton peint, les ornements des tentures de deuil, le mobilier funèbre en un mot, et tout, sans exception, loin d'élever la tristesse dans une sphère supérieure aux misères de cette vie, provoque le rire des hommes de goût et les quolibets des artistes. — Réforme urgente. — Adjudication prochaine. — Rabais accordé à la condition d'un renouvellement entier du matériel et de l'enrôlement d'un personnel convenable. — Nomination d'un artiste de goût et de savoir pour présider à cette réforme générale, aux modifications successives et à l'entretien. — Aucune partie de l'archéologie n'est mieux connue, aucune partie de l'art n'a de plus beaux et de plus touchants modèles. — Nouvelles créations dans un mélange d'archéologie et d'art.

MAINTIEN DU GOÛT PUBLIC PAR LES ÉLÉGANCES DE LA COUR.

Chapitre à faire. — Circonstances nouvelles. — Les questions de costumes sont futiles, et cependant quels soins n'apporte-t-on pas à l'habillement des troupes pour les rendre élégantes et brillantes! Ce n'est pas de la couleur des uniformes que dépendra leur courage; à ces broderies d'or ne sont pas attachées les vertus militaires, mais on veut que la vue seule de l'armée donne une idée de sa force et de son intelligence. — Ayez autant d'amour-propre pour la nation entière. — Les grandes variations du costume sont la formule extérieure des changements introduits dans la constitution d'un État. La mode ne les fait pas, elle les subit et se contente, victime résignée, de les adopter, en les ornant de quelques fleurs ou de quelques rubans. — Au costume guerrier du XVe siècle a succédé le costume élégant du XVIe. Les guerres civiles et religieuses en ont fait, au commencement du XVIe siècle, un costume militaire, élégant encore, mais qui sentait le camp. Louis XIV lui donne l'ampleur et la majesté de son règne; Louis XV lui laisse prendre toutes les mollesses, toutes les afféteries de ses goûts; mais la révolution rugit, et le frac noir et le pantalon deviennent l'expression de l'égalité, dont notre paletot est la plus manifeste consécration. Ce sont donc de graves événements, de grands courants qui changent les costumes; mais, pour les modifier, il ne faut que la mode. Un rien, moins que le vent qui fait tourner la girouette, un caprice de femme change la mode, et le gouvernement le plus fort n'y pourrait rien en mettant en mouvement son armée et sa police. — On sait quelle a été, en tous pays, l'influence de la cour sur la mode, quel empire a exercé sur elle la cour de France jusqu'à la Révolution; David prit sa place, et l'on sait aussi le costume étriqué, l'ameublement anguleux, la décoration froide qu'il substitua à toutes les élégances du bon goût. Depuis lors, la mode n'a su se fixer. L'ancienne aristocratie aurait pu la recueillir, mais elle a abdiqué toute influence, elle vit d'économie. De loin en loin elle fera retourner ses rideaux, redorer quelques bronzes ou de vieux meubles, rajuster d'anciens Boule; mais elle a cessé d'être militante, et il faut le dire, au grand détriment du bon goût, car c'est là que se conservent les vieilles traditions des manières distinguées, du bon langage et de la protection désintéressée des arts. — L'industrie ne s'alimente pas avec les regrets du passé, elle vit de ce qui est vivant, de ce qui facilite l'écoulement de ses produits. Elle a donc regardé autour d'elle, et voyant que l'ancienne aristocratie n'achetait rien, elle a été au-devant de sa vraie clientèle, l'aristocratie qui achète, le véritable Amphitryon, comme le dit Sosie; or, l'aristocratie chez qui l'on dîne, chez qui l'on danse, qui réunit autour d'elle les magnificences du luxe et les productions des arts, c'est l'industrie financière. — Tableau de ce monde. — Les qualités du cœur, la supériorité de l'intelligence, les délicatesses du goût, ne sont pas absolument nécessaires dans les affaires; elles sont plutôt nuisibles. — Origine des gens de finance. — Éducation de leur enfance. — Société de leur jeunesse. — Ils subissent les influences de femmes de bas étage qui ont recueilli dans les ateliers des artistes des notions incomplètes et qui associent à leurs goûts d'élégance et de luxe des tendances de clinquant. — Ils exercent, sous cette tutelle, une influence fâcheuse sur le goût public et sur les tendances des artistes. — Personne ne se méprendra sur mes critiques et ne les fera porter à faux sur les représentants de nos anciennes maisons de banque, sur d'honorables négociants qui, nés dans l'aisance et au milieu des chefs-d'œuvre de l'art acquis par leurs pères, ont développé leur goût, en même temps que leur intelligence, par les études classiques et les voyages. — On se rappelle ce que j'ai dit des marchands de l'antiquité, qui élevaient des villes monumentales; des marchands de poissons et de vins, des joailliers de Pompéi, une petite ville de province, qui chargeaient des peintres de talent de représenter sur leurs murs les particularités de leur industrie, ou des sujets tirés de l'*Iliade*, comme dans la maison du Poëte, ou la *Bataille d'Issus*, entre Alexandre et Darius, figurée en magnifique mosaïque, comme dans la maison du Faune; on n'a pas oublié non plus de quelle manière j'ai parlé des marchands du moyen âge, qui, comme Jacques Cœur, embellissaient leurs villes; des marchands de Venise et de Gênes, qui bordaient les canaux et les rues de leurs palais de marbre. L'équivoque n'est pas possible : on reconnaîtra que j'ai eu uniquement en vue les épaves de la Bourse, et je ne crois pas avoir mal jugé leur détestable influence. On ne me reprochera pas non plus de critiquer le vrai luxe; à mon avis, le bien-être est la moralisation la plus efficace des masses, comme le luxe est la propagande la plus active des arts. — L'influence d'une cour peut être toute-puissante dans les circonstances présentes.— Ce qu'a été la cour de France, ce qu'elle peut être de nos jours. — Du costume. Nous portons avec satisfaction, avec toutes sortes de recherches, des habits et des paletots que nous n'osons pas mettre à nos statues, que nous trouvons ridicules sur les épaules d'un grand homme. — Un artiste préférera représenter son personnage en robe de chambre, ou en manteau de voyage, plutôt que dans nos habits officiels. — Cela ne prouve-t-il pas que nos instincts naturels et nos besoins nous donneraient des vêtements plus raisonnables que la mode ? La blouse elle-même deviendrait un costume pittoresque, si, sans rien changer à sa forme, sans rien ajouter à son prix, un fabricant artiste introduisait dans le tissage de l'étoffe, à l'imitation des Maronites de Syrie, quelques dessins colorés descendant des épaules et du col sur la taille, s'il y ajoutait une ganse et deux glands pour relever gracieusement les manches, et une ceinture de laine de couleur pour ceindre la taille. — Nous verrons ces réformes. — Quant au costume actuel des femmes, je ne sais pas mauvais gré à la mode d'être ridicule, cela la regarde et c'est passager; son crime, à mes yeux, est de rendre la nature ridicule. Supposez, au milieu d'un salon rempli de femmes à la mode, Vénus en personne descendant sur des nuages; on la trouvera étriquée, mal proportionnée, indécente, non pas du trop, mais du trop peu. — Il y faut songer, le goût risque de se perdre au milieu de ces extravagances de la mode. — Il est si facile de la dominer. — Cette déesse capricieuse ne se laisse rien imposer par l'autorité des lois et par la force des baïonnettes, mais elle cède au bon exemple. — La grande manufacture donnera les bons, les vrais modèles pour toutes choses; en même temps, l'enseignement public des arts disposera la nation entière à les accepter; de ce moment, l'industrie, qui faisait indifféremment, et les yeux fermés, le bon ou le détestable, suivant que le requérait la mode, mettra ses puissants moyens d'action à reproduire seulement les bons modèles et à répandre partout, suivant les mêmes principes, les nouvelles créations des artistes; simultanément la cour exercera son influence sur le costume, parce que, aussi bien que la grande manufacture, elle saura ce qu'elle veut et où elle tend. — Son programme étant bien conçu et successivement développé, je ne crois pas qu'elle éprouve de résistance à le faire adopter, car il sera, à la fois, le plus gracieux et le plus noble, le moins choquant à la vue et le mieux approprié à nos besoins. Le succès dépend beaucoup de la manière de s'y prendre. Descendre dans la rue avec la chlamyde attachée à l'épaule, comme les primitifs de 1795, ou avec l'habit boutonné par derrière, comme les saint-simoniens de 1830, c'est faire rire de soi dans une question où le ridicule est armé jusqu'aux dents; mais procéder sans qu'on s'en doute, par l'influence des femmes à la mode et des jeunes gens les plus élégants; ne pousser ni à un costume historique ni à une réforme à la Bloomer, mais marcher dans la voie étroite qui longe le bon goût et les habitudes reçues, sans sortir trop abruptement du cercle restreint dans lequel se meut la mode, où elle a l'habitude de tourner et de revenir sur elle-même, c'est un moyen sûr d'atteindre le but.

En résumé, le maintien du goût public est un devoir de l'État, une mission facile, et, loin d'être la ruine des finances, ce sera une des sources les plus fécondes de la prospérité commerciale du pays. C'est un peu avec de l'argent, c'est beaucoup avec son initiative, c'est surtout avec ses conseils et ses encouragements que l'État obtiendra ces résultats considérables.

APPENDICE B.

(Voyez page 923.)

TABLEAU DES CRÉDITS ALLOUÉS PAR LES CHAMBRES POUR L'ENCOURAGEMENT DES ARTS.

(Budgets de 1842 à 1851.)

	1842.	1843.	1844.	1845.	1846.	1847.	1848.	1849.	1850.	1851.
Académie des beaux-arts..	87,000	87,000	87,000	87,000	87,000	87,000	84,500	83,792	83,500	83,500
Souscriptions..........	50,000	50,000	200,000	90,000	50,000	50,000	170,000	170,000	120,000	120,000
Personnel des beaux-arts..	101,500	108,100	115,100	119,900	120,800	121,100	70,200	51,300	51,300	79,800
Établissements des beaux-arts.	443,500	443,500	445,050	454,000	456,000	472,000	472,000	447,000	454,000	454,500
Musées nationaux.......	"	"	"	"	"	"	338,000	310,400	310,400	310,400
Ouvrages d'art, etc......	400,000	400,000	400,000	400,000	500,000	500,000	500,000	900,000	900,000	900,000
Acquisitions de statues et de tableaux pour le Louvre.	"	"	"	"	"	"	"	50,000	50,000	50,000
Conservation des monuments historiques.....	600,000	600,000	600,000	600,000	600,000	600,000	800,000	745,000	745,000	745,000
Encouragements et souscriptions.	311,000	311,000	311,000	311,000	211,000	211,000	211,000	186,000	211,000	211,000
Indemnités aux artistes, etc.	137,700	137,700	137,700	137,700	137,700	137,700	137,700	137,700	137,700	137,700
Subventions aux théâtres..	1,084,200	1,084,200	1,144,200	1,144,200	1,144,700	1,144,200	1,963,034	1,274,000	1,273,000	1,334,000
Subvention à la caisse des pensions de l'Académie de musique.........	185,000	185,000	185,000	197,059	213,000	213,000	210,000	210,000	210,000	210,000
	3,399,900	3,406,500	3,625,050	3,540,859	3,520,200	3,536,000	4,956,434	4,565,192	4,545,900	4,635,900

TABLE DES MATIÈRES.

CONSÉQUENCES DE L'EXPOSITION UNIVERSELLE DE LONDRES.

PRINCIPES QUI DOIVENT DIRIGER DANS UNE RÉORGANISATION DE L'ADMINISTRATION DES ARTS.

L'ART DANS L'ENSEIGNEMENT.

ENSEIGNEMENT DE L'ART DANS LES CARRIÈRES SPÉCIALES DE L'INDUSTRIE.

ENSEIGNEMENT SUPÉRIEUR DES ARTS.

MAINTIEN DU GOÛT PUBLIC.

APPLICATION DE L'ART À L'INDUSTRIE.

FIN.

www.ingramcontent.com/pod-product-compliance
Ingram Content Group UK Ltd.
Pitfield, Milton Keynes, MK11 3LW, UK
UKHW011957240726
13965UKWH00001B/6

9 782013 385497